Andreas Blank, Heinz Hagel, Dr. Hans Hahn, Helge Meyer

W0094858

Betriebswirtschaftslehre mit Rechnungswesen

Band 1

– handlungsorientiert –

für die Höhere Berufsfachschule (zweijährige Höhere Handelsschule)
Typ Wirtschaft und Verwaltung

11. Auflage, 2. korrigierter Nachdruck

Bestellnummer 31054

 Bildungsverlag EINS

Haben Sie Anregungen oder Kritikpunkte zu diesem Produkt?
Dann senden Sie eine E-Mail an 31054_011@bv-1.de
Autoren und Verlag freuen sich auf Ihre Rückmeldung.

Legende der verwendeten Symbole

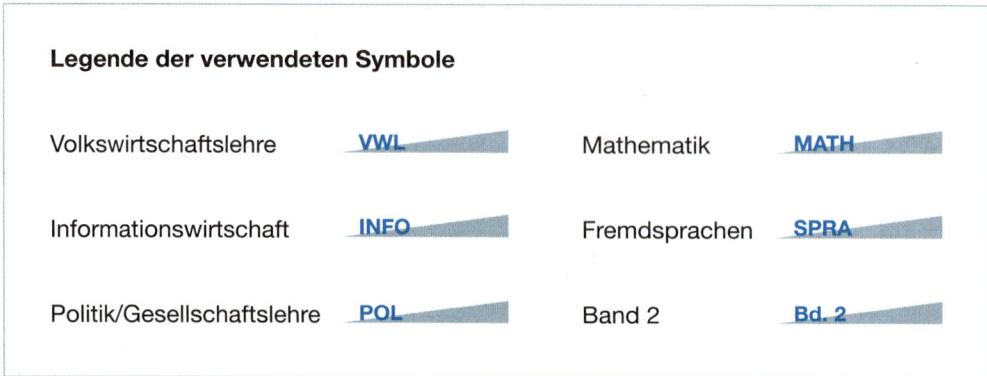

Volkswirtschaftslehre	VWL	Mathematik	MATH
Informationswirtschaft	INFO	Fremdsprachen	SPRA
Politik/Gesellschaftslehre	POL	Band 2	Bd. 2

Die beigefügte CD soll die Methodenkompetenz der Schüler fördern und sie darin unterstützen, sich Fachwissen selbstständig zu erarbeiten. Hierzu werden effektive Lerntechniken wie Mind-Mapping und das Lernen mit Karteikarten vorgestellt, die auch bei der Prüfungsvorbereitung hilfreich sind. Übungen mit typischen kaufmännischen Lerninhalten zu
den einzelnen Lerntechniken verknüpfen dabei konsequent und anschaulich methodische
und fachliche Elemente.

www.bildungsverlag1.de

Bildungsverlag EINS GmbH
Sieglarer Straße 2, 53842 Troisdorf

ISBN 978-3-441-**31054**-9

© Copyright 2008*: Bildungsverlag EINS GmbH, Troisdorf
Das Werk und seine Teile sind urheberrechtlich geschützt. Jede Nutzung in anderen als den gesetzlich
zugelassenen Fällen bedarf der vorherigen schriftlichen Einwilligung des Verlages.
Hinweis zu § 52a UrhG: Weder das Werk noch seine Teile dürfen ohne eine solche Einwilligung einge-
scannt und in ein Netzwerk eingestellt werden. Dies gilt auch für Intranets von Schulen und sonstigen
Bildungseinrichtungen.

Vorwort

Dieses zweibändige Lehr- und Arbeitsbuch erfüllt die Anforderungen des Lehrplanes für das Fach Betriebswirtschaftslehre mit Rechnungswesen in der Höheren Berufsfachschule (zweijährige Höhere Handelsschule) – Typ Wirtschaft und Verwaltung – für das Land Nordrhein-Westfalen. Der Gesamtinhalt für die Jahrgangsstufe 11 geht aus nachfolgendem Inhaltsverzeichnis hervor.

Um den Schülern die Lerninhalte zu veranschaulichen, wird bei der Erarbeitung sämtlicher Lerninhalte ein Modellunternehmen, die „Bürodesign GmbH", zugrunde gelegt. Dies unterstützt die Anschauung und bietet einen Fundus an konkreten betrieblichen Situationen und Handlungsfeldern, mit denen sich Schülerinnen und Schüler identifizieren sollen.

Die Kapitel 1 bis 7 sind in sachlogisch strukturierte Unterrichtseinheiten gegliedert. Der Umfang der einzelnen Kapitel entspricht den Stundenrichtwerten der Richtlinien. Das didaktische Prinzip der Handlungsorientierung sowie die Orientierung am Erfahrungshorizont der Schüler sind durchgehend verwirklicht worden, um den Schülern die geforderte Fach-, Methoden-, Sozial- und Humankompetenz zu vermitteln.

Jede Unterrichtseinheit (= Gliederungspunkt im Buch) wird mit einer unternehmens- und fachtypischen Handlungssituation eingeleitet. Über Arbeitsaufträge werden die Schüler zur eigenständigen Lösung motiviert. Mit der verständlichen und illustrierten Darstellung und Erläuterung der Inhalte an Beispielen werden Hilfen zur Entwicklung von eigenen Lösungsvorschlägen und damit zu einer identifizierenden Handlungsorientierung angeboten. Dabei verzichten die Autoren bewusst auf die Darstellung von Spezialkenntnissen. Stattdessen vermitteln sie betriebswirtschaftliche Zusammenhänge als Grundstruktur des Faches und beachten zudem das exemplarische Prinzip. Das Rechnungswesen wird als Informations-, Kontroll- und Steuerungssystem dargestellt und in den Dienst betriebswirtschaftlicher Problemlösungen gestellt. Jeder Abschnitt schließt mit einer Zusammenfassung der Lerninhalte und einem umfangreichen Aufgabenteil ab.

Die zahlreichen Aufgaben sind zur Wiederholung, vielseitigen Vertiefung und Anwendung des Gelernten geeignet. Insbesondere werden zu jeder Unterrichtseinheit Aufgaben angeboten, die für die im Lehrplan geforderten „sonstigen Leistungen" herangezogen werden können, z. B. Referate, Materialsammlungen, kleine Projekte, Rollenspiele, kritische Reflexionen usw. Sie sind mit dem Symbol ▬◁═══ versehen. Zusätzlich werden zahlreiche Aufgaben angeboten, die mithilfe eines PC fächerübergreifend zu lösen sind. Sie sind mit dem Symbol gekennzeichnet.

Zum Abschluss der Kapitel werden weitere Aufgaben angeboten, die sich auf den gesamten Lernstoff eines Themenkreises beziehen. Sie sind insbesondere für Tests geeignet. Zusätzlich werden im 2. Band integrierte Aufgaben zur Prüfungsvorbereitung vorgestellt.

Im Materialienband sind alle Aufgaben ausführlich gelöst. Ferner wird zu jedem Kapitel eine handlungsorientierte Unterrichtsskizze vorgestellt. Darüber hinaus sind viele Kopiervorlagen für den Lehrer, z. B. zum Zahlungsverkehr und zur Personalwirtschaft, enthalten. Das Unterrichtsbegleitmaterial (Bestellnummer 31954) wird durch eine CD-ROM mit weiteren Aufgaben, Belegmasken zum Modellunternehmen, zu den Kunden und Lieferern sowie Excel-Tabellen zu den im Lehrbuch gestellten Aufgaben ergänzt (Bestellnummer 31956).

Die Verfasser

Inhaltsverzeichnis

Verzeichnis der Gesetzesabkürzungen 7

Einleitung 8

1	**Der Betrieb und sein Umfeld**	19
1.1	**Die Bürodesign GmbH als Modell für ein Industrieunternehmen**	19
1.2	**Unternehmensziele und Unternehmensführung**	25
1.3	**Einordnung des Betriebes in die Gesamtwirtschaft**	33
2	**Rechtsgrundlagen des Unternehmens**	42
2.1	**Kaufmann, Firma, Handelsregister**	42
2.1.1	Kaufmannseigenschaften	42
2.1.2	Die Firma	46
2.1.3	Das Handelsregister	49
2.2	**Die Rechtsformen im Überblick**	51
2.2.1	Die Einzelunternehmung	51
2.2.2	Die offene Handelsgesellschaft (OHG)	53
2.2.3	Die Kommanditgesellschaft (KG)	57
2.2.4	Die Gesellschaft mit beschränkter Haftung (GmbH)	60
2.2.5	Die Aktiengesellschaft (AG)	63
3	**Abbildung betrieblicher Abläufe durch das Rechnungswesen**	69
3.1	**Aufgaben und Aufgabenbereiche des Rechnungswesens**	69
3.2	**Inventur, Inventar, Bilanz**	73
3.2.1	Inventur	73
3.2.2	Inventar	78
3.2.3	Vom Inventar zur Bilanz	85
3.3	**Grundlegende Buchungen auf Bestandskonten**	89
3.3.1	Auswirkungen von Geschäftsfällen auf die Bilanz	89
3.3.2	Bestandskonten	93
3.3.3	Buchungssatz	99
3.3.4	Buchungen von Geschäftsfällen im Grundbuch und im Hauptbuch	103
3.3.5	Abschluss der Bestandskonten	107
3.3.6	Eröffnungs- und Abschlussbuchungen im Grund- und im Hauptbuch erfassen . .	112
3.4	**Buchungen auf Erfolgskonten**	119
3.4.1	Aufwendungen und Erträge der Industrieunternehmung – Auswirkungen und Buchungen	119
3.4.2	Abschreibungen auf Anlagen	131

3.5   **Bestandsveränderungen** 143

3.5.1   Materialbestandsveränderungen 143

3.5.2   Bestandsveränderungen an unfertigen und fertigen Erzeugnissen 148

3.6   **Organisation der Buchführung** 156

3.6.1   Grundsätze ordnungsmäßiger Buchführung (GoB) 156

3.6.2   Kontenrahmen und Kontenplan 159

3.6.3   Nebenbücher der Buchführung 165

3.7   **Umsatzsteuersystem und Umsatzsteuerbuchungen** 169

4   **Materialwirtschaft** 181

4.1   **Beschaffungsplanung im Industriebetrieb** 181

4.1.1   Beschaffungsobjekte und Beschaffungsmarktforschung 181

4.1.2   Bedarfsermittlung 186

4.1.3   Mengen-, Zeit- und Preisplanung 190

4.1.4   Auswahl von Lieferern 197

4.1.5   Beschaffungsstrategische Entscheidungen 201

4.2   **Rechtlicher Rahmen der Beschaffung** 205

4.2.1   Rechtsordnung 205

4.2.2   Rechtsgeschäfte, Willenserklärungen und Vertragsarten 208

4.2.3   Rechtssubjekte 212

4.2.4   Rechtsobjekte 216

4.2.5   Vertragsfreiheit und Form der Rechtsgeschäfte 219

4.2.6   Nichtigkeit und Anfechtbarkeit von Rechtsgeschäften 222

4.2.7   Vertragsrecht am Beispiel des Kaufvertrages 224

4.2.7.1   Der Kaufvertrag als zweiseitiges Rechtsgeschäft 224

4.2.7.2   Anfrage und Angebot 228

4.2.7.3   Inhalte des Angebots 231

4.2.7.4   Bestellung und Auftragsbestätigung 240

4.2.8   Allgemeine Geschäftsbedingungen 243

4.2.9   Kaufvertragsstörungen 247

4.2.9.1   Nicht-Rechtzeitig-Lieferung (Lieferungsverzug) 247

4.2.9.2   Schlechtleistung (Mangelhafte Lieferung) 251

4.2.9.3   Annahmeverzug 255

4.2.9.4   Nicht-Rechtzeitig-Zahlung (Zahlungsverzug) und Mahnverfahren 258

4.2.10   Verjährung 265

4.3   **Zahlungsverkehr** 268

4.3.1   Bar(geld)zahlung und halbbare Zahlung 268

4.3.2   Bargeldlose Zahlung und Zahlungsvereinfachungen 277

4.4   **Entscheidungsprobleme der Lagerwirtschaft** 288

4.4.1   Lageraufgaben und Lagerarten 288

4.4.2   Kriterien der Lagerorganisation 292

4.4.3   Optimale Bestellmenge 300

4.4.4   ABC-Analyse 303

4.4.5	Ökologische Aspekte der Beschaffung und der Lagerhaltung	307
4.4.6	Wirtschaftlichkeit der Lagerhaltung	311

5	**Absatzwirtschaft**	323
5.1	**Analyse des Kaufverhaltens und ökologische Aspekte des Marketing**	323
5.2	**Marktforschung, Marketingplanung, Marketingstrategien**	327
5.3	**Marketinginstrumente und Marketing-Mix**	333
5.3.1	Produktpolitik	333
5.3.2	Preispolitik	337
5.3.3	Konditionen- und Servicepolitik	343
5.3.4	Distributionspolitik und E-Commerce	348
5.3.5	Kommunikationspolitik	355

6	**Dokumentation betrieblicher Werteströme**	370
6.1	**Buchungen in der Beschaffungswirtschaft**	370
6.1.1	Sofortrabatte und Anschaffungsnebenkosten	370
6.1.2	Gutschriften von Lieferern für Rücksendungen und Nachlässe	376
6.1.3	Liefererskonti	384
6.2	**Buchungen in der Absatzwirtschaft**	393
6.2.1	Sofortrabatte, Verpackungskosten, Frachten, Vertriebsprovisionen	393
6.2.2	Gutschriften an Kunden für Rücksendungen, Minderungen und Umsatzrückvergütungen	399
6.2.3	Kundenskonti	406
6.3	**Einfacher Jahresabschluss der Einzelunternehmungen, Personengesellschaften und kleinen Kapitalgesellschaften**	413
6.4	**Auswertung des Jahresabschlusses**	421
6.4.1	Bilanzauswertung und -kritik	421
6.4.2	Auswertung der Gewinn- und Verlustrechnung	430

7	**Personalwirtschaft**	437
7.1	**Aufgaben der Personalwirtschaft**	437
7.2	**Personalplanung**	439
7.2.1	Personalbestands-, Personalbedarfs- und Personaleinsatzplanung	439
7.2.2	Personalfreisetzungsplanung	443
7.3	**Personalbeschaffung**	446
7.3.1	Beschaffungswege	446
7.3.2	Das Stellenangebot	448
7.3.3	Die Bewerbung	450
7.3.4	Eignungsfeststellung und Vorstellungsgespräch	453
7.4	**Personalbetreuung**	455
7.4.1	Sozialleistungen	455
7.4.2	Übersicht über die Zweige der Sozialversicherung	456

7.5   **Rechtliche Aspekte des Arbeitsverhältnisses** 460

7.5.1   Der Einzelarbeitsvertrag 460

7.5.2   Tarifvertrag und Betriebsvereinbarung 462

7.5.3   Arbeitsschutzgesetze 466

7.6   **Arbeitsentgeltsabrechnungen** 470

7.6.1   Arbeitsentgelte und Lohnnebenkosten 470

7.6.2   Buchung der Arbeitsentgelte 477

7.7   **Personalpolitik** 483

7.7.1   Die Entscheidungsträger 483

7.7.2   Die betriebliche Mitbestimmung 487

7.7.3   Personalbeurteilung 490

7.7.4   Personalentwicklung 492

7.8   **Personalinformationssysteme** 495

Sachwortverzeichnis 499

Anhang: Schulkontenrahmen

Gesetzesabkürzungen

Abfallgesetz	AbfG	Gesetz gegen Wettbewerbsbeschränkungen	GWB
Aktiengesetz	AktG	Gewerbeordnung	GewO
Abgabenordnung	AO	Grundgesetz	GG
Bildschirmarbeitsplatzverordnung	BildscharbV	GmbH-Gesetz	GmbHG
Bürgerliches Gesetzbuch	BGB	Handelsgesetzbuch	HGB
Bundes-Immissionsschutzgesetz	BImSchG	Kreislaufwirtschaftsgesetz	KrWG
		Markengesetz	MarkenG
Gesetz über elektronische Handelsregister und Genossenschaftsregister	EHUG	Patentgesetz	PatG
		Produkthaftungsgesetz	ProdHaftG
Einkommensteuergesetz	EStG	Scheckgesetz	SchG
Gebrauchsmustergesetz	GebrMG	Schulgesetz	SchulG
Gefahrgutverordnung	GGV	Signaturgesetz	SigG
Genossenschaftsgesetz	GenG	Strafgesetzbuch	StGB
Geräte- und Produktsicherheitsgesetz	GPSG	Umweltverträglichkeitsprüfungsgesetz	UVPG
Geschmacksmustergesetz	GeschmMG	Verpackungsverordnung	VerpackV
Gesetz gegen den unlauteren Wettbewerb	UWG	Zivilprozessordnung	ZPO

Einleitung

Jutta Meier und Jörg Lehmann haben die Realschule absolviert und möchten im kommenden Schuljahr die Höhere Handelsschule besuchen, weil sie sich dadurch eine bessere Ausgangsposition für eine kaufmännische Ausbildung versprechen. Deshalb haben sie gerne von dem folgenden Angebot Gebrauch gemacht:

BÜRODESIGN GMBH

Praktikum in einem modernen Unternehmen

Interessierte Schülerinnen und Schüler haben die Möglichkeit, unser Unternehmen während drei Wochen in den Ferien kennenzulernen. Sie helfen uns bei der Arbeit und erhalten dafür:

- einen Einblick in den Aufbau und die Arbeitsweise eines Industriebetriebes,
- wichtige Erkenntnisse aus der Berufs- und Arbeitswelt,
- praktische Kenntnisse, die für ihre schulische Laufbahn wertvoll sind,
- vielleicht später einen Ausbildungsvertrag,
- ein kleines Gehalt von 75,00 EUR je Woche.

Wenn Sie Interesse haben, melden Sie sich bei Frau Geissler, Personalabteilung Bürodesign GmbH, 50933 Köln, Stolberger Straße 188, Tel. 0221 6683550, E-Mail: kontakt@buerodesign-online.de

Zu Beginn ihres Praktikums haben Jörg und Jutta einen Prospekt über die Bürodesign GmbH erhalten. Dadurch kennen sie die verschiedenen Abteilungen des Unternehmens, die Namen der Abteilungs- und Gruppenleiter, einige Lieferer und Kunden sowie verschiedene Produkte, die von der Bürodesign GmbH hergestellt werden.

Lesen Sie den Abschnitt „Ein Unternehmen stellt sich vor" und bearbeiten Sie im Anschluss folgende Aufgaben:

1. Stellen Sie fest, welche Produktgruppen von der Bürodesign GmbH angeboten werden! Beschreiben Sie jeweils zwei Produkte.

2. Stellen Sie fest, mit welchen drei Kunden die Bürodesign GmbH im laufenden Jahr den höchsten Umsatz erzielt hat, und berechnen Sie deren Gesamtumsatz.

3. Beschreiben Sie die Produkte, die die Bürodesign GmbH von der Vereinigten Spanplatten AG und der Stammes Stahlrohr GmbH bezieht, und erläutern Sie, für welche Produkte der Bürodesign GmbH diese Rohstoffe verwendet werden können.

4. Beschreiben Sie, aus welchen Abteilungen die Bürodesign GmbH besteht.

5. Frau Friedrich und Herr Stein sind Geschäftsführer der Bürodesign GmbH. Beide haben Kapital in das Unternehmen eingebracht. Stellen Sie anhand des Gesellschaftervertrages fest, wie hoch die jeweiligen Einlagen sind und über welches Kapital die Gesellschaft verfügt.

6. Stellen Sie fest, in welchen Verbänden die Bürodesign GmbH Mitglied ist.

7. Entwerfen Sie einen Briefbogen für die Bürodesign GmbH, auf dem folgende Angaben enthalten sein müssen: Name, Anschrift, Telefon, Fax, E-Mail, Bankverbindungen, Geschäftsführer der GmbH.

8. Sammeln Sie Argumente für und gegen ein Praktikum, wie Jörg und Jutta es absolvieren, und begründen Sie Ihre Antworten.

9. Versetzen Sie sich in die Lage der Geschäftsleitung der Bürodesign GmbH und begründen Sie, weshalb Praktikantenplätze an Schülerinnen und Schüler ausgeschrieben werden.

10. Lesen Sie die Unternehmensgeschichte der Bürodesign GmbH (vgl. S. 9 f.) und stellen Sie fest, welche Gesichtspunkte in der Bürodesign GmbH eine wesentliche Rolle spielen.

Ein Unternehmen stellt sich vor

Die Betriebswirtschaftslehre beschäftigt sich mit dem Verhalten von Unternehmen im Markt. Jedes Unternehmen ist gleichzeitig Kunde bei anderen Unternehmen, bei seinen Lieferanten, und hat selbst Kunden, seine Abnehmer. Industrieunternehmen beschaffen Rohstoffe usw. und produzieren unter Einsatz von menschlicher Arbeitskraft, Maschinen und Finanzmitteln neue Güter, die sie ihren Kunden anbieten.

Damit Sie die vielfältigen Probleme und Methoden der Betriebswirtschaftslehre leichter kennenlernen, haben wir in diesem Buch für Sie ein mittelständisches Industrieunternehmen als Modellbetrieb gewählt, die **Bürodesign GmbH**. An typischen Situationen dieses Unternehmens lernen Sie die wesentlichen Problemkreise kennen, mit denen sich die Betriebswirtschaftslehre beschäftigt. Sie erfahren, wie betriebswirtschaftliche Entscheidungen zustande kommen und welche Methoden eingesetzt werden, damit ein Unternehmen Erfolg hat.

Betrachten Sie die Bürodesign GmbH als Ihren „Ausbildungsbetrieb", um betriebswirtschaftliches Denken und Handeln zu lernen. Hierzu wollen Sie sicher einige Details über dieses Unternehmen erfahren. Auf den nächsten Seiten wird Ihre Neugier gestillt.

Sie erfahren, wo die Bürodesign GmbH ihren Sitz hat, wie das Unternehmen aufgebaut ist, welche Abteilungen vorhanden sind und welchen Menschen Sie in diesem Buch häufig begegnen. Sie beobachten sie in typischen betrieblichen Situationen.

Sie finden auch einen Katalog der Produkte, die von der Bürodesign GmbH hergestellt werden, sowie einen Auszug aus der Kunden- und Liefererdatei. Außerdem wird der Gesellschaftsvertrag der Bürodesign GmbH vorgestellt. Schließlich erfahren Sie, in welchen Verbänden die Bürodesign GmbH Mitglied ist und wie ihr Betriebsrat und ihre Jugendvertretung zusammengesetzt sind.

Auf diese Informationen werden Sie bei Ihrer Arbeit sicher häufiger zurückgreifen müssen. Deshalb haben wir sie zusammengefasst und als Einleitung vor das erste Kapitel gesetzt.

■ Unternehmensgeschichte

In der Mitte des Rheinlandes gründete der Tischlermeister Christian Stein 1947 in Köln die **Sitzmöbelfabrik Christian Stein**, die Stühle im gutbürgerlichen Geschmack und von hoher handwerklicher Qualität produzierte. Im Jahre 1952 trat der Tischlermeister Bernd Friedrich in das bestehende Unternehmen als Mitgesellschafter ein, wobei das Unternehmen seitdem als **Sitzmöbelfabrik Stein OHG** firmierte. 1983 wandelten die beiden Nachfahren Dipl.-Kfm. Klaus Stein und Dipl.-Ing. Helma Friedrich das Unternehmen in die **Bürodesign GmbH** um. Damit begann der eigentliche Aufstieg des Unternehmens zu einem der führenden Hersteller von Büromöbeln in Deutschland. Das Unternehmen hat den Ruf eines Pioniers der zeitgemäßen Büromöbelgestaltung erlangt.

Wesentliche **Grundmaximen** des Unternehmens sind die **Forderung nach hoher Dauerhaftigkeit der Produkte und der Absage an verschwenderischen Überfluss**. In einer Zeit also, in der „Ex-und-Hopp" als erstrebenswertes Konsumverhalten galt, erkannten Designer dessen Fragwürdigkeit und zogen gemeinsam mit einer Handvoll fortschrittlicher Unternehmen, zu denen auch die Bürodesign GmbH zählt, daraus die Konsequenz. Daraus entstand in der Bürodesign GmbH der Begriff **„Wahrhaftigkeit der Produkte"** als verpflichtende Maxime.

Ohne um die ökologischen Zusammenhänge zu wissen, produzierte die Bürodesign GmbH vor über zwei Jahrzehnten Möbel, die ein **wesentliches ökologisches Grunderfordernis** erfüllen – **hohe Gebrauchsdauer bei reduziertem Materialaufwand**. Zu den Forderungen nach Form und Funktion ist vor einigen Jahren die **Umweltverträglichkeit** als dritte Vorgabe für die Designer und Konstrukteure gekommen.

Mit der Produktphilosophie bildete sich bei der Bürodesign GmbH auch ein **neues Verständnis für das soziale Verhalten** im Unternehmen aus, das auf gegenseitigem Vertrauen gegründet ist. Der **Führungsstil** ist kooperativ und durch die Regel „Keine Anweisung ohne Begründung" charakterisiert. Seit dem 1. Januar 1974 sind die Mitarbeiterinnen und Mitarbeiter mit 50 % am Betriebsergebnis (nach Steuern) vermögensbildend beteiligt und halten heute als **stille Gesellschafter** 28 % des Kapitals. Mit der geplanten Umwandlung der Unternehmung in eine **Aktiengesellschaft** werden die Mitarbeiteranteile in Vorzugsaktien umgewandelt werden.

Es war naheliegend, dass ein Unternehmen, das in der Produktentwicklung ebenso wie in seiner Haltung als Arbeitgeber neue Wege geht, sich in seiner Umweltverantwortung nicht abwartend verhält, sondern bestrebt ist, die Entwicklung aktiv mit voranzutreiben. Ziel ist es bei der Bürodesign GmbH, ein umfassendes **Öko-Controlling** zu implementieren, um durch alternative Werkstoffe, wirtschaftlichen Einsatz von Energien und die Optimierung der Herstellverfahren sowohl die Produkte als auch die Produktion kontinuierlich umweltverträglicher zu gestalten. Hierbei wird die folgende Unternehmensphilosophie zugrunde gelegt: **„In diesem Jahrtausend werden nur die Unternehmen überleben, die zwei Voraussetzungen haben: ökologische Produkte und die Zustimmung der Menschen."**

■ Der Standort

Produktionsstätte und Büroräume der Bürodesign GmbH liegen in Köln-Braunsfeld, in der Stolberger Straße 188. Hier hat das Unternehmen Werkstätten für die Fertigung angemietet. Die Büroräume befinden sich in einem Nebengebäude, das Eigentum der Bürodesign GmbH ist. Die Bürodesign GmbH unterhält ebenfalls in ihrem Verwaltungsgebäude ein Verkaufsstudio, in dem Letztverbraucher ihre Einkäufe tätigen können.

Über die Aachener Straße ist das Autobahnkreuz Köln-West mit den Autobahnen A1 und A4 in wenigen Minuten zu erreichen. Der Güterbahnhof Köln-Gereon befindet sich ebenfalls in unmittelbarer Nähe.

Arbeitnehmerinnen und Arbeitnehmer können mit den Straßenbahnlinien 7, 8 und 20 bis fast vor die Werkstore fahren.

Die Bürodesign unterhält Zweigniederlassungen in 26607 Aurich, Dieselstraße 10, und in 04347 Leipzig, Brahestraße 30–32. Eine weitere Vertriebsniederlassung soll in zwei Jahren in München oder Umgebung eröffnet werden. Mit einem italienischen Büromöbelhersteller aus Bozen ist ein Kooperationsvertrag abgeschlossen worden. Hierbei sollen die Produkte des jeweilig anderen Unternehmens den Kunden als Produktalternativen angeboten werden. Jedes Unternehmen erhält aus den für das andere Unternehmen getätigten Verkäufen Provisionen.

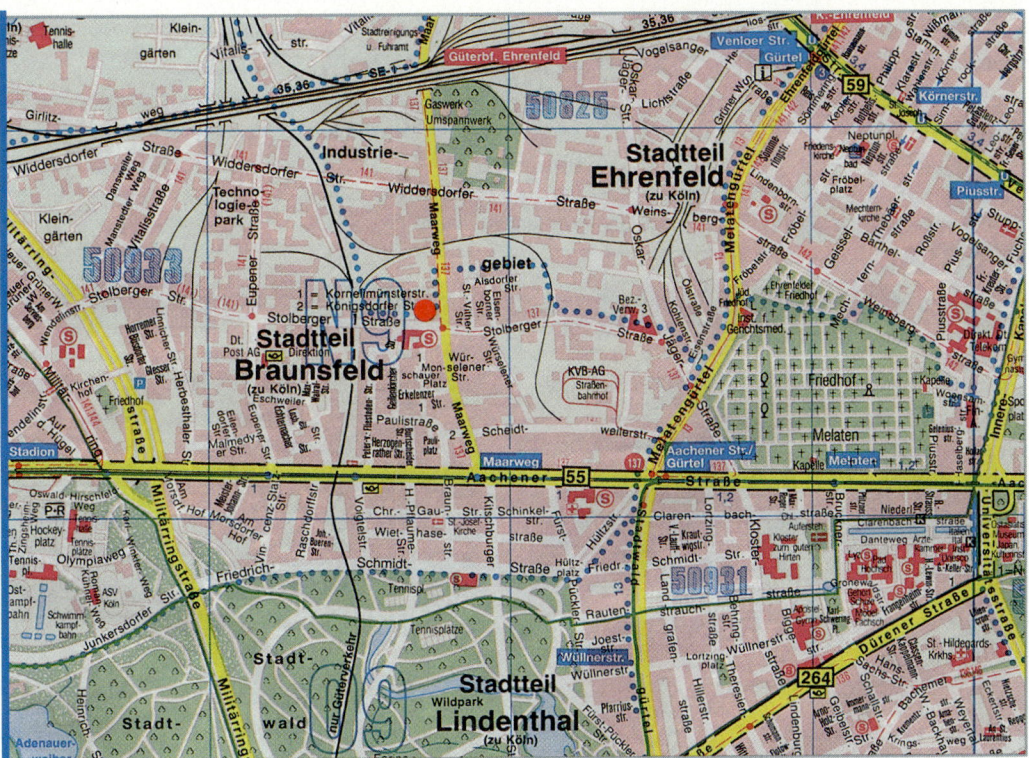

⬤ = Standort der Bürodesign GmbH

■ Telefon, Telefax, E-Mail, Internet und USt-ID-Nr.

Telefon: 0221 6683550
Telefax: 0221 668357
USt-ID-Nr.:DE-135795835

E-Mail: kontakt@buerodesign-online.de
Hompage: http://www.buerodesign-online.de
Steuernummer: 223/845/8844

■ Die Abteilungen

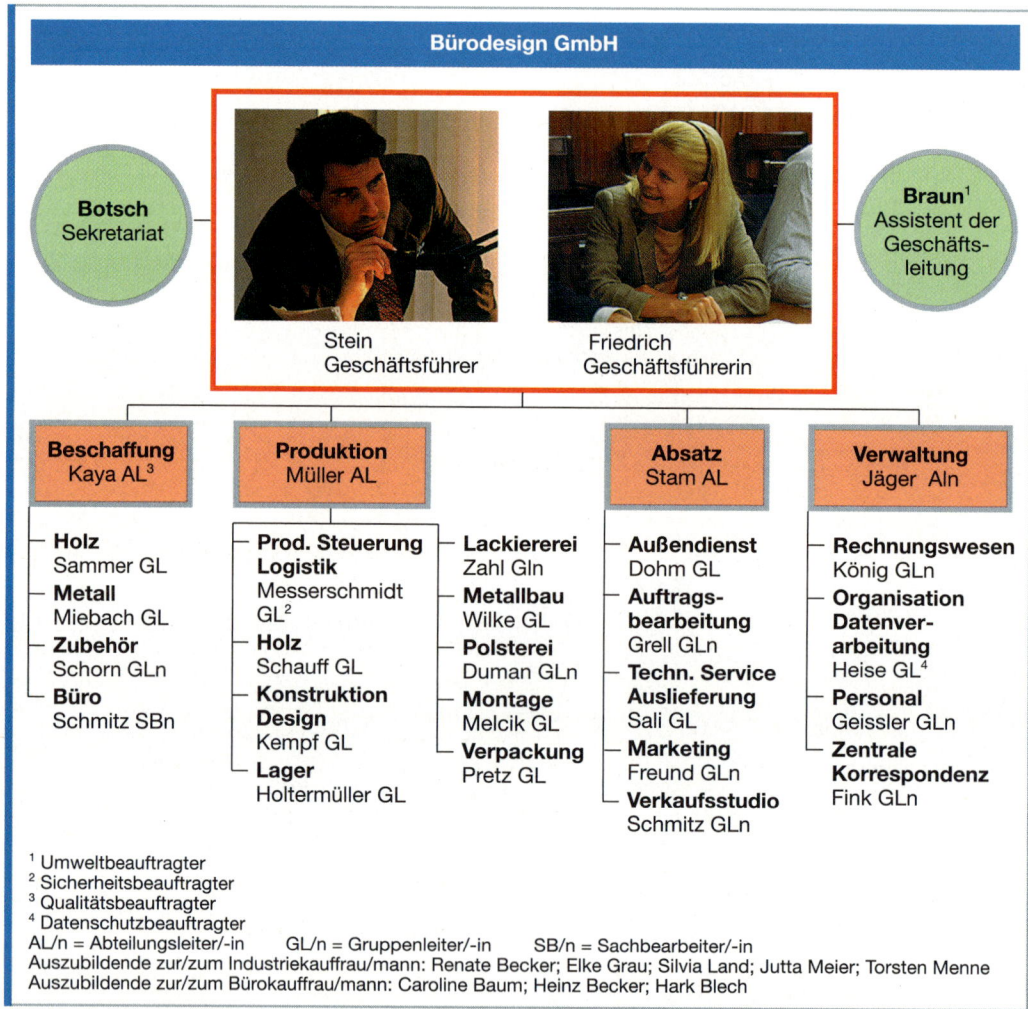

Bürodesign GmbH

Botsch
Sekretariat

Braun[1]
Assistent der Geschäfts-leitung

Stein
Geschäftsführer

Friedrich
Geschäftsführerin

Beschaffung Kaya AL[3]	Produktion Müller AL		Absatz Stam AL	Verwaltung Jäger Aln

Holz
Sammer GL
Metall
Miebach GL
Zubehör
Schorn GLn
Büro
Schmitz SBn

Prod. Steuerung Logistik
Messerschmidt GL[2]
Holz
Schauff GL
Konstruktion Design
Kempf GL
Lager
Holtermüller GL

Lackiererei
Zahl Gln
Metallbau
Wilke GL
Polsterei
Duman GLn
Montage
Melcik GL
Verpackung
Pretz GL

Außendienst
Dohm GL
Auftrags-bearbeitung
Grell GLn
Techn. Service Auslieferung
Sali GL
Marketing
Freund GLn
Verkaufsstudio
Schmitz GLn

Rechnungswesen
König GLn
Organisation Datenver-arbeitung
Heise GL[4]
Personal
Geissler GLn
Zentrale Korrespondenz
Fink GLn

[1] Umweltbeauftragter
[2] Sicherheitsbeauftragter
[3] Qualitätsbeauftragter
[4] Datenschutzbeauftragter
AL/n = Abteilungsleiter/-in   GL/n = Gruppenleiter/-in   SB/n = Sachbearbeiter/-in
Auszubildende zur/zum Industriekauffrau/mann: Renate Becker; Elke Grau; Silvia Land; Jutta Meier; Torsten Menne
Auszubildende zur/zum Bürokauffrau/mann: Caroline Baum; Heinz Becker; Hark Blech

■ Die Verbände

Gemäß § 1 IHK-Gesetz ist die Bürodesign GmbH Zwangsmitglied in der Industrie- und Handels-kammer. Als Handwerksbetrieb ist sie ebenfalls Mitglied in der Handwerkskammer. Frau Fried-rich und der Tischlermeister Schauff sind Mitglieder in Prüfungsausschüssen der IHK und der Handwerkskammer. Das Unternehmen ist im Landesverband Holzindustrie und Kunststoffverar-beitung Nordrhein e.V. organisiert, die organisierten Arbeitnehmer sind Mitglieder in der Ge-werkschaft IG Metall.

■ Der Betriebsrat und die Jugend- und Auszubildendenvertretung

Vorsitzender des Betriebsrates der Bürodesign GmbH ist Frank Messerschmidt, seine Stellvertreterin Sabine Schmitz. Darüber hinaus gehören dem Betriebsrat die Mitarbeiterinnen und Mitarbeiter Sonja Geissler, Vera Botsch und Werner Horn an. Jugend- und Auszubildendenvertreterin ist Silvia Land, Stellvertreterin ist Elke Grau.

■ Die Produkte

Auszug aus dem Katalog der Bürodesign GmbH:

Die Stärke eines Unternehmens liegt im Rückgrat seiner Mitarbeiter!

Deshalb ist unser Ziel:

Ihre Mitarbeiter sollen gut sitzen, damit sie ein besseres Stehvermögen haben!

Alle unsere Büromöbel sind miteinander kombinierbar und geben Ihren Arbeits plätzen ein modernes und funktionelles Flair. Ihre Mitarbeiter sollen sich wohlfühlen.

Ein wichtiges Anliegen ist uns die Ergonomie am Arbeitsplatz.

Büromöbel sollen sich den Bedürfnissen Ihrer Mitarbeiter anpassen und nicht umgekehrt!

Hierzu berücksichtigen wir stets die neuesten Erkenntnisse der Arbeitsmedizin und der Vorschriften der Berufsgenossenschaften für die Gestaltung von Büroarbeitsplätzen.

Ein weiteres Prinzip unseres Unternehmens ist die ökologische Produktion von umweltverträglichen Büromöbeln. Wir verwenden ausschließlich Materialien, die frei von Schadstoffen und recycelbar sind. Deshalb erhalten Sie zu jedem Produkt eine Aufstellung der verwendeten Materialien. Zusätzlich sind die verwendeten Stoffe auf unseren Produkten besonders gekennzeichnet. Übrigens, es versteht sich von selbst, dass wir keine Tropenhölzer verwenden.

Sie sehen, uns liegt die Umwelt am Herzen, genau wie Ihnen!

Die Palette unserer Erzeugnisse umfasst folgende Produktgruppen:

● **Arbeiten am Schreibtisch**

● **Warten und Empfang**

● **Konferenzen und Schulung**

Unser Katalog gibt Ihnen nur einen kleinen Überblick über unser Angebot. Bei Bedarf stehen Ihnen unsere qualifizierten Einrichtungsberater zur Verfügung. Rufen Sie uns einfach an, wir vereinbaren gerne einen Besuchstermin.

BÜRODESIGN GMBH

Stolberger Straße 188 · 50933 Köln · Tel.: 0221 6683550 · Fax: 0221 668357
Internet: http://www.buerodesign-online.de

Auszug aus der **Produktliste**:

Produktgruppe „Arbeiten am Schreibtisch"

Produkt	Beschreibung	Maße in cm	Material, Farbe
• **Chef 2000**	Schreibtisch mit Winkelkombination, Oberfläche versiegelt, auf Wunsch mit Glas, Sicherheitsschlösser	Standard: 120 x 80 Höhe: regulierbar von 68–75 Sondermaße auf Wunsch	Eiche, Birke, Esche (furniert)
• **Stardesign**	Schreibtisch Stahlrohrrahmen mit wahlweise Glas-, Holz- oder Kunststoffplatte	Standard: 180 x 95 Höhe: regulierbar von 68–76 Sondermaße auf Wunsch	Rahmen in Chrom, Platte nach Wunsch
• **Container-Serie Volumen**	Unterbau mit Rollen für alle Modelle, mit Schubladen, Hängeregistratur, Aktenablage, Sicherheitsschlössern	135 x 42 x 164	passend zu Schreibtischen
• **Integra**	Stellwände zur Gestaltung von Bürolandschaften	80 x 80 x 122	passend zu Schreibtischen
• **Ergo-design-natur**	Arbeitssessel, höhen- und neigungsverstellbar, mit Rollen		Leder, Textil (nach Farbmuster)
• **Xama 2000**	Bürotisch	Standard: 150 x 70 Höhe regulierbar von 68–75 Sondermaße auf Wunsch	Esche, Birke, Kiefer (furniert)
• **Modulo**	Kombinationsschreibtisch, erweiterbar zu Arbeitsinseln, Ergänzungsmodul	160 x 80 x 68–75 120 x 80 x 68–75	Eiche, Birke, Esche (furniert)

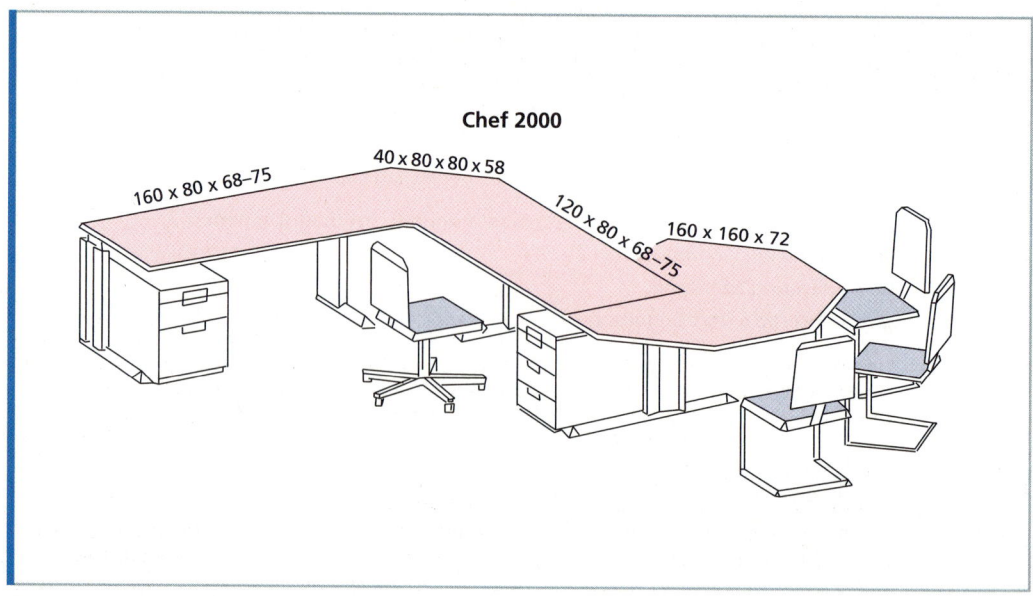

Chef 2000

Produktgruppe „Konferenzen und Schulung"

Produkt	Beschreibung	Maße in cm	Material, Farbe
• **Logo**	Konferenztisch kombinierbar mit Eckstücken Rahmen aus Holz oder Stahlrohr	180 x 95 x 68–75	Eiche, Birke, Esche (furniert)
• **Stapler**	Stapelstühle klappbar		Kunststoff auf Stahlrohr
• **Konzentra**	Konferenzstühle mit Armlehnen		Leder, Textil (nach Farbmuster)
• **Wikinger**	Regalsystem	180 x 90 x 30	Eiche, Birke, Esche (furniert) Kiefer (massiv)

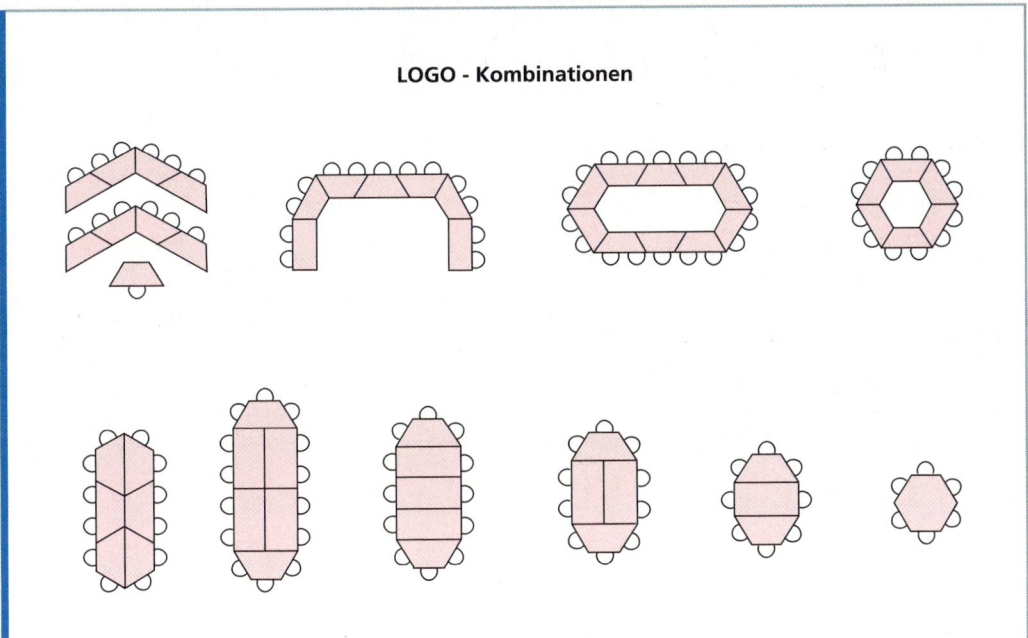

LOGO - Kombinationen

Produktgruppe „Warten und Empfang"

Produkt	Beschreibung	Maße in cm	Material, Farbe
• **INTRO**	Empfangstheke kombinierbar mit Eckteilen	160 x 80 x 220 Thekenbreite 35	Eiche, Birke, Esche
• **Waiter**	Sessel für den Warteraum, kombinierbar zu Sofa		Leder, Textil (nach Farbmuster)
• **Stand**	Ablagetisch für Warteraum, Stahlrohr mit Glasplatte	80 x 80 x 50	Rahmen in Chrom, Platte aus Glas

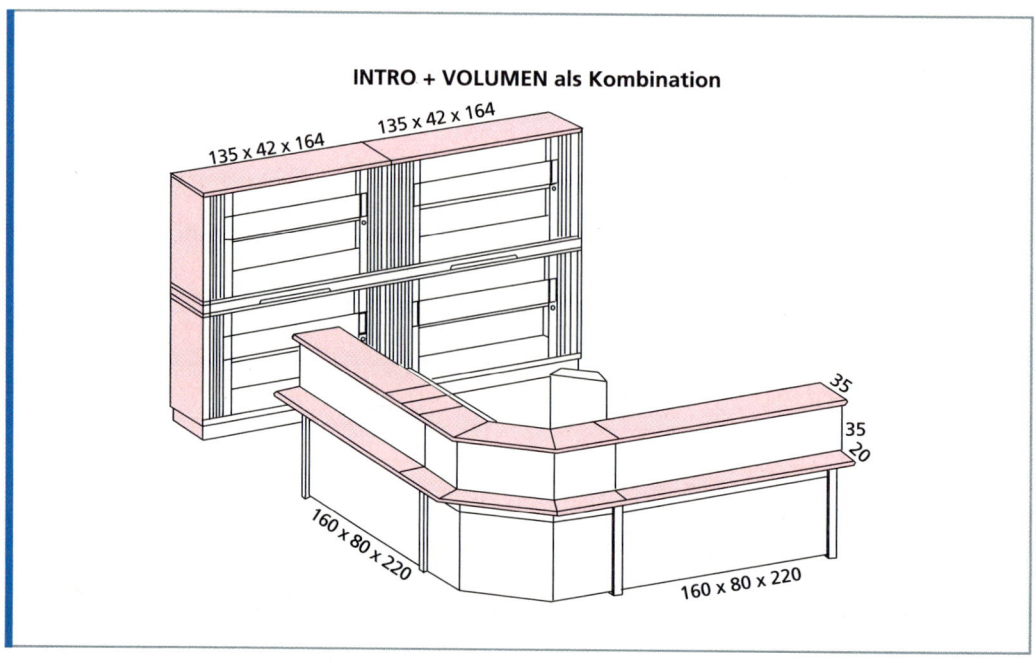

INTRO + VOLUMEN als Kombination

■ Die Hauptkunden

Auszug aus der Kundendatei der Bürodesign GmbH:

Kunden/ Debito- ren-Nr.	Name	Anschrift	Tel./Fax	Bank	Umsatz lfd. Jahr	Offene Posten	Mah- nungen
L-5681 D24002	Büro- bedarfs- großhandel Schneider & Co. OHG	Laarstr. 19 58636 Iserlohn	02371 342311 02371 342315	Commerzbank Hagen BLZ 45040042 Kto.-Nr. 45623468	160 000,00	1	0
L-5677 D24001	Klassik 2000 GmbH	Hagenstr. 130 59075 Hamm	02381 98546 02381 98541	Postbank Dortmund BLZ 44010046 Kto.-Nr. 342176	320 000,00	2	1
L-5621 D24005	Bodo Lukas KG Fachgeschäft für Büroein- richtungen	Ohmstr. 16 76229 Karls- ruhe	0721 451122 0721 451128	Postbank Ludwigshafen BLZ 54510067 Kto.-Nr. 91723146	185 000,00	1	2
L-5641 D24008	Büromöbel GmbH Europa	Lahnstr. 168 28199 Bremen	0421 886635 0421 886640	Sparkasse Bremen BLZ 29050101 Kto.-Nr. 554436278	95 000,00	0	0
L-5610 D24009	Klaus Oswald e. K. Büromöbel- großhandel	Magazinstr. 98 01099 Dresden	0351 763400 0351 763434	Deutsche Bank Dresden BLZ 87070000 Kto.-Nr. 097683214	70 000,00	0	0

■ Der Gesellschaftsvertrag (Auszug)

Gesellschaftsvertrag der Bürodesign GmbH

durch die Gesellschafterversammlung am 1. April .. in 50933 Köln, Stolberger Straße 188, festgelegt:

§ 1 Die Firma der Gesellschaft lautet Bürodesign GmbH.

§ 2 Der Geschäftssitz der Gesellschaft ist in 50933 Köln.

§ 3 Die Gesellschaft betreibt die Herstellung und den Vertrieb von Büromöbeln. Nach Möglichkeit sollen umweltverträgliche Materialien und Produktionsverfahren berücksichtigt werden.

§ 4 Das Produktionsprogramm kann um ergänzende Produkte erweitert werden. Hierzu ist der einstimmige Beschluss der Geschäftsführer erforderlich. Änderungen des Betriebszweckes und der Branche sind nur mit einer 3/4-Mehrheit der Gesellschafter möglich.

§ 5 Das Stammkapital der Gesellschaft beträgt 600 000,00 EUR.

§ 6 Das Stammkapital wird aufgebracht:

1. Gesellschafterin Dipl.-Ing. Helma Friedrich mit einer Stammeinlage von 300 000,00 EUR.

2. Gesellschafter Dipl.-Kfm. Klaus Stein mit einer Stammeinlage von 300 000,00 EUR.

Die Stammeinlagen sind in bar oder in Sachwerten zu leisten. Sie sind sofort in voller Höhe fällig.

§ 7 Der Mindestbetrag einer Stammeinlage muss 1 000,00 EUR betragen. Jede andere Stammeinlage muss durch 100,00 EUR teilbar sein.

§ 8 Die Gesellschafterversammlung beruft einstimmig die Geschäftsführung.

§ 9 Die Gesellschaft hat einen oder mehrere Geschäftsführer. Sie wird von der Geschäftsführung geleitet und gerichtlich und außergerichtlich vertreten. Die Geschäftsführung hat das Recht der unbeschränkten Einzelvertretung und ist vom Selbstkontrahierungsverbot des § 181 BGB befreit. Sie kann nur aus wichtigem Grund durch die Gesellschafterversammlung aus ihrem Amt entlassen werden.

§ 10 Die Gesellschafter treten jährlich einmal zu einer ordentlichen Versammlung zusammen. Die Geschäftsführer laden mit einwöchiger Frist unter Angabe von Tagungsort, Tagungszeit und Tagesordnung ein. Die Gesellschafterversammlung findet regelmäßig am Gesellschaftssitz statt.

§ 16 Bekanntmachungen der Gesellschaft nach den gesetzlichen Bestimmungen erfolgen ausschließlich im Unternehmensregister.

§ 17 Zuständiges Gericht für alle Streitigkeiten aus diesem Vertrag ist das Gericht am Sitz der Gesellschaft.

§ 20 Außerhalb des Gesellschaftsvertrages wurde folgender Beschluss gefasst: Als Geschäftsführer gemäß § 9 des Gesellschaftsvertrages werden bestimmt:
1. Frau Dipl.-Ing. Helma Friedrich
2. Herr Dipl.-Kfm. Klaus Stein

§ 21 Vorstehendes Protokoll wurde den Gesellschaftern vom Notar vorgelesen, von ihnen genehmigt und eigenhändig wie folgt gegengezeichnet:

zu 1. *Helma Friedrich*

zu 2. *Klaus Stein*   Köln, 1. April ..

17

■ Die Hauptlieferer

Auszug aus der Liefererdatei der Bürodesign GmbH:

Lieferer/ Kredito- ren-Nr.	Name	Anschrift	Tel./ Fax	Bank	Produkte	Liefer- bedin- gungen	Zahlungs- bedin- gungen	Umsatz lfd. Jahr
H-0082 K70010	Vereinigte Span- platten AG	Ulmer Str. 12 86154 Augsburg	0821 34785 0821 34679	Dresdner Bank Augsburg BLZ 72028001 Kto.-Nr. 127890	Spanplatten Sperrholz Furnierholz Kunststoff- platten alle Sonder- maße	ab Werk zzgl. Fracht	40 Tage netto 12 Tage 3% Skonto	862 000,00
H-0345 K70020	Furnier- werk GmbH	Grenz- str. 16 41515 Greven- broich	02181 56781 02181 56788	Volksbank Greven- broich BLZ 30560090 Kto.-Nr. 47162896	Furniere Umleimer Kanten- schoner	Selbst- abholung mögl. ab Werk	40 Tage netto 10 Tage 2% Skonto	126 000,00
M-0126 K70030	Stammes Stahlrohr GmbH	Neptun- str. 46 45277 Essen	0201 89451 0201 75689	Volksbank Essen BLZ 36030300 Kto.-Nr. 758493	Stahlrohre roh, verzinkt, verchromt alle Maße, beliebiger Querschnitt	frei ver- einbar bisher fracht- frei	30 Tage netto 10 Tage 3% Skonto Mindest- bestellwert 15 000,00 EUR	476 850,00
Z-0012 K70040	Abels, Wirtz & Co. KG	Industrie- str. 124 42653 Solingen	0212 72114 0212 72119	Stadt- sparkasse Solingen BLZ 34250000 Kto.-Nr. 123452234	Schlösser Schlüssel Schließ- anlagen Beschläge	Selbst- abholung Post, UPS unfrei	10 Tage 2% Skonto oder in 30 Tagen netto Kasse	168 900,00
B-00126 K70050	Hanckel & Cie GmbH	Augusta- str. 8 40477 Düsseldorf	0211 345234 0211 345100	Commerz- bank Düsseldorf BLZ 30040000 Kto.-Nr. 1340000	Klebstoffe Leime Lasuren Lacke Farben Beize Polsterstoffe	ab Lager	10 Tage netto	287 560,00
B-44008 K70008	Wollux GmbH Peter Findeisen	Zincke- str. 19 39122 Magde- burg	0391 334231 334232	Dresdner Bank Mag- deburg BLZ 81080000 Kto.-Nr. 674563870	Bezugs- und Polster- materialien und Zubehör für Möbel	frei Haus	Ziel: 30 Tage Skonto: 10 Tage/ 3%	800 000,00

■ Die Bankverbindungen

Kreditinstitut	Bankleitzahl	Kontonummer
Deutsche Bank Köln	370 700 60	252 034 88
Sparkasse KölnBonn	370 501 98	853 139 48
Postbank Köln	370 100 50	0324 066-506

1 Der Betrieb und sein Umfeld

1.1 Die Bürodesign GmbH als Modell für ein Industrieunternehmen

Jutta und Jörg arbeiten bereits seit einer Woche als Praktikanten bei der Bürodesign GmbH. Heute wird ein Jubiläum gefeiert, das Unternehmen besteht seit 50 Jahren. Ab 11:00 Uhr lädt die Geschäftsleitung alle Mitarbeiter zu einem Imbiss ein, Jutta und Jörg sind auch dabei. Frau Geissler, die Personalleiterin, sagt vorher zu den beiden: „Machen Sie sich Notizen, morgen werden wir uns über die Entwicklung der Bürodesign GmbH der letzten 50 Jahre unterhalten! Wenn Sie etwas nicht verstehen, dann notieren Sie sich entsprechende Fragen!"

Um Punkt 11:00 Uhr sitzen alle Mitarbeiter der Bürodesign GmbH Köln in der festlich geschmückten Kantine. Herr Stein, der dienstälteste Geschäftsführer, betritt das aufgestellte Rednerpult, räuspert sich, klopft gegen das Mikrofon und beginnt seine Ansprache.

Arbeitsaufträge
▶ Lesen Sie die folgenden Auszüge aus der Rede von Herrn Stein sowie die Anmerkungen von Jutta und Jörg mit verteilten Rollen.
▶ Markieren Sie alle Begriffe, die Ihnen nicht klar sind, und klären Sie alle Fragen mit diesem Lehrbuch.
▶ Fassen Sie in Stichworten die Kernaussagen der Rede von Herrn Stein zusammen.

Stein: *„Sehr geehrte Damen und Herren, liebe Mitarbeiterinnen und Mitarbeiter! 50 Jahre sind eine lange Zeit in unseren heutigen wirtschaftlich turbulenten Tagen. Damals kannten wir noch kein Internet und wir hatten noch nicht mal einen Computer in unserem Unternehmen …"*

Jörg: *„Bis jetzt habe ich noch alles verstanden!"*

Jutta: *„Pssssst! Er fängt doch gerade erst an!"*

Stein: *„... Damals wie heute befinden wir uns in starken Spannungsfeldern. Lassen Sie mich das bitte knapp an einem Schaubild erläutern ..."*

Dabei legt Herr Stein folgende Folie auf einen bereitgestellten Projektor:

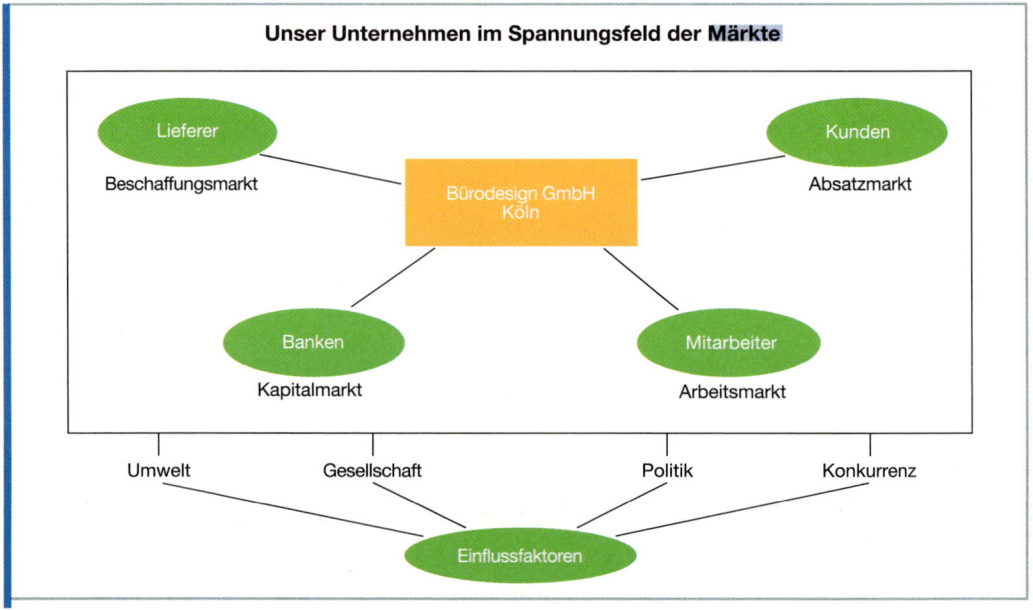

Jörg: *„Wieso hat denn die Politik Einfluss auf die Bürodesign GmbH?"*

Jutta: *„Ist doch klar, die Politiker machen doch Gesetze! Die muss auch ein Unternehmen einhalten!"*

Stein: *„... In den 50er-Jahren hatten wir vorwiegend mit Beschaffungsproblemen zu tun, Maschinen und Rohstoffe waren knapp. Um den Absatzmarkt brauchten wir uns kaum zu kümmern. Unsere Kunden rissen uns unsere Produkte förmlich aus der Hand. Wir produzierten in einem **Verkäufermarkt**. Als Produzenten waren wir gegenüber unseren Kunden in der stärkeren Position, weil das Angebot auf dem Markt kleiner war als die Nachfrage. Auch hierzu ein kleines Schaubild:"*

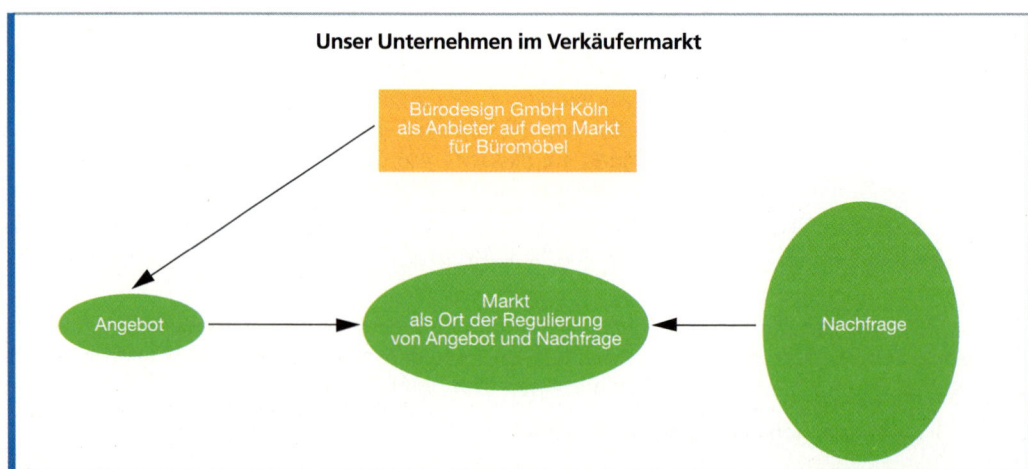

Jörg: *„Was heißt denn ‚Regulierung von Angebot und Nachfrage‘?"*

Jutta: *„Damit meint er bestimmt, dass die Preise sich nach Angebot und Nachfrage richten. Je mehr Kunden Büromöbel kaufen wollen, desto höher wird ihr Kaufpreis sein!"*

Stein: *„… Die Märkte in der Gegenwart haben sich im Vergleich zu den 50er-Jahren verändert. Mittlerweile befinden wir uns in einem **Käufermarkt**. Die Kunden haben uns gegenüber oft eine stärkere Position, da auf dem Büromöbelmarkt das Angebot heute größer ist als die Nachfrage. Wir haben zahlreiche und starke Konkurrenten, zunehmend auch aus dem Ausland. Folgendes Schaubild wird meine Ausführungen verdeutlichen:"*

Jörg: *„Die Folie sieht ja fast genauso aus wie die vorige."*

Jutta: *„Stimmt nicht, bei der letzten Folie war die Nachfrage größer und das Angebot kleiner, schau doch richtig hin!"*

Stein: *„Aber bisher konnte die Geschäftsleitung mit Ihrer Hilfe, liebe Mitarbeiterinnen und Mitarbeiter, alle auftretenden Probleme meistern. Seit Beginn der 70er-Jahre haben wir uns konsequent mit den Grundsätzen des Marketing beschäftigt. Marketing bedeutet, dass ein Unternehmen ‚vom Markt her' geführt wird, d. h., dass alle Maßnahmen und Entscheidungen des Unternehmens vom Marktgeschehen und von Marktdaten bestimmt werden. Dabei haben wir zwei Schwerpunkte in unseren Marketingbemühungen gesetzt:"*

Herr Stein legt eine weitere Folie auf:

Jörg: *„Ist doch klar, wenn ich besser als die Konkurrenz bin, dann kommen alle Kunden zu mir!"*

Stein: *„Zur Erreichung unserer Ziele bedienen wir uns folgender Marketinginstrumente, ohne die modernes betriebswirtschaftliches Arbeiten nicht mehr möglich ist."*

Eine weitere Folie wird aufgelegt und von Herrn Stein erläutert.

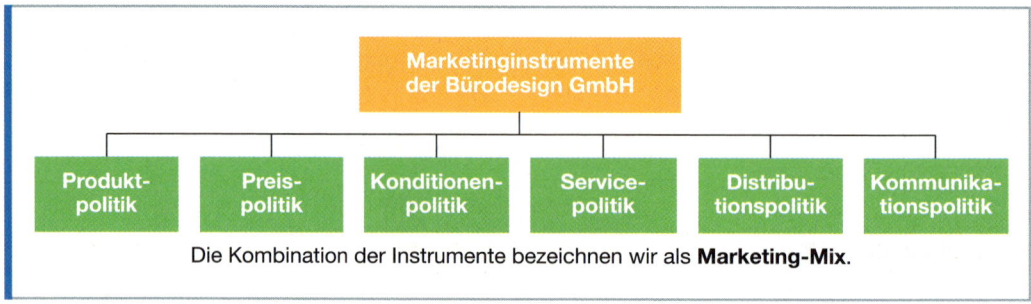

Die Kombination der Instrumente bezeichnen wir als **Marketing-Mix**.

Stein: *„... unsere betriebswirtschaftlichen Bemühungen beinhalten: Erschließung neuer Märkte, flexible und schnelle Reaktion auf Marktveränderungen, kostenbewusste und marktnahe Produktion ..."*

Den Rest der Rede bekommen Jörg und Jutta fast nicht mehr mit, weil Jörg wieder anfängt zu nörgeln.

Jörg: *„Wann gibt es endlich das kalte Buffet? Außerdem habe ich Durst. Von der ganzen Rede verstehe ich sowieso nur die Hälfte. Wenn das demnächst auf der HöHa genauso weitergeht, dann blicke ich gar nicht mehr durch. Das ganze ‚Kaufmännische' ist zu hoch für mich."*

Jutta: *„Ich habe das Meiste verstanden, ich find' das sogar interessant."*

Jörg: *„Ist ja gut, im Prinzip ist das ja auch interessant, nur ist es hier in der Kantine mit all den Menschen viel zu heiß, außerdem riecht es schon nach Braten und Würstchen ..."*

Stein: *„... und somit danke ich Ihnen nochmals für unsere langjährige und gute Zusammenarbeit. Hoffen wir, dass wir auch in den nächsten Jahren mit unserem Unternehmen Bürodesign GmbH auf dem Markt eine wichtige Rolle spielen werden. So, und nun ist auch das kalte Buffet eröffnet, ich wünsche Ihnen viel Freude und guten Appetit!"*

INFO Auf dem Weg zum Buffet kommen Jutta und Jörg an einigen Plakatwänden (zur Gestaltung von Arbeitsplätzen) vorbei, die sie neugierig betrachten.

Dabei befinden sich auch einige Statistiken (vgl. S. 23). Jörg sagt: *„Jutta, schau mal, im 1. Quartal 2009 wurden 320 000 Schreibtische hergestellt. Wie viele davon wurden wohl in der Bürodesign GmbH produziert? Ob wir das je erfahren?"*

Nachdem Jörg und Jutta sich am Buffet versorgt haben, hören sie zufällig Gesprächen von Mitarbeitern der Bürodesign GmbH zu, die an ihrem Tisch sitzen.

Ein Mitarbeiter des Außendienstes: *„... Der Chef hat gut reden. Wir im Außendienst laufen uns die Füße platt, um neue Kunden zu finden, aber wie wir neue Märkte erschließen können, sagt er uns nicht ..."*

Eine Mitarbeiterin der Marketingabteilung: *„Eigentlich ist das ja unsere Aufgabe. Bei uns in der Marketingabteilung hören wir ja manchmal das Gras wachsen. Wir wissen, wie sich Trends entwickeln, wie sich neue Märkte bilden und wie sich die Kundenansprüche wandeln. Aber leider hört man nicht immer auf uns. Oft heißt es, ‚Eure Ideen sind von der Produktionsabteilung nicht umsetzbar!'"*

Mehrere Flächen – verschiedene Arbeitshöhen?

Spezielle Anforderungen gelten für die Höhen-Anpassung von **Arbeitsplatz-Kombinationen.** Die Arbeitshöhe wird durch den „Ort des manuellen Einwirkens" bestimmt.

Bei manuellen Tätigkeiten (Lesen, Schreiben, Sortieren) ist das die Tischfläche. **Tischhöhe und Arbeitshöhe sind identisch.**

Auf der Arbeitsfläche zu bedienende Arbeitsmittel verschieben die Arbeitshöhe nach oben, bei einer Tastatur um etwa 20 bis 30 mm. **Tischhöhe und Arbeitshöhe differieren.** Diese Differenz sollte durch die Reduzierung der Tischhöhe ausgeglichen werden.

Wer sich also alle Chancen offen halten will, dem muss für Arbeitsplatz-Kombinationen empfohlen werden, **jede Arbeitsfläche unabhängig von den anderen höhenvariabel** zu gestalten.

Die Konsequenz: Bildschirm-Arbeitsplätze werden im Raum so angeordnet, **dass die Blickrichtung der Benutzer parallel zur Fensterfront verläuft.** Lange Glasfassaden mit hohem Lichteinfall können trotz richtiger Aufstellung der Bildschirme Direkt- oder Reflexblendungen hervorrufen. In solchen Fällen ist es sinnvoll, die Fensterfront durch dicht vor oder hinter dem Arbeitsplatz platzierte Stellwände zu „verkürzen".

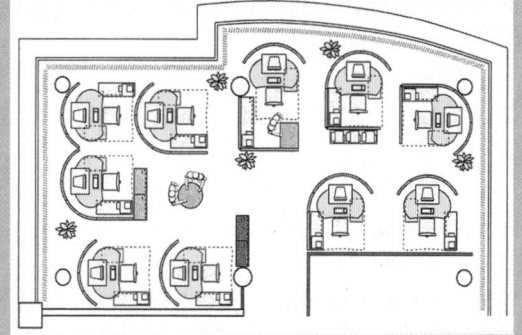

In Räumen mit mehreren Fensterfronten empfiehlt es sich, die Arbeitsplätze mit Blickrichtung auf eine dieser Fronten anzuordnen.

Dadurch kann es keine Reflexe und Spiegelungen im Bildschirm (Reflexblendungen) geben. Die dabei jedoch unvermeidliche Direktblendung wird durch eine geeignete Lichtschutzanlage ausgeschaltet.

Verband Büro-, Sitz- und Objektmöbel e.V. (BSO)

Bürositzmöbel

kumulative Auswertung	Menge in 1 000 Stück			Wert in TEUR		
	I. Quartal	Vorjahr	Veränd.	I. Quartal	Vorjahr	Veränd.
Bürodrehstühle, Rollen/Gleiter	424	441	–3,9 %	86 389	91 350	–5,4 %
Bürositzmöbel mit Stahlgestell	248	250	–0,8 %	26 999	29 454	–8,3 %
Bürositzmöbel mit Holzgestell	12	11	9,1 %	2 406	2 015	19,4 %
Summe Bürositzmöbel	**684**	**702**	**–2,6 %**	**115 794**	**122 819**	**–5,7 %**
Büromöbel insgesamt	**2 006**	**2 133**	**–6,0 %**	**404 324**	**440 936**	**–8,3 %**

Quelle: bso Verband Büro-, Sitz- und Objektmöbel e.V. unter http://www.buero-forum.de

Ein Mitarbeiter der Produktion: *„Hört ja auf, über die Produktionsabteilung zu schimpfen, wir machen schließlich die Hauptarbeit im Betrieb, ohne uns läuft nichts hier! Marketing, was heißt das schon, wir stellen die Möbel her und ihr braucht sie nur noch zu verkaufen. Gute Möbel verkaufen sich von selbst!"*

Ein Mitarbeiter der Verkaufsabteilung: *„Moment mal, wir vom Verkauf sichern genauso die Arbeitsplätze unseres Unternehmens wie die Abteilung Produktion. Wenn nichts verkauft wird, und das geht nur mit modernem Marketing, fließt auch kein Geld in die Kasse. Dann machen wir keinen Gewinn und unser Unternehmen geht den Bach hinunter."*

Jörg und Jutta hören noch einige Zeit zu und begeben sich gesättigt auf den Heimweg. In der Straßenbahn unterhalten sich die beiden weiter.

Jörg: *„Hör mal, wenn durch Marketingarbeit in einem Betrieb Arbeitsplätze gesichert werden, dann ist das eigentlich eine tolle Sache. Mein Onkel ist seit vier Monaten arbeitslos, er war bei einer Schokoladenfabrik beschäftigt, die Pleite gemacht hat. Er sagt, das kam dadurch, dass das Produktionsprogramm schon lange nicht mehr marktgängig war. Jetzt verstehe ich, was er gemeint hat. Der Betrieb hat wahrscheinlich nur noch olle Kamellen hergestellt, die keiner mehr essen wollte."*

Jutta: *„Ist doch klar, wenn ein Unternehmen Ware herstellt, die wir als Verbraucher nicht kaufen, dann kann es nicht überleben und muss seine Mitarbeiter entlassen. Wie das genau funktioniert, vor allem mit dem ‚Marketing-Mix', weiß ich noch nicht. Ich bin gespannt, ob wir das in der HöHa lernen werden."*

Zusammenfassung: Die Bürodesign GmbH als Modell für ein Industrieunternehmen

- Ein Industrieunternehmen befindet sich im **Spannungsfeld folgender Märkte**:
  - Beschaffungsmarkt
  - Absatzmarkt
  - Arbeitsmarkt
  - Kapitalmarkt
- Es wird beeinflusst durch Faktoren der Umwelt, der Politik, der Gesellschaft und der Konkurrenz.
  - **Verkäufermarkt:** Nachfrage ist größer als das Angebot (geringe Konkurrenz)
  - **Käufermarkt:** Nachfrage ist kleiner als das Angebot (große Konkurrenz)
- Marketing bedeutet, dass alle Entscheidungen in einem Unternehmen durch Marktdaten bestimmt werden. Somit kommt es zu einer **Kunden- und Wettbewerbsorientierung.**
- **Marketinginstrumente**
  - Produktpolitik
  - Preispolitik
  - Servicepolitik
  - Konditionenpolitik
  - Distributionspolitik
  - Kommunikationspolitik

Aufgaben

1. a) Erläutern Sie den Unterschied zwischen einem Käufer- und einem Verkäufermarkt.
   b) Beschreiben Sie, weshalb sich bei der Bürodesign GmbH eine Wandlung von einem Verkäufer- zu einem Käufermarkt vollzogen hat.
   c) Nennen Sie Beispiele aus Ihrem Erfahrungsbereich für einen Käufer- und einen Verkäufermarkt.

2 *Beurteilen Sie die folgenden Aussagen.*

   a) *„Marketing ist nur eine Modeerscheinung. Wenn eine Ware nur preiswert genug ist, wird sie schon Abnehmer finden."*

   b) *„Wenn ein Unternehmen sich an Marktdaten orientiert, also Marketing betreibt, dann können dadurch Arbeitsplätze geschaffen und gesichert werden."*

3 *Die Schwerpunkte der Marketingarbeit bei der Bürodesign GmbH sind Kunden- und Wettbewerbsorientierung. Erläutern Sie, welche Ziele damit jeweils verfolgt werden.*

4 *Seit vielen Jahren sind Sie bereits Marktteilnehmer. Sie sind Kunde bei einem Warenhaus, Sie kaufen Lebensmittel, Möbel, Kleidung, Sie bestellen Waren bei Versandhäusern usw.*

   a) *Geben Sie Beispiele an, wie Unternehmen sich kundenorientiert verhalten haben.*

   b) *Nennen Sie Beispiele, bei denen sich Unternehmen nicht kundenorientiert verhalten haben.*

   c) *Sicher gibt es Geschäfte, bei denen Sie besonders gern einkaufen, und Geschäfte, die Sie lieber meiden. Nennen Sie Gründe für dieses Verhalten.*

5 *Suchen Sie in einem Englisch-Wörterbuch, im Duden und in einem Lexikon nach dem Begriff „Marketing" und notieren Sie sich die Erklärungen in einer Liste. Vergleichen Sie die Ergebnisse mit denen Ihrer Klassenkameraden.*

6 *Rufen Sie im Internet die Seite www.buero-forum.de auf und verschaffen Sie sich einen Überblick. Im Bereich „Infoservice" können Sie verschiedene Broschüren downloaden, die hilfreich für eine Orientierung in der Büromöbelbranche sind.*

7 *Werten Sie die Statistik des Verbandes der Büro-, Sitz- und Objektmöbel e. V. von S. 23 aus.*

1.2 Unternehmensziele und Unternehmensführung

Jutta und Jörg haben den letzten Tag ihres Praktikums in der Bürodesign GmbH absolviert. Für ihre Arbeit erhalten sie 225,00 EUR. Frau Friedrich, die Geschäftsführerin, verabschiedet die beiden. Zum Schluss sagt sie: „So, nun haben Sie mal einen kleinen Einblick in ein Unternehmen nehmen dürfen; ich hoffe, es war für Sie interessant. Bestimmt können Sie in der Höheren Handelsschule davon profitieren. In den nächsten Ferien sehen wir uns dann wieder. Bis dahin habe ich einen Wunsch an Sie: Schreiben Sie bitte einen Aufsatz bzw. einen Bericht zu dem Thema: ,Wie sollte sich ein Unternehmen verhalten, damit es wie die Bürodesign GmbH bei zunehmender Konkurrenz überleben kann?' Sicher, das Thema scheint auf den ersten Blick schwierig, aber ich habe eine Hilfe für Sie. Die Rede von Herrn Stein, die er bei unserer Jubiläumsfeier gehalten hat, wird in unserer nächsten Kundenzeitschrift abgedruckt, das Manuskript kann ich Ihnen geben. Ich erwarte keine Doktorarbeit von Ihnen, aber ein paar Gedanken sollten Sie schon aufschreiben. Vielleicht können wir Ihre Arbeit auch in unserer Kundenzeitschrift veröffentlichen, mit Ihrem Namen, dafür erhalten Sie ein kleines Honorar. Sie brauchen in Ihrem Aufsatz die Rede von Herrn Stein nicht ,nachzuplappern', schreiben Sie ruhig Ihre eigenen Gedanken auf. Gerade die Meinung von ,Laien' interessiert mich mal, okay?"

Damit haben Jutta und Jörg nicht gerechnet. Jörg: „Gar nichts bekommt die von mir, woher soll ich wissen, wie ein Betrieb geführt wird? Und wenn ich gute Ideen hätte, dann würde ich sie nicht der Friedrich auf die Nase binden, sondern selbst ein Unternehmen gründen!" Jutta: „Nun mal halblang, ich bin ja auch nicht scharf auf zusätzliche Arbeit, aber wenn ein Honorar dabei herausspringt, mache ich mit." Jörg: „Ist ja gut, du hast mich rumgekriegt.

Aber wir schreiben das, was wir wollen! Wenn wir erst in der HöHa sind, gibt's bestimmt Bücher, da können wir immer noch was abschreiben."

Arbeitsaufträge ▶ Schreiben Sie den Aufsatz für Jutta und Jörg! Erstellen Sie zunächst eine Stichwortliste und eine Gliederung.

▶ Erläutern Sie, was unter Unternehmensführung zu verstehen ist.

VWL ■ Unternehmensziele, betriebliche Ziele

Alle Wirtschaftsbetriebe verfolgen Ziele, die sie mit unterschiedlichen Methoden und Maßnahmen erreichen wollen.

● Sachziele:

Unter einem Sachziel versteht man den sachlichen Inhalt bzw. den sachlichen Zweck eines Unternehmens, der bei der Gründung eines Unternehmens im Handelsregister (= Verzeichnis aller Unternehmen in einem Bezirk, vgl. S. 49 f.) angegeben werden muss.

Beispiele
- *Die Bürodesign GmbH in Köln hat das Sachziel, Büromöbel herzustellen und zu verkaufen.*
- *Die Vereinigte Spanplatten AG ist wichtiger Lieferer der Bürodesign GmbH für Spanplatten, Sperr-, Furnierholz usw. Ihr Sachziel ist die Herstellung und der Vertrieb von Spanplatten, Sperr- und Furnierholz.*
- *Die Lampolux AG ist ein Stammkunde der Bürodesign GmbH, ihr Sachziel ist die Herstellung und der Vertrieb von Industrielampen.*
- *Mit der Stadtsparkasse Köln arbeitet die Bürodesign GmbH eng zusammen, ihr Sachziel ist die Bereitstellung und die Anlage von Kapital sowie die Beratung in Geldgeschäften.*

● Wirtschaftliche Ziele:

Das Sachziel eines Unternehmens ist letztlich nur ein Mittel zur Erreichung anderer, nämlich wirtschaftlicher Ziele, wie angemessener Gewinn und Verzinsung des eingesetzten Kapitals.

Beispiele
- *Die Bürodesign GmbH möchte Gewinne erwirtschaften, Kosten senken, rentabel arbeiten, Marktanteile sichern und ausweiten.*
- *Die Stadtwerke Köln sind ein öffentlich-rechtliches Unternehmen, sie dürfen somit keinen Gewinn erzielen. Ihr wirtschaftliches Ziel ist nicht auf Gewinnerzielung, sondern auf Kostendeckung ausgerichtet.*

● Soziale Ziele:

Unternehmen verfolgen auch soziale Ziele, die sich vorwiegend auf ihre Mitarbeiter beziehen.

Beispiele
- *Die Arbeitsplätze der Mitarbeiter sollen gesichert werden.*
- *Die Arbeitsbedingungen der Mitarbeiter sollen verbessert werden.*
- *Die im Unternehmen ausgebildeten Nachwuchskräfte sollen auf deren Wunsch in ein festes Arbeitsverhältnis übernommen werden.*

● Ökologische Ziele:

Sie werden im Zielsystem eines Unternehmens zunehmend wichtiger. Das Anstreben ökologischer Ziele drückt die Verantwortung von Unternehmen gegenüber ihrer Umwelt aus.

Beispiele
- *Die Bürodesign GmbH setzt bei der Produktion nur umweltverträgliche Werkstoffe ein.*
- *Alle ihre Produkte sind recycelbar und somit als Rohstoffe wiederzuverwenden.*
- *Bei der Produktion wird auf umweltschonende Verfahren geachtet, damit Umweltbelastungen so weit wie möglich vermieden werden.*

● **Zielbündel bzw. Zielsystem:**

Jedes Unternehmen verfolgt gleichzeitig mehrere Ziele. So hat jedes Unternehmen ein ganzes Zielbündel bzw. Zielsystem, das erreicht werden soll.

Beispiel

Das Zielsystem eines Unternehmens verändert sich mit den sich wandelnden Einflussfaktoren auf das Unternehmen aus Politik, Gesellschaft, Konkurrenz, Kunden. Neue Ziele werden erkannt oder die Bedeutung einiger Ziele kann sich ändern.

Beispiel Noch vor 15 Jahren hatten ökologische Ziele bei vielen Unternehmen keinen hohen Stellenwert.

● **Zielharmonie, Zielkonflikte:**

Das Erreichen von wirtschaftlichen Zielen ist nur in Verbindung mit sozialen und ökologischen Zielen denkbar. Betriebliche Ziele können sich gegenseitig ergänzen (Zielharmonie).

Beispiel Die Bürodesign GmbH beschließt, nur noch kostengünstiges und wiederverwertbares Verpackungsmaterial einzusetzen. Hierdurch wird das wirtschaftliche Ziel der Kostensenkung durch das ökologische Ziel der Wiederverwendbarkeit von Material ergänzt.

Wenn gleichzeitig verschiedene Ziele angestrebt werden, kann es zu Zielkonflikten kommen. Ein Zielkonflikt entsteht, wenn sich zwei oder mehrere Ziele gegenseitig behindern oder ausschließen.

Beispiel Die Bürodesign GmbH möchte in der Lackiererei zugunsten der Gesundheit ihrer Mitarbeiter nur noch Farben verwenden, die frei von gefährlichen Lösungsmitteln sind (soziales Ziel). Gleichzeitig soll damit ein Beitrag zur Verringerung der Umweltbelastung erbracht werden (ökologisches Ziel). Bis hierhin besteht Zielharmonie. Die gewünschten Farben sind aber teurer und erfordern eine längere Trockenzeit der lackierten Möbel. Dadurch entstehen höhere Kosten, die den Gewinn des Unternehmens schmälern (wirtschaftliches Ziel). Hierdurch entsteht ein Zielkonflikt.

■ Zielerreichung

Die Ziele eines Unternehmens zu formulieren, zu setzen und zu erreichen ist die Aufgabe des **Managements** des Unternehmens. Ihm obliegt die Planung, die Umsetzung und die Kontrolle der Zielerreichung. Das Management eines Unternehmens besteht meist nicht aus nur einer einzigen Person, sondern aus einer Gruppe mit unterschiedlichen Aufgaben und Befugnissen. Es kann grob in drei Ebenen unterteilt werden, man spricht hier von einer **Managementpyramide.**

Beispiel Bei der Bürodesign GmbH Köln besteht das Top-Management aus den beiden Geschäftsführern, Frau Friedrich und Herrn Stein. Das Middle-Management bilden die Abteilungs- und Bereichsleiter. Zum Lower-Management gehören die Gruppenleiter.

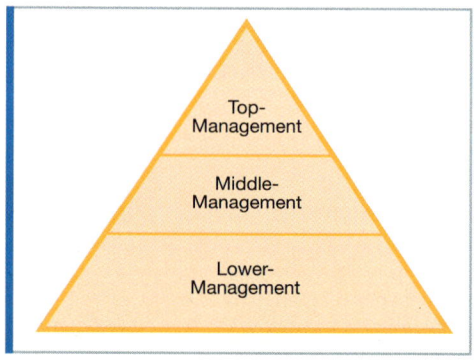

Alle Entscheidungen und Maßnahmen des Managements in einem Unternehmen sind mit Risiken behaftet. Der geplante Erfolg einer Entscheidung ist meist nicht sicher. Deshalb ist die Gefahr einer falschen Entscheidung groß. Falsche Entscheidungen des Managements können im schlimmsten Fall dazu führen, dass das Unternehmen zahlungsunfähig wird und vom Markt verschwindet. Die wirtschaftlichen Ziele werden nicht erreicht, und letztlich sind auch die Arbeitsplätze der Mitarbeiter gefährdet. Unternehmensführung ist somit immer auch **Risiko-Management**.

Beispiele

- *Bei der Einführung eines neuen Produktes auf dem Markt geht ein Unternehmen das Risiko ein, dass das Produkt von den Kunden nicht gekauft wird. Alle Maßnahmen, insbesondere Forschungs- und Entwicklungsarbeit, Einkauf von Material, Werbung usw. wären dann umsonst gewesen. Die entstandenen Kosten führen zu Verlusten.*
- *Die Leitung eines Unternehmens für Wohnmöbel ging das Risiko ein, Holz ausschließlich von jugoslawischen Lieferern zu beziehen, da diese besonders preisgünstig liefern. Nach dem Ausbruch des Bürgerkrieges in Jugoslawien 1993 wurden die Lieferungen eingestellt. Ersatzlieferungen bei anderen Unternehmen waren kurzfristig nicht möglich. Die Produktion wurde eingestellt und das Unternehmen musste das Insolvenzverfahren anmelden.*

Neben den Risiken, die vom Management eingeschätzt werden müssen, sind auf dem Markt auch eine Vielzahl von Chancen gegeben, die vom Management erkannt und genutzt werden müssen. Gerade das Erkennen und rechtzeitige Nutzen von Marktchancen und die Einschätzung der damit verbundenen Risiken führen zu einer optimalen Zielerreichung. Insofern ist Unternehmensführung auch **Chancen-Management**.

Beispiel Ein Unternehmen der Büromöbelindustrie beschließt, spezielle Tische für Computerarbeitsplätze herzustellen, da bei den Kunden eine entsprechende Nachfrage besteht. Es nutzt diese Chance, seine wirtschaftlichen Ziele, nämlich Gewinne, Marktanteile zu sichern usw., zu verwirklichen.

Wenn die zu erreichenden Ziele festgelegt sind, muss das Management mit geeigneten Maßnahmen die Ziele in messbare Erfolge umsetzen. Hierzu bedient es sich der Grundsätze des **Marketing**.

 Unter Marketing versteht man die Konzeption einer Unternehmensführung, bei der alle Aktivitäten (Planen, Entscheiden und Handeln) konsequent auf die gegenwärtigen und künftigen Erfordernisse der Märkte ausgerichtet werden. Dabei sind systematisch gewonnene Informationen über die Märkte die Grundlage aller Entscheidungen. Dies beinhaltet eine Orientierung an den Bedürfnissen der Kunden und an dem Verhalten der Konkurrenz.

Marketing ist also ein Prinzip der Unternehmensführung, das sich an **Marktdaten** (insbesondere Kunden- und Konkurrenzverhalten) orientiert. Jedes Unternehmen ist Teilnehmer auf mehreren

Märkten. Unter **Markt** versteht man den Ort, an dem sich Angebot und Nachfrage treffen und regulieren.

Beispiel *Die Bürodesign GmbH ist u.a. Teilnehmer auf folgenden Märkten:*

- *Absatzmarkt: Die Bürodesign GmbH bietet Büromöbel und Beratung bei Büroeinrichtungen an (Anbieter von Gütern und Leistungen).*
- *Beschaffungsmarkt: Die Bürodesign GmbH kauft Hölzer als Rohstoffe ein, muss Werkstoffe, wie Spanplatten, Stahlrohre, Textilien usw., beschaffen. Sie benötigt Maschinen, Werkzeuge usw., braucht Hilfsstoffe, wie Leim, Schrauben, Energie (Nachfrager nach Gütern und Leistungen).*
- *Arbeitsmarkt: Die Bürodesign GmbH benötigt qualifizierte Mitarbeiter (Nachfrager nach Arbeitskräften).*
- *Kapitalmarkt: Die Bürodesign GmbH benötigt Kapital zur Finanzierung von Investitionen in Maschinen, Gebäude, Fuhrpark usw. (Nachfrager für Kapital). Sie sucht nach Anlagemöglichkeiten für kurz- und mittelfristiges Barvermögen (Anbieter von Kapital).*

Marketing bezieht sich nicht nur auf den Absatzmarkt, sondern umfasst Maßnahmen auf allen Märkten, in denen ein Unternehmen aktiv ist. Dazu können Schwerpunkte einiger Unternehmensaktivitäten besonders herausgestellt werden:

- **Beschaffungsmarketing:** Aktivitäten, um Rohstoffe, Werkstoffe, Maschinen usw. zu beschaffen bzw. einzukaufen (vgl. S. 181 ff.).
- **Personalmarketing:** Aktivitäten, um geeignete Mitarbeiter für ein Unternehmen zu gewinnen und zu halten (vgl. S. 437 ff.).
- **Absatzmarketing:** Aktivitäten, um Produkte, Waren und Dienstleistungen abzusetzen bzw. zu verkaufen (vgl. S. 323).
- **Finanzmarketing:** Aktivitäten, um Finanzmittel günstig zu erhalten (Kredite) und Kapital **Bd. 2** außerhalb des Unternehmens sinnvoll anzulegen.

Beispiele

- *Die Bürodesign GmbH als marketingorientiertes Unternehmen praktiziert in allen Abteilungen die Orientierung am Markt. Vor zehn Jahren erkannten die Mitarbeiter im Verkauf und die Marketingabteilung, dass die Kunden verstärkt hochwertige Büromöbel, die miteinander kombinierbar sind, nachfragten. Dies setzte eine Normung von Büromöbeln voraus. Sofort wurde die Beschaffungsabteilung beauftragt, nach geeigneten Verbindungsstücken für Tische zu suchen, die dann von der Produktionsabteilung getestet wurden.*
- *Voriges Jahr hatten Mitarbeiter der Lackiererei einen Verbesserungsvorschlag. Statt Hochglanzlack sollte bei Möbeln nur noch Mattglanz-Lack verwendet werden. Dadurch würde die Trocknungszeit für lackierte Tische und Schränke um 30 % gesenkt, wodurch Kosten eingespart werden könnten. Vor Realisierung der Maßnahme wurde untersucht, inwieweit damit den Wünschen der Kunden entsprochen wird.*

■ Instrumente zur Zielerreichung

● Unternehmensplanung:

Um die vielfältigen Maßnahmen zur Erreichung der Unternehmensziele zu realisieren, erstellt das Management **kurz-, mittel- und langfristige Pläne**. Ein wichtiges Instrument zur Zielerreichung ist somit eine flexible Unternehmensplanung. Nur wenn eine Unternehmensleitung weiß, was sie will, kann sie Maßnahmen ergreifen, um die gesetzten Ziele zu erreichen. Grundlage jeder Planungsarbeit sind aber Informationen und Daten, bei marketingorientierten Unternehmen sind das die Daten des jeweiligen Marktes.

Beispiele

- *Marktdaten des Absatzmarktes: Anzahl der möglichen Kunden (Abnehmer), Verhalten der Abnehmer (Modetrends), Bereitschaft zu Investitionen, Kaufkraft der Abnehmer usw.*
- *Marktdaten des Beschaffungsmarktes: Anzahl der Lieferer für bestimmte Produkte, Lieferungs- und Zahlungsbedingungen, Einkaufspreise usw.*
- *Marktdaten des Personalmarktes: Anzahl und Qualifikation der benötigten Mitarbeiter je Abteilung oder Gruppe, Gehaltstarife, Arbeitszeiten usw.*
- *Marktdaten des Finanzmarktes: Zinssätze der Banken für Kredite und Einlagen usw.*

Die Mitarbeiter der einzelnen Unternehmensbereiche, Abteilungen, Filialen usw., tragen durch ihre Arbeit dazu bei, die Pläne zu erfüllen. Aufgabe des Managements ist dabei, Abweichungen zu erkennen und nach einer Ursachenforschung Maßnahmen zur Korrektur einzuleiten, damit die angestrebten Ziele erreicht werden und das Unternehmen weiter erfolgreich auf dem Markt bestehen kann.

● Kostenrechnung und Controlling:

In jedem Unternehmen fallen **Ausgaben** an. Andererseits entstehen durch den Verkauf von Produkten Einnahmen. Wenn die **Einnahmen** in einem Geschäftsjahr die Ausgaben übersteigen, wird ein **Gewinn** erzielt, im anderen Fall spricht man von einem **Verlust**.

Damit das Management eine Übersicht über die Ausgaben, Einnahmen und die Gewinnentwicklung hat, bedient es sich des **betrieblichen Rechnungswesens**. In der **Buchhaltung** wird über Einnahmen und Ausgaben bis auf den letzten Cent genau Buch geführt.

INFO In der **Kosten- und Leistungsrechnung** werden alle Kosten erfasst und nach **Kostenarten** gegliedert.

Beispiele *Personal-, Material-, Raumkosten.*

Die Kosten werden den einzelnen Abteilungen im Unternehmen, den sogenannten **Kostenstellen**, zugerechnet.

Beispiele *Kosten der Beschaffungsabteilung, des Lagers, der Montage usw.*

Schließlich werden die entstandenen Kosten den einzelnen Produkten oder Produktgruppen zugerechnet, den **Kostenträgern**, um herauszufinden, welche Kosten sie jeweils verursacht haben. Dieses Vorgehen ermöglicht u. a. die Preiskalkulation.

Beispiel *Das Regal „Wikinger" verursacht in der Bürodesign GmbH 64,00 EUR Kosten. Der Verkaufspreis muss höher angesetzt werden, damit ein Gewinn erzielt werden kann.*

Allen angefallenen Kosten werden die vom Unternehmen erstellten Leistungen gegenübergestellt. Zu den Leistungen gehören u. a. die fertigen (absatzreife) und die unfertigen Erzeugnisse.

Die Daten des Rechnungswesens sind Grundlage für das **Controlling** („to control" bedeutet „steuern, regeln, kontrollieren"). Die Ziele eines Unternehmens werden für die einzelnen Abteilungen formuliert. Die Abteilungsleiter sind dann verantwortlich für die Erreichung ihrer Abteilungsziele. Sie erhalten entsprechende Geldbeträge (Etats, Budgets) zur Erfüllung ihrer Aufgaben. Hierzu werden Abteilungspläne erarbeitet.

Beispiele

Abteilung/Budget	Produktionsabteilung	Absatz
	• Herstellung von 800 Regaleinheiten „Wikinger" pro Jahr • Herstellung von 500 Schreibtischen „Chef 2000" usw.	• Umsatz von 2,5 Mio. EUR bei der Produktgruppe „Arbeiten am Schreibtisch" • Umsatz von 1,8 Mio. EUR bei der Produktgruppe „Konferenzen und Schulung" usw.
Materialkosten	1,4 Mio. EUR	–
Gehaltskosten	1,0 Mio. EUR	0,8 Mio. EUR
Energiekosten	0,4 Mio. EUR	0,05 Mio. EUR
usw.	usw.	usw.

Das Controlling untersucht die Abweichung von Plan- und Istdaten, analysiert die Gründe für Abweichungen und ergreift Maßnahmen, um die Ziele zu erreichen. Durch das Controlling wird letztlich über die unternehmensinternen Daten das Unternehmen gesteuert.

● **Informationswirtschaft und Organisation:** INFO

Das Management eines jeden Unternehmens benötigt für seine Entscheidungen und Planungen Informationen und Daten. Damit die erforderlichen Daten stets aktuell sind und schnell zur Verfügung stehen, muss es sich auf ein funktionierendes Informationssystem verlassen können. Hierzu sind in fast allen modernen Unternehmen Datenverarbeitungssysteme installiert.

Beispiele

- *Herr Stam, Abteilungsleiter Absatz der Bürodesign GmbH, muss über einen Preisnachlass für einen Groß-kunden entscheiden. Hierzu benötigt er z. B. Daten über die bisherigen Umsätze des Kunden, seine Zahlungsgewohnheiten und die Anzahl seiner Reklamationen. Ferner muss er wissen, ob bei einem Preis-nachlass noch genügend Gewinn erwirtschaftet wird. Dazu benötigt er u. a. Aufstellungen über die Kosten des Auftrages und die Gewinnplanung.*
- *Herr Schauff, Gruppenleiter Holz in der Produktionsabteilung, soll einen dringenden Auftrag über 85 Bü-rotische zusätzlich zur laufenden Produktion „einschieben". Hierzu benötigt er Daten über die Reihenfolge der Auftragsbearbeitung, die Personaleinsätze (Urlaubsplanung), Maschinenbelegungen, Holzvorräte im Lager usw.*

Häufig müssen verschiedene Mitarbeiter auf die gleichen Daten zugreifen. Andererseits muss ausgeschlossen werden, dass jeder beliebige Mitarbeiter auf alle Daten eines Unternehmens zugreifen kann.

Beispiele

- *Die Mitarbeiter des Lagers, des Verkaufs und des Rechnungswesens müssen alle auf Artikeldaten (Arti-kelbestand, Preise usw.) zugreifen können.*
- *Es muss ausgeschlossen werden, dass alle Mitarbeiter auf Personaldaten zugreifen können. Es besteht sonst die Gefahr, dass an den Daten unerlaubte Manipulationen vorgenommen werden (Datensicherung).*

Die Gestaltung des Datenflusses und der Informationssteuerung ist Aufgabe des Managements, das sich hierzu leistungsstarker und schneller **Datenbanksysteme** bedient.

Der Ablauf der einzelnen Aufgaben in einem Unternehmen muss geplant und festgelegt sein. Ferner muss geklärt sein, wer wem Anweisungen geben darf, wer kontrolliert usw. Dies wird durch organisatorische Maßnahmen geregelt. Hierzu gehören die **Aufbauorganisation** (Bildung INFO von Abteilungen, Arbeitsgruppen, Stellen usw.) und die **Ablauforganisation** (Steuerung des Arbeitsablaufes und des Informationsflusses innerhalb und zwischen Abteilungen).

● **Marketinginstrumente:**

Zur Erreichung der Marketingziele werden vom Management spezielle Marketinginstrumente eingesetzt. Sie wirken sich nicht nur im Bereich Absatz aus, sondern wirken in alle Unternehmensbereiche (Abteilungen) hinein.

Marketinginstrumente	Beispiele
• **Produktpolitik:** Hierzu gehören alle Maßnahmen, um das zu verkaufende Produkt zu gestalten, damit es von den Kunden (Abnehmern) akzeptiert wird (vgl. S. 333 ff.).	*Die Bürodesign GmbH möchte einen neuen Büro-stuhl herstellen. Material (Holz, Metall, Kunststoff), Farbgebung, Qualität, Verpackung, Design, Form, Größe usw. sind zu beachten.*
• **Preispolitik:** Hierzu gehören alle Maßnahmen, um den Preis eines Produktes für die Abnehmer festzulegen. Dabei muss ein Preis einerseits von den Kunden akzeptiert werden, andererseits muss er die anfallenden Kosten decken und einen Gewinn für das Unternehmen abwerfen (vgl. S. 337 ff.).	*Die Marketingexperten bei der Bürodesign GmbH wissen vom Rechnungswesen, dass der neue Bü-rostuhl bei der Herstellung und beim Verkauf ins-gesamt 175,00 EUR Kosten verursacht. Je nach Marktlage kann der Stuhl zu verschiedenen Preisen angeboten werden.*

Marketinginstrumente	Beispiele
• **Konditionenpolitik:** Mit diesem Instrument wird versucht, die Absatzchancen eines Produktes durch die Gestaltung der Verkaufs- und Zahlungsbedingungen zu erhöhen (vgl. S. 343 ff.).	*Mengenrabatte, Barzahlungsrabatt (Skonto), Zahlungsziel, Lieferung frei Haus, Garantiefristen usw.*
• **Servicepolitik:** Die Servicepolitik umfasst alle Zusatzleistungen, die für die Abnehmer erbracht werden (vgl. S. 343 ff.).	*Die Bürodesign GmbH bietet folgende Serviceleistungen an, um sich von der Konkurrenz abzuheben: Einrichtungsplanung, Ersatzteil- und Reparaturservice, Auslieferung und Aufstellung der Büromöbel usw.*
• **Distributionspolitik:** In diesem Bereich geht es um Maßnahmen, die Produkte vom Hersteller zum Abnehmer zu bringen. Es wird entschieden, welche Absatzwege (z. B. über Großhandel oder Facheinzelhandel) beschritten werden (vgl. S. 348 ff.).	*Die Bürodesign GmbH vertreibt den neuen Bürostuhl über den Großhandel und die Fachgeschäfte des Einzelhandels, ferner werden auch Großabnehmer (Behörden, Schulen) direkt beliefert.*
• **Kommunikationspolitik:** Hierzu gehören alle Maßnahmen, um den Kontakt zwischen Anbieter und Kunden herzustellen, damit ein Verkaufsabschluss erfolgen kann. Ferner werden bestehende Kontakte gepflegt (vgl. S. 355 ff.).	*Die Bürodesign GmbH plant eine Werbekampagne, um einen neuen Bürostuhl bekannt zu machen.*

Die zielorientierte Abstimmung der Marketinginstrumente heißt **Marketing-Mix**.

Zusammenfassung: Unternehmensziele und Unternehmensführung

• **Zielsystem eines Unternehmens**

Sachziele	Wirtschaftliche Ziele	Soziale Ziele	Ökologische Ziele
– Herstellung und Vertrieb von Produkten	– Gewinn – Rentabilität	– Sicherung von Arbeitsplätzen – gerechte Entlohnung	– umweltverträgliche Produktion

• Das **Management** eines Unternehmens ist für die **Zielerreichung** verantwortlich und löst **Zielkonflikte**.
• **Marketing** ist ein Prinzip der Unternehmensführung, das alle Entscheidungen auf Marktdaten stützt. Insbesondere erfolgt eine Orientierung an den Bedürfnissen der Kunden und am Verhalten der Konkurrenz. Diese Grundsätze fließen in das Beschaffungs-, Absatz-, Personal- und Finanzmarketing ein.
• **Instrumente** des Managements **zur Zielerreichung**: Unternehmensplanung, Kostenrechnung und Controlling, Informationswirtschaft und Organisation, Marketing-Mix.

Aufgaben

1 *Jutta und Jörg haben bei ihrer Materialsammlung für ihren Aufsatz in einer Fachzeitschrift die Begriffe „Risiko-Management" und „Chancen-Management" gelesen.*
   a) *„Risiko-Management" umschreibt, dass bei allen Führungsaufgaben ein Risiko vorhanden ist. Erstellen Sie eine Liste von Risiken, die von einer Unternehmensleitung bewältigt werden müssen, und geben Sie an, welche Maßnahmen hierzu ergriffen werden können.*
   b) *Beschreiben Sie, was der Begriff „Chancen-Management" umschreibt.*

2 *Überlegen Sie, welche Sachziele folgende Unternehmen haben: Versicherungsgesellschaft, Automobilwerk, Bank, Reisebüro, Einzelhandelsgeschäft.*

3 *In einem Fernsehinterview hören Sie, wie in einer Diskussionsrunde ein Teilnehmer sagt: „Unternehmen haben überhaupt keine sozialen Ziele, denen geht es doch nur um Profit!" Nehmen Sie kritisch Stellung zu dieser Aussage.*

4 *Erstellen Sie eine Liste von ökologischen Zielen für die Bürodesign GmbH.*

5 *a) Überlegen Sie, welche Zielkonflikte in der Bürodesign GmbH auftreten können.*
b) Machen Sie Vorschläge, wie diese Konflikte gelöst werden können.

6 *Erstellen Sie eine Übersicht über alle Instrumente, deren sich das Management eines Unternehmens bedienen kann, um die gesetzten Ziele zu erreichen.*

7 *Viele Menschen meinen, Marketing sei nur auf den Absatzmarkt bezogen. Erläutern Sie, weshalb auch im Personal- und Finanzbereich sowie bei der Beschaffung von Material die Idee des Marketing verwirklicht werden muss.*

8 *Stellen Sie Gemeinsamkeiten und Unterschiede von Unternehmens- und Haushaltsführung in einer Familie dar.*

9 *Erläutern Sie, was man unter einer Managementpyramide versteht.*

1.3 Einordnung des Betriebes in die Gesamtwirtschaft

Auf einer überbetrieblichen Fortbildungsveranstaltung für Auszubildende, an der auch Jutta und Jörg teilnehmen, kommt es zu einer interessanten Diskussion. Die Auszubildenden der Bürodesign GmbH sind der Meinung, dass nur in einem Industriebetrieb eine echte Leistungserstellung möglich ist. Sie sagen: „Die Leistungserstellung in unserer industriellen Produktion führt zu konkreten Ergebnissen, z. B. Schreibtischen, Regalen, Stühlen. Aber wie sieht es mit der Leistungserstellung in einem Dienstleistungsbetrieb aus? Hier sieht man ja kein konkretes Ergebnis." Die Auszubildenden der Primus GmbH, einem Großhandel für Bürobedarf, wehren sich sofort: „Selbstverständlich erbringen wir auch Leistungen, letztlich wären Beschaffung, Produktion und Absatz der Industrie ohne uns Dienstleister doch gar nicht möglich!"

Arbeitsaufträge ▶ Beschreiben Sie den Leistungsprozess unterschiedlicher Dienstleistungsbetriebe.
▶ Stellen Sie den Leistungsprozess der Bürodesign GmbH dar.

Da der Dienstleistungssektor sehr unterschiedliche Leistungen erstellt, sind auch die Organisationsformen und die Arten der Leistungserstellung in diesen Betrieben sehr verschieden.

■ Handelsbetriebe

Handelsbetriebe kaufen Güter in großen Mengen ein und verkaufen sie meist unverändert in kleineren Mengen. Die Dienstleistung für ihre Kunden besteht u. a. in den nachfolgenden Funktionen.

Funktionen	Erläuterungen
• **Kundenberatung**	Informationen über Eigenschaften und Verwendungsmöglichkeiten von Waren, über Produktneuerungen und Trends.
• **Sortimentsbildung**	Auswahl und Bereithaltung von Gütern nach kundenorientierten Gesichtspunkten (Markterschließung).
• **Warenverteilung**	Mengenausgleichsfunktion durch Einkauf großer Mengen und Verkauf in kundengerechten Mengen.
• **Lagerhaltung**	Bevorratung von Gütern in großen Mengen für Kunden mit geringer Vorratshaltung oder geringer Lagerkapazität.
• **Raumüberbrückung**	Ware wird in die Nähe des Verbrauchers gebracht.

Häufig übernehmen Handelsbetriebe zusätzliche Dienstleistungen für ihre Kunden, wie Finanzierung, Garantie und Sachmängelhaftung (vgl. S. 346) und Anlieferung von Waren.

Einzelhandelsbetriebe kaufen bei Herstellern oder Großhändlern Ware ein und verkaufen sie an den Endverbraucher. Der Einzelhandel kommt in verschiedenen Vertriebsformen vor.

Beispiele
- *Ladenhandel:* Fachgeschäft, Warenhaus, Verbrauchermarkt, Einkaufszentrum, Kaufhaus
- *Ambulanter Handel:* Markthandel (Wochenmarkt, Flohmarkt)
- *Versandhandel:* Über Kataloge, Teleshopping, Internet

Großhandelsbetriebe kaufen Waren von Herstellern und verkaufen sie an Einzelhändler oder Großabnehmer bzw. Wiederverkäufer.

Die Aufgaben eines Großhandelsbetriebes spiegeln sich im Aufbau seiner Abteilungen wider.

Beispiel Einkauf, Lager, Verkauf, Verwaltung

VWL **Außenhandelsbetriebe** importieren Waren aus anderen Staaten bzw. exportieren Waren in andere Staaten. Sie übernehmen für den Hersteller den Absatz an ausländische Kunden und ermöglichen inländischen Kunden den Bezug von ausländischen Produkten.

Der Leistungsprozess von Handelsbetrieben besteht aus folgenden Stufen:

Leistungsstufen	Erläuterungen
• **Erfassen von Kundenwünschen und Zusammenstellung eines Sortiments**	Kundenbefragungen, Sammeln von Kundenwünschen, Festlegung des Sortiments
• **Beschaffung von Waren**	Verschaffen von Marktübersicht über benötigte Artikel, Ermitteln von Bezugsquellen, Kauf von Waren in benötigter Menge, zu günstigen Preisen, zu erforderlichen Terminen
• **Lagerung von Waren**	Berücksichtigung der Lieferbereitschaft und der Lagerkosten
• **Beratung von Kunden und Verkauf**	Verwendungsmöglichkeiten der Ware, Preis usw.
• **Service und Kundendienst**	Auslieferung und Aufbau der Ware, Finanzhilfen usw.

■ Versicherungsbetriebe

Versicherungsunternehmen übernehmen gegen Zahlung von Prämien Risiken (vgl. S. 35). Ihr Leistungsprozess ist folgendermaßen organisiert:

Leistungsstufen	Erläuterungen
• **Werben von Kunden (Akquisition)**	Angestellte oder freiberufliche Versicherungsvertreter stellen bei Kunden den Versicherungsbedarf fest und beraten sie über die Absicherung möglicher Risiken.
• **Antragsannahme und Antragsprüfung**	Der Antrag des Versicherungsnehmers wird auf Vollständigkeit und Richtigkeit aller Angaben geprüft. Das Risiko des Schadensfalles wird untersucht und die Versicherungsprämie wird festgesetzt.
• **Vertragsverwaltung**	Die Versicherungsverträge werden verwaltet und die Daten bei Bedarf geändert (neue Anschrift eines Versicherungsnehmers, Erhöhung des Risikos und neue Prämienfestsetzung), Einzug der Versicherungsprämien.
• **Schadensregulierung**	Im Schadensfall wird die Höhe des Schadens festgestellt und geprüft, ob die Versicherung zahlungspflichtig ist, und die Schadenssumme an den Versicherungsnehmer überwiesen.

■ Kreditinstitute

Das Leistungsangebot von Kreditinstituten ist sehr vielfältig. Hierzu gehören insbesondere
- die Abwicklung des Zahlungsverkehrs und die Vergabe von Krediten (vgl. S. 268 ff.),   **Bd. 2**
- die Beratung bei der Anlage von Vermögen,
- das Abwickeln von Wertpapiergeschäften an der Börse,
- die Beratung bei der Finanzierung von Investitionen,   **Bd. 2**
- die Abwicklung von Auslandsgeschäften und An- bzw. Verkauf von ausländischen Zahlungsmitteln.

Bei ihrem Leistungsprozess sind die Kreditinstitute stark von gesamtwirtschaftlichen Strömungen abhängig. Deshalb ist eine zentrale Voraussetzung für ihre Leistungserbringung eine permanente Erfassung und Auswertung von Wirtschaftsdaten des In- und Auslandes. Ihr Leistungsprozess ist folgendermaßen organisiert:

Leistungsstufen	Erläuterungen	
• **Erfassen von Wirtschaftsdaten**	Preisniveauentwicklungen, Wirtschaftswachstum, Arbeitslosenquote, wirtschaftspolitische Entscheidungen der Bundesregierung, Entwicklung des europäischen Binnenmarktes, Entwicklung von außenwirtschaftlichen Aktivitäten	**VWL** **POL**
• **Aufbereitung und Auswerten der Wirtschaftsdaten**	Feststellen von Trends in der Geldwertstabilität, Beurteilen und Vorhersagen von Entwicklungen (Branchen, Wirtschaftszweige, Auslandsaktivitäten)	**VWL**
• **Beschaffung von Geld**	Kurz-, mittel- und langfristige Einlagen von Anlegern durch Angebot von attraktiven Zinsen; Provisionen und Gebühren für Wertpapiergeschäfte und Beratungen; Erwirtschaften von Zinserträgen durch Anlage eigener liquider Mittel; Zinserträge durch Vergabe von Krediten	
• **Kundengerechte Abwicklung der Dienstleistungen**	Beratung bei der Geldanlage, Kleinkredite, Dispositionskredite (vgl. S. 271), Hypotheken, electronic-banking, Schalterverkehr, Zahlungsvereinfachungen bei halbbarer und bargeldloser Zahlung (vgl. S. 268 ff.)	**Bd. 2**

■ Öffentliche Verwaltung

Zur öffentlichen Verwaltung gehören Behörden (z. B. Stadtverwaltung) und öffentliche Betriebe (Städtische Müllabfuhr, Straßenbahn, Wasserwerk usw.). Sie erbringen für die Bürger Dienstleistungen, die z. T. von privaten Betrieben nicht erbracht werden können oder aufgrund gesetzlicher Bestimmungen nicht erbracht werden dürfen.

Beispiele
- *Das Führen des Handelsregisters (vgl. S. 49 f.) bei den Amtsgerichten ist eine öffentliche Aufgabe, die nicht von einem privaten Unternehmen geleistet werden kann.*
- *Die Finanzämter ziehen die Steuern von natürlichen und juristischen Personen (vgl. S. 252 ff.) für Bund, Länder und Kommunen ein. Die entsprechenden Verfahren sind gesetzlich geregelt.*

Der Leistungsprozess in der öffentlichen Verwaltung ist wegen der Vielzahl der verschiedenen Aufgaben bei den einzelnen Institutionen sehr unterschiedlich.

Beispiel *Leistungsprozess bei einer städtischen Müllabfuhr*
- *Erfassen des Müllaufkommens in der Kommune*
- *Beratung der Bürger bei der Trennung von Abfall und bei der Abfallvermeidung*
- *Umweltgerechtes Deponieren des Restmülls*
- *Abholung des Mülls beim Bürger (Entsorgung)*
- *Aufbereitung, Recycling und Verwertung der Abfälle*

■ Die Leistungserstellung in Produktionsbetrieben

Die Leistungserstellung in Produktionsbetrieben bezieht sich auf die Herstellung von Sachgütern. Da der Weg vom Rohstoff zum Endprodukt i. d. R. über die Stufen der Gewinnung, der Verarbeitung und der Veredelung verläuft, werden auch die Betriebe anhand dieser Produktionsstufen in Gewinnungs-, Verarbeitungs- und Veredelungsbetriebe unterschieden.

Gewinnungsbetriebe betreiben den Abbau von Rohstoffen wie die Öl- und Gasgewinnung, den Abbau von Kohle oder Erz.

Beispiel *Die Vereinigte Spanplatten AG in Augsburg heizt mit Erdgas. Sie bezieht dieses von der Shell-AG in Ingolstadt.*

Verarbeitungsbetriebe beziehen Werkstoffe von anderen Betrieben und wandeln diese im Rahmen ihres Produktionsprozesses in ge- oder verbrauchsfertige Waren oder Werkstoffe für die Weiterverarbeitung um.

Beispiel *Die Vereinigte Spanplatten AG, ein Lieferant der Bürodesign GmbH, bezieht Rohhölzer aus Sägewerken und stellt daraus Spanplatten her.*

Veredelungsbetriebe sind Verarbeitungsbetriebe, die technische Veränderungen durch Form- oder Qualitätsverbesserungen durchführen.

Beispiel *Die Bürodesign GmbH bezieht Spanplatten für die Büromöbelproduktion von der Vereinigten Spanplatten AG in Augsburg.*

Durch den betrieblichen Leistungsprozess werden die betrieblichen Ziele verwirklicht. Der betriebliche Leistungsprozess aller Betriebe vollzieht sich in den grundlegenden Stufen: **Beschaffung, Produktion, Absatz**. Diese Stufen können durch den Einsatz von **Lagern** verbunden sein, die mengenmäßige Schwankungen im Beschaffungs-, Produktions- und Absatzprozess ausgleichen sollen.

Die Zielsetzung, Planung, Veranlassung der Durchführung und Kontrolle der Betriebsprozesse ist Aufgabe der Leitung des Unternehmens.

■ Die betrieblichen Grundfunktionen in Produktionsbetrieben

VWL ● **Beschaffung der Produktionsfaktoren:**
Auf dem Beschaffungsmarkt werden die Mittel zur Leistungserstellung beschafft. Dies sind die **betrieblichen Produktionsfaktoren**. Bei der Beschaffung werden die Instrumente des Beschaffungsmarketing (vgl. S. 181 ff.) eingesetzt.

Produktionsfaktoren	Erläuterungen	Beispiele
Arbeitskräfte	– Leitende Arbeit – Ausführende Arbeit	Geschäftsführer, Abteilungsleiter Verkäufer, Lagerarbeiter
Betriebsmittel	Sie werden über einen längeren Zeitraum genutzt	Maschinen, Fuhrpark, Werkzeuge

Werkstoffe	Sie werden zur Herstellung der Sachleistungen benötigt:
	– Rohstoffe
	  (Hauptbestandteile von Produkten)
	– Hilfsstoffe
	  (Nebenbestandteile von Produkten)
	– Betriebsstoffe
	  (Keine Bestandteile von Produkten)
		Bei der Schreibtischherstellung:
		
		Spanplatten, Stahlrohre, Holz
		
		Farbe, Leim
		
		Energie, Schleifpapier

Einige Produktionsfaktoren sind lagerfähig. Sie werden in Eingangslagern bzw. Vorratslagern (vgl. S. 289 ff.) bis zu ihrem Verbrauch gelagert.

Beispiele
- *Die Bürodesign GmbH beschafft Roh-, Hilfs- und Betriebsstoffe und lagert sie, bis sie in den Produktionsabteilungen benötigt werden.*
- *Die Primus GmbH als Dienstleistungsbetrieb beschafft Büromaterial (Papier, Druckerbänder, Toner für Fotokopierer usw.), lagert es und verkauft es an Einzelhändler.*

● **Produktion (Leistungserstellung):**
Aus der Kombination von betrieblichen Produktionsfaktoren, von Informationen über die Märkte und der Nutzung von Rechten (Lizenzen, Patente) entstehen betriebliche Leistungen. Hierzu gehören **Sachleistungen** und **Dienstleistungen**.

Beispiele
- *Die Bürodesign GmbH produziert Büromöbel (Sachleistung).*
- *Die Primus GmbH berät Kunden bei der Einrichtung ihrer Büros, hält Ersatzteile bereit und liefert ihre Produkte mit eigenem Fuhrpark an den Kunden (Dienstleistungen).*

Sachleistungen können als unfertige (**Zwischenlager**) oder fertige Erzeugnisse (**Absatzlager**) gelagert werden, bis sie in den Absatz gelangen (vgl. S. 289).

● **Absatz (Leistungsverwertung):**
Am Ende des betrieblichen Leistungsprozesses steht der Absatz (Verkauf) der erstellten Leistungen auf dem Absatzmarkt durch den Einsatz des absatzpolitischen Instrumentariums (vgl. S. 31 f.). Sachleistungsbetriebe können auf Vorrat produzieren und unterhalten hierzu Lager für fertige und unfertige Produkte. Ihre Leistungsverwertung folgt also zeitlich nach der Leistungserstellung. Dienstleistungen sind nicht lagerfähig, bei Dienstleistungsbetrieben erfolgt die Leistungserstellung deshalb zeitgleich mit deren Absatz.

● **Zusammenwirken von Produktions- und Dienstleistungsbetrieben bei der Leistungserstellung:**
Im Wirtschaftsalltag sind Unternehmen aufeinander angewiesen. Sie tauschen Güter und Dienstleistungen aus, um ihre jeweiligen Ziele zu erreichen (volkswirtschaftliche Arbeitsteilung, vgl. **VWL** S. 26 f.). Bei der Leistungserstellung arbeiten somit Sachleistungs- und Dienstleistungbetriebe unterschiedlicher Wirtschaftsstufen zusammen. Die auf dem Markt angebotenen Sach- und Dienstleistungen des einen Unternehmens können Beschaffungsobjekte von anderen Unternehmen sein. Hierdurch entsteht ein weites Netz des Güteraustausches und der Arbeitsteilung.

Beispiel Damit die Bürodesign GmbH den Schreibtisch „Primo" anbieten kann, werden verschiedene Güter- und Dienstleistungen benötigt. Somit sind letztlich auch verschiedene Sach- und Dienstleistungsbetriebe aus unterschiedlichen Wirtschaftszweigen mittelbar an der Herstellung eines Regals beteiligt.

Das Zusammenwirken von Produktions- und Dienstleistungsbetrieben wird als volkswirtschaftliche Arbeitsteilung bezeichnet und ist eine Folge der Spezialisierung von Betrieben auf bestimmte Märkte. Aus der Sicht des Unternehmens kann zwischen **Absatz- und Beschaffungsmarkt** unterschieden werden.

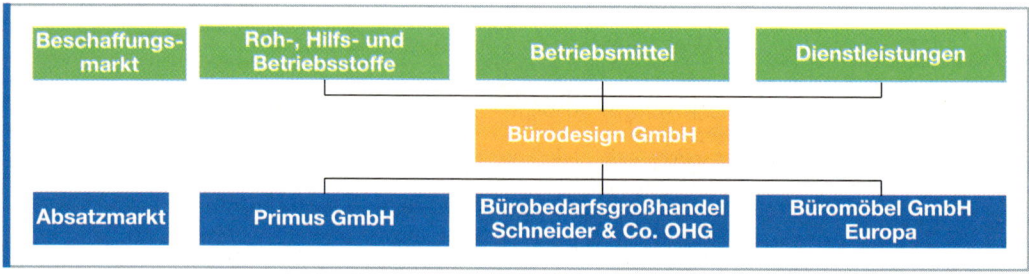

● **Wertschöpfung und Wertschöpfungskette:**

Der Weg eines Rohstoffs von seiner Lagerstätte bis zum Verbraucher verläuft über verschiedene **Stufen**.

Beispiel *In der Forstwirtschaft wird Holz produziert, in Sägereien wird das Holz in einen verarbeitungsreifen Zustand versetzt. In der Bürodesign GmbH wird aus diesem Holz ein Schreibtisch produziert, er wird über den Groß- und Einzelhandel an die Verbraucher abgesetzt.*

In jeder Stufe erfolgt eine Wertsteigerung bzw. Wertschöpfung. Daher wird dieser Prozess auch **Wertschöpfungskette** genannt.

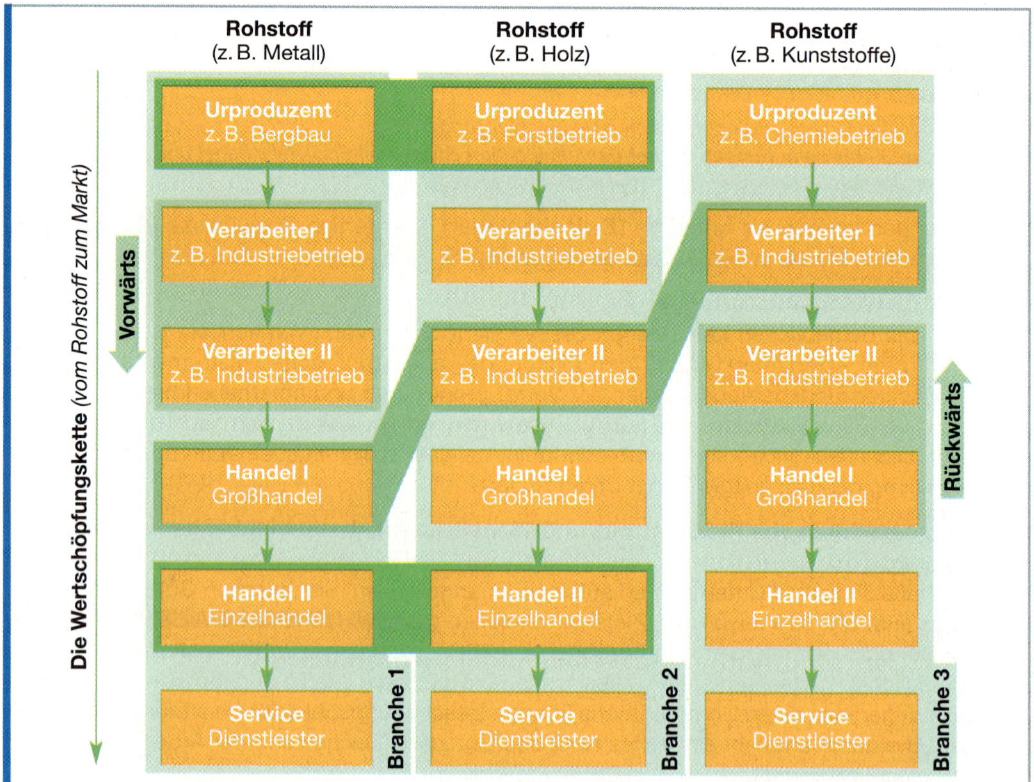

Rohstoff (z. B. Metall)	Rohstoff (z. B. Holz)	Rohstoff (z. B. Kunststoffe)
Urproduzent z. B. Bergbau	Urproduzent z. B. Forstbetrieb	Urproduzent z. B. Chemiebetrieb
Verarbeiter I z. B. Industriebetrieb	Verarbeiter I z. B. Industriebetrieb	Verarbeiter I z. B. Industriebetrieb
Verarbeiter II z. B. Industriebetrieb	Verarbeiter II z. B. Industriebetrieb	Verarbeiter II z. B. Industriebetrieb
Handel I Großhandel	Handel I Großhandel	Handel I Großhandel
Handel II Einzelhandel	Handel II Einzelhandel	Handel II Einzelhandel
Service Dienstleister	Service Dienstleister	Service Dienstleister

Die Wertschöpfungskette *(vom Rohstoff zum Markt)*

Vorwärts — Rückwärts

Branche 1 — Branche 2 — Branche 3

Quelle: H. Zingel, Stichwort „Wertschöpfung", in „Lexikon für Rechnungswesen und Controlling", in: „BWL CD", Eigenverlag, Erfurt 1998–2003.

Innerhalb des Unternehmens erfolgt der Wertschöpfungsprozess, indem Materialien beschafft und daraus neue Produkte hergestellt werden.

Beispiel *Die Bürodesign GmbH kauft verschiedene Materialien wie Holz, Spanplatten, Beschläge usw. ein und stellt daraus für den Absatzmarkt Büromöbel her.*

Beispiel *Der Wertschöpfungsprozess in der Bürodesign GmbH*

Forschung & Entwicklung	Beschaffung	Produktion	Marketing
Entwicklung von neuen Büromöbeln	Bedarfsermittlung Beschaffungsmarktforschung Lieferantenermittlung und Lieferantenbeurteilung Bestelldisposition	Eingangskontrolle Eingangslagerung Durchführung des eigentlichen Produktionsprozesses mit Zwischenlagerung	Absatzmarktforschung Marktsegmentierung Zielmarktbezogene Werbung, Verkaufsförderung und Public Relation Kundendienst, After-Sales-Service
	Material-Eingang ➡ Eingangsprüfung ➡ innerbetr. Transport ➡ Ausgangs-Lagerung ➡ Verkauf, Versand		
F&E-Controlling[1]	Beschaffungscontrolling, Dispositionsrechnung	Fertigungscontrolling Prozessoptimierung	Marketingcontrolling, Statistik, Marktforschung
In allen Bereichen: Personalcontrolling, Optimierungsrechnung, Kennzahlenrechnung, Produktivität, Rentabilität und „Time-to-Market", Berichtswesen an die Geschäftsleitung.			
Investitionsplanung Projektplanung Technologieprognose	Budgetrechnung Investitionsplanung Lieferantenauswahl Bestellmengenplanung Lagerkostenrechnung Transportoptimierung	Investitionsplanung Produktionsprogrammplanung, Materialmengenrechnung und Zeitoptimierung Transportoptimierung	Investitionsplanung Werbeerfolgskontrolle Personalkostenoptimierung

Zusammenfassung: Einordnung des Betriebes in die Gesamtwirtschaft

Leistungserstellung in Dienstleistungsbetrieben

- Leistungsprozess von **Handelsbetrieben** (Groß- und Außenhandel, Einzelhandel)
  - Erfassen von Kundenwünschen
  - Zusammenstellung eines Sortiments
  - Beschaffung von Waren
  - Lagerung von Waren
  - Kundenberatung
  - Verkauf von Waren
- Leistungsprozess von **Versicherungsbetrieben**
  - Anwerben von Kunden
  - Antragsannahme und Antragsprüfung
  - Vertragsverwaltung
  - Schadensregulierung
- Leistungsprozess von **Kreditinstituten**
  - Erfassen von Wirtschaftsdaten
  - Beschaffung von Geld
  - Aufbereiten und Auswerten der Wirtschaftsdaten
  - Kundengerechtes Abwickeln der Dienstleistungen

---

1 *Controlling (engl. to control = steuern), Controlling bedeutet das Steuern von Prozessen.*

- Leistungsprozess der **öffentlichen Verwaltung** umfasst gesetzlich geregelte Aufgaben von Behörden für die Bürger.

Leistungserstellung in Produktionsbetrieben

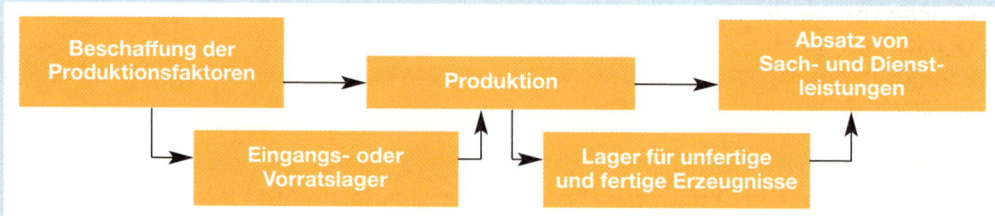

- Bei der betrieblichen Leistungserstellung sind viele Unternehmen mittelbar beteiligt (**volkswirtschaftliche Arbeitsteilung**).
- **Wertschöpfungsketten** entstehen, wenn über mehrere Stufen (Rohstoffgewinnung, Verarbeitung und Produktion, Handel) neue Werte geschaffen werden.
- Innerhalb eines Unternehmens vollzieht sich ein **Wertschöpfungsprozess**, indem aus eingekauften Materialien neue Produkte erzeugt werden.

Aufgaben

1 *Unterscheiden Sie die verschiedenen Formen der Handelsbetriebe.*

2 *Aus Ihrer persönlichen Erfahrung kennen Sie verschiedene Einzelhandelsbetriebe. Erstellen Sie eine Liste aller Dienstleistungen, die von diesen Betrieben angeboten werden.*

3 *Beschreiben Sie den Leistungsprozess*
   a) eines Reisebüros,   *d) eines Handwerksbetriebes,*
   b) einer Spedition,   *e) eines Immobilienmaklers,*
   c) eines Steuerberaters,   *f) eines Industriebetriebes.*

4 *Geben Sie an, wodurch sich die Leistungsprozesse bei Kreditinstituten und Versicherungsbetrieben unterscheiden.*

5 *Beschreiben Sie den Leistungsprozess in der öffentlichen Verwaltung anhand eines eigenen Beispiels.*

6 *„Der Handel ist überflüssig! Er verteuert nur unnütz die Waren. Der Kunde könnte beim Hersteller viel günstiger kaufen."*
   „Ohne den Handel wäre die bedarfsgerechte Versorgung der Bevölkerung gefährdet!"
   Sammeln Sie weitere Argumente für und gegen den Handel und führen Sie eine Diskussion zu dem Thema.

7 *Beschreiben Sie den Leistungsprozess eines Büromöbelherstellers.*
   a) Erstellen Sie eine Liste aller Produktionsfaktoren, die in diesem Betrieb beschafft werden.
   b) Fertigen Sie eine Aufstellung aller Sach- und Dienstleistungen an, die in diesem Betrieb erstellt und auf dem Absatzmarkt angeboten werden.
   c) Beschreiben Sie die Bedeutung der Funktion „Lager" in diesem Betrieb.

8 *Erläutern Sie an zwei selbst gewählten Beispielen, weshalb die betrieblichen Grundfunktionen sowohl in Sachleistungs- als auch in Dienstleistungsbetrieben vorkommen.*

9 *Erläutern Sie am Beispiel einer Bank, dass in einem Dienstleistungsunternehmen Leistungserstellung und -absatz gleichzeitig stattfinden.*

10 *Erläutern Sie das Zusammenwirken von verschiedenen Produktions- und Dienstleistungsbetrieben am Beispiel der Herstellung eines Bleistiftes.*

11 Zu welchem Produktionsfaktor zählen in der Bürodesign GmbH, einem Büromöbelhersteller:

a) Lagerregale,

b) Ersatzteile,

c) Handelswaren,

d) Schmieröl,

e) Schraubenzieher,

f) vollautomatische Lackiermaschine,

g) Schreinermeister,

h) Auszubildender,

i) Computer-Software?

12 Erläutern Sie die Wertschöpfungskette am Beispiel einer Jeans. Ermitteln Sie alle Stufen, die erforderlich sind, bis eine Jeans von einem Verbraucher gekauft werden kann. Erstellen Sie aus Ihren Beschreibungen ein aussagefähiges Plakat.

Übungsaufgaben: Der Betrieb und sein Umfeld

1 Erläutern Sie die Merkmale eines Käufer- und eines Verkäufermarktes am Beispiel der Büro-design GmbH.

2 Beschreiben Sie, wie die Bürodesign GmbH im Rahmen ihrer Marketingarbeit Kunden- und Wettbewerbsorientierung anstrebt.

3 Beschreiben Sie das Sachziel

a) eines Industriebetriebes,

b) eines Handelsbetriebes,

c) eines Kreditinstitutes.

4 „Unternehmen haben immer nur ein Ziel, nämlich ihre Gewinnmaximierung." Nehmen Sie kritisch Stellung zu dieser Aussage.

5 Ein Unternehmen verfolgt folgende Ziele:

a) Erhöhung des Umsatzes

b) Verbesserung der Rentabilität

c) Verringerung der Personalkosten

d) Vermeidung von Umweltbelastungen

e) Rationalisierung der Produktion durch Einsatz von Maschinen

f) Bessere Nutzung der vorhandenen Kapazitäten

g) Vermeidung von Überstunden

h) Ausweitung des Marktanteils

i) Geringere Belastung des Verkaufspersonals

Stellen Sie fest, welche der Ziele miteinander in Konkurrenz stehen und welche Ziele sich gegenseitig unterstützen. Begründen Sie Ihre Antworten.

6 Beschreiben Sie den Zusammenhang von Risiko- und Chancen-Management am Beispiel der Bürodesign GmbH.

7 Erläutern Sie die Instrumente des Managements eines Unternehmens mit Beispielen.

8 Lesen Sie kritisch folgende kleine Anekdote:

„Welche Unternehmen müssen über eine Reform ihres Managements nachdenken?

1. Unternehmen, die in großen Schwierigkeiten stecken. Es bleibt ihnen nichts anderes übrig.

2. Unternehmen, die noch nicht in Schwierigkeiten stecken, deren Management aber Weit-blick besitzt.

3. Unternehmen in Höchstform, die ihren Vorsprung ausbauen möchten.

Unternehmen der 1. Gruppe sind gegen eine Mauer gefahren und liegen verletzt am Boden. Unternehmen der 2. Gruppe fahren mit Höchstgeschwindigkeit und sehen im Scheinwerferlicht eine Mauer auf sich zurasen. Unternehmen der 3. Gruppe machen eine Spazierfahrt, kein Hindernis ist in Sicht. Was für eine phantastische Gelegenheit, anzuhal-ten und für andere eine Mauer aufzubauen."

(Modifiziert übernommen aus: Adelsberger, Heimo: Script zur Vorlesung e-business, www.wi-inf.uni-essen.de)

Bilden Sie in Ihrer Klasse vier Gruppen, in denen diese Aussagen diskutiert werden. Fin-den Sie Beispiele für jede der drei genannten Gruppen von Unternehmen, stellen Sie diese der gesamten Klasse vor und führen Sie anschließend eine Diskussion darüber.

2 Rechtsgrundlagen des Unternehmens

2.1 Kaufmann, Firma, Handelsregister

2.1.1 Kaufmannseigenschaften

Jan, ein ehemaliger Freund von Renate Becker, hat die Ausbildung als Kaufmann für Bürokommunikation aufgegeben, um Fotograf zu werden. Leider hat auch das nicht geklappt,
aber nach einigem Hin und Her hat Jan es jetzt geschafft. Er verkauft als selbstständiger
Kaufmann Fotopapiere und Chemikalien an Fotolabors. Eine neue Freundin hat er auch.
Und dann kommt plötzlich diese Karte:

Ihre Verlobung geben bekannt:

Anna Weber
Steuerfachgehilfin

Jan Wolf
Kaufmann

Die Verlobungsfeier findet statt am 2. Mai ..
um 15:00 Uhr im Dorfgemeinschaftshaus Winterscheid,
Stiftstraße 15, 53809 Winterscheid.

Renate ist sauer! Von wegen Kaufmann, der hat doch die Ausbildung abgebrochen. Wenn
alles gut geht, wird sie in einem Jahr Kauffrau sein. Kauffrau für Bürokommunikation. In der
Mittagspause erzählt sie Herrn Kaya, ihrem Abteilungsleiter, von der Sache. Aber der weiß
es natürlich wie immer besser! „Sie sind doch nur eifersüchtig. Und wer Kaufmann ist, regelt das HGB!"

Arbeitsaufträge   ▶ Stellen Sie fest, ob Jan Kaufmann im Sinne des HGB ist.
                    ▶ Erläutern Sie, was man unter einem Handelsgewerbe versteht.
                    ▶ Erläutern Sie die verschiedenen Kaufmannseigenschaften.

■ Gewerbetreibender nach § 1 HGB (Istkaufmann)

Umgangssprachlich bezeichnet man Menschen als Kaufleute, die eine entsprechende Ausbildung abgeschlossen haben. Wer im juristischen Sinne Kaufmann ist, regelt das HGB.

● Handelsgewerbe

§ 1 Abs. 1 HGB: Kaufmann im Sinne dieses Gesetzbuches ist, wer ein Handelsgewerbe betreibt.

- Ein Handelsgewerbe ist jede auf Dauer angelegte und auf Gewinnerzielung ausgerichtete selbstständige Tätigkeit, die einen in **kaufmännischer Weise eingerichteten Geschäftsbetrieb** erfordert. Eine kaufmännische Einrichtung muss dabei nicht tatsächlich vorhanden, sondern grundsätzlich nur erforderlich sein.

Handelsgewerbe ist nach § 1 Abs. 2 HGB jedes gewerbliche Unternehmen, das einen in kaufmännischer Weise eingerichteten Gewerbebetrieb erfordert, und zwar ohne Rücksicht auf die Eintragung ins Handelsregister. Das Vorliegen eines Handelsgewerbes ist somit unabhängig von der Eintragung in das Handelsregister. Grundvoraussetzung für die Kaufmannseigenschaft ist das Vorhandensein eines Gewerbebetriebes.

> **§ 1 Abs. 2 HGB:** Handelsgewerbe ist jeder Gewerbebetrieb, es sei denn, dass das Unternehmen nach Art oder Umfang einen in kaufmännischer Weise eingerichteten Geschäftsbetrieb nicht erfordert.

- Es besteht die **Pflicht zur deklaratorischen Eintragung** (vgl. S. 50) ins Handelsregister. Versäumt ein Gewerbetreibender die Eintragung ins Handelsregister, kann er durch Ordnungsmaßnahmen dazu gezwungen werden.

Der Gewerbetreibende trägt die Beweislast, dass sein Unternehmen nicht kaufmännisch ist, d. h., es wird von der Vermutung ausgegangen, dass bei Vorliegen eines Gewerbes ein Handelsgewerbe und damit Kaufmannsstatus vorliegen.

● Nichtkaufmann

- Wissenschaftliche und künstlerische Tätigkeiten, die als freie Berufe ausgeübt werden können, sind eintragungsunfähig, diese Personen gelten somit als **Nichtkaufleute**. Ebenfalls sind die sonstigen freien Berufe (z. B. Ärzte, Rechtsanwälte, Steuerberater) von der Regelung des § 1 HGB ausgenommen, auch sie sind keine Kaufleute.

Ein Nichtkaufmann ist nicht berechtigt, eine Firma zu führen, er kann aber sein Kleingewerbe mit einer Geschäftsbezeichnung benennen, sofern die Bezeichnung nicht den Anschein eines kaufmännischen Gewerbes erzeugt.

Beispiel *Thomas Klein betreibt in Duisburg einen Imbissstand. Er führt hierfür die Geschäftsbezeichnung Speiserestaurant Klein. Diese Geschäftsbezeichnung ist nicht zulässig. Zulässig wäre die Bezeichnung „Speisekajüte Klein" oder „Grillhütte Klein".*

- Ist die Firma eines Gewerbetreibenden im Handelsregister eingetragen, ohne dass der Gewerbetreibende die Voraussetzungen für die Eintragung erfüllt, so ist der Gewerbetreibende ein sog. **Scheinkaufmann**. Es kann gegenüber demjenigen, der sich auf die Eintragung beruft, nicht geltend gemacht werden, dass das unter der Firma betriebene Gewerbe überhaupt kein Handelsgewerbe sei.

> **§ 5:** Ist eine Firma im Handelsregister eingetragen, so kann gegenüber demjenigen, welcher sich auf die Eintragung beruft, nicht geltend gemacht werden, dass das unter der Firma betriebene Gewerbe kein Handelsgewerbe sei.

Jeder Gewerbetreibende ist ohne Rücksicht auf die Branche Kaufmann.

● Kaufmann nach § 1 HGB:

Jedes gewerbliche Unternehmen, dessen Betrieb nach Art und Umfang eine kaufmännische Organisation erfordert, ist ein Handelsgewerbe.

Eine kaufmännische Organisation ist erforderlich, wenn eine kaufmännische Buchführung geführt werden muss. Dies ist der Fall, wenn eine der folgenden Größen überschritten wird:

- 30 000,00 EUR Gewinn pro Jahr oder
- 500 000,00 EUR Umsatz.

Für den Kaufmann nach §1 HGB gilt das HGB in vollem Umfang. Er

- muss Handelsbücher führen,
- muss sich in das Handelsregister eintragen lassen (vgl. S. 49 ff.),
- führt eine Firma (vgl. S. 46 ff.) und darf Prokura erteilen (vgl. S. 484),
- kann Personengesellschaften gründen und
- bürgt selbstschuldnerisch.

■ Kleingewerbetreibender

Ein Gewerbetreibender, dessen Betrieb keine kaufmännische Organisation erfordert, ist Kleingewerbetreibender. Für ihn gilt das HGB nur in **beschränktem Umfang**. Er

- ist nur zu eingeschränkter Buchführung verpflichtet,
- braucht sich nicht in das Handelsregister eintragen zu lassen,
- führt keine Firma und
- kann keine Personengesellschaften gründen.

Beispiel *Der Großküchenlieferant Hans Sand, der die Bürodesign GmbH beliefert, macht bei einem Eigenkapital von 50 000,00 EUR einen Umsatz von 200 000,00 EUR pro Jahr und einen Gewinn von 20 000,00 EUR. Somit ist er Kleingewerbetreibender.*

§ 2 HGB: Ein gewerbliches Unternehmen, dessen Gewerbebetrieb nicht schon nach § 1 Abs. 2 Handelsgewerbe ist, gilt als Handelsgewerbe im Sinne dieses Gesetzbuchs, wenn die Firma des Unternehmens in das Handelsregister eingetragen ist. Der Unternehmer ist berechtigt, aber nicht verpflichtet, die Eintragung nach den für die Eintragung kaufmännischer Firmen geltenden Vorschriften herbeizuführen. Ist die Eintragung erfolgt, so findet eine Löschung der Firma auch auf Antrag des Unternehmers statt, sofern nicht die Voraussetzung des § 1 Abs. 2 eingetreten ist.

Ein in kaufmännischer Weise eingerichteter Geschäftsbetrieb ist i. d. R. erforderlich, wenn eine kaufmännische Buchführung notwendig ist (s. o.) und kaufmännische Mitarbeiter beschäftigt werden.

Ist dies nicht der Fall, **kann** sich der Gewerbetreibende freiwillig in das Handelsregister eintragen lassen (**Kannkaufmann**). Ab dem Zeitpunkt der Eintragung ist der Gewerbetreibende Kaufmann, folglich ist die Wirkung der Eintragung konstitutiv (vgl. S. 50).

Beispiele *Kiosk, Blumengeschäft, Lottoannahmestelle*

■ Land- und Forstwirtschaft

§ 3 HGB: (1) Auf den Betrieb der Land- und Forstwirtschaft finden die Vorschriften des Paragraph 1 keine Anwendung.
(2) Für ein land- und forstwirtschaftliches Unternehmen, das nach Art und Umfang einen in kaufmännischer Weise ausgerichteten Geschäftsbetrieb erfordert, gilt Paragraph 2 mit der Maßgabe, dass nach Eintragung in das Handelsregister eine Löschung der Firma nur nach den allgemeinen Vorschriften stattfindet, welche für die Löschung kaufmännischer Firmen gelten.
(3) Ist mit dem Betrieb der Land- und Forstwirtschaft ein Unternehmen verbunden, das nur ein Nebengewerbe des land- oder forstwirtschaftlichen Unternehmens darstellt, so finden auf das im Nebengewerbe betriebene Unternehmen die Vorschriften der Absätze 1 und 2 entsprechende Anwendung.

Ein land- und forstwirtschaftliches Unternehmen **kann** demnach den Hauptbetrieb (§ 3 HGB [2]) oder den Nebenbetrieb (§ 3 HGB [3]) in das Handelsregister eintragen lassen. Ab dem Zeitpunkt der Eintragung ist der Gewerbetreibende Kaufmann (**Kannkaufmann**).

Beispiel *Landwirt mit einer Mühle, Brennerei oder Molkerei im Nebengewerbe*

■ Handelsgesellschaften

Die Aktiengesellschaft (vgl. S. 63 ff.), die Gesellschaft mit beschränkter Haftung (vgl. S. 60) und die eingetragene Genossenschaft sind Kaufmann **kraft Rechtsform (Formkaufmann)**. Sie sind ab der Eintragung in das Handelsregister juristische Person und erwerben damit ohne Rücksicht auf den Gegenstand des Unternehmens die Eigenschaft eines Kaufmanns.

> **§ 6 Abs. 1 HGB:** Die in Betreff der Kaufleute gegebenen Vorschriften finden auch auf die Handelsgesellschaften Anwendung.

Beispiel *Bürodesign GmbH, Vereinigte Spanplatten AG*

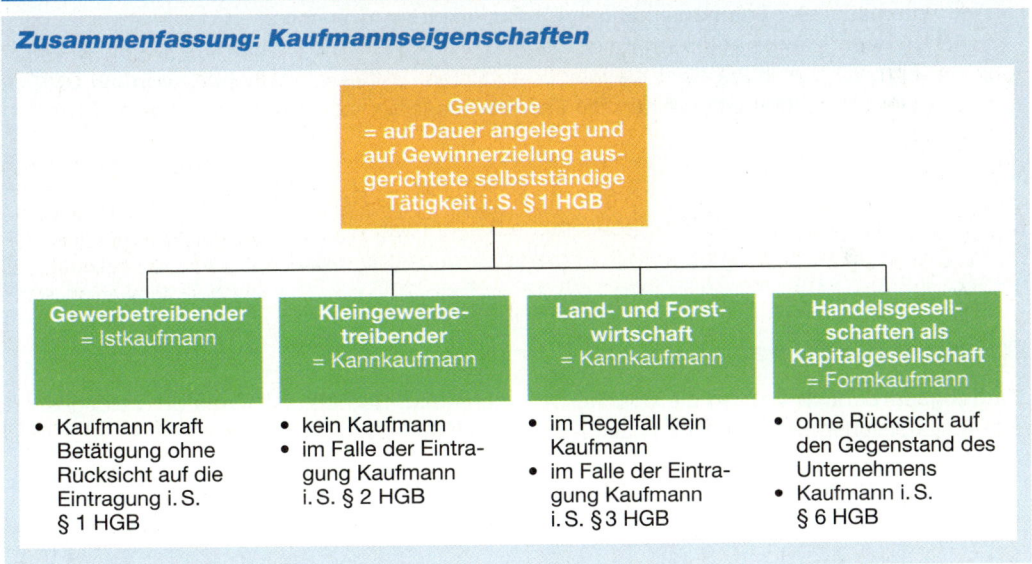

Zusammenfassung: Kaufmannseigenschaften

Gewerbe = auf Dauer angelegt und auf Gewinnerzielung ausgerichtete selbstständige Tätigkeit i. S. § 1 HGB

Gewerbetreibender = Istkaufmann	Kleingewerbetreibender = Kannkaufmann	Land- und Forstwirtschaft = Kannkaufmann	Handelsgesellschaften als Kapitalgesellschaft = Formkaufmann
• Kaufmann kraft Betätigung ohne Rücksicht auf die Eintragung i. S. § 1 HGB	• kein Kaufmann • im Falle der Eintragung Kaufmann i. S. § 2 HGB	• im Regelfall kein Kaufmann • im Falle der Eintragung Kaufmann i. S. § 3 HGB	• ohne Rücksicht auf den Gegenstand des Unternehmens • Kaufmann i. S. § 6 HGB

Aufgaben

1 *Für den Kaufmann gilt das HGB in vollem Umfang. Erläutern Sie, welche Rechtsfolgen der Status eines Kaufmanns nach § 1 HGB hat.*

2 *Erläutern Sie die Rechte und Pflichten*
   a) des Kaufmanns nach § 1 HGB,   *b) des Kleingewerbetreibenden.*

3 *Die Wirtschaftsauskunftei Müller beschäftigt 35 Mitarbeiter.*
   a) Überprüfen Sie, ob Herr Müller Kaufmann ist.
   b) Stellen Sie fest, ob er Kaufmann kraft Eintragung oder kraft Gesetz ist.
   c) Überprüfen Sie, ob er Bücher führen muss.

4 *Sammeln Sie Anzeigen aus der Tageszeitung und ordnen Sie die Unternehmen den jeweiligen Kaufmannseigenschaften zu.*

5 *Stellen Sie fest, ob es sich in den untenstehenden Fällen*
1. *um einen Kaufmann nach § 1 HGB,*   3. *um einen Formkaufmann,*
2. *um einen Kannkaufmann,*   4. *nicht um einen Kaufmann*
im Sinne des HGB handelt.
   a) *Anja Schmitz ist Inhaberin eines nicht im Handelsregister eingetragenen Glas- und Porzel-lan-Einzelhandelsgeschäftes. Sie betreibt den Betrieb allein.*
   b) *Beim Schulfest der Berufsbildenden Schule verkaufen Schüler Pizza.*
   c) *Die Autoreparaturwerkstatt Schmitz GmbH ist in das Handelsregister eingetragen.*

2.1.2 Die Firma

Als Renate Jan anrufen will, um ihm zur Verlobung zu gratulieren, hat sie seine Verlobte Anna Weber am Apparat. Eigentlich will sie sofort auflegen, aber dann gratuliert sie doch. Anna erzählt stolz, dass sie ihre Stelle zum 31.12. kündigen will, um dann für die Firma Jan Wolf, Internationaler Fotopapierhandel, die Buchhaltung zu machen. In der Mittagspause berichtet Renate aufgeregt Herrn Kaya: „Stellen Sie sich vor, die arbeitet jetzt sogar bei Jan in der Firma!" Aber Kaya lässt sie wieder abblitzen: „Alten Liebschaften soll man nicht nachtrauern und außerdem sollten Sie sich der kaufmännischen Fachsprache bedienen, Frau Becker!"

Arbeitsaufträge ▶ Stellen Sie fest, an welcher Stelle Renate sich nicht der kaufmännischen Fachsprache bedient hat.
▶ Erläutern Sie Firmenarten und -grundsätze.

■ Begriff der Firma

Umgangssprachlich werden die Begriffe Unternehmung, Betrieb und Firma oft gleichgesetzt. Was im juristischen Sinne eine Firma ist, regelt das HGB:

§ 17 Abs. 1 HGB: (1) Die Firma eines Kaufmanns ist der Name, unter dem er im Handel seine Geschäfte betreibt und die Unterschrift abgibt.

Die Firma besteht aus dem Firmenkern und dem Firmenzusatz. Der Firmenkern beinhaltet den Namen des Unternehmens, den Gegenstand des Unternehmens oder eine Fantasiebezeichnung.

Beispiel Hankel & Cie GmbH, Chemische Fabriken KG, Donald Duck OHG

Der **Firmenzusatz** kann das Gesellschaftsverhältnis erklären, über Art und Umfang des Geschäftes Auskunft geben oder der Unterscheidung der Person oder des Geschäftes dienen. Er muss der Wahrheit entsprechen.

§ 19 HGB:
(1) Die Firma muss …,
enthalten:
1. bei Einzelkaufleuten die Bezeichnung „eingetragener Kaufmann", „eingetragene Kauffrau" oder eine allgemein verständliche Abkürzung dieser Bezeichnung, insbesondere „e. K.", „e. Kfm." oder „e. Kfr.";
2. bei einer offenen Handelsgesellschaft die Bezeichnung „offene Handelsgesellschaft" oder eine allgemein verständliche Abkürzung dieser Bezeichnung;

3. bei einer Kommanditgesellschaft die Bezeichnung „Kommanditgesellschaft" oder eine allgemein verständliche Abkürzung dieser Bezeichnung.

(2) Wenn in einer offenen Handelsgesellschaft oder Kommanditgesellschaft keine natürliche Person persönlich haftet, muss die Firma, …, eine Bezeichnung enthalten, welche die Haftungsbeschränkung kennzeichnet.

Beispiel *Abels, Wirtz & Co. KG, Sicherheitstechnik; Stammes Stahlrohr GmbH*

■ Arten der Firma

● Personenfirma:
Der Firmenkern besteht aus einem oder mehreren Namen und gegebenenfalls dem Vornamen.

Beispiel *Bodo Lukas e. K.*

● Sachfirma:
Der Firmenkern ist aus dem Gegenstand des Unternehmens abgeleitet.

Beispiel *Bürodesign GmbH*

● Gemischte Firma:
Die Firma besteht aus Namen und Gegenstand des Unternehmens.

Beispiel *Bürobedarfsgroßhandel Schneider & Co. KG*

● Fantasiefirma:
Die Firma besteht aus einer Abkürzung oder einem Fantasienamen.

Beispiel *Klassik 2000 GmbH*

■ Firmengrundsätze

Bei der Wahl der Firma muss der Kaufmann neben den Vorschriften, die sich auf die Unternehmensform beziehen, die **Firmengrundsätze** beachten.

● Firmenwahrheit/Firmenklarheit:
Bei einer Sachfirma muss der Gegenstand der Unternehmung den Tatsachen entsprechen (Firmenwahrheit). Firmenzusätze dürfen nicht zu einer Täuschung über die Art oder den Umfang des Geschäfts oder die Verhältnisse des Geschäftsinhabers Anlass geben (Firmenklarheit).

Beispiel *Jan Wolf verstößt gegen den Grundsatz der Firmenwahrheit. Die Bezeichnung „Internationaler Fotopapierhandel Wolf e. K." ist eine Täuschung über den Umfang des Geschäftes.*

● Firmenausschließlichkeit:
Ist eine Firma in das Handelsregister eingetragen, hat sie das ausschließliche Recht, im Amtsgerichtsbezirk diese Firma zu führen.

● Firmenbeständigkeit:
Bei einem Wechsel in der Person des Inhabers darf die Firma fortgeführt werden. Dies kann mit oder ohne einen das Nachfolgeverhältnis andeutenden Zusatz geschehen.

Beispiel *Bodo Lukas erwirbt den Büromöbelgroßhandel Theodor Becker. Folgende Firmen sind möglich:*
- *Bodo Lukas e. Kfm.*
- *Theodor Becker e. Kfm.*
- *Theodor Becker e. K., Inhaber Bodo Lukas*
- *Bodo Lukas, vormals Theodor Becker e. Kfm.*
- *Theodor Becker Nachfolger e. Kfm.*

> **§ 25 Abs. 1 HGB:** Wer ein unter Lebenden erworbenes Handelsgeschäft unter der bisherigen Firma mit oder ohne Beifügung eines das Nachfolgeverhältnis andeutenden Zusatzes fortführt, haftet für alle im Betriebe des Geschäftes begründeten Verbindlichkeiten des früheren Inhabers (…)

Ein Ausschluss der Haftung des Erwerbers ist möglich. Er muss jedoch in das Handelsregister eingetragen und veröffentlicht werden. Die Ansprüche der Gläubiger gegen den früheren Inhaber verjähren nach fünf Jahren. Selbstverständlich gehen auch alle Forderungen auf den neuen Inhaber über.

● **Firmenöffentlichkeit:**

Jeder Kaufmann ist verpflichtet, seine Firma am Ort der Niederlassung in das Handelsregister eintragen zu lassen, damit sich jedermann über die Rechtsverhältnisse informieren kann.

Zusammenfassung: Die Firma

Begriff	Arten	Grundsätze
Die Firma eines Kaufmanns ist der Name, unter dem er sein Handelsgewerbe betreibt und die Unterschrift abgibt. Einzelkaufleuten, Personengesellschaften und Kapitalgesellschaften ist die freie Wahl einer aussagekräftigen, werbewirksamen Firma gestattet, wenn diese unterscheidungskräftig ist, die Gesellschaftsverhältnisse offenlegt und nicht irreführend ist.	• **Personenfirma:** Firmenkern besteht aus Namen der/des Unternehmer/s • **Sachfirma:** Firmenkern besteht aus Gegenstand des Unternehmens • **Gemischte Firma:** Firma besteht aus Namen und Gegenstand des Unternehmens • **Fantasiefirma:** Firma besteht aus Fantasienamen	• **Wahrheit:** Bei einer Sachfirma muss der Gegenstand des Unternehmens wahr sein. • **Klarheit:** keine täuschenden Firmenzusätze • **Ausschließlichkeit:** Eingetragene Firma hat ausschließlich das Recht, diese Firma zu führen. • **Beständigkeit:** Fortführung der Firma bei Wechsel in der Person des Inhabers • **Öffentlichkeit:** Eintragung der Firma am Ort der Niederlassung in das Handelsregister

Aufgaben

1 *Suchen Sie aus dem Branchenbuch je drei Beispiele für eine Personen-, Sach-, gemischte und Fantasiefirma heraus und stellen Sie die Ergebnisse der Klasse in einem Lernplakat zusammen!*

2 *Erläutern Sie, warum es wichtig ist, dass man die Firma bei Erwerb eines Handelsgeschäfts fortführen kann.*

3 *Fritz Müller und Gabi Stein wollen einen Versandhandel für Computerzubehör gründen. Erstellen Sie eine Checkliste, welche Überlegungen sie bei der Wahl der Firma anstellen müssen.*

4 *Der Bürodesign GmbH wird ein alteingesessenes Unternehmen zum Kauf angeboten. Welche Überlegungen sollten bei der Wahl der Firma angestellt werden?*

5 *Sie haben im Kapitel „Kaufmannseigenschaften" Anzeigen von Unternehmen der Region gesammelt. Ordnen Sie diese jetzt nach den Arten der Firma.*

2.1.3 Das Handelsregister

Der „Internationale Fotopapierhandel Jan Wolf e. K." lässt Renate keine Ruhe. Sie möchte zu gern wissen, was sich hinter dieser Firma verbirgt. Deshalb fragt sie in der Mittagspause Frau Geissler, ob es eine Möglichkeit gibt, Informationen über das Unternehmen von Jan Wolf zu bekommen. Frau Geissler hat eine einfache Lösung: „Alle wichtigen Informationen über Kaufleute und Handelsgesellschaften sind im Handelsregister niedergelegt. Und das Handelsregister ist unter www.unternehmensregister.de im Internet für jedermann zugänglich!" Sie holt einen Ausdruck des Handelsregisterauszugs der Bürodesign GmbH aus einer Akte und zeigt sie Renate.

Amtsgericht Köln

HR B 9842

Nr. der Eintragung	a) Firma b) Ort der Niederlassung (Sitz der Gesellschaft) c) Gegenstand des Unternehmens (bei juristischen Personen)	Grund- oder Stammkapital EUR	Vorstand Persönlich haftende Gesellschafter Geschäftsführer Abwickler	Prokura	Rechtsverhältnisse	a) Tag der Eintragung und Unterschrift b) Bemerkung
1	2	3	4	5	6	7
1	a) Bürodesign GmbH b) 50933 Köln (Sitz der Gesellschaft) c) Herstellung und Vertrieb von Büromöbeln	600 000,00	Dipl.-Ing. Helma Friedrich Dipl.-Kfm. Klaus Stein		Gesellschaft mit beschränkter Haftung. Der Gesellschaftsvertrag ist am 1. April.. festgestellt. Die Gesellschaft hat zwei Geschäftsführer. Sie wird durch einen Geschäftsführer in Alleinvertretungsbefugnis vertreten.	a) 1.April..

„Ein Interessent kann sich über jeden Kaufmann und jede Handelsgesellschaft seines Amtsgerichtsbezirks einen solchen Auszug anfertigen lassen!" Renate ist verblüfft. Dann könnte sie sich ja auch eine solche Information über das Unternehmen von Jan Wolf beschaffen!

Arbeitsaufträge ▶ Suchen Sie Gründe, die für die Notwendigkeit der Öffentlichkeit des Handelsregisters sprechen.

▶ Stellen Sie fest, welche Wirkung die Handelsregistereintragung hat.

Das Handelsregister ist ein **amtliches Verzeichnis aller Kaufleute**. Es wird beim Registergericht des Amtsgerichts am Sitz des Unternehmens elektronisch geführt. Das Handelsregister soll die Öffentlichkeit über wichtige Sachverhalte und Rechtsverhältnisse der Kaufleute und Handelsgesellschaften unterrichten.

§ 9 Abs. 1 HGB: Die Einsichtnahme in das Handelsregister sowie die zum Handelsregister eingereichten Dokumente ist jedem zu Informationszwecken gestattet.

Alle publikationspflichtigen Daten eines Unternehmens werden bundesweit zentral in ein Unternehmensregister unter *www.unternehmensregister.de* eingestellt. Damit gibt es eine zentrale Internetadresse, unter der alle publikationspflichtigen Daten eines Unternehmens bereitstehen.

Gliederung: Das Handelsregister wird in **zwei Abteilungen** geführt:

- **Abteilung A** für Einzelkaufleute und Personengesellschaften
- **Abteilung B** für Kapitalgesellschaften

Die Genossenschaften werden in ein spezielles **Genossenschaftsregister** eingetragen.

Die **Anmeldung** muss elektronisch in notariell beglaubigter Form erfolgen.

Ebenfalls eingetragen wird z. B. die **Auflösung** der Unternehmung.

Die **Wirkung** der Eintragung kann rechtsbezeugend **(deklaratorisch)** oder rechtserzeugend **(konstitutiv)** sein.

Deklaratorisch bedeutet, dass die Rechtswirkung schon mit Aufnahme des Handelsgewerbes eingetreten ist. Die Eintragung in das Handelsregister bezeugt diese Tatsache lediglich.

Beispiel Zum Kaufmann wurde die Bodo Lukas KG mit Aufnahme eines Handelsgewerbes. Die Eintragung in das Handelsregister bezeugt diese Tatsache lediglich.

Konstitutiv bedeutet, dass die Rechtswirkung erst mit der Eintragung in das Handelsregister eintritt. So wird der Kleingewerbetreibende erst im Moment der Eintragung Kaufmann i. S. des HGB. Die Eintragung erzeugt die Rechtswirkung.

Beispiel Die Bürodesign GmbH entstand als juristische Person im Moment der Eintragung.

Ist eine Tatsache eingetragen und bekannt gemacht, muss ein Dritter sie gegen sich gelten lassen, auch wenn er sie nicht kannte **(Öffentlichkeitswirkung)**.

Beispiel Helga Kowski ist Prokuristin der Abels, Wirtz & Co. KG. Wegen einer Unterschlagung wird ihr die Prokura entzogen und der Arbeitsvertrag fristlos gekündigt. Die Entziehung der Prokura wird im Handelsregister eingetragen und veröffentlicht. Eine Woche später kauft Frau Kowski im Namen der Abels, Wirtz & Co. KG bei der Auto-Becker GmbH einen Pkw der Oberklasse und verschwindet mit dem Fahrzeug. Da die Prokura von Frau Kowski erloschen war, kann die Auto-Becker GmbH die Forderung nicht gegen die Abels, Wirtz & Co. KG geltend machen.

Jeder Kaufmann sollte das Unternehmensregister sorgfältig lesen. Nur so kann er sicherstellen, dass er jederzeit über Veränderungen, z. B. bei der Haftung eines Kunden, informiert ist.

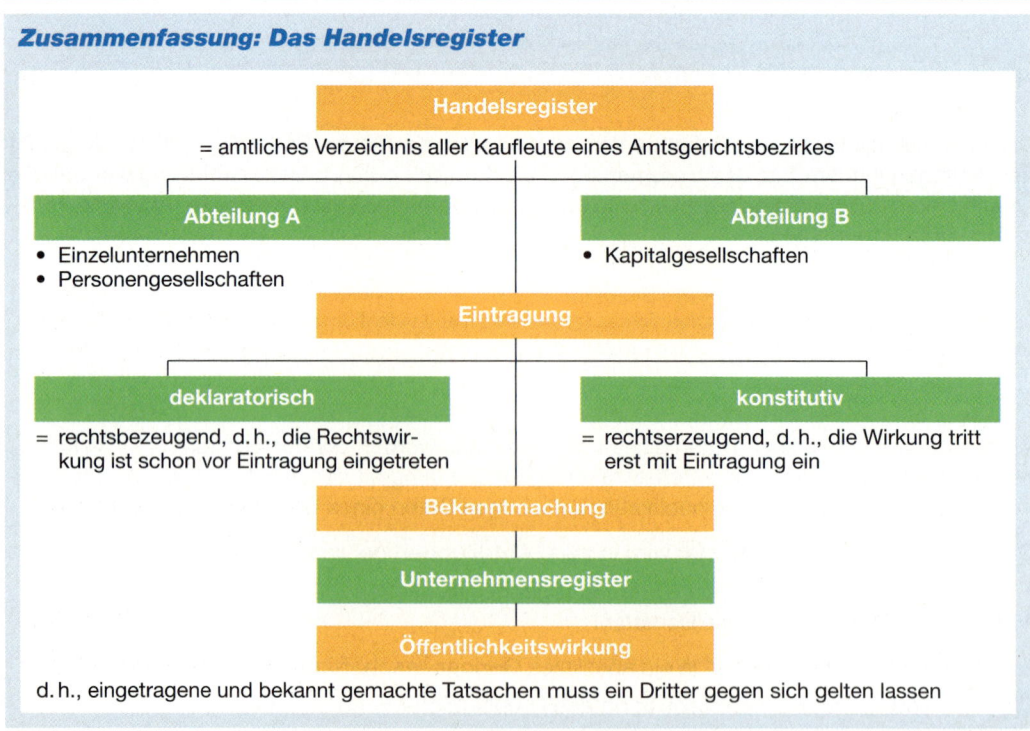

Zusammenfassung: Das Handelsregister

Handelsregister

= amtliches Verzeichnis aller Kaufleute eines Amtsgerichtsbezirkes

Abteilung A
- Einzelunternehmen
- Personengesellschaften

Abteilung B
- Kapitalgesellschaften

Eintragung

deklaratorisch
= rechtsbezeugend, d. h., die Rechtswirkung ist schon vor Eintragung eingetreten

konstitutiv
= rechtserzeugend, d. h., die Wirkung tritt erst mit Eintragung ein

Bekanntmachung

Unternehmensregister

Öffentlichkeitswirkung

d. h., eingetragene und bekannt gemachte Tatsachen muss ein Dritter gegen sich gelten lassen

Aufgaben

1 *Erläutern Sie den Unterschied zwischen deklaratorischer und konstitutiver Wirkung einer Eintragung in das Handelsregister anhand je eines Beispiels.*

2 *Welche Rechtsfolgen hat die sogenannte Öffentlichkeitswirkung des Handelsregisters? Erläutern Sie den Sachverhalt anhand eines Beispiels.*

3 *Besuchen Sie das Unternehmensregister im Internet. Stellen Sie fest, auf welche Daten ein Kaufmann durch das Unternehmensregister Zugriff hat.*

4 *Prüfen und begründen Sie, ob die nachfolgenden Aussagen den gesetzlichen Vorschriften zum Handelsregister entsprechen:*
   a) *Das Handelsregister ist das Verzeichnis aller Kaufleute eines Amtsgerichtsbezirkes.*
   b) *In das Handelsregister dürfen nur Kaufleute bei Vorliegen eines berechtigten Interesses Einblick nehmen.*
   c) *Die Aktiengesellschaft wird in die Abteilung A (HRA) des Handelsregisters eingetragen.*
   d) *Kapitalgesellschaften werden in die Abteilung B (HRB) des Handelsregisters eingetragen.*
   e) *Eintragungen in das Handelsregister erfolgen ausschließlich in elektronischer Form.*
   f) *Bestellung oder Widerruf der Prokura müssen nicht in das Handelsregister eingetragen werden.*
   g) *Die Anmeldung zum Handelsregister kann formlos erfolgen.*

5 *Suchen Sie im Internet nach Unternehmen Ihrer Region unter www.unternehmensregister.de. Ordnen Sie diese anhand der Kriterien Gründung, Veränderungen, Löschung. Stellen Sie fest, welche Branchen und Unternehmensformen am häufigsten vertreten sind.*

2.2 Die Rechtsformen im Überblick

2.2.1 Die Einzelunternehmung

Sabine Freund, Gruppenleiterin Marketing der Bürodesign GmbH, will sich selbstständig machen. Sie plant die Eröffnung einer Boutique für exklusives Bürozubehör. Vor- und Nachteile einer Existenzgründung hat sie abgewogen, und auch die Frage der Firma ist bereits geklärt. Als sich im Zusammenhang mit einer Gründungsberatung bei der Industrie- und Handelskammer die Frage nach der geeigneten Unternehmensform stellt, ist für Frau Freund schnell klar, dass sie alleinige Inhaberin ihres Unternehmens sein will: „Dafür habe ich mich ja selbstständig gemacht!"

Arbeitsaufträge ▶ Diskutieren Sie, welche Voraussetzungen Frau Freund mitbringen sollte, damit die Gründung ihres Unternehmens ein Erfolg wird.

▶ Stellen Sie in einer Liste die Vor- und Nachteile der Gründung eines Unternehmens in Form einer Einzelunternehmung gegenüber.

Die Einzelunternehmung wird von **einer Person** betrieben, die das Eigenkapital allein aufbringt.

Die **Firma** der Einzelunternehmung kann Personen-, Sach-, Fantasiefirma oder gemischte Firma sein und muss den Zusatz „eingetragene Kauffrau (e. Kfr.)" oder „eingetragener Kaufmann (e. K.)" tragen.

Die **Gründung** erfolgt formlos. Falls es sich um ein Handelsgewerbe nach § 1 HGB handelt und das Gewerbe in kaufmännischem Umfang betrieben wird, ist eine Eintragung in das Handelsregister erforderlich.

Beispiele Sabine Freund e.K., Bürozubehör-Einzelhandel; August Stark e.K., Befestigungstechnik

> **§ 18 HGB:**
> (1) Die Firma muss zur Kennzeichnung des Kaufmanns geeignet sein und Unterscheidungskraft besitzen.
> (2) Die Firma darf keine Angaben enthalten, die geeignet sind, über geschäftliche Verhältnisse, die für die angesprochenen Verkehrskreise wesentlich sind, irrezuführen.

Da der Einzelunternehmer als alleiniger **Eigenkapitalgeber** fungiert, ist die Eigenkapitalbasis durch das Betriebsvermögen des Unternehmers begrenzt. Eine Erweiterung des Eigenkapitals kann nur durch die Nichtentnahme erzielter Gewinne und Privateinlagen erfolgen.

Bd. 2 Auch den Möglichkeiten der **Fremdkapitalbeschaffung** sind bei der Einzelunternehmung enge Grenzen gesetzt, da sich die Beschränkung des Haftungskapitals auf das Vermögen einer Person nachteilig auf die Kreditwürdigkeit auswirken kann.

Der Einzelunternehmer **haftet** für die Verbindlichkeiten seines Unternehmens allein und unbeschränkt, d. h. mit seinem gesamten Vermögen.

Beispiel Die Einzelunternehmerin Freund hat für die Gründung ihrer Bürozubehör-Einzelhandlung bei der Bank einen Kredit aufgenommen. Sie haftet hierfür mit ihrem gesamten Vermögen, d. h. auch mit ihrem Privatvermögen.

Da der Einzelunternehmer alle Risiken allein übernimmt, steht ihm auch der gesamte **Gewinn** zu, andererseits trägt er auch alle **Verluste** allein.

Der Einzelunternehmer ist alleiniger Inhaber, er hat infolgedessen auch alle Entscheidungsbefugnisse. Er hat das alleinige Recht, im Innenverhältnis die Geschäfte zu führen **(Geschäftsführungsbefugnis)** und das Unternehmen im Außenverhältnis gegenüber Dritten zu vertreten **(Vertretungsbefugnis)**.

Zusammenfassung: Die Einzelunternehmung

Definition	• Gewerbebetrieb, dessen Eigenkapital von einer Person aufgebracht wird
Gründung	• eine Person
	• Eintragung in das Handelsregister bei Handelsgewerbe mit kaufmännischem Umfang
Firma	• Personen-, Sach-, Fantasiefirma oder gemischte Firma und der Zusatz „eingetragener Kaufmann (e. Kfm., e. K.)" oder „eingetragene Kauffrau (e. Kfr., e. K.)"
Kapitalaufbringung	• durch den Einzelunternehmer
Haftung	• allein und unbeschränkt
Geschäftsführung und Vertretung	• allein durch den Einzelunternehmer
Gewinne und Verluste	• erhält bzw. trägt der Einzelunternehmer

---

Aufgaben

1 Beschreiben Sie die Rechtsform der Einzelunternehmung.

2 Stellen Sie fest, wer sich in Ihrer Klasse einmal selbstständig machen möchte, und diskutieren Sie die damit verbundenen Vor- und Nachteile.

3 *Der Einzelunternehmer Eberle ist zahlungsunfähig. Der Gläubiger Pfeiffer behauptet, Eberle hafte auch mit seinem Privatvermögen. Eberle selbst steht auf dem Standpunkt, Geschäfts- und Privatvermögen hätten nichts miteinander zu tun. Nehmen Sie zu diesen Behauptungen Stellung.*

4 *August Stark ist Tischlermeister und Großhändler für Befestigungstechnik. Er betreibt sein Unternehmen als Einzelunternehmung. Die Bürodesign GmbH, mit der er seit vielen Jahren in Geschäftsbeziehung steht, bietet ihm einen Auftrag an. Stark soll Aufbau und Montage der Möbel für einen Großauftrag der Bürodesign GmbH übernehmen. Er müsste dazu jedoch zwei Lkw anschaffen und vier weitere Mitarbeiter einstellen. Überlegen Sie, welche Schwierigkeiten sich für Stark im Bereich der Kapitalbeschaffung ergeben.*

5 *Stellen Sie in einem Kurzreferat die Unternehmensform der Einzelunternehmung vor. Nutzen Sie Tafel, Overheadprojektor oder andere Medien zur Veranschaulichung.*

2.2.2 Die offene Handelsgesellschaft (OHG)

Sabine Freunds Bürozubehör-Geschäft ist eröffnet. Das Einkaufszentrum, in dem sie ihr Einzelhandelsgeschäft betreibt, entwickelt sich immer mehr zu einer exklusiven Adresse für Kunden des gehobenen Bedarfs. Da Frau Freund mit ihrem Sortiment genau diese Zielgruppe abdeckt, steigen die Umsätze und sie muss schon bald zwei Verkäufer/innen einstellen. Auch in der Buchhaltung wird eine Halbtagskraft beschäftigt. Trotzdem wächst ihr die Arbeit langsam über den Kopf. Alles muss sie selbst entscheiden, um alles muss sie sich selber kümmern. Dazu kommt der Ärger mit den Banken. Ein dringend benötigter Kredit für die Erweiterung der Geschäftsräume wurde mit der Begründung abgelehnt, das Eigenkapital sei zu gering und es fehle an Sicherheiten. In dieser Situation wendet sich Frau Freund an den Betriebsberater der IHK. Nach eingehender Beratung schlägt dieser ihr die Gründung einer Personengesellschaft in der Rechtsform einer OHG vor.

Arbeitsaufträge ▶ Erarbeiten Sie die Merkmale der OHG.

▶ Beurteilen Sie, ob die Wahl dieser Unternehmensform die Lösung für Frau Freunds Probleme ist.

▶ Stellen Sie die Vor- und Nachteile der OHG in einer Tabelle gegenüber.

■ Definition

§ 105 Abs. 1 HGB: Eine Gesellschaft, deren Zweck auf den Betrieb eines Handelsgewerbes unter gemeinschaftlicher Firma gerichtet ist, ist eine offene Handelsgesellschaft, wenn bei keinem der Gesellschafter die Haftung gegenüber den Gesellschaftsgläubigern beschränkt ist.

■ Gründung

Die **Gründung** der OHG ist formfrei, die Schriftform in Form eines Gesellschaftsvertrages ist jedoch üblich. Die Gesellschaft entsteht bei Kaufleuten i. S. von § 1 HGB mit Aufnahme der Tätigkeit, bei Kleingewerbetreibenden und Kannkaufleuten mit Handelsregistereintrag. Die Gesellschaft ist zur Eintragung in das Handelsregister anzumelden.

■ Firma

Die **Firma** der OHG kann Personen-, Sach-, Fantasiefirma oder gemischte Firma sein. Sie muss die Bezeichnung „offene Handelsgesellschaft" oder eine verständliche Abkürzung dieser Bezeichnung (z. B. OHG) enthalten.

Beispiel Becker und Bauer betreiben eine Druckerei in der Rechtsform einer OHG. Folgende Firmen sind möglich: Becker & Bauer OHG, Bauer & Becker OHG, Becker OHG, Bauer OHG, Becker & Co. OHG, Druckerei OHG, BEBA OHG

■ Kapitalaufbringung

Ähnlich wie bei der Einzelunternehmung kann die **Eigenkapitalbasis** durch Erhöhung der Kapitaleinlagen der Gesellschafter oder durch die Nichtentnahme von Gewinnen erfolgen. Darüber hinaus besteht die Möglichkeit der Aufnahme neuer Gesellschafter.

Beispiel Die Becker OHG erzielt einen Jahresüberschuss von 68 800,00 EUR, die Gesellschafter beschließen den Gewinn zur Anschaffung eines Hochleistungskopierers zu verwenden.

Die Beschaffung von **Fremdkapital** ist leichter als bei der Einzelunternehmung, da hier mindestens zwei Gesellschafter mit ihrem gesamten Vermögen haften und das Risiko der Gläubiger dadurch auf zwei Schuldner verteilt ist.

■ Haftung

Die Gesellschafter der OHG **haften** solidarisch, unbeschränkt und unmittelbar.

- **Unbeschränkt** bedeutet, dass jeder Gesellschafter mit seinem gesamten Vermögen haftet. Es haftet also nicht nur das Gesellschaftsvermögen, sondern jeder Gesellschafter muss auch mit seinem Privatvermögen für die Schulden der OHG einstehen.
- **Unmittelbar** bedeutet, dass sich ein Gläubiger an jeden beliebigen Gesellschafter wenden kann. Der Gesellschafter kann nicht verlangen, dass der Gläubiger zuerst gegen die Gesellschaft auf Zahlung klagt.
- **Solidarisch** (gesamtschuldnerisch) heißt, dass jeder Gesellschafter für die gesamten Schulden der OHG haftet. Er haftet also für die anderen Gesellschafter mit. Im Innenverhältnis hat der Gesellschafter selbstverständlich einen Ausgleichsanspruch.

Ein in eine Einzelunternehmung oder OHG **eintretender Gesellschafter** haftet auch für die Verbindlichkeiten, die bei seinem Eintritt bereits bestehen. **Bei Austritt** haftet der Gesellschafter noch fünf Jahre für die bei seinem Austritt vorhandenen Verbindlichkeiten.

■ Geschäftsführung und Vertretung

Zur **Geschäftsführung**, d.h. zur Führung der Gesellschaft im **Innenverhältnis**, ist jeder OHG-Gesellschafter allein berechtigt und verpflichtet.

Im **Außenverhältnis** kann jeder Gesellschafter die OHG wirksam vertreten **(Einzelvertretungsmacht)**.

Beispiel Bauer schafft für die OHG einen repräsentativen Geschäftswagen an. Als Becker davon erfährt, kommt es zum Streit. Er ist mit dem Kauf nicht einverstanden. Trotzdem ist der Kaufvertrag zwischen dem Autohaus und der OHG wirksam zustande gekommen, da jeder Gesellschafter die OHG wirksam vertreten kann.

Es besteht jedoch auch die Möglichkeit, dass ein oder mehrere Gesellschafter nur in Gemeinschaft zur Vertretung der OHG ermächtigt sein sollen **(Gesamtvertretungsmacht)**. Diese Einschränkung ist jedoch nur wirksam, wenn sie in das Handelsregister eingetragen ist.

Beispiel Becker und Bauer vereinbaren Gesamtvertretungsmacht und lassen dies in das Handelsregister eintragen. Beim Kauf eines neuen Kopierers müssen jetzt beide den Kaufvertrag unterschreiben.

Ein Gesellschafter darf ohne Einwilligung seiner Partner weder im Handelszweig seiner Gesellschaft Geschäfte tätigen noch sich an einer anderen Gesellschaft als persönlich haftender Gesellschafter beteiligen **(Wettbewerbsverbot)**.

Beispiel Bauer will sich an einer weiteren Druckerei als Gesellschafter beteiligen. Hierfür ist die Zustimmung seines Gesellschafters Becker erforderlich.

■ Gewinnverteilung

Der **Gewinn** der OHG wird gemäß Gesellschaftsvertrag verteilt. I. d. R. bekommen die mitarbeitenden Gesellschafter zunächst ein Arbeitsentgelt (Unternehmerlohn). Danach werden die geleisteten Kapitaleinlagen in einer vereinbarten Höhe verzinst. Der verbleibende Rest kann „nach Köpfen" oder nach einem Schlüssel verteilt werden, der die unterschiedliche Höhe des mithaftenden Privatvermögens berücksichtigt. Wird zur Gewinnverteilung nichts vereinbart, gilt § 121 HGB. Danach steht jedem Gesellschafter zunächst ein Anteil in Höhe von 4 % seiner Kapitaleinlage zu. Der Rest wird nach Köpfen unter die Gesellschafter verteilt.

Beispiel Der Gewinn der Becker OHG beträgt 68 800,00 EUR. Die Einlage von Becker beläuft sich auf 100 000,00 EUR, die von Bauer auf 150 000,00 EUR. Becker hat am 31.12. d. J. 8 100,00 EUR, Bauer 9 600,00 EUR entnommen. Die Verteilung soll nach § 121 HGB erfolgen.

Der Gewinn eines Gesellschafters wird seinem Kapitalanteil zugeschrieben. Jeder Gesellschafter ist berechtigt, vier Prozent seines Kapitalanteils pro Jahr **zu entnehmen**. Dies ist auch dann möglich, wenn die OHG Verluste macht.

	Kapital am Anfang des Jahres in EUR	4% in EUR	Rest nach Köpfen in EUR	Gesamt-gewinn in EUR	Ent-nahme in EUR	Gut-schrift in EUR	Kapital am Ende des Jahres in EUR
Becker	100 000,00	4 000,00	29 400,00	33 400,00	8 100,00	25 300,00	125 300,00
Bauer	150 000,00	6 000,00	29 400,00	35 400,00	9 600,00	25 800,00	175 800,00
	250 000,00	10 000,00	58 800,00	68 800,00	17 700,00	51 100,00	301 100,00

■ Verlustverteilung

Die Ertragskraft des Unternehmens wird mithilfe der **Rentabilität** ausgedrückt. Die **Unternehmerrentabilität** ist das Verhältnis des Reingewinns zum eingesetzten Eigenkapital

Beispiel

$$\text{Unternehmerrentabilität} = \frac{Gewinn \cdot 100}{Eigenkapital} \quad \frac{68\,800 \cdot 100}{250\,000} = \underline{27,52\,\%}$$

Die Unternehmerrentabilität von 27,52 % besagt, dass sich das eingesetzte Eigenkapital mit diesem Zinssatz verzinst hat.

Die **Verluste** der OHG werden nach Köpfen verteilt und vom Kapitalkonto der Gesellschafter abgezogen. Vertragliche Abweichungen von dieser Regelung sind möglich.

Beispiel Die Becker OHG macht im folgenden Jahr einen Verlust von 50 600,00 EUR. Jedem der Gesellschafter werden 25 300,00 EUR vom Kapitalkonto abgezogen. Der neue Kontostand von Becker beträgt jetzt 100 000,00 EUR, der von Bauer 150 500,00 EUR.

■ Kündigung und Auflösung

Eine **Kündigung** des Gesellschaftsvertrages ist mit einer Frist von sechs Monaten zum Ende des Geschäftsjahres möglich.

Bd. 2 Die **Auflösung** der OHG erfolgt durch Zeitablauf, Gesellschafterbeschluss, Liquidation im Insolvenzverfahren oder gerichtliche Entscheidung auf Antrag eines Gesellschafters, wenn ein wichtiger Grund (z. B. die vorsätzliche oder grob fahrlässige Pflichtverletzung eines anderen Gesellschafters) vorliegt.

Zusammenfassung: Die offene Handelsgesellschaft (OHG)

Definition	• Gesellschaft, deren Zweck auf den Betrieb eines gemeinsamen Handelsgewerbes gerichtet ist, wobei alle Gesellschafter unbeschränkt haften
Gründung	• mindestens zwei Personen • Gesellschaftsvertrag ist formfrei • Die Gesellschaft ist zur Eintragung in das Handelsregister anzumelden
Firma	• Personen-, Sach-, Fantasiefirma oder gemischte Firma mit Zusatz „offene Handelsgesellschaft"
Kapitalaufbringung	• Verbesserte Möglichkeiten der Fremdkapitalaufbringung durch Verbreiterung der Eigenkapitalbasis und Haftung
Haftung	• unbeschränkt • unmittelbar • solidarisch (gesamtschuldnerisch)
Geschäftsführung und Vertretung	• Jeder Gesellschafter ist berechtigt, allein die Geschäfte zu führen und die Gesellschaft im Außenverhältnis zu vertreten
Gewinnverteilung	• lt. Gesellschaftsvertrag • Wenn nichts geregelt ist, dann gilt das HGB, d. h. 4 % auf das eingesetzte Kapital, Rest nach Köpfen
Verlustverteilung	• nach Köpfen

Aufgaben

1 *Roland Rothe plant die Gründung einer Spedition in der Rechtsform einer OHG. Um Chancen und Risiken gegeneinander abzuwägen, bittet Herr Rothe seinen Steuerberater Schmitz um die ausführliche Beantwortung der nachfolgenden Fragen:*

a) *Wo muss die Gesellschaft eingetragen bzw angemeldet werden?*

b) *Wie haften die Gesellschafter?*

c) *Wie ist die gesetzliche Gewinnverteilung geregelt?*

d) *Begründen Sie, warum der Gewinn der OHG nach Köpfen und in Form einer Kapitalverzinsung verteilt wird.*

e) *Roland Rothe betreibt die OHG zusammen mit seinem Compagnon Kotte. Nennen Sie fünf mögliche Firmen.*

f) *Stellen Sie in einer Tabelle die Rechte und Pflichten der OHG-Gesellschafter gegenüber.*

Helfen Sie Herrn Schmitz bei der Erledigung dieses Auftrages.

2 *Nach der Eintragung der Rothe-OHG in das Handelsregister kauft Rothe mehrere Pkw.*

a) *Stellen Sie fest, ob die Eintragung der Rothe-OHG in das Handelsregister konstitutive oder deklaratorische Wirkung hat.*

b) *Erläutern Sie, ob Rothe das Geschäft für die Firma wirksam abschließen konnte.*

c) *Welche Rechtsfolgen hätte es gehabt, wenn Kotte dem Geschäft widersprochen hätte?*

d) *Könnte Kotte sich an einer anderen OHG als Gesellschafter beteiligen?*

e) *Kotte bekommt einen Lkw günstig angeboten. Er möchte mit diesem Geschäfte auf eigene Rechnung machen. Ist dies zulässig, wenn Rothe dagegen ist?*

f) *Aufgrund von Unstimmigkeiten möchte Kotte die Gesellschaft verlassen. Er ist der Meinung, ab dem Tag der Auflösung des Gesellschaftsvertrages habe er mit den Verbindlichkeiten des Unternehmens nichts mehr zu tun. Erläutern Sie die Rechtslage.*

3 *Entwerfen Sie einen Text, mit dem Sie die Rothe-OHG zum Handelsregister anmelden.*

4 *Entwerfen Sie einen Formulierungsvorschlag für einen Gesellschaftsvertrag. Orientieren Sie sich dabei am Gesellschaftsvertrag der Bürodesign GmbH und an den gesetzlichen Vorgaben.*

5 *Stellen Sie in einem Kurzreferat die Unternehmensform der OHG vor. Nutzen Sie Tafel, Overheadprojektor oder andere Medien zur Veranschaulichung.*

2.2.3 Die Kommanditgesellschaft (KG)

Sabine Freund ist grundsätzlich von den Vorzügen der Gründung einer Personengesellschaft in der Rechtsform einer OHG überzeugt. In der Praxis gestaltet sich die Suche nach einem geeigneten Partner jedoch schwierig. Trotz der Unterstützung durch die IHK und der Veröffentlichung einer Anzeige in einer Wirtschaftszeitung findet sich kein geeigneter Gesellschafter. In dieser Situation bietet der Steuerberater Frau Freund eine Beteiligung an ihrem Unternehmen an. Er ist bereit, eine beträchtliche Summe zu investieren, kann aber aufgrund seiner beruflichen Situation nicht im Unternehmen mitarbeiten und möchte auch die Haftung auf das eingesetzte Kapital beschränken. Er rät zur Gründung einer Kommanditgesellschaft.

Arbeitsaufträge ▶ Erarbeiten Sie die Merkmale der KG.

▶ Beurteilen Sie anhand des nachfolgenden Sachinhalts, ob diese Unternehmensform den Vorstellungen der beiden Partner gerecht wird.

▶ Stellen Sie die Vor- und Nachteile der KG in einer Tabelle gegenüber.

■ Definition

Die Kommanditgesellschaft ist eine Handelsgesellschaft, bei der mindestens ein Gesellschafter unbeschränkt **(Komplementär)** und ein Gesellschafter nur in Höhe seiner Einlage **(Kommanditist)** haftet.

■ Gründung

Zur **Gründung** einer KG sind mindestens zwei Personen (ein Komplementär und ein Kommanditist) erforderlich. Der Gesellschaftsvertrag ist formfrei. Die Gesellschaft ist zur Eintragung in das Handelsregister anzumelden.

■ Firma

Die **Firma** der KG kann Personen-, Sach-, Fantasiefirma oder gemischte Firma sein. Sie muss den Zusatz „Kommanditgesellschaft" oder eine verständliche Abkürzung dieser Bezeichnung (z. B. KG) enthalten.

Beispiel Sabine Freund kann z. B. die Firma Freund KG oder Bürozubehör Freund KG führen.

■ Kapitalaufbringung

Die Möglichkeiten der **Eigenkapitalbeschaffung** sind bei der KG i. d. R. größer als bei der Einzelunternehmung oder der OHG, da aufgrund der Beschränkung der Haftung des Kommanditisten auf seine Einlage leichter Kapitalgeber gefunden werden können.

Die **Fremdkapitalbeschaffung** ist leichter als bei der Einzelunternehmung, da hier neben dem Vollhafter zumindest ein Teilhafter zusätzlich haftet. Grundsätzlich ist sie jedoch schwieriger als bei der OHG, da bei der OHG mindestens zwei Gesellschafter unbeschränkt haften.

■ Haftung

Der Komplementär der KG **haftet** wie der OHG-Gesellschafter unbeschränkt, unmittelbar und solidarisch. Die Haftung des Kommanditisten ist auf die in das Handelsregister eingetragene Einlage beschränkt.

Bei Eintritt in die KG haftet der Kommanditist bis zur Höhe seiner Einlage auch für bereits bestehende Verbindlichkeiten. **Bei Austritt** haftet er noch fünf Jahre für die bis zu seinem Austritt entstandenen Verbindlichkeiten.

■ Geschäftsführung und Vertretung

Geschäftsführung und **Vertretung** der Gesellschaft liegen allein beim Komplementär, d. h., der Kommanditist ist von der Führung der Geschäfte ausgeschlossen. Er kann Rechtsgeschäften jedoch widersprechen, wenn sie über den gewöhnlichen Geschäftsbetrieb hinausgehen.

Beispiel Der Komplementär will den Sitz des Unternehmens aus steuerlichen Gründen nach Liechtenstein verlegen. Hier hat der Kommanditist ein Widerspruchsrecht.

Der Kommanditist ist berechtigt, eine Abschrift der Bilanz zu verlangen und diese durch Einsicht in die Bücher auf ihre Richtigkeit hin zu überprüfen. Das Recht auf eine laufende Kontrolle der Geschäfte hat er jedoch nicht.

Beispiel Der Kommanditist Lästig erscheint an jedem ersten Freitag im Monat im Unternehmen und verlangt Einblick in die Bücher. Komplementär Pfiffig kann ihm dies verweigern, da der Kommanditist kein Recht auf eine laufende Kontrolle der Geschäfte hat.

■ Gewinnverteilung

Auch bei der KG erhält der geschäftsführende Gesellschafter vom **Gewinn** der Unternehmung i. d. R. zunächst einen Unternehmerlohn. Danach werden die Kapitaleinlagen gemäß Gesellschaftsvertrag verzinst. Ist hierüber keine Regelung getroffen, gilt § 168 HGB, der eine Kapitalverzinsung von 4 % vorsieht. Falls der Gewinn diesen Betrag übersteigt, soll der Rest „angemessen" verteilt, d. h. das unterschiedliche Risiko der Gesellschafter berücksichtigt werden.

Beispiel Steuerberater Schröder ist mit 100 000,00 EUR als Kommanditist an der Freund KG beteiligt. Frau Freund hat als Komplementärin 150 000,00 EUR eingebracht. Im ersten Jahr der Gründung erwirtschaftet die KG einen Gewinn in Höhe von 35 000,00 EUR. Nach der Kapitalverzinsung lt. HGB verbleibt ein Restgewinn in Höhe von 25 000,00 EUR. Im Gesellschaftsvertrag ist vereinbart, dass die angemessene Gewinnverteilung im Verhältnis der Einlagen, d. h. im Verhältnis 2:3, erfolgt. Herr Schröder erhält somit 10 000,00 EUR und Frau Freund 15 000,00 EUR vom Restgewinn.

Gesellschafter	Geschäftsanteil in EUR	Kapitalverzinsung 4% in EUR	Rest angemessen in EUR	Gewinnanteil in EUR
Schröder	100 000,00	4 000,00	10 000,00	14 000,00
Freund	150 000,00	6 000,00	15 000,00	21 000,00
	250 000,00	10 000,00	25 000,00	35 000,00

Der Kommanditist hat nur Anspruch auf Auszahlung des Gewinns, wenn er seine Einlage voll geleistet hat.

■ Verlustverteilung

Macht die Gesellschaft **Verlust**, wird dieser im Verhältnis der Anteile verteilt, wobei die Verlust-beteiligung des Kommanditisten auf die Höhe seiner Einlage beschränkt ist.

■ Kündigung

Die Gesellschafter können das Gesellschaftsverhältnis mit einer Frist von sechs Monaten zum Ende des Geschäftsjahres **kündigen**.

Zusammenfassung: Die Kommanditgesellschaft (KG)

Definition	• Handelsgesellschaft, bei der mindestens ein Gesellschafter unbeschränkt (Komplementär) und ein Gesellschafter in Höhe seiner Einlage (Komman-ditist) haftet
Gründung	• mindestens zwei Personen • Gesellschaftsvertrag ist formfrei • Handelsregistereintrag erforderlich
Firma	• Personen-, Sach-, Fantasiefirma oder gemischte Firma mit Zusatz „Kommanditgesellschaft"
Kapitalaufbringung	• verbesserte Möglichkeiten der Eigenfinanzierung durch Aufnahme von Kommanditisten

Haftung	• Komplementär:
	  – unbeschränkt
	  – unmittelbar
	  – solidarisch
	• Kommanditist
	  – in Höhe seiner Einlage

Geschäftsführung und Vertretung	• Der Komplementär führt die Geschäfte und vertritt die Gesellschaft nach außen • Der Kommanditist ist von der Geschäftsführung ausgeschlossen
Gewinnverteilung	• lt. Gesellschaftsvertrag; • Wenn nichts geregelt ist, dann gilt das HGB, d. h. 4 % auf das eingesetzte Kapital, Rest im angemessenen Verhältnis
Verlustverteilung	• angemessen, d. h. im Verhältnis der Anteile

Aufgaben

1 *Erläutern Sie die wesentlichen Unterschiede zwischen OHG und KG.*

2 *Erläutern Sie die gesetzliche Gewinnverteilung bei der OHG und bei der KG und begründen Sie die unterschiedliche Behandlung der Gesellschafter.*

3 *Stellen Sie die Rechtsstellung des Komplementärs der des Kommanditisten der KG gegen-über.*

4 *Auszug aus dem Gesellschaftervertrag der Bauer KG:*

> **§ 6 Einlagen der Gesellschafter**
> Die Gesellschafter verpflichten sich, folgende Einlagen zu leisten:
> Andreas Bauer (Komplementär)   1 000 000,00 EUR
> Thomas Doberstein (Kommandist)   100 000,00 EUR
> **§ 7 Ergebnisverteilung**
> Für die Geschäftsführung erhält der Komplementär vom erzielten Reingewinn vorweg eine Vergü-tung von 60 000,00 EUR. Die Verzinsung des eingesetzten Kapitals beträgt 10 %, der Rest wird im Verhältnis der Einlagen verteilt.

a) *Im ersten Geschäftsjahr beträgt der Reingewinn 500 000,00 EUR. Führen Sie die Gewinn-verteilung lt. Gesellschaftsvertrag durch.*

b) *Stellen Sie die Gewinnverteilung einer OHG, bei der Bauer und Doberstein als Gesell-schafter mit den gleichen Einlagen beteiligt sind, der Gewinnverteilung der KG gegenüber.*

c) *Im zweiten Geschäftsjahr macht die Bauer KG Verluste. Erläutern Sie die Verlustverteilung der KG.*

5 *In Aufgabe 4 zum Abschnitt 2.2.2 „Die offene Handelsgesellschaft" haben Sie einen Gesellschaftsvertrag für eine OHG entworfen. Schreiben Sie den Gesellschaftsvertrag für eine Kommanditgesellschaft um.*

2.2.4 Die Gesellschaft mit beschränkter Haftung (GmbH)

Ärger bei der Bürodesign GmbH! Seit Frau König, die Abteilungsleiterin des Rechnungs-wesens, mitgeteilt hat, dass sie zwei zusätzliche Mitarbeiter braucht, hängt der Haussegen schief! Dabei ist Frau König vollkommen im Recht. Durch die rasante Umsatzentwicklung der letzten Jahre ist die Bürodesign GmbH zur „mittelgroßen Kapitalgesellschaft" im Sinne des HGB geworden. Das bedeutet einen erheblich aufwendigeren Jahresabschluss und Lagebericht. Den damit verbundenen Mehraufwand kann Frau König mit den vorhandenen Mitarbeitern nicht schaffen. Als die Verwaltungsleiterin den Fall der Geschäftsleitung vor-trägt, macht Herr Stein einen Vorschlag: Wie wäre es, wenn wir die Bereiche Produk-tion/Beschaffung und Absatz trennen und in jeweils einer eigenen GmbH zusammenfas-sen? Die alte Bürodesign GmbH könnte als Verwaltungs-GmbH bestehen bleiben.

Arbeitsaufträge ▶ Prüfen Sie anhand des Gesellschaftsvertrages der Bürodesign GmbH und des nachfolgenden Sachinhaltes, ob eine solche Um-wandlung möglich ist, und machen Sie einen konkreten Vorschlag für die Gliederung des neuen Unternehmens.

▶ Überlegen Sie, welche Gründe Herr Stein für seinen Vorschlag haben könnte.

■ Definition

Die GmbH ist eine Handelsgesellschaft mit eigener Rechtspersönlichkeit (**juristische Person**), deren Gesellschafter mit ihren Stammeinlagen am Stammkapital der Gesellschaft beteiligt sind, ohne persönlich zu haften.

■ Gründung

Eine Mindestzahl von **Gründern** ist nicht vorgeschrieben, d. h., dass auch eine Person allein eine GmbH gründen kann (Ein-Personen-GmbH). Dies kann auch eine juristische Person sein.

Beispiel Die Bürodesign GmbH entschließt sich, die bestehende GmbH in drei unabhängige GmbHs um-zuwandeln. Die Bürodesign Verwaltungs-GmbH ist als juristische Person Gründerin der Bürodesign Ver-triebs-GmbH und der Bürodesign Produktions-GmbH. Geschäftsführer der Verwaltungs-GmbH sind Frau Friedrich und Herr Stein. Geschäftsführerin der Produktions-GmbH ist Frau Friedrich, Geschäftsführer der Vertriebs-GmbH Herr Stein.

Das **Gesetz über elektronische Handelsregister und Genossenschaftsregister** (EHUG) sieht vor, dass die bei der Gründung einer GmbH oder Genossenschaft erforderlichen Unterlagen grundsätzlich elektronisch beim Registergericht eingereicht werden. Nach Entscheidung über die Anmeldung werden die Daten in das elektronisch geführte Register übernommen.

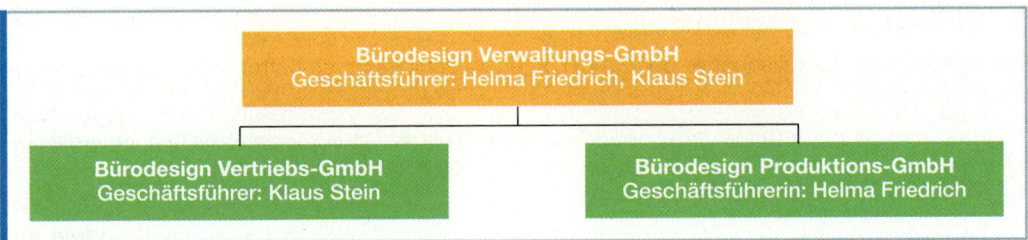

Der Gesellschaftsvertrag **(Satzung)** bedarf der notariellen Form. Als juristische Person (vgl. S. 214 f.) entsteht die GmbH erst mit Eintragung in das Handelsregister. Sie ist damit Formkaufmann (vgl. S. 45). Für unkomplizierte Standardgründungen steht als Anlage zum GmbHG ein **Mustergesellschaftsvertrag** zur Verfügung. Wird dieser verwendet, ist eine notarielle Beurkundung nicht erforderlich. Es sind lediglich die Unterschriften der Gesellschafter zu beglaubigen. Ein **Muster der Handelsregisteranmeldung** steht als Anlage zum GmbHG ebenfalls zur Verfügung.

> **§ 11 Abs. 2 GmbH-Gesetz:** Ist vor Eintragung im Namen der Gesellschaft gehandelt worden, so haften die Handelnden persönlich und solidarisch.

Beispiel Jürgen Kruse plant die Gründung einer Polsterei in der Rechtsform einer GmbH. Er lässt von seinem Rechtsanwalt einen Gesellschaftsvertrag aufsetzen und beschafft die erforderlichen Maschinen. Da die hiermit verbundenen Rechtsgeschäfte vor der Eintragung abgeschlossen wurden, haftet Kruse persönlich und solidarisch.

■ Firma

Die **Firma** der GmbH kann Personen-, Sach-, Fantasiefirma oder gemischte Firma sein. Sie muss den Zusatz „Gesellschaft mit beschränkter Haftung" oder eine verständliche Abkürzung dieser Bezeichnung (z. B. GmbH) enthalten.

Beispiel Herr Kruse könnte folgende Firmen wählen: Kruse GmbH oder Möbelpolsterei GmbH oder Polster-Kruse GmbH.

■ Kapitalaufbringung

Anders als bei den Personengesellschaften ist bei der GmbH ein festes Gesellschaftskapital vorgeschrieben. Es wird **Stammkapital** genannt und beträgt mindestens 25 000,00 EUR. Die Einlage jedes einzelnen Gesellschafters ist die **Stammeinlage**. Sie muss auf einen Betrag in vollen EUR laufen und beträgt mindestens 1,00 EUR. Das Stammkapital kann in Geld oder Sachwerten aufgebracht werden. Existenzgründer, die wenig Eigenkapital benötigen, können die GmbH als **haftungsbeschränkte Unternehmergesellschaft** UG (haftungsbeschränkt) eintragen lassen. Diese kann ohne das Mindeststammkapital gegründet werden. Die Gewinne dieser Einstiegsform der GmbH dürfen nicht voll ausgeschüttet werden. Sie werden einbehalten, bis das Mindestkapital von 25 000,00 EUR erreicht ist.

Beispiel Jürgen Kruse bringt als Stammkapital 20 000,00 EUR in bar und einen Geschäftswagen im Wert von 5 000,00 EUR ein.

Die Erweiterung der Eigenkapitalbasis der GmbH ist durch sogenannte **Nachschusszahlungen** der Gesellschafter möglich. Diese müssen jedoch ausdrücklich in der Satzung vorgesehen sein. Darüber hinaus besteht die Möglichkeit der Aufnahme neuer Gesellschafter, die durch ihre Einlagen das Stammkapital der GmbH erhöhen.

Infolge der Beschränkung der Haftung und der damit verbundenen geringen Kreditwürdigkeit der GmbH sind der **Fremdkapitalbeschaffung** enge Grenzen gesetzt. Dies führt dazu, dass in der Praxis Kredite häufig nur durch Sicherung mit Privatvermögen der Gesellschafter vergeben werden.

■ Haftung

Eine **Haftung** der Gesellschafter der GmbH ist ausgeschlossen, es haftet ausschließlich die juristische Person.

Beispiel Wird die Kruse GmbH zahlungsunfähig, können sich die Gläubiger ausschließlich an die Gesellschaft wenden. Sie haftet mit ihrem Stammkapital in Höhe von 25 000,00 EUR. Auf das Privatvermögen von Jürgen Kruse haben die Gläubiger keinen Zugriff.

■ Organe

Die Leitung der GmbH liegt bei den dafür vorgesehenen **Organen**. Es sind dies die Geschäftsführer, die Gesellschafterversammlung und ggf. der Aufsichtsrat.

- Geschäftsführung und Vertretung der Gesellschaft obliegen den **Geschäftsführern**. In der Praxis sind dies gerade bei kleinen Unternehmen häufig die Gesellschafter, es können aber selbstverständlich auch dritte Personen sein. Die Art der **Vertretungsbefugnis** ist in das Handelsregister einzutragen und auf den Geschäftsbriefen der GmbH anzugeben.
- Die **Gesellschafterversammlung** wird durch die Geschäftsführer einberufen. Sie beschließt z. B. über
  - Jahresabschluss und Gewinnverwendung,
  - Bestellung, Entlastung und Abberufung der Geschäftsführer und
  - Bestellung von Prokuristen und Handlungsbevollmächtigten. Die Abstimmung erfolgt mit einfacher Mehrheit nach Geschäftsanteilen. Je 1,00 EUR eines Geschäftsanteils gewähren eine Stimme.
- Der Gesellschaftsvertrag kann die Einrichtung eines **Aufsichtsrates** vorsehen. Seine wesentlichen Aufgaben sind die Überwachung der Geschäftsführer und die Prüfung von Jahresabschluss und Lagebericht. Für GmbHs, die mehr als 500 Arbeitnehmer beschäftigen, ist die Einrichtung eines Aufsichtsrates durch das Betriebsverfassungsgesetz zwingend vorgesehen. Der Aufsichtsrat wird für vier Jahre gewählt. Er besteht aus Vertretern der Arbeitnehmer und der Gesellschafter.

■ Gewinn- und Verlustverteilung

Der **Gewinn** der GmbH wird, wenn die Satzung nichts anderes vorsieht und die Gesellschafterversammlung dies beschließt, im Verhältnis der Geschäftsanteile verteilt. Bei **Verlusten** werden zunächst die Rücklagen aufgezehrt. Ist die Gesellschaft zahlungsunfähig oder ergibt sich bei Aufstellung der Bilanz, dass die Schulden nicht mehr durch das Vermögen der Gesellschaft gedeckt sind **(Überschuldung)**, müssen die Geschäftsführer spätestens nach drei Wochen das Insolvenzverfahren beantragen.

INFO Eine **Pflichtprüfung und die Veröffentlichung** (Publizierung) von Jahresabschluss und Lagebericht sind für große Kapitalgesellschaften vorgeschrieben.

Die **Bedeutung der GmbH** ergibt sich aus folgenden Gründen:

- Das Risiko der Gesellschafter ist auf die Kapitaleinlage beschränkt.
- Sie kann mit wenig Kapital (25 000,00 EUR) gegründet werden.
- Die Kosten der Gründung sind niedriger als bei der AG.
- Sie ermöglicht als juristische Person die Fortführung der Unternehmung bei Tod oder Ausscheiden eines Gesellschafters.

Zusammenfassung: Die Gesellschaft mit beschränkter Haftung (GmbH)

Definition	• Handelsgesellschaft mit eigener Rechtspersönlichkeit (juristische Person), deren Gesellschafter mit ihren Stammeinlagen am Stammkapital der Gesellschaft beteiligt sind, ohne persönlich zu haften
Gründung	• Mindestzahl nicht vorgeschrieben • notarieller Gesellschaftsvertrag erforderlich • Handelsregistereintrag erforderlich
Firma	• Sach-, Personen-, Fantasiefirma oder gemischte Firma mit Zusatz GmbH
Kapitalaufbringung	• Stammkapital mindestens 25 000,00 EUR • Stammeinlage je Gesellschafter mindestens 1,00 EUR • Fremdkapitalbeschaffung durch Beschränkung der Haftung problematisch
Haftung	• Es haftet die juristische Person mit ihrem gesamten Vermögen
Geschäftsführung und Vertretung	• durch die Geschäftsführer (Einzel- oder Gesamtgeschäftsführung möglich)
Beschließendes Organ	• Gesellschafterversammlung als beschlussfassendes Organ
Kontrollorgan	• gegebenenfalls Aufsichtsrat
Gewinnverteilung	• im Verhältnis der Geschäftsanteile
Verlustverteilung	• Aufzehrung von Rücklagen, bei Überschuldung Insolvenzverfahren

Aufgaben

1 Erläutern Sie die Unternehmensform der GmbH anhand der Merkmale
   – Gründung,   – Haftung,
   – Firma,   – Geschäftsführung und Vertretung und
   – Kapitalaufbringung,   – Gewinn- und Verlustverteilung.

2 Stellen Sie Vor- und Nachteile für die Gründung einer GmbH gegenüber.

3 Erläutern Sie die grundsätzlichen Unterschiede zwischen einer OHG und einer GmbH.

4 Die Bürodesign GmbH ist in eine Verwaltungs-GmbH, eine Produktions-GmbH und eine Vertriebs-GmbH aufgegliedert worden.
   a) Fertigen Sie ein Organigramm auf der Grundlage des alten Plans an und ordnen Sie Mitarbeiter und Abteilungen ensprechend zu. Hängen Sie einen Plan in der Klasse auf.
   b) Stellen Sie Vor- und Nachteile der Neuordnung gegenüber.

5 Die Bürodesign GmbH will eine Gesellschafterversammlung durchführen. Stellen Sie fest, welche Regelungen hierzu im Gesellschaftsvertrag getroffen sind, und stellen Sie diese anhand eines Kurzreferats in der Klasse vor.

2.2.5 Die Aktiengesellschaft (AG)

Frau Grell, Gruppenleiterin Auftragsbearbeitung, ist ganz aus dem Häuschen. Sie hat den Auftrag bekommen, 40 Geschäftsstellen der Allfinanz Versicherungs-AG neu auszustatten! Als sie in der Konferenz der Gruppen- und Abteilungsleiter darüber berichtet, erkundigt sich die Leiterin des Rechnungswesens nach den Zahlungsbedingungen. „Da musste ich natürlich Zugeständnisse machen, sonst hätte die Konkurrenz das Geschäft gemacht. Die Allfinanz zahlt in drei Raten. Jeweils 1/3 in 30, 60 und 90 Tagen." „Und wie ist es mit den Sicherheiten?", fragt der Geschäftsführer, Herr Stein. „Da brauchen wir uns keine Gedanken zu machen", antwortet Frau Grell, „die Allfinanz ist eine Aktiengesellschaft, da stehen Tausende von Aktionären für unsere Forderungen gerade!"

Arbeitsaufträge ▶ Erarbeiten Sie den nachfolgenden Sachinhalt und überprüfen Sie die Aussage von Frau Grell.
▶ Stellen Sie in einer Liste die Rechte und Pflichten der Aktionäre zusammen.

■ Definition

Die Aktiengesellschaft ist eine Handelsgesellschaft mit eigener Rechtspersönlichkeit (**juristische Person**, vgl. S. 214 f.), deren Grundkapital in Aktien zerlegt ist. Eine Haftung der Gesellschafter (Aktionäre) ist ausgeschlossen.

■ Gründung

Bd. 2 Zur **Gründung** einer Aktiengesellschaft ist eine Person erforderlich, die die Aktien gegen Einlage des Grundkapitals übernimmt. Der Gesellschaftsvertrag, die **Satzung**, muss notariell beurkundet werden. Als Formkaufmann i. S. § 6 HGB entsteht die Aktiengesellschaft mit Eintragung in das Handelsregister.

■ Kapitalaufbringung

Das **Grundkapital** der Aktiengesellschaft ergibt sich aus dem Nennwert sämtliche Aktien. Es muss mindestens 50 000,00 EUR betragen, wobei der Mindestbetrag pro Aktie 1,00 EUR beträgt.

Bd. 2 Die **Aktie** ist eine Urkunde über die Beteiligung an einer AG. Sie wird i. d. R. zum **Nennwert** ausgegeben. Werden die Aktien an der Börse gehandelt und ist die AG erfolgreich, steigt der Wert der Aktie über den Nennwert. Der Börsenpreis einer Aktie wird Kurs oder **Kurswert** genannt.

■ Firma

Die **Firma** der AG kann Personen-, Sach-, Fantasie- oder eine gemischte Firma mit dem Zusatz „Aktiengesellschaft (AG)" sein.

> Die Firma der Aktiengesellschaft muss, auch wenn sie nach § 22 des Handelsgesetzbuchs oder nach anderen gesetzlichen Vorschriften fortgeführt wird, die Bezeichnung „Aktiengesellschaft" oder eine allgemein verständliche Abkürzung dieser Bezeichnung enthalten.

■ Organe

Die im Gesetz vorgeschriebenen **Organe** der Aktiengesellschaft sind der Vorstand, der Aufsichtsrat und die Hauptversammlung:

- Der **Vorstand** ist das Leitungsorgan der Gesellschaft. Er wird vom Aufsichtsrat auf höchstens fünf Jahre bestellt. Eine gleichzeitige Mitgliedschaft in Vorstand und Aufsichtsrat ist nicht zulässig. Der Vorstand kann aus einer oder mehreren Personen bestehen.
  Die **Aufgaben** des Vorstandes sind u. a.:
  – Leitung der Gesellschaft unter eigener Verantwortung,
  – Berichterstattung an den Aufsichtsrat über die beabsichtigte Geschäftspolitik, die Rentabilität der Gesellschaft und den Gang der Geschäfte und
  – Aufstellung von Jahresabschluss und Lagebericht und Vorlage bei den Abschlussprüfern.

- Der **Aufsichtsrat** ist das Kontrollorgan der Aktiengesellschaft. Er überwacht den Vorstand und wird auf vier Jahre durch die Hauptversammlung gewählt.

  Die **Zusammensetzung des Aufsichtsrates** ist von der Zahl der Arbeitnehmer der Gesellschaft abhängig.

  Die **Aufgaben des Aufsichtsrates** sind u. a.:
  - Überwachung der Geschäftsführung des Vorstandes
  - Bestellung und Abberufung des Vorstandes
  - Prüfung von Jahresabschluss und Lagebericht
- Die **Hauptversammlung** ist die Versammlung der Aktionäre. Jedem Aktionär ist auf Verlangen in der Hauptversammlung vom Vorstand Auskunft über Angelegenheiten der Gesellschaft zu geben.

  Die **Aufgaben** der Hauptversammlung sind u. a.:
  - Wahl der Aufsichtsratsmitglieder der Anteilseigner
  - Beschlussfassung über lebenswichtige Fragen der AG und die Verwendung des Jahresüberschusses. Die Hauptversammlung beschließt auch über den Betrag des Bilanzgewinns, der an die Aktionäre ausgeschüttet wird. Dieser Betrag wird als Dividende bezeichnet.
  - Entlastung der Mitglieder von Vorstand und Aufsichtsrat
  - Beschluss über die Erhöhung des Grundkapitals

Die **Abstimmung** in der Hauptversammlung erfolgt nach Aktiennennbeträgen, d. h., dass jeder Aktionär pro Aktie eine Stimme hat. Grundsätzlich werden Beschlüsse der Hauptversammlung mit einfacher Mehrheit gefasst. Bei Satzungsänderungen ist jedoch eine Mehrheit von 75 % der abgegebenen Stimmen erforderlich. Ein Aktionär, der über 25 % des Grundkapitals plus eine Stimme verfügt, kann demnach Beschlüsse über entscheidende Fragen der Gesellschaft verhindern = **Sperrminorität**.

Deutsche Aktien					Div.	27.05...	26.05...
	Div.	27.05...	26.05...				
Adva		4,50	4,42b	Babcock Borsig		0,08	0,08G
Agfa	0,60	23,25	23,85b	Bankg, Berlin		3,00	3,02G
Agiv Real Est.		0,36	0,36b	BB Medtech	1,00	33,28	33,29G
Ahlers	0,82	14,86	14,81G	Berentzen Vz.		4,20	4,20b
Allianz Leben	23,00	447,50	447,50b	Bertrandt	0,15	8,93	9,00b
Antwerpes		4,33	4,25G	Biotest St.	0,11	18,73	18,73b
Arxes Inf.		2,10	2,04bG	BMW Vz.	0,64	27,82	27,71G
A.S. Creation	1,05	26,00	26,010b	Bor. Dortmund		2,43	2,35G
AVA	0,60	46,20	46,00bG	Brau u. Brunnen		90,70	90,70G
AXA KonzernSt.	1,18	50,00	49,50G	CBB Hold.		0,18	0,18G
AXA Konzern Vz.	1,24	49,00	49,30b	CineMedia		1,57	1,57G

G = Geld, d. h. es bestand nur Nachfrage nach der Aktie, es wurde aber kein Umsatz getätigt
b = bezahlt, d. h. zum genannten Kurs wurden alle Kaufaufträge voll erfüllt

Zusammenfassung: Die Aktiengesellschaft (AG)

Definition	- Handelsgesellschaft mit eigener Rechtspersönlichkeit (juristische Person), deren Grundkapital in Aktien zerlegt ist
Gründung	- mindestens eine Person erforderlich - Satzung muss notariell beurkundet werden - Eintragung in das Handelsregister

Firma	• Sach-, Personen-, Fantasiefirma oder gemischte Firma mit Zusatz Aktiengesellschaft
Kapitalaufbringung	• Das Grundkapital in Höhe von mindestens 50 000,00 EUR ist in Aktien zerlegt.
Haftung	• Es haftet die juristische Person mit ihrem gesamten Vermögen. Eine Haftung der Gesellschafter (Aktionäre) ist ausgeschlossen.
Geschäftsführung und Vertretung	• Vorstand
Kontrollorgan	• Aufsichtsrat
Beschließendes Organ	• Hauptversammlung
Gewinnverteilung	• Zahlung einer Dividende pro Aktie nach Beschluss der Hauptversammlung
Verlustverteilung	• Aufzehrung von Rücklagen • bei Überschuldung Insolvenzverfahren

Aufgaben

1 *Erläutern Sie die Rechtsform der Aktiengesellschaft unter besonderer Berücksichtigung der Merkmale*
   - *Gründung*   – *Haftung*   – *Geschäftsführung und Vertretung*
   - *Firma*   – *Kapitalaufbringung*   – *Gewinn- und Verlustverteilung*

2 *Überlegen Sie, in welcher Situation die Gründung eines Unternehmens in der Rechtsform einer Aktiengesellschaft sinnvoll sein könnte.*

3 *Die Vereinigte Möbelwerke AG hat ein Grundkapital von 100 Mio. EUR. Sie beschäftigt 2 100 Mitarbeiter. Der Vorstand besteht aus drei Mitgliedern, zum Vorsitzenden wurde Dr. Weber bestellt. Eine Regelung über die Vertretungsmacht wurde nicht getroffen.*
   a) *Der Aktionär Schmitz besitzt 30 Aktien zum Nennwert von 50,00 EUR, sein Freund Lang 20 Aktien zu 100,00 EUR. Wie viele Stimmen haben Schmitz und Lang bei der Wahl des Aufsichtsrates?*
   b) *Der Aktionär Schmitz verlangt zum Tagesordnungspunkt „Rationalisierung" Auskunft über geplante Entlassungen der AG. Der Vorstand verweigert die Auskunft. Begründen Sie, ob dies zulässig ist.*
   c) *Zur Frage der Zahlung einer Dividende kommt es zu kontroversen Diskussionen. Fast alle der anwesenden Kleinaktionäre sind dafür. Lediglich Dr. Müller-Lüdenscheid, der Vertreter der Großaktionäre (sie halten 74 % der Anteile), ist dagegen. Erläutern Sie, wie entschieden wird und wann die Kleinaktionäre für und die Großaktionäre gegen die Zahlung einer Dividende sind.*
   d) *Dr. Müller-Lüdenscheid möchte die Satzung der AG dahingehend ändern lassen, dass der Sitz des Unternehmens nach Liechtenstein verlegt wird. Kann er dies durchsetzen?*

4 *Sie haben zum Thema „Kaufmannseigenschaften" Anzeigen von Unternehmen der Region aus der Tageszeitung gesammelt. Stellen Sie fest, ob ein Zusammenhang zwischen der Unternehmensform und dem Gegenstand des Unternehmens besteht. Bereiten Sie die Ergebnisse z. B. in Form von Diagrammen auf und stellen Sie diese in der Klasse vor.*

5 *Stellen Sie die wesentlichen Merkmale der Personengesellschaften und der Kapitalgesellschaften einander gegenüber.*

6 *Die Aktien der Vereinigten Möbelwerke AG werden an der deutschen Börse zum Börsenhandel zugelassen. An den deutschen Börsen ergibt sich der Kurs der Aktie durch Angebot und Nachfrage. Die jeweiligen Kurse werden in der Tageszeitung veröffentlicht. Stellen Sie anhand des nachstehenden Kurszettels fest, zu welchem Kurs die Aktien am 18. und 19.3. gehandelt wurden.*

Deutsche Aktien		
Vereinigte Möbelwerke AG	18.03: 23,50 G	19.03: 24,00 b

G = Geld, d. h. es bestand nur Nachfrage nach der Aktie, es wurde aber kein Umsatz getätigt
b = bezahlt, d. h. zum genannten Kurs wurden alle Kaufaufträge voll erfüllt

---

Übungsaufgaben: Rechtsgrundlagen des Unternehmens

1 Paul Schneider und Rolf Nettekoven wollen eine Lampenfabrik für Designerlampen gründen. Beide wollen aktiv im Unternehmen mitarbeiten. Paul Schneider will in das zu gründende Unternehmen 150 000,00 EUR Bargeld einbringen. Rolf Nettekoven bringt einen Lieferwagen im Wert von 30 000,00 EUR und ein ihm gehörendes Lagerhaus im Wert von 250 000,00 EUR in das Unternehmen ein. Sie sollen bei der Planung des zu gründenden Unternehmens mitwirken.

a) Welche persönlichen Voraussetzungen sollten Schneider und Nettekoven erfüllen, damit ihre Existenzgründung Aussicht auf Erfolg hat?

b) Fertigen Sie eine Liste der Sachverhalte an, über die sich die Partner vor Gründung des Unternehmens einigen sollten.

c) Machen Sie einen Vorschlag für eine geeignete Unternehmensform und begründen Sie Ihre Entscheidung.

d) Angenommen, die beiden Partner gründen eine OHG, welche Grundsätze müssen bei der Firmierung beachtet werden?

e) Erstellen Sie eine Liste der Institutionen, bei denen die OHG angemeldet werden muss.

f) Schneider und Nettekoven diskutieren über die Regelung der Gewinnverteilung. Die gesetzliche Regelung kommt für sie nicht infrage, da die Kapitalverzinsung nicht dem Marktzins entspricht. Machen Sie Vorschläge für eine entsprechende Vertragsklausel, die nicht laufend geändert werden muss.

g) Erläutern Sie die Regelung der Haftung bei der OHG.

h) Am Ende des ersten Geschäftsjahres wird ein Reingewinn in Höhe von 124 000,00 EUR ausgewiesen. Verteilen Sie den Gewinn

1. nach der im HGB vorgesehenen Regel,
2. nach der von Ihnen vorgeschlagenen Regel.

i) Bilden Sie den Buchungssatz für den Fall, dass beide den Gewinn ihrem Eigenkapitalkonto gutschreiben lassen.

j) Schneider und Nettekoven planen die Gründung von Verkaufsstellen in verschiedenen Städten. Um das Risiko zu beschränken, wollen sie die OHG in eine GmbH umwandeln. Stellen Sie Vor- und Nachteile der Personen- und Kapitalgesellschaften gegenüber.

k) Formulieren Sie einen Gesellschaftsvertrag. Nehmen Sie den Vertrag der Bürodesign GmbH als Vorlage.

l) Erläutern Sie, ab wann die GmbH als juristische Person besteht.

m) In der Gesellschafterversammlung kommt es zum Streit über die Einstellung eines Prokuristen. Schneider ist dafür, Nettekoven dagegen. Begründen Sie, wie in diesem Fall entschieden wird.

2 Stellen Sie in einer Matrix Personen- und Kapitalgesellschaften anhand geeigneter Kriterien gegenüber.

3 Bilden Sie mehrere Gruppen in der Klasse. Wählen Sie aus dem Kurszettel der Tageszeitung je Gruppe eine Aktiengesellschaft aus, die in Ihrer Region ansässig ist.

a) Verfolgen Sie den Kurswert der Aktien und stellen Sie diesen grafisch dar.

b) Versuchen Sie eine Begründung für das Steigen bzw. Fallen der Aktien zu finden.

c) Schreiben Sie das Unternehmen an und bitten Sie um einen Geschäftsbericht.

d) Werten Sie den Geschäftsbericht aus und stellen Sie die zentralen Aussagen auf Folien dar. Präsentieren Sie die Ergebnisse der Klasse.

e) Prüfen Sie die Möglichkeit einer Betriebsbesichtigung in „Ihrer" Aktiengesellschaft.

4 Roland Rothe plant die Gründung einer Großhandlung in der Rechtsform einer KG. Um Chancen und Risiken gegeneinander abzuwägen, bittet Herr Rothe seinen Steuerberater Schmitz um die Beantwortung der nachfolgenden Fragen. Helfen Sie Herrn Schmitz bei der Erledigung dieses Auftrages.

a) Geben Sie an, wo die Gesellschaft eingetragen bzw. angemeldet werden muss.

b) Erläutern Sie, wie die Gesellschafter haften.

c) Überprüfen Sie, wie die gesetzliche Gewinnverteilung geregelt ist.

d) Begründen Sie, warum der Gewinn der KG, der die Verzinsung auf das eingesetzte Kapital übersteigt, „angemessen" verteilt wird.

e) Roland Rothe betreibt die KG zusammen mit seinem Kompagnon Kotte. Rothe ist Komplementär, Kotte Kommanditist. Nennen Sie mögliche Firmen.

f) Stellen Sie in einer Tabelle die Rechte und Pflichten des Komplementärs gegenüber.

5 Nach der Eintragung der Rothe KG in das Handelsregister kauft Rothe mehrere Pkw.

a) Erläutern Sie, ob Rothe das Geschäft für die KG wirksam abschließen konnte.

b) Stellen Sie fest, welche Rechtsfolgen es gehabt hätte, wenn Kotte dem Geschäft widersprochen hätte.

c) Erläutern Sie, ob Kotte sich an einer weiteren KG als Gesellschafter beteiligen kann.

d) Kotte bekommt einen Lkw günstig angeboten. Er möchte dieses Geschäft auf eigene Rechnung machen. Ist dies zulässig, wenn Rothe dagegen ist?

e) Aufgrund von Unstimmigkeiten möchte Kotte die Gesellschaft verlassen. Er ist der Meinung, ab dem Tag der Auflösung des Gesellschaftsvertrages habe er mit den Verbindlichkeiten des Unternehmens nichts mehr zu tun. Erläutern Sie die Rechtslage.

6 Abweichend von der gesetzlichen Regelung vereinbaren die Gesellschafter die folgende Gewinnverteilung: „Die Verzinsung des eingesetzten Kapitals soll jeweils 2 % über dem Repo-Satz der Europäischen Zentralbank vom 1. Dezember des jeweiligen Geschäftsjahres liegen. Der Rest wird nach Köpfen verteilt." Überlegen Sie, welche Gründe für diese Formulierung sprechen könnten.

7 Steuerberater Schröder beteiligt sich an der Einzelunternehmung von Steffi Spohr. Man einigt sich, dass Schröder Kommanditist wird. Die Gesellschaft nimmt mit Schröders Zustimmung die Geschäfte auf. Die Eintragung in das Handelsregister unterbleibt zunächst.

a) Der Lieferant Ludwig will eine Forderung eintreiben und wendet sich direkt an den gut situierten Schröder. Dieser verweigert die Zahlung mit dem Hinweis, er sei lediglich Kommanditist. Überprüfen Sie, ob der Lieferant im Recht ist.

b) Die Kommanditgesellschaft wird in das Handelsregister eingetragen. Im ersten Jahr der Tätigkeit macht das Unternehmen 100 000,00 EUR Verlust. Frau Spohr werden 80 000,00 EUR, Herrn Schröder 20 000,00 EUR zugeschrieben. Als im zweiten Jahr 50 000,00 EUR Gewinn anfallen, verlangt Schröder die Auszahlung seines Anteils. Frau Spohr verweigert dies. Begründen Sie, ob sie im Recht ist.

c) Frau Spohr kauft für die KG einen großen Posten Taschenrechner. Schröder ist mit dem Kauf nicht einverstanden. Erläutern Sie, ob Schröder dem Geschäft widersprechen kann.

d) Als Frau Spohr die Geschäftsräume günstig zum Kauf angeboten werden, greift sie im Namen der KG zu. Hätte sie Schröders Zustimmung einholen müssen?

e) Als Schröder widerspricht, ist Frau Spohr der Meinung, der Kaufvertrag sei nichtig. Der Verkäufer besteht jedoch auf Einhaltung. Wie ist die Rechtslage?

f) Aufgrund der anhaltenden Spannungen verlangt Schröder, dass ihm monatlich die Bücher vorgelegt werden. Darüber hinaus will er sich durch unangekündigte Besuche im Ladenlokal vom ordnungsgemäßen Ablauf des Geschäftsbetriebes überzeugen. Ist er hierzu berechtigt?

3 Abbildung betrieblicher Abläufe durch das Rechnungswesen

3.1 Aufgaben und Aufgabenbereiche des Rechnungswesens

Die Bürodesign GmbH kauft regelmäßig Holz, Platten, Leim, Nägel, Schrauben, Maschinen und Werkzeuge ein. Täglich werden diese Güter zur Herstellung von Büromöbeln eingesetzt. Tag für Tag werden diese Möbel verkauft.

Über 100 gewerbliche und kaufmännische Mitarbeiter helfen dabei, die Arbeiten des Einkaufs, der Lagerhaltung, der Produktion, des Vertriebs und der Verwaltung auszuführen. Dafür erhalten sie regelmäßig Löhne und Gehälter.

Eingekaufte Güter müssen bezahlt werden. Für verkaufte Büromöbel werden Einnahmen erzielt. Mehr als 1 000 Belege fallen monatlich an. Bei all diesen Vorgängen fällt es der Geschäftsleitung schwer, die Übersicht zu behalten.

Arbeitsaufträge ▶ Beschreiben Sie mit eigenen Worten das Schaubild auf Seite 70!
▶ Erläutern Sie die Zusammenhänge zwischen Beschaffung, Lager, Absatz, Rechnungswesen und Unternehmensleitung.
▶ Erstellen Sie einen Aufgabenkatalog des Rechnungswesens, aus dem hervorgeht, dass das Rechnungswesen ein Informationssystem für Geschäftsleitung, Beschaffung, Absatz und Verwaltung ist.

Industriebetriebe kaufen über den **Beschaffungsmarkt Werkstoffe** (Roh-, Hilfs- und Betriebsstoffe) und **Betriebsmittel** (Maschinen, Werkzeuge) ein.

Die Werkstoffe werden im Produktionsprozess durch **menschliche Arbeitsleistung** unter Nutzung der Betriebsmittel zu neuen **Erzeugnissen** be- oder verarbeitet. Die fertigen Erzeugnisse werden auf dem Absatzmarkt an die Kunden (Großhandel, Einzelhandel, Großverbraucher) verkauft. Werkstoffe, Betriebsmittel und menschliche Arbeit sind die **Produktionsfaktoren** der Unternehmung. Die neuen Erzeugnisse sind neben Dienstleistungen, wie Montage und Wartung verkaufter Erzeugnisse, die typischen **Leistungen** der Industrieunternehmung.

■ Güter- und Geldströme

Vom **Beschaffungsmarkt** fließt also ein **Strom von Gütern und Dienstleistungen** in die Industrieunternehmung. **Beim Verkauf strömen Güter und Dienstleistungen** zu den Kunden **am Absatzmarkt**.

Die Beschaffung der für den Produktionsprozess notwendigen Güter und Dienstleistungen führt zu **Ausgaben**. Über die Erlöse aus dem Verkauf der Erzeugnisse (Umsatzerlöse) an die Kunden werden **Einnahmen** erzielt. Damit fließen die für die Beschaffung ausgegebenen finanziellen Mittel wieder in die Unternehmung zurück.

Dem **Güter-** und **Dienstleistungsstrom** steht also ein **Geldstrom** gegenüber:

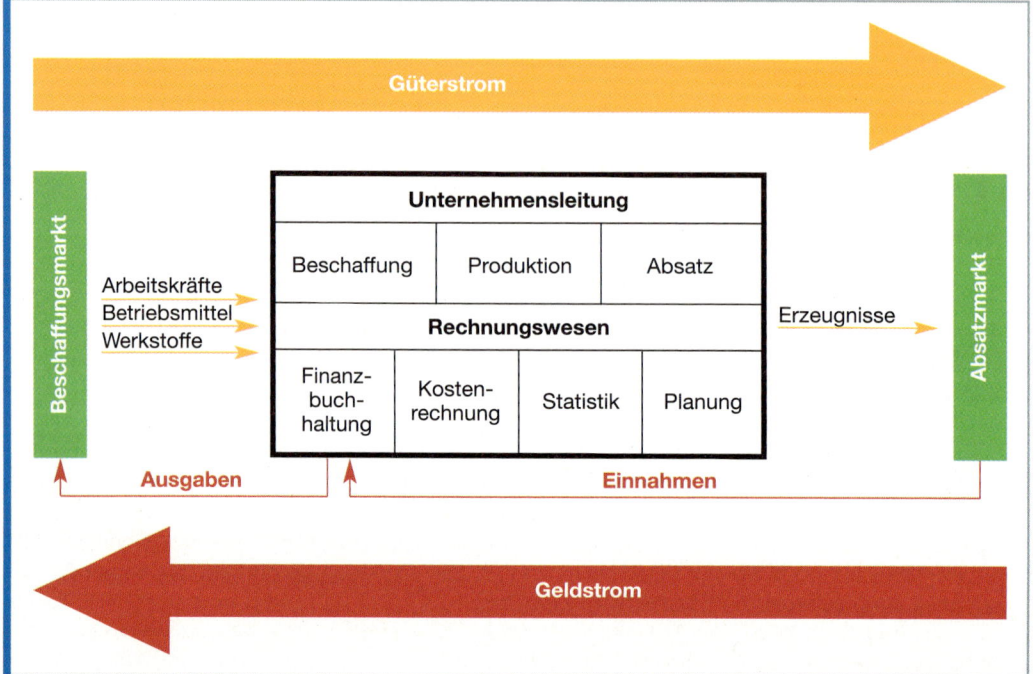

Es ist ein Ziel des Unternehmens, einen Überschuss der Einnahmen gegenüber den Ausgaben zu erzielen. Ist das der Fall, erzielt das Unternehmen einen **positiven Erfolg** (einen **Gewinn**). Es setzt sich jedoch auch dem Risiko aus, einen **negativen Erfolg** (einen **Verlust**) zu erleiden.

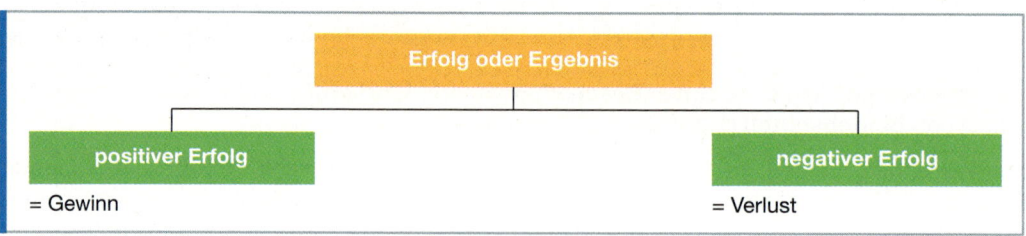

■ Einzelaufgaben des Rechnungswesens

Geld- und Güterströme verändern fortwährend Zusammensetzung und Höhe der Vermögensteile (z.B. Rohstoffe, Erzeugnisse, Forderungen, Bankguthaben) und der Schulden. Über die Ursachen, die Art und den Umfang der Veränderungen des Vermögens und der Schulden muss die Unternehmungsleitung zuverlässige Informationen (Daten) erhalten, um aufgrund genauer Angaben die erforderlichen Entscheidungen treffen zu können.

Beispiele
* *Der Bürodesign GmbH wird von der Furnierwerk GmbH, Grevenbroich, ein großer Posten Tischlerplatten besonders preisgünstig bei sofortiger Zahlung angeboten. Die Unternehmensleitung erkundigt sich in der Buchhaltung nach dem Bestand an Zahlungsmitteln (Bargeld, Guthaben bei Banken).*
* *Wegen eines Auftrages über 80 000,00 EUR vom Kunden Klaus Oswald e.K., Dresden, möchte der Abteilungsleiter „Absatz", Herr Stam, den derzeitigen Kontenstand des Kunden wissen.*

Das Rechnungswesen erfüllt für die Unternehmensleitung folgende **Aufgaben**:

- Es ermittelt **Art und Höhe des Vermögens und der Schulden** bei der Gründung der Unternehmung, am Ende jedes Geschäftsjahres und beim Verkauf oder bei der Auflösung der Unternehmung.
- Alle **Veränderungen des Vermögens und der Schulden** hält es im Laufe des Geschäftsjahres fest.

  Beispiele Aufnahme oder Tilgung eines Darlehens, Zahlungen von Kunden zum Ausgleich von Ausgangsrechnungen, Zahlungen an Lieferer zum Ausgleich von Eingangsrechnungen.

- Es erfasst alle Daten, um den **Erfolg des Unternehmens**, den Gewinn oder den Verlust, zu ermitteln.

  Beispiel Im Monat Oktober wurden Büromöbel für 590 000,00 EUR verkauft, dafür entstanden im selben Monat Ausgaben für Wareneinkäufe, Löhne, Gehälter, Miete, Büromaterial u. a. von 535 000,00 EUR. Der Erfolg, in diesem Fall ein Gewinn, beträgt 55 000,00 EUR.

- Es liefert Aufzeichnungen zur **Berechnung der Preise** (Kalkulation).

  Beispiel Ausgaben für Werkstoffe, Löhne, Gehälter, Büromaterial usw. sollen über die Verkaufspreise der Erzeugnisse wieder hereingeholt werden. Deshalb müssen diese Ausgaben vollständig festgehalten und bei der Preisberechnung (Kalkulation) berücksichtigt werden.

- Über die Beobachtung und den Vergleich fortlaufend erfasster Daten stellt es notwendige **Unterlagen für unternehmerische Entscheidungen** bereit.

  Beispiel Die Verkaufszahlen von den einzelnen Erzeugnissen (Umsatz und Absatz) werden festgehalten. Je nach Entwicklung lösen sie unternehmerische Entscheidungen aus: Werbemaßnahmen, Herausnahme aus dem Produktionsprogramm u. a.

- Es ist **Informationsstelle für Gläubiger**.

  Beispiel Kreditinstitute überprüfen anhand von Unterlagen des Rechnungswesens die Kreditwürdigkeit.

- Es sammelt und ermittelt die **Angaben für Steuererklärungen** (z. B. für die Einkommensteuererklärung).
- Im Streitfalle mit den Behörden oder mit Geschäftspartnern stellt es **Beweismittel** bereit.

  Beispiel Belege werden aufbewahrt, um gegenüber der Finanzverwaltung Ausgaben und Einnahmen nachzuweisen, um entstandene und getilgte Schulden und Forderungen nachzuweisen.

Aufgaben des betrieblichen Rechnungswesens

Informationssystem	Kontrollsystem	Steuerungssystem
stellt Daten bereit über • Einnahmen, Ausgaben • Gewinne, Verluste • Veränderungen der Güter- und Geldmittelbestände	• überwacht die Erfassung von Einnahmen und Ausgaben • kontrolliert die Einhaltung von Plänen durch Soll-Ist-Vergleich	• liefert Planungsdaten für künftige Entscheidungen

Das Rechnungswesen ist somit zugleich **Informations-, Kontroll- und Steuerungssystem** für alle betrieblichen Funktions- und Verantwortungsbereiche, vor allem für das Absatz- und Beschaffungsmarketing.

■ Aufgabenbereiche des Rechnungswesens

Wegen der vielfältigen Aufgaben ist das Rechnungswesen der meisten Betriebe in folgende Bereiche gegliedert:

Finanzbuchhaltung (Fibu)	Kosten- und Leistungsrechnung (KLR)	Statistik	Planung
• erfasst die **Geld-ströme** zwischen dem Unternehmen und der Außenwelt (z. B. Ausgaben an Lieferer und Einnahmen von Kunden) • ermittelt den **Erfolg** (Gewinn oder Verlust) der Unternehmung, indem sie Aufwendungen und Erträge gegenüberstellt • ermittelt Bestände und **Veränderungen** von **Vermögen** und **eingesetztem Kapital**	• ermittelt den Erfolg aus der Produktion und dem Verkauf von Erzeugnissen • stellt dazu die Kosten zur Erstellung und zum Vertrieb der Erzeugnisse und die Umsatzerlöse für die abgesetzten Erzeugnisse gegenüber • kontrolliert die Wirtschaftlichkeit des Unternehmens	• sammelt betriebliche und außerbetriebliche Daten • stellt diese in Tabellen oder Diagrammen anschaulich dar (z. B. Umsätze einzelner Produkte, Kosten einzelner Abteilungen) • ist Basis für die Entscheidungsvorbereitung	• wertet innerbetriebliche Daten der Fibu, KLR und Statistik und außerbetriebliche Daten (z. B. Preisentwicklung, Vergleichszahlen der Verbände und IHK) aus • stellt Daten für Einzelpläne (Absatzplan, Beschaffungsplan, Produktionsplan, Finanzplan) zur Verfügung

INFO Das Rechnungswesen ist vergleichbar mit einer **Datenbank**, in der Daten von allen Funktionsbereichen gesammelt und von allen Bereichen für die unterschiedlichsten Zwecke abgerufen werden.

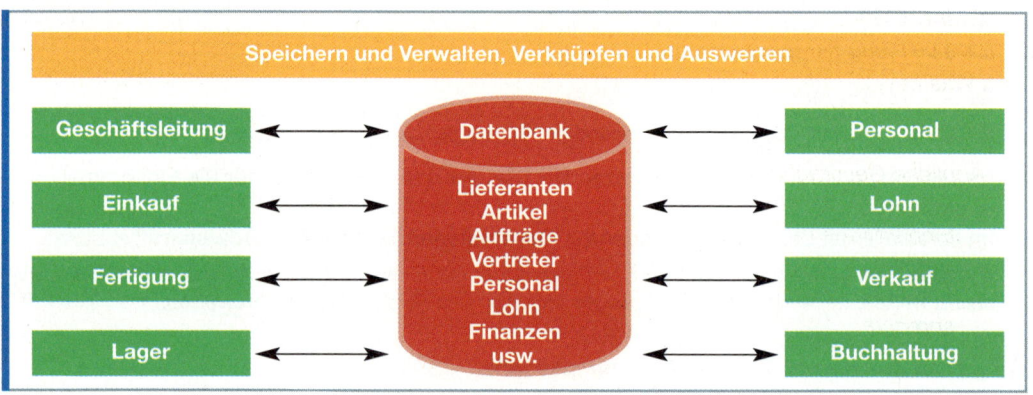

Zusammenfassung: Aufgaben und Aufgabenbereiche des Rechnungswesens
• Das Rechnungswesen
  – erfasst die Güter- und Geldströme zwischen dem Unternehmen und dem Beschaffungs- und Absatzmarkt
  – ermittelt regelmäßig den Stand an Vermögen und Schulden und erfasst laufend deren Veränderungen
  – stellt den Erfolg (Gewinn und Verlust) des Geschäftsjahres fest
  – stellt Daten für die Preisberechnung und für zahlreiche betriebliche Entscheidungen bereit
• Das Rechnungswesen ist Informations-, Kontroll- und Steuerungssystem.
• Das Rechnungswesen ist in die Aufgabenbereiche Finanzbuchhaltung, Kosten- und Leistungsrechnung, Statistik und Planung gegliedert.
• Das Rechnungswesen stellt Informationen für alle Bereiche des Unternehmens bereit (Datenbank).

Aufgaben

1 Erläutern Sie anhand des Schaubildes S. 70 die Aufgabenbereiche der Industrieunternehmung.

2 Ordnen Sie den betrieblichen Produktionsfaktoren die folgenden Wirtschaftsgüter einer Büromöbelfabrik zu.

a) Fahrzeuge

b) Leistungen der Unternehmensleitung

c) Computer in der Abteilung Beschaffung

d) Grundstücke und Gebäude

e) Leistungen des Lagerpersonals

f) Regale in den Verwaltungsräumen

g) Bürotische in der Verwaltungsabteilung

h) Gabelstapler im Materiallager

i) Leim, Lacke

j) Leistungen der Möbelschreiner in der Fertigung

k) Holz

3 Nennen Sie die wesentlichen Aufgaben der Finanzbuchhaltung.

4 Erläutern Sie den Güter- und den Geldstrom zwischen Industrieunternehmung und Beschaffungs- und Absatzmarkt.

5 Begründen Sie, warum sich

a) die Deutsche Bank und die Sparkasse KölnBonn,

b) das Finanzamt Köln-West am Geschäftssitz der Bürodesign GmbH

für die Buchführung der Bürodesign GmbH interessieren.

6 Erläutern Sie die Bedeutung des betrieblichen Rechnungswesens als Informations-, Kontroll- und Steuerungssystem.

7 Grenzen Sie die Aufgaben der Geschäfts- oder Finanzbuchhaltung von denen der Kosten- und Leistungsrechnung ab.

8 „Was hast du mit den 400,00 EUR gemacht, die ich dir erst vorige Woche gegeben habe?",
reagiert Herr Klein auf die Bitte seiner Frau um Haushaltsgeld. „Du weißt doch, dass ich wirklich nur das Notwendigste für den Haushalt kaufe", antwortet Frau Klein.
Ähnliche Gespräche haben Sie sicher auch schon in Ihrer Familie miterlebt.

a) Erarbeiten Sie in Gruppen ein Haushaltsbuch zur übersichtlichen Aufzeichnung aller Einnahmen und Ausgaben und vergleichen Sie die Ergebnisse.

b) Begründen Sie jeweils den Aufbau.

c) Stellen Sie einen Katalog von Gründen zusammen, die für ein solches Haushaltsbuch sprechen.

3.2 Inventur, Inventar, Bilanz

3.2.1 Inventur

Silvia Land, Auszubildende der Bürodesign GmbH, ist seit einer Woche in der Abteilung Rechnungswesen, als sie ein Gespräch zwischen Herrn Stein und Frau König mithört:

„Karl Weil e. K. – Sie wissen schon, Frau König, der Hersteller von Kleinmöbeln neben uns – will aus Altersgründen zum 31. Dezember seinen Betrieb aufgeben. Er hat uns ein Angebot gemacht."

„Wir suchen doch seit langem nach Möglichkeiten der Erweiterung unserer Fertigungshalle, das wäre doch ideal", antwortet Frau König. „Aber der Kaufpreis entspricht nicht ganz unseren Vorstellungen." „Aber, da sind doch sicher Maschinen und Vorräte. Bitten Sie doch Herrn Weil, uns ein Inventar aufzustellen, damit wir nicht die Katze im Sack kaufen."

Arbeitsaufträge ▶ Überprüfen Sie, welche Arbeiten damit für Herrn Weil verbunden sind.
▶ Erarbeiten Sie einen Vorschlag eines Aufnahmeplans für die Wirtschaftsgüter der Karl Weil e.K.

■ Gesetzliche Grundlagen der Inventur

§ 240 HGB: (1) Jeder Kaufmann hat zu Beginn seines Handelsgewerbes seine Grundstücke, seine Forderungen und Schulden, den Betrag seines baren Geldes sowie seine sonstigen Vermögensgegenstände genau zu verzeichnen und dabei den Wert der einzelnen Vermögensgegenstände und Schulden anzugeben.
(2) Er hat [...] für den Schluss eines jeden Geschäftsjahres ein solches Inventar aufzustellen.

Der **Unternehmer** muss zum **Beginn der Betriebstätigkeit, für den Schluss jedes Geschäftsjahres** und beim Verkauf ein **genaues Verzeichnis** (Inventar) seiner Wirtschaftsgüter aufstellen. Sie müssen in **Art** und **Menge** sowie **Wert vollständig** aufgeführt werden.

Beispiel Herr Weil muss Mengen und Werte der vorhandenen Werkstoffe, wie Spanplatten, Tischlerplatten, Scharniere, Schlösser, Leim, Lacke, sein Bargeld, sein Guthaben (Forderungen) gegenüber einzelnen Kunden, jede Maschine und deren Wert, seine Schulden gegenüber Lieferern und Banken feststellen und in einem Verzeichnis darstellen.

Dazu muss der Geschäftsmann sein Bargeld und seine Materialien zählen, noch nicht bezahlte Rechnungen zusammenstellen. Dieses Aufnehmen aller Wirtschaftsgüter nach Art, Menge und Wert wird als **Inventur** bezeichnet.

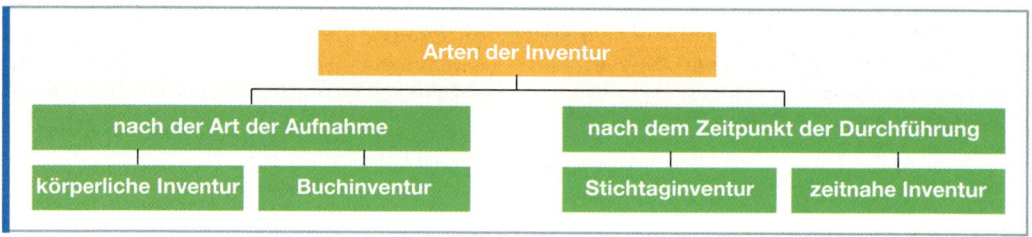

■ Arten der Inventur

● Körperliche Inventur:
Um die gesetzliche Verpflichtung zu erfüllen, sind die **Vermögensgegenstände** (Werkstoffe, Bargeld) **„körperlich" aufzunehmen**. Zu einem bestimmten Zeitpunkt sind also alle Vermögensgegenstände, die im Unternehmen vorzufinden sind (lat.: invenire = finden, vorfinden), zu **zählen**, zu **messen**, zu **wiegen** oder zu **schätzen** und schließlich zu **bewerten**.

Beispiel In der Karl Weil e.K. Möbelfabrik werden am Aufnahmestichtag 86 Tischlerplatten 3 x 200 x 200 cm gezählt und mit den Anschaffungskosten von 60,00 EUR je Stück bewertet. Damit ergibt sich ein Inventurwert von 5 160,00 EUR.

● Buchinventur:
Wird der mengen- und wertmäßige Bestand der Wirtschaftsgüter nur **anhand** von **schriftlichen Unterlagen** oder Daten in der Datenbank ermittelt, liegt eine **Buchinventur** vor. Sie ersetzt die

körperliche Inventur, wenn auch aufgrund von Aufzeichnungen eine ordnungsmäßige buchmäßige Erfassung sichergestellt ist.

Beispiele

Wirtschaftsgüter	Buchinventur aufgrund von
• Grundstücke und Gebäude	• Grundbuchauszügen und anhand der Anlagendatei
• Maschinen und Fuhrpark	• Verzeichnis der Maschinen und Fahrzeuge
• Forderungen	• noch nicht bezahlten Ausgangsrechnungen
• Verbindlichkeiten	• noch nicht beglichenen Eingangsrechnungen
• Darlehensforderungen und -schulden	• Kontenauszügen der Gläubiger
• Bank- und Postbankguthaben	• entsprechenden Tagesauszügen der Banken

● **Stichtaginventur und zeitnahe Inventur:**

Der Gesetzgeber fordert die Inventur für den Schluss des Geschäftsjahres. Die Finanzverwaltung legte den Gesetzestext früher recht eng aus und verlangte den Ablauf der Bestandsaufnahme **genau am Schluss des Geschäftsjahres**, z. B. genau zum Stichtag 31. Dezember. Eine solche Inventur wird als **Stichtaginventur** bezeichnet.

Die Aufnahme lässt sich in zahlreichen Fällen wegen des Arbeitsumfangs am **Schluss des Geschäftsjahres** aufgrund beispielsweise großer Lagerbestände **nicht durchführen**, es sei denn, dass folgende Nachteile in Kauf genommen werden:

- Das Betriebsgeschehen wird erheblich gestört oder gar unterbrochen.
- Vielfach müssen Arbeitskräfte eingestellt oder Überstunden gemacht werden. Damit sind erhebliche Personalkosten verbunden.

Beispiel *Industrieunternehmen haben nicht selten zwischen 40 000 und 120 000 verschiedene Werkstoffe auf Lager.*

Deshalb müssen die **Bestände nur zeitnah**, d. h. in der Regel innerhalb einer Frist von 10 Tagen vor und 10 Tagen nach dem Stichtag, **aufgenommen** werden: **zeitnahe Inventur**. Dabei muss sichergestellt werden, dass die **Bestandsveränderungen** zwischen dem Bilanzstichtag und dem früher oder später liegenden Aufnahmetag anhand von Belegen ordnungsmäßig **mengen- und wertmäßig berücksichtigt werden**.

Beispiele

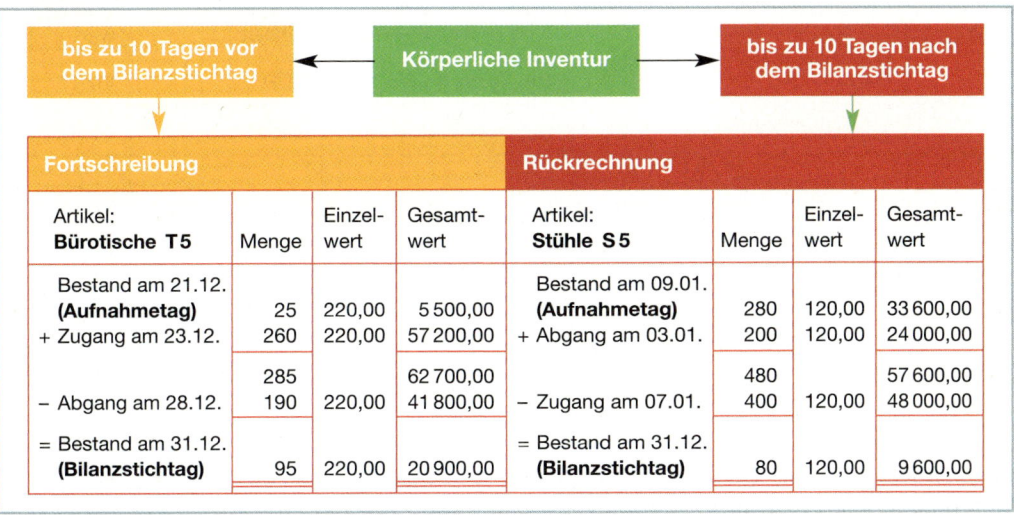

bis zu 10 Tagen vor dem Bilanzstichtag			← Körperliche Inventur →	bis zu 10 Tagen nach dem Bilanzstichtag		

Fortschreibung				Rückrechnung			
Artikel: **Bürotische T 5**	Menge	Einzel-wert	Gesamt-wert	Artikel: **Stühle S 5**	Menge	Einzel-wert	Gesamt-wert
Bestand am 21.12. **(Aufnahmetag)**	25	220,00	5 500,00	Bestand am 09.01. **(Aufnahmetag)**	280	120,00	33 600,00
+ Zugang am 23.12.	260	220,00	57 200,00	+ Abgang am 03.01.	200	120,00	24 000,00
	285		62 700,00		480		57 600,00
− Abgang am 28.12.	190	220,00	41 800,00	− Zugang am 07.01.	400	120,00	48 000,00
= Bestand am 31.12. **(Bilanzstichtag)**	95	220,00	20 900,00	= Bestand am 31.12. **(Bilanzstichtag)**	80	120,00	9 600,00

■ Ablaufplanung der Inventur

Damit die Inventurarbeiten zügig ablaufen, sind **Inventuranweisungen** auszuarbeiten, in denen für alle Bereiche der Unternehmung Aufnahmevorschriften enthalten sind.

Ein zusätzlicher **Ablaufplan** enthält Angaben darüber,

- **wer** die Inventur an den verschiedenen Orten im Unternehmen durchzuführen hat,
- **wo** im Unternehmen die Bestände zu erfassen sind und
- **wann** die Bestandsaufnahme an den verschiedenen Orten abzulaufen hat.

Beispiel *Auszug aus einem Inventurablaufplan in der Bürodesign GmbH:*

Name	Pers.-Nr.	Ort	Gang	Fächer	Aufnahmetag
Kluge, Martha Land, Silvia	085 096	Werkstofflager Werkstofflager	01–14		04.01...
König, Ferdinand Blümel, Franz	017 086	Werkstofflager Werkstofflager	15–30		04.01...
	...	...	...	...	... ...

Für die Inventur sollten **Inventurlisten** zur Aufzeichnung der aufgenommenen Bestände vorbereitet werden. Diese sollten Felder für die folgenden Angaben enthalten:

- genaue Mengen nach Zahl, Maßen, Volumen (z. B. Liter) und Gewichten
- fachgerechte (handelsübliche) Bezeichnungen der Gegenstände nach Art und Größe
- übersichtliche Gruppierungen der aufgenommenen Wirtschaftsgüter nach Standorten, Lagerstellen oder Abteilungen
- den Wert je Einheit und den Gesamtwert des jeweiligen Postens
- das Datum der Bestandsaufnahme und die Unterschrift der mit der Aufnahme beauftragten Person

Aufnahmeliste				Bewertung	
Abteilung: Wertstofflager		Lagerort: Gang 12		Stichtag: 31.12.	Fach:
Waren-Nr.	Gegenstand	Festgestellte Menge		Wert je Einheit	Inventur-wert
	Handelsübliche Bezeichnung	Anzahl	Einheit (St., kg, m, l)	EUR	EUR
1	Tischlerplatten	86	St. à 2x200x200cm	60,00	5160,00
2					
3					
4					
5					
Aufnahmedatum: 31.12.		Aufgenommen: *S. Land* / *M. Kluge*		Berechnet:	Geprüft:

Bei EDV-gesteuerter Lagerhaltung können die Inventurlisten bereits mit den **Soll-Beständen** ausgedruckt werden. Durch Eintragung der Ist-Bestände laut Inventur werden die Abweichungen sofort erkannt.

Zusammenfassung: Inventur

```
                              ┌─────────────────┐
                              │    Inventur     │
                              └─────────────────┘
        ┌──────────────────────────┼──────────────────────────┐
┌───────────────┐        ┌───────────────┐        ┌───────────────┐
│  Zeitpunkte   │        │  Gegenstand   │        │   Verfahren   │
└───────────────┘        └───────────────┘        └───────────────┘
```

Zeitpunkte	Gegenstand	Verfahren

• Beginn oder Übernahme des Betriebes
• Zum Schluss jedes Geschäftsjahres
• Auflösung oder Veräußerung des Betriebes
	• Erfassung aller Vermögensteile und Schulden nach Art, Menge, Einzelwert und Gesamtwert gleichartiger Vermögensteile und Schulden	• **nach der Art der Bestandsaufnahme**
		  – körperliche Inventur
		  – Buchinventur
		• **nach dem Zeitpunkt der Bestandsaufnahme**
		  – Stichtaginventur
		  – zeitnahe Inventur

- **Ziele der Inventur**
  - Kontrolle der Sollbestände durch Aufnahme der Istbestände
  - Feststellung, Klärung und Erfassung von Bestandsdifferenzen
  - Bewertung aller Vermögensteile und aller Schulden
- **Ablaufplanung der Inventur**
  - Vorschriften, **wer**, **wo** und **wann** aufzunehmen hat
  - Vorbereitung von Inventurlisten – eventuell mit Sollbeständen
- **Auswertung der Inventurergebnisse**
  - Feststellung der Differenzen zwischen Soll- und Istwerten
  - Abgleich im Warenwirtschaftssystem

Aufgaben

1 Machen Sie Inventur in Ihrem Klassenraum. Erfassen Sie die Ergebnisse in einer Inventurliste (vgl. S. 76), die Sie in der Klasse aushängen. Versuchen Sie, die Gegenstände zu bewerten, und zeigen Sie die dabei auftretenden Probleme auf.

2 a) Geben Sie den Zeitraum zur Durchführung einer zeitnahen Inventur an, wenn das Geschäftsjahr vom 1. Januar bis zum 31. Dezember dauert.

b) Berechnen Sie den Inventurbestand zum 31. Dezember .. im Wege der Rückrechnung für die Rohstoffart Tischlerplatten S4 aufgrund folgender Angaben:

Bestand bei der Aufnahme am 09.01. . . . . 180 Stück à 75,00 EUR

Einkäufe von Tischlerplatten am 05.01. . . . . 150 Stück à 75,00 EUR

Abgang von Tischlerplatten in die Fertigung am 03.01. . . . . 160 Stück

Abgang von Tischlerplatten in die Fertigung am 07.01. . . . . 70 Stück

3 Erläutern Sie die Aufgaben der Inventur.

4 Erläutern Sie die Begriffe „Inventuranweisungen" und „Inventurablaufplanung".

5 Nennen Sie Inventurarten und erklären Sie die Stichtaginventur.

6 Es gibt nach der Art der Inventurdurchführung die „Buchinventur" und die „körperliche Inventur". Nennen Sie die jeweils zweckmäßige Inventurart für folgende Wirtschaftsgüter: Kassenbestand, Bankguthaben, Forderungen a. LL[1], Fertige Erzeugnisse, Verbindlichkeiten a. LL.

---

[1] aus Lieferungen und Leistungen

7 Stellen Sie in Gruppen jeweils Probleme der Inventurplanung, -durchführung und -auswertung und Möglichkeiten der Lösung zusammen.

8 Führen Sie nach dem Muster S. 76 eine Inventurliste des Holzlagers der Bürodesign GmbH, deren Geschäftsjahr mit dem Kalenderjahr übereinstimmt.

1. Aufnahmedatum: 21. Dezember ..
2. Lagerort: Holzlager
3. Handelsübliche Bezeichnung: Eiche massiv
4. Bezugs-/Einstandspreis mit Fracht und Bezugskosten 2 000,00 EUR/m³

5. Beschaffenheit: keine Mängel
6. Menge/Anzahl: 15 m³
7. Aufgenommen durch: Karl Fischer

a) Tragen Sie diese Daten in die Inventurliste ein und berechnen Sie den **Inventurwert**.
b) Um welche Inventurart handelt es sich?
c) Welcher Bestand ergibt sich zum 31. Dezember, wenn noch folgende Vorgänge zu berücksichtigen sind:

22.12.: Eingangsrechnung über Eichenholzlieferung:	12 m³ zu 2 000,00 EUR/m³
22.12.: Materialentnahmeschein:	18 m³ zu 2 000,00 EUR/m³
28.12.: Materialentnahmeschein:	5 m³ zu 2 000,00 EUR/m³

3.2.2 Inventar

Frau König hat nach der Inventur der Firma Karl Weil e. K. alle Aufnahmelisten eingesammelt. In vielen Fällen enthalten sie nur handelsübliche Artikel- und Mengenangaben. Überhaupt sind die Vermögensteile und Schulden noch nicht geordnet. Silvia Land wird aufgefordert, sich Gedanken zu machen, wie das Inventar gegliedert und wie die einzelnen Vermögensteile zu bewerten sind.

Arbeitsauftrag ▶ Machen Sie einen Vorschlag zur Gliederung und Bewertung der Vermögensteile und Schulden.

■ Gliederung des Inventars

Aufgrund der durchgeführten Inventur ist der Unternehmer in der Lage, ein Bestandsverzeichnis (Inventar) anzulegen, in dem **Vermögensteile** und **Schulden** der Unternehmung zum Abschlussstichtag nach Art, Menge und Wert aufgezeichnet sind. Zieht der Unternehmer vom Gesamtwert der Vermögensteile die Summe der betrieblichen Schulden ab, erhält er sein **Reinvermögen** (Eigenkapital).

Daraus ergibt sich folgende Gliederung des Inventars (Bestandsverzeichnis):

A. Vermögen	B. Schulden	C. Errechnung des Reinvermögens (Eigenkapital)

● Vermögen:
Der Gesetzgeber fordert vom kaufmännischen Unternehmen die Gliederung des Vermögens in **Anlage-** und **Umlaufvermögen** (§ 247 Abs. 1 HGB).

• **Anlagevermögen:** Zum **Anlagevermögen** rechnen die Vermögensgegenstände, die am Abschlussstichtag dazu bestimmt sind, dauernd dem Geschäftsbetrieb zu dienen (§ 247 HGB). Das

Anlagevermögen bildet die **Grundlage der Betriebstätigkeit**, mit seiner Hilfe können die eigentlichen Aufgaben des Betriebes, wie Einkauf, Lagerung, Produktion und Verkauf, erst durchgeführt werden.

Das Anlagevermögen wird gegliedert in:

Immaterielle Vermögensgegenstände	Sachanlagen	Finanzanlagen
– Lizenzen (Rechte zur Nutzung einer Erfindung) – Geschützte Warenzeichen – Software-Lizenzen	– Grundstücke und Gebäude – Maschinen – Lagereinrichtung – Fuhrpark – Büroeinrichtung – Computeranlagen	– Beteiligungen an anderen Unternehmen – Darlehensforderungen gegenüber anderen Unternehmen

- **Umlaufvermögen:** Zum **Umlaufvermögen** rechnen die Vermögensteile, die am Abschlussstichtag dazu bestimmt sind,
  - **verbraucht** (Roh-, Hilfs- und Betriebsstoffe),
  - **veräußert** (fertige Erzeugnisse, Handelswaren) oder
  - nur **einmalig genutzt** (Bargeld, Bankguthaben, Forderungen) zu werden.

Das Umlaufvermögen bildet den eigentlichen **Gewinnträger**. Es kann gegliedert werden in:

Vorräte	Forderungen	Liquide Mittel
– Roh-, Hilfs- und Betriebsstoffe – Unfertige Erzeugnisse – Fertige Erzeugnisse – Handelswaren	– Forderungen aus Lieferungen und Leistungen	– Kassenbestand (Bargeld) – Bankguthaben

Rohstoffe sind alle die Stoffe, die **unmittelbar in das** herzustellende **Erzeugnis eingehen** und dessen **Hauptbestandteile** darstellen.

Auch die **Hilfsstoffe** gehen unmittelbar in das zu erstellende Erzeugnis ein, jedoch bilden sie nicht die **Grundstoffe** des Erzeugnisses, sondern **ergänzen, verbinden, verschönern** die Rohstoffe.

Betriebsstoffe werden **nur mittelbar** für die Herstellung der Erzeugnisse gebraucht, sodass sie **keine Bestandteile der Erzeugnisse** darstellen. Sie sind erforderlich zur allgemeinen Aufrechterhaltung des Fertigungsganges und zur Durchführung der Arbeiten in der Verwaltung und im Absatz der Unternehmung.

Beispiele

Materialart	Büromöbelproduktion
Rohstoffe	Holz, Holz- und Kunststoffplatten, Stahlrohre, Profilleisten
Hilfsstoffe	Leim, Lacke, Spachtelmasse
Betriebsstoffe	Folien, Kartons, Schmier- und Treibstoffe, Schmirgelpapier, Verbrauchswerkzeuge

Zu den **unfertigen Erzeugnissen** sind alle die Erzeugnisse oder Erzeugnisbestandteile zu rechnen, die sich noch auf Zwischenstufen der Fertigung befinden und **noch kein absatzreifes Erzeugnis** darstellen.

Beispiel Schreibtische ohne Schlösser, unlackiert

Fertige Erzeugnisse sind folglich absatzreife Erzeugnisse.

Bei den **Handelswaren** handelt es sich um Handelsartikel, die von fremden Unternehmen bezogen und ohne weitere wesentliche Veränderung veräußert werden.

Beispiele *Zusatzschlüssel, Möbelpolitur*

Forderungen aus Lieferungen und Leistungen (a. LL) entstehen, wenn das Industrieunternehmen Erzeugnisse gegen Ausgangsrechnung an seine Kunden liefert und diesen für die Zahlung ein Ziel (z. B. 30 Tage) einräumt.

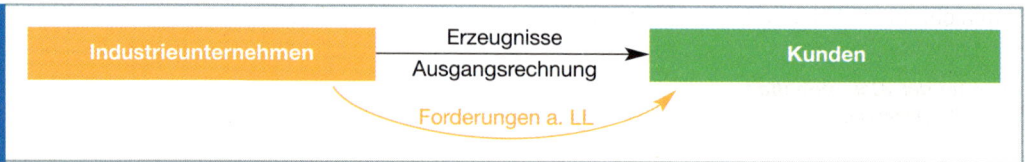

Im Gegensatz zum Anlagevermögen wird das **Umlaufvermögen** durch die betrieblichen Tätigkeiten **ständig verändert und umgewandelt**:

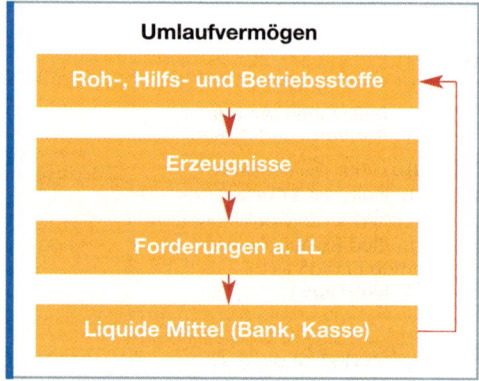

■ Anordnung der Vermögensteile

Müssen die Gegenstände des Vermögens in einer geordneten Reihenfolge aufgelistet werden, dann ordnet man sie nach **zunehmender Flüssigkeit** (Liquidität) und abnehmender Kapitalbindung:

■ Schulden:

Die verschiedenen Verbindlichkeiten werden nach ihrer Fälligkeit oder Restlaufzeit geordnet:

Schulden	Fälligkeit	Restlaufzeit von ...
Darlehensschulden mit einer Restlaufzeit von 10 Jahren	• langfristig	• mehr als fünf Jahren
Verbindlichkeiten a. LL, Sonstige Verbindlichkeiten (z. B. Steuerschulden)	• mittelfristig • kurzfristig	• einem bis fünf Jahren • bis zu einem Jahr

Verbindlichkeiten aus Lieferungen und Leistungen entstehen aus Kaufverträgen mit Lieferern, wenn diese ihre Lieferungen ausgeführt haben, für die Zahlung aber ein Ziel gewähren.

● **Errechnung des Reinvermögens (Eigenkapital):**

Die Differenz zwischen Vermögenswerten und Schulden ergibt das **Reinvermögen (Eigenkapital)**.

	Beispiel
Summe der Vermögensteile	**652 800,00**
– **Summe der Schulden**	– **300 000,00**
= **Reinvermögen (Eigenkapital)**	= **352 800,00**

Das Reinvermögen zeigt den Wert der Vermögensteile, die mit eigenen Mitteln **(Eigenkapital)** Bd. 2 und nicht mit fremden Mitteln (Schulden oder **Fremdkapital**) beschafft worden sind.

Beispiel

Inventar der Kleinmöbelfabrik Karl Weil e. K.

Köln, 31. Dezember ..

Art, Menge, Einzelwert	EUR	EUR
A. Vermögen		
I. Anlagevermögen		
1. Grundstücke mit Bauten, Stolberger Str. 190		
(Anlage 1)[1]		270 000,00
2. Maschinen (Anlage 2)		145 600,00
3. Betriebs- und Geschäftsausstattung (Anlage 3)		17 310,00
II. Umlaufvermögen		
1. Roh-, Hilfs- und Betriebsstoffe		
Rohstoffe (Anlage 4)	29 200,00	
Hilfsstoffe (Anlage 5)	18 400,00	
Betriebsstoffe (Anlage 6)	8 700,00	56 300,00
2. Unfertige Erzeugnisse (Anlage 7)		22 500,00
3. Fertige Erzeugnisse		
45 Beistelltische BT 5 zu 140,00 EUR je St.	6 300,00	
18 Drehstühle S 17 zu 485,00 EUR je St.	8 730,00	
45 Zeitungsständer SC 14 zu 225,00 EUR je St.	10 125,00	
Sonstige Erzeugnisse (Anlage 8)	12 360,00	37 515,00
4. Forderungen aus Lieferungen und Leistungen		
(Anlage 9)		53 516,00
5. Bankguthaben		
Sparkasse KölnBonn lt. Kontoauszug (Anlage 10)	12 600,00	
Dresdner Bank Köln lt. Kontoauszug (Anlage 11)	37 020,00	49 620,00
6. Kassenbestand		439,00
Summe des Vermögens		652 800,00
B. Schulden		
I. Langfristige Schulden		
1. Hypothek der Sparkasse KölnBonn lt. Kontoauszug		
und Darlehensvertrag (Anlage 12)		177 000,00
2. Darlehen der Dresdner Bank Köln lt. Kontoauszug		
und Darlehensvertrag (Anlage 13)		53 200,00
II. Kurzfristige Schulden		
1. Verbindlichkeiten aus Lieferungen und Leistungen		
(Anlage 14)		44 280,00
2. Sonstige Verbindlichkeiten (Anlage 15)		25 520,00
Summe der Schulden		300 000,00
C. Errechnen des Reinvermögens (Eigenkapital)		
Summe des Vermögens		652 800,00
– Summe der Schulden		300 000,00
Reinvermögen (Eigenkapital)		352 800,00

---

[1] *Wegen ihres Umfangs sind die Anlagen hier nicht aufgenommen.*

■ Inventare auf Bild- und anderen Datenträgern

Inventare mit allen zu ihrem Verständnis erforderlichen Unterlagen dürfen auch auf **Bildträgern** (Mikrokopien) oder auf **anderen Datenträgern** (z. B. Magnetband, Magnetplatte, Diskette, CD-ROM) angefertigt und aufbewahrt werden, wenn sie bei Bedarf innerhalb angemessener Frist lesbar gemacht werden können (§§ 239 HGB, 147 Abs. 2 AO).

■ Erfolgsermittlung durch Eigenkapitalvergleich

Das Inventar gibt dem Kaufmann einen Überblick über den **Stand seines Vermögens und seiner Schulden zu einem bestimmten Stichtag**.

Durch Vergleich der Inventare zweier aufeinander folgender Jahre wird die Entwicklung der Bestände an Vermögen und Schulden erkennbar. Die Veränderung des Eigenkapitalbestands, der sich erhöht oder vermindert haben kann, verdeutlicht, mit welchem Erfolg ein Unternehmen gearbeitet hat.

Beispiel

■ Bewertung der Vermögensteile und der Schulden

Für alle Vermögensteile und Schulden sind im Inventar Werte (EUR) anzugeben. Damit alle Unternehmen bei der Bewertung einheitlich verfahren, hat der Gesetzgeber zahlreiche VWL Vorschriften zur Bewertung erlassen.

Zusammenfassung: Inventar

- Verzeichnis aller Vermögensteile (Art, Menge, Einzelwerte) und Schulden
- Errechnung des Reinvermögens
- Erfolgsermittlung durch Vergleich des Reinvermögens zweier Jahre

A. Vermögen	Ordnung nach zunehmender Liquidität
I. Anlagevermögen	• Vermögensgegenstände, die dazu bestimmt sind, **dauernd** dem Geschäftsbetrieb zu dienen • Grundlage der Betriebs- und Absatzbereitschaft
II. Umlaufvermögen	• Vermögensgegenstände, die verbraucht, veräußert und nur einmalig genutzt werden • Gewinnträger des Unternehmens

B. Schulden	Ordnung nach abnehmenden Restlaufzeiten
1. Verbindlichkeiten gegenüber Kredit- instituten (Darlehensschulden) 2. Verbindlichkeiten aus Lieferungen und Leistungen	• Fremdkapital • Es ist nach **Restlaufzeiten** zu gliedern: – langfristige Schulden mit mehr als fünf Jahren – mittelfristige von einem bis fünf Jahre – kurzfristige bis zu einem Jahr
C. Errechnung des Reinvermögens	
Vermögen – Schulden = Reinvermögen	• Gegenüberstellung von Vermögen und Schulden • Die Differenz ist das Reinvermögen, das dem Betrieb nach Abzug aller Schulden verbleibt (Betriebsvermögen)

Aufgaben

1 Der Lebensmittelfabrikant Felix Roth e. K., Köln, machte für den 31. Dezember .. Inventur. Dabei stellte er folgende Werte fest:

	EUR	EUR
Gebäude		45 000,00
Fuhrpark lt. Verzeichnis		60 000,00
Geschäftsausstattung lt. Verzeichnis		12 000,00
Rohstoffe lt. Verzeichnis		75 000,00
Forderungen		
Alois Hausmann e. K., Köln	2 100,00	
Ludwig Sommer e. K., Siegburg	1 950,00	
Peter Dick e. K., Euskirchen	3 270,00	
Guthaben bei der		
Handelsbank, Köln	3 185,00	
Sparkasse KölnBonn	7 430,00	
Postbank Köln	2 865,00	
Bargeld		2 487,00
Verbindlichkeiten gegenüber der Bank für Handel und Gewerbe		18 000,00
Verbindlichkeiten a. LL		
Schmitz & Co. KG, Aachen	4 600,00	
König AG, Stuttgart	3 200,00	
Werner Linde e. K., Hamburg	5 100,00	

Stellen Sie das Inventar auf.

2 Welche der folgenden Begriffe ergänzen untenstehende Satzteile zu einer richtigen Aussage?

(1) das Anlagevermögen
(2) das Umlaufvermögen
(3) das Vermögen
(4) die Schulden
(5) das Reinvermögen

Aussagen:

a) Grundlage der Betriebsbereitschaft bildet …
b) Eigentlicher Gewinnträger der Unternehmung ist …
c) … ist der dem Unternehmer verbleibende Teil des Vermögens, nachdem … abgezogen wurden.
d) Kapital, das der Unternehmung nur befristet überlassen wurde, bezeichnet man als … der Unternehmung.

e) ... ist dazu bestimmt, dem Unternehmen dauernd zu dienen.

f) ... können als Fremdkapital bezeichnet werden.

g) ... wird nach zunehmender Liquidität geordnet.

3 Welche der folgenden Aussagen treffen auf das Inventar zu?

a) Es ist die Aufnahme aller Vermögens- und Schuldenteile durch Zählen, Messen, Wiegen oder Schätzen.

b) Es ist das Verzeichnis der Erzeugnisbestände zum Inventurstichtag.

c) Reinvermögen = Vermögen – Schulden

d) Es ist zehn Jahre aufzubewahren.

e) Die Erzeugnisse werden mit ihren Verkaufspreisen bewertet.

4 Ordnen Sie die unten angegebenen Posten eines Fleischkonservenherstellers in einer Tabelle mit folgender Gliederung:

Anlage-vermögen	Umlauf-vermögen	Eigen-kapital	Langfristige Schulden	Kurzfristige Schulden

Posten:

1. Vorräte an Fleischkonserven
2. EDV-Anlage
3. Verbindlichkeiten gegenüber einem Lieferer
4. Bankguthaben
5. Darlehen mit zehnjähriger Laufzeit
6. Transportbänder im Lager
7. Geschäftshaus
8. Guthaben bei einem Kunden
9. Abfüllanlage
10. Vorräte an Gewürzen
11. Kassenbestand
12. Regale in den Lagerräumen
13. Gabelstapler
14. Reinvermögen
15. Überziehung des Bankkontos
16. Geschäfts-Pkw
17. Geschäftsparkplatz
18. Schreibtisch

5 a) Erläutern Sie den Zusammenhang von Inventur und Inventar.

b) Erklären Sie die Begriffe „körperliche" und „buchmäßige" Bestandsaufnahme.

c) Grenzen Sie Anlage- und Umlaufvermögen gegeneinander ab.

d) Erklären Sie die Begriffe Rohstoffe, bezogene Fertigteile, Hilfsstoffe, Betriebsstoffe und fertige Erzeugnisse. Ordnen Sie typische Wirtschaftsgüter einer Möbelfabrik diesen Begriffen zu.

6 Der Textilfabrikant Martin Huber e. K., Stuttgart, stellte zum 31. Dezember .. des Abrechnungsjahres und 31. Dezember .. des Vorjahres folgende Werte fest:

	Vorjahr	Abrechnungsjahr
	EUR	EUR
Roh-, Hilfs- und Betriebsstoffe lt. Verzeichnis	15 000,00	21 000,00
Maschinen lt. Verzeichnis	60 000,00	59 000,00
Darlehensschulden bei der Neckar-Bank	70 000,00	60 000,00
Guthaben bei der Stadtsparkasse, Stuttgart	6 740,00	15 280,00
Forderungen a. LL lt. Saldenliste		
Wilhelm Bauer e. K., Stuttgart	4 000,00	3 500,00
Alois Michels e. K., Ludwigshafen	2 800,00	5 000,00
Klaus Lohmar e. K., Mannheim	31 00,00	3 800,00
Geschäftsausstattung	18 000,00	16 200,00
Verbindlichkeiten a. LL lt. Saldenliste		
V. Missel & Co. KG, Heidenheim	6 000,00	8 000,00
P. Schulze e. K., Berlin	8 000,00	4 000,00
F. Schmitz e. K., Krefeld	3 300,00	2 600,00
H. Meyer e. K., Augsburg	3 400,00	3 700,00

	Vorjahr	Abrech-nungsjahr
	EUR	EUR
Fuhrpark lt. Verzeichnis	40 000,00	30 000,00
Bargeld	2 100,00	2 900,00
Unfertige Erzeugnisse lt. Verzeichnis	5 000,00	12 000,00
Fertige Erzeugnisse lt. Verzeichnis	65 000,00	68 000,00

a) Stellen Sie die Inventare zu den beiden Zeitpunkten auf.

b) Vergleichen Sie die Inventare der beiden Jahre miteinander.

c) Worauf führen Sie die Veränderungen des Anlage- und Umlaufvermögens und der Schulden zurück?

d) Um welchen Betrag hat sich das Eigenkapital verändert?

7 Nennen Sie je zwei typische Merkmale

a) des Eigenkapitals,   c) des Anlagevermögens,

b) der Schulden,   d) des Umlaufvermögens.

3.2.3 Vom Inventar zur Bilanz

Schon am 15. Januar kann Frau König Herrn Stein das gewünschte Inventar überreichen. Es umfasst 84 Seiten. Nach kurzem Blättern im Inventar sagt Herr Stein: „Das ist zwar ein schönes Paket Arbeit, aber im Moment fehlt mir die Zeit, alles durchzulesen. Bitte erstellen Sie mir eine Übersicht über die Struktur des Vermögens und der Schulden in Form einer Bilanz!

Arbeitsaufträge ► Erarbeiten Sie mithilfe nachstehenden Textes den Unterschied zwischen der Bilanz und dem Inventar.

► Leiten Sie in Gruppen aus dem Inventar auf Seite 81 eine verkürzte und übersichtliche Gegenüberstellung von Vermögen und Kapital ab.

■ Inhalt und Struktur der Bilanz

Eine bessere Übersicht als das Inventar vermittelt die **Bilanz**. Nach § 242 HGB ist sie regelmäßig neben dem Inventar zu erstellen.

§ 242 Abs. 1 Satz 1 HGB: Der Kaufmann hat zu Beginn seines Handelsgewerbes und für den Schluss eines jeden Geschäftsjahres einen das Verhältnis seines Vermögens und seiner Schulden darstellenden Abschluss (Eröffnungsbilanz, Bilanz) aufzustellen.

In der Bilanz wird

- auf jede **mengenmäßige Darstellung des Vermögens und der Schulden verzichtet.**
- Sie enthält lediglich die **Gesamtwerte gleichartiger Posten** (z. B. den Gesamtwert der Rohstoffe).
- **Vermögen und Kapital werden in einem Konto gegenübergestellt.**

Beispiel
Gegenüberstellung in T-Kontenform von Vermögen und Kapital in der Bilanz zum Inventar (S. 81)

Aktiva	Bilanz der Kleinmöbelfabrik Karl Weil e. K. zum 31. Dezember ..	Passiva
I. Anlagevermögen		**I. Eigenkapital** 352 800,00

Aktiva		Passiva	
I. Anlagevermögen		**I. Eigenkapital**	352 800,00
1. Grundstück mit Bauten	270 000,00	**II. Schulden**	
2. Maschinen	145 600,00	1. **Langfristige**	
3. Betriebs- und		Hypothekenschulden	177 000,00
Geschäftsausstattung	17 310,00	Darlehensschulden	53 200,00
II. Umlaufvermögen		2. **Kurzfristige**	
1. Roh-, Hilfs- und		Verbindlichkeiten a. LL	44 280,00
Betriebsstoffe	56 300,00	Sonstige	
2. Unfertige Erzeugnisse	22 500,00	Verbindlichkeiten	25 520,00
3. Fertige Erzeugnisse	37 515,00		
4. Forderungen a. LL	53 516,00		
5. Bankguthaben	49 620,00		
6. Kassenbestand	439,00		
	652 800,00		652 800,00

Köln, den 10. Januar ..

Karl Weil

Die Bilanz einer Unternehmung zeigt in übersichtlicher Form, **woher** das Kapitel stammt bzw. wie das Vermögen finanziert wurde (Eigen- und Fremdkapital) und wie es angelegt oder investiert wurde (Anlage- und Umlaufvermögen):

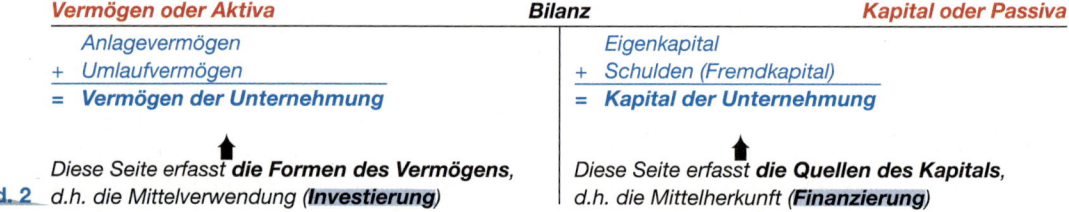

Vermögen oder Aktiva	*Bilanz*	*Kapital oder Passiva*
Anlagevermögen		*Eigenkapital*
+ *Umlaufvermögen*		+ *Schulden (Fremdkapital)*
= ***Vermögen der Unternehmung***		= ***Kapital der Unternehmung***

*Diese Seite erfasst **die Formen des Vermögens**, d.h. die Mittelverwendung (**Investierung**)*

*Diese Seite erfasst **die Quellen des Kapitals**, d.h. die Mittelherkunft (**Finanzierung**)*

Bd. 2

Die Summe des Vermögens ist gleich der Summe des Kapitals (**Bilanzgleichung**).

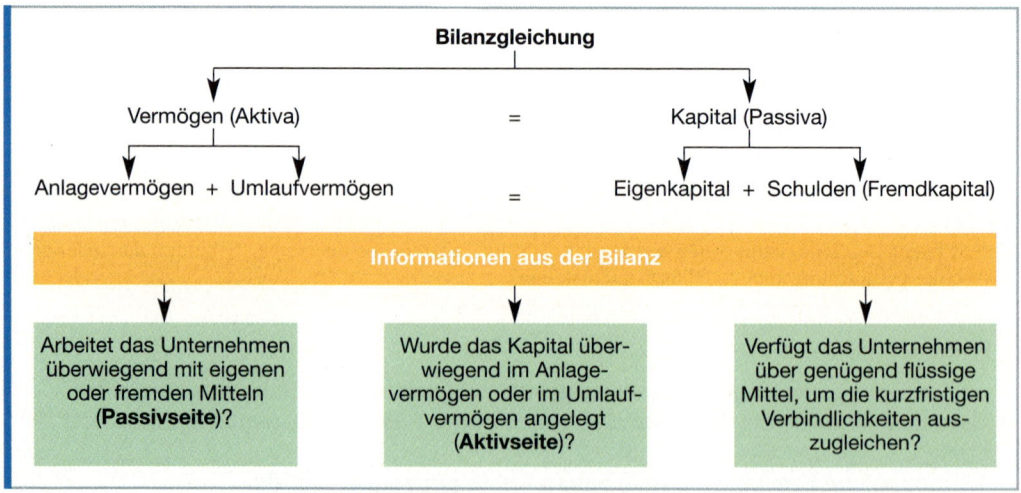

Diese Bilanzdarstellung entspricht den **Mindestgliederungsvorschriften** des § 247 HGB. In **Bd. 2** Kapitalgesellschaften (AG und GmbH) sind die ausführlichen Gliederungsangaben des § 266 HGB zu beachten.

Der **Jahresabschluss** – dazu gehört neben der **Bilanz** auch die **Gewinn- und Verlustrechnung** **Bd. 2** (vgl. S. 161) – ist unter Angabe des Datums vom Kaufmann zu **unterzeichnen** (§ 245 HGB).

■ Inventar und Bilanz, ein Vergleich

Das Inventar und die Bilanz sind Übersichten über das Vermögen und das Kapital einer Unternehmung. Sie unterscheiden sich nur in der Art der Darstellung. Die Unterschiede zeigt folgende Übersicht:

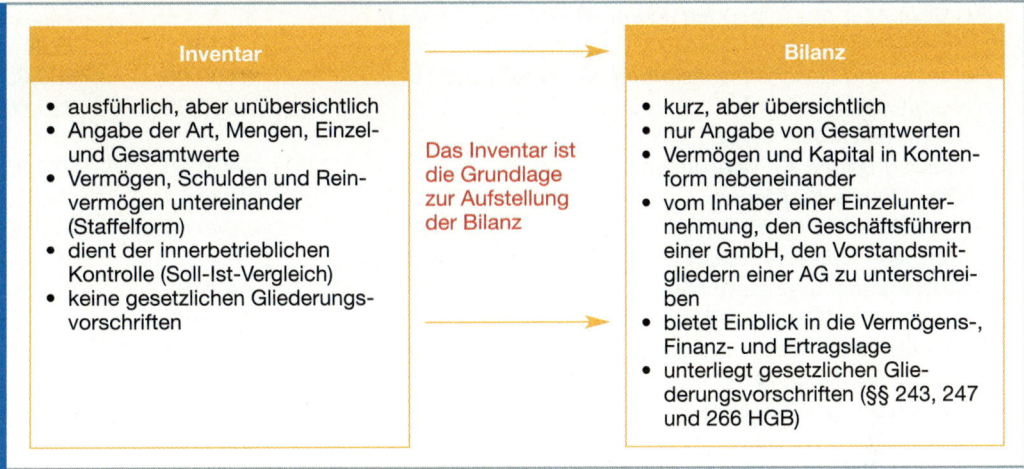

Inventar	Bilanz
• ausführlich, aber unübersichtlich • Angabe der Art, Mengen, Einzel- und Gesamtwerte • Vermögen, Schulden und Reinvermögen untereinander (Staffelform) • dient der innerbetrieblichen Kontrolle (Soll-Ist-Vergleich) • keine gesetzlichen Gliederungsvorschriften	• kurz, aber übersichtlich • nur Angabe von Gesamtwerten • Vermögen und Kapital in Kontenform nebeneinander • vom Inhaber einer Einzelunternehmung, den Geschäftsführern einer GmbH, den Vorstandsmitgliedern einer AG zu unterschreiben • bietet Einblick in die Vermögens-, Finanz- und Ertragslage • unterliegt gesetzlichen Gliederungsvorschriften (§§ 243, 247 und 266 HGB)

Das Inventar ist die Grundlage zur Aufstellung der Bilanz

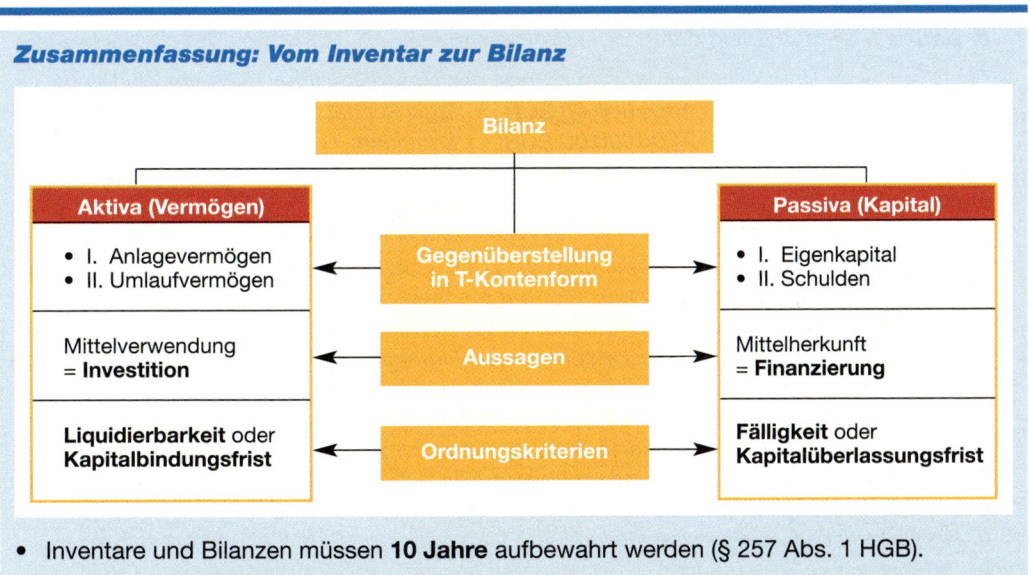

Zusammenfassung: Vom Inventar zur Bilanz

Bilanz

Aktiva (Vermögen)	Gegenüberstellung in T-Kontenform	Passiva (Kapital)
• I. Anlagevermögen • II. Umlaufvermögen		• I. Eigenkapital • II. Schulden
Mittelverwendung = **Investition**	Aussagen	Mittelherkunft = **Finanzierung**
Liquidierbarkeit oder **Kapitalbindungsfrist**	Ordnungskriterien	**Fälligkeit** oder **Kapitalüberlassungsfrist**

• Inventare und Bilanzen müssen **10 Jahre** aufbewahrt werden (§ 257 Abs. 1 HGB).

Aufgaben

1 Stellen Sie nach folgenden Angaben die Bilanz der Fa. Karl Monz e. K., Stuttgart zum

2 31. Dezember .. auf. Tag der Fertigstellung: 15. Januar .. ...

	1	2
	EUR	EUR
Geschäftsausstattung	6 000,00	18 000,00
Rohstoffe	7 000,00	32 000,00
Forderungen a. LL	1 800,00	5 500,00
Bankguthaben	2 000,00	4 400,00
Kassenbestand	800,00	1 600,00
Verbindlichkeiten gegenüber Banken	–	3 000,00
Verbindlichkeiten a. LL	2 100,00	6 400,00

3 Der Kaufmann Hans Lewen e. K., Mainz, machte am 31. Dezember .. (Aufgabe 3) und am

4 31. Dezember des folgenden Jahres (Aufgabe 4) Inventur. .....

	3	4
	EUR	EUR
Betriebs- und Geschäftsausstattung lt. Verzeichnis	8 500,00	7 650,00
Rohstoffe lt. Verzeichnis	19 360,00	17 920,00
Forderungen a. LL		
Herbert Berg e. K., Wiesbaden	1 850,00	1 970,00
Fritz Maas e. K., Bingen	2 370,00	–
Kurt Schorn e. K., Mainz	3 640,00	3 640,00
Hermann Feld e. K., Mainz	–	1 760,00
Bankguthaben: Sparkasse Mainz	4 800,00	5 100,00
Postbank Frankfurt a. M.	1 260,00	1 130,00
Kassenbestand	750,00	810,00
Verbindlichkeiten a. LL		
Karl Huber OHG, Stuttgart	2 670,00	1 720,00
Ernst Klein e. K., Berlin	3 620,00	2 100,00
F. Merz OHG, Frankfurt	4 100,00	530,00

   a) Stellen Sie Inventar und Bilanz für beide Zeitpunkte auf. Tag der Fertigstellung:
     Aufgabe 3 – 15. Februar ..
     Aufgabe 4 – 28. Februar des folgenden Jahres
   b) Ermitteln Sie den Erfolg durch Eigenkapitalvergleich.

5 Die Bilanz einer Unternehmung weist am Ende des Geschäftsjahres folgende Werte aus:
   Anlagevermögen .... 4 800 000,00 EUR   Eigenkapital .... 5 600 000,00 EUR
   Umlaufvermögen .... 3 200 000,00 EUR   Schulden .... 2 400 000,00 EUR
   Wie viel Prozent der Bilanzsumme beträgt
   a) das Anlagevermögen,   c) das Eigenkapital,
   b) das Umlaufvermögen,   d) das Fremdkapital (Schulden)?

6 Untersuchen Sie folgende Aussagen über die Bilanz und stellen Sie eventuelle Fehler heraus:
   a) Die Aktivseite der Bilanz gibt Auskunft über die Verwendung des Kapitals.
   b) Die Passivseite wird nach zunehmender Fälligkeit der Kapitalien geordnet.
   c) Zum Anlagevermögen zählen beispielsweise Grundstücke, Gebäude, Fuhrpark, Forde-
     rungen a. LL, Geschäftsausstattung.
   d) Das Anlagevermögen ist das Haftungskapital der Unternehmung.
   e) Das Umlaufvermögen ist stärkeren Veränderungen unterworfen als das Anlagevermögen.
   f) Das Eigenkapital in der Bilanz stimmt wertmäßig mit dem Reinvermögen im Inventar zum
     Schluss des Geschäftsjahres überein.
   g) Die Bilanz ist eine Gegenüberstellung von Vermögen und Schulden in Kontenform.
   h) Die Bilanz wird Jahr für Jahr zu Beginn des Geschäftsjahres aufgestellt.

7 *Aus dem Inventar zum 31. Dezember von zwei aufeinander folgenden Jahren der Möbelfabrik*
8 *Franz Klein e. K., Siegburg, gehen nachstehende Gesamtwerte hervor.*

	7	**8**
	EUR	*EUR*
Bankguthaben	570 000,00	434 280,00
Darlehensschulden, Restlaufzeit 4 Jahre	500 000,00	720 000,00
Forderungen a. LL	900 000,00	253 800,00
Maschinen	150 000,00	600 000,00
Rohstoffe	1 600 000,00	1 126 220,00
Verbindlichkeiten a. LL	1 170 000,00	1 080 000,00
Betriebs- und Geschäftsausstattung	60 000,00	141 000,00
Kasse	7 000,00	42 300,00
Grundstücke mit Gebäuden	1 670 000,00	338 400,00
Hypothekenschulden, Restlaufzeit 8 Jahre	600 000,00	–
Fuhrpark	700 000,00	564 000,00
Eigenkapital	?	1 700 000,00

Stellen Sie eine ordnungsgemäße Bilanz zum 31. Dezember .. auf. Tag der Fertigstellung:

Aufgabe 7 – *14. Januar ..*   **Aufgabe 8** – *15. Februar des folgenden Jahres*

9 *Prüfen Sie die nachstehenden Aussagen über das Inventar und über die Bilanz auf ihre Richtigkeit:*
   a) Das Inventar enthält Mengen- und Wertangaben, die Bilanz dagegen nur Wertangaben.
   b) Inventar und Bilanz einer Unternehmung können wertmäßig voneinander abweichen.
   c) Die Bilanz ist eine kurz gefasste Gegenüberstellung von Kapitalquellen und Kapitalverwendung.
   d) Die Bilanz eines Geschäftsjahres ergibt die Grundlage für die Buchführung des folgenden Geschäftsjahres.
   e) Inventar und Bilanz können nur von einem leitenden Angestellten oder vom Inhaber unterschrieben werden.

10 *Stellen Sie formale und inhaltliche Unterschiede von Inventar und Bilanz gegenüber.*

11 *Kreditgebern reicht oft die Bilanz zur Einsicht in die Vermögens- und Kapitallage aus.*
   a) Stellen Sie hierfür Gründe zusammen.
   b) Welche Informationen können die Kreditgeber der Bilanz entnehmen?

3.3 Grundlegende Buchungen auf Bestandskonten

3.3.1 Auswirkungen von Geschäftsfällen auf die Bilanz

Am ersten Tag nach den Weihnachtsferien zeigt Frau König der Auszubildenden Silvia Land eine verkürzte Bilanz. „Jetzt müssen wir die Auswirkungen aller Geschäftsfälle auf diese Bilanz genau verfolgen und festhalten. Sie sollen sich das heute einmal am Beispiel dieser verkürzten Bilanz und folgender Geschäftsfälle klarmachen."

Aktiva	Bilanz zum Beginn des Geschäftsjahres		Passiva
I. Anlagevermögen		I. Eigenkapital	90 000,00
Geschäftsausstattung	60 000,00	II. Schulden	
II. Umlaufvermögen		Darlehen	40 000,00
Bank	80 000,00	Verbindlichkeiten a. LL	20 000,00
Kasse	10 000,00		
	150 000,00		150 000,00

Geschäftsfälle:	EUR
1. **Kassenbeleg/Quittung:** Einkauf von zwei Druckern	2 000,00
2. **Vertragskopie:** Eine kurzfristige Verbindlichkeit wird in eine langfristige Darlehensschuld umgewandelt	10 000,00
3. **Eingangsrechnung:** Kauf von zwei Personalcomputern auf Ziel	5 000,00
4. **Bankauszug:** Ausgleich einer fälligen Liefererrechnung	8 000,00

Arbeitsaufträge ▶ Erläutern Sie die Auswirkungen der einzelnen Geschäftsfälle auf die Bilanz.

▶ Stellen Sie dann nach jedem Geschäftsfall die veränderte Bilanz auf.

Die Bilanz ist eine Aufstellung des Vermögens und der Schulden zu einem bestimmten Zeitpunkt. Durch die Geschäftstätigkeit werden die Vermögens- und Kapitalbestände aber laufend verändert. Damit ändern sich die Bestände einzelner Positionen. Alle Änderungen werden durch **Belege**[1] angezeigt und nachgewiesen.

Aus den Belegen gehen unentbehrliche Angaben für die Buchungen hervor: Zeitpunkt, Art, Ursache und Höhe der Wertveränderungen. **„Keine Buchung ohne Beleg"** ist daher ein wichtiger Grundsatz der Buchführung.

Folgende vier Wertbewegungen in der Bilanz sind zu unterscheiden:

■ Aktivtausch

Der Geschäftsfall betrifft nur die Aktivseite der Bilanz. Die Bilanzsumme bleibt unverändert. Es werden flüssige Mittel in weniger liquide umgewandelt oder umgekehrt.

Beispiel

Geschäftsfall 1: *Kassenbeleg/Quittung: Einkauf von zwei Druckern 2000,00 EUR*
Geschäftsausstattung: *+ 2 000,00 EUR*
Kasse: *– 2 000,00 EUR*

Aktiva		Bilanz	Passiva
I. Anlagevermögen		**I. Eigenkapital**	90 000,00
Geschäftsausstattung	62 000,00	**II. Schulden**	
II. Umlaufvermögen		Darlehen	40 000,00
Bank	80 000,00	Verbindlichkeiten a. LL	20 000,00
Kasse	8 000,00		
	150 000,00		150 000,00

■ Passivtausch

Der Geschäftsfall betrifft nur die Passivseite der Bilanz. Die Bilanzsumme bleibt unverändert. Inhaltlich werden kurzfristige in längerfristige Verbindlichkeiten umgewandelt oder umgekehrt.

Beispiel

Geschäftsfall 2: *Vertragskopie: Eine kurzfristige Verbindlichkeit wird in eine längerfristige Darlehensschuld umgewandelt 10 000,00 EUR*
Verbindlichkeiten a. LL: *– 10 000,00 EUR*
Darlehensschulden: *+ 10 000,00 EUR*

---

1 AR = Ausgangsrechnung, BA = Bankauszug, ER = Eingangsrechnung, KB = Kassenbeleg/Quittung

Aktiva		Bilanz	Passiva
I. Anlagevermögen		**I. Eigenkapital**	90 000,00
Geschäftsausstattung	62 000,00	**II. Schulden**	
II. Umlaufvermögen		Darlehen	50 000,00
Bank	80 000,00	Verbindlichkeiten a. LL	10 000,00
Kasse	8 000,00		
	150 000,00		150 000,00

■ Aktiv-Passiv-Mehrung (Bilanzverlängerung)

Der Geschäftsfall betrifft Aktiv- und Passivseite der Bilanz. Ein Posten der Aktiv- und ein Posten der Passivseite vermehren sich um den gleichen Betrag. Die Bilanzsumme nimmt um den gleichen Betrag zu. Die Bilanzgleichung bleibt erhalten. Inhaltlich zeigt die Passivseite eine Mehrung des Kapitals und die Herkunft dieses Kapitals an. Die Veränderung auf der Aktivseite zeigt die Verwendung des neuen Kapitals an.

Beispiel

Geschäftsfall 3: *Kauf von zwei PC auf Ziel 5 000,00 EUR*

Geschäftsausstattung: + 5 000,00 EUR
Verbindlichkeiten a. LL: + 5 000,00 EUR

Aktiva		Bilanz	Passiva
I. Anlagevermögen		**I. Eigenkapital**	90 000,00
Geschäftsausstattung	67 000,00	**II. Schulden**	
II. Umlaufvermögen		Darlehen	50 000,00
Bank	80 000,00	Verbindlichkeiten a. LL	15 000,00
Kasse	8 000,00		
	155 000,00		155 000,00

■ Aktiv-Passiv-Minderung (Bilanzverkürzung)

Ein Posten der Aktiv- und ein Posten der Passivseite werden um den gleichen Betrag vermindert. Die Bilanzsumme verringert sich um den gleichen Betrag. Die Gleichung der Bilanz bleibt erhalten. Inhaltlich wurde befristet überlassenes Kapital zurückgezahlt. Die Änderung auf der Passivseite zeigt, welches Kapital zurückgezahlt wurde, die Änderung auf der Aktivseite zeigt, mit welchen Mitteln die Tilgung erfolgte.

Beispiel

Geschäftsfall 4: *BA: Ausgleich einer Liefererrechnung 8 000,00 EUR*

Verbindlichkeiten a. LL: – 8 000,00 EUR
Bank: – 8 000,00 EUR

Aktiva		Bilanz	Passiva
I. Anlagevermögen		**I. Eigenkapital**	90 000,00
Geschäftsausstattung	67 000,00	**II. Schulden**	
II. Umlaufvermögen		Darlehen	50 000,00
Bank	72 000,00	Verbindlichkeiten a. LL	7 000,00
Kasse	8 000,00		
	147 000,00		147 000,00

Vier-Schritte-Regel zur Bestimmung der Wertveränderung in der Bilanz:
1. **Welche Posten der Bilanz werden verändert?**
2. **Handelt es sich um Posten der Aktivseite oder der Passivseite der Bilanz?**
3. **Wie wirkt sich der Geschäftsfall auf die Posten aus?**
4. **Um welche der vier Bilanzveränderungen handelt es sich?**

Zusammenfassung: Auswirkungen von Geschäftsfällen auf die Bilanz

Arten der Bilanzveränderungen

Aktivtausch	Passivtausch	Aktiv-Passiv-Mehrung	Aktiv-Passiv-Minderung
• Umschichtung auf der Aktivseite der Bilanz • Liquide Mittel werden in weniger liquide umgewandelt oder umgekehrt.	• Umschichtung auf der Passivseite der Bilanz • Kurzfristige Kapitalien werden in langfristige umgewandelt oder umgekehrt.	• Der Unternehmung wird neues Kapital zugeführt (Passivmehrung). • Seine Verwendung wird auf der Aktivseite sichtbar (Aktivmehrung).	• Es wird von der Unternehmung Kapital zurückgezahlt (Passivminderung). • Hierfür verwendete Mittel zeigt die Aktivseite (Aktivminderung).

Aufgaben

1 Bestände laut Inventur:

	EUR		EUR
Maschinen	400 000,00	Eigenkapital	450 000,00
Geschäftsausstattung	100 000,00	Darlehensschuld	210 000,00
Bank	200 000,00	Verbindlichkeiten a. LL	90 000,00
Kasse	15 000,00	Forderungen a. LL	35 000,00

Geschäftsfälle:

	EUR
1. **Quittungsdurchschlag:** Kunde bezahlte fällige Ausgangsrechnung bar	2 000,00
2. **Bankauszug:** Kauf einer Werkzeugmaschine für die Fertigung	50 000,00
3. **Vertragskopie:** Lieferer stundet Rechnungsbetrag auf sechs Jahre	20 000,00
4. **Ausgangsrechnung:** Zielverkauf eines gebrauchten Großrechners	5 000,00
5. **Bankauszug:** Überweisung der Tilgungsrate für unser Darlehen	10 000,00

Stellen Sie bei jedem Geschäftsfall die Auswirkungen auf die Bilanz fest. Kennzeichnen Sie die Wertveränderungen mit dem zutreffenden Begriff und erstellen Sie nach jedem Geschäftsfall die veränderte Bilanz.

2 Bestände laut Inventur:

	EUR		EUR
Grundstück mit Gebäude ..	300 000,00	Eigenkapital	180 000,00
Fuhrpark	50 000,00	Darlehensschulden	30 000,00
Bank	62 000,00	Verbindlichkeiten a. LL	250 000,00
Kasse	10 000,00	Forderungen a. LL	38 000,00

Geschäftsfälle:

	EUR
1. **Bankauszug, Kaufvertrag:** Grundstückskauf gegen Bankscheck	10 000,00
2. **Bankauszug:** Bareinzahlung auf das Bankkonto	1 000,00
3. **Bankauszug:** Banküberweisung einer fälligen Liefererrechnung	20 000,00
4. **Eingangsrechnung:** Zielkauf eines Pkw	30 000,00
5. **Bankauszug:** Kunde zahlt fällige AR mit Banküberweisung	8 000,00

Stellen Sie bei jedem Geschäftsfall die Auswirkungen auf die Bilanz fest. Kennzeichnen Sie die Wertveränderungen mit dem zutreffenden Begriff und erstellen Sie nach jedem Geschäftsfall die veränderte Bilanz.

3 *Beantworten Sie zu den Geschäftsfällen folgende Fragen:*

a) Welche Posten der Bilanz werden berührt?

b) Handelt es sich um Posten der Aktiv- oder Passivseite der Bilanz?

c) Wie wirkt sich der Geschäftsfall auf die Posten aus?

d) Um welche der vier Bilanzveränderungen handelt es sich?

Geschäftsfälle:	*EUR*
1. **Eingangsrechnung/Bankauszug:** *Kauf einer Telefonanlage mit Bankkarte* . .	*1 000,00*
2. **Vertragskopie:** *Umwandlung einer Verbindlichkeit in ein Darlehen*	*6 000,00*
3. **Eingangsrechnung:** *Zielkauf eines Gabelstaplers für das Lager*	*15 000,00*
4. **Quittungsdurchschlag:** *Kunde bezahlte fällige Ausgangsrechnung bar* . .	*2 000,00*
5. **Bankauszug:** *Barabhebung vom Bankkonto*	*5 000,00*
6. **Ausgangsrechnung/Quittung:** *Barverkauf gebrauchter Büromöbel*	*3 000,00*
7. **Bankauszug:** *Tilgungsrate für unsere Darlehensschuld*	*10 000,00*
8. **Bankauszug:** *Ausgleich einer Lieferrechnung*	*20 000,00*
9. **Bankauszug:** *Bareinzahlung auf das Bankkonto*	*8 000,00*
10. **Eingangsrechnung:** *Einkauf einer Bohrmaschine für die Fertigung auf Ziel* . .	*12 000,00*

4 *Untersuchen Sie, welche der untenstehenden Auswirkungen durch die Geschäftsfälle 1 bis 4 hervorgerufen werden:*

Geschäftsfälle:	*EUR*
1. **Eingangsrechnung/Bankauszug:**	
Kauf von zwei Personalcomputern gegen Bankscheck	*6 000,00*
2. **Bankauszug:** *Tilgungsrate einer Darlehensschuld*	*5 000,00*
3. **Bankauszug:** *Ein Kunde begleicht eine fällige Rechnung*	*9 200,00*
4. **Eingangsrechnung:** *Zielkauf eines Lkw*	*85 000,00*

Auswirkungen:

a) Der Unternehmung wird neues Fremdkapital zugeführt.

b) Dieser Geschäftsfall ruft einen Aktivtausch hervor.

c) Die Bilanzsumme wird vergrößert.

d) Er ruft eine Aktiv-Passiv-Minderung hervor.

e) Die Bilanzsumme wird verkleinert.

f) Es handelt sich um eine Aktiv-Passiv-Mehrung.

g) Schulden der Unternehmung werden getilgt.

h) Es findet ein Tausch innerhalb des Umlaufvermögens statt.

3.3.2 Bestandskonten

Silvia Land hat Frau König die Auswirkungen der vier Geschäftsfälle ausführlich erläutert. Frau König scheint sehr zufrieden zu sein: „Das ist die eigentliche Aufgabe des Informationssystems ‚Buchführung'. Es zeigt der Unternehmensleitung zu jeder Zeit den Stand und die Veränderungen von Vermögen und Kapital."

„Heißt das, dass Sie und Frau Kluge Tag für Tag Hunderte von Bilanzen erstellen?" „Nein, das wäre sehr zeitraubend, unübersichtlich und wenig aussagekräftig, zumal Herr Stein regelmäßig wissen will, wie viele Forderungen durch Verkäufe entstanden sind und welche Forderungen von den Kunden ausgeglichen wurden. Bei den Verbindlichkeiten taucht das gleiche Problem auf. Vielleicht sehen Sie Frau Kluge eine Weile zu, die jeden Tag einen Berg von Belegen bucht." „Ja, gerne," sagt Silvia. Bis zum Mittag hält sie es aus. Frau Kluge gibt Zahlen ein und lässt Buchungsprotokolle ausdrucken. „Aber ehrlich gesagt, ich habe nichts verstanden", gesteht sie Frau König beim Mittagessen. „Ja, das ist ein komplexer Bereich. Und deshalb haben wir uns zusammen mit Ihrem Lehrer von der Berufsschule überlegt, ein Modell von diesem Informationssystem zu entwickeln. Damit wird es viel anschaulicher und Sie verstehen unser Fibu-Programm sicher bald."

Arbeitsaufträge ▶ Erarbeiten Sie in Gruppen einen Vorschlag, wie man die Veränderungen der Bilanzpositionen übersichtlicher erfassen kann, damit entsprechende Auskünfte erteilt werden können.

▶ Tragen Sie Ihre Ergebnisse in der Klasse vor.

■ Konto

Das **Konto** (ital. conto = Rechnung) **ist eine zweiseitige Rechnung in T- oder Reihenform** (s. S. 166 f.) zur getrennten und übersichtlichen Aufzeichnung von Geschäftsfällen. Das Führen eines Kontos, d. h. das Eintragen der Veränderungen, nennt man **„buchen"**.

Beispiel 1 *Buchung der Bareinnahmen und Barausgaben auf dem Kassenkonto in T-Form:*

Einnahmen		Kasse		Ausgaben
Anfangsbestand	860,00	04.01. Mietzahlung		460,00
03.01. Zahlung vom Kunden		05.01. Zahlung an Lieferer		
Klaus Oswald e. K.	1 250,00	Furnierwerk GmbH		780,00
07.01. Barabhebung	900,00	31.01. Gehaltszahlung		850,00
		Endbestand (= Saldo)		920,00
	3 010,00			3 010,00

Beispiel 2 *Buchung der Bareinnahmen und -ausgaben im Konto mit Reihenform:*

Kassenkonto			
Datum	**Text**	**Soll**	**Haben**
23.06.	Anfangsbestand (Saldovortrag)	860,00	
25.06.	Zahlung vom Kunden Klaus Oswald e. K.	1 250,00	
28.06.	Mietzahlung		460,00
28.06.	Zahlung an Lieferer Furnierwerk GmbH		780,00
29.06.	Bankabhebung	900,00	
30.06.	Gehaltszahlung		850,00
30.06.	Saldo (Endbestand)		920,00
		3 010,00	3 010,00
01.07.	Saldovortrag	920,00	

■ Auflösung der Bilanz in Konten

Um eine genaue Übersicht über Art, Ursache und Höhe der Veränderungen der Bilanzposten zu erzielen, wird für jeden Bilanzposten ein **Konto** eingerichtet. Den Seiten der Bilanz entsprechend werden **Aktiv- und Passivkonten** unterschieden. Ihre Seiten tragen die Bezeichnung „Soll" (links) und „Haben" (rechts). Aus der Bilanz bei Betriebseröffnung oder -übernahme, der **Eröffnungsbilanz**, oder aus der Bilanz des Vorjahres (**Schlussbilanz**) übernehmen die Konten die Anfangsbestände (**AB**). Deshalb werden die Aktiv- und Passivkonten auch als **Bestandskonten** bezeichnet.

Beispiel

Aktiva	Eröffnungsbilanz		Passiva

I. Anlagevermögen
  Betriebs- und
  Geschäftsausstattung 30 000,00

II. Umlaufvermögen
  Bank 90 000,00
  Kasse 10 000,00
                          130 000,00

I. Eigenkapital 70 000,00

II. Schulden
  Darlehen 40 000,00
  Verbindlichkeiten a. LL 20 000,00

                          130 000,00

Aktivkonten

Soll	Betriebs- und Geschäftsausstattung	Haben
AB	30 000,00	

Soll	Bank	Haben
AB	90 000,00	

Soll	Kasse	Haben
AB	10 000,00	

Passivkonten

Soll	Eigenkapital	Haben
	AB	70 000,00

Soll	Darlehen	Haben
	AB	40 000,00

Soll	Verbindlichkeiten a. LL	Haben
	AB	20 000,00

Die **Aktivkonten** werden durch Auflösung der Aktiv- oder Vermögensseite der Bilanz gebildet. Bei ihnen wird der **Anfangsbestand auf der Sollseite** gebucht, weil er in der Bilanz auch auf der linken Seite steht.

Die **Passivkonten** werden durch Auflösung der Passiv- oder Kapitalseite der Bilanz gebildet. Bei ihnen wird der **Anfangsbestand auf der Habenseite** gebucht, weil er in der Bilanz auch auf der rechten Seite steht.

■ Erfassung von Wertveränderungen auf Bestandskonten

Jeder Geschäftsfall ruft Veränderungen auf mindestens zwei Konten hervor.
Vor jeder Buchung sind folgende Überlegungen anzustellen:

* **Welche Konten** werden berührt?
* Um welche **Kontenart** handelt es sich (Aktiv- oder Passivkonto)?
* Wie **wirkt** sich der Geschäftsfall **auf den Bestand** der Konten aus?
* Auf welcher **Kontenseite** wird gebucht?

Es muss genau überlegt werden, ob es sich um ein Aktiv- oder Passivkonto handelt, da auf beiden Kontenarten unterschiedlich gebucht wird:

!
* **Bei Aktivkonten werden Mehrungen auf der Sollseite gebucht: Sie stehen unter dem Anfangsbestand. Minderungen werden auf der Habenseite gebucht.**
* **Bei Passivkonten ist es folglich umgekehrt: Mehrungen stehen auf der Habenseite, Minderungen auf der Sollseite.**

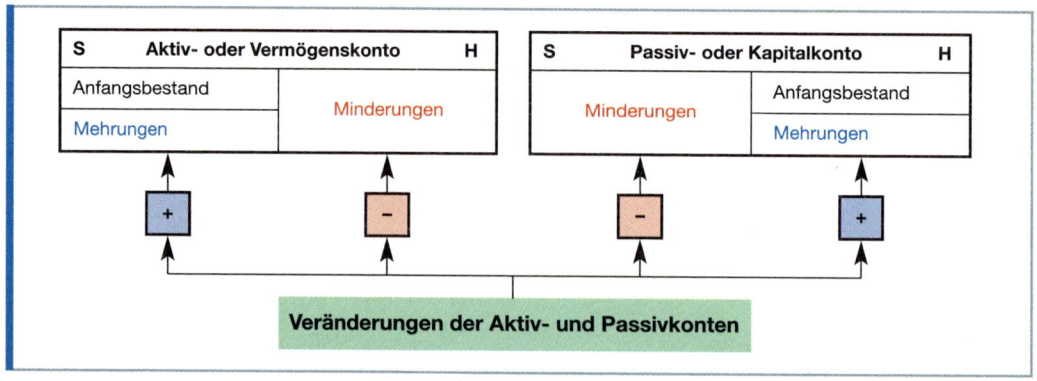

Beispiel 1 *Kassenbeleg: Barkauf eines Monitors für die Buchhaltung* . . . . 900,00 EUR

Auswirkung	Buchung	
Mehrung der Geschäftsausstattung	Betriebs- und Geschäftsausstattung (Aktivkonto): Soll	900,00 EUR
Minderung des Kassenbestands	Kasse (Aktivkonto): Haben	900,00 EUR

Beispiel 2 *Vertrag: Umwandlung einer Verbindlichkeit in ein Darlehen* . . . . 5 000,00 EUR

Auswirkung	Buchung	
Minderung der Verbindlichkeiten	Verbindlichkeiten a. LL (Passivkonto): Soll	5 000,00 EUR
Mehrung der Darlehensschulden	Darlehensschulden (Passivkonto): Haben	5 000,00 EUR

Beispiel 3 *Eingangsrechnung: Zielkauf einer Maschine für die Metallwerkstatt* . . . . 1 200,00 EUR

Auswirkung	Buchung	
Mehrung der Betriebsausstattung	Betriebs- und Geschäftsausstattung (Aktivkonto): Soll	1 200,00 EUR
Mehrung der Verbindlichkeiten	Verbindlichkeiten a. LL (Passivkonto): Haben	1 200,00 EUR

Beispiel 4 *Bankauszug: Banküberweisung einer fälligen Eingangsrechnung* . . . . 7 000,00 EUR

Auswirkung	Buchung	
Minderung der Verbindlichkeiten	Verbindlichkeiten a. LL (Passivkonto): Soll	7 000,00 EUR
Minderung des Bankguthabens	Bank (Aktivkonto): Haben	7 000,00 EUR

Damit die Ursachen der Veränderung der Anfangsbestände erkennbar sind, wird bei der Buchung in den Konten vor die Beträge das **Gegenkonto geschrieben**.

Beispiel *Aus dem Konto Geschäftsausstattung geht durch Angabe des Gegenkontos „Kasse" hervor, dass der Monitor bar bezahlt wurde. Auf dem Konto Kasse wird durch die Angabe des Gegenkontos „Betriebs- und Geschäftsausstattung" erkennbar, wofür die Ausgabe entstand.*

Aktiva	Bilanz	Passiva

I. Anlagevermögen		**I. Eigenkapital**	70 000,00
Betriebs- und		**II. Schulden**	
Geschäftsausstattung	30 000,00	Darlehen	40 000,00
II. Umlaufvermögen		Verbindlichkeiten a. LL	20 000,00
Bank	90 000,00		
Kasse	10 000,00		
	130 000,00		130 000,00

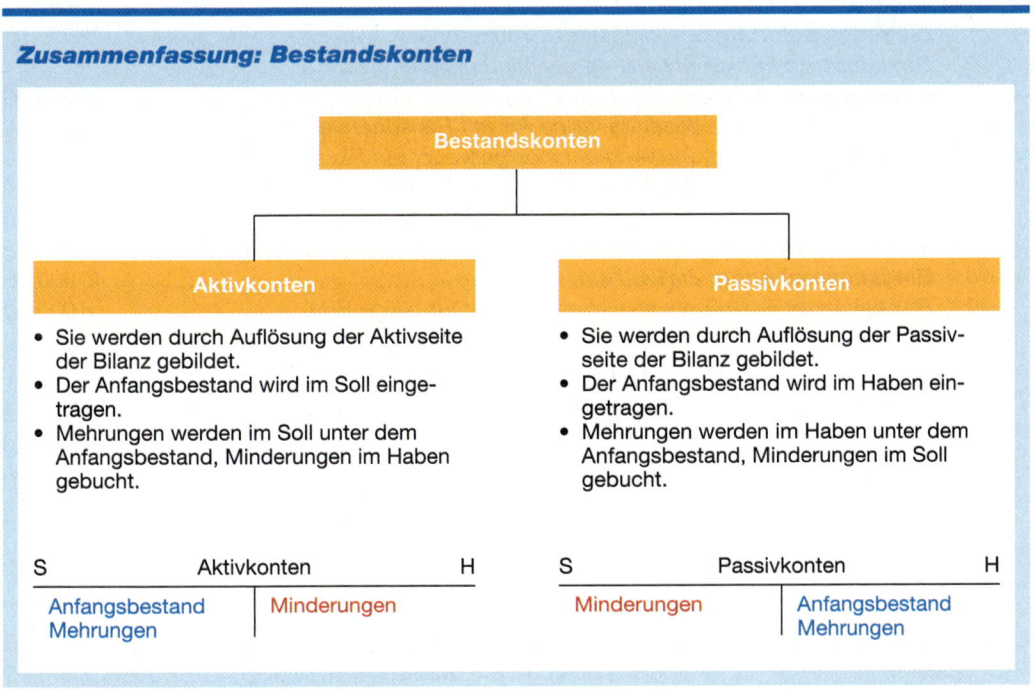

```
                Aktivkonten                              Passivkonten

        +                        −              −                          +

                 Betriebs- und
S           Geschäftsausstattung      H    S         Eigenkapital          H
AB          30 000,00                                        AB    70 000,00
(1) Kasse      900,00
(3) Verb.    1 200,00


S               Bank              H    S         Darlehensschuld          H
AB   90 000,00 │ (4) Verb.  7 000,00                        AB    40 000,00
                                                       (2) Verb.    5 000,00


S               Kasse             H    S     Verbindlichkeiten a. LL      H
AB   10 000,00 │ (1) BuG    900,00     (2) Darl.   5 000,00 │ AB    20 000,00
                                       (4) Bank    7 000,00 │ (3) BuG  1 200,00
```

Zusammenfassung: Bestandskonten

Bestandskonten

Aktivkonten

- Sie werden durch Auflösung der Aktivseite der Bilanz gebildet.
- Der Anfangsbestand wird im Soll eingetragen.
- Mehrungen werden im Soll unter dem Anfangsbestand, Minderungen im Haben gebucht.

Passivkonten

- Sie werden durch Auflösung der Passivseite der Bilanz gebildet.
- Der Anfangsbestand wird im Haben eingetragen.
- Mehrungen werden im Haben unter dem Anfangsbestand, Minderungen im Soll gebucht.

S	Aktivkonten	H
Anfangsbestand Mehrungen	Minderungen	

S	Passivkonten	H
Minderungen	Anfangsbestand Mehrungen	

Aufgaben

1 Stellen Sie die Bilanz auf. Richten Sie die Bestandskonten ein und übernehmen Sie die Anfangsbestände. Buchen Sie die Geschäftsfälle auf den Konten bei Angabe der Nummer des Buchungsfalles und des Gegenkontos.

Anfangsbestände:	EUR		EUR
Maschinen	330 000,00	Eigenkapital	250 000,00
Forderungen a. LL	15 000,00	Verbindlichkeiten a. LL	40 000,00
Bank	125 000,00	Darlehensschulden	190 000,00
Kasse	10 000,00		

Geschäftsfälle: EUR

1. **Bankauszug:** Kunde bezahlt fällige Ausgangsrechnung durch Banküberweisung 5 000,00
2. **Eingangsrechnung:** Zielkauf einer Maschine 20 000,00
3. **Bankauszug:** Banküberweisung an Lieferer für fällige Eingangsrechnung . . 17 000,00
4. **Bankauszug:** Bareinzahlung auf das Bankkonto 4 000,00
5. **Ausgangsrechnung:** Zielverkauf einer gebrauchten Maschine 8 000,00
6. **Bankauszug:** Zahlung einer Tilgungsrate für die Darlehensschuld 2 000,00

2 Stellen Sie die Bilanz auf. Richten Sie die Bestandskonten ein und übernehmen Sie die Anfangsbestände. Buchen Sie die Geschäftsfälle auf den Konten bei Angabe der Nummer des Buchungsfalles und des Gegenkontos.

Anfangsbestände:	EUR		EUR
Grundstücke mit Gebäude .	400 000,00	Kasse	15 000,00
Geschäftsausstattung	70 000,00	Eigenkapital	450 000,00
Fuhrpark	30 000,00	Darlehensschuld	210 000,00
Forderungen a. LL	75 000,00	Verbindlichkeiten a. LL	80 000,00
Bank	150 000,00		

Geschäftsfälle: EUR

1. **Eingangsrechnung:** Zielkauf eines Großrechners 12 000,00
2. **Bankauszug:** Banküberweisung der Tilgungsrate für die Darlehensschuld 30 000,00
3. **Bankauszug:** Kunde bezahlte fällige AR mit Banküberweisung 15 000,00
4. **Ausgangsrechnung:** Zielverkauf eines gebrauchten Pkw 10 000,00
5. **Bankauszug:** Unser Unternehmen zahlte auf das Bankkonto bar ein 8 000,00
6. **Vertrag:** Lieferer stundet eine fällige ER auf sechs Jahre 20 000,00
7. **Vertrag, Bankauszug:** Kauf einer Lagerhalle gegen Bankscheck 80 000,00
8. **Eingangsrechnung:** Zielkauf eines Pkw 40 000,00
9. **Bankauszug:** Banküberweisung an Lieferer für fällige ER 4 000,00
10. **Ausgangsrechnung/Quittung:** Barverkauf eines gebrauchten PC 1 000,00

3 Erläutern Sie zu folgenden Buchungen den Geschäftsfall:

		EUR				EUR
1. Bank	Soll	600,00	5. Geschäftsausstattung	Soll	900,00
Forderungen	Haben	600,00	Kasse	Haben	900,00
2. Geschäftsausstattung	Soll	900,00	6. Verbindlichkeiten a. LL	Soll	750,00
Verbindlichkeiten a. LL	Haben	900,00	Bank	Haben	750,00
3. Kasse	Soll	1 500,00	7. Kasse	Soll	450,00
Bank	Haben	1 500,00	Forderungen a. LL	Haben	450,00
4. Darlehensschulden	Soll	2 000,00	8. Bank	Soll	1 200,00
Bank	Haben	2 000,00	Kasse	Haben	1 200,00

4 Buchen Sie folgende Geschäftsfälle, indem Sie

a) zu jedem Geschäftsfall die entsprechenden Konten einrichten,

b) auf dem ersten Konto die Sollbuchung, auf dem zweiten die Habenbuchung vornehmen und das jeweilige Gegenkonto angeben.

		EUR
1.	Kunde bezahlt fällige Ausgangsrechnung bar	800,00
2.	Banküberweisung durch einen Kunden	430,00
3.	Banküberweisung an einen Lieferer	1 940,00
4.	Bareinzahlung auf das Bankkonto	1 200,00
5.	Kauf eines PC gegen Bankscheck	3 600,00
6.	Kauf einer Maschine auf Ziel	1 500,00
7.	Rückzahlung eines Darlehens durch Banküberweisung	3 000,00
8.	Banküberweisung durch den Kunden	640,00
9.	Verkauf eines gebrauchten Pkw bar	1 500,00
10.	Barabhebung vom Bankkonto	2 000,00

5 Welche der folgenden Aussagen treffen zu

a) nur auf die Aktivkonten, c) auf alle Bestandskonten,

b) nur auf die Passivkonten, d) weder auf Aktiv- noch auf Passivkonten?

1. Der Anfangsbestand steht im Soll.
2. Die Minderungen stehen im Soll.
3. Die Mehrungen stehen im Soll.
4. Der Anfangsbestand steht im Haben, die Zugänge stehen im Soll.
5. Sie stellen Art, Ursache und Höhe der Vermögensänderungen dar.
6. Der Anfangsbestand steht im Haben.
7. Sie erteilen Auskunft über die Veränderungen des Kapitals.
8. Minderungen stehen im Haben.

3.3.3 Buchungssatz

Frau Kluge möchte Frau Land möglichst schnell in die Buchungsarbeiten einbeziehen, insbesondere in den Umgang mit PC und Fibu-Programm. Damit sie keine Buchungsfehler macht, will sie ihr zunächst auf den Belegen angeben, wie zu buchen ist.

Arbeitsauftrag ▶ Erarbeiten Sie am Beispiel eines Geschäftsfalles, welche Informationen Silvia Land bei ihrem jetzigen Kenntnisstand braucht, um Buchungen auf Bestandskonten einzugeben.

■ Einfacher Buchungssatz

Ein Buchhalter erteilt mithilfe eines **Buchungsstempels** auf den Belegen Anweisungen, wie die Geschäftsfälle zu buchen sind. Für diese Anweisungen hat sich eine feste Form herausgebildet, der **Buchungssatz**.

Der Buchungssatz ist eine kurze Anweisung für die Durchführung der Buchung aufgrund des Beleges. Er gibt die Konten an, auf denen gebucht werden muss. Er nennt zuerst das Konto, bei dem im Soll, dann das Konto, bei dem im Haben gebucht wird.

! | **Sollbuchung** | **vor** | **Habenbuchung** |

Beispiel *Banküberweisung der Bürodesign GmbH zum Ausgleich der ER Nr. 706 vom 5. Mai .. über 9 200,00 EUR lt. BA 107/1*

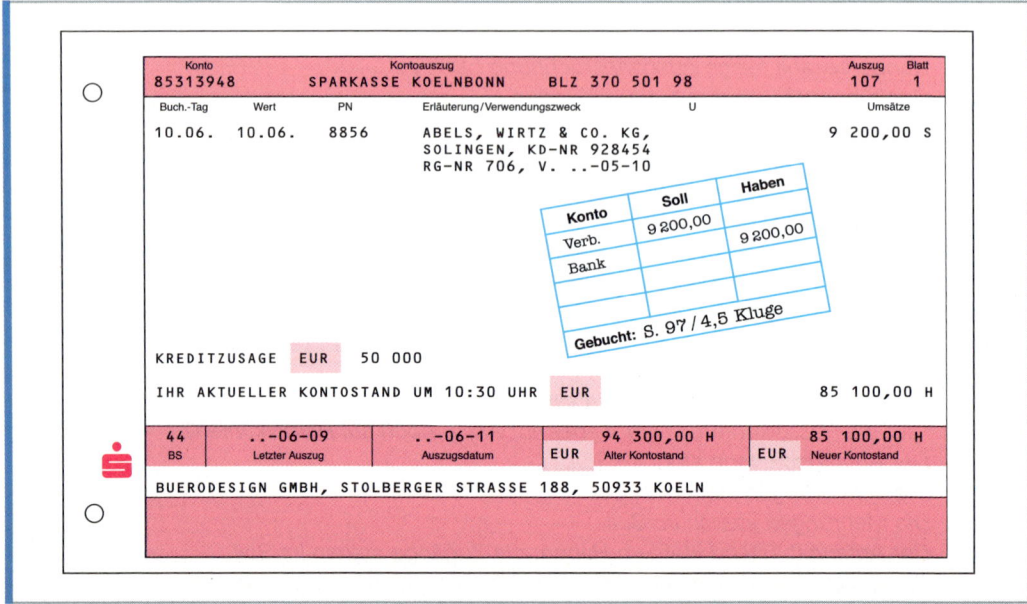

Die **ausführliche Buchungsanweisung** aufgrund dieses Beleges müsste lauten: Im Konto Verbindlichkeiten a. LL sind auf der Sollseite 9 200,00 EUR und im Konto Bank sind auf der Habenseite 9 200,00 EUR zu buchen.

Der **Buchungssatz** fasst das zusammen, indem er die betroffenen Konten in der Reihenfolge **„erst Soll, dann Haben"** nennt und durch das Wort „an" verbindet.

> **!** **Verbindlichkeiten a. LL   9 200,00   an Bank   9 200,00**

Der Buchungssatz wird im Buchungsstempel auf dem Beleg eingetragen (= **Vorkontierung**).

> **!**
> - Im Buchungsstempel wird die Vorkontierung eingetragen. Diese ist die Grundlage der späteren Buchung auf den Konten.
> - Der Buchungsvermerk ist der Beweis, dass die Buchung ausgeführt worden ist.
> - Der Buchungsvermerk verhindert Doppelbuchungen und zeigt durch Angabe der Seite und Zeilen im Grundbuch (siehe S. 103 f.) an, wo gebucht wurde.

■ Zusammengesetzter Buchungssatz

Beim einfachen Buchungssatz ruft der zugrunde liegende Geschäftsfall nur auf zwei Konten Wertveränderungen hervor. Beim zusammengesetzten Buchungssatz werden mehr als zwei Konten berührt.

	EUR	EUR
Beispiel 1 *Ausgleich einer Lifefererrechnung*		
durch Banküberweisung	1 100,00	
bar	400,00	1 500,00

Buchungssatz:	Soll	Haben
Verbindlichkeiten a. LL	1 500,00	
an Bank		1 100,00
an Kasse		400,00

Buchung:

S	Bank (Ba)		H		S	Verbindlichkeiten a. LL (Vb)		H
AB	4 000,00	Vb	1 100,00	← → Ba, Ka		1 500,00	AB	8 000,00

S	Kasse		H
AB	2 500,00	Vb	400,00 ←

Sollbuchung
auf dem Konto Verbindlichkeiten a. LL

= Habenbuchung
auf den Konten Bank und Kasse

Beispiel 2

	EUR
Ein Kunde begleicht eine Rechnung über	650,00
durch Banküberweisung	450,00
und Barzahlung	200,00

Buchungssatz:	Soll	Haben
Bank	450,00	
Kasse	200,00	
an Forderungen a. LL		650,00

Sollbuchung
auf den Konten Bank und Kasse

= Habenbuchung
auf dem Konto Forderungen a. LL

- **Der Buchungssatz ruft die Konten an, die durch einen Geschäftsfall berührt werden.**
- **Zuerst werden die Konten angerufen, auf denen im Soll, dann die Konten, auf denen im Haben gebucht wird.**

Nach der Buchung werden die Belege abgelegt und aufbewahrt. Häufig müssen Belege für Prüfungen und Vergleiche aus der Registratur hervorgeholt werden. Eine Ordnung nach Belegart und Belegnummer schließt zeitraubendes Suchen aus. Alle Belege müssen daher aufbewahrt werden (vgl. S. 157 f.).

Zusammenfassung: Buchungssatz

- Der Buchungssatz ist eine kurz gefasste **Anweisung**, wie ein Geschäftsfall zu buchen ist.
- Er nennt Konten, auf denen zu buchen ist, und zwar zuerst das Konto, auf dem die **Sollbuchung**, dann das Konto, auf dem die **Habenbuchung** erfolgt.
- **Einfache Buchungssätze** rufen nur je ein Konto im Soll und im Haben an.
- **Zusammengesetzte Buchungssätze** rufen mehrere Konten im Soll und/oder im Haben an.
- Grundlage aller Buchungen sind **Belege**. Nur mit Belegen kann die Ordnungsmäßigkeit der Buchungen nachgewiesen werden.
- Jeder Beleg wird zwecks Buchung **vorkontiert**.
- **Vorkontieren** heißt Angeben des Buchungssatzes im Kontierungsstempel auf dem Beleg.

Aufgaben

1 Bilden Sie die Buchungssätze zu folgenden Geschäftsfällen:

			EUR
1.	Bareinzahlung auf das Bankkonto	....	1 300,00
2.	Barabhebung vom Bankkonto	....	600,00
3.	Ein Kunde begleicht eine Rechnung durch Banküberweisung	....	350,00
4.	Kauf eines Druckers bar	....	760,00
5.	Zieleinkauf eines Drehstuhls	....	830,00
6.	Tilgung einer Darlehensschuld durch Banküberweisung	....	900,00
7.	Ausgleich einer Liefererrechnung durch Banküberweisung	....	850,00
8.	Einkauf eines Pkw gegen Bankscheck	....	20 000,00
9.	Aufnahme eines Darlehens bar	....	1 500,00
10.	Zahlung an einen Lieferer durch Banküberweisung	....	950,00
11.	Bareinzahlung auf unser Bankkonto	....	800,00
12.	Verkauf eines gebrauchten Pkw bar	....	450,00
13.	Kauf eines Baugrundstücks gegen Bankscheck	....	5 500,00

2 Welche Geschäftsfälle liegen folgenden Buchungssätzen zugrunde?

1.	Fuhrpark	an Verbindlichkeiten a. LL
2.	Kasse	an Bank
3.	Bank	an Forderungen a. LL
4.	Verbindlichkeiten a. LL	an Bank
5.	Darlehen	an Bank
6.	Bank	an Kasse
7.	Bank	an Forderungen a. LL
8.	Geschäftsausstattung	an Kasse
9.	Bank	an Unbebaute Grundstücke
10.	Kasse	an Darlehen

3 Bilden Sie die Geschäftsfälle zu den Buchungen im Kassenkonto:

Soll	Kasse			Haben
AB	3 000,00	(1) Darlehen		500,00
(3) Forderungen a. LL	250,00	(2) Verbindlichkeiten a. LL		300,00
(5) Bank	310,00	(4) Geschäftsausstattung		270,00
(6) Geschäftsausstattung	1 160,00	(7) Bank		1 000,00
		SB		2 650,00
	4 720,00			4 720,00

4 Formulieren Sie zu folgenden Geschäftsfällen die Buchungssätze:

		EUR	EUR
1.	Rechnungsausgleich eines Kunden		
	bar	95,00	
	durch Banküberweisung	1 955,00	2 050,00
2.	Einkauf eines Druckers		
	bar	50,00	
	gegen Bankscheck	250,00	300,00
3.	Einkauf eines Aktenschranks		
	bar	300,00	
	auf Ziel	500,00	800,00
4.	Tilgung einer Darlehensschuld		
	durch Banküberweisung	2 500,00	
	bar	200,00	2 700,00

		EUR	EUR
5.	Ausgleich einer Lieferrechnung		
	bar	180,00	
	durch Banküberweisung	1 020,00	1 200,00
6.	Kauf einer Maschine		
	gegen Banküberweisung bei Lieferung	17 000,00	
	Rest 90 Tage Ziel	34 000,00	51 000,00

5 Folgender Beleg ist vorzukontieren:

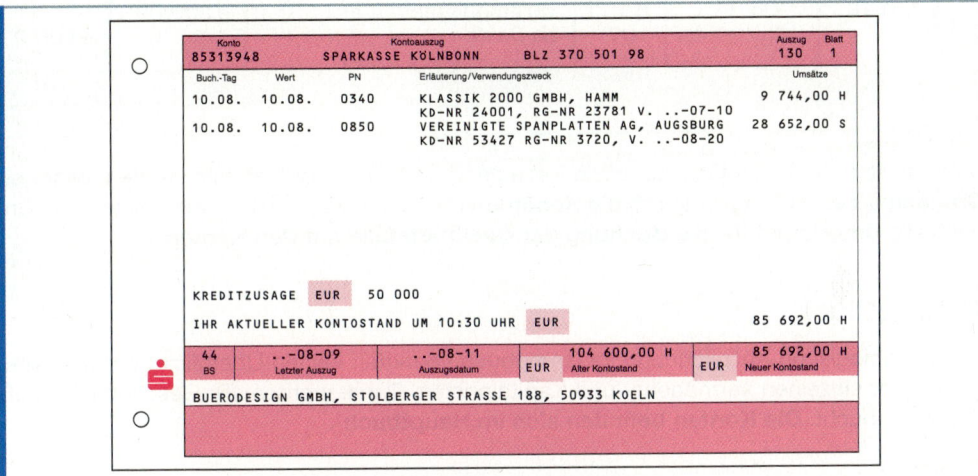

a) Bilden Sie die Buchungssätze für beide Geschäftsfälle.

b) Buchen Sie alle Vorgänge des Beleges einschließlich „alter" und „neuer" Saldo unter Berücksichtigung der Gegenbuchungen im Bankkonto.

3.3.4 Buchungen von Geschäftsfällen im Grundbuch und im Hauptbuch

Herr Stein hat einen Betriebsprüfer des Finanzamtes im Unternehmen. Dieser will wissen, ob alle Belege gebucht sind und ob für alle Buchungen Belege vorliegen. In der Buchhaltung hat Frau Kluge vorgesorgt. Die Belege sind in Aktenordnern abgeheftet (Registratur).

Arbeitsaufträge ▶ Begründen Sie, weshalb die Finanzverwaltung für alle Buchungen Belege verlangt.

▶ Machen Sie Vorschläge, wie man mithilfe der Buchung den Beleg und mithilfe des Belegs die Buchung schnell finden kann.

Sind die Belege vorkontiert, kann gebucht werden. **Nach der Ordnung** der Buchungen sind **Grundbuch** und **Hauptbuch** zu unterscheiden.

■ Grundbuch

Im **Grundbuch**, auch **Journal** genannt, werden alle Buchungssätze in **zeitlicher Reihenfolge** festgehalten. Daneben werden zur besseren Kontrolle Buchungsdatum, Eingangs- bzw. Ausstellungsdatum des Beleges, Belegnummer, Buchungstext u. a. festgehalten.

Beispiel

Bürodesign GmbH Köln					
Grundbuch					Seite 097
Lfd.-Nr.	Buchungs-datum	Beleg	Buchungstext	Soll	Haben
08342	..–06–11	BA 107	Verbindlichkeiten a. LL an Bank	9 200,00	9 200,00

Da in diesem Buch alle Geschäftsfälle fortlaufend und lückenlos gebucht werden, bildet es die **Grundlage bei Prüfungen durch die Behörden** (z. B. Finanzamt). Gleichzeitig liefert das Grundbuch alle **Unterlagen für die Buchung der Geschäftsfälle auf den Konten**.

■ Hauptbuch

Die chronologische Aufzeichnung im Grundbuch vermittelt keinen Überblick über die Veränderungen der einzelnen Vermögens- und Kapitalposten. Daher werden alle Geschäftsfälle auf den Konten gebucht. **Die Konten befinden sich im Hauptbuch[1].**

Beispiel

Bürodesign GmbH Köln					
Hauptbuch					
S	Bank	H	S	Verbindlichkeiten a. LL	H
AB 28 000,00	Vb 9 200,00		Ba 9 200,00	AB 34 500,00	

Die **Eintragung des Gegenkontos** lässt auf den zugrunde liegenden Geschäftsfall und damit **auf die Ursache der Änderung** schließen.

Beispiel Aus dem Konto „Bank" geht durch die Angabe des Gegenkontos „Verbindlichkeiten a. LL" hervor, dass Schulden gegenüber Lieferern beglichen worden sind. Das Konto „Verbindlichkeiten a. LL" zeigt durch die Gegenbuchung Bank, dass die Verbindlichkeiten über Bank beglichen wurden.

Die **Angabe der Belegnummer** und des Datums vor der Gegenbuchung ermöglichen ein schnelles Wiederfinden des Beleges, der der Buchung zugrunde liegt.

An die Stelle gebundener Bücher können

* **Loseblattsammlungen** in Form ausgedruckter Journale und Konten
* oder auf **Datenträgern** (Magnetplatten, Disketten, CD) gespeicherte Journale und Konten

treten (§ 239 HGB).

---

[1] *Für unser Erklärungsmodell benutzen wir T-Kontenblätter, die im Handel erhältlich sind.*

Zusammenfassung: Buchungen von Geschäftsfällen im Grundbuch und im Hauptbuch

- Im Grundbuch werden alle Geschäftsfälle in Form von **Buchungssätzen in zeitlicher Reihenfolge** (chronologisch) eingetragen.
- Im **Hauptbuch** werden alle **Geschäftsfälle nach sachlichen Gesichtspunkten**, also welches Konto jeweils berührt wird, verteilt.
- Die **Ursache jeder Buchung** wird durch die **Angabe des Gegenkontos** und der Belegnummer zum Ausdruck gebracht.
- Folgendes Schaubild zeigt die Zusammenhänge:

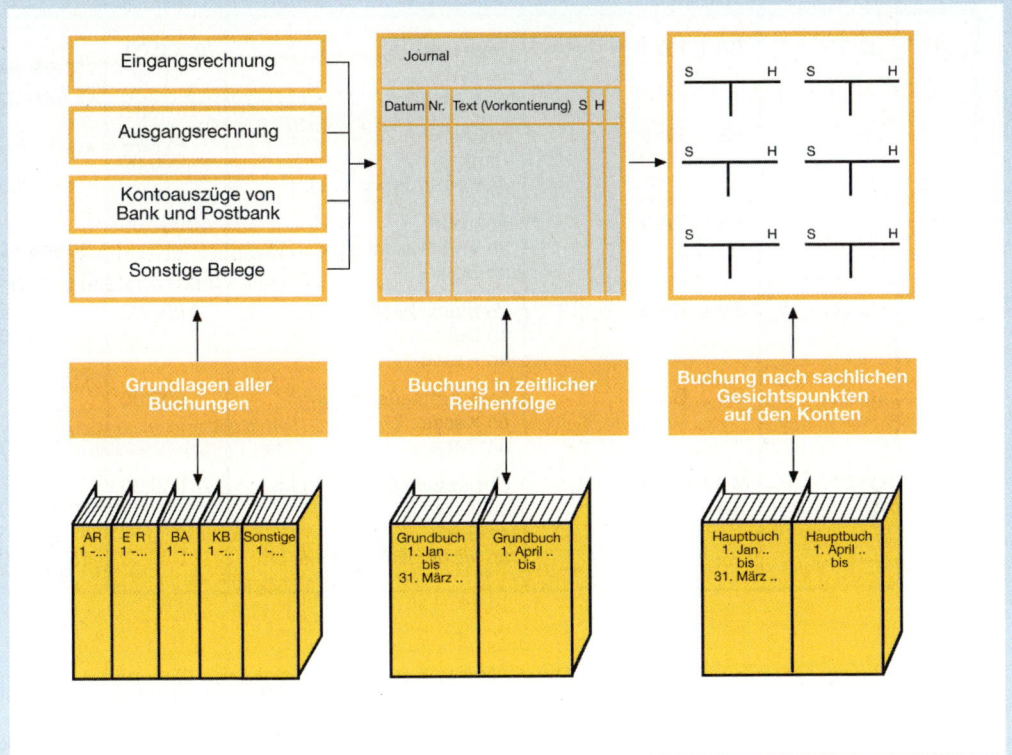

Aufgaben

1 *Tragen Sie zu folgenden Geschäftsfällen die Buchungssätze ins Grundbuch ein:*

	EUR	EUR
1. Einkauf eines Aktenschrankes		
bar	200,00	
auf Ziel	750,00	950,00
2. Ausgleich einer Liefererrechnung		
bar	180,00	
durch Banküberweisung	1 020,00	1 200,00
3. Rechnungsausgleich des Kunden		
bar	80,00	
durch Banküberweisung	700,00	780,00

		EUR	EUR

4. *Einkauf eines Druckers*

    bar 250,00

    gegen Barscheck .... <u>430,00</u>   680,00

5. *Tilgung einer Darlehensschuld*

    durch Banküberweisung 800,00

    bar .... <u>200,00</u>   1 000,00

2 *Welche Geschäftsfälle liegen folgenden Buchungssätzen im Grundbuch zugrunde?*

Lfd.-Nr.	Buchungs-datum	Beleg	Buchungstext	Soll EUR	Haben EUR
001	02.01.	BA 1, KB 1	Darlehen	2 000,00	
			an Bank		1 500,00
			an Kasse		500,00
002	03.01.	KB 2, BA 2	Kasse	200,00	
			Bank	900,00	
			an Forderungen a. LL		1 100,00
003	04.01.	ER 1, BA 3	Fuhrpark	40 000,00	
			an Verbindlichkeiten a. LL		30 000,00
			an Bank		10 000,00
004	05.01.	BA 4, KB 3	Verbindlichkeiten a. LL	1 280,00	
			an Bank		900,00
			an Kasse		380,00
005	07.01.	ER 2, BA 5	Geschäftsausstattung	800,00	
			an Kasse		300,00
			an Bank		500,00
006	08.01.	Kaufvertrag, KB 4, BA 6	Unbebaute Grundstücke	70 000,00	
			an Kasse		10 000,00
			an Bank		45 000,00
			an Verbindlichkeiten a. LL		15 000,00

3 *Erstellen Sie ein Grundbuch und tragen Sie die Buchungssätze zu folgenden Geschäftsfällen ein:*

1. *Kauf einer Maschine*   EUR

    bar 8 500,00

    gegen Bankscheck 32 200,00

    auf Ziel 43 000,00

2. *Kunden gleichen Rechnungen aus*

    bar 740,00

    durch Banküberweisung 820,00

3. *Ausgleich von Liefererrechnungen*

    durch Banküberweisung 1 900,00

    bar 1 300,00

4. *Kauf eines Kombiwagens für den Betrieb*

    gegen Bankscheck 14 400,00

    bar 3 740,00

5. *Tilgung einer Darlehensschuld*

    durch Banküberweisung 2 000,00

    bar 1 000,00

	EUR

6. Verkauf einer gebrauchten Maschine
   gegen Barzahlung 200,00
   gegen Bankscheck 500,00
   auf Ziel 1 300,00

7. Kunden zahlen zum Ausgleich von Rechnungen
   bar 950,00
   mit Bankscheck 1 150,00

8. Kauf von Regalen für das Lager
   gegen Barzahlung 1 200,00
   gegen Bankscheck 3 800,00

4 Erläutern Sie anhand des Schaubildes auf S. 105
   – die Bedeutung
   – und den Zusammenhang
   von Belegen, Grundbuch und Hauptbuch.

3.3.5 Abschluss der Bestandskonten

Am Ende des Geschäftsjahres möchte Frau Friedrich den Stand der einzelnen Bestandskonten wissen und eine Aufstellung über Vermögen und Kapital in Kontenform haben.

Arbeitsaufträge ▶ Ermitteln Sie die Schlussbestände der Konten.
                   ▶ Erläutern Sie dabei die Einzelschritte des Kontenabschlusses.
                   ▶ Begründen Sie die Notwendigkeit des Kontenabschlusses in
                     regelmäßigen Abständen aus der Sicht der Unternehmensleitung.

Zur Ermittlung der vorhandenen Bestände (in der Praxis monatlich, quartalsmäßig, jährlich) werden die Konten abgeschlossen.

Zum Ende des Geschäftsjahres werden vor dem Kontenabschluss die **Istbestände** durch Inventur ermittelt und mit den **Sollbeständen** lt. Konten **abgeglichen**.

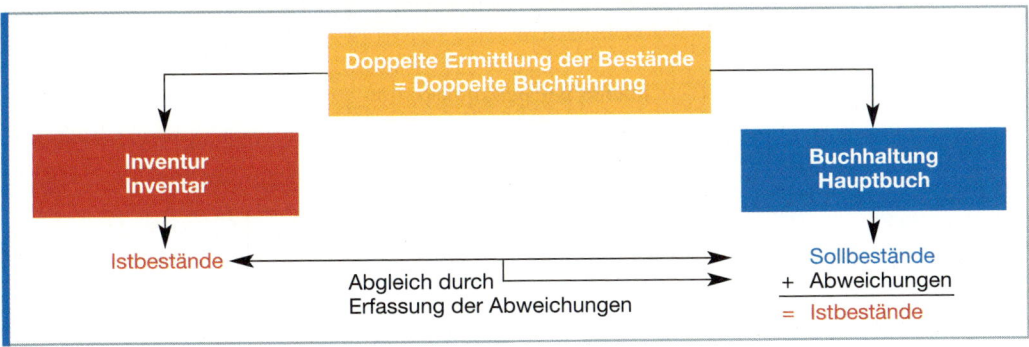

Abweichungen werden untersucht und in Belegen festgehalten und begründet. Die Soll-
bestände werden den **Istbeständen** angepasst, bevor die Konten abgeschlossen werden. Zum
Abschluss der Konten sind Buchungssätze zu bilden, die sowohl im Grundbuch als auch im
Hauptbuch einzutragen sind. Für die Gegenbuchung der Kontensalden wird im Hauptbuch ein
Sammelkonto, das **Schlussbilanzkonto** (SBK), benötigt. Auf diesem werden die Salden der
Aktivkonten (Sollseite) und Passivkonten (Habenseite) gegenübergestellt.

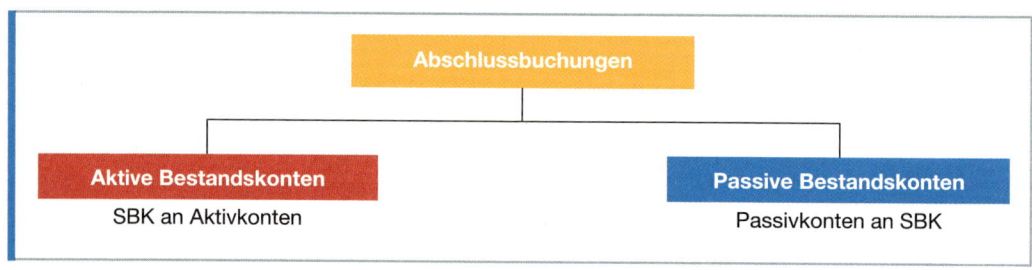

In den Konten werden die Schlussbestände folgendermaßen berechnet:
(1) Addition der wertmäßig größeren Seite
(2) Übertragung der Summe auf die wertmäßig kleinere Seite
(3) Subtraktion der wertmäßig kleineren Seite
(4) Eintragung der Differenz (Schlussbestand, Saldo) auf der wertmäßig kleineren Seite

Beispiele

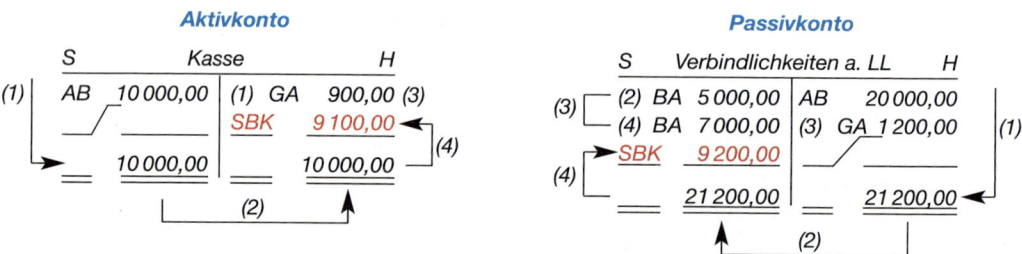

Aktivkonto		Berechnung des Schlussbestandes	Passivkonto	
+ Sollzahlen	10 000,00 EUR	Anfangsbestand + Mehrungen	+ Habenzahlen	21 200,00 EUR
– Habenzahlen	900,00 EUR	– Minderungen	– Sollzahlen	12 000,00 EUR
= Sollsaldo	9 100,00 EUR	= Schlussbestand (Saldo)	= Habensaldo	9 200,00 EUR

Unter Saldieren versteht man die Ermittlung des Unterschiedes zwischen Sollseite und Habenseite eines Kontos. Der Saldo wird nach der wertmäßig größeren Seite bezeichnet und zum Ausgleich auf der wertmäßig kleineren Seite eingetragen.

Aktivkonto: **Sollseite > Habenseite → Sollsaldo**
Passivkonto: **Sollseite < Habenseite → Habensaldo**

Beispiel *(vgl. S. 97)*

Aktiva	Eröffnungsbilanz			Passiva
I. Anlagevermögen		**I. Eigenkapital**		70 000,00
Betriebs- und		**II. Schulden**		
Geschäftsausstattung	30 000,00	Darlehen		40 000,00
II. Umlaufvermögen		Verbindlichkeiten a. LL		20 000,00
Bank	90 000,00			
Kasse	10 000,00			
	130 000,00			130 000,00

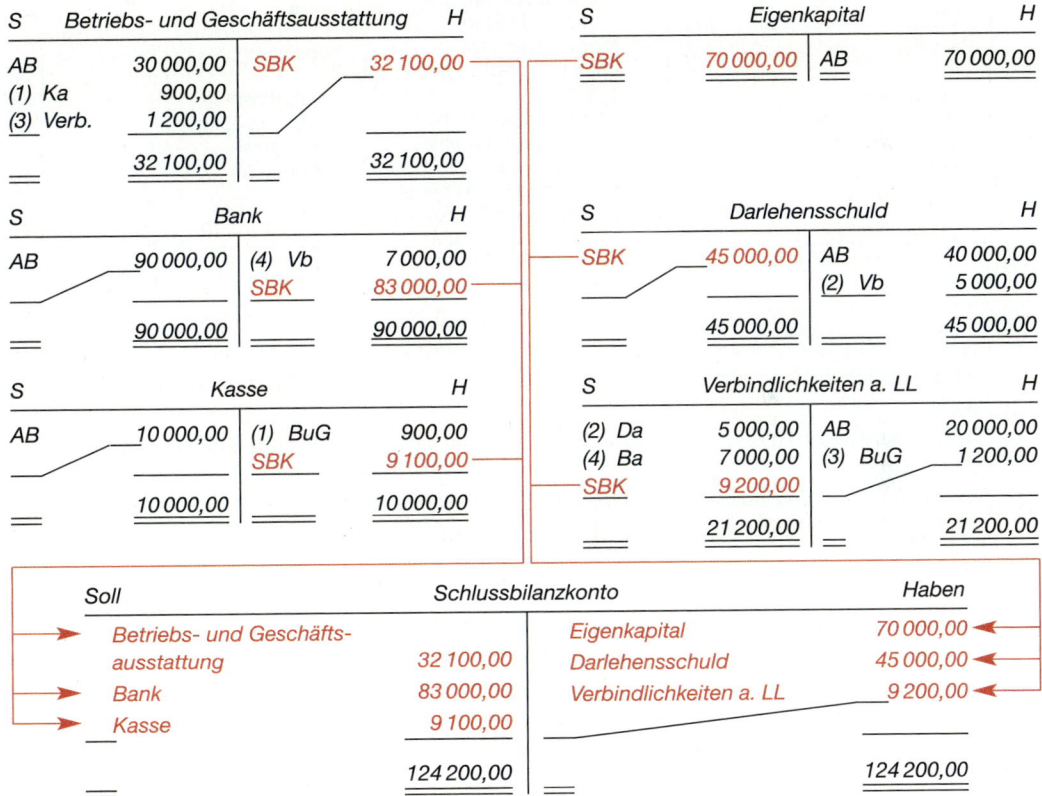

S	Betriebs- und Geschäftsausstattung	H		S	Eigenkapital	H
AB	30 000,00	SBK 32 100,00		SBK 70 000,00	AB	70 000,00
(1) Ka	900,00					
(3) Verb.	1 200,00					
	32 100,00	32 100,00				

S	Bank	H		S	Darlehensschuld	H
AB	90 000,00	(4) Vb 7 000,00		SBK 45 000,00	AB	40 000,00
		SBK 83 000,00			(2) Vb	5 000,00
	90 000,00	90 000,00		45 000,00		45 000,00

S	Kasse	H		S	Verbindlichkeiten a. LL	H
AB	10 000,00	(1) BuG 900,00		(2) Da 5 000,00	AB	20 000,00
		SBK 9 100,00		(4) Ba 7 000,00	(3) BuG	1 200,00
	10 000,00	10 000,00		SBK 9 200,00		
				21 200,00		21 200,00

Soll	Schlussbilanzkonto		Haben
Betriebs- und Geschäfts-ausstattung	32 100,00	Eigenkapital	70 000,00
Bank	83 000,00	Darlehensschuld	45 000,00
Kasse	9 100,00	Verbindlichkeiten a. LL	9 200,00
	124 200,00		124 200,00

!
- **Der Schlussbestand wird immer auf der wertmäßig kleineren Seite des Kontos eingetragen: der Sollsaldo des Aktivkontos im Haben, der Habensaldo des Passivkontos im Soll. Dadurch weisen die beiden Seiten jedes Kontos am Ende des Rechnungszeitraumes die gleiche Summe aus (Waage, ähnlich der Bilanz).**
- **Die Summen der Soll- und Habenseite des Schlussbilanzkontos müssen gleich sein, da bei jedem Geschäftsfall der gleiche Betrag im Soll und im Haben gebucht wurde.**

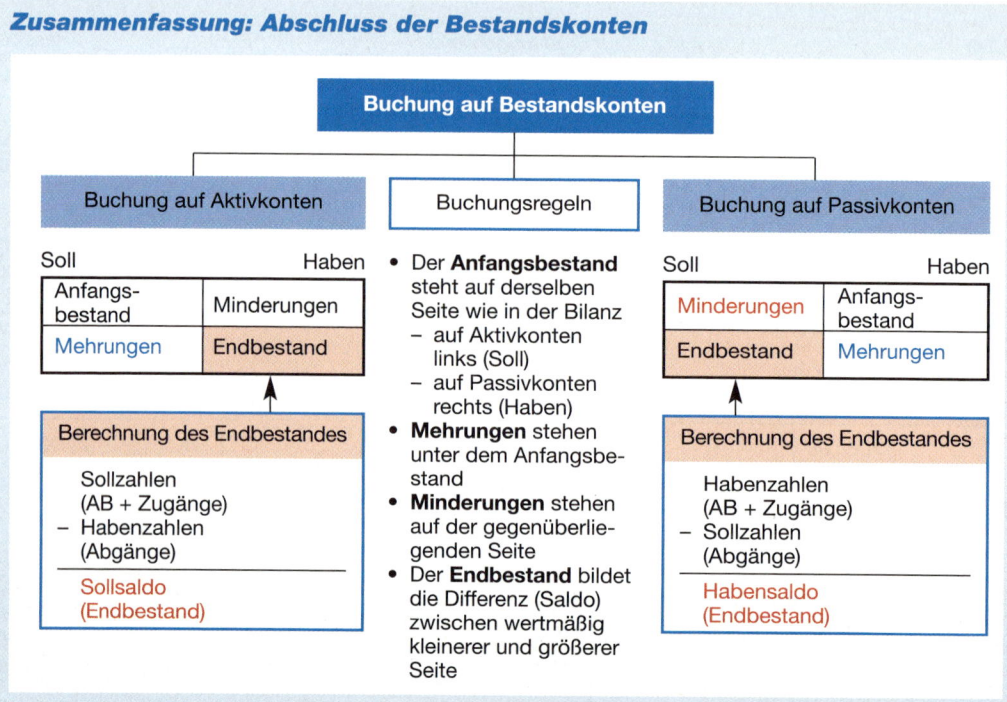

- Alle Geschäftsfälle wurden im Grundbuch in zeitlicher Reihenfolge erfasst.
- Im Hauptbuch wurden alle Geschäftsfälle nach sachlichen Gesichtspunkten auf die Konten verteilt.
- Die Ursache jeder Buchung wird durch die Angabe des Gegenkontos und der Belegnummer verdeutlicht.
- Die Salden der Bestandskonten werden zum Jahresende auf dem Schlussbilanzkonto (SBK) gesammelt bzw. gegengebucht.

!
- **Lösungsweg von der Eröffnungs- zur Schlussbilanz:**
  1. **Übernahme der Schlussbilanz des Vorjahres als Eröffnungsbilanz**
  2. **Einrichtung von Konten für die Bilanzposten**
  3. **Übertragung der Anfangsbestände aus der Bilanz auf die Konten**
  4. **Buchung der Geschäftsfälle im Grundbuch**
  5. **Buchung in den Konten des Hauptbuches**
  6. **Aufstellung der Schlussbilanz aufgrund der Inventarwerte und Abgleich mit den Sollbeständen lt. Konten**
  7. **Abschluss der Konten über das SBK**

Aufgaben

1 *Eröffnen Sie die Bestandskonten; tragen Sie die Buchungssätze zu den Geschäftsfällen im Grundbuch ein. Buchen Sie die Geschäftsfälle und schließen Sie die Konten ab.*

Anfangsbestände:

	EUR		EUR
Grundstücke mit Gebäuden .	*150 000,00*	*Kasse*	*5 000,00*
Fuhrpark	*40 000,00*	*Eigenkapital*	*270 000,00*

Geschäftsausstattung	24 000,00	Darlehensschuld	120 000,00
Forderungen a. LL	36 000,00	Verbindlichkeiten a. LL	15 000,00
Bank 150 000,00			

Geschäftsfälle: EUR

1. **Eingangsrechnung:** Zielkauf eines Pkw 20 000,00
2. **Ausgangsrechnung:** Zielverkauf eines gebrauchten PC 1 400,00
3. **Bankauszug:** Banküberweisung an einen Lieferer 5 000,00
4. **Kassenbeleg:** Bareinzahlung auf das Bankkonto 1 000,00
5. **Bankauszug:** Banküberweisung von einem Kunden 7 400,00
6. **Bankauszug:** Verkauf eines gebrauchten Pkw gegen Bankscheck 8 000,00
7. **Bankauszug:** Banküberweisung der Tilgungsrate für das Darlehen 20 000,00
8. **Kassenbeleg:** Kunde bezahlt fällige Rechnung bar 2 400,00
9. **Kassenbeleg:** Barkauf eines Büroregals 900,00
10. **Kassenbeleg:** Barabhebung vom Bankkonto 1 400,00

2 Stellen Sie die Eröffnungsbilanz auf. Richten Sie die Bestandskonten ein und übernehmen Sie die Anfangsbestände. Buchen Sie die Geschäftsfälle im Grundbuch und auf den Konten bei Angabe der Nummer des Buchungsfalles und des Gegenkontos.

Anfangsbestände:	EUR		EUR
Maschinen	350 000,00	Eigenkapital	304 000,00
Forderungen a. LL	115 000,00	Verbindlichkeiten a. LL	46 000,00
Bank	155 000,00	Darlehensschuld	280 000,00
Kasse	10 000,00		

Geschäftsfälle: EUR

1. **Bankauszug:** Kunde bezahlt fällige Ausgangsrechnung
   durch Banküberweisung 15 000,00
2. **Eingangsrechnung:** Zielkauf einer Maschine 50 000,00
3. **Bankauszug:** Banküberweisung an Lieferer für fällige Eingangsrechnung 27 000,00
4. **Bankauszug:** Bareinzahlung auf das Bankkonto 4 000,00
5. **Ausgangsrechnung:** Barverkauf einer gebrauchten Maschine 6 000,00
6. **Kassenbeleg:** Barzahlung einer Tilgungsrate für die Darlehensschuld 3 000,00

3 Stellen Sie die Eröffnungsbilanz auf. Richten Sie die Bestandskonten ein und übernehmen Sie die Anfangsbestände. Buchen Sie die Geschäftsfälle auf den Konten bei Angabe der Nummern des Buchungsfalles und des Gegenkontos.

Anfangsbestände:	EUR		EUR
Grundstücke mit Gebäuden .	500 000,00	Kasse	15 000,00
Geschäftsausstattung	80 000,00	Eigenkapital	690 000,00
Fuhrpark	130 000,00	Darlehensschuld	300 000,00
Forderungen a. LL	175 000,00	Verbindlichkeiten a. LL	180 000,00
Bank	270 000,00		

Geschäftsfälle: EUR

1. **Eingangsrechnung:** Zielkauf eines Personalcomputers 10 000,00
2. **Bankauszug:** Banküberweisung der Tilgungsrate für die Darlehensschuld . 30 000,00
3. **Bankauszug:** Kunde bezahlte fällige AR mit Banküberweisung 12 000,00
4. **Ausgangsrechnung:** Zielverkauf eines gebrauchten Pkw 16 000,00
5. **Bankauszug:** Unser Unternehmen zahlte auf das Bankkonto bar ein 6 000,00
6. **Vertrag:** Lieferer stundet eine fällige ER auf sechs Jahre 40 000,00
7. **Vertrag, Bankauszug:** Kauf einer Lagerhalle gegen Bankscheck 180 000,00
8. **Eingangsrechnung:** Zielkauf eines Pkw 46 000,00
9. **Bankauszug:** Banküberweisung an Lieferer für fällige ER 24 000,00
10. **Kassenbeleg:** Barverkauf eines gebrauchten PC 1 000,00

3.3.6 Eröffnungs- und Abschlussbuchungen im Grund- und im Hauptbuch erfassen

Die Abteilungsleiterin Rechnungswesen der Bürodesign GmbH, Frau König, eröffnet die Bestandskonten zu Beginn des Geschäftsjahres. Bisher übernahm sie die Eröffnungsbestände aus der Bilanz zum Schluss des letzten Geschäftsjahres und übertrug sie auf die Konten.

A	Bilanz		P
I. Anlagevermögen		**I. Eigenkapital**	70 000,00
Geschäftsausstattung	30 000,00	**II. Schulden**	
II. Umlaufvermögen		Darlehen	40 000,00
Bank	90 000,00	Verbindlichkeiten a. LL	20 000,00
Kasse	10 000,00		
	130 000,00		130 000,00

Dabei ist ihr ein Übertragungsfehler unterlaufen. Um solche Fehler künftig zu vermeiden, verlangt der Geschäftsführer, Herr Stein, eine Gegenbuchung der Eröffnungsbuchungen auf einem Eröffnungsbilanzkonto.

Arbeitsaufträge ▶ Begründen Sie, warum Herr Stein die Abschlusswerte der Schlussbilanz für die Eröffnung der Konten im neuen Jahr benötigt.

▶ Erläutern Sie, warum Herr Stein die Gegenbuchung auf einem besonderen Konto verlangt.

■ Eröffnungsbilanz und Eröffnungsbilanzkonto

Die Bilanz am Ende eines Jahres ist identisch mit der Eröffnungsbilanz des neuen Geschäftsjahres (**Grundsatz der Bilanzgleichheit, Bilanzidentität**, vgl. § 252 Abs. 1 HGB). Um die Geschäftsfälle des neuen Jahres zu buchen, werden Konten für die einzelnen Bilanzposten eingerichtet.

Die Anfangsbestände wurden **bisher** in folgender Weise vorgetragen:

• von der **Aktivseite der Eröffnungsbilanz** auf die **Sollseite der Aktivkonten**,
• von der **Passivseite der Eröffnungsbilanz** auf die **Habenseite der Passivkonten** (vgl. S. 95).

Die Anfangsbestände wurden also in den Konten auf der gleichen Seite eingetragen, auf der sie in der Bilanz stehen. Ein Grundsatz der doppelten Buchführung wird dadurch durchbrochen. Dieser verlangt, dass jeder Buchung im Soll eine Buchung im Haben entspricht.

Soll ständig nach diesem Grundsatz verfahren werden, muss ein Konto im Hauptbuch eingerichtet werden, das bei der Buchung der Anfangsbestände der Konten die Gegenbuchung aufnimmt. Diese Aufgabe übernimmt das **Eröffnungsbilanzkonto (EBK)**. Die Buchungen zur Eröffnung der Bestandskonten heißen **Eröffnungsbuchungen**. Diese sind wie die Abschlussbuchungen (vgl. S. 113 ff.) im Grund- und im Hauptbuch einzutragen.

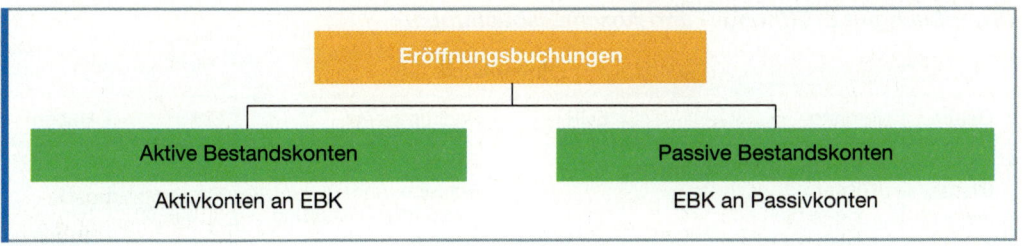

Beispiel Eröffnung der Konten Kasse und Verbindlichkeiten a. LL lt. Beispiel S. 95.

Grundbuch					
Datum	Vorgang	EUR	Buchungssatz	Soll	Haben
01.01.	**A. Eröffnungsbuchungen** Eröffnung des Kontos Kasse	10 000,00	Kasse an EBK	10 000,00	10 000,00
01.01.	Eröffnung des Kontos Verbindlichkeiten a. LL	20 000,00	EBK an Verbindl. a. LL	20 000,00	20 000,00

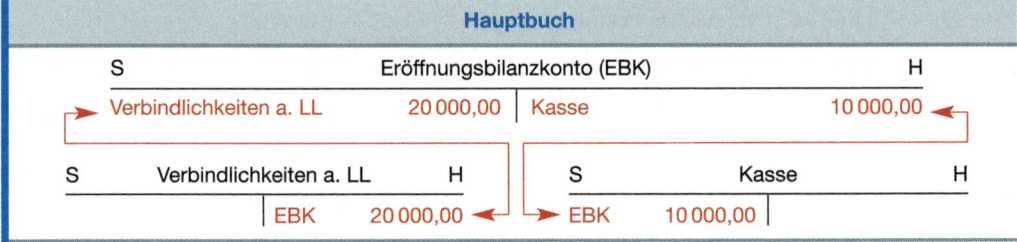

Beispiel Darstellung des Buchungsablaufs von der Eröffnung bis zum Abschluss:

Inventar- und Bilanzbuch			

Inventar ↓

Aktiva	Bilanz = Eröffnungsbilanz		Passiva
I. Anlagevermögen Betriebs- und Geschäfts- ausstattung	30 000,00	**I. Eigenkapital**	70 000,00
II. Umlaufvermögen Bank Kasse	90 000,00 10 000,00	**II. Schulden** Darlehen Verbindlichkeiten a. LL	40 000,00 20 000,00
	130 000,00		130 000,00

Grundbuch mit Eröffnungs- und Abschlussbuchungen:

Grundbuch					
Datum	Vorgang	EUR	Buchungssatz	Soll	Haben
	A. Eröffnungsbuchungen				
01.12.	Konto Betriebs- und Geschäftsausstattung	30 000,00	Betriebs- und Geschäftsausstattung an EBK	30 000,00	30 000,00
01.12.	Konto Bank	90 000,00	Bank an EBK	90 000,00	90 000,00
01.12.	Konto Kasse	10 000,00	Kasse an EBK	10 000,00	10 000,00
01.12.	Konto Eigenkapital	70 000,00	EBK an Eigenkapital	70 000,00	70 000,00
01.12.	Konto Darlehensschuld	40 000,00	EBK an Darlehensschuld	40 000,00	40 000,00
01.12.	Konto Verbindlichkeiten a. LL	20 000,00	EBK an Verbindlichk. a. LL	20 000,00	20 000,00
	B. Laufende Buchungen				
01.12.	**Kassenbeleg:** Schreibtischkauf, bar	900,00	Betriebs- und Geschäftsausstattung an Kasse	900,00	900,00
02.12.	Vertrag: Umwandlung einer Warenverbindlichkeit in ein Darlehen	5 000,00	Verbindlich. a. LL an Darlehensschuld	5 000,00	5 000,00
03.12.	ER: Zieleinkauf eines Aktenschrankes	1 200,00	Betriebs- und Geschäftsausstattung an Verbindlichkeiten a.LL	1 200,00	1 200,00
04.12.	BA: Banküberweisung einer fälligen ER	7 000,00	Verbindlich. a. LL an Bank	7 000,00	7 000,00
	C. Abschlussbuchungen				
31.12.	Konto Betriebs- und Geschäftsausstattung	32 100,00	SBK an Betriebs- und Geschäftsausstattung	32 100,00	32 100,00
31.12.	Konto Bank	83 000,00	SBK an Bank	83 000,00	83 000,00
31.12.	Konto Kasse	9 100,00	SBK an Kasse	9 100,00	9 100,00
31.12.	Konto Eigenkapital	70 000,00	Eigenkapital an SBK	70 000,00	70 000,00
31.12.	Konto Darlehensschuld	45 000,00	Darlehensschuld an SBK	45 000,00	45 000,00
31.12.	Konto Verbindlichkeiten a. LL	9 200,00	Verbindlichk. a. LL an SBK	9 200,00	9 200,00

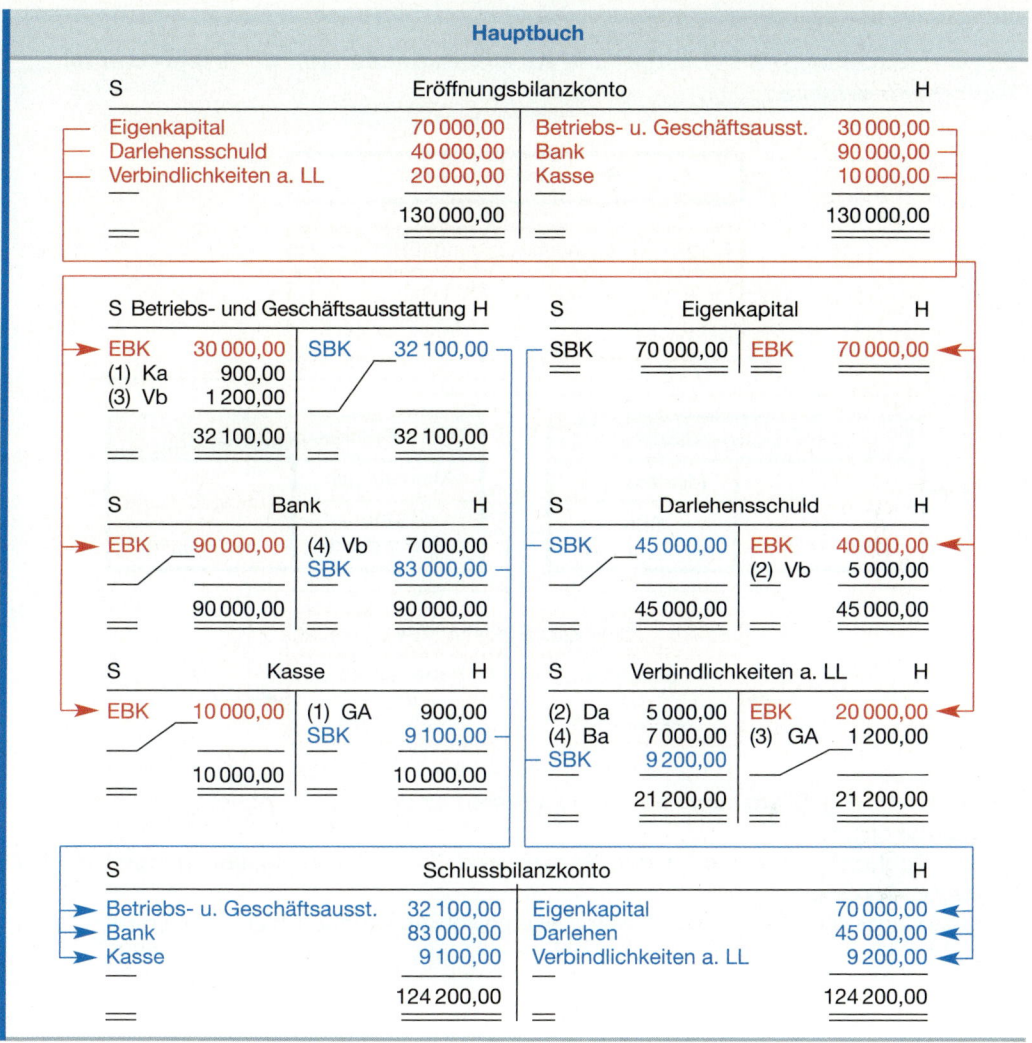

Hauptbuch

S	Eröffnungsbilanzkonto				H
Eigenkapital	70 000,00	Betriebs- u. Geschäftsausst.			30 000,00
Darlehensschuld	40 000,00	Bank			90 000,00
Verbindlichkeiten a. LL	20 000,00	Kasse			10 000,00
	130 000,00				130 000,00

S Betriebs- und Geschäftsausstattung H			S	Eigenkapital	H
EBK	30 000,00	SBK 32 100,00	SBK 70 000,00	EBK	70 000,00
(1) Ka	900,00				
(3) Vb	1 200,00				
	32 100,00	32 100,00			

S	Bank	H	S	Darlehensschuld	H
EBK	90 000,00	(4) Vb 7 000,00	SBK 45 000,00	EBK	40 000,00
		SBK 83 000,00		(2) Vb	5 000,00
	90 000,00	90 000,00	45 000,00		45 000,00

S	Kasse	H	S	Verbindlichkeiten a. LL	H
EBK	10 000,00	(1) GA 900,00	(2) Da 5 000,00	EBK	20 000,00
		SBK 9 100,00	(4) Ba 7 000,00	(3) GA	1 200,00
			SBK 9 200,00		
	10 000,00	10 000,00	21 200,00		21 200,00

S	Schlussbilanzkonto				H
Betriebs- u. Geschäftsausst.	32 100,00	Eigenkapital			70 000,00
Bank	83 000,00	Darlehen			45 000,00
Kasse	9 100,00	Verbindlichkeiten a. LL			9 200,00
	124 200,00				124 200,00

Inventar- und Bilanzbuch

Inventar

Aktiva	Bilanz = Schlussbilanz		Passiva
I. Anlagevermögen		**I. Eigenkapital**	70 000,00
Betriebs- und Geschäfts-			
ausstattung	32 100,00	**II. Schulden**	
II. Umlaufvermögen		Darlehen	45 000,00
Bank	83 000,00	Verbindlichkeiten a. LL	9 200,00
Kasse	9 100,00		
	124 200,00		124 200,00

Zusammenfassung: Eröffnungs- und Abschlussbuchungen im Grund- und im Hauptbuch erfassen

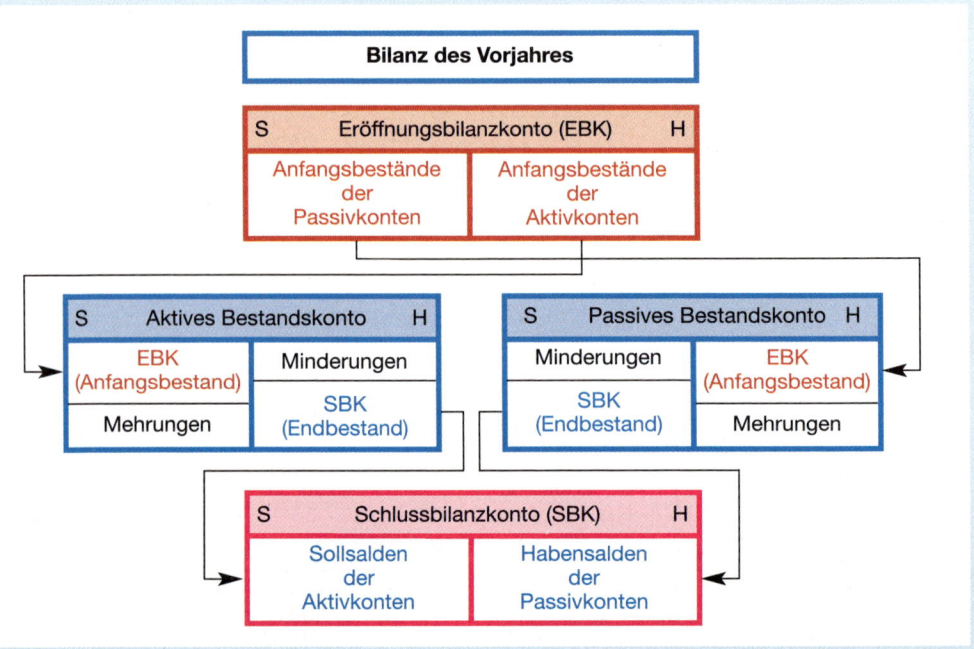

- Das **Eröffnungsbilanzkonto** ist das Gegenkonto für die Eröffnungsbuchungen in den **Bestandskonten**.
- Das **Schlussbilanzkonto** ist das **Gegenkonto für die Abschlussbuchungen in den Bestandskonten**.
- Eröffnungs- und Abschlussbuchungen sind sowohl im Grundbuch als auch im Hauptbuch zu erfassen.

!

Arbeitsanweisungen vom EBK zum SBK
1. **Stellen Sie die Eröffnungsbilanz auf.**
2. **Tragen Sie die Eröffnungsbuchungen und Geschäftsfälle mit Buchungssätzen im Grundbuch ein.**
3. **Buchen Sie die Eröffnungsbuchungen und die Geschäftsfälle auf den Konten im Hauptbuch.**
4. **Schließen Sie die Konten über das Schlussbilanzkonto ab. Die Abschlussbuchungen sind auch im Grundbuch einzutragen. Die Bestände im SBK stimmen mit den Beständen laut Inventur überein.**

Aufgaben

1 *Stellen Sie die Eröffnungsbilanz auf. Tragen Sie die Eröffnungsbuchungen und die Vorgänge im Grundbuch ein. Buchen Sie die Geschäftsfälle auf den Konten im Hauptbuch. Führen Sie den Abschluss der Konten im Grund- und Hauptbuch durch.*

Anfangsbestände:	EUR		EUR
Maschinen	320 000,00	Kasse	7 000,00
Geschäftsausstattung	80 000,00	Eigenkapital	300 000,00
Forderungen a. LL	45 000,00	Darlehensschuld	200 000,00
Bank	105 000,00	Verbindlichkeiten a. LL	57 000,00

Geschäftsfälle: | | EUR

1. **Ausgangsrechnung:** Zielverkauf einer gebrauchten Maschine 13 000,00
2. **Vertrag:** Umwandlung einer Liefererverbindlichkeit in ein Darlehen 30 000,00
3. **Eingangsrechnung:** Zielkauf eines Personalcomputers für das Lager . . . 2 800,00
4. **Bankauszug:** Banküberweisung an Lieferer für fällige Eingangsrechnung 7 000,00
5. **Kassenbeleg:** Kunde bezahlt fällige Ausgangsrechnung bar 1 500,00
6. **Kassenbeleg:** Bareinzahlung auf das Bankkonto 5 000,00
7. **Eingangsrechnung:** Zielkauf einer Maschine 43 000,00
8. **Bankauszug:** Banküberweisung vom Kunden für fällige
   Ausgangsrechnung 6 500,00
9. **Bankauszug:** Banküberweisung der Tilgungsrate für das Darlehen 30 000,00
10. **Bankauszug:** Verkauf eines gebrauchten Regals 1 000,00

2 *Stellen Sie die Eröffnungsbilanz auf. Tragen Sie die Eröffnungsbuchungen und die Vorgänge im Grundbuch ein. Buchen Sie die Geschäftsfälle auf den Konten im Hauptbuch. Führen Sie den Abschluss der Konten im Grund- und Hauptbuch durch.*

Anfangsbestände:	EUR		EUR
Grundstücke mit Gebäude . .	450 000,00	Kasse	3 200,00
Maschinen	340 000,00	Eigenkapital	325 000,00
Fuhrpark	25 000,00	Darlehensschulden	400 000,00
Geschäftsausstattung	65 000,00	Verbindlichkeiten a. LL	200 000,00
Forderungen a. LL	22 800,00		
Bank	19 000,00		

Geschäftsfälle: EUR

1. **Bankauszug, Vertrag:** Aufnahme eines Darlehens bei
   der Bank 70 000,00
2. **Bankauszug, Vertrag:** Verkauf eines Grundstücks gegen
   Bankscheck 80 000,00
3. **Bankauszug:** Kunde bezahlte fällige Ausgangsrechnung
   durch Banküberweisung 5 700,00
4. **Bankauszug:** Banküberweisung zur Tilgung eines Darlehens . . 10 000,00
5. **Bankauszug:** Banküberweisung an Lieferer für fällige ER 22 800,00
6. **Ausgangsrechnung:** Zielverkauf eines gebrauchten Pkw . . . 12 200,00
7. **Kassenbeleg:** Bareinkauf eines Schreibtisches 950,00
8. **Ausgangsrechnung, Bankauszug:** Verkauf einer gebrauchten
   Maschine gegen
   a) Zahlung mit Bankscheck 5 000,00
   b) Zielgewährung von 30 Tagen . . . . _15 000,00_ 20 000,00
9. **Eingangsrechnung, Bankauszug, Kassenbeleg:**
   Kauf eines Pkw gegen
   a) Zahlung mit Banküberweisung 3 800,00
   b) Barzahlung 1 950,00
   c) Zielgewährung von 60 Tagen . . . . _25 000,00_ 30 750,00

10. **Bankauszug, Kassenbeleg:**
    Zahlungen vom Kunden für fällige AR
    a) mit Bankscheck 14 300,00
    b) bar . . . . __1 000,00__   15 300,00

11. **Vertrag:** Lieferer stundete fällige Eingangsrechnungen
    auf acht Jahre 28 000,00

12. **Bankauszug:** Banküberweisung wegen Tilgung eines
    Darlehens 98 000,00

13. **Eingangsrechnung, Bankauszug, Kassenbeleg:**
    Kauf eines Personalcomputers gegen
    a) Barzahlung 1 000,00
    b) Bankscheck 4 000,00
    c) Zielgewährung von 90 Tagen . . . . __5 000,00__   10 000,00

3 a) Nach welchen Gesichtspunkten werden die Posten in den beiden Bilanzseiten geordnet?
   b) Stellen Sie folgende Begriffe gegenüber: • Anlage- und Umlaufvermögen
                                                  • Eigen- und Fremdkapital (Schulden)
   c) Was ist ein Konto?
   d) Warum wird die Bilanz in Konten aufgelöst?
   e) Warum müssen die beiden Seiten der Schlussbilanz übereinstimmen?
   f) Erläutern Sie die Inhalte des Inventar- und Bilanzbuches, des Grundbuches und des Hauptbuches.
   g) Erläutern Sie die Buchungsregeln für aktive und passive Bestandskonten.
   h) Erläutern Sie den grundsätzlichen Aufbau eines Buchungssatzes.

4 Welche der folgenden Aussagen treffen
   (1) nur auf die Aktivkonten zu,   (3) auf alle Bestandskonten zu,
   (2) nur auf die Passivkonten zu,   (4) weder auf Aktiv- noch auf Passivkonten zu?

   Aussagen:
   a) Der Anfangsbestand steht im Soll.
   b) Die Minderungen stehen im Soll.
   c) Die Mehrungen stehen unter dem Anfangsbestand.
   d) Der Anfangsbestand steht im Haben, die Zugänge stehen im Soll.
   e) Der Saldo steht auf der wertmäßig kleineren Seite.
   f) Sie stellen Art, Ursache und Höhe der Vermögensänderung dar.
   g) Sie stehen im Hauptbuch.

5 Stellen Sie Schaubilder mit folgenden Titeln in einem Schema gegenüber:
   a) Inhalte eines Aktiv- und eines Passivkontos
   b) die Buchungsarbeiten während eines Geschäftsjahres
   c) die Inhalte von Bilanz-, Grund- und Hauptbuch

6 Untersuchen Sie, ob mit untenstehenden Buchungssätzen
   (1) ein Aktivtausch,   (3) eine Aktiv-Passivmehrung,
   (2) ein Passivtausch,   (4) eine Aktiv-Passivminderung
   erfasst wird.

   Buchungssätze
   a) Verbindlichkeiten a. LL   4 000,00   an Bank   4 000,00
   b) Bank   2 000,00   an Kasse   2 000,00
   c) Bank   5 000,00   an Forderungen a. LL   5 000,00
   d) Geschäftsausstattung   8 000,00   an Verbindlichkeiten a. LL   8 000,00
   e) Verbindlichkeiten a. LL   6 000,00   an Darlehensschulden   6 000,00
   f) Forderungen a. LL   3 000,00   an Fuhrpark   3 000,00

3.4 Buchungen auf Erfolgskonten

3.4.1 Aufwendungen und Erträge der Industrieunternehmung – Auswirkungen und Buchungen

Silvia Land: „Tag für Tag kommen Lkw mit Span-, Tischlerplatten, Scharnieren, Schlössern, Metallstangen, die sofort in die Produktion gebracht werden, täglich verkaufen wir Büromöbel. Solche Fälle habe ich bisher aber noch nicht gebucht. Überhaupt – ich hätte mal gerne gewusst, ob sich das Ganze auch lohnt."
Frau Kluge: „Das ist richtig, Silvia, aber ich denke, dass das Buchen auf Bestandskonten dafür die Voraussetzung ist."

Arbeitsaufträge
▶ Erläutern Sie, welche Ziele die Bürodesign GmbH mit der Produktion und dem Verkauf von Erzeugnissen verfolgt.
▶ Erläutern Sie die Auswirkungen des Rohstoffverbrauchs einerseits und des Verkaufs von fertigen Erzeugnissen andererseits auf die Bilanz.
▶ Zeigen Sie Buchungsmöglichkeiten dieser Vorgänge auf.
▶ Machen Sie einen Vorschlag, wie der Erfolg einer Unternehmung ermittelt werden kann.

■ Veränderungen des Eigenkapitals durch Aufwendungen und Erträge

Die bisher gebuchten Geschäftsfälle veränderten Bestände der Bilanz. Eine Bilanzposition wurde nicht berührt, das **Eigenkapital**. Dieses wird jedoch durch die eigentliche Unternehmenstätigkeit (Produktion und Absatz von Erzeugnissen) laufend verändert.

Mit dieser Tätigkeit will das Unternehmen das eingesetzte Kapital vermehren, also Gewinn erzielen. Das Unternehmen setzt sich aber dadurch auch dem Risiko aus, durch Verluste das Eigenkapital zu verlieren.

● Minderungen des Eigenkapitals durch Aufwendungen:
Um die Erzeugnisse zu produzieren, muss das Unternehmen **Werkstoffe**, menschliche **Arbeitsleistungen** und **Betriebsmittel** einsetzen **(= Verzehr von Produktionsfaktoren)**.

Alle Ausgaben für die eingesetzten Produktionsfaktoren mindern das Vermögen und zugleich das Eigenkapital. Solche **Werteverzehre an Produktionsfaktoren** werden als **Aufwendungen** bezeichnet.

| **Ausgaben für Werkstoffe** (Materialeinkäufe) | **Mietzahlungen für Betriebsmittel** | **Lohn- und Gehaltszahlungen für die Arbeitsleistungen** |

Beim Eingang der Roh-, Hilfs- und Betriebsstoffe wird unterstellt, dass sie unmittelbar zur Herstellung von Erzeugnissen eingesetzt und verzehrt werden, also das Lager nicht berühren. Sie werden daher sofort beim Eingang als Materialverbrauch oder Materialaufwand erfasst.

● Mehrungen des Eigenkapitals durch Erträge:

Bd. 2

Die **Ergebnisse des Produktionsprozesses sind fertige Erzeugnisse** (verkaufsreife Büromöbel). Sie werden auf dem Absatzmarkt verkauft. Die dadurch erzielten **Umsatzerlöse** sollen den eingesetzten Werteverzehr an Produktionsfaktoren ersetzen und darüber hinaus dem Unternehmen einen **Gewinn** bringen. Damit dieses Ziel erreicht wird, müssen die Umsatzerlöse größer als der gesamte Einsatz an Produktionsfaktoren sein:

Beispiel *Herstellung und Absatz von 2 000 Bürotischen:*

			EUR	EUR
Bewerteter Verzehr (in EUR) von Produktions- faktoren	Personaleinsatz ➔ Nutzung von Anlagen ➔ Materialeinsatz ➔ ➔	Löhne, Gehälter Mieten Rohstoffaufwand Hilfsstoffaufwand	325 000,00 90 000,00 75 000,00 10 000,00	
	Gesamteinsatz der Rechnungsperiode = Aufwand			500 000,00
Bewerteter Zuwachs (in EUR) an Vermögen	Verkauf der Erzeugnisse ➔	Umsatzerlöse	600 000,00	
	Gesamtzuwachs der Rechnungsperiode = Ertrag			600 000,00
Differenz von Wertezuwachs und Werte- verzehr in EUR				
	Aufwand < Ertrag = Gewinn			100 000,00

Durch die Umsatzerlöse des Industriebetriebs wird ein Wertezuwachs des Vermögens (liquide Mittel, Forderungen) erzielt, der gleichzeitig eine Mehrung des Eigenkapitals darstellt. Diese Eigenkapitalmehrungen werden als **Erträge** bezeichnet.

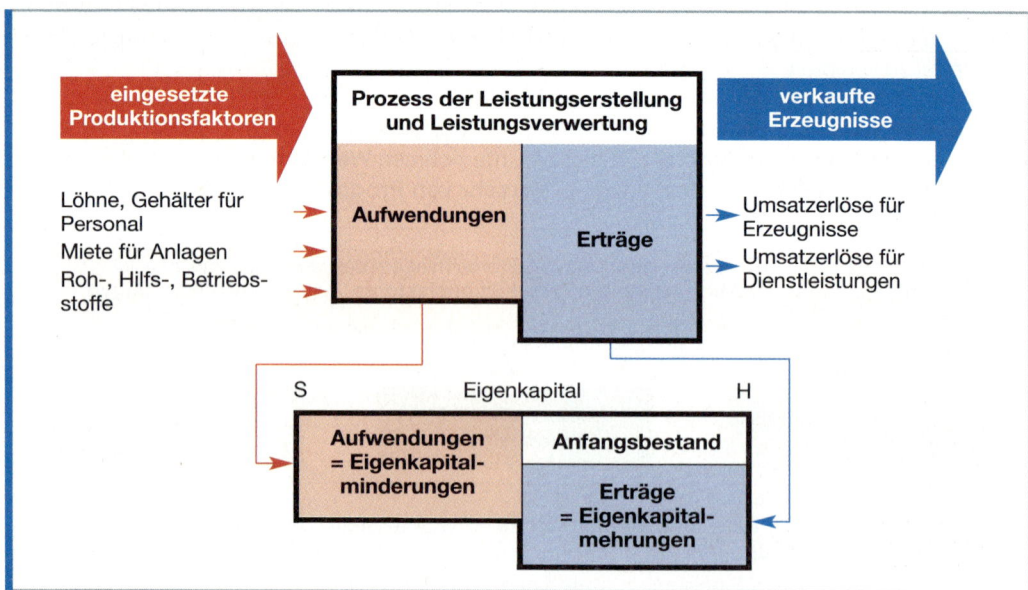

■ Buchungen der Aufwendungen und Erträge auf Unterkonten des Eigenkapitals

● Buchungen der Aufwendungen und Erträge:

Eine **unmittelbare Buchung** der Aufwendungen und Erträge **auf dem Eigenkapitalkonto** hat **Nachteile**:

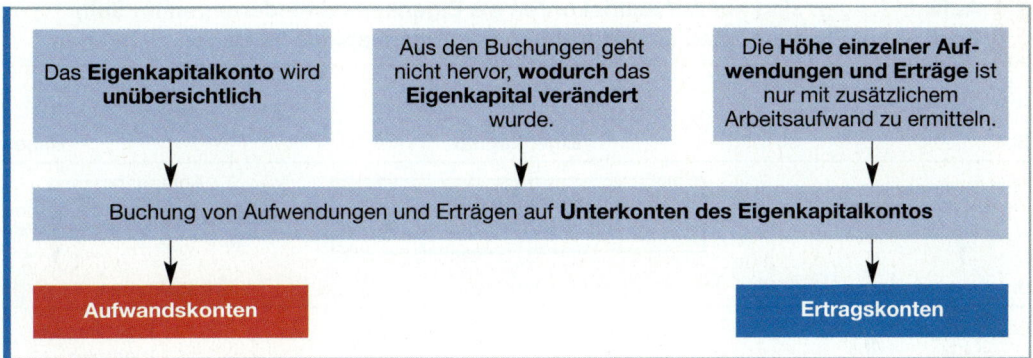

Weil die Aufwendungen und Erträge den Erfolg eines Unternehmens bestimmen, werden die Aufwands- und Ertragskonten als **Erfolgs- oder Ergebniskonten** bezeichnet. Durch die getrennte Erfassung der einzelnen Aufwands- und Ertragsarten werden dem Unternehmer Ursachen und Höhe der Eigenkapitalveränderungen verdeutlicht.

Beispiele Durch die Einrichtung eines Aufwandskontos „Aufwendungen für Rohstoffe", „Löhne", „Fremdinstandsetzungen" verschafft sich der Unternehmer einen genauen Überblick über die genannten Aufwandsarten und deren Höhe. Durch Vergleich von Jahr zu Jahr stellt er so die Entwicklung dieser Aufwandsarten fest.

Die Erfolgskonten sind also ein bedeutendes Informations- und Kontrollinstrument über die einzelnen Aufwands- und Ertragsarten. Daher empfiehlt sich für jede Aufwands- und Ertragsart ein besonderes Unterkonto.

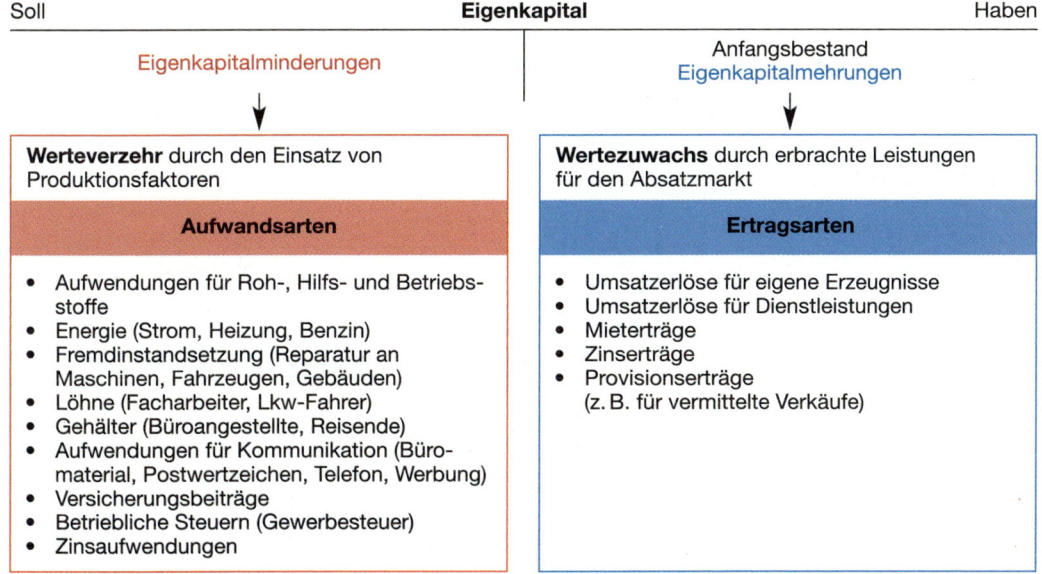

Buchungsregeln für Aufwands- und Ertragskonten: Für die Buchungen
- der Aufwendungen als Eigenkapitalminderungen auf den Aufwandskonten und
- für die Buchungen der Erträge als Eigenkapitalmehrungen auf den Ertragskonten gelten die **Buchungsregeln für passive Bestandskonten**:

 Aufwendungen sind auf Aufwandskonten als Eigenkapitalminderungen im Soll, Erträge auf Ertragskonten als Mehrungen des Eigenkapitals im Haben zu buchen.

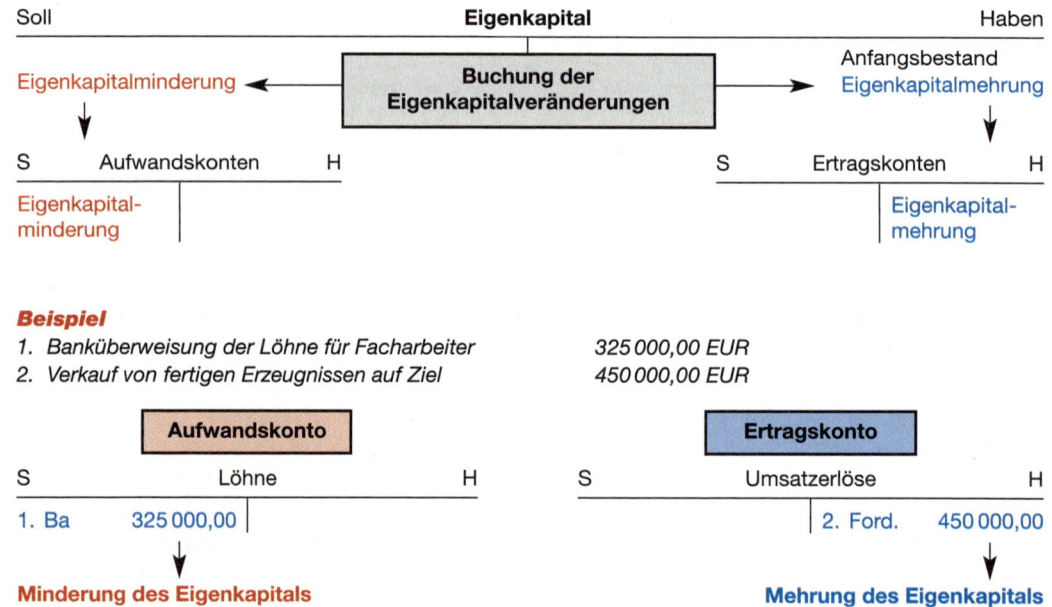

Beispiel
1. Banküberweisung der Löhne für Facharbeiter   325 000,00 EUR
2. Verkauf von fertigen Erzeugnissen auf Ziel   450 000,00 EUR

■ Abschluss der Erfolgskonten über das Gewinn- und Verlustkonto

Am Ende des Geschäftsjahres werden die Konten abgeschlossen. Aufwendungen und Erträge werden gesammelt und gegenübergestellt, um das Ergebnis oder den **Erfolg** (**Gewinn** oder **Verlust**) festzustellen.

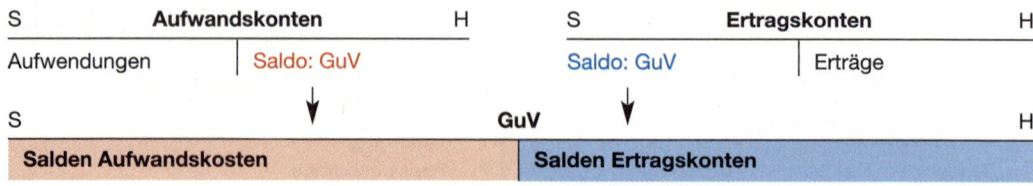

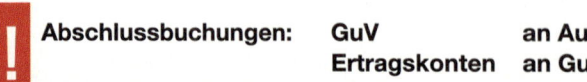

Abschlussbuchungen: GuV   **an Aufwandskonten**
                         Ertragskonten **an GuV**

Ermittlung und Buchung des Ergebnisses

Nach dem Abschluss der Erfolgskonten kann auf dem Konto Gewinn und Verlust der Unternehmungserfolg oder das Unternehmungsergebnis festgestellt werden.

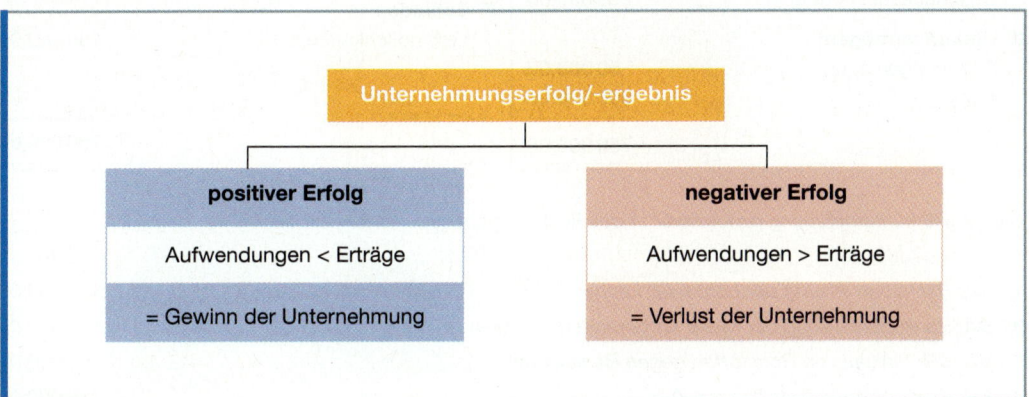

Der Gewinn oder der Verlust wird auf das Eigenkapitalkonto übertragen.

Beispiel 1		Beispiel 2
500 000,00	Eigenkapital Anfangsbestand	700 000,00
500 000,00	Aufwendungen des Geschäftsjahres	720 000,00
600 000,00	Erträge des Geschäftsjahres	670 000,00

Beispiel 1

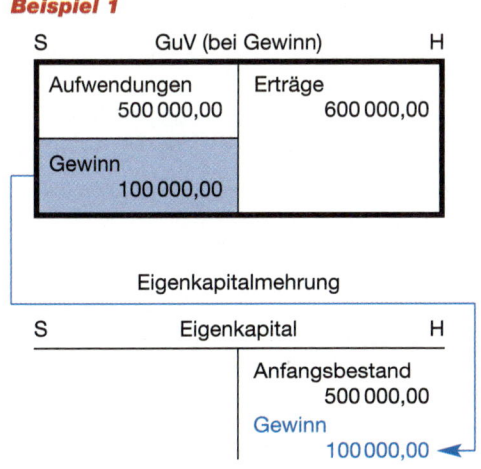

Beispiel 2

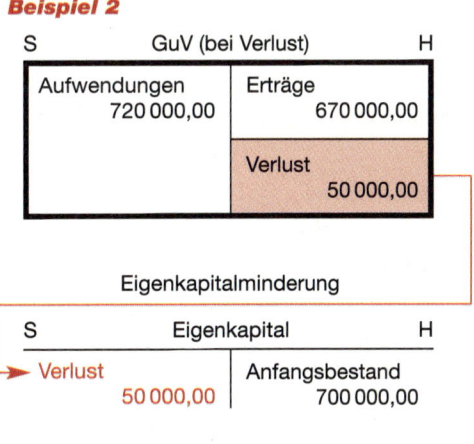

Abschlussbuchungssatz bei Gewinn:
GuV an Eigenkapital   100 000,00

Abschlussbuchungssatz bei Verlust:
Eigenkapital an GuV   50 000,00

Zusammenfassendes Beispiel

Aktiva   Bilanz einer Industrieunternehmung zum 31. Dezember ..   Passiva

I. Anlagevermögen		**I. Eigenkapital**		600 000,00
Geschäftsausstattung	200 000,00	**II. Schulden**		
II. Umlaufvermögen		Verbindlichkeiten a. LL		150 000,00
Forderungen a. LL	50 000,00			
Bank	500 000,00			
	750 000,00			750 000,00

Die Industrieunternehmung produzierte in der Rechnungsperiode 2 000 Bürotische.

                                                        EUR

1. **BA:** *Banküberweisung der Löhne für Facharbeiter* *325 000,00*

2. **BA:** *Banküberweisung der Miete für gemietete Anlagen* *20 000,00*

3. **BA, ER:** *Einkauf von Rohstoffen gegen Bankscheck* *50 000,00*

4. **ER:** *Einkauf von Hilfsstoffen auf Ziel* *15 000,00*

5. **AR:** *Verkauf von fertigen Erzeugnissen auf Ziel: 1 500 Bürotische à 300,00 EUR* *450 000,00*

6. **ER:** *Einkauf von Rohstoffen auf Ziel* *90 000,00*

7. **AR, BA:** *Verkauf von fertigen Erzeugnissen gegen Bankscheck 500 Bürotische*
       à 300,00 EUR *150 000,00*

Buchung der Fälle 1 bis 4 und 6 auf Aufwandskonten:

                                EUR

1. *Löhne an Bank* *325 000,00*

2. *Miete an Bank* *20 000,00*

3. *Rohstoffaufwand an Bank* *50 000,00*

4. *Hilfsstoffaufwand*
    an Verbindlichkeiten a. LL *15 000,00*

6. *Rohstoffaufwand an*
    Verbindlichkeiten a. LL *90 000,00*

Buchung der Fälle 5 und 7 auf dem Ertragskonto:

                                 EUR

5. *Forderungen a. LL an Umsatzerlöse*   *450 000,00*

7. *Bank an Umsatzerlöse* *150 000,00*

Abschlussbuchungen für die Aufwandskonten:

                                EUR

    GuV an Löhne *325 000,00*

    GuV an Mieten *20 000,00*

    GuV an Rohstoffaufwand *140 000,00*

    GuV an Hilfsstoffaufwand *15 000,00*

    GuV an Eigenkapital (Gewinn) *100 000,00*

Abschlussbuchung für das Ertragskonto:

                                 EUR

Umsatzerlöse an GuV *600 000,00*

Abschlussbuchungen aktive Bestandskonten:

                                EUR

SBK an Geschäftsausstattung *200 000,00*

SBK an Forderungen a. LL *500 000,00*

SBK an Bank *255 000,00*

Abschlussbuchungen passive Bestandskonten:

                                 EUR

Eigenkapital an SBK *700 000,00*

Verbindlichkeiten a. LL an SBK *255 000,00*

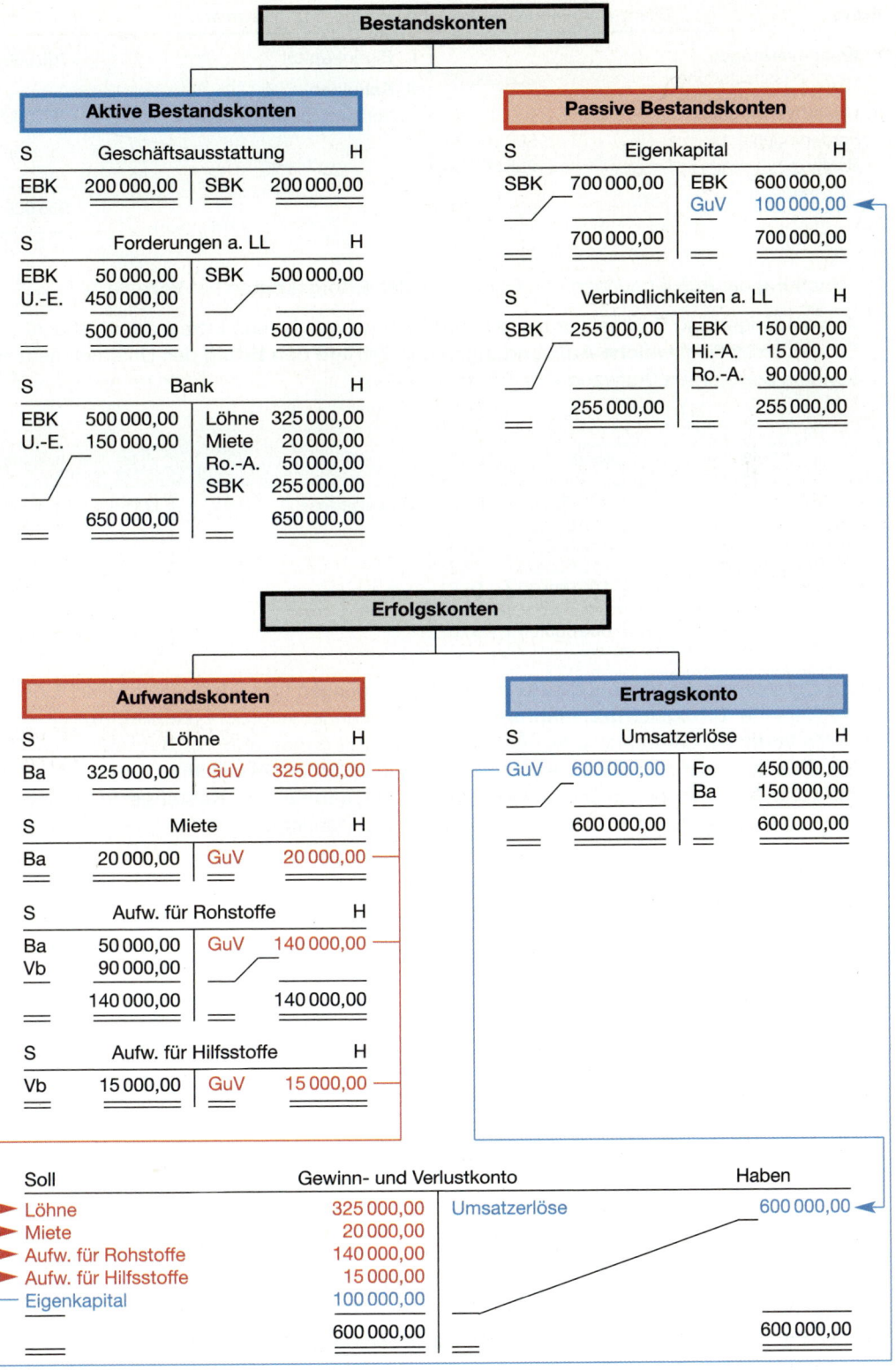

Aktiva	Bilanz einer Industrieunternehmung zum 31. Dezember..		Passiva

I. Anlagevermögen		**I. Eigenkapital**	700 000,00
Geschäftsausstattung	200 000,00	**II. Schulden**	
II. Umlaufvermögen		Verbindlichkeiten a. LL	255 000,00
Forderungen a. LL	500 000,00		
Bank	255 000,00		
	955 000,00		955 000,00

Die **Buchung** der Aufwendungen und Erträge auf den **Erfolgskonten** hat **Vorteile**:

- Aufwendungen und Erträge werden getrennt nach Aufwands- und Ertragsarten gebucht.
- Es wird ersichtlich, **welche Aufwendungen** und **Erträge den Erfolg** des Unternehmens besonders **bestimmen** (Aufwands- und Ertragskonten).

Beispiel

	EUR	%		EUR	%
Löhne	325 000,00	54,2	Umsatzerlöse	600 000,00	100,0
Miete	20 000,00	3,3			
Rohstoffaufwand	140 000,00	23,3			
Hilfsstoffaufwand	15 000,00	2,5			
Gewinn	100 000,00	16,7			
	600 000,00	100,0		600 000,00	100,0

- Der Unternehmer kann die Entwicklung der Aufwendungen und Erträge feststellen, indem er
Bd. 2 die Werte der **Erfolgskonten mehrerer Jahre** miteinander vergleicht (Zeitvergleich).
- Durch **Vergleich** der betrieblichen **Aufwendungen mit denen anderer Betriebe** können die Ursachen zu hoher Aufwendungen entdeckt werden (Betriebsvergleich).
- Aufgrund der gewonnenen Erkenntnisse können **Maßnahmen zur Kostensenkung oder Ertragssteigerung** getroffen werden (Rationalisierung, Planung).

Zusammenfassung: Aufwendungen und Erträge der Industrieunternehmung – Auswirkungen und Buchungen

- Jedes Industrieunternehmen produziert und verkauft Erzeugnisse.
- Der dabei eingesetzte Werteverzehr wird als Aufwand bezeichnet, der das Eigenkapital der Unternehmung mindert.
- Über die Umsatzerlöse versucht die Industrieunternehmung diesen Werteverzehr und einen Gewinn hereinzuholen und das eingesetzte Eigenkapital zu vermehren.
- Damit die Unternehmensleitung die Ursachen der Eigenkapitalveränderungen erkennt, werden Aufwendungen und Erträge artmäßig getrennt auf Unterkonten des Eigenkapitalkontos gebucht (Ertragskonten).
- Aufwandskonten erfassen die Eigenkapitalminderungen, Ertragskonten die Eigenkapitalmehrungen durch die Unternehmenstätigkeit.
- Zur Ermittlung des Erfolges (Gewinn und Verlust) werden die Aufwands- und Ertragskonten über das GuV-Konto abgeschlossen.
- Der **Saldo** (Gewinn und Verlust) wird auf das **Eigenkapitalkonto** übertragen.

- Die Bezeichnung **„Gewinn- und Verlustkonto"** erklärt sich, weil ein Habensaldo (Gewinn) zum Ausgleich **im Soll** und ein Sollsaldo **(Verlust) im Haben** eingetragen wird.
- Die **Gewinn- und Verlustrechnung** bildet **zusammen mit** der **Bilanz** den **Jahresabschluss**, der vom Kaufmann unter Angabe des Datums zu unterzeichnen ist (§ 245 HGB).

Aufgaben

1 Konten: *EBK, Maschinen, Fuhrpark, Geschäftsausstattung, Forderungen, Bank, Kasse, Eigenkapital, Darlehensschulden, Verbindlichkeiten, Umsatzerlöse, Aufwendungen für Rohstoffe, Aufwendungen für Hilfsstoffe, Aufwendungen für Energie, Löhne, Gehälter, Mieten, Postentgelte/Telekommunikation, Werbung, Gewerbesteuer, GuV, SBK.*

Anfangsbestände:	EUR		EUR
Maschinen	*300 000,00*	*Kasse*	*5 400,00*
Fuhrpark	*45 000,00*	*Eigenkapital*	*430 780,00*
Geschäftsausstattung	*55 000,00*	*Darlehensschulden*	*150 000,00*
Forderungen a. LL	*30 000,00*	*Verbindlichkeiten a. LL*	*34 620,00*
Bank	*180 000,00*		

Geschäftsfälle:		EUR
1.	**BA:** *Banküberweisung der Miete für gemietete Gebäude*	*25 000,00*
2.	**ER:** *Zieleinkauf von Rohstoffen*	*151 200,00*
3.	**ER, KB:** *Bareinkauf eines Schreibtisches*	*940,00*
4.	**BA, Vertrag:** *Darlehensaufnahme bei der Bank*	*200 000,00*
5.	**BA:** *Lohnzahlung durch Banküberweisung*	*252 000,00*
6.	**BA:** *Banküberweisung der Gewerbesteuer*	*8 400,00*
7.	**AR, BA:** *Verkäufe von fertigen Erzeugnissen gegen Bankscheck*	*545 000,00*
8.	**BA:** *Banküberweisung der Gehälter*	*42 000,00*
9.	**ER:** *Zieleinkauf von Hilfsstoffen*	*33 600,00*
10.	**KB, BA:** *Barabhebung von der Bank*	*17 600,00*
11.	**KB:** *Barzahlung der betrieblichen Telefonrechnung*	*2 060,00*
12.	**BA:** *Banküberweisung für den Strom- und Gasverbrauch*	*16 800,00*
13.	**AR:** *Verkäufe von fertigen Erzeugnissen auf Ziel*	*394 000,00*
14.	**BA:** *Banküberweisung für Werbemaßnahmen*	*140 000,00*
15.	**BA:** *Einkauf von Rohstoffen gegen Zahlung mit Banküberweisung*	*168 940,00*
16.	**KB:** *Verkäufe von fertigen Erzeugnissen gegen Barzahlung*	*6 000,00*

   a) *Richten Sie die Konten ein.*
   b) *Eröffnen Sie die Bestandskonten.*
   c) *Buchen Sie die Geschäftsfälle im Grund- und Hauptbuch.*
   d) *Führen Sie den Abschluss durch.*
   e) *Berechnen Sie*
      1. *den Herstellungsaufwand für ein Erzeugnis, wenn die Produktion 7 000 Einheiten umfasste.*
      2. *den Verkaufspreis je Einheit, wenn 7 000 Einheiten verkauft wurden.*
      3. *den Gewinn je Einheit in EUR und in % vom Herstellungsaufwand je Einheit.*

2 Konten: *EBK, Maschinen, Forderungen, Bank, Kasse, Eigenkapital, Verbindlichkeiten, Umsatzerlöse, Aufwendungen für Rohstoffe, Aufwendungen für Energie, Löhne, Gehälter, Mieten, Gewerbesteuer, GuV, SBK.*

Anfangsbestände:	EUR		EUR
Maschinen	250 000,00	Kasse	5 000,00
Forderungen a. LL	50 000,00	Eigenkapital	500 000,00
Bank	320 000,00	Verbindlichkeiten a. LL	125 000,00

Geschäftsfälle: EUR

1. **ER:** Zieleinkauf von Rohstoffen 75 000,00
2. **BA:** Banküberweisung von Kunden für fällige AR 15 000,00
3. **BA:** Banküberweisung der Löhne an Facharbeiter 175 000,00
4. **AR:** Zielverkäufe von fertigen Erzeugnissen 325 000,00
5. **BA:** Banküberweisung für fällige AR von Kunden 300 000,00
6. **BA:** Gehaltszahlungen durch Banküberweisung an Angestellte 150 000,00
7. **BA:** Banküberweisung der Miete für gemietete Gebäude 50 000,00
8. **AR, BA:** Verkäufe von fertigen Erzeugnissen gegen Zahlung mit
   Bankscheck 295 000,00
9. **BA:** Banküberweisung der Gewerbesteuer 30 000,00
10. **AR, KB:** Verkäufe von fertigen Erzeugnissen gegen Barzahlung 5 000,00
11. **BA:** Banküberweisung für den Strom- und Gasverbrauch 20 000,00
12. **BA:** Banküberweisung an Lieferer für fällige ER 82 000,00

Führen Sie die Finanzbuchhaltung zur Ermittlung des Jahresabschlusses durch.

3 Eine Industrieunternehmung ermittelte vor dem Abschluss der Erfolgskonten folgende
4 Salden:

Konten	Aufgabe 3		Aufgabe 4	
	Soll EUR	**Haben** EUR	**Soll** EUR	**Haben** EUR
Maschinen	230 000,00		980 000,00	
Geschäftsausstattung	25 000,00		340 000,00	
Forderungen a. LL	35 000,00		180 000,00	
Bank	146 000,00		457 200,00	
Kasse	6 400,00		12 000,00	
Eigenkapital		105 000,00		1 248 000,00
Darlehensschuld		240 000,00		409 000,00
Verbindlichkeiten a. LL		76 400,00		125 000,00
Aufwendungen für Rohstoffe	44 800,00		216 000,00	
Aufwendungen für Hilfsstoffe	19 600,00		115 200,00	
Aufwand für Energie	7 000,00		43 200,00	
Löhne	49 000,00		252 000,00	
Gehälter	7 000,00		36 000,00	
Steuern	1 400,00		7 200,00	
Büromaterial	11 200,00		50 400,00	
Umsatzerlöse		161 000,00		907 200,00

a) Berechnen Sie den Unternehmungsgewinn.
b) Geben Sie den Endbestand des Eigenkapitals an.
c) Berechnen Sie die gesamten Aufwendungen des Geschäftsjahres.

5 Eine Möbelfabrik erstellte und verkaufte im Geschäftsjahr 2 000 Eichentruhen. Sie verwendete dazu folgende Materialien: **Rohstoffe:** Eiche; **Hilfsstoffe:** Beize, Lack, Schrauben; **Betriebsstoffe:** Maschinenöl.

Konten der Möbelfabrik: EBK, Maschinen, Geschäftsausstattung, Forderungen, Bank, Kasse, Eigenkapital, Darlehensschulden, Verbindlichkeiten, Umsatzerlöse, Aufwendungen für Rohstoffe, Aufwendungen für Hilfsstoffe, Aufwendungen für Betriebsstoffe, Aufwendungen für Energie, Löhne, Mieten, Werbung, Gewerbesteuer, GuV, SBK.

Anfangsbestände:

	EUR		EUR
Maschinen	450 000,00	Kasse	13 000,00
Geschäftsausstattung	152 000,00	Eigenkapital	932 570,00
Forderungen a. LL	126 000,00	Darlehensschulden	350 000,00
Bank	820 000,00	Verbindlichkeiten a. LL	278 430,00

Geschäftsfälle:

		EUR	EUR
1.	**ER:** Zielkauf einer Holzfräse für die Fertigungsstelle		30 000,00
2.	**AR, KB:** Barverkauf eines gebrauchten Aktenschranks ...		750,00
3.	**ER:** Zieleinkäufe von		
	a) Eichenholz	330 000,00	
	b) Beize	12 000,00	342 000,00
4.	**BA:** Banküberweisungen für		
	a) Lohnzahlungen an Arbeiter	429 600,00	
	b) Gewerbesteuer an die Stadtkasse	31 600,00	
	c) Mieten für gemietete Betriebsgebäude an Vermieter ..	221 200,00	
	d) Tilgungsrate einer Darlehensschuld	35 000,00	717 400,00
5.	**KB, BA:** Zahlungen von Kunden für fällige Ausgangsrechnungen		
	a) bar	6 000,00	
	b) mit Bankscheck	84 000,00	90 000,00
6.	**KB:** Einkauf von Maschinenöl bar		400,00
7.	**ER, BA:** Banklastschriften für		
	a) Einkauf von Schrauben gegen Scheckzahlung	1 300,00	
	b) Banküberweisung an Lieferer für fällige ER	35 300,00	36 600,00
8.	**ER:** Zieleinkauf von Lack		9 600,00
9.	**AR, KB, BA:** Verkäufe von Eichentruhen		
	a) bar	1 920,00	
	b) gegen Bankscheck	520 000,00	
	c) mit Zielgewährung von 30 Tagen	800 000,00	1 321 920,00
10.	**BA:** Banküberweisungen für		
	a) Strom- und Gasverbrauch	125 100,00	
	b) Werbemaßnahmen „Aktion Eichentruhen"	63 200,00	188 300,00

Führen Sie die Finanzbuchhaltung zur Ermittlung des Jahresabschlusses durch.

6 Durch welche der untenstehenden Geschäftsfälle wird

(1) ein Aktiv-Tausch   (3) eine Aktiv-Passiv-Mehrung
(2) ein Passiv-Tausch   (4) eine Aktiv-Passiv-Minderung

hervorgerufen?

a) Rohstoffeinkauf auf Ziel
b) Zahlung von Gehältern durch Banküberweisung
c) Banküberweisung an einen Lieferer zum Ausgleich einer fälligen Rechnung
d) Banküberweisung eines Kunden zum Ausgleich einer fälligen Rechnung
e) Unsere Hausbank belastet uns mit Darlehenszinsen
f) Hilfsstoffeinkauf bar
g) Verkauf von fertigen Erzeugnissen auf Ziel
h) Bareinkauf von Büromaterial
i) Kauf von Heizöl für die Heizungsanlage auf Ziel

7 Welche der folgenden Aussagen treffen

(1) nur auf Aktivkonten zu?   (4) nur auf Aufwandskonten zu?
(2) nur auf Passivkonten zu?   (5) nur auf Ertragskonten zu?
(3) auf alle Bestandskonten zu?   (6) auf alle Erfolgskonten zu?

Aussagen:

a) Sie haben keinen Anfangsbestand.

b) Der Saldo steht im Haben und wird auf das GuV-Konto übertragen.

c) Auf diesen Konten werden Eigenkapitalmehrungen gebucht.

d) Der Anfangsbestand steht im Haben.

e) Es sind Unterkonten des Eigenkapitals.

f) Auf diesen Konten werden Eigenkapitalminderungen gebucht.

g) Der Saldo wird auf der Sollseite des SBK eingetragen.

h) Sie erteilen Auskunft über die Vermögensänderungen.

i) Sie haben einen Endbestand.

j) Ihre Salden werden im Haben des GuV-Kontos gesammelt.

8 Das Vermögen einer Industrieunternehmung beträgt am Ende des Geschäftsjahres 7 200 TEUR, die Schulden 3 700 TEUR. Im Laufe des Jahres sind 9 000 TEUR Aufwendungen und 9 150 TEUR Erträge entstanden.

a) Wie viel TEUR beträgt das Eigenkapital am Ende des Geschäftsjahres?

b) Wie viel TEUR beträgt das Eigenkapital am Anfang des Geschäftsjahres?

9 a) Entwickeln Sie eine Übersicht über Bestands- und Erfolgskonten, deren Inhalte und Abschluss.

b) Stellen Sie Ihre Übersicht in der Klasse vor.

c) Erläutern Sie die Buchführung als Informationssystem am Beispiel

- eines aktiven und eines passiven Bestandskontos,
- eines Aufwands- und eines Ertragskontos,

und stellen Sie die Informationen in einem Schaubild dar.

- des SBK,
- des GuV-Kontos

10 a) Tragen Sie nachstehende Werte in die Konten ein.

b) Schließen Sie die Konten ab.

	EUR		EUR
Geschäftsausstattung	112 000,00	Aufwendungen für Energie	284 000,00
Grundstück mit Gebäuden	839 000,00	Löhne/Gehälter	1 540 000,00
Forderungen a. LL	126 500,00	Steuern	275 000,00
Bank	362 000,00	Büromaterial	88 000,00
Eigenkapital	840 800,00	Mieten	127 000,00
Verbindlichkeiten a. LL	227 700,00	Umsatzerlöse für eigene	
Aufwendungen für Rohstoffe	2 007 000,00	Erzeugnisse	4 692 000,00

11 Berechnen Sie die Aufwendungen der Bürodesign GmbH als Prozentanteil der Gesamtaufwendungen und vergleichen Sie diese mit den Branchenkennzahlen.

	Bürdesign GmbH in EUR	Branche in %
Aufwendungen für Roh-, Hilfs- und Betriebsstoffe	4 556 000,00	55
Personalaufwand	1 980 000,00	30
Mieten, Instandhaltungen, Reinigung, Versicherungen	315 600,00	6
Aufwendungen für Energie	54 000,00	1
Werbung	75 000,00	3
Steuern	285 000,00	5

Diskutieren Sie in Gruppen über die Ursachen der Abweichungen und über mögliche Maßnahmen der Bürodesign GmbH.

Präsentieren Sie die Gruppenergebnisse in der Klasse.

Vergleichen Sie Ihre Ergebnisse und entwickeln Sie einen Ursachen- und Maßnahmenkatalog.

3.4.2 Abschreibungen auf Anlagen

Die Bürodesign GmbH hat am 26. Januar des Geschäftsjahres einen Kombiwagen ange-schafft und hierfür folgende Eingangsrechnung erhalten:

KFZ-Handel

Bürodesign GmbH
Stolberger Straße 188
50933 Köln

KFZ-Handel Andreas JOOST e. K.
Wodanstraße 15
51107 Köln
Telefon: 02 21 78 57 46
Telefax: 02 21 78 57 48
Betriebs-Nr.: 13246833
Auftrags-Nr.: 00597

Rechnung-Nr. 00126

Datum: ..01-26
Kunden-Nr.: 32788

Amtl. Kennz.	Typ/Modell	Fahrzeug-Ident-Nr.	Zulassungstag	Annahmetag	km-Stand
K-PR-111	443 PH 5	44FA053238	..-01-26		

	EUR
443 PH 5 Kombi Condor GKAT 3000	30 000,00

Bankverbindung: Deutsche Bank · BLZ 370 700 60 · Kto.-Nr.: 574 617 59
Bitte geben Sie bei Zahlung Ihre Kunden- und Rechnungsnummer an. Vielen Dank!

Steuer-Nr.: 219/440/1234   USt.-ID-Nr.: DE-45817396

Bei Durchsicht der Bücher zur Vorbereitung des Jahresabschlusses ist Silvia Land, die die Rechnung gebucht hat, erstaunt darüber, dass das Fahrzeug noch mit dem Anschaffungs-wert von 30 000,00 EUR auf dem Konto Fuhrpark steht, obwohl das Fahrzeug schon fast ein ganzes Jahr zur Abholung von Werkstoffen von Lieferern und zur Zustellung von Er-zeugnissen zu Kunden genutzt wurde. „Das ist wohl nicht mehr mit dem Grundsatz der Bi-lanzwahrheit zu vereinbaren", denkt sie.

Arbeitsaufträge
- ▶ Erläutern Sie, auf welche Posten der Bilanz sich dieser Kauf aus-gewirkt hat.
- ▶ Bilden Sie den Buchungssatz.
- ▶ Begründen Sie, warum das Fahrzeug keine 30 000,00 EUR mehr wert ist.
- ▶ Suchen Sie nach Möglichkeiten, den wirklichen Wert des Fahr-zeugs festzustellen.

■ Anschaffung von Sachanlagen

Sachanlagen gehören zum **Anlagevermögen**, das dazu bestimmt ist, dem Unternehmen **dau-ernd**, d. h. langfristig oder mehrmals, zu dienen.

Beispiele *Grundstücke, Gebäude, Technische Anlagen, Maschinen, Lkw, Pkw, Computer, Schreibtische, Drehstühle, Schränke.*

Bei der Anschaffung sind diese Anlagegüter auf dem jeweiligen aktiven Bestandskonto mit ihrem Anschaffungswert zu erfassen.

Buchung:

Fuhrpark 30 000,00 an Verbindlichkeiten a. LL 30 000,00

■ Notwendigkeit der Abschreibungen

Gegenstände des Anlagevermögens sind dazu bestimmt, dem Unternehmen **dauernd** zu dienen. Die Nutzung der meisten Anlagegüter ist jedoch zeitlich begrenzt, da sie abgenutzt werden (**abnutzbares Anlagevermögen**).

Sie unterliegen einem ständigen Werteverfall und müssen von Zeit zu Zeit durch neue Anlagegüter ersetzt werden. Die häufigsten Ursachen des Werteverfalls sind:

- **technischer Verschleiß** durch den Gebrauch des Anlagegutes (Nutzungsverschleiß);
- **ruhender Verschleiß**, der durch Umwelteinflüsse entsteht, wie Verwitterung, Zersetzung oder natürliche Rostschäden;
- **wirtschaftliche Abnutzung**, die eine Wertminderung aufgrund des vermuteten technischen Fortschritts berücksichtigt.

Dieser **Werteverfall** mindert das Anlagevermögen. Weil er **Aufwand** für das Unternehmen darstellt, mindert er auch das Eigenkapital. Der Werteverfall ist jährlich mittels **Abschreibungen** zu erfassen.

Bd. 2

> **!**
> - Die buchmäßige Erfassung der Wertminderung des Anlagevermögens wird als Abschreibung bezeichnet. Das Steuerrecht nennt diese Abschreibung Absetzung für Abnutzung (AfA).
> - Über die Buchung der Abschreibung werden die Anschaffungskosten nach und nach als Aufwand auf die Jahre der Nutzung verteilt. Das Handelsrecht nennt diesen Aufwand planmäßige Abschreibung.

§ 253 Abs. 2 HGB: Bei Vermögensgegenständen des Anlagevermögens, deren Nutzung zeitlich begrenzt ist, sind die Anschaffungs- oder Herstellungskosten um planmäßige Abschreibungen zu vermindern. Der Plan muss die Anschaffungs- oder Herstellungskosten auf die Geschäftsjahre verteilen, in denen der Vermögensgegenstand voraussichtlich genutzt werden kann.

■ Abschreibungsplan

Für jeden Gegenstand des abnutzbaren Anlagevermögens sollte ein Abschreibungsplan aufgestellt werden, der alle Daten über das Anlagegut enthält.

Daten des Abschreibungsplanes	Beispiel
Bezeichnung des Anlagegutes:	Kombi Condor GKAT 3000-443 PH 5
Tag der Anschaffung des Anlagegutes:	26. Januar ..
Höhe der Anschaffungskosten:	30 000,00 EUR
voraussichtliche Nutzungsdauer:	6 Jahre
Abschreibungsmethode:	lineare Abschreibung

Bereits im Jahre der Anschaffung des Anlagegutes ist die Zeit der betrieblichen Nutzung des Anlagegutes (**Nutzungsdauer**) zu schätzen. Der Bundesfinanzminister hat im Einvernehmen mit den Finanzverwaltungen der Bundesländer **AfA-Tabellen** für abnutzbare Anlagegüter der einzelnen Wirtschaftszweige herausgegeben, die bei der Festlegung der Nutzungsdauer durch das Unternehmen berücksichtigt werden sollten.

Anlagegüter	Nutzungsdauer in Jahren
Gebäude	33
Maschinen zur Be- und Verarbeitung	16
Büromaschinen und Organisationsmittel	5
Personalcomputer, Workstations; Notebooks und deren Peripheriegeräte (Drucker, Scanner, Bildschirme)	3
Lastkraftwagen	9
Personenkraftwagen und Kombifahrzeuge	6

Alle wesentlichen Daten über das Anlagegut für den Abschreibungsplan ergeben sich in der Regel aus der **Anlagendatei** der Anlagenbuchhaltung, die eine Nebenbuchhaltung (vgl. S. 165 ff.) darstellt.

Anlagendatei		*Bürodesign GmbH*			
GEGENSTAND: Kombi Condor		**FAHRZEUG-NR.:** 45 K 84 300			
FABRIKAT: GKAT 3000		**LIEFERER:** Kfz-Handel Andreas Joost e. K., Köln			
NUTZUNGSDAUER: 6 Jahre		**ANSCHAFFUNGSKOSTEN:** 30 000,00 EUR			
KONTO: Fuhrpark		**AFA-SATZ:** 16 $\frac{2}{3}$ % **AFA-METHODE:** linear			
DATUM	**VORGANG**	**ZUGANG IN EUR**	**ABGANG/AFA IN EUR**	**BESTAND IN EUR**	
..-01-26 ..-01-26	ER 12 Umbuchung 23: AfA	30 000,00	5 000,00	25 000,00	

■ Methoden zur Ermittlung der planmäßigen Abschreibung

Im Rahmen der Unternehmenssteuerreform hat der Gesetzgeber ab dem 01.01.2008 die Abschreibungsmethoden auf zwei reduziert.

lineare Abschreibung § 7 Abs. 1, S. 1–4 EStG	Leistungsabschreibung § 7 Abs. 1, S. 5 EStG

● Lineare Abschreibung
Bei der linearen Abschreibung werden die Anschaffungskosten gleichmäßig auf die Jahre der Nutzung verteilt (gleichbleibende Abschreibung vom Anschaffungswert).

Beispiel Lineare Abschreibung

Anschaffungskosten: 30 000,00 EUR, Nutzungsdauer: 6 Jahre, Abschreibungssatz: 16 $\frac{2}{3}$ %

---

[1] *Vom 01.01.2008 an ist die geometrisch-degressive Abschreibung steuerrechtlich nur noch erlaubt auf abnutzbare bewegliche Wirtschaftsgüter des Anlagevermögens, die vor diesem Zeitpunkt angeschafft wurden und für deren Bewertung die geometrisch-degressive Abschreibung gewählt wurde.*

Formel	Berechnung	
$\text{Jahresabschreibungsbetrag} = \dfrac{\text{Anschaffungskosten}}{\text{Nutzungsdauer}}$	$\dfrac{30\,000}{6}$	$= 5\,000,00\ \text{EUR}$
$\text{Abschreibungssatz} = \dfrac{100}{\text{Nutzungsdauer}}$	$\dfrac{100}{6}$	$= 16\,{}^{2}/_{3}\ \%$
Berechnung der AfA mit AfA-Satz $= \text{Anschaffungskosten} \cdot \dfrac{\text{Abschreibungssatz}}{100}$	$30\,000 \cdot \dfrac{16\,{}^{2}/_{3}}{100}$	$= 5\,000,00\ \text{EUR}$

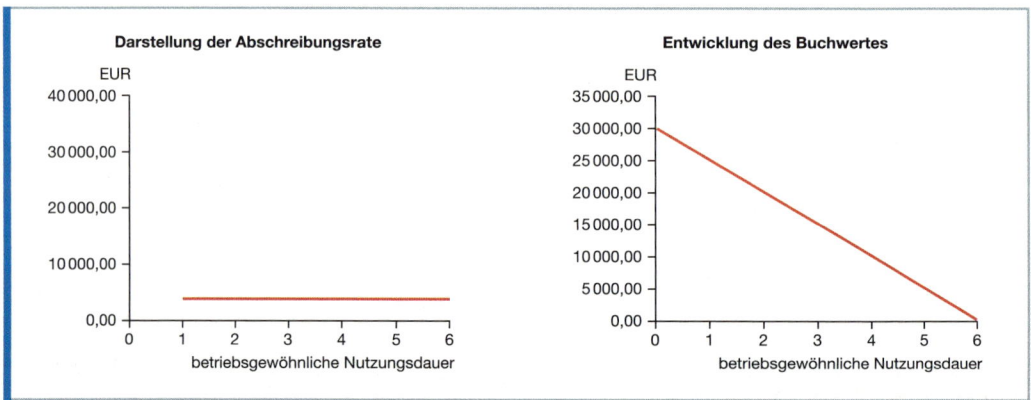

Betriebswirtschaftlich ist diese Methode bei gleichmäßiger Nutzung des Anlagegutes während der einzelnen Nutzungsjahre empfehlenswert, da damit auch eine gleichmäßige Abnutzung unterstellt wird.

● **Abschreibung nach Maßgabe der Leistung:**

Bei der Abschreibung nach Leistungseinheiten bei beweglichen Anlagegütern wird die Nutzungsdauer des Wirtschaftsgutes nicht in Jahren ausgedrückt, sondern in Leistungseinheiten, die das Wirtschaftsgut während der Dauer seiner Nutzung erzeugen (leisten) kann (Soll-Kapazität).

Beispiel

Anschaffungskosten des Kombi   30 000,00 EUR
Voraussichtliche Gesamtleistung   250 000 km

$\text{Wertminderung je km} = \dfrac{30\,000}{250\,000} = \underline{0,12\ EUR}$

	km	Wertminderung je km	Abschreibungsbetrag in EUR
1.	45 000	0,12	5 400,00
2.	28 000	0,12	3 360,00
3.	51 000	0,12	6 120,00
4.	38 000	0,12	4 560,00
5.	55 000	0,12	6 600,00
6.	33 000	0,12	3 960,00

$$\text{Abschreibungsbetrag} = \frac{\text{Anschaffungskosten} \cdot \text{Istleistung im Abschreibungsjahr}}{\text{geschätzte Gesamtleistung}}$$

$$\text{AfA im 1. Jahr} = \frac{30\,000 \cdot 45\,000}{250\,000} = 5\,400,00\ \text{EUR}$$

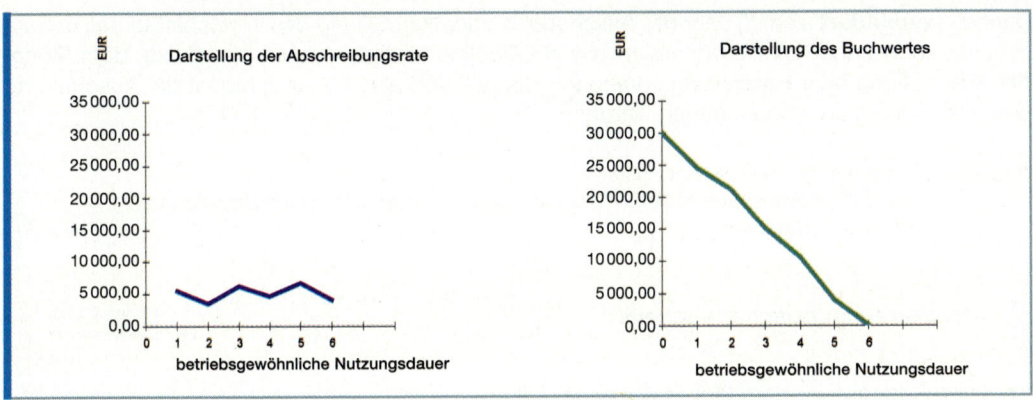

Betriebswirtschaftlich ist diese Methode bei **schwankender Leistungsabgabe** zweckmäßig. Steuerrechtlich ist sie nur zulässig, wenn diese jährliche Leistungsabgabe nachgewiesen werden kann (z. B. durch Zähler oder Fahrtenbuch).

● **Buchwert und Erinnerungswert:**

Durch die jährliche Abschreibung wird der Wert der Anlage, der in der Bilanz ausgewiesen wird (Buch- oder Restwert), vermindert. Am Ende der Nutzungsdauer wird der Nullwert erreicht.

Befindet sich das Anlagegut nach Ablauf der geschätzten Nutzungsdauer noch im Betriebsvermögen, wird es mit einem Erinnerungswert von 1,00 EUR im Inventar geführt.

Vergleich der Abschreibungsmethoden in einer Abschreibungstabelle

Anlagegut: Kombi Fabrikat: Condor Nutzungsdauer: 6 Jahre	lineare AfA 16,67% der Anschaffungskosten	Leistungs- abschreibung
Anschaffungskosten – Abschreibung des 1. NJ	30 000,00 5 000,00	30 000,00 5 400,00
Buchwert nach dem 1. NJ – Abschreibung des 2. NJ	25 000,00 5 000,00	24 600,00 3 360,00
Buchwert nach dem 2. NJ – Abschreibung des 3. NJ	20 000,00 5 000,00	21 240,00 6 120,00
Buchwert nach dem 3. NJ – Abschreibung des 4. NJ	15 000,00 5 000,00	15 120,00 4 560,00
Buchwert nach dem 4. NJ – Abschreibung des 5. NJ	10 000,00 5 000,00	10 560,00 6 600,00
Buchwert nach dem 5. NJ – Abschreibung des 6. NJ	5 000,00 4 999,00	3 960,00 3 959,00
Erinnerungswert	1,00	1,00

Die beiden Methoden gelten für abnutzbare und selbstständig nutzbare Wirtschaftsgüter des Anlagevermögens, deren Anschaffungs- oder Herstellungskosten 1 000,00 EUR übersteigen.

■ Abschreibungen bei Anschaffungen im Laufe des Jahres

Wurde das Anlagegut nach dem 31.12.2003 im Laufe des Jahres angeschafft, gilt für die Bemessung des Abschreibungsbetrages folgende vereinfachende Regelung (§ 7 Abs. 1 EStG):

Danach **vermindert** sich im Jahr der Anschaffung oder Herstellung des Wirtschaftsgutes der auf ein Jahr entfallende AfA-Betrag um jeweils ein Zwölftel für jeden vollen Monat, der dem Monat der Anschaffung oder Herstellung vorangeht. Die AfA darf also nur vom Monat der Anschaffung oder Herstellung an vorgenommen werden.

Beispiel   *Anschaffung eines Pkw am 28.05. ..*
Anschaffungswert 28 200,00 EUR, betriebsgewöhnliche Nutzungsdauer: sechs Jahre
lineare Abschreibung

$$\text{AfA-Betrag im Anschaffungsjahr:} = \frac{AW \cdot (12 - X^*)}{ND \cdot 12} = \frac{28\,200 \cdot (12 - 4)}{6 \cdot 12} = \underline{\underline{3\,133,33\ \text{EUR}}}$$

* X = volle Monate vor dem Monat der Anschaffung

Auch beim **Verkauf von Wirtschaftsgütern innerhalb eines Geschäftsjahres** muss die **Abschreibung zeitanteilig** berechnet und berücksichtigt werden, um einen vollständigen Ausweis der Abschreibungen in der Gewinn- und Verlustrechnung zu ermöglichen.

■ Geringwertige Wirtschaftsgüter des Anlagevermögens

Nach § 6 Abs. 2 EStG sind ab 01.01.2008 bei abnutzbaren und selbstständig nutzbaren Wirtschaftsgütern des Anlagevermögens zwei Kategorien zu unterscheiden:

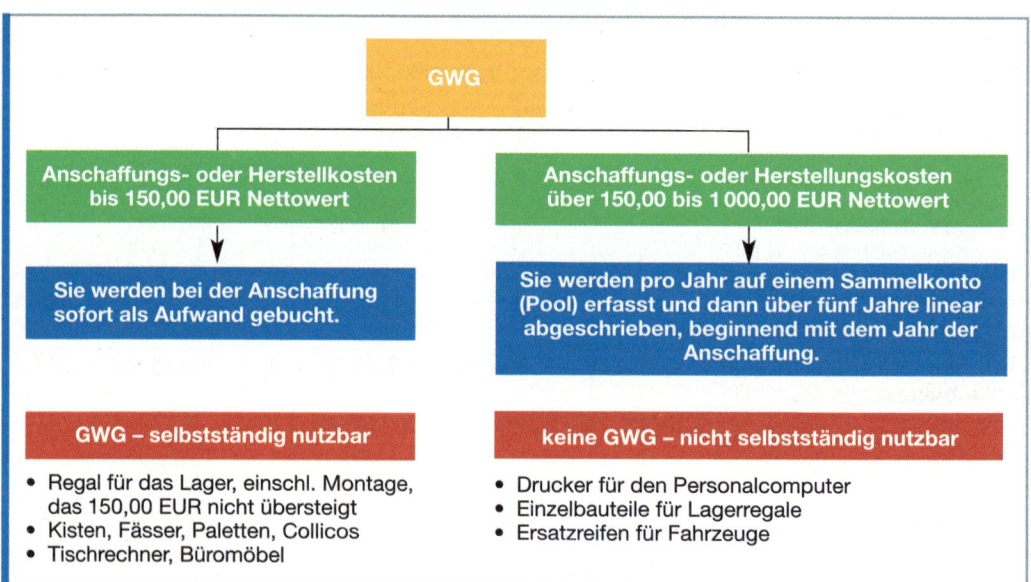

GWG

Anschaffungs- oder Herstellkosten bis 150,00 EUR Nettowert	Anschaffungs- oder Herstellungskosten über 150,00 bis 1 000,00 EUR Nettowert
Sie werden bei der Anschaffung sofort als Aufwand gebucht.	Sie werden pro Jahr auf einem Sammelkonto (Pool) erfasst und dann über fünf Jahre linear abgeschrieben, beginnend mit dem Jahr der Anschaffung.
GWG – selbstständig nutzbar	**keine GWG – nicht selbstständig nutzbar**
• Regal für das Lager, einschl. Montage, das 150,00 EUR nicht übersteigt • Kisten, Fässer, Paletten, Collicos • Tischrechner, Büromöbel	• Drucker für den Personalcomputer • Einzelbauteile für Lagerregale • Ersatzreifen für Fahrzeuge

Beispiel *Bildung und Abschreibung eines GWG-Pools im Geschäftsjahr 01*

Datum	GWG	Anschaffungskosten in EUR	Abgang
25.01.	1 Schreibtischstuhl	580,00	
28.03.	1 Laptop	998,00	
26.06.	1 Schreibtischlampe	248,00	
05.09.	1 Regal	776,00	
14.11.	1 externe Festplatte	348,00	
31.12.	Pool	2 950,00	
31.12.	AfA 01: 20 %	590,00	
	Buchwert 1	2 360,00	

Buchung zum 31.12.01
Abschreibungen auf Sachanlagen   590,00
an GWG 01   590,00

Nach § 6 Abs. 2 a EStG bleiben die Abschreibungen auf einen Jahrespool unverändert, auch wenn während der Nutzungsdauer von fünf Jahren einzelne Wirtschaftsgüter entnommen oder veräußert werden. Außer der Zugangserfassung sind **keine weiteren Aufzeichnungen** und **keine Einzelbewertung** der GWG mehr erforderlich. Mit dieser Vorschrift ist somit eine erhebliche Vereinfachung der jährlichen Inventur verbunden.

■ Buchung der Abschreibung

Abschreibungen auf das abnutzbare Anlagevermögen sind Aufwendungen, die im Soll des Aufwandskontos „Abschreibungen auf Sachanlagen" und im Haben des entsprechenden Anlagekontos als Minderung des Anlagevermögens gebucht werden.

Das Anlagekonto weist dann nach der durchgeführten Abschreibung am Jahresende den Buchwert aus.

Beispiel
Abschlussangabe: 16 2/3 % lineare Abschreibungen auf Fuhrpark
Buchung: Abschreibungen auf Sachanlagen   5 000,00 an Fuhrpark   5 000,00

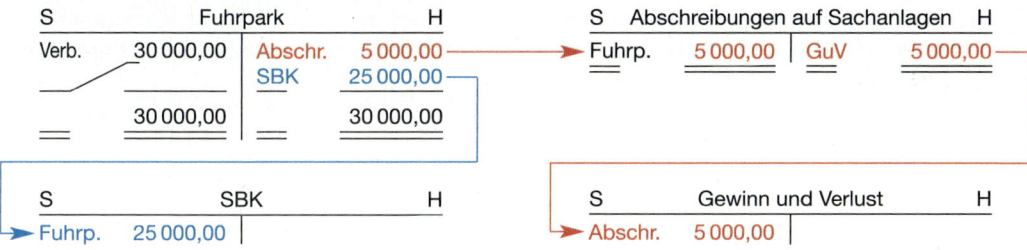

■ Auswirkung der Abschreibung

In der **Bilanz** wird mithilfe der Abschreibung der Wert des Anlagegutes korrigiert. In der **Gewinn- und Verlustrechnung** mindert der Abschreibungsaufwand den Gewinn und damit die gewinnabhängigen Steuern der Unternehmung, z. B. die Körperschaftsteuer in Kapitalgesellschaften (AG und GmbH) oder die Einkommensteuer in Einzelunternehmen und Personengesellschaften (OHG, KG).

Zusammenfassung: Abschreibungen auf Anlagen

- Durch die Abschreibungen werden **Wertminderungen der Sachanlagen** erfasst.

- Bei der **Buchung der Abschreibung** erfolgt die Sollbuchung auf dem Aufwandskonto „Ab-schreibungen auf Sachanlagen", die Habenbuchung auf dem Anlagenkonto.

- Die Bilanz weist den berichtigten Wert, den **Buch- oder Restwert**, aus.

- Die Gewinn- und Verlustrechnung stellt die Abschreibung als **Aufwand und Minderung des Gewinnes** dar.

- Die Höhe des Abschreibungsbetrages ist von der **Abschreibungsmethode** abhängig.

Abschreibungsmethoden

lineare Abschreibung	Abschreibung nach Maßgabe der Leistung
• Abschreibung in gleich-bleibenden Jahresbeträgen	• Leistungsabgabe muss nachge-wiesen werden über Zählwerk, Fahrtenbuch
• **Abschreibungsbetrag:** $= \dfrac{\text{Anschaffungswert}}{\text{Nutzungsdauer}}$	• **Abschreibungsbetrag:** $\dfrac{\text{AK} \cdot \text{Jahresleistung}}{\text{Gesamtleistung}}$
• **AfA-Satz:** $= \dfrac{100}{\text{Nutzungsdauer}}$	
• unterstellt gleichmäßigen Werteverzehr	• Abschreibungsrate verhält sich proportional zur Leistungsabgabe

- Bei Anschaffungen und Verkäufen von abnutzbaren Wirtschaftsgütern des Anlagevermögens darf die AfA nur zeitanteilig berücksichtigt werden.

Bei Anschaffung innerhalb des Jahres	Beim Verkauf innerhalb des Jahres
AfA vom ganzen Anschaffungsmonat bis zum Jahresende	AfA vom Jahresanfang bis einschließlich ganzem Veräußerungsmonat

- **Geringwertige Wirtschaftsgüter des Anlagevermögens,**
  - deren Anschaffungs- oder Herstellungskosten 150,00 EUR Nettowert nicht übersteigen, werden sofort bei der Anschaffung als Aufwand erfasst,
  - deren Anschaffungs- oder Herstellungskosten 150,00 EUR übersteigen bis zur Obergrenze von 1 000,00 EUR, werden für ein Geschäftsjahr auf einem Sammelkonto (Pool) erfasst und über eine Nutzungsdauer von fünf Jahren linear abgeschrieben.

Aufgaben

1 Berechnen Sie den Abschreibungsbetrag und den Abschreibungssatz einer Maschine für das zweite Jahr der Nutzungsdauer bei linearer Abschreibung und stellen Sie den verbleibenden Buchwert fest.
Anschaffungskosten 43 680,00 EUR, betriebsgewöhnliche Nutzungsdauer 7 Jahre.

2 Über eine Maschine liegen folgende Informationen vor:
Anschaffungskosten . . . . 600 000,00 EUR
betriebsgewöhnliche Nutzungsdauer . . . . 12 Jahre
Stellen Sie einen Abschreibungsplan für die ersten drei Nutzungsjahre nach der linearen Abschreibung auf.

3 Nach der Anlagendatei besitzt ein Industriebetrieb folgende Anlagen:

Anlagegüter laut Anlagendatei	Anschaffungs-jahr	Anschaffungs-kosten in EUR	betriebsgewöhnliche Nutzungsdauer in Jahren
1 Lastkraftwagen	Jan. 2008	180 000,00	9 Jahre
1 Elektrolastwagen	Jan. 2007	60 000,00	5 Jahre
1 Bürocomputer	Jan. 2009	20 000,00	5 Jahre
1 Panzerschrank	Jan. 2006	14 000,00	10 Jahre

Berechnen Sie bei gleichmäßiger Abschreibung vom Anschaffungswert die Buchwerte dieser Anlagen zum Geschäftsjahresende 31. Dezember 2009.

4 Am Anfang des Geschäftsjahres wurde ein Lkw für 99 000,00 EUR eingekauft. Die betriebsgewöhnliche Nutzungsdauer wird auf neun Jahre geschätzt.

   a) Ermitteln Sie bei linearer Abschreibung

      aa) den Abschreibungssatz,

      ab) den Abschreibungsbetrag,

      ac) den Buchwert nach dem ersten Jahr.

   b) Bilden Sie die Buchungssätze zum 31. Dezember

      ba) zur Erfassung der Abschreibung,

      bb) zum Abschluss des Kontos „Abschreibungen auf Sachanlagen",

      bc) zum Abschluss des Kontos „Fuhrpark".

5 Welche der folgenden Aussagen treffen auf die lineare Abschreibung zu?

   a) Der Abschreibungsbetrag wird jährlich mithilfe eines festen Prozentsatzes vom Anschaffungswert berechnet.

   b) Der Abschreibungsbetrag wird jährlich mithilfe eines festen Prozentsatzes vom Buchwert berechnet.

   c) Am Ende der geschätzten Nutzungsdauer wird der Nullwert immer erreicht.

   d) Es wird eine gleich bleibende Abnutzung unterstellt.

   e) Die Wertminderung des Anlagegutes wird gleichmäßig auf die Jahre der Nutzung verteilt.

6 Die Buchwerte von vier Anlagegegenständen zeigen nach linearer Abschreibung folgende Entwicklung im Laufe der Nutzungsjahre:

Anlagegut	Anschaffungswert in EUR	Buchwert nach dem 1. Jahr	Buchwert nach dem 2. Jahr
A	66 000,00	61 875,00	57 750,00
B	176 000,00	154 000,00	132 000,00
C	42 900,00	40 040,00	37 180,00
D	125 500,00	100 400,00	75 300,00

Ermitteln Sie für die vier Anlagegegenstände

   a) die Abschreibungssätze,

   b) die betriebsgewöhnliche Nutzungsdauer,

   c) die Buchwerte zum Ende des dritten Nutzungsjahres.

7 **Konten:** Fuhrpark, Abschreibungen, GuV, SBK

   Fuhrpark-Buchwert: 60 000,00 EUR

   12,5% Abschreibung vom Anschaffungswert 80 000,00 EUR

   Schließen Sie die Konten ab.

8 Berechnen Sie die Abschreibung und buchen Sie.

   Fuhrpark: Anschaffungskosten . . . .   80 000,00 EUR

             Buchwert . . . .   64 000,00 EUR

             Nutzungsdauer . . . .   10 Jahre

             Abschreibungsmethode . . . .   linear

9 Berechnen Sie den Abschreibungsbetrag einer Maschine für das zweite Jahr der Nutzungsdauer bei linearer Abschreibung und stellen Sie den verbleibenden Buchwert fest. Anschaffungskosten 109.200,00 EUR, Nutzungsdauer sieben Jahre.

10 Vor Durchführung der Abschreibung weisen die Positionen des Sachanlagevermögens folgende Anschaffungskosten in EUR aus:

Gebäude	870 000,00 EUR	Lager- und	
Geschäftsausstattung	120 000,00 EUR	Transporteinrichtungen	270 000,00 EUR
Fuhrpark	420 000,00 EUR		

Die Abschreibungssätze für die lineare Abschreibung betragen für

Gebäude	*4 %*	*Lager- und*	
Geschäftsausstattung	*10 %*	*Transporteinrichtungen*	*8 %*
		Fuhrpark	*10 %*

Bilden Sie die Buchungssätze mit Beträgen
a) zur Erfassung der Abschreibung,   *c) zum Abschluss der Anlagekonten.*
b) zum Abschluss des Kontos Abschreibungen,

11 **Konten:** *EBK, Fuhrpark, Betriebs- und Geschäftsausstattung (BuG), Forderungen a. LL, Bank, Kasse, Eigenkapital, Verbindlichkeiten gegenüber Banken, Verbindlichkeiten a. LL, Aufwendungen für Rohstoffe, Mietaufwand, Postentgelte/Telekommunikation, Abschreibungen, Umsatzerlöse, GuV, SBK.*

Anfangsbestände:

	EUR		EUR
Fuhrpark	*150 000,00*	*Eigenkapital*	*236 500,00*
Betriebs- und		*Verbindlichkeiten*	
Geschäftsausstattung	*96 000,00*	*gegenüber Banken*	
. . . .		*(Darlehensschulden)*	*150 000,00*
Forderungen a. LL	*82 800,00*	*Verbindlichkeiten a. LL*	*92 000,00*
Bankguthaben	*145 400,00*		
Kasse	*4 300,00*		

Geschäftsfälle:

1. **ER 36:**	*Rohstoffeinkauf auf Ziel*		*178 000,00*
2. **BA 24:**	*Mietzahlungen für Geschäftsräume*		*24 000,00*
	Telefonrechnung		*4 600,00*
	Ausgleich der ER 14		*18 400,00*
3. **AR 82:**	*Verkauf von Erzeugnissen auf Ziel*		*298 000,00*
4. **ER 37:**	*Rohstoffeinkauf auf Ziel*		*64 000,00*
5. **BA 25:**	*Banküberweisung eines Kunden zum Ausgleich von AR 29* . .		*39 000,00*
	Teilrückzahlung eines Darlehens der Bank		*20 000,00*
6. **AR 83:**	*Verkauf von Erzeugnissen auf Ziel*		*115 000,00*
7. **AR 84/BA 26:**	*Verkauf von Erzeugnissen gegen Bankscheck*		*45 000,00*
8. **KB 68:**	*Barkauf von Postwertzeichen*		*150,00*

Abschlussangaben:
Lineare Abschreibung von den Anschaffungswerten:
Fuhrpark 12,5 % von 250 000,00 EUR; BuG 10 % von 120 000,00 EUR

12 *Berechnen Sie die Abschreibungssätze für die lineare Abschreibung beim Vorliegen einer Nutzungsdauer von 5, 6, 8, 10, 12, 16 und 20 Jahren.*

13 *Der Anschaffungswert einer Transportanlage im Lager beträgt 250 000,00 EUR. Die betriebsgewöhnliche Nutzungsdauer beläuft sich auf zehn Jahre. Die Transportanlage soll linear abgeschrieben werden.*
a) Stellen Sie einen Abschreibungsplan für die ersten vier Nutzungsjahre nach der linearen Methode auf (vgl. AfA-Tabelle S. 135).
b) Stellen Sie die Entwicklung von Buchwert und Abschreibungsbetrag in einem Diagramm dar.

14 *Berechnen Sie die Abschreibung nach Maßgabe der Leistung und den Buchwert für das erste Nutzungsjahr:*

Anlagegut:	*Lkw*
betriebsgewöhnliche Nutzungsdauer:	*8 Jahre*
geschätzte Gesamtleistung:	*480 000 km*
Anschaffungskosten:	*168 000,00 EUR*
Leistungsabgabe im 1. Nutzungsjahr laut Zähler:	*64 800 km*

15 Ein Lkw mit einem Anschaffungswert von 160 000,00 EUR wird nach Maßgabe der Leistung abgeschrieben. Es wird von einer Gesamtleistung während der Nutzungsdauer von 400 000 km ausgegangen.

a) Mit welchem Wert ist der Lkw am Ende des dritten Nutzungsjahres zu erfassen, wenn er im ersten Jahr 50 000 km, im zweiten Jahr 62 000 km und im dritten Jahr 54 000 km fuhr?

b) Welchen Vorteil und welchen Nachteil hat diese Abschreibungsmethode?

16 Für die Maschinen A und B liegen Ihnen

17 folgende Informationen vor:

	16	**17**
	Maschine A	**Maschine B**
Anschaffungskosten	306 000,00 EUR	107 100,00 EUR
betriebsgewöhnliche Nutzungsdauer	16 Jahre	20 Jahre
geschätzte Gesamtkapazität in Arbeitsvorgängen	20 4000 Vorgänge	30 6000 Vorgänge
geschätzte Leistungsabgabe im 1. Nutzungsjahr	12 920 Vorgänge	12 112 Vorgänge
geschätzte Leistungsabgabe im 2. Nutzungsjahr	12 240 Vorgänge	22 950 Vorgänge
geschätzte Leistungsabgabe im 3. Nutzungsjahr	10 880 Vorgänge	15 300 Vorgänge

Stellen Sie einen Abschreibungsplan für die ersten drei Nutzungsjahre nach der linearen und der Abschreibung nach Leistungseinheiten für beide Maschinen auf (vgl. AfA-Tabelle S. 135).

18 Kauf einer Maschine gegen Bankscheck . . . . 459 000,00 EUR
Die betriebsgewöhnliche Nutzungsdauer wird auf 16 Jahre festgelegt. Die Leistungsabgabe wird auf 102 000 Arbeitsvorgänge geschätzt.
a) Bilden Sie den Buchungssatz beim Kauf der Maschine.

b) Stellen Sie einen Abschreibungsplan für die ersten drei Abschreibungsjahre bei linearer Abschreibung und bei Abschreibung nach Leistungseinheiten auf.

Die Leistungsabgabe wird im ersten Jahr auf 8 568, im zweiten Jahr auf 9 588, im dritten Jahr auf 4 386 Arbeitsvorgänge geschätzt.

19 Kauf einer Maschine für den Kundendienst . . . . 28 000,00 EUR
Die betriebsgewöhnliche Nutzungsdauer der Maschine beträgt . . . . 20 Jahre
a) Geben Sie den Buchungssatz beim Kauf an.

b) Berechnen Sie

ba) die lineare Abschreibungsrate,

bb) den linearen Abschreibungssatz,

c) Geben Sie den Buchungssatz an

ca) für die lineare Abschreibung zum Ende des ersten Nutzungsjahres,

cb) für die Buchung des Buchwertes des Anlagegutes nach dem ersten Nutzungsjahr.

20 Der Buchwert der Anlage A zeigt folgende Entwicklung im Laufe der Nutzungsjahre:

Anlagegut	Anschaffungswert	Buchwert nach dem 1. Jahr	Buchwert nach dem 2. Jahr	Buchwert nach dem 3. Jahr	Buchwert nach dem 4. Jahr	Buchwert nach dem 5. Jahr
A	176 000,00	165 000,00	154 000,00	143 000,00	132 000,00	121 000,00

Ermitteln Sie

a) die angewandte Abschreibungsmethode,

b) den AfA-Satz,

c) die betriebsgewöhnliche Nutzungsdauer,

d) den Buchwert zum Ende des sechsten Jahres.

21 *Eine Industrieunternehmung gibt folgende Daten zu einer Produktionsanlage bekannt:*

Anschaffungskosten	*285 600,00 EUR*
betriebsgewöhnliche Nutzungsdauer	*16 Jahre*
Gesamtleistung in Vorgängen	*204 000*
Leistungsabgabe im ersten Jahr	*10 608*

Berechnen Sie

a) den linearen AfA-Betrag,

b) den linearen AfA-Satz,

c) die AfA nach Leistungseinheiten für das erste Nutzungsjahr,

22

Gegenstand	Anschaffungstag	Anschaffungswert	Nutzungsdauer
1. Maschine	3. Februar	80 000,00 EUR	8 Jahre
2. Lkw	5 Juli	120 000,00 EUR	10 Jahre
3. Locher	9. Dezember	38,00 EUR	10 Jahre
4. PC	5. August	780,00 EUR	5 Jahre

a) Wie lauten die Buchungssätze bei der Anschaffung (Verrechnungsscheck)?

b) Mit welchem Betrag sind die einzelnen Gegenstände am Jahresende zu bilanzieren (es wird grundsätzlich linear abgeschrieben)?

c) Welche Buchungen ergeben sich am Jahresende zur Erfassung der Abschreibung?

23 *In der Finanzbuchhaltung einer Industrieunternehmung sind folgende Geschäftsfälle zu bearbeiten:*

Geschäftsfälle

1. ER, KB: Barkauf eines PC, betriebsgewöhnliche Nutzungsdauer

3 Jahre, netto	*920,00*	
– 5 % Rabatt	*46,00*	*874,00*
+ Fracht		*16,00*
		890,00

2. ER, KB: Barkauf von 15 Bürolochern à 24,00 EUR, betriebsgewöhnliche Nutzungsdauer 5 Jahre, netto *360,00*

a) Berechnen Sie die Anschaffungskosten für die beiden Wirtschaftsgüter.

b) Erläutern Sie Ihre Buchung und anschließende Bewertung.

c) Buchen Sie die Geschäftsfälle.

d) Geben Sie die Höhe der jeweiligen AfA an.

24 *Stellen Sie Gesichtspunkte für die Auswahl*

a) der linearen Abschreibungsmethode,

b) der Leistungsabschreibung

zusammen.

25 *Erläutern Sie folgende Aussage zur Wahl einer Abschreibungsmethode an einem Beispiel: „Eine Abschreibungsmethode sollte vorgezogen werden, wenn sie zur verbesserten Darstellung der Ertragslage führt."*

3.5 Bestandsveränderungen

3.5.1 Materialbestandsveränderungen

Die Bürodesign GmbH hatte zu Beginn des Geschäftsjahres für die Herstellung des Bürotisches Xama 2000 210 Holzplatten auf Lager. Im Laufe des Jahres kaufte sie weitere 2 500 Holzplatten à 85,00 EUR ein. Silvia Land erfasste diesen Einkauf auf dem Konto Rohstoffaufwand. Sie unterstellte dabei, dass die Rohstoffe auch im Abrechnungsjahr verbraucht und somit zu Aufwand wurden. „Da stimmt doch etwas mit unserem Bestandskonto nicht", stellt sie fest, als sie bei der Inventur zum 31. Dezember .. am Lager 480 Stück zählt.

Arbeitsauftrag   Geben Sie Gründe an, warum sich zum Jahresende mehr Holzplatten auf Lager befinden als zu Beginn des Geschäftsjahres, und machen Sie Vorschläge für die Berichtigung des Lagerbestandes in der Buchhaltung.

■ Materialbestandsmehrungen

Bisher wurde bei der Buchung von Rohstoffeinkäufen **unterstellt** (vgl. S. 119), dass alle eingekauften Rohstoffe in demselben Geschäftsjahr verbraucht wurden. Daher wurden die eingekauften Rohstoffe als Aufwand auf dem Konto „Rohstoffaufwand" gebucht. Es ist jedoch in der Praxis die Regel, dass nicht alle eingekauften Rohstoffe im selben Geschäftsjahr verbraucht werden.

Dieser Sachverhalt ist eingetreten, wenn der Rohstoffbestand lt. Inventur am Ende des Geschäftsjahres größer als am Anfang des Geschäftsjahres ist.

Der tatsächliche Rohstoffeinsatz ist also kleiner als der gebuchte Rohstoffaufwand. Es entstand zusätzliches Vermögen in Form eines Lagerbestandes an Rohstoffen. Der im Laufe des Geschäftsjahres beim Eingang gebuchte Rohstoffaufwand muss daher vor dem Abschluss der Konten um diesen Lagerbestandszugang berichtigt werden.

Die **Bestandsmehrung** wird auf dem **Bestandskonto „Rohstoffe"** zur Anpassung des Sollbestandes an den Istbestand als Zugang erfasst. Die Gegenbuchung nimmt das Konto „Rohstoffaufwand" im Haben auf. Der hier zu hoch angesetzte Rohstoffaufwand wird dadurch korrigiert.

Mit dieser Buchung wird der Abschluss des Bestandskontos „Rohstoffe" und des Erfolgskontos „Rohstoffaufwand" vorbereitet. Diese Buchung wird als **vorbereitende Abschlussbuchung** oder Umbuchung bezeichnet.

Durch folgende Gegenüberstellung wird der Unterschied von Umbuchung und Abschlussbuchung verdeutlicht.

Umbuchung	Abschlussbuchung

• Bei einer Bestandsmehrung werden die Eintragungen in den Konten
   – Rohstoffbestand und
   – Rohstoffaufwendungen
   berichtigt.
• Diese beiden Konten müssen also noch für den Abschluss vorbereitet werden.
	• Nach der Erfassung der Bestandsmehrung werden die Konten Rohstoffbestand und Rohstoffaufwand abgeschlossen, d.h., die Salden werden auf ein Sammelkonto (GuV oder SBK) übertragen.
	• Abschlussbuchungen müssen somit das GuV-Konto oder das SBK anrufen.

> **!**
> - Auf dem Konto Rohstoffe wird nach Erfassung der Bestandsmehrung der Bestand laut Inventur (Istbestand) ausgewiesen.
> - Rohstoffbestand = Sollbestand + Bestandsmehrung
> - Auf dem Konto Rohstoffaufwand ergibt sich der Rohstoffaufwand (Verbrauch in der Fertigung) erst nach Ausbuchung des Lagerzugangs.
> - Rohstoffaufwand = Rohstoffeinkäufe – Bestandsmehrung

Beispiel *Rohstoffbestandsmehrung*

1. Anfangsbestand	210 Holzplatten à 85,00 =	17 850,00 EUR
2. Einkäufe auf Ziel	2 500 Holzplatten à 85,00 =	212 500,00 EUR
3. Endbestand lt. Inventur	480 Holzplatten à 85,00 =	40 800,00 EUR

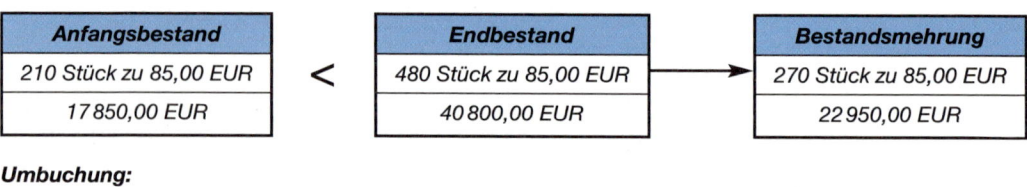

Anfangsbestand		Endbestand		Bestandsmehrung
210 Stück zu 85,00 EUR	<	480 Stück zu 85,00 EUR	→	270 Stück zu 85,00 EUR
17 850,00 EUR		40 800,00 EUR		22 950,00 EUR

Umbuchung:

Rohstoffe   22 950,00   an   Rohstoffaufwand   22 950,00

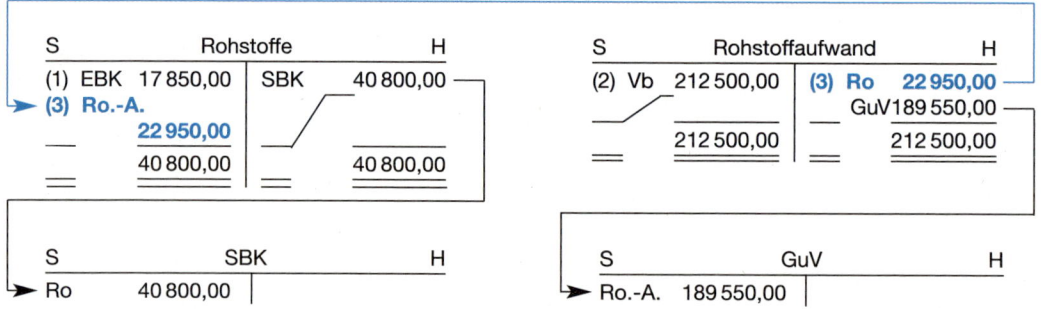

■ Materialbestandsminderung

Neben den Materialeinkäufen einer Rechnungsperiode können Bestände aus dem Vorjahr während der laufenden Rechnungsperiode in der Fertigung eingesetzt werden. Es ist also denkbar, dass der Materialeinsatz einer Rechnungsperiode größer ist als der Wert der Materialeinkäufe. Dieser Sachverhalt ist eingetreten, wenn der Materialbestand laut Inventur am Ende des Geschäftsjahres kleiner ist als am Anfang des Geschäftsjahres. Die **Materialbestandsminderung** stellt eine Vermögens- und Eigenkapitalminderung dar, die als zusätzlicher Aufwand auf dem entsprechenden Aufwandskonto – z. B. Rohstoffaufwand – erfasst wird. Materialbestand und Materialaufwand sind also zu berichtigen.

> **!**
> - Auf dem Konto Rohstoffe wird nach Erfassung der Bestandsminderung der Bestand lt. Inventur (Istbestand) ausgewiesen.
> - Rohstoffbestand = Sollbestand – Bestandsminderung
> - Auf dem Konto Rohstoffaufwand ergibt sich der Rohstoffaufwand (Verbrauch in der Fertigung) erst nach Ausbuchung der Bestandsminderung.
> - Rohstoffaufwand = Rohstoffeinkäufe + Bestandsminderung

Beispiel *Rohstoffbestandsminderung (Fortsetzung des Beispiels S. 144)*
1. Anfangsbestand   480 Holzplatten à 85,00 =   40 800,00 EUR
2. Einkäufe auf Ziel   2 500 Holzplatten à 85,00 = 212 500,00 EUR
3. Endbestand lt. Inventur 120 Holzplatten à 85,00 =   10 200,00 EUR

Anfangsbestand		Endbestand		Bestandsminderung
480 Stück zu 85,00 EUR	>	120 Stück zu 85,00 EUR	→	360 Stück zu 85,00 EUR
40 800,00 EUR		10 200,00 EUR		30 600,00 EUR

Umbuchung:
Rohstoffaufwand   30600,00 an Rohstoffe   30 600,00

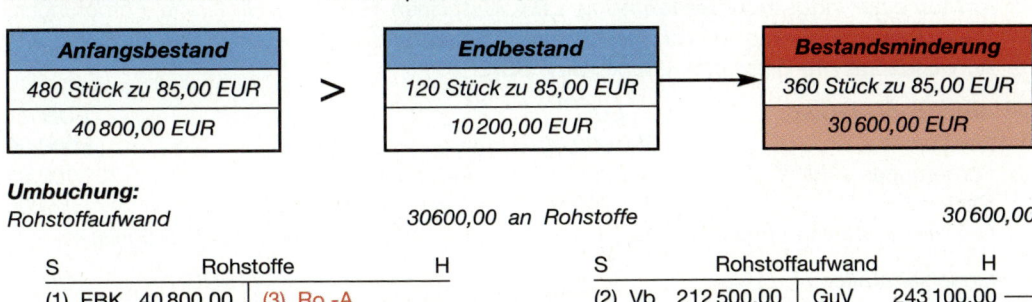

S	Rohstoffe		H
(1) EBK 40 800,00	(3) Ro.-A. 30 600,00		
	SBK 10 200,00		
40 800,00	40 800,00		

S	Rohstoffaufwand		H
(2) Vb 212 500,00	GuV 243 100,00		
Ro 30 600,00			
243 100,00	243 100,00		

S	SBK		H
Ro 10 200,00			

S	GuV		H
Ro.-A. 243 100,00			

Zusammenfassung: Materialbestandsveränderungen

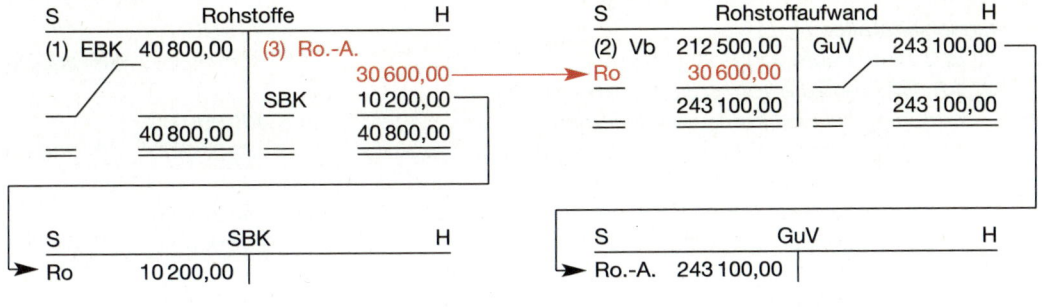

Materialbestandsveränderungen

Materialbestandsmehrung		Materialbestandsminderung	
Materialanfangs- < Materialend-		Materialanfangs- > Materialend-	
bestand bestand		bestand bestand	
Materialeinkäufe > Materialverbrauch		Materialeinkäufe < Materialverbrauch	

S	Rohstoffe		H
EBK: Anfangsbestand	SBK: Endbestand		
Aufwendungen für Rohstoffe			

S	Rohstoffe		H
EBK: Anfangsbestand	Aufwendungen für Rohstoffe		
	SBK: Endbestand		

S	Aufwendungen für Rohstoffe		H
Verbindlichkeiten, Bank, Postbank, Kasse: Rohstoffeinkäufe	Rohstoffe: Bestandsmehrung		
	Saldo: Gewinn und Verlust		

S	Aufwendungen für Rohstoffe		H
Vb, Ba, PB, Kasse: Rohstoffeinkäufe	Saldo: Gewinn und Verlust		
Rohstoffe: Bestandsminderung			

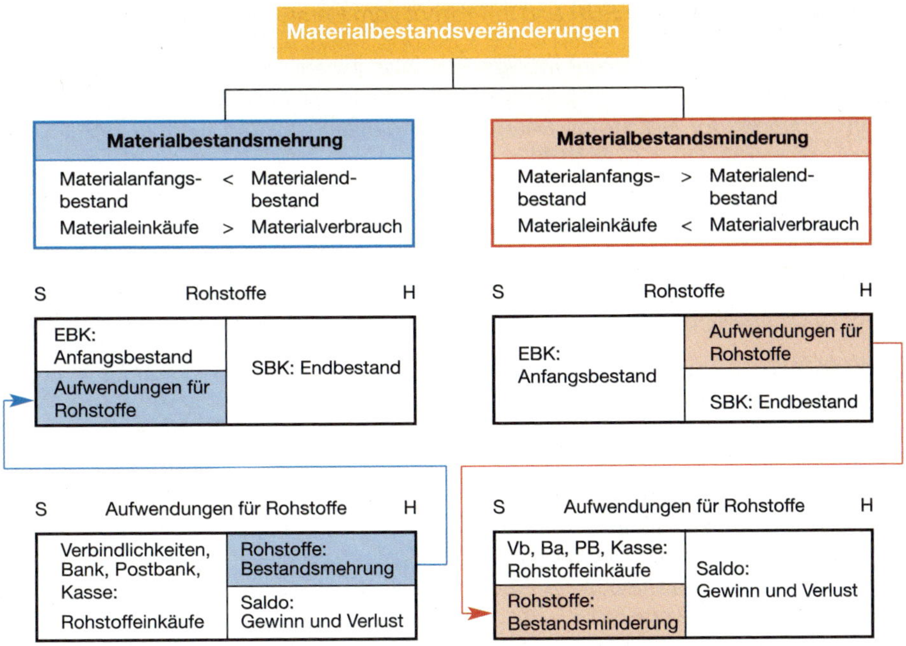

Aufgaben

1 Konten einer Industrieunternehmung: EBK, Maschinen, Rohstoffe, Hilfsstoffe, Forderungen, Bank, Kasse, Eigenkapital, Verbindlichkeiten, Umsatzerlöse, Aufwendungen für Rohstoffe, Aufwendungen für Hilfsstoffe, Löhne, GuV, SBK.

Anfangsbestände:	EUR		EUR
Maschinen	300 000,00	Kasse	5 000,00
Forderungen a. LL	51 300,00	Eigenkapital	729 000,00
Bank	543 700,00	Verbindlichkeiten a. LL	171 000,00

Das Industrieunternehmen fertigte im Geschäftsjahr 6 800 Einheiten eines Erzeugnisses.

Geschäftsfälle:	EUR	EUR
1. **ER:** Zieleinkäufe von Rohstoffen		305 200,00
2. **AR, BA:** Verkäufe von fertigen Erzeugnissen		
a) gegen Zielgewährung von 30 Tagen	400 000,00	
b) gegen sofortige Zahlung mit Bankscheck	69 200,00	469 200,00
3. **ER, BA:** Banklastschriften		
a) Hilfsstoffeinkauf gegen Zahlung mit Bankscheck	52 800,00	
b) Lohnzahlungen an Facharbeiter	204 000,00	256 800,00
4. **AR, KB:** Verkauf einer gebrauchten Maschine bar		7 000,00

Abschlussangaben:

Endbestände lt. Inventur:

	EUR
Rohstoffe	38 000,00
Hilfsstoffe	14 000,00

a) Buchen Sie die Geschäftsfälle und führen Sie den Abschluss durch.
b) Berechnen Sie
    1. den Herstellungsaufwand und den Verkaufspreis für ein Erzeugnis,
    2. den Erfolg je Einheit in EUR und in Prozent vom Herstellungsaufwand.

2 Konten einer Industrieunternehmung: EBK, Maschinen, Rohstoffe, Hilfsstoffe, Forderungen, Bank, Kasse, Eigenkapital, Verbindlichkeiten, Umsatzerlöse, Aufwendungen für Rohstoffe, Aufwendungen für Hilfsstoffe, Energie, Fremdinstandsetzung, Löhne, Gehälter, Mieten, Werbung, Gewerbesteuer, GuV, SBK.

Anfangsbestände:	EUR		EUR
Maschinen	270 000,00	Kasse	2 000,00
Forderungen a. LL	79 800,00	Eigenkapital	448 700,00
Bank	148 200,00	Verbindlichkeiten a. LL	51 300,00

Das Industrieunternehmen fertigte im Geschäftsjahr 7 000 Einheiten eines Erzeugnisses.

Geschäftsfälle:	EUR	EUR
1. **ER:** Materialeinkäufe auf Ziel		
a) Rohstoffe	205 000,00	
b) Hilfsstoffe	64 600,00	269 600,00
2. **BA:** Banküberweisungen an		
a) Vermieter für gemietete Betriebsanlagen	120 000,00	
b) Stadtkasse für fällige Gewerbesteuer	8 400,00	128 400,00
3. **BA, KB:** Kunden bezahlen fällige Rechnungen		
a) durch Banküberweisungen	70 680,00	
b) bar	5 700,00	76 380,00
4. **ER, BA:** Kauf von Rohstoffen gegen Bankscheck		11 200,00

5. **AR, BA:** Verkäufe von fertigen Erzeugnissen
   a) auf Ziel 545 000,00
   b) gegen Bankscheck 350 000,00   895 000,00
6. **BA:** Banküberweisungen für
   a) Lohnzahlung an Facharbeiter 252 000,00
   b) Strom- und Gasverbrauch 16 800,00
   c) fällige Liefererrechnung 21 300,00   290 100,00
7. **BA:** Banküberweisung von Kunden 456 000,00
8. **BA:** Banküberweisung an Werbeagentur für Werbeaktion . .   30 000,00
9. **BA:** Banklastschriften
   a) Gehaltszahlung an Angestellte 160 000,00
   b) Scheckeinlösung wegen Reparatur an Lkw 2 000,00   162 000,00
10. **AR, BA, KB:** Verkäufe von fertigen Erzeugnissen
    a) gegen Bankscheck 40 000,00
    b) bar 10 000,00   50 000,00

Abschlussangaben:
Endbestände lt. Inventur:
Rohstoffe 20 000,00
Hilfsstoffe 10 000,00
a) Buchen Sie die Geschäftsfälle und führen Sie den Abschluss durch.
b) Berechnen Sie
   1. den Herstellungsaufwand und den Verkaufspreis für ein Erzeugnis,
   2. den Erfolg je Einheit in EUR und in Prozent vom Herstellungsaufwand.

3 Konten einer Industrieunternehmung: EBK, Maschinen, Rohstoffe, Hilfsstoffe, Betriebsstoffe, Forderungen, Bank, Kasse, Eigenkapital, Darlehensschulden, Verbindlichkeiten, Umsatzerlöse, Aufwendungen für Rohstoffe, Aufwendungen für Hilfsstoffe, Aufwendungen für Betriebsstoffe, Aufwendungen für Energie, Löhne, Gehälter, Mieten, Gewerbesteuer, GuV, SBK.

Anfangsbestände:

	EUR		EUR
Maschinen	450 000,00	Eigenkapital	508 800,00
Forderungen a. LL	45 600,00	Darlehensschulden	180 000,00
Bank	282 400,00	Verbindlichkeiten a. LL	91 200,00
Kasse	2 000,00		

Das Industrieunternehmen fertigte im Geschäftsjahr 8 500 Einheiten eines Erzeugnisses.

Geschäftsfälle: EUR   EUR

1. **BA:** Banküberweisungen für
   a) Miete einer gemieteten Betriebsanlage 70 000,00
   b) Strom- und Gasverbrauch 15 000,00
   c) Gewerbesteuer 5 000,00   90 000,00
2. **ER:** Materialeinkauf auf Ziel
   a) Rohstoffe 383 600,00
   b) Hilfsstoffe 69 400,00
   c) Betriebsstoffe 30 000,00   483 000,00
3. **AR, BA:** Verkäufe von fertigen Erzeugnissen
   a) gegen Bankscheck 343 200,00
   b) auf Ziel 490 000,00   833 200,00
4. **BA:** Banküberweisung von Kunden für fällige Rechnung 450 000,00
5. **BA:** Banküberweisungen:
   a) Lohnzahlung an Facharbeiter 120 000,00
   b) Gehaltszahlung an Angestellte 30 000,00   150 000,00
6. **AR, KB:** Verkauf von fertigen Erzeugnissen bar 10 000,00

7. **BA:** *Banklastschriften*
   a) *Abbuchung der Tilgungsrate der Darlehensschuld* 20 000,00
   b) *Einkauf einer Maschine mit Bankscheck* 115 600,00   135 600,00

Abschlussangaben: *EUR*

Endbestände lt. Inventur:

Rohstoffe 34 000,00

Hilfsstoffe 7 000,00

Betriebsstoffe 2 000,00

a) *Buchen Sie die Geschäftsfälle und führen Sie den Abschluss durch.*
b) *Berechnen Sie*
   1. *den Herstellungsaufwand und den Verkaufspreis für ein Erzeugnis,*
   2. *den Erfolg je Einheit in EUR und in Prozent vom Herstellungsaufwand.*

3.5.2 Bestandsveränderungen an unfertigen und fertigen Erzeugnissen

Wie im Vorjahr werden auch im Abrechnungsjahr 2 000 Bürotische Xama 2000 produziert, obwohl noch ein Lagerbestand von 100 Bürotischen aus dem Vorjahr vorhanden ist. Am Ende des Abrechnungsjahres wurde durch Inventur ein Bestand von 300 Bürotischen festgestellt.

Arbeitsaufträge   ▶   Überprüfen Sie die Auswirkungen der Bestandsmehrung auf den Erfolg und leiten Sie buchhalterische Konsequenzen ab.
                 ▶   Stellen Sie fest, welche Auswirkung eine Bestandsminderung der fertigen Erzeugnisse auf den Erfolg hat.

■ Bestandsmehrung

Wurden alle im Geschäftsjahr produzierten Erzeugnisse verkauft, dann stehen im GuV-Konto den Aufwendungen der Produktion die Umsatzerlöse aus dem Verkauf der gesamten Produktion gegenüber.

Beispiel *(Fortsetzung des Beispiels S. 127 ff.)*

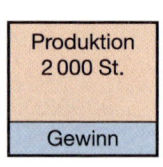

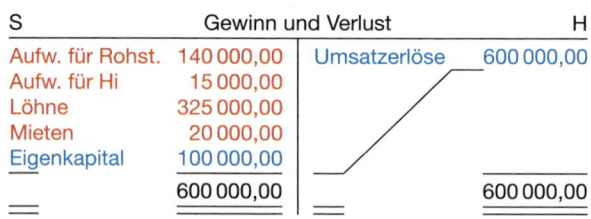

S	Gewinn und Verlust		H
Aufw. für Rohst.	140 000,00	Umsatzerlöse	600 000,00
Aufw. für Hi	15 000,00		
Löhne	325 000,00		
Mieten	20 000,00		
Eigenkapital	100 000,00		
	600 000,00		600 000,00

Wurden jedoch **nicht alle produzierten Erzeugnisse verkauft**, sondern teilweise auf Lager genommen, dann stehen auf dem Gewinn- und Verlustkonto den Aufwendungen der gesamten Produktion nur die Erträge der umgesetzten Erzeugnisse (Umsatzerlöse) gegenüber. Es sind jedoch auch **Erträge durch die auf Lager genommenen Erzeugnisse** entstanden, deren Wert durch die dafür verursachten Aufwendungen bestimmt wird. Dieser Wert wird aus dem Vergleich des Anfangs- und Endbestandes der Erzeugnisse laut Inventur dann ersichtlich, wenn am Ende des Geschäftsjahres der **Bestand an Erzeugnissen größer** ist **als am Anfang des Geschäftsjahres**. Es liegt eine Bestandsmehrung vor, durch die eine Vermögens- und Eigenkapitalmehrung eingetreten ist, die als Ertrag bei der Erfolgsermittlung zu erfassen ist.

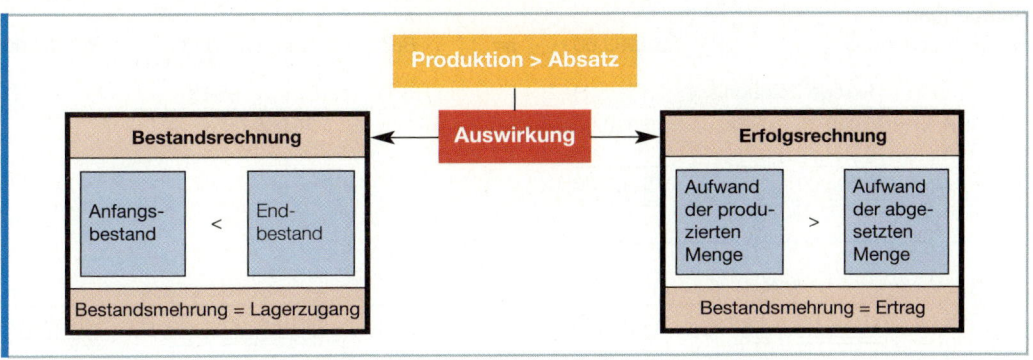

Die **Bestandsmehrung** wird in einer Nebenrechnung ermittelt und dann als **Zugang auf dem Konto „Unfertige Erzeugnisse"** bzw. **„Fertige Erzeugnisse"** erfasst. Damit wird die **Lagerleistung aktiviert**.

Die **Gegenbuchung** (Ertrag durch den **Vermögenszuwachs** in Form von Erzeugnissen) wird **auf** einem Erfolgskonto, dem Konto **„Bestandsveränderungen"**, durchgeführt.

> ! **Buchung bei Bestandsmehrung:**
> **Unfertige Erzeugnisse** an **Bestandsveränderungen**
> **Fertige Erzeugnisse** an **Bestandsveränderungen**

Beispiel Die Bürodesign GmbH hatte zu Beginn des Geschäftsjahres einen Lagerbestand von 100 Bürotischen Xama 2000 à 250,00 EUR. Im Laufe des Geschäftsjahres wurden weitere 2 000 Bürotische produziert. Dabei entstanden folgende Aufwendungen:

	EUR
Aufwendungen für Rohstoffe	140 000,00
Aufwendungen für Hilfsstoffe	15 000,00
Löhne	325 000,00
Mieten	20 000,00

Im selben Zeitraum wurden 1 800 Bürotische Xama 2000 zum Preis von 300,00 EUR verkauft. Der Lagerbestand wuchs auf 300 Bürotische, wie durch Inventur ermittelt wurde.

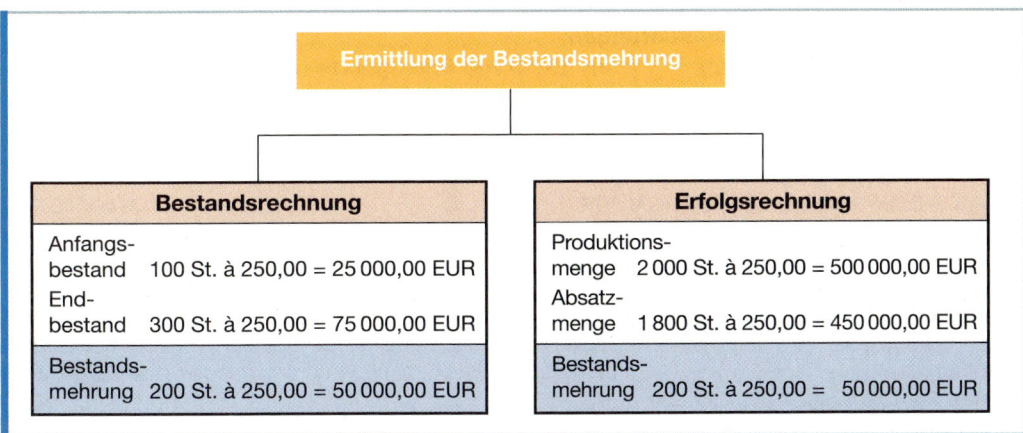

Umbuchung:

Fertige Erzeugnisse   50 000,00   *an*   *Bestandsveränderungen*   50 000,00

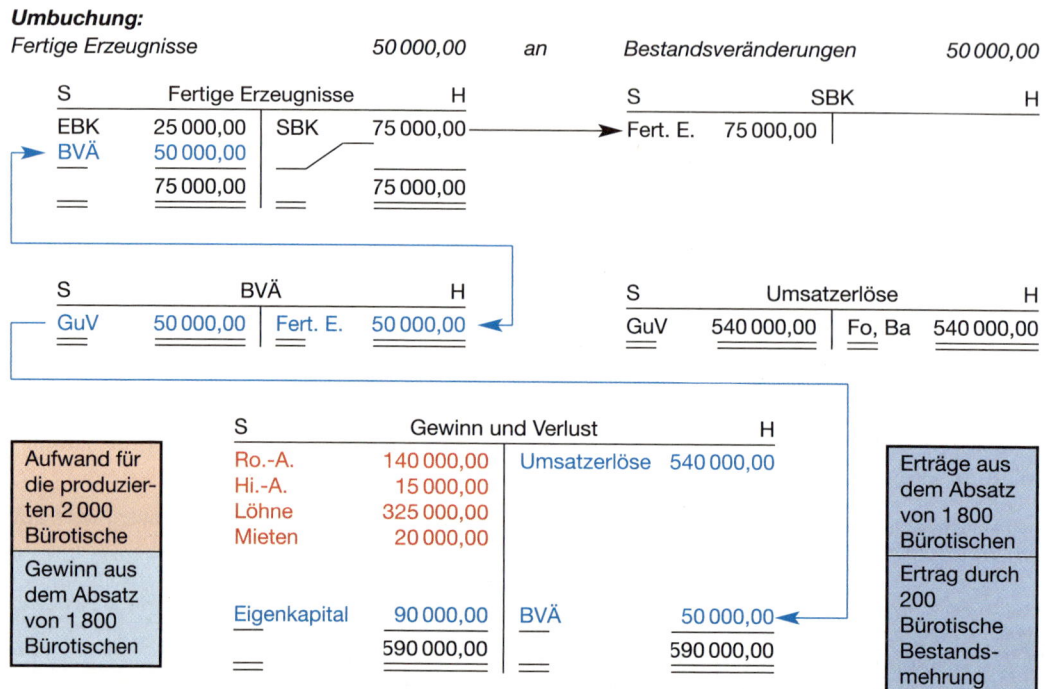

Aufwand der umgesetzten Erzeugnisse = Aufwand der Rechnungsperiode – Bestandsmehrung

■ Bestandsminderung

Der Endbestand ist kleiner als der Anfangsbestand. Der Betrieb hat also **nicht nur alle** im Abrechnungszeitraum **hergestellten Erzeugnisse verkauft**, sondern darüber hinaus noch einen Teil des Lagerbestandes. Den Erlösen für die verkauften Erzeugnisse stehen in diesem Falle nur die Aufwendungen der hergestellten Erzeugnisse gegenüber, nicht aber die in der vergangenen Abrechnungsperiode angefallenen **Aufwendungen für die vom Lager verkauften Erzeugnisse**, die den **Minderbestand** ausmachen.

Um den Erfolg zu ermitteln, muss den Umsatzerlösen neben dem Produktionsaufwand zusätzlich der Minderbestand als Aufwand gegenübergestellt werden.

 Buchung bei Bestandsminderungen:
Bestandsveränderungen   an   Unfertige Erzeugnisse
Bestandsveränderungen   an   Fertige Erzeugnisse

Beispiel *(Fortsetzung des Beispiels S. 149 f.)*

Anfangsbestand: 300 Bürotische à 250,00 EUR	*75 000,00 EUR*
Produktion im Abrechnungsjahr:	*2 000 Bürotische*
Aufwand der Rechnungsperiode:	
Aufwendungen für Rohstoffe	*140 000,00 EUR*
Aufwendungen für Hilfsstoffe	*15 000,00 EUR*
Löhne	*325 000,00 EUR*
Mieten	*20 000,00 EUR*
Absatz: 2 240 Bürotische à 300,00 EUR	
Endbestand lt. Inventur	*60 Bürotische*

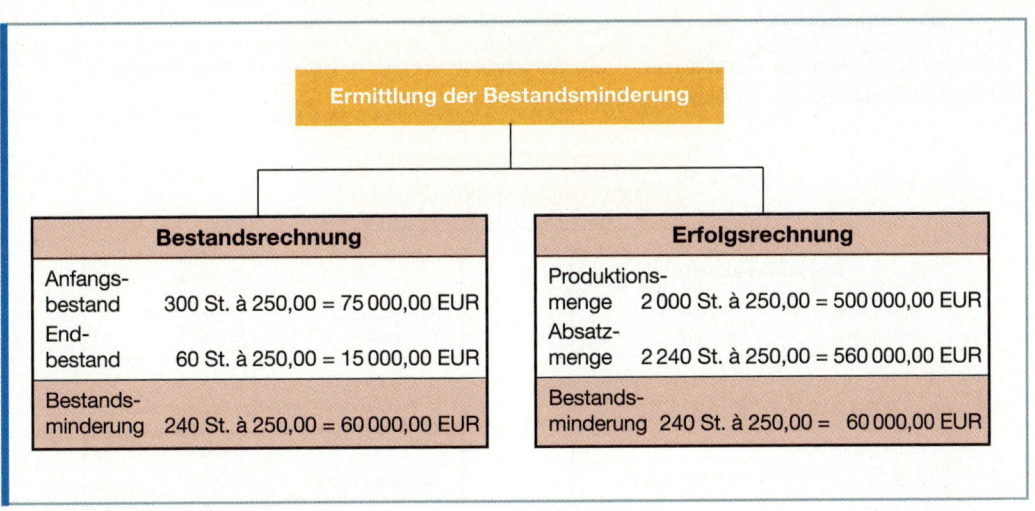

Ermittlung der Bestandsminderung

Bestandsrechnung			Erfolgsrechnung		
Anfangs-bestand	300 St. à 250,00 = 75 000,00 EUR		Produktions-menge	2 000 St. à 250,00 = 500 000,00 EUR	
End-bestand	60 St. à 250,00 = 15 000,00 EUR		Absatz-menge	2 240 St. à 250,00 = 560 000,00 EUR	
Bestands-minderung	240 St. à 250,00 = 60 000,00 EUR		Bestands-minderung	240 St. à 250,00 = 60 000,00 EUR	

Umbuchung:

Bestandsveränderungen	60 000,00	an	Fertige Erzeugnisse	60 000,00

S	Fertige Erzeugnisse	H
EBK 75 000,00	BVÄ 60 000,00	
	SBK 15 000,00	
75 000,00	75 000,00	

S	SBK	H
Fert. Erz. 15 000,00		

S	BVÄ	H
Fert. E. 60 000,00	GuV 60 000,00	

S	Umsatzerlöse	H
GuV 672 000,00	Fo, Ba 672 000,00	

Aufwand für die Produktion von 2 000 Bürotischen

Bestandsminderung von 240 Bürotischen

Gewinn aus dem Absatz von 2 240 Bürotischen

S	Gewinn und Verlust	H
Ro.-A.	140 000,00	Umsatzerlöse 672 000,00
Hi.-A.	15 000,00	
Löhne	325 000,00	
Mieten	20 000,00	
BVÄ	60 000,00	
Gewinn	112 000,00	
	672 000,00	672 000,00

Erträge aus dem Absatz von 2 240 Bürotischen

Aufwand der umgesetzten Erzeugnisse = Aufwand der Rechnungsperiode + Bestandsminderung

Zusammenfassung: Bestandsveränderungen an unfertigen und fertigen Erzeugnissen

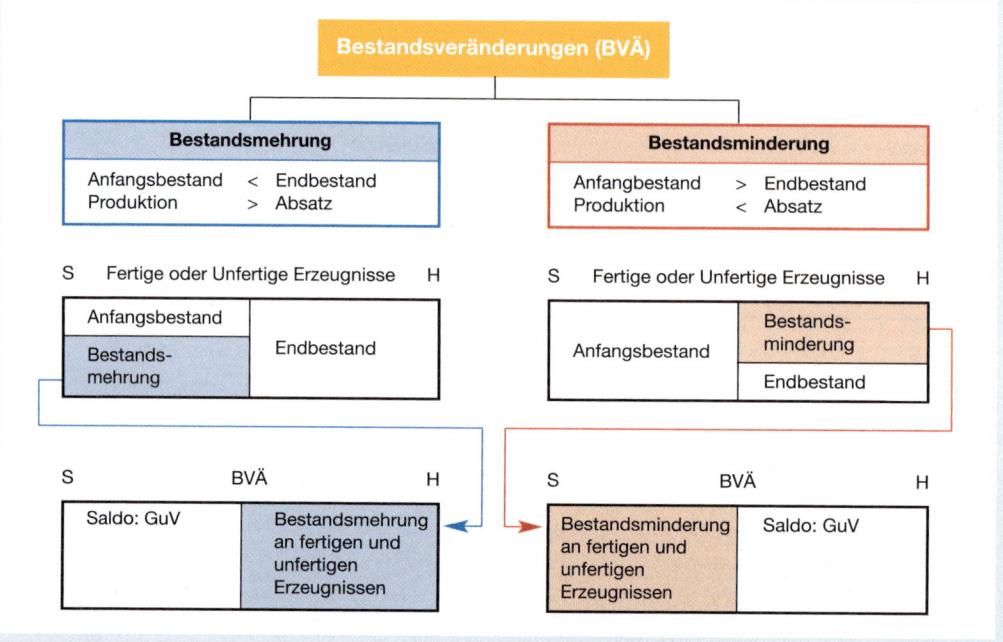

- Zur Feststellung des wirklichen Umsatzerfolges dürfen den **Erlösen** eines Rechnungsabschnittes nur die **Aufwendungen der verkauften Erzeugnisse** gegenübergestellt werden.
- Der **Herstellungsaufwand der Erzeugnisse**, die **zusätzlich zum Anfangsbestand auf Lager** genommen werden, muss als **Bestandsmehrung** auf einem Erzeugniskonto und als Ertrag auf dem Bestandsveränderungskonto erfasst werden.
- Der **Herstellungsaufwand der aus dem Lagervorrat früherer Geschäftsjahre stammenden Erzeugnisse**, die zusätzlich in der laufenden Periode verkauft werden (**Bestandsminderung**), muss dem Gesamtaufwand des Geschäftsjahres zugezählt werden.
- Die als zusätzlicher Aufwand zu erfassenden **Bestandsminderungen** und die als zusätzlicher Ertrag zu berücksichtigenden **Bestandsmehrungen** werden auf dem Konto **Bestandsveränderungen** erfasst.

Aufgaben

1 Die Aufwendungen eines Industriebetriebes betrugen im abgelaufenen Jahr 850 000,00 EUR, die Umsatzerlöse 1 200 000,00 EUR. Die Bestände laut Inventur haben sich wie folgt verändert:

	Anfangsbestand	Endbestand
Unfertige Erzeugnisse	80 000,00 EUR	20 000,00 EUR
Fertige Erzeugnisse	40 000,00 EUR	50 000,00 EUR

Welcher Erfolg wurde erzielt?

2 3 Zusammenstellung der Summen auf den Sachkonten eines Industrieunternehmens	Aufgabe 2		Aufgabe 3	
	Soll EUR	Haben EUR	Soll EUR	Haben EUR
Fertige Erzeugnisse: Anfangsbestand	1 600,00		900,00	
Bank	1 725 400,00	802 800,00	1 424 340,00	841 500,00
Eigenkapital: Anfangsbestand		668 000,00		630 675,00
Verbindlichkeiten a. LL	425 484,00	482 484,00	445 995,00	525 795,00
Umsatzerlöse für eigene Erzeugnisse		1 002 000,00		714 765,00
Aufwendungen für Rohstoffe	361 260,00		378 675,00	
Aufwendungen für Hilfsstoffe	64 224,00		67 320,00	
Löhne	321 120,00		336 600,00	
Mieten	56 196,00		58 905,00	
Summe	2 955 284,00	2 955 284,00	2 712 735,00	2 712 735,00
Endbestände laut Inventur an fertigen Erzeugnissen	2 800,00		1 500,00	
Produktion im Geschäftsjahr Absatz im Geschäftsjahr	20 070 Stück		28 030 Stück	

a) Richten Sie folgende Konten ein: Fertige Erzeugnisse, Bank, Eigenkapital, Verbindlichkeiten a. LL, Umsatzerlöse für eigene Erzeugnisse, Bestandsveränderungen, Aufwendungen für Rohstoffe, Aufwendungen für Hilfsstoffe, Löhne, Mieten, GuV, SBK.

b) Übernehmen Sie die angegebenen Summen auf die Konten mit der Bezeichnung „SU" für Summe.

c) Schließen Sie die Konten ordnungsmäßig ab und ermitteln Sie den Erfolg des Geschäftsjahres.

d) Berechnen Sie
1. die Eigenkapitalrentabilität bei Aufgabe 2 bzw. die prozentuale Auswirkung des Erfolgs auf den Anfangsbestand des Eigenkapitals bei Aufgabe 3,
2. den Herstellungsaufwand je Einheit,
3. die abgesetzte Menge des Geschäftsjahres bei Aufgabe 2 bzw. die produzierte Menge bei Aufgabe 3,
4. den Verkaufspreis je Einheit,
5. den durchschnittlichen prozentualen Gewinn im Verhältnis zu den Herstellungsaufwendungen des Umsatzes bzw. zum Herstellungsaufwand je Erzeugnis bei Aufgabe 2.

4 **Konten:** EBK, Maschinen, Rohstoffe, Hilfsstoffe, Betriebsstoffe, Fertige Erzeugnisse, Forderungen a. LL, Bank, Kasse, Eigenkapital, Verbindlichkeiten a. LL, Umsatzerlöse, Bestandsveränderungen, Aufwendungen für Rohstoffe, Aufwendungen für Hilfsstoffe, Aufwendungen für Betriebsstoffe, Aufwendungen für Energie, Löhne, GuV, SBK.

Anfangsbestände:

	EUR		EUR
Maschinen	270 000,00	Forderungen a. LL	51 300,00
Rohstoffe	48 000,00	Bank	567 700,00
Hilfsstoffe	17 000,00	Kasse	2 000,00
Betriebsstoffe	7 800,00	Eigenkapital	831 800,00
Fertige Erzeugnisse	16 200,00	Verbindlichkeiten a. LL	148 200,00

Das Industrieunternehmen fertigte im Geschäftsjahr 262 000 Einheiten eines Erzeugnisses.

Geschäftsfälle:

	EUR	EUR
1. **ER, KB:** Barkauf von Heizungsmaterial zur Energieerzeugung		1 880,00

	EUR	EUR

2. BA KB: *Kunden bezahlen Rechnungen*
   a) *durch Bankscheck* 45 600,00
   b) *bar* 3 420,00   49 020,00
3. ER: *Einkauf von Rohstoffen auf Ziel* 401 720,00
4. AR: *Zielverkauf von fertigen Erzeugnissen* 912 000,00
5. BA: *Banküberweisungen für*
   a) *Lohnzahlung an Facharbeiter* 314 400,00
   b) *Liefererrechnung* 108 300,00   422 700,00
6. BA, KB, AR: *Verkäufe von fertigen Erzeugnissen*
   a) *gegen Bankscheck* 30 088,00
   b) *bar* 8 000,00   38 088,00
7. ER: *Einkauf von Hilfsstoffen auf Ziel* 64 000,00
8. BA, ER: *Kauf einer Werkzeugmaschine mit Bankscheck* 120 000,00

Abschlussangaben:
Endbestände lt. Inventur:

Rohstoffe	41 000,00
Hilfsstoffe	21 000,00
Betriebsstoffe	6 800,00

Die Bestandsdifferenz an Betriebsstoffen entstand durch Verbrauch von Schmierstoffen für Maschinen und Verpackungsmaterial für Lieferungen an Kunden.

Fertige Erzeugnisse 36 000,00
a) *Buchen Sie die Geschäftsfälle und führen Sie den Abschluss durch.*
b) *Berechnen Sie*
   1. *den Herstellungsaufwand und den Verkaufspreis für eine Erzeugniseinheit,*
   2. *den Erfolg je Einheit in EUR und in Prozent vom Herstellungsaufwand.*

5 *Eine Bierbrauerei produzierte im Geschäftsjahr .. insgesamt 4 000 hl Bier. An Materialien sind dazu Gerste und Wasser als Rohstoff sowie Hopfen und Bierhefe als Hilfsstoffe erforderlich. Wasser, das nicht zu Bier verarbeitet wird, ist Betriebsstoff.*

Konten: *EBK, Rohstoffe, Hilfsstoffe, Fertige Erzeugnisse, Forderungen a. LL, Bank, Kasse, Eigenkapital, Verbindlichkeiten a. LL, Umsatzerlöse, Bestandsveränderungen, Aufwendungen für Rohstoffe, Aufwendungen für Hilfsstoffe, Aufwendungen für Betriebsstoffe, Aufwendungen für Energie, Löhne, Gehälter, Mieten, GuV, SBK.*

Anfangsbestände:

	EUR		EUR
Rohstoffe	28 000,00	Bank	175 000,00
Hilfsstoffe	7 000,00	Kasse	900,00
Fertige Erzeugnisse	2 800,00	Eigenkapital	161 280,00
Forderungen a. LL	51 300,00	Verbindlichkeiten a. LL	103 720,00

Geschäftsfälle:

	EUR	EUR

1. ER: *Einkauf von Materialien auf Ziel*
   a) *Gerste* 100 280,00
   b) *Hopfen* 8 000,00   108 280,00
2. BA: *Banküberweisungen für*
   a) *Miete der gemieteten Betriebsanlagen* 50 400,00
   b) *Strom- und Gasverbrauch* 19 000,00
   c) *Wasserverbrauch* 880,00   70 280,00
   Davon betreffen 280,00 EUR unmittelbar die Bierproduktion ,
3. KB, BA: *Zahlungen von Kunden für fällige Rechnungen*
   a) *bar* 9 120,00
   b) *mit Bankscheck* 34 200,00   43 320,00

	EUR	EUR
4. **KB, ER:** Kauf von Bierhefe gegen Barzahlung		320,00
5. **BA:** Banklastschriften für		
a) Lohnzahlung an Facharbeiter	75 600,00	
b) Gehälter an Angestellte	28 000,00	103 600,00
6. **AR, KB:** Verkäufe von fertigen Erzeugnissen		
a) auf Ziel: 2 440 hl à 78,40 EUR	191 296,00	
b) bar: 100 hl à 78,40 EUR	7 840,00	199 136,00
7. **BA:** Banküberweisung an Lieferer		22 800,00
8. **AR, BA:** Verkauf von 1 300 hl Bier à 78,40 EUR gegen		
Bankscheck		101 920,00

Abschlussangaben:

Endbestände lt. Inventur:

Rohstoffe	30 280,00
Hilfsstoffe	7 200,00
Fertige Erzeugnisse: 200 hl Pils im Werte von	14 000,00

a) Buchen Sie die Geschäftsfälle und führen Sie den Abschluss durch.

b) Berechnen Sie

1. die Summe der Herstellungsaufwendungen für die Fertigung im abgelaufenen Geschäftsjahr,

2. die Summe der Herstellungsaufwendungen für die umgesetzten Erzeugnisse,

3. den Gewinn je hl in EUR und in Prozent vom Herstellungsaufwand,

4. die im Geschäftsjahr erreichte Eigenkapitalrentabilität.

6 Eine Kaffeegroßrösterei stellte im Geschäftsjahr 90 480 kg Röstkaffee her. Sie setzte folgende Materialien ein:

Rohstoffe: Rohkaffee (Kolumbia-Kaffee und Santos-Kaffee)

Hilfsstoffe: Schellackpulver zum Glasieren des Röstkaffees und Verpackungen mit Werbe- und Firmenaufdruck

Konten: EBK, Maschinen, Rohstoffe, Hilfsstoffe, Fertige Erzeugnisse, Forderungen a. LL, Bank, Kasse, Eigenkapital, Verbindlichkeiten a. LL, Umsatzerlöse, Bestandsveränderungen, Aufwendungen für Rohstoffe, Aufwendungen für Hilfsstoffe, Aufwendungen für Energie, Fremdinstandsetzung, Löhne, Gehälter, Werbung, Gewerbesteuer, GuV, SBK.

Anfangsbestände:	EUR		EUR
Maschinen	320 000,00	Bank	470 000,00
Rohstoffe	40 000,00	Kasse	7 438,00
Hilfsstoffe	3 000,00	Eigenkapital	815 400,00
Fertige Erzeugnisse	4 500,00	Verbindlichkeiten a. LL	84 600,00
Forderungen a. LL	55 062,00		

Geschäftsfälle:	EUR	EUR
1. **KB:** Barausgaben für		
a) die Reparatur einer Maschine	572,00	
b) eine Werbeanzeige in der Tageszeitung	3 000,00	3 572,00
2. **BA:** Kauf einer Röstmaschine gegen Bankscheck		130 000,00
3. **BA:** Banküberweisung für		
a) Gewerbesteuer	10 000,00	
b) Lohnzahlung an die Facharbeiter	125 541,00	
c) Gehaltszahlung an die Angestellten	16 965,00	152 506,00
4. **ER:** Zieleinkauf von Kolumbia-Kaffee		361 920,00
5. **AR, BA:** Verkauf von 9 000 kg „Ideal"-Kaffee gegen		
Bankscheck		94 500,00

	EUR	EUR
*6. **ER, BA:** Kauf von Santos-Kaffee gegen Bankscheck*		*86 480,00*
*7. **AR, KB:** Verkäufe von Röstkaffee „Ideal"*		
a) 80 000 kg auf Ziel	*840 000,00*	
b) 1 600 kg bar	*16 800,00*	*856 800,00*
*8. **ER:** Zieleinkauf von Schellackpulver und Verpackungsmaterial*		*22 358,00*
*9. **BA:** Banküberweisung für Strom- und Gasverbrauch*		*27 144,00*
*10. **KB, BA:** Zahlungen von Kunden*		
a) bar	*9 576,00*	
b) per Banküberweisung	*478 800,00*	*488 376,00*

Abschlussangaben:

Endbestände lt. Inventur:

Rohstoffe	*13 380,00*
Hilfsstoffe	*5 000,00*
Fertige Erzeugnisse	*3 600,00*

a) Buchen Sie die Geschäftsfälle und führen Sie den Abschluss durch.

b) Beantworten Sie folgende Fragen zur Auswertung:

1. *Wie viel EUR beträgt der gesamte Herstellungsaufwand für die produzierte Menge Röstkaffee?*
2. *Wie viel EUR musste die Kaffee-Rösterei zur Herstellung von 1 kg „Ideal"-Kaffee aufwenden?*
3. *Wie viel EUR beträgt der Herstellungsaufwand für die verkaufte Menge Röstkaffee?*
4. *Welche Aussage können Sie zum Verhältnis von Produktion und Absatz in diesem Geschäftsjahr machen?*
5. *Aus welchem Grunde unterscheiden sich die Herstellungsaufwendungen der verkauften Menge „Ideal"-Kaffee von den Herstellungsaufwendungen der produzierten Menge „Ideal"-Kaffee?*
6. *Wie hoch war der Gewinn, der beim Verkauf jeder Einheit (kg) „Ideal"-Kaffee erzielt wurde (in EUR und in % des Herstellungsaufwandes)?*
7. *Wie hat sich das eingesetzte Kapital im Geschäftsjahr verzinst?*

3.6 Organisation der Buchführung

3.6.1 Grundsätze ordnungsmäßiger Buchführung (GoB)

Die ganze Abteilung steht Kopf. Der Betriebsprüfer des Finanzamtes Köln-West, der seit Tagen im Hause ist, verlangt bei mehreren Buchungen die Vorlage der Belege. Sogar Vorgänge, die bereits Jahre zurückliegen, will er nachgewiesen haben. Umgekehrt will er bei einigen Belegen wissen, ob sie gebucht sind. Bei Belegen in Englisch und Französisch macht er die Bemerkung: „Wo sind wir denn hier?" Silvia Land meint an Frau Kluge gewandt: „Sind die vom Finanzamt immer so und muss man sich das bieten lassen?"

Arbeitsauftrag Stellen Sie Gründe zusammen, weshalb der Betriebsprüfer Belege für die einzelnen Buchungen verlangt.

■ Interessenten an einer ordnungsmäßigen Buchführung

An einer ordnungsmäßigen Buchführung sind der **Unternehmer** selbst, **Gläubiger** und der **Staat** interessiert.

- **Dem Unternehmer liefert sie Informationen über das Ergebnis seiner Entscheidungen in der Vergangenheit und Grundlagen für künftige Entscheidungen.**
- **Die Buchführung dient dem Gläubigerschutz. Nach einheitlichen Grundsätzen festgestellte Ergebnisse sind vergleichbar.**
- **Gewinn und Umsatz sind wichtige Besteuerungsgegenstände. Im Sinne gerechter Steuererhebung ist der Staat somit an einer einheitlichen Feststellung dieser Besteuerungsgrößen interessiert.**

■ Oberster Grundsatz einer ordnungsmäßigen Buchführung

Die **Grundsätze ordnungsmäßiger Buchführung** sind eine **Zusammenfassung von Kriterien** zur Beurteilung der Frage, ob die Buchführung nach Form und Inhalt den Anforderungen entspricht, die ein **gewissenhafter Kaufmann** im Allgemeinen als ordnungsgemäß bezeichnen würde. Einige Gesetzesvorschriften, die zu den Grundsätzen ordnungsmäßiger Buchführung rechnen, sind im HGB enthalten. Andere Grundsätze ergeben sich aufgrund der Erfahrungen der kaufmännischen Praxis und der Entscheidungen der Gerichte. Sie sind jedoch **nicht zusammengefasst gesetzlich festgelegt** worden.

Für die Ordnungsmäßigkeit der Buchführung gilt folgender **grundlegender Beurteilungsmaßstab**: Die Buchführung muss so gestaltet und geordnet sein, dass **sowohl** der **Unternehmer** als auch ein **sachverständiger Dritter** sich ohne große Schwierigkeiten und in angemessener Zeit einen Überblick über die Geschäftsfälle und über die Vermögenslage des Unternehmens verschaffen können (vgl. § 238 Abs. 1 HGB).

Dazu sind die in § 257 Abs. 1 HGB genannten Unterlagen aufzubewahren und bei Anforderung der Finanzverwaltung vorzulegen:

> **§ 257 Abs. 1 HGB:** Jeder Kaufmann ist verpflichtet, folgende Unterlagen geordnet aufzubewahren:
> 1. Handelsbücher, Inventare, Eröffnungsbilanzen, Jahresabschlüsse,
> 2. die empfangenen Handelsbriefe,
> 3. Wiedergaben der abgesandten Handelsbriefe,
> 4. Belege für die Buchungen in den von ihm nach § 238 Abs. 1 HGB zu führenden Büchern (Buchungsbelege)
> **Abs. 4:** Die im Absatz 1 Nr. 1 und Nr. 4 aufgeführten Unterlagen sind 10 Jahre und die sonstigen in Absatz 1 aufgeführten Unterlagen 6 Jahre aufzubewahren.

■ Weitere Grundsätze

Weitere **wichtige Grundsätze**, die bei der Führung der Handelsbücher und bei der Aufstellung des Jahresabschlusses beachtet werden müssen, zeigt die folgende Übersicht:

Grundsätze	Erklärung	Rechts-grundlage
• Die Buchführung muss **wahr** und **vollständig** sein.	Alle Geschäftsfälle müssen erfasst werden. Die Beleginhalte und Buchungen müssen die tatsächlichen Vorgänge widerspiegeln.	§ 239 HGB § 146 AO

Grundsätze	Erklärung	Rechts-grundlage
• Buchungen müssen **zeitnah** durchgeführt werden.	Kasseneinnahmen u. -ausgaben sollen täglich aufgeschrieben werden. Kreditgeschäfte eines Monats sollten bis zum Ablauf des folgenden Monats grundbuchmäßig erfasst werden. Die dazu vorliegenden Belege sollten fortlaufend nummeriert werden.	§ 239 HGB
• **Änderungen, Berichtigungen**	Änderungen und Berichtigungen sind so durchzuführen, dass der ursprüngliche Inhalt und die späteren Änderungen erkennbar bleiben. Das gilt auch für die computerunterstützte Buchführung. Das Radieren geschriebener bzw. das Löschen oder Überschreiben aufgezeichneter Daten ist daher nicht zulässig.	§ 239 HGB § 146 AO
• **Sprache** und **Schriftzeichen**	Die Bücher können in jeder lebenden Sprache, die ins Deutsche übertragen werden kann, geführt werden. Die Verwendung von Abkürzungen, Ziffern, Buchstaben oder Symbolen ist statthaft, wenn deren Bedeutung festgelegt worden ist. Der Jahresabschluss ist in deutscher Sprache und in EUR aufzustellen.	§§ 239, 244 HGB § 146 AO
• **Aufbewahrung** von Buchungsbelegen und Handelsbüchern	**10 Jahre:** Handelsbücher (z. B. Grund- und Hauptbuch), Jahresabschlüsse (Bilanz, Gewinn- und Verlustrechnung, Anhang), Arbeits- und Organisationsunterlagen zur Buchführung (Programme, Ablaufpläne) und Buchungsbelege (ER, AR-Kopien, Kontoauszüge der Banken, Quittungen). **6 Jahre:** Empfangene Geschäftsbriefe und Wiedergaben abgesandter Geschäftsbriefe und sonstige Unterlagen (z. B. Verträge), soweit sie für die Nachvollziehbarkeit von Belegen und für die Besteuerung von Bedeutung sind.	§ 257 HGB § 147 AO

Weist eine Buchhaltung **schwerwiegende Mängel** auf, kann vom Finanzamt eine Schätzung des Ergebnisses vorgenommen werden.

Beispiele für schwerwiegende Mängel
- *Geschäftsfälle wurden nicht oder falsch gebucht.*
- *Ein Teil der Lagerbestände wurde nicht ins Inventar aufgenommen.*

Werden solche Tatbestände vorsätzlich oder grob fahrlässig herbeigeführt, kann der Tatbestand der Steuergefährdung oder gar der Steuerhinterziehung vorliegen. Für beide sieht der Gesetzgeber Geldbußen oder Bestrafung vor.

Zusammenfassung: Grundsätze ordnungsmäßiger Buchführung (GoB)

• Die Buchführung muss so gestaltet und geordnet sein, dass sich ein sachverständiger Dritter in angemessener Zeit einen Einblick in die **tatsächliche** Vermögenslage verschaffen kann. Deshalb gelten folgende **Grundsätze**:
  – Wahrheit und Vollständigkeit
  – Zeitnähe
  – lebende Sprache, Erklärung von Symbolen und Abkürzungen
  – Änderungen und Berichtigungen müssen erkennbar bleiben
  – Aufbewahrung der Handelsbücher, der Buchungsbelege und der Handelsbriefe und sonstigen Unterlagen

Aufgaben

1 Erläutern Sie die folgenden Grundsätze einer ordnungsmäßigen Buchführung:

   a) Wahrheit   d) Belegzwang

   b) Vollständigkeit   e) Aufbewahrungspflicht

   c) Zeitnähe   f) Klarheit

2 Begründen Sie die Verpflichtung zur ordnungsmäßigen Buchführung aus der Sicht

   a) des Unternehmers,   b) des Gläubigers,   c) des Staates.

3 Stellen Sie einen Katalog von Forderungen zusammen, den Sie an eine ordnungsmäßige Buchführung stellen.

3.6.2 Kontenrahmen und Kontenplan

Von Zeit zu Zeit vergleicht die Geschäftsführung der Bürodesign GmbH ihren Betrieb mit anderen Betrieben. Der Betriebsvergleich hilft ihr, die Wirtschaftlichkeit des eigenen Betriebes besser zu beurteilen. Vom Landesverband der Möbelindustrie erhält sie Vergleichszahlen über den Anteil einzelner Vermögenspositionen am Gesamtvermögen und einzelner Kapitalpositionen am Gesamtkapital.

Vergleiche dieser Art setzen aber voraus, dass die Buchhaltung der Bürodesign GmbH die Konteninhalte so festlegt wie die Vergleichsbetriebe.

Arbeitsaufträge   ▶   Stellen Sie die Anforderungen an die Buchführung der Bürodesign GmbH für eine Vergleichbarkeit mit anderen Betrieben der Branche zusammen.

                  ▶   Erläutern Sie Ziele solcher Betriebsvergleiche.

■ Kontenrahmen

Ein wichtiges Ordnungsmittel zur Herbeiführung der **Ordnungsmäßigkeit der Buchführung** ist der Kontenrahmen mit der **Gliederung der Konten und der Abgrenzung der Konteninhalte**. Er gibt den Unternehmen eine **Übersicht sämtlicher Konten**, die in der Finanzbuchhaltung dieser Unternehmen notwendig sein könnten.

● Aufbau des Kontenrahmens:

Der Kontenrahmen ist nach dem **Zehnersystem** (Dezimalklassensystem, dekadisches System) aufgebaut. Jedes Konto (z. B. Betriebs- und Geschäftsausstattung) ist durch eine Ziffernfolge (z. B. 08) gekennzeichnet. Aufgrund der 10 Ziffern von 0 bis 9 wurden 10 **Kontenklassen** eingerichtet. Jede Kontenklasse wird in 10 **Kontengruppen** eingeteilt. Jede Kontengruppe kann wiederum 10 Kontenarten aufnehmen. Im Bedarfsfalle können die Kontenarten jeweils in 10 **Kontenunterarten** aufgeteilt werden.

Beispiel

Kontennummer			Stellenwert	Bedeutung	Konteninhalt (Beispiele)
6			**ein**stellig	Konten**klasse**	Betriebliche Aufwendungen
6	8		**zwei**stellig	Konten**gruppe**	Aufwendungen für Kommunikation
6	8	1	**drei**stellig	Konten**art**	Zeitungen und Fachliteratur

Für EDV-Zwecke übliche Kontenrahmen sehen eine gleichbleibende Länge der Kontennummern vor. Durch Auffüllen der leeren Stellen mit Nullen wird die konstante Länge der Kontennummern erreicht.

Der Kontenrahmen sieht zwei Rechnungskreise – **Zweikreissystem** – vor, zwischen denen ein ständiger Datenaustausch besteht. Der **Rechnungskreis I** umfasst mit den Kontenklassen 0 bis 8 die **Finanzbuchhaltung**. Der **Rechnungskreis II**, die **Kosten- und Leistungsrechnung**, kann kontenmäßig oder statistisch in Tabellen (Abgrenzungsrechnung, Betriebsabrechnung, Kostenträgerblatt) durchgeführt werden.

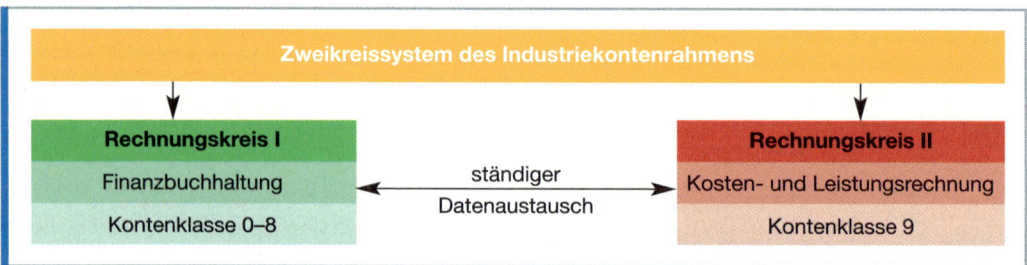

Inhaltlich sind die Konten den Kontenklassen nach dem **Abschlussgliederungsprinzip** zugeordnet:

- Die **Kontenklassen 0 bis 4** enthalten die **Bestandskonten**. Sie sind über das Schlussbilanzkonto abzuschließen.
- Die **Kontenklassen 5 bis 7** beinhalten die **Erfolgskonten**. Sie sind über das Gewinn- und Verlustkonto abzuschließen.
- Die **Kontenklasse 8 schließt** den nach dem Abschlussgliederungsprinzip geordneten **Rechnungskreis I** mit den zur **Eröffnung** und zum **Abschluss** notwendigen Konten.
- Die **Kontenklasse 9** kann für eine buchhalterische Ausgestaltung der **Kosten- und Leistungsrechnung** (Betriebsbuchhaltung) – **Rechnungskreis II** – genutzt werden.

Aufbau des Kontenrahmens										
Rechnungskreis I – Finanzbuchhaltung –										Rechnungskreis II
Konten-bereich	Bestandskonten					Erfolgskonten				
	aktive			passive		Ertrags-konten	Aufwandskonten			
Klasse	0	1	2	3	4	5	6	7	8	9
	Immaterielle Vermögensgegenstände u. Sachanlagen	Finanzanlagen	Umlaufvermögen und aktive Rechnungsabgrenzung	Eigenkapital und Rückstellungen	Verbindlichkeiten u. passive Rechnungsabgrenzung	Erträge	Betriebliche Aufwendungen	Weitere Aufwendungen	Ergebnisrechnung	Datenaustausch →←	Kosten- und Leistungsrechnung KLR

S   8010 Schlussbilanzkonto   H   S   8020 Gewinn- und Verlustkonto   H

aktive Bestandskonten	passive Bestandskonten		Aufwandskonten	Ertragskonten

Abschluss der Bestandskonten			Abschluss: Erfolgskonten (Kl. 5–7)	
aktive (Kl. 0, 1, 2)	passive (Kl. 3, 4)		Aufwand (Kl. 6, 7)	Erträge (Kl. 5)
8010 Schlussbilanzkonto an Kontenklassen 0, 1, 2	Kontenklasse 3, 4 an 8010 SBK		8020 GuV an Kl. 6, 7	Kontenkl. 5 an 8020 GuV

Aufbau und Gliederung der **Bilanz gemäß § 266 HGB** und der **Gewinn- und Verlustrechnung gemäß § 275 HGB** für Kapitalgesellschaften bestimmen Inhalte, Reihenfolge und Unterteilung einzelner Kontenklassen.

● **Bestandskonten:**

Die Kontenklasse 0, 1 und 2 enthalten die aktiven Bestandskonten, die Kontenklassen 3 und 4 die passiven. Diese Konten der Klassen 0 bis 4 werden über das SBK abgeschlossen. Die Inhalte der SBK werden dann für die Bilanzerstellung nach § 266 HGB abgerufen (vgl. S. 416 ff.).

● **Erfolgskonten:**

Die **Reihenfolge der Erfolgskonten** der Kontenklasse 5, 6 und 7 richtet sich weitgehend nach dem **Aufbau der Gewinn- und Verlustrechnung in Staffelform** gemäß § 275 HGB bei Kapitalgesellschaften. Die Gewinn- und Verlustrechnung in Staffelform ist nur für Kapitalgesellschaften zwecks Veröffentlichung des Jahresabschlusses zwingend vorgeschrieben (vgl. S. 415 f.).

Aktiva	**Bilanzgliederung gemäß § 366 HGB**	Passiva

A. Anlagevermögen	**A. Eigenkapital**
I. Sachanlagen	**B. Verbindlichkeiten**
1. Grundstücke und Gebäude	1. Verbindlichkeiten gegenüber
2. Technische Anlagen und	Kreditinstituten
Maschinen	2. Verbindlichkeiten a. LL
3. Andere Anlagen, Betriebs-	3. Sonstige Verbindlichkeiten
Geschäftsausstattung	
II. Finanzanlagen	
B. Umlaufvermögen	
1. Roh-, Hilfs- und Betriebsstoffe	
2. Unfertige Erzeugnisse	
3. Fertige Erzeugnisse	
4. Forderungen a. LL	
5. Flüssige Mittel (Bank, Kasse)	

Gewinn- und Verlustrechnung in Staffelform gem. § 275 HGB

1. Umsatzerlöse für eigene Erzeugnisse
2. Sonstige betriebliche Erträge (Mieterträge, Provisionserträge)
3. Aufwendungen für Roh-, Hilfs- und Betriebsstoffe, Energie und bezogene Leistungen (z. B. Fremdinstandhaltung)
4. Personalaufwand (z. B. Löhne und Gehälter)
5. Abschreibungen
6. Sonstige betriebliche Aufwendungen (z. B. Mieten, Büromaterial, Postentgelte, Telekommunikation, Werbung, Versicherungsbeiträge)
7. **Jahresüberschuss/-fehlbetrag**

So aufgebaute und gegliederte Bilanzen und Gewinn- und Verlustrechnungen werden von Wirtschaftsinstituten und -verbänden zur Ermittlung von Vergleichszahlen genutzt.

■ Kontenplan

Jedes Unternehmen stellt sich bei Beachtung der Besonderheiten seiner **Branche**, seiner **Rechtsform**, seiner **Informationsbedürfnisse** sowie der Größe und Struktur des Unternehmens seinen individuellen Kontenplan auf. Er wird in Anlehnung an den Kontenrahmen, dessen Anwendung nicht verbindlich vorgeschrieben wird, erstellt. Der Kontenplan enthält nur die **Konten, die in der Finanzbuchhaltung** dieser Unternehmung tatsächlich **erforderlich** sind. Andererseits kann aufgrund des dekadischen Gliederungssystems eine tiefere Gliederung einzelner Kontengruppen vorgenommen werden, wenn ein entsprechendes Informationsbedürfnis gegeben ist.

Beispiel

Kontenplan (Auszug) der Bürodesign GmbH, Stolberger Straße 188, 50933 Köln	
05	Grundstücke und Gebäude
050	Unbebaute Grundstücke
0501	Grundstück: Brahestraße 30–32, 04347 Leipzig
0502	Grundstück: Rosenweg 18, 53225 Bonn
051	Bebaute Grundstücke
0511	Grundstück: Stolberger Straße 188, 50933 Köln
0512	Grundstück: Schlossstraße 28, 04347 Leipzig
053	Betriebsgebäude
0531	Verwaltungsgebäude: Stolberger Straße 188, 50933 Köln
0532	Lagerhalle II: Stolberger Straße 188, 50933 Köln
0533	Lagerhalle II: Stolberger Straße 188, 50933 Köln
0534	Vertriebsniederlassung: Brahestraße 30–32, 04347 Leipzig

● **Sach- und Personenkonten:**

Aus den Konten des Hauptbuches, den sogenannten **Sachkonten**, kann der Unternehmer beispielsweise nicht ersehen, wie hoch seine Schulden gegenüber einzelnen Lieferern (**Kreditoren**) oder seine Forderungen gegenüber einzelnen Kunden (**Debitoren**) sind. Daher werden in der so genannten **Kontokorrentbuchhaltung** die Hauptbuchkonten 2400 Forderungen a. LL durch **Personenkonten** für die einzelnen Kunden (**Debitorenkonten**) und 4400 Verbindlichkeiten a. LL durch Personenkonten für die einzelnen Lieferer (**Kreditorenkonten**) erläutert (vgl. 165 ff.).

Beispiel *Die Geschäftsleitung will wissen, ob, wieweit und wann der Kunde Klaus Oswald die AR 520 aufgrund einer Warenlieferung beglichen hat.*

Die für die Vermögensgegenstände und Schulden eingerichteten Sachkonten und die für die Kunden und Lieferer eingerichteten Personenkonten bilden gemeinsam die Konten des Kontenplans einer Unternehmung.

Zusammenfassung: Kontenrahmen und Kontenplan

- Der Kontenrahmen **unterstützt** die **Übersichtlichkeit** und **Einheitlichkeit** der Finanzbuchhaltung.
- Der Kontenrahmen ist aufgeteilt in die beiden selbstständigen **Rechnungskreise Finanzbuchhaltung** sowie **Kosten- und Leistungsrechnung**.
- Der Konterahmen ist nach dem **Dezimalklassifikationssystem** aufgebaut. Er enthält Konten**klassen**, Konten**gruppen** und Konten**arten**.
- Die Anordnung sowie die Bezeichnung der Konten orientieren sich am **Abschlussgliederungsprinzip**, sodass sich ohne großen Aufwand aufgrund des Kontenrahmens aus den Konten die Angaben für die Bilanz, die Gewinn- und Verlustrechnung sowie den Anhang ergeben.
- Die **Bestandskonten** der **Kontenklassen 0 bis 4** sind über das Konto **8010 Schlussbilanzkonto**, die **Erfolgskonten** der **Kontenklassen 5 bis 7** über das Konto **8020 Gewinn und Verlust** abzuschließen.
- **Grundlage** zur Aufstellung des **Kontenplans** ist der **Kontenrahmen**.
- Der Kontenplan enthält die Konten, die ein bestimmtes Unternehmen aufgrund seiner **Rechtsform**, seines **Informationsbedürfnisses**, seiner **Branche** sowie seiner **Größe** und **Struktur** benötigt.

- Mithilfe des Kontenplans werden die **Eröffnungsvorgänge**, die täglich anfallenden **Geschäftsfälle** und die **Abschlussvorgänge** kontiert.
- Die **Kontokorrentkonten** dienen der näheren **Erläuterung der Hauptbuchkonten „2400 Forderungen a. LL"** und „**4400 Verbindlichkeiten a. LL"**.

Aufgaben

1 a) *Erstellen Sie folgendes Einteilungsschema:*

Kl. 0 und 1 Anlage- vermögen	Kl. 2 Umlauf- vermögen	Kl. 3 Eigen- kapital	Kl. 4 Schulden	Kl. 5 Erträge	Kl. 6 und 7 Aufwen- dungen	Kl. 8 Eröffnung und Abschluss

b) *Ordnen Sie folgende Kontenbezeichnungen den Kontenklassen des Einteilungsschemas zu: Umsatzerlöse für Erzeugnisse, EBK, Unbebaute Grundstücke, Energie, Fuhrpark, Rohstoffaufwand, Forderungen a. LL, Verbindlichkeiten a. LL, SBK, Maschinen, GuV-Konto, Eigenkapital, Geschäftsausstattung, Löhne, Gehälter, Bebaute Grundstücke, Büromaterial, Langfristige Verbindlichkeiten gegenüber Kreditinstituten, Sonstige Finanzanlagen/Darlehensforderungen, Kasse, Bankguthaben, Rohstoffe, Erzeugnisse, Bestandsveränderungen.*

2 *Geben Sie die EDV-gerechten Kontennummern für folgende Kontenarten an: Mieten/Pachten, Umsatzerlöse für Erzeugnisse, EBK, Eigenkapital, Maschinen, Sonstige Finanzanlagen (Darlehensforderungen), Energie, Rohstoffaufwand, GuV-Konto, Bankguthaben, Unbebaute Grundstücke, Darlehensschuld gegenüber der Bank, Gehälter, Gewerbesteuer, Mieterträge, Fuhrpark, Postentgelte/Telekommunikation, Forderungen a. LL, Büromaterial, SBK, Fremdinstandhaltung, Verbindlichkeiten a. LL, Provisionserträge, Kasse, Rohstoffe, Erzeugnisse, Bestandsveränderungen.*

3 *Bilden Sie unter Verwendung der Kontennummern die Buchungssätze zu den nachstehenden Geschäftsfällen eines Industrieunternehmens:*

	EUR
1. **ER, BA:** *Einkauf von Rohstoffen gegen Zahlung mit Bankscheck*	27 360,00
2. **AR, BA:** *Verkauf von Erzeugnissen gegen Zahlung mit Bankscheck*	34 200,00
3. **BA:** *Banküberweisung der Gehälter an die Angestellten*	80 000,00
4. **KB:** *Barzahlung des Beitrages zur Industrie- und Handelskammer*	500,00
5. **BA:** *Banküberweisung der Tilgungsrate für ein Bankdarlehen*	10 000,00
6. **AR, KB:** *Barverkauf von Erzeugnissen*	570,00
7. **BA:** *Banküberweisung der Gewerbesteuer an die Stadt*	4 000,00
8. **BA:** *Abbuchung der Kfz-Versicherung für den betrieblichen Pkw*	600,00

9. ***Abschlussbuchungen:***

a) *Abschluss des Kontos Forderungen a. LL*	95 000,00
b) *Abschluss des Kontos Aufwendungen für Rohstoffe*	310 000,00
c) *Abschluss des Kontos Umsatzerlöse für Erzeugnisse*	650 000,00
d) *Verlust des Geschäftsjahres*	75 000,00
e) *Abschluss des Kontos Eigenkapital*	420 000,00

4 a) *Geben Sie mithilfe des Kontenrahmens zu folgenden Buchungssätzen die Kontenbezeichnung an.*

	EUR			EUR
1. *2800 an 2880*	6 000,00	4. *6900 an 2800*		1 200,00
2. *4400 an 2800*	7 980,00	5. *6200 an 2800*		11 000,00
3. *7000 an 2800*	5 000,00	6. *2800 an 2400*		2 052,00

7. 6000 an 4400	36 480,00	10. 6050 an 2800	3 800,00
8. 6160 an 4400	900,00	11. 5200 an 2200	14 200,00
9. 6800 an 4400	1 100,00		

b) Nennen Sie den Geschäftsfall, der den einzelnen Buchungssätzen zugrunde liegt.

5 Kontenplan einer Industrieunternehmung: 0510, 0800, 1600, 2200, 2400, 2800, 2880, 3000, 4250, 4400, 5100, 5200, 5400, 5710, 6000, 6050, 6160, 6200, 6710, 6800, 6870, 6920, 7000, 7510, 8000, 8010, 8020.

Anfangsbestände:

	EUR		EUR
0510 Grundstück mit Gebäude	470 000,00	0800 Betriebs- und Geschäfts-ausstattung	230 000,00
1600 Darlehensforderung	40 000,00	2800 Bank	340 000,00
2200 Fertige Erzeugnisse	60 000,00	2880 Kasse	6 200,00
2400 Forderung a. LL	79 800,00	4250 Darlehensschulden	234 800,00
3000 Eigenkapital	900 000,00	4400 Verbindlichkeiten a. LL	91 200,00

Geschäftsfälle:

	EUR	EUR
1. **BA vom 01.12.:** Lastschriften		
a) Abbuchung vom Energiewerk: Strom- und Gasverbrauch	43 000,00	
b) Erhaltungsreparaturen am Gebäude gegen Bankscheck	15 000,00	58 000,00
2. **BA vom 02.12.:** Verkäufe von Erzeugnissen gegen Bankscheck		64 600,00
3. **ER vom 03.12.:** Zieleinkauf von Rohstoffen		420 000,00
4. **KB vom 10.12.:** Kassenausgaben		
a) Barkauf von Büromaterialien	570,00	
b) Beitrag zur Industrie- und Handelskammer	430,00	1 000,00
5. **AR vom 11.12.:** Verkäufe von Erzeugnissen		
a) gegen Bankscheck	380 000,00	
b) auf Ziel	520 000,00	900 000,00
6. **BA vom 14.12.:** Gutschriften		
a) Mieter zahlten Mieten durch Banküberweisung	27 400,00	
b) Kunden bezahlten fällige AR durch Banküberweisungen . .	502 900,00	530 300,00
7. **BA vom 15.12.:** Banküberweisungen		
a) an den Darlehensgeber wegen Zinsen	28 000,00	
b) an die Stadtkasse wegen Gewerbesteuer	23 000,00	51 000,00
8. **BA vom 24.12.:** Lastschriften		
a) Lohnzahlungen an Arbeitskräfte	170 000,00	
b) Leasingzahlungen an Vermieter der gemieteten Lkw	30 000,00	
c) Banküberweisung an Werbeagentur wegen einer Aktion	12 000,00	212 000,00
9. **KB vom 28.12.:** Darlehensnehmer zahlte die Zinsen bar . .		2 000,00
10. **BA vom 29.12.:** Gutschriften		
a) Darlehensnehmer überwies Tilgungsrate	5 000,00	
b) Verkauf eines Grundstücks gegen Bankscheck	20 000,00	25 000,00
11. **BA vom 30.12.:** Lastschriften		
a) Banküberweisung an Lieferer für fällige ER	396 320,00	
b) Kauf eines Personalcomputers gegen Scheckzahlung . . .	7 000,00	403 320,00

Abschlussangabe:

Endbestand an Erzeugnissen lt. Inventur 45 000,00

Führen Sie die Finanzbuchhaltung zur Ermittlung des Jahresabschlusses durch.

Um die Bearbeitung der Aufgabe mit einer computerunterstützten Finanzbuchhaltung durchzuführen, wurde zu jedem Geschäftsfall jeweils das Datum angegeben. Bei manueller Buchführung sind diese Daten nicht von Bedeutung.

6 Nennen Sie die Geschäftsfälle, die den Buchungen auf folgendem Bankkonto zugrunde liegen.

S		2800 Bank		H
1. 8000	69 000,00	3. 4400		12 880,00
2. 2400	30 360,00	4. 6700		3 400,00
6. 2880	19 665,00	5. 0860		1 250,00
9. 5000	42 415,00	7. 6800		287,00
10. 0840	3 500,00	8. 6300		14 200,00
		11. 8010		132 923,00
	164 940,00			164 940,00

7 a) Erstellen Sie einen Kontenrahmen mit den bisher bekannten Konten nach dem Abschlussgliederungsprinzip.

b) Kennzeichnen Sie
- aktive Bestandskonten,
- passive Bestandskonten,
- Aufwandskonten und
- Ertragskonten

mit unterschiedlichen Farbrastern.

c) Warum empfehlen die Industrieverbände der Bundesrepublik Deutschland ihren Mitgliedern einen einheitlichen Kontenrahmen?

d) Begründen Sie an Beispielen mögliche Abweichungen des Kontenplans der Bürodesign GmbH vom Schulkontenrahmen im Anhang dieses Lehrbuches.

3.6.3 Nebenbücher der Buchführung

Aufgrund größerer Aufträge der Kunden Schneider & Co. OHG, Iserlohn, und Klaus Oswald e. K., Dresden, bittet Herr Stein Frau König um eine Aufstellung über bisherige Umsätze, Zahlungen und offene Posten dieser Kunden. Ebenfalls möchte er eine Übersicht über Umsätze einzelner Artikel haben.

Frau König bittet Frau Land, Grundbuch und Hauptbuch hierfür auszuwerten.

Silvia Land ist sehr enttäuscht über den Informationswert der beiden Bücher.

Arbeitsaufträge ▶ Sammeln Sie Gründe, warum Silvia Land enttäuscht über die Aussagekraft der beiden Bücher ist.

▶ Machen Sie Verbesserungsvorschläge, um die von Herrn Stein gewünschten Informationen abrufen zu können.

Die Übersicht, die das Hauptbuch über die Vermögens- und Kapitalveränderungen vermittelt, genügt bei einigen Posten nicht.

Aus den Konten des Hauptbuches ist nicht ersichtlich, wie hoch die Schulden gegenüber einzelnen Lieferern oder die Forderungen gegenüber einzelnen Kunden sind. Aus dem Konto Umsatzerlöse für Erzeugnisse geht nicht hervor, mit welchen Artikeln die Umsätze erreicht wurden.

Daher werden verschiedene **Nebenbücher** – meistens in Dateiform – geführt, in denen die **Buchungen einzelner Hauptbuchkonten** näher **erläutert** werden:

- Kunden- oder Debitorenbuchhaltung
- Lieferer- oder Kreditorenbuchhaltung
- Lagerbuchhaltung

In den Nebenbüchern werden **keine Buchungen mit Gegenbuchungen** vorgenommen, sondern lediglich Übertragungen. Der Inhalt der Eintragungen in den Nebenbüchern muss jedoch mit dem Inhalt der Buchungen auf den entsprechenden Sachkonten übereinstimmen.

● **Kontokorrentbuch:**

Kundenforderungen und Liefererschulden werden im **Hauptbuch** auf den **Sachkonten „2400 Forderungen a. LL"** und **„4400 Verbindlichkeiten a. LL"** mit den entsprechenden Gegenbuchungen erfasst.

Aus dem Konto „2400 Forderungen a. LL" kann der Unternehmer nicht ersehen, wie hoch seine Forderungen gegenüber einzelnen Kunden sind.

Aus dem Konto „4400 Verbindlichkeiten a. LL" geht nicht hervor, wie hoch die Schulden gegenüber einzelnen Lieferern sind.

Daher wird für jeden einzelnen Kunden und Lieferer im **Kontokorrentbuch** ein eigenes Konto (Datei) geführt.

Beispiel *Konto des Kunden Klassik 2000 GmbH:*
D 24001 Klassik 2000 GmbH, Hagenstraße 130, 59075 Hamm

Datum	Beleg	Text	Soll	Haben
02.01.		Saldovortrag: AR 7531	10 350,00	
10.01.	BA 009	Überprüfung AR 7531		10 350,00
16.03.	AR 8428	Zielverkauf von Erzeugnissen	35 650,00	
30.03.	BA 092	Überweisung AR 8428		35 650,00
18.12.	AR 32375	Zielverkauf	69 000,00	
31.12.		Saldo: AR 32375		69 000,00
			115 000,00	115 000,00

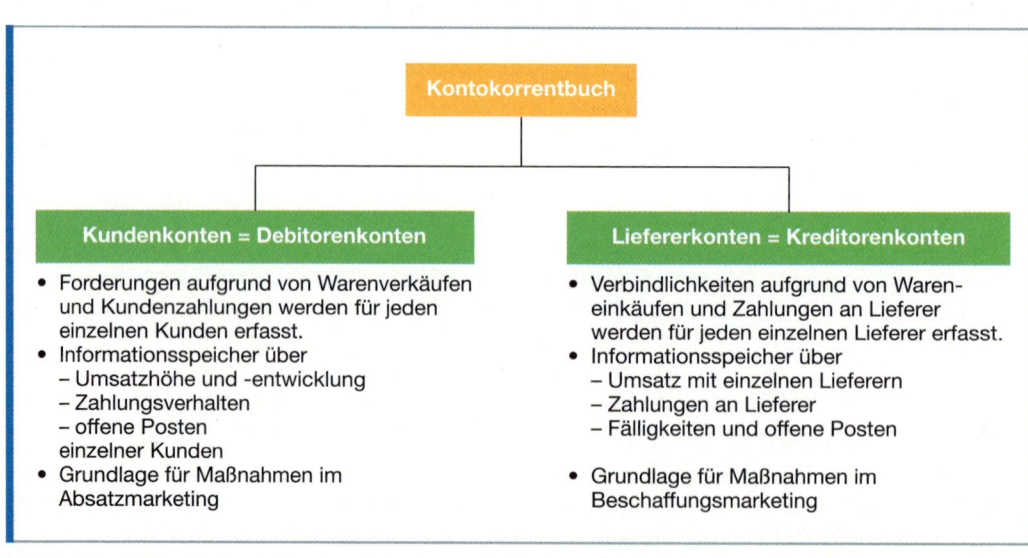

Kontokorrentbuch

Kundenkonten = Debitorenkonten

- Forderungen aufgrund von Warenverkäufen und Kundenzahlungen werden für jeden einzelnen Kunden erfasst.
- Informationsspeicher über
  - Umsatzhöhe und -entwicklung
  - Zahlungsverhalten
  - offene Posten
  einzelner Kunden
- Grundlage für Maßnahmen im Absatzmarketing

Liefererkonten = Kreditorenkonten

- Verbindlichkeiten aufgrund von Wareneinkäufen und Zahlungen an Lieferer werden für jeden einzelnen Lieferer erfasst.
- Informationsspeicher über
  - Umsatz mit einzelnen Lieferern
  - Zahlungen an Lieferer
  - Fälligkeiten und offene Posten
- Grundlage für Maßnahmen im Beschaffungsmarketing

▶ *Lagerbuchhaltung:*

Das Lagerbuch enthält für **jede Werkstoffart** ein **eigenes Konto**. Die einzelnen Konten dienen insbesondere der **mengenmäßigen Kontrolle** der Lagerbestände und werden daher zumeist nur für mengenmäßige Bestandsveränderungen geführt. Im Rahmen einer **permanenten Inventur** wird durch körperliche Inventur mindestens einmal während des Geschäftsjahres der laut Lagerdatei ausgewiesene **Sollbestand** überprüft. Der dann durch Inventur festgestellte **Istbestand** wird in die Lagerdatei als Bestand übernommen. Durch jeden Kauf und Verkauf ändert sich der Bestand. Deshalb muss der Bestand unter Berücksichtigung der weiteren **Zugänge** und **Abgänge** bis zum Jahresabschluss fortgeschrieben werden. In das Inventar kann der zu diesem Stichtag ausgewiesene Bestand als Istbestand laut permanenter Inventur übernommen werden.

Integrierte Buchführungsprogramme beinhalten eine Lagerbuchhaltung, die über Schnittstellen (z. B. Artikel-Nr.) mit der Hauptbuchhaltung verbunden sind.

Zusammenfassung: Nebenbücher der Buchführung

- Bücher der Buchführung
  - **Systembücher:** Inventur- und Bilanzbuch, Grundbuch (Journal), Hauptbuch
  - **Nebenbücher:** Kreditoren-, Debitoren-, Materiallager-, Lohn-, Anlagenbuchhaltung
- **Systembücher** halten den Wertefluss von der Eröffnungs- bis zur Schlussbilanz fest.
- **Zum System der doppelten Buchführung** gehört auch, dass jede Buchung mindestens in zwei Büchern, dem **Grundbuch** und dem **Hauptbuch**, erfasst wird.
- Nebenbücher erläutern durch umfassendere Einzelaufzeichnungen die Buchungen auf bestimmten Sachkonten des Hauptbuches.
- System- und Nebenbücher sind **10 Jahre** aufzubewahren.

Aufgaben

1 *Ordnen Sie folgende Begriffe 1 bis 6 nebenstehenden Erklärungen a) bis f) zu.*

	Begriffe	Erklärungen
1	Hauptbuch	a) Wertbewegung in einer Unternehmung, die buchhalterisch erfasst wird.
2	Journal (Grundbuch)	b) Kürzeste Anweisung für die Durchführung einer Buchung aufgrund eines Beleges.
3	Kontenrahmen	c) Erfassung der Geschäftsfälle in zeitlicher Reihenfolge.
4	Kontenplan	d) Teil der Buchhaltung, in dem die Geschäftsfälle sachlich geordnet erfasst werden.
5	Buchungssatz	e) Systematische Gliederung der Konten, die in der Buchhaltung einer bestimmten Unternehmung geführt werden.
6	Geschäftsfall	f) Systematische Ordnung aller Konten, die in den Betrieben eines bestimmten Wirtschaftszweiges möglich sind.

2 *Buchführung als Spiel.*
Die vierten Buchstaben der 21 Wörter, deren Definitionen oder Synonyme unten angegeben sind, ergeben in der Reihenfolge von oben nach unten einen Grundsatz der ordnungsmäßigen Buchführung:

1. Eintragung des Buchungssatzes im Buchungsstempel
2. Verzeichnis aller Vermögensteile und Schulden
3. Passiva
4. Betriebsvermögen des Unternehmers
5. Bestandsaufnahme
6. Verpflichtungen aus Zielkäufen
7. Vorbereitungsbuchung zum Abschluss
8. Bestandsaufnahme an einem bestimmten Tag
9. Entwertungsstrich
10. Fremdkapital
11. Journal
12. Beleg für Verkäufe
13. Unterkonten des Eigenkapitalkontos
14. kürzeste Form einer Buchungsanweisung
15. dekadisches System
16. Mittelverwendung
17. Saldo der Bestandskonten
18. Buchungsunterlage
19. Differenz zwischen Aufwand und Ertrag
20. Gründer und Leiter eines Betriebes
21. Abfluss von Geldmitteln bei Anschaffungen

3 Die dritten Buchstaben der 12 Wörter, deren Definition oder Synonyme unten angegeben sind, ergeben in der Reihenfolge von oben nach unten den Titel eines Romans von Gustav Freytag:

1. Abbau des Lagerbestandes
2. Rückbuchung
3. Mehrung der Bilanzsumme durch einen Geschäftsfall
4. Grundlage der Betriebsbereitschaft
5. Zweiseitige Rechnung in der Buchführung
6. Buch der Konten einer Unternehmung
7. Saldo der Bestandskonten
8. wichtiger Grundsatz einer ordnungsmäßigen Buchführung
9. Form des Inventars
10. Kundenkonten
11. der Unternehmung befristet überlassenes Kapital
12. Kontenzusammenstellung für die Buchhaltung eines Unternehmens

4 Führen Sie das Konto des Kunden Werner Bange e. K., Eggstr. 36, 79117 Freiburg

	EUR
25.09.: Saldovortrag	47 140,00
30.09.: Bankauszug 189: Überweisung	47 140,00
14.10.: AR 407	38 290,00
27.10.: AR 462	41 225,00
03.11.: Bankauszug 190: Scheck	79 515,00
12.11.: AR 481	21 114,00
24.11.: AR 579	51 945,00
27.11.: Bankauszug 191: Überweisung	70 000,00

Ermitteln Sie den Saldo zum 30. November.

5 Führen Sie das Konto des Lieferers RaWa AG, Hafenstr. 2, 59067 Hamm

	EUR
15.03.: Saldovortrag	124 150,00
29.03.: BA 609: Überweisung	110 000,00
15.04.: ER 407	72 315,00
23.04.: BA 610: Scheck	86 465,00
02.05.: ER 502	68 320,00
09.06.: ER 711	46 730,00
27.06.: BA 611: Überweisung	100 000,00

Ermitteln Sie den Saldo zum 30. Juni.

3.7 Umsatzsteuersystem und Umsatzsteuerbuchungen

Die Auszubildende Silvia Land soll folgende Rechnungen buchen:

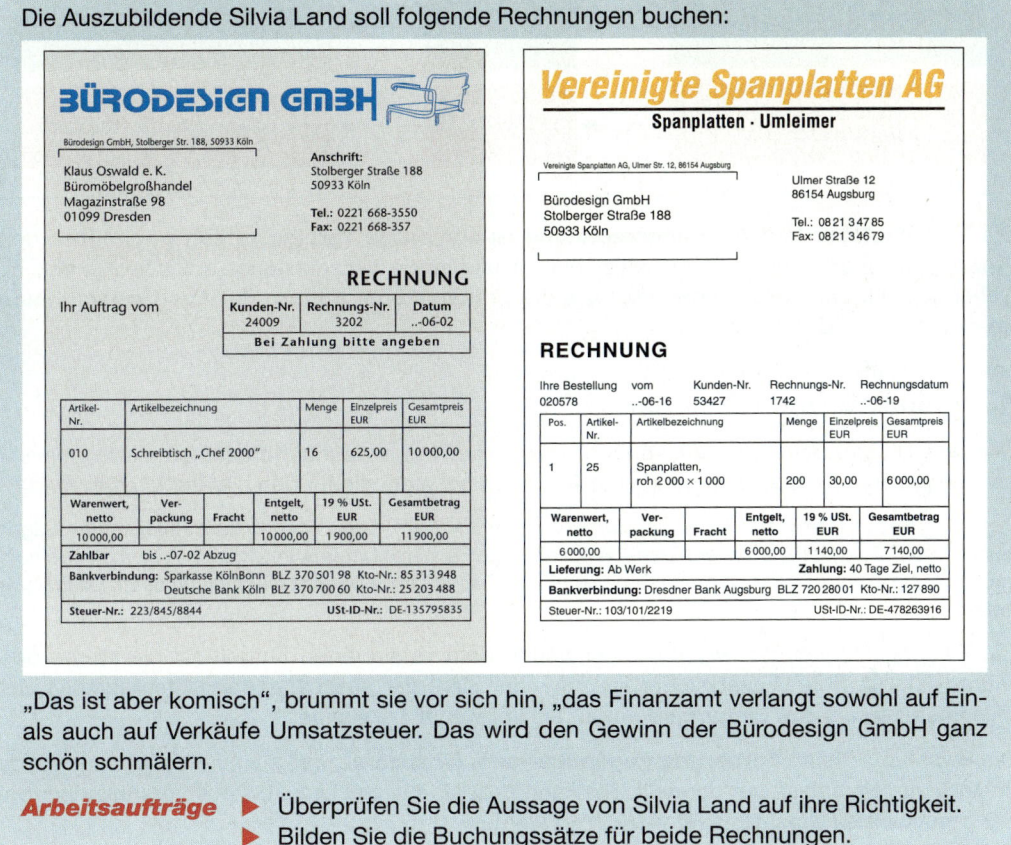

„Das ist aber komisch", brummt sie vor sich hin, „das Finanzamt verlangt sowohl auf Ein- als auch auf Verkäufe Umsatzsteuer. Das wird den Gewinn der Bürodesign GmbH ganz schön schmälern.

Arbeitsaufträge ▶ Überprüfen Sie die Aussage von Silvia Land auf ihre Richtigkeit.
▶ Bilden Sie die Buchungssätze für beide Rechnungen.

■ Umsatz und Umsatzsteuer

Der Gesetzgeber erhebt auf die **Umsätze der Unternehmungen** Umsatzsteuer. **Umsätze im Sinne des Umsatzsteuergesetzes sind Lieferungen und sonstige Leistungen im Inland gegen Entgelt.**

Beispiele *Verkauf von Büromöbeln, Verkauf von gebrauchten Maschinen, Verkauf von Plänen zur Bürogestaltung, Reparaturen an verkauften Büromöbeln, Vermittlung von Vertragsabschlüssen.*

Die Höhe des Umsatzes bemisst sich nach dem **vereinbarten Entgelt (= Bemessungsgrundlage)**. Entgelt ist alles, was der Unternehmer als Gegenleistung für seine Lieferungen oder sonstigen Leistungen mit seinem Vertragspartner laut Vertrag vereinbart hat.

Der Regelsteuersatz beträgt zz. 19 % des Umsatzes, also der Bemessungsgrundlage. Für verschiedene Umsätze, z. B. Grundnahrungsmittel (wie Milch, Milcherzeugnisse, Mehl, Brot u. a.), Bücher, Zeitungen, Blumen und Kunstgegenstände gilt der ermäßigte Satz von 7%.

Beispiel *Die Bürodesign GmbH schuldet dem Finanzamt aufgrund der ausgeführten Lieferung an den Kunden Klaus Oswald e. K., Büromöbelgroßhandel, Dresden, lt. AR 3202 1 900,00 EUR Umsatzsteuer.*

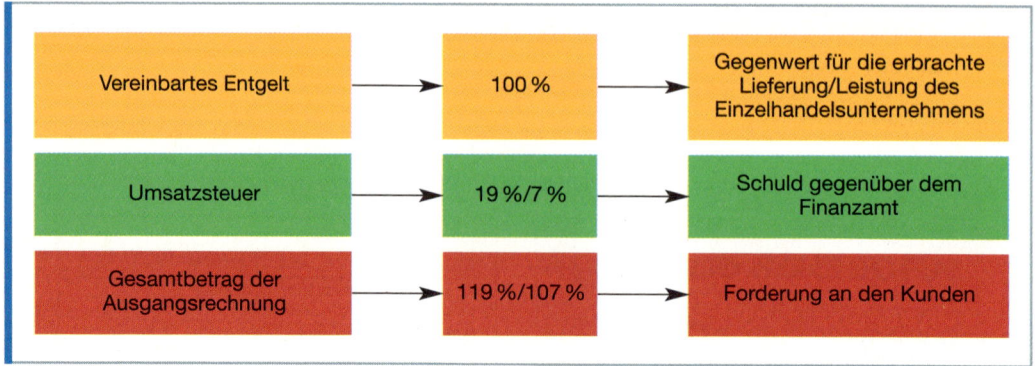

Die **Umsatzsteuer laut Ausgangsrechnung** ist somit eine **Verbindlichkeit gegenüber dem Finanzamt**. Jeder Unternehmer wälzt die abzuführende Umsatzsteuer auf den Kunden ab. Daher schreibt der Gesetzgeber vor, dass die **Umsatzsteuer** offen in der **Ausgangsrechnung** ausgewiesen werden muss.

■ Vorumsatz und Vorsteuer

Um den Umsatz erbringen zu können, muss eine Industrieunternehmung Lieferungen und Leistungen anderer Unternehmungen in Anspruch nehmen, die für den Lieferer Umsatz sind.

Beispiel Neben Holzplatten kauft die Bürodesign GmbH Leim, Lack, Profilleisten, Anlagegüter (Sägen, Hobel- und Fräsanlagen) ein oder nimmt Dienstleistungen anderer Unternehmungen in Anspruch (Fremdinstandsetzung, Strom, Transport durch Spediteure und Frachtführer, Geschäftsvermittlung durch Handelsvertreter).

Die Eingangsrechnungen weisen daher neben dem vereinbarten Entgelt für die Waren oder Dienstleistungen die Umsatzsteuer aus. Aus der Sicht der beschaffenden Unternehmung wird die **Umsatzsteuer auf Eingangsbelegen** als **Vorsteuer** bezeichnet.

Die Vorsteuer ist **eine Forderung gegenüber dem Finanzamt**, weil sie eine Vorleistung auf die zu zahlende Umsatzsteuer darstellt. Sie kann deshalb bei der Umsatzsteuervoranmeldung mit der geschuldeten Umsatzsteuer verrechnet werden.

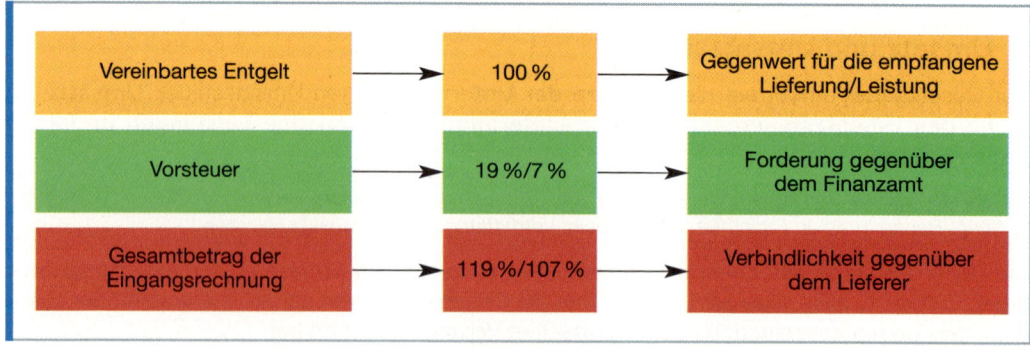

Die **Erstattung der Vorsteuer** ist an **zwei Voraussetzungen** gebunden:

Die Unternehmung muss
• eine Lieferung oder sonstige Leistung empfangen
• eine Rechnung mit gesondertem Ausweis der Umsatzsteuer erhalten
haben.

■ Mehrwert und Mehrwertsteuer

Der wertmäßige Unterschied zwischen dem Umsatz mit den Kunden und der Summe der Vorumsätze mit den Lieferern stellt den **Mehrwert** oder die **Wertschöpfung** dar, die die Industrieunternehmung zum Wert der verkauften Erzeugnisse oder Dienstleistungen selbst beigetragen hat.

Beispiel *Mehrwert oder Wertschöpfung aufgrund der Belege auf S. 169.*

Umsatz	Ausgangsrechnung Nr. 3202: Büromöbel	10 000,00 EUR	Lieferung an einen Kunden
Vorumsatz	Eingangsrechnung Nr. 1742: Spanplatten	6 000,00 EUR	Lieferung von einem Lieferer
Mehrwert		4 000,00 EUR	Wertschöpfung der Unternehmung

Die Unternehmungen der einzelnen Wirtschaftsstufen erzeugen einen Mehrwert, der mit 19 % besteuert wird. Dies wird dadurch erreicht, dass die einzelnen Unternehmen von der geschuldeten Umsatzsteuer die zu fordernde Vorsteuer abziehen.

Die zu zahlende Restschuld wird als **Umsatzsteuer-Zahllast** bezeichnet.

Wirtschafts-stufen	Umsatz (Entgelt)	Vor-umsatz	Mehrwert	Umsatz-steuer = Vb geg. FA	Vor-steuer = Fo an FA	Zahllast
I. Säge- und Spanplattenwerk	6 000,00	–	6 000,00	1 140,00	–	1 140,00
II. Möbelfabrik	10 000,00	6 000,00	4 000,00	1 900,00	1 140,00	760,00
III. Möbelgroßhandel	14 500,00	10 000,00	4 500,00	2 755,00	1 900,00	855,00
IV. Möbeleinzelhandel	20 000,00	14 500,00	5 500,00	3 800,00	2 755,00	1 045,00
Private Haushalte (Konsumenten)	20 000,00	←——→	20 000,00	19 % des privaten Verbrauchs ←————————→		3 800,00

Wie die Tabelle zeigt, bekommt der Verbraucher vom letzten Unternehmen der Handelskette die Summe aller Mehrwerte und die gesamte Umsatzsteuer aller Wirtschaftsstufen in Rechnung gestellt. Er trägt also die gesamte Umsatzsteuer. Dies ist vom Gesetzgeber so gewollt, weil die Umsatzsteuer eine Verbrauchsteuer ist.

Umsatzsteuer-Identifikationsnummer: Unternehmen, die an einem gemeinschaftlichen Handel der EU teilnehmen, erhalten zur Überprüfung der Umsatzsteuerzahlungen neben der **Steuernummer vom zuständigen Finanzamt** auf Antrag eine **Umsatzsteuer-Identifikationsnummer vom Bundesamt für Finanzen – Außenstelle Saarlouis**.

Unternehmen dürfen nur dann umsatzsteuerbefreit an gewerbliche Kunden in anderen EU-Staaten liefern, wenn in der Rechnung die Umsatzsteuer-Identifikationsnummer des Kunden aufgeführt ist. Die USt-IdNr. dient der Identifikation der Erwerber, dem Nachweis der Steuerbefreiung einer gemeinschaftlichen Lieferung und einem gemeinschaftlichen USt-Kontrollverfahren.

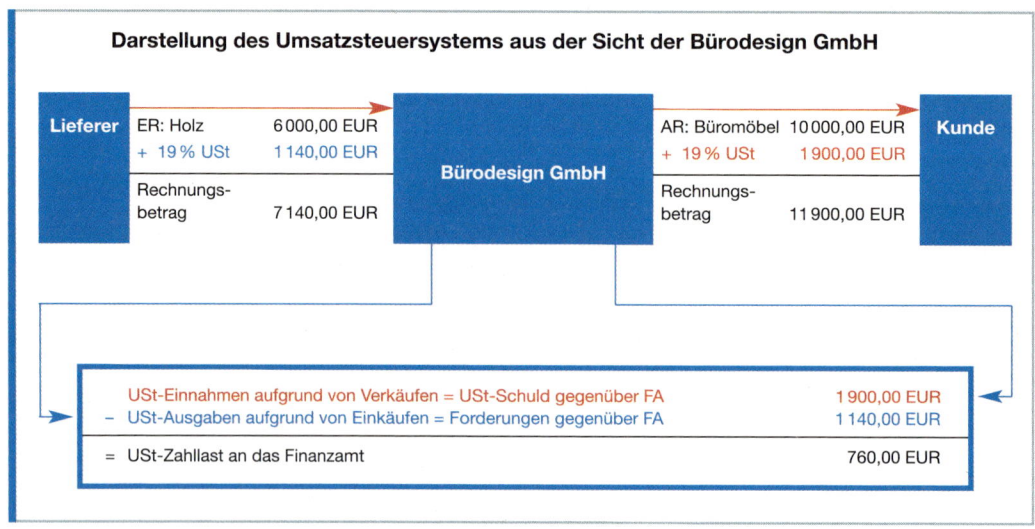

Diese Rechnung und die obige Darstellung zeigen, dass die Umsatzsteuer keine Kosten darstellt und deshalb keinen Einfluss auf den Erfolg der Unternehmung hat. Vorsteuer und Umsatzsteuer sind **durchlaufende Posten**.

■ Buchungen

● Buchung der Umsatzsteuer:
Die Umsatzsteuer laut Ausgangsrechnung stellt eine Verbindlichkeit gegenüber dem Finanzamt dar. Sie wird deshalb auf dem **passiven Bestandskonto „4800 Umsatzsteuer"** gebucht.

Buchung der Ausgangsrechnung S. 169:

2400 Forderungen a. LL	11 900,00	an	5000	Umsatzerlöse	10 000,00
		an	4800	Umsatzsteuer	1 900,00

● Buchung der Vorsteuer:
Die bei Beschaffungsvorgängen zu zahlende Vorsteuer laut Eingangsrechnung ist eine Forderung an das Finanzamt. Sie wird auf dem **aktiven Bestandskonto „2600 Vorsteuer"** gebucht.

Buchung der Eingangsrechnung S. 169:

6000 Aufwendungen für Rohstoffe	6 000,00				
2600 Vorsteuer	1 140,00	an	4400	Verbindlichkeiten a. LL	7 140,00

■ Ermittlung und Zahlung der Umsatzsteuer-Zahllast

Um die **Umsatzsteuer-Zahllast** zu ermitteln, muss der Saldo des Kontos „2600 Vorsteuer" mit der Umsatzsteuer verrechnet werden. Buchungstechnisch wird diese Verrechnung durch Übertragung **oder Umbuchung** der Vorsteuer auf das Konto **„4800 Umsatzsteuer"** durchgeführt. Die für den vergangenen Monat ermittelte Umsatzsteuer-Zahllast ist jeweils bis zum 10. eines Monats an das Finanzamt zu überweisen.

Umbuchung der Vorsteuer zum Monatsende:

4800 Umsatzsteuer	1 140,00	an	2600 Vorsteuer	1 140,00

Buchung der Banküberweisung der USt-Zahllast am 10. d. f. Monats:

4800 Umsatzsteuer	640,00	an	2800 Bank	640,00

Darstellung auf Konten:

S	6000 Aufwendungen für Rohstoffe	H	S	5000 Umsatzerlöse für Erzeugnisse	H
4400	6 000,00			2400	10 000,00

S	2600 Vorsteuer	H	S	4800 Umsatzsteuer	H
4400	1 140,00	4800 1 140,00 ⟶	2600	1 140,00 2400	1 900,00
			2800	760,00	

S	4400 Verbindlichkeiten a. LL	H	S	2400 Forderungen a. LL	H
		6000, 2600 7 140,00	5000, 4800 11 900,00		

● Passivierung der Umsatzsteuer-Zahllast:

Wird die Umsatzsteuer-Zahllast für den letzten Monat des Geschäftsjahres ermittelt, dann ist die ermittelte Zahllast über das „8010 Schlussbilanzkonto" abzuschließen **(Passivierung der Zahllast)**.

Darstellung auf Konten:

S	2600 Vorsteuer	H	S	4800 Umsatzsteuer	H
4400	1 140,00	4800 1 140,00 ⟶	2600	1 140,00 2400	1 900,00
		8010	760,00		

S	8010 SBK	H
	4800	760,00 ◀

Umbuchung zur Ermittlung der USt-Zahllast:

4800 Umsatzsteuer	1 140,00	an	2600 Vorsteuer	1 140,00

Abschlussbuchung: Passivierung der USt-Zahllast

4800 Umsatzsteuer	760,00	an	8010 SBK	760,00

■ Vorsteuerüberhang

Ein Vorsteuerüberhang entsteht, wenn die Vorsteuer eines Monats größer ist als die Umsatzsteuer. Ursachen für einen Vorsteuerüberhang können sein:

- Große Vorratskäufe aufgrund von Sonderangeboten oder wegen erwarteter Preissteigerungen
- Geschäftseröffnung
- Investitionskäufe
- umsatzsteuerfreie Exporte

Im Falle eines Vorsteuerüberhanges besteht ein **Erstattungsanspruch** gegenüber dem Finanzamt. Dieser wird im Rahmen der Umsatzsteuererklärung geltend gemacht. Ergibt sich im letzten Monat des Geschäftsjahres der Vorsteuerüberhang, ist dieser über 8010 SBK abzuschließen **(Aktivierung des Vorsteuerüberhangs)**.

Beispiel Stand der Konten 2600 und 4800 zum 31.12.:

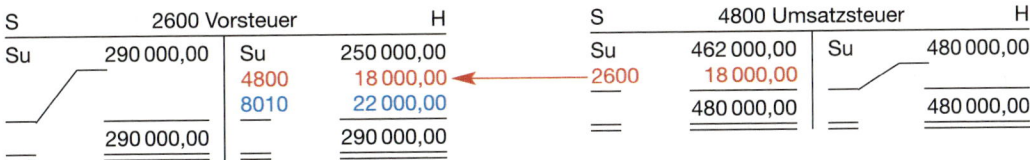

S	2600 Vorsteuer	H	S	4800 Umsatzsteuer	H
Su	290 000,00	Su 250 000,00	Su	462 000,00 Su	480 000,00
		4800 18 000,00 ◀—	2600	18 000,00	
		8010 22 000,00		480 000,00	480 000,00
	290 000,00	290 000,00			

Umbuchung: Ermittlung des Vorsteuerüberhangs

4800 Umsatzsteuer	18 000,00	an	2600 Vorsteuer	18 000,00

Abschlussbuchung: Aktivierung des Vorsteuerüberhangs

8010 SBK	22 000,00	an	2600 Vorsteuer	22 000,00

Eröffnung des Kontos Vorsteuer im folgenden Jahr:

2600 Vorsteuer	22 000,00	an	8000 EBK	22 000,00

Buchung der Banküberweisung des Vorsteuerüberhangs durch das Finanzamt:

2800 Bank	22 000,00	an	2600 Vorsteuer	22 000,00

■ Umsatzsteuer-Voranmeldung

Nach dem Umsatzsteuergesetz müssen Unternehmungen grundsätzlich während des Geschäftsjahres monatlich Umsatzsteuervoranmeldungen online abgeben, und zwar jeweils bis zum 10. eines Monats für den Vormonat **(Voranmeldungszeitraum)**. Die Umsatzsteuervoranmeldung ist eine Steuererklärung beim Finanzamt auf amtlich vorgeschriebenem Format. In dieser Steuererklärung hat jedes Unternehmen die zu zahlende Umsatzsteuer für den vorangegangenen Monat zu berechnen. Dabei sind die **Nettoumsätze** und **die hierauf entfallende Umsatzsteuerschuld** darzustellen. Der Umsatzsteuerschuld sind die auf den Voranmeldungszeitraum entfallenden **Vorsteuerbeträge** gegenüberzustellen. Die Differenz von Umsatzsteuerschuld und Vorsteuer ergibt die **Zahllast** oder den **Vorsteuerüberhang**. Die Zahllast ist an das Finanzamt als **Vorauszahlung auf die Umsatzsteuer des Kalenderjahres** zu entrichten.

Der notwendige Vordruck wird von der Finanzverwaltung unter der Internetadresse www.elster.de angeboten. Der ausgefüllte Vordruck wird dem Finanzamt online gesendet. Der Absender erhält dann ein „Übertragungsprotokoll", das die gesendeten Daten enthält. Der Vordruck selbst kann nicht ausgedruckt werden.

■ Besonderheiten des Umsatzsteuerrechts

● Steuerfreie Umsätze:

Der Gesetzgeber hat verschiedene steuerbare Umsätze aus **sozialen, kulturellen** oder **wirtschaftlichen Gründen** von der **Umsatzsteuer befreit**.

Beispiele für steuerfreie Umsätze
- *Vermietung und Verpachtung von Grundstücken*
- *Bestimmte Umsätze im Geld- und Kreditverkehr (z. B. Zinsen für Kredite)*
- *Gewährung von Versicherungsschutz*
- *Umsätze der Ärzte, Zahnärzte, Heilpraktiker, Krankengymnasten*
- *Umsätze amtlicher Wertzeichen (Gebührenmarken der Justizverwaltung)*
- *Postwertzeichen*
- *Umsätze einiger Einrichtungen des Bundes, der Länder, Gemeinden, wie Theater, Orchester, Museen, zoologische Gärten, Archive, Büchereien sowie Denkmäler der Bau- und Gartenbaukunst.*

● Kleinbetragsrechnungen:

Bei Rechnungen, deren Gesamtbetrag **150,00 EUR nicht übersteigt**, dürfen das Entgelt und der Umsatzsteuerbetrag in **einer Summe** angegeben sein. Es muss nur der **Umsatzsteuersatz** angegeben werden.

Beispiel

Zum Zwecke der Buchung muss die Umsatzsteuer aus dem Bruttorechnungsbetrag herausgerechnet werden.

$$\text{Umsatzsteuerbetrag} = \frac{\text{Bruttorechnungsbetrag} \cdot \text{Umsatzsteuersatz}}{100 + \text{Umsatzsteuersatz}}$$

$$\frac{89,90 \cdot 19}{119} = 14,35 \text{ EUR}$$

Zusammenfassung: Umsatzsteuersystem und Umsatzsteuerbuchungen

Umsatzsteuer	–	Vorsteuer	=	Umsatzsteuer-Zahllast
• Steuer vom Umsatz laut Ausgangsrechnungen • **Verbindlichkeiten** gegen- über dem Finanzamt • Buchung auf dem **passiven Bestandskonto** 4800 Umsatzsteuer		• Steuer vom Umsatz laut Eingangsrechnungen • **Forderung** an das Finanzamt • Buchung auf dem **aktiven Bestandskonto** 2600 Vorsteuer		• Steuer vom Mehrwert • **Restschuld** gegenüber dem Finanzamt • **Ermittlung:** Umsatzsteuer – Vorsteuer • **Passivierung der USt-Zahllast**

• Ist die **Vorsteuer größer** als die **Umsatzsteuer**, entsteht ein **Vorsteuerüberhang**, der zu
aktivieren ist.

- Bei Kleinbetragsrechnungen bis zu 150,00 EUR wird in der Praxis der Rechnungsbetrag brutto ausgewiesen. In diesen Fällen muss der Umsatzsteuersatz angegeben sein, damit der Umsatzsteueranteil herausgerechnet werden kann.
- Die Unternehmungen müssen bis zum 10. eines Monats für den Vormonat (Voranmeldungszeitraum) in dem amtlich vorgeschriebenen Format eine Umsatzsteuervoranmeldung online abgeben.
- Wurde eine Zahllast ermittelt, ist diese gleichzeitig an das Finanzamt zu entrichten (Vorauszahlung auf die Umsatzsteuer des Kalenderjahres).

Aufgaben

1 Entscheiden Sie bei den folgenden Geschäftsfällen einer Möbelfabrik, ob es sich um Vorumsätze, Umsätze oder Elemente des Mehrwertes handelt.

1. **ER, KB:** Bareinkauf von Holzschrauben aus Stahl
2. **AR, KB:** Barverkauf von Rolltischen aus Massivkiefer
3. **BA:** Zahlung der Gehälter an die Angestellten
4. **ER:** Honorarforderung des Steuerberaters wegen der Anfertigung der Gewerbesteuererklärung
5. **AR:** Rechnung über Arbeitsleistungen für die Ausstellung einer Verkaufstheke
6. **BA:** Überweisung der Gewerbesteuer an die Stadt
7. **ER:** Zieleinkauf einer Tischfräsemaschine für die Fertigung
8. **BA, ER:** Abrechnung des Handelsvertreters über Provisionsansprüche für abgeschlossene Kaufverträge
9. **BA:** Zahlung der Ausbildungsvergütung an die gewerblichen Auszubildenden
10. **ER, KB:** Barzahlung der Fracht an den Frachtführer für die Anlieferung von Holz

2 Bilden Sie zu den folgenden Geschäftsfällen eines Industrieunternehmens die Buchungssätze.

Kontenplan: 0800, 2400, 2600, 2800, 2880, 4400, 4800, 5000, 6000, 6050, 6160, 6800

Geschäftsfälle:	EUR	EUR
1. **ER, BA:** Einkauf von Rohstoffen gegen Bankscheck		
Materialwert, netto	8 000,00	
+ 19 % Umsatzsteuer	1 520,00	9 520,00
2. **ER, KB:** Bareinkauf von Büromaterial		
Rechnungsbetrag einschl. 19 % Umsatzsteuer		216,58
3. **AR:** Zielverkauf von fertigen Erzeugnissen, netto	24 000,00	
+ 19 % Umsatzsteuer	4 560,00	28 560,00
4. **ER, KB:** Ausgaben bar		
a) Diesel für Lkw, brutto einschl. 19 % Umsatzsteuer	190,40	
b) Bezahlung einer fälligen Rechnung an Hilfsstofflieferer . . .	952,00	
c) Kauf eines Schreibtisches, netto	1 300,00	
+ 19 % Umsatzsteuer	247,00	2 689,40
5. **ER, BA:** Lkw-Inspektion wird mit Bankscheck bezahlt,		
Wartungskosten, netto	1 500,00	
+ 19 % Umsatzsteuer	285,00	1 785,00
6. **AR, BA:** Eine verkaufte Maschine wurde beim Kunden		
installiert. Der Kunde bezahlte die Anschlusskosten mit		
Bankscheck, netto	1 200,00	
+ 19 % Umsatzsteuer	228,00	1 428,00

3 Bilden Sie zu folgenden Geschäftsfällen eines Metall verarbeitenden Industriebetriebes, der Werkzeuge produziert, die Buchungssätze und ermitteln Sie
a) die Umsatzsteuer,
b) die Vorsteuer,
c) die Umsatzsteuerzahllast.

Geschäftsfälle:	EUR	EUR
1. **ER:** Zieleinkauf von Werkzeugstahl zur Herstellung von Bohrern und Sägen. Materialwert, netto	65 000,00	
+ 19 % Umsatzsteuer	12 350,00	77 350,00
2. **ER, BA:** Banküberweisung an eine Werbeagentur für die Durchführung einer Werbeaktion, netto	4 000,00	
+ 19 % Umsatzsteuer	760,00	4 760,00
3. **AR, KB:** Barverkauf von Werkzeugen, netto	520,00	
+ 19 % Umsatzsteuer	98,80	618,80
4. **ER, KB:** Kauf von Diesel für den Lkw einschl. 19 % USt		202,30
5. **AR:** Zielverkauf von Werkzeugen, netto	130 000,00	
+ 19 % Umsatzsteuer	24 700,00	154 700,00
6. **ER:** Einkauf einer Ständerbohrmaschine für die Fertigung, netto	25 600,00	
+ 19 % Umsatzsteuer	4 864,00	30 464,00

4 Auf den Konten „2600 Vorsteuer" und „4800 Umsatzsteuer" wurden bis zum Jahresabschluss folgende Werte erfasst:

S	2600 Vorsteuer	H	S	4800 Umsatzsteuer	H
Summe	240 000,00	Summe 200 000,00	Summe	350 000,00	Summe 420 000,00

a) Erläutern Sie die betrieblichen Hintergründe für die Werte auf den beiden Konten.
b) Erläutern Sie, wie Sie einen Vorsteuerüberhang oder eine Zahllast vor Abschluss der Konten feststellen können.
c) Schließen Sie die Konten unter Angabe der erforderlichen Buchungssätze ab.

5 Auf den Konten „2600 Vorsteuer" und „4800 Umsatzsteuer" wurden bis einschließlich Dezember folgende Werte erfasst:

S	2600 Vorsteuer	H	S	4800 Umsatzsteuer	H
Summe	320 000,00	Summe 220 000,00	Summe	560 000,00	Summe 600 000,00

a) Schließen Sie die Konten unter Angabe der erforderlichen Buchungssätze ab.
b) Erläutern Sie zwei betriebliche Gründe, die den Saldo im Dezember verursacht haben.

6 **Kontenplan der Bürodesign GmbH:** 0700, 2000, 2020, 2100, 2200, 2400, 2600, 2800, 2880, 3000, 4400, 4800, 5000, 5200, 6000, 6020, 6050, 6200, 6300, 6520, 6700, 6800, 7000, 8000, 8010, 8020

Anfangsbestände:	EUR		EUR
0700 Maschinen	400 000,00	2800 Bank	449 480,00
2000 Rohstoffe	69 451,00	2880 Kasse	2 731,00
2020 Hilfsstoffe	10 418,00	3000 Eigenkapital	918 400,00
2100 Unfertige Erzeugnisse .	3 920,00	4400 Verbindlichkeiten a. LL ..	56 120,00
2200 Fertige Erzeugnisse ..	4 200,00	4800 Umsatzsteuer	25 480,00
2400 Forderungen a. LL ...	59 800,00		

Geschäftsfälle:	EUR	EUR
1. **ER vom 01.12.:** Zieleinkäufe von Rohstoffen, netto	208 000,00	
+ 19 % Umsatzsteuer	39 520,00	247 520,00

2. **BA vom 10.12.:** Banküberweisungen für
   a) Umsatzsteuer an das Finanzamt 25 480,00
   b) Miete für gemietete Gebäude 25 354,00
   c) Liefererrechnung für Rohstoffe 56 120,00   106 954,00
3. **AR, KB vom 12.12.:** Barverkauf von fertigen Erzeug-
   nissen, netto 3 600,00
   + 19% Umsatzsteuer 684,00   4 284,00
4. **ER, KB vom 15.12.:** Bareinkauf von Hilfsstoffen, netto 800,00
   + 19% Umsatzsteuer 152,00   952,00
5. **AR, BA vom 17.12.:** Verkauf von fertigen Erzeugnissen
   gegen Bankscheck, netto 300 000,00
   + 19% Umsatzsteuer 57 000,00   357 000,00
6. **BA vom 21.12.:** Banklastschriften
   a) Lohnzahlung an die Facharbeiter 138 900,00
   b) Gehaltszahlung an die Angestellten 86 947,00
   c) Gewerbesteuer an die Stadt 23 000,00   248 847,00
7. **ER, KB vom 22.12.:** Barkauf von Büromaterial, netto 900,00
   + 19% Umsatzsteuer 171,00   1 071,00
8. **AR vom 23.12.:** Zielverkauf von fertigen Erzeug-
   nissen, netto 500 000,00
   + 19% Umsatzsteuer 95 000,00   595 000,00
9. **ER vom 24.12.:** Zieleinkauf von Hilfsstoffen, netto 46 000,00
   + 19% Umsatzsteuer 8 740,00   54 740,00
10. **BA vom 29.12.:**
    Lastschriften
    a) Abbuchung für den betrieblichen Stromverbrauch
       durch das Energiewerk, netto 20 500,00
       + 19% Umsatzsteuer 3 895,00
    b) Scheckeinlösung: Kauf einer Werkzeugmaschine,
       netto 72 000,00
       + 19% Umsatzsteuer 13 680,00   110 075,00
    Gutschriften
    a) Banküberweisungen von Kunden 402 500,00
    b) Bareinzahlung aus der Betriebskasse 2 916,00   405 416,00

Abschlussangaben zum 31.12.:
Endbestände lt. Inventur
a) Rohstoffe 46 301,00
b) Hilfsstoffe 5 209,00
c) Unfertige Erzeugnisse 1 680,00
d) Fertige Erzeugnisse 11 200,00

Abschreibung auf Maschinen: 12½ % vom Anschaffungswert in Höhe von . . 6 000 000,00
Führen Sie die Finanzbuchhaltung zur Ermittlung des Jahresabschlusses durch.

7 Auf den Konten „2600 Vorsteuer" und „4800 Umsatzsteuer" wurden folgende Werte erfasst:

S	2600 Vorsteuer	H	S	4800 Umsatzsteuer	H
Summe 275 000,00		Summe 232 000,00	Summe 437 000,00		Summe 560 000,00

Führen Sie die Buchungen durch
a) bei Ermittlung der Umsatzsteuerzahllast,
b) bei der Banküberweisung der Umsatzsteuerzahllast an das Finanzamt.

8 Stellen Sie in einem Schaubild eine Kette von Unternehmungen zusammen und erläutern Sie an den Beziehungen der Unternehmungen

   a) Umsatz und Umsatzsteuer, b) Vorumsatz und Vorsteuer, c) Mehrwert und Mehrwertsteuer.

9 Weisen Sie nach, dass die Umsatzsteuer ein durchlaufender Posten ist.

10

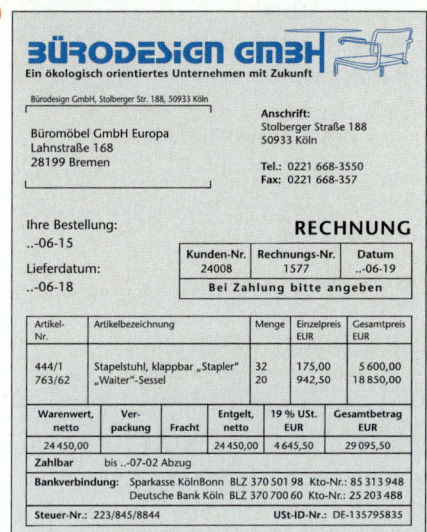

a) Die vier Belege sind vorzukontieren.

b) Errechnen Sie aus den vier Belegen

   ba) die Umsatzsteuerschuld,

   bb) die absetzbare Vorsteuer,

   bc) die Umsatzsteuerzahllast/den Vorsteuerüberhang.

11 Prüfen Sie die Richtigkeit folgender Aussagen zum Umsatzsteuerrecht. Begründen Sie Ihre Entscheidung.

Aussagen

a) Die Umsatzsteuer für den Monat April .. muss der Betrieb am 10. Mai zahlen.

b) Die Buchung des Geschäftsfalls „Einkauf von Rohstoffen auf Ziel einschließlich Umsatzsteuer" führt zu einer Erhöhung der Umsatzsteuerzahllast.

c) Das Konto „Umsatzsteuer" ist beim Jahresabschluss mit der Buchung „Umsatzsteuer an Gewinn und Verlust" abzuschließen.

d) Die Leistungen vorgelagerter Unternehmen werden als Vorumsätze bezeichnet.

e) Der Gesetzgeber erreicht durch die Erstattung der Vorsteuern an Unternehmer eine ausschließliche Belastung des Konsumenten mit der Umsatzsteuer.

12 a) Berechnen Sie den Umsatzsteueranteil aus dem Beleg der City-Tankstelle.

b) Kontieren Sie mithilfe des Kontenplans die beiden Belege.

Zum Anker

Zum Anker, Deichtorstr. 24, 20095 Hamburg

HOTEL RESTAURANT
Eigentümer: Friedrich Himmelreich

Bürodesign GmbH
Stolberger Straße 188
50933 Köln

Deichtorstr. 24
20095 Hamburg
Telefon 040 248594

Rechnung

Reg.-Nr.	Tisch-Nr.	Kellner	Personen	Datum
4823	21	02	1	..-07-03

1 Einzelzimmer mit Frühstück	115,00 EUR
1 Abendessen	30,00 EUR
	145,00 EUR

Betrag per Bankscheck dankend erhalten

Vielen Dank für Ihren Besuch!

Im Rechnungsbetrag sind 19 % = 23,15 EUR USt enthalten
Steuernr.: 244/241/2199   USt-IDNr.: DE-278163800

CITY-TANKSTELLE
Brigitte Huber e. K.
Bahnhofstr. 34
50667 KÖLN
Tel.: 0221 543463

Steuernr.: 215/191/2431
USt-IDNr.: DE-241328951

SUPER BLEIFREI	73,83 EUR
ZP 5	69,00 LTR
TOTAL	73,83 EUR

69022	..-07-01	13:53

Im Betrag sind
19 % USt enthalten
Vielen Dank und gute Fahrt

13 Entscheiden Sie, ob folgende Aussagen zutreffen auf

(1) die Vorsteuer   (2) die Umsatzsteuer   (3) die Zahllast

Aussagen

a) Sie wird auf Eingangsrechnungen ausgewiesen.

b) Sie erhöht die Zahllast.

c) Sie vermindert die Zahllast.

d) Sie stellt eine Forderung gegenüber dem Finanzamt dar.

e) Sie wird auf Ausgangsrechnungen ausgewiesen und ist eine Verbindlichkeit gegenüber dem Finanzamt.

f) Sie ist bis zum 10. des folgenden Monats an das Finanzamt abzuführen.

g) Bei einem Überhang ist sie zu aktivieren.

14 Prüfen Sie die Richtigkeit folgender Aussagen zur Umsatzsteuer. Begründen Sie Ihre Antwort.

a) Die Umsatzsteuer für den Monat April 20.. muss der Betrieb bis zum 10.05.20 .. zahlen.

b) Die Buchung der Geschäftsfälle „Verkauf von Erzeugnissen auf Ziel einschl. USt" führt zu einer Erhöhung der Umsatzsteuerzahllast.

c) Das Konto „Umsatzsteuer" ist beim Jahresabschluss mit der Buchung „Umschatzsteuer an SBK" abzuschließen.

d) Die Leistungen vorgelagerter Unternehmen werden als Umsätze bezeichnet.

e) Der Gesetzgeber erreicht durch die Erstattung der Vorsteuer an Unternehmen eine ausschließliche Belastung des Konsumenten mit der Umsatzsteuer.

f) Das Konto „Vorsteuer" ist ein aktives Bestandskonto.

g) Die Überweisung der Umsatzsteuerzahllast an das Finanzamt führt zu einer Minderung des Unternehmungsgewinns.

h) Die Differenz zwischen Umsatz und Vorumsatz wird als Mehrwert bezeichnet.

4 Materialwirtschaft

4.1 Beschaffungsplanung im Industriebetrieb

4.1.1 Beschaffungsobjekte und Beschaffungsmarktforschung

„Für unseren neuen Bürostuhl ‚ergo-design-natur' dürfen wir nur ausgesuchte Materialien verwenden. Es dürfen keine umweltschädlichen Stoffe vorkommen, sonst wirkt unsere Werbung unglaubwürdig. Herr Kaya, besorgen Sie doch bitte eine Aufstellung geeigneter Lieferer. Stellen Sie fest, was das ganze Material kostet, ich muss wissen, wie hoch die Kosten für unseren neuen ‚ergo-design-natur' sind." Herr Kaya überlegt kurz und antwortet dann: „Herr Stein, eine geeignete Liefererliste kann ich innerhalb von 30 Minuten besorgen, ich brauche bloß über meinen Computer eine Marktrecherche zu starten. Nur wird uns das nicht viel nutzen, zuerst brauche ich von der Produktion möglichst genaue Stücklisten mit exakten Beschreibungen des benötigten Materials und dann brauche ich mindestens eine Woche Zeit, um alle Daten auszuwerten. Selbst dann sind die genauen Kosten noch nicht feststellbar, denn wir wissen ja nicht, ob einige Werkstücke nicht sogar günstiger von uns selbst hergestellt werden können." „Ich brauche die Zahlen sofort! Wir müssen endlich den Verkaufspreis für unser neues Produkt festlegen, damit wir unsere Gewinnplanung durchführen können!", entgegnet Herr Stein. Herr Kaya lächelt: „Das kenne ich, aber sauberes Beschaffungsmarketing braucht Zeit und wir wollen doch nichts übers Knie brechen, Sie wissen doch selbst, was eine alte Kaufmannsweisheit sagt: ‚Im Einkauf liegt der halbe Gewinn!'"

Arbeitsaufträge ▶ Erläutern Sie die Kaufmannsweisheit, die Herr Kaya formuliert.
                       ▶ Beschreiben Sie, welche Beschaffungsobjekte unterschieden werden können.
                       ▶ Erläutern Sie die Quellen der Beschaffungsmarktforschung.

■ Beschaffungsobjekte

Zum Beschaffungsmarketing gehören im weitesten Sinne alle Tätigkeiten, die sich auf die Beschaffung und termingerechte Bereitstellung der betrieblichen Produktionsfaktoren beziehen. Hierzu gehört eine genaue Kenntnis der einzelnen Teilmärkte, die durch **Beschaffungsmarktforschung** erreicht werden kann.

● Arbeitskräfte:
Für alle Abteilungen des Unternehmens müssen entsprechend ausgebildete Mitarbeiter auf dem Arbeitsmarkt beschafft werden. Hierzu gehört auch die eigene Ausbildung von Nachwuchskräften. Diese Maßnahmen gehören zum **Personalbeschaffungsmarketing**. **POL**

Beispiele *Facharbeiter für die Produktion, Fach- und Hilfskräfte für die kaufmännische Verwaltung. Mitarbeiter im Verkauf, Führungskräfte usw.*

● Finanzmittel:
Zur Beschaffung von Maschinen, Fahrzeugen, Büroausstattung usw. sowie zum Kauf von Grundstücken für Produktions-, Lager- und Verwaltungsgebäude und zu deren Erhaltung werden

finanzielle Mittel benötigt, die auf dem Kapitalmarkt beschafft werden müssen. Hiermit beschäftigt sich das **Finanzmittelbeschaffungsmarketing**.

Beispiele Kredite, Darlehen, Hypotheken.

● **Dienstleistungen:**

Jedes Unternehmen benötigt Dienstleistungen von anderen Betrieben, um seine Ziele zu erreichen. Eine optimale Versorgung mit Dienstleistungen erfüllt das **Dienstleistungsbeschaffungsmarketing**.

Beispiele Versicherungen, Transportleistungen (Spediteure), Steuerberatung (Steuerberater, Wirtschaftsprüfer), Rechtsberatung (Rechtsanwälte, Notare), Gebäudereinigung, Beratung bei Werbemaßnahmen (Werbeagenturen), Geldanlage (Banken), Unternehmensberater usw.

● **Betriebsmittel:**

Betriebsmittel werden zur Produktion von Erzeugnissen benötigt. Ihre Beschaffung ist Aufgabe des **Güterbeschaffungsmarketings**.

- **Maschinen:** Maschinen und maschinelle Anlagen sind die Basis eines jeden Industriebetriebes. Ohne sie ist das Sachziel des Betriebes (Herstellung von Gütern) nicht erfüllbar. Hierzu gehören auch Computeranlagen, die zur Produktionsvorbereitung und -steuerung sowie für die Abwicklung von kaufmännischen Arbeiten (Rechnungswesen, Lohn- und Gehaltsabrechnung) benötigt werden.

Beispiele Universal- und Spezialmaschinen, Werkzeuge, Computersysteme (PC, Monitore, Drucker).

- **Fuhrpark:** Der Fuhrpark eines Betriebes umfasst alle Fahrzeuge für den Personen- und Güterverkehr.

Beispiele Lkw, Pkw, Gabelstapler und Hubwagen für den innerbetrieblichen Transport.

- **Werkstoffe:** Werkstoffe gehen in das produzierte Erzeugnis ein. Sie werden be- oder verarbeitet.

Beispiele Für die Herstellung eines Bürotisches werden benötigt: Rohstoffe (Holz, Stahlrohre), Hilfsstoffe (Schrauben, Nägel, Leim, Lacke), Betriebsstoffe (Schmieröl, Energie).

- **Fertigteile:** Fertigteile werden ebenfalls Bestandteil eines Erzeugnisses, sie werden jedoch unverändert eingebaut bzw. montiert.

Beispiele Schlösser für Schreibtische, Scharniere für Türen, Rollen für Stühle.

● **Handelswaren:**

Handelswaren sind für Industriebetriebe Güter, die unverändert weiterveräußert werden und nicht Bestandteile von selbst produzierten Erzeugnissen sind.

Beispiele Ein Büromöbelhersteller vertreibt neben seinen selbst produzierten Möbeln zusätzlich Schreibtischauflagen, Schreibtischlampen, Kalender, Kugelschreiber usw. Diese Artikel sind für das Unternehmen Handelswaren.

● **Informationen:**

Aktuelle und schnell verfügbare Informationen sind für Unternehmen ein wichtiger Wettbewerbsfaktor. Sie sind Basis für alle Entscheidungen in einem Unternehmen. Informationen, die nicht intern vorliegen, z. B. durch Aufzeichnungen des Rechnungswesens, müssen kostengünstig und kurzfristig beschaffbar sein, um auf Veränderungen der Marktsituationen rechtzeitig reagieren zu können. Das **Informationsbeschaffungsmarketing** nimmt deshalb in Unternehmen eine zunehmend wichtigere Stellung ein.

■ Güterbeschaffung

Das Beschaffungsmarketing im engeren Sinne bezieht sich auf die **Güterbeschaffung**. Sie ist meist in einer Abteilung (z. B. Beschaffung, Einkauf) zusammengefasst, die nach Beschaffungs-objekten in Arbeitsgruppen untergliedert ist. Der Vorteil besteht darin, dass die Mitarbeiter sich in den einzelnen Arbeitsgruppen auf bestimmte **Beschaffungsobjekte** spezialisieren können. Sie haben einerseits fundierte Kenntnisse in ihrem Materialbereich und andererseits spezialisierte Marktkenntnisse.

Grundlage des Güterbeschaffungsmarketings ist der **Absatzplan** eines Unternehmens. Hierin wird festgelegt, wie viele und welche Produkte in den Planperioden (Monat, Quartal, Jahr) herzustellen sind. Er basiert auf den Entscheidungen des Absatzmarketings.

Beispiel
Absatzplan für das 2. Quartal .. der Bürodesign GmbH, Produktgruppe: Arbeiten am Schreibtisch

Produkt	Geplanter Absatz in Stück	Auf Lager (Stück)	Zu produzieren (Stück)
Schreibtisch „Chef 2000" Schreibtisch „Stardesign" usw.	250 350	20 50	230 300

Aus dem Absatzplan lässt sich ableiten, welche Güter (Art und Menge) beschafft werden müssen, um das Absatzziel zu erreichen. Für jedes Produkt ist aus der Stückliste zu entnehmen, aus welchen Einzelteilen es besteht. Die hierzu erforderlichen Roh-, Hilfs-, Betriebsstoffe und Fertigteile sind in einem **Beschaffungsplan** zu erfassen.

Beispiel *Wenn im 2. Quartal 300 Schreibtische des Modells „Stardesign" zu produzieren sind, müssen hierzu die erforderlichen Roh-, Hilfs- und Betriebsstoffe rechtzeitig beschafft werden.*

Beschaffungsplan für das 2. Quartal, Produkt: Schreibtisch „Stardesign"

Beschaffungsgut	für 1 Produkt	für 300 Produkte
Stahlrohr Tischlerplatte Furnier Schrauben gemäß Stückliste usw.	3,20 m etwa 1,8 m² etwa 1,8 m² 36 Stück	960 m 540 m² 540 m² 10 800 Stück

Aus den Beschaffungsplänen für einzelne Produkte bzw. Produktgruppen ist der gesamte Bedarf an Gütern abzuleiten, der für die jeweilige Planungsperiode entsteht.

Insgesamt sind folgende Fragen zu klären, damit **wirtschaftlich vertretbare und absatz-orientierte** Beschaffungsentscheidungen getroffen werden können, um die betrieblichen Ziele zu erreichen:

Fragen Entscheidungskriterien	
• Welche Güter sind zu beschaffen?	Hierbei sind Qualität, Ausführung, Größe, Farbe usw. eines Produktes zu berücksichtigen.
• Welche Menge soll von jedem Gut beschafft werden?	Hierzu muss der geplante Absatz bekannt sein. Die verfügbare Lagerkapazität muss berücksichtigt werden. Es wird auch geklärt, wie oft (nach-)bestellt werden soll (Bestellrhythmus).

Fragen Entscheidungskriterien	
• Wann sollen die zu beschaffenden Güter zur Verfügung stehen?	Entscheidend ist, wann die Güter in der Produktion benötigt werden. Hiervon hängt ab, wann bestellt wird. Zu beachten sind die Lagerfähigkeit der Güter, die Liefer- und Transportzeiten sowie Preisentwicklungen auf dem Beschaffungsmarkt.
• Zu welchen Konditionen soll (kann) beschafft werden?	Hier sind die Liefer- und Zahlungsbedingungen zu prüfen und zu vergleichen.
• Zu welchem Preis soll (kann) beschafft werden?	Nicht immer ist der Lieferer mit dem niedrigsten Preis auch der günstigste. Alle übrigen Gesichtspunkte (Konditionen, Zuverlässigkeit, Liefertermin usw.) müssen in die Entscheidung einbezogen werden.
• Bei welchem Lieferer soll beschafft werden?	Hier sind u. a. Preise, Konditionen und Image der Lieferer zu vergleichen.

■ Beschaffungsmarktforschung

Alle Entscheidungen des Güterbeschaffungsmarketings stützen sich auf Informationen, die im Rahmen der **Beschaffungsmarktforschung** gewonnen werden müssen. Hierbei werden Daten des Beschaffungsmarktes erhoben und ausgewertet.

Beispiele Erfassen von Preisentwicklungen verschiedener Roh- und Hilfsstoffe, Marktbeobachtung, um Produktneuheiten zu erkennen, Erfassen und Bewerten des Marktverhaltens von Lieferern.

Wie im Rahmen der Absatzmarktforschung werden **interne und externe Informationsquellen** genutzt.

● Interne Quellen:

Informationen über eigene Lieferer werden meist computergestützt gesammelt und ausgewertet. In einer **Liefererdatei** bzw. **Angebotsdatei** werden Name, Anschrift, Liefersortiment, Preise und Konditionen von Lieferern erfasst. Diese Bezugsquelleninformationen können bei Bedarf zur Entscheidungsfindung herangezogen werden.

Beispiel Bei der Bürodesign GmbH ist der Stammlieferer für Schleifpapier ausgefallen. Kurzfristig muss bei einem anderen Lieferer bestellt werden, damit die Produktion und der Verkauf nicht verzögert werden. Frau Schorn, Gruppenleiterin für Zubehörbeschaffung, tippt in ihr Computer-Terminal das Suchwort „Schleifpapier" ein und erhält auf ihrem Monitor eine Aufstellung aller entsprechenden Lieferer. Per Telefon, E-Mail oder Fax kann sie nun kurzfristig anfragen, ob und zu welchen Bedingungen geliefert werden kann.

● Externe Quellen:

Sie müssen genutzt werden, wenn der Informationsbedarf nicht durch interne Quellen gedeckt werden kann, z. B. bei der Suche nach Bezugsquellen für Produkte, die bisher noch nicht im Produktionsprozess benötigt wurden.

Beispiele
- *Auswerten von Anzeigen in Fachzeitschriften*
- *Besuch von Messen und Ausstellungen*
- *Gespräche mit Handelsvertretern oder Reisenden*
- *Informationen von Banken, Geschäftsfreunden, Fachverbänden, Industrie- und Handelskammern*
- *Bezugsquellennachweise, Branchenadressbücher, Messekataloge*
- *Online-Datenbanken im Internet*

Eine besondere Stellung bei externen Informationsquellen nehmen **Datenbanken** ein. Zunehmend lösen sie herkömmliche Printmedien wie Adressbücher ab. Ein Interessent für bestimmte Lieferer oder Produkte kann am eigenen Computer mit Datenleitungen auf diese Datensammlungen direkt zugreifen **(Online-Recherche)**. Er kann diese Datenrecherche aber auch bei Banken oder speziellen Datenbankbetreibern (Informationsbroker) gegen Honorar in Auftrag geben **(Offline-Recherche)**.

Zusammenfassung: Beschaffungsobjekte und Beschaffungsmarktforschung

- **Beschaffungsmarketing** im weiteren Sinne umfasst die Versorgung eines Betriebes mit allen erforderlichen **Gütern und Dienstleistungen**.
  - Arbeitskräfte
  - Finanzmittel
  - Dienstleistungen
  - Betriebsmittel (Maschinen, Werkstoffe, Fertigteile)
  - Handelswaren
  - Informationen
- Beschaffungsmarketing im engeren Sinne umfasst die Güterbeschaffung. Sie bezieht sich auf die **Beschaffungsobjekte** Betriebsmittel.
  - Maschinen
  - Werkstoffe (Roh-, Hilfs- und Betriebsstoffe) und Handelswaren
  - Fuhrpark
  - Fertigteile
- **Grundlage** des Beschaffungsmarketings ist der **Absatzplan**. Hieraus ergibt sich der Bedarf an Gütern.
- Bezüglich der Beschaffungsgüter sind Entscheidungen zu fällen über:
  - **Art und Bezeichnung der Beschaffungsobjekte**
  - **Bestellzeitpunkt**
  - **Beschaffungspreis**
  - **Menge**
  - **Liefer- und Zahlungskonditionen**
  - **Lieferquelle**
- Die Beschaffungsmarktforschung bedient sich **interner** (Liefer-, Angebotsdatei) und **externer Informationsquellen** (Fachzeitschriften, Messen, Datenbanken).

Aufgaben

1 *Sie möchten sich eine neue Hifi-Anlage kaufen. Das Geld (1 000,00 EUR) hierfür haben Sie im* *Lotto gewonnen. Führen Sie eine Beschaffungsmarktforschung für dieses Produkt durch. Arbeiten Sie in Ihrer Klasse in Gruppen.*

  a) *Erstellen Sie eine Liste aller Bezugsquellen, z. B. Fachgeschäfte, Warenhäuser, Versandhandel, Gebrauchtwarenmarkt usw..*

  b) *Erfassen Sie die Preise aller Lieferer für ein bestimmtes Gerät.*

  c) *Erfassen Sie die Liefer-, Zahlungs- und Garantiekonditionen aller Lieferer.*

  d) *Entscheiden Sie sich für einen Lieferer und begründen Sie Ihre Entscheidung.*

  e) *Präsentieren Sie Ihre Gruppenarbeitsergebnisse.*

2 *Erläutern Sie, weshalb der Absatzplan eines Unternehmens Grundlage des Beschaffungsmarketings ist.*

3 *Ein Unternehmen möchte seine Entscheidungsbasis für das Beschaffungsmarketing verbessern und eine Liefer- und Angebotsdatei aufbauen. Erstellen Sie hierzu eine Liste aller benötigten Datenfelder.*

4 *Im Rahmen der Absatzmarktforschung werden interne und externe Informationsquellen genutzt. Erläutern Sie einige interne und externe Quellen.*

5 a) Die Bürodesign GmbH möchte für ihre Produkte nur noch schadstofffreie bzw. -arme Lacke verwenden. Welche Möglichkeiten gibt es für den Sachbearbeiter in der Beschaffungsabteilung, die Anzahl und die Anschriften der Anbieter für diese Materialien herauszufinden? Bedenken Sie, dass nur eine möglichst vollständige Marktübersicht sinnvoll ist und dass die Informationen so schnell wie möglich bereitstehen sollen.

b) Nehmen Sie an, dass es für die gesuchten Lacke 120 Anbieter gibt. Wie können Sie möglichst schnell die Informationen über Preise, Liefer- und Zahlungsbedingungen, Qualitäten, Farbmuster usw. der Anbieter erhalten?

6 Beschreiben Sie die Vorzüge von externen Datenbanken bei der Beschaffungsmarktforschung.

4.1.2 Bedarfsermittlung

Folgender Auszug aus einem Protokoll der Bürodesign GmbH liegt vor: „Nach der Auszeichnung der Bürodesign GmbH für den Stapelstuhl ‚Stapler' als Öko-Stuhl des Jahres 2004 hat die Geschäftsleitung beschlossen, die Produktgruppe ‚Konferenzen und Schulung' um stapelbare Systemtische zu erweitern, wobei insbesondere auch bei diesen Tischen auf die vollständige Recyclingfähigkeit zu achten ist. Herr Stam, der Abteilungsleiter Absatz, und Herr Kaya, der Abteilungsleiter Beschaffung, werden damit beauftragt, den Bedarf an Materialien für diese Systemtische zu ermitteln."

Arbeitsaufträge ▶ Überprüfen Sie, wie die Abteilungsleiter den Bedarf an Materialien ermitteln können.
▶ Erläutern Sie die Brutto- und Nettobedarfsrechnung.

■ Informationsbedarf

In Industrieunternehmen spielt die Beschaffung von Materialien insbesondere in materialintensiven Betrieben eine große Rolle. Infolgedessen sollte der Materialbedarf an Werkstoffen und Handelswaren, der für einen bestimmten Termin und eine bestimmte Periode benötigt wird, möglichst genau ermittelt werden, um ein vorgegebenes Fertigungsprogramm oder bestimmte Aufträge erledigen zu können. Hierzu benötigt die Beschaffungsabteilung für ihre Planungen **Informationen über die zu beschaffenden Materialien (Bedarfsinformationen) und über die möglichen Lieferer (Angebotsinformationen)**.

■ Bedarfsplanung

Die Bedarfsplanung legt die für die Fertigung benötigten Materialien nach Art, Qualität, Menge und Zeitraum fest. Die Menge an Material, die zu einem bestimmten Zeitpunkt oder für eine bestimmte Periode benötigt wird, wird Bedarf genannt. Der **Bedarf** an Materialien hängt vom Fertigungsprogramm des Industriebetriebes ab. Die genaue Bedarfsermittlung ist aus folgenden Gründen erforderlich:

- Wird eine zu **geringe Materialmenge** beschafft, können die Produktion gestört sowie Absatzmöglichkeiten und die Erfüllung der Absatztermine beeinträchtigt werden.
- Wird eine zu **große Materialmenge** beschafft, wäre die Kapitalbindung (Zins- und Lagerkosten) unnötig hoch.

Bedarfsinformationen		
Informationen über die Materialien werden benötigt für ...	**Fragen**	**Erläuterungen**
Bedarfsplanung	Was und wie viel wird benötigt?	Hierbei sind Qualität, Ausführung, Größe, Farbe, Einsatzmengen der Materialien in einer Periode zu berücksichtigen.
Mengenplanung	Welche Menge soll von jedem Material beschafft werden?	Hierzu muss der geplante Absatz bekannt sein. Die verfügbare Lagerkapazität muss berücksichtigt werden. Es wird auch geklärt, in welcher Abfolge (nach-)bestellt werden soll.
Zeitplanung	Wann sollen die zu beschaffenden Materialien zur Verfügung stehen?	Entscheidend ist, wann die Materialien in der Produktion benötigt werden. Hiervon hängt ab, wann bestellt wird. Zu beachten sind die Lagerfähigkeit der Materialien, die Liefer- und Transportzeiten sowie Preisentwicklungen auf dem Beschaffungsmarkt.
Preisplanung	Zu welchem Preis soll (kann) beschafft werden?	Nicht immer ist der Lieferer mit dem niedrigsten Preis auch der günstigste. Alle übrigen Gesichtspunkte (Lieferkonditionen, Zuverlässigkeit, Liefertermin usw.) müssen in die Entscheidung einbezogen werden.

Angebotsinformationen		
Informationen über die Lieferer werden benötigt für ...	**Fragen**	**Erläuterungen**
Ermittlung der Bezugsquellen	Bei welchen Lieferern kann beschafft werden?	Im Rahmen der Beschaffungsmarktforschung sind geeignete Lieferer ausfindig zu machen.
Auswahl der Lieferer	Bei welchem Lieferer soll beschafft werden?	Hier sind u. a. Preise, Konditionen, Zuverlässigkeit der Lieferer zu vergleichen.

■ Verfahren der Materialbedarfsermittlung

In der Praxis werden die Methoden der Materialbedarfsermittlung und -planung in die auftragsorientierte und die verbrauchsorientierte Bedarfsermittlung unterschieden.

Bei der **auftragsorientierten (programmorientierten) Bedarfsermittlung** geht man von geplanten und tatsächlichen Aufträgen aus, für die die notwendigen Materialbedarfsmengen ermittelt werden müssen. Typisch für das programmgebundene Verfahren ist die relativ genaue Bestimmung des Materialbedarfs nach den Mengen und Terminen aufgrund konkreter Kundenaufträge oder Produktionspläne. Hierzu müssen folgende Informationen vorliegen:

- das geplante Produktionsprogramm, aus dem der Primärbedarf an Erzeugnissen zu ersehen ist
- Informationen über die mengenmäßige Zusammensetzung der Produkte (Stückliste)
- die Beschaffungszeiten der Materialien und die Durchlaufzeiten für ihre Verarbeitung
- die verfügbaren Lagerbestände

Die programmorientierte Bedarfsermittlung wird für A-Materialien und teilweise auch für B-Materialien (vgl. S. 303 f.) verwendet.

● **Bruttobedarfsrechnung:**

Um den Bruttobedarf an Materialien zu ermitteln, wird zuerst der Bedarf an Fertigerzeugnissen und Handelswaren aufgrund kurz- oder langfristiger Produktionspläne festgelegt **(Primärbedarf)**. Danach wird von der Fertigungsvorbereitung der Bruttobedarf an Materialien **(Sekundärbedarf)** zur Fertigung des Primärbedarfs ermittelt und anschließend der Bruttobedarf an Hilfs-, Betriebsstoffen und Verschleißwerkzeugen **(Tertiärbedarf)**. Als Hilfsmittel hierzu werden die Stücklisten der zu erstellenden Produkte herangezogen. Liegen keine Stücklisten vor, wird der Bedarf aufgrund der zu erwartenden Verbrauchsdaten geschätzt. Die vorhandenen Bestell- und Lagerbestände der Materialien sind bei dieser Vorgehensweise noch nicht berücksichtigt.

Beispiel *Auszug der Stückliste der Bürodesign GmbH für den Konferenzstuhl „Konzentra"*

Pos.	Menge	Einheit	Benennung	Pos.	Menge	Einheit	Benennung
1	1	Stck.	Fußkreuz	5	1	Stck.	Sitzschale
2	1	Stck.	Gasfeder	6	1	Stck.	Lager
3	4	Stck.	Gleiter	7	4	Stck.	Schrauben M8
4	2	Stck.	Schutzrohr				

Primärbedarf: 2 000 Konferenzstühle, somit ergibt sich zur Herstellung der 2 000 Konferenzstühle folgender
Bruttobedarf (Sekundärbedarf):

2 000 Fußkreuze	2 000 Gasfedern	8 000 Gleiter
4 000 Schutzrohre	2 000 Sitzschalen	2 000 Lager
8 000 Schrauben M8		

● **Nettobedarfsrechnung:**

Um den Nettobedarf an Materialien zu ermitteln, werden vom Bruttobedarf die verfügbaren Lagerbestände (tatsächlicher Lagerbestand abzüglich dem Mindestbestand) und Bestellrückstände (= Zugang aus bestehenden offenen Bestellungen) an Materialien abgezogen und die Reservierungen für andere Aufträge und der Zusatzbedarf an Materialien addiert. Als Hilfsmittel hierzu werden die Bestandsdateien der Materialien herangezogen.

Beispiel *Unter Berücksichtigung der verfügbaren Bestände ergibt sich für den Konferenzstuhl „Allegro" folgende Nettobedarfsrechnung:*

	Fußkreuz	Gasfeder	Gleiter	Schutzrohr	Sitzschale	Lager	Schrauben M8
Bruttobedarf	2 000	2 000	8 000	4 000	2 000	2 000	8 000
– verfügbare Lagerbestände	1 000	500	6 000	3 000	2 500	300	10 000
+ Reservierung für andere Aufträge	0	100	100	0	200	0	2 000
+ Zusatzbedarf	0	10	0	0	0	20	0
– Bestellrückstände	0	1 000	2 000	500	0	1 500	0
= Nettobedarf	1 000	610	100	500	0	220	0

Bei der **verbrauchsorientierten Bedarfsermittlung** bezieht man sich auf die Verbrauchsmengen der Vergangenheit. Dieses Verfahren ist mit Unsicherheit behaftet, da sich die Vergangenheitswerte nicht immer auf die Zukunft übertragen lassen. Dieses Verfahren eignet sich daher insbesondere für geringwertige C-Materialien (vgl. S. 303 f.) sowie für Betriebs- und Hilfsstoffe. Folgende Methoden der verbrauchsorientierten Bedarfsermittlung lassen sich unterscheiden:

Methode	Erläuterung	*Beispiele*
Methode der Durchschnittswerte	Aus Vergangenheitswerten wird der durchschnittliche Monatsverbrauch ermittelt und für die kommenden Perioden hochgerechnet.	*Der Materialbedarf der Bürodesign GmbH für den Rohstoff „Gasfeder" betrug im letzten Jahr je Quartal 2 000, 3 000, 2 400 und 3 200 Stück. Der Durchschnittsverbrauch betrug somit 2 650 Stück. Bei einer geplanten Absatzsteigerung von 4 % wird der Materialbedarf pro Quartal auf 2 756 Stück festgelegt.*
Trendberechnungen	Bei einem in der Tendenz, von Schwankungen abgesehen, steigenden oder fallenden Bedarf wird ein trendkorrigierter gewogener Durchschnitt errechnet. Die einzelnen Perioden werden in der Form gewichtet, dass entsprechend dem Trend den jüngeren Perioden ein größeres Gewicht beigemessen wird als den älteren Perioden.	*Der Materialbedarf der Bürodesign GmbH für das bezogene Fertigteil „Fußkreuz" betrug in den letzten Monaten:* *Juli 3 000 (6 %) Oktober 6 000 (18 %)* *August 5 000 (9 %) November 7 000 (25 %)* *September 4 000 (12 %) Dezember 8 500 (30 %)* *Nun wird die Summe des gewichteten Materialbedarfs der sechs Monate durch die Summe der Gewichtungen dividiert. Für den Monat Januar ergibt sich folgender Vorhersagewert (V):* $$V = \frac{3000\times6+5000\times9+4000\times12+6000\times18+7000\times25+8500\times30}{6+9+12+18+25+30}$$ $$= 6\,490 \text{ Stück}$$

Zusammenfassung: Bedarfsermittlung

- Die Beschaffungsabteilung benötigt für ihre Planungen **Informationen** über die zu beschaffenden Materialien und über mögliche Lieferer.
- Die **Bedarfsplanung** legt die für die Fertigung benötigten Materialien nach Art, Qualität, Menge und Zeitraum fest.
- Die Menge an Material, die zu einem bestimmten Zeitpunkt oder für eine bestimmte Periode benötigt wird, nennt man **Bedarf**.
- Liegen noch keine Aufträge oder Produktionspläne vor, ist die **Bedarfsermittlung Aufgabe der Verkaufsabteilung**.
- **Auftrags(programmorientierte) Bedarfsermittlung:** Liegen bereits konkrete Kundenaufträge oder Produktionspläne vor, kann der Materialbedarf (insbesondere A- und B-Materialien) mithilfe von **Bedarfsrechnungen (Brutto- und Nettobedarfsrechnung)** ermittelt werden. Während bei der Bruttobedarfsrechnung der für die Produktion notwendige Bruttobedarf an Materialien mithilfe von Stücklisten ermittelt wird, werden bei **der Nettobedarfsrechnung** die Lagerbestände, Reservierungen für andere Aufträge und Bestellrückstände an Materialien berücksichtigt, um den Bedarf für die Beschaffung zu ermitteln.
- **Verbrauchsorientierte Bedarfsermittlung:** Der Bedarf an Materialien wird aufgrund der Verbrauchsmengen der Vergangenheit ermittelt. **Methoden:** Methode der Durchschnittswerte, Trendberechnungen

Aufgaben

1 *Erläutern Sie, welche Informationen ein Industriebetrieb zur Ermittlung seines Bedarfes an Materialien benötigt.*

2 *Nachfolgende Erzeugnisstruktur der Bürodesign GmbH für den Stapelstuhl „Stapler" liegt vor:*

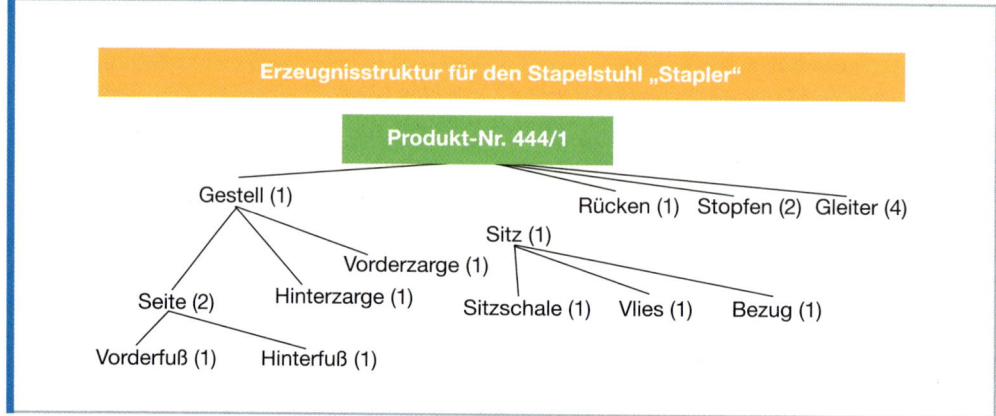

Ermitteln Sie den Bruttobedarf für die Herstellung von 2 000 Stapelstühlen.

3 Ermitteln Sie anhand der Stückliste auf S. 188 den Nettobedarf an Materialien für die Herstellung von 5 000 Konferenzstühlen „Konzentra" unter der Bedingung, dass alle Angaben von S. 188 wie angegeben gelten.

4 Unterscheiden Sie im Rahmen der Beschaffung von Materialien Primär-, Sekundär- und Tertiärbedarf.

5 Die Bürodesign GmbH plant den Verbrauch von Schrauben M6. Als Berechnungsgrundlage werden die letzten sechs Monate herangezogen. Folgende Daten liegen vor:

Juli	6 000	September	8 000	November	8 800
August	7 000	Oktober	6 800	Dezember	9 000

a) Berechnen Sie für den Monat Januar den voraussichtlichen Bedarf an Schrauben M6 mithilfe der Methode der Durchschnittswerte.

b) Ermitteln Sie den Materialbedarf an Schrauben M6 für Januar mithilfe des trendkorrigierten gewogenen Durchschnitts, wenn folgende Gewichtung zugrunde gelegt wird: Juli 6 %, August 8 %, September 15 %, Oktober 18 %, November 23 %, Dezember 30 %.

4.1.3 Mengen-, Zeit- und Preisplanung

Herr Stam, der Leiter der Absatzabteilung der Bürodesign GmbH, hat seinen Bericht für die Absatzprognose der neu entwickelten stapelbaren Systemtische der Geschäftsleitung vorgelegt. Er schätzt einen Absatz dieser Tische in Höhe von 20 000 Stück im nächsten Geschäftsjahr. Herr Kaya, der Leiter der Beschaffungsabteilung, soll die notwendigen Materialien hierfür beschaffen. Seit Tagen grübelt Herr Kaya über einem Problem. Pro Tag unterschreibt er durchschnittlich 25 Bestellungen. Bei jeder Bestellung muss er kostbare Zeit opfern, um die Bestellmengen und Preise zu kontrollieren. Für jede Prüfung braucht er etwa drei Minuten. Die Auszubildende Silvia Land schlägt ihm vor: „Herr Kaya, fast jede Woche bestellen wir Kleinteile wie Schrauben, Gasfedern usw. Wir könnten doch einfach mal den Bedarf für ein Jahr bestellen und auf Lager nehmen, dann hätten Sie auch mehr Zeit für wichtigere Dinge. Wir müssten dann höchstens noch 200 Bestellungen pro Jahr für alle Materialien bearbeiten."

Arbeitsaufträge ▶ Erläutern Sie den Zusammenhang zwischen Bestellmenge und Lagerkosten und machen Sie Vorschläge zur Ermittlung der optimalen Bestellmenge.
▶ Erläutern Sie das Bestellpunkt- und das Bestellrhythmusverfahren.
▶ Überprüfen Sie, welche Bedeutung die Festlegung von Preisobergrenzen bei der Beschaffung von Materialien hat.

Die Planung der Beschaffung von Materialien muss sich am festzustellenden **Bedarf der Fertigungsplanung** orientieren. Hierbei sind drei Leitfragen zu berücksichtigen:

* Welche Menge ist zu beschaffen **(Mengenplanung)**?
* Wann ist diese Menge zu beschaffen **(Zeitplanung)**?
* Zu welchem Preis ist diese Menge zu beschaffen **(Preisplanung)**?

■ Mengenplanung

Die Mengenplanung für die zu beschaffenden Materialien ist vom Produktionsplan und vom Absatzplan abhängig. Aus Produktions- und Absatzplan ist die Menge der zu beschaffenden Materialien ersichtlich. Diese Gesamtmenge eines zu einem bestimmten Zeitpunkt oder innerhalb einer bestimmten Periode zu beschaffenden Materials ist die Bedarfsmenge, die bei einem Lieferer bestellt werden muss (**Bestellmenge**, vgl. S. 301).

Vorteile großer Einkaufsmengen	Nachteile großer Einkaufsmengen
• Ausnutzung von Mengenrabatten • günstigere Fracht- und Verpackungskosten • weniger Bestellungen verursachen geringere Bestellkosten	• große Mengen müssen bis zum Verbrauch gelagert werden und verursachen Lagerkosten

■ Zeitplanung

● Bestellzeitpunkt:
Der Zeitpunkt für die Bestellung hängt von vielen Faktoren ab. Grundlage für die Entscheidung über den Bestellzeitpunkt ist der Termin, zu dem das Material in der Fertigung zur Verfügung stehen muss. Von diesem Termin muss rückwärts gerechnet werden. Zu berücksichtigen sind:

* **Bestelldauer innerhalb des Unternehmens** (vom Feststellen des Bedarfs in der Fertigung oder dem Lager bis zur Bedarfsmeldung in der Beschaffungsabteilung, Zeit für Angebotseinholung und -auswertung, Schreiben und Versand der Bestellung)
* **Bearbeitung der Bestellung beim Lieferer** (Zeit für Beförderung der Bestellung, Auftragsprüfung und -planung, ggf. Produktion, Verpacken)
* **Materialannahme und -prüfung** (beim Besteller)
* **Zeit für den innerbetrieblichen Transport des Materials bis zur Fertigung**

Ferner ist bei der Festlegung des Bestellzeitpunktes die Lagerfähigkeit der Materialien zu berücksichtigen. Außerdem muss beim Eintreffen der Materialien genügend freie Lagerkapazität vorhanden sein.

● Beschaffungsstrategien:
Es lassen sich folgende Beschaffungsstrategien von Materialien unterscheiden:

Beschaffungsstrategien	Merkmale	Vorteile
Einzelbeschaffung nach einem Kundenauftrag	Materialien werden erst zum Zeitpunkt der Verwendung beschafft. Die Notwendigkeit der Beschaffung erfolgt durch die Fertigung oder den Absatz. Die Lagerung hat keine oder nur eine geringe Bedeutung.	• Lagerkosten werden minimiert. • Das Unternehmen hat eine bessere Übersicht sowie Kontrolle über die vorhandenen Materialien. • Die Beschaffung ist flexibel. • Es befinden sich weniger Materialien auf Lager.
Vorratsbeschaffung	Es besteht keine Übereinstimmung zwischen den Beschaffungsmengen und den Verbrauchsmengen. Die beschafften Materialien werden erst einmal auf das Lager genommen.	• Preisvorteile können ausgenutzt werden. • Die Transportkosten verrringern sich. • Für die Fertigung sind immer genügend Materialien vorrätig. • Bestellkosten vermindern sich, da nicht so oft bestellt wird.
Fertigungssynchrone Beschaffung (= Just-in-Time)	Die Beschaffung der Materialien erfolgt im gleichen Rhythmus wie die Fertigung. Dies erfordert eine ständige Lieferbereitschaft des Lieferers.	• Lagerkosten verringern sich. • Beschaffung ist flexibel. • Kapitalbindungskosten verringern sich.

▶ *Bestellverfahren bei Vorratsbeschaffung:*

Wenn die Beschaffung der Materialien zeitlich vor dem Bedarf erfolgt, liegt eine **Vorratsbeschaffung** (verbrauchsorientierte Disposition) vor. Für die Festlegung des Bestellzeitpunktes stehen drei Verfahren zur Verfügung:

Vorratsbeschaffung: Material wird fallweise für einen bestimmten vorliegenden Auftrag eingekauft, geliefert und bereitgestellt. Das ist typisch für die Einzelanfertigung von Produkten im Kundenauftrag, es fallen in der Regel keine Lagerkosten an.

Bestellpunktverfahren: Bei diesem Verfahren werden die Materialien aufgrund einer **vorgegebenen Meldemenge** bestellt, d. h., der Lagerbestand wird automatisch nach jeder Entnahme überprüft und bei Erreichung eines festgelegten **Meldebestandes** gibt das Lager eine Bedarfsmeldung an den Einkauf. Durch den Einsatz der elektronischen Datenverarbeitung (EDV) wird der Bestellvorgang automatisch bei Erreichen des Meldebestandes ausgelöst. Der **Mindestbestand (eiserner Bestand, eiserne Reserve)** wird aus Sicherheitsgründen für die einzelnen Materialien festgelegt und soll möglichst nie angegriffen werden. Er soll die Produktionsbereitschaft sichern, wenn durch unvorhergesehene Ereignisse der Vorrat nicht ausreicht, um die Produktion fortzuführen. Somit gilt für die Ermittlung des Meldebestandes folgende Formel:

Meldebestand = (Tagesverbrauch × Beschaffungs- oder Lieferzeit) + Mindestbestand

Beispiel Von dem Material Gasfeder werden in der Bürodesign GmbH täglich 200 Stück verbraucht. Die Beschaffungszeit beträgt 8 Tage, der Mindestbestand 1 000 Stück. Wie viel Stück beträgt der Meldebestand?

Lösung:
Meldebestand = (Tagesverbrauch × Beschaffungszeit) + Mindestbestand
Meldebestand = (200 × 8) + 1 000 Meldebestand = **2 600 Stück**

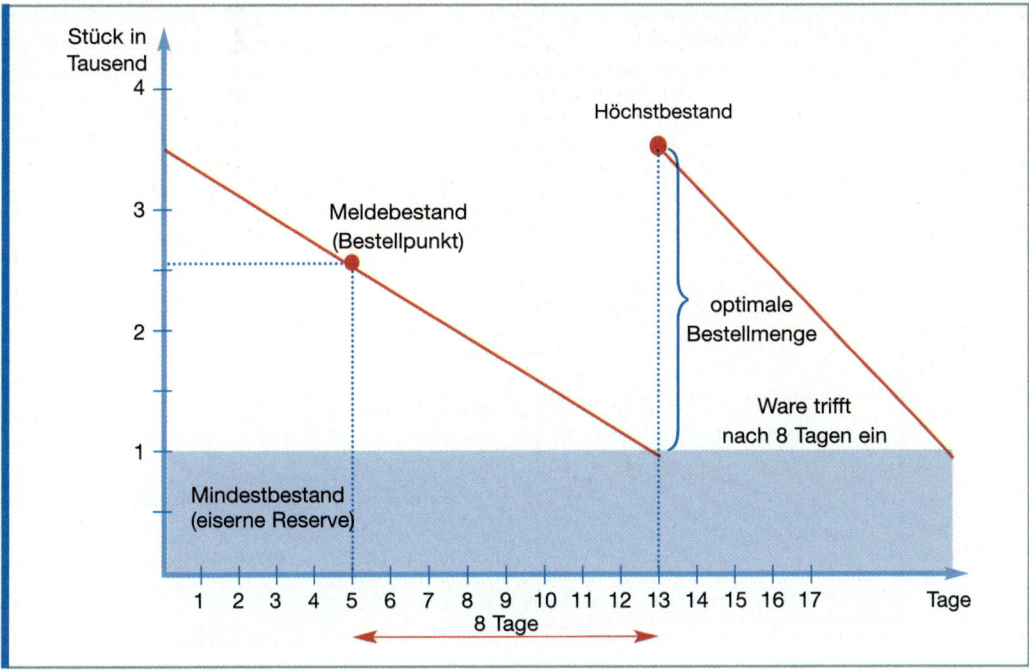

Der Meldebestand setzt sich aus dem Bedarf in der Beschaffungszeit und dem Mindestbestand (eiserne Reserve) zusammen. Wird der Meldebestand von 2 600 Stück erreicht, wird das Material bestellt. Das Material trifft nach acht Tagen mit Erreichen des Mindestbestandes ein. An diesem Tag wird durch die Lieferung der Höchstbestand des Materials erreicht.

Der Bestellpunkt	
wird erhöht, wenn	**wird herabgesetzt, wenn**
• der Bedarf steigt, • die Beschaffungszeit sich verlängert.	• der Bedarf sinkt, • die Beschaffungszeit sich verkürzt.

Neben den genannten Gründen können weitere Gründe für den Zeitpunkt der Bestellung von Bedeutung sein:

• kurzfristige Preiserhöhungen werden erwartet,
• bestimmte Sondertermine müssen berücksichtigt werden.

Vorteile	**Nachteile**
• Niedrigere Mindestbestände sind aufgrund ständiger Bestandskontrolle möglich. • Somit können niedrigere Lagerkosten erreicht werden.	• Rabatte können unter Umständen wegen zu geringer Bestellung nicht ausgenutzt werden. • Es werden nur die Materialien mit Lagerbewegungen erfasst.

Beispiele *Messetermine, Erntezeitpunkte bei Obst, Gemüse, Wein*

Bestellrhythmusverfahren: Bei diesem Verfahren (Bestellung zu bestimmten, vorher festgelegten Terminen) wiederholen sich die festen Liefertermine periodisch. Die periodische Festlegung der Termine kann mithilfe der vorher zu ermittelnden optimalen Bestellmenge (vgl. S. 301 f.) vorgenommen werden. Dieses Verfahren ist dann besonders geeignet, wenn ein gleichbleibender Bedarf vorliegt.

Beispiel *Für ein Material der Bürodesign GmbH beträgt der Jahresbedarf 120 000 Stück, der Mindestbestand 5 000 Stück und die optimale Bestellmenge 30 000 Stück. Somit ergeben sich pro Jahr vier Bestellungen (120 000 : 30 000 = 4). Damit ist der zeitliche Abstand zwischen den Bestellungen für dieses Material drei Monate.*

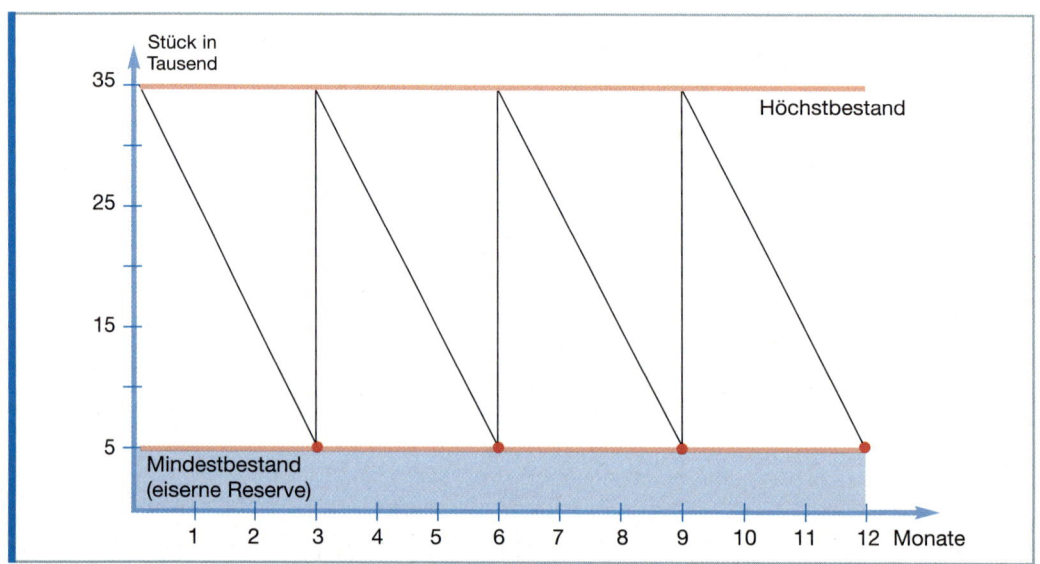

Vorteile	Nachteile
• Vereinfachung des Bestell- und Bestandsüberwachungssystems	• Bei rückläufigem Bedarf entstehen Überbestände. • Bei steigendem Bedarf reichen die Vorratsmengen nicht aus. Folge: Produktions- und Absatzstörungen

▶ *Fertigungssynchrone Beschaffung („Just-in-Time-Lieferung", vgl. S. 203):*
Just-in-Time (gerade zur rechten Zeit) bedeutet, dass alle Materialien genau zu dem Zeitpunkt bereitgestellt werden sollen, an dem der Bedarf in der Produktion danach besteht. Die einzelnen Materialien werden erst dann geliefert, wenn sie in der Produktion benötigt werden. Somit liegen zwischen der Lieferung und dem Einbau der Materialien nur wenige Stunden. Dieses erfordert aber, genaue Lieferzeitpunkte mit dem Lieferer zu vereinbaren, die exakt eingehalten werden müssen. Materialien können täglich oder sogar mehrmals täglich angeliefert werden. Für den Fall eines Lieferungsverzuges (vgl. S. 247 f.) werden in der Regel hohe Konventionalstrafen vereinbart.

Der Käufer wälzt bei diesem Verfahren das Lagerrisiko (Zins-, Lagerkosten) auf den Lieferer ab. Die fertigungssynchrone Beschaffung setzt eine starke Marktstellung des Käufers und eine relative Abhängigkeit des Lieferers voraus.

Voraussetzungen der Just-in-Time-Belieferung: Um die Just-in-Time-Belieferung einführen zu können, sind folgende Voraussetzungen erforderlich:

• ständige Produktions- und Lieferbereitschaft der beteiligten Lieferanten,
• eine genaue Abstimmung der Produktions- und Lieferpläne zwischen Lieferer, Spediteur (Frachtführer) und Abnehmer,
INFO • der Einsatz moderner Kommunikationstechniken, die den überbetrieblichen Datenaustausch mittels Datenfernübertragung ermöglichen,

- der permanente Informationsaustausch zwischen allen am Just-in-Time-Konzept beteiligten Betrieben,
- DV-gestützte Auftragsbearbeitung und Lagerorganisation,
- feste Kooperationsverträge zwischen allen Beteiligten, in denen die Mengen, die Termine, aber auch die Konventionalstrafen bei Vertragsbruch enthalten sind,
- ein flexibles Transportsystem, das einen ununterbrochenen Materialfluss ermöglicht.

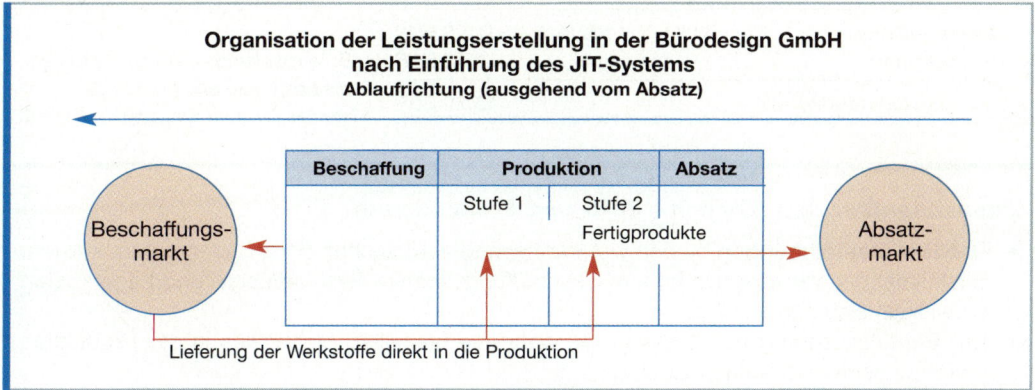

Die Lagerhaltung ist hier überflüssig, weil die **Anlieferung direkt in die Produktion** erfolgt. Es wird sehr viel Zeit gespart und der Weg des Materials durch den Betrieb wird erheblich verkürzt.

Folgen der Just-in-Time-Belieferung: Durch die Einführung der JiT-Belieferung werden die **betriebswirtschaftlichen Kosten der Lagerhaltung** für ein Industrieunternehmen durch die Reduzierung der Lagerbestände und der Lagerdauer von Materialien deutlich reduziert, somit entfallen Kapitalbindungskosten und innerbetriebliche Transportwege werden minimiert. Ferner entfällt das Lagerrisiko des Verderbs und Schwunds. Dem stehen als wesentliche **Nachteile** im Falle eines Lieferungsverzuges **Produktions- und Absatzstörungen**, eine starke Zunahme der Fahrten und Leerfahrten (rollende Lager) und eine damit verbundene **Belastung der Umwelt** POL durch Schadstoffemissionen, Energieverbrauch, Lärmbelästigung und Landschaftsverbrauch durch Straßenbau und damit eine **Zunahme der volkswirtschaftlichen Kosten** gegenüber. Die Einrichtung von Güterverkehrzentren und die Verlagerung der Transporte auf Schienen- und Wasserwege können diese Nachteile zum Teil ausgleichen.

■ Preisplanung

Materialien und Handelswaren sollten **so preisgünstig wie möglich** eingekauft werden **(Bezugskalkulation)**. Folglich hat die Beschaffungsabteilung die Aufgabe,

- den günstigsten Einkaufszeitpunkt zu ermitteln,
- die optimale Bestellmenge festzulegen,
- Skonto auszunutzen und
- auf günstige Lieferungs- und Zahlungsbedingungen zu achten.

Insbesondere beim Vorliegen von Einkaufsbudgets sind für das Beschaffungsmaterial **Preisobergrenzen** festzulegen. Diese Preisobergrenzen dienen als Orientierungshilfe für den Preiswiderstand in den Verhandlungen mit den Lieferern. Die Einkaufsabteilung ist daran gebunden und versucht, die gewünschten Preise bei den Lieferern durchzusetzen. Der für den Einkauf entscheidende Preis ist der **Bezugs- oder Einstandspreis** (vgl. S. 196). Er wird durch die Bezugskalkulation ermittelt.

Beispiel *Die Bürodesign GmbH ermittelt für das Material Fußkreuz für den Konferenzstuhl „Stapler" folgenden Bezugs-/Einstandspreis:*

Rechenweg:				Erläuterungen:
Listeneinkaufspreis		100 %	20,00 EUR	*Ausgangspunkt der Bezugskalkulation*
− *Liefererrabatt*		20 %	− 4,00 EUR	*Preisabschlag, z. B. Mengenrabatt*
= *Zieleinkaufspreis*	100 %	80 %	16,00 EUR	
− *Skonto*	2 %		− 0,32 EUR	*Nachlass für vorzeitige Zahlung*
Bareinkaufspreis	98 %	100 %	15,68 EUR	
+ *Bezugskosten*			+0,12 EUR	*z. B. Verpackungs-, Transportkosten*
= **Bezugs-/Einstandspreis**			15,80 EUR	*Preis beinhaltet alle Kosten des Materials bis zum Eingang im Betrieb*

Zusammenfassung: Mengen-, Zeit- und Preisplanung

- **Größere Bestellmengen** binden viel Kapital und verursachen hohe Lagerkosten, kleinere Bestellmengen verursachen höhere Beschaffungskosten. Beschaffungs- und Lagerkosten entwickeln sich gegenläufig.
- Der **Bestellzeitpunkt** hängt davon ab, wann die bestellten Materialien in der Produktion benötigt werden. Zu beachten sind:
  - Bestelldauer im Betrieb (= Zeit von der Bedarfsfeststellung bis zur Bestellung)
  - Bearbeitungs- und Produktionszeit beim Lieferer
  - Lieferzeit und die Zeit für die Materialprüfung bei der Anlieferung
  - Zeit für den innerbetrieblichen Transport
- Der Bestand, bei dessen Erreichen das Lager meldet, dass bestellt werden muss, wird **Meldebestand** genannt.
  Meldebestand = Mindestbestand + (Beschaffungszeit × Tagesverbrauch)
- Wird die Bestellung bei Erreichen des Meldebestandes ausgelöst, spricht man vom **Bestellpunktverfahren (Vorratsbeschaffung)**.
- Wird die Bestellung in bestimmten Zeitabständen (d. h. unabhängig vom aktuellen Bestand) ausgelöst, spricht man vom **Bestellrhythmusverfahren (Vorratsbeschaffung)**.
- Bei der **fertigungssynchronen Beschaffung (Just-in-Time-Belieferung)** erfolgt der Eingang der Materialien zum Zeitpunkt des Bedarfs.
- Ursache des Ausbaus der Just-in-Time-Belieferung ist die Notwendigkeit der Reduzierung der Lagerkosten durch den zunehmenden **Kostendruck** in Industrieunternehmen.
- **Voraussetzungen** der Just-in-Time-Belieferung sind:
  ständige Produktions- und Lieferbereitschaft der beteiligten Betriebe, genaue Abstimmung der Produktions- und Lieferpläne, Einsatz moderner Kommunikationstechniken, permanenter Informationsaustausch, DV-gestützte Auftragsbearbeitung und Lagerorganisation, feste Kooperationsverträge zwischen allen Beteiligten, flexibles Transportsystem.
- **Folgen der Just-in-Time-Belieferung** sind eine Verlagerung der Lager auf die Straße und die damit verbundenen ökologischen Belastungen.
- Materialien sind unter Beachtung von **Preisobergrenzen** zu einem möglichst preisgünstigen Bezugs-/Einstandspreis einzukaufen.

Aufgaben

1 *Erläutern Sie die Aussage: „Beschaffungskosten und Lagerkosten entwickeln sich gegenläufig".*
2 *Unterscheiden Sie Bestellpunkt-, Bestellrhythmusverfahren und fertigungssynchrone Beschaffung (Just-in-Time-Belieferung) und stellen Sie deren Unterschiede in einer Übersicht dar.*

3 Der Listeneinkaufspreis eines Artikels beträgt 60,00 EUR. Der Lieferer gewährt bei Abnahme von 200 Stück 20 % Rabatt und 2 % Skonto. Die Bezugskosten betragen je Stück 0,30 EUR. Ermitteln Sie den Bezugs-/Einstandspreis je Stück und insgesamt, wenn von diesem Artikel 1 000 Stück bestellt werden.

4 In der Bürodesign GmbH beträgt der Tagesverbrauch für einen Artikel 140 Stück, die Beschaffungszeit beträgt 14 Werktage und der Mindestbestand 420 Stück.
a) Ermitteln Sie den Meldebestand.
b) Begründen Sie die Notwendigkeit eines Mindestbestandes.
c) Stellen Sie den Zusammenhang grafisch dar.
d) Erläutern Sie die Vor- und Nachteile des Bestellpunktverfahrens.
e) Begründen Sie die Veränderung des Meldebestandes, wenn
e1) der Tagesverbrauch sich auf 200 Stück erhöht,
e2) die Beschaffungszeit sich bei einem Tagesverbrauch von 140 Stück auf 7 Tage verkürzt.

4.1.4 Auswahl von Lieferern

„Wir haben schon seit 25 Jahren bei der Schraubenfabrik Schuster & Söhne OHG eingekauft. Selbst wenn Sie meinen, wir könnten ein paar Cent sparen, wir können doch nicht einfach den Lieferer wechseln!", sagt Herr Miebach, Gruppenleiter für Beschaffung von Metallprodukten, zu Herrn Bader. „Okay, Herr Miebach, wegen ein paar Cent würde ich ja auch nicht wechseln wollen, aber die Preise bei der Schuster & Söhne OHG sind in den letzten Jahren enorm gestiegen. Außerdem hatten wir mehrfach Reklamationen und Lieferzeitüberschreitungen bei der Schuster & Söhne OHG." „Na gut", sagt Herr Miebach, „dann erstellen Sie mir bitte eine komplette Liste aller Beschaffungskriterien, damit wir die Leistungsfähigkeit von Schuster & Söhne OHG einmal messen." „Mist!", denkt sich Herr Bader. „Ich wollte eigentlich nur Geld sparen und jetzt halst der Chef mir gleich wieder Arbeit für eine halbe Woche auf. Was soll eigentlich alles in der Kriterienliste aufgeführt werden und wie sollen diese messbar gemacht werden?"

Arbeitsaufträge ▶ Überprüfen Sie, warum der Gruppenleiter Beschaffung, Herr Miebach, Herrn Bader widerspricht.
▶ Erstellen Sie in einer Gruppenarbeit eine Liste von Entscheidungskriterien für die Auswahl von Lieferern.
▶ Erläutern Sie, inwiefern ökologische Gesichtspunkte bei der Entscheidung für einen Lieferer von Bedeutung sein können.

■ Entscheidungskriterien

Bei der Auswahl der Lieferer (Angebotsvergleich) sind Kriterien festzulegen, nach denen die einzelnen Lieferer zu beurteilen sind. Die Informationen hierzu entstammen eigenen Erfahrungen und Recherchen sowie Auskünften der Lieferer selbst. Alle erhobenen Informationen über Lieferer sollten in einer betriebsinternen Liefererdatenbank gespeichert und aktualisiert werden, damit sie für spätere Beschaffungsentscheidungen zur Verfügung stehen.

Listeneinkaufs- bzw. Katalogpreis des Beschaffungsgutes. Er wird meist je Einheit des Gutes angegeben (Stück, kg, Meter, Dutzend usw.)
Beispiel Ein Karton Holzschrauben 12 mm, verzinkt (20 000 Stück), Listenpreis 845,00 EUR.

Bezugskosten

- Kosten des **Transportes vom Lieferer zum Abnehmer**.
  Beispiele *Bahn- oder Postfracht, Entgelt für Speditionen, private Beförderungsdienste, Porto*
- **Transportversicherung:** Häufig werden bei Transporten von Gütern Versicherungen gegen Diebstahl, Bruch, Beschädigung usw. abgeschlossen.
- **Verpackung:** Für den Transport der Güter werden z. T. besondere Verpackungen zum Schutz gegen äußere Einwirkungen benötigt.
- **Zölle:** Sie fallen bei Importen an.

Preisnachlässe (vgl. S. 233 f.)

- **Mengenrabatte:** Bei Bestellungen ab einer bestimmten Menge oder ab einem bestimmten Wert gewähren Lieferer Rabatte.
- **Skonto:** Dies ist ein Nachlass auf den Rechnungsbetrag für vorzeitige Bezahlung.

Die aufgezählten Kriterien fließen in einen Bezugspreisvergleich (Angebotsvergleich) ein.

Beispiel *Für Schrauben liegen der Bürodesign GmbH Angebote von vier Lieferern vor, Schuster & Söhne OHG, Metall AG, Schraub-GmbH, Tools Ltd. Manchester.*

Kalkulationsschema	Schuster & Söhne OHG		Metall AG		Schraub-GmbH		Tools Ltd.	
	%	EUR	%	EUR	%	EUR	%	EUR
Listenpreis je 20 000 Stück		876,00		798,00		845,00		920,00
− Rabatt	5,00	43,80	7,50	59,85	10,00	84,50	6,00	55,20
= Zieleinkaufspreis		832,20		738,15		760,50		864,80
− Skonto	2,00	16,64	2,50	18,45	2,00	15,21	0,00	0,00
= Bareinkaufspreis		815,56		719,70		745,29		864,80
+ Bezugskosten je 20 000 Stück		56,00		110,00		92,00		95,00
= Bezugs-/Einstandspreis		871,56		829,70		837,29		959,80

Den niedrigsten Bezugspreis für 10 000 Schrauben bietet die Metall AG mit 829,70 EUR.

Mindestbestellmengen: Manche Lieferer fordern die Abnahme von Mindestbestellmengen bzw. Mengen in bestimmten Einheiten.

Beispiele *Abnahme mindestens 2 000 Stück; Abnahme nur in Einheiten zu 100 kg.*

Zahlungsbedingungen (vgl. S. 234 f.)

Beispiele *Zielkauf, Ratenkauf, Hilfen bei der Finanzierung*

Lieferfristen, Bestellfristen

Beispiele *Lieferung sofort; Lieferung drei Monate nach Auftragseingang; Bestellungen nur zum Monatsende möglich.*

Qualität und Ausstattung des Produkts:
Hierbei geht es um die Beurteilung des Lieferers, bestimmte vorgegebene Qualitätsstandards einzuhalten, bzw. um Möglichkeiten, seine Produkte mit bestimmten Ausstattungsmerkmalen zu liefern.

Beispiel *Die Bürodesign GmbH benötigt Umleimer ohne Lösungsmittel, massives Birkenholz mit einer Mindeststärke von 8 cm usw.*

Zuverlässigkeit des Lieferers:
Hier ist die Anzahl und Art der bisherigen Reklamationen beim Lieferer zu berücksichtigen und sein Verhalten beim Abwickeln der Reklamationen zu beurteilen.

Lieferbedingungen (vgl. S. 235 f.)
Beispiele *Lieferung in Teilmengen, Lieferung auf Abruf.*

Service des Lieferers
Beispiele *Ersatzteilgarantie, Beratungen, Installationen, Handbücher, Rücknahme von Verpackungsmaterial.*

Flexibilität des Lieferers: Die Fähigkeit eines Lieferers, flexibel auf die Wünsche seiner Kunden einzugehen, ist ein entscheidendes Auswahlkriterium. Hier ist zu beurteilen, ob er bereit ist, Sonderausstattungen für Produkte zu liefern, Sonderkonditionen zu bieten bzw. auf spezielle Bedürfnisse seiner Kunden einzugehen.

Beispiel *Spanplatten werden in genormten Stärken produziert, z. B. 19 mm. Die Bürodesign GmbH benötigt jedoch Spanplatten, die von der Norm abweichen, nämlich 20 mm. Nur die Vereinigten Spanplatten AG war in der Lage, diese Produkte zu liefern.*

Ökologische Gesichtspunkte: Sie treten in zunehmendem Maße in den Vordergrund. So sollten Transport-, Verpackungsgesichtspunkte und die sich aus der bei der Herstellung oder Verwendung von Produkten ergebenden Umweltbelastungen unter diesem Aspekt beachtet werden.

Beispiel *Die Bürodesign GmbH bezieht einen Großteil ihrer Materialien per Bahntransport, um die umweltschädigenden Belastungen des Güterkraftverkehrs zu vermeiden. Ebenfalls vereinbart sie mit allen Lieferern eine recyclinggerechte Entsorgung der Verpackungen. Bei der Auswahl von Lieferern werden solche bevorzugt, die umweltverträgliche Produktionsverfahren einsetzen und schadstoffarme Materialien liefern.*

■ Gewichtung der Kriterien

Sämtliche Entscheidungskriterien müssen für jeden Lieferer erfasst und in eine Übersicht gebracht werden.

Beispiel

Kriterien	Schuster & Söhne OHG	Metall AG	Schraub-GmbH	Tools Ltd.
Bezugs-/Einstandspreis (EUR)	871,56	829,70	837,29	959,80
Zahlungsbedingungen	30 Tage Ziel	60 Tage Ziel	20 Tage Ziel	12 Tage Ziel
Lieferfristen	20 Tage	10 Tage	3 Tage	30 Tage
Qualität	befriedigend	gut	gut	sehr gut
Zuverlässigkeit	befriedigend	sehr gut	gut	befriedigend
Service	gut	befriedigend	gut	gut
Mindestabnahmemenge (Stück)	20 000 p. a.	keine	keine	50 000
Übernahme Lieferrisiko	Besteller	Lieferer	Lieferer	Besteller
Verpackungsentsorgung	Besteller	Lieferer	Lieferer	Besteller

Aus dieser Aufstellung ist noch keine endgültige Beschaffungsentscheidung ableitbar, da die Kriterien für eine Auswahlentscheidung nicht gleich wichtig sind.

Die einzelnen **Bewertungskriterien** sind gemäß ihrer Bedeutung im Einzelfall zu **gewichten**. So kann es in einigen Fällen sein, dass der Bezugspreis im Vergleich zu der Qualität weniger wichtig ist, in anderen Fällen kann der Bezugspreis das wichtigste Kriterium sein. Eine Gewichtung kann dadurch erfolgen, dass jedem Kriterium ein bestimmter prozentualer Anteil an der Gesamtbedeutung zugeordnet wird. Dieser Anteil gibt die Punktzahl an, die je Kriterium auf die einzelnen

Lieferer zu verteilen ist. Durch diese Punktvergabe können die Leistungen der Lieferer gemessen und verglichen werden.

Vom Kunden als besonders wichtig betrachtete Kriterien müssen erfüllt werden. Ansonsten scheidet der Lieferer, der diese Kriterien nicht erfüllt, von vornherein aus. Den Zuschlag erhält der Lieferer mit der höchsten gewichteten Notensumme.

Beispiel

Kriterien	Bedeutung in Prozent	Schuster & Söhne OHG	Metall AG	Schraub-GmbH	Tools Ltd.
Bezugs-/Einstandspreis	20	2	10	8	0
Zahlungsbedingungen	10	3	6	1	0
Lieferfristen	10	2	3	5	0
Qualität	25	3	6	6	10
Zuverlässigkeit	10	1	6	2	1
Service	5	1,5	0,5	1,5	1,5
Mindestabnahmemenge	5	1	2	2	0
Übernahme Lieferrisiko	5	0	2,5	2,5	0
Verpackungsentsorgung	10	0	5	5	0
Summe	**100**	**13,5**	**41**	**33**	**12,5**

Die höchste Punktzahl erreicht der Lieferer Metall AG, die niedrigste Tools Ltd. Folglich ist die Metall AG als Lieferer auszuwählen.

Zusammenfassung: Auswahl von Lieferern

- Der Beschaffungs- oder **Bezugspreis** eines Produktes ergibt sich durch folgendes **Schema**:

  Listeneinkaufspreis
  – Rabatt
  _____
  = Zieleinkaufspreis
  – Skonto
  _____
  = Bareinkaufspreis
  + Bezugskosten
  _____
  = Bezugs-/Einstandspreis

- Bei der **Auswahl von Lieferern** sind folgende **Kriterien** zu untersuchen:
  - Listeneinkaufspreis
  - Preisnachlässe
  - Zahlungsbedingungen
  - Lieferbedingungen
  - Flexibilität des Lieferers
  - Bezugskosten
  - Mindestbestellmengen
  - Qualität, Ausstattung des Produkts
  - Zuverlässigkeit des Lieferers

- Eine **Bewertung der Lieferer** erfolgt über ein Schema, in dem alle Beschaffungskriterien aufgelistet und in ihrer Bedeutung gewichtet sind. Bei jedem Lieferer und jedem Kriterium werden entsprechende Punkte vergeben.

- Die Beschaffungsmarktforschung bedient sich **interner** (Liefer-, Angebotsdatei) und **externer Informationsquellen** (Fachzeitschriften, Messen, Datenbanken).

Aufgaben

1 Bestimmen Sie den Bezugs-/Einstandspreis für einen Bohrer aus folgendem Angebot: Listeneinkaufspreis für 10 Bohrer 48,50 EUR, Rabatt 12 %, Skonto 2 %, Bezugskosten 5 % vom Zieleinkaufspreis.

2 Führen Sie einen Bezugspreisvergleich durch:

Lieferer	A	B	C	D
Listeneinkaufspreis je 100 Stück in EUR	76,00	98,00	85,00	92,00
– Rabatt in %	15	22	18	25
– Skonto in %	2	2,5	2	0
+ Bezugskosten je 100 Stück in EUR	10,00	12,00	15,90	8,50

3 a) Diskutieren Sie die Gewichtung der einzelnen Beschaffungskriterien in der Tabelle auf S. 200.

  b) Können diese Gewichtungen für allgemein verbindlich erklärt werden? Begründen Sie Ihre Antwort.

  c) Finden Sie weitere Kriterien für die Auswahl von Lieferern.

4 Erläutern Sie, weshalb die Frage der Verpackungsentsorgung für die Auswahl von Lieferern  bedeutend ist, lesen Sie dazu auch den Abschnitt 4.4.5 in diesem Buch.

5 Erstellen Sie mithilfe eines Tabellenkalkulationsprogrammes ein Berechnungsschema für Bezugs-/Einstandspreise.

6 Erstellen Sie eine Liste aller Daten, die in eine Liefererdatenbank aufzunehmen sind.

4.1.5 Beschaffungsstrategische Entscheidungen

Bertram Klein ist in der Schlosserei der Bürodesign GmbH als Monteur beschäftigt. Sein Bruder arbeitet in einem großen Stahlwerk als Gießer, er hat im letzten Monat für einen Verbesserungsvorschlag 3 000,00 EUR erhalten. Bertram könnte ebenfalls eine kleine Finanzspritze gebrauchen und überlegt, ob er für die Bürodesign GmbH auch einen Verbesserungsvorschlag austüfteln könnte. Dabei fällt ihm ein, dass er vor drei Wochen auf einem Materialzettel gelesen hat, dass ein Schubladengriff für die Schreibtische 3,80 EUR je Stück kostet. Dieser Betrag kam ihm enorm hoch vor. Er geht zu seinem Chef, Herrn Wilke, und erklärt ihm: „Hören Sie mal, Herr Wilke, ich glaube, wir könnten eine ganze Menge Geld sparen, wenn wir die Schubladengriffe selbst herstellen würden, wir besorgen uns verchromtes Stahlrohr und biegen es so, wie wir es brauchen." Herr Wilke meint: „Das muss erst einmal genau durchgerechnet werden, denn unsere eigene Arbeitszeit muss ja auch berücksichtigt werden. Außerdem ist das eine Frage der Kapazitätsauslastung." Bertram Klein ist erstaunt, er lässt sich aber nicht von seiner Idee abbringen.

Arbeitsaufträge ▶ Stellen Sie fest, welche Informationen benötigt werden, um auszurechnen, ob die Herstellung der Schubladengriffe günstiger ist als der Bezug von Fertigteilen.

▶ Erläutern Sie, warum die Bündelung von Aufträgen für den Auftraggeber von Vorteil sein kann.

Strategien im Beschaffungsmarketing umfassen mittelfristige Entscheidungen der Güterbereitstellung. Zwar wird durch den Absatzplan vorgegeben, welche Produkte in welcher Menge zu welchem Zeitpunkt benötigt werden, jedoch können grundsätzliche Vorentscheidungen getroffen werden. Diese werden als **beschaffungsstrategische Entscheidungen** bezeichnet.

Bd. 2 ■ Eigenfertigung oder Fremdbezug

Für viele Bauteile eines Produktes muss überlegt werden, ob sie von einem Lieferer beschafft oder in eigener Produktion hergestellt werden. Die Entscheidung hierüber hängt von verschiedenen Überlegungen ab:

- Sind **Produktionskapazitäten** für die Eigenfertigung frei?
- Ist das benötigte Teil auf dem Markt in der erforderlichen **Qualität, Zeit, Ausführung, Menge** beschaffbar? Diese Fragestellung gilt ebenfalls für Maschinen und Werkzeuge.
  Beispiel Bei der Bürostuhlproduktion der Bürodesign GmbH werden Metallplatten benötigt, auf denen die Sitzflächen befestigt werden. Diese Bauteile sind auf dem Markt nicht als Fertigteil lieferbar, sie werden in der Produktion gefertigt.
- Ist Eigenfertigung oder Fremdbezug **kostengünstiger**?
  Beispiel Ein Werkstück kann auf dem Markt für 5,00 EUR beschafft werden. Wenn das Teil selbst hergestellt wird, sind je Stück 0,80 EUR Materialkosten, 2,60 EUR Löhne und je Jahr zusätzliche fixe Maschinenkosten (Abschreibung, Wartung) in Höhe von 8 000,00 EUR aufzuwenden. Wenn mit x die Anzahl der Teile bezeichnet wird, ergeben sich folgende Kostenstrukturen:

Gesamtkosten des Fremdbezuges:

$K_{(Fremdb.)} = Einkaufpreis \cdot x$ $K_{(Fremdb.)} = variable\ Kosten \cdot x$ $K_{(Fremdb.)} = 5 \cdot x$

Gesamtkosten der Eigenfertigung:

$K_{(Eigenf.)} = (Materialkosten\ je\ Stück + Lohnkosten\ je\ Stück) \cdot x + fixe\ Kosten$
$K_{(Eigenf.)} = variable\ Kosten \cdot x + fixe\ Kosten$
$K_{(Eigenf.)} = 3,4 \cdot x + 8\,000$

Die jeweiligen Stückkosten ergeben sich, wenn die Gesamtkosten durch die Menge x dividiert wird. Beim Fremdbezug sind sie konstant 5,00 EUR, bei der Eigenfertigung sinken sie mit zunehmender Menge x.

Stückkosten des Fremdbezuges: **Stückkosten der Eigenfertigung:**

$k_{(Fremdb.)} = K_{(Fremdb.)}/x$ $k_{(Eigenf.)} = K_{(Eigenf.)}/x$

Der Kostenvergleich kann tabellarisch oder grafisch erstellt werden.

MATH   Kostenvergleich Eigenfertigung und Fremdbezug

Einkaufspreis je Stück: 5,00 EUR   **Lohnkosten je Stück:** 2,60 EUR   **variable Kosten** 3,40 EUR
Materialkosten je Stück: 0,80 EUR   **Fixe Kosten:** 8 000,00 EUR

Menge in Stück	K (Eig.) in EUR	k (Eig.) in EUR	K (Fre.) in EUR	k (Fre.) in EUR
0	8 000,00	–	0,00	–
1 000	11 400,00	11,40	5 000,00	5,00
2 000	14 800,00	7,40	10 000,00	5,00
3 000	18 200,00	6,07	15 000,00	5,00
4 000	21 600,00	5,40	20 000,00	5,00
5 000	25 000,00	5,00	25 000,00	5,00
6 000	28 400,00	4,73	30 000,00	5,00
7 000	31 800,00	4,54	35 000,00	5,00
8 000	35 200,00	4,40	40 000,00	5,00
9 000	38 600,00	4,29	45 000,00	5,00
10 000	42 000,00	4,20	50 000,00	5,00

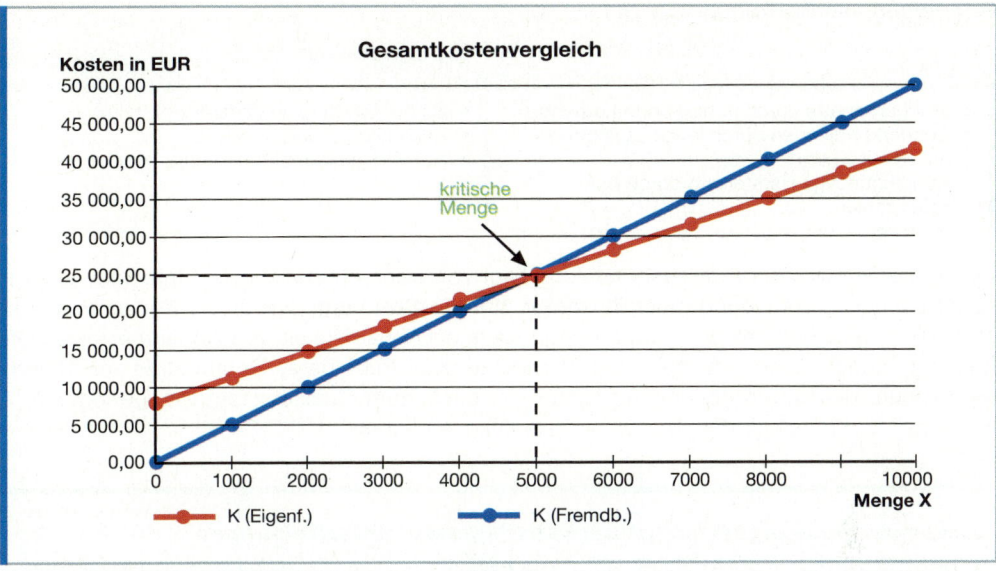

Aus der Tabelle und der Grafik ist ersichtlich, dass bei einer Produktionsmenge von 5 000 Stück die Kosten beider Alternativen gleich hoch sind (= kritische Menge). Bei einer geringeren Menge ist die Eigenfertigung teurer, bei einer höheren Menge ist sie kostengünstiger.

■ Just-in-Time-Belieferung (produktionssynchrone Anlieferung, vgl. S. 194)

Um Lagerkosten zu minimieren, erfolgt eine bedarfsgerechte Anlieferung der Güter durch den Lieferer. Es wird nur die Menge geliefert, die für die jeweilige Produktion benötigt wird. Der Vorteil ist, dass **weder Eingangslager noch Zwischenlager** eingerichtet werden müssen. Die Lieferer werden also verpflichtet, im Rhythmus der Produktion (produktionssynchron) die benötigten Materialien anzuliefern.

Beispiel Bei der Produktion von Schreibtischen und Büroschränken wird eine bestimmte Menge an Spanplatten benötigt. Um ein Lager zu vermeiden, kommt der Lieferer der Spanplatten mehrmals am Tag und liefert nur die Mengen, die für die jeweilige Produktion erforderlich sind.

■ Streuen oder Bündeln von Aufträgen

Eine strategische Entscheidung bei der Beschaffung besteht darin, die **Anzahl der Lieferer** für ein bestimmtes Produkt zu bestimmen. Werden Aufträge gestreut, so ist die Anzahl der Lieferer groß.

Beispiele
- Die Bürodesign GmbH beschränkt sich bei dem Einkauf von Spanplatten auf vier Zulieferer, obwohl auf dem Markt die Wahl zwischen 52 Lieferern besteht (Bündelung), weil dadurch eine gleich bleibende Qualität gewährleistet ist. Dennoch können Lieferschwierigkeiten bei einem Lieferer durch Bestellungen bei einem anderen ausgeglichen werden.
- Beim Einkauf von Stoffen für die Bespannung von Stühlen wird bei jeder neuen Produktentwicklung der Markt neu analysiert und dann der gesamte Bedarf bei einem Hersteller geordert und eingelagert (Bündelung). Dadurch ist sichergestellt, dass keine Farb-, Web- oder Qualitätsunterschiede durch Nachbestellungen auftreten.
- Bei Beschlägen werden jeweils nur kleine Mengen bei 16 verschiedenen Lieferern geordert (Streuung), weil Beschläge leicht austauschbar sind.

Bündelung von Aufträgen

Vorteile	Nachteile

• Mengenrabatte durch hohe Abnahmemengen
• Sonderkonditionen durch lange Zusammen-
  arbeit mit einem Lieferer
• Kostengünstige Herstellung durch hohe
  Stückzahlen
	• Starke Bindung an Lieferer
	• Kostendiktat durch Lieferer
	• Abhängigkeit des Abnehmers vom Lieferer

Eine extreme Form der Auftragsbündelung liegt vor, wenn die benötigten Materialien oder Produkte bei nur einem Lieferer bestellt werden **(Single-Sourcing)**. Bei dieser Konzentration kann es zwar einerseits zu einer enormen gegenseitigen Abhängigkeit von Abnehmer und Lieferer kommen, andererseits kann darin die Chance zu einer fruchtbaren Kooperation von Unternehmen liegen, die sich in geringeren Kosten, verbessertem Qualitätsstandard, geringerem Aufwand bei der Eingangsprüfung usw. niederschlagen können.

Zusammenfassung: Beschaffungsstrategische Entscheidungen

- **Eigenfertigung oder Fremdbezug:** Die Entscheidung hierüber hängt von folgenden Faktoren ab:
  - Freie eigene Produktionskapazitäten
  - Kostenvorteile beim Vergleich beider Alternativen
  - Beschaffbarkeit der Güter auf dem Markt in erforderlicher Qualität und Menge
- Bei der **Just-in-Time-Belieferung** werden die Materialien produktionssynchron angeliefert, dadurch entfallen Vorrats- und Zwischenlager.
- **Streuen oder Bündeln von Aufträgen** (Bestimmen der Anzahl der Lieferer)
  - **Streuen:** Beschaffung bei möglichst vielen Lieferern
  - **Bündeln:** Beschaffung bei möglichst wenig Lieferern

Aufgaben

1 Berechnen Sie, ob für folgenden Sachverhalt Eigenfertigung oder Fremdbezug günstiger ist: Bezugs-/Einstandspreis 42,00 EUR, Materialkosten je Stück 8,50 EUR, Fertigungskosten je Stück 18,00 EUR, anteilige fixe Kosten 25 000,00 EUR. Benötigt wird eine Menge von 500 Stück.
  a) Erstellen Sie die Lösung in Tabellenform.
  b) Erstellen Sie die Lösung grafisch.
  c) Erstellen Sie die Lösung rechnerisch.

2 Erläutern Sie, weshalb neben dem Kostenvergleich weitere Faktoren untersucht werden müssen, wenn eine Entscheidung über Eigenfertigung oder Fremdbezug getroffen wird.

 3 In der Beschaffungsabteilung der Bürodesign GmbH ist ein Grundsatzstreit entstanden. Einige Sachbearbeiter vertreten die Meinung, dass Bestellungen aus Sicherheitsgründen stets bei möglichst vielen Lieferern zu tätigen sind. Andere sind der Meinung, dass es sinnvoller wäre, mit möglichst wenigen, am besten mit nur einem Lieferer zusammenzuarbeiten. Sammeln Sie Argumente für beide Standpunkte und stellen Sie diese der Klasse vor.

4 Erstellen Sie mithilfe eines Tabellenkalkulationsprogramms eine Entscheidungshilfe für Eigenfertigung oder Fremdbezug. Aus den Werten für variable und fixe Kosten bei der Eigenfertigung und dem Bezugspreis eines Gutes bei Fremdbestellung ist eine Tabelle und eine Grafik abzuleiten. Aus Tabelle und Grafik muss erkennbar sein, ab welcher Verbrauchsmenge Eigenfertigung oder Fremdbezug kostengünstiger ist.

5 *„Bei der Just-in-Time-Belieferung wird das Lager auf die Autobahn verlegt." Diskutieren Sie*
*diese Aussage und bewerten Sie das Konzept der Just-in-Time-Belieferung unter ökolo-
gischen Gesichtspunkten.*

4.2 Rechtlicher Rahmen der Beschaffung

4.2.1 Rechtsordnung

Die Bürodesign GmbH plant ihr dreigeschossiges Verwaltungsgebäude um ein viertes Geschoss zu erweitern. Zu diesem Zweck reicht sie beim zuständigen Bauamt in Köln einen Bauantrag ein. Nach drei Monaten erhält sie eine Ablehnung des Antrags, da die Bebauungsordnung nur eine dreigeschossige Bebauung zulässt. Hiergegen legt die Bürodesign GmbH Widerspruch ein. Auch dieser wird vom Bauamt abgelehnt. Geschäftsführer Stein ist verärgert. Er beauftragt Sven Braun, den Assistenten der Geschäftsleitung, beim Gericht gegen diesen Bescheid Klage einzureichen. Sven Braun geht zum Amtsgericht Köln und will gegen den Bescheid des Bauamtes Klage einlegen. Ein Angestellter des Amtsgericht lehnt die Entgegennahme der Klage jedoch ab.

Arbeitsaufträge ▶ Stellen Sie fest, warum das Amtsgericht die Entgegennahme der Klage der Bürodesign GmbH ablehnt.
▶ Unterscheiden Sie öffentliches Recht, Privatrecht und Gewohnheitsrecht.

Das **Recht** soll die Ordnung im Zusammenleben der Menschen auf der Grundlage von Regeln sichern. In der **Rechtsordnung** ist das Verhalten des Staates und der Bürger zueinander geregelt. Diese Rechtsordnung umfasst eine Vielzahl von Regelungen, die sogenannten **Rechtsnormen**, die in Gesetzen und Verordnungen niedergelegt sind. **POL**

In der **Rechtsordnung unterscheidet man** das öffentliche Recht, das Privatrecht und das Gewohnheitsrecht.

■ Öffentliches Recht

Es regelt die **Rechtsbeziehungen zwischen dem Staat (Bundesrepublik Deutschland), den** **POL** **öffentlichen Körperschaften (Länder, Gemeinden, Verwaltungsbehörden) und dem einzelnen Bürger**. Zum öffentlichen Recht gehören u. a.

- Staatsrecht (z. B. Grundgesetz)
- Verwaltungsrecht (z. B. Bau-, Gewerbe-, Schulordnung)
- Steuerrecht (z. B. Einkommensteuergesetz)
- Straf- und Prozessrecht (z. B. Strafgesetzbuch)

Das öffentliche Recht wird vom **Grundsatz der Über- und Unterordnung** beherrscht, d. h., die Bundesrepublik Deutschland, die Länder und die Kommunen sind als übergeordnete Institutionen berechtigt, den ihnen untergeordneten Bürgern Steuern aufzuerlegen. Öffentliches Recht ist **zwingendes Recht**. Jeder Bürger muss sich diesem Recht unterwerfen.

Beispiel Ein Unternehmen stellt einen neuen Mitarbeiter ein und vereinbart mit diesem eine Kündigungsfrist von einer Woche. Laut Kündigungsschutzgesetz ist aber eine Kündigungsfrist von 4 Wochen vor dem ersten oder letzten des Monats vorgeschrieben. Die Vereinbarung verstößt gegen zwingendes Recht und ist somit ungültig.

Im Interesse der Allgemeinheit werden dem einzelnen Bürger **Verbote** auferlegt.

Beispiele

> **Art. 12 GG:** (1) Alle Deutschen haben das Recht, Beruf, Arbeitsplatz und Ausbildungsstätte frei zu wählen
>
> ...
>
> (2) Niemand darf zu einer bestimmten Arbeit gezwungen werden ...
>
> **§ 242 StGB:** (1) Wer eine fremde bewegliche Sache einem anderen in der Absicht wegnimmt, dieselbe Sache sich rechtswidrig zuzueignen, wird mit Freiheitsstrafe bis zu fünf Jahren oder mit Geldstrafe bestraft.
>
> **§ 56 SchulG: Druckschriften, Plakate**: Schulfremde Druckschriften dürfen auf dem Schulgrundstück an die Schülerinnen und Schüler nicht verteilt werden. Ausnahmen kann die Schulleiterin oder der Schulleiter zulassen, wenn die Druckschriften schulischen oder gemeinnützigen Zwecken dienen.

Neben den Verboten muss der einzelne Bürger **Gebote** (Pflichten) beachten.

Beispiele

> **Art. 12a GG:** (1) Männer können vom vollendeten achtzehnten Lebensjahr an zum Dienst in den Streitkräften, im Bundesgrenzschutz oder in einem Zivilschutzverband verpflichtet werden.
>
> **§ 1 Einkommensteuergesetz:** (1) Natürliche Personen, die im Inland einen Wohnsitz oder ihren gewöhnlichen Aufenthalt haben, sind unbeschränkt einkommensteuerpflichtig ...
>
> **§ 43 SchulG:** Schülerinnen und Schüler sind verpflichtet, regelmäßig am Unterricht und an den verbindlichen Schulveranstaltungen teilzunehmen. Die Meldung zur Teilnahme an einer freiwilligen Unterrichtsveranstaltung verpflichtet zur Teilnahme für mindestens ein Schuljahr.

Verstöße gegen Gebote und Verbote lässt der Staat durch seine Judikative (Gerichte) verfolgen und ahnden. Streitigkeiten des öffentlichen Rechts werden durch die **Verwaltungsgerichte** entschieden.

■ Privatrecht

Es regelt die **Rechtsbeziehungen der Bürger untereinander**, die sich als gleichberechtigte Partner **(Grundsatz der Gleichordnung)** gegenüberstehen.

Privatrecht ist weitgehend **nachgiebiges Recht**, d. h., die Vertragspartner können ihre Rechtsbeziehungen abweichend von den gesetzlichen Regelungen frei gestalten.

Beispiel Wurde zwischen einem Käufer und einem Verkäufer nichts über die Frachtkosten vereinbart, dann hat nach § 448 BGB der Käufer die Kosten zu tragen. Vertraglich kann vereinbart werden, dass der Verkäufer die gesamten Frachtkosten trägt.

Zum Privatrecht gehören u. a.:

● Bürgerliches Recht:

Es enthält Vorschriften des Bürgerlichen Gesetzbuches (BGB) und regelt die Rechtsbeziehungen der Bürger allgemein, wie Vertrags-, Familien-, Sachen- und Eherecht.

Beispiel

> **§ 433 BGB** (1) Durch den Kaufvertrag wird der Verkäufer einer Sache verpflichtet, dem Käufer die Sache zu übergeben und das Eigentum zu verschaffen ...
>
> (2) Der Käufer ist verpflichtet, dem Verkäufer den vereinbarten Kaufpreis zu zahlen und die gekaufte Sache abzunehmen.

● Handels- und Gesellschaftsrecht:

Es enthält u. a. Vorschriften des Handelsgesetzbuches (HGB), des Gesellschafts-, Wechsel-, Scheck-, Wertpapier- und Wettbewerbsrechts.

Beispiel

§ 84 HGB (1) Handelsvertreter ist, wer als selbstständiger Gewerbetreibender ständig damit betraut ist, für einen anderen Unternehmer Geschäfte zu vermitteln oder in dessen Namen abzuschließen. Selbstständig ist, wer im Wesentlichen frei seine Tätigkeit gestalten und seine Arbeitszeit bestimmen kann.

● Urheber- und Patentrecht:

Es begründet die Ansprüche an Geisteswerken und aus Erfindungen.

Beispiel

§ 10 Patentgesetz (1) Das Patent dauert zwanzig Jahre, die mit dem Tag beginnen, der auf die Anmeldung der Erfindung folgt.

Streitigkeiten des Privatrechts werden vor dem **Amts- oder Landgericht** entschieden.

■ Gewohnheitsrecht:

Jeder Bereich des öffentlichen Rechts und des Privatrechts enthält eine Fülle von Gesetzen. Einige Regeln und Normen sind jedoch nicht in Gesetzen geregelt, sondern durch Gewohnheit zur **Verkehrssitte, zum Brauch**, geworden. In diesen Fällen spricht man von Gewohnheitsrecht.

Beispiele
* *Gewohnheitsrecht der Gemeinden über Straßenreinigung oder Streupflicht im Winter bei Eis- oder Schneeglätte;*
* *Handelsbräuche § 346 HGB „Unter Kaufleuten ist in Ansehen der Bedeutung und Wirkung von Handlungen ... auf die im Handelsverkehre geltenden Gewohnheiten und Gebräuche Rücksicht zu nehmen", z. B. ein briefliches Angebot an einen Kunden gilt für die Dauer von etwa fünf Tagen (vgl. S. 229).*

Zusammenfassung: Rechtsordnung

* Der Staat schafft die Rahmenbedingungen für das Zusammenleben der Menschen durch die **Rechtsordnung**.
* Das **öffentliche Recht** regelt die Rechtsbeziehungen zwischen der öffentlichen Gewalt (Staat, Bund, Länder, Gemeinden) und dem einzelnen Bürger.
* Das **Privatrecht** regelt die Rechtsbeziehungen der einzelnen Bürger untereinander.
* **Gewohnheitsrecht:** Einige Regeln und Normen sind durch Gewohnheit zur Verkehrssitte geworden.

Aufgaben

1 *Erläutern Sie, wodurch sich öffentliches Recht und Privatrecht unterscheiden.*
2 *Zählen Sie auf, welche Bereiche zum Privatrecht gehören.*
3 *Geben Sie jeweils zwei Beispiele für Gebote und Verbote, die den Bürgern vom Staat oder den öffentlichen Körperschaften auferlegt werden können.*
4 *„Privatrecht ist weitgehend nachgiebiges Recht." Erläutern Sie diese Aussage.*

5 *Listen Sie alle Gesetze auf, die Sie kennen, und ordnen Sie diese dem öffentlichen Recht und dem Privatrecht zu.*

6 *Beschaffen Sie sich das Grundgesetz und das Bürgerliche Gesetzbuch. Suchen Sie jeweils zehn Artikel bzw. Paragrafen heraus und geben Sie jeweils an, warum diese Sie jetzt oder später in Ihrem Leben betreffen können.*

4.2.2 Rechtsgeschäfte, Willenserklärungen und Vertragsarten

Die Bürodesign GmbH benötigt zur Erweiterung ihrer Lagerkapazitäten einen zusätzlichen Lagerraum. Bei Durchsicht der Rubrik „Mietangebote für gewerbliche Lagerräume" im Kölner Stadt-Anzeiger findet Sven Braun eine Anzeige. Aus Sorge, dass ihm ein anderer Mieter zuvorkommen könnte, teilt er dem Vermieter Klaus Lage nach Besichtigung des Lagerraums telefonisch mit, dass die Bürodesign GmbH den Lagerraum zu den vereinbarten Konditionen mieten möchte. Einen Tag später wird der Mietvertrag mit einer Laufzeit von fünf Jahren unterschrieben, wobei eine Miete von 3 500,00 EUR pro Monat vereinbart wird. Zwei Tage später erhält Herr Braun von einem Immobilienmakler ein wesentlich günstigeres Angebot. Umgehend schreibt er dem Vermieter Lage, dass er kein Interesse mehr an dem Lagerraum habe, da ihm ein wesentlich günstigeres Angebot eines anderen Vermieters vorliege. Der Vermieter besteht aber auf der Einhaltung des Mietvertrages.

Arbeitsaufträge ▶ Überprüfen Sie, ob die Bürodesign GmbH vom Mietvertrag zurücktreten kann, um das günstigere Angebot des Immobilienmaklers anzunehmen.

▶ Stellen Sie fest, welche Verträge Sie bereits in Ihrem Leben abgeschlossen haben.

■ Willenserklärungen und Rechtsgeschäfte

Rechtsgeschäfte, z. B. Mietverträge, kommen durch Willenserklärungen einer oder mehrerer Personen zustande. Unter einer **Willenserklärung** versteht man die rechtlich wirksame Äußerung einer geschäftsfähigen Person, durch welche bewusst eine Rechtsfolge herbeigeführt werden soll.

Beispiel

Willenserklärungen können

- schriftlich, mündlich oder
- durch bloßes schlüssiges Handeln abgegeben werden.

Beispiele *Kauf einer Zeitung am Kiosk, ohne dass Käufer und Verkäufer miteinander reden.*

■ Arten von Rechtsgeschäften

Man unterscheidet **einseitige und zweiseitige Rechtsgeschäfte**.

Bei den **einseitigen Rechtsgeschäften** ist die Willenserklärung **einer** Person erforderlich.

Beispiele *Abfassung eines Testaments, Mahnung, Kündigung eines Arbeitsvertrages (vgl. S. 443).*

Einseitige Rechtsgeschäfte können empfangsbedürftig oder nicht empfangsbedürftig sein. Zu den **nicht empfangsbedürftigen Rechtsgeschäften** zählen die Aufgabe eines Eigentumsanspruchs und das Testament, d. h., die Willenserklärung einer Person ist hier gültig, ohne dass sie einer anderen Person zugegangen sein muss.

Beispiel *Als beim Tennisschläger von Sven Braun mehrere Saiten reißen, lässt er den Schläger in einem Mülleimer auf dem Tennisplatz zurück. Heinz, der dies sieht, nimmt den Tennisschläger an sich und lässt ihn neu bespannen. Später sieht Sven den reparierten Schläger und wirft Heinz vor, er habe sich sein Eigentum angeeignet. Er verlangt den Schläger zurück. Heinz lehnt dieses ab, da Sven in dem Moment seinen Eigentumsanspruch an dem Schläger aufgegeben hat, als er ihn in den Mülleimer geworfen hat.*

Zu den **empfangsbedürftigen Rechtsgeschäften** zählen die Kündigung eines Arbeitsvertrages, die Anfechtung und die Mahnung. Die Willenserklärung wird erst dann wirksam, wenn sie einer anderen Person zugeht.

Beispiel *Die Auszubildende Nicole Sams möchte innerhalb der Probezeit ihren Ausbildungsvertrag bei der Bürodesign GmbH kündigen. Sie muss dafür Sorge tragen, dass ihrem Arbeitgeber die Kündigung auch tatsächlich zugeht, da es sich um ein empfangsbedürftiges Rechtsgeschäft handelt. Es empfiehlt sich, die Kündigung per Einschreiben zu versenden.*

Zwei- oder mehrseitige Rechtsgeschäfte (= Verträge), bei denen die Willenserklärungen zweier oder mehrerer Personen erforderlich sind, werden nur durch **übereinstimmende Willenserklärungen** aller beteiligten Personen rechtswirksam (§ 151 BGB).

Alle Verträge haben gemeinsam, dass sie durch **Antrag und Annahme** zustande kommen. Die zuerst abgegebene Willenserklärung heißt Antrag, wobei sie von jedem Vertragspartner ausgehen kann. Die zustimmende Willenserklärung nennt man Annahme. Die Möglichkeiten des Zustandekommens eines Vertrages werden am Beispiel des Mietvertrages erläutert:

- **Der Vermieter macht den Antrag**

Der Mietvertrag kommt zustande, wenn die **Annahme des Mietangebotes durch den Mieter** inhaltlich mit dem **Angebot (Antrag) des Vermieters** übereinstimmt.

- **Der Mieter macht den Antrag**

Der Mietvertrag kommt zustande, wenn der Vermieter (**Annahme**) das Angebot des Mieters (**Antrag**) annimmt.

Im Vertragsrecht gilt der Grundsatz: Verträge sind einzuhalten.

Wichtige Verträge im Privatrecht: Folgende **zweiseitigen Rechtsgeschäfte** können unterschieden werden:

Vertragsart	Vertragsgegenstand	Beispiele aus der Praxis	Gesetzliche Regelung §§
• Kauf-vertrag	Entgeltliche Veräußerung von Sachen und Rechten.	Die Bürodesign GmbH verkauft an die Bürobedarfsgroßhandlung Schneider & Co. OHG 20 Schreibtische.	BGB §§ 433–514
• Miet-vertrag	Entgeltliche Überlassung von Sachen zum Gebrauch.	Die Bürodesign GmbH mietet Büroräume.	BGB §§ 535–580
• Leih-vertrag	Unentgeltliche Überlassung von beweglichen Sachen oder Grundstücken zum Gebrauch; Rückgabe derselben Sachen.	Die Bürodesign GmbH überlässt für zwei Wochen einem Großhändler einen Verpackungsbehälter.	BGB §§ 598–605
• Pacht-vertrag	Entgeltliche Überlassung von Sachen zum Gebrauch und Frucht-genuss.	Die Bürodesign GmbH pachtet ein Grundstück für die Abstellung des betriebseigenen Fuhrparks. Die sich auf dem Grundstück befindlichen Obstbäume dürfen von der Bürodesign GmbH abgeerntet werden.	BGB §§ 581–597
• Darlehens-vertrag	Entgeltliche oder unent-geltliche Überlassung von (vertretbaren, vgl. S. 217) Sachen zum Verbrauch; Rückgabe gleichartiger Sachen.	Die Bürodesign GmbH nimmt gegen Zahlung von 9 % Zinsen ein Darlehen für ein Jahr bei der Bank auf. Frau Helma Friedrich „leiht" sich bei ihrer Nachbarin zum Backen vier Eier. Am nächsten Tag bringt sie vier andere Eier zurück.	BGB §§ 607–610
• Reise-vertrag	Reiseveranstalter muss dem Reisenden als Leis-tung eine Reise erbringen.	Eine Auszubildende bucht bei einem Reiseveranstalter eine 14-tägige Reise nach Mallorca.	BGB § 651a–k
• Gesell-schafts-vertrag	Regelung der Zusammen-arbeit von Geschäftsteil-habern.	Herr Stein und Frau Friedrich haben für ihre Zusammenarbeit in der Büro-design GmbH einen Gesellschafts-vertrag aufgesetzt (vgl. S. 17, 60).	BGB §§ 705–740 AktG § 16 GmbHG § 2 usw.
• Schen-kungs-vertrag	Unentgeltliche Ver-mögensübertragung an andere Personen.	Frau Friedrich schenkt ihrem Neffen 200,00 EUR.	BGB § 516 ff.
• Arbeits-vertrag	Entgeltliche Leistung von Arbeitnehmern.	Die Bürodesign GmbH schließt mit einem neuen Mitarbeiter für die Polsterei einen Arbeitsvertrag ab.	BGB §§ 611–630
• Dienst-vertrag	Entgeltliche Leistung von Diensten.	Die Bürodesign GmbH nimmt die Leistung eines Rechtsanwalts in Anspruch, um gegen einen Kunden auf Zahlung des Kaufpreises zu klagen.	BGB § 611
• Berufsaus-bildungs-vertrag	Ausbildung in einem an-erkannten Ausbildungs-beruf.	Die Bürodesign GmbH stellt eine Aus-zubildende für die Ausbildung zur Industriekauffrau ein.	BBiG §§ 3–16

Vertragsart	Vertragsgegenstand	Beispiele aus der Praxis	Gesetzliche Regelung §§
• **Werk- vertrag**	Herstellung eines Werkes gegen Ver- gütung, zu dem der Besteller das Material liefert.	Die Bürodesign GmbH stellt einen Spezialschreibtischstuhl her, zu dem der Käufer den Lederbezugsstoff liefert.	BGB §§ 631–650
• **Werkliefe- rungs- vertrag**[1] (Lieferung herzu- stellender beweglicher Sachen)	Herstellung eines Werkes gegen Ver- gütung, zu dem der Hersteller das Material liefert.	Die Bürodesign GmbH stellt Schreib- tischstühle aus den von ihr beschafften Materialien her.	BGB § 651
• **Konto- vertrag**	Entgeltliche Kontoführung	Die Deutsche Bank Köln führt für die Bürodesign GmbH ein Geschäftskonto	BGB § 675

Zusammenfassung: Rechtsgeschäfte, Willenserklärungen und Vertragsarten

- **Rechtsgeschäfte** kommen durch Willenserklärungen zustande.
- **Willenserklärungen** können schriftlich, mündlich und stillschweigend abgegeben werden.

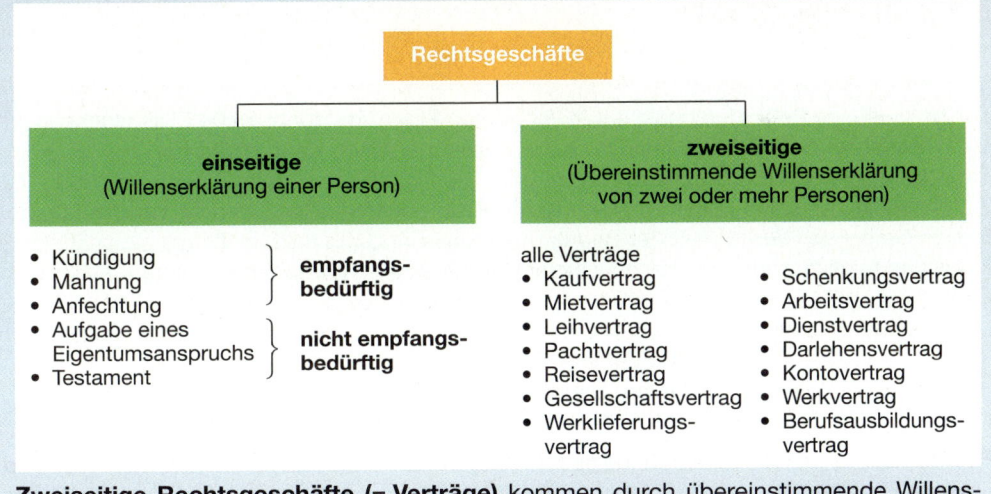

- **Zweiseitige Rechtsgeschäfte (= Verträge)** kommen durch übereinstimmende Willens- erklärungen von zwei oder mehr Personen zustande (**Antrag und Annahme**).

Aufgaben

1 Beschreiben Sie am Beispiel des Kaufes eines Walkmans, wie ein Vertrag zustande kommt.

2 Erklären Sie   a) Kauf-,   b) Leih-,   c) Miet-,   d) Pacht-,   e) Darlehensvertrag.

---

[1] Der Begriff Werklieferungsvertrag wird im BGB nicht mehr ausdrücklich genannt, er wird aber aus Verein- fachungsgründen weiterverwendet, da sich inhaltlich nichts geändert hat.

3 Beurteilen Sie folgende Fälle danach, um welche Vertragsarten es sich handelt:
 a) Karin Weber leiht sich gegen Zahlung von 1,50 EUR in einer Videothek eine DVD.
 b) Ein Küchenmöbelstudio verarbeitet beim Einbau einer Küche Eichenbalken, die der Kunde gestellt hat.
 c) Ein Schneider stellt für eine Kundin ein Hochzeitskleid her und stellt den dazugehörigen Stoff zur Verfügung.
 d) Die Auszubildende Doris erwirbt am Kiosk die neueste Ausgabe der Zeitschrift „Mädchen".

4 Auf welche Art können Willenserklärungen abgegeben werden? Geben Sie jeweils ein Beispiel an.

5 Nennen Sie Beispiele für einseitige Rechtsgeschäfte.

6 Begründen Sie, warum das Testament zu den nicht empfangsbedürftigen Rechtsgeschäften zählt.

7 Edmund Klein besucht den Verbrauchermarkt „Preiskauf". Da er nur wenig Zeit hat, stellt er drei leere Pfandflaschen an der Leergutannahme auf dem Boden ab, da ihm die Warteschlange vor der Annahmestelle zu lang ist. Am nächsten Tag erscheint Edmund Klein wieder bei der Leergutannahme und verlangt die Herausgabe des Pfandbetrages. Begründen Sie, ob Edmund Klein einen Rechtsanspruch auf die Herausgabe des Pfandbetrages hat.

8 Beschaffen Sie sich beim Mieterverein Broschüren über das Mietrecht. Verfassen Sie über den Inhalt der Broschüre ein Kurzreferat, insbesondere über die Rechte und Pflichten von Vermieter und Mieter.

4.2.3 Rechtssubjekte

Der 15-jährige Peter Kurscheid erhält von seinen Eltern im Monat 25,00 EUR Taschengeld. Im Verkaufsstudio der Bürodesign GmbH schließt er einen Kaufvertrag für einen Schreibtischstuhl über 175,00 EUR ab. Peter zahlt den Kaufbetrag von seinem gesparten Taschengeld. Als seine Eltern von dem Kaufvertrag erfahren, widerrufen sie bei der Bürodesign GmbH den Vertrag mit der Begründung, dass ihr Sohn noch nicht voll geschäftsfähig sei und folglich auch keine rechtswirksame Willenserklärung abgeben könne.

Arbeitsaufträge ▶ Überprüfen Sie, ob die Bürodesign GmbH den Kaufpreis nach Rückgabe des Schreibtischstuhls herausgeben muss.
 ▶ Erläutern Sie die verschiedenen Stufen der Geschäftsfähigkeit.

Rechtssubjekte im rechtlichen Sinne sind Personen. Das Recht unterscheidet natürliche und juristische Personen.

■ Natürliche Personen

Alle Menschen sind natürliche Personen im Sinne des § 1 BGB. Sie sind rechtsfähig und – abgesehen von Ausnahmen – mit dem Erreichen bestimmter Altersstufen unbeschränkt oder beschränkt geschäftsfähig.

● Rechtsfähigkeit:
Rechtsfähigkeit ist die **Fähigkeit von Personen, Träger von Rechten und Pflichten zu sein.**
Beispiele Recht ein Vermögen zu erben, Pflicht Steuern zu zahlen.

Alle **natürlichen Personen** sind mit Vollendung der Geburt bis zum Tod (§ 1 BGB) rechtsfähig.

● **Geschäftsfähigkeit:**

Geschäftsfähigkeit ist die **Fähigkeit von Personen, Rechtsgeschäfte wirksam abschließen** zu können, somit Rechte zu erwerben und Pflichten einzugehen. Der Gesetzgeber hat wegen der unterschiedlichen Einsichtsfähigkeit in die Rechtsfolgen von Willenserklärungen drei Stufen der Geschäftsfähigkeit vorgesehen.

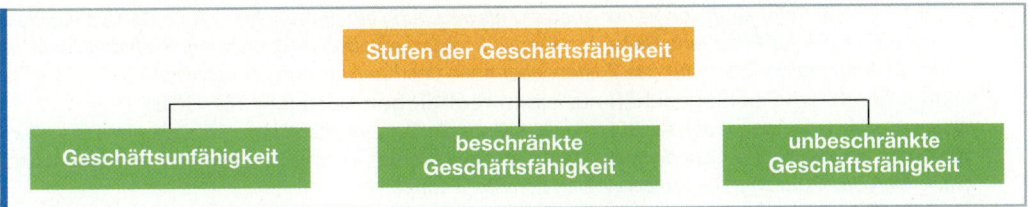

▶ *Geschäftsunfähigkeit:*

● **Geschäftsunfähig** (§ 104 BGB) sind:
  – alle natürlichen Personen unter sieben Jahren
  – dauernd Geisteskranke

Die Willenserklärungen geschäftsunfähiger Personen sind unwirksam (nichtig), folglich kann ein Geschäftsunfähiger auch keine rechtswirksamen Verpflichtungen eingehen. Für die Geschäftsunfähigen handelt ein gesetzlicher Vertreter (bei Kindern unter sieben Jahren meistens die Eltern, für alle anderen ein Vormund).

Beispiele
– Ein 5-jähriges Mädchen „kauft" eine Tüte Bonbons.
– Der 20-jährige Edmund, der dauernd geistesgestört ist, „kauft" eine CD.
In beiden Fällen ist kein Vertrag zustande gekommen.

Geschäftsunfähige können im Auftrag des gesetzlichen Vertreters für diesen Geschäfte als Bote wirksam abschließen, der Bote ist in diesem Fall Erfüllungsgehilfe des Auftraggebers.

Beispiel Der 6-jährige Klaus wird von seiner Mutter zum Bäcker geschickt, um 20 Brötchen zu kaufen. Die Mutter gibt Klaus abgezähltes Geld mit. Da Klaus im Auftrag der Mutter als Bote handelt, kommt zwischen der Mutter und dem Bäcker ein Kaufvertrag über 20 Brötchen zustande.

▶ *Beschränkte Geschäftsfähigkeit:*

● **Beschränkt geschäftsfähig** sind alle Personen vom vollendeten 7. bis zum vollendeten 18. Lebensjahr (§ 106 BGB).

Beschränkt Geschäftsfähige können Rechtsgeschäfte mit Einwilligung des gesetzlichen Vertreters abschließen. Ihre Rechtsgeschäfte sind bis zur Zustimmung des gesetzlichen Vertreters schwebend unwirksam, d.h., ein von einem beschränkt Geschäftsfähigen abgeschlossener Vertrag wird erst durch die nachträgliche Genehmigung des gesetzlichen Vertreters, die auch stillschweigend erfolgen kann, rechtskräftig. Wenn der gesetzliche Vertreter die ausdrückliche Zustimmung verweigert, ist der Vertrag nichtig.

Beispiel
Die 16-jährige Angelika kauft einen Videorekorder, ohne dass sie ihre Eltern um Erlaubnis gefragt hat. Als die Eltern vom Kauf des Videorekorders erfahren, erheben sie keine Einwände. Somit ist der Kaufvertrag durch die stillschweigende Billigung der Eltern zustande gekommen.

Die **Zustimmung des gesetzlichen Vertreters ist in folgenden Fällen nicht erforderlich**: Der beschränkt Geschäftsfähige
  – bestreitet den Kauf **mit Mitteln, die ihm zu diesem Zweck zur freien Verfügung vom gesetzlichen Vertreter überlassen worden sind**, wobei man von einem normalerweise üb-

lichen dem Alter entsprechenden Geldbetrag auszugehen hat (**Bewirkung der Leistung mit eigenen Mitteln**, § 110 BGB).

Beispiele

- *Die 15-jährige Julia kauft von ihrem Taschengeld die neue CD einer Hardrockgruppe. Die Eltern sind von diesem Kauf nicht begeistert. Der Kaufvertrag ist zustande gekommen, auch wenn die Eltern nicht einverstanden sind.*
- *Der 17-jährige Peter kauft von seiner Ausbildungsvergütung ein gebrauchtes Mofa. Da sich aus dem Kauf des Mofas für Peter eine Reihe von Verpflichtungen ergeben (Versicherung, Kraftstoff usw.), ist die Zustimmung der Eltern für das Zustandekommen des Kaufvertrages erforderlich.*

- erlangt durch das Rechtsgeschäft nur **einen rechtlichen Vorteil** (§ 107 BGB)

  Beispiel Der 13-jährige Frank erhält von seiner Tante ein Geldgeschenk über 1 500,00 EUR. Die Eltern von Frank lehnen dieses Geschenk der Tante ab, weil sie seit Jahren mit der Tante zerstritten sind. Frank kann das Geld auch gegen den Willen der Eltern annehmen.

- schließt **Geschäfte im Rahmen eines Arbeits- oder Dienstverhältnisses** ab, das der gesetzliche Vertreter genehmigt hat (§ 113 BGB)

  Beispiel Die 17-jährige Diana Schmitz ist noch Schülerin und schließt mit Einwilligung der Eltern für die Sommerferien einen Arbeitsvertrag über vier Wochen mit der Bürodesign GmbH ab. Diana darf jetzt ohne Zustimmung der gesetzlichen Vertreter Arbeitskleidung kaufen oder ein Gehaltskonto bei einem Geldinstitut eröffnen, da sie zur Erfüllung aller sich aus dem Arbeitsverhältnis ergebenden Verpflichtungen ermächtigt worden ist. Nach dem Gesetz gilt diese Regelung nicht für Ausbildungsverhältnisse.

▶ *Unbeschränkte Geschäftsfähigkeit:*

- **Unbeschränkt geschäftsfähig** sind **alle natürlichen Personen ab 18 Jahren**, sofern sie nicht zum Personenkreis der Geschäftsunfähigen gehören.

  Für volljährige Personen kann vom Vormundschaftsgericht ein sog. **Betreuer** bestellt werden (§ 1896 BGB). **Voraussetzungen** für die Bestellung des Betreuers sind

  - Vorliegen einer psychischen Krankheit oder einer körperlichen, geistigen oder seelischen Behinderung **und**
  - Unfähigkeit zur Besorgung eigener Angelegenheiten und
  - Notwendigkeit einer Betreuung

  Der Betreuer ist gesetzlicher Vertreter des Betreuten.

  - Der Betreute ist im Regelfall voll geschäftsfähig, d. h., er ist **ohne Einwilligungsvorbehalt** des Betreuers zur Abgabe rechtswirksamer Willenserklärungen berechtigt.

    Beispiel Der 54-jährige Michael Lenz hat einen Schlaganfall erlitten, wodurch er halbseitig gelähmt und dauernd bettlägrig ist. Hieraus ergibt sich die Notwendigkeit der Betreuung. Das Vormundschaftsgericht bestellt einen Betreuer, der für ihn rechtswirksam Willenserklärungen abschließen kann.

  - Wenn es für die Abwendung einer erheblichen Gefahr für die Person oder das Vermögen des Betreuten erforderlich ist, kann das Vormundschaftsgericht anordnen, dass die Willenserklärungen des Betreuten der Einwilligung des Betreuers bedürfen **(Einwilligungsvorbehalt)**. In diesem Fall hat der Betreute den Status eines beschränkt Geschäftsfähigen.

    Beispiel Der 35-jährige Dieter ist aufgrund jahrelangen übermäßigen Alkoholkonsums und der sich daraus ergebenden Verwirrtheit nicht mehr in der Lage, mit dem ihm zur Verfügung stehenden Geld umzugehen. Sobald er Bargeld in Händen hält, verschenkt er dieses an zufällig vorbeigehende Passanten. Er erhält vom Vormundschaftsgericht einen Betreuer und darf Rechtsgeschäfte nur noch mit Einwilligung des Betreuers abschließen.

■ Juristische Personen

Juristische Personen (§ 21 ff. BGB) werden vom Gesetz wie natürliche Personen behandelt. Sie haben volle Handlungsfreiheit, d. h., sie sind rechts- und unbeschränkt geschäftsfähig. Zu den juristischen Personen zählen die juristischen Personen des öffentlichen Rechts und des Privatrechts.

VWL

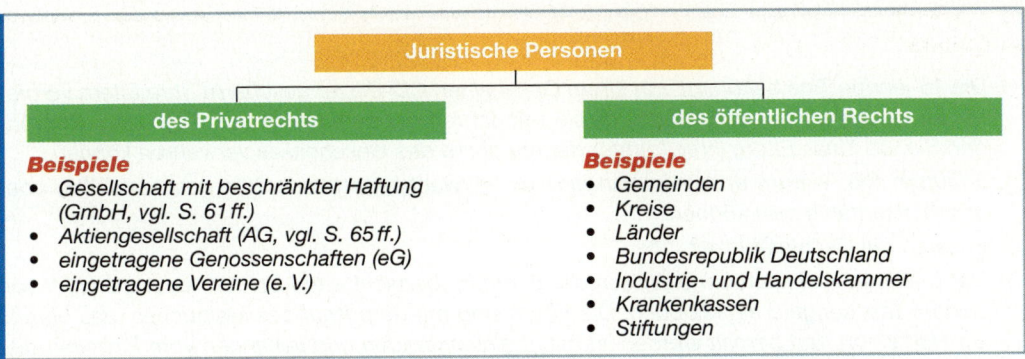

Juristische Personen

des Privatrechts

Beispiele
- *Gesellschaft mit beschränkter Haftung (GmbH, vgl. S. 61 ff.)*
- *Aktiengesellschaft (AG, vgl. S. 65 ff.)*
- *eingetragene Genossenschaften (eG)*
- *eingetragene Vereine (e. V.)*

des öffentlichen Rechts

Beispiele
- *Gemeinden*
- *Kreise*
- *Länder*
- *Bundesrepublik Deutschland*
- *Industrie- und Handelskammer*
- *Krankenkassen*
- *Stiftungen*

Bei juristischen Personen beginnt die Rechtsfähigkeit mit der Eintragung in das jeweilige Register (z. B. Handels-, Vereinsregister) und endet mit Löschung in diesem Register.

Juristische Personen sind immer über ihre Organe (z. B. bei der AG durch Vorstand, bei der GmbH durch Geschäftsführer) geschäftsfähig. Sie handeln durch die Organe, die in der Satzung oder in der jeweiligen Rechtsvorschrift festgelegt sind (vgl. S. 62, 64 f.).

Beispiel Bei der Bürodesign GmbH handeln die Geschäftsführer, Frau Friedrich und Herr Stein, für die GmbH.

Zusammenfassung: Rechtssubjekte

- Rechtssubjekte sind natürliche und juristische Personen.
- **Rechtsfähigkeit ist die Fähigkeit, Träger von Rechten und Pflichten zu sein.** Sie beginnt bei natürlichen Personen mit der Geburt und endet mit dem Tod. Bei juristischen Personen beginnt sie mit der Eintragung in ein öffentliches Register und endet mit der Löschung in diesem Register.

Geschäftsfähigkeit

Geschäftsunfähigkeit	Beschränkte Geschäftsfähigkeit	Volle Geschäftsfähigkeit
unter 7 Jahren, außerdem • dauernd Geisteskranke	**7 bis 18 Jahre**, außerdem • Betreute mit Einwilligungsvorbehalt	**ab 18 Jahre**
Eigene Willenserklärungen **sind nichtig**.	Eigene Willenserklärungen **sind schwebend unwirksam**, bis gesetzlicher Vertreter zustimmt. Bei Ablehnung durch gesetzlichen Vertreter ist das Rechtsgeschäft nichtig (= ungültig).	Eigene Willenserklärungen **sind rechtsverbindlich**.
Ausnahme: • Auftreten als Bote des gesetzlichen Vertreters, da Botengänge keine eigene Willenserklärung darstellen.	**Ausnahme:** • Beschränkt Geschäftsfähiger hat rechtlichen Vorteil durch das Rechtsgeschäft (z. B. Schenkung) • Kauf einer Leistung mit eigenen Mitteln • Abschluss von Rechtsgeschäften im Rahmen des Dienst- oder Arbeitsverhältnisses	**Ausnahme:** • dauernd Geisteskranke

Aufgaben

1 Die 15-jährige Tina bekommt von ihrem Onkel einen CD-Player geschenkt. Ihre Eltern verbieten ihr die Annahme des Gerätes, da sie seit Jahren mit dem Onkel zerstritten sind. Begründen Sie, ob Tinas Eltern ihrer Tochter die Annahme des Geschenkes verwehren können.

2 Erläutern Sie, warum unter Umständen auch Erwachsene beschränkt geschäftsfähig oder geschäftsunfähig sein können.

3 Erklären Sie Rechtsfähigkeit.

4 Der 6-jährige Karl kauft ohne Wissen der Eltern im benachbarten Schreibwarengeschäft von seinem Taschengeld ein Malbuch. Die Eltern sind mit dem Kauf des Malbuches, das bereits zur Hälfte von Karl bemalt worden ist, nicht einverstanden und verlangen vom Einzelhändler die Herausgabe des Kaufpreises. Muss der Einzelhändler unter Beachtung der gesetzlichen Bestimmungen das Buch zurücknehmen und den Kaufpreis erstatten? Nehmen Sie zu den folgenden Aussagen Stellung.

    a) Nein, denn das Buch ist bereits bemalt worden und daher nicht mehr verkäuflich.

    b) Nein, mit sechs Jahren ist der Junge beschränkt geschäftsfähig. Er kann im Rahmen des Taschengeldes ohne Einwilligung der Erziehungsberechtigten rechtswirksam Rechtsgeschäfte abschließen.

    c) Nein, denn die Eltern hätten im Rahmen ihrer Sorgfaltspflicht verhindern müssen, dass das Kind alleine das Schreibwarengeschäft aufsucht.

    d) Ja, denn es ist kein Kaufvertrag abgeschlossen worden.

    e) Ja, denn erst ab sieben Jahren ist man geschäftsfähig.

    f) Ja, denn Kinder unter sieben Jahren sind noch nicht rechtsfähig.

5 Die 75-jährige Hermine Bauer hat in ihrem Testament als Alleinerben ihren 10-jährigen Pudel eingesetzt. Begründen Sie, ob man Tieren nach deutschem Recht etwas vererben kann.

6 Erläutern Sie, welche Rechtssubjekte unterschieden werden.

7 Ein 14-jähriger Junge kauft sich von seinem Taschengeld in einer Tierhandlung einen Hamster. Begründen Sie, ob ein Kaufvertrag zustande gekommen ist.

 8 Diskutieren Sie in der Klasse über folgende These: „Mit 18 Jahren ist man nicht in der Lage, die rechtlichen Folgen von Rechtsgeschäften abzusehen. Daher sollte die volle Geschäftsfähigkeit erst mit 21 Jahren erreicht werden." Verfassen Sie über die Diskussion ein Stundenprotokoll.

9 Aufgrund ständiger Trunk- und Verschwendungssucht hat das Vormundschaftsgericht für den 45-jährigen Anton Dachziegel einen Betreuer bestellt. Das Vormundschaftsgericht hat angeordnet, dass die Willenserklärungen des Betreuten der Einwilligung des Betreuers bedürfen. Anton hält in einer Gastwirtschaft zehn Zechkumpane den ganzen Abend frei. Am Ende des Abends präsentiert der Wirt ihm die Rechnung über 455,00 EUR. Anton hat aber kein Geld.

    a) Überprüfen Sie, ob der Wirt vom Betreuten das Geld einklagen kann.

    b) Stellen Sie fest, ob der Wirt eine andere Möglichkeit hat, an sein Geld heranzukommen.

    c) Nennen Sie weitere beschränkt geschäftsfähige Personen.

4.2.4 Rechtsobjekte

Die Auszubildende Elke Grau verleiht ihr Rechnungswesenbuch an ihren Klassenkameraden Roland Weiß. Nach einer Woche verlangt Elke das Buch von ihrem Klassenkameraden zurück, da sie es selbst zur Vorbereitung auf eine Klassenarbeit benötigt. Roland lehnt die

Herausgabe des Buches mit der Begründung ab, er sei noch nicht fertig mit den Aufgaben, die er machen wollte, und außerdem habe Elke bei der Übergabe des Buches keinen Termin für die Rückgabe genannt.

Arbeitsaufträge ▶ Stellen Sie fest, ob Roland das Buch sofort herausgeben muss.
▶ Erläutern Sie Besitz und Eigentum.

Rechtsobjekte im rechtlichen Sinne sind Sachen und Rechte.

■ Sachen und Rechte

Als **Rechtsobjekte** bezeichnet man die Gegenstände des Rechtsverkehrs. Hierbei unterscheidet man körperliche Rechtsobjekte (Sachen) und nichtkörperliche Rechtsobjekte (Rechte). Sachen werden in unbewegliche (Immobilien) und bewegliche (vertretbare und nicht vertretbare Sachen, Mobilien) unterschieden. **Vertretbare Sachen** sind untereinander austauschbar, **nicht vertretbare Sachen** können nicht durch andere ersetzt werden (z. B. ein Originalbild von Picasso). Im Vertragsleben spielt diese Unterscheidung eine große Rolle, weil in Fällen der Unmöglichkeit der Leistung die vertretbare Sache durch eine artgleiche ausgetauscht werden kann.

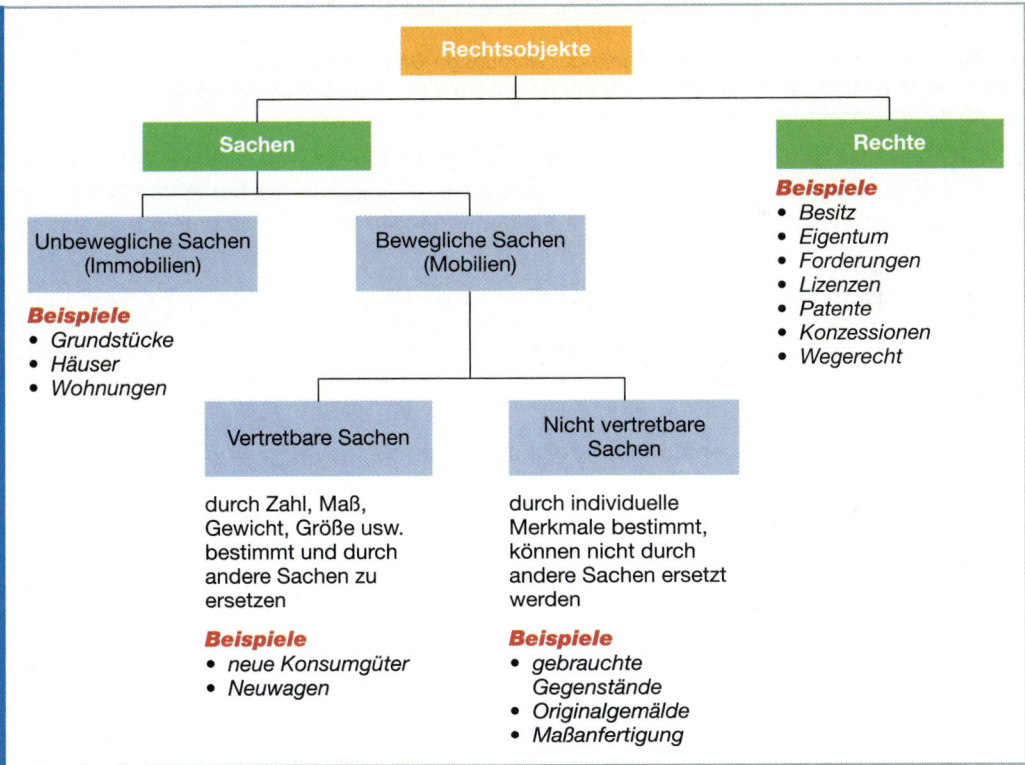

■ Besitz und Eigentum als Rechte

Zu den nichtkörperlichen Rechtsobjekten zählen die Rechte Besitz und Eigentum. **Besitz ist die tatsächliche Herrschaft über eine Sache (§ 854 BGB).** Jemand benutzt eine Sache, die ihm nicht gehört. **Eigentum ist die rechtliche Herrschaft über eine Sache.** Dem Eigentümer gehört die Sache, er kann damit nach Belieben verfahren (§ 903 BGB).

Beispiele	Besitzer ist der	Eigentümer ist der
• Miete eines Autos • Leihe eines Buches • Pacht eines Grundstückes • Kauf einer CD	Mieter Leiher Pächter Käufer	Vermieter Verleiher Verpächter Käufer

Die Eigentumsübertragung ist bei beweglichen und unbeweglichen Sachen unterschiedlich geregelt.

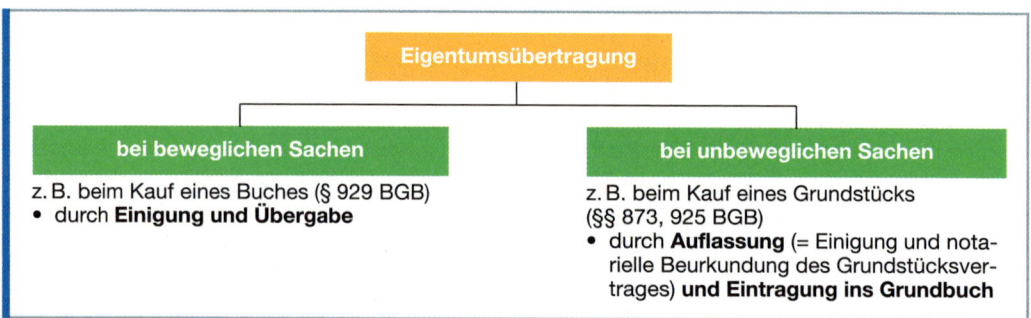

Beispiel *Ein Kunde kauft im Verkaufsstudio der Bürodesign GmbH ein Holzregal. Der Verkäufer übergibt dem Kunden das zerlegte Regal. Im Moment der Übergabe ist das Eigentum an dem Regal von der Bürodesign GmbH auf den Kunden übergegangen.*

Im **Ausnahmefall** kann man auch Eigentümer einer Sache werden, die dem Verkäufer nicht gehört. Voraussetzung ist, dass **der Käufer in gutem Glauben gehandelt hat (§ 932 BGB)**. Unter gutgläubig ist zu verstehen, dass man den Verkäufer den Umständen nach für den Eigentümer halten darf.

Beispiel *Der Auszubildende Peter Kant hat seit einem halben Jahr ein Surfbrett von einem Bekannten geliehen. Peter bietet seinem Freund Matthias dieses Surfbrett zum Kauf an. Zum Beweis, dass er Eigentümer ist, legt er eine gut gefälschte Kaufquittung vor. Matthias, der nicht wusste, dass das Surfbrett nicht Eigentum von Peter Kant ist, zahlt den gewünschten Kaufpreis und wird Eigentümer des Surfbrettes, da er in gutem Glauben gehandelt hat.*

Ein **Dieb kann niemals Eigentümer einer gestohlenen Sache werden**, sondern nur dessen Besitzer. An gestohlenen Sachen kann grundsätzlich kein Eigentum erworben werden, selbst wenn der Käufer die gestohlene Sache in gutem Glauben gekauft hat. Normalerweise kann also nur der Eigentümer einer Sache das Eigentum auf eine andere Person übertragen.

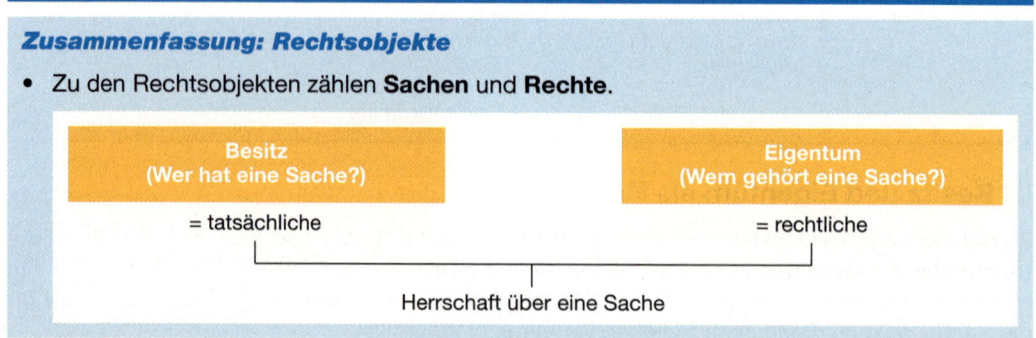

- Die **Eigentumsübertragung** erfolgt bei beweglichen Sachen durch Einigung und Übergabe, bei unbeweglichen Sachen durch Auflassung und Eintragung ins Grundbuch.
- An gestohlenen Sachen kann man **nie** Eigentum erwerben.

Aufgaben

1 Erläutern Sie den Unterschied zwischen Besitz und Eigentum.

2 Peter kauft von einem guten Bekannten ein gebrauchtes Fahrrad. Nach zwei Wochen wird Peter bei einer Polizeikontrolle darauf aufmerksam gemacht, dass das Fahrrad vor zwei Monaten gestohlen wurde. Peter argumentiert, dass er das Fahrrad in gutem Glauben von seinem Bekannten gekauft hat, er sei damit rechtmäßiger Eigentümer des Fahrrades. Begründen Sie, ob Peter Recht hat.

3 Erläutern Sie die Eigentumsübertragung bei unbeweglichen Sachen.

4 Die Bürodesign GmbH überlässt einem Kunden für drei Tage probeweise einen Schreibtischstuhl. Nach drei Tagen ruft der Kunde an und teilt der Bürodesign GmbH mit, dass er den Stuhl kaufen wolle, da ihm dieser sehr gut gefalle. Am nächsten Tag kommt der Kunde in das Verkaufsstudio der Bürodesign GmbH und zahlt den geforderten Kaufpreis.
   a) Erläutern Sie die Besitz- und Eigentumsverhältnisse am Stuhl bis zum Anruf des Kunden.
   b) Beschreiben Sie, wie in diesem Fall die Eigentumsübertragung stattfindet.
   c) Erklären Sie, wann der Kunde Eigentümer des Stuhls wird.

5 Stellen Sie in den untenstehenden Fällen fest, welche Person
   1. nur Eigentümer,   2. nur Besitzer,
   3. Eigentümer und Besitzer,   4. weder Eigentümer noch Besitzer ist.
   a) Ein Kfz-Händler verkauft im Kundenauftrag einen Pkw an Wilhelm Straub.
   b) Die Hans Krämer OHG mietet für ein Jahr von einem Büromaschinenhersteller vier Fotokopierer.
   c) Eine Kundin kauft in einem Textilfachgeschäft ein Halstuch. Auf dem Nachhauseweg verliert sie das Halstuch, ein Spaziergänger findet es.
   d) Ein Kunde kauft in einem Radio- und Fernsehgeschäft einen DVD-Player, den der Hersteller dem Einzelhändler zu Vorführzwecken leihweise überlassen hatte.
   e) Eine Industriekauffrau schließt mit ihrem Nachbarn einen nicht notariell beurkundeten Kaufvertrag über ein Grundstück ab.

6 Erläutern Sie, welche Rechtsobjekte sich unterscheiden lassen, und nennen Sie jeweils drei Beispiele.

7 „Immer mehr Kinder und Jugendliche geraten durch sog. Bagatelldiebstähle mit dem Gesetz in Konflikt. Der Ruf nach härteren Strafen wird immer lauter." Beschaffen Sie Materialien zu diesem Thema und verfassen Sie hierzu ein Referat.

4.2.5 Vertragsfreiheit und Form der Rechtsgeschäfte

Geschäftsführer Stein hat sich mit Dieter Schnell, dem Eigentümer eines Nachbargrundstückes, zusammengesetzt, um über den Kauf des Grundstückes zu verhandeln. Nach einer Stunde hat man sich über den Preis geeinigt. Zur Sicherheit lässt sich Herr Stein von Dieter Schnell eine schriftliche Bestätigung über die getroffene Vereinbarung geben. Nach vier Tagen teilt Herr Schnell der Bürodesign GmbH mit, dass er nicht mehr gewillt sei, das Grundstück zu den vereinbarten Konditionen zu verkaufen.

Arbeitsaufträge ▶ Begründen Sie, ob Herr Stein auf dem Verkauf des Grundstückes zu den vereinbarten Konditionen bestehen kann.

▶ Erläutern Sie die Grundsätze der Vertrags-, Abschluss- und Gestaltungsfreiheit.

■ Vertragsfreiheit

In der Bundesrepublik Deutschland gilt der Grundsatz der **Vertragsfreiheit**, d.h. es kann niemand zum Abschluss eines Vertrages gezwungen werden **(Abschlussfreiheit)**. Jeder kann seinen Vertragspartner selbst aussuchen. Ein Kaufmann kann jederzeit den Kaufantrag eines Kunden ablehnen. Außerdem kann der Inhalt der Verträge frei bestimmt werden **(Gestaltungsfreiheit)**, solange dieser nicht gegen bestehende Gesetze verstößt (vgl. S. 222).

In einigen Fällen muss ein Unternehmen kraft Gesetz einen Vertrag mit einem Antragsteller schließen, sobald diese Person einen Antrag an dieses Unternehmen stellt **(Kontrahierungszwang)**. Dieser **Abschlusszwang** gilt gesetzlich u.a. für die Briefbeförderung der Deutschen Post AG, die Personenbeförderung der Deutschen Bahn AG, die Energieversorgung der Haushalte durch die Gas- und Elektrizitätswerke.

■ Form der Rechtsgeschäfte

Die meisten Rechtsgeschäfte können formlos abgeschlossen werden **(Formfreiheit)**. Bei einigen Rechtsgeschäften besteht der Gesetzgeber auf der Einhaltung bestehender Formvorschriften **(Formzwang)**. Bei Nichtbeachtung dieser Formvorschriften ist das Rechtsgeschäft nichtig (§ 125 BGB), d.h. der Vertrag ist von Anfang an nicht zustande gekommen (vgl. S. 222).

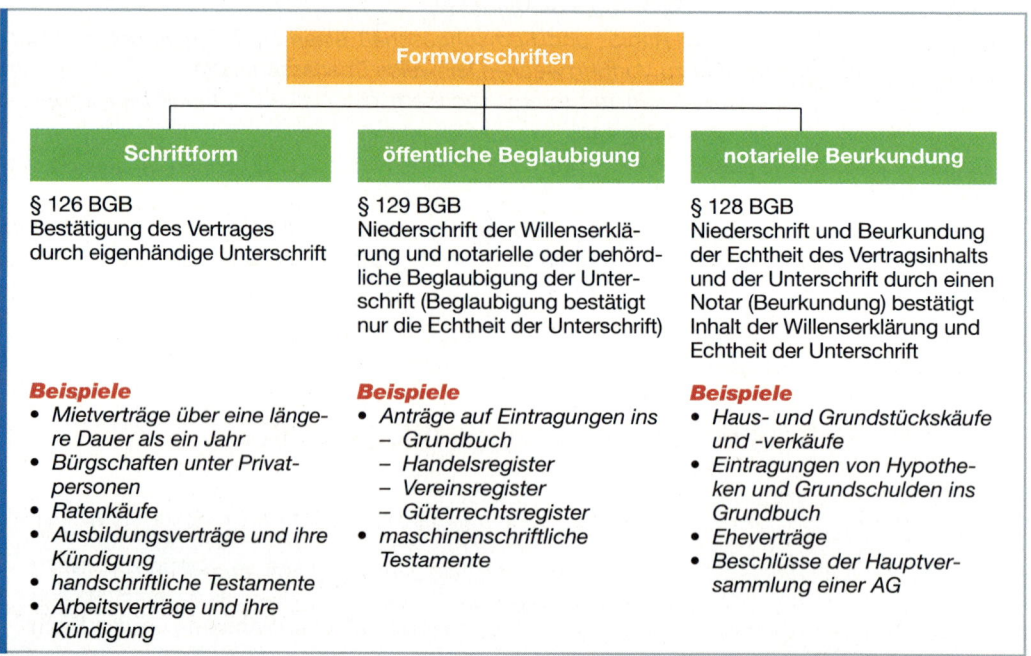

Formvorschriften		
Schriftform	**öffentliche Beglaubigung**	**notarielle Beurkundung**
§ 126 BGB Bestätigung des Vertrages durch eigenhändige Unterschrift	§ 129 BGB Niederschrift der Willenserklärung und notarielle oder behördliche Beglaubigung der Unterschrift (Beglaubigung bestätigt nur die Echtheit der Unterschrift)	§ 128 BGB Niederschrift und Beurkundung der Echtheit des Vertragsinhalts und der Unterschrift durch einen Notar (Beurkundung) bestätigt Inhalt der Willenserklärung und Echtheit der Unterschrift
Beispiele • *Mietverträge über eine längere Dauer als ein Jahr* • *Bürgschaften unter Privatpersonen* • *Ratenkäufe* • *Ausbildungsverträge und ihre Kündigung* • *handschriftliche Testamente* • *Arbeitsverträge und ihre Kündigung*	*Beispiele* • *Anträge auf Eintragungen ins* – *Grundbuch* – *Handelsregister* – *Vereinsregister* – *Güterrechtsregister* • *maschinenschriftliche Testamente*	*Beispiele* • *Haus- und Grundstückskäufe und -verkäufe* • *Eintragungen von Hypotheken und Grundschulden ins Grundbuch* • *Eheverträge* • *Beschlüsse der Hauptversammlung einer AG*

Viele Verträge werden heutzutage über das Internet abgeschlossen. Hierbei kann die schriftliche Form durch die **elektronische Form** ersetzt werden, solange sich aus dem Gesetz nicht etwas anderes ergibt.

Beispiel *Bürgschaftserklärungen von Nichtkaufleuten dürfen nur schriftlich verfasst werden.*

Soll die elektronische Form statt der schriftlichen Schriftform verwendet werden, sind einige **Voraussetzungen** zu berücksichtigen (Signaturgesetz):

- Die Vertragsparteien müssen diese Form ausdrücklich vereinbaren.
- Es ist ein entsprechendes Dokument zu erstellen, dass von Adressaten auf einem geeigneten Speichermedium (z. B. Festplatte) gespeichert werden kann.
- Der Aussteller muss seinen Namen auf einer qualifizierten Signatur hinzufügen, damit er eindeutig identifiziert werden kann (§ 2 Nr. 3 SigG).

Der Gesetzgeber verfolgt mit dem **Formzwang** bei bestimmten Rechtsgeschäften das Ziel, die Vertragspartner vor leichtfertigem und übereiltem Handeln zu bewahren und erhöhte Sicherheit und leichte Beweisbarkeit zu gewährleisten.

Zusammenfassung: Vertragsfreiheit und Form der Rechtsgeschäfte

- Bei der **Gestaltung** gegenseitiger **Vereinbarungen** sind die Vertragspartner **frei**.
- Niemand kann zum Abschluss eines Vertrages gezwungen werden.
- Jeder kann seinen Vertragspartner selbst aussuchen.
- **Die meisten Rechtsgeschäfte** des täglichen Lebens können **formfrei** abgeschlossen werden.
- Einige Rechtsgeschäfte müssen **schriftlich abgeschlossen**, einige **öffentlich beglaubigt oder notariell beurkundet** werden.

Aufgaben

1 *Erläutern Sie den Begriff der Vertragsfreiheit.*

2 *Die Geschäftsführer Stein und Friedrich besuchen an einem Mittwochabend gegen 20:00 Uhr ein Restaurant. Der Restaurantinhaber erklärt ihnen jedoch, er wolle nach Hause gehen, um im Fernsehen das Endspiel um die Fußballeuropameisterschaft zu sehen. Auf einem Schild im Schaufenster steht aber, dass die Küche bis 23:00 Uhr geöffnet sei. Begründen Sie, ob das Restaurant Herrn Stein und Frau Friedrich noch eine Mahlzeit zubereiten muss.*

3 *Im Verkaufsstudio der Bürodesign GmbH erscheint ein ungepflegter Kunde. Frau Grell erklärt dem Kunden, dass sie nicht bereit sei, ihm etwas zu verkaufen. Begründen Sie, ob der Kunde einen rechtlichen Anspruch darauf hat, dass ihm die Bürodesign GmbH etwas verkauft.*

4 *Erläutern Sie an je einem Beispiel den Unterschied zwischen öffentlicher Beglaubigung und notarieller Beurkundung.*

5 *Welche Formvorschriften sind in den folgenden Fällen vorgeschrieben?*
   a) *Kauf eines gebrauchten Pkw.*
   b) *Aufstellung eines handgeschriebenen Testaments.*
   c) *Eine Gruppe von 20 Freizeitjoggern beschließt, einen Sportverein zu gründen.*
   d) *Ein Kunde kauft eine Wohnzimmereinrichtung in einem Möbelhaus mit der Vereinbarung einer Ratenzahlung.*
   e) *Die 18-jährige Andrea schließt einen Ausbildungsvertrag mit einem Industriebetrieb ab.*
   f) *Hans Schmitz schließt mit Theodor Körner einen dreijährigen Mietvertrag für eine Appartementwohnung ab.*

6 Der 70-jährige Anton Huber möchte ein Testament aufstellen. Geben Sie an, welche Form-vorschriften Herr Huber beachten muss.

7 Entwerfen Sie unter Zuhilfenahme des BGB den Vertragstext für
a) einen Mietvertrag,   b) einen Ehevertrag.

4.2.6 Nichtigkeit und Anfechtbarkeit von Rechtsgeschäften

Die Auszubildende Renate kommt in guter Stimmung an einem heißen Sommerabend in ihr Stammlokal. Sie verspricht demjenigen, ihr neues Auto zu schenken, der ihr am schnells-ten ein kaltes Bier bringt. Ihr Freund Klaus bringt ihr sofort ein Bier und verlangt die Heraus-gabe der Autopapiere und des Schlüssels.

Arbeitsaufträge ▶ Begründen Sie, ob Renate ihrem Freund das Auto überlassen muss.

▶ Erläutern Sie je drei richtige und anfechtbare Rechtsgeschäfte.

■ Nichtigkeit von Rechtsgeschäften

Rechtsgeschäfte können von Anfang an nichtig (= ungültig) sein, d. h., das Rechtsgeschäft hat keine Rechtsfolgen. Folgende Gründe können **zur Nichtigkeit** von Rechtsgeschäften **füh-ren**:

Geschäfte mit geschäftsunfähigen Personen (§ 105 BGB)

Geschäfte mit beschränkt geschäftsfähigen Personen ohne Zustimmung der Erziehungs-berechtigten oder des Betreuers (§ 108 BGB)

Geschäfte, die gegen die guten Sitten verstoßen (§ 138 BGB)
Beispiel Ein Einzelhändler verlangt von einer Kundin bei einem Ratenvertrag einen Zinssatz von 50 %. In diesem Fall liegt ein Wucherzins vor, der Vertrag ist nichtig. (Ein Wucherzins liegt vor, wenn der dreifache Marktzins überschritten wird.)

Geschäfte, die gegen ein gesetzliches Verbot verstoßen (§ 134 BGB)
Beispiel Ein Kaufmann schließt mit einem Dieb einen Vertrag über gestohlene Waren.

Geschäfte, die gegen gesetzliche Formvorschriften verstoßen (§ 125 BGB)
Beispiel Kaufvertrag über ein Grundstück ohne notarielle Beurkundung

Scherzgeschäfte: Verträge, die im Scherz abgeschlossen werden.
Beispiel Ein Fußballanhänger des 1. FC Köln erklärt scherzhaft in einem Gespräch, er würde jedem Fan 50 000,00 EUR zahlen, wenn der 1. FC Köln den FC Bayern München schlagen würde. Der 1. FC Köln ge-winnt das Fußballspiel 2:0. Für jedermann war ersichtlich, dass die Erklärung zum Scherz abgegeben wurde. Somit ist das Rechtsgeschäft nichtig.

Ausnahme: Bei einem **Scherzgeschäft** muss für jedermann erkennbar sein, dass es sich um einen Scherz handelt.
Beispiel Der 20-jährige Adrian will seiner 18-jährigen Freundin Ursula auf einem Pferdemarkt in Hannover imponieren. Er verspricht seiner Freundin, dass er es schaffen werde, ein bestimmtes Pferd bei einem Händ-ler für 3 000,00 EUR zu kaufen. Er schafft es tatsächlich in zähen Verhandlungen mit dem Pferdehändler, den Kaufpreis von 6 000,00 EUR auf 3 000,00 EUR runterzuhandeln und besiegelt den Kaufvertrag mit einem Handschlag. Anschließend erklärt er dem Pferdehändler, dass es sich um einen Scherz gehandelt habe. Der

Pferdehändler verlangt die Abnahme des Pferdes und Zahlung der 3 000,00 EUR. Der Pferdehändler konnte nicht ersehen, dass es sich um einen Scherz handelt. Somit ist ein Kaufvertrag zustande gekommen.

Scheingeschäfte (§ 117 BGB): Verträge, die zum Schein abgeschlossen werden.
Beispiel *Der Kaufmann Peter Schneller lässt im notariellen Kaufvertrag über ein Grundstück einen geringeren Kaufpreis mit Einwilligung des Verkäufers eintragen, um einen Teil der Grunderwerbsteuer zu sparen. Der Kaufvertrag ist nichtig.*

■ Anfechtbarkeit von Rechtsgeschäften

Rechtsgeschäfte können durch besondere Erklärungen gegenüber dem Vertragspartner nachträglich ungültig werden. Man nennt diese Erklärung Anfechtung. **Anfechtbare Rechtsgeschäfte sind bis zur Anfechtung gültig.** Folgende Gründe können zur Anfechtung von Rechtsgeschäften führen:

Anfechtung wegen Irrtum in der Erklärung (§ 119 BGB)
Beispiel *Der Reisende der Bürodesign GmbH, Klaus Barrig, bietet im Verkaufsgespräch einem Kunden irrtümlich einen Artikel für 795,00 EUR statt des tatsächlichen Preises von 995,00 EUR an.*

Anfechtung wegen Irrtum in der Übermittlung (§ 120 BGB)
Beispiel *Herr Barrig bietet einem Kunden telefonisch einen Artikel für 1 999,00 EUR an. Durch die schlechte Telefonleitung versteht der Kunde aber 999,00 EUR.*

Ausnahme: Bei einem **Motivirrtum (Irrtum im Beweggrund)** liegt kein Grund zur Anfechtung vor.
Beispiel *Eine Kundin hat in Anbetracht ihrer bevorstehenden Hochzeit einen Kaufvertrag über ein teures Porzellanservice unterschrieben. Zwei Tage später erscheint die Kundin und erklärt, ihr Verlobter habe die Verlobung gelöst und sie wolle das Porzellanservice nicht mehr haben. Der Kaufvertrag bleibt aber bestehen, da ein Irrtum im Motiv rechtlich unerheblich ist, d. h. für die Verbindlichkeit des Kaufvertrages ist es ohne Bedeutung, aus welchem Grund (= Motiv „Hochzeit") die Kundin das Service bestellt hat.*

Anfechtung wegen arglistiger Täuschung (§ 123 BGB)
Beispiel *Der Autohändler Franz Foltz bietet einem Kunden einen ausdrücklich unfallfreien Gebrauchtwagen für 6 000,00 EUR an. Der Käufer erwirbt den Wagen, stellt aber nach zwei Monaten fest, dass der Wagen einen Unfall hatte. Der Käufer kann den Kaufvertrag anfechten und sein Geld zurückverlangen.*

Anfechtung wegen widerrechtlicher Drohung (§ 123 BGB)
Beispiel *Ein Angestellter droht seinem Arbeitgeber mit einer Anzeige beim Ordnungsamt wegen eines Umweltvergehens, falls er seine Forderung nach einer Gehaltserhöhung ablehnt. Auch wenn sich der Arbeitgeber damit einverstanden erklärt, ist er zwar an die Abmachung gebunden, er kann sie aber anfechten.*

Zusammenfassung: Nichtigkeit und Anfechtbarkeit von Rechtsgeschäften

Nichtigkeit von Rechtsgeschäften	Anfechtbarkeit von Rechtsgeschäften
• Vertrag mit Geschäftsunfähigen • Vertrag mit beschränkt Geschäftsfähigen ohne Zustimmung der Erziehungsberechtigten • Verstoß gegen die guten Sitten • Verstoß gegen gesetzliches Verbot • Verstoß gegen die Formvorschriften • Scherzgeschäfte • Scheingeschäfte	• wegen Irrtum in der Erklärung • wegen Irrtum in der Übermittlung • wegen arglistiger Täuschung • wegen widerrechtlicher Drohung
Rechtsgeschäfte sind von Anfang an ungültig.	**Bis zur Anfechtung sind die Rechtsgeschäfte gültig.**

Aufgaben

1 *Erläutern Sie die wesentlichen Unterschiede zwischen Nichtigkeit und Anfechtbarkeit von Rechtsgeschäften.*

2 *Beschreiben Sie, wovon das Zustandekommen von Verträgen mit beschränkt Geschäftsfähigen abhängt.*

3 *Der Industriekaufmann Hilbig verkauft an einen guten Bekannten ein Grundstück für ein Wochenendhaus, ohne dass ein Notar in Anspruch genommen und der Verkauf ins Grundbuch eingetragen wird, da beide Vertragspartner die Notargebühren sparen wollen. Begründen Sie, ob ein rechtswirksamer Vertrag zustande gekommen ist.*

4 *Beurteilen Sie nachfolgende Fälle danach, ob sie rechtsgültig, anfechtbar oder nichtig sind.*

   a) Der Auszubildende Peter erwirbt in einer Diskothek eine Pistole, obwohl er keinen Waffenschein besitzt.

   b) Die 5-jährige Nicole kauft sich in einer Bäckerei ein Stück Kuchen.

   c) Der 19-jährige Hermann erwirbt bei einem Bekannten eine neue Hifianlage, die einen Wert von 3 000,00 EUR hat, für 2 000,00 EUR.

   d) Ein Hersteller bietet einem Kunden telefonisch einen Artikel für 59,00 EUR an. Der Kunde versteht aber 49,00 EUR.

   e) Der 16-jährige Engelbert erwirbt mit seinem Taschengeld eine CD. Die Eltern sind mit diesem Kauf nicht einverstanden.

   f) Eine Verkäuferin verkauft eine Kunststoffjacke mit dem Hinweis, dass die Jacke aus Leder gefertigt sei.

5 *Stellen Sie bei nachstehenden Willenserklärungen fest,*

   1. ob sie von Anfang an wirksam sind,

   2. schwebend unwirksam sind, solange die Zustimmung des gesetzlichen Vertreters fehlt,

   3. von Anfang an unwirksam sind.

   a) Ein 6-jähriger Junge kauft ein Spielzeugauto. Er zahlt den Kaufpreis mit seinem Taschengeld, das ihm seine Eltern zur freien Verfügung gegeben haben.

   b) Ein 14-jähriges Mädchen nimmt gegen den Willen ihrer Eltern von ihrer Tante ein Geldgeschenk an.

   c) Eine 16-Jährige schließt ohne Wissen ihrer Eltern einen Ausbildungsvertrag ab.

   d) Ein 18-Jähriger beantragt bei seiner Bank ein Kleindarlehen zur Anschaffung eines Gebrauchtwagens.

   e) Ein 11-Jähriger kauft von seinem Taschengeld ein gebrauchtes Fahrrad.

6 *Erstellen Sie ein Referat zum Thema „Nichtigkeit und Anfechtbarkeit von Verträgen". Formulieren Sie insbesondere verdeutlichende Beispiele und zusammenfassende Thesen.*

4.2.7 Vertragsrecht am Beispiel des Kaufvertrages

4.2.7.1 Der Kaufvertrag als zweiseitiges Rechtsgeschäft

Die Bürodesign GmbH bietet Endverbrauchern in ihrem Verkaufsstudio Büromöbel an. Die Kundin Gisela Klein will einen Drehstuhl im Werte von 130,00 EUR kaufen. Da Frau Klein nicht genügend Bargeld bei sich hat, zahlt sie 50,00 EUR an und verspricht, am nächsten Tag die restlichen 80,00 EUR zu bringen. Der Drehstuhl bleibt solange im Verkaufsraum der Bürodesign GmbH. Am nächsten Tag erscheint Frau Klein im Geschäft und verlangt ihr Geld zurück, da sie einen ähnlichen Drehstuhl in einem anderen Geschäft für 110,00 EUR gesehen hat.

Arbeitsaufträge ▶ Überprüfen Sie, ob die Kundin Klein ihr Geld zurückverlangen kann (Begründung).
▶ Erläutern Sie, wie ein Kaufvertrag zustande kommt.
▶ Unterscheiden Sie die Kaufverträge nach dem Kaufgegenstand.

■ Zustandekommen des Kaufvertrages

Der Kaufvertrag (§ 433 ff. BGB) des Verkäufers mit dem Käufer kommt durch **zwei über-einstimmende Willenserklärungen** zustande. Dabei kann die Initiative zum Abschluss des Kaufvertrages **(Antrag)** sowohl vom Verkäufer als auch vom Käufer ausgehen. Die Zustimmung zum Kaufvertrag erfolgt durch die **Annahme** des Käufer bzw. des Verkäufers.

Aus dem Kaufvertrag entstehen für die Vertragsparteien Pflichten und Rechte. Mit dem Vertragsabschluss **(Verpflichtungsgeschäft)** verpflichten sich die Vertragsparteien, den Vertrag zu erfüllen **(Erfüllungsgeschäft)**. Die Pflichten des Verkäufers entsprechen den Rechten des Käufers und umgekehrt.

Pflichten des Verkäufers	Pflichten des Käufers
• Übergabe und Übereignung der mangelfreien Ware zur rechten Zeit und am rechten Ort • Annahme des Kaufpreises	• Annahme der ordnungsgemäß gelieferten Ware • rechtzeitige Zahlung des vereinbarten Kaufpreises

Die Vertragspartner können den Kaufvertrag erfüllen, indem sie ihren jeweiligen Verpflichtungen nachkommen. Zeitlich können zwischen dem Abschluss (Verpflichtungsgeschäft) und der Erfüllung (Erfüllungsgeschäft) des Kaufvertrages oft mehrere Wochen oder Monate liegen.

Beispiel *Die Bürodesign GmbH bestellt bei der Stammes Stahlrohr GmbH 300 m verchromte, rechteckige Stahlrohre, die erst in acht Wochen vorrätig sind. Nach acht Wochen liefert die Stammes Stahlrohr GmbH die bestellten Stahlrohre, die Bürodesign GmbH zahlt bei Lieferung. Die Verpflichtung beider Vertragspartner entstand beim Abschluss des Kaufvertrages, der Vertrag wurde von der Stammes Stahlrohr GmbH durch die rechtzeitige und mangelfreie Lieferung und die Annahme des Kaufpreises und von der Bürodesign GmbH durch die Annahme der bestellten Stahlrohre und rechtzeitige Bezahlung erfüllt.*

■ Unterscheidung der Kaufverträge nach der rechtlichen Stellung der Vertragspartner

Folgende Kaufverträge lassen sich **nach der rechtlichen Stellung der Vertragspartner** unterscheiden:

● Bürgerlicher Kauf (§ 433 ff. BGB):

Wenn zwei Privatleute einen Kaufvertrag abschließen, spricht man von einem bürgerlichen Kauf. Rechtliche Grundlage ist das BGB.

Beispiel *Die Auszubildende Elke Grau verkauft ihrer Freundin Nadine einen gebrauchten MP3-Player.*

● Handelskauf:

Wenn ein Vertragspartner Kaufmann und das Geschäft für ihn ein Handelsgeschäft ist, liegt ein **einseitiger Handelskauf** (Verbrauchsgüterkauf) vor. Für den Kaufmann gelten neben dem BGB die strengeren Bestimmungen des HGB (§ 343 ff.).

Beispiel *Die Auszubildende Elke Grau kauft im Verkaufsstudio der Bürodesign GmbH einen Massivholzschreibtisch.*

Eine Sonderform des einseitigen Handelskaufs ist der Verbrauchsgüterkauf. Unter einem Verbrauchgüterkauf versteht man einen Kaufvertrag über den Kauf einer beweglichen Sache zwischen einem Unternehmer und einem Verbraucher. Für den Verbrauchsgüterkauf gelten grundsätzlich die Vorschriften des allgemeinen Kaufrechts im BGB (§ 433 ff. BGB). Um den Verbraucher zusätzlich zu schützen, wurden für den Verbrauchsgüterkauf einige **Spezialvorschriften** erlassen (§ 474 ff. BGB).

Wenn beide Vertragspartner Kaufleute sind und im Rahmen ihres Handelsgewerbes Kaufverträge abschließen, liegt ein **zweiseitiger Handelskauf** vor. Für beide gelten die Bestimmungen des HGB.

Beispiel *Die Bürodesign GmbH bestellt bei der Hankel & Cie. GmbH, Düsseldorf, 200 kg Klebstoffe.*

■ Unterscheidung der Kaufverträge nach dem Kaufgegenstand

Je nach Vereinbarung im Kaufvertrag werden spezielle Arten des Kaufs unterschieden:

- **Kauf auf Probe:** Der Käufer hat ein Rückgaberecht innerhalb einer vereinbarten Frist. Überschreitet der Käufer diese Frist, muss er den Kaufvertrag erfüllen.
  Beispiel *Die Bürodesign GmbH darf 14 Tage lang einen Verpackungsautomaten eines Herstellers testen. Bei Nichtgefallen kann sie die Maschine innerhalb der Frist zurückgeben.*
- **Kauf nach Probe (Muster):** Der Käufer kann die Ware anhand eines Musters oder einer Probe begutachten. Die Probe oder das Muster sind kostenlos. Wenn dem Käufer die Probe oder das Muster gefällt, bestellt der Käufer. Die dann vom Verkäufer gelieferte Ware muss mit dem Muster oder der Probe übereinstimmen, da die Eigenschaften durch die Probe oder das Muster zugesichert sind.
  Beispiel *Die Bürodesign GmbH erhält von ihrem Textilhersteller Bezugsstoffe geliefert, die den von dem Reisenden vorgelegten Mustern entsprechen sollen.*
- **Kauf zur Probe:** Der Käufer kauft eine kleine Menge, um die Ware zu testen. Sagt die Ware dem Käufer zu, wird er eine größere Menge kaufen. Der Käufer muss die Probe bezahlen.
  Beispiel *Die Bürodesign GmbH kauft bei einem Lackhersteller eine kleine Menge schadstofffreie Holzlasur für die Fertigung, um sie auszuprobieren.*
- **Stückkauf:** Die Kaufgegenstände sind **nicht vertretbare Sachen**. Die Ware kann bei Verlust oder Zerstörung nicht durch eine andere ersetzt werden, da sie entweder ein Einzelstück ist oder durch Gebrauch bestimmte Eigenschaften bekommen hat. Es handelt sich um ein Unikat.
  Beispiele *Kunstwerke, Sonderanfertigung eines Schreibtisches, gebrauchte Gegenstände*
- **Gattungskauf:** Die Kaufgegenstände sind **vertretbare Sachen**, die nach allgemeinen Gattungsmerkmalen bestimmbar (z. B. Größe, Farbe, Zahl, Gewicht usw.) sind. Von der Ware sind noch weitere gleichartige Stücke vorhanden, die untereinander austauschbar sind.
  Beispiele *Spanplatten, Schlösser für Schubladen, Farben*
- **Spezifikationskauf (Bestimmungskauf):** Bei Vertragsabschluss legen Lieferer und Käufer nur die Menge und die Warenart der Gattungsware fest. Der Käufer kann **innerhalb einer festgelegten Frist die zu liefernden Waren nach Farbe, Form oder Maß bestimmen**. Versäumt der Käufer eine Bestimmung der Ware innerhalb der Frist, kann der Verkäufer dem Käufer eine Nachfrist setzen und nach Ablauf dieser Frist die genaue Bestimmung der Ware selbst vornehmen. Für den Käufer hat der Bestimmungskauf den **Vorteil**, dass er zukünftige Entwicklungen (z. B. Mode, Nachfrageveränderungen) abwarten kann.
  Beispiel *Die Bürodesign GmbH behält sich bei der Bestellung von textilen Bezugsstoffen für Bürostühle vor, die Farben und Muster zu einem späteren Zeitpunkt zu bestimmen.*
- **Ramschkauf (Kauf in Bausch und Bogen oder Kauf en bloc):**
  Der Käufer kauft einen bestimmten Warenposten zu einem Pauschalbetrag, **ohne dass für die einzelnen Waren eine bestimmte Qualität zugesichert wird**.
  Beispiel *Aus einem Insolvenzverfahren wird der gesamte Holzbestand eines Sägewerks von der Bürodesign GmbH ersteigert.*

Zusammenfassung: Der Kaufvertrag als zweiseitiges Rechtsgeschäft

- Der **Kaufvertrag** besteht aus einem **Verpflichtungs- und einem Erfüllungsgeschäft**.
- Der **Verkäufer verpflichtet sich**,
  - rechtzeitig und mangelfrei zu liefern und
  - dem Käufer das Eigentum an der Ware zu verschaffen.
- Der **Käufer verpflichtet sich**,
  - die ordnungsgemäß gelieferte Ware anzunehmen und
  - den Kaufpreis rechtzeitig zu zahlen.
- Beide **Vertragspartner** müssen ihre **Pflichten erfüllen**.
- **Nach der rechtlichen Stellung der Vertragspartner** unterscheidet man bürgerlichen Kauf, einseitigen Handelskauf und zweiseitigen Handelskauf.
- **Unterscheidung der Kaufverträge nach dem Kaufgegenstand:** Kauf auf Probe, Kauf nach Probe, Kauf zur Probe, Stück-, Gattungs-, Bestimmungs-, Ramschkauf.

Aufgaben

1 Erläutern Sie die Unterschiede zwischen einem Verpflichtungs- und Erfüllungsgeschäft.

2 Erklären Sie anhand von drei Beispielen, wie Verpflichtungs- und Erfüllungsgeschäft zeitlich auseinanderfallen können.

3 Stellen Sie bei den nachfolgenden Sachverhalten fest, ob sie einen einseitigen Handelskauf, einen zweiseitigen Handelskauf oder einen bürgerlichen Kauf darstellen.

a) Ein Großhändler kauft bei der Bürobedarfs GmbH Büromaterialien.

b) Die Kantinenleiterin eines Industriebetriebes kauft bei einem Großhändler 100 Zentner Kartoffeln.

c) Der Geschäftsführer der Bürodesign GmbH kauft für seinen Sohn in einem Sportfachgeschäft ein Paar Skier.

d) Ein Angestellter der Bürodesign GmbH verkauft einer Arbeitskollegin ein Motorrad.

e) Eine Büroangestellte kauft für ihren Ehemann in einem Münzgeschäft zwei Silbermünzen als Geburtstagsgeschenk.

4 Welche der nachfolgenden Maßnahmen

1. führen zum Abschluss des Kaufvertrages, 2. gehören zur Erfüllung des Kaufvertrages?

a) fristgemäße Bezahlung b) Bestellung c) Auftragsbestätigung d) Eigentumsübertragung

e) fristgemäße Annahme der Ware f) ordnungsgemäße Lieferung

5 Entwickeln Sie für die Bürodesign GmbH einen Musterkaufvertrag für Büromöbel.

6 Beschreiben Sie die Vorteile eines Käufers aus dem

a) Kauf auf Abruf,   b) Kauf nach Probe,   c) Spezifikationskauf,   d) Kauf zur Probe.

7 Vervollständigen Sie untenstehende Sätze durch folgende Ergänzungen zu richtigen Aussagen.

1. Kauf auf Probe	4. Fixkauf	7. Spezifikationskauf
2. Kauf nach Probe	5. Terminkauf	8. Gattungskauf
3. Kauf zur Probe	6. Ramschkauf	9. Stückkauf

a) Beim ... hat der Kunde ein Rückgaberecht innerhalb einer vereinbarten Frist.

b) Beim ... kann der Kunde bei Überschreiten des Liefertermins auch ohne Setzen einer Nachfrist vom Kaufvertrag zurücktreten

c) Beim ... handelt es sich um den Kauf eines einmaligen Gegenstandes.

d) Beim ... kauft der Kunde aufgrund eines vorliegenden Musters.

e) Beim ... kauft der Kunde eine kleine Menge und stellt eine größere Nachbestellung in Aussicht.

f) Beim ... handelt es sich um den Kauf eines Gegenstandes, der in großen Stückzahlen angeboten wird.

4.2.7.2 Anfrage und Angebot

Die Bürodesign GmbH holt im Rahmen des Beschaffungsmarktings von verschiedenen Unternehmen schriftliche Angebote für Schlösser und Schlüssel für die Herstellung von Schreibtischen ein. Unter anderem erhält sie ein Angebot der Abels, Wirtz & Co KG. Unter dem Angebot dieses Unternehmens steht u. a.: „Lieferung solange der Vorrat reicht". Die Bürodesign GmbH bestellt einen Tag nach Erhalt des Angebots 2 000 Schlösser und dazugehörige Schlüssel. Nach einer Woche erhält sie von der Abels, Wirtz & Co KG folgende Nachricht: „Leider müssen wir Ihnen mitteilen, dass unser gesamter Lagerbestand an Schlössern bereits verkauft worden ist." Herr Kaya, Leiter der Beschaffungsabteilung der Bürodesign GmbH, ruft empört bei der Abels, Wirtz & Co KG an und verlangt die Lieferung der bestellten Waren.

Arbeitsaufträge ▶ Begründen Sie, ob die Bürodesign GmbH Anspruch auf Lieferung hat.

▶ Beschreiben Sie, wann ein Angebot verbindlich ist.

▶ Erläutern Sie die rechtliche Situation bei der Zusendung unbestellter Ware.

■ Die Anfrage

INFO   Bevor ein Kunde einen Kaufvertrag mit einem Lieferer abschließt, informiert er sich über **Preis, Qualität, Mengeneinheiten usw.** eines oder mehrerer Artikel. Diese Anfrage ist für Kunden und Lieferer unverbindlich, d. h. ohne rechtliche Wirkung.

Die Anfrage ist **formfrei**. Sie kann schriftlich, mündlich, telefonisch oder fernschriftlich (Telefax, Internet) erfolgen. Käufer und Verkäufer sind nicht verpflichtet, aufgrund einer Anfrage einen Kaufvertrag abzuschließen.

Mit der Anfrage können

- neue Geschäftsbeziehungen angebahnt oder
- bekannte Lieferer zur Abgabe eines Angebotes aufgefordert werden.

● **Allgemeine Anfrage:**
Wenn ein Kunde in seiner Anfrage nur um einen Katalog, eine Preisliste, ein Warenmuster oder um einen Vertreterbesuch bittet, so spricht man von einer allgemeinen Anfrage.

● **Bestimmte Anfrage:**
Ein Kunde will vom Verkäufer konkrete Angaben über bestimmte Waren und Konditionen (Liefer- und Zahlungsbedingungen).

■ Das Angebot

INFO   Ein **Angebot** ist eine an eine **bestimmte Person gerichtete Willenserklärung**, mit der der Anbietende zu erkennen gibt, dass er bestimmte Waren zu bestimmten Bedingungen liefern will. Das Angebot unterliegt ebenso wie die Anfrage **keinen Formvorschriften**. Es kann mündlich, schriftlich, telefonisch oder fernschriftlich abgegeben werden. Zur Vermeidung von Irrtümern sollte immer die Schriftform gewählt werden.

Durch den **elektronischen Datenaustausch (EDI = Electronic Data Interchange)** von Computer zu Computer können Anfragen, Angebote, Bestellungen, Lieferscheine, Rechnungen zwischen Kunden, Lieferanten, Geldinstituten usw. über Online-Netze schnell und rationell abgewickelt werden (vgl. S. 280). Zunehmende Bedeutung für Angebote gewinnt das Internet.

Ein **Angebot** ist nur dann **rechtsverbindlich**, wenn es **an eine bestimmte Person gerichtet ist**. Das **Ausstellen von Waren** in Schaufenstern, Automaten, Verkaufsräumen, ebenso das Anpreisen von Waren in Prospekten, Katalogen, Postwurfsendungen, im Internet und Anzeigen in Zeitungen sind im rechtlichen Sinne kein Angebot, sondern eine an die Allgemeinheit gerichtete Anpreisung. Diese beinhalten lediglich die **Aufforderung an den Kunden, selbst einen Antrag an den Verkäufer zu richten**.

● **Bindung an das Angebot:**

Grundsätzlich sind alle Angebote verbindlich. Will der Verkäufer die Bindung des Angebots einschränken oder ausschließen, so nimmt er in sein Angebot sogenannte Freizeichnungsklauseln auf:

Freizeichnungsklauseln	verbindlich	unverbindlich
• solange Vorrat reicht	Preis, Lieferzeit	Menge
• freibleibend	–	alles
• ohne Gewähr, ohne Obligo	–	alles
• Preise freibleibend	Lieferzeit, Menge	Preis
• Lieferzeit freibleibend	Preis, Menge	Lieferzeit

Beinhaltet ein **schriftliches Angebot** keine Freizeichnungsklauseln, so ist der Anbietende solange an sein Angebot gebunden, **wie er unter verkehrsüblichen Umständen mit einer Antwort rechnen kann**, d. h., der Kunde muss auf dem gleichen oder einem schnelleren Weg antworten. Zu berücksichtigen sind hierbei die Beförderungsdauer des Angebots, eine angemessene Überlegungsfrist des Kunden und die Beförderungsdauer der Bestellung.

Beispiel *Die Bürodesign GmbH erhält von der Vereinigten Spanplatten AG ein briefliches Angebot. Man geht davon aus, dass ein Brief bis zur Bürodesign GmbH auf dem Postweg ein bis zwei Tage unterwegs ist. Zusätzlich hat die Bürodesign GmbH einen Tag Bedenkzeit, ein bis zwei Tage benötigt die briefliche Antwort der Bürodesign GmbH. Somit hat ein briefliches Angebot eine Gültigkeitsdauer von etwa fünf Tagen.*

Bei einem **mündlichen Angebot** ist der Anbietende **während des Verkaufsgesprächs** an sein Angebot gebunden. Nach Beendigung des Gesprächs ist das mündliche Angebot erloschen. Angebote während eines Telefongespräches gelten ebenfalls nur für die Dauer des Gesprächs.

Wenn ein Kunde ein Angebot abändert, kommt kein Kaufvertrag zustande. Es handelt sich um einen neuen Antrag des Kunden.

Beispiel *Statt zu 3,00 EUR/Stück bestellt der Kunde zu 2,80 EUR/Stück.*

Der Lieferer ist nicht mehr an sein Angebot gebunden, wenn

- das Angebot vom Lieferer rechtzeitig widerrufen wurde; der Widerruf muss aber spätestens gleichzeitig mit dem Angebot beim Kunden eintreffen;
  Beispiel *Ein Angebot wurde brieflich an den Kunden gesandt; nach einem Tag will der Verkäufer aufgrund eines Irrtums widerrufen, es empfiehlt sich ein Widerruf per Telefon oder Telefax, damit der Widerruf spätestens mit dem Brief eintrifft.*
- zu spät vom Kunden bestellt wurde;
  Beispiel *Kunde bestellt nach brieflichem Angebot ohne Fristsetzung erst nach drei Wochen.*
- der Kunde das Angebot ablehnt.

● **Zusendung unbestellter Ware:**

- Erhält ein **Kaufmann** unbestellte Waren eines Lieferers (zweiseitiger Handelskauf, vgl. S. 226), liegt ein Angebot des Lieferers vor. Es ist zu überprüfen, ob bereits zwischen dem Lieferer und dem Käufer Geschäftsbeziehungen bestehen.

– Unterhält ein Kaufmann mit einem Lieferer bisher noch **keine Geschäftsbeziehungen**, dann gilt sein **Schweigen** bei Zusendung unbestellter Ware als **Ablehnung des Angebots**. Der Kaufmann ist nur verpflichtet, die unbestellte Ware eine angemessene Zeit aufzubewahren, nicht aber sie zurückzuschicken.

– Sendet ein Lieferer einem Kaufmann, mit dem er **bereits Geschäftsbeziehungen** pflegt, unbestellte Waren zu, und war das Zusenden unbestellter Ware bisher üblich (Handelsbrauch) zwischen den Vertragspartnern, dann gilt das **Stillschweigen** des Kaufmanns als **Annahme des Angebots**. Will der Kaufmann das Angebot nicht annehmen, so ist er verpflichtet, dem Lieferer **unverzüglich** eine Nachricht zukommen zu lassen (§ 362 HGB).

Beispiel Die Bürodesign GmbH erhält von der Abels, Wirtz & Co KG, die seit vielen Jahren die Bürodesign GmbH beliefert, einen Sonderposten Messingbeschläge zugesandt, ohne dass dieser bestellt worden war. Unterlässt es die Bürodesign GmbH, dem Lieferer unverzüglich Nachricht darüber zu geben, dass sie die Warenlieferung nicht haben möchte, dann muss die Bürodesign GmbH die Waren bezahlen.

- Wenn ein Verkäufer einer **Privatperson** (einseitiger Handelskauf, vgl. S. 226) unbestellte Ware zusendet, gilt das **Schweigen** der Privatperson als **Ablehnung**. Die Privatperson ist nur zur Aufbewahrung der Waren für einen angemessenen Zeitraum, aber nicht zu deren Rücksendung verpflichtet. Wurde die unbestellte Ware als Nachnahme versandt und nimmt die Privatperson diese an, kommt ein Kaufvertrag zustande.

Beispiel Eine Buchversandhandlung sendet Elke Grau unbestellt ein Buch zum Vorzugspreis von 29,00 EUR. Elke ist nicht verpflichtet, das Buch zu bezahlen. Sie muss das Buch auch nicht zurücksenden. Es genügt, wenn sie das Buch sorgfältig aufbewahrt.

Zusammenfassung: Anfrage und Angebot

- Durch eine **Anfrage** kann sich ein Kunde Informationsmaterial über bestimmte Waren beschaffen.
- Bei der **unbestimmten Anfrage** bittet der Kunde um einen Katalog, einen Vertreterbesuch, eine Preisliste oder ein Muster.
- Bei der bestimmten Anfrage will der Kunde konkrete Informationen zu bestimmten Artikeln, z. B. Menge, Preise, Liefer- und Zahlungsbedingungen, Lieferzeit usw.
- Jede **Anfrage** ist **formfrei und rechtlich unverbindlich**.
- Ein **Angebot** ist eine verbindliche Willenserklärung, Waren zu den angegebenen Bedingungen zu verkaufen. **Anpreisungen** sind rechtlich unverbindlich.

	Angebot	Anpreisung
Zielgruppe	eine bestimmte Person	die Allgemeinheit
Form	schriftlich mündlich	Katalog Postwurfsendung Prospekte Schaufenster
Rechtliche Bedeutung	Antrag	Aufforderung zur Abgabe eines Angebotes
Rechtsfolge	verbindlich	unverbindlich

- **Mündliche und telefonische Angebote** sind verbindlich, solange das Gespräch dauert (= Angebote unter Anwesenden).
- **Schriftliche Angebote** sind solange verbindlich, wie der Anbieter unter verkehrsüblichen Umständen mit einer Antwort rechnen kann (= Angebote unter Abwesenden).

- Durch **Freizeichnungsklauseln** werden Angebote ganz oder teilweise unverbindlich.
- Bei **Zusendung unbestellter Ware** gilt Schweigen als Ablehnung. Ausnahme: Der Empfänger ist Kaufmann und steht mit dem Absender in ständiger Geschäftsbeziehung.

Aufgaben

1 *Beschreiben Sie den Zweck einer Anfrage.*

2 *Die Bürodesign GmbH erhält von einem Kunden eine schriftliche Anfrage bezüglich der Neueinrichtung eines Büroraumes für zehn Angestellte. Der Kunde äußert in seinem Schreiben konkrete Vorstellungen über die Anzahl der erforderlichen Schreibtische, Drehstühle usw. Außerdem bittet er um einen Vertreterbesuch.*
   a) Um welche Art der Anfrage handelt es sich?
   b) Geben Sie an, ob die Anfrage für den Kunden eine rechtliche Bedeutung hat.
   c) Welche Inhaltspunkte sollte das Antwortschreiben der Bürodesign GmbH haben?
   d) Schreiben Sie für die Bürodesign GmbH das Angebot an den Kunden.

3 *Erläutern Sie an einem Beispiel, wie sich die allgemeine und die bestimmte Anfrage unterscheiden.*

4 *Beschreiben Sie anhand von Beispielen, wie lange ein Lieferer an sein schriftliches Angebot gebunden ist.*

5 *Erläutern Sie, welche Möglichkeiten ein Lieferer hat, um die Bindung an ein Angebot einzuschränken oder auszuschließen.*

6 *Bis zu welchem Zeitpunkt kann ein schriftliches Angebot widerrufen werden?*

7 *Erläutern Sie folgende Freizeichnungsklauseln:*
   a) solange Vorrat reicht, b) Preis freibleibend, c) ohne Obligo, d) freibleibend.

8 *Suchen Sie aus Branchenbüchern Adressen von Büromöbelherstellern und schreiben Sie an* *diese Anfragen mit der Bitte um Kataloge.*

4.2.7.3 Inhalte des Angebots

Die Bürodesign GmbH hat mit der Abels, Wirtz & Co KG einen Kaufvertrag über die Lieferung von 1 200 Schlössern abgeschlossen. Der Lieferer verspricht mündlich, die bestellte Ware am nächsten Tag zu liefern, ohne dass dieses schriftlich festgehalten wird. Da der für die Auslieferung zuständige Fahrer erkrankt, soll die Ware erst eine Woche später ausgeliefert werden.

Arbeitsauftrag
▶ Stellen Sie fest, ob die Bürodesign GmbH die sofortige Lieferung der Ware verlangen kann.
▶ Unterscheiden Sie Marken und Gütezeichen.
▶ Erläutern Sie die gesetzliche Regelung der Lieferzeit, der Verpackungskosten und der Zahlungs- und Lieferungsbedingungen.
▶ Erläutern Sie Erfüllungsort und Gerichtsstand.

Es gibt keine gesetzlichen Vorschriften über die **Inhalte des Angebotes**. Dieser sollte jedoch alle wesentlichen Bestimmungen enthalten, die zur reibungslosen Erfüllung des Kaufvertrages erforderlich sind.

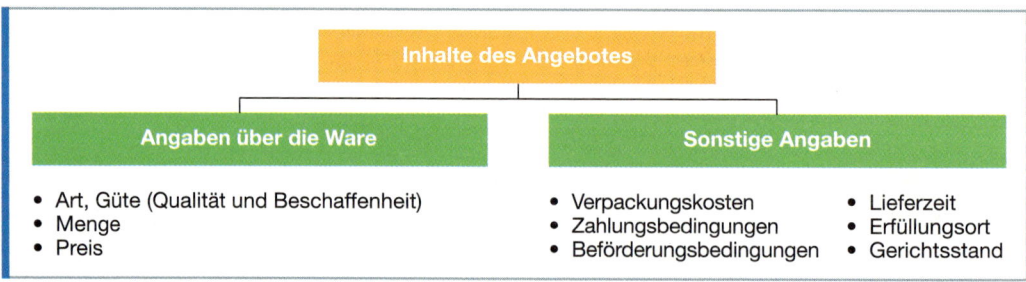

Inhalte des Angebotes	
Angaben über die Ware	**Sonstige Angaben**
• Art, Güte (Qualität und Beschaffenheit) • Menge • Preis	• Verpackungskosten • Lieferzeit • Zahlungsbedingungen • Erfüllungsort • Beförderungsbedingungen • Gerichtsstand

Um nicht alle Inhaltspunkte immer wieder neu aushandeln zu müssen, verwenden die Lieferer oft vorgedruckte „Allgemeine Geschäftsbedingungen" (AGB vgl. S. 243 ff.). Wenn weder in den AGB noch im Kaufvertrag Regelungen zu bestimmten Einzelheiten getroffen worden sind, gelten die Bestimmungen des BGB und HGB.

■ Art der Ware

Die **Art der Ware** wird durch **handelsübliche Bezeichnungen festgelegt**.

Beispiele *Schreibtischsessel ergo-design-natur, Herrenfahrrad Farvel Sprinter, Weißwein Müller-Thurgau Knurrberg, Hifi-Receiver Sany 2001, Schreibtisch Eldorado Eiche massiv.*

■ Güte der Ware

Gesetzliche Regelung: Sind im **Angebot des Lieferers keine Angaben** über die Güte der Ware gemacht worden, so ist bei Lieferung die **Ware in mittlerer Güte** zu liefern (§ 243 BGB).

Die **Güte (Qualität und Beschaffenheit) einer Ware wird bestimmt durch**

▶ *Muster und Proben*
Beispiele *Stoffbezüge, Tapeten, Papier (Muster), Wein, Waschmittel (Proben)*

▶ *Güteklassen zur Angabe von Warenqualitäten*
Sie geben Auskunft über die **Handelsklassen** (I. Wahl, II. Wahl, DIN-Normen, Auslese), über Typen (Weizenmehl Type 405) und **Standards** (Faserlänge von Baumwolle).

▶ *Marken und Gütezeichen*
• Marken werden vom Hersteller verwendet, um sich von anderen Herstellern abzuheben.
  Beispiele

• **Gütezeichen** in Form von Wort und Bildzeichen werden von verschiedenen Herstellern gleichartiger Erzeugnisse als Garantie für eine bestimmte Mindestqualität verwendet. Sie werden von Verbänden und Organisationen vergeben.

Beispiele

▶ *Herkunft der Ware,*

Sie ist gekennzeichnet durch das Anbaugebiet oder Herstellungsland.

Beispiele Kaffee aus Nicaragua, Wein von der Mosel, Baumwolle aus Ägypten, Holz aus Finnland

▶ *Jahrgang der Ware,*

Beispiele Antiquitäten, Whiskey, Wein, Käse

▶ *Zusammensetzung der Ware.*

Beispiele Fettanteile in Käse und Wurst, Silbergehalt bei Essbestecken

■ Menge der Ware

Gesetzliche Regelung: Enthält das Angebot keine Mengenangabe, die sich auf einen bestimmten Preis bezieht, dann gilt es für jede handelsübliche Menge.

Die Menge einer Ware wird in **gesetzlichen Maßeinheiten** (m, m², l, hl, kg), **in Stückzahlen oder in handelsüblichen Mengeneinheiten** (Stück, Dutzend, Sack, Fass, Kiste, Karton, Ballen, Ries) angegeben.

■ Preis der Ware

Der Preis einer Ware bezieht sich entweder **auf eine handelsübliche Mengeneinheit oder eine bestimmte Gesamtmenge**. Von entscheidender Bedeutung für die Beurteilung der Vorteilhaftigkeit eines Angebotspreises ist die Berücksichtigung der Preisnachlässe. Folgende **Preisnachlässe** (Rabatte) können unterschieden werden:

Mengenrabatt	Bei **Abnahme von großen Mengen** einer Ware erhält der Käufer einen prozentualen Nachlass auf den Listeneinkaufspreis, der Käufer soll damit zum Kauf größerer Mengen veranlasst werden.
Naturalrabatt	Dieser Rabatt ist eine Sonderform des Mengenrabattes. Er wird **in Form von Waren** gewährt; man unterscheidet zwei Arten von Naturalrabatten: • **Draufgabe:** Der Käufer erhält statt zehn Stück eines Artikels ein zusätzliches Stück ohne Berechnung. • **Dreingabe:** Der Käufer erhält zehn Stück eines Artikels, es werden ihm aber nur neun in Rechnung gestellt.
Treuerabatt	Dieser Rabatt wird von Lieferern **bei bestimmten Anlässen für langjährige Kunden** gewährt, damit sollen Stammkunden an einen Lieferer gebunden werden.
Einführungsrabatt	Dieser Rabatt wird insbesondere Einzelhändlern von Herstellern gewährt, um die Einführung eines neuen Produktes zu unterstützen.

Wiederverkäufer-rabatt	Hersteller gewähren Händlern (= Wiederverkäufern) einen Preisnachlass, da diese die Absatzfunktion übernehmen.
Bonus	Er stellt einen **nachträglich gewährten Rabatt** dar, bei dem dem Käufer nach einer bestimmten Periode (z. B. Quartal, Halbjahr, Jahr) **bei Erreichen eines bestimmten Mindestumsatzes** ein Nachlass auf den Gesamtbetrag gewährt wird.

■ Lieferzeit

● Gesetzliche Regelung:

Ist im Kaufvertrag keine Regelung über den Zeitpunkt der Lieferung vereinbart worden, so **kann der Käufer sofortige Lieferung** (Tages-, Sofortkauf) verlangen und der Verkäufer muss sofort liefern (§ 271 BGB).

● Vertragliche Regelung:

Wenn der Käufer eine Ware verlangt, die nicht vorrätig ist, muss eine vertragliche Regelung über die Lieferzeit vereinbart werden. Hierbei hat der Käufer zwei Möglichkeiten:

Terminkauf: Lieferung innerhalb einer bestimmten Frist (z. B. Lieferung innerhalb von 90 Tagen) oder zu einem bestimmten Zeitpunkt (Termin)
Beispiele Lieferung am 15. März .., Lieferung bis 30. Juni ..

Fixkauf (vgl. S. 249): **Lieferung zu einem kalendermäßig festgelegten Zeitpunkt**, wobei die Klauseln „fest",„fix", „genau",„exakt" angegeben werden müssen.
Beispiel Lieferung am 15. März .. fix

● Kauf auf Abruf:

Bei diesem Kauf wird der Zeitpunkt der Lieferung bei Abschluss des Kaufvertrages nicht festgelegt, er ist in das Ermessen des Käufers gestellt. Bei Bedarf ruft der Käufer die Ware ab, die als Ganzes oder in Teilmengen geliefert werden kann. Hieraus ergeben sich für den Käufer folgende **Vorteile**:

* geringere Lagerkosten,
* Lieferung frischer Waren,
* Ausnutzung von Rabatt durch den Kauf einer großen Menge.

Beispiel Die Bürodesign GmbH hat mit der Stammes Stahlrohr GmbH einen Kaufvertrag über 12 Tonnen fünfeckige lackierte Stahlrohre abgeschlossen. Durch die große Bestellung konnte ein Mengenrabatt von 20 % in Anspruch genommen werden. Da die Lagerkapazität bei der Bürodesign GmbH momentan erschöpft ist, wird mit der Stammes Stahlrohr GmbH vereinbart, dass die Stahlrohre in Teilmengen abgerufen werden können.

■ Verpackungskosten

Gesetzliche Regelung: Ist über die Berechnung der Verpackungskosten zwischen dem Verkäufer und dem Käufer nichts vereinbart worden, **trägt der Käufer die Kosten der Versandverpackung** (§ 448 BGB, § 380 HGB). Das **Gewicht der Versandverpackung** wird als **Tara** (= Verpackungsgewicht) bezeichnet. Die Kosten der Verkaufsverpackung trägt der Verkäufer.

■ Zahlungsbedingungen

● Gesetzliche Regelung:

Geldschulden sind Schickschulden (§ 270f. BGB), d. h. der Käufer ist verpflichtet, den Kaufpreis auf seine Kosten an den Verkäufer zu schicken. Folglich muss der Käufer die Kosten der

Zahlung (z. B. Überweisungsentgelte) tragen. Ferner sieht die gesetzliche Regelung die **sofortige Bezahlung der Ware bei Lieferung** vor (§ 433 Abs. 2 BGB).

Beispiele Klauseln für sofortige Zahlung: Ware gegen Geld, Zug um Zug, netto Kasse, gegen bar, sofort

Beim Versendungskauf erfolgt die Barzahlung oft als **Nachnahme**. Hierbei darf der Überbringer (Paketdienst, Spediteur) die Ware dem Käufer nur gegen Zahlung übergeben.

● Vertragliche Regelung:
Folgende **vertraglichen Zahlungsbedingungen** können vereinbart werden:

Vorauszahlung: Der Lieferer verlangt bei neuen oder schlecht zahlenden Kunden einen Teil des Rechnungsbetrages oder den gesamten Rechnungsbetrag im Voraus.

Beispiele Klauseln: Zahlung im Voraus, Lieferung gegen Vorkasse, Zahlung bei Vertragsabschluss/Bestellung

Zahlung mit Zahlungsziel (Ziel- oder Kreditkauf): Der Lieferer gewährt dem Käufer einen kurzfristigen Kredit.

Beispiele Zahlung innerhalb von 10 Tagen mit 3 % Skonto oder in 40 Tagen netto Kasse, Zahlung in einem Monat

● Eigentumsvorbehalt:
In der kaufmännischen Praxis sichert der Lieferant **seine Forderung durch einen Eigentumsvorbehalt ab**.

Durch die Vereinbarung des Eigentumsvorbehalts im Kaufvertrag **bleibt der Verkäufer bis zur vollständigen Bezahlung** des Kaufpreises **Eigentümer** der Ware. Der Käufer wird zunächst nur Besitzer. Der Verkäufer schreibt in den Kaufvertrag folgende Klausel, um den Eigentumsvorbehalt zu vereinbaren: **„Die Ware bleibt bis zur vollständigen Bezahlung mein/unser Eigentum"**. Ist der Eigentumsvorbehalt vereinbart worden, hat der Verkäufer das **Recht**, bei nicht rechtzeitiger Bezahlung oder bei Nichtzahlung vom **Kaufvertrag zurückzutreten und die Herausgabe der Ware zu verlangen**.

Der **Eigentumsvorbehalt erlischt** in dem Moment, in dem der Käufer den Kaufpreis vollständig bezahlt hat.

Beispiel AGB der Bürodesign GmbH (vgl. S. 243 f.).

■ Beförderungsbedingungen (Lieferbedingungen)

● Gesetzliche Regelung:
Warenschulden sind Holschulden (§ 269, § 447 Abs. 1 BGB), danach trägt der **Käufer beim Versendungskauf alle entstehenden Beförderungskosten ab der Versandstation**. Die Kosten bis zur Versandstation (z. B. Bahnhof oder Poststelle des Verkäufers) und die Wiegekosten trägt der Verkäufer. Diese Regelung gilt immer, wenn es sich um einen **Versendungskauf** handelt, d. h. Käufer und Verkäufer haben ihren Geschäftssitz an unterschiedlichen Orten.

Großbetriebe, die ihre Kunden häufig von verschiedenen Werken aus beliefern, vereinbaren mit ihren Kunden oft eine **Frachtbasis**, d. h. einen Ort, von dem aus die Fracht berechnet wird.

Beispiel Die Vereinigte Spanplatten AG in Augsburg beliefert regelmäßig die Bürodesign GmbH. Bundesweit hat die Vereinigte Spanplatten AG sieben Niederlassungen. Als Frachtbasis nimmt sie Frankfurt.

● Vertragliche Regelung:
Je nach Versandart können unterschiedliche Versandkosten anfallen:

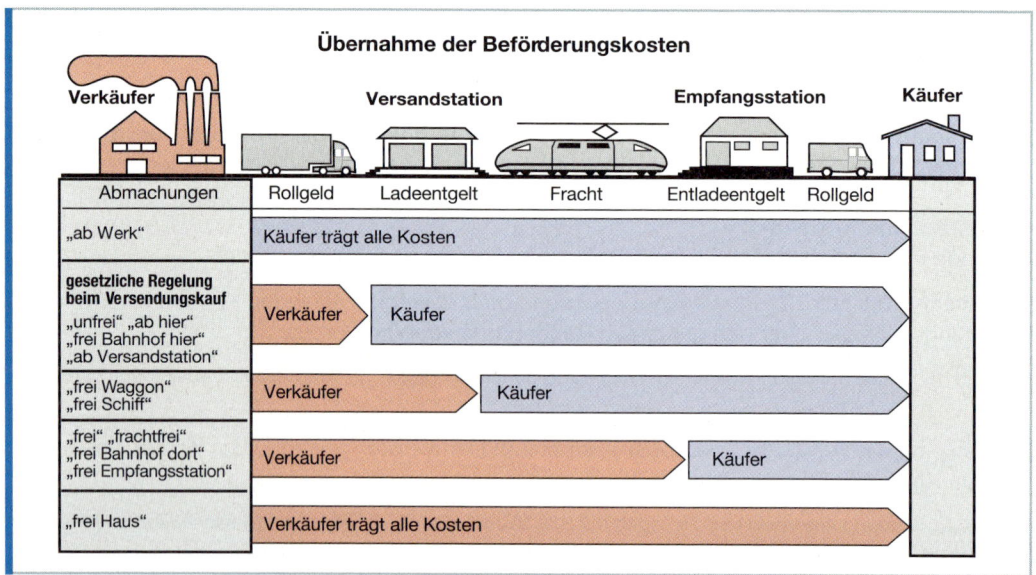

Die Vertragspartner können die gesetzliche Regelung durch vertragliche Regelungen abändern, diese müssen aber im Kaufvertrag vereinbart werden.

Der Verkäufer hat i. d. R. die anteiligen Beförderungskosten, die er übernimmt, in seinen Verkaufspreisen einkalkuliert, sodass der Käufer über den Listeneinkaufspreis die vom Verkäufer übernommenen Beförderungskosten tragen muss.

■ Erfüllungsort

Es ist der Ort, an dem die Vertragspartner ihre Leistungen zu erfüllen haben.

● Gesetzliche Regelung:

Der **Erfüllungsort für die Warenlieferung** ist der **Wohn- oder Geschäftssitz des Verkäufers**. Die Gefahr, dass Ware durch Beschädigung, Verderb, Verlust oder Vernichtung beeinträchtigt wird, geht am Erfüllungsort auf den Käufer über. Somit bestimmt der Erfüllungsort den Gefahrenübergang.

Beispiel Bei der Auslieferung einer Ladung Spanplatten an die Bürodesign GmbH verunglückt der Lkw des Spediteurs ohne Verschulden des Lkw-Fahrers, wobei die Spanplatten zerstört werden. Es war keine vom Gesetz abweichende vertragliche Regelung getroffen worden, d. h. der Erfüllungsort ist der Geschäftssitz des Verkäufers. Obwohl die Ware aufgrund des Unfalles nicht geliefert wird, kann der Lieferer von der Bürodesign GmbH trotzdem die Zahlung des Kaufpreises verlangen. Das Transportrisiko kann jedoch durch eine Transportversicherung abgedeckt werden.

Liegt bei der Warenlieferung an den Käufer bei Beschädigung oder Verlust einer Ware ein Verschulden des Verkäufers oder eines Frachtführers vor, so hat der Schuldige den Schaden zu tragen **(Verschuldensprinzip)**. Ein Verschulden liegt vor, wenn der Verkäufer oder sein Erfüllungsgehilfe vorsätzlich oder fahrlässig handelt.

Beispiel Eine Warenlieferung wird wegen mangelhafter Verpackung beschädigt.

Neben den genannten gesetzlichen Regelungen gelten folgende Bestimmungen:
– **Der Käufer holt die Ware ab:** Mit der Übergabe der Ware an den Käufer oder seinen Erfüllungsgehilfen geht die Gefahr auf den Käufer über.

Beispiel *In den Allgemeinen Geschäftsbedingungen der Bürodesign GmbH steht: „VII. Gefahrübergang: Die Gefahr, trotz Verlustes oder Beschädigung den Preis zahlen zu müssen, geht mit der Übergabe auf den Käufer über." (Vgl. S. 244)*

– **Die Ware wird auf Verlangen des Käufers versandt** (Schickschuld): Die Gefahr geht mit der Auslieferung an den Frachtführer auf den Käufer über.
– Beim **Platzkauf**, d. h. Käufer und Verkäufer haben ihren Geschäftssitz am selben Wohnort, geht die Gefahr mit der Übergabe der verkauften Waren an den Käufer über.

Der Erfüllungsort für die Zahlung ist der **Wohnsitz des Käufers**, da der Käufer an diesem Ort das Geld bereitzustellen bzw. zugunsten des Gläubigers aufzugeben hat. Da Geldschulden Schickschulden sind, hat der Käufer auf seine Gefahr und Kosten das Geld an den Wohn- oder Geschäftssitz des Verkäufers zu schicken. Der Erfüllungsort dient nur noch dem Nachweis, dass das Geld rechtzeitig bereitgestellt wurde.

Beispiel *Der Käufer lässt dem Lieferer das Geld durch die Bank überweisen, dem Lieferer geht das Geld aber nicht zu. Der Lieferer kann weiterhin auf Zahlung bestehen, der Käufer kann aber die Bank haftbar machen.*

● **Vertragliche Regelung:**
Im Kaufvertrag kann zwischen dem Käufer und dem Verkäufer ein vom Gesetz abweichender Erfüllungsort vereinbart werden. Dieser kann der Ort des Käufers, des Verkäufers oder ein anderer Ort sein.

■ Gerichtsstand

● **Gesetzliche Regelung:**
Bei Streitigkeiten zwischen dem Käufer und dem Verkäufer ist das Gericht zuständig, in dessen Bereich der Erfüllungsort liegt. Da der Erfüllungsort der Wohn- oder Geschäftssitz des Schuldners ist, befindet sich **der Gerichtsstand grundsätzlich an dem für den Wohn- bzw. Geschäftssitz des für den jeweiligen Schuldner zuständigen Amts- bzw. Landgerichts** (Amtsgericht bis zu 5 000,00 EUR Streitwert, Landgericht bei über 5 000,00 EUR Streitwert).

• **Der Sitz des Verkäufers** ist der Gerichtsstand für Streitigkeiten aus der Lieferung (Warenschuld).
• **Der Sitz des Käufers** ist der Gerichtsstand für Streitigkeiten um die Bezahlung (Geldschuld).
   Beispiel *Die Bodo Lukas KG, Fachgeschäft für Büroeinrichtungen in Karlsruhe, erhält von der Bürodesign GmbH, Köln, eine Warenlieferung. Der gesetzliche Gerichtsstand für Streitigkeiten aus der Lieferung ist Köln, für die Streitigkeiten um die Zahlung Karlsruhe.*

● **Vertragliche Regelung:**
Abweichungen von der gesetzlichen Regelung sind **nur beim zweiseitigen Handelskauf möglich**. In der Praxis wird meistens der Geschäftssitz des Lieferers als Gerichtsstand für beide Vertragspartner vereinbart.

Beispiel *In den Allgemeinen Geschäftsbedingungen der Bürodesign GmbH steht: „XII. Erfüllungsort und Gerichtsstand: Erfüllungsort und Gerichtsstand ist in jedem Fall Köln." (Vgl. S. 244)*

Zusammenfassung: Inhalte des Angebots

• Es gibt **keine konkreten gesetzlichen Vorschriften über den Inhalt** eines Kaufvertrages.
• Ist im Kaufvertrag eine bestimmte Einzelheit nicht angegeben, dann gelten die **Vorschriften des BGB oder HGB**.

- Enthält der Kaufvertrag keine Angaben über die Güte der Ware, muss der Verkäufer **Waren mittlerer Güte liefern.**
- Die **Art einer Ware** wird durch handelsübliche Bezeichnungen bestimmt.
- Die **Güte einer Ware** wird bestimmt durch Muster und Proben, Güteklassen, Marken und Gütezeichen, Herkunft, Zusammensetzung und Jahrgang der Ware.
- Die **Menge der Ware** wird in gesetzlichen Maßeinheiten, in Stückzahlen oder in handelsüblichen Bezeichnungen angegeben.
- Der **Preis der Ware** bezieht sich auf eine handelsübliche Mengeneinheit oder eine bestimmte Gesamtmenge.
- Zu den **Preisnachlässen**, die ein Lieferer seinem Kunden gewähren kann, zählen der Mengen-, Natural-, Treue-, Einführungs-, Wiederverkäuferrabatt und Bonus.
- Enthält ein Kaufvertrag **keine Aussage zur Lieferzeit**, dann muss der Verkäufer sofort liefern.
- Vertraglich kann im Kaufvertrag ein **Terminkauf** (Lieferung innerhalb einer bestimmten Frist oder zu einem bestimmten Zeitpunkt) oder ein **Fixkauf** (Lieferung zu einem kalendermäßig festgelegten Zeitpunkt mit Klausel fix, fest) vereinbart werden.
- Beim **Kauf auf Abruf** wird die Ware auf Anweisung des Käufers ganz oder in Teilmengen später geliefert.
- Beim **Kauf unter Eigentumsvorbehalt** bleibt der Verkäufer bis zur vollständigen Bezahlung durch den Käufer Eigentümer der Ware.
- Wenn im Kaufvertrag keine **Regelung über die Verpackung** getroffen wurde, muss der **Käufer** die Kosten der Verpackung tragen.
- **Geldschulden sind Schickschulden**, d.h. der Käufer muss auf seine Kosten das Geld unverzüglich an den Verkäufer schicken.
- **Warenschulden sind Holschulden**, d.h. der Käufer trägt alle entstehenden Beförderungskosten ab der Versandstation (Klauseln: unfrei, ab hier, ab Bahnhof) = gesetzliche Regelung.
- **Erfüllungsort** ist der Ort, an dem die Vertragspartner ihre Pflichten erfüllen.
- **Gerichtsstand** ist der Ort, an dem bei Streitigkeiten aus dem Kaufvertrag verhandelt wird.

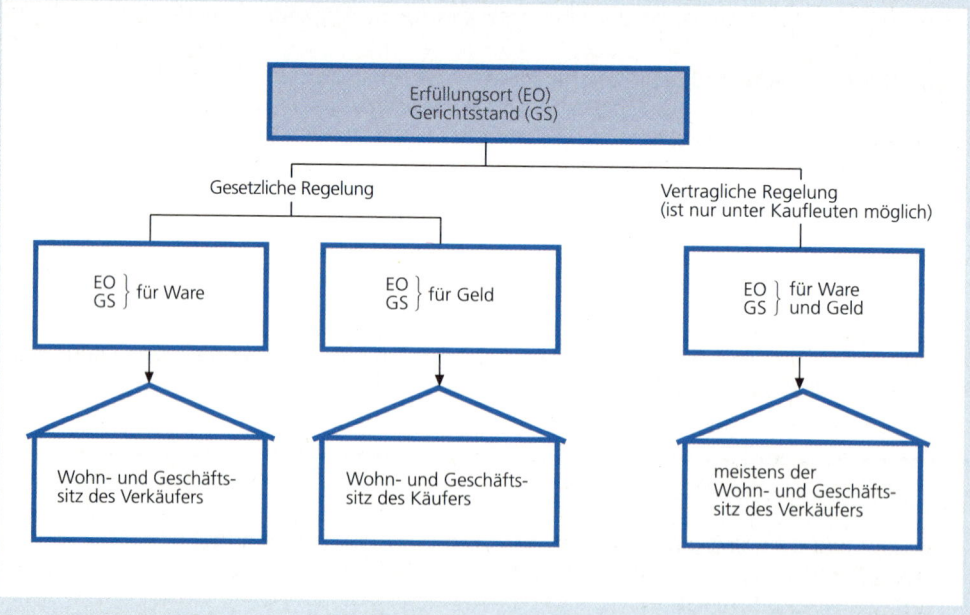

Aufgaben

1 *Erläutern Sie den Unterschied zwischen Rabatt und Bonus.*

2 *Der Lieferer kann aus unterschiedlichen Gründen seinen Kunden Nachlässe (Rabatte) gewähren. Unterscheiden Sie die verschiedenen Rabattarten.*

3 *Ordnen Sie die Begriffe Skonto, Bonus, Storno, Rabatt den folgenden Erklärungen zu.*
   a) Gutschrift am Jahresende aufgrund eines bestimmten wertmäßig erzielten Umsatzes
   b) Nachlass für vorzeitige Zahlung
   c) Rückgängigmachen eines Vorganges
   d) Nachlass wegen Abnahme einer großen Menge

4 *Erläutern Sie an Beispielen den Unterschied zwischen Gütezeichen und Marken.*

5 *Suchen Sie in Prospekten und Katalogen nach Angaben, die zu Produkten hinsichtlich der*
   Art und Güte gemacht werden. Vergleichen Sie diese miteinander.

6 *Erläutern Sie, worin der Unterschied zwischen einem Fix- und einem Terminkauf besteht.*

7 *Erklären Sie die Aussage: „Geldschulden sind Bring- oder Schickschulden."*

8 *Geben Sie an, wer die Versandverpackung zahlen muss, wenn im Angebot darüber keine Angabe enthalten ist.*

9 *Erläutern Sie die Klausel: „Zug um Zug".*

10 *Die Lieferungsbedingung lautet „frachtfrei". Die Fracht beträgt 40,00 EUR, das Rollgeld für die An- und Abfuhr je 10,00 EUR. Wie viel EUR muss der Käufer für den Transport bezahlen?*

11 *Erläutern Sie die Klausel: „Warenschulden sind Holschulden".*

12 *Die Lieferung einer Ware an einen Kunden erfolgt durch die Deutsche Bahn AG. An Kosten entstehen:*

Hausfracht (Rollgeld) am Ort des Käufers	*10,00 EUR*	*Entladekosten*	*10,00 EUR*
Hausfracht (Rollgeld) am Ort des Lieferers	*10,00 EUR*	*Verladekosten*	*10,00 EUR*
Fracht	*180,00 EUR*		

   Welchen Kostenanteil hat der Käufer bei Vereinbarung nachfolgender Lieferungsbedingungen jeweils zu übernehmen?
   a) frei Waggon   b) frachtfrei   c) frei Bahnhof hier   d) ab hier   e) frei Bahnhof dort

13 *Erläutern Sie, welche Bedeutung der Erfüllungsort hat.*

14 *Geben Sie an, was man unter Gerichtsstand versteht und wo sich der Gerichtsstand*
   a) für Warenschulden,   b) für Geldschulden befindet.

15 *Begründen Sie, warum ein Lieferer bei einem Zielverkauf meistens einen Kauf unter Eigentumsvorbehalt vereinbart.*

16 *Erläutern Sie die Vorteile eines Käufers aus dem*
   a) Kauf auf Abruf,   b) Fixkauf.

17 *Besorgen Sie sich von verschiedenen Unternehmen Unterlagen, aus denen Liefer-, Zah-*
   lungsbedingungen, Gerichtsstand und Erfüllungsort zu entnehmen sind, und vergleichen Sie diese miteinander.

18 *Im Kaufvertrag der Bürodesign GmbH mit der Vereinigten Spanplatten AG über die Lieferung von Spanplatten wurde nichts über die Versandkosten vereinbart. Wer muss gemäß den gesetzlichen Regelungen die Kosten ab Versandbahnhof bezahlen?*
   1. Die Vereinigte Spanplatten AG in voller Höhe.
   2. Die Bürodesign GmbH in voller Höhe.
   3. Das Speditionsunternehmen, das die Spanplatten anliefert.
   4. Die Vereinigte Spanplatten AG trägt 2/3 der Kosten, die Bürodesign GmbH trägt 1/3 der Kosten.
   5. Die Vereinigte Spanplatten AG und die Bürodesign GmbH je zur Hälfte.

4.2.7.4 Bestellung und Auftragsbestätigung

Die Bürodesign GmbH bestellt aufgrund eines Angebotes vom 1. April mit nachfolgendem Schreiben bei der Fa. Hankel & Cie. GmbH Klebstoffe, Leime, Farben und Lasuren.

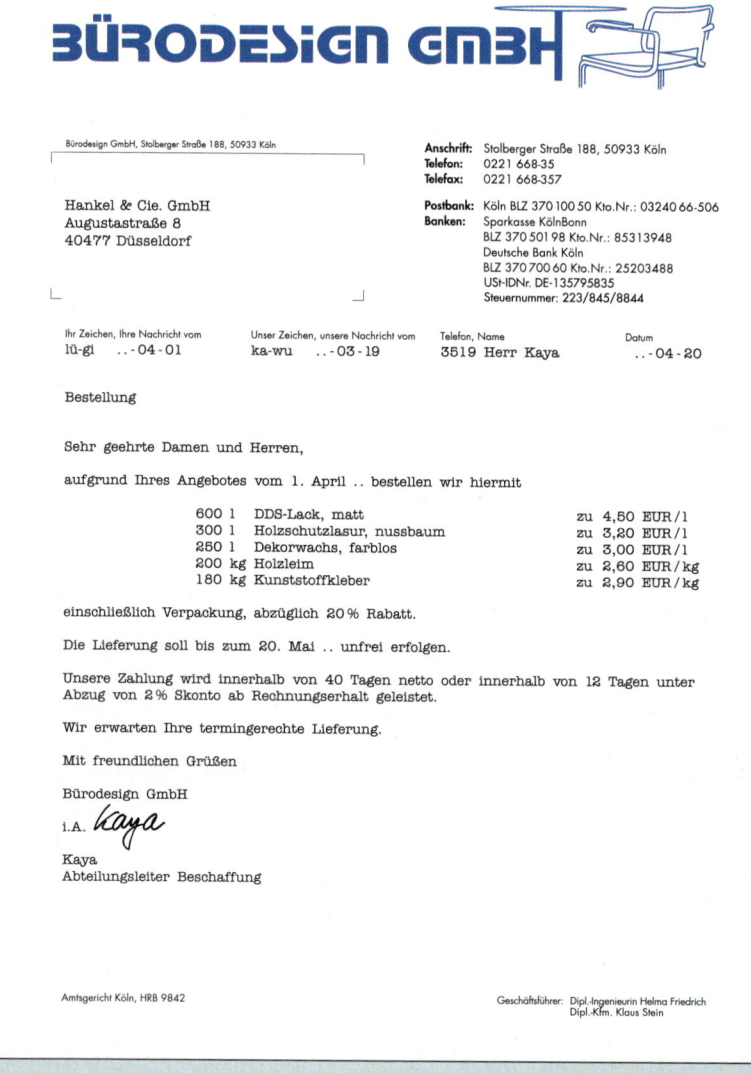

Bürodesign GmbH, Stolberger Straße 188, 50933 Köln

Anschrift:	Stolberger Straße 188, 50933 Köln
Telefon:	0221 668-35
Telefax:	0221 668-357

Hankel & Cie. GmbH
Augustastraße 8
40477 Düsseldorf

Postbank:	Köln BLZ 370 100 50 Kto.Nr.: 03240 66-506
Banken:	Sparkasse KölnBonn
	BLZ 370 501 98 Kto.Nr.: 85313948
	Deutsche Bank Köln
	BLZ 370 700 60 Kto.Nr.: 25203488
	USt-IDNr. DE-135795835
	Steuernummer: 223/845/8844

Ihr Zeichen, Ihre Nachricht vom	Unser Zeichen, unsere Nachricht vom	Telefon, Name	Datum
lü-gl .. - 04 - 01	ka-wu .. - 03 - 19	3519 Herr Kaya	.. - 04 - 20

Bestellung

Sehr geehrte Damen und Herren,

aufgrund Ihres Angebotes vom 1. April .. bestellen wir hiermit

600 l	DDS-Lack, matt	zu 4,50 EUR / l
300 l	Holzschutzlasur, nussbaum	zu 3,20 EUR / l
250 l	Dekorwachs, farblos	zu 3,00 EUR / l
200 kg	Holzleim	zu 2,60 EUR / kg
180 kg	Kunststoffkleber	zu 2,90 EUR / kg

einschließlich Verpackung, abzüglich 20 % Rabatt.

Die Lieferung soll bis zum 20. Mai .. unfrei erfolgen.

Unsere Zahlung wird innerhalb von 40 Tagen netto oder innerhalb von 12 Tagen unter Abzug von 2 % Skonto ab Rechnungserhalt geleistet.

Wir erwarten Ihre termingerechte Lieferung.

Mit freundlichen Grüßen

Bürodesign GmbH

i.A. *Kaya*

Kaya
Abteilungsleiter Beschaffung

Amtsgericht Köln, HRB 9842

Geschäftsführer: Dipl.-Ingenieurin Helma Friedrich
Dipl.-Kfm. Klaus Stein

Nach einer Woche erhält die Bürodesign GmbH eine briefliche Antwort von Hankel & Cie. GmbH, in der diese erklärt, sie könne die bestellten Waren nur noch zu einem um 10 % höheren Preis liefern, da die Zulieferer die Preise erhöht hätten.

Arbeitsaufträge ▶ Erläutern Sie, ob die Bürodesign GmbH auf eine Lieferung zu den alten Preisen bestehen kann.

▶ Beschreiben Sie, in welchen Fällen eine Auftragsbestätigung für das Zustandekommen des Kaufvertrages erforderlich ist.

■ Bestellung

Die Bestellung ist eine **Willenserklärung des Käufers, eine bestimmte Ware zu den im Angebot angegebenen Bedingungen zu kaufen**. Die Bestellung kann durch den Käufer schriftlich, fernschriftlich, mündlich oder telefonisch abgegeben werden, sie ist an keine Formvorschriften gebunden und für den Bestellenden immer verbindlich.

INFO

Die Bestellung soll folgende Angaben enthalten:

- Art und Güte (Qualität und Beschaffenheit) der Waren
- Menge

- Lieferungs- und Zahlungsbedingungen
- Preisnachlässe
- Lieferzeit

Wird in der Bestellung auf ein ausführliches Angebot Bezug genommen, ist die Wiederholung aller Angaben nicht erforderlich, es reicht dann die genaue Angabe der Ware (z. B. Artikelnummer), der Bestellmenge und des Preises der Ware.

Ein Besteller kann eine **Bestellung widerrufen**, wenn er dem Lieferer eine entsprechende Nachricht vor oder spätestens zusammen mit der Bestellung zukommen lässt.

Beispiel Die Bürodesign GmbH hat irrtümlich in ihrer brieflichen Bestellung 100 Stück statt 10 Stück angegeben. Nach einem Tag bemerkt ein Mitarbeiter der Bürodesign GmbH den Irrtum und ruft den Lieferer sofort an, um die Bestellung zu widerrufen. In der Regel dauert die Zustellung eines Briefes ca. zwei bis drei Tage, somit hat die Bürodesign GmbH rechtzeitig vor Eintreffen der Bestellung widerrufen.

■ Auftragsbestätigung (Bestellungsannahme)

Ein Lieferer kann die Bestellung des Käufers mündlich, fernmündlich, schriftlich oder fernschriftlich bestätigen. Die **Auftragsbestätigung (Bestellungsannahme)** ist eine Willenserklärung des Lieferers, mit der er sich bereit erklärt, die bestellte Ware zu den angebenen Bedingungen zu liefern.

Die Auftragsbestätigung kann für das **Zustandekommen eines Kaufvertrages** in folgenden Fällen **erforderlich** sein:

- **Der Bestellung ist kein Angebot vorausgegangen.**
  Beispiel Die Bürodesign GmbH bestellt bei einem Lieferer 130 m² Furnierholz zu 20,00 EUR/m², ohne dass der Bürodesign GmbH ein Angebot vorlag. Der Kaufvertrag kommt mit der Bestellungsannahme zustande.
  Bei sofortiger Lieferung kann auf eine Bestellungsannahme verzichtet werden, in diesem Fall gilt die Lieferung als Annahme der Bestellung.
- **Die Bestellung weicht vom Angebot ab.**
  Beispiel Die Bürodesign GmbH bestellt 300 Liter Farblasur zu 5,00 EUR/l, das Angebot des Lieferers lautete über 6,00 EUR/l. Erst durch eine Bestellungsannahme über 5,00 EUR/l kommt der Kaufvertrag zustande.
- **Das Angebot des Lieferers ist freibleibend.**
  Beispiel Die Bürodesign GmbH bestellt aufgrund eines Angebotes des Lieferers, in dem die Klausel „Preise freibleibend" vermerkt war. Erst durch die Bestellungsannahme kommt der Kaufvertrag zustande.
- **Die Bindungsfrist an das Angebot ist abgelaufen.**
  Beispiel Die Bürodesign GmbH bestellt bei der Stammes Stahlrohr GmbH aufgrund eines Telefaxangebotes nach einer Woche einen Sonderposten Alurohre. Erst durch die Bestellungsannahme kommt der Kaufvertrag zustande.

■ Electronic Commerce

Der elektronische Handel über das **Internet (Electronic Commerce)** verzeichnet in den letzten Jahren ein enormes Wachstum. Die Expansion in diesem neuen Absatzkanal wurde durch die

Schaffung eines weltweiten Netzes (world wide web/www) ermöglicht. Somit können Angebote, Bestellungen und Auftragsbestätigungen in kürzester Zeit weltweit versandt und bearbeitet werden (vgl. S. 352).

Zusammenfassung: Bestellung und Auftragsbestätigung

- Die Bestellung ist die **Willenserklärung des Käufers, bestimmte Waren zu bestimmten Bedingungen zu kaufen**.
- Die Bestellung ist an **keine Formvorschrift** gebunden und kann **schriftlich, fernschriftlich, mündlich oder telefonisch** erteilt werden.
- Die Bestellung sollte möglichst alle Bedingungen eines Angebotes enthalten, **mindestens jedoch Warenart, Menge, Preis**.
- Der **Widerruf der Bestellung** muss **spätestens gleichzeitig mit der Bestellung** beim Lieferer eintreffen.
- Die **Bestellungsannahme (Auftragsbestätigung) ist in folgenden Fällen erforderlich**, damit ein **Kaufvertrag zustande kommt**: Abweichende Bestellung, Bestellung ohne vorliegendes Angebot oder aufgrund eines freibleibenden Angebots, abgelaufene Bindungsfrist an das Angebot.
- **E-Commerce:** elektronischer Handel über das Internet.

Aufgaben

1 In welchen der nachfolgenden Fälle ist eine Bestellungsannahme (Auftragsbestätigung) für das Zustandekommen des Kaufvertrages erforderlich?
  a) Der Lieferer macht dem Großhändler ein telefonisches Angebot. Der Großhändler bestellt einen Tag später schriftlich zu den telefonisch vereinbarten Bedingungen.
  b) Der Lieferer macht dem Großhändler ein freibleibendes Angebot per Brief. Der Großhändler bestellt zu den angegebenen Bedingungen per Telefax.
  c) Der Lieferer bietet dem Großhändler einen Artikel zu 6,80 EUR/Stück an. Der Großhändler bestellt termingerecht zu 6,60 EUR/Stück.
  d) Ein Großhändler bestellt aufgrund eines brieflichen Angebotes des Lieferers sofort nach Erhalt des Briefes telefonisch zu den angegebenen Bedingungen.

2 Die Bürodesign GmbH hat irrtümlich eine falsche Bestellung per Brief aufgegeben. Erläutern Sie, wie die Bürodesign GmbH sich verhalten soll, um die falsche Bestellung zu widerrufen.

3 Welche Angaben sollte eine Bestellung beinhalten, wenn der Besteller
  a) aufgrund eines ausführlichen Angebotes bestellt?
  b) ohne Vorliegen eines Angebotes bestellt?

4 Erläutern Sie, welche rechtliche Bedeutung eine Bestellung hat.

5 In welcher Form kann ein Kaufmann eine Bestellung abgeben?

6 Entwerfen Sie für die Bürodesign GmbH am PC eine Auftragsbestätigung.

7 Vervollständigen Sie die nachfolgenden Sätze durch die Ergänzungen 1–3 zu zutreffenden Aussagen.

  1. eine Willenserklärung des Verkäufers,   3. keine Willenserklärung.
  2. eine Willenserklärung des Käufers,
  Im rechtlichen Sinne ist
  a) das schriftliche Angebot …   d) die schriftliche Anfrage …
  b) das mündliche Angebot …   e) die schriftliche Auftragsbestätigung …
  c) die telefonische Bestellung …

4.2.8 Allgemeine Geschäftsbedingungen

Der selbstständige Elektromeister Udo Müller schließt schriftlich mit der Bürodesign GmbH einen Vertrag über drei Schreibtische, drei Schreibtischstühle und zehn Aktenregale ab. Mündlich verspricht die Gruppenleiterin des Verkaufsstudios, Frau Schmitz, dass die vollständige Büroeinrichtung in 14 Tagen geliefert wird. Tatsächlich kann die Büroeinrichtung wegen des Ausfalls einer Langlochbohrmaschine erst in sechs Wochen geliefert werden. Als der Kunde Müller nach Ablauf von vier Wochen vom Vertrag zurücktreten will, weist Frau Schmitz auf die Allgemeinen Geschäftsbedingungen (AGB) hin, in denen u. a. zu lesen ist: „V 2. Vom Verkäufer nicht zu vertretende Störungen im Geschäftsbetrieb … verlängern die Lieferzeit entsprechend. 3. Zum Rücktritt ist der Käufer nur berechtigt, wenn er in diesen Fällen nach Ablauf der vereinbarten Lieferfrist die Lieferung schriftlich anmahnt und diese dann innerhalb von acht Wochen nach Eingang des Mahnschreibens des Käufers beim Verkäufer nicht an den Käufer erfolgt …" Der Kunde Müller war auf die AGB ausdrücklich hingewiesen worden und hatte sie mit dem Kaufvertrag zusammen unterschrieben.

Arbeitsaufträge   ▶ Geben Sie an, ob Elektromeister Müller vom Kaufvertrag zurücktreten kann.

   ▶ Erläutern Sie Klauseln, die nur bei einseitigen Rechtsgeschäften gelten.

Im Geschäftsleben werden täglich eine Vielzahl von Verträgen abgeschlossen. Zur Vereinfachung bedient man sich **vorgedruckter Vertragsformulare**. Die in diesen vorgedruckten Verträgen aufgeführten Bedingungen, das sog. **„Kleingedruckte"**, bezeichnet man als **Allgemeine Geschäftsbedingungen (AGB)**.

Allgemeine Geschäftsbedingungen der Bürodesign GmbH, Köln

I. Vertragsschluss
1. Der Käufer ist zwei Wochen an die Bestellung gebunden.
2. Mit Ablauf dieser Frist kommt der Vertrag zustande, wenn der Verkäufer das Vertragsangebot nicht vorher schriftlich abgelehnt hat.

II. Preise
1. Die Preise sind Festpreise ausschließlich Mehrwertsteuer.
2. Besondere über die vertraglich einbezogenen und im Kaufpreis enthaltenen Leistungen hinausgehende, zusätzlich vereinbarte Arbeiten, wie z. B. Dekorations- oder Montagearbeiten, werden zusätzlich in Rechnung gestellt und sind spätestens bei Abnahme zu bezahlen.
3. Bei Zahlungsverzug ist der Verkäufer berechtigt, 10 % Verzugszinsen zu berechnen.

III. Änderungsvorbehalt
1. Serienmäßig hergestellte Büromöbel werden nach Muster verkauft.
2. Es besteht kein Anspruch auf Lieferung der Ausstellungsstücke, es sei denn, dass bei Vertragsabschluss eine anderweitige Vereinbarung erfolgt ist.
3. Handelsübliche Farb- und Maserungsabweichungen bei Holzoberflächen bleiben vorbehalten.
4. Ebenso bleiben handelsübliche Abweichungen bei Textilien (z. B. Möbel- und Dekorationsstoffen) vorbehalten hinsichtlich geringfügiger Abweichungen in der Ausführung gegenüber Stoffmustern, insbesondere im Farbton.

IV. Montage
Hat der Verkäufer hinsichtlich der Montage aufzuhängender Einrichtungsgegenstände

Bedenken wegen der Eignung der Wände, so hat er dies dem Käufer unverzüglich mitzuteilen.

V. Lieferfrist

1. Falls der Verkäufer die vereinbarte Lieferfrist nicht einhalten kann, hat der Käufer eine angemessene Nachlieferfrist – beginnend vom Tage des Eingangs der schriftlichen Inverzugsetzung durch den Käufer, oder im Fall kalendermäßig bestimmter Lieferfrist mit deren Ablauf – zu gewähren.
2. Vom Verkäufer nicht zu vertretende Störungen im Geschäftsbetrieb, insbesondere Arbeitsausstände und Aussperrungen sowie Fälle höherer Gewalt, die auf einem unvorhersehbaren und unverschuldeten Ereignis beruhen und zu schwerwiegenden Betriebsstörungen sowohl beim Verkäufer als auch bei dessen Lieferanten führen, verlängern die Lieferzeit entsprechend.
3. Zum Rücktritt ist der Käufer nur berechtigt, wenn er in diesen Fällen nach Ablauf der vereinbarten Lieferfrist die Lieferung schriftlich anmahnt und diese dann innerhalb von acht Wochen nach Eingang des Mahnschreibens des Käufers beim Verkäufer nicht an den Käufer erfolgt. Im Falle kalendermäßig bestimmter Lieferfrist beginnt mit deren Ablauf die 8-Wochen-Frist.

VI. Eigentumsvorbehalt

Die Ware bleibt bis zur vollständigen Erfüllung aller Verbindlichkeiten aus diesem Vertragsverhältnis Eigentum des Verkäufers.

VII. Gefahrübergang

Die Gefahr, trotz Verlustes oder Beschädigung den Preis zahlen zu müssen, geht mit der Übergabe auf den Käufer über.

VIII. Annahmeverzug

1. Wenn der Käufer nach einer ihm gesetzten angemessenen Nachfrist die Abnahme verweigert oder vorher ausdrücklich erklärt, nicht abnehmen zu wollen, kann der Verkäufer vom Vertrag zurücktreten oder Schadenersatz statt der Leistung verlangen.
2. (1) Soweit der Abnahmeverzug länger als einen Monat dauert, hat der Käufer die anfallenden Lagerkosten zu zahlen.
   (2) Der Verkäufer kann sich zur Lagerung auch einer Spedition bedienen.
3. Als Schadenersatz statt der Leistung bei Abnahmeverzug kann der Verkäufer 25 % des Bestellpreises ohne Abzüge fordern, sofern der Käufer nicht nachweist, dass ein Schaden überhaupt nicht oder nicht in Höhe der Pauschale entstanden ist.

IX. Rücktritt

1. Der Verkäufer braucht nicht zu liefern, wenn der Hersteller die Produktion der bestellten Ware eingestellt hat oder höhere Gewalt vorliegt, sofern diese Umstände erst nach Vertragsschluss eingetreten sind; über diese Umstände hat der Verkäufer den Käufer unverzüglich zu benachrichtigen.
2. Ein Rücktrittsrecht wird dem Verkäufer zugestanden, wenn der Käufer über die seine Kreditwürdigkeit bedingenden Tatsachen unrichtige Angaben gemacht hat oder seine Zahlungen einstellt oder über sein Vermögen ein Insolvenzverfahren beantragt wurde, es sei denn, der Käufer leistet unverzüglich Vorauskasse.

X. Sachmängelhaftung

1. Als Sachmängelhaftung kann der Käufer grundsätzlich zunächst nur Nachbesserung verlangen.
2. Der Verkäufer kann statt nachzubessern eine Ersatzsache liefern.
3. Der Käufer kann Rückgängigmachung des Vertrages oder Herabsetzung des Preises (Minderung) verlangen, wenn die Nachbesserung fehlschlägt oder der Verkäufer die Ersatzlieferung verweigert oder nicht innerhalb angemessener Frist erbringt.
4. (1) Sachmängelhaftungsansprüche verjähren nach zwei Jahren ab Übergabe.
   (2) Sachmängelhaftungsansprüche wegen offensichtlicher Mängel erlöschen, wenn sie der Käufer nicht binnen acht Wochen seit Übergabe rügt.

XI. Erfüllungsort und Gerichtsstand

Erfüllungsort und Gerichtsstand ist in jedem Fall Köln.

XII. Vertragsänderungen

Zusätzliche oder abweichende Vereinbarungen bedürfen der schriftlichen Form.

Die Bestimmungen der AGB können vom BGB abweichen. Hieraus ergibt sich ein **Interessenkonflikt** zwischen den **Interessen des Verkäufers** (Zeit-, Kostenersparnis und Besserstellung, als es das BGB vorsieht) und den **Interessen des Käufers**. Um zu verhindern, dass der Käufer unangemessen benachteiligt wird, hat der Gesetzgeber im BGB die Gestaltung rechtsgeschäftlicher Schuldverhältnisse durch Allgemeine Geschäftsbedingungen geregelt (§ 305 ff. BGB). Die meisten Bestimmungen zu den AGB im BGB gelten für einseitige Handelsgeschäfte, einige auch für zweiseitige Handelsgeschäfte.

■ Klauseln, die bei ein- und zweiseitigen Handelsgeschäften gelten

Überraschende Klauseln (§ 305c BGB): Enthalten die AGB überraschende Klauseln, mit denen der Käufer nicht zu rechnen braucht, sind diese unwirksam:

Beispiel In den AGB der „Bürogeräte GmbH" ist eine Klausel enthalten, dass der Käufer eines Faxgerätes in den ersten zwei Jahren verpflichtet ist, das Faxpapier bei der Bürogeräte GmbH zu kaufen. Diese Klausel ist so überraschend, dass sie nicht Bestandteil des Vertrages wird.

● Vorrang von persönlichen Absprachen (§ 305 b BGB):
Persönliche Absprachen zwischen dem Verkäufer und dem Käufer haben Vorrang vor den AGB.

Beispiel Als Liefertermin für eine Spezialmaschine wurde zwischen dem Verkäufer und dem Käufer schriftlich der 1. Oktober vereinbart. In den AGB steht jedoch, dass Liefertermine grundsätzlich unverbindlich sind. Als Liefertermin gilt trotzdem der 1. Oktober, da persönliche Absprachen Vorrang vor den AGB haben.

● Rechtsfolgen bei Unwirksamkeit der AGB (§ 306 BGB):
Sind einzelne Teile der AGB unwirksam, so bleibt der Vertrag bestehen. Der Inhalt des Vertrages richtet sich dann nach den gesetzlichen Vorschriften. Diese sind meistens die Bestimmungen des BGB.

● Generalklausel und Klauselverbote (§ 308 f. BGB):
Bestimmungen in den AGB sind unwirksam, wenn sie den Vertragspartner entgegen dem Gebot von Treu und Glauben unangemessen benachteiligen.

Beispiel Ein Möbelhersteller liefert eine Ledergarnitur nicht wie vereinbart in Schwarz, sondern in Braun. In den AGB steht: „Modelländerungen vorbehalten". Der Kunde muss aber nur Änderungen hinnehmen, die technisch unvermeidbar oder völlig belanglos sind, so können z.B. Lederbezüge nicht immer in völlig gleichem Farbton hergestellt werden.

■ Klauseln, die nur bei einseitigen Handelsgeschäften gelten

● Einbeziehung in den Vertrag (§ 305 BGB):
Die AGB werden nur dann Bestandteil des Vertrages, wenn der Käufer

- vor Vertragsabschluss ausdrücklich auf die AGB hingewiesen wird, dieses kann durch einen deutlich sichtbaren Aushang am Orte des Vertragsabschlusses (Geschäftsräume des Unternehmens) oder durch einen persönlichen Hinweis des Verkäufers geschehen,
- vom Inhalt der AGB Kenntnis nehmen kann,
- sein Einverständnis zu den AGB gegeben hat.

Beispiel Die Bürodesign GmbH verkauft einem Kunden im Verkaufsstudio einen Schreibtisch „Chef 2000". Der Verkäufer hatte den Kunden nicht auf die AGB hingewiesen. Diese sind auf der Rückseite des Lieferscheins aufgedruckt. Bringt der Kunde den Schreibtisch aufgrund eines Materialfehlers zurück, dann gelten die Bestimmungen des BGB.

● **Verbotene und damit unwirksame Klauseln in Kaufverträgen bei einseitigen Handels-geschäften sind:**

- nachträgliche kurzfristige Preiserhöhung (binnen vier Monaten nach Vertragsabschluss),
- Verkürzung der gesetzlichen Sachmängelhaftungsfristen (vgl. S. 253),
- Rücktrittsvorbehalte des Verkäufers (der Verkäufer behält sich vor, die versprochene Leistung zu ändern oder von ihr abzuweichen),
- Ausschluss der Haftung des Verkäufers bei grobem Verschulden,
- unangemessen lange Lieferfristen,
- Ausschluss von Reklamationsrechten (der Lieferer darf die gesetzlichen Sachmängelhaf-tungsrechte des Käufers nicht ausschließen. Der Käufer muss mindestens ein Recht auf Nachbesserung oder Ersatzlieferung behalten, vgl. S. 253),
- Beschneidung von Kundenrechten bei verspäteter Lieferung.

Wer gegenüber seinem Vertragspartner seine AGB durchsetzen kann, ist in der Regel im Vorteil. Er kann den Vertrag zu seinem Vorteil regeln. Endverbrauchern ist normalerweise eine Änderung oder Ablehnung der AGB nicht möglich.

Zusammenfassung: Allgemeine Geschäftsbedingungen

- In den AGB legt ein Kaufmann die **grundsätzliche Ausgestaltung der Verträge** für seine Lieferungen fest.
- Durch § 305 ff. des BGB zu den AGB wird ein Käufer vor unseriösen AGB geschützt.
- Grundsätzlich **haben persönliche Absprachen Vorrang** vor den AGB.
- Klauseln, die den Käufer entgegen dem **Grundsatz von Treu und Glauben** unangemessen benachteiligen, sind unwirksam.
- Wenn AGB unwirksam werden, richtet sich der Inhalt des Vertrages nach den **gesetz-lichen Vorschriften** des BGB.

Aufgaben

1 Begründen Sie, warum Unternehmen ihre Geschäftsbedingungen bereits vorformuliert haben.

2 Erläutern Sie, unter welchen Voraussetzungen bei einseitigen Handelsgeschäften die Allge-meinen Geschäftsbedingungen Bestandteil des Vertrages werden.

3 Erklären Sie, warum persönliche Absprachen Vorrang vor gesetzlichen Regelungen haben.

4 Entscheiden und begründen Sie in den folgenden Fällen, ob das BGB verletzt wurde.
  a) Beim Kauf einer Hifi-Anlage verkürzt der Verkäufer in den AGB die Sachmängelhaftungs-frist auf einen Monat.
  b) Zwei Wochen nach Vertragsabschluss teilt der Verkäufer dem Kunden mit, dass die be-stellte Ware sich aufgrund einer Preiserhöhung um 20 % verteuert.
  c) In den AGB steht: Die Lieferfrist beträgt mindestens sechs Wochen. Der Verkäufer hat dem Kunden schriftlich zugesichert: Lieferung in drei Wochen. Welche Lieferfrist ist für den Verkäufer verbindlich?
  d) In den AGB steht: Die gelieferten Waren bleiben bis zur vollständigen Bezahlung des Kaufpreises Eigentum des Verkäufers.
  e) Im Kaufvertrag über eine Gartenmöbelgarnitur behält sich der Verkäufer vor, dass er statt der bestellten Buchenholzgarnitur Kunststoffmöbel liefern kann.

5 Gerda Schmitz liest nachfolgenden auszugsweise wiedergegebenen AGB-Grundsatz: „... ist auch eine Bestimmung, durch die bei Verträgen über Lieferungen neu hergestellter Sachen *die Sachmängelhaftungsansprüche ausgeschlossen werden." Geben Sie an, mit welchem Begriff dieser AGB-Rechtsgrundsatz sinnvoll zu ergänzen ist.*

a) *verbindlich*   d) *unwiderruflich*

b) *unwirksam*   e) *teilweise wirksam*

c) *wirksam*

6 *Der Textileinzelhändler Arnold Heister hat mit der Bürodesign GmbH am 1. Juni .. einen Kaufvertrag über die Lieferung zweier Verkaufstheken abgeschlossen.*

    a) *Die Lieferung sollte in sechs Wochen erfolgen. Geliefert wird aber erst am 15. Oktober .. Aus dem Rechnungsbeleg geht hervor, dass der Preis inzwischen um 10 % gestiegen ist. Kann die Bürodesign GmbH einen um 10 % höheren Preis verlangen?*

    b) *Nachdem die Verkaufstheken aufgestellt worden sind, stellt Arnold Heister fest, dass der Farbton geringfügig heller als beim Ausstellungsstück ist. Muss Arnold Heister die geringfügige Farbabweichung akzeptieren?*

7 *Stellen Sie eine Materialsammlung mit den AGB von zehn Unternehmen zusammen. Vergleichen Sie diese AGB mit denen der Bürodesign GmbH.*

4.2.9 Kaufvertragsstörungen

INFO

4.2.9.1 Nicht-Rechtzeitig-Lieferung (Lieferungsverzug)

Die Bürodesign GmbH hat am 20. Januar bei der Abels, Wirtz & Co KG 1 000 Messingbeschläge bestellt. Als Lieferfrist wurde vier Wochen nach dem Eingang der Bestellung vereinbart. Am 28. Februar stellt die Bürodesign GmbH fest, dass die bestellten Messingbeschläge noch nicht eingetroffen sind. Bei einer telefonischen Rückfrage bei der Abels, Wirtz & Co KG erfährt Herr Miebach, dass die Messingbeschläge aufgrund einer produktionsbedingten Störung erst in drei Wochen geliefert werden können. Herr Miebach besteht auf der sofortigen Lieferung und teilt dieses dem Lieferer telefonisch und schriftlich mit.

Arbeitsaufträge ▶ Überprüfen Sie, ob die Bürodesign GmbH einen Anspruch auf sofortige Lieferung der bestellten Messingbeschläge hat.

                          ▶ Erläutern Sie die Rechte des Käufers aus dem Lieferungsverzug.

■ Voraussetzungen des Lieferungsverzuges:

Der Lieferer hat sich im Kaufvertrag dazu verpflichtet, bestellte Waren termingerecht zu liefern. **Sind folgende Voraussetzungen** gegeben, befindet sich der Lieferer im Lieferungsverzug (§ 280 ff., § 323 BGB; § 376 HGB):

- **Fälligkeit der Lieferung**
  - Ist der Liefertermin **kalendermäßig nicht genau festgelegt**, muss die Lieferung beim Verkäufer durch den Käufer **angemahnt** werden.

    Beispiele Lieferung ab Mitte Februar, Lieferung ab Anfang August, Lieferung frühestens 20. März
    Erst durch die Mahnung des Käufers mit kalendermäßiger Bestimmung des Lieferungsverzuges gerät der Lieferer in Verzug.
  - Ist der Liefertermin **kalendermäßig genau vereinbart** worden (= Terminkauf), so ist **keine Mahnung** des Käufers erforderlich.

    Beispiele Lieferung am 12. Juni .., Lieferung zwischen dem 5. und 8. Januar .., Lieferung: 30. März .. fix

Eine **Mahnung ist auch nicht erforderlich**

– bei **Selbstinverzugsetzung**, d.h., der Verkäufer erklärt ausdrücklich, dass er nicht liefern kann oder nicht liefern will, oder

– bei einem **Zweckkauf**, d.h., der Käufer hat kein Interesse mehr an der Lieferung, da der Zweck des Kaufs durch die verspätete Lieferung weggefallen ist.

Beispiel *Lieferung von Weihnachtsartikeln nach Weihnachten*

– bei **eilbedürftigen Pflichten**

Beispiel *Reparatur bei Wasserrohrbruch*

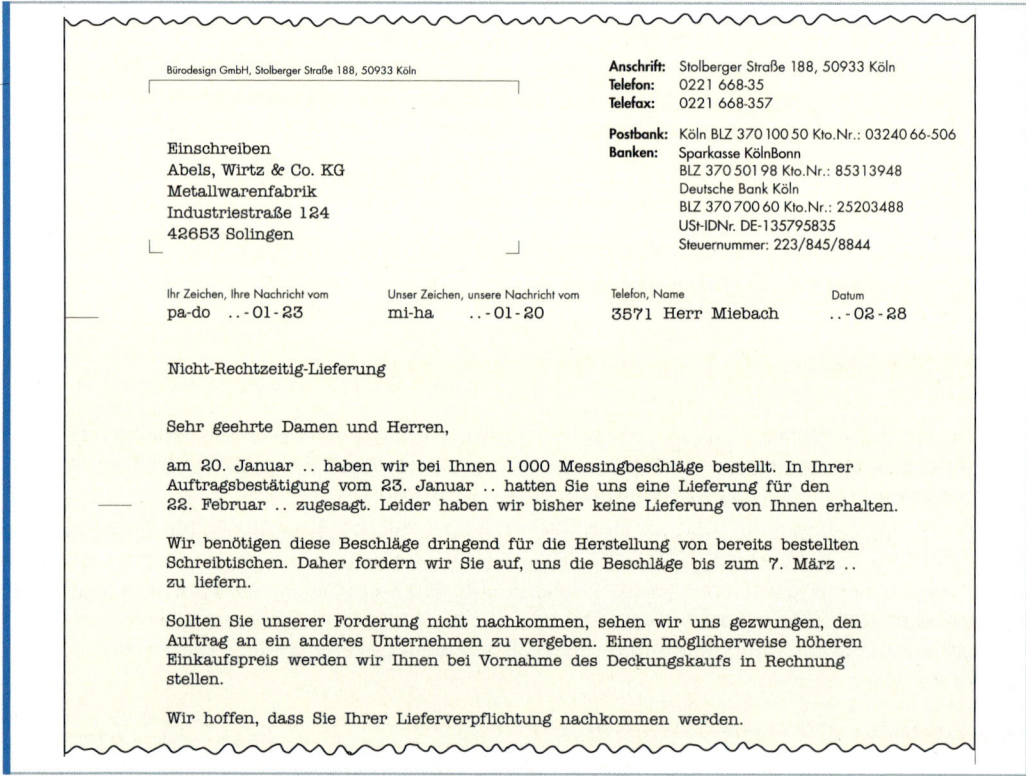

- **Verschulden des Lieferers:**

  Ein Verschulden des Lieferers liegt vor, wenn der Lieferer oder sein Erfüllungsgehilfe **vorsätzlich oder fahrlässig** gehandelt haben.

  Beispiel *Die Abels, Wirtz & Co KG hat eine Bestellung der Bürodesign GmbH erhalten. Der Sachbearbeiter der Abels, Wirtz & Co KG vergisst die Bestellung und dadurch versäumt der Lieferer den vereinbarten Liefertermin (Fahrlässigkeit).*

Ist die Ursache für die verspätete Lieferung auf höhere Gewalt zurückzuführen, gerät der Lieferer nicht in Lieferungsverzug.

Beispiele *Brand, Sturm, Krieg, Erdbeben, Hochwasser, Streik*

■ Rechte des Käufers beim Lieferungsverzug

Aus dem Lieferungsverzug ergeben sich für den Käufer unterschiedliche Rechte. Welches Recht der Käufer in Anspruch nehmen kann, hängt davon ab, ob er dem Lieferer eine **angemessene Nachfrist** setzt oder nicht. Eine Nachfrist ist dann angemessen, wenn der Lieferer die Möglichkeit hat, die Lieferung nachzuholen, ohne die Ware selbst beschaffen oder anfertigen zu müssen.

● **Rechte ohne Nachfristsetzung:**

Ohne Nachfristsetzung hat der Käufer das Recht,

* **die Lieferung zu verlangen oder**
* **die Lieferung und Schadenersatz wegen verspäteter Lieferung (= Verzögerungsschaden) zu verlangen**

    Beispiel Durch die verspätete Lieferung der Abels, Wirtz & Co KG hat die Bürodesign GmbH einen Produktionsausfall bei der Produktgruppe „Konferenzen und Schulung". Dadurch wird einem Kunden der Bürodesign GmbH, der Bodo Lukas KG, eine Lieferung mit sechs Wochen Verspätung zugestellt. Es wird eine Konventionalstrafe in Höhe von 10 000,00 EUR fällig. Die Bürodesign GmbH verlangt vom Lieferer neben der bestellten Ware Schadenersatz wegen verspäteter Lieferung.

● **Rechte mit Nachfristsetzung:**

Nach Ablauf einer angemessenen Nachfristsetzung hat der Käufer das Recht,

* **die Lieferung abzulehnen und vom Vertrag zurücktreten und/oder**

    Beispiel Die gleiche Ware ist bei einem anderen Lieferer inzwischen günstiger beschaffbar.
* **Schadenersatz statt Leistung (= Nichterfüllungsschaden) zu verlangen.** Die Inanspruchnahme dieses Rechts setzt aber ein Verschulden des Lieferers voraus.

Die **Nachfristsetzung entfällt** beim

* Selbstinverzugsetzen des Lieferers (vgl. S. 248),
* Zweckkauf (vgl. S. 248),   ●   Fixkauf (beim zweiseitigen Handelskauf).

Anstelle des Schadenersatzes statt der Leistung kann der Käufer den **Ersatz vergeblicher Aufwendungen** nach § 284 BGB verlangen. Hierzu zählen solche Aufwendungen, die der Käufer im Vertrauen darauf, die Kaufsache tatsächlich zu erhalten, gemacht hatte.

Beispiel Ein Käufer hat zur Finanzierung des beim Lieferer bestellten Kaufgegenstandes einen Kredit bei seiner Bank aufgenommen. Da er den bestellten Gegenstand vom Lieferer nicht erhält, sind die entstandenen Finanzierungskosten vergeblich gewesen. Der Käufer kann vom Verkäufer den Ersatz seiner vergeblichen Aufwendungen verlangen.

■ Fixkauf

Beim **Fixkauf** gerät der Lieferer automatisch mit Überschreiten des Liefertermins in Verzug.

Der Käufer hat beim **Fixkauf ohne Nachfristsetzung das Recht**,

* sofort vom Vertrag zurückzutreten oder
* auf der Lieferung zu bestehen (der Käufer muss dieses aber dem Lieferer unverzüglich mitteilen) oder
* Schadenersatz statt der Leistung zu verlangen (Verschulden des Verkäufers ist aber erforderlich).

■ Schadensberechnung

Im Falle des Schadenersatzes bereitet die Ermittlung des Schadens oft Schwierigkeiten. Verlangt ein Käufer von seinem Lieferer Schadenersatz wegen Nichterfüllung, so muss er dem Lieferer den Schaden durch eine **Schadensberechnung** nachweisen. Hierbei werden zwei Formen der Schadensberechnung unterschieden:

● **Tatsächlicher (konkreter) Schaden:**

Der Käufer nimmt für die nicht gelieferte Ware einen anderweitigen Einkauf **(Deckungskauf)** vor, d. h. er kauft die Ware bei einem anderen Lieferer. Hierbei kann sich der Schaden aus dem Mehrpreis für die beim Deckungskauf gekauften Waren ergeben.

● Angenommener (abstrakter) Schaden:

Der zu ersetzende Schaden umfasst auch den **entgangenen Gewinn**, der unter normalen Umständen erwartet werden konnte. Er lässt sich nicht ohne weiteres ermitteln, so z.B. kann ein Käufer nur schwer beweisen, wie viel Gewinn ihm entgeht, wenn er die bestellten, aber nicht gelieferten Waren termingerecht erhalten hätte, da er nicht nachweisen kann, wie viel er tatsächlich verkauft hätte. Um diese Problematik der Schadensermittlung zu vermeiden, werden zwischen dem Käufer und dem Lieferer **Konventionalstrafen (Vertragsstrafen)** vereinbart, die der Lieferer im Verzugsfall zahlen muss, selbst wenn der Schaden geringer ist.

Beispiel *Die Bürodesign GmbH hat die bestellten Messingbeschläge trotz Nachfristsetzung von der Abels, Wirtz & Co KG nicht termingerecht erhalten. Aufgrund dessen verzögert sich die Herstellung von 50 Schreibtischen „Chef 2000". Ein Schaden könnte darin bestehen, dass einige Kunden der Bürodesign GmbH aufgrund der Lieferverzögerung vom Kaufvertrag zurücktreten. Dieser Schaden und der damit entgangene Gewinn können aber nur schwer konkret nachgewiesen werden, deswegen vereinbart die Bürodesign GmbH mit dem Lieferer eine Konventionalstrafe.*

Zusammenfassung: Nicht-Rechtzeitig-Lieferung (Lieferungsverzug)

- **Voraussetzungen** des Lieferungsverzuges sind
  - **Fälligkeit der Lieferung** (Liefertermin ist kalendermäßig bestimmt = Terminkauf)
  - **Mahnung** (Liefertermin ist kalendermäßig nicht genau bestimmt)
  - **Verschulden des Lieferers** durch Vorsatz oder Fahrlässigkeit. Bei höherer Gewalt trifft den Lieferer kein Verschulden.

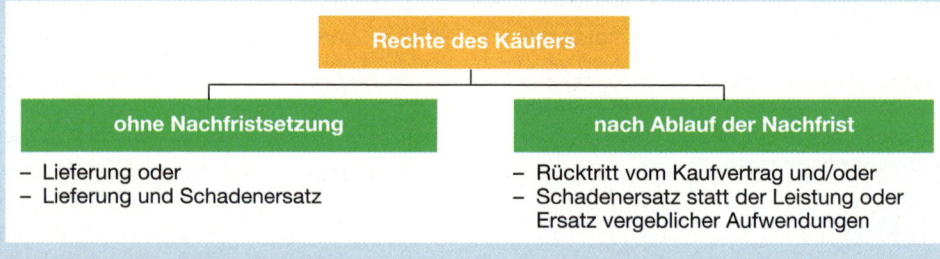

- Beim **Fixkauf** braucht keine Nachfrist gesetzt zu werden, der Käufer hat sofort alle Rechte.

Aufgaben

1. *Als Liefertermin wurde in einem Kaufvertrag über Gattungsware der 14. Juni .. vereinbart. Die Lieferung trifft aber zu diesem Termin nicht ein.*
   a) *Erläutern Sie, wann der Lieferungsverzug eingetreten ist.*
   b) *Welche Rechte kann der Käufer in Anspruch nehmen?*
2. *Erläutern Sie a) Selbstinverzugsetzung, b) Zweckkauf.*
3. *Geben Sie an, wann der Verkäufer bei folgenden Lieferterminen in Verzug gerät.*
   a) *bis 10. Januar ..*   d) *am 16. Dezember ..*
   b) *13. Juni .. fix*   e) *im Laufe des Dezembers*
   c) *lieferbar ab Mai*   f) *heute in drei Wochen*
4. *Ein Süßwarenhersteller hat bei einem Lieferer 50 Tonnen Kakaopulver bestellt. Als Liefertermin wurde Mitte Juni zugesagt. Durch ein Versehen beim Kakaolieferer ist die Bestellung abhanden gekommen, es erfolgt keine Lieferung bis zum 28. Juni ..*
   a) *Prüfen Sie, ob sich der Lieferer in Verzug befindet.*

b) Welches Recht wird der Süßwarenhersteller bei einem Lieferungsverzug geltend machen, wenn

- die Preise inzwischen gefallen sind,
- die Preise inzwischen gestiegen sind,
- nachweisbar ein Schaden entstanden ist?

5 **Schriftverkehr:** Schreiben Sie anhand nachfolgender Angaben jeweils einen Brief:

a) Der Elektrogroßhändler Rudolf Meis e. K., Magdeburger Str. 16, 19063 Schwerin, hatte am 10. Februar .. beim Hifi-Hersteller Schwarz KG, Wiesbadener Str. 16–20, 70372 Stuttgart, 30 Hifi-Kompaktanlagen „Vision 2000" bestellt. Der Hifi-Hersteller schickte am 16. Februar .. eine Auftragsbestätigung. Als Liefertermin wurde Mitte März vereinbart. Am 29. März .. ist die Ware noch nicht beim Großhändler eingetroffen.

b) Die Bürodesign GmbH hat am 26. März .. bei der Stammes Stahlrohr GmbH 500 laufende Meter verzinkte Stahlrohre bestellt. Die Lieferung ist bis zum 15. Mai .. zugesagt. Am 20. Mai .. ist die Lieferung immer noch nicht eingetroffen. Ein anderer Lieferer bietet die gleichen Stahlrohre zu einem günstigeren Preis an.

4.2.9.2 Schlechtleistung (Mangelhafte Lieferung)

Die Bürodesign GmbH erhält von der Vereinigten Spanplatten AG in Augsburg am Nachmittag des 9. August eine Warenlieferung. Infolge Arbeitsüberlastung der Warenannahme wird die Warensendung erst am nächsten Tag überprüft. Dabei stellt sich heraus, dass statt der bestellten 400 Furnierplatten in Eiche Furnierplatten in Esche geliefert worden sind. Ferner sind von 100 bestellten Schreibtischplatten zehn zerkratzt, sodass sie nicht ohne weiteres verwendet werden können. Herr Sommer, der Gruppenleiter Holz, ruft sofort nach Entdeckung der Mängel beim Hersteller an und rügt die fehlerhafte Lieferung. Die Vereinigte Spanplatten AG lehnt die Rücknahme der falsch bzw. mangelhaft gelieferten Waren mit der Begründung ab, die Bürodesign GmbH hätte die Lieferung unverzüglich nach Erhalt am Tag der Warenannahme überprüfen müssen.

Arbeitsaufträge ▶ Stellen Sie fest, welche Mängelarten im vorliegenden Fall vorliegen.

▶ Prüfen Sie, ob die Bürodesign GmbH einen Anspruch gegen die Vereinigte Spanplatten AG geltend machen kann.

■ Prüfungs- und Rügepflicht des Käufers:

Der Verkäufer ist verpflichtet, die bestellte Ware mangelfrei zu liefern. Die eingegangene Ware muss vom Käufer beim zweiseitigen Handelskauf **unverzüglich (ohne schuldhafte Verzögerung)** auf Mängel untersucht werden.

Bei Feststellung von Mängeln muss der Käufer dem Lieferer **eine Mängelrüge** (§ 433 ff. BGB) zukommen lassen. Für die Mängelrüge gibt es keine **bestimmte Formvorschrift**. Aus **Beweissicherungsgründen** ist die Schriftform sinnvoll. In der Mängelrüge sollten die festgestellten Mängel so genau wie möglich beschrieben werden.

Beim **zweiseitigen Handelskauf** müssen vom Käufer **offene Mängel unverzüglich, versteckte Mängel unverzüglich nach Entdeckung, spätestens vor Ablauf von zwei Jahren** gerügt werden. **Arglistig verschwiegene Mängel** müssen **unverzüglich nach Entdeckung innerhalb**

von drei Jahren gerügt werden, wobei die Frist am Ende des Jahres beginnt, in dem der Mangel entdeckt wurde. Kommt der Käufer seinen Rügepflichten nicht termingerecht nach, **verliert er alle Rechte** aus der mangelhaften Warenlieferung gegen den Lieferer. Der Käufer ist verpflichtet, die mangelhafte Ware auf Kosten des Lieferers sorgfältig aufzubewahren.

Beim **einseitigen Handelskauf** hat der Käufer bei Neuwaren bei offenen und versteckten Mängeln **zwei Jahre Zeit**, seine Mängelrüge zu erteilen, bei Gebrauchtwaren ein Jahr. Bei Mängeln, die innerhalb von sechs Monaten gerügt werden, wird unterstellt, dass der Mangel bereits bei der Übergabe bestand. Lehnt der Verkäufer die Mängelrüge des Verbrauchers ab, muss er nachweisen, dass der Käufer die Ware beschädigt hat. Bei Mängeln bei einem **Verbrauchsgüterkauf** (einseitiger Handelskauf), die nach mehr als sechs Monaten zum ersten Mal auftauchen, muss der Käufer gegebenenfalls mithilfe von Sachverständigen belegen, dass die Mängel schon bei der Warenübergabe vorhanden waren **(Beweislastumkehr)**.

Eine Warenlieferung kann Sach- oder Rechtsmängel aufweisen.

■ Sach- und Rechtsmängel

● **Sachmängel:**
- **Mangel in der Menge (Quantitätsmangel):** Es wird zu viel oder zu wenig Ware geliefert.
  Beispiel Statt der bestellten 1000 Scharniere liefert die Abels, Wirtz & Co KG 900 Scharniere (Zuwenigelieferung).
- **Mangel in der Art (Falschlieferung):** Es wird eine andere Ware als die bestellte geliefert.
  Beispiel Statt Messingschlössern werden verchromte Schlösser geliefert, statt Furnierplatten in Eiche werden Furnierplatten in Esche geliefert.
- **Fehlerhafte Ware, Montagefehler oder mangelhafte Montageanleitung:** Die Ware kann möglicherweise zwar verwendet werden, ihr fehlt aber eine bestimmte oder zugesicherte Eigenschaft, die vertraglich vereinbart war. Hierzu zählen auch fehlerhafte Bedienungsanleitungen („IKEA-Klausel") oder wenn die vereinbarte Montage vom Verkäufer unsachgemäß ausgeführt wurde (Montagefehler).
  Beispiele
  - *Gelieferte Schlösser haben einen defekten Schließzylinder.*
  - *Die von der Stammes Stahlrohr GmbH gelieferten Stahlbleche haben nicht die vereinbarte erforderliche Festigkeit, somit entsprechen sie nicht der vereinbarten Beschaffenheit.*
  - *Der Verkäufer liefert ein Holzregal, das beim Kunden aufgebaut wird. Der Monteur bohrt zusätzliche Löcher in das Regal mit dem Ergebnis, dass das Regal schief steht.*
- **Mangel durch falsche Werbeversprechungen oder durch falsche Kennzeichnungen:** Es fehlen der Ware Eigenschaften, die in einer Werbeaussage oder durch Kennzeichnung versprochen wurden.
  Beispiel Die Bürodesign GmbH kauft aufgrund einer Werbebroschüre eines Autoherstellers einen Geschäftswagen, der laut Prospekt nur fünf Liter Kraftstoff pro 100 km verbrauchen soll. In Wirklichkeit braucht der Pkw aber acht Liter.

● **Rechtsmangel:**
Die zu verkaufende Sache ist durch Rechte anderer belastet.

Beispiel Auf dem Flohmarkt verkauft ein Händler neue Bürostühle, die gestohlen worden sind.

Hinsichtlich der **Erkennbarkeit der Mängel** kann folgende Einteilung vorgenommen werden:

- **Offener Mangel:** Er ist bei der Prüfung der Ware sofort erkennbar.
  Beispiel Ein Schreibtisch hat einen Kratzer.
- **Versteckter Mangel:** Er ist nicht gleich erkennbar, sondern zeigt sich erst später.
  Beispiele Angeblich rostfreie Schrauben rosten nach zwei Monaten; erst nach längerer Laufzeit einer Maschine zeigt sich an dieser ein Mangel.

- **Arglistig verschwiegener Mangel:** Er ist dem Verkäufer bekannt, wird aber bewusst von ihm verschwiegen.

  Beispiel *Verkauf eines ausdrücklich unfallfreien Pkw, der aber bereits einen Unfall hatte.*

■ Rechte des Käufers aus der Mängelrüge (gesetzliche Sachmängelhaftungsansprüche):

Der Käufer kann aus **der Mängelrüge zuerst nur das Recht auf Nacherfüllung** geltend machen:

- Wahlweise **Ersatzlieferung oder Nachbesserung (= Nacherfüllung)**: Der Kaufvertrag bleibt bestehen, der Käufer besteht auf der Lieferung mangelfreier Ware. Das Recht der Ersatzlieferung ist nur beim Gattungskauf (vertretbare Ware) möglich. Der Käufer wird dieses Recht wählen, wenn der Kauf besonders günstig oder der Verkäufer bisher besonders zuverlässig war. Eine Nachbesserung gilt nach dem erfolglosen zweiten Versuch als fehlgeschlagen. Der Nacherfüllungsanspruch besteht auch bei geringfügigen Mängeln und ist verschuldensunabhängig.

Gelingt die Nacherfüllung nicht, d. h., ist der Käufer anschließend nicht im Besitz einer mangelfreien Ware, hat der Käufer wahlweise folgende Rechte, wobei dem Verkäufer vorher eine angemessene Frist zur Leistung oder Nacherfüllung einzuräumen ist.

Falls die vom Käufer gewählte Art der Nacherfüllung mit unverhältnismäßig hohen Kosten verbunden ist, kann der Verkäufer sie ablehnen. Die Ersatzlieferung ist nicht zu verwechseln mit dem Umtausch, den ein Kaufmann seinen Kunden aus Kulanzgründen gewährt (vgl. S. 346).

- **Minderung des Kaufpreises = Preisnachlass:** Der Kaufvertrag bleibt bestehen. Der Verkäufer mindert den ursprünglichen Verkaufspreis um einen angemessenen Betrag. Allerdings ist eine Vereinbarung zwischen Verkäufer und Käufer über die Minderung erforderlich. Der Käufer wird dieses Recht in Anspruch nehmen, wenn die Gebrauchsfähigkeit der Ware nicht wesentlich beeinträchtigt ist.
- **Rücktritt vom Kaufvertrag:** Der Kaufvertrag wird aufgelöst, d. h., der Käufer tritt vom Kaufvertrag zurück und bekommt sein Geld zurück. Der Käufer wird insbesondere dann vom Vertrag zurücktreten, wenn er die gleiche Ware bei einem anderem Lieferer preiswerter beschaffen kann.
- **Schadenersatz statt der Leistung:** Anspruch auf Schadenersatz besteht nur, wenn auch ein Schaden nachgewiesen werden kann. Ein Schadenersatz setzt ein Verschulden des Verkäufers voraus. Statt Schadenersatz kann der Käufer den Ersatz vergeblicher Aufwendungen verlangen (vgl. S. 249).

Der Unternehmer, der eine neu hergestellte mangelhafte Sache von einem Verbraucher zurücknehmen oder eine Preisminderung gewähren musste, kann die Rechte gegen seinen eigenen Lieferer geltend machen (**Unternehmerrückgriff**, § 437 BGB). Er muss aber eine Nachfrist setzen. Zudem kann er den Ersatz der Aufwendungen für eine Nichterfüllung verlangen (§ 478 BGB). Gleiches gilt auch für andere Lieferer in der Lieferkette.

Bei **unerheblichen Mängeln** hat der Käufer nur ein Recht auf Nacherfüllung oder Minderung, jedoch nicht auf Rücktritt oder Schadenersatz statt Leistung. Der Verkäufer kann ebenfalls Nachbesserung und/oder Neulieferung verweigern, wenn unverhältnismäßig hohe Kosten anfallen würden.

Ein **Käufer hat keine Ansprüche** gegen den Lieferer, wenn
- der Käufer beim Abschluss des Kaufvertrages von dem Mangel gewusst hat,
- die Ware auf einer öffentlichen Versteigerung oder
- in Bausch und Bogen (Ramschkauf) gekauft wurde (vgl. S. 226).

Zusammenfassung: Schlechtleistung (Mangelhafte Lieferung)

Pflichten des Käufers	zweiseitiger Handelskauf	einseitiger Handelskauf und bürgerlicher Kauf
• **Prüfpflicht** • **Rügepflicht** **Feststellung von**	unverzüglich	keine gesetzliche Regelung
– **offenen,**	unverzüglich	innerhalb von zwei Jahren
– **versteckten,**	unverzüglich nach Entdeckung innerhalb von zwei Jahren	innerhalb von zwei Jahren
– **arglistig verschwie-genen Mängeln**	unverzüglich nach Entdeckung innerhalb von drei Jahren	innerhalb von drei Jahren
• **Mängelarten**	• **Sachmängel:** – Mangel in der Menge (Quantitätsmangel) – Mangel in der Art (Falschlieferung) – Fehlerhafte Ware, Montagefehler oder mangelhafte Montageanleitungen – Mangel durch falsche Werbeversprechungen und falsche Kenn-zeichnungen • **Rechtsmängel:** Sache ist durch Rechte anderer belastet	

Rechte des Käufers

Kaufvertrag bleibt bestehen

wahlweise Ersatzlieferung oder Nachbesserung
Gelingt die Nacherfüllung nicht, hat der Käufer wahlweise das Recht auf
1. **Minderung** (Preisnachlass) oder

Kaufvertrag wird aufgelöst

2. **Rücktritt vom Kaufvertrag** und/oder
3. **Schadenersatz statt der Leistung oder Ersatz vergeblicher Aufwendungen**

Aufgaben

1 Bei der Überprüfung einer eingehenden Lieferung stellt die Bürodesign GmbH folgende Män-gel an der Ware fest:
   1. 2 000 Stahlrohre wurden statt in der Länge von 55 cm in der Länge von 45 cm geliefert.
   2. 50 m Bezugsstoffe für Bürostühle weisen Verschmutzungen auf.
   3. Statt 10 m Bezugsstoffe wurden 12 m geliefert.
   4. Statt mit Holzfurnier beschichtete Spanplatten wurden kunststoffbeschichtete geliefert.
   5. 20 Schlösser für Schubladen haben defekte Schließzylinder.
   a) Geben Sie an, welche Mängelarten vorliegen.
   b) Erläutern Sie, welche Rechte die Bürodesign GmbH in Anspruch nehmen sollte.

2 Wählen Sie drei Produkte aus der Produktliste der Bürodesign GmbH aus und erläutern Sie anhand dieser Produkte offene, versteckte und arglistig verschwiegene Mängel.

3 Nennen Sie die Prüf- und Rügefristen beim ein- und zweiseitigen Handelskauf bei
   a) offenen Mängeln,   c) arglistig verschwiegenen Mängeln.
   b) versteckten Mängeln und

4 Stellen Sie zum Thema „Lieferungsverzug und Schlechtleistung im Güterbeschaffungs-bereich" zehn wiederholende Fragen zusammen. Stellen Sie diese Fragen einem Mitschü-ler/einer Mitschülerin und bewerten Sie dessen/deren Leistung.

4.2.9.3 Annahmeverzug

Die Bürodesign GmbH liefert dem Zahnarzt Dr. Hubert Klein am 20. Oktober zum vereinbarten Termin gegen 13:00 Uhr die Empfangstheke „Intro". Dr. Klein hat den Termin vergessen und ist zur Mittagspause nach Hause gefahren. Die anwesende Sprechstundenhil-
fe ist über die Lieferung nicht informiert. Daher lehnt sie die Lieferung ab. Beim Rücktrans-
port der Empfangstheke aus der sich im zweiten Stock befindlichen Praxis fällt diese die
Treppe hinunter und wird völlig unbrauchbar. Die Bürodesign GmbH verlangt von Dr. Klein
die Bezahlung der Empfangstheke.

Arbeitsaufträge ▶ Beurteilen Sie die rechtliche Situation.
  ▶ Erläutern Sie die Rechte des Verkäufers aus dem Annahmeverzug.

Nimmt ein Käufer die von ihm bestellte Ware, die zur rechten Zeit, am rechten Ort und in der
richtigen Güte und Menge geliefert wird, nicht an, gerät er in Annahmeverzug. Beim Annahmeverzug handelt es sich um eine Pflichtverletzung des Käufers (= **Gläubigerverzug**, §§ 293 ff.,
372 ff. BGB; § 383 ff. HGB).

■ Voraussetzungen des Annahmeverzuges

- **Fälligkeit der Lieferung**
- **Tatsächliches Angebot der Lieferung**, d.h., der Verkäufer muss dem Käufer die Ware zur
  richtigen Zeit, am richtigen Ort, in der vereinbarten Art und Weise anbieten.
- **Nichtannahme des Käufers**, d.h., der Käufer muss die Annahme der ordnungsgemäß gelieferten Ware verweigern.

Der Annahmeverzug setzt kein Verschulden voraus, d.h., die Gründe des Käufers für die Nichtannahme der Ware sind unerheblich.

■ Wirkungen des Annahmeverzuges

Einschränkung der Haftung des Verkäufers: Der Verkäufer haftet nur noch für Vorsatz und
grobe Fahrlässigkeit. Der Käufer haftet jetzt für leicht fahrlässig verursachte Schäden, also für
die Gefahr des zufälligen Untergangs oder der zufälligen Beschädigung der Ware.

Beispiel *Auf dem Rückweg vom Käufer zum Lieferer wird die vom Käufer nicht angenommene Ware durch
einen nicht verschuldeten Verkehrsunfall zerstört. Der Käufer trägt die Kosten für die zerstörten Waren.*

■ Rechte des Verkäufers aus dem Annahmeverzug

● Rechte ohne Nachfristsetzung:
Ohne Nachfristsetzung hat der Verkäufer des Recht, auf **Abnahme der Ware** zu bestehen.
Handelt es sich bei der nicht angenommenen Lieferung um eine Ware, die für die speziellen
Zwecke des Käufers hergestellt wurde oder anderweitig schwer zu verkaufen ist, wird ein Ver-
käufer die Ware auf Kosten und Gefahr des Käufers einlagern lassen (in einem öffentlichen oder
eigenen Lager). Das Gleiche wird der Fall sein, wenn die Transportkosten vom Verkäufer zum
Käufer sehr hoch sind. Anschließend wird der Verkäufer entweder auf außergerichtlichem oder

auf gerichtlichem Wege versuchen, den Käufer zur Abnahme der Ware zu bewegen. Der gerichtliche Klageweg ist allerdings sehr zeitraubend, zudem werden die Geschäftsbeziehungen mit dem Kunden durch eine Klage nachhaltig gestört.

● Rechte mit Nachfristsetzung:
Nach Ablauf einer Nachfrist hat der Verkäufer folgende Rechte:

▶ *Durchführung eines Selbsthilfeverkaufs:*
Eine gerichtliche Klage ist sehr zeitaufwendig und kostspielig. Um die Klage zu vermeiden, kann der Verkäufer die eingelagerten Waren im Wege des Selbsthilfeverkaufs veräußern. Dies kann in folgender Weise geschehen:
– In einer öffentlichen Versteigerung (z. B. durch einen Vollstreckungsbeamten),
– durch einen freihändigen Verkauf von Waren, die einen Börsen- oder Marktpreis haben (z. B. durch einen vom Gericht bevollmächtigten Handelsmakler).
   Beispiel Kaffee, Tee, Diamanten

Bei einem Selbsthilfeverkauf sind dem Verkäufer durch das Gesetz zum Schutz des Käufers **Pflichten** auferlegt:
– **Mitteilung** an den Käufer **über den Ort der Aufbewahrung**,
– **Androhung** des Selbsthilfeverkaufs und Setzung einer angemessenen **Nachfrist** zur Abnahme der Waren,
– die Androhung des Selbsthilfeverkaufs ist nicht erforderlich bei leicht verderblichen Waren. Sie können sofort in Form eines **Notverkaufs** veräußert werden.
   Beispiel Die Kantine der Bürodesign GmbH erhält termingerecht eine Lieferung Erdbeeren. Da der Kantinenleiter seine Mitarbeiter von der Lieferung nicht informiert hatte, wird die Annahme der Lieferung abgelehnt. Der Spediteur fährt zum nächsten Großmarkt und verkauft dort unverzüglich die Warensendung.
– **Mitteilung** an den Käufer **über Ort und Zeitpunkt des Selbsthilfeverkaufs**, damit dieser selbst mitbieten kann,
– unverzügliche Mitteilung nach erfolgtem Selbsthilfeverkauf an den Käufer mit der **Abrechnung** über den Selbsthilfeverkauf. Die entstandenen Kosten (Lager-, Versteigerungskosten) sowie die Differenz (Mindererlös) zwischen dem vereinbarten Kaufpreis und dem erzielten Versteigerungserlös muss der Käufer tragen. Einen etwaigen Mehrerlös muss der Verkäufer nach Abzug der Kosten an den Käufer abführen.

▶ *Rücktritt vom Kaufvertrag:*
Von diesem Recht wird der Verkäufer Gebrauch machen, wenn er die Ware problemlos weiterverkaufen kann, die Verkaufspreise für die Waren in der Zwischenzeit gestiegen sind oder der Käufer ein sehr guter Kunde ist, mit dem schon lange gute Geschäftsbeziehungen gepflegt werden.

Zusammenfassung: Annahmeverzug

- Voraussetzungen des **Annahmeverzuges** sind
  - **Fälligkeit** der Lieferung
  - **tatsächliches Angebot** der Lieferung
  - **Nichtannahme** des Käufers
  Annahmeverzug setzt **kein Verschulden** voraus.
- **Folgen** des Annahmeverzuges sind
  - **Einschränkung der Haftung des Verkäufers** auf Vorsatz und grobe Fahrlässigkeit
  - Käufer haftet für Schäden, die durch leichte Fahrlässigkeit und Zufall (z. B. höhere Gewalt) eintreten

•

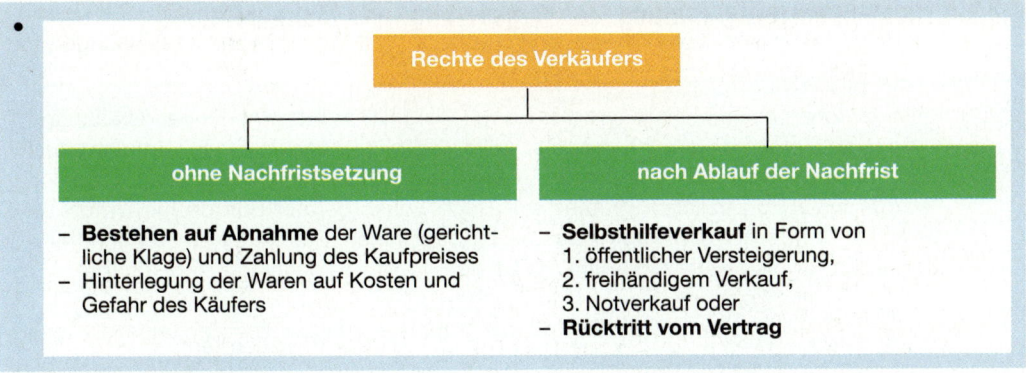

Aufgaben

1 Erläutern Sie die Voraussetzungen des Annahmeverzuges und die jeweiligen Rechte des Verkäufers.

2 Beschreiben Sie die Folgen, die sich aus dem Annahmeverzug für den Käufer ergeben.

3 Der Büromöbelgroßhandel Klaus Oswald e. K. hat die Annahme einer ordnungsgemäß angelieferten Sendung der Bürodesign GmbH abgelehnt. Die gesamte Warensendung wird in ein öffentliches Lagerhaus eingelagert. Die Bürodesign GmbH möchte einen Selbsthilfeverkauf durchführen lassen.
a) Erläutern Sie die Pflichten, die die Bürodesign GmbH beim Selbsthilfeverkauf hat.
b) Bei einem Selbsthilfeverkauf wird ein höherer Verkaufspreis erzielt als ursprünglich im Kaufvertrag vereinbart worden war. Nach Abzug aller Kosten verbleibt ein Mehrerlös von 800,00 EUR. Begründen Sie, wer den Mehrerlös erhält.

4 Geben Sie in den nachfolgenden Fällen an, wie Sie sich als Lieferer verhalten würden:
a) Ein Kunde gerät in Annahmeverzug für einen Warenwert über 450,00 EUR.
b) Ein Großhändler nimmt eine Warensendung Konserven nicht an, weil er Betriebsferien hat.
c) Ein Kunde, mit dem langjährige Geschäftsbeziehungen bestehen, verweigert ohne Angabe von Gründen die Annahme der Warenlieferung.
d) Die Kantine eines Krankenhauses lehnt die Annahme bestellter frischer Champignons ab.
e) Ein Kunde lehnt die Annahme eines bestellten Surfbrettes ab, weil er sich den Fuß gebrochen hat und nicht in Urlaub fahren kann.

5 **Schriftverkehr:** Schreiben Sie anhand nachfolgender Angaben jeweils einen Brief:
Die Krankenhaus GmbH, Ackerstraße 26, 06842 Dessau, hat bei der Bürodesign GmbH 80 Garderobenwand-Elemente „Wall" für die Lieferung zum 2. April.. bestellt. Die Ware wird termingerecht an die Krankenhaus GmbH ausgeliefert. Da die Auftragskopie im Krankenhaus abhanden gekommen ist, wird die Annahme der Lieferung verweigert. Die Bürodesign GmbH lagert die Ware in einem öffentlichen Lager ein und besteht auf Abnahme der Lieferung.

6 Begründen Sie Ihre Entscheidung in den folgenden Fällen:
a) Ein langjähriger guter Kunde verweigert aus unerklärlichen Gründen die Annahme einer Lieferung über 12 500,00 EUR.
b) Ein Kunde gerät in Annahmeverzug für einen Warenwert von 50,00 EUR.
c) Eine Schwerlastlieferung, die über 800 km transportiert worden ist, wird vom Kunden nicht angenommen. Soll die Ware in einem öffentlichen Lagerhaus am Ort des Käufers eingelagert oder ins eigene Lager zurücktransportiert werden?

4.2.9.4 Nicht-Rechtzeitig-Zahlung (Zahlungsverzug) und Mahnverfahren

Durch ein Versehen eines Mitarbeiters der Bodo Lukas KG wurde eine Eingangsrechnung der Bürodesign GmbH, die am 10. Januar .. fällig war, nicht bezahlt. Am 30. Januar erhält die Bodo Lukas KG eine Mahnung mit der Aufforderung, den Rechnungsbetrag zuzüglich 7 % Verzugszinsen zu bezahlen. Wütend ruft Bodo Lukas bei der Bürodesign GmbH an und erklärt, er werde nur den Rechnungsbetrag begleichen, auf die Verzugszinsen hätte die Bürodesign GmbH keinen Anspruch, da es sich um ein Versehen gehandelt habe.

Arbeitsaufträge
▶ Überprüfen Sie, ob die Voraussetzungen des Zahlungsverzuges gegeben sind und ob die Bodo Lukas KG den Rechnungsbetrag einschließlich der Verzugszinsen bezahlen muss.
▶ Erläutern Sie die Voraussetzungen des Zahlungsverzuges.
▶ Machen Sie Vorschläge, welche Möglichkeiten die Bürodesign GmbH hat, wenn die Mahnungen bei einem Kunden keine Wirkung gezeigt haben.
▶ Beschreiben Sie den Ablauf des gerichtlichen Mahnverfahrens.

Zahlt ein Käufer nicht oder nicht rechtzeitig, gerät er in Zahlungsverzug (§ 286 ff. BGB) Gründe für die verspätete Zahlung oder Nichtzahlung können sein:

- Vergesslichkeit
- Zahlungsunwilligkeit
- Irrtum im Termin
- schlechte Zahlungsüberwachung
- Zahlungsunfähigkeit
- Übermittlungsfehler beim Geldinstitut

■ Voraussetzungen des Zahlungsverzuges

Voraussetzung für den Eintritt des Zahlungsverzuges ist die **Fälligkeit der Zahlung**. Der Schuldner kommt bei unbestimmten Zahlungsterminen **30 Tage nach dem Erhalt einer Rechnung** automatisch in Verzug – ohne weitere Mahnung (§ 286 Abs. 3 BGB). Die 30-Tage-Frist beginnt mit der Zustellung der Rechnung. Diese Regelung gilt gegenüber einem Schuldner, der Verbraucher ist, nur, wenn der Verbraucher auf diese Folgen in der Rechnung oder Zahlungsaufstellung besonders hingewiesen worden ist. Ist der Zeitpunkt des Zugangs der Rechnung unsicher, kommt der Schuldner beim zweiseitigen Handelskauf spätestens 30 Tage nach Fälligkeit und Empfang der Ware in Verzug. Ist ein fester Zahlungstermin zur Zahlung des Kaufpreises vereinbart, kommt der Käufer sofort in Verzug, wenn er nicht bis zum vereinbarten Termin zahlt (§ 286 II BGB). Den ordnungsgemäßen Zugang der Rechnung hat im Streitfall der Gläubiger zu beweisen.

Das **Verschulden des Käufers** ist für den Eintritt des Zahlungsverzuges erforderlich. Der Zahlungsverzug tritt nur dann ein, wenn die vom Verkäufer geschuldete Leistung bereits vertragsmäßig erbracht wurde.

■ Rechte des Verkäufers aus dem Zahlungsverzug

● Rechte ohne Nachfristsetzung:
Der Verkäufer kann
- **auf Zahlung bestehen**, d.h., der Käufer zahlt nach dem Zahlungstermin und der Verkäufer stellt keine weiteren Ansprüche,

Beispiel

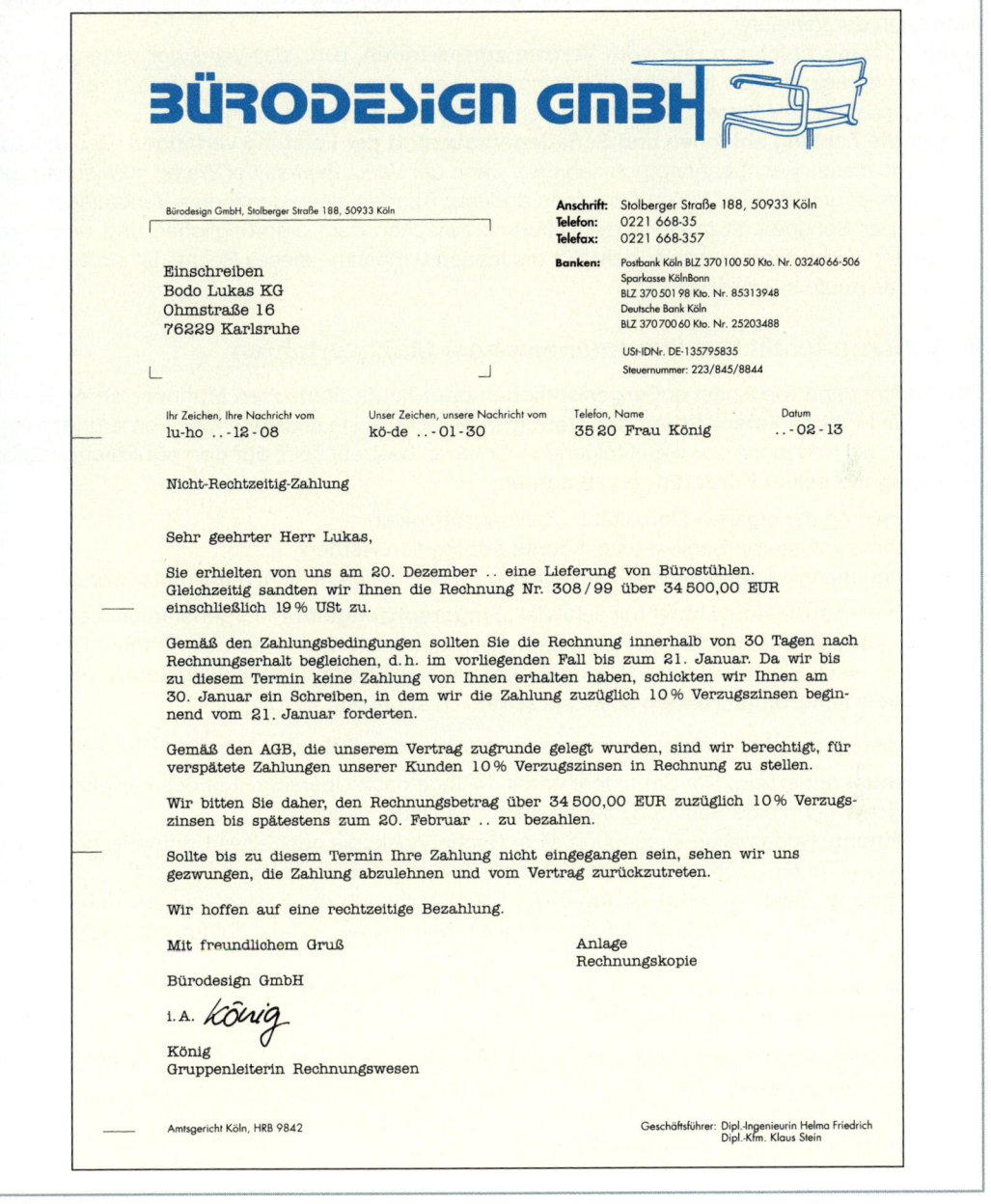

BÜRODESIGN GMBH

Bürodesign GmbH, Stolberger Straße 188, 50933 Köln

Anschrift:	Stolberger Straße 188, 50933 Köln
Telefon:	0221 668-35
Telefax:	0221 668-357

Bankan: Postbank Köln BLZ 370 100 50 Kto. Nr. 0324066-506
Sparkasse KölnBonn
BLZ 370 501 98 Kto. Nr. 85313948
Deutsche Bank Köln
BLZ 370 700 60 Kto. Nr. 25203488

USt-IDNr. DE-135795835
Steuernummer: 223/845/8844

Einschreiben
Bodo Lukas KG
Ohmstraße 16
76229 Karlsruhe

Ihr Zeichen, Ihre Nachricht vom	Unser Zeichen, unsere Nachricht vom	Telefon, Name	Datum
lu-ho ..-12-08	kö-de ..-01-30	3520 Frau König	..-02-13

Nicht-Rechtzeitig-Zahlung

Sehr geehrter Herr Lukas,

Sie erhielten von uns am 20. Dezember .. eine Lieferung von Bürostühlen.
Gleichzeitig sandten wir Ihnen die Rechnung Nr. 308/99 über 34500,00 EUR
einschließlich 19% USt zu.

Gemäß den Zahlungsbedingungen sollten Sie die Rechnung innerhalb von 30 Tagen nach
Rechnungserhalt begleichen, d.h. im vorliegenden Fall bis zum 21. Januar. Da wir bis
zu diesem Termin keine Zahlung von Ihnen erhalten haben, schickten wir Ihnen am
30. Januar ein Schreiben, in dem wir die Zahlung zuzüglich 10% Verzugszinsen beginnend vom 21. Januar forderten.

Gemäß den AGB, die unserem Vertrag zugrunde gelegt wurden, sind wir berechtigt, für
verspätete Zahlungen unserer Kunden 10% Verzugszinsen in Rechnung zu stellen.

Wir bitten Sie daher, den Rechnungsbetrag über 34500,00 EUR zuzüglich 10% Verzugszinsen bis spätestens zum 20. Februar .. zu bezahlen.

Sollte bis zu diesem Termin Ihre Zahlung nicht eingegangen sein, sehen wir uns
gezwungen, die Zahlung abzulehnen und vom Vertrag zurückzutreten.

Wir hoffen auf eine rechtzeitige Bezahlung.

Mit freundlichem Gruß   Anlage
                                         Rechnungskopie
Bürodesign GmbH

i.A. *König*

König
Gruppenleiterin Rechnungswesen

Amtsgericht Köln, HRB 9842   Geschäftsführer: Dipl.-Ingenieurin Helma Friedrich
                                             Dipl.-Kfm. Klaus Stein

– oder **auf Zahlung bestehen und Schadenersatz wegen Verzögerung der Leistung verlangen**. Der Schadenersatz (Ersatz des Verzugsschadens) kann die entgangenen Zinsen und
den Kostenersatz (Mahnentgelte) umfassen. Die Verzugszinsen betragen laut Gesetz (§ 352
HGB, § 288 BGB) beim einseitigen Handelskauf 5% über dem Basiszinssatz für Kredite von
der Schuldsumme vom Tag des Verzugs an, beim zweiseitigen Handelskauf 8% über dem
Basiszinssatz.
Vertraglich können höhere Zinsen vereinbart werden (AGB, vgl. S. 243).

● Rechte mit Nachfristsetzung

Wenn die Nacherfüllung durch den Käufer nach einer Mahnung mit Fristsetzung nicht erfolgt, dann kann der Verkäufer

- **die Zahlung ablehnen und vom Vertrag zurücktreten**, d. h., der Verkäufer verlangt seine Waren zurück. Dieses ist besonders sinnvoll, wenn der Verkaufspreis zwischenzeitlich gestiegen ist und die Ware zu einem höheren Preis verkauft werden kann.
- oder **die Zahlung ablehnen und Schadenersatz statt der Leistung verlangen**. Der Verkäufer wird dieses Recht in Anspruch nehmen, wenn der Verkaufspreis der Waren inzwischen gesunken ist und er beim Verkauf an einen anderen Kunden einen geringeren Verkaufserlös erzielt. Der Schaden ist in Höhe der Differenz zwischen dem ursprünglichen und dem jetzt erzielten Verkaufspreis entstanden. Für die Inanspruchnahme dieses Rechts ist ein Verschulden des Käufers erforderlich.

■ Außergerichtliches (kaufmännisches) Mahnverfahren

Man spricht dann von einem **außergerichtlichen oder kaufmännischen Mahnverfahren**, wenn der Verkäufer **ohne Einschaltung des Gerichts** versucht, seine ausstehenden Forderungen einzutreiben. Ein Kaufmann sollte aus folgenden Gründen bestrebt sein, **auf den pünktlichen Zahlungseingang seiner Forderungen zu achten**:

- Verringerung der eigenen Liquidität (= Zahlungsfähigkeit)
- Aufnahme von teuren Bankkrediten könnte erforderlich werden
- aufgrund mangelnder Liquidität kann ein Skonto des Lieferers nicht ausgenutzt werden.

Eine Mahnung sollte aber immer mit sehr viel **„Fingerspitzengefühl"** vorgenommen werden, da durch zu harte und ungeschickte Formulierungen Kunden verärgert werden können. Die Mahnung sollte einen Hinweis auf den fälligen Betrag und den überfälligen Zahlungstermin enthalten. **Aus Beweissicherungsgründen** sollte sie schriftlich abgefasst werden.

Ein kaufmännisches Mahnverfahren kann z. B. in **folgenden Schritten** durchgeführt werden:

- **Zahlungserinnerung:** Der Schuldner erhält 14 Tage nach Überschreiten des Fälligkeitstages in höflicher Form eine Rechnungskopie oder einen Kontoauszug.
- **1. Mahnung:** Nochmalige Zusendung einer Rechnungskopie oder eines Kontoauszuges nach weiteren 14 Tagen, wobei ein nachdrücklicher Ton angeschlagen wird.
- **2. Mahnung:** Nach weiteren 14 Tagen wird eine Mahnung mit Fristsetzung an den Kunden gesandt, wobei nachdrücklich auf die Fälligkeit, den Betrag und die Folgen der Nichtzahlung hingewiesen wird.
- **3. Mahnung:** Es wird nach acht Tagen ein letzter Termin gesetzt und der Mahnbescheid (gerichtliche Mahnung) angedroht.

Mit der Einziehung von überfälligen Zahlungen können gegen Zahlung eines Entgelts auch Inkassobüros beauftragt werden.

■ Das gerichtliche Mahnverfahren

Wenn ein säumiger Kunde nicht auf die Maßnahmen des außergerichtlichen (kaufmännischen) Mahnverfahrens reagiert, kann ein Lieferer bei einem Amtsgericht[1] einen Antrag auf Erlass eines **Mahnbescheides** stellen. Dadurch wird das gerichtliche Mahnverfahren eingeleitet. Der Mahnbescheid stellt eine Mahnung von Amts wegen dar, wodurch der Schuldner aufgefordert wird, den ausstehenden Betrag binnen einer Frist von zwei Wochen zu zahlen oder Widerspruch zu erheben.

---

[1] Aus Rationalisierungsgründen werden in NRW alle Mahnbescheide zentral bei einigen Amtsgerichten bearbeitet, rechtliche Wirkung hat der Antrag erst mit Eingang beim zuständigen Amtsgericht.

Der Antrag muss auf einem besonderen Vordruck (Formularzwang) beim Amtsgericht eingereicht werden (vgl. S. 262) oder im Onlineverfahren dem Amtsgericht übermittelt werden.

Das Amtsgericht erlässt den Mahnbescheid, wobei nicht überprüft wird, ob der Anspruch zu Recht besteht.

Der Mahnbescheid wird dem Schuldner vom Gericht zugestellt. Der **Schuldner hat** nach Zustellung des Mahnbescheids durch das Amtsgericht **drei Möglichkeiten:**

- **Schuldner zahlt an den Gläubiger** (Forderungsbetrag und sämtliche Kosten des Verfahrens), **Verfahren ist beendet.**
- **Schuldner erhebt Widerspruch** beim zuständigen Amtsgericht innerhalb der Widerspruchsfrist von zwei Wochen. Auf Antrag des Gläubigers kommt es zum Zivilprozess beim zuständigen Amts- oder Landgericht (Streitwert bis 5 000,00 EUR Amtsgericht, über 5 000,00 EUR Landgericht). Zuständig ist bei einseitigen Handelskäufen das Prozessgericht, in dessen Bezirk der Schuldner seinen Wohn- oder Geschäftssitz hat, bei zweiseitigen Handelskäufen kann auch vertraglich ein anderer Gerichtsstand vereinbart werden. Der Widerspruch kann mündlich (bei einem zuständigen Beamten des Amtsgerichts) oder schriftlich (Einschreiben) eingelegt werden.
- **Schuldner unternimmt nichts**, Gläubiger kann nach Ablauf der Widerspruchsfrist einen **Vollstreckungsbescheid** binnen sechs Monaten beim Amtsgericht beantragen.

Hat der Gläubiger beim Amtsgericht einen Vollstreckungsbefehl beantragt, wird dieser dem Schuldner vom Amtsgericht durch einen Vollstreckungsbeamten zugestellt. Der **Schuldner** hat wieder **drei Möglichkeiten:**

- **Schuldner zahlt an den Gläubiger** (Forderungsbetrag und sämtliche Kosten des Verfahrens), **Verfahren ist beendet.**
- **Schuldner erhebt Einspruch** innerhalb der Einspruchsfrist von zwei Wochen. Auf Antrag des Gläubigers kommt es zum **Zivilprozess** beim zuständigen Amts- oder Landgericht.
- **Schuldner unternimmt nichts**, Gläubiger kann nach Ablauf der Einspruchsfrist durch den Vollstreckungsbeamten beim Schuldner eine **Zwangsvollstreckung** (= **Pfändung**, d. h. der Vollstreckungsbeamte pfändet beim Schuldner verwertbare Gegenstände, indem er diese mit einem **Pfandsiegel = Kuckuck** versieht) vornehmen lassen.

Bei einer Zwangsvollstreckung dürfen nicht alle verwertbaren Gegenstände gepfändet werden. Nicht pfändbar sind Gegenstände, die für eine bescheidene Lebensführung benötigt werden.

Beispiele *Kleidungsstücke, Einrichtungsgegenstände, Radiogerät*

Hat der Vollstreckungsbeamte auf Antrag des Gläubigers beim Schuldner verwertbare Gegenstände gepfändet, werden diese nach einer Schonfrist von sieben Tagen versteigert. Der Gläubiger erhält den Erlös der Versteigerung abzüglich der entstandenen Versteigerungskosten bis zur Höhe seiner Forderungen.

Ist eine **Zwangsvollstreckung mangels verwertbarer Gegenstände beim Schuldner erfolglos** und hat der Gläubiger das Gefühl, dass der Schuldner verwertbare Gegenstände unterschlägt, muss der Schuldner eine **eidesstattliche Versicherung** über seine Vermögensverhältnisse ablegen. Bei der eidesstattlichen Versicherung erklärt der Schuldner, dass sich außer den angegebenen Gegenständen keine weiteren Vermögensgegenstände in seinem Eigentum befinden.

Verweigert er die eidesstattliche Versicherung, kann der Schuldner auf Kosten des Gläubigers in eine Beugehaft bis zu sechs Monaten genommen werden. Macht er falsche Angaben über seine Vermögensverhältnisse, muss er mit einer Haftstrafe wegen Meineid rechnen.

Der Gläubiger kann auf das gerichtliche Mahnverfahren verzichten und gleich beim zuständigen Amts- oder Landgericht eine **Klage** wegen Vertragsbruch gegen den Schuldner einreichen.

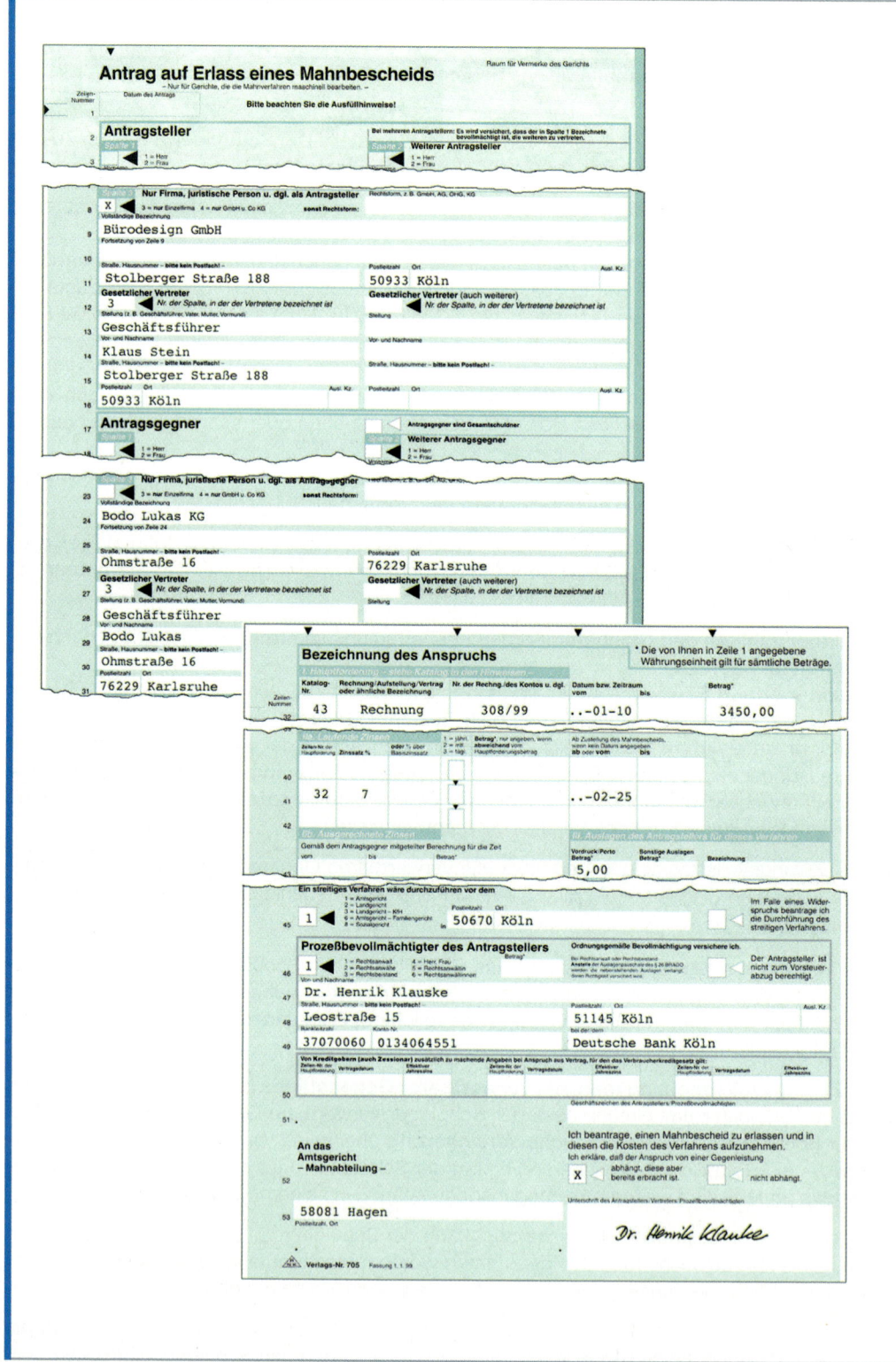

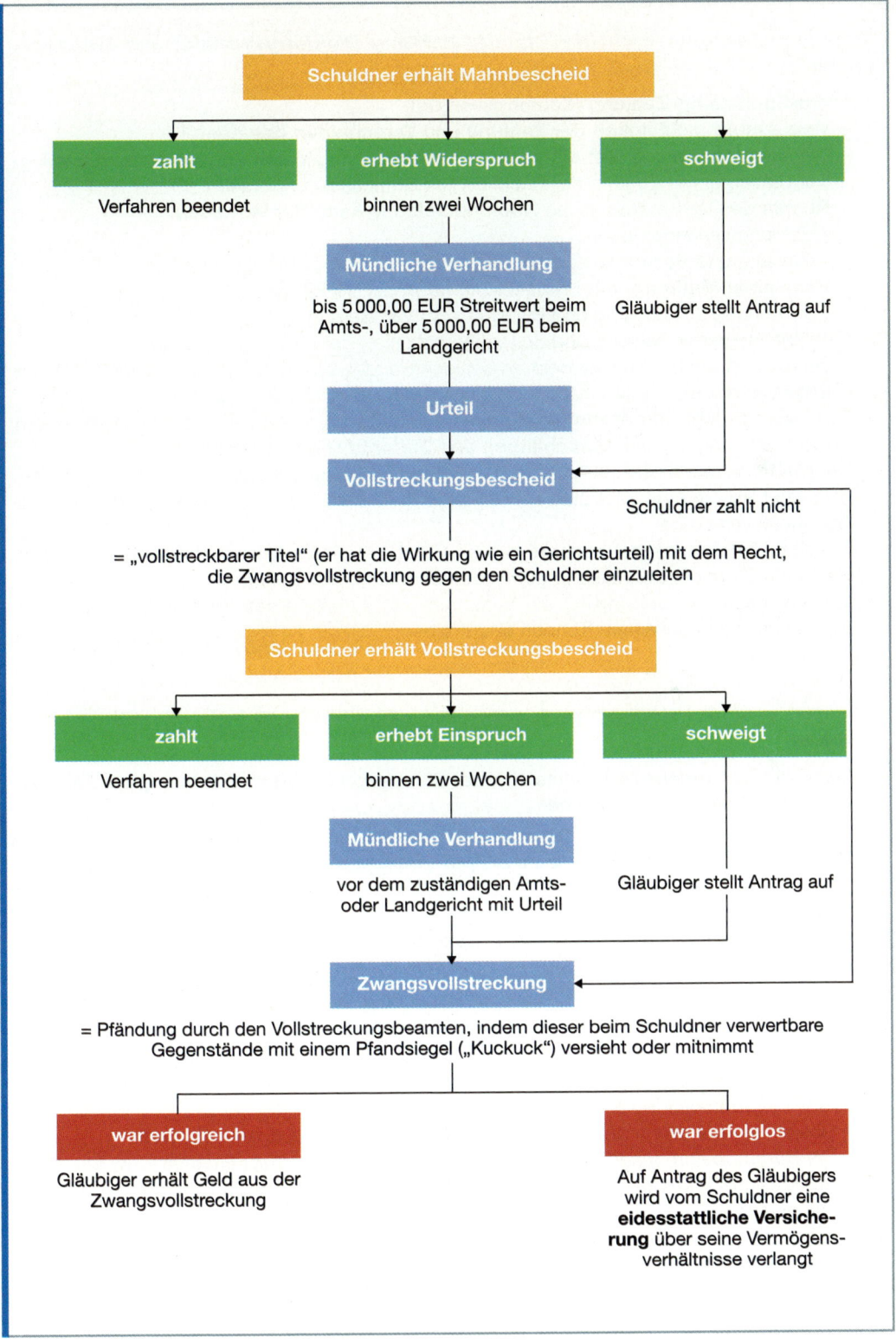

Schuldner erhält Mahnbescheid

zahlt	erhebt Widerspruch	schweigt
Verfahren beendet	binnen zwei Wochen	

Mündliche Verhandlung

bis 5 000,00 EUR Streitwert beim Amts-, über 5 000,00 EUR beim Landgericht

Gläubiger stellt Antrag auf

Urteil

Vollstreckungsbescheid

Schuldner zahlt nicht

= „vollstreckbarer Titel" (er hat die Wirkung wie ein Gerichtsurteil) mit dem Recht, die Zwangsvollstreckung gegen den Schuldner einzuleiten

Schuldner erhält Vollstreckungsbescheid

zahlt	erhebt Einspruch	schweigt
Verfahren beendet	binnen zwei Wochen	

Mündliche Verhandlung

vor dem zuständigen Amts- oder Landgericht mit Urteil

Gläubiger stellt Antrag auf

Zwangsvollstreckung

= Pfändung durch den Vollstreckungsbeamten, indem dieser beim Schuldner verwertbare Gegenstände mit einem Pfandsiegel („Kuckuck") versieht oder mitnimmt

war erfolgreich

Gläubiger erhält Geld aus der Zwangsvollstreckung

war erfolglos

Auf Antrag des Gläubigers wird vom Schuldner eine **eidesstattliche Versiche-rung** über seine Vermögens-verhältnisse verlangt

Zusammenfassung: Nicht-Rechtzeitig-Zahlung (Zahlungsverzug) und Mahnverfahren

- **Nicht-Rechtzeitig-Zahlung (Zahlungsverzug)**
  - **Voraussetzung: Fälligkeit der Zahlung und Verschulden des Käufers**
  - Der **Zahlungsverzug tritt ein** nach Ablauf von 30 Tagen seit Zugang einer Rechnung. Der Gläubiger hat Zugang der Rechnung im Streitfall zu beweisen.
  - **Rechte des Verkäufers: ohne Nachfristsetzung kann der Verkäufer**
    - Zahlung verlangen oder
    - Zahlung und Schadenersatz wegen Verzögerung der Leistung verlangen
  - **Nach einer Mahnung mit Fristsetzung kann der Verkäufer**
    - Ablehnung der Zahlung und Rücktritt vom Vertrag und/oder
    - Ablehnung der Zahlung und Schadenersatz statt der Leistung verlangen.
  - **Verzugszinsen** laut Gesetz beim einseitigen Handelskauf 5 % über dem jeweils gültigen Basiszinssatz für Kredite, beim zweiseitigen Handelskauf 8 % über dem Basiszinssatz.
- Das **außergerichtliche Mahnverfahren** wird angewandt, wenn von säumigen Schuldnern fällige Forderungen **ohne Einschaltung des Gerichts** eingetrieben werden.
- Der **Mahnbescheid** stellt eine Aufforderung des Gläubigers an den Schuldner dar, innerhalb einer bestimmten Frist die vom Gläubiger geforderte Summe zu zahlen oder sich vor Gericht zu verteidigen.
- Mit dem **Vollstreckungsbescheid** hat ein Gläubiger einen vollstreckbaren Titel mit dem Recht, die Zwangsvollstreckung gegen den Schuldner einzuleiten.
- **Die Zwangsvollstreckung** ist ein Verfahren, um mithilfe eines Vollstreckungsbeamten Geldforderungen bei einem Kunden einzutreiben.

Aufgaben

1 Stellen Sie fest, welche Maßnahmen bei der Bürodesign GmbH zur Sicherung der Zahlungseingänge getroffen werden können.

2 Berechnen Sie die gesetzlichen Verzugszinsen, wenn ein Rechnungsbetrag über 22 800,00 EUR, der am 26. Februar fällig war, erst am 2. April .. bezahlt wird
   a) bei einem Zinssatz von 7,5 %,
   b) bei einem Zinssatz von 9 %,
   c) bei einem vertraglich vereinbarten Zinssatz von 10 %.

3 Überprüfen Sie, welche Ursachen zum Zahlungsverzug führen können.

4 Beschreiben Sie, wie bei der Bürodesign GmbH beim Zahlungsverzug von Kunden reagiert werden sollte und wer die Zahlungseingänge überwachen sollte.

5 Die Bürodesign GmbH hat der Büromöbelgroßhandlung Klaus Oswald e. K. am 20. September ordnungsgemäß eine Lieferung Bürostühle per Lkw zugesandt. Die Rechnung wurde der Büromöbelgroßhandlung am 21. September zugestellt.
   a) Überprüfen Sie, wann die Büromöbelgroßhandlung in Zahlungsverzug gerät.
   b) Die Büromöbelgroßhandlung befindet sich im Zahlungsverzug. Erläutern Sie, wovon die Bürodesign GmbH die Ausübung der einzelnen Rechte beim Zahlungsverzug abhängig machen wird.

6 Erstellen Sie einen schriftlichen Bericht zum Thema „Kaufvertragsstörungen im Absatzbereich" und tragen Sie diesen in der Klasse vor.

7 Erklären Sie die Schritte beim außergerichtlichen Mahnverfahren.

8 Beschreiben Sie den Ablauf des gerichtlichen Mahnverfahrens.

9 *Beschreiben Sie die Konsequenzen, die einem Unternehmen entstehen, wenn es seine Außenstände nicht rechtzeitig von den Kunden bekommt.*

10 *Erläutern Sie, wovon es abhängen kann, in welcher Form und wie oft ein Unternehmen einen säumigen Käufer mahnt.*

11 *Die Auszubildende Renate Becker erhält per Post einen Mahnbescheid zugesandt, in welchem sie von einer Versandhandlung aufgefordert wird, 3 000,00 EUR zu zahlen. Da Renate keine Einkäufe bei der Versandhandlung getätigt hat, ist sie der Überzeugung, dass es sich um einen Irrtum handeln muss, der sich von selbst aufklärt. Infolgedessen unternimmt sie nichts. Beschreiben Sie die Folgen, die sich für Renate aus ihrem Schweigen ergeben können.*

12 *Geben Sie an, welche Konsequenzen eine Zwangsvollstreckung für den Schuldner hat.*

13 *Erstellen Sie mithilfe einer Textverarbeitungssoftware ein Textbausteinsystem für das kaufmännische Mahnverfahren.*

4.2.10 Verjährung

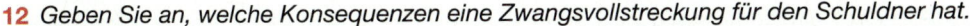
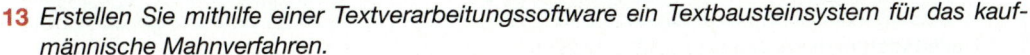

Die Bürodesign GmbH hat der „Bürobedarfsgroßhandlung Schneider & Co. OHG am 20. Dezember .. Büromöbel im Werte von 38 000,00 EUR geliefert. Als Zahlungsbedingung wurde „Zahlung innerhalb von 30 Tagen netto Kasse" vereinbart. Da die Rechnungskopie durch ein Versehen abhanden kommt, wird die Forderung an den Kunden, der noch nicht bezahlt hat, vergessen. Im Dezember des nächsten Jahres bemerkt die Bürodesign GmbH, dass der Rechnungsbetrag noch offen steht. Umgehend wird dem Kunden eine Mahnung zugestellt. Die Bürobedarfsgroßhandlung antwortet hierauf schriftlich: „Ihre Forderung besteht nicht mehr, da Ihr Anspruch verjährt ist!"

Arbeitsaufträge ▶ Überprüfen Sie, ob die Aussage der Bürobedarfsgroßhandlung berechtigt ist.
▶ Erläutern Sie die Bedeutung des Neubeginns und Hemmung der Verjährung.

■ Verjährungsfristen

Eine Forderung ist dann **verjährt, wenn eine bestimmte vom Gesetz vorgeschriebene Frist abgelaufen ist, ohne dass der Gläubiger seine Forderung geltend gemacht hat**. Nach Ablauf der Verjährungsfrist hat der Schuldner das Recht, die Zahlung zu verweigern (= **Einrede der Verjährung**, § 194 ff. BGB). Die Forderung des Gläubigers besteht zwar weiter, er kann diese aber nicht mehr einklagen. Bezahlt ein Schuldner nach Ablauf der Verjährung, kann dieser die geleistete Zahlung nicht zurückfordern. Das BGB unterscheidet **zwei Verjährungsfristen**:

	30 Jahre	Regelmäßige Verjährung: 3 Jahre	
Es verjähren Ansprüche	• auf Herausgabe von Eigentum und anderen dinglichen Rechten • aus rechtskräftigen Urteilen • aus Insolvenzforderungen • aus Vollstreckungsbescheiden	• der Kaufleute untereinander • auf regelmäßig wiederkehrende Leistungen (Miete, Pacht, Rente) • auf Zinsen	• der Kaufleute an Privatleute • der freien Berufe (Ärzte, Architekten, Ingenieure, Rechtsanwälte) • der Gastwirte • der Transportunternehmen

	30 Jahre	Regelmäßige Verjährung: 3 Jahre	
Es verjähren Ansprüche		• der Privatleute untereinander • Forderungen auf-grund arglistig ver-schwiegener Mängel	• von Lohn und Gehalt • des Vermieters von beweglichen Sachen • aus Darlehensforderungen
Beginn der Laufzeit	mit dem Datum der Fälligkeit des Anspruchs (§ 200 BGB)	mit dem Schluss des Jahres, in dem der Anspruch ent-standen ist (§ 199 BGB)	

Beispiele

	30 Jahre	3 Jahre
Fälligkeitsdatum der Schuld	18. Juni 2005	18. Juni 2005
Beginn	18. Juni 2005	31. Dezember 2005
Verjährung	18. Juni 2035	31. Dezember 2008

Bei Ansprüchen aus Mängeln an Kaufsachen beträgt die Verjährung zwei Jahre (vgl. S. 251), bei Baumängeln beträgt sie fünf Jahre.

■ Hemmung und Neubeginn der Verjährung

● Hemmung:

Die Verjährung kann gehemmt werden, d. h., die **Verjährungsfrist wird um die Zeitspanne der Hemmung verlängert.** Der Zeitraum der Hemmung wird also der normalen Verjährungs-dauer hinzugerechnet.

Die Verjährung wird **gehemmt durch**

- berechtigte Zahlungsverweigerung des Schuldners, da er eine Gegenforderung an den Gläu-biger hat
- Stillstand der Rechtspflege durch Naturkatastrophen, Krieg usw.

Der **Gläubiger** kann die Verjährung hemmen durch

- Stundung (Zahlungsaufschub) der Forderung
- Mahnbescheid (eine außergerichtliche Mahnung hat keine hemmende Wirkung)
- Klage beim Gericht
- Anmeldung der Forderung zum Insolvenzverfahren
- Antrag auf Erlass eines Vollstreckungsbescheides (vgl. S. 266)

Die Hemmung tritt erst sechs Monate nach rechtskräftiger Entscheidung oder anderweitiger Be-endigung des Verfahrens ein.

Beispiel *Die Bürodesign GmbH hat eine Forderung gegen die Büromöbel GmbH Europa aufgrund einer Warenlieferung. Die Forderung war am 8. Juni 2006 fällig. Nachdem die Bürodesign GmbH mehrere vergeb-liche Mahnungen an die Büromöbel GmbH Europa gesandt hat, beantragt sie am 5. März 2007 einen Mahn-bescheid gegen den Kunden; am 10. Juli 2007 erwirkt die Bürodesign GmbH ein rechtskräftiges Urteil.*

Entstehung der Forderung: *8. Juni 2006*
Verjährung der Forderung ohne Erlass des Mahnbescheids: *31. Dezember 2009*
Verjährung der Forderung nach Erwirkung des Gerichtsurteils: *15. Mai 2011*
(Hemmungszeit vom 5.03.07 bis 10.07.07 = 125 Tage)

● Neubeginn:

Neben der Hemmung der Verjährung besteht die Möglichkeit des Neubeginns der Verjährung, **d. h., die Verjährung beginnt** von neuem. Die bisherige Verjährungsfrist gilt nicht mehr.

Der Schuldner kann einen Neubeginn der Verjährung bewirken durch

- schriftliche Stundungsbitte
- Teilzahlung
- Zinszahlung
- Schuldanerkenntnis (z. B. durch einen Schuldschein)

Ferner kann der **Gläubiger** einen Neubeginn der Verjährung erreichen durch die Beantragung der Zwangsvollstreckung.

Beispiel Die Büromöbel GmbH Europa bittet am 10. März 2007 die Bürodesign GmbH um Stundung der ausstehenden Forderung vom 8. Juni 2006.

Entstehung der Forderung:	*8. Juni 2006*
Verjährung der Forderung nach der Stundungsbitte des Kunden (Neubeginn der Verjährung):	*10. März 2010*

Zusammenfassung: Verjährung

- Ein Gläubiger kann die **Zahlung nicht mehr gerichtlich erzwingen**, wenn die Forderung verjährt ist. Nach Ablauf der Verjährung kann der Schuldner die Zahlung verweigern.
- Bei der **Berechnung der Verjährung sind zu beachten:**
  - **Verjährungsfristen**
    - **30 Jahre** (Forderungen aus Insolvenzverfahren, Vollstreckungsbescheiden, Urteilen)
    - **3 Jahre** (Kaufmann an Kaufmann, regelmäßig wiederkehrende Leistungen, Kaufleute an Privatleute, Lohn- und Gehaltsforderungen, Forderungen von Freiberuflern, Privat an Privat, Darlehensforderungen und Forderungen aufgrund arglistig verschwiegener Mängel)
  - **Neubeginn der Verjährung** (durch Beantragung der Zwangsvollstreckung, Schuldanerkenntnis des Schuldners oder dessen Teil- oder Zinszahlung). Vom Tag des Neubeginns an beginnt die Verjährung neu zu laufen.
  - **Hemmung der Verjährung** (durch Stundung der Forderung, berechtigte Zahlungsverweigerung des Schuldners, Stillstand der Rechtspflege, Mahnbescheid, Klage beim Gericht, Anmeldung der Forderung zum Insolvenzverfahren, Vollstreckungsbescheid). Der Zeitraum der Hemmung wird der normalen Verjährungsdauer hinzugerechnet.

Aufgaben

1 *Erläutern Sie die Aussage: „Ihre Forderung ist verjährt".*

2 *Erläutern Sie die Verjährungsfristen und führen Sie jeweils vier Beispiele für die unterschiedlichen Verjährungsfristen an.*

3 *Erklären Sie die Auswirkungen von Neubeginn und Hemmung auf die Verjährungsfrist.*

4 *Geben Sie Beispiele an, wann die Verjährungfrist*
   a) neu beginnt,
   b) gehemmt wird.

5 *Die Unternehmerin Magda Wilmes gewährt ihrer Angestellten Jutta Adams am 5. Mai 2007 ein Darlehen in Höhe von 10 000,00 EUR zum Kauf eines Pkw. Die Rückzahlung des Darlehens soll in einem Betrag nach genau einem Jahr erfolgen. Wann verjährt die Forderung der Unternehmerin gegen die Angestellte,*
   a) wenn Jutta Adams nach einem Jahr nicht zahlt,
   b) wenn Jutta Adams die Unternehmerin am 5. Mai 2008 schriftlich um eine Stundung von zehn Monaten bittet,
   c) wenn die Unternehmerin am 10. Mai 2008 die Forderung aufgrund der Stundungsbitte von Jutta Adams um zehn Monate stundet?

6 Stellen Sie die Verjährungsfristen bei folgenden Fällen fest:

a) Ein Großhändler hat gegenüber einem Hersteller eine Verbindlichkeit aufgrund einer Warenlieferung über 23 000,00 EUR.

b) Ein Großhändler hat gegen einen Einzelhändler einen Vollstreckungsbescheid über 20 000,00 EUR.

c) Eine Ärztin hat ein Gerichtsurteil gegen einen Privatpatienten über 800,00 EUR.

d) Der Verpächter einer Wiese hat gegen den Pächter eine Pachtforderung.

e) Die Auszubildende Nicole hat ihren Pkw für 4 800,00 EUR an eine Klassenkameradin verkauft.

f) Die Auszubildende Nicole hat ihrer Klassenkameradin verschwiegen, dass der Pkw ein Unfallwagen ist.

INFO # 4.3 Zahlungsverkehr

4.3.1 Bar(geld)zahlung und halbbare Zahlung

> Der Kunde Wolf Brieger bestellt im Verkaufsstudio der Bürodesign GmbH einen Schreibtisch „Stardesign" im Werte von 416,50 EUR. Zur Sicherheit lässt sich die Verkäuferin, Frau Schneider, eine Anzahlung über 150,00 EUR vom Kunden geben. Nachdem der Schreibtisch fertiggestellt wurde, wird Herr Brieger davon schriftlich in Kenntnis gesetzt. Einen Tag später erscheint Herr Brieger und holt den Schreibtisch ab. An der Kasse verlangt die Kassiererin 416,50 EUR von Herrn Brieger: „Wieso denn 416,50 EUR, ich habe doch bereits 150,00 EUR angezahlt." Daraufhin fragt die Kassiererin: „Haben Sie darüber denn einen Beleg?" „Nein", antwortet Herr Brieger, „aber Frau Schneider ist doch von der Anzahlung informiert." Nach Rückfrage der Kassiererin stellt sich heraus, dass sich in der Abteilung keine Unterlagen über eine Anzahlung befinden. Ferner ist Frau Schneider für drei Wochen in Urlaub gefahren.
>
> *Arbeitsaufträge* ▶ Überprüfen Sie, wie die Bürodesign GmbH diese unangenehme Situation hätte vermeiden können.
>
> ▶ Nennen Sie die Träger des Zahlungsverkehrs.
>
> ▶ Erläutern Sie die verschiedenen Scheckarten und stellen Sie diese in einer Übersicht dar.

VWL Geldzahlungen werden entweder mit **Bargeld** (Banknoten, Münzen = gesetzliches Zahlungsmittel), **Buch- oder Giralgeld** (= alle Guthaben oder Kredite bei Geldinstituten, über die jederzeit frei verfügt werden kann) oder **Geldersatzmitteln** (Scheck, Kreditkarte) vorgenommen. Kennzeichen der Bar(geld)zahlung ist, dass **sowohl der Schuldner als auch der Gläubiger Bargeld in die Hand bekommen**.

■ Bar(geld)zahlung

Bei der Bar(geld)-Zahlung unterscheidet man die

- persönliche sofortige Zahlung und die
- Zahlung durch Express-Brief.

● Persönliche sofortige Zahlung:

Im Alltagsleben ist bei Kaufverträgen im Handel und bei Geschäften unter Nichtkaufleuten die sofortige Barzahlung üblich. Meistens handelt es sich hier nur um geringe Beträge, für die es viel zu umständlich und zeitraubend wäre, wenn der Verkäufer dem Käufer ein Zahlungsziel einräumen würde. Folglich erhält der Käufer die Waren gegen **sofortige Zahlung (Zug-um-Zug-Geschäft)**.

Ist der Schuldner nicht in der Lage, einem Gläubiger einen bestimmten Betrag selbst zu übermitteln, kann er dies durch einen **Boten** besorgen lassen.

Als Beweis für die Zahlung erhält der Schuldner eine **Quittung**. Als Quittung gelten der **Kassenzettel, Kassenbon einer Computerkasse oder besondere Quittungsvordrucke**. Liegt der Kaufpreis über 150,00 EUR, so ist ein Kaufmann aus umsatzsteuerrechtlichen Gründen verpflichtet, die Umsatzsteuer gesondert auszuweisen.

Der Gläubiger ist auf Verlangen des Schuldners zur Ausstellung der Quittung verpflichtet. Mit der Quittung bestätigt der Gläubiger dem Schuldner, dass er den geforderten Betrag erhalten hat.

Quittung

BÜRODESIGN GMBH

Nur gültig in Verbindung mit dem Kassenbon.

Abt.	Stück	Arbeitsbezeichnung	Einzelpreis EUR	Ct	Gesamtpreis EUR	Ct
53	2	Bürostühle	145	00	290	00

Gesamt-Betrag dankend erhalten	Hinweis zu MWSt.	Gesamtbetrag einschließlich MWSt. 19 %		305	10
in bar	Gesamtbetrag x 15,97 = 19 %	MWSt. 19 %		55	10
X per Scheck	x 6,54 = 7 %	Bei Kauf über 150,00 EUR ▶ Netto-Warenwert		250	00

Name und Anschrift des Käufers

Hannelore Fach, Eisenstraße 16, 50852 Köln

Ort	Datum	Kassen-Nr.	Unterschrift des Verkäufers
Köln	13. Juli..	2	Schmitz

● Zahlung durch Express-Brief (Deutsche Post AG):

Die Hauptaufgabe der Deutschen Post AG ist die Beförderung von Briefen, Paketen, Postkarten. Da das Versenden von Bargeld in einem normalen Brief sehr riskant und in einem Einschreibebrief bei einem Verlust nur bis 25,00 EUR versichert ist, kann Bargeld als Express-Brief in einem normalen Briefumschlag mit der Deutschen Post AG versandt werden. Mit einem Express-Brief können **neben Bargeld auch Wertgegenstände** (z. B. Diamanten, Wertpapiere) versandt werden. Die Höchstgrenze des zu versendenden Wertes liegt bei 25 000,00 EUR. Der Versand mit Express-Brief ist zwar sicher, aber sehr umständlich und mit hohen Kosten verbunden. Sollte ein Express-Brief verloren gehen, haftet die Deutsche Post AG bis zur Höhe des angegebenen Wertes.

● EURO:

Nach dem Beschluss der EU-Regierungen im „Maastricht-Vertrag" wurde am 1. Januar 1999 der **EURO** (€) als europäische Währung eingeführt. Der EURO ist in allen Teilnehmerländern (Belgien,

269

Deutschland, Finnland, Frankreich, Griechenland, Irland, Italien, Luxemburg, Malta, Niederlande, Österreich, Portugal, Slowakei, Slowenien, Spanien, Zypern) offizielles Zahlungsmittel.

Somit gehören 16 EU-Länder der Europäischen Währungsunion an. Dänemark, Großbritannien, Schweden und die neuen EU-Länder außer Slowenien, Malta und Zypern nehmen (noch) nicht an der Währungsunion teil. Urlaubsreisen ins europäische Ausland sind mit dem Euro einfacher geworden. Aber auch in der Karibik, auf den Azoren und sogar auf der Insel Réunion im Indischen Ozean gibt es Euro-Oasen: Außereuropäische Gebiete, die zum Territorium eines Euro-Landes gehören. In Guadeloupe beispielsweise können die Urlauber ihre Hotelrechnung ganz einfach mit Euro bezahlen.

■ Halbbare Zahlung

● Träger des Zahlungsverkehrs:

Bei der halbbaren Zahlung ist es notwendig, dass entweder der Schuldner oder der Gläubiger ein Girokonto bei einem **Geld- oder Kreditinstitut** besitzt. Diese **Geldinstitute** sind die **Träger des Zahlungsverkehrs**. Die Deutsche Postbank AG wickelt den Zahlungsverkehr der Postbankniederlassungen ab. Sie unterhält in der Bundesrepublik in zehn Städten Postbank-Niederlassungen.

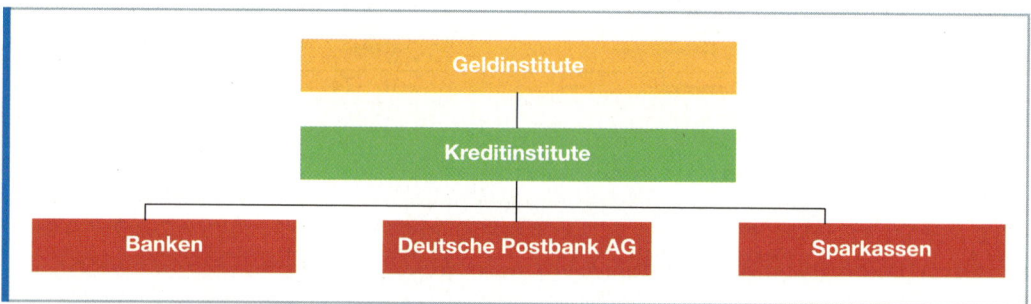

In der Bundesrepublik Deutschland haben sich die Geldinstitute zu fünf **Gironetzen** zusammengeschlossen:

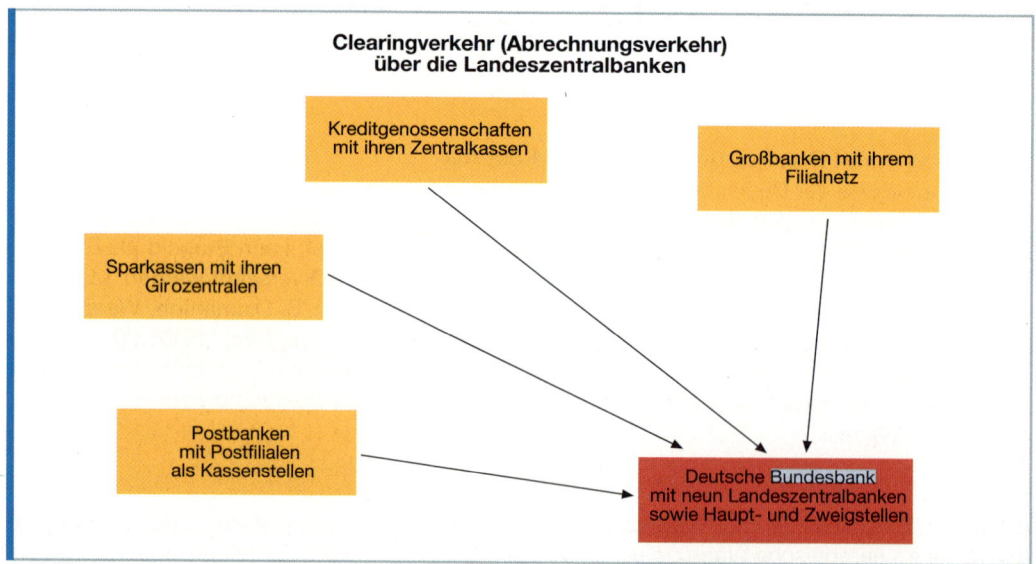

Für den Teilnehmer am Zahlungsverkehr ist es gleichgültig, bei welchen Geldinstituten Schuldner und Gläubiger ihre Konten unterhalten. Zur internen Verrechnung untereinander unterhalten die Geldinstitute Konten bei den Landeszentralbanken **(Clearing- oder Abrechnungsverkehr)**. Die Abwicklung dieser internen Verrechnung erfolgt durch **Datenfernübertragung** bargeldlos. Für diese Datenfernübertragung stellen Onlineanbieter Datendienste zur Verfügung **(= Online-Dienste)**.

Beispiel Die Überweisungen der Sparkasse KölnBonn an die Deutsche Bank Köln betragen am 16. Februar 2 000 000,00 EUR und umgekehrt 2 300 000,00 EUR. Im Wege der Umbuchung werden tatsächlich nur 300 000,00 EUR an die Sparkasse KölnBonn im Wege des Clearing-Verfahrens überwiesen.

● Die Eröffnung eines Kontos bei einem Kreditinstitut:

Zur Eröffnung von Girokonten sind bei den Geldinstituten **Antragsvordrucke** erhältlich. Neben natürlichen Personen können auch juristische Personen Konten bei einem Geldinstitut eröffnen. Für die Kontoeröffnung muss ein Antragsteller das 18. Lebensjahr vollendet haben und geschäftsfähig (vgl. S. 214) sein. Der Kontoinhaber wird über Zahlungseingänge, Zahlungsausgänge und den Kontostand durch einen **Kontoauszug** unterrichtet, den der Kontoinhaber bei einem Kreditinstitut mit der Kundenkarte maschinell erstellen oder sich zuschicken lassen kann. Die Postbank sendet dem Kontoinhaber den Kontoauszug zu.

Auf dem Kontoauszug werden alle Zahlungseingänge (Zahlungen gehen zugunsten des Kontoinhabers ein = +) auf der Habenseite eingetragen, alle Zahlungsausgänge (Zahlungsaufträge werden zulasten des Kontos ausgeführt = –) auf der Sollseite. Zudem sind der alte und der neue **Kontostand** und der Tag des **Auszugsdatums** vermerkt. Wenn ein Konto ein Guthaben aufweist, liegt ein **Habensaldo** (H) vor. Ist das Konto überzogen, liegt ein **Sollsaldo** (S) vor.

In der Regel darf ein Kontoinhaber sein Konto bis zu einem bestimmten Betrag überziehen (= **Dispositionskredit** bei privaten Kunden, **Kontokorrentkredit** bei gewerblichen Kunden), **Bd. 2** wobei die Höhe des Überziehungskredites mit dem Kreditinstitut vereinbart werden muss.

Beispiel

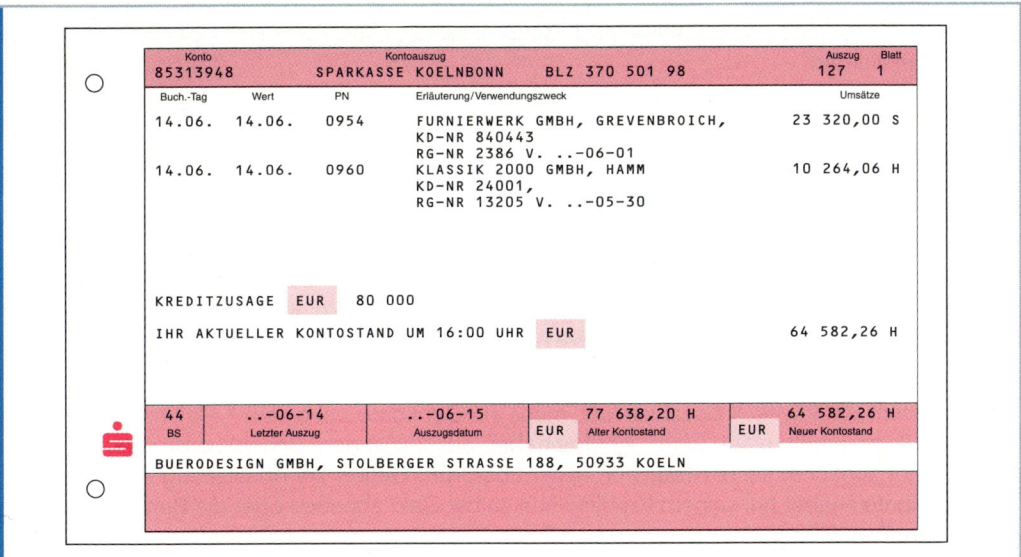

Das Konto der Bürodesign GmbH weist am 15. Juni einen Habensaldo von 64 582,26 EUR aus. Der letzte Kontoauszug vom 14. Juni wies einen Habensaldo von 77 638,20 EUR aus.

● **Zahlschein:**

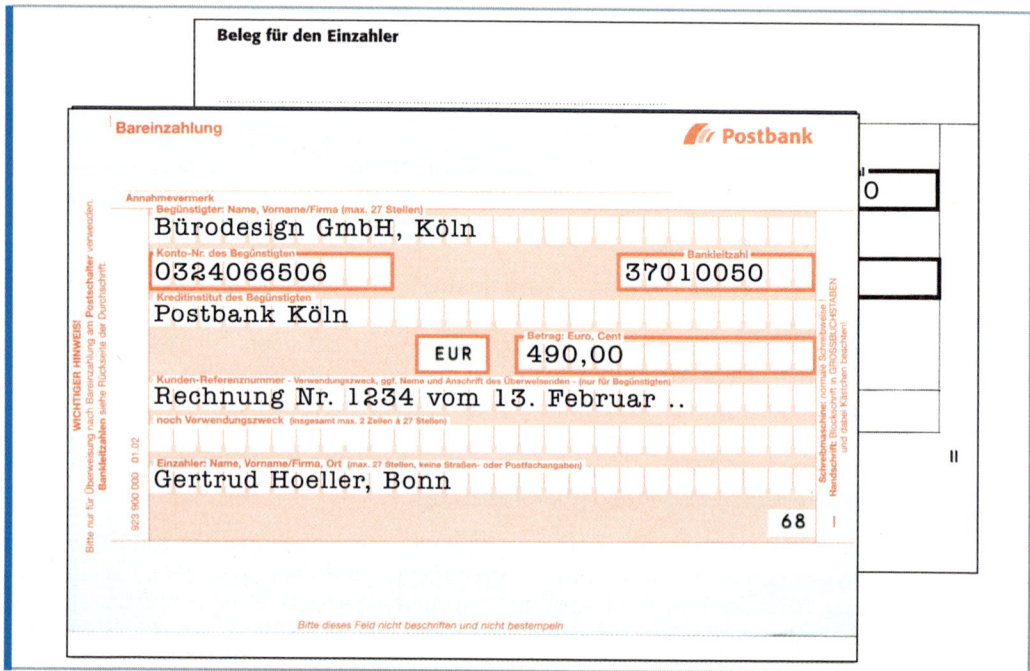

Hat der Gläubiger ein Konto bei einem Kreditinstitut, kann der Schuldner mit einem Zahlschein zahlen. Der Schuldner zahlt das Geld bar bei einem Kreditinstitut ein. Zusätzlich entrichtet er ein Entgelt. Dem Gläubiger wird der entsprechende Betrag auf seinem Girokonto gutgeschrieben. Mit Zahlscheinen können Beträge in beliebiger Höhe übertragen werden, wobei die Kosten der Zahlung vom Schuldner zu tragen sind.

Häufig werden dem Schuldner vom Gläubiger vorgedruckte Zahlscheine übergeben, auf dem bereits Name, Kontonummer, Bankleitzahl, Geldinstitut des Gläubigers und Überweisungsbetrag eingetragen wurden.

Der Zahlschein besteht aus zwei **Bestandteilen**:

1. Gutschrift (Zahlschein) = Beleg des Geldinstitutes (Original)
2. Zahlschein – Quittung (Beleg für Einzahler)

● **Der Bankscheck:**

Hat ein Schuldner ein Konto bei einem Kreditinstitut, kann er mit einem Barscheck bezahlen. **Der Scheck ist eine Anweisung an ein Geldinstitut, bei Vorlage einen bestimmten Geldbetrag zulasten des Scheckausstellers auszuzahlen.** Bei Ausstellung eines Schecks muss der Schuldner (= Aussteller) einen **Scheckvordruck** seines Geldinstitutes verwenden.

Wer mit einem Bankscheck bezahlen will, muss ein Girokonto bei einem Kreditinstitut unterhalten. Allerdings erhält nicht jeder Kontoinhaber auf Verlangen Scheckvordrucke, weil das Kreditinstitut zunächst seine Kreditwürdigkeit überprüft. Gegen die Ausstellung eines Schecks kann ein Kontoinhaber bei seinem Kreditinstitut selbst Geld abheben oder die Barauszahlung an eine andere Person veranlassen.

Beispiel *Sven Braun, wohnhaft in Köln, übergibt am 30. April .. dem Verkäufer eines Gebrauchtwagens, Jochen Panzer, wohnhaft in Bonn, einen Barscheck über 8 000,00 EUR. Jochen Panzer geht zu dem Kreditinstitut des Käufers und erhält Bargeld.*

Da der Scheck kein gesetzliches Zahlungsmittel ist, erfolgt die Zahlung nur erfüllungshalber. Der Gläubiger kann die Annahme des Schecks ablehnen und Bargeld verlangen. Zahlt ein Schuldner seine Verbindlichkeit mit einem Scheck, ist die Verbindlichkeit erst beglichen, wenn das bezogene Geldinstitut den Scheck einlöst.

● **Bestandteile des Schecks:**

Nur wenn der Scheckvordruck vollständig und richtig ausgefüllt ist, wird er von Geldinstituten eingelöst.

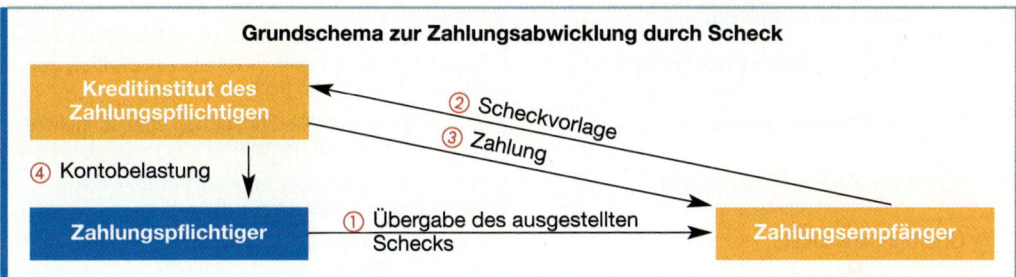

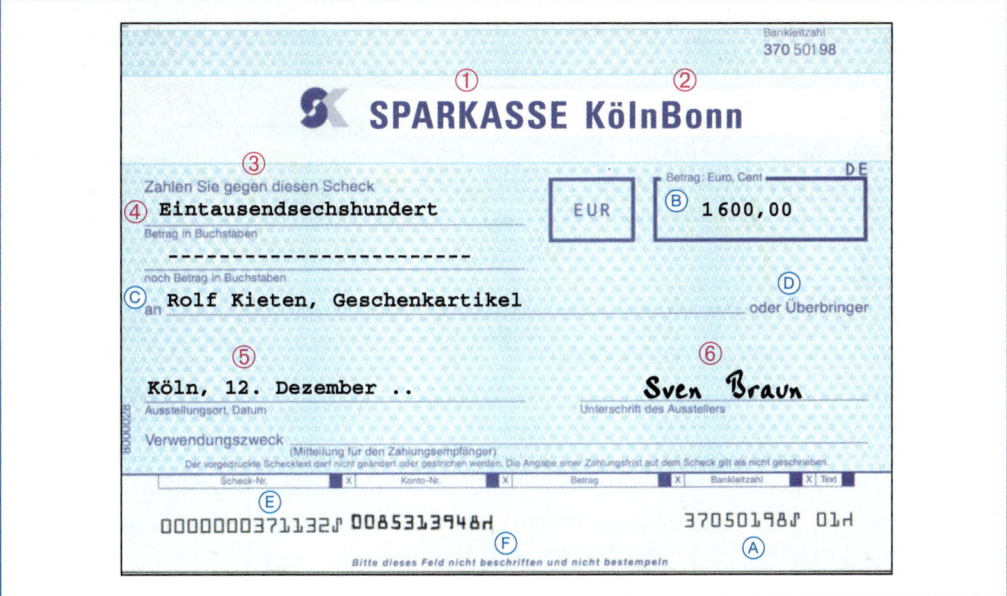

Ein **Scheck ist nur gültig,** wenn er gemäß Scheckgesetz (SchG) **sechs gesetzliche Bestandteile** aufweist (Art. 1 SchG):

① Name des Geldinstitutes, das zahlen soll (= Bezogener)

② Zahlungsort (= Geschäftssitz des Geldinstitutes)

③ Scheckklausel (Bezeichnung Scheck im Text der Urkunde)

④ Unbedingte Anweisung, eine bestimmte Geldsumme zu zahlen (Betrag in Buchstaben)

⑤ Ort und Tag der Ausstellung

⑥ Unterschrift des Ausstellers (= Kontoinhaber)

Fehlt einer dieser Bestandteile, ist der Scheck ungültig. Die Bestandteile a bis d sind bereits auf dem Scheck vorgedruckt, während die Bestandteile e und f vom Aussteller einzutragen sind.

Beispiel Die Bürodesign GmbH hat in ihrem Verkaufsstudio von einem Kunden einen Scheck über 1 200,00 EUR erhalten. Auf dem Scheckvordruck sind die Angaben Ausstellungsort, -datum, Betrag in Buchstaben nicht ausgefüllt worden. Die bezogene Bank lehnt die Einlösung des Schecks ab.

Neben den vorgeschriebenen gesetzlichen Bestandteilen gibt es **kaufmännische Bestandteile** eines Schecks, die die technische Abwicklung des Scheckverkehrs erleichtern:

Kaufmännische Bestandteile	Bedeutung
Ⓐ Bankleitzahl (= Nummer des Geldinstituts)	Sie sind in Zahlen verschlüsselte Anschriften der Banken (ähnlich den Postleitzahlen).
Ⓑ Betrag in Ziffern (= Zahlen)	Er ermöglicht den Kreditinstituten eine schnellere Bearbeitung der Schecks.
Ⓒ Name des Zahlungsempfängers	Es kann der Aussteller oder eine dritte Person namentlich angegeben werden.
Ⓓ Überbringerklausel	Durch diese kann ein Scheck formlos weitergegeben werden.
Ⓔ Schecknummer	Sie ermöglicht die Identifizierung eines Schecks, z. B. bei Widerruf.
Ⓕ Kontonummer des Ausstellers	Sie soll dem Geldinstitut helfen, schnell und einfach die Ordnungsmäßigkeit des Schecks zu überprüfen.

Stimmen im Scheck der in Buchstaben und der in Ziffern angegebene Betrag nicht überein, dann gilt der geschriebene Betrag, da er gesetzlicher Bestandteil ist. Ein Scheck darf nur ausgestellt werden, wenn der Kontoinhaber auf seinem Konto über ein Guthaben in Höhe des Scheckbetrages oder einen entsprechenden Dispositionskredit verfügt.

▶ *Scheckarten:*
Schecks können anhand der folgenden Kriterien unterschieden werden:

- **Unterscheidung nach der Weitergabe**
  - **Inhaberscheck:** Die meisten von den Geldinstituten ausgegebenen Scheckvordrucke tragen den Zusatz „oder Überbringer", d. h., das **Geldinstitut zahlt an den Inhaber, also jede Person**, die den Scheck vorlegt. Die Streichung dieses Zusatzes ist ohne Bedeutung. Die Geldinstitute lösen den Scheck auch dann ein, wenn die Klausel gestrichen ist.
  - **Namensscheck (= Orderscheck; Orderpapier):** Es handelt sich um einen **Scheck ohne Überbringerklausel**, d. h., der Scheck enthält den Namen des Scheckempfängers und wird nur an diesen ausgezahlt. Er wird nur in besonderen Fällen (z. B. bei besonders hohen Beträgen) verwendet und kann nur durch einen Übertragungsvermerk (Indossament) weitergegeben werden.

    Beispiel Die Bürodesign GmbH erhält von ihrer Feuerversicherung nach einem Brand in einem Lagerraum einen Namensscheck über 25 000,00 EUR per Brief zugesandt. Auch wenn dieser Scheck auf dem Postweg verloren geht, besteht kein Risiko für den Aussteller, da er nur dem im Scheck genannten Empfänger ausgezahlt wird.

- **Unterscheidung nach der Art der Einlösung**
  - **Barscheck:** Der Scheckbetrag wird dem Überbringer bar an einem Schalter des bezogenen Geldinstituts ausgezahlt. Legt der Überbringer den Barscheck einem anderen Geldinstitut vor (z. B. seiner eigenen Bank), dann wird der Barscheck nicht bar ausgezahlt, sondern dem Konto des Überbringers gutgeschrieben.

– **Verrechnungsscheck:** (vgl. bargeldlose Zahlung S. 279). Enthält ein Scheck den Vermerk „Nur zur Verrechnung", wird der **Scheckbetrag dem Konto des Überbringers gutgeschrieben, d. h., er wird nicht bar an den Überbringer ausgezahlt.**

▶ *Verwendungsmöglichkeiten und Einlösefristen des Schecks:*

Der Inhaber eines Barschecks hat **verschiedene Möglichkeiten zur Scheckverwendung**:

*   Vorlage beim bezogenen Geldinstitut zur **Barauszahlung**
*   Einreichung beim eigenen Geldinstitut zur **Gutschrift auf dem eigenen Konto**
*   **Weitergabe an einen Gläubiger** zum Ausgleich einer Verbindlichkeit (Bei Inhaberschecks genügt die formlose Übergabe. Bei höheren Scheckbeträgen verlangen die Geldinstitute aus Sicherheitsgründen die Unterschrift des Scheckeinreichers auf der Rückseite des Schecks.). Der Weitergebende haftet dem Empfänger für die Einlösung des Schecks.

Ein Scheck ist bei Sicht zahlbar, d. h., bei Vorlage durch den Scheckinhaber. Dieses gilt auch für Schecks, bei denen als Ausstellungsdatum ein zukünftiges Datum eingetragen wurde (= vordatierter Scheck).

Ein Scheck muss innerhalb einer bestimmten Frist bei einem Geldinstitut vorgelegt werden. Die **Vorlegefrist** beträgt für

*   **im Inland** (innerhalb der Bundesrepublik) ausgestellte Schecks **8 Tage**,
*   **im europäischen Ausland** ausgestellte Schecks **20 Tage**,
*   **im außereuropäischen Ausland** ausgestellte Schecks **70 Tage**.

Wird ein Scheck erst nach Ablauf dieser Frist vorgelegt, kann das bezogene Geldinstitut den Scheck einlösen. Eine Verpflichtung zur Einlösung besteht jedoch nicht mehr.

▶ *Nichteinlösung von Schecks und Scheckverlust:*

Wird ein rechtzeitig vorgelegter Scheck vom bezogenen Geldinstitut nicht eingelöst (z. B. das Konto weist keine ausreichende Deckung auf), muss der Scheckinhaber die **Nichteinlösung auf dem Scheck vermerken lassen.**

Der Scheckinhaber kann dann vom Scheckaussteller den Ersatz der entstandenen Kosten (Zinsen und Provision) und weiterhin die Zahlung der Schecksumme verlangen (**Scheckregress, -rückgriff**). Verweigert der Scheckaussteller die Zahlung, kann er vom Scheckinhaber verklagt werden (Scheckklage).

Verliert ein Scheckinhaber einen ausgestellten Scheck, sollte er **sofort das bezogene Geldinstitut benachrichtigen und den Scheck sperren lassen**, da ein unehrlicher Finder z. B. einen Barscheck beim bezogenen Geldinstitut einlösen kann. Scheckvordrucke sind immer **sorgfältig aufzubewahren**, damit ein Missbrauch verhindert wird.

Zusammenfassung: Bar(geld)zahlung und halbbare Zahlung

*   Kennzeichen der Bar(geld)zahlung ist, dass **sowohl der Schuldner als auch der Gläubiger Bargeld in Händen haben**.
*   Bei **persönlicher sofortiger Zahlung (Zug-um-Zug-Geschäft)** erhält ein Kunde die Ware nur gegen sofortige Zahlung. Der Kunde (Zahler) erhält über die Zahlung eine **Quittung**.
*   Bei Zahlung durch einen **Express-Brief** können durch die Deutsche Post AG Geldbeträge oder Wertgegenstände **bis zu 25 000,000 EUR** in einem verschlossenen Briefumschlag versandt werden, wobei die Deutsche Post AG für den Verlust haftet.

- Die **halbbare Zahlung ist dadurch gekennzeichnet**, dass entweder der Schuldner oder der Gläubiger ein Girokonto bei einem Kreditinstitut haben muss.
- Mit einem **Zahlschein** kann ein Schuldner, der über kein eigenes Konto verfügt, Geld bar sowohl bei der Postbank als auch bei einem Kreditinstitut einzahlen. Dem Gläubiger wird der Betrag auf seinem Konto gutgeschrieben.
- Mit einem Scheck weist ein Kontoinhaber sein Geldinstitut an, bei Vorlage des Schecks den Scheckbetrag zu zahlen.
- **Bankschecks** zählen zur halbbaren Zahlung. Sie haben **folgende**

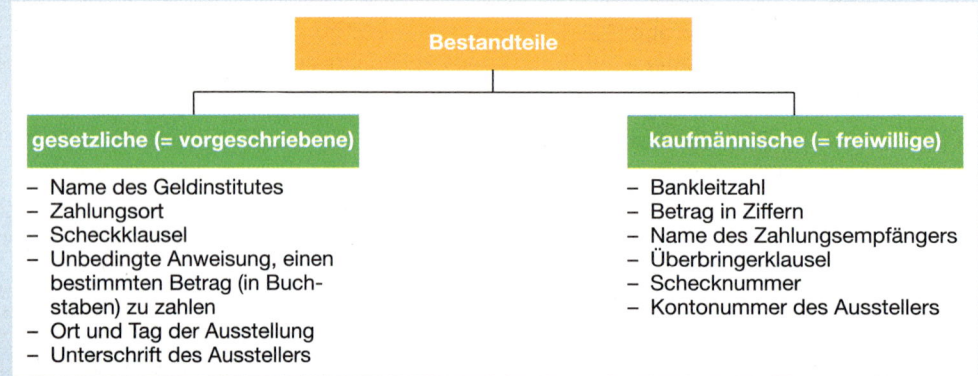

Bestandteile	
gesetzliche (= vorgeschriebene)	**kaufmännische (= freiwillige)**
– Name des Geldinstitutes – Zahlungsort – Scheckklausel – Unbedingte Anweisung, einen bestimmten Betrag (in Buch-staben) zu zahlen – Ort und Tag der Ausstellung – Unterschrift des Ausstellers	– Bankleitzahl – Betrag in Ziffern – Name des Zahlungsempfängers – Überbringerklausel – Schecknummer – Kontonummer des Ausstellers

- **Inhaberschecks** kann jeder beim bezogenen Geldinstitut einlösen, **Namensschecks** können in der Regel nur vom Scheckempfänger eingelöst werden.
- **Barschecks** werden bar ausgezahlt, **Verrechnungsschecks** dem Konto des Überbringers gutgeschrieben.
- Die **Vorlegefristen** betragen für Schecks
  – im Inland 8 Tage,   – in Europa 20 Tage,   – außerhalb von Europa 70 Tage
- Der **Verlust eines Schecks** muss dem Geldinstitut **sofort mitgeteilt werden**, damit der **Scheck gesperrt werden kann**.

Aufgaben

1 *Beschreiben Sie, wodurch die Bar(geld)zahlung gekennzeichnet ist.*

2 *Erläutern Sie, welche Formen der Bar(geld)zahlung unterschieden werden können.*

3 *Beschreiben Sie den Ablauf einer Barzahlung mittels eines Express-Briefes.*

4 *Die Auszubildende Iris Heuer verkauft am 10. Januar .. an die Arbeitskollegin Isolde Spanring eine gebrauchte Hifi-Anlage für 450,00 EUR. Isolde Spanring zahlt bei der Übergabe der Hifi-Anlage den Geldbetrag bar. Erstellen Sie die entsprechende Quittung (weitere Daten nach eigener Wahl).*

5 *Besorgen Sie sich aus Einzelhandels-, Großhandels- und Industriebetrieben Quittungen und vergleichen Sie hinsichtlich Bestandteilen, Aufbau usw.*

6 *Erläutern Sie, welche Daten der Kontoinhaber dem Kontoauszug auf Seite 271 entnehmen kann.*

7 *Erklären Sie „Dispositions- und Kontokorrentkredit".*

8 *Nennen Sie die gesetzlichen und kaufmännischen Bestandteile eines Schecks.*

9 *Beschreiben Sie, wodurch sich*
a) Inhaber- und Namensscheck   b) Bar- und Verrechnungsscheck
unterscheiden.

10 Ein Kunde will im Verkaufsstudio der Bürodesign GmbH einen PC-Tisch mit einem Barscheck über 388,00 EUR bezahlen. Geben Sie an, worauf Sie bei der Entgegennahme des Barschecks achten müssen.

11 Die Bürodesign GmbH erhält am 5. März .. einen in Basel (Schweiz) ausgestellten Barscheck, Ausstellungsdatum 10. März ..
   a) Wann kann die Bürodesign GmbH den Scheck frühestens zur Barauszahlung bei der bezogenen Bank vorlegen?
   b) Wann sollte die Bürodesign GmbH den Scheck spätestens bei der Bank vorgelegt haben?

12 Die Auszubildende Renate Becker hat bei einem Einkaufsbummel fünf Barschecks verloren. Beschreiben Sie, wie sich Renate Becker verhalten sollte.

13 Bereiten Sie in Vierergruppen in der Klasse Fragen zum Thema „Halbbare Zahlung" vor. Stellen Sie diese Fragen in einem Prüfungsgespräch zwei Mitschülerinnen/Mitschülern und bewerten Sie die Leistung der Prüflinge anhand eines Ergebnisprotokolls.

14 Ergänzen Sie unter Verwendung der folgenden Begriffe die unvollständigen Sätze zu sinnvollen Aussagen.
   1) Name der bezogenen Bank   3) Überbringungsklausel
   2) Ausstellungsdatum   4) Unterschrift des Ausstellers
   a) ...macht aus dem Scheck ein Inhaberpapier
   b) ...bestätigt den Auszahlungsauftrag an die Bank
   c) ...gibt an, wer zur Einlösung des Schecks verpflichtet ist
   d) ...bestimmt den Verfallzeitraum des Schecks

15 Ordnen Sie die folgenden Begriffe aus dem Zahlungsverkehr den untenstehenden Beschreibungen zu.
   1) Dauerauftrag   4) Überbringerklausel
   2) Orderpapier   5) Verrechnungsscheck
   3) Lastschriftverfahren
   a) Das Kreditinstitut wird beauftragt, einen gleichbleibenden Betrag zu festgelegten Terminen zu überweisen.
   b) Der Gläubiger veranlasst einen Geldtransfer vom Konto des Zahlers auf sein eigenes Konto.
   c) Das Kreditinstitut darf den Betrag nur dem Konto gutschreiben.
   d) Aufgrund dieses Vermerks auf dem Vordruck kann der Betrag an jeden Inhaber ausgezahlt werden.
   e) Die Übertragung der Rechte erfolgt durch Übergabe und Indossament.

4.3.2 Bargeldlose Zahlung und Zahlungsvereinfachungen

Die Bürodesign GmbH erhält täglich eine Vielzahl von Eingangsrechnungen von Lieferern, Spediteuren, der Telekom usw. Einige Rechnungen sind sofort fällig, andere haben ein Zahlungsziel von einigen Tagen. Die Auszubildene Elke Grau findet bei Durchsicht der Belege zwei Mahnungen von Lieferern, in denen zum offenstehenden Rechnungsbetrag noch Verzugszinsen verlangt werden. Sie fragt ihre Abteilungsleiterin Frau Jäger: „Wie kann es dazu kommen, dass diese Rechnungen nicht bezahlt wurden?" Frau Jäger antwortet leicht errötend: „Es ist einfach vergessen worden. Das kann ja schließlich jedem mal passieren!" Elke ist erstaunt und meint: „Es muss doch möglich sein, Eingangsrechnungen termingerecht zu bezahlen. Sie benutzen doch Computer!"

Arbeitsaufträge ▶ Geben Sie an, wie die Bürodesign GmbH den Gläubigern in Zukunft die Rechnungsbeträge termingerecht und bequem zukom-
men lassen kann.

▶ Beschreiben Sie die verschiedenen Möglichkeiten der Zahlungs-
vereinfachung bei der bargeldlosen Zahlung.

▶ Erklären Sie die Abwicklung eines Kreditkartengeschäftes.

▶ Beschreiben Sie die verschiedenen Electronic-Banking-Systeme.

Der bargeldlose Zahlungsverkehr setzt voraus, dass **Schuldner und Gläubiger über ein Konto bei einem Geldinstitut verfügen**. Der Schuldner kann von seinem Konto einen Betrag abbu-chen lassen, der dann dem Gläubiger auf seinem Konto gutgeschrieben wird. Für bargeldlose Zahlungen werden verwendet:

- Überweisung
- Verrechnungsscheck

■ Überweisung

Mit einer Banküberweisung **kann ein Schuldner von seinem Konto einen Geldbetrag auf ein anderes Konto bei jedem Geldinstitut überweisen lassen**. Der Auftrag wird dem Geldinstitut (Bank, Sparkasse, Postbank) durch das Ausfüllen und die Abgabe eines Überweisungsvordrucks erteilt. Dieses ist ein **ein- oder zweiteiliger Vordrucksatz**, den jeder Kontoinhaber von seinem Geldinstitut erhält. Der Vordruck wird im **Durchschreibeverfahren** ausgefüllt.

Ein Schuldner kann eine Überweisung auch mit dem kombinierten Formblatt **„Zahl-schein/Überweisung"** (vgl. S. 272) tätigen. Diese Vordrucke werden oft zusammen mit

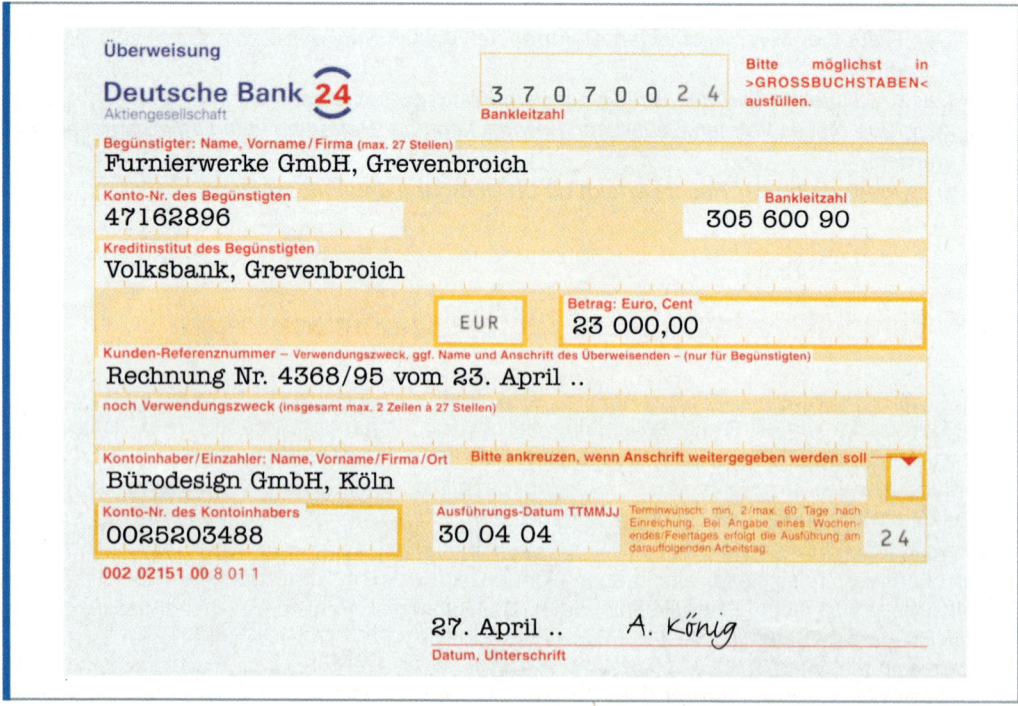

Rechnungen versandt, wobei bereits alle Angaben des Gläubigers (Name, Kontonummer, bezogene Bank, Bankleitzahl, Überweisungsbetrag, Verwendungszweck) aufgedruckt sind. Für den Schuldner ergibt sich dadurch eine Arbeitserleichterung.

Durch den **elektronischen Datenaustausch (EDI)** zwischen Kunden, Lieferanten, Banken usw. kann der Zahlungsverkehr vollautomatisch zwischen den Beteiligten über Online-Netze abgewickelt werden (vgl. S. 280).

■ Verrechnungsscheck

Verrechnungsschecks tragen den Vermerk **„Nur zur Verrechnung"**. Dieser Vermerk kann nachträglich auf einem Barscheck angebracht werden oder er ist von vornherein aufgedruckt. Bei Zahlung mit einem Verrechnungsscheck weist ein Kontoinhaber sein Geldinstitut an, die auf dem Scheck angegebene Summe **nur dem Konto des Scheckempfängers gutzuschreiben**, während das Konto des Scheckausstellers entsprechend belastet wird. Der Verrechnungsscheck wird nicht an den Empfänger bar ausgezahlt, erst nach Gutschrift auf dem Konto kann der Scheckbetrag vom Kontoinhaber abgehoben werden. Verrechnungsschecks sind deshalb sicherer als Barschecks. So kann ein Dieb zwar einen gestohlenen Verrechnungscheck seinem Konto gutschreiben lassen. Hierzu muss er aber seinen Namen angeben, wodurch es leicht nachvollziehbar wird, wer den Scheck eingelöst hat. Ein bereits geschriebener oder aufgedruckter Verrechnungsvermerk kann nicht mehr gestrichen werden, ein Verrechnungsscheck kann also nicht mehr in einen Barscheck umgewandelt werden.

■ Zahlungsvereinfachungen

Im Rahmen der bargeldlosen Zahlung können einige Zahlungsvereinfachungen, die dem Schuldner Arbeitserleichterungen bringen oder die den Überweisungsvorgang beschleunigen, genutzt werden.

● Dauerauftrag:
Mit einem Dauerauftrag beauftragt ein Kontoinhaber sein Kreditinstitut, **regelmäßig zu einem bestimmten Zeitpunkt einen gleich bleibenden Betrag zulasten seines Kontos** auf das Konto des Gläubigers zu überweisen.

Beispiele *Miete, Versicherungsbeiträge, Tilgungsraten bei Darlehen, Ratenzahlungen*

Nach der Auftragserteilung durch den Kontoinhaber stellt das Geldinstitut regelmäßig die Buchungsbelege aus. Ein Dauerauftrag behält seine Gültigkeit bis zum schriftlichen Widerruf durch den Kontoinhaber.

● Lastschriftverfahren:
Bei regelmäßig wiederkehrenden Zahlungen in gleicher oder unterschiedlicher Höhe kann ein Kontoinhaber den Gläubiger ermächtigen, bis auf Widerruf **zu unterschiedlichen Terminen Beträge von seinem Konto abbuchen zu lassen.**

Beispiele *Telefon-, Strom-, Wasserrechnung, Grundsteuer*

Dazu kann der Kontoinhaber

- dem Gläubiger eine **Einzugsermächtigung (= Einzugsermächtigungsverfahren)** oder
- seinem Geldinstitut einen **Abbuchungsauftrag (= Abbuchungsverfahren)** erteilen.
  - **Einzugsermächtigung (= Einzugsermächtigungsverfahren):** Bei diesem Verfahren **ermächtigt der Kontoinhaber** den Gläubiger, **seine Forderung vom Konto des Kontoinha-**

bers einzuziehen. Sollte der Gläubiger das Konto des Kontoinhabers ungerechtfertigt belasten, dann kann der Kontoinhaber der Kontobelastung innerhalb von sechs Wochen widersprechen. Der belastete Betrag wird dann wieder gutgeschrieben.

Beispiel Die Bürodesign GmbH hat der Stadt Köln eine Einzugsermächtigung für die Grundsteuerabgaben erteilt. Aufgrund eines Fehlers in der Rechnungsabteilung der Stadt Köln wird das Konto der Bürodesign GmbH statt mit 245,16 EUR mit 2451,60 EUR belastet. Die Bürodesign GmbH kann bei ihrem Geldinstitut der Lastschrift widersprechen, der Betrag wird ihrem Konto wieder gutgeschrieben.

– **Abbuchungsauftrag (= Abbuchungsverfahren, Einziehungsauftrag):** Bei diesem Verfahren **beauftragt der Kontoinhaber sein Geldinstitut, Lastschriften eines bestimmten Gläubigers** (z. B. Rechnungen von Lieferern) **ohne vorherige Rückfrage abzubuchen**. Der Abbuchungsauftrag gilt, bis er widerrufen wird. Der Schuldner kann einer Belastung nicht widersprechen.

Beispiel Die Bürodesign GmbH beliefert die Büromöbel GmbH Europa regelmäßig mit Bürostühlen. Da die Büromöbel GmbH Europa mehrmals unregelmäßig gezahlt hat, vereinbart die Bürodesign GmbH mit diesem Kunden, dass im Abbuchungsverfahren offene Rechnungsbeträge eingezogen werden können. Da bei diesem Verfahren einer Belastung nicht widersprochen werden kann, hat die Bürodesign GmbH die Sicherheit, dass sie bei Deckung des Kontos ihr Geld bekommt.

● **Sammelüberweisung:**

Führt ein Unternehmen an einem Tag **an verschiedene Gläubiger mehrere Überweisungen** aus, ist die Sammelüberweisung vorteilhaft. Die einzelnen Überweisungen (sie sind als Endlosvordrucke bei den Geldinstituten erhältlich) werden listenmäßig mit der Nummer des Überweisungsvordrucks und dem Betrag auf einem Sammel-Überweisungsauftrag (zwei Bestandteile: Original für Geldinstitut, Durchschrift für Auftraggeber = Schuldner) festgehalten. Nur dieser Auftrag wird vom Schuldner unterschrieben, somit hat er eine **Arbeitsersparnis**. Zudem werden Buchungsentgelte gespart. Mit einem einzigen ordnungsgemäß unterschriebenen Sammel-Überweisungsauftrag können beliebig viele Überweisungen zur Gebühr einer einzigen Überweisung durchgeführt werden **(= Kostenersparnis)**.

● **Eilüberweisung:**

Ist eine Überweisung besonders dringlich, so kann ein Schuldner sie als Eil- oder sogar Blitzüberweisung (Postbank „Eilauftrag") übermitteln lassen. Hierbei wird der Überweisungsvorgang sofort nach Auftragserteilung telefonisch, online oder per Fax ausgeführt. Dafür erheben die Geldinstitute ein besonderes Entgelt.

Beispiel Ein Sachbearbeiter der Bürodesign GmbH hat vergessen, termingerecht die Zinsen für ein Darlehen an die Commerzbank zu überweisen. Um mögliche Verzugszinsen möglichst gering zu halten, wird eine Eilüberweisung bei der Deutschen Bank, Köln, in Auftrag gegeben.

■ **Belegloser Datenträgeraustausch**

Die Geldinstitute haben den **Elektronischen Zahlungsverkehr für Individualüberweisungen** (EZÜ) eingeführt, um den Zahlungsverkehr zu rationalisieren. Hierbei werden per Beleg erteilte Überweisungsaufträge beim beauftragten Geldinstitut oder beim Auftraggeber in Datensätze umgewandelt. Diese Daten werden auf elektronischen Datenträgern (z. B. Magnetbänder oder Disketten) erfasst und im Rahmen des **beleglosen Datenträgeraustauschs** zwischen den Geldinstituten weitergeleitet und verrechnet. An die Stelle des Beleges tritt somit ein Datensatz, der mithilfe **elektronischer Datenträger** oder der **Datenfernübertragung** (elektronische Leitungsverbundnetze) vom Auftraggeber über die Kreditinstitute und deren Clearingstellen bis zum Konto des Zahlungsempfängers bzw. des Zahlungspflichtigen weitergeleitet wird.

■ Kartenzahlungssysteme und Electronic-Banking-Systeme

Der Begriff „Plastikgeld" stammt daher, dass der Käufer bei der Bezahlung statt Bargeld eine kleine **Kunststoffkarte** vorlegt, auf der bestimmte Daten eingetragen sind, z. B. Name, Konto-Nummer, Kunden-Nummer usw. Diese Daten können entweder direkt lesbar sein, d. h., sie sind in einer normalen Schrift auf der Karte aufgetragen, oder sie sind nur mithilfe bestimmter Lesegeräte zu erkennen. Die Karten haben entweder auf ihrer Rückseite einen **Magnetstreifen** oder einen **Chip**, in dem alle wesentlichen Daten gespeichert sind.

● Kreditkarten:

Kreditkarten werden von Kreditkartenorganisationen Personen mit einem bestimmten Mindestjahreseinkommen oder Unternehmen gegen Zahlung eines Jahresentgelts angeboten. Häufig ist in diesem Betrag auch eine Versicherungsleistung, z. B. eine Unfallversicherung, eingeschlossen. Sie können in allen Vertragsunternehmen, z. B. Hotels, Restaurants, Reisebüros, Mietwagenunternehmen usw., von den Kunden benutzt werden. Der Kunde ist somit stets zahlungsfähig, ohne ständig Bargeld oder Schecks mit sich führen zu müssen. Kreditkarten gelten meist im Inland und im Ausland. Die bedeutendsten Kreditkartenorganisationen sind „American Express", „Diners Club International" und „VISA". Marktführer in Deutschland ist die „Mastercard", die von Banken und Sparkassen ausgegeben wird.

Kreditkarten können von ihren Inhabern wie Bargeld benutzt werden. Bei den meisten Geldinstituten kann man sich gegen Vorlage der Kreditkarte Bargeld auszahlen lassen. Bei Verlust oder Diebstahl der Kreditkarte ist die herausgebende Organisation sofort zu benachrichtigen, sie sperrt die Karte dann international. Der Inhaber haftet meist nur für einen bestimmten Betrag.

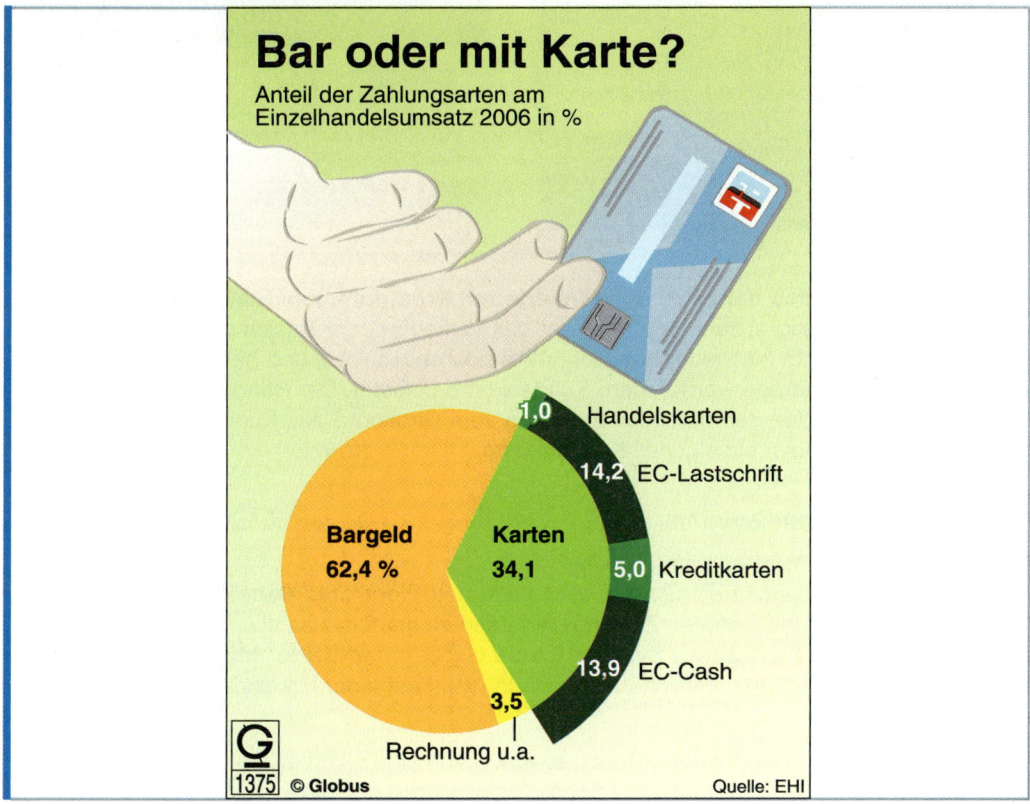

Bar oder mit Karte?
Anteil der Zahlungsarten am Einzelhandelsumsatz 2006 in %

- 1,0 Handelskarten
- 14,2 EC-Lastschrift
- 5,0 Kreditkarten
- 13,9 EC-Cash

Bargeld 62,4 %
Karten 34,1
3,5 Rechnung u.a.

1375 © Globus   Quelle: EHI

Die **Abwicklung eines Kreditkartengeschäfts** vollzieht sich folgendermaßen:

- Der Kreditkarteninhaber legt dem Vertragsunternehmen seine Kreditkarte vor und unterschreibt einen Leistungsbeleg.
- Das Vertragsunternehmen sendet den unterschriebenen Leistungsbeleg an die Kreditkartenorganisation zur Abrechnung.
- Die Kreditkartenorganisation überweist nach etwa einem Monat dem Vertragsunternehmen aufgrund des Leistungsbeleges einen Betrag, der um die Umsatzprovision (etwa 2 bis 7 %) verringert ist.
- Die Kreditkartenorganisation schickt dem Karteninhaber monatlich eine genaue Sammelrechnung über die fälligen Zahlungen und belastet im Wege des Lastschrifteinzugsverfahrens das Konto des Kreditkarteninhabers.

● **Kundenkarten:**

Kundenkarten werden von einigen Einzel- und Großhändlern an kreditwürdige Kunden kostenlos ausgegeben. Der Kunde muss hierzu auf einem Antragformular einige persönliche Angaben machen. Mit der Kundenkarte sollen die Kunden an das Unternehmen gebunden werden. Um Kunden zu veranlassen, sich die Kundenkarten zu besorgen, erhalten Kunden z. B. einen Bonus von 1 bis 3 % auf alle getätigten Einkäufe nach Ablauf eines bestimmten Zeitraumes oder Prämien in Höhe der gesammelten umsatzabhängigen Punkte. Einige Kundenkarten können beim jeweiligen Unternehmen wie Kreditkarten verwendet werden.

Beispiele *ADAC-Karte, Bahn-Card, Metrokarte, Edeka-Card, Payback-Karte*

Ablauf eines Einkaufes bei einer Kundenkarte mit Kreditfunktion: Statt Bargeld zur Begleichung seiner Rechnung anzunehmen, erfasst das Verkaufs- oder Kassenpersonal lediglich die Daten der Kundenkarte (entweder handschriftlich oder maschinell) und händigt dem Käufer die Ware aus. Die Kaufbeträge werden dem Kundenkonto belastet. Der Händler bucht dann in bestimmten Zeitabständen den summierten Betrag vom Girokonto des Kunden ab. Jeder Kunde hat also bei dem Händler ein eigenes Kundenkonto.

● **Electronic-Banking-Systeme:**

▶ *Electronic Cash (Point-of-Sale-Banking):*

Bei diesem System handelt es sich um eine Form des **Electronic Banking**. Die Geldinstitute haben ein einfaches und sicheres Zahlungsverfahren eingeführt, das allen Beteiligten spürbare Vorteile bringen soll. Kern dieses Systems ist die Girocard (**ec-Karte, Maestro-Card**; je nach Kreditinstitut gibt es unterschiedliche Bezeichnungen). Fast jeder Haushalt verfügt in Deutschland über diese Karte.

Eine Girocard enthält verschiedene Daten, einige davon sind sichtbar (Vorderseite), z. B. Name des Kunden, Konto- und Karten-Nr. Andere Daten sind nicht direkt lesbar. Sie sind codiert

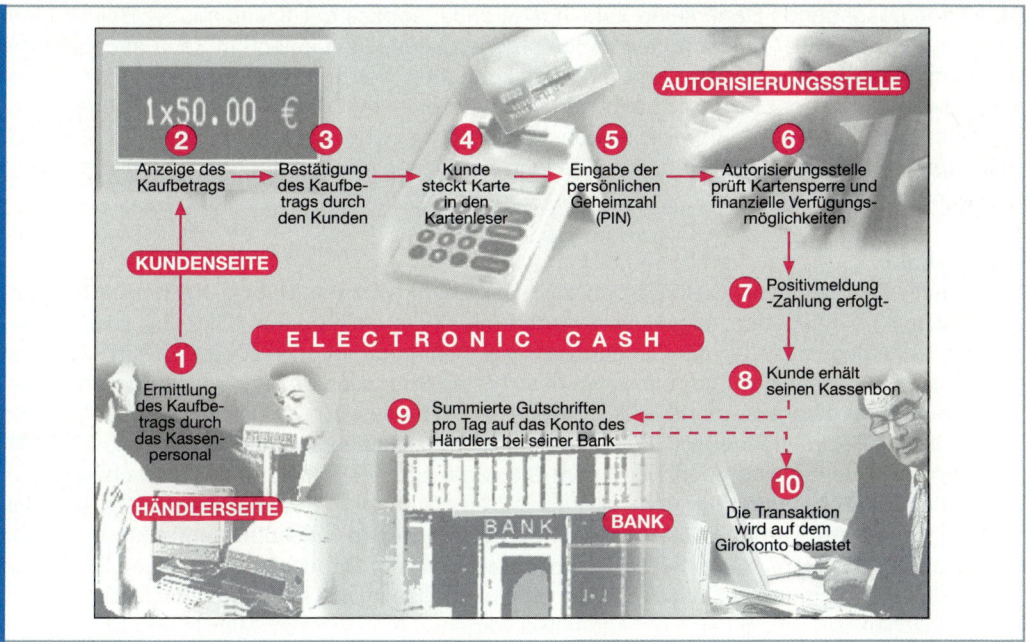

auf dem Magnetstreifen (Rückseite) gespeichert und können nur von einem Lesegerät erfasst werden.

Damit die Girocard nicht von Unbefugten benutzt werden kann, wird jedem Girocard-Besitzer von seiner Bank eine persönliche Geheimzahl mitgeteilt. Sie gilt als „**P**ersönliche **I**dentifikations **N**ummer", daher wird sie auch häufig nur **PIN** genannt. Die Pin-Nr. ist **nicht** auf dem Magnetstreifen gespeichert, sondern wird jedes Mal neu aus einer komplizierten verschlüsselten Kombination aus Bankleitzahl, Konto-Nr. und Karten-Nr. berechnet und mit der Eingabe des Kunden verglichen.

Die Grundidee des Electronic Cash besteht darin, am **POS (Point of Sale = Verkaufsort)**, also direkt beim Zahlungsempfänger (Gläubiger) ein Gerät aufzustellen, das die Daten einer Girocard lesen und verarbeiten kann. Für Gläubiger und Karteninhaber sieht ein Zahlungsvorgang so aus, als ob durch Einschieben der Girocard in den Kartenleser der Kaufbetrag vom Bankkonto des Karteninhabers direkt auf das Girokonto des Gläubigers umgebucht wird. In Wirklichkeit zieht der Gläubiger seine Forderungen aus den Electronic-Cash-Umsätzen beleglos im Lastschrifteinzugsverfahren über sein Kreditinstitut ein. Die Zahlungen sind durch das Karten ausgebende Kreditinstitut garantiert.

Im Rahmen des Elektronic Banking können mit einer Girocard und der Eingabe einer persönlichen Geheimzahl (PIN) an Geldautomaten Barbeträge im Inland und teilweise auch im Ausland **(Maestro)** außerhalb der Schalteröffnungszeiten abgehoben werden (vgl. S. 284). Mithilfe des **Maestro-Service** der Geldinstitute ist es bei Reisen möglich, mit der Girocard mit persönlicher Geheimzahl auch im Ausland an elektronischen Kassen von Tankstellen, Einzel- und Großhandelsbetrieben, Hotels und Restaurants zu zahlen (vgl. S. 284).

▶ *Elektronisches Lastschriftverfahren (ELV):*
Im Gegensatz zum Electronic Cash wird beim elektronischen Lastschriftverfahren auf die ergänzende Eingabe der Geheimnummer verzichtet. Dieses System ermöglicht dem Händler die automatische Erstellung einer Einzugsermächtigung unter Verwendung der Girocard. Die Legitimation des Karteninhabers erfolgt durch seine Unterschrift. Bei diesem Verfahren übernimmt

die Karten ausgebende Bank keine Zahlungsgarantie, sodass der Kontoinhaber Belastungen seines Kontos aus ELV-Lastschriften widersprechen kann. Die Lastschrift kann auch von der kontoführenden Bank mangels Deckung zurückgegeben werden. Der Karteninhaber hat aber durch die Erteilung der Einzugsermächtigung dem Kreditinstitut die Einwilligung gegeben, dem Handelsunternehmen auf Anfrage seinen Namen und seine Adresse mitzuteilen. Dies gilt selbst für den Fall, dass der Kunde bei Erteilung der Einzugsermächtigung kein Einverständnis gegeben hat.

▶ *Chip-Karte:*

- Alternativ zum Electronic Cash werden sogenannte **Chip-Karten (Hybrid-Karten, „intelligente Karten")** ausgegeben. Dieses sind Karten mit einem eingebauten Mikrochip, der im Vergleich zum Magnetstreifen der Girocard sehr viel mehr Informationen speichern kann. So kann der Chip als wesentliche Information ein bestimmtes **Guthaben** des Karteninhabers enthalten. Der Schuldner steckt die Karte in das Lesegerät, die Karte wird vom Kartenleser gelesen und geprüft, der Rechnungsbetrag wird angezeigt und vom Kunden über die Tastatur bestätigt. Der zu zahlende Betrag wird erfasst und dem Gläubiger später von der Bank gutgeschrieben. Im gleichen Moment wird auf dem Mikrochip das Guthaben des Karteninhabers um den Rechnungsbetrag verringert **(elektronisches Portemonnaie = Geldbörsenfunktion)**. Ist das Guthaben verbraucht, kann der Karteninhaber von seinem Girokonto einen neuen Betrag auf die Chip-Karte umbuchen lassen. Dieser Umbuchungsvorgang kann auch nach Eingabe der persönlichen Geheimzahl an Geldautomaten vorgenommen werden. Mithilfe von Chip-Karten können z. B. auch öffentliche Telefone oder Fahrkartenautomaten benutzt werden.

Beispiel für Chip-Karte

Chip
(= elektronisches
Portemonnaie)

weltweites Electronic-Cash-Logo und Logo für internationale Geldautomaten

Logo für Geldausgabeautomat

Electronic-Cash-Logo

- **Die Chip-Karte (Geldkarte) hat folgende Vorteile:**
  - Sie bietet ein hohes Maß an Sicherheit, da Informationen nur von berechtigten Nutzern gelesen und verändert werden können und somit Betrugsdelikte deutlich verringert werden. Das Risiko bei Missbrauch ist auf das auf der Karte vorhandene Guthaben beschränkt.
  - Während beim Electronic-Cash-System die erfassten Daten während des Verkaufsvorgangs an eine Autorisierungszentrale übermittelt werden, wodurch sich unter Umständen längere Wartezeiten am POS ergeben können, ist bei der Chipkarte dieser Aufwand nicht erforderlich, da alle erforderlichen Daten im Chip enthalten sind.

– Zudem entfällt die bei Vorlage von Kreditkarten bei jedem Zahlungsvorgang notwendige teure Leitungsverbindung zu den Bankrechnern, die bisher hergestellt werden, um den Kontostand festzustellen.

Chipkarten gewinnen zunehmend auch als Mitgliedsausweise an Bedeutung, z. B. bei Krankenkassen, Sportvereinen.

- **Online-Banking („Elektronic Banking"):** Weitere Formen des Electronic Banking sind **„Homebanking"** und **„Cashmanagement"**.

  – Unter **Homebanking** (Telebanking) versteht man die elektronische Kontoführung durch Nutzung von Online-Diensten. Der Kontoinhaber kann über das Telefonnetz mithilfe eines

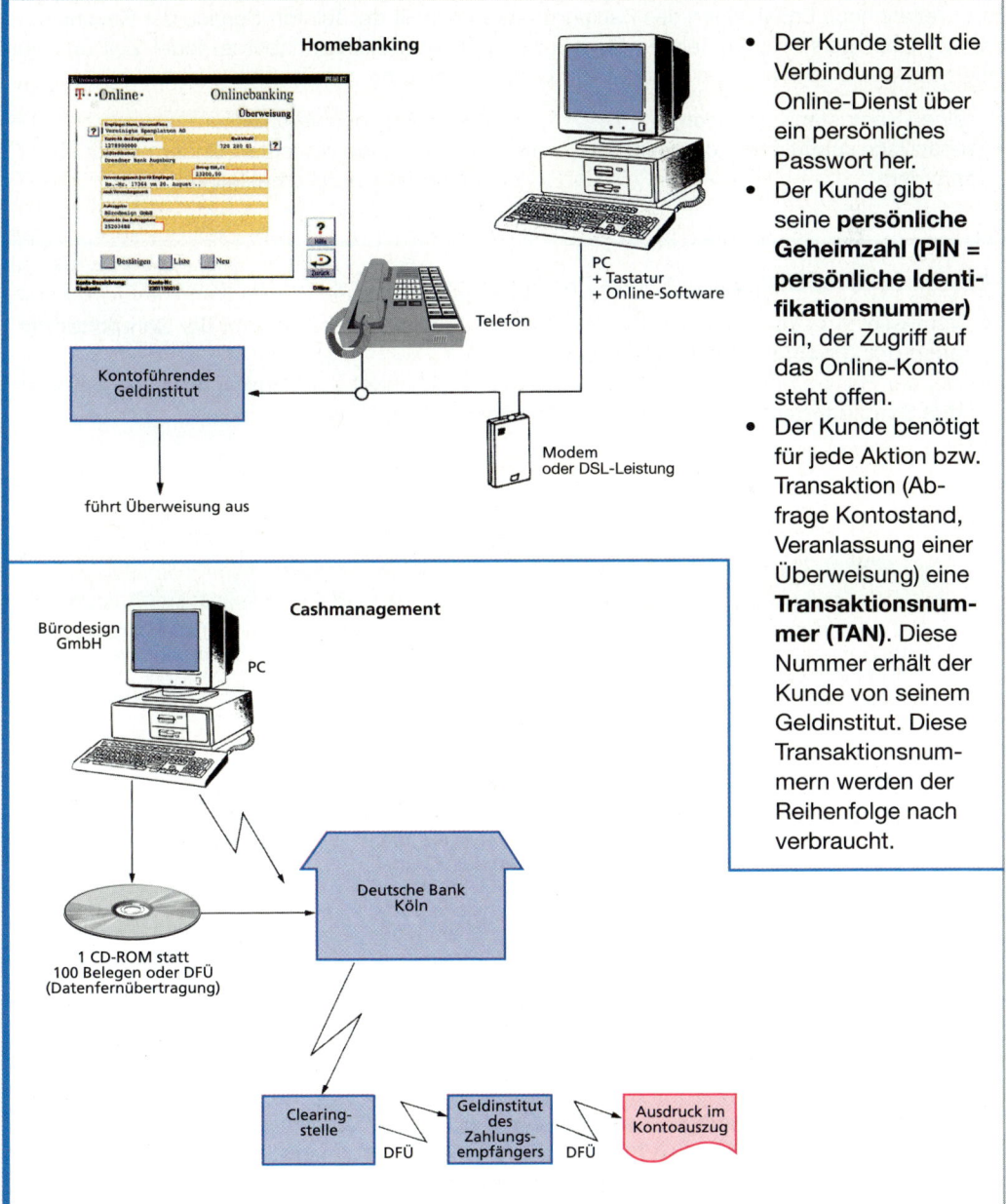

- Der Kunde stellt die Verbindung zum Online-Dienst über ein persönliches Passwort her.
- Der Kunde gibt seine **persönliche Geheimzahl (PIN = persönliche Identifikationsnummer)** ein, der Zugriff auf das Online-Konto steht offen.
- Der Kunde benötigt für jede Aktion bzw. Transaktion (Abfrage Kontostand, Veranlassung einer Überweisung) eine **Transaktionsnummer (TAN)**. Diese Nummer erhält der Kunde von seinem Geldinstitut. Diese Transaktionsnummern werden der Reihenfolge nach verbraucht.

PC mit Internetzugang Kontoinformationen abrufen, z. B. Umsätze, Salden, oder Zahlungsaufträge erteilen.

Er benötigt für das Homebanking neben dem Telefonanschluss ein mit einem Decoder ausgestattetes Endgerät (PC, Monitor, PC-Software) und eine PC-Tastatur.

– Das **Cashmanagement** (vgl. S. 285) wird von Unternehmen genutzt. Hierbei erfolgt eine elektronische Kontoführung mit elektronischer Zahlungsverkehrsabwicklung mittels beleglosem Datenträgeraustausch oder Datenfernübertragung unter Nutzung spezieller PC-Software.

● **Telefon-Service (Telefon-Banking):**

Eine weitere neue Entwicklung des Zahlungsverkehrs stellt der Telefon-Service der Geldinstitute dar. Mit einer persönlichen Telefon-Geheimzahl hat jeder Kontoinhaber zu jeder Zeit und von jedem Ort aus Zugriff auf sein Konto. Der Kontoinhaber kann

- seinen Kontostand abfragen,
- zusätzliche schriftliche Kontoauszüge anfordern,

- Überweisungen veranlassen,
- Daueraufträge einrichten, ändern, löschen,
- Zahlungsvordrucke bestellen.

Zusammenfassung: Bargeldlose Zahlung und Zahlungsvereinfachungen

- Voraussetzung für den bargeldlosen Zahlungsverkehr ist, dass **sowohl der Schuldner als auch der Gläubiger ein Konto haben**.
- Bei der Bank-, Sparkassen- und Postüberweisung findet eine **Umbuchung vom Konto des Schuldners auf das Konto des Gläubigers statt**.

- Beim **beleglosen Zahlungsverkehr** (EDI, elektronischer Datenaustausch) werden unbare Zahlungen auf elektronischen Medien oder im Wege der Datenfernübertragung weitergeleitet **(= belegloser Datenträgeraustausch)**.

- **Kreditkarten:** Kreditkartenunternehmen geben gegen Entgelt Karten aus, mit denen Kunden bei allen Vertragsunternehmen (Hotels, Handelsbetriebe, Restaurants usw.) bargeldlos bezahlen können.
- **Kundenkarten:** Einzel- und Großhändler geben an bestimmte Kunden Karten aus, mit denen diese bei ihnen bargeldlos und auf Kredit einkaufen können.

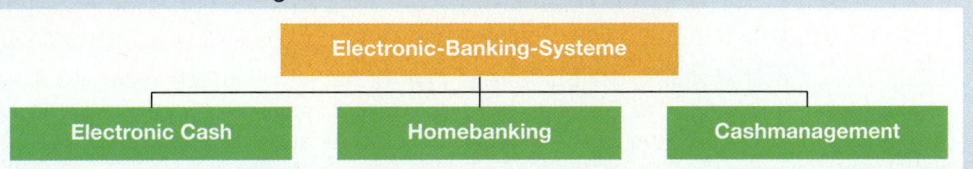

- **Electronic Cash:** Bei einem Zahlungsempfänger befindet sich ein Gerät, das die Daten einer Girocard lesen kann. Hierdurch wird die Kontendeckung beim Kunden überprüft und eine Zahlung vom Konto des Kunden auf das Konto des Gläubigers eingeleitet.
- **Elektronisches Lastschriftverfahren:** Einzugsermächtigungsverfahren ohne ergänzende Eingabe der Geheimnummer.
- **Homebanking:** elektronische Kontoführung durch Nutzung von Online-Diensten.
- **Cashmanagement:** elektronische Kontoführung von Unternehmen durch beleglosen Datenträgeraustausch oder Datenfernübertragung.

Aufgaben

1 Beschreiben Sie die wesentlichen Unterschiede zwischen der halbbaren und der bargeldlosen Zahlung.

2 In welchen Fällen würden Sie einen Dauerauftrag, eine Einzugsermächtigung oder einen Abbuchungsauftrag vornehmen? Geben Sie jeweils drei Beispiele an.

3 Erläutern Sie, welche Vorteile der bargeldlose Zahlungsverkehr für den Schuldner und den Gläubiger hat.

4 Die Bürodesign GmbH muss täglich etwa 25 Überweisungen tätigen.
   a) Geben Sie an, welche Sonderform der Überweisung die Bürodesign GmbH in Anspruch nehmen kann.
   b) Erläutern Sie die wesentlichen Merkmale dieser Überweisung.

5 Besorgen Sie sich Vordrucke zum Zahlungsverkehr (Materialsammlung) und erstellen Sie daraus eine Übersicht.

6 Begründen Sie, welchen Kunden Sie eine Kundenkarte verweigern würden.

7 Stellen Sie listenförmig Vor- und Nachteile von Kreditkarten für deren Benutzer zusammen.

8 Beurteilen Sie Electronic Cash im Vergleich zu Einkäufen mit Kundenkarten und Kreditkarten aus der Sicht eines Kunden.

9 Erkundigen Sie sich bei einem Industriebetrieb, ob Ihre Klasse bei diesem Unternehmen eine Betriebserkundung zum Thema „Zahlungsverkehr" machen kann. Fertigen Sie schriftliche Berichte nach der Betriebserkundung zum Thema „Zahlungsverkehr" an.

10 In welchen der untenstehenden Fälle wird als Zahlungsmöglichkeit
   1. die Kreditkarte   2. das Lastschriftverfahren   3. der Dauerauftrag   4. die Nachnahme
   genutzt?
   a) Ein Unternehmen beauftragt sein Kreditinstitut, bis auf Weiteres zum Monatsersten 7000,00 EUR Miete an seinen Vermieter zu überweisen.
   b) Eine Telefongesellschaft hat die Erlaubnis eines Unternehmens, monatlich von dessen Geschäftskonto den Betrag der Telefonkosten einzuziehen.

4.4 Entscheidungsprobleme der Lagerwirtschaft

4.4.1 Lageraufgaben und Lagerarten

Klaus Stein, Geschäftsführer der Bürodesign GmbH, hat sich mit Frau Jäger, der Abteilungsleiterin Verwaltung, und Frau Friedrich, der Geschäftsführerin für den gewerblichen Bereich, zu einer Besprechung zusammengesetzt. Thema ist der Neubau einer Lagerhalle für Werkstoffe in der Produktion und für Fertigerzeugnisse, da der vorhandene Lagerraum sich als zu klein erwiesen hat. Frau Friedrich plädiert dafür, kein neues Lager zu bauen, sondern die Materialien in kürzeren Abständen und in kleineren Mengen zu bestellen und die Vorräte an Fertigerzeugnissen zu senken. Somit wäre kein Neubau erforderlich. „Wir brauchen ein größeres Lager. Was machen Sie denn, wenn ein Lieferer uns ein günstiges Angebot macht und wir können aufgrund fehlenden Lagerraums keine Materialien bestellen?", erwidert Frau Jäger. „Oder stellen Sie sich vor, einer unserer Kunden benötigt dringend ein bestimmtes Produkt und wir können nicht liefern. Wenn wir dieses Produkt aber vorrätig hätten, dann …" „Moment mal", fährt Klaus Stein dazwischen, „statt wir uns Gedanken über den Bau der neuen Lagerhalle machen, streiten wir uns um Dinge, die wir längst entschieden haben."

Arbeitsaufträge ▶ Erläutern Sie die Aufgaben der Lagerhaltung.
▶ Beschreiben Sie die verschiedenen Lagerarten.

■ Funktionen (Aufgaben) der Materiallagerung

INFO   Die Lagerhaltung ist eine wesentliche Aufgabe eines Industrieunternehmens. Das Hauptziel der Lagerhaltung besteht darin, Unregelmäßigkeiten bei der Beschaffung, der Produktion und im Absatzbereich auszugleichen. In den meisten Industrieunternehmen können folgende Grundfunktionen der Lagerhaltung unterschieden werden:

▶ *Bereitstellungsfunktion:*
Das Lager soll eine reibungslose Durchführung der Fertigung und des Absatzes sicherstellen. Es sollte immer eine ausreichende Menge in der richtigen Zeit und am rechten Ort in der richtigen Güte zur Verfügung stehen.

▶ *Sicherungsfunktion:*
Durch die Vorratshaltung sollen Lieferschwierigkeiten auf der Beschaffungsseite, durch die Störungen in der Produktion auftreten können, und Nachfrageschwankungen auf der Absatzseite ausgeglichen werden.

Beispiel *Die Bürodesign GmbH hat für die Produktgruppe „Arbeiten am Schreibtisch" einen Vorrat im Lager, der der durchschnittlichen Produktion von einer Woche entspricht. Somit können auch unvorhergesehene Lieferungsausfälle ausgeglichen werden.*

▶ *Ausgleichsfunktion:*
Häufig gewähren Lieferer einem Industrieunternehmen Mengenrabatte, wenn größere Mengen Materialien bestellt werden. Zwischen der Beschaffung und der anschließenden Verwendung der Materialien in der Produktion vergeht Zeit, die durch die Lagerung der Materialien überbrückt wird.

▶ *Veredelungsfunktion:*

Hierunter versteht man die gewollten Qualitätsveränderungen der gelagerten Materialien. In diesem Fall ist die Lagerung bereits ein Teil des Fertigungsprozesses.

Beispiele
- *Die Bürodesign GmbH lagert Holz zum Trocknen in einem speziellen Trockenraum.*
- *Südfrüchte reifen nach, Kaffee wird geröstet.*
- *Käse, Whiskey benötigen eine Reifelagerung.*

▶ *Umweltschutzfunktion:*

Durch die Rücknahme von Mehrwegverpackungen, von Kartons und Folien und die Wiederverwertung von gebrauchten Produkten und deren Lagerung kommt ein Industrieunternehmen seiner Verpflichtung zum Umweltschutz nach.

Beispiel Das Bürodesign-Mehrweg-Verpackungssystem beinhaltet, dass die Produkte auf dem Weg zum Kunden mit Kartons und Staubfolien ausgeliefert werden. Die Folien werden nach der Rücknahme zu Ballen gepresst und zu neuen Folien recycelt. Mit den mehrfach verwendeten Kartons wird gleichermaßen verfahren (vgl. S. 307 f.).

■ Lagerarten

Die Lager können entsprechend den betrieblichen Funktionsbereichen in Beschaffungs-, Fertigungs- und Absatzlager eingeteilt werden.

● Beschaffungslager:

Hierzu zählt man das Materialeingangs-, Rohstoff-, Hilfsstoff-, Betriebsstoff-, Teile- und Reservelager. Alle Materialien kommen nach der Anlieferung zunächst in das **Materialeingangslager**. Dort verbleiben sie, bis die Eingangsprüfung erfolgt ist. Danach erfolgt die Übernahme des Materials auf die entsprechenden Lagertypen. Im **Teilelager** werden alle Fertigteile, die von Fremdunternehmen bezogen worden sind, untergebracht.

Beispiel Die Bürodesign GmbH bezieht für den Konferenzstuhl „Konzentra" Fußgestelle von der Stammes Stahlrohr GmbH. Diese werden im Fertigteilelager untergebracht.

Werkzeuge und sonstige Vorrichtungen, die momentan nicht in der Produktion benötigt werden, warten im **Reservelager** auf ihren Einsatz.

Beispiel Die Bürodesign GmbH bewahrt für alle ihre Produkte die Prototypen (Modelle) im Reservelager auf.

● Fertigungslager:

Hierzu zählt man das Hand-, Werkzeug-, Zwischenlager.

Das **Handlager** befindet sich in unmittelbarer Nähe der Arbeitsplätze in der Produktion. Hier werden die andauernd benötigten Kleinmaterialien bereitgehalten.

Beispiel Schrauben, Nägel, Sesselrollen, Lack, Beize

Alle Werkzeuge und sonstigen Vorrichtungen, die zur ablaufenden Werkstückbearbeitung erforderlich sind, befinden sich im **Werkzeuglager**, das diesem Arbeitsplatz zugeordnet ist. Im **Zwischenlager** werden halb fertige Erzeugnisse zwischen zwei Bearbeitungsstufen aufgenommen. Das Zwischenlager übernimmt somit eine Ausgleichsfunktion zwischen den einzelnen Fertigungsstufen.

Beispiel In der Produktgruppe „Konferenzen und Schulung" wird das Regalsystem Wikinger nach dem Zuschnitt vor dem Lackieren im Zwischenlager aufbewahrt.

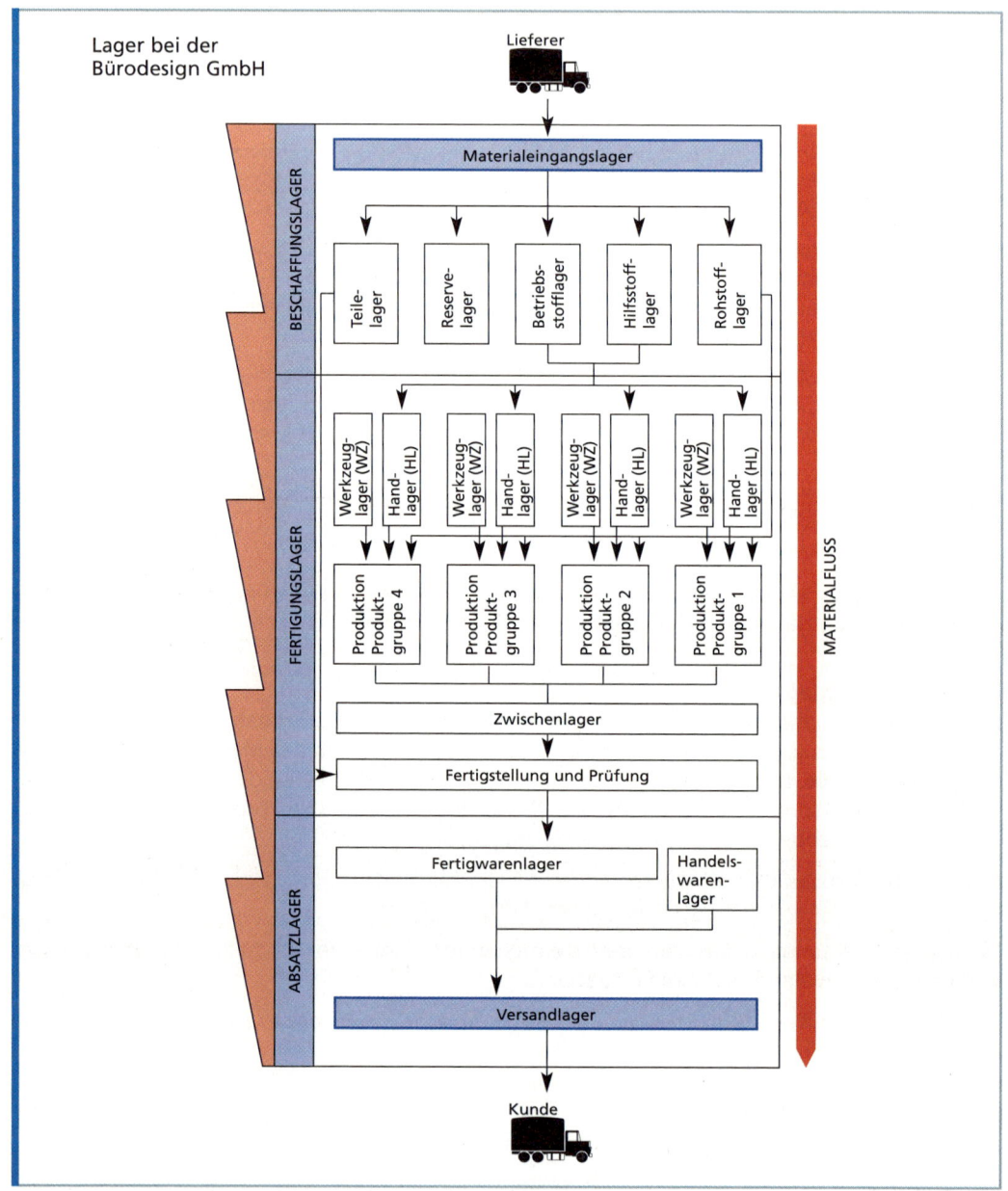

Lager bei der
Bürodesign GmbH

Lieferer

BESCHAFFUNGSLAGER

Materialeingangslager

Teile-lager

Reserve-lager

Betriebs-stofflager

Hilfsstoff-lager

Rohstoff-lager

FERTIGUNGSLAGER

Werkzeug-lager (WZ) | Hand-lager (HL) | Werkzeug-lager (WZ) | Hand-lager (HL) | Werkzeug-lager (WZ) | Hand-lager (HL) | Werkzeug-lager (WZ) | Hand-lager (HL)

Produktion Produkt-gruppe 4 | Produktion Produkt-gruppe 3 | Produktion Produkt-gruppe 2 | Produktion Produkt-gruppe 1

Zwischenlager

Fertigstellung und Prüfung

ABSATZLAGER

Fertigwarenlager

Handels-waren-lager

Versandlager

Kunde

MATERIALFLUSS

● Absatzlager:

Hierzu zählt man Fertigwaren-, Versand- und Handelswarenlager. Das **Fertigwarenlager** übernimmt vor allem für Serienprodukte eine Ausgleichsfunktion (Puffer) zwischen einer kontinuierlich
arbeitenden Fertigung und einem schwankenden Produktverkauf. Die Fertigerzeugnisse werden
bis zu ihrem Verkauf dort aufbewahrt.

Beispiel *Die Bürodesign GmbH hat für alle drei Produktgruppen im Fertigwarenlager einen Lagerraum vorgesehen.*

Im **Versandlager** werden alle Produkte, die auftragsbezogen hergestellt wurden, und alle von
den Kunden bestellten Produkte zum Versand bereitgestellt. Sobald alle Auftragsbestandteile im

Versandlager eingetroffen sind, wird der Kundenauftrag kommissioniert (= zusammengestellt), verpackt und der Versandabteilung übergeben. Ein **Handelswarenlager** wird von solchen Industrieunternehmen eingerichtet, die neben ihren eigenproduzierten Produkten noch Waren anderer Hersteller vertreiben.

Beispiel Die Bürodesign GmbH vertreibt von einem anderen Hersteller Metallpapierkörbe für das Büro.

Beispiel Absatzlager der Bürodesign GmbH

Mit freundlicher Genehmigung der Fritz Schäfer GmbH, Neunkirchen/Siegerland

Zusammenfassung: Lageraufgaben und Lagerarten

- **Aufgaben der Lagerhaltung:** Bereitstellungs-, Sicherungs-, Ausgleichs-, Veredelungs- und Umweltschutzfunktion
- Lager lassen sich in **Beschaffungslager** (Materialeingangs-, Rohstoff-, Hilfsstoff-, Betriebsstoff-, Teilelager), **Fertigungslager** (Hand-, Werkzeug-, Zwischenlager) und **Absatzlager** (Fertigwaren-, Versand-, Handelswarenlager) unterteilen.
- Zahl und Art der Lager sind abhängig von der Größe und der Organisationsform eines Unternehmens.

Aufgaben

1 *Erläutern Sie die Aufgaben der Lagerhaltung in einer Schreinerei, in einem Weingut und in einem Stoßdämpferhersteller für die Automobilindustrie.*

2 *Beschreiben Sie die Unterschiede zwischen einem Hand-, Werkzeug- und einem Zwischenlager.*

3 *Überprüfen Sie, welche Lagerarten sich in den einzelnen Funktionsbereichen unterscheiden lassen.*

4 *Unter Veredelung versteht man die gewollte Qualitätsveränderung der gelagerten Materialien. Suchen Sie zehn Beispiele, bei denen durch die Lagerung eine Qualitätsveränderung bewirkt wird.*

5 *Erläutern Sie die Aufgaben des Fertigwaren-, Versand- und Handelswarenlagers.*

4.4.2 Kriterien der Lagerorganisation

Silvia Land ist seit über zwei Wochen im Materialeingangslager der Bürodesign GmbH tätig. Es trifft eine Sendung der Wollux GmbH Peter Findeisen über vier Paletten Bezugs- und Polstermaterialien ein. Silvia ist der Ansicht, dass die Sendung nach der Materialeingangskontrolle so schnell wie möglich auf einem freien Lagerplatz abgestellt werden sollte. „Wenn wir unsere gesamten Materialien so unsystematisch lagern würden, würden wir sehr schnell nichts mehr wiederfinden", sagt der Gruppenleiter Lager Klaus Holtermüller zu Silvia. „Vor der Einlagerung müssen wir uns erst einmal Gedanken über die materialgerechte Lagerung, über Einlagerungsgesichtspunkte bis hin zur Entsorgung der Verpackung machen, denken Sie darüber mal nach. Machen Sie einen Rundgang im Lager und überprüfen Sie, nach welchem System wir die Materialien einlagern", fährt Herr Holtermüller fort.

Arbeitsaufträge ▶ Stellen Sie fest, was man unter materialgerechter Lagerung versteht.
 ▶ Beschreiben Sie die zentrale und dezentrale Lagerung.
 ▶ Erläutern Sie die systematische und chaotische Lagerplatzanordnung.

■ Lagerorganisation

INFO Die Organisation eines Lagers, seine Größe und die Art der Lagerung sind von den Materialien abhängig, die für die Produktion und den Absatz benötigt werden.

Zu den eigentlichen Lagertätigkeiten zählen alle Vorgänge des Materialeingangs (Annahme und Prüfung), der Einlagerung nach bestimmten Gesichtspunkten, der Pflege der Materialien, der Kommissionierung (= Bereitstellung der Materialien für die Produktion und für den Absatz), der Materialausgabe und der Lagerkontrolle (Soll-Ist-Vergleich). Bei der Einlagerung von Materialien sind folgende **Gesichtspunkte der materialgerechten Lagerung** zu berücksichtigen:

Gesichtspunkte bei der materialgerechten Lagerung	*Beispiele*
Belüftung	*Holz, Bücher, Papierwaren, Textilien, Tabakwaren u. a. bedürfen gut durchlüfteter Lagerräume.*
Licht	*Bestimmte Nahrungsmittel und einige Textilien sind lichtempfindlich, sie dürfen keinen starken Lichtquellen ausgesetzt sein.*
Temperatur	*Einige Lebensmittel müssen kühl gelagert werden, bei Tiefkühlkost darf auf keinen Fall die Kühlkette unterbrochen werden; einige Materialien (z. B. Farben, Lacke, Disketten) dürfen nicht zu kalt gelagert werden.*
Luftfeuchtigkeit	*Papier-, Metall-, Holz- und Lederwaren benötigen eine bestimmte Luftfeuchtigkeit.*
Staubschutz	*Unverpackte Materialien müssen vor Staub geschützt werden (Textilien, Lebensmittel).*
Schädlingsbefall	*Schutz der Materialien vor Schädlingen wie Motten bei Textilien, Schimmel bei Lebensmitteln, Holzwurm bei Möbeln.*

● **Zentrale und dezentrale Lagerung**

Zentrale Lagerung	Dezentrale Lagerung
Bei dieser Lagerung sind alle Materialien an einem Ort, der betriebszentral gelegen ist, untergebracht (typisch für Klein- und Mittelbetriebe).	Der gesamte Materialbedarf eines Industrieunternehmens wird in Fertigungsnähe auf mehrere Lager verteilt.
Vorteile:	**Vorteile:**
– gute Übersicht über alle Lagergüter – einfachere Verwaltung – geringere Raumkosten durch bessere Nutzung des Lagerraums – niedrigere Personalkosten – geringere Lagermengen, da Mindestbestand nur einmal vorhanden ist – bessere Kontrolle	– kürzere Transportwege zu den Fertigungsstellen – schnellere Materialausgabe – Einsatz von besonders ausgebildetem Fachpersonal für gefährliche Materialien (Chemikalien, explosive Stoffe)

Die Vorteile der zentralen Lagerung sind automatisch die Nachteile der dezentralen Lagerung und umgekehrt.

Dezentrale Lager entstehen bei stoff- und verbrauchsorientierter Lagerung. In **stofforientierten Lagern** werden nur bestimmte Materialien für den gesamten Betrieb aufbewahrt.

Beispiele Holz-, Metalllager

Aufgrund der Beschaffenheit der Materialien oder aufgrund gesetzlicher Vorschriften ist häufig eine Trennung der Materialien erforderlich.

Beispiele Lagerung von Bauholz, Sand usw. im Freien; Lagern von brennbaren oder explosiven Stoffen in Speziallagern

Verbrauchsorientierte Lager werden nach den Bedürfnissen der Fertigung ausgerichtet und räumlich unmittelbar in der Nähe der Fertigung entsprechend dem Fertigungsfluss angeordnet.

Beispiele Handlager für Kleinteile, Werkzeuglager

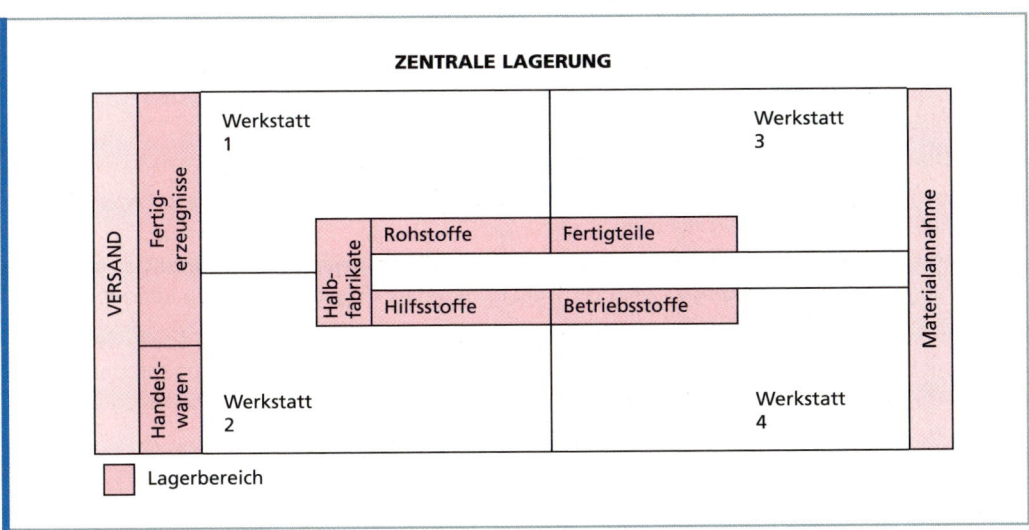

293

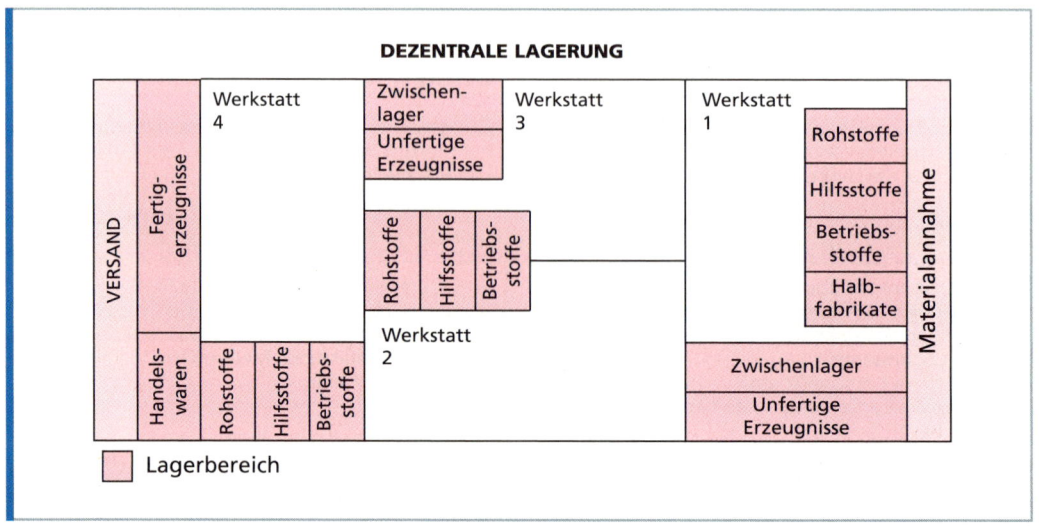

● **Eigen- und Fremdlager:**
▶ *Gründe für Fremdlagerung:*
Industrieunternehmen unterhalten in der Regel eigene Lager, um stets lieferbereit und produktionsfähig zu sein. Aus verschiedenen Gründen können aber auch Fremdlager angemietet werden:

– Eigene **Lagerkapazität** reicht nicht aus,

– der Standort des Unternehmens lässt **keine Lagererweiterungsmöglichkeit** zu,

– **Anlage- oder Erweiterungsinvestitionen** für Speziallager oder eine Lagererweiterung sollen vermieden werden, insbesonders wenn die volle Ausnutzung der Lagerkapazität nicht sichergestellt ist,

– **Standortvorteile des Fremdlagers** sollen genutzt werden,

   Beispiel Die Bürodesign GmbH hat in der unmittelbaren Nähe des Güterbahnhofs Köln einen Lagerraum angemietet. Insbesondere vom Hersteller gelieferte Fertigerzeugnisse werden bis zum Versand an die Kunden hier zwischengelagert.

– **besserer Lieferservice** durch Lagerung in unmittelbarer Kundennähe,

   Beispiel Die Bürodesign GmbH unterhält u. a. in Stuttgart ein angemietetes Lager, um die Kunden in Süddeutschland schneller beliefern zu können.

– das **Dienstleistungsangebot des Lagerhalters** soll genutzt werden,

   Beispiel Lagerhalter übernimmt Materialpflege, Lagerbuchführung, Auslieferung von Fertigerzeugnissen, Auftragsbearbeitung, Inventur usw.

– Fremdlagerung, insbesondere bei kurzfristiger Benutzung, **kann kostengünstiger** als Eigenlagerung sein, da Verwaltungs-, Raum-, Transportkosten eingespart werden können.

Bei Fremdlagerung entfällt das Weisungsrecht gegenüber dem Lagerpersonal sowie dessen unmittelbare Kontrolle durch den Einlagerer. Ein detailliert ausgearbeiteter Vertrag mit dem Lagerhalter sollte deshalb die Probleme der Qualitätssicherung und Haftung eingehend regeln.

▶ *Kostenvergleich zwischen Eigen- und Fremdlagerung:*
Um festzustellen, ob Eigen- oder Fremdlagerung kostengünstiger ist, werden die Kosten der beiden Lagermöglichkeiten miteinander verglichen.

Beispiel *Die Bürodesign GmbH will ihr Produktionsprogramm um die Produktgruppe „Gaststättenmöbel"* *erweitern. Zu diesem Zweck wird für diese neue Produktgruppe mit einem durchschnittlichen Lagerbestand* *von 40 Produkten gerechnet. Pro Produkt werden 10 m² Lagerfläche (also insgesamt 400 m²) benötigt. Da die* *vorhandene Lagerkapazität bei der Bürodesign GmbH begrenzt ist, wird die Einschaltung eines Lagerhalters* *erwogen. Die Mietkosten für ein Fremdlager betragen 50,00 EUR pro m². Somit ergibt sich folgende Kosten-* *situation:*

Alternativen	anfallende Kostenarten	Kosten pro Jahr
Eigenlagerung	**Fixe Kosten:** kalkulatorische Miete	12 000,00 EUR
	Variable Kosten pro Einheit: Verwaltungskosten (Personal-, Energiekosten, Abschreibungen auf Lagereinrichtung)	25,00 EUR pro m²
Fremdlagerung	Lagerkosten	50,00 EUR pro m²

Rechnerische Lösung: *Es wird die Lagerfläche (x) gesucht, bei der die Kosten der Eigen- und Fremd-* **MATH** *lagerung gleich hoch sind.*

Kosten der Eigenlagerung = Kosten der Fremdlagerung

$$12\,000 + 25\,x = 50\,x$$
$$12\,000 = 25\,x \qquad x = 480$$

Bei Nutzung einer Lagerfläche von 480 m² sind die Kosten für die Eigen- und die Fremdlagerung gleich hoch *(jeweils 24 000,00 EUR und 48 Produkte). Man nennt diese Lagerfläche die **kritische Lagerfläche** bzw. die* ***kritische Lagermenge**. Die Eigenlagerung ist für die Sommerfeld Bürosysteme GmbH erst ab einer Lager-* *fläche von 480 m² wirtschaftlich sinnvoll. Da nur 400 m² benötigt werden, lohnt sich die Fremdlagerung.*

 Es gilt der Grundsatz: Je größer die benötigte Lagerfläche bzw. die Lagermenge, desto eher lohnt sich die Eigenlagerung.

Tabellarische Lösung: VWL

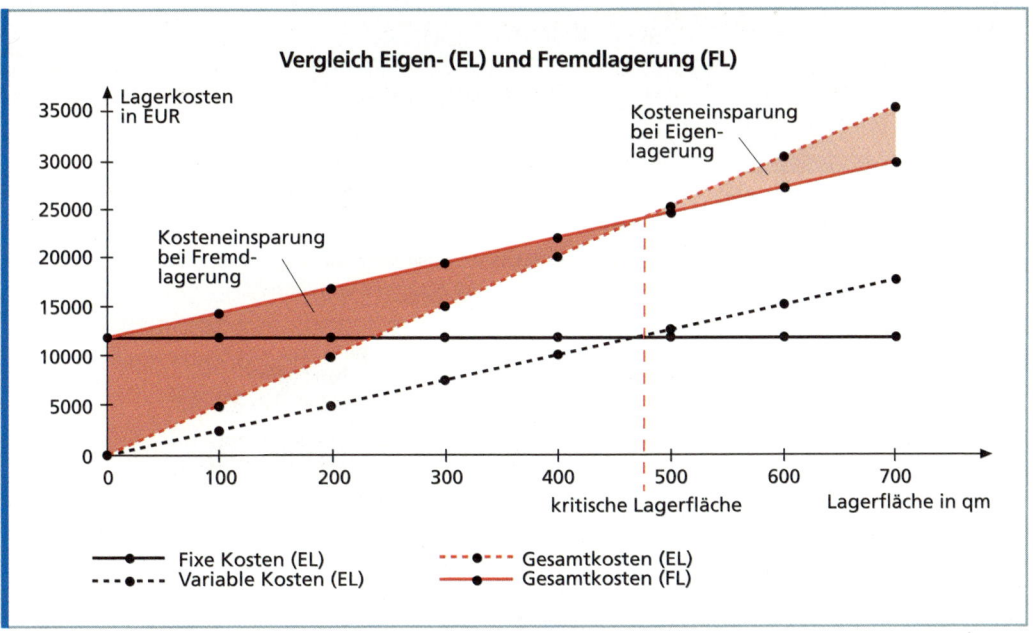

Vergleich Eigen- (EL) und Fremdlagerung (FL)

Lagerfläche in m² (x)	Lagerkosten in EUR Eigenlagerung			Fremdlagerung
	Fixe Kosten (K_F) kalkul. Miete	Variable Kosten (K_V) Verwaltungskosten[1]	Gesamtkosten (K_G)	Gesamtkosten (K_G)
0	12 000,00	0,00	12 000,00	0,00
100	12 000,00	2 500,00	14 500,00	5 000,00
200	12 000,00	5 000,00	17 000,00	10 000,00
300	12 000,00	7 500,00	19 500,00	15 000,00
400	12 000,00	10 000,00	22 000,00	20 000,00
480	**12 000,00**	**12 000,00**	**24 000,00**	**24 000,00**
500	12 000,00	12 500,00	24 500,00	25 000,00
600	12 000,00	15 000,00	27 000,00	30 000,00
700	12 000,00	17 500,00	29 500,00	35 000,00

Bei der Eigenlagerung entstehen fixe Kosten (z. B. K_F = 12 000,00 EUR) und variable Kosten (K_V), abhängig von der Lagermenge. Die Gesamtkostenkurve beginnt beim Fixkostensockel. Bei der Fremdlagerung beinhaltet die Gesamtkostenkurve (K_G) für die Bürodesign GmbH nur variable Kosten (K_V), wenn das Lagergeld nicht als Miete, sondern pro Lagerfläche, z. B. m², gezahlt wird.

● Festplatz- und Freiplatzsystem:

- Bei der **systematischen Lagerplatzanordnung (Festplatzsystem)** werden die Materialien nach einem vorgegebenen System an bestimmten gleichbleibenden Plätzen eingeordnet. Für jeden Lagerplatz wird eine Nummer **(Lageradresse)** vergeben. Zur schnelleren Erfassung mit **Barcodeleser (Scanner)** sowie zur sofortigen Kontrolle können zusätzlich Barcodes (Balkencodes) an den jeweiligen Lagerplätzen verwandt werden. Hierdurch wird das Finden der Materialien erleichtert.

Beispiel *Das Rohstofflager der Bürodesign GmbH hat sechs Hauptgänge (A–F), die durch Nebengänge in zwölf Zonen (I–XII) unterteilt sind. Jede Zone hat 50 Regalfächer.*

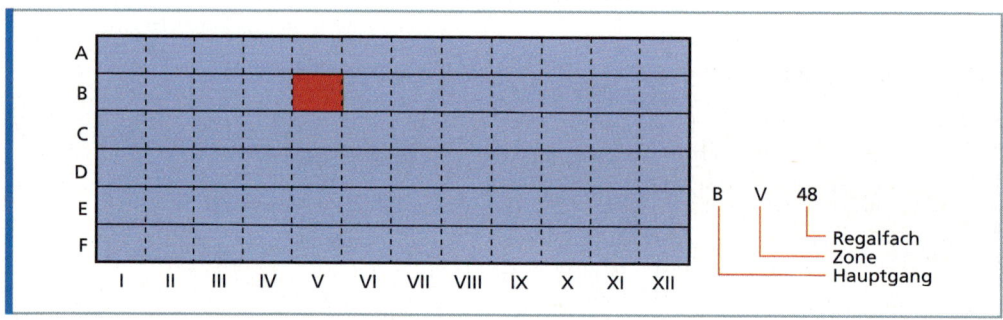

Zusätzlich ist an jedem Regalfach ein Aufkleber (Markierungsetikett) mit Angabe der Materialart, der Artikel- bzw. Material- und der Bestellnummer als zusätzliche Kontrolle angebracht.

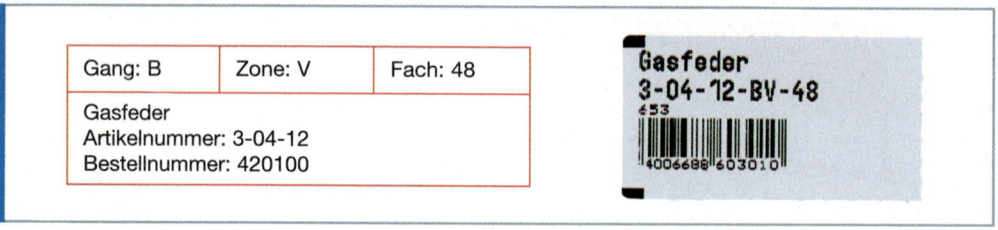

---

[1] *pro Einheit*

- Bei der **chaotischen Lagerplatzanordnung (Freiplatzsystem)**, die insbesondere in Hochre-
gallagern verwandt wird, werden die Regale dort belegt, wo gerade ein freier Lagerplatz ist
(Freiplatzsystem). Feste Lagerplätze gibt es bei dieser Lageranordnung nicht. Dieses setzt
allerdings eine **Steuerung des Lagers per EDV** voraus, um die Materialien wiederzufinden.
Als **Hauptvorteil** der chaotischen Lagerhaltung ergeben sich durch die optimale Ausnutzung
der vorhandenen Lagerfläche erhebliche **Kostenersparnisse**. Der genutzte Anteil des Lagerraums im Verhältnis zum verfügbaren Lagerraum ist bei dieser Lagerorganisation erheblich
höher als bei der systematischen Lagerung von Materialien. Allerdings setzt die chaotische
Lagerplatzordnung eine perfekte Handhabung der vorhandenen Datenverarbeitung voraus.
Eine falsche Eingabe im dieses System verhindert in der Regel das Wiederfinden der Materialien, da nur der Computer den jeweiligen Lagerort kennt und ein manuelles Ein- und Aus-
lagern aufgrund der vollautomatischen Transportsysteme nicht mehr möglich ist.

■ Sicherheit im Lager

Die Sicherheit bei der Lagerhaltung umfasst den Unfall- und den Brandschutz.

● Unfallschutz im Lager:

Nach § 120a der **Gewerbeordnung** (GewO) sind Arbeitsräume, Betriebsvorrichtungen, Maschinen und Gerätschaften so einzurichten, dass die Arbeitnehmer gegen Gefahren für Leben und
Gesundheit geschützt sind. Wesentliche Bereiche des Unfallschutzes sind durch Sondervor-
schriften geregelt. Hierzu zählen das **Maschinenschutzgesetz** (Vorschriften für Hersteller und
Importeure, nur unfallgeschützte technische Arbeitsmittel auf den Markt zu bringen), das **Arbeitssicherungsgesetz** (es soll die Sicherheit am Arbeitsplatz erhöhen und die medizinische
Betreuung im Betrieb sicherstellen) und die **Arbeitsstättenverordnung** (Festlegung allgemeiner
Anforderungen an Betriebsräume und Arbeitsstätten bezüglich Belüftung, Temperatur, Beleuchtung, Lärm usw.). Jeder Arbeitnehmer ist verpflichtet, die Unfallverhütungsvorschriften und Si-

Mit freundlicher Genehmigung der Fritz Schäfer GmbH, Neunkirchen/Siegerland

cherheitsanweisungen zu befolgen. Zudem muss der Arbeitgeber jeden Arbeitnehmer gegen die Folgen eines Arbeitsunfalles versichern **(gesetzliche Unfallversicherung)**.

Für die Überwachung der Einhaltung der Betriebssicherheit sind **das Gewerbeaufsichtsamt (Amt für Gewerbeschutz, Staatliches Umweltamt)** und die Träger der Unfallversicherung **(Berufsgenossenschaften)** zuständig. Unternehmen mit mehr als 20 Beschäftigten müssen einen **Sicherheitsbeauftragten** benennen. Er ist für die Einhaltung und Überwachung der Sicherheitsmaßnahmen zuständig.

Beispiel Die Bürodesign GmbH hat Jutta Müller, Mitarbeiterin im Lager/Versand, zur Sicherheitsbeauftragten ernannt. Sie führt ständig Kontrollgänge zur Überwachung der Sicherheitsmaßnahmen durch.

Unfälle sollen durch **sicherheitstechnische und sicherheitsorganisatorische Maßnahmen** und die Verwendung von **Sicherheitskennzeichen** verhütet werden.

Beispiele
- *Sicherheitstechnische Maßnahmen:* Verwendung von Leitern, technischen Geräten mit dem GS- oder CE-Zeichen (= geprüfte Sicherheit).
- *Sicherheitsorganisatorische Maßnahmen:* Verwendung von Sicherheitsschuhen beim Umgang mit schweren Lasten.
- *Bei der Bürodesign GmbH verwendete **Sicherheitskennzeichnungen** im Lager:*

Da heutzutage Lagerarbeiten häufig computergestützt abgewickelt werden, sind für diese Mitarbeiter durch die Bildschirmarbeitsplatzverordnung (BildscharbV) **Mindeststandards zum Gesundheitsschutz für die Gestaltung von Bildschirmarbeitsplätzen** einzuhalten. Diese Verordnung beinhaltet Vorschriften, um die mögliche Gefährdung des Sehvermögens sowie die körperliche und psychische Belastung der Arbeitnehmer am Bildschirm zu vermeiden. Die Arbeitnehmer sind auf diese Belastungen hinzuweisen und ggf. durch eine qualifizierte Person zu untersuchen. Ebenfalls muss der Arbeitgeber den Arbeitnehmern für die manuelle Handhabung von Lasten (Ziehen, Heben, Schieben, Tragen und Bewegen einer Last) geeignete **mechanische Ausrüstungen** bereitstellen, um die Gesundheitsgefährdung der Mitarbeiter möglichst gering zu halten.

Beispiel Die Bürodesign GmbH hat für die Mitarbeiter im Lager einen Laufkran (beweglicher Kran) und sechs Stapler installiert, um das Herunterheben aus den oberen Regalzonen zu vereinfachen. Zudem sind zwölf Hubwagen vorhanden.

● Brandschutz im Lager:
Um einem Brand in einem Lager vorbeugen zu können, müssen die möglichen Gefahrenquellen bekannt sein.

Beispiele Heizung, brennbare Flüssigkeiten, Papier

Folgende vorbeugenden **Brandschutzmaßnahmen** zur Verhinderung von Bränden im Lager können getroffen werden:

Maßnahmen	Beispiele
• Bauliche Einrichtungen	Die Bürodesign GmbH hat für den Bereich, in dem leicht entzündliche Materialien wie Farben, Lacke lagern, Brandschutztüren und -wände eingebaut, ferner wurden Notausgänge und Rettungswege für Mitarbeiter eingerichtet. Im gesamten Lager gilt Rauchverbot.
• Brandmeldeanlagen	Die Bürodesign GmbH hat im gesamten Lager vollautomatische Brandmelder eingebaut.
• Feuerlöscheinrichtungen	Die Bürodesign GmbH hat im gesamten Lager vollautomatische Sprinkleranlagen eingebaut und Feuerlöscher installiert.
• Organisatorische Maßnahmen	Die Bürodesign GmbH unterweist das Personal im betrieblichen Brandschutz und führt einmal im Jahr eine Brandschutzübung mit den Mitarbeitern durch. Ferner sind an den vorgeschriebenen Stellen Vorschriften und Regeln zur Brandverhütung und Brandbekämpfung ausgehängt.

Zusammenfassung: Kriterien der Lagerorganisation

- **Materialgerechte Lagerung:** Berücksichtigung der Einwirkung von Licht, Wärme, Kälte, Feuchtigkeit, Staubbildung, Schädlingen usw. auf die Materialien.
- Werden alle Materialien an einem Ort untergebracht, spricht man von einem **zentralen Lager**. Werden die Materialien an verschiedenen Orten untergebracht, spricht man von einem **dezentralen Lager**.
-

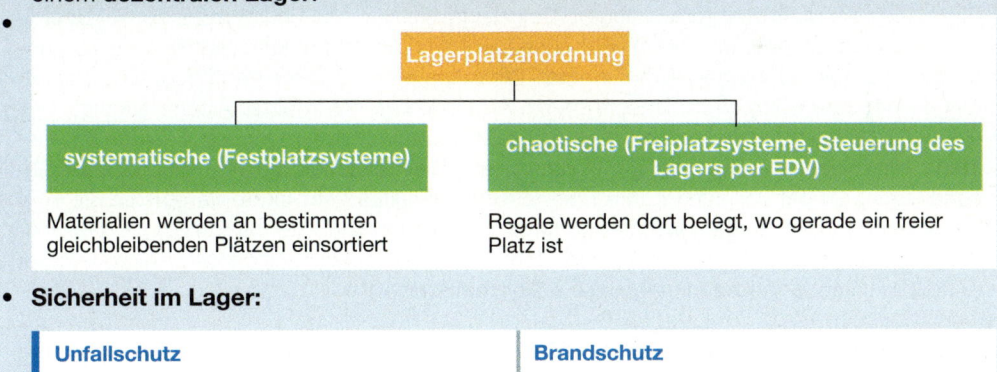

- **Sicherheit im Lager:**

Unfallschutz	Brandschutz
gesetzlich geregelt durch Gewerbeordnung, Maschinenschutzgesetz, Arbeitssicherungsgesetz, Arbeitsstättenverordnung	Verhinderung von Bränden durch bauliche Maßnahmen, Brandmeldeanlagen, Feuerlöscheinrichtungen

Aufgaben

1 Erläutern Sie die Vor- und Nachteile von Eigen- und Fremdlagerung und von zentraler und dezentraler Lagerung.

2 Beschaffen Sie von der Berufsgenossenschaft Informationen zum Unfallschutz und stellen Sie die wesentlichen Aussagen der Klasse in einem Referat vor.

3 Beschreiben Sie
a) Maßnahmen zum Unfallschutz,   b) Maßnahmen zum Brandschutz.

4 Erläutern Sie, was man unter einem systematischen und einem chaotischen Lager versteht.

5 Da die Lagerkapazität der Bürodesign GmbH erschöpft ist, überprüft die Geschäftsleitung, ob es sinnvoll ist, das eigene Lager zu erweitern oder einen Lagerhalter einzuschalten. Für die Entscheidung stehen folgende Daten zur Verfügung: Es werden 1 000 m² Lagerfläche benötigt, davon stehen 600 m² eigener Lagerraum zur Verfügung.

Eigenlagerung		**Fremdlagerung**
Fixe Kosten:	50 750,00 EUR pro Jahr	70,00 EUR pro m²
Variable Kosten:	35,00 EUR pro m² des Lagergutes	

a) Ermitteln Sie die kritische Lagermenge.
b) Stellen Sie den Kostenverlauf mithilfe einer Tabellenkalkulation tabellarisch und grafisch dar.
c) Entscheiden Sie sich für eine Alternative und begründen Sie Ihre Entscheidung.

4.4.3 Optimale Bestellmenge

Herr Miebach grübelt schon seit Tagen über einem Problem. Pro Tag unterschreibt er durchschnittlich 25 Bestellungen. Bei jeder Bestellung muss er kostbare Zeit opfern, um die Bestellmengen und Preise zu kontrollieren. Für jede Prüfung braucht er etwa 3 Minuten. Seine Sachbearbeiterin, Frau Michels, arbeitet zwar sehr sorgfältig, doch er weiß: „Kontrolle ist besser! Ich kann aber auf Dauer nicht jeden Tag 75 Minuten nur mit der Bestellprüfung zubringen!" Frau Michels kennt sein Problem, sie schlägt ihrem Chef vor: „Herr Miebach, fast jede Woche bestellen wir Kleinteile, wie Schrauben und Nägel, wir könnten doch einfach mal den Bedarf für ein halbes Jahr bestellen und auf Lager nehmen, dann hätte auch ich mehr Zeit für wichtigere Dinge und Sie brauchen nicht mehr so viel Bestellungen zu unterschreiben. Wenn wir konsequent sind, dann bestellen wir doch gleich unseren gesamten Jahresbedarf auf einmal. Wir müssten dann höchstens noch 200 Bestellungen pro Jahr bearbeiten. Unsere ganze Arbeit hätten wir in einer Woche erledigt, den Rest des Jahres fahren wir zusammen auf Messen und Ausstellungen, am liebsten im Ausland." Herr Miebach antwortet ein wenig ruppig. Der Gedanke, mit Frau Michels auf Geschäftsreise zu gehen, behagt ihm überhaupt nicht: „Das geht nicht, da spielen die vom Lager nicht mit! Außerdem würden dadurch die Gesamtkosten enorm steigen." Frau Michels versteht das nicht, sie denkt sich: „Ich mache Vorschläge zur Kostensenkung und er muffelt mich an, er gönnt mir wohl keine Geschäftsreise!"

Arbeitsaufträge ▶ Erläutern Sie den Zusammenhang zwischen Bestellmengen und Lagerkosten.
▶ Machen Sie Vorschläge zur Ermittlung der optimalen Bestellmenge.

Bei jeder Bestellung muss entschieden werden, wie viel und wie oft bestellt werden soll. Je **größer die Bestellmengen** sind, desto mehr Kapital wird gebunden und desto höhere Lagerkosten werden verursacht. Andererseits ermöglichen große Bestellungen das Ausnutzen von Preis- und Kostenvorteilen.

Beispiele
- Bei größeren Bestellmengen sind oft Mengenrabatte zu erhalten.
- Größere Bestellmengen verringern Transportkosten, da nicht so häufig eine Anlieferung erforderlich ist (ökonomischer und ökologischer Aspekt).

Kleinere Bestellmengen binden wenig Kapital und führen zu niedrigen Lagerkosten. Sie verursachen aber höhere Beschaffungskosten.

■ Beschaffungskosten, Lagerkosten

Unter Bestellkosten oder Beschaffungskosten werden alle **Sach- und Personalkosten** verstanden, die durch eine Bestellung oder Beschaffung von Gütern verursacht werden. Hierzu zählen Kosten für Anfragen, Angebotsvergleiche, Vertragsverhandlungen usw. Diese Kosten können nicht immer einem einzelnen Produkt zugerechnet werden. Hier sind Erfahrungs- und Schätzwerte die Basis.

Beispiel Bei der Vereinigten Spanplatten AG, einem Zulieferer der Bürodesign GmbH, sind zwei Einkäufer beschäftigt. Sie bearbeiten in einem Jahr 3 000 Bestellungen. Die beiden Mitarbeiter verursachen jährlich 140 000,00 EUR Personalkosten. An Sachkosten (Büromiete, -material usw.) entstehen weitere 12 000,00 EUR. Die 3 000 Bestellungen kosten daher in einem Jahr 152 000,00 EUR. Somit verursacht eine Bestellung durchschnittliche Kosten von etwa 50,00 EUR.

Diese Berechnung ist sehr grob und kann das Prinzip der **Kostenermittlung für Bestellungen** nur oberflächlich erklären, denn der Arbeitsaufwand bei der Warenprüfung im Lager und in der Produktion muss ebenfalls berücksichtigt werden. Ferner entstehen im Rechnungswesen bei jeder Bestellung Arbeiten (Buchung der Verbindlichkeiten, Veranlassen der Bezahlung usw.), die ebenfalls Kosten verursachen, jedoch nicht von dem Bestellwert abhängig sind (bestellfixe Kosten).

Beispiel Das Schreiben einer Bestellung, die Buchung einer Verbindlichkeit, die Überweisung des Rechnungsbetrages an den Lieferer kosten im Durchschnitt immer gleich viel, egal ob eine Bestellung über 15 000,00 EUR oder 1,50 EUR ausgeführt wird.

■ Optimale Bestellmenge

Beschaffungskosten und Lagerkosten entwickeln sich gegenläufig. Je häufiger nachbestellt wird, desto geringer sind der Lagerbestand und die Lagerkosten. Je seltener nachbestellt wird, desto geringer sind die Beschaffungskosten. Die Bestellmenge, bei der die Summe beider Kostenarten (Beschaffungskosten und Lagerkosten) am geringsten ist (Minimum der Kosten), heißt **optimale Bestellmenge**. Hieraus lässt sich die **optimale Bestellhäufigkeit** ableiten.

Beispiel Bei der Bürodesign GmbH werden in der Produktion pro Jahr etwa 120 000 Messing-Scharniere verbraucht. Je Scharnier entstehen an Lagerkosten etwa 0,04 EUR. Jede Bestellung verursacht 75,00 EUR Kosten. Die Einkäuferin, Frau Michels, könnte einerseits den gesamten Jahresbedarf auf einmal bestellen und auf Lager nehmen. Sie könnte auch kleinere Mengen bestellen (im Extremfall täglich). Um die Summe beider Kosten bei unterschiedlichen Bestellhäufigkeiten zu bestimmen, erstellt sie eine Tabelle. Sie berechnet für jede Anzahl von Bestellungen die Bestellkosten, die Lagerkosten und die Summe der Kosten. Bei den Lagerkosten berücksichtigt sie, dass durchschnittlich nur die Hälfte der Bestellmenge auf Lager liegt. Um Zeit zu sparen, bedient sie sich der Hilfe eines Computers und einer Tabellenkalkulations-Software.

MATH

Optimale Bestellmenge und -häufigkeit
Kosten für eine Bestellung in EUR: 75,00
Lagerkosten je Stück in EUR: 0,04
Jahresbedarf in Stück: 120 000

Anzahl der Bestellungen	Bestellmenge in Stück	Lagerkosten[1] in EUR	Bestellkosten in EUR	Gesamtkosten in EUR
1	120 000	2 400,00	75,00	2 475,00
2	60 000	1 200,00	150,00	1 350,00
3	40 000	800,00	225,00	1 025,00
4	30 000	600,00	300,00	900,00
5	24 000	480,00	375,00	855,00

---

[1] Bei den Lagerkosten wird unterstellt, dass durchschnittlich nur die Hälfte der Bestellmenge auf Lager liegt.

Anzahl der Bestellungen	Bestellmenge in Stück	Lagerkosten in EUR	Bestellkosten in EUR	Gesamtkosten in EUR
6	**20 000**	**400,00**	**450,00**	**850,00**
7	17 143	342,86	525,00	867,86
8	15 000	300,00	600,00	900,00
9	13 333	266,67	675,00	941,67
10	12 000	240,00	750,00	990,00
11	10 909	218,18	825,00	1 043,18
12	10 000	200,00	900,00	1 100,00

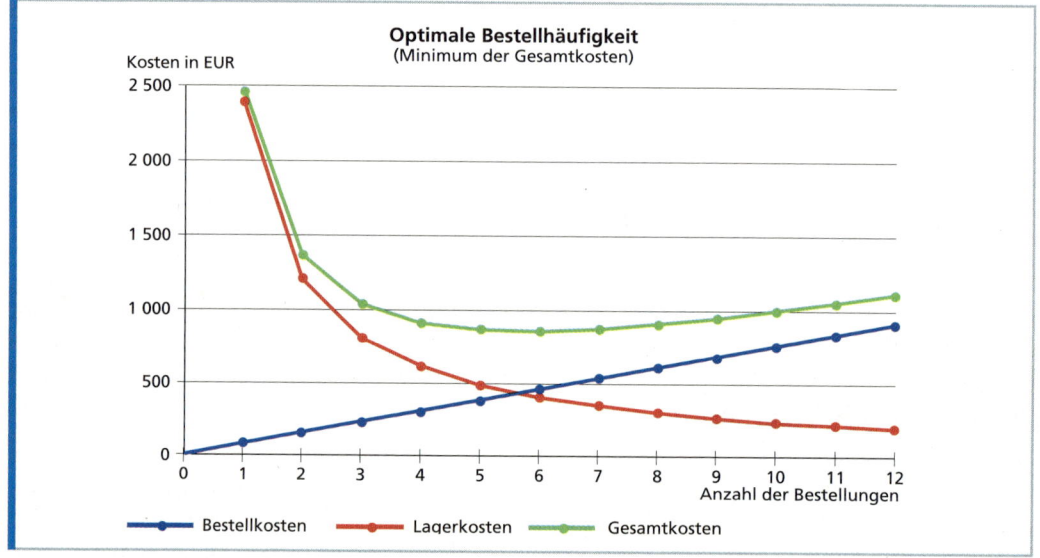

Das Minimum der Gesamtkosten ergibt sich bei sechs Bestellungen pro Jahr, d. h., Frau Michels sollte alle zwei Monate 20 000 Schrauben bestellen.

In der Praxis kann die optimale Bestellmenge aus **folgenden Gründen häufig nicht verwirklicht werden**:

- Der Lieferer schreibt Mindestabgabemengen vor.

  Beispiel *Schlösser für Schränke und Schreibtische werden nur bei einer Mindestabnahme von 100 Stück geliefert.*

- Die Güter werden nur in festen Verpackungseinheiten geliefert.

  Beispiel *Leim wird in 30-kg-Fässern geliefert.*

- Die Güter sind nur beschränkt lagerfähig.

  Beispiel *Lebensmittel für die Betriebskantine*

- Die Güter unterliegen starken Preisschwankungen.

  Beispiel *Furnierhölzer werden eingekauft und gelagert, wenn der Marktpreis niedrig ist.*

Häufig ist es nicht wirtschaftlich, für jedes Beschaffungsgut die optimale Bestellmenge zu berechnen, selbst wenn Computerhilfe in Anspruch genommen werden kann. Der Arbeitsaufwand steht oft nicht in einem wirtschaftlichen Verhältnis zur möglichen Kosteneinsparung.

Beispiel *In der Produktion wird bei der Bürodesign GmbH Schleifpapier verwendet. Dieses Verbrauchsmaterial ist preiswert und wird je nach Bedarf unter Ausnutzung von Mengenrabatt eingekauft. Der Aufwand, die optimale Bestellmenge zu ermitteln, würde den Kostenvorteil des Mengenrabattes aufzehren.*

Zusammenfassung: Optimale Bestellmenge

- **Größere Bestellmengen** binden viel Kapital und verursachen hohe Lagerkosten, **kleinere Bestellmengen** verursachen höhere Beschaffungskosten. Beschaffungskosten und Lagerkosten entwickeln sich gegenläufig.
- Die **optimale Bestellmenge** liegt dort, wo die Summe aus Beschaffungs- und Lagerkosten (Gesamtkosten) minimal ist.
- Die **optimale Bestellhäufigkeit** liegt beim Minimum der Gesamtkosten.

Aufgaben

1 Beschreiben Sie, wie die gesamten Kosten einer Bestellung berechnet werden können.

2 Erläutern Sie die Aussage „Beschaffungskosten und Lagerkosten entwickeln sich gegenläufig".

3 Von einem Gut werden jährlich 10 000 Stück benötigt. Je Stück fallen 0,25 EUR Lagerkosten an, jede Bestellung verursacht 50,00 EUR Beschaffungskosten.
Bestimmen Sie die optimale Bestellmenge und die optimale Bestellhäufigkeit. Erstellen Sie hierzu eine Tabelle und berechnen Sie die einzelnen Kosten für 1, 2, 3, …, 12 Bestellungen.

4 Erstellen Sie mithilfe eines Tabellenkalkulationsprogramms eine Entscheidungshilfe für die Ermittlung der optimalen Bestellmenge.

5 Erläutern Sie, aus welchen Gründen die optimale Bestellmenge in der Praxis oft nicht verwirklicht werden kann.

4.4.4 ABC-Analyse

Renate Becker, eine Auszubildende, die zurzeit in der Beschaffungsabteilung eingesetzt ist, überlegt sich: „So eine Berechnung der Lagerkosten ist ziemlich aufwendig. Wenn für alle Güter, die wir gelagert haben, derartig aufwendige Berechnungen durchzuführen sind, dann hilft auch kein Computer mehr, denn die ganzen Zahlen müssen ja auch noch ausgewertet werden. Ob sich dieser Aufwand lohnt?"

Arbeitsaufträge ▶ Erläutern Sie, ob es notwendig ist, für alle Güter eine ABC-Analyse durchzuführen.
▶ Beschreiben Sie, wie eine ABC-Analyse ausgewertet wird.

Bei Unternehmen mit einer Vielzahl verschiedener Lagergüter ist eine Bestandskontrolle besonders schwierig. Je größer die Anzahl verschiedener Lagergüter ist, desto höher sind die Kosten für Organisation, Planung und Durchführung der Beschaffung sowie der Kontrolle des Lagerwesens. Deshalb ist es für ein Unternehmen sinnvoll und wirtschaftlich, **Schwerpunkte zu bilden**.

■ Erstellen einer ABC-Analyse

Ein Verfahren, Schwerpunkte der Kapitalbindung im Lagerbereich zu erkennen, ist die ABC-Analyse. Hier werden die gelagerten Güter hinsichtlich ihres Anteils an den Lagerkosten, der Lagerfläche oder der Kapitalbindungskosten in drei Gruppen (A-, B-, C-Gruppe) eingeteilt.

- Die Güter der **A-Gruppe** haben einen Anteil von etwa 70 bis 80 % der Bezugsgröße.
- Die Güter der **B-Gruppe** haben einen Anteil von etwa 15 bis 20 % der Bezugsgröße.
- Die Güter der **C-Gruppe** haben einen Anteil von etwa   5 bis 10 % der Bezugsgröße.

Hierdurch wird eine Grundlage für eine wirtschaftliche Unterscheidung von Gütern gelegt. Nur diejenigen Güter, die eine hohen Lagerwert haben, hohe Lagerkosten verursachen oder große Teile der Lagerfläche beanspruchen, also die A-Güter, rechtfertigen genaue und aufwendige Planungs- und Organisationsarbeiten. Bei den B-Gütern muss im Einzelfall entschieden werden, ob ein hoher Auswertungsaufwand gerechtfertigt ist. Bei C-Gütern sind einfache und kostengünstige Kontrollen ausreichend.

Beispiel *Ein Unternehmen lagert zehn Güter. Von allen Gütern sind der Bezugs-/Einstandspreis je Stück und die Beschaffungsmenge bekannt. Daraus lässt sich der Lagerwert berechnen. Diese Lagerwerte werden in eine Rangfolge gebracht. Das Gut mit dem höchsten Wert erhält die Rangziffer 1 usw. Danach können die Werte kumuliert werden, d. h., die einzelnen Lagerwerte werden aufaddiert.*

Beschaffungspreis (EUR)	Beschaffungsmenge (Stück)	Artikel-Nr.	Rang	Lagerwert Absolute Einzelwerte		Lagerwert Kumulierte Werte		Gruppe
				EUR	%	EUR	%	
62,50	980	391	1	61 250,00	37,70	61 250,00	37,70	A
87,90	456	523	2	40 082,40	24,67	101 332,40	62,36	A
58,80	310	321	3	18 228,00	11,22	119 560,40	73,58	A
17,50	720	156	4	12 600,00	7,75	132 160,40	81,34	B
9,80	1235	123	5	12 103,00	7,45	144 263,40	88,79	B
120,00	60	324	6	7 200,00	4,43	151 463,40	93,22	B
12,69	550	127	7	6 979,50	4,30	158 442,90	97,51	B
15,75	170	567	8	2 677,50	1,65	161 120,40	99,16	C
3,50	280	152	9	980,00	0,60	162 100,40	99,76	C
0,15	2570	782	10	385,50	0,24	162 485,90	100,00	C
				162 485,90	100,00			

Aus dieser Tabelle kann z. B. abgeleitet werden, dass die drei Güter mit dem höchsten Lagerwert bereits 73,85 % des gesamten Lagerwertes ausmachen, dies sind eindeutig A-Güter. Die B-Güter sind die Güter mit den Rängen 4 bis 7, sie vereinigen 23,93 % des Lagerwertes auf sich. Die C-Güter sind lediglich mit 2,49 % vertreten.

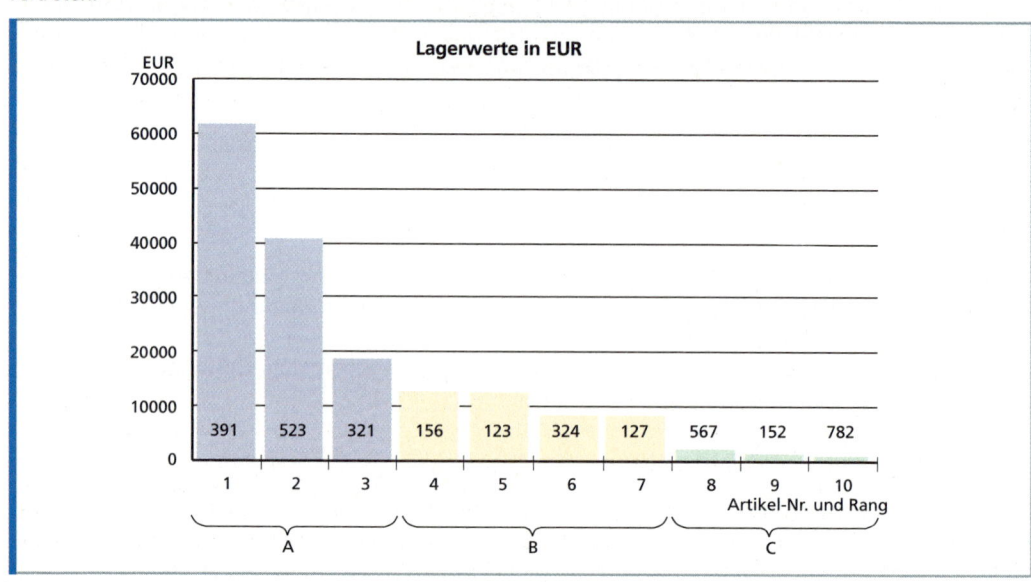

■ Auswerten einer ABC-Analyse

Wenn bekannt ist, welche Lagergüter den höchsten, zweithöchsten usw. Anteil am gesamten Bestellwert haben, können die Aktivitäten des Beschaffungsmarketings sich hierauf konzentrieren. Hieraus lassen sich folgende Grundsätze ableiten:

● A-Güter:
- besonders intensive Marktanalysen bei der Beschaffung
- eingehende Untersuchungen von Preisen und Konditionen
- genaue Bestellmengenplanung (optimale Bestellmenge)
- Anstreben geringer Lagerbestände, z. B. Just-in-Time-Lieferung
- sorgfältige Lagerkostenkontrolle
- strenge Lagerkontrollen

● B-Güter:
Hier ist im Einzelfall zu entscheiden, welche Maßnahmen im Beschaffungsmarketing und in der Lagerorganisation zu treffen sind. Meist wird ein Mittelweg zwischen A-Gütern und B-Gütern beschritten.

● C-Güter:
- einfache und kostengünstige Verfahren der Marktanalyse
- höhere Bestände zur Vermeidung von Bestellkosten
- einfache Bestandskontrollen

Eine ABC-Analyse hilft, Schwächen des Beschaffungsmarketings und der Lagerwirtschaft aufzudecken.

Beispiel Bei der Bürodesign GmbH gehören Spanplatten aufgrund einer ABC-Analyse hinsichtlich des Lagerwertes zu der A-Gruppe. Um Lagerkosten zu sparen, wurden in Gesprächen mit den Lieferern die Lieferbedingungen verändert. Künftig werden nur noch kleinere Mengen, jedoch mit häufigeren Lieferterminen geliefert.

■ Weitere Einsatzmöglichkeiten der ABC-Analyse

Der Einsatz der ABC-Analyse ist nicht nur auf den Lagerbereich beschränkt. Sie lässt sich ebenfalls im Rahmen des Beschaffungsmarketings einsetzen, wenn Liefererstrukturen zum Zwecke der Senkung von Beschaffungskosten untersucht werden sollen.

Beispiel Ein Industrieunternehmen stellt fest, dass 75 % des Auftragsvolumens sich auf fünf Lieferer beziehen, 20 % der Aufträge gehen an 87 Lieferer, der Rest verteilt sich auf weitere 257 Lieferer. Um die Beschaffungskosten zu minimieren, wird untersucht, ob die Anzahl der „Kleinlieferer" reduziert werden kann.

Ebenso kann in anderen betrieblichen Bereichen die ABC-Analyse eingesetzt werden, um Schwerpunkte zu finden.

Beispiele
- *Umsatzanalyse im Absatzmarketing: Ein Unternehmen stellt 240 verschiedene Produkte her. Durch eine ABC-Analyse findet es heraus, dass 75 % des Umsatzes bereits durch 25 Produkte erzielt werden, 20 % des Umsatzes erbringen 50 weitere Produkte, der Rest wird durch die übrigen Produkte erwirtschaftet. Hier liegt eine Grundlage zur Bereinigung des Fertigungs- und Absatzprogrammes.*
- *Kundenstrukturanalyse: Ein Unternehmen klassifiziert seine Kunden der letzten fünf Jahre mit der ABC-Analyse. Es stellt dabei fest, dass 75 % des Umsatzes mit nur 28 Kunden gemacht wurden. Der restliche Umsatz verteilt sich auf 1 560 Kunden. Um Absatzkosten zu senken, können u. a. Mindestbestellmengen festgelegt werden.*

Zusammenfassung: ABC-Analyse

- Die ABC-Analyse ist ein Verfahren zur wirtschaftlichen Bewertung der zu beschaffenden und zu lagernden Güter und dient damit der **Wirtschaftlichkeitskontrolle**.
- Die ABC-Analyse ist ein **Verfahren, um Schwerpunkte zu bilden**. Analysiert werden z. B. Lagerbestandsmengen, Lagerkosten oder -werte. Hierbei werden die Güter in A-, B- und C-Gruppen eingeteilt.
  Entscheidend für die Eingruppierung ist der Verbrauchswert der Güter:
  – A-Gruppe, Anteil = 70–80 %, Güter mit besonders hohem Kontrollbedarf
  – B-Gruppe, Anteil = 15–20 %, Güter mit mittlerem Kontrollbedarf
  – C-Gruppe, Anteil =   5–10 %, Güter mit geringem Kontrollbedarf
- Um eine ABC-Analyse durchzuführen, werden alle Lagergüter ihrem Wert nach in eine **Rangfolge** gebracht. Das Gut mit dem höchsten Wert erhält den Rang 1 usw.
- Die Anteile der einzelnen Güter am Gesamtwert werden berechnet und kumuliert (addiert). Aus den kumulierten Werten können die A-, B- und C-Gruppen gebildet werden.
- Mit der ABC-Analyse lassen sich Materialien, Produkte, Profit-Center, Kostenbereiche, Lieferanten, Mitarbeiter, Kunden, Werbemedien usw. nach ihrer Bedeutung gruppieren.
- Die ABC-Analyse wird z. B. auch im Absatzmarketing zur **Untersuchung von Abnehmergruppen oder Umsatzanteilen** eingesetzt, um Schwerpunkte für das Marketing-Mix festzulegen.

Aufgaben

1 Erstellen Sie aus den folgenden Angaben eine ABC-Analyse und werten Sie diese aus.

Produkt	Lagermenge in Stück	Einzelwert in EUR
1	2 400	9,00
2	1 100	12,00
3	1 400	18,00
4	150	122,00
5	5 200	0,20
6	350	16,00
7	2 000	61,00
8	900	90,00
9	550	4,00
10	600	59,00

2 Beschreiben Sie Planungs- und Kontrollarbeiten, die für Güter der A-Gruppe erforderlich sind.

3 Bei welchen Lagergütern sind höhere Bestände sinnvoll, um Bestellkosten zu vermeiden?

4 Erläutern Sie, welche Maßnahmen im Beschaffungsmarketing für Güter der B-Gruppe erforderlich sind.

5 Erläutern Sie, wie bei folgenden betrieblichen Aufgaben die ABC-Analyse eingesetzt werden kann:
a) Untersuchung der Kundenstruktur
b) Untersuchung der Liefererstruktur
c) Untersuchung der Umsatzverteilung

6 Beschreiben Sie, wie mit der Hilfe von Computersystemen beliebige ABC-Analysen durchgeführt werden können.

4.4.5 Ökologische Aspekte der Beschaffung und der Lagerhaltung

Die Bürodesign GmbH erhält von der Stadtverwaltung Köln einen Brief, in dem eine Erhöhung der Gebühren für die Müll- und Abfallbeseitigung für das kommende Jahr angekündigt wird. Die Geschäftsleitung ist empört: „Die Stadt will künftig die Gebühren vom Müllaufkommen abhängig machen und die Gebühren zusätzlich um 15 % erhöhen, außerdem sollen wir künftig unseren Müll sortieren und in gesonderten Behältern deponieren. Das führt bei uns zu höheren Kosten!", sagt Herr Stein. Frau Friedrich meint: „So schlimm ist das doch nicht, zu Hause sortieren wir unseren Abfall doch auch. Ich z. B. habe drei Mülltonnen, eine für Kunststoffe, eine für kompostierbare Abfälle und eine für Metall. Papier und Glas sammle ich getrennt und bringe es zu den entsprechenden Containern. In unserem Betrieb müssen wir auch so verfahren. Damit leisten wir einen Beitrag zur Verringerung der Belastung unserer Umwelt." „Das verstehe ich ja alles, aber dann sollten wir uns überlegen, wie wir Müll vermeiden können! Das fängt bereits bei der Beschaffung an, denn dort entsteht durch die Verpackung der Güter der größte Müllberg. Wir müssen dafür ein Konzept ausarbeiten!"

Arbeitsaufträge ▶ Beschreiben Sie Maßnahmen, wie im Rahmen der Beschaffung von Gütern ökologische Aspekte berücksichtigt werden können.

▶ Erläutern Sie die Durchlauf- und die Kreislaufstrategie bei der Beschaffung von Materialien.

■ Durchlaufstrategie

Die traditionelle Beschaffungspolitik eines Unternehmens betrachtete Beschaffungsobjekte ausschließlich als Input für den Produktionsprozess. Dabei wurde nicht daran gedacht, welche ökologischen Folgen die Beschaffung eines Gutes haben kann. Bei der Auswahl von Roh-, Hilfs- und Betriebsstoffen und der Entscheidung für Lieferer wurden allein produktionstechnische und wirtschaftliche Aspekte zugrunde gelegt. Die Auswahl von Betriebsmitteln und von Lieferanten berücksichtigte selten die Umweltverträglichkeit der Güter, ihrer Verpackung und ihrer Transportwege.

Beispiele

- *Vor 20 Jahren bestellte die Bürodesign GmbH Produkte, ohne zu berücksichtigen, wie die Verpackungen zu entsorgen waren. Styropor und Kunststofffolien wurden mit den anderen Abfällen durch die städtische Müllabfuhr auf der Mülldeponie entsorgt. Dort lagern diese z. T. nicht abbaufähigen Materialien noch heute und belasten durch Gifte das Grundwasser und den Boden.*
- *Die Anlieferung der Rohstoffe erfolgt meist mit Lkw. Quer durch Deutschland fahren Lieferer, belasten die Luft durch Abgase und tragen zum Waldsterben bei. Ferner verbrauchen sie große Mengen an Treibstoff. Umweltverträgliche Anlieferungen, z. B. durch Bahnfracht, sind auch bei der Bürodesign GmbH erst seit kurzem ein wichtiges Auswahlkriterium für Lieferer.*

Diese **„Durchlaufstrategie"** ist unter ökologischen Maßstäben nicht vertretbar.

Unternehmen können durch gezielte Maßnahmen im Beschaffungsmarketing dazu beitragen, dass das Aufkommen von Müll reduziert wird und dass unvermeidbarer Müll entweder verwertet oder umweltverträglich entsorgt wird. POL

■ Kreislaufstrategie

Unternehmen, die ökologische Ziele in den Vordergrund stellen, orientieren sich am **Prinzip der Nachhaltigkeit**. Dieses Prinzip besagt, dass alle unternehmerischen Entscheidungen so ausgerichtet sein müssen, dass sie auch langfristig im Einklang mit der Umwelt stehen. POL

Bei produzierenden Unternehmen bedeutet dies z. B., dass an die verwendeten Materialien folgende **Anforderungen** zu stellen sind:

- Die bei der Fertigung von Gütern anfallenden **Rückstände sollten recycelbar** sein.
  Beispiel *Die Bürodesign GmbH saugt alle bei der Holzverarbeitung anfallenden Sägespäne ab. Das Sägemehl wird für die Herstellung von Spanplatten verwendet.*
- Für Fertigung und Verpackung sollten Rohstoffe eingesetzt werden, die **durch Recycling gewonnen** wurden.
  Beispiel *Für die Verpackung der Büromöbel der Bürodesign GmbH wird Recyclingpapier verwendet.*
- Für die Fertigung sollten **erneuerbare Primärrohstoffe** eingesetzt werden.
  Beispiel *Bei der Fertigung von Schreibtischen der Bürodesign GmbH werden nur Echtholzfurniere verwendet.*
- Nicht erneuerbare Rohstoffe sollten **sparsam** verwendet werden.

Bereits bei der Beschaffung von Gütern muss über deren **ökologische Bedeutung** nachgedacht werden. Statt einer „Durchlaufstrategie" muss eine „Kreislaufstrategie" verfolgt werden. Dies bedeutet, dass Produkte nach ihrem Gebrauch wieder verwertbar sind und gegebenenfalls nach einer Aufbereitung einem weiteren Produktionsprozess zugeführt werden können. Dadurch ensteht ein Kreislauf.

Beispiel *Die Bürodesign GmbH verpflichtet sich, gebrauchte Büromöbel von ihren Kunden zurückzunehmen. Bei der Produktion wurde bereits darauf geachtet, dass ausschließlich recyclingfähiges Material verwendet wurde. Das Holz wird weiterverarbeitet, indem es als Rohstoff für die Herstellung von Spanplatten verwendet wird. Hierüber hat die Bürodesign GmbH mit ihrem Hauptlieferer für Spanplatten einen entsprechenden Vertrag abgeschlossen. Metall, wie Schlösser, Beschläge, Schrauben und Scharniere, wird demontiert, sortiert und an Metallverwertungsbetriebe verkauft, die es einschmelzen und so eine Weiterverwendung ermöglichen.*

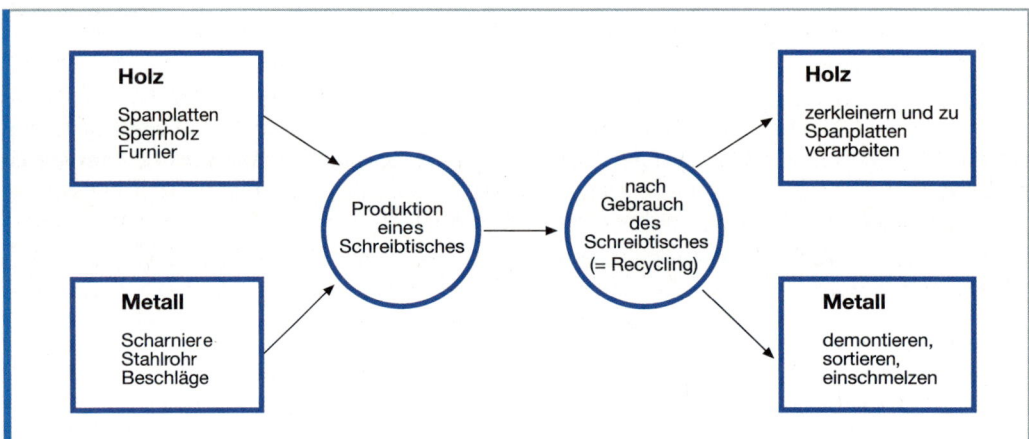

Die **Wiederverwendung von Produkten** nach ihrer **Entsorgung** muss also gewährleistet sein. Es muss bereits bei der Beschaffung nach recyclingfähigen Produkten gesucht werden, da hierdurch der Kreislauf der Stoffe ermöglicht wird.

Nicht nur die Roh-, Hilfs- und Betriebsstoffe müssen ökologisch vertretbar sein, auch deren Verpackung bei der Anlieferung muss bei konsequenter Anwendung der Kreislaufstrategie recyclingfähig oder wiederverwendbar sein.

Beispiel *Die Bürodesign GmbH hat als Bewertungskriterium für Lieferer den Aspekt der Verpackung in die Bewertungsliste aufgenommen. Bevorzugt werden Lieferer, die mehrfach verwendbare Verpackungen einsetzen, z. B. kleine Container. Verpackungsmaterial wie Holzwolle, Pappe usw. erhält den Vorzug gegenüber Kunststofffolien und Styropor. Auch die Entsorgung von Verpackungsmaterial wird berücksichtigt.*

■ Verträglichkeit von Ökologie und Ökonomie VWL

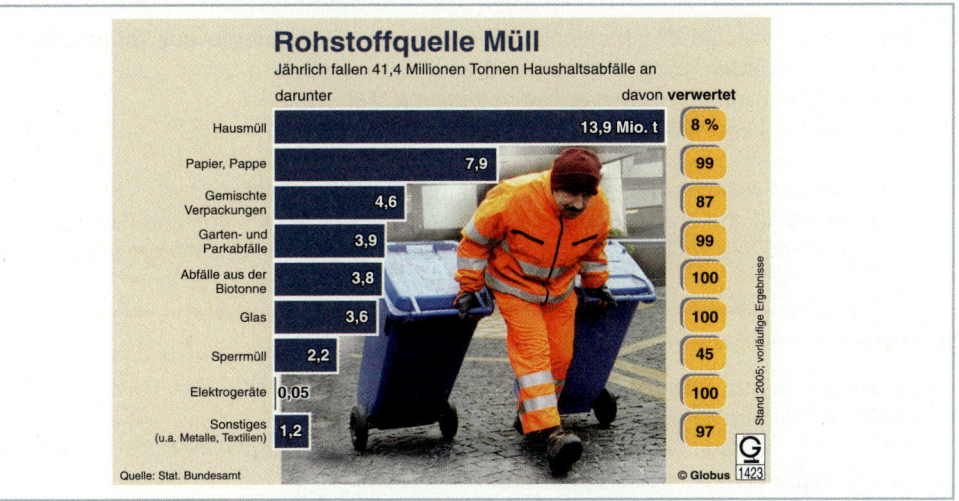

Rohstoffquelle Müll

Jährlich fallen 41,4 Millionen Tonnen Haushaltsabfälle an

darunter		davon **verwertet**
Hausmüll	13,9 Mio. t	8 %
Papier, Pappe	7,9	99
Gemischte Verpackungen	4,6	87
Garten- und Parkabfälle	3,9	99
Abfälle aus der Biotonne	3,8	100
Glas	3,6	100
Sperrmüll	2,2	45
Elektrogeräte	0,05	100
Sonstiges (u.a. Metalle, Textilien)	1,2	97

Stand 2005; vorläufige Ergebnisse

Quelle: Stat. Bundesamt

© Globus 1423

Ökologische Aspekte im Beschaffungsmarketing umfassen auch die Bewertung der Transportmittel für die Anlieferung der Materialien. Die umweltverträgliche Bahnfracht ist bei langen Anfahrtswegen dem Transport mit Lkw vorzuziehen. Häufig werden hierdurch auch Transportkosten eingespart.

Ferner ist bei der Beschaffung von Gütern darauf zu achten, welche **Abfallstoffe** bei der Produktion anfallen und wie diese zu entsorgen sind.

Beispiel Bei der Bürodesign GmbH werden die Abfälle beim Zuschnitt von Spanplatten und Brettern gesammelt und dem Hauptlieferer, der Vereinigten Spanplatten AG, zur Aufbereitung und Wiederverwertung zurückgegeben. Hierüber wurde zwischen beiden Unternehmen ein Kooperationsvertrag geschlossen, in dem die Kostenverteilung geregelt wird.

Bei der Beschaffung von **Maschinen und Fahrzeugen** sind ebenfalls ökologische Aspekte zu berücksichtigen. Maschinen in der Produktion benötigen zum Betrieb meist elektrischen Strom, Fahrzeuge benötigen Treibstoff. Durch gezielte Beschaffung energiesparender und abgasarmer Maschinen und Fahrzeuge kann ein wesentlicher Beitrag zum Umweltschutz erbracht werden. Hierzu gehört auch die Nutzung alternativer Energiequellen.

Beispiele Sonne (Solartechnik), Wind (Windräder zur Erzeugung von Strom)

Die Beachtung von ökologischen Aspekten kann in Industriebetrieben auch wirtschaftliche Ziele unterstützen. Es können **Kosten eingespart werden**, insbesondere durch

- den Einsatz von wiederverwendbaren Verpackungen bei Anlieferung,
- das Recycling von Abfallstoffen,
- die Rückführung von Materialien in den Produktionsprozess,
- die konsequente Vermeidung von Müll sowie
- den Einsatz von energiesparenden Maschinen und Fahrzeugen.

Dies führt zur Einsparung von Kosten. Dieser Kostenvorteil kann in der Kalkulation der Verkaufspreise berücksichtigt werden. Dadurch entsteht ein zusätzlicher Wettbewerbsvorteil. Im Rahmen des **Totalen Qualitätsmanagements (TQM, Total Quality Management)** unterziehen sich Unternehmen zunehmend auf freiwilliger Basis einer Umweltbetriebsprüfung (Ökoaudit). Wird diese EU-Umwelt-Audit-Verordnung erfüllt, erhält das Unternehmen ein Zertifikat über die erfolgreiche Teilnahme.

Zusammenfassung: Ökologische Aspekte der Beschaffung und der Lagerhaltung

- Statt einer Strategie des Materialdurchlaufs sollte die **Strategie des Materialkreislaufs** beschritten werden. Hierbei ist zu beachten:
  - Recyclingfähigkeit (Wiederverwertbarkeit) von Material
  - Vermeidung umweltschädlicher Abfallstoffe
  - umweltgerechte Entsorgung von Verpackung und Materialresten
  - Einsatz umweltschonender Transportmittel bei der Beschaffung
  - Beschaffung von energiesparenden und abgasarmen Maschinen und Fahrzeugen
- Ökologische Ziele können wirtschaftliche Ziele unterstützen, z. B. Kosteneinsparung.

Aufgaben

1 *Finden Sie heraus, was mit dem Begriff „Ökologie" beschrieben wird. Verwenden Sie hierzu Lexika, Wörterbücher usw.*

2 *Erörtern Sie die traditionelle Beschaffungsstrategie des Materialdurchlaufs. Welche Gesichtspunkte werden hierbei besonders betont?*

3 *Beschreiben Sie die Strategie des Materialkreislaufs und erläutern Sie, weshalb ökologische Aspekte bei der Materialbeschaffung besonders wichtig sind.*

4 *„Just-in-Time-Belieferung ist ökologisch nicht vertretbar." Nehmen Sie Stellung zu dieser Aussage.*

 5 *Bearbeiten Sie in Ihrer Klasse gruppenweise als **Projekt** das Thema „Ökologische Aspekte in der Schule". Präsentieren Sie Ihre Ergebnisse in einer Ausstellung in der Schule.*

* **Gruppe 1 „Materialien und Produkte":** Erstellen Sie eine Liste aller Materialien und Produkte, die von Ihren Mitschülerinnen und Mitschülern für die Schule benötigt werden (Hefte, Schreibmaterial, Schultasche usw.). Bewerten Sie alle Materialien nach ökologischen Gesichtspunkten (Recyclingfähigkeit, Verpackung, Möglichkeiten zur Einsparung und Entsorgung usw.). Geben Sie zu allen Produkten Alternativen an, die umweltverträglicher als die bisher verwendeten sind.*

* **Gruppe 2 „Anfahrtswege":** Untersuchen Sie die Anfahrtswege Ihrer Mitschüler/-innen und Lehrer/-innen zur Schule. Bewerten Sie sie unter ökologischen Aspekten. Überlegen Sie sich Alternativen, wie Anfahrten zur Schule durch Veränderung der Gewohnheiten unter ökologischen Gesichtspunkten verbessert werden können.*

* **Gruppe 3 „Müll":** Untersuchen Sie das Müllaufkommen in Ihrer Schule unter folgenden Leitfragen: Wer verursacht Müll (Schüler, Lehrer, Verwaltung, Reinigungskräfte)? Welche Arten und Mengen an Müll „produziert" Ihre Schule in einem Jahr? Welche Möglichkeiten der Müllvermeidung und -verwertung können genutzt werden?*

* **Gruppe 4: „Energie":** Untersuchen Sie, welche Energie Ihre Schule pro Jahr verbraucht. Berücksichtigen Sie Heizung, Licht, Wasserverbrauch usw. und führen Sie Möglichkeiten an, Energie einzusparen.*

6 *Das Kreislaufwirtschafts- und Abfallgesetz schreibt vor:*

* 1. Abfälle sind in erster Linie zu vermeiden.*

* 2. Nicht vermeidbare Abfälle sind vorrangig wieder zu verwerten.*

* 3. Nur die verbleibenden Restabfälle sind ordnungsgemäß auf Deponien zu lagern, ggf. in Müllverbrennungsanlagen zu verbrennen. Für die Lagerung/Verbrennung sind Entgelte zu zahlen.*

* a) Erläutern Sie, welche Umweltschutzprinzipien/-ziele in diesen Vorschriften zum Ausdruck kommen.*

* b) Nennen Sie entsprechende Beispiele der Abfallbehandlung aus Ihrem privaten Umfeld.*

* c) Zählen Sie einige Maßnahmen auf, die die Bürodesign GmbH ergreifen könnte.*

4.4.6 Wirtschaftlichkeit der Lagerhaltung

Die Auszubildende Silvia Land liest einen Ausdruck des computergestützten Lagerbestandsführungsprogramms der Bürodesign GmbH, den Herr Holtermüller, der Gruppenleiter Lager, über die Lagerbestände der Produktgruppe „Konferenzen und Schulung" abgerufen hat. Hierin ist u. a. folgende Aufstellung enthalten:

Produktgruppe 2: Konferenzen und Schulungen

Produkt-nummer	Produktbezeichnung	Mindestbestand in Stück	Meldebestand in Stück	prozentualer Anteil an der Lagerfläche
444/4	Logo Konferenztisch	5	50	3
444/1	Stapler Stapelstuhl	10	50	2
442/1	Konzentra Konferenzstuhl	5	30	1
......	......	...	...	...
443/1	Regalsystem Wikinger	8	50	2

Silvia Land überlegt, warum die Bürodesign GmbH Höchstbestände für jedes einzelne Produkt festlegt und warum der prozentuale Anteils eines Produktes an der Lagerfläche ausgewiesen wird.

Arbeitsaufträge ▶ Erläutern Sie die Bedeutung der materialbezogenen Festlegung von Melde- und Höchstbestand in einem Industrieunternehmen.
▶ Begründen Sie, warum eine laufende materialbezogene Kontrolle der Lagerbestände erforderlich ist.
▶ Erläutern Sie Lagerbestands- und Lagerbewegungsdaten und zeigen Sie die Konsequenzen auf, wenn die Umschlagshäufigkeit eines Materials sinkt.

Bei der Steuerung der Lagerhaltung besteht ein permanenter **Zielkonflikt** zwischen der von den Kunden erwarteten hohen Lieferbereitschaft von Fertigerzeugnissen und der von der Fertigung erwarteten Vorratshaltung benötigter Werkstoffe einerseits und den vom Unternehmen angestrebten niedrigen Lagerkosten andererseits. Je größer die zu lagernde Materialmenge ist, desto höher sind die Lagerkosten und umgekehrt. Folglich versucht jedes Unternehmen die Menge der zu lagernden Materialien (Werkstoffe, Fertigerzeugnisse) zu minimieren. Durch die möglichst optimale Nutzung des vorhandenen Lagerraums (z. B. Hochregallager) und den Einsatz einer modernen Lagertechnik (Belüftung, Heizung, Kühlanlagen), die auf das jeweilige Lagergut exakt abgestimmt ist, können die Lagerkosten minimiert werden. Ebenso können die Transportwege innerhalb des Lagers durch eine durchdachte Lagerorganisation vermindert werden. Die Zugriffszeiten auf die Materialien können durch geeignete Förderhilfsmittel (z. B. Paletten, Körbe, Hubwagen) erhöht werden.

■ Lagerkosten und Lagerrisiken

Jedes Lager verursacht Kosten. Einige Kosten, z. B. Miete für den Lagerraum, sind bezogen auf einen bestimmten Zeitraum von der Menge und dem Wert der gelagerten Materialien unabhängig. Man bezeichnet sie als **fixe Kosten**, sie sind über einen bestimmten Zeitraum unveränderlich. Die Kosten der Lagervorräte sind vom Industrieunternehmen beeinflussbar, denn es kann entscheiden, wie viele Materialien es auf Lager hält. Solche Kosten heißen **variable Kosten**. Fixe und variable Lagerkosten müssen in die Preiskalkulation des Industrieunternehmens einfließen. Über den Verkaufspreis der einzelnen Produkte, d. h. über den Umsatz, müssen diese Kosten erwirtschaftet werden.

● **Sachkosten des Lagers:**
  - **Reparaturen, Instandhaltung** der Lagereinrichtung (Regale, Ständer usw.), der Hilfsmittel (Hubwagen, Gabelstapler, Lagersteuerungsanlage usw.)
  - **Wartung** (Transportmittel, Heizung, Klimaanlage, Sprinkleranlage, Kühltruhen usw.)
  - **Energiekosten** (Heizung, Beleuchtung, Kühlung usw.)
  - **Versicherungsprämien** (für das Lagergebäude, die Lagereinrichtung und den Materialbestand)
  - **Reinigungskosten**
  - **Miete** (für Räume und Geräte)
  - **Kosten der Materialpflege** (Abdeckhüllen, Staubsicherungen usw.)
  - **Kosten der Lagerverwaltung** und **-organisation** (Lagerdatei, Kommissionierscheine usw.)

● **Personalkosten:**
Alle Mitarbeiter des Lagers, anteilig die Mitarbeiter des Verkaufs oder der Fertigung, die nur zeitweise mit Lagerarbeiten beschäftigt sind, verursachen Personalkosten. Es müssen hierbei sämtliche Arbeiten berücksichtigt werden, angefangen von der Materialannahme, Materialprüfung usw. bis zur Bereitstellung der Materialien für die Fertigung und der Fertigerzeugnisse für den Kunden.

● **Kosten des Lagerrisikos:**
Jede Lagerhaltung birgt auch Risiken, die durch keine Versicherung abzudecken sind. Das Industrieunternehmen muss darauf achten, diese Risiken möglichst gering zu halten. Risiken wie **Schwund, Diebstahl, Verderb** können auch bei sorgfältigster Arbeit nicht immer vermieden werden. Die so entstandenen Kosten sind meist nicht exakt planbar, hier können aber Erfahrungswerte und Schätzungen helfen, um diese Kosten bei der Kalkulation zu berücksichtigen. **Allgemeine Risiken** wie z. B. **Modeänderungen, Modellwechsel, technische Veränderungen sind allgemeines Unternehmerwagnis**, das nicht über die Handlungskosten kalkuliert wird, sondern über den Gewinn abgegolten wird.

● **Kosten der Kapitalbindung:**
Die Lagerausstattung und die gelagerten Materialien binden Kapital, d. h., die finanziellen Mittel, die hierfür aufgewendet werden, stehen für andere betriebliche Zwecke nicht zur Verfügung. Die Kosten der Kapitalbindung sind die Zinsen für das Kapital.

● **Kosten der gelagerten Materialien:** Verzinsung des eingesetzten Kapitals
  Beispiel *Die Bürodesign GmbH lagert im Durchschnitt im Rohstofflager pro Jahr für 230 000,00 EUR Materialien. Würde die Bürodesign GmbH die dadurch gebundenen Mittel für 6 % Zinsen pro Jahr bei einer Bank anlegen, so erhielte sie hierfür 13 800,00 EUR Zinsen.*
● **Kosten der Lagereinrichtung:** Verzinsung des eingesetzten Kapitals, Abschreibung
  Beispiel *Die Bürodesign GmbH kauft einen Gabelstapler für 18 000,00 EUR für ihr Lager. Bei einem Zinssatz von 8 % entstehen 1 440,00 EUR Kapitalbindungskosten. Der Gabelstapler hat eine geschätzte Lebensdauer von sechs Jahren, über diesen Zeitraum sind die Anschaffungskosten zu verteilen, es entstehen somit jährlich Abschreibungen in Höhe von 3 000,00 EUR bei linearer Abschreibung.*
● **Kosten der Lagerräume:** Baukosten für ein neues Lager, Erweiterungsbauten usw.
  Die exakte Ermittlung der Lagerkosten ist nur mit einem gut funktionierenden betrieblichen Rechnungswesen möglich. Die Verkaufspreise der einzelnen Produkte müssen so kalkuliert werden, dass diese Kosten langfristig gedeckt sind.

■ Lagerbestandskennzahlen

Die Lagervorräte in einem Industrieunternehmen müssen systematisch kontrolliert werden. Um die Lagerkosten zu senken, ist es notwendig,

- die **Lagerbestände so klein wie möglich zu halten**, das führt zu geringeren Kapital-, Sach- und Personalkosten und zu einem geringeren Lagerrisiko,
- die **Lagerbestände der Werkstoffe möglichst schnell zu Fertigerzeugnissen zu verarbeiten und zu verkaufen**, damit gebundenes Kapital freigesetzt wird.

Die Kontrolle des Lagerbestandes kann durch **Stichtagsinventur** erfolgen oder durch **permanente Inventur** mit **Fortschreibung in Listen**, Büchern usw. Sehr häufig werden auch Computerprogramme eingesetzt, um die Lagerbestände zu überwachen.

Die Lagerkontrolle hat die Aufgabe, für jeden einzelnen Artikel laufend den aktuellen Bestand festzustellen, um Nachbestellungen rechtzeitig durchzuführen, die Verkaufsbereitschaft zu gewährleisten und Überbestände zu erkennen. Für Materialien, die zu hohe Bestände aufweisen, müssen Maßnahmen ergriffen werden, um die Vorräte zu senken. Zur Bestandsüberwachung werden im Lagerwesen sogenannte **Lagerkennziffern(-zahlen)** verwendet. Diese Zahlen ermöglichen für alle Materialien genaue Aussagen über eine wirtschaftliche Vorratshaltung.

In einem Industrieunternehmen sollte für jeden einzelnen Artikel und für jede Produktgruppe mithilfe der Daten des Lagerbestandsführungsprogramms die Wirtschaftlichkeit der Vorratshaltung laufend kontrolliert werden. Mithilfe der Lagerkennzahlen können **material- oder produktgruppenbezogene Aussagen zur Wirtschaftlichkeit** eines Materials oder einer Produktgruppe gemacht werden.

- **Höchstbestand:** Jedes Lager hat eine begrenzte Lagerkapazität, die nicht beliebig veränderbar ist. Somit kann in einem Lager nur eine begrenzte Anzahl von Materialien gelagert werden **(technischer Höchstbestand)**. Ebenso beschränkt das Kapital, das zur Vorratshaltung zur Verfügung steht, die Menge der Lagergüter (wirtschaftlicher Höchstbestand).
- **Mindestbestand** (vgl. S. 192)
- **Meldebestand** (vgl. S. 192)
- **Durchschnittlicher Lagerbestand:** Während eines Jahres ergeben sich für die Materialien meist täglich oder stündlich verschiedene Lagerbestände durch Verkauf, Verbrauch und Einkauf (Lagerab- und -zugänge). Zur Übersicht und zur leichteren Kontrolle werden deshalb Mittelwerte (Durchschnittswerte) berechnet. Der durchschnittliche Lagerbestand (DLB) eines Materials gibt an, wie hoch im Durchschnitt der Vorratsbestand in Stück oder in EUR in einem bestimmten Zeitraum ist. Die Kenntnis des durchschnittlichen Lagerbestandes kann z.B. beim Abschluss einer Versicherung der Materialien gegen Feuer, Diebstahl usw. von Bedeutung sein. Da die Lagerbestände aufgrund ständiger Ein- und Auslagerungen schwanken, ist es sinnvoll, beim Abschluss einer Versicherung den durchschnittlichen Lagerwert anzusetzen.

Beispiel *In der Produktgruppe „Konferenzen und Schulung" soll der DLB für den Stapelstuhl „Stapler" ermittelt werden. Elke Grau ist mit dieser Aufgabe betraut. Der Jahresanfangsbestand an Stapelstühlen beträgt 38 Stück, der Jahresendbestand (lt. Inventur) beträgt 60 Stück.*

$$DLB = \frac{38 + 60}{2} = \frac{98}{2} = \underline{\underline{49 \text{ Stück}}}$$

> **Durchschnittlicher Lagerbestand bei Jahresinventur** $= \dfrac{\text{Anfangsbestand} + \text{Endbestand}}{2}$

Der durchschnittliche Lagerbestand kann auch als Wertkennziffer in EUR ausgerechnet werden, indem die Mengen mit ihren Bezugs- oder Einstandspreisen oder Herstellungskosten multipliziert werden. Die Genauigkeit der Kennziffer „DLB" hängt davon ab, wie viele Bestände in die Berechnung eingehen. Einen genaueren DLB erhält man, wenn zusätzlich zu den Jahresbeständen die Quartalsendbestände berücksichtigt werden.

Beispiel Elke Grau möchte den DLB genauer berechnen. Sie nimmt zusätzlich zu dem Jahresanfangsbestand noch vier Quartalsbestände (Vierteljahreswerte) in ihre Berechnung auf.

Jahresanfangsbestand:	*38 Stück*	*Bestand am Ende des 3. Quartals:*	*220 Stück*
Bestand am Ende des 1. Quartals:	*146 Stück*	*Bestand am Ende des 4. Quartals:*	*60 Stück*
Bestand am Ende des 2. Quartals:	*190 Stück*	*(Jahresendbestand)*	

$$DLB = \frac{38 + 146 + 190 + 220 + 60}{5} = \frac{654}{5} = \underline{130,8 \sim 131\ Stück}$$

Durchschnittlicher Lagerbestand bei Quartalsinventur	$= \dfrac{\text{Jahresanfangsbestand} + 4\ \text{Quartalsendbestände}}{5}$

Die gleiche Berechnung kann ebenfalls mit EUR-Beträgen gemacht werden. Einen noch genaueren DLB erhält man, wenn zusätzlich zu dem Jahresanfangsbestand noch die zwölf Monatsinventurwerte hinzugenommen werden. So stehen 13 Werte zur Verfügung.

Beispiel Elke Grau ermittelt den DLB aufgrund der Monatsbestände. Jahresanfangsbestand: 38 Stück Monatsendbestände:

Januar:	*50*	*April:*	*80*	*Juli:*	*140*	*Oktober:*	*160*
Februar:	*162*	*Mai:*	*250*	*August:*	*20*	*November:*	*109*
März:	*146*	*Juni*	*190*	*September:*	*220*	*Dezember:*	*60*

$$DLB = \frac{\begin{array}{c}38 + 50 + 162 + 146 + 80 + 250 + 190 + 140 + 20 \\ + 220 + 160 + 109 + 60\end{array}}{13} = \frac{1\,625}{13} = \underline{125\ Stück}$$

Durchschnittlich befanden sich also 125 Stapelstühle auf Lager. Wenn jeder Stapelstuhl durchschnittlich Herstellkosten von 130,00 EUR hat, so waren durchschnittlich 16 250,00 EUR Kapital gebunden.

Durchschnittlicher Lagerbestand bei Monatsinventur	$= \dfrac{\text{Jahresanfangsbestand} + 12\ \text{Monatsbestände}}{13}$

Durch den Einsatz moderner computergestützter Lagerbestandsführungsprogramme ist es möglich, zu jedem beliebigen Zeitpunkt den aktuellen Lagerbestand zu ermitteln. Diese genauen Zahlenwerte ermöglichen ein gezieltes Steuern der Bestände, um Lagerkosten zu senken.

■ Lagerbewegungskennzahlen

Es ist wichtig, den Lagerbestand so gering wie möglich zu halten, damit nicht zu viel Kapital durch lagernde Materialien gebunden wird und die Lagerkosten möglichst gering gehalten werden. Lagerbewegungen und Lagerkosten werden mit verschiedenen Kennziffern kontrolliert.

● Umschlagshäufigkeit:
Die Umschlagshäufigkeit gibt an, wie oft der durchschnittliche Lagerbestand während eines Geschäftsjahres verkauft oder verbraucht wurde.

Beispiel Die Finanzbuchhaltung der Bürodesign GmbH meldet für das vergangene Geschäftsjahr einen Materialverbrauch von 18 900 000,00 EUR. Der durchschnittliche Lagerbestand betrug 1 050 000,00 EUR. Hieraus kann abgeleitet werden, dass in einem Jahr der Lagerbestand 18-mal umgeschlagen wurde.

$$\text{Umschlagshäufigkeit (UH)} = \frac{18\,900\,000}{1\,050\,000} = 18$$

In einem vergleichbaren Industrieunternehmen betrug der Materialverbrauch ebenfalls 18 900 000,00 EUR. Der durchschnittliche Lagerbestand betrug aber 1 150 000,00 EUR, er wurde nur 16,4-mal umgeschlagen.

$$\text{Umschlagshäufigkeit (UH)} = \frac{18\,900\,000}{1\,150\,000} = 16,4$$

Bei der Bürodesign GmbH waren im Durchschnitt nur 1 050 000,00 EUR Kapital gebunden, beim zweiten Industrieunternehmen 1 150 000,00 EUR, obwohl beide wertmäßig gleich viel verbraucht haben. Der Bürodesign GmbH standen also regelmäßig 100 000,00 EUR mehr zur Verfügung. Die Kennziffern „18" bzw. „16,4" geben also an, wie häufig ein durchschnittlicher Lagerbestand (DLB) umgeschlagen wurde.

Hieraus lässt sich folgende Formel ableiten:

> **Umschlagshäufigkeit (Umsatz)** = $\dfrac{\text{Materialverbrauch}}{\text{DLB zu Einstandspreisen}}$

● **Durchschnittliche Lagerdauer:**

Wenn die Umschlagshäufigkeit eines Materials bekannt ist, so kann daraus seine durchschnittliche Lagerdauer berechnet werden. Hieraus erkennt man den Zeitraum vom Eintreffen der Materialien im Lager bis zur Weiterverarbeitung bzw. zum Verkauf an den Kunden, also wie lange die Ware durchschnittlich gelagert wurde.

Beispiel *Der Lagerbestand hat bei der Bürodesign GmbH eine Umschlagshäufigkeit von 18. Das kaufmännische Jahr zählt 360 Tage, 360 : 18 = 20. Das bedeutet, dass die Materialien durchschnittlich 20 Tage auf Lager waren.*

Hieraus lässt sich folgende Formel ableiten:

> **Durchschnittliche Lagerdauer** = $\dfrac{360\ \text{(Tage)}}{\text{Umschlagshäufigkeit}}$

Mithilfe der Umschlagshäufigkeit und der durchschnittlichen Lagerdauer können Aussagen zur **Wirtschaftlichkeit eines Artikels, einer Werkstoff- oder einer Produktgruppe** gemacht werden. Je höher die Umschlagshäufigkeit oder je geringer die durchschnittliche Lagerdauer eines Artikels, einer Werkstoff- oder einer Produktgruppe, desto niedriger ist der Kapitaleinsatz im Lager. Zudem gilt, je höher die Umschlagshäufigkeit oder je geringer die durchschnittliche Lagerdauer eines Artikels, einer Werkstoff- oder einer Produktgruppe, desto niedriger ist der Kostenanteil je Artikel, Werkstoff- oder Produktgruppe.

Zusammenfassung: Wirtschaftlichkeit der Lagerhaltung

- Jede Lagerhaltung birgt Risiken, wie Modeänderungen, technischer Fortschritt, Modelländerungen oder Verderb in sich.
- **Lagerkosten**
  - **Sachkosten:** Alle Kosten zum Betrieb des Lagers, insbesondere Mieten, Energie, Reparaturen usw.
  - **Personalkosten:** Kosten der Mitarbeiter, die Lagerarbeiten erledigen.

- **Kosten des Lagerrisikos:** Kosten durch Verderb, Diebstahl, Schwund.
- **Kosten der Kapitalbindung:** Zinsen für das eingesetzte Kapital
  - gelagerte Materialien
  - Anschaffung der Lagereinrichtung
  - Anschaffung oder Herstellung (Bau) der Lagerräume
- **Lagerbestandskennzahlen**
  - Lagerbestandsdaten werden benötigt, um eine wirtschaftliche Lagerführung zu sichern.
  - **Mindestbestand:** Reserve, um Verkaufs- und Produktionsbereitschaft zu sichern.
  - **Höchstbestand:** Technischer HB = absolute Obergrenze, Lager ist vollständig gefüllt Wirtschaftlicher HB = Bestand, bis zu dem ein Material unter wirtschaftlichen Gesichtspunkten höchstens gelagert wird.
  - **Meldebestand:** Bestand, bei dem die Materialien nachbestellt werden müssen, um die Lieferzeit zu überbrücken. MB = (Tagesverbrauch · Lieferzeit) + Mindestbestand
  - **Durchschnittlicher Lagerbestand:**
    - **DLB bei Jahresinventur** $= \dfrac{\text{Jahresanfangsbestand + Jahresendbestand}}{2}$
    - **DLB mit Quartalsendbeständen** $= \dfrac{\text{Jahresanfangsbestand + 4 Quartalsendbestände}}{5}$
    - **DLB mit Monatsendbeständen** $= \dfrac{\text{Jahresanfangsbestand + 12 Monatsendbestände}}{13}$
- **Lagerbewegungskennzahlen:** Im Lagerwesen werden folgende Kennziffern zur Kontrolle der Lagerbestände eingesetzt:
  - **Umschlagshäufigkeit** $= \dfrac{\text{Materialverbrauch}}{\text{DLB zu Einstandspreisen}}$ oder $\dfrac{\text{Jahresabsatz (Stück)}}{\text{DLB in Stück}}$
  - **Durchschnittliche Lagerdauer** $= \dfrac{360\ \text{(Tage)}}{\text{Umschlagshäufigkeit}}$

Aufgaben

1 *Erläutern Sie, welchen Zweck ein Mindestbestand (eiserne Reserve) in einem Industriebetrieb hat.*

2 *Von einem Material werden im Durchschnitt täglich 15 Stück verbraucht. Die Lieferzeit beträgt sechs Tage, der Mindestbestand beträgt 85 Stück. Wie hoch ist der Meldebestand?*

3 *Die Lagerdatei für einen Artikel enthält u. a. folgende Eintragungen:*

Bestand am 31.12. des Vorjahres	*96 Stück*	*Bestand am 30.09. des Jahres*	*344 Stück*
Bestand am 31.03. des Jahres	*272 Stück*	*Bestand am 31.12. des Jahres*	*6 Stück*
Bestand am 30.06. des Jahres	*248 Stück*	*Bezugs-/Einstandspreis pro Stück*	*45,00 EUR*

Welche Kennzahl können Sie aus den obenstehenden Angaben ermitteln?

1. die durchschnittliche Lagerdauer
2. die durchschnittlichen Lagerkosten
3. den durchschnittlichen Lagerbestand
4. die durchschnittlichen Verkaufserlöse
5. den durchschnittlichen Bruttoumsatz pro Quartal

4 *In einem Industriebetrieb werden für ein Produkt folgende Bestände aufgrund permanenter Inventur ausgewiesen:*

Anfangsbestand 1. Januar:	*200*		
Endbestand 31. Januar:	*185*	*Endbestand 31. Juli:*	*275*
Endbestand 28. Februar:	*270*	*Endbestand 31. August:*	*281*
Endbestand 31. März:	*315*	*Endbestand 30. September:*	*265*

Endbestand 30. April:	*295*	*Endbestand 31. Oktober:*	*295*
Endbestand 31. Mai:	*290*	*Endbestand 30. November:*	*310*
Endbestand 30. Juni:	*315*	*Endbestand 31. Dezember:*	*240*

a) *Berechnen Sie den durchschnittlichen Lagerbestand nur mit dem Anfangs- und Endbestand.*

b) *Berechnen Sie den durchschnittlichen Lagerbestand mit den Quartals- und Monatsbeständen.*

c) *Weshalb ergeben sich Unterschiede für den durchschnittlichen Lagerbestand?*

5 *In einem Industrieunternehmen liegen folgende Angaben vor: Materialeinsatz: 600 000,00 EUR, durchschnittlicher Lagerbestand 50 000,00 EUR. Berechnen Sie die Umschlagshäufigkeit und die durchschnittliche Lagerdauer.*

6 *Ein Rohstoff hat bei einem Stoßdämpferhersteller eine Umschlagshäufigkeit von 6. Berechnen Sie die durchschnittliche Lagerdauer und erläutern Sie ihre Bedeutung.*

7 *Das Rohstoffkonto eines Industriebetriebes weist folgende Werte aus: Anfangsbestand 200 000,00 EUR, Endbestand 280 000,00 EUR. Auf dem Konto Rohstoffaufwendungen wurden Zugänge in Höhe von 1 280 000,00 EUR gebucht. Berechnen Sie*

a) *den Rohstoffeinsatz,*   c) *die Umschlagshäufigkeit,*

b) *den durchschnittlichen Lagerbestand,*   d) *die durchschnittliche Lagerdauer.*

8 *Ein Material liegt durchschnittlich 40 Tage auf Lager. Ermitteln Sie die Umschlagshäufigkeit.*

9 *Die Bürodesign GmbH erhält von der Hanckel & Cie GmbH ein Sonderangebot des Materials Holzkaltleim, wobei allerdings eine Mindestmenge abzunehmen ist, die den Bedarf der Bürodesign GmbH für ca. zehn Monate decken würde. Entscheiden und begründen Sie, ob es sinnvoll ist, dieses Angebot anzunehmen.*

10 *Die Bürodesign GmbH hat sich in der Branche den Ruf erworben, stets auch bei unerwartet hohen Aufträgen lieferbereit zu sein. Als Folge für die Bürodesign GmbH ergibt sich bei vielen Produkten ein hoher Mindestbestand.*

a) *Erläutern Sie, welcher Zielkonflikt sich daraus für die Bürodesign GmbH ergibt.*

b) *Beschreiben Sie die Konsequenzen, die sich für die Bürodesign GmbH aus einer Verringerung des Mindestbestandes ergeben können.*

c) *Machen Sie begründete Vorschläge anhand der Produktliste der Bürodesign GmbH, für welche Produkte ein hoher oder ein geringer Mindestbestand erforderlich sein könnte.*

Übungsaufgaben: Materialwirtschaft

1 *Die Bürodesign GmbH möchte ihr Angebot an Produkten erweitern, ohne selbst diese Produkte herzustellen. Sie entschließt sich, Handelswaren anzubieten.*

a) *Erstellen Sie eine Liste von Handelswaren, die das Erzeugnisprogramm der Bürodesign GmbH ergänzen.*

b) *Wählen Sie ein Produkt aus und nennen Sie Möglichkeiten, hierfür Bezugsquellen zu ermitteln.*

2 *In Ihrer Schule soll ein mobiles Computersystem angeschafft werden, das vorwiegend im BWL-Rewe-Unterricht eingesetzt wird. Benötigt wird ein PC mit einem Pentium-Prozessor, ein strahlungsarmer Farbmonitor, ein Overhead-Display zur Projektion des Bildschirminhalts, ein Tintenstrahldrucker und die entsprechenden Kabel. Zusätzlich wird ein fahrbares Gestell gebraucht, auf dem der Computer mit seinen Zusatzgeräten in verschiedene Klassenräume gefahren werden kann. Führen Sie hierfür eine Beschaffungsmarktforschung durch.*

a) *Erstellen Sie eine Liste aller Bezugsquellen (Fachgeschäfte am Ort, Versandhandel usw.).*

b) *Entscheiden Sie sich, ob Sie das gesamte System bei einem Lieferer oder bei verschiedenen Lieferern bestellen möchten. Führen Sie die jeweiligen Vor- und Nachteile beider Alternativen auf.*

    c) *Ermitteln Sie Preise, Liefer- und Zahlungsbedingungen, Garantie- und Serviceleistungen aller Lieferer. (Gezielte Anfragen, Untersuchen der Kataloge, Prospekte usw.)*

    d) *Wählen Sie geeignete Angebote aus.*

    e) *Formulieren Sie Bewertungskriterien für den Vergleich von Angeboten und gewichten Sie diese nach ihrer Wichtigkeit.*

    f) *Teilen Sie jedem Angebot eine entsprechende Anzahl von Bewertungspunkten zu.*

    g) *Ermitteln Sie das Angebot mit der höchsten Punktzahl.*

    h) *Dokumentieren Sie Ihre Arbeitsergebnisse und präsentieren Sie diese.*

3 *Erläutern Sie Kriterien, von denen die Entscheidung über Eigenfertigung oder Fremdbezug eines Gutes abhängt.*

4 *Ein Bauteil kann auf dem Markt für 10,00 EUR je Stück beschafft werden. Wenn es in Eigenfertigung produziert wird, fallen folgende Stückkosten an: Materialkosten 4,60 EUR, Lohnkosten 2,80 EUR. Es entstehen bei der Eigenfertigung zusätzliche fixe Kosten in Höhe von 12 000,00 EUR.*

    a) *Bestimmen Sie die Menge, ab der eine Eigenfertigung kostengünstiger ist. Stellen Sie hierzu ein Gleichungssystem auf und lösen Sie es.*

    b) *Bestimmen Sie die Lösung grafisch.*

    c) *Berechnen Sie die Kosteneinsparung bei einer Eigenfertigung, wenn 10 000 Stück produziert werden müssen.*

    d) *Berechnen Sie die Kosteneinsparung, wenn nur 1 000 Stück benötigt und fremdbezogen werden müssen.*

5 *Frau Friedrich behauptet: „Die Bündelung von Aufträgen führt dazu, dass wir auf Dauer von einem Lieferer abhängig werden." Herr Stein erwidert: „Wenn wir die Anzahl der Lieferer gering halten, sparen wir Beschaffungskosten." Nehmen Sie Stellung zu beiden Aussagen.*

6 *Im Absatzplan der Bürodesign GmbH ist für das kommende Jahr vorgesehen, von der Container-Serie „Volumen" 4 500 Einheiten zu verkaufen. Jede Einheit ist mit vier Schubladen ausgestattet. Hierzu werden entsprechende Schubladengriffe benötigt. Jede Bestellung verursacht 75,00 EUR Kosten. Je Griff entstehen 0,05 EUR Lagerkosten. Bestimmen Sie die optimale Bestellmenge und -häufigkeit.*

7 *Die Produktion des Bürostuhls „ergo-design-natur" soll am 1. September des Jahres starten. Die dazu benötigten Rollen müssen rechtzeitig bestellt werden. Bestimmen Sie kalendermäßig den spätesten Bestelltermin. Gehen Sie dabei von fünf Arbeitstagen je Woche aus. Berücksichtigen Sie folgende Daten:*

    a) *Zeit für Angebotseinholung:*   *3 Wochen*

    b) *Zeit für Auswertung der Angebote:*   *1 Woche*

    c) *Postweg für Versand der Bestellung:*   *3 Tage*

    d) *Bearbeiten der Bestellung beim Lieferer:*   *2 Tage*

    e) *Produktionszeit für die bestellten Rollen:*   *12 Tage*

    d) *Lieferzeit der Rollen (Bahnfracht und Spediteur):*   *3 Tage*

    e) *Warenannahme und Warenprüfung bei der Bürodesign GmbH:*   *1 Tag*

    f) *Einlagerung und innerbetrieblicher Transport zur Produktion:*   *1 Tag*

    g) *Sicherheitszuschlag:*   *2 Wochen*

8 *Die ABC-Analyse ist eine Methode zur Bestimmung von Maßnahmenschwerpunkten. Beschreiben Sie die Vorgehensweise zur Durchführung einer ABC-Analyse und erläutern Sie ihre Einsatzmöglichkeiten in unterschiedlichen betrieblichen Funktionsbereichen.*

9 *Innerhalb des Beschaffungsmarketings gehört es zu den Zielen von Unternehmen, ökologische Aspekte zu berücksichtigen. Beschreiben Sie Möglichkeiten, ökologische Gesichtspunkte auch im Absatzmarketing zu verwirklichen.*

10 *Beschreiben Sie das Modell des „Materialkreislaufs" und dessen wirtschaftliche Bedeutung für Unternehmen.*

11 *Ein Drittel des Müllberges in der Bundesrepublik Deutschland entsteht durch Verpackungs-müll. Erstellen Sie eine Liste von Maßnahmen, wie das Verpackungsaufkommen reduziert werden kann,*

a) *aus der Sicht eines Industrieunternehmens wie der Bürodesign GmbH,*

b) *aus der Sicht eines privaten Haushalts.*

12 *Von einem Bauteil werden täglich 120 Stück verbraucht. Die Lieferzeit beträgt 28 Tage. Berechnen Sie den Meldebestand bei einem Mindestbestand von 960 Stück.*

13 *Für ein Fertigteil werden folgende Inventurbestände ermittelt: Jahresanfangsbestand 300 Stück*

Endbestand 31.01.	185	Endbestand 31.05.	290	Endbestand 30.09.	265
Endbestand 28.02.	270	Endbestand 30.06.	315	Endbestand 31.10.	295
Endbestand 31.03.	315	Endbestand 31.07.	275	Endbestand 30.11.	310
Endbestand 30.04.	295	Endbestand 31.08.	280	Endbestand 31.12.	220

a) *Berechnen Sie den durchschnittlichen Lagerbestand.*

b) *Erläutern Sie, weshalb es zu Schwankungen bei den Beständen kommen kann.*

14 *Die Umschlagshäufigkeit für ein Bauteil wurde mit 26 berechnet.*

a) *Berechnen Sie den durchschnittlichen Lagerbestand, wenn der Jahresverbrauch 18 000 Stück beträgt.*

b) *Berechnen Sie die durchschnittliche Lagerdauer.*

15 *Folgender Scheck wird am 20. Juni .. zur Bareinlösung der bezogenen Bank vorgelegt:*

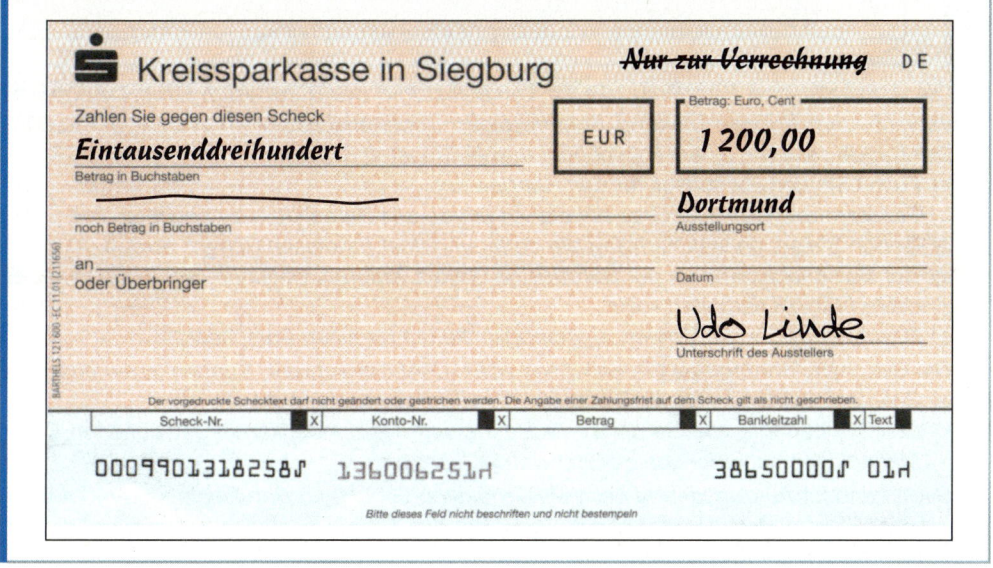

a) *Überprüfen Sie, ob der Scheck ordnungsgemäß ausgefüllt worden ist.*

b) *Die Aufschrift „Nur zur Verrechnung" wurde vom Scheckinhaber versehentlich angebracht. Deshalb hat er sie wieder gestrichen. Nehmen Sie zu diesem Vorgang Stellung.*

c) *Welche Verwendungsmöglichkeiten hat ein Scheckinhaber bei einem Verrechnungs-scheck?*

16 *Die Autex GmbH, Hersteller von Autozubehör, hat neben vielen anderen Zahlungen laufend die Miete für die Geschäftsräume und die Telefonrechnung zu bezahlen.*

a) *Begründen Sie, welche Zahlungsart der Industriebetrieb für die beiden Vorgänge benutzen sollte.*

b) *An verschiedenen Tagen hat die Autex GmbH mehrere Überweisungen an Lieferer zu tätigen. Überprüfen Sie, welche Zahlungsart sich für diese Vorgänge empfiehlt.*

c) *Die Autex GmbH hat dem Stromversorgungsunternehmen eine Einzugsermächtigung erteilt. Versehentlich wurden vom Konto der Autex GmbH 2 388,00 EUR statt 388,00 EUR abgebucht. Beschreiben Sie, wie sich die Autex GmbH verhalten sollte.*

17 *Erläutern Sie nachfolgenden Kontoauszug.*

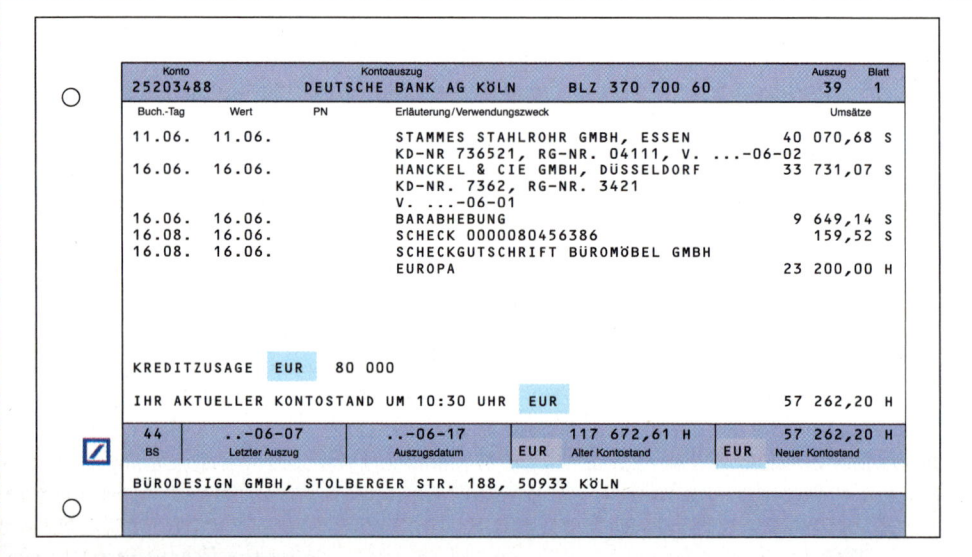

Konto			Kontoauszug				Auszug	Blatt
25203488			DEUTSCHE BANK AG KÖLN	BLZ 370 700 60			39	1
Buch.-Tag	Wert	PN	Erläuterung/Verwendungszweck				Umsätze	
11.06.	11.06.		STAMMES STAHLROHR GMBH, ESSEN				40 070,68	S
			KD-NR 736521, RG-NR. 04111, V. ...-06-02					
16.06.	16.06.		HANCKEL & CIE GMBH, DÜSSELDORF				33 731,07	S
			KD-NR. 7362, RG-NR. 3421					
			V. ...-06-01					
16.06.	16.06.		BARABHEBUNG				9 649,14	S
16.08.	16.06.		SCHECK 0000080456386				159,52	S
16.08.	16.06.		SCHECKGUTSCHRIFT BÜROMÖBEL GMBH					
			EUROPA				23 200,00	H

```
KREDITZUSAGE  EUR   80 000

IHR AKTUELLER KONTOSTAND UM 10:30 UHR  EUR            57 262,20 H
```

44	..-06-07	..-06-17		117 672,61 H		57 262,20 H
BS	Letzter Auszug	Auszugsdatum	EUR Alter Kontostand		EUR Neuer Kontostand	

BÜRODESIGN GMBH, STOLBERGER STR. 188, 50933 KÖLN

18 *Die Auszubildende Elke Grau, die im Verkaufsstudio der Bürodesign GmbH eingesetzt ist, verkauft dem Kunden Manfred Scharfe einen Schreibtischstuhl im Wert von 190,00 EUR. Der Kunde zahlt mit einem Barscheck, Ausstellungstag 8. Juni ..*
a) *Füllen Sie den Barscheck für den Kunden aus.*
b) *Erläutern Sie, was Elke Grau bei der Annahme des Barschecks zu beachten hat.*
c) *Geben Sie an, an welchem Tag die Vorlegungsfrist für diesen Scheck abläuft.*
d) *Der Barscheck geht bei der Bürodesign GmbH verloren. Erläutern Sie, wie sich die Bürodesign GmbH verhalten sollte.*
e) *Beschreiben Sie die Verwendungsmöglichkeiten für einen Barscheck.*

19 *Die Geschäftsführung des Warenhauses „CENTRAL" beschließt, Kundenkarten auszugeben.*
a) *Erläutern Sie, was sich die Geschäftsführung davon verspricht.*
b) *Beschreiben Sie, wie die durch die Benutzung der Kundenkarten gewonnenen Daten für Marketingentscheidungen genutzt werden können.*

20 *Silvia Land ist Auszubildende bei der Bürodesign GmbH. Im Berufsschulunterricht wird das Thema „Electronic Cash" behandelt. Silvia hat das Thema zu Hause gut vorbereitet und hält vor der Klasse ein Kurzreferat.*
a) *Beschreiben Sie den Ablauf einer Zahlung durch „Electronic Cash".*
b) *Beschreiben Sie, wie ein Gläubiger bei „Electronic Cash" sein Geld erhält.*
c) *Erläutern Sie die Chipkarte als Instrument der bargeldlosen Zahlung.*

21 *Erstellen Sie eine Übersicht, aus der die verschiedenen Möglichkeiten der Zahlungsarten zu erkennen sind. Fügen Sie zu jedem Beispiel einen Zahlungsvordruck bei. Hängen Sie die Übersichten in der Klasse aus.*

22 *Die Auszubildende Sandra Schmitt hat im Schreibwarengeschäft Merker & Co. KG, Bahnhofstraße 45, 59423 Unna, dem Kunden Heinz Wientepper, Elektromeister, Rathausplatz 9, 59423 Unna, Schreibwaren im Werte von 456,00 EUR (30 Aktenordner zu 120,00 EUR, Kundenkarteikarten zu 200,00 EUR, PC-Disketten und Zubehör zu 136,00 EUR) verkauft. Der Kunde verlangt zusätzlich zum Kassenbeleg eine Quittung. Erstellen Sie eine Quittung für den Kunden.*

23 Der Schüler Willibald Kluge erhält von einer Versandhandlung unbestellt zwei Bücher zugesandt. In einem Begleitschreiben ist Folgendes zu lesen: „Sie haben 14 Tage Zeit, sich die Bücher anzusehen. Nach Ablauf von 14 Tagen müssen die Bücher bezahlt werden, da wir davon ausgehen, dass Sie diese dann kaufen wollen." Da Willibald Kluge eine Woche später für drei Wochen in Urlaub fährt, vergisst er die Bücher, die er unbenutzt ins Bücherregal gelegt hat. Bei seiner Rückkehr aus dem Urlaub findet er zu Hause eine Mahnung der Versandhandlung vor, in der er aufgefordert wird, unverzüglich 48,00 EUR zu bezahlen.
a) Beurteilen Sie, ob ein Kaufvertrag zustande gekommen ist.
b) Willibald Kluge hat kein Interesse an den Büchern. Ist er verpflichet, die Bücher zurückzuschicken?
c) Wie ändert sich der Sachverhalt, wenn Willibald Kluge Mitglied eines Bücherbundes wäre und der Bücherbund ihm die Bücher als Quartalsvorschlag zugesandt hätte?
d) Ändert sich die Sachlage, wenn Willibald Kluge die Bücher per Nachnahme erhalten hätte?

24 Die Bürodesign GmbH sendet einem Großhändler, mit dem sie seit langem gute Geschäftsbeziehungen pflegt, unaufgefordert einen günstigen Posten Erzeugnisse zu. Der Großhändler reagiert nicht auf diese Erzeugnislieferung.
a) Beurteilen Sie, ob ein Kaufvertrag zustande gekommen ist.
b) Ändert sich die Sachlage, wenn bisher keine Geschäftsbeziehungen zwischen der Bürodesign GmbH und dem Großhändler bestanden haben?

25 Die Bürodesign GmbH hat bei einem Textilunternehmen schriftlich Bezugsstoffe für Bürostühle bestellt. Nach einer Woche bemerkt die Bürodesign GmbH, dass die falschen Bezugsstoffe bestellt wurden. Daher widerruft sie per Telefax die Bestellung. Das Textilunternehmen reagiert aber nicht auf diesen Widerruf. Nach drei weiteren Tagen liefert das Textilunternehmen die Ware.
a) Begründen Sie, ob ein Kaufvertrag zwischen der Bürodesign GmbH und dem Textilunternehmen zustande gekommen ist.
b) Überprüfen Sie, welche Auswirkung der Widerruf der Bürodesign GmbH auf den Kaufvertrag hat.
c) Wie ist die Rechtslage, wenn die Bürodesign GmbH einen Tag nach der brieflichen Bestellung per Telefax widerrufen hätte?

26 Die Bürodesign GmbH in Köln liefert an die Büromöbelgroßhandlung Klaus Oswald e.K. in Dresden Erzeugnisse im Werte von 62 000,00 EUR. Unterwegs verunglückt der mit der Lieferung beauftragte Spediteur ohne dessen Verschulden. Die Erzeugnisse werden vollständig zerstört. Erläutern Sie die Rechtslage, wenn
a) über den Erfüllungsort keine Vereinbarung getroffen wurde,
b) der Geschäftssitz der Großhandlung als Erfüllungsort vertraglich festgelegt wurde,
c) über den Gerichtsstand keine Vereinbarung getroffen wurde.

27 Die Büromöbel GmbH Europa schuldet der Bürodesign GmbH 68 900,00 EUR für die Lieferung von Bürostühlen und -regalen. Die Rechnung wurde dem Kunden mit der Übergabe der Büromöbel am 20. Dezember 2006 übergeben. Die Zahlungsbedingung lautet: „Zahlbar am 22. Dezember 2006".
a) Wann ist die Forderung der Bürodesign GmbH verjährt?
b) Am 15. Januar 2007 erhält die Büromöbel GmbH Europa, die die Rechnung noch nicht bezahlt hat, eine Mahnung von der Bürodesign GmbH. Auf diese Mahnung reagiert der Kunde nicht. Auf die 2. Mahnung antwortet der Kunde schriftlich und bittet um eine Stundung bis zum 28. Februar 2007. Welche Wirkung hat die Mahnung auf die Verjährung?
c) Welche Wirkung hat die Stundungsbitte des Kunden auf die Verjährung?
d) Am 5. März 2007 stellt die Bürodesign GmbH fest, dass der Kunde trotz der Stundungsgewährung noch nicht bezahlt hat. Sammeln Sie Argumente für das Antwortschreiben an den Kunden.

Nachdem die Bürodesign GmbH den Kunden vergeblich außergerichtlich gemahnt hat, soll beim zuständigen Landgericht ein Antrag auf Erlass eines Mahnbescheides gestellt werden.

e) Stellen Sie fest, welches Landgericht zuständig ist.

f) Erläutern Sie die Wirkung des Widerspruchs des Kunden auf den Mahnbescheid.

g) Überprüfen Sie, welche Wirkung es hätte, wenn sich der Kunde nicht zum Mahnbescheid äußert.

h) Erläutern Sie, welche Auswirkung die Erlass eines Vollstreckungsbescheides durch die Bürodesign GmbH hat.

28 Der Betriebsinhaber August Radke bestellt bei einer Baumschule für die betriebliche Weihnachtsfeier einen Tannenbaum, Liefertermin 20. Dezember .. Am 23. Dezember liefert die Baumschule den Tannenbaum an. August Radke weigert sich, den Tannenbaum noch anzunehmen.

a) Die Baumschule argumentiert, August Radke befände sich durch die Weigerung der Annahme im Annahmeverzug. Beurteilen Sie die Rechtslage.

b) August Radke argumentiert, die Baumschule befände sich im Lieferungsverzug, worauf die Baumschule behauptet, um in Lieferungsverzug zu geraten, hätte August Radke eine Nachfrist setzen müssen. Beurteilen Sie die Rechtslage.

29 Die Kundin Melanie Buchholz, Pferdeweg 16, 31787 Hameln, hat sich im Oktober einen Pelzmantel im Pelzgeschäft Bettina Höffgen, Rathausplatz 1, 31785 Hameln, zurücklegen lassen. Als Anzahlung hat sie 200,00 EUR geleistet. Als Abholtermin wurde der 15. November vereinbart. Am 25. November erscheint die Kundin im Pelzgeschäft und verlangt ihre 200,00 EUR zurück; da es offensichtlich keinen Winter gebe, benötige sie auch den Pelzmantel nicht mehr.

a) Beurteilen Sie, ob ein wirksamer Kaufvertrag zustande gekommen ist.

b) Begründen Sie, ob sich die Kundin Buchholz im Annahmeverzug befindet.

c) Erläutern Sie, wie sich das Pelzgeschäft verhalten sollte.

30 Ein Unternehmer ersteigert einen Warenposten. Nach Anlieferung wird die Ware unverzüglich kontrolliert, dabei wird ein Mangel festgestellt. Welche der nachfolgenden Aussagen sind richtig?

Der Unternehmer kann …

a) … Rücktritt vom Kaufvertrag verlangen,

b) … Minderung verlangen,

c) … Schadenersatz statt der Leistung fordern,

d) … Neulieferung verlangen,

e) … kein Recht geltend machen.

31 Zum Vertrieb der „Empfangstheke INTRO" der Bürodesign GmbH ist eine Spezialverpackung notwendig. Der Bedarf orientiert sich an der Produktmenge und wird verbrauchsorientiert disponiert. Dazu liegen folgende Informationen vor:

Tagesproduktion: 15 Stück, Arbeitstage pro Monat: 20 Tage, Sicherheitsbestand: 4 Tagesproduktionen, Beschaffungszeit: 14 Arbeitstage

a) Ermitteln Sie bezüglich der Verpackungen (in Stück)

    1. den Sicherheitsbestand   2. den Meldebestand

b) Erläutern Sie zwei Gründe, warum ein Sicherheitsbestand an Verpackung benötigt wird.

c) Erläutern Sie, welche Auswirkungen eine Verringerung der täglichen Verbrauchsmenge auf den Meldebestand hat.

32 Entscheiden Sie, in welchem Fall ein einseitiges Rechtsgeschäft vorliegt.

a) Ein Kaufmann erhält die Kündigung für seine Geschäftsräume.

b) Ein Kaufmann leiht sich von seinem Freund dessen Auto.

c) Ein Kaufmann schenkt seiner Frau einen Wintermantel.

d) Ein Privatmann verkauft Obst aus seinem Garten.

e) Ein Kaufmann pachtet ein Grundstück.

5 Absatzwirtschaft

5.1 Analyse des Kaufverhaltens und ökologische Aspekte des Marketing

Herr Degen ist langjähriger Verkaufsberater im Außendienst der Bürodesign GmbH. Seine Aufgabe bestand bisher darin, Unternehmen mit Büromöbeln auszustatten. Dabei waren seine Gesprächspartner meist die Inhaber oder leitenden Angestellten der Unternehmen. Da er aus gesundheitlichen Gründen keine Reisetätigkeiten mehr ausüben kann, möchte er künftig im Verkaufsstudio der Bürodesign GmbH arbeiten. Als er diesen Wunsch der Geschäftsleitung mitteilt, antwortet Herr Stein: „Lieber Herr Degen, das ist nichts für Sie, in unserem Verkaufsstudio kaufen viele Kunden, die privat einen Schreibtisch oder einen Bürostuhl benötigen. Die haben ganz andere Kaufmotive als Unternehmen, da müssen Sie ganz schön umlernen!" Herr Degen antwortet: „Wenn jemand einen Bürostuhl braucht, dann ist es egal, ob er Unternehmer oder Privatmann ist, ich werde ihm schon einen unserer Stühle verkaufen, so unterschiedlich werden sie sich wohl nicht verhalten!"

Arbeitsaufträge ▶ Stellen Sie Gemeinsamkeiten und Unterschiede im Kaufverhalten bei Privatkunden und gewerblichen Kunden (Unternehmen) heraus.

▶ Diskutieren Sie in Ihrer Klasse, weshalb ökologische Aspekte in der Absatzwirtschaft bedeutend sind.

Ohne die Kenntnis der Kaufmotive und des Kaufverhaltens seiner Kunden kann kein Unternehmen erfolgreiche Marketingarbeit leisten.

■ Kaufmotive

Es muss bei den Abnehmergruppen zwischen Unternehmen als Kunden und privaten Kunden unterschieden werden. Zwar haben sowohl Unternehmen als auch private Kunden immer nur einen beschränkten Geldbetrag zur Verfügung, um ihren Bedarf zu decken, jedoch sind die **Kaufmotive** bei beiden Gruppen unterschiedlich.

Unternehmen kaufen Güter ein, um sie als Roh-, Hilfs- oder Betriebsstoffe in ihrem Produktionsprozess einzusetzen oder um mit ihnen andere betriebliche Aufgaben zu erfüllen.

Beispiele

- *Die Bürodesign GmbH beschafft Holz, Lacke, Leim usw., um damit Büromöbel herzustellen.*
- *Sie beschafft Maschinen, um Büromöbel herzustellen, sie kauft Computer, Büromaterial usw., um ihre kaufmännischen Arbeiten zu erledigen.*
- *Unternehmen kaufen Produkte der Bürodesign GmbH, um ihre Geschäftsräume mit Büromöbeln auszustatten.*

Unternehmen beschaffen Güter vorwiegend nach rationalen bzw. wirtschaftlichen (ökonomischen) Gesichtspunkten. Preise, Liefer- und Zahlungsbedingungen sowie betriebliche Notwendigkeiten stehen im Vordergrund, wenn Güter beschafft werden müssen. Dabei streben sie eine größtmögliche Nutzung der Güter an (**Nutzenmaximierung**).

VWL

Beispiel Die Bürodesign GmbH benötigt Holz für die Produktion von Büroschränken. Sie will für den ihr zur Verfügung stehenden Kaufbetrag den Nutzen des beschafften Gutes (Holz) maximieren. Sie versucht, die erforderliche Qualität zu den bestmöglichen Bedingungen und dem günstigsten Preis zu beschaffen.

Die Kaufmotive von Unternehmen sind weitgehend bestimmt durch eine optimale Erreichung der betrieblichen Ziele.

Private Verbraucher kaufen Ge- und Verbrauchsgüter aus anderen Motiven. Sie benötigen Güter, um ihre persönlichen Bedürfnisse und Interessen zu befriedigen. Verbraucher handeln auch nach wirtschaftlichen Prinzipien (Nutzenmaximierung). Dies ist erkennbar, wenn sie z. B. Preisvergleiche für ein Produkt anstellen, das sie erwerben möchten. Jedoch beeinflussen häufig noch weitere Gesichtspunkte ihre Kaufmotive. Hierzu zählen Motive, die der Persönlichkeit des Käufers und seinem sozialen Umfeld entstammen.

Kaufmotiv	Beispiele
• Kauf eines Gutes als Statussymbol	– Sven Braun kauft sich eine Armbanduhr für 2 500,00 EUR. Er hofft, damit bei seinen Kollegen Eindruck zu machen. – Frau Friedrich kauft sich ein neues Sport-Cabriolet, weil sie meint, dadurch bei ihren Bekannten als sportlich und dynamisch zu gelten.
• Kauf eines Gutes, um Erwartungen des sozialen Umfeldes zu erfüllen	– Nach Abschluss der Höheren Handelsschule beginnt Jörg eine Ausbildung als Industriekaufmann. Hierzu kauft er sich einen eleganten Aktenkoffer, da er meint, dies würde von ihm erwartet. – Alle Freunde aus der Clique von Jutta tragen in ihrer Freizeit Jeans eines bestimmten Herstellers. Sie kauft sich ebenfalls diese Kleidung, „um dazuzugehören".
• Kauf eines Gutes, um Geltungsdrang zu befriedigen	– Vier Freunde von Jörg spielen in einer Band. Er selbst beherrscht kein Musikinstrument und fühlt sich deshalb von seinen Freunden häufig nicht akzeptiert. Um ebenfalls als Musiksachverständiger zu gelten, kauft er sich eine besonders teure Stereoanlage. – Jutta ist sehr unsportlich. Um jedoch als sportlich zu gelten, kauft sie sich ständig moderne Sportkleidung.
• Kauf eines Gutes zur eigenen Bequemlichkeit	– Herr Meyer kauft für seine Garage ein Tor, das per Fernsteuerung vom Fahrersitz geöffnet werden kann. – Frau Friedrich kauft sich einen elektrischen Dosenöffner.
• Impulskauf, Spontankauf	– Auf dem Flohmarkt sieht Herr Stein zufällig ein altes Schaukelpferd und kauft es, weil es ihn an seine Kindheit erinnert. – Frau Dohm hat sich eine Bluse gekauft, an der Kasse sieht sie einen Ständer mit Halstüchern. Spontan kauft sie eines, obwohl sie diesen Kauf nicht geplant hatte.
• Ökologische Beweggründe	– Frau Friedrich möchte einen alten Gartenstuhl neu streichen. Sie kauft hierzu einen Lack, der weitgehend frei von umweltschädlichen Stoffen ist. – Herr Stein kauft sich ein Auto, das einen geringen Energieverbrauch hat.

■ Kaufverhalten

Unternehmen treffen Beschaffungsentscheidungen von Gütern meist unter rationalen Gesichtspunkten. Wichtiges Kriterium für die Beschaffung eines Gutes ist es, dass es einen Beitrag zur ökonomischen Zielerreichung leistet (vgl. S. 307 f.).

Verbraucher verhalten sich bei ihren Kaufentscheidungen verschieden. Einerseits sind bei vielen Kaufentscheidungen **rationale** (vernunftbetonte) Verhaltensweisen zu erkennen. Hier wird die Entscheidung durch ihre Einschätzung des Preis-/Leistungsverhältnisses von Produkten bestimmt.

Beispiel Familie Meyer möchte sich ein neues Auto kaufen. Bei gleichen Preisen entscheidet sie sich für dasjenige Auto mit dem größten Innenraum, dem geringsten Verbrauch usw.

Andererseits spielen auch nichtrationale Gesichtspunkte bei Kaufentscheidungen vieler Verbraucher eine Rolle. Ihr Kaufverhalten ist oft emotional (gefühlsbetont) geprägt. Aktuelle Mode, Trends, persönlicher Geschmack und individuelle Vorlieben fließen in ihre Kaufentscheidungen mit ein.

Beispiel Trotz der gesundheitlichen Gefahren, die mit dem Genuss von Alkohol und Nikotin verbunden sind, werden entsprechende Produkte nachgefragt.

Das Kaufverhalten wird ferner durch das **regionale und soziale Umfeld** der Käufer sowie durch Traditionen und regionale Besonderheiten beeinflusst.

Beispiel In ländlichen Gegenden ist das Angebot an Fachgeschäften und Warenhäusern gering. Deshalb kaufen viele Verbraucher bei Versandhandlungen.

Das Verbraucherverhalten wird ebenfalls durch konjunkturelle und gesellschaftliche Faktoren beeinflusst.

Beispiele
- *In Zeiten steigender Arbeitslosigkeit verändern die Verbraucher ihre Kaufgewohnheiten, die gesamte Nachfrage geht zurück.*
- *Das ökologische Bewusstsein der Verbraucher nimmt ständig zu. Verstärkt werden Produkte nachgefragt, die umweltschonend produziert wurden und umweltverträglich entsorgt werden können.*

■ Berücksichtigung der Kaufmotive und -verhaltensweisen in der Marketingarbeit

Die zentrale Aufgabe des Marketings in einem Unternehmen besteht darin,

- das **unterschiedliche Kaufverhalten** und **verschiedene Kaufmotive seiner Abnehmer** zu erforschen (Marktforschung, vgl. S. 328)
- und durch Einsatz von marketingpolitischen Instrumenten **Kaufentscheidungen zu beeinflussen** (Marketing-Mix).

Unternehmen als Anbieter von Gütern müssen je nach Eigenart der Kaufmotive und des Kaufverhaltens ihrer Kunden spezifische Marketingstrategien (vgl. S. 330) erarbeiten.

■ Ökologische Aspekte in der Marketingarbeit

Im Zielbündel von Unternehmen (vgl. S. 27) nehmen ökologische Ziele eine bedeutende Rolle ein. Unternehmen drücken dadurch ihre Verantwortung für eine umweltschonende Produktion aus. Ökologische Aspekte sind somit von der Produktentwicklung bis hin zum Recycling alter Produkte zu berücksichtigen.

Die Büromöbelindustrie in Deutschland hat hierzu gemeinsame Empfehlungen erarbeitet. Hierin wird erläutert, wie wichtig es ist, umweltgerechte Büromöbel zu produzieren.

Warum umweltgerechte Büromöbel?

Büromöbel sind langlebige Investitionsgüter mit wichtiger Funktion im Unternehmen: Sie unterstützen ökonomische Arbeitsprozesse, erhalten Arbeitskraft und Gesundheit und fördern – ganz nebenbei – die Motivation durch ihre gestalterische Ausstrahlung und ihre ergonomischen Werte. Will das Investitionsgut Möbel den Einkauf eines modernen Unternehmens passieren, muss es sich vorher den prüfenden Blick durch die Umweltbrille gefallen lassen.

- Bestehen die eingesetzten Materialien aus nachwachsenden Rohstoffen (Holz, Textilien) oder aus leicht recycelbaren und wiederverwendbaren Materialien (Stahl)?
- Ist die Produktion ressourcenschonend organisiert?
- Sind die Logistik der zugekauften Rohstoffe und Materialien sowie Versand und Transport der Fertigprodukte ökonomisch und ökologisch organisiert?
- Sind die verwendeten Materialien – auch während vieler Nutzungsjahre – frei von ausdünstender Chemie?
- Inwieweit sind die Möbelkomponenten nach Wertstoffen leicht trennbar und recycelbar – und mit welchem Aufwand?
- Ist die Verpackung umweltgerecht bzw. leicht recycelbar?
- Sind die Produkte so langlebig, dass der „Entsorgungsfall" in weite Ferne rückt?

Das sind nur einige Fragen, die sich heute jeder Unternehmer stellen muss. Praktisch unterliegt jedes Unternehmen umwelttechnischen Vorschriften, die über den gesamten Verlauf der Wertschöpfungskette einzuhalten sind. Heute existieren im Marktsegment der deutschen Qualitätsmöbel fast nur noch umweltgerechte Produkte, die von umweltgerecht produzierenden Herstellern stammen. Der **Ökologie-Kreis für Büromöbel** beginnt bei der Produktentwicklung und endet beim Recycling. Es ist die Aufgabe der Hersteller, den Produktzyklus von Anfang bis Ende komplett ökologisch zu durchdenken und die Erfüllung umwelttechnischer Ansprüche von vornherein mit einzuplanen.

Quelle: www.buero-forum.de

Zusammenfassung: Analyse des Kaufverhaltens und ökologische Aspekte des Marketings

	Unternehmen	Verbraucher
Kaufmotive	Beschaffung von Gütern für betriebliche Zwecke zur Erreichung betrieblicher Ziele	Kauf von Gütern für private Zwecke zur Erfüllung persönlicher Bedürfnisse
Kaufverhalten	vorwiegend rational geprägt	rational, emotional und sozial geprägt

- **Ökologische Aspekte** spielen bei der Analyse des Kaufverhaltens eine bedeutende Rolle, da Unternehmen und Kunden zunehmend umweltverantwortlich handeln.
- Der **Ökologie-Kreis** umfasst die Produktentwicklung, die Konstruktion und Produktion, die Logistik und Verpackung, Einsatz und Nutzungsdauer sowie Demontage und Recycling.

Aufgaben

1 Das Kaufverhalten von Verbrauchern ist nicht immer rational (vernunftbetont) begründet. Vielfach sind Gefühle (Emotionen) kaufentscheidend. Beschreiben Sie an folgenden Beispielen Ihr eigenes Kaufverhalten:

a) Kauf von Kleidung   c) Kauf von Lebensmitteln

b) Kauf einer Schultasche   d) Kauf eines Geschenkes für den Freund bzw. die Freundin.

2 Erläutern Sie unterschiedliche Kaufmotive von Unternehmen und Verbrauchern.

3 Stellen Sie sich vor, Sie sind im Verkaufsstudio der Bürodesign GmbH als Verkaufsberater tätig. Welche Möglichkeiten haben Sie, die Kaufmotive Ihrer Kunden herauszufinden?

4 Geben Sie Beispiele für Kaufverhalten an, das durch

a) rationale Faktoren,   d) Traditionen,

b) emotionale Faktoren,   e) gesellschaftliche Veränderungen,

c) soziales Umfeld,   f) konjunkturelle Einflüsse

beeinflusst wird.

5 Erläutern Sie, was man unter Nutzenmaximierung versteht.

6 Geben Sie Beispiele aus Ihrem eigenen Erfahrungsbereich an für

a) Impuls- und Spontankäufe,

b) Kauf eines Gutes aus Geltungsdrang,

c) Kauf eines Gutes unter Berücksichtigung ökologischer Aspekte.

7 Auf Seite 334 sind die wichtigsten Eckpunkte einer umweltgerechten Produktzyklus-Planung für Büromöbel aufgeführt. Erstellen Sie auf dieser Grundlage eine Stichwortsammlung für eine Produktzyklus-Planung

a) in der Automobilindustrie,

b) in der Textilindustrie,

c) in der Lebensmittelindustrie.

5.2 Marktforschung, Marketingplanung, Marketingstrategien

Die Bürodesign GmbH ist bestrebt, sich ständig an den veränderten Kundenansprüchen zu orientieren. Dabei unterliegt das Angebot an Büromöbeln einem stetigen Wechsel. Im Büromöbelmarkt wird zwischen folgenden Produktgruppen (Teilmärkte) unterschieden:

Arbeiten am Schreibtisch	Konferenz, Besprechung, Schulung	Warten und Empfang
Schreibtische, Arbeitsstühle und -sessel mit Rollen, Aktenschränke, Regale	Kombinationstische, Besprechungstische, Stühle ohne Rollen, Stapelstühle, Funktionstische	Möbel für Empfangs- und Warteräume, Stühle, Sessel, Ablagetische, Sitzgruppen, Empfangstheken

Die Bürodesign GmbH ist zurzeit mit ihren Produkten in allen Teilmärkten aktiv. Über diese Strategie gibt es schon seit Jahren heftige Auseinandersetzungen, sowohl bei der Geschäftsleitung als auch in den nachgeordneten Instanzen (Abteilungsleiter, Gruppenleiter, Sachbearbeiter).

So ist z. B. der Abteilungsleiter der Produktion folgender Ansicht: „Wir sollten uns auf einen einzigen Teilmarkt, nämlich Schreibtische, beschränken, dadurch könnten wir kostengünstiger produzieren." Der Abteilungsleiter Absatz jedoch möchte am liebsten noch mehr Teilmärkte erschließen: „Wir sollten noch weitere Teilmärkte bearbeiten, z. B. Kantinenmöbel, Schulmöbel usw."

Arbeitsaufträge ▶ Sammeln Sie in einer Liste Argumente für beide Meinungen.
▶ Erläutern Sie die Informationsquellen der Marktforschung und mögliche Marketingstrategien.

■ Ziele und Aufgaben der Marktforschung

Um die marketingpolitischen Instrumente so einzusetzen, dass die verfolgten Unternehmensziele erreicht werden, ist es erforderlich, dass über den Markt Informationen gewonnen werden. Die Beschaffung und Aufbereitung von Marktinformationen ist Aufgabe der Marktforschung. Sie umfasst die Absatz- und Konkurrenzmarktforschung und soll einem Unternehmen Daten liefern, die aktuell, genau und zuverlässig sind. Ferner soll die Datenbeschaffung schnell und kostengünstig erfolgen. Die Marktforschung lässt sich wie folgt einteilen:

▶ *Marktanalyse:*
Hier werden zu einem bestimmten Zeitpunkt alle Einflussfaktoren eines Marktes ermittelt.

Beispiel *Die Bürodesign GmbH stellt zum Ende des Quartals fest, wie viele Konkurrenten auf den einzelnen Teilmärkten vorhanden sind, welchen Marktanteil sie haben und welche neuen Produkte sie auf den Markt bringen. Ferner untersucht sie ihre Kunden bezüglich Neu- und Ersatzbedarf, Bestell- und Zahlungsgewohnheiten usw.*

▶ *Marktbeobachtung:*
Hier wird die Entwicklung des Marktes über einen Zeitraum untersucht. Dabei sollen Trends festgestellt werden.

Beispiel *Die Bürodesign GmbH befragt regelmäßig ihre Groß- und Einzelhändler sowie ihr Verkaufspersonal über die sich wandelnden Kundenwünsche.*

▶ *Marktprognose:*
Sie baut auf den Ergebnissen der Marktanalyse und der Marktbeobachtung auf. Sie soll Aussagen über künftige Marktsituationen ermöglichen.

Beispiel *Aus der Marktanalyse weiß die Bürodesign GmbH, dass einige Konkurrenten verstärkt im Teilmarkt Bürostühle Neuentwicklungen anbieten. Durch Marktbeobachtung konnte ein Trend zu Bürostühlen festgestellt werden, die aus umweltverträglichen Materialien gefertigt wurden. Es kann prognostiziert (vorausgesagt) werden, dass dieser Trend sich künftig verstärken wird.*

■ Informationsquellen der Marktforschung

● Betriebsinterne Quellen:
Das auszuwertende Datenmaterial in der Marktforschung entstammt den Aufzeichnungen der verschiedenen Abteilungen eines Unternehmens, insbesondere dem Rechnungswesen. Hier werden alle betrieblichen Aktivitäten, wie Einkäufe von Material und Rohstoffen sowie Verkäufe an Kunden, in einer betrieblichen Datenbank erfasst. Sie können dann von der Marketingabteilung abgerufen und aufbereitet werden. Somit sind Marktforschung und letztlich Marketing ohne ein funktionierendes Rechnungswesen, das in ein computergestütztes Informationssystem eingebunden ist, undenkbar. Mit dieser Datenbank arbeiten also die Mitarbeiter des Rechnungswe-

sens ebenso wie die Mitarbeiter in Marketing und Verkauf. Gleichzeitig ist sie Grundlage für Entscheidungen des Managements. Ein **computergestütztes Informationssystem**, das allen Beteiligten Zugriff auf diese Daten ermöglicht, ist somit eine Voraussetzung für die Marktforschung.

Beispiel Die Geschäftsführer der Bürodesign GmbH benötigen eine Aufstellung über die Kundenstruktur. Sie möchten z. B. wissen, aus welchen Gebieten der Bundesrepublik seine Kunden stammen, wie hoch der durchschnittliche Umsatz je Kunde ist, wie viele Bestellungen die Kunden durchschnittlich in den letzten sechs Jahren bei der Bürodesign GmbH getätigt haben, wie hoch der durchschnittliche Umsatz je Bestellung und Kunde ist, wie viele Kunden bereits seit mehr als 20, 15, 10, 5 Jahren Büromöbel bei der Bürodesign GmbH beziehen usw. Durch entsprechende Abfragen in der Kundendatenbank sind diese Fragen schnell zu beantworten. Ohne dieses computergestützte Informationssystem müssten die Daten manuell aus Aktenordnern, Listen, Tabellen usw. herausgesucht und aufbereitet werden. Der Zeitaufwand und die anfallenden Kosten wären hierbei kaum zu vertreten.

● Betriebsexterne Quellen:

Oft ist es erforderlich, dass in der Marktforschung Daten ausgewertet werden müssen, die nicht betriebsintern angefallen sind. Soll beispielsweise die konjunkturelle Entwicklung eingeschätzt werden, so müssen Berichte der Bundesbank und von Ministerien (Wirtschafts-, Finanz-, Arbeitsministerium) sowie Pressemitteilungen ausgewertet werden. Diese Arbeit ist häufig zeitraubend und kostenintensiv. Jedoch sind auch hier moderne Informations- und Kommunikationsmedien, insbesondere das **Internet**, eine große Hilfe.

Beispiel Die Mitarbeiter in der Marketingabteilung der Bürodesign GmbH haben die Möglichkeit, von einem Computerarbeitsplatz über Telefon externe Datenbanken abzufragen. Es wurden z. B. Verträge mit Betreibern von kommerziellen Datenbanken abgeschlossen. So können in den „elektronischen Archiven" der führenden Wirtschaftszeitungen (Handelsblatt, Wirtschaftswoche) Recherchen durchgeführt werden. Ferner ist die Bürodesign GmbH registrierter Benutzer der Datenbank „Parlament" des Deutschen Bundestages. Besonders spezielle Datenwünsche vergibt sie als Auftrag an Datenbankinstitute, die gegen Entgelt recherchieren. Ferner wird das Internet genutzt.

● Sekundärdaten:

Die bisher genannten Daten (betriebsintern oder -extern) wurden nicht speziell für Marktforschungszwecke erhoben, es handelt sich um Daten, die für andere Zwecke erfasst wurden, z. B. für Zwecke des Rechnungswesens. Für die Marktforschung und für sonstige Entscheidungszwecke müssen sie jeweils neu aufbereitet (sortiert, selektiert, verknüpft) werden. Hierbei handelt es sich um sogenannte Sekundärdaten.

● Primärdaten:

Ist aus Sekundärdaten die gewünschte Information nicht zu gewinnen und müssen die Daten erstmalig erhoben werden, spricht man von **Primärdaten**.

*Beispiel Der Marketingleiter der Bürodesign GmbH möchte wissen, wie alt die Möbel in kaufmännischen Schulen in der Bundesrepublik im Durchschnitt sind. Hierüber existieren keine Statistiken, die als Sekundärdaten abgerufen werden können, es müssen Daten erstmalig erhoben werden. Dazu werden kaufmännische Schulen angeschrieben und gebeten, einen Fragebogen auszufüllen. Falls alle kaufmännischen Schulen in Deutschland angeschrieben und antworten würden, läge eine **Vollerhebung** vor, weil alle betroffenen Schulen ausgewertet würden. Vollerhebungen sind sehr zeit- und arbeitsaufwendig. Deshalb begnügt sich ein Marktforscher oft mit **Teilerhebungen**. Hierzu wird nur eine repräsentative Auswahl befragt. Aus den Ergebnissen lassen sich dann Aussagen über die Gesamtheit ableiten.*

■ Marketingplanung

Ein Marketingplan hat immer das Zielsystem eines Unternehmens als Grundlage. Er legt fest, in welchem Zeitraum die Ziele zu verwirklichen sind und welche Maßnahmen zur Zielerreichung eingesetzt werden sollen.

Beispiel *Die Bürodesign GmbH hat folgenden Marketingplan als bisherige Arbeitsgrundlage:*
- *Kurzfristig (ein Jahr): Festigung des Marktanteils in allen Teilmärkten, Sicherung des Qualitätsstandards der Produkte, Stabilität der Verkaufspreise bis Jahresende.*
- *Mittelfristig (fünf Jahre): Bekanntheitsgrad des Unternehmens auf 25 % steigern, Image des Unternehmens verbessern, Marktnischen ergründen und ausbauen.*
- *Langfristig (zehn Jahre): Marktanteil steigern, Absatz um 100 % erhöhen, Errichtung einer zweiten Produktionsstätte.*

Jedes einzelne Ziel wird möglichst messbar formuliert, sodass Zielabweichungen erkannt und Maßnahmen zur Zielerreichung eingeleitet werden können. Ebenso werden die Maßnahmen so konkret wie möglich festgelegt.

Beispiel *Teilzielkatalog der Bürodesign GmbH (Auszug):*

Ziele	kurzfristig (etwa ein Jahr)	mittelfristig (höchstens fünf Jahre)	langfristig (höchstens zehn Jahre)
Erhöhung des Marktanteils bei allen Teilmärkten	• Teilmarkt „Arbeiten am Schreibtisch": Steigerung um 18 % • Teilmarkt „Warten und Empfang": Steigerung um 25 % • Teilmarkt „Konferenzen und Schulung": Steigerung um 30 % **Maßnahmen:** • Einstellung von zusätzlichen Verkäufern • Erhöhung des Werbeetats um 5 % vom Umsatz • Unterstützung der Groß- und Fachhändler durch Einführungsrabatte bis 12 %	Steigerung der Marktanteile in allen Teilmärkten um durchschnittlich 15 % jährlich **Maßnahmen:** • Verstärkung des Verkaufspersonals um jährlich drei Mitarbeiter • jährliche Steigerung des Werbeetats um höchstens 7 % • Stärkere Bindung des Facheinzelhandels an die Bürodesign GmbH durch Rabatte bis höchstens 18 % • Erhöhung des Qualitätsstandards um jährlich 10 %	Steigerung der Marktanteile in allen Teilmärkten um durchschnittlich 10 % **Maßnahmen:** • Intensive Marktstudien • Stabile Verkaufspreise

Der Marketingplan wird unter Einsatz der Marketinginstrumente (vgl. S. 333 ff.) realisiert. Dabei darf ein Plan nicht zu starr sein, denn es muss auf unvorhersehbare Marktveränderungen reagiert werden können **(Flexibilität der Planung)**.

■ Marketingstrategien

Unter einer Marketingstrategie versteht man zeitlich festgelegte Verhaltensgrundsätze auf dem Markt, mit denen ein Unternehmen erfolgreich sein will.

▶ *Strategie der Anpassung:*
Ein Unternehmen versucht, sich an seine **Konkurrenten anzupassen**.

Beispiel *Die drei größten Büromöbelhersteller in Deutschland bringen Schreibtische auf den Markt, die keine eingebauten Schubladen haben. Die Schubfächer befinden sich in einem Rollcontainer, der unter dem Schreibtisch frei verschoben werden kann. Die Bürodesign GmbH passt sich an und produziert ebenfalls solche Schreibtische.*

▶ *Strategie der Differenzierung:*
Ein Anbieter möchte sich bewusst mit seinen Produkten von seinen **Konkurrenten abheben**.

Beispiel *Die meisten Büromöbelhersteller liefern ihre Aktenschränke und Schreibtische in dezenten Farben. Ein Hersteller möchte sich bewusst von diesem Trend abheben und bietet Schreibtische in modischen Neonfarben an.*

▶ *Strategie der Marktdurchdringung:*

Ein Unternehmen möchte mit seinen vorhandenen Produkten den **bestehenden Markt** möglichst umfassend durchdringen und beherrschen.

Beispiel *Ein Büromöbelhersteller belieferte bisher vorwiegend Behörden. In diesen „Behördenmarkt" möchte das Unternehmen weiter eindringen und noch mehr Produkte absetzen.*

▶ *Strategie der Markterschließung:*

Ein Unternehmen möchte mit seinen vorhandenen Produkten neue Märkte erschließen.

Beispiel *Ein Büromöbelhersteller, der bisher hauptsächlich an Unternehmen geliefert hat, möchte seine Möbel zusätzlich an Behörden, Schulen, an Freiberufler und an Privatpersonen absetzen.*

▶ *Strategie der Marktsegmentierung:*

Ein Unternehmen teilt seinen Markt in Teilmärkte auf. Dadurch können die Bedürfnisse der einzelnen Zielgruppen (Abnehmer) besser erfasst und gezielter bearbeitet werden. **Teilmärkte** oder **Marktsegmente** können nach verschiedenen Kriterien gebildet werden.

Marktsegmente	Beispiele
• **Produktgruppen**	*Schreibtische, Stühle, Schränke; Holzmöbel, Stahlmöbel; Büromöbel für den Arbeitsplatz, für den Empfangs- und Wartebereich, für Konferenzen und Schulungsräume; Massenfertigung, Einzel- und Sonderfertigung*
• **Preisgruppen**	*Produkte des unteren, mittleren und gehobenen Preisniveaus*
• **Abnehmergruppen**	*Öffentlich-rechtliche Abnehmer (Behörden, Ämter), Abnehmer aus der Privatwirtschaft; Großabnehmer, Kleinabnehmer, Selbstabholer, Abnehmer, die beliefert werden*
• **Regionale Gruppen**	*Segmentierung des Marktes nach Absatzgebieten (Inlandskunden, Auslandskunden)*

Die aufgezählten Strategien werden in der Praxis meist nicht in klarer Form angewandt, es gibt **Mischformen, Kombinationen** und **betriebsindividuelle Strategien**. Ferner ist es möglich, dass für verschiedene Produkte oder Teilmärkte unterschiedliche Strategien beschritten werden.

Beispiel *Die Bürodesign GmbH hat bisher erfolgreich die Marketingstrategie befolgt, den Gesamtmarkt „Büromöbel" zu bedienen. Alle Aktivitäten bezogen sich darauf, den Kunden „aus einer Hand" zu beliefern und möglichst alle Abnehmer des Marktes anzusprechen (Strategie der Marktdurchdringung). Wenn eine neue Produktlinie eingeführt wird (z. B. Öko-Möbel), wird damit die Strategie der Differenzierung befolgt. Gleichzeitig kann eine Spezialisierung auf Teilmärkte erfolgen, wenn z. B. Schreibtische für Behinderte produziert werden (Strategie der Marktsegmentierung). Wenn zusätzlich neue Abnehmergruppen (z. B. Privatkunden) angesprochen werden sollen, ist auch die Strategie der Markterschließung einbezogen.*

Zusammenfassung: Marktforschung, Marketingplanung, Marketingstrategien

- Aufgabe der Marktforschung ist die Beschaffung und **Aufbereitung von Marktdaten**. Sie ist Grundlage der **Marketingplanung** (kurz-, mittel-, langfristig). Sie umfasst
  - **Marktanalyse** (zeitpunktbezogen),
  - **Marktbeobachtung** (zeitraumbezogen),
  - **Marktprognose** (zukunftsbezogen).
- Sie bedient sich betriebsinterner und -externer Quellen und stützt sich auf
  - **Sekundärdaten** (bereits vorhandene Daten) oder gewinnt
  - **Primärdaten** (erstmalige Erhebung).

- **Marketingstrategien**
  - Anpassung an die Konkurrenz
  - Differenzierung von der Konkurrenz
  - Marktsegmentierung (Aufteilung in Teilmärkte)
  - Markterschließung neuer Märkte
  - Marktdurchdringung

Aufgaben

1 Analysieren Sie folgende Aufstellung. Die Daten stammen aus dem Rechnungswesen (permanente Inventur zur Feststellung des aktuellen Lagerbestandes) und der Verkaufsabteilung (Auftragserfassung).

Produktbereiche	Lagerbestand in Stück	Mittlere Lagerdauer (Tage)	Aufträge für drei Monate (Stück)
Arbeiten am Schreibtisch			
– Schreibtische	300	30	400
– Schränke	250	38	320
– Bürostühle	400	25	480
Warten und Empfang			
– Theken	12	150	4
– Stühle	130	200	75
– Tische	45	225	12
Konferenzen und Schulung			
– Tische	250	60	380
– Stühle	800	55	1 200
Schulmöbel			
– Tische	900	210	34
– Stühle	120	230	136

a) Welche Produktgruppe hat die höchsten Lagerbestände?

b) Welche Produktgruppe hat die höchste durchschnittliche (mittlere) Lagerdauer?

c) Woran kann es liegen, dass einige Produkte eine besonders lange Lagerdauer haben?

d) Welche Produktgruppe hat Ihrer Meinung nach die größten Absatzchancen? Begründen Sie Ihre Meinung.

e) Nehmen Sie an, dass bei allen Produkten die Herstellkosten ungefähr gleich hoch sind. Wie beurteilen Sie die Gewinnchancen für die einzelnen Produkte, wenn Sie zusätzlich noch Kosten für die Lagerung der Produkte berücksichtigen müssen?

f) Erläutern Sie, weshalb es nicht erforderlich ist, in den Abteilungen Rechnungswesen und Absatz alle Aktenordner auszuwerten, um an die gewünschten Daten zu gelangen.

2 Begründen Sie, weshalb es sinnvoll sein kann, die Produktgruppen „Schulmöbel" und „Warten und Empfang" auslaufen zu lassen und mit den beiden anderen Produktgruppen verstärkt den Markt zu bearbeiten.

3 Sind die Daten der Tabelle in Aufgabe 1 Primär- oder Sekundärdaten, entstammen sie betriebsinternen oder -externen Quellen? Begründen Sie Ihre Antwort.

4 Der Verband der Büromöbelhersteller veröffentlicht jährlich eine Statistik der Absatzzahlen seiner Branche. Erläutern Sie, wie diese Daten für die Zwecke der Marktforschung von der Bürodesign GmbH genutzt werden können.

5 Eine Fahrradfabrik möchte die Strategie der Marktsegmentierung konsequent durchführen. Bilden Sie hierzu vier Beispiele für Marktsegmente.

6 Welche Möglichkeiten hat ein Reisebüro, das vorwiegend Gruppenreisen für Sportvereine anbietet, mit seinem vorhandenen Angebot die Strategie der Markterschließung durchzuführen?

7 Erstellen Sie eine Checkliste für die Marktforschungsabteilung der Bürodesign GmbH
   a) für betriebsinterne,
   b) für betriebsexterne Quellen.

8 a) Entwerfen Sie einen Fragebogen für die Untersuchung der Kaufgewohnheiten Ihrer Mitschüler/-innen an einem Kiosk oder Geschäft in der Nähe Ihrer Schule. Stellen Sie fest, wie oft die Schüler/-innen dort einkaufen, welche Produkte sie kaufen, über welche Kaufkraft sie verfügen, welche Produkte sie vermissen usw.
   b) Überlegen Sie sich Maßnahmen, die dazu führen, dass möglichst viele Mitschüler/innen den Fragebogen ausfüllen (Preisausschreiben o. Ä.).
   c) Führen Sie eine Befragung durch, entscheiden Sie sich für eine Voll- oder Teilerhebung.
   d) Werten Sie die Fragebögen aus und präsentieren Sie die gewonnenen Ergebnisse. Benutzen Sie dazu die Computeranlage Ihrer Schule.
   e) Machen Sie Vorschläge, wie die Ergebnisse für den Kiosk-, Geschäftsinhaber nutzbar gemacht werden können, und entwickeln Sie entsprechende Marketingstrategien.

5.3 Marketinginstrumente und Marketing-Mix

5.3.1 Produktpolitik

Das Management der Bürodesign GmbH hat sich entschlossen, sich auf die Produktgruppen „Arbeiten am Schreibtisch" und „Konferenzen und Schulung" zu spezialisieren. Die bisherigen Produkte dieser Gruppen sollen weiterhin hergestellt werden, jedoch sollen zusätzlich neue Möbel entwickelt werden, die ökologischen und ergonomischen[1] Anforderungen besonders entsprechen. Damit soll dem Bedürfnis der Kunden zur Verbesserung ihrer Arbeitsplätze entgegengekommen werden. Herr Stein sagt dazu: „Eine neue Produktlinie wird geboren, eine alte stirbt. So ist das Leben!"

Arbeitsauftrag ▶ Beschreiben Sie die Phasen des Lebenszyklus eines Produktes.

■ Produktlebenszyklus

Jedes Produkt unterliegt einem sogenannten Lebenszyklus. Er umfasst die Zeitdauer zwischen der Einführung des Produktes auf dem Markt und seiner Herausnahme aus dem Markt. Ein Produkt „lebt", solange es einen wirtschaftlichen Umsatz auf dem Markt erzielt.

Neue Produkte kommen auf den Markt (**Produktinnovation**) und bereits eingeführte Produkte werden den ständig wechselnden Marktverhältnissen angepasst (**Produktvariation**), wirtschaftlich nicht mehr tragfähige Produkte werden aus dem Markt genommen (Produktelimination). Diese drei Tatbestände umfassen die Hauptaufgaben der **Produktpolitik**.

---

[1] Ergonomie ist die Lehre von der menschengerechten Gestaltung von Arbeitsplätzen. So müssen z. B. Arbeitsstühle gesundheitlichen Gefahren (Haltungsschäden) am Arbeitsplatz vorbeugen. Sie müssen sich den individuellen Bedürfnissen des einzelnen Mitarbeiters anpassen lassen, d. h., sie müssen in Höhe und Neigung verstellbar sein, sichere Rollen und atmungsaktive Bezüge haben, die Sitz- und Rückenmuskulatur unterstützen usw.

Der **Lebenszyklus eines Produktes** lässt sich vereinfacht wie nachstehend darstellen.

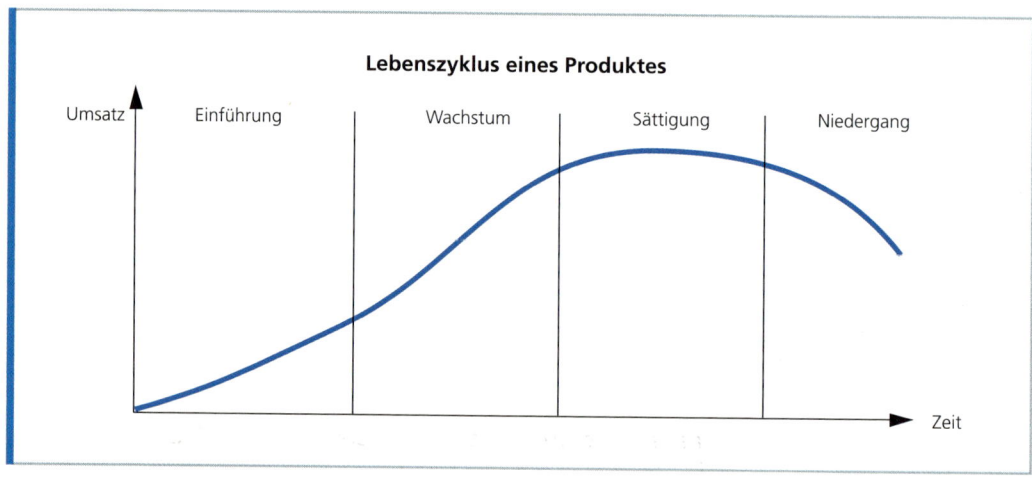

■ Produktentwicklung

Vor der Markteinführung steht die **Produktentwicklung**. Sie kann beträchtliche Zeit in Anspruch nehmen und erhebliche Kosten verursachen. In den letzten Jahren ist zu beobachten, dass die durchschnittliche Entwicklungszeit von Produkten immer mehr zunimmt, die durchschnittliche Lebensdauer eines Produktes jedoch abnimmt.

Für Unternehmen erwächst aus dieser Tatsache ein Problem:
- Einerseits soll die Entwicklungszeit möglichst kurz sein, damit das neue Produkt möglichst schnell auf den Markt gebracht werden kann, um wirtschaftliche Erfolge zu erzielen,
- andererseits soll das Produkt solange wie möglich unverändert produziert werden können, deshalb sind viel Zeit und Arbeit (somit Geld) in die optimale Entwicklung von Produkten zu investieren.

Die Schnelllebigkeit der Märkte erfordert somit eine intensive Auswertung aller vorhandenen Marktdaten (Marktforschung), um auf die Bedürfnisse der Märkte reagieren zu können.

Die Produktentwicklung umfasst zunächst die rein **technische Entwicklung**, das Ergebnis ist meist eine Reihe von **Modellen** oder **Prototypen**. Hier kommt es wesentlich auf die Auswahl des Materials und die kundengerechte Konstruktion des Produktes an.

Darüber hinaus muss die **Marktentwicklung** durchgeführt werden. Die Bestimmung der **Zielgruppe** des Produktes (Teilmarkt) ist hier die zentrale Aufgabe. Hierauf stützen sich alle folgenden Entscheidungen.

- **Design, Form** und **Farbe** des Produktes.
  Beispiel *Für bestimmte Produkte hat der Verbraucher bestimmte Vorstellungen, die er verwirklicht sehen möchte. So sollen Trinkgefäße rund sein (dreieckige Tassen wären lediglich ein kurzfristiger Verkaufsgag), Zahncreme muss weiß oder zumindest hell sein (schwarze oder braune Zahnpasta würde vom Markt abgelehnt), eine Stereoanlage muss „technisch", elegant und modern aussehen (Anlagen mit barocken Verzierungen oder im Design von Kuckucksuhren würden nicht gekauft).*

- **Qualität des Produktes:** Fast alle Produkte gibt es in unterschiedlichen Qualitätsstufen, die letztlich auch im Preis des Produktes zum Ausdruck kommen.
  Beispiel *Es gibt Bürostühle mit Kunststoff- oder Lederbezug, mit Naturfaser oder Kunstfaser usw. Hier entscheidet die Bestimmung der Zielgruppe über den Qualitätsstandard.*

- Die **Namensgebung** spielt für die Vermarktung eines Produktes eine große Rolle.
  Beispiel *Zu einem sportlichen Auto passt nicht der Name „PUCKI GTI", er wäre besser geeignet für ein Kinderfahrrad.*

- **Verpackung:** Sie soll das Produkt bei Transport und Lagerung nicht nur schützen, sondern auch zu Werbe- und Informationszwecken verwendet werden können.
  Beispiel *Was hielten Sie davon, wenn edler Wein in Dosen verpackt angeboten würde? Das wäre für Verbraucher ebenso unverständlich, wie Schreibblocks aus Umweltpapier in Plastikfolie einzuschweißen.*

Bei der Produktentwicklung wird häufig die **Gebrauchsdauer** eines Produktes für den Verbraucher eingegrenzt. Bestimmte Produkte unterliegen einem natürlichen Verschleiß durch Abnutzung, Materialermüdung u. Ä. Um sich eine Möglichkeit der Absatzsteigerung offen zu lassen, entwickeln einige Hersteller Produkte, deren Nutzungsdauer verkürzt wird. Man nennt dieses Vorgehen **„geplante Obsoleszenz"** (geplante Veralterung).

Beispiele
- *Ein Waschmaschinenhersteller baut in seine Produkte Bauteile ein, die höchstens fünf Jahre halten können, damit die Verbraucher sich nach dieser Zeit ein neues Gerät kaufen.*
- *Ein Hersteller von Videorekordern und Hifi-Geräten verändert in bestimmten Zeitabständen das Design seiner Geräte und nimmt kleine technische Veränderungen vor. Dadurch sollen die bisherigen Produkte veraltet erscheinen.*

■ Produktnutzen

Verbraucher kaufen Güter, weil sie sich davon einen Nutzen versprechen. Dabei unterscheidet man zwischen dem **Grundnutzen** eines Produktes und seinem **Zusatznutzen**.

Beispiel *Der Grundnutzen eines Autos liegt in der Möglichkeit, Personen oder Gegenstände schnell und bequem zu beliebigen Orten zu transportieren. Diesen Grundnutzen kann jedes beliebige Modell erbringen. Der Zusatznutzen eines Autos liegt u. a. darin, dass der Besitzer damit sein Prestige heben kann, d. h., dass er sein Auto als Statussymbol betrachtet, ein besonders sparsames Modell fährt, ein besonders sicheres Auto besitzt usw.*

Weil viele Produkte in ihrem Grundnutzen austauschbar sind, wird der Kampf der Unternehmen um Marktanteile heute im Bereich des Zusatznutzens von Produkten ausgefochten, denn nur hier unterscheiden sich die Produkte wesentlich. So versucht man im Rahmen der Produktpolitik, den Zusatznutzen von Produkten herauszustellen bzw. immer neue Zusatznutzen zu erfinden, um sich von der Konkurrenz abzusetzen. Der Zusatznutzen kann sich aber auch in der Befriedigung von speziellen Kundenansprüchen ausdrücken.

Beispiele

- *Die Umweltverträglichkeit eines Produktes als Zusatznutzen ist für umweltbewusste Verbraucher eine wichtige Entscheidungsgröße beim Kauf. So werden von ihnen Strom sparende Haushaltsgeräte, umweltverträgliche Waschmittel usw. gekauft.*
- *Gesundheitliche und medizinische Ansprüche von Kunden haben Lebensmittelhersteller zur Einführung von „Bio-Kost" veranlasst.*

Zusammenfassung: Produktpolitik

- **Produktpolitik** bezieht sich auf **Produktinnovation** (neue Produkte), **Produktvariation** (Veränderung bestehender Produkte) und **Produktelimination** (Entfernen unwirtschaftlicher Produkte aus dem Angebot).
- Der **Produktlebenszyklus** durchläuft die Phasen Einführung, Wachstum, Sättigung des Marktes, Niedergang des Produktes. Er wird gemessen an den Umsätzen, die ein Produkt erzielt.
- Die **technische Produktentwicklung** beschäftigt sich vorwiegend mit der Auswahl des Materials und der Rohstoffe des Produktes.
- Die **Marktentwicklung** umfasst Design, Farbe, Qualität, Geschmack, Name und Verpackung des Produktes.
- Eine planmäßige Veralterung des Produktes heißt **„geplante Obsoleszenz"**.
- Der Produktnutzen teilt sich in den Grundnutzen (eigentlicher Zweck) und den **Zusatznutzen** (z. B. Image eines Produktes).

Aufgaben

1 Erläutern Sie die Phasen des Produktlebenszyklus an einem selbst gewählten Beispiel.

2 Erläutern Sie die Veränderungen der Produktlebens- und Produktentwicklungszeiten (vgl. Abb. S. 334) und formulieren Sie die Konsequenzen, die sich für die Unternehmen daraus ergeben.

3 Machen Sie für die Bürodesign GmbH Vorschläge zur Produktentwicklung ihrer neuen Produktlinie für ökologisch und ergonomisch orientierte Büromöbel.

   a) Finden Sie fünf schlagkräftige Namen für diese Produktlinie.

   b) Machen Sie Vorschläge für die Verpackung dieser Produkte.

   c) Welche Materialien sollen für Bürostühle, Schreibtische, Büroschränke verwendet werden?

   d) Machen Sie Vorschläge zur Farbgebung der Schreibtische, Schränke und Bürostühle.

   e) Beschreiben Sie das Design-Konzept für diese Büromöbel, indem Sie Wortgruppen bilden, z. B. „bequem und natürlich sitzen", „Sitzkomfort auf natürliche Weise" u. Ä. Arbeiten Sie in Gruppen. Schreiben Sie die Ergebnisse auf Poster und hängen Sie sie in Ihrem Klassenraum auf. Vergleichen und diskutieren Sie die Arbeitsergebnisse der Gruppen.

4 Beschreiben Sie, worin der Grund- und der Zusatznutzen bei folgenden Produkten bestehen können: Büromöbel, Hifi-Anlage, Mantel, Kugelschreiber.

5 Überlegen Sie Möglichkeiten, wie die Gedanken des Recyclings von Produkten in der Büromöbelindustrie und deren umweltverträgliche Entsorgung bereits bei der Produktentwicklung berücksichtigt werden können.

6 Geben Sie Beispiele für geplante Obsoleszenz für Produkte aus Ihrem eigenen Lebensbereich an.

5.3.2 Preispolitik

Wenn ein neues Produkt auf den Markt gebracht wird, so stellt sich automatisch die Frage, zu welchem Preis es angeboten werden soll. Diese Überlegung ergibt sich auch bei der Bürodesign GmbH. Im Rahmen der neuen Produktlinie „ergo-design-natur" ist ein neuer Bürodrehstuhl entwickelt worden. Die Abteilungs- und Gruppenleiter sowie die Geschäftsführer sitzen in einer Besprechung. Frau König, die Gruppenleiterin des Rechnungswesens, sagt: „Auf alle Fälle muss der Preis so hoch angesetzt werden, dass unsere Kosten gedeckt sind und zusätzlich ein ordentlicher Gewinn erzielt wird." Der Abteilungsleiter Absatz, Herr Stam, meint: „Wir müssen vorsichtig sein, am besten orientieren wir uns an der Konkurrenz und unterbieten sie im Preis, dann – ich übertreibe einmal – können wir so viel verkaufen wie wir wollen." Frau Freund, die Marketingleiterin, gibt zu bedenken: „Wir müssen erst einmal herausfinden, wie viele unsere Kunden bereit sind, für einen „ergo-design-natur"-Stuhl zu bezahlen. Wenn dieser Preis bekannt ist, können wir kalkulieren, ob wir zu diesem Preis produzieren können. Falls nicht, müssen wir preiswertere Produktionsverfahren einführen." Hier meldet sich sofort Herr Müller, der Produktionschef: „Unsere Produktionsverfahren sind vorgegeben, da lässt sich nichts ändern, wir können doch nicht einfach alle unsere Maschinen verschrotten und neue kaufen oder sogar Mitarbeiter entlassen!"

Arbeitsaufträge ▶ Erläutern Sie, welche Gesichtspunkte bei der Preisfestsetzung des neuen Bürostuhls berücksichtigt werden können.

▶ Beschreiben Sie in einem Referat die kosten-, nachfrage- und konkurrenzorientierte Preisbildung.

Die Preisbildung eines Produktes ist von folgenden Faktoren abhängig, die alle genau untersucht und berücksichtigt werden müssen: **Kosten, Konkurrenz, Nachfrage**.

■ Kostenorientierte Preisbildung

Es leuchtet ein, dass bei dem Verkauf von Produkten die angefallenen **Kosten** gedeckt werden müssen. Hier ist allerdings eine genaue Untersuchung der Kosten erforderlich. Dies ist Aufgabe der Kostenrechnung. Hier zeigt sich die enge **Verzahnung des Marketings mit dem Rechnungswesen.** Die Kosten eines Unternehmens lassen sich nach verschiedenen Kriterien unterteilen.

Bd. 2

● **Abhängigkeit von der produzierten Menge:**

• **Fixe Kosten:** Hier handelt es sich um Kosten, die unabhängig von der produzierten bzw. abgesetzten Menge auftreten, d. h., egal ob sehr viel oder gar nichts produziert wird, die Kosten bleiben gleich.

Beispiele Die Miete für die Betriebsräume (Produktionshallen, Lager, Büros) muss bezahlt werden, auch wenn eine Zeit lang nicht produziert und verkauft wird. Ebenfalls sind die Gehälter der Angestellten unabhängig von der Produktionsmenge.

• **Variable Kosten:** Diese Kosten sind abhängig von der produzierten Menge.

Beispiel Je mehr Schreibtische hergestellt werden, desto mehr Material (Holz, Spanplatten, Leim, Schrauben usw.) wird benötigt. Je mehr produziert und abgesetzt wird, desto mehr Kosten fallen auch im Bereich der Verwaltung und des Vertriebes an. Zum Beispiel erhöhen sich die Vertriebskosten insgesamt, wenn für jedes verkaufte Produkt Verkaufsprovisionen und Verpackungskosten anfallen.

● **Gesamtkosten, Stückkosten:**

- **Gesamtkosten:** Sie setzen sich aus der Summe aus fixen und variablen Kosten zusammen.

  Beispiel *Ein Unternehmen hat fixe Kosten von 0,5 Mio. EUR pro Jahr, an variablen Kosten sind in der Produktion 1,5 Mio. EUR angefallen. Die Gesamtkosten des Unternehmens betragen 2 Mio. EUR.*

- **Stückkosten**: Die Gesamtkosten, d. h., die variablen und fixen Kosten, werden anteilmäßig auf die Menge der hergestellten Produkte verteilt.

  Beispiel

Pro- dukte	Produ- zierte Menge Stück	Anteilige Fixe Kosten EUR	Variable Kosten EUR	Gesamt- kosten EUR	Variable Kosten je Stück EUR	Fixe Kosten je Stück EUR	Gesamt- kosten je Stück EUR
Tische	3 700	125 000,00	490 000,00	615 000,00	132,43	33,79	166,22
Stühle	6 500	225 000,00	650 000,00	875 000,00	100,00	34,62	134,62
Schränke	2 400	150 000,00	360 000,00	510 000,00	150,00	62,50	212,50
Summe		500 000,00	1 500 000,00	2 000 000,00			

● **Zurechenbarkeit zu Produkten:**

Bd. 2 - **Einzelkosten:** Diese Kosten lassen sich einem bestimmten Produkt direkt zuordnen.

  Beispiel *Bei einem Schreibtisch ist eindeutig feststellbar, wie viel Holz, Spanplatten, Beschläge, Stahlrohr für Tischbeine usw. verbraucht wurden. Ferner kann bestimmt werden, wie viele Arbeitsstunden die einzelnen Mitarbeiter für das Zuschneiden, Montieren und Lackieren eines Tisches benötigen. Aus diesen Daten lassen sich die Fertigungskosten berechnen.*

- **Gemeinkosten:** Diese Kosten fallen für mehrere Produkte gemeinsam an, sie lassen sich nicht den einzelnen Produkten exakt zurechnen. Sie können sowohl fix als auch variabel sein.

  Beispiel *So kann z. B. nicht exakt berechnet werden, wie viel Kosten ein Schreibtisch in den Abteilungen Lager, Beschaffung oder Personalverwaltung verursacht. Hier hilft man sich mit sogenannten Kostenumlagen oder Kostenverrechnungen.*

  In einem Jahr hat die Abteilung Beschaffung der Bürodesign GmbH folgende Kosten gehabt:

Personalkosten	*210 000,00 EUR*
Anteilige Raumkosten (Miete, Heizung usw.)	*16 000,00 EUR*
Allgemeine Verwaltungskosten (Telefon, Porto usw.)	*6 000,00 EUR*
Kosten der Sachmittel (Computer, Mobiliar)	*16 000,00 EUR*
Summe	*248 000,00 EUR*

  Im gleichen Jahr wurden Büromöbel im Wert von 4,3 Mio. EUR hergestellt, davon hatten Schreibtische einen Anteil von 25 %, d. h. 1 075 000,00 EUR. Wenn unterstellt wird, dass die Arbeit der Beschaffungsabteilung sich gleichmäßig auf alle Produkte des Unternehmens verteilt, so müssen die Schreibtische 25 % der Kosten dieser Abteilung tragen, also 62 000,00 EUR. Die Bürodesign GmbH hat in diesem Jahr 9 800 Schreibtische produziert. Somit sind einem Schreibtisch 62 000,00 EUR : 9 800 = 6,33 EUR an Beschaffungskosten zuzurechnen.

In ähnlicher Form kann mit allen Gemeinkosten verfahren werden. Das Rechnungswesen eines Unternehmens liefert somit Entscheidungsdaten für das Marketing.

Bd. 2 ● **Break-even-Point-Analyse:**

Es gilt herauszufinden, ab welcher Absatzmenge sich eine Kostendeckung ergibt. Hierzu müssen fixe und variable Kosten bekannt sein. Für verschiedene Verkaufspreise kann nun festgestellt werden, ab welcher Absatzmenge die Gewinnzone erreicht wird. Der Break-even-Point (BEP) ist der Punkt, bei dem die Gesamtkosten genauso hoch sind wie die Verkaufserlöse.

Beispiel *Break-even-Point-Analyse für einen Bürostuhl, variable Stückkosten 200,00 EUR, fixe Kosten 250 000,00 EUR, Verkaufspreis 450,00 EUR.*

Produktions-mengen x	Fixe Kosten Kf	Variable Kosten Kv	Gesamt-Kosten Kg	Verkaufs-erlöse E	Gewinn/ Verlust E-Kg
0	250 000,00	0,00	250 000,00	0,00	− 250 000,00
200	250 000,00	40 000,00	290 000,00	90 000,00	− 200 000,00
400	250 000,00	80 000,00	330 000,00	180 000,00	− 150 000,00
600	250 000,00	120 000,00	370 000,00	270 000,00	− 100 000,00
800	250 000,00	160 000,00	410 000,00	360 000,00	− 50 000,00
1 000	250 000,00	200 000,00	450 000,00	450 000,00	+ 0,00
1 200	250 000,00	240 000,00	490 000,00	540 000,00	+ 50 000,00
1 400	250 000,00	280 000,00	530 000,00	630 000,00	+ 100 000,00
1 600	250 000,00	320 000,00	570 000,00	720 000,00	+ 150 000,00
1 800	250 000,00	360 000,00	610 000,00	810 000,00	+ 200 000,00
2 000	250 000,00	400 000,00	650 000,00	900 000,00	+ 250 000,00

Bei einer Produktionsmenge von 1 000 Stück sind die Gesamtkosten und die Verkaufserlöse gleich groß, es entsteht weder ein Gewinn noch ein Verlust. Werden mehr als 1 000 Stück verkauft, so wird Gewinn gemacht, denn die Verkaufserlöse sind größer als die Gesamtkosten. Diese Berechnung muss für verschiedene Verkaufspreise wiederholt werden, bis der „optimale" Verkaufspreis gefunden wurde. Hierzu werden Computer mit Tabellenkalkulations-Software eingesetzt.

Die Tabellenform ist zwar sehr übersichtlich, jedoch kann der Break-even-Point auch rechnerisch mit einfachen Gleichungen bestimmt werden.

BEP: Erlöse = Gesamtkosten	BEP: P · x = kv · x + Kf
Die Erlöse ergeben sich aus: Verkaufspreis (P) · Menge (x). Die Gesamtkosten setzen sich zusammen aus: variable Stückkosten (kv) · Menge (x) + fixe Kosten (Kf).	$450 \cdot x = 200 \cdot x + 250\,000$ $450 \cdot x - 200 \cdot x = 250\,000$ $250 \cdot x = 250\,000$ $x = 250\,000/250$ Somit ergibt sich: $x = 1\,000$ Stück

Besonders anschaulich werden die Daten, wenn sie grafisch dargestellt werden. Der Break-even-Point liegt genau bei der Produktionsmenge, bei der sich die Kosten- und Erlösgerade schneiden. Diese Analyse muss mit mehreren Verkaufspreisen durchgerechnet werden. Per Hand wäre diese Arbeit sicherlich möglich, aber extrem zeitaufwendig. Deshalb bedient man sich eines Computers mit einer Tabellenkalkulations-Software. Die Kosten-, Erlös- und Gewinntabellen sind schnell erstellt und als Grafik auszugeben.

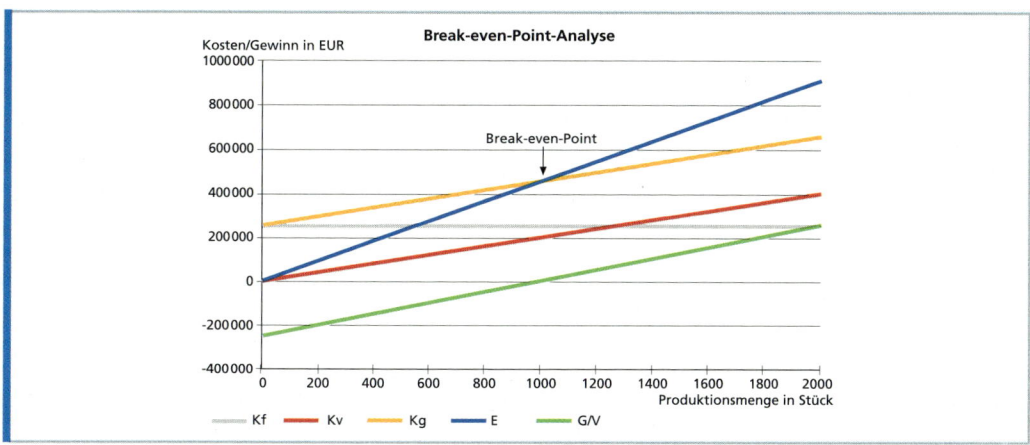

■ Nachfrageorientierte Preisbildung

Die Preisbildung darf nicht auf Kosten- und Gewinnberechnungen verzichten, sie muss sich aber vor allem an der Nachfrage orientieren. Hier sind die **Preisvorstellungen möglicher Kunden** zu berücksichtigen. Informationen hierzu muss die Marktforschung liefern. Man geht in vielen Fällen von der Annahme aus, dass die Kunden eher einen niedrigen als einen hohen Preis akzeptieren. Jedoch sind Kunden auch bereit, einen hohen Preis zu zahlen, wenn sie ein akzeptables Verhältnis zwischen dem Preis eines Produktes und ihrer individuellen Einschätzung des Nutzens (insbesondere des Zusatznutzens) erkennen können. Man sagt: „Das Preis-Leistungs-verhältnis muss stimmen". Ein hoher Preis ist oft nur durch besondere Betonung des Zusatznut-zens eines Produktes durchzusetzen. Jedoch sind hierzu erhebliche Investitionen in die Kom-munikationspolitik für Produkte zu leisten. Die hierfür entstandenen Kosten werden in den Ver-kaufspreis der Produkte einkalkuliert.

Beispiel *Zur Körperpflege benötigt der Mensch eigentlich pro Monat nur ein Stück einfache Kernseife zum Preis von 1,00 EUR (vielleicht kommen noch die Ausgaben für einen Waschlappen hinzu). Durch Betonung des Zusatznutzens (angenehmer Duft, Prestige, Imagegewinn usw.) konnte die „Seifenindustrie" in den letz-ten Jahrzehnten Milliardenumsätze erzielen. So ist es nicht verwunderlich, wenn heute einige Menschen mo-natlich mehr als 50,00 EUR für ihre Körperpflege ausgeben, z. B. für Duschgels, Shampoos, Badeöle, Duft-wässer, Cremes, Sprays, Parfüms usw. Ausschließlich durch die Fixierung der Kunden auf den Zusatznutzen der Körperpflege war es möglich, dass für Produkte, deren Materialkosten einige Cent betragen, bis zu drei-stellige Preise auf dem Markt realisiert werden konnten.*

Immer mehr Menschen sind bereit, für umweltverträgliche und „gesunde" oder „natürliche" Pro-dukte tiefer in die Tasche zu greifen. Diese Bereitschaft wird von Unternehmen aufgegriffen und bei der Bestimmung der Preise berücksichtigt. Entscheidend ist hier, durch Marktforschung herauszu-finden, welche Vorstellungen über Preisobergrenzen die jeweiligen Zielgruppen (Teilmärkte) haben.

Beispiel *Bei der Bürodesign GmbH muss der Preis für den neuen Bürostuhl auch danach bestimmt wer-den, wie viel die Käufer bereit sind, für ein besonders ergonomisches und ökologisches Büromöbel auszu-geben.*

■ Konkurrenzorientierte Preisbildung

Außer an Kosten- und Nachfragegesichtspunkten orientiert man sich bei der Preisbildung an den Preisen der Konkurrenz. Zwei Formen sind üblich:

● **Orientierung am Branchenpreis** (durchschnittlicher Marktpreis):
Diese Preisbildung setzt folgende Marktsituation voraus:
1. Die **Produkte** sind weitgehend **homogen** (gleichartig),
2. es gibt **viele Konkurrenten**.

Beispiele
- *So liegt z. B. der Preis einer Schachtel Zigaretten bei etwa 3,60 EUR, ein Flasche Bier kostet ungefähr 1,00 EUR und ein Bürostuhl der mittleren Preisklasse etwa 250,00 EUR. Eine starke Abweichung des Prei-ses nach oben würde vom Markt nicht akzeptiert. Das Produkt wäre auch durch noch so starke Heraus-stellung von Zusatznutzen nur schwer verkäuflich. Die Nachfrager würden auf Konkurrenzprodukte aus-weichen.*
- *Der Branchenpreis für einen Personalcomputer mittlerer Ausstattung liegt bei etwa 1 200,00 EUR. Wenn ein Hersteller dieser Geräte einen Preis von 4 000,00 EUR verlangen würde, könnte er wahrscheinlich auch bei Betonung von Design, Garantieleistungen usw. kaum Geräte verkaufen.*

● **Orientierung am Preisführer:**
Ein Preisführer ist ein Anbieter, dem sich die übrigen Konkurrenten aufgrund seiner starken Marktposition weitgehend anschließen, wenn er seine Preise variiert. Oft ist der Preisführer der-

jenige Anbieter mit dem größten Marktanteil. Preisführer können auch mehrere Anbieter gemeinsam sein.

Beispiel *Wenn die großen Mineralölkonzerne den Preis für Benzin erhöhen, schließen sich kleinere Produzenten häufig an und erhöhen ihren Preis ebenfalls.*

■ Preisstrategien

Eine Preisstrategie ist ein Verhalten des Anbieters auf dem Markt, um den Absatz seiner Produkte über den Preis zu beeinflussen.

▶ *Preisdifferenzierung:*
Hierbei wird für ein und dasselbe Produkt von verschiedenen Abnehmern bzw. Abnehmergruppen ein unterschiedlicher Preis verlangt.

Beispiel *Die Geschäftsleitung der Bürodesign GmbH möchte für ihren neuen „ergo-design-natur" Stuhl diese Strategie verfolgen, um möglichst viele Abnehmer individuell ansprechen zu können.*

Arten	Beispiele
• **Mengenmäßige Preisdifferenzierung**	*Es wird eine Mengenrabatt-Staffel erstellt. Ein Bürostuhl kostet 450,00 EUR, ab 100 Stück 410,00 EUR und ab 500 Stück nur noch 380,00 EUR.*
• **Zeitliche Preisdifferenzierung**	*Der Listenverkaufs- oder Katalogpreis des neuen Bürostuhls beträgt 450,00 EUR, während der Einführungsphase (sechs Monate) wird jedoch ein Sonderpreis von 399,00 EUR festgelegt.*
• **Personelle Preisdifferenzierung**	*Besondere Abnehmergruppen erhalten einen Sonderpreis von 405,00 EUR. Hierzu zählen z. B. karitative und soziale Einrichtungen (Rotes Kreuz, Behindertenwerkstätten, Jugendeinrichtungen).*
• **Räumliche Preisdifferenzierung**	*Inlandskunden zahlen den Normalpreis, Auslandskunden einen Zu- oder Abschlag, je nach Marktsituation.*
• **Preisdifferenzierung nach Produktvariation**	*Der Bürostuhl wird in einer Standardausfertigung und in einer gehobenen Ausstattung produziert. Mit kleineren Veränderungen der Produktausführung können so unterschiedliche Kundengruppen angesprochen werden. Diese Preisdifferenzierung ist nur im Zusammenhang mit der Produktgestaltung möglich.*

▶ *Mischkalkulation (Ausgleichskalkulation):*
Um ein Produkt auf dem Markt platzieren zu können, muss aus Konkurrenzgründen manchmal der Preis so niedrig angesetzt werden, dass kaum noch ein Gewinn übrig bleibt. Dann müssen andere Produkte zur Gewinnsicherung des Unternehmens beitragen. Fehlende Gewinne bzw. Verluste bei einigen Produkten (Ausgleichsnehmer) werden durch höhere Gewinne anderer Produkte (Ausgleichsgeber) ausgeglichen.

▶ *Psychologische Preisfestsetzung:*
Der Preis wird so festgesetzt, dass der Abnehmer den Eindruck einer knappen Preiskalkulation erhält.

Beispiele
* *In Supermärkten findet man sehr häufig Preise wie 0,79 EUR, 1,98 EUR usw. Sie erwecken den Eindruck einer besonderen Preiswürdigkeit.*
* *Ein Automobilhersteller bietet seinen neuen Wagen für 29 900,00 EUR statt 30 000,00 EUR an.*

▶ *Hochpreispolitik (Premiumpolitik):*
Das Produktionsprogramm eines Unternehmens zielt auf Abnehmer mit gehobenen Ansprüchen. Die Produkte werden als besonders exklusiv herausgestellt, um einen hohen Marktpreis erzielen zu können. Motto: „Es war schon immer etwas teurer, einen besonderen Geschmack zu haben!"

▶ *Niedrigpreispolitik (Promotionspolitik):*

Das Produktionsprogramm zielt auf preisbewusste Abnehmer. Extrem niedrige Preise (Discount-preise) sollen zu hohen Absatzzahlen verhelfen.

▶ *Marktabschöpfungspolitik (Skimmingpolitik):*

Es wird versucht, bei der Markteinführung möglichst hohe Preise zu realisieren, damit bereits in der Einführungsphase hohe Umsätze zu erzielen sind. Wenn später die Konkurrenz mit vergleichbaren Produkten auf den Markt kommt, kann das Preisniveau gesenkt werden.

▶ *Marktdurchdringungspolitik (Penetrationspolitik):*

In der Einführungsphase werden besonders niedrige Prelse verlangt, damit das Produkt sich möglichst schnell auf dem Markt festigen kann. Später werden die Preise dann angehoben. Meist ist damit eine Produktvariation verbunden.

Die preispolitischen Maßnahmen müssen immer mit den übrigen Instrumenten des Marketings abgestimmt werden, damit eine optimale Wirkung erzielt wird.

Zusammenfassung: Preispolitik

- **Kostenorientierte Preisbildung** setzt eine genaue Analyse der Kostenstruktur eines Unternehmens voraus. Die Kosten werden unterteilt in fixe und variable Kosten, in Stück- und Gesamtkosten, in Einzel- und Gemeinkosten.
  - **Break-even-Point-Analyse:** Für verschiedene Verkaufspreise wird ermittelt, ab welcher Absatzmenge die Gewinnzone erreicht wird.
- **Nachfrageorientierte Preisbildung** berücksichtigt zunächst die Preisvorstellungen der Abnehmer. Ein hoher Preis wird durch Betonung des Zusatznutzens des Produktes begründet.
- **Konkurrenzorientierte Preisbildung** richtet sich am Branchenpreis oder am Preisführer aus.
- **Preisstrategien:**
  - **Preisdifferenzierung:** zeitlich, räumlich, Abnehmergruppen
  - **Mischkalkulation:** Produkte mit hohem Gewinn gleichen niedrige Gewinne bzw. Verluste bei anderen Produkten aus.
  - **Psychologische Preisfestsetzung:** Eindruck der knappen Kalkulation wird erweckt.
  - **Hochpreispolitik:** Produktionsprogramm zielt auf Abnehmer mit gehobenen Ansprüchen.
  - **Niedrigpreispolitik:** Produktionsprogramm zielt auf preisbewusste Abnehmer.
  - **Marktabschöpfungspolitik:** Hohe Preise bei Markteinführung.
  - **Marktdurchdringungspolitik:** Niedrige Preise bei Markteinführung.

Aufgaben

1 *Das Rechnungswesen der Bürodesign GmbH liefert Daten für die kostenorientierte Preisbildung. Erläutern Sie mit Beispielen*
   a) fixe und variable Kosten,
   b) Gesamt- und Stückkosten,
   c) Einzel- und Gemeinkosten.

2 *Beschreiben Sie, wie die Kosten der Personalabteilung der Bürodesign GmbH auf die erzeugten Produkte verteilt werden können.*

3 *Es muss festgestellt werden, ab welcher Produktionsmenge der Aktenschrank „archivo" Gewinn erzielt. Dabei soll unterstellt werden, dass alle produzierten Schränke auch verkauft werden können. Folgende Daten liegen aus dem Rechnungswesen vor: variable Stückkosten 400,00 EUR, fixe Kosten 300 000,00 EUR, Verkaufspreis 1 000,00 EUR.*

a) *Erstellen Sie eine Break-even-Point-Analyse (BEP) in Tabellenform. Beginnen Sie mit der Menge 0 und erhöhen Sie um jeweils 100 Einheiten.*

b) *Übertragen Sie Ihre Ergebnisse in eine Grafik.*

c) *Berechnen Sie den BEP mithilfe von Gleichungen.*

d) *Erläutern Sie, was der BEP für die Preisbildung aussagt.*

4 *Vervollständigen Sie die folgende Tabelle.*

Pro-dukte	Produ-zierte Menge Stück	Anteilige fixe Kosten EUR	Variable Kosten EUR	Gesamt-kosten EUR	Variable Kosten je Stück EUR	Fixe Kosten je Stück EUR	Gesamt-kosten je Stück EUR
Tische	3 800	300 000,00	980 000,00				
Stühle	6 600	400 000,00	1 300 000,00				
Schränke	2 800	300 000,00	720 000,00				
Summen		1 000 000,00	3 000 000,00				

5 *Erläutern Sie die Aussage: „Das Preis-Leistungsverhältnis muss stimmen" anhand von Beispielen aus Ihrem eigenen Erfahrungsschatz.*

6 *Beschreiben Sie die unterschiedlichen Strategien von Preisdifferenzierung und Mischkalkulation.*

7 *Herr Stein von der Bürodesign GmbH möchte bei der Markteinführung des „ergo-design-natur"-Bürostuhls die Hochpreispolitik verfolgen. Frau Friedrich ist für die Niedrigpreispolitik.*

a) *Erläutern Sie beide Strategien.*

b) *Finden Sie Argumente für Herrn Stein und für Frau Friedrich.*

c) *Entscheiden Sie sich für eine der beiden Strategien und begründen Sie Ihre Entscheidung.*

8 *Herr Gerhards ist ein erfahrener Außendienstmitarbeiter bei der Bürodesign GmbH. Er sagt: „Wir müssen das Eisen schmieden, solange es heiß ist. Deshalb sollten wir den Markt abschöpfen, solange uns die Konkurrenz noch nicht im Nacken sitzt." Sein Kollege, Herr Haupt, meint hingegen: „Meine Erfahrung sagt mir, dass wir erst mal den Markt durchdringen sollten, danach können wir den Rahm abschöpfen."*

a) *Erläutern Sie, welche Preisstrategien die beiden Herren verfolgen möchten.*

b) *Zu welcher Strategie raten Sie? Begründen Sie Ihre Entscheidung.*

9 *Erstellen Sie mithilfe eines Tabellenkalkulationsprogrammes eine Break-even-Point-Analyse und testen Sie Ihre Tabelle mit verschiedenen Werten für variable Kosten, fixe Kosten und Verkaufspreise. Werten Sie Ihre Ergebnisse grafisch aus.*

5.3.3 Konditionen- und Servicepolitik

„Wenn wir die neue Kollektion von ‚ergo-design-natur' auf den Markt bringen, müssen wir uns überlegen, ob wir nicht mal ganz neue Wege beschreiten. Insbesondere unsere Zahlungsbedingungen sollten wir neu gestalten. Ich denke da an eine Möglichkeit, für unsere Produkte einen besonderen Kaufanreiz zu bieten, indem wir den Abnehmern die Möglichkeiten bieten, die Büromöbel sofort zu erhalten, aber erst nach fünf Monaten zu bezahlen", sagte Frau Freund, die Gruppenleiterin Marketing. „Halt, so geht das aber nicht!", ruft sofort Frau König dazwischen. „Wir haben enorme Kosten, und die können wir nur tragen, wenn die Kunden möglichst schnell bezahlen. Sollen die sich doch einen Kredit aufnehmen, wenn sie kein Bargeld haben. Außerdem beklagen wir ohnehin schon die schleppenden Zahlungseingänge unserer Kunden. Wenn wir schon die Zahlungsbedingungen ändern, dann so, dass unsere Kunden schneller bezahlen."

Arbeitsaufträge ▶ Machen Sie Vorschläge, wie Zahlungsbedingungen von der Bürodesign GmbH gestaltet werden können, sodass sie einerseits für Kunden einen Kaufanreiz bieten, aber andererseits den Wunsch der Bürodesign GmbH auf schnelle Zahlung berücksichtigen.
   ▶ Erläutern Sie Garantie, Kulanz, Service und Kundendienst.

Beim Absatz von Produkten legt der Produzent Konditionen (Bedingungen) fest, zu denen er seine Produkte verkaufen möchte. Dabei ist entscheidend, dass bei der Gestaltung der Konditionen Kaufanreize gegeben werden. Diese Kaufanreize müssen sich positiv von den Konditionen anderer Anbieter unterscheiden. Häufig liegen die Verkaufspreise für Produkte durch Marktgegebenheiten fest (Konkurrenzpreise), dann bleibt meist nur noch ein Gestaltungsspielraum im Rahmen der Konditionenpolitik für den Anbieter übrig. Sofern durch die Konditionen Kosten für den Anbieter anfallen, müssen sie in der Preiskalkulation berücksichtigt werden.

■ Lieferbedingungen

Die Gestaltung der Lieferbedingungen (vgl. S. 234 f.) ist ein wichtiges Instrument des Marketings. Oft sind für Abnehmer die Produkte verschiedener Hersteller austauschbar bezüglich Preis, Ausstattung und Qualität. Die Entscheidung für einen bestimmten Lieferer hängt dann z. B. von den Lieferkonditionen ab.

● Beförderungskosten:
Nach der gesetzlichen Regelung muss sich ein Käufer seine Waren beim Lieferer auf eigene Kosten abholen (§ 448 BGB, vgl. S. 235). Im Rahmen der Konditionenpolitik kann jedoch ein Unternehmen seinen Kunden entgegenkommen, indem es einen Teil oder die gesamten Beförderungskosten übernimmt. Dies gilt ebenfalls für die Verpackungskosten und die Kosten für eine Transportversicherung.

Beispiel *Die Bürodesign GmbH gewährt allen Abnehmern im Umkreis von 100 km die Lieferung frei Haus.*

● Lieferzeit:
Für Käufer ist häufig entscheidend, dass sie die Lieferzeit selbst bestimmen können. So wünschen manche Abnehmer, dass die Lieferung sofort, zu einem festgelegten späteren Zeitpunkt oder in bestimmten Teillieferungen erfolgen soll. Durch eine kundengerechte Gestaltung der Lieferbedingungen können Kaufentscheidungen von Abnehmern günstig beeinflusst werden.

Beispiel *Die Bürodesign GmbH vereinbart mit ihren Abnehmern flexible Lieferzeiten, bei Bedarf kann ein fester Lieferzeitpunkt gewählt werden.*

■ Zahlungsbedingungen

Wenn über den Zahlungszeitpunkt im Kaufvertrag nichts ausgesagt ist, so gilt die gesetzliche Regelung, d. h., der Käufer hat sofort bei Übergabe der Ware zu zahlen (vgl. S. 234 f.). Auch hier kann eine großzügige Erweiterung dieser Regelung Kaufanreize geben.

● Zahlungsziel:

Ein Zahlungsziel liegt vor, wenn ein Verkäufer Ware liefert und dem Käufer einräumt, erst zu einem bestimmten späteren Zeitpunkt zu zahlen. Dies kann beim Käufer zu erheblichen Kosteneinsparungen führen, insbesondere dann, wenn er den Kaufpreis mit Fremdkapital (Kredite von Banken) finanzieren muss.

Beispiel *Die Bürodesign GmbH liefert der Colonius Versicherungs AG Möbel für einen Schulungsraum im Wert von 85 000,00 EUR. Sie gewährt ein Zahlungsziel von drei Monaten. Obwohl die Colonius Versicherungs AG das Geld zur Bezahlung zur Verfügung hat, nutzt sie das Zahlungsziel aus, da sie vorübergehend eine gute kurzfristige Anlage für überschüssige liquide Mittel hat (Verzinsung zu 12 %). Hieraus ergibt sich für sie ein Zinsvorteil von 2 550,00 EUR.*

$$\text{Berechnung:} \quad \text{Zinsen} = \frac{\text{Kapital} \cdot \text{Monate} \cdot \text{Zinssatz}}{100 \cdot 12} = \frac{85\,000{,}00 \cdot 3 \cdot 12}{100 \cdot 12} = \underline{2\,550{,}00\ EUR}$$

● Skonto:

Skonto ist ein Nachlass für vorzeitige Zahlung. Zwar wird ein Zahlungsziel vereinbart, jedoch wird dem Kunden erlaubt, z. B. 2 % vom Rechnungspreis abzuziehen, wenn er innerhalb der kürzeren Skontofrist die Rechnung bezahlt.

Beispiel *Die Bürodesign GmbH liefert an das Ingenieurbüro Hartmann & Co. KG am 30. September Büromöbel über einen Rechnungsbetrag von 13 600,00 EUR. Als Zahlungsziel ist vermerkt: „Zahlbar in 30 Tagen nach Rechnungserhalt netto Kasse oder innerhalb von 10 Tagen abzüglich 2 % Skonto". Die Hartmann & Co. KG haben zurzeit kein Barvermögen in dieser Höhe, jedoch wird in sechs Wochen eine größere Ausgangsrechnung fällig. Um den Skontobetrag in Höhe von 272,00 EUR (2 % von 13 600,00 EUR) ausnutzen zu können, überlegen sie, ob sie den notwendigen Betrag als Kredit bei ihrer Bank aufnehmen sollen. Die Bank verlangt 9 % Zinsen.*
a) Wie hoch ist der effektive Zinssatz für diesen Liefererkredit?
b) Wie hoch ist die Ersparnis aus der Inanspruchnahme von Skonto?

Lösung

Die Hartmann & Co. KG braucht erst am 10. Oktober zu zahlen, um den Skonto auszunutzen. Also nimmt sie erst am 10. Tag den erforderlichen Bankkredit von 13 328,00 EUR auf.

$$\text{Zinssatz} = \frac{\text{Zinsen} \cdot 100 \cdot 360}{\text{Kapital} \cdot \text{Zeit}} = \frac{272 \cdot 100 \cdot 360}{13\,328{,}00 \cdot 20} = \underline{36{,}73\ \%}$$

a) Der effektive Zinssatz für den Liefererkredit beträgt 36,73 %.
b) Wenn die Hartmann & Co. KG bei vorzeitiger Zahlung 2 % Skonto von 13 600,00 EUR abzieht, braucht sie bei ihrer Bank nur noch 13 328,00 EUR als Kredit aufzunehmen.

$$\text{Zinsen} = \frac{\text{Kapital} \cdot \text{Zeit} \cdot \text{Zinssatz}}{100 \cdot 360} = \frac{13\,328 \cdot 20 \cdot 9}{100 \cdot 360} = \underline{66{,}64\ EUR}$$

Die Kosten des Bankkredits betragen 66,64 EUR. Somit ergibt sich folgende Ersparnis:

Skonto	272,00 EUR
– Kosten des Bankkredits	66,64 EUR
= Ersparnis	205,36 EUR

● Finanzierung:

Viele Industrieunternehmen bieten ihren Kunden Finanzierungshilfen an. Diese beinhalten insbesondere den Ratenkauf sowie den Kauf auf Kredit. Häufig werden die Kredite über bestimmte Kreditinstitute abgewickelt, mit denen die Unternehmen zusammenarbeiten.

Beispiel *Die Bürodesign GmbH entschließt sich, ihren Abnehmern die Möglichkeit einzuräumen, Büromöbel auf Kredit zu kaufen. Hierbei arbeitet sie mit der Stadtsparkasse Köln zusammen, die den Kunden der Bürodesign GmbH bei Bedarf einen Kredit zur Verfügung stellt.*

● Rabatte (Preisnachlässe):

Preisnachlässe werden gewährt, um die Preise möglichst flexibel auf die Abnehmer abstellen zu können.

- **Mengenrabatt:** Die Abnehmer sollen zum Kauf größerer Mengen angeregt werden. Häufig wird eine Rabattstaffel angeboten. Je größer die gekaufte Menge, desto größer ist der Preisnachlass.

Beispiel Für das Produkt „Stapler" aus der Produktlinie „Konferenzen und Schulung" bietet die Bürodesign GmbH an: Ab 25 Stück 5 %, ab 50 Stück 10 %, ab 100 Stück 15 % Rabatt auf den Listenverkaufspreis.

- **Treuerabatt:** Langjährige Stammkunden sollen gehalten werden, deshalb gewährt man Ihnen einen Preisnachlass.
- **Sonderrabatt:** Er wird aus besonderen Anlässen geboten, um Abnehmer zum Kauf zu veranlassen.

Beispiele Jubiläumsrabatt, Messerabatt, Einführungsrabatt, Rabatte wegen Umbau der Geschäftsräume und Räumung des Lagers.

● Garantie, Kulanz:

Die Sachmängelhaftung für die Lieferung mangelfreier Produkte (Sachmängelhaftung) beträgt nach gesetzlicher Regelung zwei Jahre. Häufig verlängern Lieferer auf dem Kulanzwege diese Frist, um ihren Kunden entgegenzukommen und sich von dem Angebot der Konkurrenz abzuheben (Garantie). Im Rahmen der Kulanz kann ein Unternehmen auch Leistungen erbringen, zu denen es gesetzlich oder vertraglich nicht verpflichtet ist.

Beispiel Zu einem Umtausch oder zu einer Rücknahme mangelfrei gelieferter Ware ist ein Verkäufer nicht verpflichtet. Die Bürodesign GmbH erklärt sich in Ausnahmefällen kulanterweise bereit, ausgelieferte Ware zurückzunehmen, falls sie unbeschädigt ist.

● Service, Kundendienst:

Service- und Kundendienstleistungen sind ein wichtiges Instrument des Marketings. Hierin kann für die Abnehmer ein entscheidendes Auswahlkriterium für die Wahl des Lieferanten bestehen. Diese Leistungen können für die Kunden entweder kostenfrei sein oder in Rechnung gestellt werden.

Beispiel Die Bürodesign GmbH bietet beim Verkauf ihrer Möbel folgende Leistungen an:
- Ersatzteilgarantie für zehn Jahre (z. B. für Schubladenschlösser, Rollen für Drehstühle)
- Einrichtungsberatung durch qualifizierte Innenarchitekten (Gestaltung von Arbeitsräumen, Beratung bei der Auswahl von Büromöbeln)
- Lieferung der Möbel und fachmännischer Aufbau
- Rücknahme und Entsorgung von alten Büromöbeln
- Mitnahme und Entsorgung der Transportverpackungen
- Reparatur von Büromöbeln

Die Bürodesign GmbH behält sich vor, in jedem Einzelfall über die zu gewährenden Serviceleistungen zu entscheiden.

Zusammenfassung: Konditionen- und Servicepolitik

- Die Gestaltung der Konditionen muss darauf abgestimmt sein, dass für die Kunden **Kaufanreize** entstehen und eine **positive Abgrenzung zur Konkurrenz** besteht. Sofern durch die Konditionen Kosten verursacht werden, müssen sie in der Preiskalkulation berücksichtigt werden.
- Die **Lieferbedingungen** umfassen die Beförderungskosten und die Lieferzeit.

- Die **Zahlungsbedingungen** regeln das Zahlungsziel, Skonto, Rabatte und Finanzierungshilfen.
- Die **Garantie** kann über den gesetzlichen Rahmen der Sachmängelhaftung (zwei Jahre) hinausgehen.
- **Service und Kundendienst** können kostenfrei oder kostenpflichtig sein.
- **Kulanz:** Leistung des Lieferers ohne gesetzliche Verpflichtung

Aufgaben

1 *Überlegen Sie sich Argumente, weshalb Lieferer ihren Kunden ein Zahlungsziel einräumen.*

2 *Wenn die Bürodesign GmbH ihren Kunden drei Monate Zahlungsziel gewährt, muss sie davon ausgehen, dass die Kunden dieses auch ausnutzen werden.*
   a) Überlegen Sie sich, ob dadurch für die Bürodesign GmbH Kosten entstehen.
   b) Erläutern Sie, wie diese Kosten von der Bürodesign GmbH gedeckt werden können.

3 *Es ist einleuchtend, dass Kunden lieber eine Garantiefrist haben, die die gesetzlich vorgeschriebene Frist von zwei Jahren übersteigt. Für den Lieferer können dadurch langfristige Verpflichtungen und ggf. Kosten entstehen. Zählen Sie Gründe auf, weshalb sich die Bürodesign GmbH trotzdem zu längeren Garantiefristen entschließen könnte.*

4 *Welche Vorteile*
   a) hat der Lieferer   b) haben die Kunden
   durch die Ausnutzung von Skonto?

5 *Ein Kunde erhält eine Rechnung über 12 000,00 EUR, das Zahlungsziel beträgt zwei Monate, innerhalb von zehn Tagen können 2 % Skonto in Anspruch genommen werden. Der Kunde möchte über einen Kredit (Zinssatz 9 %) von seiner Bank den Skonto ausnutzen. Berechnen Sie, ob sich dieser Entschluss lohnt.*

6 *Überlegen Sie sich, welche Kundendienst- und Serviceleistungen Sie als Privatverbraucher bereits in Anspruch genommen haben, und sammeln Sie die Ergebnisse in einer Liste.*

7 *Werten Sie Anzeigen in Zeitungen bezüglich der Angabe von Liefer- und Zahlungsbedingungen aus, beschaffen Sie sich Liefer- und Zahlungsbedingungen von Unternehmen (Geschäftsbedingungen bei Kaufverträgen) und stellen Sie Unterschiede heraus.*

8 *a) Erstellen Sie eine Liste von Service- und Kundendienstleistungen, die die Bürodesign GmbH ihren Kunden anbieten kann.*
   b) Formulieren Sie für die Bürodesign GmbH konkrete Konditionen für die Bezahlung und die Lieferung von Produkten.

9 *Erstellen Sie mit einem Tabellenkalkulationsprogramm eine Entscheidungshilfe für die Ausnutzung eines Zahlungsziels oder den Abzug von Skonto. Ziel ist es, ein praktikables Instrument zu entwickeln, bei dem ein Rechnungsbetrag, ein Skontosatz und der marktübliche Zinssatz einzugeben sind. Aus diesen Werten ist eine eventuelle Kosteneinsparung bei Skontoausnutzung zu berechnen.*

10 *Die Bürodesign GmbH hat durch zahlreiche Maßnahmen im Rahmen der Konditionen- und Servicepolitik die Möglichkeit, sich bei ihren Kunden Präferenzen im Vergleich zur Konkurrenz zu beschaffen.*
   a) Nennen Sie derartige Maßnahmen, die von der Bürodesign GmbH ergriffen werden können.
   b) Erläutern Sie, welche Vorteile solche Präferenzen für die Bürodesign GmbH haben können.

11 *Beschreiben Sie die Unterschiede zwischen Sachmängelhaftung, Garantie und Kulanz.*

5.3.4 Distributionspolitik und E-Commerce

Ein großer Teil der Entscheidungen für die Markteinführung des „ergo-design-natur"-Büro-stuhls ist gefallen. Nun steht wieder eine Besprechung an, zu der die Geschäftsführer alle erforderlichen Abteilungs- und Gruppenleiter eingeladen haben. Herr Braun, der Assistent der Geschäftsleitung, ist schon gespannt auf diesen Termin, denn er hat – wie er meint – eine bombige Idee für die Vermarktung ausgeklügelt. Bei der Besprechung meldet er sich sofort zu Wort: „Meine Damen und Herren, bisher haben wir unsere Produkte einerseits an den Groß- und Facheinzelhandel verkauft. Andererseits beliefern wir unsere Großkunden direkt. Schließlich verkaufen wir in unserem Verkaufsstudio an Selbstabholer. Hierzu habe ich eine kleine Aufstellung gemacht (siehe nachfolgendes Schaubild).

Interessant ist dabei , dass der Verkauf im Facheinzelhandel und in unserem Verkaufsstu-dio in den letzten Jahren zugenommen hat, der Umsatz mit Großhändlern jedoch zurück-gegangen ist. Was halten Sie davon, wenn wir mit unserem neuen Programm verstärkt den Einzelhandel beliefern? Ich denke da z. B. an große Warenhauskonzerne und an Einkaufs-zentren. Das wäre doch ein Knüller, wir könnten dadurch ganz neue Zielgruppen anspre-chen. Ferner könnten wir unsere Produkte im Internet anbieten."

Herr Stein antwortet sofort: „Solange ich hier etwas zu sagen habe, kommt das gar nicht infrage! Wir sind ein seriöses Haus und haben einen guten Ruf zu verlieren. Wir können un-sere Produkte nicht einfach an jeder Straßenecke anbieten."

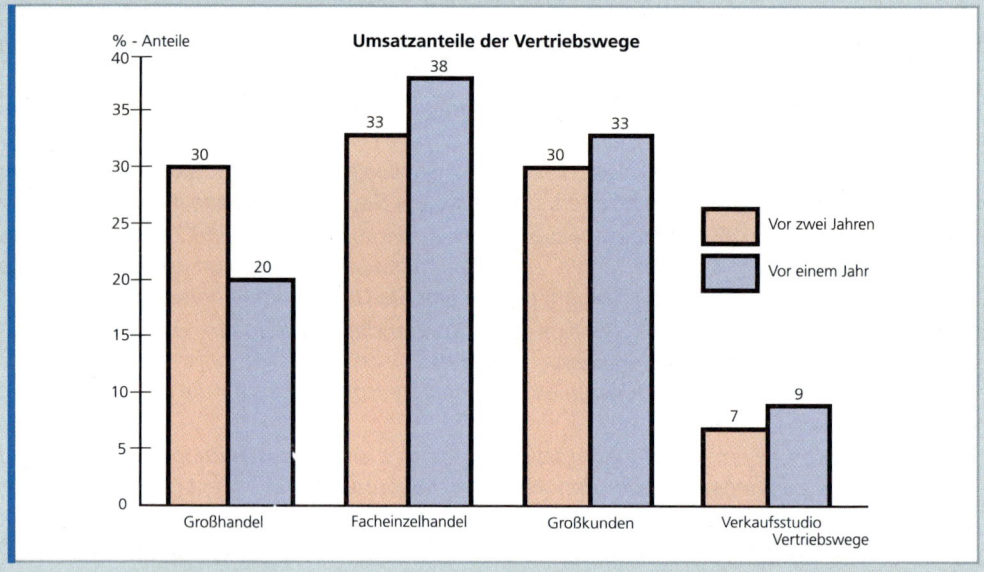

Herr Braun ist entsetzt, mit einer solchen Reaktion hatte er nicht gerechnet. Ist seine Idee wirklich so schlecht, wie Herr Stein meint?

Arbeitsaufträge ▶ Sammeln Sie Argumente für die Standpunkte von Herrn Braun und Herrn Stein.

▶ Beschreiben Sie die verschiedenen Möglichkeiten des direkten und indirekten Absatzes.

▶ Erläutern Sie im Rahmen der Distributionspolitik die Nutzung des E-Commerce für die Bürodesign GmbH.

Die Distributionspolitik (Distribution = Verteilung) beschäftigt sich mit der Auswahl von Vertriebs- oder Absatzwegen. Damit sind alle Wege bzw. Kanäle gemeint, auf denen die hergestellten Produkte an die Endverbraucher oder -nutzer gebracht werden.

■ Direkter Absatz

Beim direkten Absatz beliefert ein Industrieunternehmen den Endabnehmer direkt. Das ist nur möglich, wenn zu den Endabnehmern auch Kontakt hergestellt werden kann. Für den Direktabsatz sind verschiedene Formen denkbar:

● Verkauf über eigenen Außendienst:

Ein Industrieunternehmen beschäftigt Mitarbeiter **(Reisende)**, die im Außendienst Kunden beraten und Vertragsabschlüsse herbeiführen. Oft erhalten sie neben einem Grundgehalt und ihren Reisekosten zusätzlich Verkaufsprovision. Sie besuchen die Kunden in deren Geschäftsräumen und präsentieren dort ihre Produkte über Kataloge, Dia- oder Videovorführungen bzw. mit Mustern oder Modellen. Der Kontakt zu den Kunden kann auf verschiedenen Wegen hergestellt werden.

Beispiele

- *Gezielte Werbebriefe*
- *Anzeigen in Fachzeitschriften, auf die Kunden mit der Aufforderung zu einem „Vertreterbesuch" reagieren*
- *Anfragen von Kunden (vgl. S. 228)*
- *Versenden von Angeboten*
- *Kontakte auf Messen und Ausstellungen*
- *Gezielte Anrufe bei Kunden (Telefonmarketing)*
- *Internet*

● Verkauf in eigenen Verkaufsräumen:

Um die Nähe zu den Abnehmern zu erreichen, werden häufig **Verkaufsniederlassungen** errichtet. Hier kommt der Kunde zum Hersteller und kann Produkte betrachten, ggf. ausprobieren und nach einer Beratung auswählen.

Beispiel *Die Bürodesign GmbH hat am Sitz ihres Werkes ein Verkaufsstudio eingerichtet. Hier wird einerseits die gesamte Kollektion aller Büromöbel ausgestellt, andererseits können Kunden hier auch Restposten und auslaufende Modelle günstig erwerben.*

■ Indirekter Absatz

Viele Industriebetriebe beliefern den Endverbraucher indirekt. Sie vertreiben ihre Produkte über selbstständige Handelsunternehmen (Einzel-, Großhandel) und Absatzmittler (Handelsvertreter, Handelsmakler und Kommissionäre).

● Vertragshändler:

Ein Hersteller kann auch sogenannte **Vertragshändler** einsetzen. Ein Industriebetrieb und ein Handelsbetrieb schließen miteinander einen Vertrag, in dem sich der Händler verpflichtet, die Produkte des Herstellers nach seinem Marketingkonzept anzubieten. Der Vertragshändler ist rechtlich selbstständiger Unternehmer und vertreibt seine Produkte unter eigenem Namen. Er benutzt aber seinen Kunden gegenüber die Marke des Herstellers. Deshalb wirkt er auf einige Kunden wie eine Filiale (Außenstelle) des Industriebetriebs.

Beispiel *Automobilhersteller vertreiben ihre Kraftfahrzeuge häufig über Vertragshändler.*

● Franchising:

Hierbei handelt es sich um eine enge Kooperationsform, bei der der Franchisegeber (Franchisor = Kontraktgeber) aufgrund einer langfristigen Bindung dem Franchisenehmer (Franchisee = Kontraktnehmer) das Recht einräumt, bestimmte Waren oder Dienstleistungen unter Verwendung der Firma, der Marke, der Ausstattung und der technischen und wirtschaftlichen Erfahrungen des Franchisegebers zu nutzen. Der Franchisenehmer tritt seinen Kunden gegenüber nicht in eigenem Namen auf, er verwendet den Namen seines Franchisegebers. Der Franchisegeber vergibt eine Konzession für ein von ihm entwickeltes Marketingprogramm, das sich bereits im Praxiseinsatz bewährt hat. Er erhält dafür in der Regel ein einmaliges Entgelt und/oder eine Umsatzbeteiligung. Hierdurch kann er ein Vertriebsnetz ohne großen Investitionsaufwand errichten, erreicht hohe Marktnähe und kann schnell expandieren.

Beispiele *für Franchising: McDonald's (Fast-Food), benetton (Textilien), Obi (Baumarkt), Mobau (Baumarkt), Nordsee (Fisch), ASKO (Möbel), Lekkerland (Süßwaren), Ihr Platz (Drogerie), Coca Cola (Getränke), Holiday Inn (Hotels)*

Vorteile für den Franchisenehmer	Nachteile für den Franchisenehmer
• Weitgehende Selbstständigkeit im Rahmen des Vertrages • Nutzung des Know-hows des Franchisegebers • Förderung des Absatzes durch einheitliche Verkaufsraumgestaltung, Werbung, Verkaufsförderung sowie ein abgerundetes Sortiment • Nutzung von Dienstleistungen des Franchisegebers, wie z. B. zentrales Rechnungswesen, Kalkulation	• Langfristige Bindung an ein Sortiments- und Präsentationskonzept • Keine selbstständigen Sortimentsentscheidungen • Hohe Kosten durch Eintritts- oder Franchiseentgelte • Insolvenzrisiko liegt beim Franchisenehmer

▶ *Großhandel:*

Großhändler beziehen bei Industrieunternehmen Güter, die sie entweder an gewerbliche Kunden oder an Einzelhändler weiterverkaufen.

▶ *Einzelhandel:*

Einzelhändler beziehen ihre Waren entweder bei Herstellern oder bei Großhändlern und verkaufen direkt an den Endverbraucher. Der Facheinzelhandel beschränkt sich dabei auf ein bestimmtes Sortiment (= Summe der angebotenen Waren).

Beispiel *Facheinzelhandel für Büromöbel, für Teppiche, für Werkzeuge usw.*

Zum Einzelhandel gehören auch Waren- und Kaufhäuser, Supermärkte und der Versandhandel, Fachmärkte und SB-Märkte.

▶ *Verkauf über Handelsvertreter:*

Ein Handelsvertreter ist ein selbstständiger Kaufmann, der für andere Unternehmen Geschäfte vermittelt oder abschließt. Hierfür erhält er eine **Provision**.

■ Kombination von Absatzwegen

Industrieunternehmen beschränken sich selten auf nur einen Absatzweg. Häufig werden mehrere Absatzwege kombiniert.

Beispiel *Die Bürodesign GmbH hat sich für folgende Absatzwege entschieden: Großhandel, Facheinzelhandel, Direktverkauf über Außendienst (Reisende), Handelsvertreter. Ferner werden auch Produkte in einem eigenen Verkaufsraum angeboten, dem Verkaufsstudio.*

Die Entscheidung über die Auswahl und Kombination der Absatzwege gehört zu den Aufgaben der Distributionspolitik. Hierbei sind als Entscheidungskriterien Absatzchancen, Marktnähe, Eigenschaften des Produktes und Kosten des Vertriebsweges zu berücksichtigen.

▶ *Absatzchancen und Marktnähe:*

Vielfach kann der Handel bestimmte Aufgaben besser erfüllen als ein Industriebetrieb. Hierzu gehört die Abgabe in handelsüblichen Mengen. Ein Industriebetrieb stellt Produkte in großen Mengen her, der Endverbraucher benötigt jedoch nur kleine Mengen.

Beispiel Ein Betrieb der Lebensmittelindustrie in Bochum fertigt täglich 20 000 Schokoriegel, abgepackt in Kartons zu je 960 Stück. Ein Endverbraucher kauft jedoch nur in erheblich kleineren Mengen ein.

Außerdem ist der Handel dem Endverbraucher räumlich näher.

Beispiel Wenn ein Kunde in Hamburg einen Schokoriegel kaufen möchte, so kann er ihn in Supermärkten, Kiosken usw. erwerben. Ein Kauf direkt beim Hersteller in Bochum wäre für ihn nicht sinnvoll.

▶ *Eigenschaften des Produktes:*

Je mehr ein Produkt ein Massen- oder Konsumgut ist und je geringer sein Wert ist, desto eher wird es über den Handel vertrieben.

Beispiel Investitionsgüter wie maschinelle Anlagen, Baukräne u. Ä. werden direkt vertrieben, Güter des täglichen Gebrauchs werden über den Einzelhandel vertrieben.

▶ *Kosten des Absatzweges:*

Die unterschiedlichen Wege, Endabnehmer durch die Produkte zu erreichen, verursachen bei dem Hersteller unterschiedliche Kosten. Diese Kosten sind aus den Aufzeichnungen des Rechnungswesens zu ermitteln.

Beispiel Kostenvergleich zwischen eigenem Außendienst (Reisende) und Handelsvertretern: Reisende erhalten ein festes Gehalt, Reisekosten und Verkaufsprovision. Handelsvertreter erhalten nur eine Verkaufsprovision, die allerdings meist höher ist als die der Reisenden. Es stellt sich die Frage, welcher Vertriebszweig kostengünstiger ist.

Die Gehalts- und Reisekosten für einen Reisenden betragen pro Jahr 80 000,00 EUR, er erhält eine Verkaufsprovision von 2 % vom Umsatz. Ein Handelsvertreter erhält eine Umsatzprovision von 16 %. Für ihn fallen pro Jahr fixe Betreuungskosten in Höhe von 10 000,00 EUR an (Kataloge, Muster, Produktschulungen, Abrechnungskosten usw.)

Es ist herauszufinden, bei welchem Umsatz Reisende oder Handelsvertreter die niedrigeren Kosten haben. Dies kann rechnerisch erfolgen, indem die Kosten beider Absatzwege in einer Gleichung geschrieben werden:

$$\text{Kosten Reisender} = \text{Kosten Handelsvertreter, d. h.: } 2/100 \cdot \text{Umsatz} + 80\,000 = 16/100 \cdot \text{Umsatz} + 10\,000$$

Diese Gleichung wird nach der Unbekannten Umsatz aufgelöst und es ergibt sich, dass bei einem Umsatz von 0,5 Mio. EUR die Kosten beider Absatzwege gleich sind. Bei niedrigeren Umsätzen ist ein Handelsvertreter günstiger. Aussagen über die künftige Höhe des Umsatzes muss die Marktforschung liefern.

Eine Grafik verdeutlicht den Kostenvergleich. Sie erinnert an die Break-even-Point-Analyse, die bereits bei der Preispolitk benutzt wurde.

Kostenvergleich

	Reisender (R)	Handelsvertreter (HV)
Fixe Kosten (EUR)	80 000,00	10 000,00
Provision (%)	2,00	16,00

Umsatz in EUR	Kosten R in EUR	Kosten HV in EUR	Umsatz in EUR	Kosten R in EUR	Kosten HV in EUR
0	80 000,00	10 000,00	350 000,00	87 000,00	66 000,00
50 000,00	81 000,00	18 000,00	400 000,00	88 000,00	74 000,00
100 000,00	82 000,00	26 000,00	450 000,00	89 000,00	82 000,00
150 000,00	83 000,00	34 000,00	500 000,00	90 000,00	90 000,00
200 000,00	84 000,00	42 000,00	550 000,00	91 000,00	98 000,00
250 000,00	85 000,00	50 000,00	600 000,00	92 000,00	106 000,00
300 000,00	86 000,00	58 000,00			

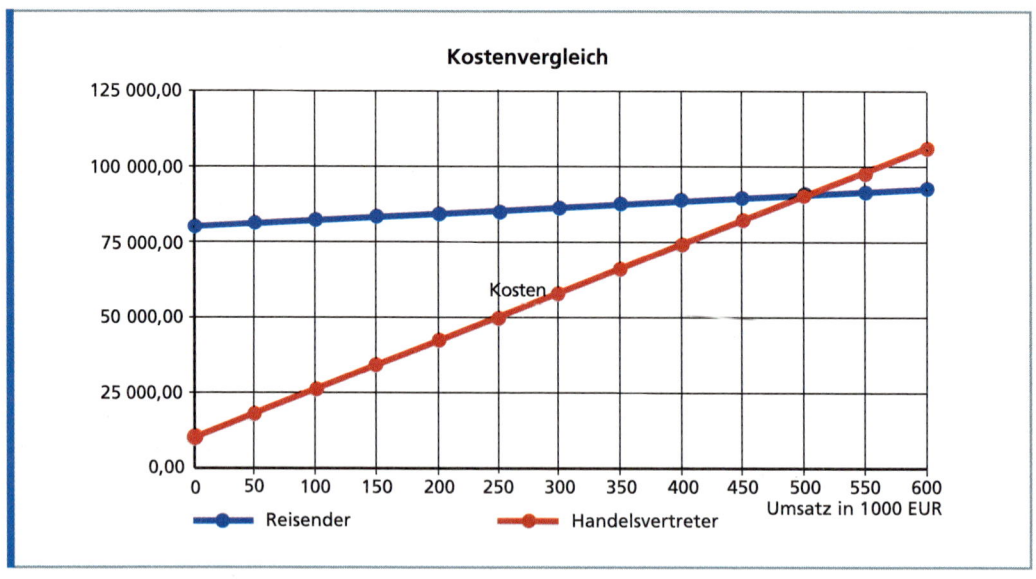

● Electronic Commerce (E-Commerce, E-Business)

Unter Electronic Commerce versteht man den elektronischen Austausch und die elektronische Abwicklung von Informationen, Gütern, Dienstleistungen, Zahlungen und Geschäftstransaktionen.

▶ *Internet-Dienste:*
Die Dienste des **Internets** sind die wesentliche Kommunikationsplattform des E-Commerce.

Internet-Dienste	Erläuterungen	Beispiele
E-Mail	Elektronische Post: Informationen können weltweit und binnen Sekunden versandt werden, Anhänge sind möglich (alle Dateiformate, Texte, Grafiken, Videos, Sound usw.), Serienbriefe sind einfach erstellbar, direkte Antwortmöglichkeiten.	*Die Bürodesign GmbH erstellt einen Newsletter für spezielle Kundengruppen, als Anhang können Fotos von neuen Produkten versandt werden. Kundenanfragen können per E-Mail schnellstens beantwortet werden.*
FTP	File Transfer Protocol: Dateien aller Formate (Texte, Grafiken, Datenbankauszüge, Video, Sound) können zwischen verschiedenen Rechnern übertragen werden (Up-load, Down-load).	*Die Bürodesign GmbH stellt auf ihrer Web-Site Download-files zur Verfügung, bei Bedarf können Interessenten sich Videosequenzen von Büroausstattungen, Katalogauszüge usw. downloaden und in Ruhe studieren.*
IRC	Internet Relay Chat: Textbasierende Kommunikation zwischen mehreren Benutzern. In sogenannten Chat-Räumen „unterhalten" sich Personen, indem sie kurze Textmeldungen versenden, die von allen Besuchern des Chat-Raumes zeitgleich verfolgt werden können.	*Im Chat-Raum der Bürodesign GmbH werden gezielte Fragen von Kunden beantwortet und Produkteigenschaften sowie Liefer- und Zahlungsbedingungen diskutiert.*
Newsgroups	Diskussionsforen: Interessengruppen tauschen Informationen aus. Zu be-	*Die Bürodesign GmbH beteiligt sich an der Newsgroup „Ergonomie im Büro".*

	stimmten Themen können Meinungen oder Fragen „gepostet" werden. Die Leser der Newsgroups senden dann ihre Stellungnahmen, auf die wiederum geantwortet werden kann usw.	*Hier erhält sie Anregungen zur Produktionsverbesserung und -gestaltung, sie kann aber auch eigene Anregungen abgeben und auf Stellungnahmen reagieren.*
Net-Phoning	Internet-Telefonie: Via Internet werden Verbindungen zum akustischen zeitgleichen Datenaustausch hergestellt. So kann bei Einbeziehung einer Web-Kamera eine Videokonferenz durchgeführt werden.	*Für kurzfristige Entscheidungen mit Lieferern setzt die Bürodesign GmbH Videokonferenzen ein, um Reisekosten zu sparen.*
WWW	World Wide Web: In diesem Dienst werden die klassischen Internetdienste unter einer multimedialen Oberfläche zusammengefasst. Auf den Web-sites werden Informationen präsentiert und über Links wird auf weitere Seiten verwiesen (Hypertexte). Ferner werden Möglichkeiten zur Kommunikation (E-Mail, Gästebuch usw.) sowie zum Download von Dateien angeboten.	*Die Web-Präsenz der Bürodesign GmbH beginnt mit der Homepage. Dem Besucher der Seite werden Navigationshilfen geboten (Site-map, Suchhilfe). Es können z. B. Produktbeschreibungen, Preislisten und AGB abgerufen werden und ein Newsletter abonniert werden, ferner kann direkt per E-Mail Kontakt aufgenommen werden.*

E-Commerce kann einerseits sämtliche **Geschäftsprozesse** innerhalb eines Unternehmens und seiner Beziehungen zur Umwelt (Kunden, Lieferer, Banken, Spediteure usw.) tiefgreifend beeinflussen und andererseits völlig neue **Geschäftsmodelle** hervorbringen.

► *Akteure im E-Commerce:*

Die Beteiligten im E-Commerce können Unternehmen (Business), Endverbraucher (Customer) oder staatliche Einrichtungen (Government) sein. Da die Initiative zum E-Commerce von jedem Beteiligten ausgehen kann, können neun Klassen unterschieden werden.

	Business	**Customer**	**Government**
Business	**B-to-B, B2B** Alle Transaktionen zwischen Unternehmen, z. B. Beschaffung, Zahlungsabwicklung, Kooperationen, Marktplätze	**B-to-C, B2C** Alle Vertriebsaktivitäten mit Endverbraucher als Zielgruppe, z. B. Teleshopping, Tele-Service, Homebanking, Reisen buchen	**B-to-G, B2G** Aktivitäten zwischen Unternehmen und staatlichen Einrichtungen, z. B. Umsatzsteuervoranmeldung, Nachfrage nach Gewerbeflächen
Customer	**C-to-B, C2B** Aktivitäten, die vom Endverbraucher ausgehen und sich an Unternehmen richten, z. B. Powershopping), elektronische Bewerbungen	**C-to-C, C2C** Transaktionen zwischen Privatleuten, z. B. Gebrauchtwarenbörsen, Kleinanzeigenmärkte, Gelegenheitsarbeiten	**C-to-G, C2G** Aktivitäten zwischen Privatleuten und staatlichen Einrichtungen, z. B. Anfragen, Steuererklärungen
Government	**G-to-B, G2B** Aktivitäten staatlicher Einrichtungen, die sich an Unternehmen richten, z. B. Steuerabwicklung, Vermittlung von Arbeitskräften	**G-to-C, G2C** Aktivitäten staatlicher Einrichtungen, die sich an Privatleute richten, z. B. Abrechnung von Gebühren, Bürgerinformationen	**G-to-G, G2G** Abwicklung von Prozessen zwischen staatlichen Einrichtungen, z. B. Kommunikation, gemeinsame Verarbeitung von Daten

► *E-Commerce-Geschäftsmodelle:*

Die E-Commerce-Geschäftsmodelle zeigen eine breite Vielfalt auf. Sie entwickeln sich ständig weiter und es entstehen z. T. völlig neue Modelle.

353

Beispiele

E-Shop	Elektronischer Handel mit allen Aspekten der Werbung, Produktdemonstration (Online-Kataloge), Bestellung, Auftragsbestätigung, Rechnungsstellung, Versandüberwachung und Bezahlung, B2B oder B2C.
E-Mall	Virtueller Zusammenschluss unabhängiger E-Shops zu einem elektronischen Marktplatz, B2B oder B2C.
E-Procurement	Elektronisches Beschaffungssystem für Unternehmen, mit elektronischen Ausschreibungen (auch von Behörden) sowie Ausschreibungskooperationen, elektronischen Verhandlungen und Vertragsabschlüssen, B2B, G2B, B2G.
E-Auction	Virtuelle Auktionen im WWW bietet Käufern günstige Einkaufsmöglichkeiten und Verkäufern zusätzlichen Vertriebskanal, B2B, B2C, C2C.
Powershopping	Produkte werden im WWW mit einem Startpreis angeboten, je mehr Interessenten sich finden, desto günstiger wird der Endpreis. Hier können sich auch Einkaufsgemeinschaften bilden, um Rabatte zu erzielen.
Information Broking	Qualifizierte Recherchedienste, z. B. für Marktforschungsdaten, Informationen über Branchen, Geschäftspartner usw.
Advertising Models	Sonderwerbeformen im Internet (Banner-, Link-Tausch) sowie Online-Marktforschung.
Virtual Community	Spezielle Interessengruppen werden angesprochen (z. B. Heimwerker, Senioren, Schüler usw.), sie bilden eine „Online-Gemeinde". Die Community ist gleichzeitig Kommunikations- und Einkaufsplattform.

▶ *Rechtliche Aspekte des E-Commerce:*

Grundsätzlich gelten im E-Commerce die gleichen rechtlichen Bestimmungen (z. B. Kaufvertragsrecht) wie im nicht elektronischen Geschäftsleben auch. Probleme treten jedoch auf, wenn ausländische Geschäftspartner miteinander agieren. Hier sind vertragliche Regelungen erforderlich. Speziell für Privatkunden gilt seit dem Jahr 2002 in Deutschland § 312 BGB. Dieser Paragraf sichert dem Verbraucher diverse Rechte, z. B. Rückgabe von Waren binnen zwei Wochen, Widerrufsrecht, Informations- und Aufklärungspflicht für Anbieter.

Zusammenfassung: Distributionspolitik und E-Commerce

• Distributionspolitik umfasst die **Auswahl und Kombination von Absatz- oder Vertriebswegen.**

Direkter Absatz (Verkauf direkt an Endabnehmer)	Indirekter Absatz (Verkauf über den Handel)	
• Reisende (angestellte Mitarbeiter im Verkaufsaußendienst) • Eigene Verkaufsräume, Verkaufsniederlassungen	• Großhandel • Facheinzelhandel • Waren- und Kaufhäuser • Versandhandel	• Handelsvertreter • SB-Märkte, Fachmärkte • Vertragshändler • Franchising

• Eine **Kombination von Absatzwegen** ist üblich, hierbei werden berücksichtigt:
  – **Absatzchancen und Marktnähe**   – **Kosten des Absatzweges**
  – **Eigenschaften des Produkts**
• **E-Commerce:** Elektronischer Austausch von Informationen, Gütern, Dienstleistungen, Zahlungen und Geschäftstransaktionen.

Aufgaben

1 *Für viele Hersteller von Konsumartikeln (Lebensmittel, Gegenstände des täglichen Gebrauchs) ist der Einzelhandel der bedeutendste Absatzweg. Begründen Sie, weshalb die Hersteller diesen Absatzweg bevorzugen.*

2 *Willi Wagner ist gelernter Einzelhandelskaufmann und hat fünf Jahre Verkaufspraxis in einem Möbelfachgeschäft. Er möchte sich beruflich verändern und bewirbt sich bei einem Hersteller von Büromöbeln als Verkäufer im Außendienst. Beim Vorstellungsgespräch sagt ihm der Personalchef: „Bei uns müssen Sie sich aber ganz schön umstellen, der Verkauf im Außendienst ist etwas ganz anderes als der Verkauf im Einzelhandel." Willi Wagner fragt sich, was er damit meint. Stellen Sie die Unterschiede zwischen Verkauf im Außendienst und Verkauf im Einzelhandel einander gegenüber. Berücksichtigen Sie u.a. folgende Aspekte: Zustandekommen des ersten Kontakts zwischen Kunde und Verkäufer, Arten der Kunden (Private Kunden, Geschäftskunden), Beratungsbedarf der Kunden, Verhandlungsgeschick der Kunden usw.*

3 *Sie haben die Wahl, Franchisenehmer eines bedeutenden Unternehmens zu werden oder selbstständiger Einzelhändler der gleichen Branche. Stellen Sie Vor- und Nachteile gegenüber.*

4 *a) Erläutern Sie, weshalb es für Unternehmen sinnvoll ist, mehrere Absatzwege zu kombinieren.*

b) Erläutern Sie, welche Gesichtspunkte zu berücksichtigen sind, wenn ein Unternehmen verschiedene Absatzwege kombiniert.

5 *Erstellen Sie mithilfe einer Tabellenkalkulation eine Entscheidungshilfe für den Kostenvergleich zwischen Handelsvertretern und Reisenden. Berücksichtigen Sie beim Reisenden Jahresgehalt, Reisekosten, Personalnebenkosten, Betreuungskosten für Schulungen, Kataloge, Prospekte usw. und Umsatzprovision. Für den Handelsvertreter sind Umsatzprovision und Betreuungskosten zu berücksichtigen.*

6 *Die Bürodesign GmbH möchte den Verkauf in ihrem Verkaufsstudio intensivieren.*

a) Die Geschäftsleitung möchte hierzu Rechtsanwälte, Notare und Steuerberater im Kölner Raum als Zielgruppe anschreiben. Entwerfen Sie einen Werbebrief.

b) Alle zwei Jahre findet in Köln die „ORGATEC", eine Messe für Büroausstattung (einschließlich Computertechnik), statt. Die Bürodesign GmbH möchte aus Kostengründen nicht mit einem eigenen Stand auf dieser Messe vertreten sein. Überlegen Sie sich Maßnahmen, wie Messebesucher veranlasst werden können, das Verkaufsstudio der Bürodesign GmbH aufzusuchen.

7 *Erstellen Sie ein Referat über die Bedeutung des Großhandels und des Internets für Industriebetriebe und für Endverbraucher.*

8 *Erläutern Sie die verschiedenen Internet-Dienste und die Akteure im E-Commerce.*

5.3.5 Kommunikationspolitik

Die Markteinführung des „ergo-design-natur"-Bürostuhls geht gut voran. Viele Vorüberlegungen sind schon angestellt, wie die Bestimmung der Absatzwege, die Preisfestlegung usw. Herr Kempf, der Chef-Konstrukteur und Designer, hat einen Prototyp in seiner Werkstatt erstellt und ihn der Geschäftsleitung und den Abteilungsleitern präsentiert. Stolz sagt er: „Dies ist der beste Stuhl, den wir je entworfen haben!" Er schwärmt: „Dieser Stuhl verkauft sich von selbst, jeder, der ihn sehen wird, will ihn sofort haben! Einfach absolute Spitzenklasse, super!" Der Verkaufschef, Herr Stam, bremst ihn in seiner Schwärmerei: „Nun mal halblang! Kein Produkt verkauft sich von selbst, mag es noch so toll sein. Bisher weiß doch noch niemand, dass es dieses neue Modell überhaupt gibt. Damit auch der letzte mögliche Abnehmer von ‚ergo-design-natur' erfährt, liegt noch eine Menge Arbeit vor uns." „Genau!", meldet sich Herr Braun, „Wir müssen ordentlich die Werbetrommel rühren, jeder im Lande soll von unserer Neuentwicklung erfahren, wir bringen Fernsehspots, wir lassen Zeppeline über ganz Deutschland fliegen, die Prospekte abwerfen, in allen Zeitungen erscheinen Anzeigen über ‚ergo-design-natur'." Versonnen schließt er die Augen und träumt bereits davon, in einem Werbespot selbst aufzutreten. Frau Friedrich holt ihn wieder in die Wirklichkeit zurück. „Das ist doch dummes Zeug! Wir engagieren eine solide Werbeagentur, die macht für uns die Arbeit, denn dort sitzen Spezialisten." Frau König, Gruppenleiterin des Rechnungswesens, mischt sich sofort ein: „Bedenken Sie aber die Kosten, wir müssen sparsam mit unseren Finanzen umgehen." Herr Braun denkt bei sich: „Die sitzt auf dem Geld, als ob es ihr eigenes wäre." Herr Stam meldet sich wieder: „Jedes Mal die gleiche Zankerei, wenn wir ein neues Produkt auf den Markt bringen. Wir wissen doch alle, dass Werbung alleine nicht genügt. Wir müssen unser gesamtes Unternehmen in ein positives Licht setzen, die Öffentlichkeit schaut auf uns, wir müssen zusätzlich unser Image pflegen und unseren Außendienst vernünftig unterstützen."

Arbeitsauftrag ▶ Beantworten Sie folgende Fragen: Verkauft sich ein gutes Produkt alleine? Muss man ein Riesen-Werbespektakel veranstalten? Braucht man für Werbung Spezialisten? Wozu braucht ein Unternehmen ein positives Image in der Öffentlichkeit?

Die Kommunikationspolitik umfasst die Koordination folgender Instrumente:

Werbung	Maßnahmen, um Produkte oder Dienstleistungen dem Verbraucher bekannt zu machen, z. B. Werbespots, Anzeigen, Plakate.
Verkaufsförderung (Salespromotion)	Maßnahmen zur Unterstützung des Verkaufsaußendienstes, der Groß- und Einzelhändler und der Handelsvertreter, z. B. Schulungskurse, Verkäuferwettbewerbe.
Öffentlichkeitsarbeit (Publicrelations)	Maßnahmen, die in der Öffentlichkeit ein positives Bild (Image) des Unternehmens bewirken sollen. Hierbei wird nicht für ein bestimmtes Produkt geworben, sondern für das Unternehmen selbst, z. B. Spenden, „Tag der offenen Tür".

Alle kommunikationspolitischen **Maßnahmen** muss ein Unternehmen **planen, koordinieren und kontrollieren**, denn diese Aktivitäten sind mit Kosten verbunden. Ferner sind alle Maßnahmen der Kommunikationspolitik mit den übrigen marketingpolitischen Instrumenten abzustimmen.

Beispiele
- *Wenn im Rahmen der Preispolitik die Strategie der Niedrigpreise angestrebt wird, so muss dies bei der Werbung berücksichtigt werden. Der Preis muss werbewirksam herausgestellt werden.*
- *Wenn bei den Absatzwegen Groß- und Einzelhändler eingesetzt werden sollen, so muss im Rahmen der Kommunikationspolitik die Verkaufsförderung dieser Absatzmittler mit der Werbung, die sich an den Endverbraucher richtet, abgestimmt werden.*

■ Werbung

Die Werbung informiert über Produkte und Dienstleistungen eines Unternehmens. Sie ist ein Bindeglied zwischen Anbietern und Nachfragern von Produkten und nimmt gezielt Einfluss auf Kaufentscheidungen von Abnehmern.

● Ziele der Werbung

▶ *Bekanntmachung von Produkten bei den Abnehmern:*
Nur durch Werbung können Abnehmer von der Existenz eines Produktes erfahren. Die Werbung informiert über den Grund- und Zusatznutzen eines Produktes bzw. einer Dienstleistung.

Dadurch können ein **bestehendes Marktpotenzial** (= die Menge aller möglichen Abnehmer eines Produktes) ausgeschöpft und **neue Abnehmer** gewonnen werden. Außerdem sollen bereits vorhandene Abnehmer, z. B. **Stammkunden**, gehalten werden.

Beispiele
- *Die Motoren-AG in Würzburg stellt Heimwerker-Bohrmaschinen her. Ihr Marktpotenzial entspricht der Anzahl aller Haushalte in Deutschland, also etwa 50 Mio. Im letzten Jahr hat sie 650 000 Maschinen verkauft, also das Marktpotenzial nur zu 13 % ausgeschöpft. Einerseits benötigt nicht jeder Haushalt eine Bohrmaschine, andererseits wurden Konkurrenzprodukte gekauft. Durch Werbung möchte die Motoren-AG ihre Produkte bekannt machen, um mehr Maschinen absetzen zu können. Sie stellt in der Werbung z. B. heraus, dass ihre Bohrmaschinen leicht zu bedienen und geräuscharm sind, dass sie besonders preisgünstig sind, eine Garantie von drei Jahren haben usw.*
- *Die Bürodesign GmbH vertreibt ihre Büromöbel u. a. über den Groß- und Facheinzelhandel. Diese Unternehmen müssen von Bürodesign GmbH über die Produkte informiert werden, damit sie Endverbrauchern angeboten werden können. Den bisherigen Stammkunden müssen ebenfalls neue Produkte bekannt gemacht werden, damit sie bei Neuanschaffungen informiert sind.*

▶ *Weckung von neuen Bedürfnissen:*
Einen großen Teil der heute existierenden Produkte hat es vor 20 Jahren noch nicht gegeben. Die Bedürfnisse nach ihnen wurden erst durch Werbung geweckt. Es entstand ein Bedarf, da ein großer Teil der Bevölkerung bereit war, für diese Produkte Teile des Einkommens auszugeben. Durch das Wecken neuer Bedürfnisse entstehen ein neues Marktpotenzial und eine Nachfrage, die von Anbietern entsprechender Produkte befriedigt werden kann.

Beispiele
- *Mountainbikes: Vor zwanzig Jahren gab es keine Mountainbikes. Die Zweiradindustrie konnte keine Zuwachsraten mehr verzeichnen. Durch Werbung wurde bei bestimmten Verbrauchergruppen jedoch das Bedürfnis geweckt, ein stabiles und geländegängiges Fahrrad zu besitzen. Die geschaffene Nachfrage ermöglicht es, vorhandene Produktionskapazitäten in der Zweiradindustrie auszulasten und letztlich Arbeitsplätze zu sichern und zu schaffen.*
- *MP3-Player: Die Unterhaltungsindustrie hat durch Werbung das Bedürfnis geweckt, jederzeit und überall, unabhängig von einer Steckdose bequem und individuell Musik hören zu können, ohne Mitmenschen durch eine Geräuschkulisse zu stören. Es entstand der Bedarf für den MP3-Player.*
- *Faxgeräte: Die Telekommunikationsindustrie weckte durch Werbung das Bedürfnis, schnell und kostengünstig schriftliche Mitteilungen zu versenden. Heute ist aus Unternehmen ein Faxgerät nicht mehr wegzudenken. Man wundert sich, wie noch vor zwanzig Jahren ein Unternehmen ohne „Faxen" existieren konnte. Allerdings werden auch Faxgeräte zunehmend durch die Übertragung von Daten durch das Internet ersetzt.*
- *Die Bürodesign GmbH stellte durch Marktforschung ein Bedürfnis nach ergonomischen und ökologischen Büromöbeln fest. Durch Werbung wird dieses Bedürfnis verstärkt.*

● Werbeplan:
Es ist nicht sinnvoll, Werbung ohne sorgfältige Zielbestimmung, Koordination mit den übrigen Marketinginstrumenten und genaue Planung durchzuführen. In einem **Werbeplan** müssen deshalb folgende Punkte festgelegt werden:

Inhalt des Werbeplans	Beispiele
1 Streukreis Das ist die Personengruppe, die umworben werden soll, sie kann in spezielle Zielgruppen unterteilt werden. Der Streukreis wird durch Marktforschung festgestellt.	• Ein Hersteller von Anrufbeantwortern möchte seinen Absatz vergrößern. Sein Marktpotenzial sind alle Besitzer eines Telefonanschlusses. Die Anzahl ist bei den Telefongesellschaften zu erfahren. Der Streukreis der Werbung umfasst somit die Zielgruppen private Haushalte und Unternehmen. Diese beiden Zielgruppen können weiter unterteilt werden, z. B. private Haushalte mit 1, 2, 3, 4 oder mehr Personen, Haushalte mit Haupt- und Nebenanschlüssen usw. • Die Bürodesign GmbH hat als Marktpotenzial alle Unternehmen und Freiberufler, die Büromöbel benötigen. Sie verkauft ihre Produkte an Großhändler, Facheinzelhändler und direkt an Endabnehmer. Die Werbung der Bürodesign GmbH umspannt somit einen großen Streukreis mit unterschiedlichen Zielgruppen.
2 Werbebotschaft Hier wird festgelegt, **was** in der Werbung der Zielgruppe mitgeteilt werden soll. Durch die Werbung soll ein Produkt vom Nachfrager eindeutig identifiziert werden können, z. B. durch einen einprägsamen Namen, durch ein Markenzeichen, ein Logo, ein Symbol usw. Gleichzeitig muss in der Werbebotschaft der Zielgruppe ein besonderer Nutzen (Grund- und Zusatznutzen) des Produktes mitgeteilt werden. Ferner wird bestimmt, **wie** die Botschaft präsentiert wird, z. B. durch Auswahl geeigneter Sprache, Farben, Sounds, Aktionsformen usw.	• Bürostuhl „ergo-design-natur" • Logo der Bürodesign GmbH • Eine Werbung für Rasierwasser für sportliche, junge, dynamische Männer könnte folgende Botschaften enthalten: „Prickelnd, erfrischend, jung, klar, echt, rein …" Wenn für dasselbe Produkt die Zielgruppe älterer gut verdienender Männer (Managertyp) geworben wird, könnten folgende Attribute verwendet werden: „Verführerischer Duft, exklusiv, edel …" • Die Bürodesign GmbH wählt für die Präsentation ihres neuen Bürostuhls „ergo-design-natur" eine klare informative Sprache, sie stellt den ergonomischen und ökologischen Aspekt des neuen Produktes heraus.
3 Bestimmung der Werbemittel Mit Werbemitteln werden die **Werbebotschaften** an die Abnehmer herangetragen. Die Medien, die die Werbemittel an die Zielgruppen herantragen, heißen **Werbeträger**. Durch sie soll die in den Werbemitteln enthaltene Werbebotschaft gestreut werden.	• Anzeigen, Inserate, Beilagen in Zeitungen, Internet • Fernseh-, Kino-, Rundfunkspots • Plakate, Prospekte, Kataloge, Flugblätter • Schaufensterwerbung • Werbegeschenke • Werbebriefe • Bandenwerbung bei Sportveranstaltungen • Product Placement (Produkte werden in Kino- oder Fernsehfilmen eingesetzt. In einer Krimi-Serie benutzt ein Detektiv immer ein Fernglas eines bestimmten Herstellers, ein Schauspieler trinkt ein bestimmtes Bier usw.) • Zeitungen, Fachzeitschriften, Anzeigenblätter • Plakatwände, Litfaßsäulen, Schaufenster • Fernseh- und Rundfunkanstalten • Adressbücher, Datenbanken, Internet • Direktwerbung (Werbebriefe, Drucksachen, Wurfsendungen)
4 Streuzeit Hier werden Beginn und Dauer der Werbung kalendermäßig festgelegt. Meist wird in einem Ablaufplan auch bestimmt, in welchem zeitlichen Um-	• Die Lebkuchenfabrik Schmitz & Co. OHG in Erlangen möchte für ihren neuen Geschenkkarton „Lebkuchen – die leckere Auswahl" im Weihnachtsgeschäft werben. Bereits im März werden hierzu Sendezeiten bei den Fernsehanstalten gebucht, die Mitte November täglich fünfmal

fang die Vorbereitungsarbeiten für die Werbung stattfinden (Fristen für Anzeigen in Zeitungen, Fristen für die Erstellung von Werbespots usw.).

ausgestrahlt werden sollen. Im Mai werden zusammen mit einer Werbeagentur die Werbespots gedreht.

5 Streugebiet
Hier wird der geografische Raum für die Werbung festgelegt. Häufig bestimmt das Streugebiet die Auswahl der Werbemittel.

- *Die Bürodesign GmbH möchte für ihr neues Produkt „ergo-design-natur" in Fachzeitschriften werben. Hierzu muss festgelegt werden, zu welchem Zeitpunkt die Anzeigen erscheinen sollen. Die Werbeabteilung entschließt sich, die Anzeigen erstmalig im Monat September zu schalten, weil die Unternehmen häufig zum Jahresende die Budgetplanung für Büroausstattung festlegen.*
- *Die Bürodesign GmbH hat bei ihrer Werbung als Streugebiet Deutschland und wirbt u. a. in Fachzeitschriften mit Anzeigen. Für bestimmte Produkte kann sie kleinere Gebiete festlegen, z. B. Verkaufsbezirk Nordrhein-Westfalen.*
- *Ein Bäcker in Köln möchte für seine Mini-Baguettes werben. Der Einzugsbereich seiner Kundschaft liegt in einem Radius von 2 km. Er entscheidet sich, Anzeigen in der Stadtteilzeitung zu platzieren und Handzettel an alle Haushalte in seiner nächsten Umgebung zu verteilen. Sein Streugebiet ist recht klein.*
- *Ein Markenhersteller von Videogeräten legt als Streugebiet Deutschland, Österreich, Schweiz fest. Als Werbemittel wählt er u. a. TV-Spots aus.*

6 Werbeintensität
Sie ergibt sich als Verhältnis der eingesetzten Werbemittel zum Streugebiet und zur Zielgruppe und legt die Häufigkeit der Werbung fest. Wenn die Auswahl der Werbemittel und -träger nicht auf das Streugebiet und die Zielgruppe abgestimmt ist, kommt es zu Streuverlusten.

- *Ein kleines Fachgeschäft für Büromöbel in Bonn inseriert einmal pro Woche in einer bundesweiten Fernsehzeitschrift. Es muss mit einem enormen Streuverlust rechnen, da die allermeisten Leser nicht im direkten Umfeld des Geschäftes ansässig sind und auch nicht mögliche Abnehmer von Büromöbeln sind. Eine Anzeige in einer Regionalzeitung oder gezielte Direktwerbung mit Werbebriefen würde zu einer höheren Werbeintensität führen.*
- *Der Hersteller und Vertreiber von Computerspielen „Fun-Connections" möchte ein BWL-Adventure-Game in Multi-Media-Technik (Sound, Grafik, Animation) vermarkten. Um eine hohe Werbeintensität zu erreichen, konzentriert er sich auf Werbeträger, die vorwiegend auf Jugendliche in der Berufsausbildung abzielen, und inseriert monatlich in einschlägigen Zeitschriften.*
- *In Nordrhein-Westfalen (Streugebiet) sind etwa 6000 Steuerberater (Zielgruppe) niedergelassen. Die Bürodesign GmbH möchte speziell diese Zielgruppe mit einer Anzeige über ihre neuen Produkte informieren. Als Werbeträger kommen u. a. folgende Medien infrage:*
  – eine überregionale Tageszeitung, Auflage 12 Mio. täglich
  – ein Wirtschaftsjournal, Auflage 18000 monatlich
  – die Verbandszeitung der nordrhein-westfälischen Steuerberater, Auflage 15000 monatlich
  Zwar wird bei der Tageszeitung und der Fachzeitschrift sehr vielen Lesern die Möglichkeit gegeben, die Anzeige der Bürodesign GmbH zu sehen, jedoch gehören die wenigsten zur angestrebten Zielgruppe, somit ist mit einem hohen Streuverlust zu rechnen.

● **Das Werbebudget:**

Das Werbebudget bzw. der Werbeetat ist der Betrag in EUR, der für Werbezwecke ausgegeben werden kann. Dieser Betrag kann für einzelne Produktgruppen, Produkte oder spezielle Werbeaktionen aufgeteilt werden. Häufig wird er als Prozentanteil am Umsatz angegeben. Die Aufwendungen für Werbung werden in die Preiskalkulation der Produkte einbezogen.

Beispiel Die Bürodesign GmbH hat in den vergangenen Jahren regelmäßig etwa 4 % vom Jahresumsatz für Werbezwecke ausgegeben. Durch die Vermarktung des neuen Bürostuhls werden im ersten Jahr etwa 1 Mio. EUR Umsatz erwartet. Da es sich um eine Neueinführung handelt, sollen die Werbeausgaben 6 % vom Umsatz betragen, also 60 000,00 EUR. Für diesen Betrag können z. B. Anzeigen geschaltet, Sonderprospekte, Plakate und Poster gedruckt und versandt werden.

● Die Werbeerfolgskontrolle:

Mit Werbemaßnahmen und -aktionen werden wirtschaftliche Ziele angestrebt. Sie verursachen Kosten. Deshalb ist es erforderlich, diese Maßnahmen auf ihren Erfolg hin zu kontrollieren. In jedem Unternehmen kann es geschehen, dass Produktentwicklungen nicht vermarktet werden können und zu einem **„Flop"** werden. Die Ursachen hierfür können im Produkt selbst liegen, z. B. wenn kein Bedarf für dieses Produkt auf dem Markt vorhanden ist oder der Preis zu hoch angesetzt war. Es kann aber auch eine „falsche Werbung" verantwortlich sein, wenn z. B. die Zielgruppe nicht richtig angesprochen wurde.

Beispiele

* Ein Software-Hersteller hat ein Programm entwickelt, das alle Finanzgerichtsurteile gespeichert hat. Der Benutzer gibt ein Stichwort ein, z. B. Abschreibung auf Fuhrpark, und erhält alle dazu gesprochenen Urteile, die er sich bei Bedarf ausdrucken lassen kann. Das Softwarehaus wirbt in allen Computerzeitschriften. Das Produkt wurde ein Flop, weil die Zielgruppe mit der Auswahl der Werbeträger nicht getroffen wurde.
* Ein Konkurrent der Bürodesign GmbH wollte mit exklusiven Küchenstühlen in den Markt der privaten Endverbraucher eindringen. Für einen Stuhl wurde ein Preis von 1 149,00 EUR angesetzt. Dieser Preis war zu hoch, deshalb wurde das Produkt ein Flop.

Der wirtschaftliche Erfolg einer Werbeaktion ist durch Umsatz- bzw. Absatzsteigerungen messbar.

Beispiel Die Bürodesign GmbH hatte mit der Produktgruppe Schulmöbel einen Umsatz von 0,6 Mio. EUR. Innerhalb eines Jahres wurden in einer Aktion 2 000 ausgesuchte Unternehmen angeschrieben, die hausinterne Kurse durchführen. Die gesamte Aktion verursachte Kosten in Höhe von 130 000,00 EUR (Kosten für Papier, Prospekte, Besuche des Außendienstes usw.). Nach einem Jahr ergab sich ein Umsatz mit Schulmöbeln von 0,83 Mio. EUR, also eine Steigerung um 38 %.

Bei jeder Werbemaßnahme muss jedoch auch die psychologische Werbewirkung ermittelt werden. Hierzu zählt die Erhöhung des Bekanntheitsgrades des Unternehmens in der Öffentlichkeit.

● Einschalten einer Werbeagentur:

Viele Unternehmen überlassen die Werbung Spezialisten einer Werbeagentur. Sie haben i. d. R. eine höhere Fachkompetenz und sind Experten für spezielle Probleme, z. B. die Auswahl geeigneter Werbeträger, die Gestaltung von Werbemitteln usw. Außerdem haben sie gute Kontakte zu den Medien und arbeiten mit Marktforschungsinstituten zusammen, deren Ergebnisse sie mehrfach und somit kostengünstiger nutzen können. Sie beraten das Unternehmen in allen Fragen der Werbung gegen ein vereinbartes Honorar.

● Rechtliche Rahmenbedingungen der Werbung:

Um sicherzugehen, dass es im Kampf um Marktanteile fair zugeht, hat der Gesetzgeber eine Reihe von Gesetzen und Verordnungen erlassen, die Verbraucher und Mitbewerber vor unlauteren Maßnahmen schützen. Die wichtigste Rechtsgrundlage ist das **Gesetz gegen den unlauteren Wettbewerb (UWG)**.

> **§ 1 UWG:**
> **Zweck des Gesetzes.** Dieses Gesetz dient dem Schutz der Mitbewerber, der Verbraucherinnen und der Verbraucher sowie der sonstigen Marktteilnehmer vor unlauterem Wettbewerb. Es schützt zugleich das Interesse der Allgemeinheit an einem unverfälschten Wettbewerb.

Aufgrund dieser Verordnung sind u. a. folgende Handlungen verboten:

- **Irreführende Werbung (§ 5 UWG)**

Beispiel Ein Büromöbelfachgeschäft wirbt „Bürostühle für 40,00 EUR". Den Kunden, die in das Geschäft kommen, wird jedoch erklärt, dass je Kunde nur ein Stuhl verkauft wird und das Angebot nur einen Tag gilt.

- **Ruinöser Wettbewerb:** Grundsätzlich kann ein Unternehmen seine Produkte so preiswert verkaufen, wie es will. Dient das Unterbieten von Preisen der Mitbewerber jedoch ausschließlich dazu, sie vom Markt zu verdrängen, so ist dies wettbewerbswidrig.

Beispiel Gegenüber der Bäckerei Bach eröffnet ein Supermarkt. Bach verlangt für ein Brötchen 0,15 EUR. Der Supermarkt bietet Brötchen für 0,10 EUR an. Nachdem Bach seinen Preis auf 0,10 EUR senkt, setzt der Supermarkt seinen Brötchenpreis auf 0,05 EUR und bietet große Teile seines Backwarensortiments solange unter dem Selbstkostenpreis an, bis Bach sein Geschäft schließen muss.

- **Benutzung fremder Firmen- und Geschäftsbezeichnungen (§ 4 UWG)**

Beispiel Ein Großhändler kopiert das Firmenlogo der Bürodesign GmbH, um von deren guten Ruf zu profitieren.

■ Verkaufsförderung (Salespromotion)

Die Verkaufsförderungsmaßnahmen dienen der Motivation, Information und Unterstützung aller Beteiligten am Absatzprozess, den Verkäufern im Innen- und Außendienst, dem Groß- und dem Einzelhandel. Ferner sollen sie die Werbung unterstützen, die sich an den Endverbraucher richtet. Gemessen an den Gesamtausgaben für die Kommunikationspolitik nahmen die Ausgaben für Verkaufsförderung in den letzten Jahren erheblich zu. In einigen Bereichen und Branchen, z. B. der Lebensmittelindustrie, haben sie einen Anteil von etwa 50 %. Die Maßnahmen der Verkaufsförderung lassen sich einteilen in Verkaufs-, Händler- und Verbraucherpromotion.

● Verkaufspromotion:
Diese Maßnahmen richten sich an das **Verkaufspersonal im Innen- und Außendienst**, dessen Leistungsfähigkeit und -bereitschaft verbessert werden soll.

Beispiele
- *Schulungen*
  Die Bürodesign GmbH veranstaltet für ihre Verkaufsmitarbeiter folgendes Lehrgangsprogramm:
  - *Produktschulung: Hier wird den Mitarbeitern das gesamte Erzeugnisprogramm ihres Unternehmens vorgestellt, damit sie bei Verkaufsverhandlungen über die Funktionen und die Nutzenbreite ihrer Produkte Bescheid wissen.*
  - *Grund- und Aufbaukurs für Inneneinrichtung von Büros: In einer Seminarreihe werden den Mitarbeitern Grund- und Fachkenntnisse der Innenarchitektur, der Ergonomie, der Farbgestaltung und der unterschiedlichen Gestaltung verschiedener Büroformen (Großraumbüro, Chefbüro usw.) vermittelt.*
  - *Verkaufstraining und Rhetorik: Hier werden Fähigkeiten der Gesprächsführung, der Argumentationstechnik, Techniken der Kundenansprache und -betreuung, Telefonverkaufstechniken u. Ä. trainiert.*
  - *Info-Dienst: Die Mitarbeiter erhalten monatlich eine geeignete Auswahl aus Presseberichten, Fachaufsätzen und Fachliteratur zum eigenen Studium.*
- *Motivation*
  Insbesondere die Mitarbeiter des Verkaufsaußendienstes werden durch gezielte Motivationsmaßnahmen zu Leistungssteigerungen angeregt. Hierzu gehören Provisions- und Prämiensysteme, Verkäuferwettbewerbe mit attraktiven Preisen und sonstige finanzielle Anreize. Ebenfalls zählt hierzu die private Benutzung eines repräsentativen Firmenwagens.
- *Verkaufsunterstützung*
  Alle Außendienstmitarbeiter der Bürodesign GmbH erhalten einen repräsentativen Aktenkoffer für ihre Preislisten, Kataloge und Prospekte. Ferner haben sie ein Autotelefon, damit sie jederzeit mit der Zentrale in Verbindung treten können. Sie verfügen über ein leistungsstarkes Notebook mit einem Drucker und

einem mobilen Modem, womit sie über den Telefonanschluss Texte, Tabellen und Notizen empfangen und versenden können. Für Demonstrations- und Präsentationszwecke können sie über eine mobile Videoanlage verfügen, auf der sie ihre Produktpalette vorführen können. Diese Videos können sie potenziellen Kunden kostenlos überlassen.

● Händlerpromotion:

Bei den Absatzwegen über Groß- und Einzelhandel müssen die Händler durch geeignete Maßnahmen bewegt werden, die vom Hersteller angebotenen Produkte in ihr Sortiment aufzunehmen und zu verkaufen. Hierzu werden folgende Promotionsaktivitäten eingesetzt:

Maßnahmen	Beispiele
• **Ausbildung und Information des Handels**	– *spezielle Händlerzeitschriften, die vom Hersteller herausgegeben werden* – *Händler-Meetings oder -Tagungen* – *Ausbildung von Verkäufern des Händlers (Seminare mit hauseigenen Zertifikaten)*
• **Beratung bei der Gestaltung der Verkaufsräume und der Kundenbetreuung**	– *Einteilung der Verkaufsfläche* – *Hilfen bei der Warenplatzierung* – *Bereitstellen von Regalen, Vitrinen, Displays (Verkaufsständer, Poster, Schaufensterdekoration u. Ä.)* – *Verpackungsmaterial*
• **Preis- und Kalkulationshilfen**	– *Druck von Preislisten und Katalogen für Händler usw.*
• **Motivation des Handels**	– *Einführungs- und Mengenrabatte* – *Verkaufsaktionen mit Sonderrabatten* – *Händlerpreisausschreiben* – *Händlerwettbewerbe* – *Produktdemonstrationen beim Händler* – *Ausrichten von Verkaufsshows beim Händler* – *Schaufensterwettbewerbe usw.*

Die Händlerpromotion wird nach dem **Push-pull-System** ausgerichtet. Die Produkte sollen u. a. durch großzügige Gewährung von Rabatten in den Handel „gepusht" (hineinverkauft, gedrückt) werden und mit „Pull-Maßnahmen" (Werbung, Rabatte, Verbraucherpromotion) soll der Abverkauf unterstützt werden.

Beispiel Ein neues Produkt wird durch niedrige Preise und günstige Konditionen (Rabatte) in den Groß- und Einzelhandel „gepusht". Anschließend werden durch gezielte Werbung in Verbindung mit preispolitischen Maßnahmen Kaufanreize für den Endverbraucher geschaffen. Es wird verstärkt nachgefragt („Pull-Effekt").

● Verbraucherpromotion:

Maßnahmen der Verbraucherpromotion beziehen sich auf den Ort des Verkaufes an den Endverbraucher, den sogenannten **POS (Point of Sale)** oder **POP (Point of Purchase)**, also den Verkaufsraum. Das Ziel besteht darin, den Verbraucher auf bestimmte Produkte des Herstellers aufmerksam zu machen, ihn mit den Produkten in Kontakt zu bringen und einen Kaufanreiz zu schaffen.

Beispiele Preisausschreiben für Kunden, Produktproben (z. B. Lebensmittel), Modenschauen bei Textilien, Aktionen mit Prominenten (Autogrammstunden im Warenhaus), Displays im Verkaufsraum usw.

Alle Maßnahmen der Verkaufsförderung müssen mit den übrigen Marketinginstrumenten abgestimmt sein. Die Maßnahmen müssen finanziell und im Ablauf geplant sein und ständig auf ihren Erfolg hin kontrolliert werden.

■ Öffentlichkeitsarbeit (Publicrelations)

Maßnahmen der Öffentlichkeitsarbeit (PR-Arbeit) eines Unternehmens beziehen sich nicht auf ein bestimmtes Produkt oder eine Produktreihe, sondern auf das Bild des Unternehmens, sein Image in der Öffentlichkeit. Sie sind getragen durch den Gedanken

„Tue Gutes und sprich darüber!"

● Wirksamkeit der PR-Arbeit:

Für die PR-Arbeit wird wie für die Werbung und die Verkaufsförderung ein Etat bereitgestellt. Eine exakte Kontrolle der Wirksamkeit ist jedoch nicht immer möglich, da mit Öffentlichkeitsarbeit kein direkter Umsatzzuwachs bei einzelnen Produkten angestrebt wird. Jedoch kann eine gezielte PR-Arbeit auch **wirtschaftliche Erfolge** erzielen, wenn das Image eines Unternehmens in der Öffentlichkeit verbessert wird. Letztlich kann gute PR-Arbeit zum Überleben eines Unternehmens beitragen und seine Wettbewerbsfähigkeit stärken.

Beispiel Das Bild von Lebensversicherungsgesellschaften in der Öffentlichkeit war jahrelang geprägt durch Begriffe wie „Sterbegeld, Todesfall, Witwen, Waisen usw.". Umsatzzuwächse waren nur in bescheidenem Maße zu erzielen, weil Lebensversicherungen mit einem negativen Image belastet waren. Durch aktive Öffentlichkeitsarbeit verschiedener Unternehmen konnte dieses Image korrigiert werden. Heute verbindet man mit einer Lebensversicherung (wie Umfragen ergeben haben) die Begriffe „Sicherheit, Sparen für den Ruhestand, Finanzierungshilfe usw.". Dadurch konnte die Zahl der abgeschlossenen Verträge erheblich gesteigert und der Bestand der Gesellschaften gesichert werden.

● Maßnahmen der PR-Arbeit:

Der Katalog möglicher PR-Arbeit ist unerschöpflich, es liegt an der Kreativität des einzelnen Unternehmens, sinnvolle PR-Aktivitäten zu initiieren. Häufig sind PR-Effekte auch recht preisgünstig zu erzielen. In jedem Fall ist es aber wichtig, die **Öffentlichkeit über diese Aktivitäten zu informieren**. Deshalb sind gute Kontakte zur Presse und zu den Medien Basis jeder PR-Arbeit. Auch hierbei können sich Unternehmen der Hilfe von Experten (PR-Agenturen) bedienen.

Beispiel Die Bürodesign GmbH hat im Rahmen ihrer Öffentlichkeitsarbeit folgende Maßnahmen und Aktivitäten durchgeführt:

- *Einrichtung einer **Pressestelle**: Diese Funktion nimmt der Assistent der Geschäftsleitung, Herr Braun, in Zusammenarbeit mit der Abteilung Marketing wahr. Er informiert Journalisten über die Geschäftstätigkeit des Unternehmens, berichtet ihnen von Umstellungen bei Produktionsverfahren, von größeren Investitionen, Mitarbeiterjubiläen usw.*
- *Jedes Jahr wird ein **Tag der offenen Tür** durchgeführt. Eingeladen sind neben der Presse alle Bürger, die sich für die Fertigung von Büromöbeln interessieren. Sie werden kostenlos bewirtet und erhalten einen Firmenprospekt sowie einen Katalog. Für Kinder werden Spielstände aufgestellt.*
- *Die Bürodesign GmbH fördert einen örtlichen Fußballverein **(Sponsoring)**. Es werden Trikots mit Firmenaufschrift und Bälle zur Verfügung gestellt. Jährlich wird ein Fußballturnier ausgerichtet, das bereits den Charakter eines kleinen Volksfestes hat. Ausgespielt wird der begehrte „Bürodesign-Pokal".*
- *Der Geschäftsführer, Herr Stein, ist aktives Mitglied in einem Karnevalsverein und stiftet jährlich einen beträchtlichen Geldbetrag **(Spenden)** für den Kinderkarneval. Ebenfalls werden Geld- und Sachspenden für karitative Zwecke bereitgestellt.*
- *Frau Friedrich ist als Prüferin für die Ausbildungsberufe Industriekaufmann/-frau und Kaufmann/-frau für Bürokommunikation bei der IHK Köln bestellt, sie schreibt regelmäßig Artikel zur beruflichen Aus- und Fortbildung mit Nennung ihres Unternehmens **(Veröffentlichungen)**.*
- *Die Bürodesign GmbH legt großen Wert auf **gute Ausbildung** in ihrem Hause. Über ihre Aus- und Fortbildungsaktivitäten berichtet sie regelmäßig in der Presse. Einige Schulungsveranstaltungen sind auch für betriebsfremde Interessenten zugänglich.*

- *Die Bürodesign GmbH gibt Studenten und Schülern die Möglichkeit zur Absolvierung von* **Betriebspraktika***. Es ist ein Fonds eingerichtet worden, aus dem jährlich eine herausragende Examensarbeit prämiert wird.*
- *Die Bürodesign GmbH informiert über die Presse die Öffentlichkeit, dass sie ausschließlich umweltschonende Materialien verwendet und ökologisch vertretbare Produktionsverfahren einsetzt* **(Umweltschutz)***.*

● Corporate Identity:

Die Palette an Produkten und Dienstleistungen auf den Märkten wird immer größer. Gleichzeitig verwischen aber immer mehr die Unterschiede zwischen den einzelnen Produkten. Für Unternehmen, die sich auf dem Markt behaupten wollen, wird es zunehmend wichtiger, sich durch klare Image- und Profilgebung voneinander abzuheben.

Eine Möglichkeit, das Unternehmen in der Öffentlichkeit als geschlossene Einheit zu präsentieren, ist das Konzept des Corporate Identity. Hierbei handelt es sich um das Bestreben, eine eindeutige Identifizierung (Erkennung) des Unternehmens durch die Kunden, Lieferer und Mitbewerber zu ermöglichen. Corporate Identity zielt dabei auf eine Außenwirkung auf dem Markt. Dort sollen die Produkte mit dem Qualitätsmerkmal „made by …" erkennbar sein. Vor allem bei Konsumgütern vermitteln Image und Wertigkeit eines Produktes einen für den Verbraucher erstrebenswerten Lebensstil. Zwischen zwei gleich bekannten Unternehmen wird der Kunde i. d. R. Produkte desjenigen Unternehmens bevorzugt kaufen, welches das bessere Image hat.

Die gewünschte Außenwirkung wird durch das visuelle Erscheinungsbild des Unternehmens erreicht. Hierzu gehören z. B. einheitliche Firmenfarben und -symbole oder -logos, die sich von der Einrichtung der Gebäude, der Kleidung der Mitarbeiter bis hin zur Gestaltung von Briefköpfen und Vordrucken erstreckt **(Corporate Design)**.

Beispiele
- *Die Bürodesign GmbH präsentiert ihr Firmenlogo auf allen Briefen, Rechnungen, Lieferscheinen, Lkw, Visitenkarten usw.*
- *Die Bürodesign GmbH hat ihre Arbeitsabläufe und Verantwortlichkeiten in einem Qualitätsmanagement-Handbuch beschrieben und durch ein Autorisierungsunternehmen (TüV-Cert, VDE) zertifizieren (bescheinigen) lassen* **(Qualitätsaudit ISO 9002)***.*

Corporate Identity zielt auch auf unternehmensinterne Wirkungen. Angestrebt wird eine Identifizierung der Mitarbeiter mit dem Unternehmen. Hierzu gehören ein einheitlicher Führungsstil in allen Abteilungen und Maßnahmen der Personalförderung und -entwicklung. Gut ausgebildete und motivierte Mitarbeiter sind ein wesentlicher Wettbewerbsfaktor für Unternehmen. In den Ausbildungsstand der Mitarbeiter müssen enorme Summen investiert werden. Durch die Identifizierung der Mitarbeiter mit ihrem Unternehmen soll erreicht werden, dass diese Ausgaben sich lohnen und qualifiziertes Personal nicht zu Mitbewerbern „abwandert".

● Kooperation in der PR-Arbeit:

Manchmal schließen sich Unternehmen zusammen, um gemeinsam PR-Arbeit zu betreiben. Nach dem Motto „Einigkeit macht stark!" vertreten sie ihre Interessen in der Öffentlichkeit, obwohl sie auf dem Markt Konkurrenten sind.

Beispiele
- *Verschiedene Möbelhersteller weisen in Anzeigen und Fernsehspots darauf hin, dass sie bei ihrer Produktion keine gefährdeten Tropenhölzer verwenden. Sie wollen damit der Öffentlichkeit mitteilen, dass sie sich nicht am Raubbau in den tropischen Regenwäldern beteiligen, und ein positives Image der Branche erreichen.*
- *Die Automobilindustrie beteiligt sich an den Aktivitäten der Deutschen Verkehrswacht e. V., hier werden Veranstaltungen zur allgemeinen Verkehrserziehung und -sicherheit durchgeführt.*

Zusammenfassung: Kommunikationspolitik

- **Kommunikation** umfasst den Austausch von Informationen zwischen Unternehmen, Kunden und Absatzmittlern. Die **Kommunikationspolitik** eines Unternehmens hat das **Ziel**, den **Absatz** zu **fördern** und den Bestand des Unternehmens zu sichern.
- Die Werbung ist ein Bindeglied zwischen Anbietern und Nachfragern von Produkten.
  - **Ziele der Werbung:**
    - **Ausschöpfen eines bestehenden Marktpotenzials** durch Bekanntmachung von Produkten
    - **Schaffung eines neuen Marktpotenzials** durch Weckung neuer Bedürfnisse
  - Im **Werbeplan** wird festgelegt:
    - **Werbemittel** (Anzeige, Fernsehspot)
    - **Werbeträger** (Zeitung, Fernsehanstalt)
    - **Streuzeit** (Beginn und Dauer der Werbung)
    - **Streugebiet** (geografischer Werbebereich)
    - **Streukreis** (umworbene Personengruppe)
    - **Werbebotschaft** (Inhalte der Werbung für Zielgruppe)
    - **Werbeintensität** (Verhältnis der eingesetzten Werbemittel zum Streugebiet und zur Zielgruppe)
- Das **Werbebudget** legt die Höhe der Ausgaben für die Werbung fest.
- Die **Werbekontrolle** überprüft, ob die Werbemaßnahmen zu einem Umsatzzuwachs geführt haben.
- **Werbeagenturen** übernehmen gegen Entgelt Planung und Realisation von Werbemaßnahmen. Sie helfen durch Fachkompetenz und Kontakte zu den Medien.
- Mit dem **Gesetz gegen unlauteren Wettbewerb (UWG)** sind rechtliche Rahmenbedingungen für die Werbung gesetzt.
- **Verkaufsförderungsmaßnahmen** dienen der **Motivation, Information und Unterstützung** aller Beteiligten am Absatzprozess.
- **Verkaufspromotions** beziehen sich auf das eigene Verkaufspersonal.
  - **Schulungen** (Produktkunde und Verkaufstechnik)
  - **Motivationsmaßnahmen** (finanzielle Anreize)
  - **Verkaufsunterstützung** (Prospekte, Präsentationsmedien)
- **Händlerpromotions** richten sich an **Groß- und Einzelhändler sowie an Handelsvertreter.**
  - Ausbildung und Information
  - Beratung bei Verkaufsraumgestaltung und Kundenbetreuung
  - Preis- und Kalkulationshilfen
  - Motivationshilfen (Verkaufswettbewerbe)
- **Verbraucherpromotion** richtet sich an den **Endverbraucher** am Ort des Verkaufsgeschehens **(POS, POP).**
  - Preisausschreiben
  - Displays im Verkaufsraum
  - Produktproben
- Die Öffentlichkeitsarbeit eines Unternehmens bezieht sich nicht auf einzelne Produkte, sondern soll ein **positives Bild bzw. Image des Unternehmens in der Öffentlichkeit erzeugen. PR-Aktionen** sind nur wirksam, wenn sie der **Öffentlichkeit mitgeteilt** werden.
  - **Maßnahmen** sind z. B.: Sponsoring, Spenden, Kundenzeitschriften, Berichte über erfolgreichen Umweltschutz usw.
  - **Corporate Identity** umfasst Maßnahmen
    - zur **Außenwirkung**: das Unternehmen soll schnell und leicht von Kunden und Lieferern identifiziert werden und durch ein positives Image bekannt sein.
    - zur **Innenwirkung**: die Mitarbeiter sollen sich mit ihrem Unternehmen identifizieren.
- Eine Kooperation mehrerer Unternehmen **bei der PR-Arbeit** ist sinnvoll, wenn das Image einer ganzen Branche in der Öffentlichkeit verbessert werden soll.

Aufgaben

1 Überlegen Sie, in welcher Form Unternehmen mit Ihnen als Verbraucher kommuniziert haben und erstellen Sie eine Liste mit entsprechenden Beispielen.

2 In einer Fernsehdiskussion über die Verteuerung von Benzin ist ein Interessenvertreter der Automobilhersteller eingeladen. Welche Absicht könnte er haben, sich an dieser Gesprächsrunde zu beteiligen?

3 Beschreiben Sie den Unterschied zwischen Werbung und Verkaufsförderung.

4 Zählen Sie aus Ihrem Erfahrungsbereich Marktpotenziale auf, die vor fünf Jahren noch nicht vorhanden waren, und erläutern Sie, welche neuen Bedürfnisse damit geweckt wurden.

5 Die Bürodesign GmbH benötigt für die Vermarktung ihres neuen Bürostuhls „ergo-design-natur" einen Werbeplan. Sie sollen dabei behilflich sein. Als Werbebudget wird von der Bürodesign GmbH ein Betrag von 375 000,00 EUR zur Verfügung gestellt. Dokumentieren Sie alle Ihre Arbeiten in einer hierfür angelegten „Werbeplan-Mappe". Machen Sie sich für alle Arbeiten einen zeitlichen Ablaufplan.

a) Legen Sie den Streukreis fest. Dabei können Sie auch verschiedene Zielgruppen bestimmen.

b) Formulieren Sie die Werbebotschaft. Stellen Sie den Nutzen des Produktes für die Zielgruppe(n) heraus, wählen Sie eine geeignete Sprache. Entwerfen Sie ein Werbeposter.

c) Welche Werbemittel und Werbeträger sollen ausgewählt werden? Entwerfen Sie eine Anzeige in einer Fachzeitschrift, skizzieren Sie den Ablauf eines Werbespots im Fernsehen (etwa 30 Sekunden).

d) Legen Sie die Streuzeit fest.

e) Bestimmen Sie das Streugebiet.

f) Machen Sie Vorschläge, wie der Erfolg Ihrer Werbekampagne gemessen werden kann.

6 Beschreiben Sie kritisch Ihre eigenen Empfindungen, wenn Sie Werbung in Massenmedien wie Zeitungen und Fernsehen sehen. Wie wirkt diese Werbung auf Sie?

7 Sammeln Sie Werbemittel (Anzeigen, Prospekte), bei denen Ihrer Meinung nach gegen moralische oder ethische Grundsätze verstoßen wurde, und begründen Sie Ihre Meinung.

8 Der Inhaber einer großen Werbeagentur behauptet: „Wir sind der Motor der Wirtschaft". Sammeln Sie Argumente für und gegen diese Aussage und stellen Sie sie in einer Liste gegenüber.

9 Außendienstverkäufer (Reisende) erhalten ein festes Monatsgehalt und zusätzlich Verkaufsprovision. Zwei Möglichkeiten sind denkbar: 1. Hohes Gehalt und niedriger Provisionssatz, 2. Niedriges Gehalt und hoher Provisionssatz. Nehmen Sie Stellung zu beiden Alternativen

a) aus der Sicht eines Angestellten,

b) aus der Sicht seines Arbeitgebers.

10 Erstellen Sie für die Bürodesign GmbH ein ausführliches Konzept für die Händlerpromotion. Alle Arbeitsergebnisse sind schriftlich zu dokumentieren, legen Sie hierzu eine Mappe „Verkaufsförderung" an. Arbeiten Sie in Gruppen und vergleichen Sie anschließend die Arbeitsergebnisse. Berücksichtigen Sie folgende Aspekte:

a) Ausbildung und Schulung des Handels (Schulungsinhalte, Formen der Information)

b) Hilfen bei der Gestaltung der Verkaufsräume (entwerfen Sie Displays, Vorschläge für Dekorationen)

c) Hilfen bei der Kundenbetreuung (Werbegeschenke, Kundenlisten)

d) Preis- und Kalkulationshilfen (Rabatte)

e) Motivation des Händlers (Verkaufsshow, Händlerwettbewerbe)

11 Im Rahmen der Verbraucherpromotion möchte die Bürodesign GmbH ein Preisausschreiben durchführen. Entwickeln Sie hierzu ein Konzept. Bedenken Sie, dass das Preisausschreiben letztlich einen Kaufanreiz für Produkte der Bürodesign GmbH ausüben soll, zumindest aber die Produkte den Kunden näherbringen soll.

12 Erläutern Sie den Grundgedanken der PR-Arbeit „Tue Gutes und sprich darüber".

13 Untersuchen Sie den Katalog für PR-Arbeiten der Bürodesign GmbH (vgl. S. 363 f.).

    a) Welche Maßnahmen sind Ihrer Meinung nach besonders wirksam, welche sind weniger wirksam? Begründen Sie jeweils Ihre Meinung.

    b) Machen Sie Vorschläge zur Ergänzung von PR-Maßnahmen, die kostengünstig, aber wirksam sind.

14 Erstellen Sie mithilfe einer Videokamera einen Werbefilm für den Bürostuhl „ergo-design-natur".

Übungsaufgaben: Absatzwirtschaft

1 Beschreiben Sie die Bedeutung von Kaufmotiven unterschiedlicher Abnehmergruppen für den Einsatz der Marketinginstrumente.

2 Beschreiben Sie, wie sich die Bürodesign GmbH bei folgenden Marketingstrategien verhält:

    a) Strategie der Anpassung   d) Strategie der Markterschließung

    b) Strategie der Differenzierung   e) Strategie der Marktsegmentierung

    c) Strategie der Marktdurchdringung

3 Die Bürodesign GmbH möchte den neuen Bürostuhl „ergo-design-natur" auf den Markt bringen. Bisher gibt es noch keine nennenswerte Konkurrenz für dieses Produkt.

    a) Welche Marketingstrategie empfehlen Sie kurz- und langfristig? Begründen Sie Ihre Antwort.

    b) Welche Preispolitik empfehlen Sie? Berücksichtigen Sie Premium-, Skimming- und Penetrationspolitik.

4 Unterscheiden Sie Marktanalysen, -beobachtung, -prognose und erläutern Sie, welche Maßnahmen ein Unternehmen für diese Teilaufgaben der Marktforschung durchführen kann.

5 Produktinnovation, -variation und -elimination stehen im Zusammenhang mit dem Lebenszyklus eines Produktes. Erläutern Sie diese Begriffe

    a) am Beispiel des Produktes „Schallplattenspieler",   b) an einem selbst gewählten Beispiel.

6 Beschreiben Sie Grund- und Zusatznutzen sowie geplante Obsoleszenz am Beispiel selbst gewählter Produkte.

7 Für einen Büroschrank liegen folgende Werte vor: variable Kosten je Stück 300,00 EUR, Verkaufserlös je Stück 650,00 EUR, fixe Kosten 360 000,00 EUR.

    a) Erstellen Sie eine Break-even-Point-Analyse rechnerisch und grafisch.

    b) Welche Aussagen ermöglicht eine Break-even-Point-Analyse?

8 Beschreiben Sie, welche Bedeutung die psychologische Preisfestsetzung für

    a) Endverbraucher   b) Unternehmen

    als Nachfrager hat.

9 Erläutern Sie mit Beispielen, wie Zahlungs- und Lieferkonditionen von der Bürodesign GmbH gestaltet werden können, damit sie für ihre Kunden einen Kaufanreiz darstellen.

10 a) Erstellen Sie eine Tabelle, in der Sie die verschiedenen Distributionswege für ein Industrieunternehmen aufführen.

    b) Führen Sie zu jedem Distributionsweg die Kosten auf, die für das Industrieunternehmen anfallen.

    c) Betrachten Sie das Sortiment der Bürodesign GmbH und geben Sie für die drei Sortimentsgruppen an, welcher Distributionsweg besonders geeignet ist. Begründen Sie Ihre Entscheidungen.

11 Im Rahmen der Kommunikation werden zwischen Sender und Empfänger Nachrichten ausgetauscht. Nennen Sie Beispiele für Kommunikation, bei der
   a) ein Unternehmen Sender ist,   b) Kunden Sender sind.

12 Begründen Sie, weshalb viele Unternehmen sich bei ihrer Kommunikationspolitik der Hilfe von Werbeagenturen und Kommunikationsberatern bedienen.

13 Die Höhere Handelsschule ist für viele Schüler der Sekundarstufe II eine attraktive Möglichkeit zur Vorbereitung auf eine Berufsausbildung oder ein anschließendes Studium. Sie steht in Konkurrenz zum Gymnasium, obwohl sie ein Schuljahr kürzer ist. Sie erhalten den Auftrag, mit Ihrer Klasse ein Werbekonzept zu erarbeiten, das zum Ziel hat, die Anmeldezahlen für das kommende Schuljahr um 25 % zu erhöhen. Hierzu steht Ihnen ein Werbebudget in Höhe von 2 500,00 EUR zur Verfügung.
   a) Bestimmen Sie die genaue Zielgruppe für die Werbemaßnahmen.
   b) Erarbeiten Sie einen detaillierten Werbeplan (vgl. S. 357 ff.).
   c) Überlegen Sie sich Maßnahmen zu einer Werbeerfolgskontrolle.
   d) Erarbeiten Sie einen Maßnahmenkatalog für die Öffentlichkeitsarbeit Ihrer Schule.
   e) Dokumentieren Sie alle Ihre Arbeitsergebnisse und legen Sie sie Ihrer Schulleitung vor.

14 „Ohne Werbung wären die meisten Produkte für die Verbraucher preiswerter zu erwerben, Werbung verteuert die Waren nur sinnlos." Nehmen Sie kritisch Stellung zu dieser Aussage.

15 Stellen Sie fest, wie viele Werbebotschaften Sie durchschnittlich pro Woche „konsumieren" Berücksichtigen Sie dabei TV- und Radiowerbung, Werbung in Zeitschriften, Werbung auf Plakaten, in Schaufenstern usw.
   a) Finden Sie heraus: Wie viel Werbung nehmen Sie bewusst wahr, wie viel konsumieren Sie unbewusst?
   b) Hat diejenige Werbung, die Sie unbewusst wahrnehmen, einen Einfluss auf Ihre Kaufentscheidungen? Begründen Sie Ihre Ansicht.
   c) Führen Sie in Ihrer Klasse eine Diskussion über die These „Gerade die unbewusst wahrgenommene Werbung beeinflusst das Kaufverhalten".

16 Bilden Sie ein Beispiel für Werbung, die
   a) gegen gesetzliche Vorschriften verstößt,
   b) gegen den guten Geschmack verstößt oder ethisch-moralische Grenzen überschreitet.

17 Besuchen Sie ein Warenhaus oder einen Supermarkt und stellen Sie fest, welche Maßnahmen zur Verbraucherpromotion eingesetzt werden.

18 Verkaufs- und Händlerpromotion sind Maßnahmen, die für einen Industriebetrieb mit erheblichen Kosten verbunden sind.
   a) Erstellen Sie einen Katalog dieser Maßnahmen.
   b) Welchen Erfolg erwartet ein Unternehmen von diesen Aktivitäten der Salespromotion?

19 Der Erfolg von Öffentlichkeitsarbeit ist nur schwer messbar. Führen Sie Gründe an, weshalb Unternehmen trotzdem Publicrelations-Arbeit betreiben.

20 Neben gesetzlichen Vorschriften zur Werbung hat die Wirtschaft in Deutschland sich weitere Spielregeln gesetzt. Insbesondere der Deutsche Werberat hat Verhaltensregeln und Empfehlungen für die Werbung geschaffen und wacht über deren Einhaltung. Rufen Sie die Internetpräsenz des Deutschen Werberates auf (**http://www.interverband.com/u-img/69392/ werberat_home_ab_16_7.htm**) und bearbeiten Sie folgende Aufgaben:
   a) Beschreiben Sie die Aufgaben des Deutschen Werberates.
   b) Erläutern Sie, welche Grundlagen die Entscheidungen des Deutschen Werberates haben.
   c) Geben Sie konkrete Beispiele für Bereiche an, für die der Deutsche Werberat Verhaltensregeln bzw. besondere Empfehlungen ausgesprochen hat.
   d) Jeder Bürger hat das Recht, über diskriminierende bzw. unlautere Werbung beim Werberat Beschwerde einzulegen. Beschreiben Sie, wie Sie eine solche Beschwerde einreichen können.

21 Ein klassisches Werbemedium ist die Tageszeitung. Hier werden Anzeigen geschaltet oder Prospekte als Beilage gebucht. Um die Kosten und Erfolge dieser Werbung zu kalkulieren, müssen u. a. die Anzeigenpreise sowie die Zielgruppen und Leser der Zeitung bekannt sein.

a) Ermitteln Sie die Kosten für Anzeigen (halb- und ganzseitig, farbig und schwarz-weiß) Ihrer Tageszeitung. Schauen Sie in der Internetpräsenz nach, oder rufen Sie den Link **http://www.zeitungen-online.de** auf und suchen nach der gewünschten Zeitung, dort sind die meisten Anzeigen-Tarife abrufbar.

b) Finden Sie heraus, was unter dem Tausenderpreis einer Zeitungsanzeige zu verstehen ist und wozu ein Unternehmen diesen Wert benutzt. Nutzen Sie dabei das Internet als Informationsquelle.

22 Die Drinkbox GmbH, ein führender deutscher Getränkehersteller, hat sich entschlossen, einen neuen Energydrink auf den Markt zu bringen. Sie sind Mitglied eines Teams, das ein umfassendes Marketingkonzept für das neue Produkt erarbeiten soll. Dazu ist zunächst eine Marktanalyse erforderlich, die an Ihrer Schule durchgeführt wird. Hierzu sind fünf Arbeitsgruppen einzurichten:

Gruppe A: Produktpolitik   Gruppe D: Kommunikationspolitik (Werbung)

Gruppe B: Preispolitik[1]   Gruppe E: Kommunikationspolitik (Verkaufsförderung,

Gruppe C: Distributionspolitik   Öffentlichkeitsarbeit)

Sie haben nun folgende Aufgaben:

1. Bilden Sie in Ihrer Klasse/Ihrem Kurs die fünf Arbeitsgruppen und informieren Sie sich gründlich über **Ihr absatzpolitisches Instrument**.

2. Erstellen Sie in jeder Gruppe **max. vier Fragen** für den gemeinsamen Fragebogen zur Marktanalyse.

3. Tragen Sie die Fragen in einem gemeinsamen Fragebogen zusammen. Kopieren Sie den Fragebogen und führen Sie die **Befragung** an Ihrer Schule durch.

4. Werten Sie den Fragebogen aus und erarbeiten mit Hilfe der Ergebnisse **Vorschläge** für konkrete Maßnahmen bei der Einführung des neuen Getränks.

5. Entwickeln Sie ein umfassendes Marketing-Mix-Konzept für das neue Getränk und präsentieren Sie Ihre Ergebnisse vor der Klasse/dem Kurs.

Tipps:

– Nutzen Sie Ihr Lehrbuch. Stimmen Sie sich mit den anderen Gruppen ab.

– Berücksichtigen Sie die Ergebnisse des Fragebogens.

– Nutzen Sie bei der Präsentation Tafel bzw. Overhead-Projektor

– Legen Sie fest, welche Gruppenmitglieder welche Themenbereiche vortragen.

---

[1] Der Arbeitsgruppe „Preispolitik" liegen folgende Angaben vor über die Kosten, die bei der Produktion zu erwarten sind. Danach verursacht die Herstellung von 1 Liter des neuen Energydrink folgende Kosten:

	EUR		EUR
Wasser	0,03	Verpackung (einschl. Etikett)	
Zucker	0,02	– Glasflasche (Einweg)	0,05
Aromastoffe	0,04	– Glasflasche (Mehrweg)	0,07
Farbstoff	0,01	– Verbundverpackung	0,02
weitere Zusätze	0,09	– Dose (Alu)	0,03
Fertigungslöhne	0,10	fixe Kosten (pro Tag)	
Energie	0,04	– Miete	50,00
		– Gehälter	600,00
		– sonstige fixe Kosten	350,00

Die maximale Tageskapazität für die Herstellung des neuen Energydrinks liegt bei 20 000 Litern.

6 Dokumentation betrieblicher Werteströme

6.1 Buchungen in der Beschaffungswirtschaft

6.1.1 Sofortrabatte und Anschaffungsnebenkosten

Für eine Furnierlieferung erhielt die Bürodesign GmbH folgende Rechnung von der Furnierwerk GmbH, Grevenbroich. Frau Kluge gibt den Beleg an Frau Land weiter.

FURNIERWERK
GMBH

Furnierwerk GmbH, Grenzstraße 16, 41515 Grevenbroich

Bürodesign GmbH
Stolberger Straße 188
50933 Köln

Steuernummer: 114/654/1011
USt-ID-Nr.:   DE-04888613

Rechnung

Kunden-Nr.	Rg-Nr.	Datum	Blatt
840443	20471	..-06-30	1

Pos.	Art.-Nr.	Artikelbezeichnung	Menge	Einzelpreis EUR	Gesamtbetrag EUR
1	039	Furnier Buche Bogen 200 × 50 – 8 % Mengenrabatt	320	62,50	20 000,00 1 600,00

Warenwert, netto	Verpackung	Fracht	Entgelt, netto	USt-%	USt-EUR	Gesamt-betrag
18 400,00		600,00	19 000,00	19	3 610,00	22 610,00

Furnierwerk GmbH
Grenzstraße 16
41515 Grevenbroich

Tel: 02181 56781
Fax: 02181 56788

Volksbank Grevenbroich
BLZ 305 600 90
Kto.-Nr.: 471 628 96

Erfüllungsort
und Gerichts-
stand:
Grevenbroich

Lieferung ab Werk Grevenbroich per Lkw

„Das ist fast wie in der Schule", sagt Silvia Land lächelnd und macht sich an die Arbeit – doch kaum hat sie begonnen, fragt sie Frau Kluge: „Wie buche ich denn den Rabatt und die Fracht?"

Arbeitsaufträge ▶ Erläutern Sie die Auswirkung von Rabatt und Fracht auf die Anschaffungskosten und machen Sie Vorschläge für die Buchung der Fracht.

▶ Erläutern Sie die Lieferungsbedingung.

Roh-, Hilfs- und Betriebsstoffe werden beim Einkauf mit ihren Anschaffungskosten (Bezugs- oder Einstandspreisen) erfasst (vgl. S. 195 f.).

§ 255 Abs. 1 HGB: Anschaffungskosten sind die Aufwendungen, die geleistet werden, um einen Vermögensgegenstand zu erwerben und ihn in einen betriebsbereiten Zustand zu versetzen, soweit sie dem Vermögensgegenstand einzeln zugeordnet werden können. Zu den Anschaffungskosten gehören auch die Nebenkosten sowie die nachträglichen Anschaffungskosten. Anschaffungspreisminderungen sind abzusetzen.

Es ist also zu beachten, dass

- **Sofortrabatte**, die bereits auf der Eingangsrechnung ausgewiesen sind, nicht gesondert gebucht werden,
- **Bezugskosten** als Anschaffungsnebenkosten zu den Anschaffungskosten zählen,
- **Vorsteuer** lt. Eingangsrechnung kein Bestandteil der Anschaffungskosten ist, weil sie vom Finanzamt durch Verrechnung mit der eigenen Umsatzsteuerschuld erstattet wird.

Beispiel (siehe Beleg)

	Eingangsrechnung: *Zieleinkauf von Rohstoffen*	
Listenpreis	*Gesamtpreis, netto*	*20 000,00*
– *Sofortrabatt*	– *Mengenrabatt 8 %*	*1 600,00*
		18 400,00
+ *Anschaffungsnebenkosten*	+ *Fracht*	*600,00*
= **Anschaffungskosten**		**19 000,00**
	+ *19 % Umsatzsteuer*	*3 610,00*
	Rechnungsbetrag, brutto	*22 610,00*

● **Buchung der Anschaffungsnebenkosten:**

Damit der Unternehmer genaue Informationen über die Zusammensetzung der Bezugspreise (Preis der Stoffe, Bezugskosten) bekommt, empfiehlt sich eine getrennte **Erfassung der Anschaffungsnebenkosten** auf besonderen **Bezugskostenkonten**. Diese sind **Unterkonten** der jeweiligen Aufwandskonten.

Beispiel

Buchung (siehe Beleg):		
6000	*Aufwendungen für Rohstoffe*	*18 400,00*
6001	*Bezugskosten*	*600,00*
2600	*Vorsteuer*	*3 610,00*
	an 4400 Verbindlichkeiten a. LL	*22 610,00*

S	6000 Aufw. für Rohstoffe		H
4400 Vb	18 400,00		
6001	600,00		

S	6001 Bezugskosten		H
4400 Vb	600,00	6000	600,00

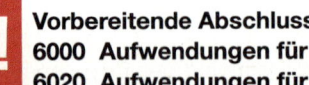

Zum Abschluss des Geschäftsjahres wird das Konto „6001 Bezugskosten" über das übergeordnete Konto „6000 Aufwendungen für Rohstoffe" abgeschlossen.

Buchungssatz:
6000 Aufwendungen für Rohstoffe   an   6001 Bezugskosten   600,00

Diese Informationen benötigt die Unternehmensleitung, um beispielsweise die Frachtkosten zu mindern, z. B. durch Abholung der Werkstoffe beim Lieferer.

Beispiel *Der Bürodesign GmbH werden von der Vereinigten Spanplatten AG, Augsburg, Spanplatten 200 x 200 x 2 cm zu folgenden Bedingungen angeboten:*
1 000 Stück zu je 28,00 EUR, ab Werk, Frachtkosten bei Zustellung mit werkseigenem Lkw 2,00 EUR je Stück.
Im Rahmen ihrer Beschaffungspolitik kann die Bürodesign GmbH versuchen, die Frachtkosten zu senken, beispielsweise durch Auswahl eines Spediteurs, durch Selbstabholung u. a.

Hochwertige **Spezial- oder Mehrwegverpackung** werden häufig vom Lieferer zur Verfügung gestellt und dem Kunden mit den Selbstkosten belastet.

Beispiele *Für Kühlsteigen, Kisten, Collicos, Container, Gas- und Säurebehälter, Paletten u. a. wird vom Lieferer Pfand berechnet. Dieses wird bei Rückgabe ganz oder größtenteils gutgeschrieben.*

Solche **Verpackungskosten** werden als **Anschaffungsnebenkosten** ebenfalls auf dem Unterkonto „Bezugskosten" gebucht.

● **Abschluss der Bezugskostenkonten:**
Da die **Bezugskosten Bestandteil der Anschaffungskosten** der beschafften Materialien sind, **müssen** die **Bezugskostenkonten** beim Abschluss der Finanzbuchhaltung im Rahmen der vorbereitenden Abschlussbuchungen **über die entsprechenden Materialaufwandskonten abgeschlossen werden**.

> **!** **Vorbereitende Abschlussbuchungen:**
> **6000 Aufwendungen für Rohstoffe   an   6001 Bezugskosten für Rohstoffe**
> **6020 Aufwendungen für Hilfsstoffe   an   6021 Bezugskosten für Hilfsstoffe**
> **6030 Aufwendungen für Betriebsstoffe   an   6031 Bezugskosten für Betriebsstoffe**

Zusammenfassung: Sofortrabatte und Anschaffungsnebenkosten

- Alle Vermögensgegenstände sind bei ihrer Beschaffung mit den **Anschaffungskosten** (Bezugs- oder Einstandspreis) zu erfassen.
- **Anschaffungskosten** sind alle Aufwendungen, die beim Erwerb und beim Versetzen in einen betriebsbereiten Zustand entstehen.

Anschaffungskosten		keine Anschaffungskosten

Anschaffungspreis-minderungen	Anschaffungs-nebenkosten	
• Sofortrabatte, die bei Rechnungserteilung abgezogen werden: – Mengenrabatt – Wiederverkäuferrabatt – Sonderrabatte • werden nicht gesondert gebucht	• Bezugskosten bei der Beschaffung von Waren – Verpackungskosten – Rollgeld – Fracht – Versicherungskosten • Bestandteile der Anschaffungskosten	• **absetzbare Vorsteuer**, die als Forderung gegenüber dem Finanzamt mit der Umsatzsteuer (Verbindlichkeit) verrechnet wird

• Die **Anschaffungsnebenkosten** werden zur besseren Übersicht über die Bezugskosten auf besonderen Unterkonten der Materialaufwandskonten erfasst.

Aufgaben

1 ER 507:

	EUR
Rohstoffe, Listenpreis	165 000,00
– 33 1/3 % Wiederverkäuferrabatt	55 000,00
	110 000,00
– 4 % Sonderrabatt	4 400,00
	105 600,00
+ 19 % Umsatzsteuer	20 064,00
	125 664,00

Buchen Sie diese Eingangsrechnung.

2 Geben Sie die Buchungssätze für folgende Geschäftsfälle eines Herstellers von Damenoberbekleidung an.

	EUR	EUR
1. **ER:** Zieleinkauf von Mantelstoffen, netto	40 000,00	
– Mengenrabatt 6 %	2 400,00	37 600,00
+ 19 % Umsatzsteuer		7 144,00
		44 744,00
2. **ER, BA:** Kauf von Nähseide mit Bankscheck, netto	8 000,00	
– Mengenrabatt 4 %	320,00	7 680,00
+ 19 % Umsatzsteuer		1 459,20
		9 139,20
3. **ER, KB:** Barkauf von Reinigungsmaterial für die Lagerräume,	EUR	EUR
netto	700,00	
– Firmenrabatt (Treuerabatt) 5 %	35,00	665,00
+ 19 % Umsatzsteuer		126,35
		791,35
4. **ER:** Zieleinkauf von Kleiderstoffen, netto	28 000,00	
– Messerabatt 5 %	1 400,00	26 600,00
+ 19 % Umsatzsteuer		5 054,00
		31 654,00

3 Geben Sie die Buchungssätze für folgende Geschäftsfälle eines Herstellers von Teigwaren und Fertiggerichten an (Rohstoff: Hartweizengrieß, Fleisch; Hilfsstoffe: Hühnereier, Salz, Pflanzenöl).

	EUR	EUR
1. **ER:** Zieleinkauf von Hartweizengrieß, netto	48 000,00	
– 4 % Mengenrabatt	1 920,00	46 080,00
+ Fracht		373,92
+ Transportversicherung		46,08
		46 500,00
+ 19 % Umsatzsteuer		8 835,00
		55 335,00
2. **ER, KB:** Rollgeld für die Anlieferung (Fall 1) wurde bar bezahlt Rollgeld, brutto einschließlich 19 % USt		204,68
3. **ER, BA:** Kauf von Hühnereiern der Gewichtsklasse A gegen Zahlung mit Bankscheck, netto	2 500,00	
+ 19 % Umsatzsteuer	475,00	2 975,00
4. **KB:** Barzahlung der Fracht für die Anlieferung der Eier (Fall 3), netto	70,00	
+ 19 % Umsatzsteuer	13,30	83,30
5. **ER, BA:** Kauf von Öl für Heizungsanlagen des Betriebes Listenpreis, netto	4 000,00	
– 5 % Mengenrabatt	200,00	3 800,00
+ Fracht		100,00
		3 900,00
+ 19 % Umsatzsteuer		741,00
		4 641,00
6. **ER:** Zieleinkauf von Pflanzenöl für die Fertiggerichtproduktion, netto	5 000,00	
– 8 % Mengenrabatt	400,00	4 600,00
+ Fracht		300,00
		4 900,00
+ 19 % Umsatzsteuer		931,00
		5 831,00
7. **Brief des Lieferers** (Fall 6): Lastschrift für Verpackung (Fässer), netto	700,00	
+ 19 % Umsatzsteuer	133,00	833,00
8. **KB:** Rollgeld für den bahnamtlichen Zusteller (Fall 6), netto		140,00
+ 19 % Umsatzsteuer		26,60
		166,60

4 Die Textilfabrik Georg Klein e. K. erhält eine Ab-Werk-Lieferung von 12 000 m Kleiderstoff zum Listenpreis von 32,00 EUR je m. Der Stofffabrikant Franz Berg gewährt 25 % Wiederverkäuferrabatt. Für die Zustellung berechnet er 480,00 EUR Fracht.
a) Ermitteln Sie den Rechnungsbetrag unter Berücksichtigung von 19 % Umsatzsteuer.
b) Ermitteln Sie die Anschaffungskosten je m des Stoffes.
c) Bilden Sie den Buchungssatz zur Erfassung dieser Sendung.

5 Im Zusammenhang mit dem Einkauf von 2 000 Motorblöcken sind die Belege 510 und 511 eines Lkw-Herstellers zu buchen:

1. ER 510:

	EUR	EUR
2 000 Motorblöcke zum Listenpreis von je 240,00 EUR		480 000,00
– 10 % Rabatt		48 000,00
		432 000,00
+ Transportverpackung		12 000,00
		444 000,00
+ 19 % Umsatzsteuer		84 360,00
		528 360,00

2. ER 511 des Spediteurs Rolf Klein für Anlieferung der
2 000 Motorblöcke (Fall a)

Fracht	18 600,00	
Transportversicherung	260,00	18 860,00
+ 19 % Umsatzsteuer		3 583,40
		22 443,40

a) Bilden Sie die Buchungssätze.
b) Ermitteln Sie die Anschaffungskosten der Motorblöcke insgesamt und je Motorblock.

6 Erläutern Sie die Bedeutung des Kontos 6001 Bezugskosten im Rahmen des Informations-, Kontroll- und Steuerungssystems der Finanzbuchhaltung.

7 In der Bürodesign GmbH sind folgende Belege zu buchen und auszuwerten:

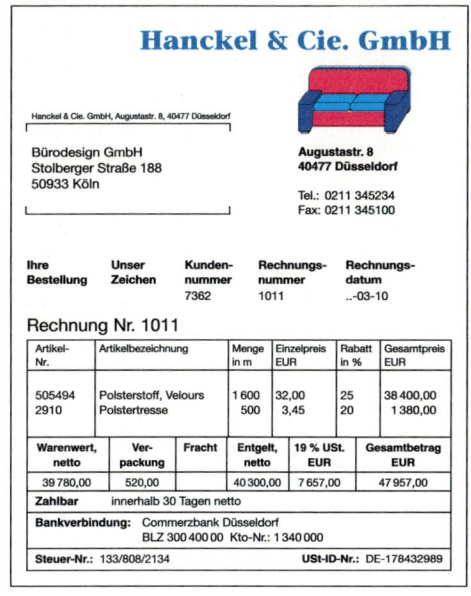

a) Bilden Sie die Buchungssätze zur Erfassung der beiden Belege.
b) Ermitteln Sie die Anschaffungskosten der Warensendung.

8 a) In der Einkaufsabteilung der Bürodesign GmbH soll folgende Rechnung des Lieferers Abels, Wirtz & Co. KG, Solingen, unter Berücksichtigung von Rabatt und Bezugskosten (6 % vom Zieleinkaufspreis) zur Ermittlung des Anschaffungswertes (Bezugspreis)

aa) eines Schlosses,
ab) eines Beschlages
ausgewertet werden.

b) Anschließend wird die Eingangsrechnung in die Buchhaltung gegeben. Dort ist der Beleg aufwandsorientiert vorzukontieren.

Abels, Wirtz & Co. KG

Abels, Wirtz & Co. KG, Industriestr. 124, 42653 Solingen

Bürodesign GmbH
Stolberger Straße 188
50933 Köln

Industriestraße 124
42653 Solingen

Tel.: 0212 72114
Fax: 0212 72119

RECHNUNG/AUFTRAGSBESTÄTIGUNG		
Bei Zahlung/Rücksendung/Gutschrift unbedingt angeben		
Kunden-Nr. 928454	Rechnungs-Nr. 01833	Datum ..-02-20

Artikel-Nr.	Artikelbezeichnung	Menge Stück	Einzelpreis EUR	Rabatt %	Gesamtpreis EUR
1110	TKX-Schlösser	1 700	15,00	20	20 400,00
2910	Beschläge „Favorit"	500	10,00	15	4 250,00

Warenwert, netto	Ver-packung	Fracht 6 %	Entgelt, netto	19 % USt. EUR	Gesamtbetrag EUR
24 650,00		1 479,00	26 129,00	4 964,51	31 093,51

Zahlbar	innerhalb 30 Tagen netto

Bankverbindung: Stadtsparkasse Solingen
BLZ 342 500 00 Kto-Nr.: 123 452 234

Steuer-Nr.: 128/112/1987   USt-ID-Nr.: DE-184655343

6.1.2 Gutschriften von Lieferern für Rücksendungen und Nachlässe

15. September ..: Ein Lkw der Spedition Müller GmbH, Köln-Porz, liefert am 4. Juli .. Schlösser und Schließanlagen der Firma Abels, Wirtz & Co. KG an. Die in Gitterboxen (Collicos) und in Kartons verpackten Werkstoffe werden von einem Lageristen der Bürodesign GmbH noch in Anwesenheit des Lkw-Fahrers auf äußere Beschädigung überprüft und dann angenommen.

Am selben Tag geht die Rechnung der Firma Abels, Wirtz & Co. KG ein.

Bei näherer Prüfung der Sendung und der Eingangsrechnung wird festgestellt, dass 224 Schlösser zu viel geliefert wurden (Pos. 1 der ER). Nach telefonischer Vereinbarung mit Herrn Lüngen, dem zuständigen Ansprechpartner in der Abels, Wirtz & Co. KG, werden die falsch gelieferten Schlösser und die Collicos zurückgesandt. Nach der Rücksendung erhält die Bürodesign GmbH folgende Gutschrift:

Abels, Wirtz & Co. KG

Abels, Wirtz & Co. KG, Industriestr. 124, 42653 Solingen

Bürodesign GmbH
Stolberger Straße 188
50933 Köln

Industriestraße 124
42653 Solingen

Tel.:0212 72114
Fax:0212 72119

RECHNUNG/AUFTRAGSBESTÄTIGUNG		
Bei Zahlung/Rücksendung/Gutschrift unbedingt angeben		
Kunden-Nr. 928454	Rechnungs-Nr. 240095	Datum ..-07-03

Pos.	Artikel-Nr.	Artikelbezeichnung	Menge Stück	Einzelpreis EUR	Gesamtpreis EUR
1	S 4704	Schlösser mit Schlüsseln	3 200	12,50	40 000,00
2	A 5421	Schließanlagen	300	120,00	36 000,00
3	E 0210	Ersatzschlüssel	264	2,50	660,00
					76 660,00
		+ Verpackung (16 Collicos)			640,00
		+ Fracht			560,00
		Warenwert einschl. Verpackung und Fracht			77 860,00
		19 % Umsatzsteuer			14 793,40
		Rechnungsbetrag			92 653,40

Zahlbar	innerhalb 30 Tagen netto

Bankverbindung: Stadtsparkasse Solingen
BLZ 342 500 00 Kto-Nr.: 123 452 234

Steuer-Nr.: 128/112/1987   USt-ID-Nr.: DE-184655343

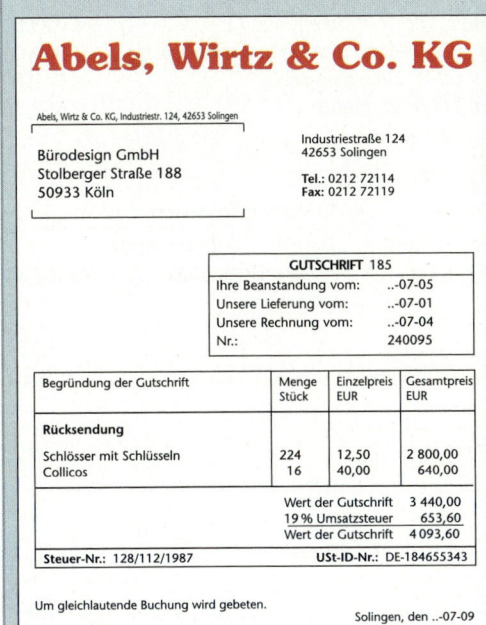

Arbeitsaufträge

▶ Erläutern Sie die buchhalterische Auswirkung der Rücksendungen von Werkstoffen und Collicos.

▶ Bilden Sie zu beiden Belegen die erforderlichen Buchungssätze.

■ Rücksendungen von Materialien und Leihverpackungen

● Rücksendungen von Materialien:

Die Rücksendung von Materialien wegen Falschlieferung oder mangelhafter Lieferung (vgl. S. 252) bewirkt eine **Gutschriftanzeige des Lieferers**, die mit eventuellen Zahlungsansprüchen des Lieferers (Verbindlichkeiten a. LL) verrechnet werden kann. Die zurückgesandten falschen oder mangelhaften Materialien werden unmittelbar auf dem Materialaufwandskonto gutgeschrieben, da sich der laut Eingangsrechnung ursprünglich erfasste Aufwand für Materialien verringert. Es handelt sich um eine **Korrektur- oder Stornobuchung**. Sie führt **umsatzsteuerrechtlich** gleichzeitig zu einer **Minderung des Vorsteueranspruchs** gegenüber dem Finanzamt. Die **Vorsteuer** ist entsprechend zu **berichtigen**.

● Rücksendung von Verpackung:

Der Lieferer belastet im Allgemeinen den Käufer mit dem Verpackungsmaterial für die gelieferten Materialien. Die **Rücksendung von Verpackung**, die der Lieferer in Rechnung gestellt hat, führt ebenfalls zu einer **Korrektur- oder Stornobuchung**. Die Gutschrift für das zurückgesandte Verpackungsmaterial erfolgt **unmittelbar auf dem Materialaufwandskonto bzw. auf dem speziellen Unterkonto „Bezugskosten"**. Die ursprünglich gebuchte Vorsteuer ist entsprechend zu korrigieren.

Beispiel

ER: Zieleinkauf von Schlössern mit Schlüsseln,
Schließanlagen und Ersatzschlüsseln,

netto, ...	*76 660,00*
Verpackung	*640,00*
Fracht	*560,00*
	77 860,00
+ 19 % Umsatzsteuer	*14 793,40*
	92 653,40

Buchung der Eingangsrechnung:

6000 Aufwendungen für Rohstoffe	*76 660,00*
6001 Bezugskosten	*1 200,00*
2600 Vorsteuer	*14 793,40*
an 4400 Verbindlichkeiten a. LL	*92 653,40*

Gutschrift der Fa. Abel, Wirtz & Co. KG

Schlösser mit Schlüsseln, ...	
netto	2 800,00
16 Collicos, netto	640,00
	3 440,00
+ 19 % Umsatzsteuer	653,60
	4 093,60

Buchung der Rücksendung:

4400	Verbindlichkeiten a. LL	4 093,60
an 6000	Aufwendungen für Rohstoffe	2 800,00
an 6001	Bezugskosten	640,00
an 2600	Vorsteuer	653,60

S	6000 Aufwendungen für Rohstoffe	H		S	4400 Verbindlichkeiten a. LL	H
4400	76 660,00	4400	2 800,00	6000, 6001	6000, 6001	
				2600 4093,60	2600 92653,40	

S	6001 Bezugskosten	H
4400	1 200,00	4400	640,00

S	2600 Vorsteuer	H
4400	14 793,40	4400	653,60

■ Gutschriften durch Lieferer

● Minderungen:

Wegen eines **Mangels** an den **Materialien**, den der Lieferer zu vertreten hat, kann das Unternehmen als Kunde nach erfolgloser Nacherfüllung das **Recht auf Minderung** oder Herabsetzung des Kaufpreises (vgl. S. 253) verlangen. Dieser Rechtsanspruch ist dann sinnvoll, wenn die Materialien trotz des Mangels noch verarbeitet werden können.

Beispiel

Schreiben des Rohstofflieferers:

Minderung:	
20 % vom Warenwert	209,60
+ 19 %	39,82
	249,42

Buchung der Minderung:

4400	Verbindlichkeiten a. LL	249,42
an 6002	Nachlässe	209,60
an 2600	Vorsteuer	39,82

● Boni:

Der **nachträglich gewährte Preisnachlass**, auch **Bonus** oder **Umsatzrückvergütung** genannt, soll den Kunden stärker an den Lieferer binden und ihn zu höheren Einkäufen innerhalb eines Zeitraums veranlassen.

Beispiel Die Vereinigte Spanplatten AG, die ihren Kunden bei Umsätzen über 150 000,00 EUR 5 % Bonus gewährt, erteilt der Bürodesign GmbH folgende Gutschrift:

Bonus: Lieferungen 2008

5 % netto 171 000,00	8 550,00
+ 19 % Umsatzsteuer	1 624,50
	10 174,50

Buchung:

4400	Verbindlichkeiten a. LL	10 174,50
an 6002	Nachlässe	8 550,00
an 2600	Vorsteuer	1 624,50

● Buchung der Nachlässe:

Beide Vorgänge führen zu **Lieferergutschriften**, die

- die **Verbindlichkeiten a. LL** gegenüber dem Lieferer **vermindern**,
- die **Anschaffungskosten** der eingekauften Materialien **nachträglich mindern** und
- folglich eine **Korrektur der Vorsteuer** notwendig machen.

Die **Anschaffungskostenminderungen** durch nachträgliche **Preisnachlässe und Boni** (Wertkorrekturen) werden im Unterschied zu Rücksendungen (Mengen- und Wertkorrekturen) auf den Unterkonten **„6002, 6022, 6032 Nachlässe"** gebucht.

● **Abschluss des Unterkontos „Nachlässe":**

Zum **Jahresabschluss** ist das **Unterkonto „6002, 6022, 6032 Nachlässe"** im Rahmen der vorbereitenden Abschlussbuchungen **über das Materialaufwandskonto (6000, 6020, 6030) abzuschließen.**

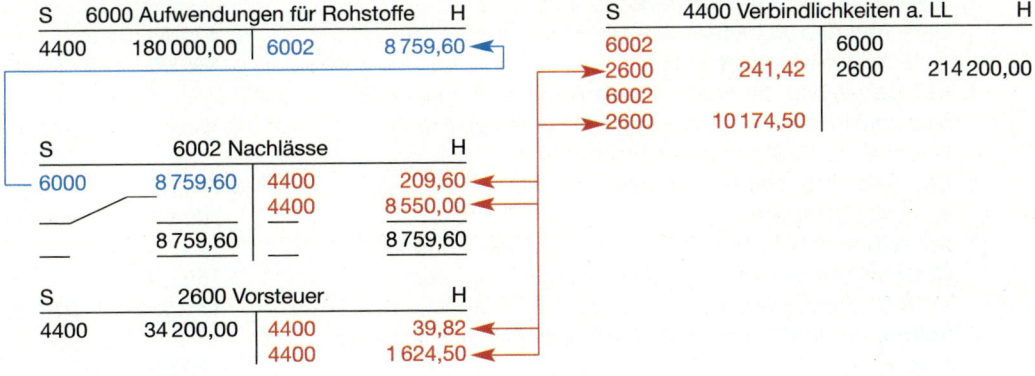

Zusammenfassung: Gutschriften von Lieferern für Rücksendungen und Nachlässe

Rücksendungen	Nachlässe/Gutschriften
Wert- und Mengenkorrekturen: • **Materialien** Minderung der ursprünglich gebuchten – Materialieneingänge – Vorsteuer – Verbindlichkeiten • **Leihverpackungen** Minderung der ursprünglich gebuchten – Bezugskosten – Vorsteuer – Verbindlichkeiten	**Wertkorrekturen:** • **Minderungen** – Nachträgliche Herabsetzung des Kaufpreises wegen festgestellter Mängel Getrennte Erfassung auf dem Unterkonto 6002 (6022, 6032) Nachlässe • **Boni** – Nachträglich gewährter Rabatt aufgrund bestimmter Umsätze – Getrennte Erfassung der Wertkorrektur auf dem Unterkonto 6002 (6022, 6032) Nachlässe

---

Aufgaben

1 *Geben Sie die Buchungssätze für die folgenden Geschäftsfälle eines Industrieunternehmens an.*

	EUR	EUR
1. **ER:** Zieleinkauf von Rohstoffen, netto	53 000,00	
– Mengenrabatt	4 240,00	48 760,00
+ Fracht		1 291,24
+ Transportversicherung		48,76
+ Verpackungsmaterial (Leihemballagen)		900,00
		51 000,00
+ 19 % Umsatzsteuer		9 690,00
		60 690,00

2. **ER, BA:** *Einkauf von Betriebsstoffen (Heizöl) gegen sofortige*
   Zahlung mit Bankscheck, netto 18 000,00
   – Firmenrabatt (Treuerabatt) 5 % . . . . <u>900,00</u>   17 100,00
   + 19 % Umsatzsteuer . . . . <u>3 249,00</u>
                                                                    20 349,00

3. **Schreiben des Rohstofflieferers** *(Fall 1)*
   Gutschrift für zurückgesandte Rohstoffe, netto 2 400,00
   + 19 % Umsatzsteuer . . . . <u>456,00</u>   2 856,00

4. **KB:** *Barzahlung der Fracht für die Rücksendung von Ver-*
   packungsmaterial an den Rohstofflieferer (vgl. Fall 1)
   Fracht einschließlich 19 % Umsatzsteuer   64,26

5. **ER:** *Zieleinkauf von Betriebsstoffen, netto* 3 700,00
   + 19 % Umsatzsteuer . . . . <u>703,00</u>   4 403,00

6. **Schreiben des Rohstofflieferers** *(vgl. Fälle 1 und 4)*
   Gutschrift für die zurückgesandte Verpackung, netto 765,00
   + 19 % Umsatzsteuer . . . . <u>145,35</u>   910,35

7. **Schreiben des Betriebsstofflieferers** *(Fall 5): Lastschrift*
   Fracht 70,00
   Transportversicherung . . . . <u>10,50</u>   80,50
   + 19 % Umsatzsteuer . . . . <u>15,30</u>
                                                                    95,80

8. **Schreiben des Betriebsstofflieferers** *(Fall 5) Gutschrift für*
   fehlerhafte Betriebsstoffe (Preisnachlass) 880,60
   Umsatzsteueranteil 140,60

9. **Schreiben des Rohstofflieferers:** *Bonusgutschrift von 6 ‰*
   vom Halbjahresumsatz von brutto 404 600,00 EUR 2 427,60
   Umsatzsteueranteil 387,60

10. a) *Warum werden Gutschriftanzeigen der Materiallieferer für Materialrücksendungen an-*
    ders gebucht als Gutschriftanzeigen für Preisherabsetzungen wegen mangelhafter Lie-
    ferung?
    b) *Warum ist in den Gutschriftanzeigen auch die Umsatzsteuer ausgewiesen?*
    c) *Was versteht man unter den Anschaffungsnebenkosten und den Anschaffungskos-*
    tenminderungen?
    d) *Warum zählt die Umsatzsteuer nicht zu den Anschaffungskosten eines Wirtschafts-*
    gutes?
    e) *Warum ist eine Bestandsminderung der Rohstoffe in der Kontenklasse 6 zu erfassen?*

2 *Ein Industrieunternehmen addierte gegen Ende des Geschäftsjahres (1. Januar – 31. Dezem-*
ber) alle Werte auf den Konten. Dadurch ergab sich folgende Summenbilanz der Konten der
Finanzbuchhaltung:

		Soll EUR	Haben EUR
2000	Rohstoffe	30 000,00	
2020	Hilfsstoffe	12 000,00	
2600	Vorsteuer/Einfuhrumsatzsteuer	30 445,50	14 800,00
2800	Bank	1 102 000,00	597 615,00
2880	Kasse	62 169,50	56 200,00
3000	Eigenkapital		83 000,00
4400	Verbindlichkeiten a. LL	230 000,00	345 000,00
4800	Umsatzsteuer	74 800,00	179 000,00
5000	Umsatzerlöse für eigene Erzeugnisse		850 000,00
6000	Aufwendungen für Rohstoffe	180 000,00	

		Soll EUR	Haben EUR
6001	Bezugskosten für Rohstoffe		
6020	Aufwendungen für Hilfsstoffe	40 000,00	
6021	Bezugskosten für Hilfsstoffe		
6300	Gehälter	304 200,00	
6700	Mieten	60 000,00	
		2 125 615,00	2 125 615,00

Geschäftsfälle:

	EUR	EUR
1. **ER vom 12.12.:** Zieleinkauf von Rohstoffen, netto	50 000,00	
– 6 % Mengenrabatt	3 000,00	47 000,00
+ 19 % Umsatzsteuer		8 930,00
		55 930,00
2. **ER, KB vom 16.12.:** Bareinkauf von Hilfsstoffen, netto	3 000,00	
– 4 % Mengenrabatt	120,00	2 880,00
+ Fracht		20,00
		2 900,00
+ 19 % Umsatzsteuer		551,00
		3 451,00
3. **Brief des Rohstofflieferers vom 18.12.:**		
Lastschrift: Fracht für gelieferte Rohstoffe (Fall 1)	400,00	
Verpackung der Rohstoffe (Fall 1)	800,00	1 200,00
+ 19 % Umsatzsteuer		228,00
		1 428,00
4. **ER, BA vom 19.12.:** Einkauf von Rohstoffen gegen Bank- scheck, netto	20000,00	
+ Fracht	500,00	
+ Transportversicherung	20,00	20 520,00
+ 19 % Umsatzsteuer		3 898,80
		24 418,80
5. **Brief des Rohstofflieferers vom 20.12.:** Gutschrift für zurückgesandte Verpackung (Fall 3)	560,00	
+ 19 % Umsatzsteuer	106,40	666,40

6. **ER, KB vom 23.12.:** Barzahlung der Fracht für die Rück-
  sendung der Verpackung an den Rohstofflieferer ein-
  schließlich 19 % Umsatzsteuer ....
		35,70

7. **ER vom 24.12.:** Zieleinkauf von Hilfsstoffen, netto	7 000,00	
– 8 % Mengenrabatt	560,00	6 440,00
+ Fracht		160,00
		6 600,00
+ 19 % Umsatzsteuer		1 254,00
		7 854,00
8. **ER vom 27.12.:** Einfuhr von Rohstoffen aus dem Ausland, netto	140 000,00	
– 6 % Mengenrabatt	8 400,00	131 600,00
9. **BA vom 27.12.:** Zahlung von 15 % Zoll für die einge- führten Rohstoffe mit Bankscheck		19 740,00

10. **BA vom 30.12.:** Zahlung von 19 % Einfuhrumsatzsteuer
  für die eingeführten Rohstoffe einschließlich Einfuhrzoll
  mit Bankscheck ....
		28 754,60

Abschlussangaben zum 31.12.:

Endbestände lt. Inventur

Rohstoffe 22 000,00

Hilfsstoffe 13 230,00

a) Richten Sie die oben genannten Konten mit den entsprechenden Werten ein. Sie können in die Spalte für die Gegenkonteneintragung den Text „SU" für „Summenbilanz" eintragen. Bei computerunterstützter Buchhaltung können Sie die Summen mit dem Datum 11. Dezember .. auf die eingegebenen Konten übertragen.

b) Buchen Sie die Geschäftsfälle und führen Sie alle erforderlichen vorbereitenden Abschlussbuchungen durch.

c) Führen Sie den Abschluss der Finanzbuchhaltung durch.

3 Ein Industrieunternehmen ermittelt gegen Ende des Geschäftsjahres (01.01. – 31.12.) auf den Konten der Finanzbuchhaltung folgende Summen:

		Soll EUR	Haben EUR
2000	Rohstoffe	160 000,00	
2600	Vorsteuer	89 876,00	24 800,00
2800	Bank	958 000,00	570 576,00
2880	Kasse	65 000,00	57 200,00
3000	Eigenkapital		334 700,00
4400	Verbindlichkeiten a. LL	238 000,00	308 680,00
4800	Umsatzsteuer	75 700,00	148 220,00
5000	Umsatzerlöse für Erzeugnisse		1 280 000,00
6000	Aufwendungen für Rohstoffe	460 000,00	
6001	Bezugskosten	25 500,00	
6002	Nachlässe		21 200,00
6300	Gehälter	519 300,00	
6700	Mieten	154 000,00	
		2 745 376,00	2 745 376,00

Geschäftsfälle:

	EUR	EUR
1. ER vom 14.12.: Zieleinkauf von Rohstoffen, netto	25 000,00	
– 4 % Mengenrabatt	1 000,00	24 000,00
+ Leihverpackung		800,00
		24 800,00
+ 19 % Umsatzsteuer		4 712,00
		29 512,00
2. ER, KB vom 15.12.: Barzahlung der Fracht (Fall 1), einschließlich 19 % Umsatzsteuer		297,50
3. Brief eines Rohstofflieferers vom 17.12.: Gutschrift für anerkannte Mängelrüge, netto	2 000,00	
+ 19 % Umsatzsteuer	380,00	2 380,00
4. KB vom 19.12.: Barzahlung der Fracht für Rücksendung des Verpackungsmaterials (Fall 1), einschließlich 19 % Umsatzsteuer		29,75
5. Brief eines Rohstofflieferers vom 31.12.: Gutschrift für Rücksendung des Verpackungsmaterials (Fall 1), netto	800,00	
+ 19 % Umsatzsteuer	152,00	952,00
6. Brief eines Rohstofflieferers vom 31.12.: Gutschrift des Bonus für bezogene Rohstoffe: 4 % von Jahresumsatz von netto 180 000,00 EUR	7 200,00	
+ 19 % Umsatzsteuer	1 368,00	8 568,00

Abschlussangabe zum 31.12.:

Rohstoffbestand lt. Inventur 166 200,00

a) Buchen Sie die Geschäftsfälle auf den Konten lt. Summenbilanz.
b) Führen Sie die Umbuchungen zum Geschäftsjahresende durch.
c) Führen Sie den Abschluss der Finanzbuchhaltung durch.

4 Die Konten 2000, 2600, 2880, 6000, 6001, 6002 weisen folgende Beträge aus:

	Soll EUR	Haben EUR
2000 Rohstoffe	180 000,00	
2600 Vorsteuer	186 850,00	147 500,00
2880 Kasse	127 725,00	120 000,00
4400 Verbindlichkeiten a. LL	1 414 500,00	1 437 500,00
6000 Aufwendungen für Rohstoffe	1 250 000,00	
6001 Bezugskosten	2 600,00	
6002 Nachlässe		1 200,00

Vor dem Abschluss sind noch folgende Geschäftsfälle zu berücksichtigen:

1. Rohstoffeinkauf auf Ziel, ER 164, netto	80 000,00	
– 25 % Rabatt	<u>20 000,00</u>	60 000,00
+ 19 % Umsatzsteuer		<u>11 400,00</u>
		71 400,00
2. Barzahlung der Eingangsfracht (Fall 1), netto	1 500,00	
+ 19 % Umsatzsteuer	<u>285,00</u>	1 785,00
3. Rücksendung von Rohstoffen an einen Rohstofflieferer		
wegen Falschlieferung, netto	8 000,00	
+ 19 % Umsatzsteuer	<u>1 520,00</u>	9 520,00
4. Rücksendung von Leihemballagen an einen Rohstoff-		
lieferer, netto	1 000,00	
+ 19 % Umsatzsteuer	<u>190,00</u>	1 190,00
5. Gutschrift des Rohstofflieferers (Fall 1) wegen Minderung		
brutto		1 785,00

Ermitteln Sie
a) die Aufwendungen für Rohstoffe: Rohstoffendbestand lt. Inventur,   200 000,00
b) die abzugsfähige Vorsteuer.

5 Geben Sie an, ob mit folgenden Buchungen
(1) eine Eröffnungsbuchung,
(2) ein Geschäftsfall,
(3) eine vorbereitende Abschlussbuchung (Umbuchung),
(4) eine Abschlussbuchung,
(5) eine falsche Buchung erfasst wird.

Buchungssätze

a) 8020 an 5000	g) 6001	l) 6002 an 6000	o) 8020 an 6001
b) 8000 an 4400	2600 an 2880	m) 6001 an 6000	p) 3000 an 8020
c) 8010 an 6001	h) 4800 an 2600	n) 2400 an 5000	q) 2600 an 8000
d) 6520 an 0720	i) 8020 an 6300	an 4800	
e) 5400 an 8020	j) 8010 an 2400		
f) 8010 an 2600	k) 8020 an 6900		

6 *In der Bürodesign GmbH sind folgende Belege zu buchen und auszuwerten:*

Hanckel & Cie. GmbH

Hanckel & Cie. GmbH, Augustastr. 8, 40477 Düsseldorf

Bürodesign GmbH
Stolberger Straße 188
50933 Köln

Augustastr. 8
40477 Düsseldorf

Tel.: 0211 345234
Fax: 0211 345100

Ihre Bestellung	Unser Zeichen	Kunden-nummer	Rechnungs-nummer	Rechnungs-datum
		7362	1596	..-04-30

Rechnung

Artikel-Nr.	Artikelbezeichnung	Menge in m	Einzelpreis EUR	Rabatt in %	Gesamtpreis EUR
505283	Polsterstoff, „Maiwiese" 20 Ballen à 30 m	600	18,00	5	10 260,00
293325	Polstergarn	500	6,46	5	3 230,00

Warenwert, netto	Verpackung	Fracht	Entgelt, netto	19 % USt. EUR	Gesamtbetrag EUR
13 490,00	510,00	140,00	14 140,00	2 686,60	16 826,60

Zahlbar innerhalb 30 Tagen netto

Bei Rücksendung der Verpackung schreiben wir Ihnen 80 % des Wertes gut.

Bankverbindung: Commerzbank Düsseldorf
BLZ 300 400 00 Kto-Nr.: 1 340 000

Steuer-Nr.: 133/808/2134 **USt-ID-Nr.:** DE-178432989

Hanckel & Cie. GmbH

Hanckel & Cie. GmbH, Augustastr. 8, 40477 Düsseldorf

Bürodesign GmbH
Stolberger Straße 188
50933 Köln

Augustastr. 8
40477 Düsseldorf

Tel.: 0211 345234
Fax: 0211 345100

GUTSCHRIFT 073	
Ihre Beanstandung vom:	..-05-02
Unsere Lieferung vom:	..-04-29
Unsere Rechnung-Nr.:	1596
vom:	..-04-30

Begründung der Gutschrift	Menge Stück	Einzelpreis EUR	Gesamtpreis EUR
Webfehler an 1 Ballen Polsterstoff „Maiwiese" 50 % vom Warenwert (18,00 EUR je m abzügl. 5 % Rabatt), netto	30	18,00	513,00
Rückgabe von 3 Gitterboxen	3	136,00	408,00
		Wert der Gutschrift	921,00
		19 % Umsatzsteuer	174,99
		Wert der Gutschrift	1 095,99

Steuer-Nr.: 133/808/2134 **USt-ID-Nr.:** DE-178432989

Um gleichlautende Buchung wird gebeten.

Düsseldorf, den ..-05-03

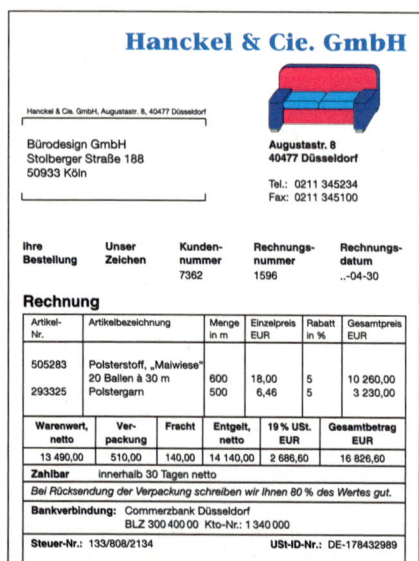

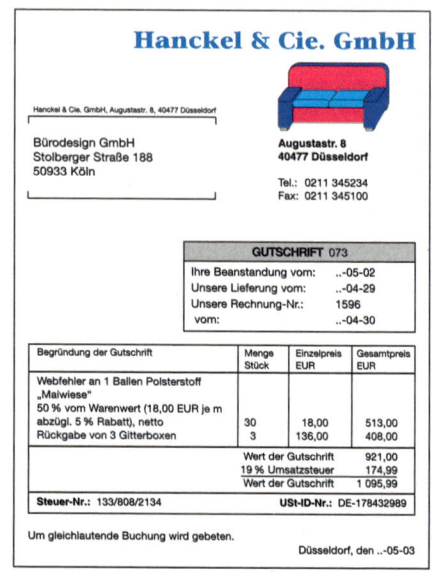

a) Bilden Sie die Buchungssätze zur Erfassung der beiden Belege.
b) Ermitteln Sie aus beiden Belegen die abziehbare Vorsteuer.

6.1.3 Liefererskonti

23. August ..: Frau Kluge nimmt die Rechnung der Stammes Stahlrohr GmbH vom 14. August .. aus der Terminmappe:

Stammes Stahlrohr GmbH

Stammes Stahlrohr GmbH, Neptunstraße 46, 45277 Essen

Bürodesign GmbH
Stolberger Straße 188
50933 Köln

Neptunstraße 46
45277 Essen

Telefon: 0201 89451
Telefax: 0201 75689

Bankverbindung:
Volksbank Essen
BLZ 360 303 00
Konto-Nr.: 758 493

Rechnung

Kunden-Nr.	Rechnungs-Nr.	Datum
736521	03853	..-08-14

Bei Zahlung bitte angeben

Pos.	Artikel-Nr.	Artikelbezeichnung	Menge	Einzelpreis EUR	Gesamtpreis EUR
1	R 805	Stahlrohr, grundiert 30 x 30 x 1 000 mm	1 200	36,00	43 200,00
2	R 838	Stahlrohr, verchromt 35 x 35 x 1 000 mm	80	85,00	6 800,00
				Steuerl. Entgelt	50 000,00
				19 % Umsatzsteuer	9 500,00
				Rechnungsbetrag	59 500,00

Zahlbar innerhalb von 10 Tagen mit 3 % Skonto oder Zahlung innerhalb von 30 Tagen netto Kasse.
Steuernummer: 112/765/1921 USt-ID-Nr.: DE-284563429

Sie überlegt, ob die Rechnung heute beglichen werden soll. Auch Frau Land wird in dieses Problem einbezogen. Nach kurzem Nachdenken meint diese: „Wir haben doch bis zum 14. September .. Zeit."

Arbeitsaufträge ▶ Überprüfen Sie, ob Frau Land mit ihrer Aussage Recht hat.
▶ Bilden Sie den Buchungssatz für obige Rechnung.

■ Vorzeitige Zahlung mit Skontoabzug

Der Lieferer kann sofortige Zahlung verlangen, falls über den Zahlungszeitpunkt keine vertragliche Vereinbarung vorliegt. Wird für die Zahlung ein **bestimmtes Ziel** – z. B. zahlbar innerhalb 60 Tagen ab Rechnungsdatum – vereinbart, dann **gewährt** der **Lieferer einen Kredit**, den er sich **verzinsen** lässt und in seiner Kalkulation berücksichtigt hat.

Will der Lieferer **vorzeitige Zahlung** erreichen, gewährt er als **Verzicht auf den Kredit** einen **Nachlass auf den Rechnungsbetrag**, der als Skonto bezeichnet wird – z. B. 3 % Skonto bei Bd. 2 Zahlung innerhalb von 10 Tagen (vgl. S. 345).

Um wirtschaftlich begründet zwischen den Möglichkeiten der **Skontoausnutzung** und der **Kreditinanspruchnahme** entscheiden zu können, wird der Skontosatz unter Verwendung der Zinsformel in einen **Zinssatz** umgerechnet.

Beispiel

ER vom 14.08. d. J.:	*EUR*	***Buchungssatz:***	
Rohstoffe, netto	*50 000,00*	*6000 Aufwendungen für Rohstoffe*	*50 000,00*
+ 19 % Umsatzsteuer	*9 500,00*	*2600 Vorsteuer*	*9 500,00*
	59 500,00	*an 4400 Verbindlichkeiten a. LL*	*59 500,00*
vereinbarte Zahlungsbedingung:		*„Zahlbar innerhalb von 10 Tagen mit 3 % Skonto"*	
	oder	*„Zahlung innerhalb von 30 Tagen netto Kasse"*	

■ Umrechnung des Skontosatzes in einen Zinssatz für den gewährten Kredit

Beispiel

$K =$ 57 715,00 EUR   *oder 97 % des Rechnungsbetrages*

$Z =$ 1 785,00 EUR   *oder 3 % des Rechnungsbetrages*

$t =$ 20 Tage   *Der Skonto von 3 % wird für die vorzeitige Zahlung gewährt, also dafür, dass der Zeitraum von 20 Tagen nicht in Anspruch genommen wird.*

$P =$ x   *p = Zinssatz p. a., der dem Skontosatz, auf 20 Tage bezogen, entspricht.*

Umstellung der Zinsformel	Berechnung von p mit absoluten Werten	Berechnung von p mit relativen Werten
$P = \dfrac{Z \cdot 100 \cdot 360}{K \cdot t}$	$P = \dfrac{1\,785 \cdot 100 \cdot 360}{57\,715 \cdot 20}$	$P = \dfrac{3 \cdot 100 \cdot 360}{97 \cdot 20}$
	$p = 55{,}67\ \%$	$p = 55{,}67\ \%$

■ Buchungen beim Ausgleich von Liefererrechnungen mit Skontoabzug

Der Skontoabzug war bei vorzeitiger Zahlung vereinbart. Daher wird mit der Überweisung des Bareinkaufspreises (Überweisungsbetrag) die gesamte Schuld auf dem Konto „44 Verbindlichkeiten a. LL" (Rechnungsbetrag, brutto) getilgt.

Die Anschaffungskosten der Rohstoffe werden durch den Skontoabzug gemindert.

> **§ 255 HGB Abs. 1:**
> Anschaffungskosten sind Aufwendungen, die geleistet werden, um den Vermögensgegenstand zu erwerben. [...] Anschaffungspreisminderungen sind abzusetzen.

Die nachträglichen Minderungen der Anschaffungskosten eingekaufter Rohstoffe **beim Skontoabzug auf Eingangsrechnungen** werden auf dem Unterkonto **„6002 Nachlässe"** gebucht.

Beispiel

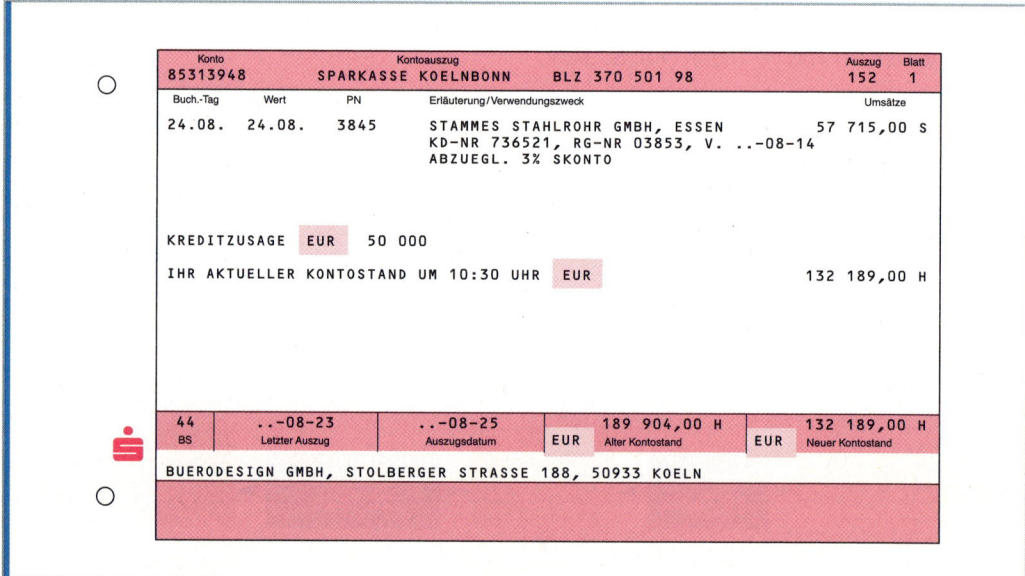

!	Bankauszug: Überweisung an Rohstofflieferer	EUR
Zieleinkaufspreis, brutto	Rechnungsbetrag, brutto	59 500,00
− Liefererskonto	− 3 % Skonto	1 785,00
Bareinkaufspreis, brutto	**Überweisungsbetrag**	**57 715,00**

Umsatzsteuerrechtlich bewirkt der Skontoabzug eine Änderung der ursprünglich gebuchten Vorsteuer; denn das Finanzamt erstattet letztlich nur die tatsächlich bezahlte Vorsteuer. Die Herausrechnung des Vorsteuerbetrages aus dem Skontobetrag kann wie folgt durchgeführt werden:

$$\frac{\text{Liefererskonto} \cdot \text{USt-Satz}}{100 + \text{Umsatzsteuersatz}} = \text{VSt-Anteil} \qquad \frac{1785 \cdot 19}{119} = 285{,}00 \text{ EUR}$$

Durch Skontoabzug werden Anschaffungskosten und Vorsteuer korrigiert.

Auswirkung des Liefererskontos	auf die Anschaffungs-kosten	auf die Vorsteuer	insgesamt
Rechnungsbetrag lt. ER	50 000,00 EUR	9 500,00 EUR	59 500,00 EUR
− 3 % Skonto	1 500,00 EUR	285,00 EUR	1 785,00 EUR
= Überweisungsbetrag	48 500,00 EUR	9 215,00 EUR	57 715,00 EUR

Beispiel *(Fortsetzung des Beispiels S. 385 und oben)*

ER: Rohstoffe netto 50 000,00
+ 19 % Umsatzsteuer 9 500,00
                                     59 500,00

Buchungssätze:
6000 Aufwendungen für Rohstoffe 50 000,00
2600 Vorsteuer 9 500,00
     an 4400 Verbindl. a. LL 59 500,00

BA: *Banküberweisung an . . .*
Rohstofflieferer nach Abzug .
von 3 % Skonto 57 715,00

Buchungssätze:
4400 Verbindlichkeiten a. LL 59 500,00
     an 6002 Nachlässe 1 500,00
     an 2600 Vorsteuer   285,00
     an 2800 Bank 57 715,00

vorbereitende Abschlussbuchung:

Das Konto „Nachlässe" ist zum Jahresabschluss
über das Konto „Aufwendungen für Rohstoffe"
abzuschließen.

6002 Nachlässe 1 500,00
     an 6000 Aufw. für Rohstoffe 1 500,00

S	6000 Aufwendungen für Rohstoffe	H		S	4400 Verbindlichkeiten a. LL	H
4400 Vb 50 000,00	6002 Nachl. 1 500,00			6002 Nachl., 2600 VSt, 2800 Ba 59 500,00	6000 AfR, 2600 VSt 59 500,00	

S	6002 Nachlässe	H
6000 AfR 1 500,00	4400 Vb 1 500,00	

S	2600 Vorsteuer	H
4400 Vb 9 500,00	4400 Vb 285,00	

S	2800 Bank	H
8000 EBK 90 000,00	4400 Vb 57 715,00	

Zusammenfassung: Liefererskonti		
Begriff	**Auswirkungen**	**Buchung**

• vorzeitiger Ausgleich von Eingangs-rechnungen
• Verzicht auf den Liefererkredit
	• Minderung der Anschaffungskosten
	• nachträgliche Minderung des Entgelts lt. ER
	• Korrektur der Vorsteuer im Haben
		• Rechnungsausgleich
		  4400 Verbindl. a. LL
		         an 6002 (6022, 6032) Nachlässe
		         an 2600 Vorsteuer
		         an 2800 Bank
		• Abschluss des Unterkontos
		  6002 (6022, 6032) Nachlässe
		         an 6000 Aufwendungen für Rohstoffe

Aufgaben

1 *Folgende Eingangsrechnungen verschiedener Rohstofflieferer sollen unter Abzug von Skonto durch Banküberweisung ausgeglichen werden:*

	Rechnungsbeträge einschließlich 19 % USt in EUR	Skontosatz
1.	38 080,00	1 %
2.	54 740,00	3 %
3.	103 530,00	2 %
4.	64 260,00	1,5 %

a) *Ermitteln Sie jeweils den Skonto- und Überweisungsbetrag und bilden Sie den Buchungssatz zur Erfassung des Rechnungsausgleichs.*

b) *Ermitteln Sie den Zinssatz der jeweiligen Liefererkredite, wenn die Zahlungsbedingung lautet: Binnen 8 Tagen abzüglich Skonto, binnen 30 Tagen netto Kasse.*

2 *In der Industrieunternehmung Thomas Linde e. K. werden verschiedene Eingangsrechnungen von Rohstofflieferern nach Abzug von Skonto durch Banküberweisung beglichen. Diese Zahlungen sind aufgrund der Information aus den Bankkontenauszügen und der Lastschriftzettel zu buchen:*

	Überweisungsbeträge lt. Bankkontenauszügen	Skontosatz lt. Lastschriftzettel
1.	30 321,20	2 %
2.	39 447,06	3 %
3.	98 157,15	2,5 %
4.	52 307,64	1 %

Zu den Fällen 1 bis 4 sind Rechnungs- und Skontobeträge zu ermitteln und die Buchungssätze zu bilden.

3 *Die Möbelfabrik Karl Krämer e. K. hat folgende Eingangsrechnung für Holz vorliegen:*

ER vom 01.10.: *Zieleinkauf von Rohstoffen, netto* . . . . 30 000,00 EUR
+ 19 % USt . . . .   5 700,00 EUR   35 700,00 EUR
Die Zahlungsbedingung des Lieferers lautet:
„Zahlbar innerhalb von 14 Tagen mit 2 % Skonto oder 30 Tagen Ziel"

a) *Geben Sie den Buchungssatz für die Eingangsrechnung vom 1. Oktober .. an.*

b) *Berechnen Sie den Skonto- und Überweisungsbetrag, falls bis zum 15. Oktober .. mit Skontoabzug gezahlt würde.*

c) *Wie lautet die Buchung beim Ausgleich der Eingangsrechnung durch Banküberweisung nach Abzug von Skonto?*

4 *Ein Industrieunternehmen hat folgende Eingangsrechnung einer Hilfsstoffsendung vorliegen:*

ER vom 05.07. *über 89 250,00 EUR einschl. 19 % USt.*
Die Zahlungsbedingung des Lieferers lautet:
„Zahlbar innerhalb von 14 Tagen mit 3 % Skonto oder 30 Tagen Ziel"

a) *Berechnen Sie den Skonto- und Überweisungsbetrag, falls bis zum 19. Juli .. mit Skontoabzug gezahlt würde.*

b) *Wie lautet die Buchung bei Banküberweisung an den Lieferer nach Abzug von Skonto?*

5 *Ein Industrieunternehmen hat folgende Eingangsrechnung nach einer Betriebsstofflieferung erhalten:*

ER vom 10.08. *über 73 780,00 EUR einschl. 19 % USt.*
Die Zahlungsbedingung des Lieferers lautet:
„Zahlbar innerhalb von 10 Tagen mit 2 % Skonto oder 30 Tagen Ziel"

a) Bilden Sie die Buchungssätze
  aa) zur Erfassung der Eingangsrechnung,
  ab) zur Erfassung der Banküberweisung an den Lieferer nach Abzug von Skonto.
b) Welchem Zinssatz entspricht der angegebene Skontosatz?

6 Die Impex GmbH ermittelte gegen Ende des Geschäftsjahres (01. Januar–31. Dezember) alle Salden auf den Sach- und Personenkonten. Dadurch ergab sich folgende Saldenbilanz der Konten der Finanzbuchhaltung:

Saldenbilanz		Soll EUR	Haben EUR
2000	Rohstoffe	85 000,00	
2020	Hilfsstoffe	34 000,00	
2100	Unfertige Erzeugnisse	40 000,00	
2200	Fertige Erzeugnisse	70 000,00	
2600	Vorsteuer	69 262,40	
2800	Bank	587 737,60	
2880	Kasse	4 000,00	
3000	Eigenkapital		444 400,00
4400	Verbindlichkeiten a. LL		83 300,00
44001	Lieferer Exakta GmbH, Ulm, ER 100	35 700,00	
44002	Lieferer Udo Ulf OHG, Koblenz, ER 90	47 600,00	
4800	Umsatzsteuer		140 000,00
5000	Umsatzerlöse für eigene Erzeugnisse		1 150 000,00
5200	Bestandsveränderungen		
6000	Aufwendungen für Rohstoffe	134 000,00	
6001	Bezugskosten für Rohstoffe	4 200,00	
6002	Nachlässe für Rohstoffe		
6020	Aufwendungen für Hilfsstoffe	73 000,00	
6021	Bezugskosten für Hilfsstoffe	3 500,00	
6022	Nachlässe für Hilfsstoffe		
6200	Löhne	350 000,00	
6300	Gehälter	280 000,00	
6700	Mieten	83 000,00	
		1 817 700,00	1 817 700,00

Geschäftsfälle:	EUR	EUR
1. **ER 108 vom 16.12.:** Zieleinkauf von Rohstoffen beim Lieferer Exakta GmbH, netto	38 000,00	
– 6 % Mengenrabatt	2 280,00	35 720,00
+ 19 % Umsatzsteuer		6 786,80
		42 506,80
2. **Gutschrift ER 90 vom 17.12.:** Gutschrift des Lieferers Fa. Ulf OHG wegen anerkannter Mängel bei Hilfsstoffen, netto	3 200,00	
+ 19 % Umsatzsteuer	608,00	3 808,00
3. **BA vom 20.12.:** Banküberweisung für ER 100 an die Exakta GmbH nach Abzug von 3 % Skonto (Rohstoffe) Überweisungsbetrag		34 629,00
4. **Gutschrift ER 108 vom 23.12.:** Gutschrift des Lieferers Exakta GmbH wegen der Rücksendung von Rohstoffen (Fall 1), netto	4 000,00	
+ 19 % Umsatzsteuer	760,00	4 760,00

5. ER 91 vom 24.12.: *Zieleinkauf beim Lieferer Fa. Ulf OHG*

	EUR	EUR
Hilfsstoffe, Listenpreis	6 000,00	
– 5 % Rabatt	300,00	5 700,00
+ Fracht		200,00
		5 900,00
+ 19 % Umsatzsteuer		1 121,00
		7 021,00

6. BA vom 27.12.: *Banküberweisung für ER 90 an Fa. Ulf OHG*

Rechnungsbetrag brutto	47 600,00	
– Gutschrift vom 17.12. (Fall 2)	3 808,00	43 792,00
– 2 % Skonto		875,84
		42 916,16

7. Gutschrift des Lieferers Exakta GmbH vom 30.12.:

Bonus für bezogene Rohstoffe, netto	1 200,00	
+ 19 % Umsatzsteuer	228,00	1 428,00

Abschlussangaben zum 31.12.: ....

Endbestände lt. Inventur	EUR
a) Rohstoffe	50 284,00
b) Hilfsstoffe	41 000,00
c) Unfertige Erzeugnisse	22 000,00
d) Fertige Erzeugnisse	75 000,00

a) *Richten Sie die oben genannten Konten mit den entsprechenden Salden ein. Sie können in die Spalte für die Gegenkonteneintragung den Text „SA" für „Saldenbilanz" eintragen. Bei manueller Buchhaltung sind die Personenkonten nicht einzurichten. Bei computerunterstützter Buchführung könnten die Saldenvorträge mit dem Datum 14. Dezember .. auf die Sachkonten und die beiden Kreditorenkonten übernommen werden.*

b) *Buchen Sie die Geschäftsfälle und führen Sie alle erforderlichen vorbereitenden Abschlussbuchungen durch.*

c) *Führen Sie den Abschluss der Finanzbuchhaltung durch.*

7 a) *Richten Sie folgende Konten mit den angegebenen Werten ein:*

	EUR	EUR
2000 Rohstoffe	95 000,00	
2600 Vorsteuer	61 000,00	31 600,00
2800 Bank	992 000,00	861 442,50
4400 Verbindlichkeiten a. LL	632 500,00	839 500,00
4800 Umsatzsteuer	71 000,00	125 307,50
6000 Aufwendungen für Rohstoffe	670 530,00	
6002 Nachlässe		11 000,00

b) *Buchen Sie folgende Geschäftsfälle auf den Konten.*

1. **Mitteilung des Rohstofflieferers:** *Gutschrift wegen fehlerhafter Materialien: Minderung, netto* ....

	15 000,00	
+ 19 % Umsatzsteuer	2 850,00	17 850,00

2. **BA:** *Banküberweisung an Rohstofflieferer für fällige ER, brutto* ....

	49 980,00	
– 2,5 % Skonto	1 249,50	48 730,50

3. **Mitteilung des Rohstofflieferers:** *Gutschrift für Bonus: 2 % vom Halbjahresumsatz von brutto 595 000,00 EUR* ....

		11 900,00
Umsatzsteueranteil		1 900,00

4. **BA:** *Banküberweisung an Rohstofflieferer nach Abzug von 3 % Skonto* ....

		34 629,00

c) *Endbestand an Rohstoffen lt. Inventur* **82 000,00**

d) *Schließen Sie die Konten unter Angabe der Gegenkonten ab und ermitteln Sie die Salden.*

8 *Erstellen Sie eine allgemeine Übersicht über das Konto 6000 Aufw. für Rohst. und seine Unterkonten. Die beste Übersicht findet einen Platz im Klassenraum.*

9 *Folgende Belege der Bürodesign GmbH sind vorzukontieren und auszuwerten:*

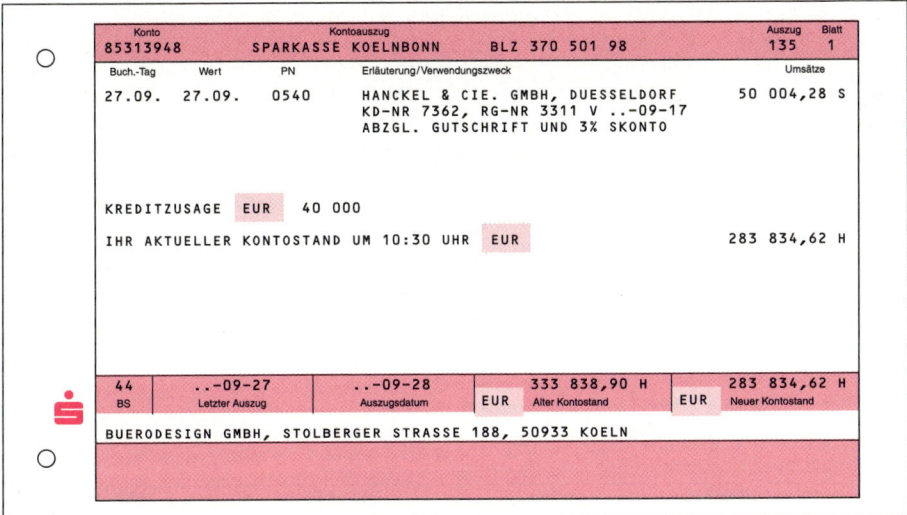

a) *Bilden Sie die Buchungssätze zur Erfassung der einzelnen Belege:*
   aa) *ER 3311,*
   ab) *Gutschrift 306,*
   ac) *Bankauszug 135*

b) *Berechnen Sie*
   ba) *den Bezugspreis je m Polsterstoff Velours,*
   bb) *die absetzbare Vorsteuer aufgrund der drei Belege,*
   bc) *den Effektivzinssatz, der dem Skontosatz entspricht.*

c) Erläutern Sie die Lieferungs- und Zahlungsbedingungen der Hanckel & Cie. GmbH.

d) Erläutern Sie die Eingaben, die die drei Belege da) in die Lagerdatei, db) in die Kreditoren-datei hervorrufen.

10 a) Wie lautet die Buchung

    aa) der Rechnung der Hanckel & Cie. GmbH,

    ab) des Kontoauszugs der Bürodesign GmbH?

b) Ermitteln Sie aus beiden Belegen

    ba) den Anschaffungswert für 1 kg Klarsicht-lack,

    bb) den Effektivzinssatz, der dem Skontosatz entspricht.

Hanckel & Cie. GmbH

Hanckel & Cie. GmbH, Augustastr. 8, 40477 Düsseldorf

Bürodesign GmbH
Stolberger Straße 188
50933 Köln

Augustastr. 8
40477 Düsseldorf

Tel.: 0211 345234
Fax: 0211 345100

Ihre Bestellung	Unser Zeichen	Kunden-nummer	Liefer-datum	Rechnungs-datum
..-08-14	ke-lb	7362	..-08-16	..-08-18

Rechnung-Nr. 2918

Artikel-Nr.	Artikelbezeichnung	Menge in St.	Einzelpreis EUR	Gesamtpreis EUR
8040	Klarsichtlack 10-kg-Eimer	40	142,50	5 700,00

Warenwert, netto	Ver-packung	Fracht	Entgelt, netto	19 % USt. EUR	Gesamtbetrag EUR
5 700,00	72,00		5 772,00	1 096,68	6 868,68

Zahlung: innerhalb 30 Tagen netto oder innerhalb von 7 Tagen 2 % Skonto vom Rechnungsbetrag

Bankverbindung: Commerzbank Düsseldorf
BLZ 300 400 00 Kto-Nr.: 1 340 000

Steuer-Nr.: 133/808/2134   **USt-ID-Nr.:** DE-178432989

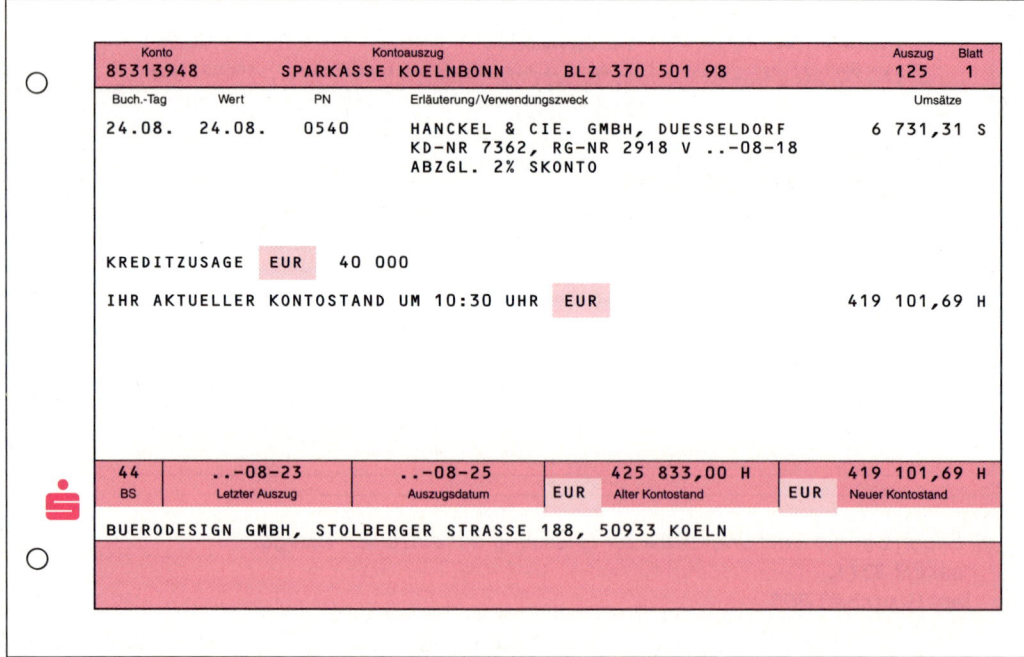

Konto		Kontoauszug		Auszug	Blatt
85313948	SPARKASSE KOELNBONN	BLZ 370 501 98		125	1

Buch.-Tag	Wert	PN	Erläuterung/Verwendungszweck	Umsätze
24.08.	24.08.	0540	HANCKEL & CIE. GMBH, DUESSELDORF KD-NR 7362, RG-NR 2918 V ..-08-18 ABZGL. 2% SKONTO	6 731,31 S
			KREDITZUSAGE EUR 40 000	
			IHR AKTUELLER KONTOSTAND UM 10:30 UHR EUR	419 101,69 H

44 BS	..-08-23 Letzter Auszug	..-08-25 Auszugsdatum	EUR	425 833,00 H Alter Kontostand	EUR	419 101,69 H Neuer Kontostand

BUERODESIGN GMBH, STOLBERGER STRASSE 188, 50933 KOELN

6.2 Buchungen in der Absatzwirtschaft

6.2.1 Sofortrabatte, Verpackungskosten, Frachten, Vertriebsprovisionen

Frau Kluge gibt Silvia Land die Kopie folgender Ausgangsrechnung hinüber:

BÜRODESIGN GMBH

Bürodesign GmbH, Stolberger Straße 188, 50933 Köln

| **Anschrift:** | Stolberger Straße 188, 50933 Köln |

Telefon:	0221 668-3550
Telefax:	0221 668-357
Banken:	Postbank Köln
	BLZ 370 100 50 Kto.Nr.: 03240 66 - 506
	Sparkasse KölnBonn
	BLZ 370 501 98 Kto.Nr.: 85 313 948
	Deutsche Bank Köln
	BLZ 370 700 60 Kto.Nr.: 25 203 488

Bodo Lukas KG
Fachgeschäft für Büroeinrichtungen
Ohmstraße 16
76229 Karlsruhe

Ihr Auftrag vom

Rechnung

Kunden-Nr.	Rechnungs-Nr.	Rechnungstag
24005	5873	. . - 08 - 17
Bei Zahlung bitte angeben		

Pos.	Artikel-Nr.	Artikelbezeichnung	Menge	Einzelpreis EUR	Gesamtpreis EUR
1	013	Kombinationsschreibtisch „Modulo" – 8 % Mengenrabatt	16	937,50	15 000,00 1 200,00

Warenwert netto	Verpackung	Fracht	Entgelt netto	USt-%	USt-EUR	Gesamtbetrag
13 800,00	600,00		14 400,00	19	2 736,00	17 136,00

Steuer-Nr.: 223/845/8844   USt-ID-Nr.: DE-135795835

Arbeitsaufträge ▶ Nennen Sie Gründe für die Rabattgewährung.
▶ Erläutern Sie die Auswirkungen des Mengenrabatts auf die Umsatzerlöse und die Umsatzsteuer.
▶ Erarbeiten Sie einen Buchungsvorschlag zur Erfassung des Beleges.

■ Sofortrabatte

Sofortrabatte werden in Form von Mengen-, Treue- oder Messerabatt auf die Listenverkaufsprei-se gewährt. Insbesondere Mengenrabatte sollen zu größeren Bestellmengen veranlassen und damit zu verminderten Auftragsabwicklungs- und Frachtkosten führen. Sofortrabatte werden wie beim Einkauf **nicht gebucht**.

■ Verpackungskosten

Das verkaufende Unternehmen hat als Vertragspartner die Erzeugnisse so zu verpacken, dass sie vom Käufer übernommen werden können. Die **Kosten** für solche **Verpackungen hat** der **Verkäufer zu tragen**. Die **Kosten für die Verpackungen**, die zum Versand der Erzeugnisse notwendig werden, sind in der Regel vom Käufer zu übernehmen. Vielfach besorgt jedoch der Verkäufer auch diese Verpackungen. Solche Verpackungsmaterialien werden beim Einkauf als Aufwand auf dem Konto **6040 Verpackungsmaterial** erfasst.

Beispiel

ER: Kauf von Verpackungsmaterial
für auszuliefernde Erzeugnisse

Verpackung, netto	*1 300,00*
+ 19 % USt	*247,00*
	1 547,00

Buchungssatz:

6040 Verpackungsmaterial	*1 300,00*
2600 Vorsteuer	*247,00*
an 4400 Verbindlichkeiten	*1 547,00*

Versandverpackung, die beim Verkauf von Erzeugnissen anfällt, wird dem Kunden getrennt in Rechnung gestellt. Die in Rechnung gestellte Verpackung stellt aus der Sicht der Industrieunter-nehmung Umsatz dar (vgl. Beleg S. 393).

Beispiel

AR: Erzeugnisse (16 Kombinations-
schreibtische) à 937,50 EUR

schreibtische) à 937,50 EUR	*15 000,00*
– 8 % Mengenrabatt	*1 200,00*
	13 800,00
+ Verpackung	*600,00*
	14 400,00
+ 19 % USt	*2 736,00*
	17 136,00

Buchungssatz:

2400 Forderungen a. LL	*17 136,00*
an 5000 Umsatzerlöse für	
Erzeugnisse	*14 400,00*
an 4800 Umsatzsteuer	*2 736,00*

■ Transportkosten

In der Regel hat der Käufer die **Frachten** für die Zusendung seiner Waren zu tragen (vgl. S. 235 f.). Der Verkäufer führt die Auslieferung vielfach mit eigenem Werksverkehr durch oder be-auftragt fremde Frachtführer mit der Zusendung. Die **Frachtkosten** werden dann **vom verkaufenden Unternehmen gezahlt und** später **dem Kunden belastet**. Dann wird die be-rechnete Fracht wie die berechnete Verpackung Bestandteil des Umsatzes.

Beispiele

KB: Frachtzahlung an den Frachtführer
für den Versand der Kombinations-

schreibtische, netto	*400,00*
+ 19 % USt	*76,00*
	476,00

Buchungssatz:

6140 Frachten und Fremdlager	*400,00*
2600 Vorsteuer	*76,00*
an 2880 Kasse	*476,00*

AR: Zielverkauf von fertigen ..		
Erzeugnissen, netto	11 894,60	
– 5 % Mengenrabatt	594,60	
	11 300,00	
+ Fracht	400,00	
+ Verpackung	300,00	
	12 000,00	
+ 19 % Umsatzsteuer	2 280,00	
	14 280,00	

Buchungssatz:

2400	Forderungen a. LL	14 280,00
	an 5000 Umsatzerlöse für	
	Erzeugnisse	12 000,00
	an 4800 Umsatzsteuer	2 280,00

■ Vertriebsprovisionen

Industrieunternehmen setzen als **Maßnahme ihrer Distributionspolitik Handelsvertreter** ein (vgl. S. 349 f.), um ihre Erzeugnisse zu verkaufen. Die Handelsvertreter erhalten für ihre Dienstleistungen eine **Umsatzprovision**, die für das Unternehmen Aufwand darstellt.

Beispiel

ER, BA: Zahlung mit Bankscheck		
5 % Provision vom Oktober-		
umsatz	4 250,00	
+ 19 % USt	807,50	
	5 057,50	

Buchungssatz:

6150	Vertriebsprovisionen	4 250,00
2600	Vorsteuer	807,50
	an 2800 Bank	5 057,50

Zusammenfassung: Sofortrabatte, Verpackungskosten, Frachten, Vertriebsprovisionen

Kosten der Warenabgabe

Verpackungskosten	**Frachten**	**Vertriebsprovisionen**

– Kosten der Schutzverpackung trägt der Verkäufer
– Kosten der Versandverpackung trägt lt. Gesetz der Käufer
  • häufig Vorlage durch den Verkäufer
  • spätere Belastung des Kunden
– Buchung im Soll des Kontos „6040 Verpackungsmaterial"
	– Fracht trägt lt. Gesetz der Käufer
	  • häufige Vorlage durch den Verkäufer, der den Frachtführer besorgt
	  • spätere Belastung des Kunden mit den Frachten
	– Buchung im Soll des Kontos „6140 Frachten und Fremdlager"
		– Verkaufsprovisionen an Absatzhelfer
		  • Handelsvertreter
		  • Handelsmakler
		
		– Buchung im Soll des Kontos „6150 Vertriebsprovision"

- Die Belastungen der Kunden mit den vorgelegten Aufwendungen (Verpackungs- und Frachtkosten) sind Umsatzerlöse, die im Haben des Kontos „5000 Umsatzerlöse für Erzeugnisse" zu buchen sind. Wegen der Entgeltsmehrung erhöht sich entsprechend die Umsatzsteuer.
- **Sofortrabatte**, die den Kunden in den Ausgangsrechnungen offen abgesetzt wurden, werden nicht gebucht.

Aufgaben

1 Geben Sie die Buchungssätze für folgende Vorgänge eines Herstellers von Büromöbeln an.
(Rohstoffe: Furniere, Holz; Fertige Erzeugnisse: Büromöbel, Arbeitstische, Computertische).

		EUR	EUR
1.	**AR:** Zielverkauf von 50 Arbeitstischen, netto	60 000,00	
	– 8 % Mengenrabatt	4 800,00	55 200,00
	+ 19 % USt		10 488,00
			65 688,00
2.	**ER, KB:** Barzahlung der Fracht an den Frachtführer für die Auslieferung der Arbeitstische an den Kunden (Fall 1), netto	840,00	
	+ 19 % USt	159,60	999,60
3.	**ER:** Zieleinkauf von Lärchenfurnier, netto	7 000,00	
	– 5 % Mengenrabatt	350,00	6 650,00
	+ Fracht		93,00
	+ Transportversicherung		7,00
			6 750,00
	+ 19 % USt		1 282,50
			8 032,50
4.	**Briefkopie:** Lastschrift an Kunden Fracht für die Lieferung der Arbeitstische (Fälle 1 und 2), netto	840,00	
	+ 19 % USt	159,60	999,60
5.	**Brief des Lieferers:** Gutschrift wegen Beschädigung an 6 Furnierblättern: Minderung brutto einschl. 19 % USt . . .		190,40
6.	**AR:** Zielverkäufe von 10 Computertischen, netto	3 600,00	
	+ Frachtkosten	96,00	3 696,00
	+ 19 % USt		702,24
			4 398,24
7.	**ER, BA:** Abrechnung eines Handelsvertreters wurde sofort mit Bankscheck bezahlt: Zielverkäufe, netto 123000,00 EUR; davon 5 % Provision .	6 150,00	
	+ 19 % USt	1 168,50	7 318,50
8.	**ER, KB:** Bareinkauf von Versandkartons, netto	2 400,00	
	+ 19 % USt	456,00	2 856,00
9.	**AR:** Zielverkauf von Büromöbeln	47 400,00	
	+ Aufstellungs- und Einbaukosten, netto	5 600,00	53 000,00
	+ 19 % USt		10 070,00
			63 070,00
10.	**ER, BA:** Zahlung der Fracht durch Bankscheck (Fall 9) netto	1 500,00	
	+ 19 % USt	285,00	1 785,00
11.	**Briefkopie:** Lastschrift für Verpackungsmaterial (Fall 9). Anteilige Verpackungskosten, netto	450,00	
	+ 19 % USt	85,50	535,50

2 Buchen Sie auf den Konten 2000, 2400, 2600, 2800, 2880, 3000, 4400, 4800, 5000, 6000, 6001, 6040, 6140, 8000, 8010 und 8020 und ermitteln Sie

a) den Rohstoffeinsatz (Umsatz zu Einstandspreisen),

b) den Umsatz zu Verkaufspreisen,

c) die Umsatzsteuerzahllast.

Anfangsbestände:	EUR		EUR
Rohstoffe	80 000,00	Eigenkapital	56 500,00
Forderungen a. LL	17 250,00	Verbindlichkeiten a. LL	62 100,00
Bankguthaben	19 790,00	Umsatzsteuer	2 500,00
Kasse	4 060,00		

Geschäftsfälle:	EUR	EUR
1. **ER:** Rohstoffeinkauf auf Ziel, netto	16 000,00	
+ 19 % USt	3 040,00	19 040,00
2. **KB:** Fracht und Rollgeld für diesen Einkauf		
(vgl. Fall 1) bar, netto	2 000,00	
+ 19 % USt	380,00	2 380,00
3. **AR, BA:** Verkauf von Erzeugnissen gegen Bankscheck, netto .	6 600,00	
+ Verpackung, netto	120,00	
+ Fracht, netto	280,00	7 000,00
+ 19 % USt		1 330,00
		8 330,00
4. **BA:** Banküberweisung der Umsatzsteuer des Vormonats		2 500,00
5. **KB:** Bareinkauf von Versandkartons, netto	400,00	
+ 19 % USt	76,00	476,00
6. **AR:** Verkauf von Erzeugnissen auf Ziel, netto 30 000,00 EUR		
– 20 % Einführungsrabatt . . . . 6 000,00 EUR	24 000,00	
+ 19 % USt	4 560,00	28 560,00
7. **ER:** Lastschriftanzeige des Spediteurs für die Lieferung der		
Erzeugnisse (Fall 6) an den Kunden, netto	2 200,00	
+ 19 % USt	418,00	2 618,00
8. **ER, BA:** Rohstoffeinkauf gegen Bankscheck,		
netto . . . . 3 000,00 EUR		
+ Verpackung . . . . 200,00 EUR		
+ Fracht . . . . 100,00 EUR	3 300,00	
+ 19 % USt	627,00	3 927,00
9. **AR:** Einem Kunden wird die vorgelegte Fracht (Fall 7)		
in Rechnung gestellt,		
netto	2 200,00	
+ 19 % USt	418,00	2 618,00

Abschlussangaben:

1. Rohstoffbestand lt. Inventur 82 000,00

2. Die Salden der übrigen Bestandskonten stimmen mit den Inventurwerten überein.

3 Kontenplan: 2000, 2400, 2600, 2880, 4400, 4800, 5000, 6000, 6001, 6140

Anfangsbestände:

2000 Rohstoffe . . . . 17 500,00 EUR   2880 Kasse . . . . 8 960,00 EUR

Geschäftsfälle	EUR	EUR
1. **ER:** Rohstoffeinkauf auf Ziel, ab Werk, netto	2 300,00	
+ 19 % USt	437,00	2 737,00
2. **KB:** Fracht und Rollgeld für diesen Einkauf (Fall 1) werden		
bar bezahlt		202,30
USt-Anteil bei 19 % USt		32,30

3. **AR:** Verkauf von Erzeugnissen auf Ziel, frei Haus, netto 950,00
+ 19 % USt 180,50   1 130,50

4. **KB:** Barzahlung der Fracht für die ausgelieferten Erzeugnisse (Fall 3), brutto einschl. 19 % USt 95,20
USt-Anteil .... ?

5. **AR:** Verkauf von Erzeugnissen auf Ziel, frei Haus 142,80
USt-Anteil bei 19 % USt 22,80

6. **KB:** Paketentgelt (Fall 5) bar 8,00

7. **ER:** Rohstoffeinkauf auf Ziel, frei Haus, netto 1 900,00
+ Verpackungsmaterial 200,00   2 100,00
+ 19 % USt 399,00
    2 499,00

8. **ER** des Spediteurs für Lieferungen von Erzeugnissen an verschiedene Kunden, netto 3 500,00
+ 19 % USt 665,00   4 165,00

a) Buchen Sie die Geschäftsfälle 1–8 auf den angegebenen Konten.

b) Ermitteln Sie
  1. den Rohstoffeinsatz unter Berücksichtigung der Rohstoffbestandsveränderungen (Rohstoffendbestand lt. Inventur 15 000,00 EUR),
  2. die absetzbare Vorsteuer,
  3. den Vorsteuerüberhang,
  4. den Saldo des Kontos 6140.
  5. 8020 und 8010 sind nicht abzuschließen.

c) Grenzen Sie die Inhalte der Konten 6001 und 6140 gegeneinander ab.

4 **Kontenplan:** 2400, 2600, 2800, 2880, 4400, 4800, 5000, 6000, 6001, 6040, 6140.
Geben Sie die Buchungssätze für folgende Geschäftsfälle eines Möbelherstellers an:

		EUR	EUR
1. **AR:** Zielverkauf von 100 Bürotischen, netto .	48 000,00 EUR		
– 8 % Mengenrabatt	2 880,00 EUR	45 120,00	
+ 19 % USt		8 572,80	53 692,80
2. **ER, KB:** Barzahlung der Fracht an den Frachtführer für Auslieferung der Bürotische an den Kunden (Fall 1), netto		1 220,00	
+ 19 % USt		231,80	1 451,80
3. **ER:** Zieleinkauf von 40 Tischlerplatten			
Listenpreis	7 000,00 EUR		
– 5 % Mengenrabatt	350,00 EUR	6 650,00	
+ Fracht	93,35 EUR		
+ Transportversicherung	6,65 EUR	100,00	
....		6 750,00	
+ 19 % USt		1 282,50	8 032,50
4. **Briefkopie:** Lastschrift an Kunden			
Fracht für Auslieferung der Bürotische (Fälle 1 und 2), netto .		1 220,00	
+ 19 % USt		231,80	1 451,80
5. **AR:** Zielverkauf von 20 Computertischen zum			
Listenpreis von 300,00 EUR je Stück	6 000,00 EUR		
– 5 % Messerabatt	300,00 EUR	5 700,00	
+ Fracht		100,00	
		5 800,00	
+ 19 % USt		1 102,00	6 902,00

6. **ER, BA:** *Abrechnung eines Handelsvertreters wurde sofort*
   mit Bankscheck bezahlt: 5 % Provision von 185 000,00 EUR

mit Zielverkäufen, netto	9 250,00	
+ 19 % USt	1 757,50	11 007,50

7. **ER, KB:** *Einkauf von Versandkartons gegen Barzahlung,*

netto	2 700,00	
+ 19 % USt	513,00	3 213,00

8. **AR:** *Ausstattung eines Großraumbüros mit verschiedenen*

Büromöbeln: Warenwert, netto . . . . 146 400,00 EUR		
+ Verpackung . . . . 2 460,00 EUR	148 860,00	
+ 19 % USt	28 283,40	177 143,40
Zahlungsziel 30 Tage		

9. **ER, BA:** *Zahlung der Fracht durch Bankscheck für die Aus-*

lieferung der Büromöbel (Fall 8), netto	2 160,00	
+ 19 % USt	410,40	2 570,40

6.2.2 Gutschriften an Kunden für Rücksendungen, Minderungen und Umsatzrückvergütungen

Die Klassik 2000 GmbH hat zwei Schreibtische Stardesign, Artikel-Nr. 015, wegen starker Qualitätsmängel und die Leihverpackung lt. AR vom 3. September .. zurückgeschickt. Von der Verkaufsabteilung wurde daraufhin eine Kopie der Gutschrift an die Buchhaltung weitergeleitet.

Arbeitsaufträge ▶ Erläutern Sie die Auswirkungen der Rücksendungen.
▶ Bilden Sie die erforderliche Buchung.

■ Rücksendungen von Erzeugnissen und Verpackungsmaterial durch Kunden

Die **Zurücknahme falsch gelieferter** bzw. **mangelhafter Erzeugnisse verursacht** eine Rückbuchung (Stornierung) der ursprünglich gebuchten Umsatzerlöse, der gebuchten Umsatzsteuer und der entstandenen Forderung a. LL gegenüber diesem Kunden.

Beispiel

Briefkopie: *Gutschrift an die Klassik*		
2000 GmbH wegen zurückgesandter		
Erzeugnisse, netto	6 000,00	
+ 19 % USt	1 140,00	
	7 140,00	

Buchungssatz:

5000	Umsatzerlöse für Erzeugnisse	. . . . .	6 000,00
4800	Umsatzsteuer		1 140,00
	2400	Forderungen a. LL	7 140,00

Ebenfalls führt die **Rücknahme von Verpackungsmaterial**, das dem Kunden in Rechnung gestellt wurde, zu dieser Buchung. Dabei wird dem Kunden häufig nicht der insgesamt berechnete Wert an Verpackungsmaterial gutgeschrieben, um für die Abnutzung der Verpackung ein angemessenes Entgelt zu erzielen.

Beispiel

*Briefkopie: Gutschrift an Kunden wegen
zurückgesandter Verpackung .
80 % der Selbstkosten . . . . . .
von 300,00 EUR, netto . . . . . .* 240,00
+ 19 % USt 45,60
        285,60

Buchungssatz:

5000	Umsatzerlöse für Erzeugnisse	240,00
4800	Umsatzsteuer	45,60
	2400 Forderungen a. LL	285,60

■ Gutschriften für Minderungen bei mangelhafter Lieferung und Umsatzrückvergütungen (Boni) an Kunden

Erhält der Kunde wegen berechtigter Mängelrüge (vgl. S. 253) nach erfolgloser Nacherfüllung eine **Gutschrift für Minderungen oder** nach Ablauf eines Rechnungszeitraums für seine erzielten Umsätze einen **nachträglichen Rabatt (Bonus)**, werden ebenfalls **Korrekturbuchungen** der ursprünglich gebuchten **Umsatzerlöse, Umsatzsteuern und Forderungen** notwendig.

Um jedoch eine **Kontrolle** über zurückgegebene Erzeugnisse und Verpackungen einerseits und Minderungen ursprünglich vereinbarter Umsatzerlöse durch Gutschriften andererseits zu ermöglichen, sind die **Vorgänge, bei denen Erzeugnisse zurückgegeben werden**, von den **Vorgängen** zu trennen, **bei denen die** ursprünglich vereinbarten **Umsatzerlöse lediglich gemindert werden**.

Das Industrieunternehmen bucht **die Gutschriften an Kunden wegen Minderungen und Boni** auf dem Konto **„5001 Erlösberichtigungen"**. Es ist ein Unterkonto des Kontos „5000 Umsatzerlöse für Erzeugnisse" und wird daher im Rahmen der vorbereitenden Abschlussbuchungen **über** das Konto **„5000 Umsatzerlöse für Erzeugnisse" abgeschlossen**.

Beispiele

*Briefkopie: Gutschrift an Kunden
wegen anerkannter Mängelrüge
Minderung, netto . . . .* 2 760,00
+ 19 % USt 524,40
        3 284,40

Buchungssätze:

5001	Erlösberichtigungen	2 760,00
4800	Umsatzsteuer	524,40
	2400 Forderungen a. LL	3 284,40

*Briefkopie: Gutschrift an Kunden 2 %
Bonus vom Jahresumsatz in Höhe
von 97 000,00 EUR . . . .* 1 940,00
+ 19 % USt 368,60
. . . . 2 308,60

Buchungssätze:

5001	Erlösberichtigungen	1940,00
4800	Umsatzsteuer	368,60
	an 2400 Forderungen a. LL2 308,60	

vorbereitende Abschlussbuchung:

5001 Erlösberichtigungen

5000	Umsatzerlöse für eigene Erzeugnisse	4 700,00
	an 5001 Erlösberichtigungen	4 700,00

Es handelt sich in beiden Fällen um reine Wertgutschriften. Die Ware wird nicht vom Kunden zurückgegeben. Dem Unternehmen entstehen im Unterschied zu Rücksendungen keine Folgekosten (Rücksendung, Einordnung, Pflege, Inventarisierung der Erzeugnisse).

Daher empfiehlt sich die getrennte Erfassung auf dem Unterkonto 5001 Erlösberichtigungen.

Zusammenfassung: Gutschriften an Kunden für Rücksendungen, Minderungen und Umsatzrückvergütungen

Rücksendungen	Gutschriften
Wert- und Mengenkorrekturen	**Wertkorrekturen**
• Erzeugnisse und Leihverpackungen Minderung der ursprünglich gebuchten	• Minderungen, Boni/Umsatzvergütung
– Umsatzerlöse	– Nachträgliche Herabsetzung des Verkaufpreises
– Umsatzsteuer	– Getrennte Erfassung der Wertkorrektur
– Forderungen a. LL	auf dem Unterkonto 5001 Erlösberichtigungen
Korrekturbuchung:	**Buchung:**
5000 Umsatzerlöse für Erzeugnisse	5001 Erlösberichtigungen
4800 Umsatzsteuer	4800 Umsatzsteuer
an 2400 Forderungen a. LL	an 2400 Forderungen a. LL
	Abschluss des Unterkontos 5001 Erlösberichtigungen im Rahmen der vorbereitenden Abschlussbuchungen über das Konto 5000 Umsatzerlöse für eigene Erzeugnisse

Aufgaben

1 Geben Sie die Buchungssätze für folgende Vorgänge eines Herstellers von Büromöbeln an.

	EUR	EUR
1. AR: *Zielverkauf von 100 Arbeitstischen à 600,00 EUR* ...	60 000,00	
– 8 % Mengenrabatt	4 800,00	55 200,00
+ 19 % Umsatzsteuer		10 488,00
		65 688,00
2. ER, KB: *Barzahlung der Fracht an den Frachtführer für die Auslieferung der Arbeitstische (Fall 1) an den Kunden, netto*	1 450,00	
+ 19 % Umsatzsteuer	275,50	1 725,50
3. Briefkopie: *Lastschrift an Kunden – Fracht für die Lieferung der Arbeitstische (Fall 2)*	1 450,00	
+ 19 % Umsatzsteuer	275,50	1 725,50
4. AR: *Zielverkäufe von 10 Computertischen à 360,00 EUR* .	3 600,00	
+ Frachtkosten	96,00	3 696,00
+ 19 % Umsatzsteuer		702,24
		4 398,24
5. Briefkopie: *Gutschrift an Kunden wegen Minderung (Fall 1), netto*	2 400,00	
+ 19 % Umsatzsteuer	456,00	2 856,00
6. Briefkopie: *Gutschrift an Kunden: Bonus 1,5 % vom Halbjahresumsatz über 140 000,00 EUR, netto*	2 100,00	
+ 19 % Umsatzsteuer	399,00	2 499,00

7. **AR:** Zielverkauf von 80 Büroschränken à 800,00 EUR 64 000,00
   – 12 1/2 % Mengenrabatt 8 000,00   56 000,00
  + Fracht 1 600,00
                                               57 600,00
  + 19 % Umsatzsteuer 10 944,00
                                               68 544,00

8. **Briefkopie:** Gutschrift an Kunden für Rückgabe von zwei
   Büroschränken (Fall 7), netto .... ?
   + 19 % Umsatzsteuer .... ?   ?

2 Eine Industrieunternehmung ermittelte gegen Ende des Geschäftsjahres
(01.01. – 31.12...) folgende Salden:

Saldenbilanz:

Kto	Bezeichnung	Soll EUR	Haben EUR
2000	Rohstoffe	90 000,00	–
2400	Forderungen a. LL	155 250,00	–
2600	Vorsteuer	28 588,00	–
2800	Bank	341 610,00	–
3000	Eigenkapital	–	355 000,00
4400	Verbindlichkeiten a. LL	–	82 800,00
4800	Umsatzsteuer	–	45 648,00
5000	Umsatzerlöse für eigene Erzeugnisse	–	535 000,00
5001	Erlösberichtigungen	18 800,00	–
6000	Aufwendungen für Rohstoffe	260 000,00	–
6001	Bezugskosten	10 000,00	–
6002	Nachlässe	–	10 000,00
6140	Frachten und Fremdlager	4 200,00	–
6170	Sonstige Aufwendungen	120 000,00	–
		1 028 448,00	1 028 448,00

Geschäftsfälle: EUR   EUR

1. **AR 995 vom 16.12.:** Zielverkauf von Erzeugnissen,
  Listenpreis, netto 45 000,00
  – 5 % Mengenrabatt 2 250,00   42 750,00
  + Fracht 1 300,00
  + Leihverpackung 1 200,00
                                             45 250,00
  + 19 % Umsatzsteuer 8 597,50
                                             53 847,50

2. **BA 304 vom 17.12.:** Zahlung der Fracht an den Frachtführer mit Bankscheck für die Auslieferung der Erzeugnisse
(Fall 1), netto 1 300,00
+ 19 % Umsatzsteuer 247,00   1 547,00

3. **Briefkopie 97 vom 20.12.:** Gutschrift an Kunden für
zurückgesandte Erzeugnisse, netto 6 600,00
+ 19 % Umsatzsteuer 1 254,00   7 854,00

4. **Briefkopie 98 vom 21.12.:** Gutschrift an Kunden wegen
Mängelrüge für mangelhafte Erzeugnisse (Minderung),
netto 2 900,00
+ 19 % Umsatzsteuer 551,00   3 451,00

5. **Briefkopie 99 vom 23.12.:** *Gutschrift an Kunden für 2 %*
   Bonus vom Halbjahresumsatz von 112 500,00 EUR
   Bonus, netto 2 250,00
   + 19 % Umsatzsteuer   427,50   2 677,50
6. **ER 372 vom 28.12.:** *Rohstoffeinkauf auf Ziel, netto* 34 000,00
   + Fracht   800,00
   + Leihverpackung 1 200,00   36 000,00
   + 19 % Umsatzsteuer 6 840,00
                                                                                              42 840,00

7. **Brief 107 eines Rohstofflieferers vom 29.12.:** *Gutschrift*
   wegen Mängelrüge (Minderung), netto 1 200,00
   + 19 % Umsatzsteuer   228,00   1 428,00
8. **Brief 108 eines Rohstofflieferers vom 30.12.:** *Gutschrift*
   für 2 % Bonus vom Halbjahresumsatz über 170 000,00 EUR
   Bonus, netto 3 400,00
   + 19 % Umsatzsteuer   646,00   4 046,00

Abschlussangaben zum 31.12.:
Rohstoffendbestand lt. Inventur 85 000,00
Aufgabe:
Buchen Sie die Geschäftsfälle auf den oben genannten Konten und führen Sie den Abschluss durch.

3 Buchen Sie untenstehende Geschäftsfälle auf folgenden Konten nach Übernahme der Anfangsbestände und schließen Sie die Konten ab.
Kontenplan: 2000, 2400, 2600, 2800, 2880, 3000, 4400, 4800, 5000, 5001, 6000, 6001, 6002, 6140, 6300, 6700, 8010, 8020.

Anfangsbestände: *EUR*   *EUR*
Rohstoffe . . . . 68 200,00   Eigenkapital 122 800,00
Forderungen a. LL . . . . 49 450,00   Verbindlichkeiten a. LL 44 850,00
Bank . . . . 54 950,00   Umsatzsteuer 12 350,00
Kasse 7 400,00

Geschäftsfälle: . . . . *EUR*   *EUR*
1. **AR:** *Verkauf von Erzeugnissen auf Ziel, netto, frei Haus* 74 500,00
   + Leihemballagen 2 600,00   77 100,00
   + 19 % Umsatzsteuer 14 649,00
                                                                                              91 749,00

2. **KB:** *Barzahlung der Fracht an die Deutsche Bahn AG*
   für den Transport der Erzeugnisse (Fall 1) an den Kunden, netto 1 200,00
   + 19 % Umsatzsteuer   228,00   1 428,00
3. **ER:** *Einkauf von Rohstoffen auf Ziel, netto* 53 500,00
   + Leihemballagen 1 600,00   55 100,00
   + 19 % Umsatzsteuer 10 469,00
                                                                                              65 569,00

4. **Schreiben eines Rohstofflieferers:** *Gutschrift für mangel-*
   hafte Rohstoffe (Minderung), brutto einschl. 19 % USt   190,40
5. **Briefkopie:** *Gutschrift an Kunden (Fall 1)*
   a) *für zurückgesandte Leihverpackung (80 % des berech-*
      neten Wertes), netto 2 080,00
   b) *für anerkannte Mängelrüge (Minderung), netto* 1 220,00   3 300,00
   + 19 % Umsatzsteuer   627,00
                                                                                              3 927,00

6. **KB:** Verkauf von Erzeugnissen bar, netto 800,00

+ 19 % Umsatzsteuer 152,00 952,00

7. **Schreiben des Rohstofflieferers:** Gutschrift (Fall 3)

    a) für Rücksendung der Leihemballagen, 75 % des Wertes,

       netto 1 200,00

    b) wegen Minderung, netto 700,00 1 900,00

    + 19 % Umsatzsteuer 361,00

                                      2 261,00

8. **BA:** Lastschriften

    a) Gehaltszahlung 5 700,00

    b) Umsatzsteuer an das Finanzamt 12 350,00

    c) Miete für Lager mit Büroraum 2 760,00 20 810,00

Abschlussangabe:

Rohstoffendbestand lt. Inventur 87 000,00

4 In der Bürodesign GmbH sind nachstehende Belege vorzukontieren:

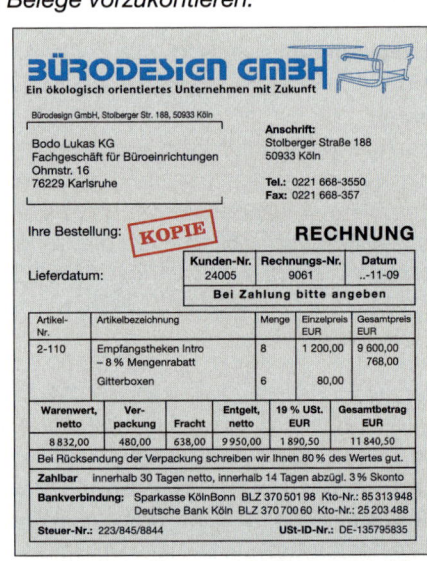

5 Tragen Sie folgende umsatzsteuerpflichtige Geschäftsfälle in einer Tabelle mit folgendem Kopf ein. Bilden Sie die Buchungssätze und kennzeichnen Sie ihre umsatzsteuerliche Auswirkung.

Ge-schäfts-fälle	Buchungs-sätze	Umsatzsteuerliche Auswirkung					
		Mehrung der Vorsteuer	Minderung der Vorsteuer	Mehrung der USt	Minderung der USt	Mehrung der Zahllast	Minderung der Zahllast
1. usw.							

Geschäftsfälle:

1. Rohstoffeinkauf auf Ziel
2. Rücksendung von Rohstoffen an den Lieferer
3. Kauf eines PC gegen Bankscheck
4. Gutschrift an Kunden wegen Minderung
5. Verkauf von Erzeugnissen auf Ziel
6. Kauf von Büromaterial bar
7. Bonusgutschrift an einen Kunden
8. Gutschrift eines Rohstofflieferers für Minderung
9. Eingangsrechnung des Spediteurs für die Lieferung von Erzeugnissen an Kunden
10. Gutschriftanzeige an Kunden für die Rücksendung der berechneten Leihverpackung
11. Einfuhr von Rohstoffen aus Brasilien
12. Belastung des Kunden für Fracht
13. Gutschrift des Lieferers wegen zurückgesandter Verpackung
14. Bonusgutschrift eines Rohstofflieferers

6 a) Folgende Belege der Bürodesign GmbH sind vorzukontieren:

Konto	Kontoauszug	Auszug	Blatt
85313948	SPARKASSE KOELNBONN BLZ 370 501 98	256	1

Buch.-Tag	Wert	PN	Erläuterung/Verwendungszweck	Umsätze
18.12.	18.12.	0340	KLASSIK 2000 GMBH, HAMM, KD-NR 24001, RG-NR 1720, GUTSCHRIFT 44	64 878,80 H

KREDITZUSAGE EUR 40 000

IHR AKTUELLER KONTOSTAND UM 11:30 UHR EUR 384 990,30 H

BS	Letzter Auszug	Auszugsdatum	Alter Kontostand	Neuer Kontostand
44	..-12-17	..-12-19	EUR 320 111,50 H	EUR 384 990,30 H

BUERODESIGN GMBH, STOLBERGER STRASSE 188, 50933 KOELN

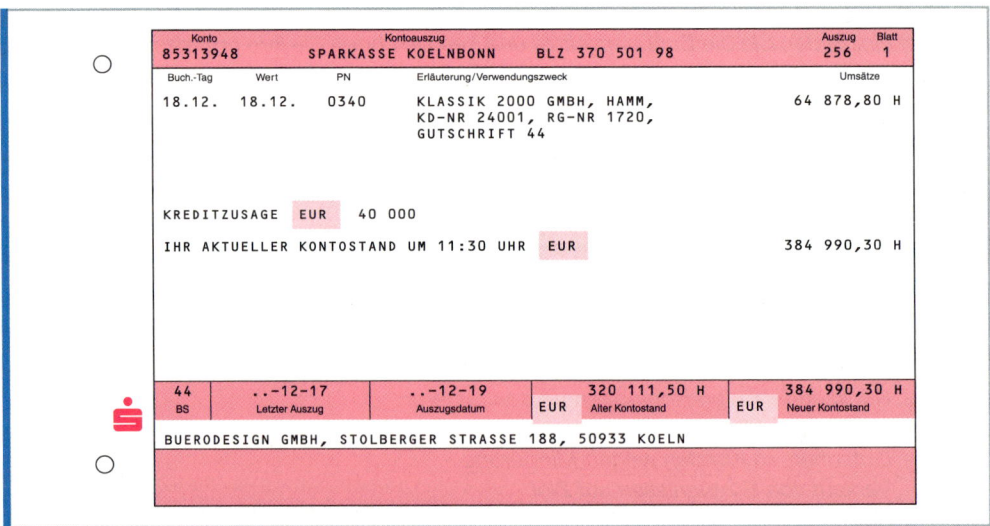

b) Ermitteln Sie
ba) den Nettoumsatz aus diesen Vorgängen,
bb) die Umsatzsteuerschuld aufgrund der drei Belege.

6.2.3 Kundenskonti

Frau Land soll heute die Skontobuchungen im Verkaufsbereich durchführen, und zwar auf der Grundlage des folgendes Beleges:

Konto	Kontoauszug	Auszug	Blatt
85313948	SPARKASSE KOELNBONN BLZ 370 501 98	176	1

Buch.-Tag	Wert	PN	Erläuterung/Verwendungszweck	Umsätze
14.09.	14.09.	10119	KLAUS OSWALD, e.K., BUEROMOEBELGROSSHANDEL, DRESDEN KD-NR 24009, RG-NR 6547, V. ..-09-04 ABZUEGL. 2% SKONTO	34 986,00 H

KREDITZUSAGE EUR 50 000

IHR AKTUELLER KONTOSTAND UM 10:30 UHR EUR 108 224,00 H

BS	Letzter Auszug	Auszugsdatum	Alter Kontostand	Neuer Kontostand
44	..-09-13	..-09-15	EUR 73 238,00 H	EUR 108 224,00 H

BUERODESIGN GMBH, STOLBERGER STRASSE 188, 50933 KOELN

Arbeitsaufträge

- Ermitteln Sie mithilfe der Angaben im Kontoauszug den Rechnungsbetrag der Bürodesign GmbH.
- Erläutern Sie die Ursache, die zur Veränderung des Buchgeldbestandes führte, und überlegen Sie sich die Auswirkung dieses Vorgangs in der Finanzbuchhaltung.

Nimmt der Kunde ein gewährtes Zahlungsziel nicht in Anspruch, weil er vorher über die nötigen Zahlungsmittel verfügt, kann er den in den Zahlungsbedingungen angegebenen Skonto vom Rechnungsbetrag abziehen.

Mit der Zahlung des verminderten Rechnungsbetrages hat der Kunde seine **Schuld insgesamt beglichen**. Mit dem **Skontoabzug** ist eine **nachträgliche Minderung der Umsatzerlöse und** damit **der** ursprünglichen **Bemessungsgrundlage für die Umsatzsteuer** verbunden. Der Kundenskonto führt daher zu einer **Berichtigung der Umsatzsteuer**, die aufgrund des ursprünglich vereinbarten Entgelts für die Lieferung zu zahlen war. Die nachträgliche Minderung der Umsatzerlöse durch Skonto wird in der Finanzbuchhaltung als Erlösberichtigung bezeichnet, die auf dem Unterkonto **„5001 Erlösberichtigungen"** zu buchen ist.

Beispiel *Banküberweisung vom Kunden für fällige AR über 35 700,00 EUR abzüglich 2 % Skonto.*

Auswirkung des Kundenskontos	auf die Umsatzerlöse	auf die Umsatzsteuer	insgesamt
Rechnungsbetrag lt. AR	30 000,00 EUR	5 700,00 EUR	35 700,00 EUR
− 2 % Skonto	600,00 EUR	114,00 EUR	714,00 EUR
= Überweisungsbetrag	29 400,00 EUR	5 586,00 EUR	34 986,00 EUR

AR: *Zielverkauf von Erzeugnissen*

Erzeugnisse, netto	*30 000,00*
+ 19 % Umsatzsteuer	*5 700,00*
	35 700,00

Buchungssätze:

2400 Forderungen a. LL	*35 700,00*
an 5000 Umsatzerlöse	
für Erzeugnisse	*30 000,00*
an 4800 Umsatzsteuer	*5 700,00*

BA: *Banküberweisung vom Kunden für fällige AR nach Abzug von 2 % Skonto . . . . .*   *34 986,00*

2800 Bank	*34 986,00*
5001 Erlösberichtigungen	*600,00*
4800 Umsatzsteuer	*114,00*
an 2400 Ford. a. LL	*35 700,00*

vorbereitende Abschlussbuchung:

Das Konto „Erlösberichtigungen" ist zum Jahresabschluss über das Konto „Umsatzerlöse für eigene Erzeugnisse" abzuschließen.

5000 Umsatzerlöse für eigene	
Erzeugnisse	*600,00*
an 5001 Erlösberichtigungen	*600,00*

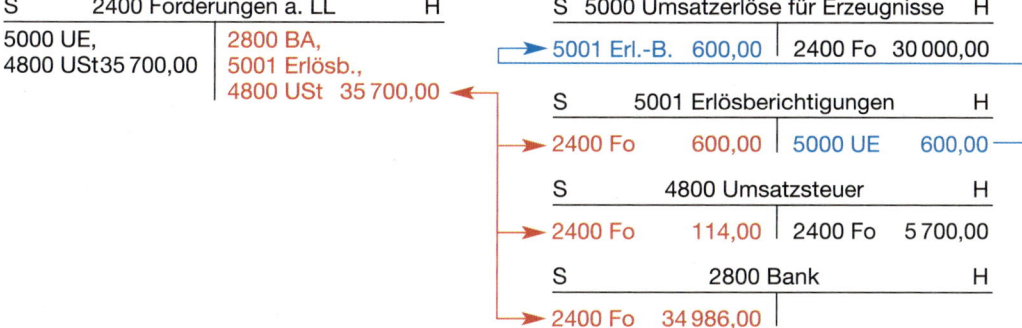

Zusammenfassung: Kundenskonti

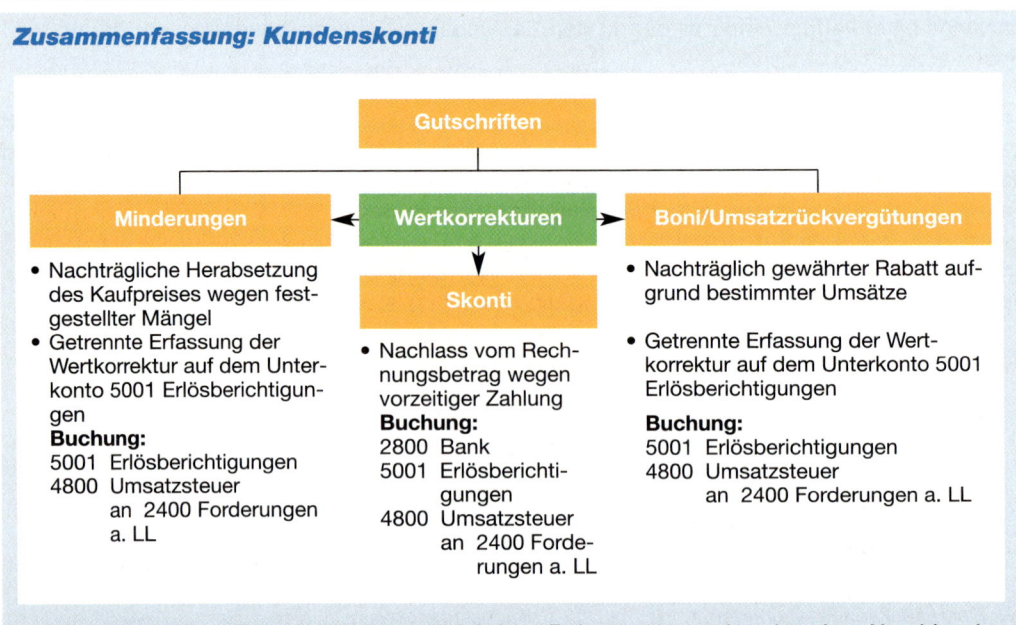

Gutschriften

Minderungen ← **Wertkorrekturen** → **Boni/Umsatzrückvergütungen**

↓

Skonti

Minderungen
- Nachträgliche Herabsetzung des Kaufpreises wegen festgestellter Mängel
- Getrennte Erfassung der Wertkorrektur auf dem Unterkonto 5001 Erlösberichtigungen

Buchung:
5001 Erlösberichtigungen
4800 Umsatzsteuer
    an 2400 Forderungen a. LL

Skonti
- Nachlass vom Rechnungsbetrag wegen vorzeitiger Zahlung

Buchung:
2800 Bank
5001 Erlösberichtigungen
4800 Umsatzsteuer
    an 2400 Forderungen a. LL

Boni/Umsatzrückvergütungen
- Nachträglich gewährter Rabatt aufgrund bestimmter Umsätze
- Getrennte Erfassung der Wertkorrektur auf dem Unterkonto 5001 Erlösberichtigungen

Buchung:
5001 Erlösberichtigungen
4800 Umsatzsteuer
    an 2400 Forderungen a. LL

- Das Konto 5001 Erlösberichtigungen wird im Rahmen der vorbereitenden Abschlussbuchungen über das Konto 5000 Umsatzerlöse für eigene Erzeugnisse abgeschlossen.

Aufgaben

1 *Folgender Kontoauszug ist in der Buchung zu bearbeiten:*

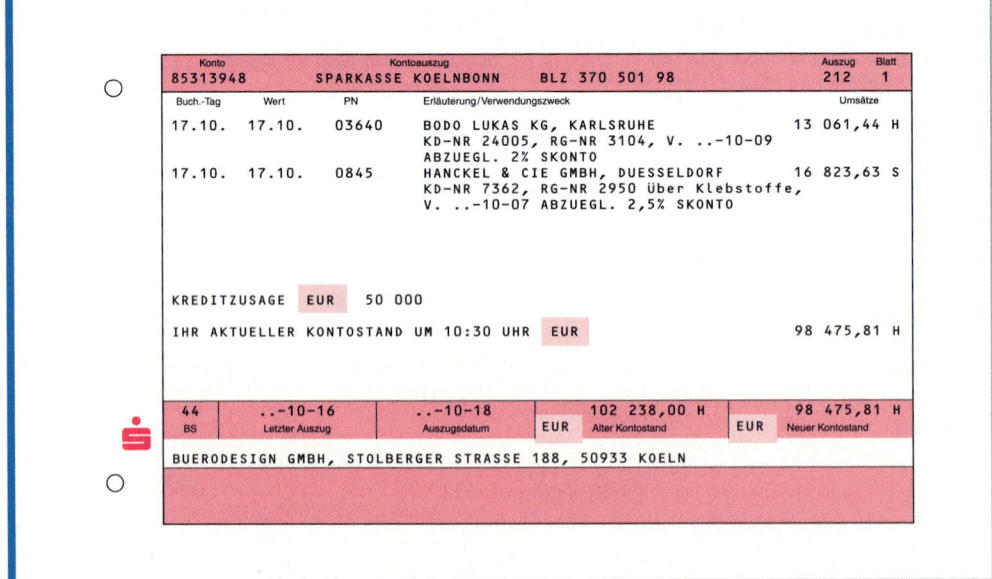

```
Konto                    Kontoauszug                                      Auszug   Blatt
85313948        SPARKASSE KOELNBONN      BLZ 370 501 98                    212      1
Buch.-Tag    Wert      PN        Erläuterung/Verwendungszweck                     Umsätze
17.10.     17.10.   03640       BODO LUKAS KG, KARLSRUHE              13 061,44 H
                                KD-NR 24005, RG-NR 3104, V. ..-10-09
                                ABZUEGL. 2% SKONTO
17.10.     17.10.   0845        HANCKEL & CIE GMBH, DUESSELDORF       16 823,63 S
                                KD-NR 7362, RG-NR 2950 über Klebstoffe,
                                V. ..-10-07 ABZUEGL. 2,5% SKONTO



KREDITZUSAGE   EUR    50 000

IHR AKTUELLER KONTOSTAND UM 10:30 UHR    EUR                      98 475,81 H


44          ..-10-16      ..-10-18       102 238,00 H            98 475,81 H
BS        Letzter Auszug   Auszugsdatum  EUR  Alter Kontostand  EUR  Neuer Kontostand
BUERODESIGN GMBH, STOLBERGER STRASSE 188, 50933 KOELN
```

a) *Ermitteln Sie*
  1. *den Rechnungsbetrag der Rechnung Nr. 3104,*
  2. *den Korrekturbetrag der Umsatzsteuer infolge des Skontoabzugs.*
b) *Bilden Sie den Buchungssatz zum Ausgleich der Rechnung Nr. 3104.*
c) *Ermitteln Sie*
  1. *den Rechnungsbetrag der Rechnung Nr. 2950,*
  2. *den Korrekturbetrag der Umsatzsteuer infolge des Skontoabzugs.*
d) *Bilden Sie den Buchungssatz zum Ausgleich der Rechnung Nr. 2950.*

2 *Geben Sie die Buchungssätze für folgende Geschäftsfälle einer Industrieunternehmung an:*
Kontenplan: *2400, 2600, 2800, 2880, 4400, 4800, 5000, 5001, 6001, 6002.*

	EUR	EUR
1. **BA:** Kunde bezahlte fällige AR mit einem Barscheck		
Rechnungsbetrag, brutto	21 658,00	
– 3 % Skonto	649,74	21 008,26
2. **BA:** Lastschriften:		
a) Scheckeinlösung		
Fracht für eingekaufte Rohstoffe, netto	420,00	
+ 19 % USt	79,80	499,80
b) Überweisung an Rohstofflieferer. Von der ER wurden		
2 % Skonto abgezogen		47 814,20
3. **BA:** Gutschrift		
Überweisung für fällige AR		27 988,80
Von der AR wurden 2 % Skonto abgezogen.		
4. **BA:** Ausgleich einer fälligen Rechnung eines Rohstofflieferers		
über	10 710,00	
– 3 % Skonto	321,30	10 388,70
5. **BA, Brief eines Kunden**		
Kunde bezahlte fällige AR mit Verrechnungsscheck		17 314,50
Von der AR wurden 3 % Skonto abgezogen.		
6. **AR:** Verkauf von Erzeugnissen		
Listenpreis, netto	12 000,00	
– 8 % Mengenrabatt	960,00	11 040,00
+ 19 % USt		2 097,60
		13 137,60
7. **Lastschrift an Kunden**		
Kunde wird wegen „unfreier" Lieferung mit Fracht belastet		
(Fall 6)	200,00	
+ 19 % USt	38,00	238,00
8. **BA:** Überweisungen von Kunden		
a) fällige Ausgangsrechnung (Fall 6) nach Abzug von		
3 % Skonto	?	
b) fällige Lastschrift (Fall 7)	238,00	?

3 *Geben Sie die Buchungssätze für folgende Geschäftsfälle eines Büromöbelherstellers an.*
Kontenplan: *2400, 2600, 2800, 2880, 4400, 4800, 5000, 5001, 6000, 6001, 6002, 6040, 6140.*

	EUR	EUR
1. **AR:** Zielverkauf von 100 Schreibtischen à 600,00 EUR	60 000,00	
– 8 % Mengenrabatt	4 800,00	55 200,00
+ 19 % USt		10 488,00
		65 688,00

2. **ER, KB:** *Barzahlung der Fracht an den Frachtführer für die Auslieferung der Schreibtische an den Kunden (Fall 1),*
    netto 840,00
    + 19 % USt 159,60   999,60

3. **ER:** *Zieleinkauf von 4000 Schreinerplatten à 69,00 EUR* . . 276 000,00
    – 5 % Mengenrabatt 13 800,00   262 200,00
    + Fracht 6 300,00
    + Transportversicherung   660,00
    .... 269 160,00
    + 19 % USt 51 140,40
    .... 320 300,40

4. **Briefkopie:** *Lastschrift an Kunden*
    Fracht für die Lieferung der Schreibtische (Fall 2), netto . . 840,00
    + 19 % USt 159,60   999,60

5. **BA:** *Gutschrift*
    Banküberweisung vom Kunden (Fall 1) nach Abzug von
    2 % Skonto 64 374,24

6. **AR:** *Zielverkäufe von 60 Computertischen à 600,00 EUR* . 36 000,00
    + Frachtkosten 960,00   36 960,00
    + 19 % USt 7 022,40
    .... 43 982,40

7. **ER:** *Abrechnung eines Spediteurs für Erzeugnislieferungen an verschiedene Kunden wurde sofort mit Bankscheck bezahlt,*
    netto 6 150,00
    + 19 % USt 1 168,00   7 318,50

8. **ER, KB:** *Einkauf von Versandkartons gegen Barzahlung,*
    Materialwert, netto 2 400,00
    + 19 % USt 456,00   2 856,00

9. **AR:** *Zielverkauf von Büromöbeln, netto* 47 400,00
    + Aufstellungs- und Einbaukosten, netto 5 600,00   53 000,00
    + 19 % USt 10 070,00
    .... 63 070,00

10. **BA:** *Gutschrift Verrechnungsscheck zum Ausgleich einer fälligen AR (Fall 9)*   61 177,90
    Der Kunde hat 3 % Skonto abgezogen.

11. **BA:** *Lastschrift*
    Banküberweisung an Lieferer (Fall 3) nach Abzug von
    3 % Skonto vom Warenwert 310 691,39

4 *W. Klein e. K. überweist am 2. April .. 4 848,06 EUR durch seine Bank auf das Bankkonto des Herstellers Franz Huber e. K. zum Ausgleich einer Eingangsrechnung über 4 998,00 EUR unter Abzug von 3 % Skonto = 149,94 EUR.*
Wie ist der Geschäftsfall zu buchen
a) bei Franz Huber e. K.,
b) bei W. Klein e. K.?

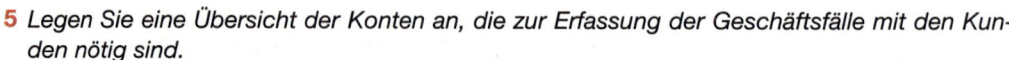

5 *Legen Sie eine Übersicht der Konten an, die zur Erfassung der Geschäftsfälle mit den Kunden nötig sind.*
Tragen Sie in die Konten die Buchungsinhalte allgemein ein.
Vergleichen Sie die Übersichten mit denen Ihrer Mitschüler/-innen und wählen Sie die Aussagefähigste aus.

6 *Die Sachkonten einer Industrieunternehmung wiesen im Soll und Haben folgende Werte aus:*

Konten	Bezeichnung	Soll EUR	Haben EUR
2000	Rohstoffe	145 000,00	–
2400	Forderungen a. LL	875 050,00	544 640,00
2600	Vorsteuer	58 800,00	28 800,00
2800	Bank	781 444,00	525 200,00
3000	Eigenkapital	–	320 000,00
4400	Verbindlichkeiten a. LL	192 000,00	392 000,00
4800	Umsatzsteuer	70 907,00	121 396,00
5000	Umsatzerlöse für eigene Erzeugnisse	–	623 010,00
5001	Erlösberichtigungen	11 845,00	–
6000	Aufwendungen für Rohstoffe	270 000,00	–
6002	Nachlässe	–	9 500,00
62/77	Verschiedene Aufwendungen	159 500,00	–
	Summe	2 564 546,00	2 564 546,00

a) **Geschäftsfälle:**

1. **BA:** *Überweisung vom Kunden für fällige AR*   EUR   EUR
   Rechnungsbetrag, brutto 24 990,00
   – *2 % Skonto* 499,80   24 490,20

2. **BA:** *Lastschrift*
   Bezahlung einer ER eines Rohstofflieferers mit Bankscheck
   nach Abzug von 3 % Skonto 20 777,40

3. **BA:** *Gutschrift*
   Bezahlung einer AR mit Verrechnungsscheck nach Abzug
   von 2,5 % Skonto 46 410,00

b) **Abschlussangabe:**

Rohstoffendbestand lt. Inventur 58 000,00

7

a) *Wie lautet der Buchungssatz für*
   aa) Beleg-Nr. 965,
   ab) Beleg-Nr. 966?

b) *Nehmen Sie zwei Stammdaten, die bei der Fakturierung durch die Bürodesign GmbH*
   ba) aus der Kundendatei,
   bb) aus der Artikeldatei
   abgerufen werden.

c) *Ermitteln Sie*
   ca) den Umsatzsteuerkorrekturbetrag aufgrund des Skontoabzugs,
   cb) den Effektivzinssatz, der dem Skontosatz entspricht.

d) *Welche Eintragungen werden durch die beiden Belege im Debitorenkonto „Klassik 2000 GmbH, Hamm" hervorgerufen?*

e) *Erläutern Sie die Bedeutung*
   ea) einer artikelgenauen Erfassung der Verkäufe,
   eb) einer kundengenauen Erfassung der Verkäufe und Kundenzahlungen.

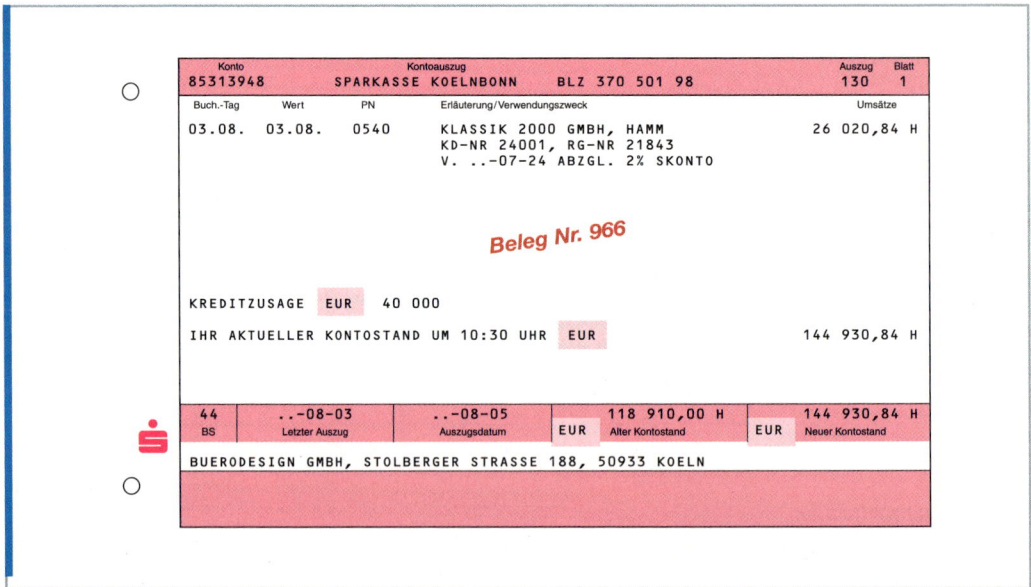

8 a) *Ermitteln Sie zur Rechnung Nr. 18205*
  aa) den Rechnungsbetrag,
  ab) den Umsatzsteuerkorrekturbetrag aufgrund der Skontonutzung.

b) *Ermitteln Sie zur Rechnung Nr. 21417*
  ba) den Rechnungsbetrag,
  bb) den Umsatzsteuerkorrekturbetrag aufgrund der Skontonutzung.

c) *Bilden Sie die Buchungssätze zu beiden Überweisungen.*

d) *Erläutern Sie die einzelnen Inhalte des Kontoauszuges.*

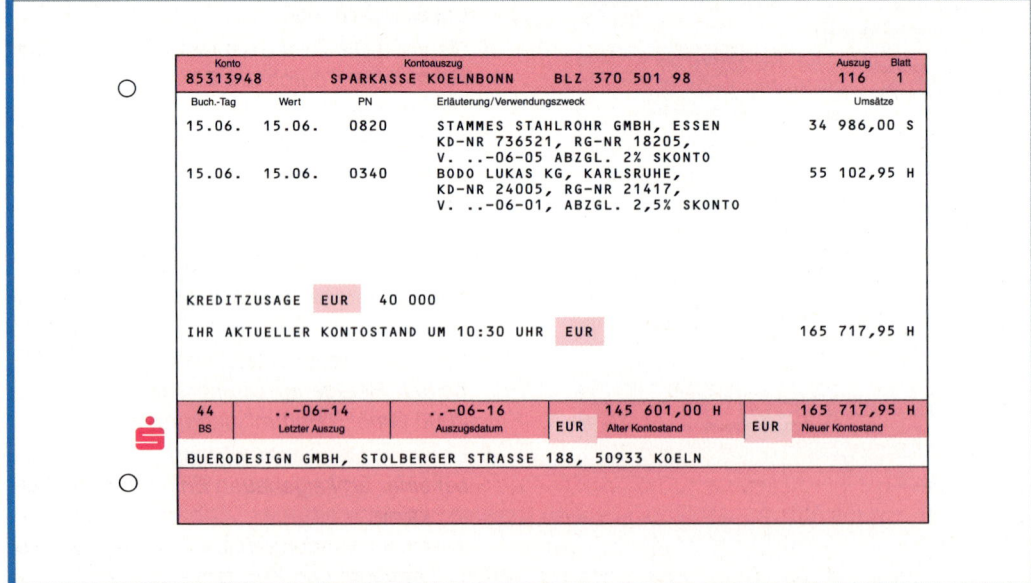

6.3 Einfacher Jahresabschluss der Einzelunternehmungen, Personengesellschaften und kleinen Kapitalgesellschaften

Herr Stein hat, nachdem Frau König und Frau Kluge den vorläufigen Jahresabschluss erstellt haben, den Steuerberater der Bürodesign GmbH aufgesucht. Wichtigstes Ergebnis ist, dass im Rahmen der Offenlegung des Jahresabschlusses die Vorschriften des HGB für kleine und mittlere Kapitalgesellschaften zu beachten sind.

Arbeitsaufträge ▶ Stellen Sie fest, welche Konsequenzen sich für die Bürodesign GmbH hinsichtlich des Jahresabschlusses ergeben.
▶ Erläutern Sie Aufgaben und Struktur der Bilanz und der Gewinn- und Verlustrechnung.

■ Bestandteile des Jahresabschlusses

Nach § 242 HGB müssen **alle Kaufleute** zum Ende des Geschäftsjahres zur Darstellung ihrer **Vermögens-, Kapital- und Ertragslage** einen Jahresabschluss erstellen.

Bei Einzelunternehmen und **Personengesellschaften** (OHK, KG) besteht der Jahresabschluss aus der **Bilanz** zum Ausweis der **Vermögenslage** und der **Gewinn- und Verlustrechnung** zur Darstellung der **Ertragslage**.

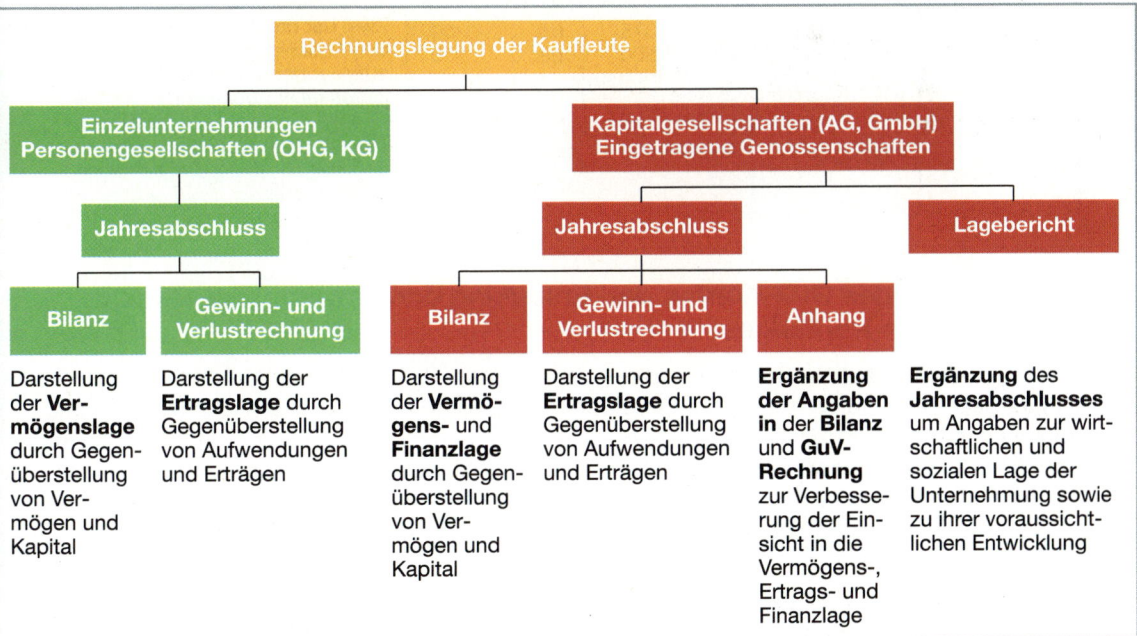

Nach § 264 Abs. 1 HGB müssen **Kapitalgesellschaften** (AG, GmbH) einen Jahresabschluss erstellen, der aus der **Bilanz**, der **Gewinn- und Verlustrechnung** und dem **Anhang** besteht. Sie haben neben der **Vermögens- und Ertragslage** ihre **Finanzlage** darzustellen. Außerdem haben sie den Jahresabschluss durch einen **Lagebericht** zu ergänzen.

■ Gliederungsvorschriften für den Jahresabschluss

● Einzelunternehmungen und Personengesellschaften:

Das HGB enthält für **Einzelunternehmen und Personengesellschaften** nur **grobe Hinweise zur Gliederung** der Bilanz und der Gewinn- und Verlustrechnung. So müssen gemäß § 247 HGB in der Bilanz das **Anlage-** und das **Umlaufvermögen, das Eigenkapital,** die **Schulden** sowie die **Rechnungsabgrenzungsposten** gesondert ausgewiesen und hinreichend gegliedert werden. Da jedoch für solche Unternehmen auch der Grundsatz der Klarheit und Übersichtlichkeit gilt, sollten sich auch Einzelunternehmen und Personengesellschaften an den **Gliederungsvorschriften der Kapitalgesellschaften orientieren**.

● Kapitalgesellschaften:

Im Unterschied zu Einzelunternehmen und Personengesellschaften haben große und mittelgroße **Kapitalgesellschaften** die Positionen in der Bilanz und in der Gewinn- und Verlustrechnung nach den **Vorschriften des Handelsgesetzbuches** (§§ 266, 275 HGB) zu bezeichnen und anzuordnen. Diesbezüglich sieht der Gesetzgeber für **kleine Kapitalgesellschaften** wesentliche Erleichterungen vor.

■ Größenabgrenzung der Kapitalgesellschaften

Merkmale der Größenabgrenzung der Kapitalgesellschaften sind die Bilanzsumme, die Umsatzerlöse und die Zahl der im Jahresdurchschnitt beschäftigten Arbeitnehmer (§ 267 HGB).

Kapital-gesellschaft	Bilanzsumme Mio. EUR	Umsatzerlöse Mio. EUR	Zahl der Arbeitnehmer	Erläuterung
kleine mittelgroße	bis 3 438 bis 13 750	bis 6 875 bis 27 500	bis 50 bis 250	Zwei der drei Merkmale dürfen an den Abschlussstichtagen von zwei aufeinander folgenden Geschäftsjahren nicht überschritten werden.
große	über 13 750	über 27 500	über 250	Zwei der drei Merkmale werden an den obigen Abschlussstichtagen überschritten.

■ Abschluss des GuV-Kontos und Erstellung der Gewinn- und Verlustrechnung in Kapitalgesellschaften

● Abschluss des GuV-Kontos bei Kapitalgesellschaften:

Kapitalgesellschaften ermitteln wie Einzelunternehmen und Personengesellschaften ihren Erfolg auf dem Konto **„8020 Gewinn und Verlust"** durch Gegenüberstellung der Aufwendungen und Erträge. Der **Gewinn** der Kapitalgesellschaften wird als **Jahresüberschuss**, der Verlust als **Jahresfehlbetrag** bezeichnet. Beim Abschluss des GuV-Kontos der Kapitalgesellschaften ergeben sich wegen der besonderen Haftungsverhältnisse Unterschiede zur Einzelunternehmung.

So muss das Haftungskapital der Kapitalgesellschaft, in der **Aktiengesellschaft** (AG) das **Grundkapital** (vgl. S. 63 ff.), in der **Gesellschaft mit beschränkter Haftung** (GmbH) das **Stammkapital** (vgl. S. 60 ff.), getrennt ausgewiesen werden. Dies geschieht auf dem Konto **„3000 Gezeichnetes Kapital"**.

Daher ist es nicht statthaft, das Gewinn- und Verlustkonto über das Konto „3000 Gezeichnetes Kapital" abzuschließen.

Der Saldo des Kontos „8020 Gewinn und Verlust" ist daher über das passive Bestandskonto „3400 Jahresüberschuss/-fehlbetrag" abzuschließen. Dieses Konto wird dann zum Jahresabschluss über das Konto „8010 Schlussbilanzkonto" abgeschlossen. Das Jahresergebnis erscheint somit in der Bilanz der Kapitalgesellschaften. Nach dem Gliederungsschema gemäß § 266 HGB ist der Jahresüberschuss bzw. Jahresfehlbetrag dann als Unterposition des Gliederungspunktes „A. Eigenkapital" getrennt vom gezeichneten Kapital, dem Haftungskapital, auszuweisen.

Beispiel *Ableitung der GuV-Rechnung der Bürodesign GmbH aus dem GuV-Konto der Finanzbuchhaltung*

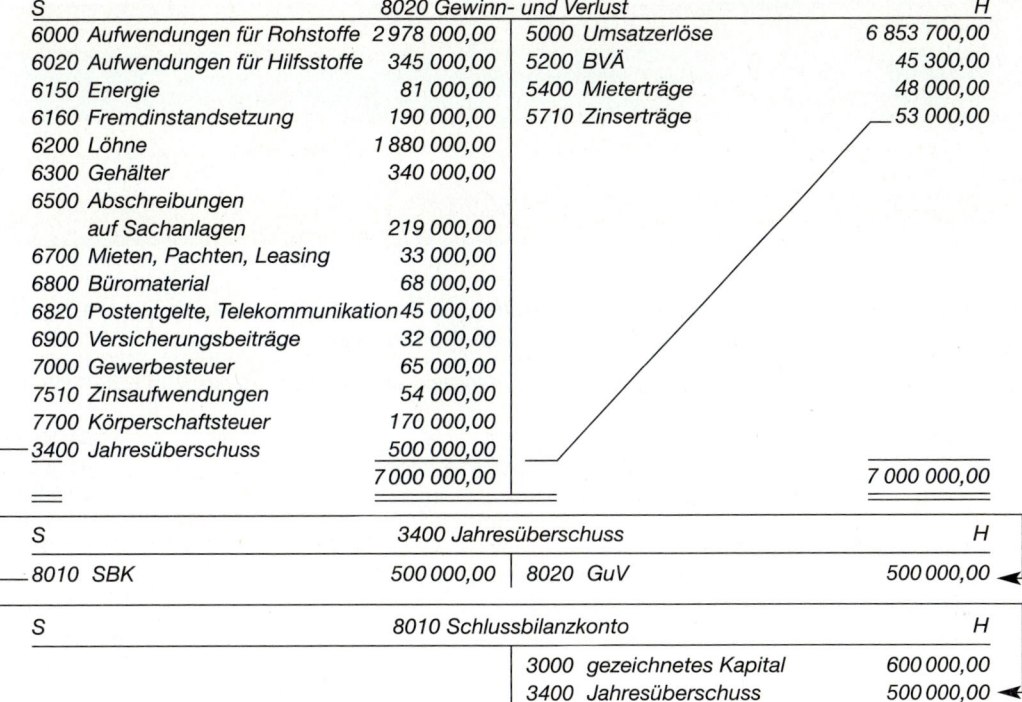

S	8020 Gewinn- und Verlust			H
6000	Aufwendungen für Rohstoffe	2 978 000,00	5000 Umsatzerlöse	6 853 700,00
6020	Aufwendungen für Hilfsstoffe	345 000,00	5200 BVÄ	45 300,00
6150	Energie	81 000,00	5400 Mieterträge	48 000,00
6160	Fremdinstandsetzung	190 000,00	5710 Zinserträge	53 000,00
6200	Löhne	1 880 000,00		
6300	Gehälter	340 000,00		
6500	Abschreibungen auf Sachanlagen	219 000,00		
6700	Mieten, Pachten, Leasing	33 000,00		
6800	Büromaterial	68 000,00		
6820	Postentgelte, Telekommunikation	45 000,00		
6900	Versicherungsbeiträge	32 000,00		
7000	Gewerbesteuer	65 000,00		
7510	Zinsaufwendungen	54 000,00		
7700	Körperschaftsteuer	170 000,00		
3400	Jahresüberschuss	500 000,00		
		7 000 000,00		7 000 000,00

S	3400 Jahresüberschuss			H
8010 SBK		500 000,00	8020 GuV	500 000,00

S	8010 Schlussbilanzkonto			H
			3000 gezeichnetes Kapital	600 000,00
			3400 Jahresüberschuss	500 000,00

■ Erstellung der GuV-Rechnung für kleine Kapitalgesellschaften

Das folgende verkürzte Gliederungsschema gemäß § 275 Abs. 2 HGB verdeutlicht

* die untereinander angeordneten **unterschiedlichen Erfolgsquellen** und
* die Zuordnung der Kontenarten des **Kontenrahmens** zu den Positionen der Gewinn- und Verlustrechnung.

Positionen der Gewinn- und Verlustrechnung	Kontenarten des Kontenrahmens
1. Umsatzerlöse	5000, 5100
2. Erhöhung oder Verminderung des Bestandes an fertigen und unfertigen Erzeugnissen	5200
3. sonstige betriebliche Erträge	5400, 5410
Betriebliche Gesamterträge	
4. Materialaufwand 　a) Aufwendungen für Roh-, Hilfs- und Betriebsstoffe, Energie 　b) Aufwendungen für bezogene Leistungen	 6000, 6020, 6030, 6040, 6050 6100 bis 6170

Rohergebnis	
5. Personalaufwand	6200, 6300
6. Abschreibungen auf Sachanlagen	6520
7. Sonstige betriebliche Aufwendungen	6600 bis 6990
Betriebliches Ergebnis	
8. Zinserträge	5710
9. Zinsaufwendungen	7510
Finanzergebnis	
Ergebnis der gewöhnlichen Geschäftstätigkeit (Betriebliches Ergebnis + Finanzergebnis)	
10. Steuern vom Einkommen und vom Ertrag	7710, 7720
11. Sonstige Steuern	7000, 7010, 7020, 7030
Jahresüberschuss/Jahresfehlbetrag	

Kleine und mittelgroße Kapitalgesellschaften dürfen die Posten 1 bis 4 zu einem Posten, der als „Rohergebnis" zu bezeichnen ist, zusammenfassen (§ 276 HGB).

Beispiel *Ableitung der GuV-Rechnung einer kleinen Kapitalgesellschaft (in EUR) aus dem GuV-Konto der Finanzbuchhaltung (siehe S. 415)*

1. Umsatzerlöse	*6 853 700,00*
2. Erhöhung des Bestandes an fertigen und unfertigen Erzeugnissen	*45 300,00*
3. Sonstige betriebliche Erträge	*48 000,00*
Betriebliche Gesamterträge	*6 947 000,00*
4. Materialaufwand	
a) Aufwendungen für Roh-, Hilfs- und Betriebsstoffe, Energie	*3 404 000,00*
b) Aufwendungen für bezogene Leistungen	*190 000,00*
Rohergebnis	*3 353 000,00*
5. Personalaufwand	*2 220 000,00*
6. Abschreibungen auf Sachanlagen	*219 000,00*
7. Sonstige betriebliche Aufwendungen	*178 000,00*
Betriebliches Ergebnis	*736 000,00*
8. Zinserträge	*53 000,00*
9. Zinsaufwendungen	*54 000,00*
Finanzergebnis	*– 1 000,00*
Ergebnis der gewöhnlichen Geschäftstätigkeit	*735 000,00*
10. Steuern vom Einkommen und vom Ertrag	*170 000,00*
11. Sonstige Steuern	*65 000,00*
Jahresüberschuss	*500 000,00*

■ Erstellung der Bilanz gemäß HGB

Kapitalgesellschaften haben die Bilanz in Kontenform aufzustellen. Das Bilanzschema nach § 266 Abs. 2 HGB ist verpflichtend für große und mittelgroße Kapitalgesellschaften. Bezeichnungen des Bilanzgliederungsschemas, die für die bilanzierende Kapitalgesellschaft unzutreffend sind, können abgeändert werden. Bilanzpositionen des Schemas, die nicht benötigt werden, sollten nicht aufgeführt werden. Die frei werdende Ziffer des Schemas wird dann der nächsten Bilanzposition zugewiesen.

Kleine Kapitalgesellschaften (vgl. S. 414) brauchen nach § 266 Abs. 1 Satz 3 HGB nur eine verkürzte Bilanz zu erstellen, in die lediglich die mit Großbuchstaben und römischen Ziffern bezeichneten Posten gesondert und in der vorgeschriebenen Reihenfolge aufgeführt werden müssen.

Das folgende vereinfachte Bilanzgliederungsschema orientiert sich an dem Bilanzgliederungsschema für kleine Kapitalgesellschaften. Den bisher bekannten Bilanzpositionen wurden die Kontennummern lt. Kontenrahmen zugeordnet:

Aktiva	Vereinfachte Bilanzgliederung und Zuordnung der Bestandskonten		Passiva
A. Anlagevermögen:		**A. Eigenkapital:**	
I. Sachanlagen	0500–0890	I. Gezeichnetes Kapital	3000
II. Finanzanlagen	1300–1600	II. Jahresüberschuss/ Jahresfehlbetrag	3400
B. Umlaufvermögen:			
I. Vorräte	2000–2300	**B. Verbindlichkeiten:**	
II. Forderungen	2400–2690	I. langfristige	4100, 4250
III. Flüssige Mittel	2700	II. kurzfristige	4200, 4300 4890

Beispiel *Die Finanzbuchhaltung der Bürodesign GmbH erstellte zum Ende des Geschäftsjahres folgendes Schlussbilanzkonto:*

Soll			8010 Schlussbilanz		Haben
0510	Bebaute Grundstücke	450 000,00	3000	Gezeichnetes Kapital	600 000,00
0700	Maschinen	580 000,00	3400	Jahresüberschuss	500 000,00
0840	Fuhrpark	175 000,00	4200	Kurzfristige Verbindlichkeiten	
0860	Geschäftsausstattung	95 000,00		gegenüber Kreditinstituten	180 000,00
2000	Rohstoffe	282 000,00	4250	Langfristige Verbindlichkeiten	
2020	Hilfsstoffe	88 000,00		gegenüber Kreditinstituten	900 000,00
2030	Betriebsstoffe	48 700,00	4400	Verbindlichkeiten a. LL	250 000,00
2100	Unfertige Erzeugnisse	95 300,00	4800	Umsatzsteuer	70 000,00
2200	Fertige Erzeugnisse	206 000,00			
2400	Forderungen a. LL	250 000,00			
2800	Bankguthaben	226 000,00			
2880	Kasse	4 000,00			
		2 500 000,00			2 500 000,00

Aktiva	Bilanz der Bürodesign GmbH 31. Dezember ..		Passiva
A. Anlagevermögen		**A. Eigenkapital**	
I. Sachanlagen	1 300 000,00	I. Gezeichnetes Kapital	600 000,00
		II. Jahresüberschuss	500 000,00
B. Umlaufvermögen			
I. Vorräte	720 000,00	**B. Verbindlichkeiten**	
II. Forderungen	250 000,00	I. langfristige	900 000,00
III. Kassenbestand, Bankguthaben	230 000,00	II. kurzfristige	500 000,00
	2 500 000,00		2 500 000,00

■ Unterzeichnung des Jahresabschlusses und Aufbewahrung

Die Mitglieder des Vorstands bei der AG bzw. der Geschäftsführer bei der GmbH haben den **Jahresabschluss unter Angabe des Datums zu unterzeichnen**.

Bei **Einzelunternehmen und Personengesellschaften** müssen der Einzelunternehmer bzw. die persönlich haftenden Gesellschafter (OHG-Gesellschafter, Komplementäre der KG) persönlich unterzeichnen.

Der Jahresabschluss und der Lagebericht sind zehn Jahre aufzubewahren.

■ Prüfung und Offenlegung des Jahresabschlusses

Die Vermögens- und Ertragslage von Kapitalgesellschaften sind von großem Interesse insbesondere für

- die **Kapitalgeber** – Aktionäre, GmbH-Gesellschafter – sowie
- die **Gläubiger**, denen als Haftungskapital das Gesellschaftsvermögen zur Verfügung steht.

Zur Information und zum Schutz dieser Personenkreise verpflichtet der Gesetzgeber die Kapitalgesellschaften zur **Veröffentlichung** (Publizierung) des Jahresabschlusses und des Lageberichtes im **Bundesanzeiger** sowie zur **Einreichung beim** zuständigen **Handelsregister**. Vorher müssen Jahresabschluss und Lagebericht durch unabhängige Abschlussprüfer geprüft werden. Dabei räumt der Gesetzgeber mittelgroßen und kleinen Kapitalgesellschaften (vgl. § 267 HGB) erhebliche Erleichterungen ein.

Zusammenfassung: Einfacher Jahresabschluss der Einzelunternehmungen, Personengesellschaften und kleinen Kapitalgesellschaften

Gewinn- und Verlustrechnung	<ul><li>in Staffelform</li><li>nach dem Gliederungsschema gemäß § 275 HGB</li><li>Zusammenfassung der Aufwands- und Ertragsarten nach Erfolgsquellen</li><li>Kleine Kapitalgesellschaften dürfen die Posten Umsatzerlöse, sonstige betriebliche Erträge und Materialaufwand zum Rohergebnis zusammenfassen</li><li>Ausweis des Gewinnes in der Bilanz als Jahresüberschuss, des Verlustes als Jahresfehlbetrag, getrennt vom gezeichneten Kapital, dem Haftungskapital</li></ul>
Bilanz	<ul><li>in T-Kontenform</li><li>nach dem Gliederungsschema gemäß § 266 Abs. 2 und 3 HGB</li><li>Kleine Kapitalgesellschaften brauchen nur eine verkürzte Bilanz aufzustellen, in die nur die mit Großbuchstaben und römischen Ziffern bezeichneten Posten aufgenommen werden</li></ul>

- Vorstand (AG) oder Geschäftsführer (GmbH) haben den Jahresabschluss (Bilanz, GuV-Rechnung, Anhang) unter Angabe des Datums der Fertigstellung zu unterzeichnen.
- Jahresabschluss und Lagebericht sind offenzulegen und zehn Jahre aufzubewahren.

Aufgaben

1 *Erstellen Sie für eine kleine Kapitalgesellschaft (AG) die Gewinn- und Verlustrechnung in Staffelform gemäß den Vorschriften des § 275 HGB aufgrund der Salden der Erfolgskonten:*

Nr.	Kontenbezeichnung	Soll	Haben
5000	Umsatzerlöse für eigene Erzeugnisse		6 497 800,00
5400	Mieterträge		24 000,00
5710	Zinserträge		38 150,00

Nr.	Kontenbezeichnung	Soll	Haben
6000	Aufwendungen für Roh-, Hilfs- und Betriebsstoffe	2 398 100,00	
6050	Aufwendungen für Energie	46 550,00	
6160	Fremdinstandsetzung	141 400,00	
6200	Löhne	1 550 800,00	
6300	Gehälter	999 100,00	
6520	Abschreibungen auf Sachanlagen	268 400,00	
6700	Mieten	65 200,00	
6770	Rechts- und Beratungskosten	8 200,00	
6800	Büromaterial	6 900,00	
6820	Postentgelte/Telekommunikation	4 500,00	
6870	Werbung	35 600,00	
6900	Versicherungsbeiträge	24 850,00	
7000	Gewerbesteuer	28 850,00	
7030	Kraftfahrzeugsteuer	36 000,00	
7510	Zinsaufwendungen	27 400,00	
7710	Körperschaftsteuer	168 600,00	
		5 810 450,00	6 559 950,00

2 Erstellen Sie für eine kleine Kapitalgesellschaft (GmbH) die Gewinn- und Verlustrechnung in Staffelform gemäß dem Gliederungsschema auf S. 415 f.:

Nr.	Kontenbezeichnung	Soll	Haben
5000	Umsatzerlöse für eigene Erzeugnisse		3 450 000,00
5400	Mieterträge		60 000,00
5710	Zinserträge		16 100,00
6000	Aufwendungen für Roh-, Hilfs- und Betriebsstoffe	1 008 000,00	
6050	Aufwendungen für Energie	47 200,00	
6200	Löhne	872 000,00	
6300	Gehälter	318 000,00	
6520	Abschreibungen auf Sachanlagen	262 000,00	
6710	Leasing	248 000,00	
6770	Rechts- und Beratungskosten	54 000,00	
6800	Büromaterial	64 000,00	
6900	Versicherungsbeiträge	38 000,00	
7000	Gewerbesteuer	92 000,00	
7510	Zinsaufwendungen	19 800,00	
7710	Körperschaftsteuer	188 000,00	
		3 211 000,00	3 526 100,00

3 Erstellen Sie aufgrund der folgenden Kontensalden die Bilanz einer kleinen Kapitalgesellschaft gemäß den Gliederungsvorschriften des § 266 HGB (vgl. auch S. 416):

Nr.	Kontenbezeichnung	Soll	Haben
0510	Bebaute Grundstücke	432 000,00	
0530	Betriebsgebäude	1 565 000,00	
0830	Lager- und Transporteinrichtungen	181 000,00	
0840	Fuhrpark	253 000,00	
0860	Geschäftsausstattung	239 000,00	
2000	Rohstoffe	143 500,00	
2400	Forderungen a. LL	87 500,00	
2800	Bankguthaben	229 550,00	
2880	Kasse	3 250,00	
3000	Gezeichnetes Kapital		1 880 000,00
3400	Jahresüberschuss		165 000,00

Nr.	Kontenbezeichnung	Soll	Haben
4100	Anleihen/Hypothekendarlehen		800 000,00
4200	Verbindlichkeiten gegenüber Kreditinstituten		107 000,00
4400	Verbindlichkeiten a. LL		150 200,00
4800	Umsatzsteuer		31 600,00
		3 133 800,00	3 133 800,00

4 *Erstellen Sie für eine kleine Kapitalgesellschaft (AG) die Gewinn- und Verlustrechnung in Staffelform gemäß dem Gliederungsschema auf S. 416:*

Nr.	Kontenbezeichnung	Soll	Haben
5000	Umsatzerlöse für eigene Erzeugnisse		4 620 000,00
5200	Bestandsveränderungen an unfertigen und fertigen Erzeugnissen	69 300,00	
5400	Mieterträge		150 000,00
5710	Zinserträge		70 000,00
6000	Aufwendungen für Rohstoffe	982 000,00	
6020	Aufwendungen für Hilfsstoffe	478 000,00	
6040	Verpackungsmaterial	125 000,00	
6050	Aufwendungen für Energie	148 700,00	
6140	Frachten und Fremdlager	45 600,00	
6160	Fremdinstandsetzung	98 000,00	
6200	Löhne	997 000,00	
6300	Gehälter	706 200,00	
6520	Abschreibungen auf Sachanlagen	850 000,00	
6800	Büromaterial	78 000,00	
6820	Postentgelte/Telekommunikation	23 200,00	
6870	Werbung	145 000,00	
6900	Versicherungsbeiträge	38 000,00	
7000	Gewerbesteuer	135 000,00	
7030	Kraftfahrzeugsteuer	25 000,00	
7510	Zinsaufwendungen	101 000,00	
7710	Körperschaftsteuer	5 000,00	
		5 230 000,00	4 840 000,00

5 *Erstellen Sie für eine kleine Kapitalgesellschaft (GmbH) die Gewinn- und Verlustrechnung in Staffelform gemäß dem Gliederungsschema auf S. 416:*

Nr.	Kontenbezeichnung	Soll	Haben
5000	Umsatzerlöse für eigene Erzeugnisse		3 200 000,00
5200	Bestandsveränderungen an unfertigen und fertigen Erzeugnissen	48 000,00	
5400	Mieterträge		115 000,00
5710	Zinserträge		12 000,00
6000	Aufwendungen für Rohstoffe	461 000,00	
6020	Aufwendungen für Hilfsstoffe	135 000,00	
6050	Aufwendungen für Energie	27 000,00	
6140	Frachten und Fremdlager	33 000,00	
6200	Löhne	590 200,00	
6300	Gehälter	160 000,00	
6400	Arbeitgeberanteil zur Sozialversicherung	116 800,00	
6520	Abschreibungen auf Sachanlagen	275 000,00	
6710	Leasing	128 000,00	
6770	Rechts- und Beratungskosten	33 500,00	
6800	Büromaterial	52 000,00	
6900	Versicherungsbeiträge	18 000,00	
7000	Gewerbesteuer	79 000,00	

Nr.	Kontenbezeichnung	Soll	Haben
7020	Grundsteuer	8 500,00	
7510	Zinsaufwendungen	64 000,00	
7710	Körperschaftsteuer	98 000,00	
		2 327 000,00	3 327 000,00

6.4 Auswertung des Jahresabschlusses

6.4.1 Bilanzauswertung und -kritik

Die Bürodesign GmbH hat einen Kredit über 300 000,00 EUR zur Finanzierung einer weiteren Lagerhalle bei der Stadtsparkasse Köln beantragt. Auf Verlangen des Kreditsachbearbeiters haben Frau Schulte und Herr Hammer dem Antrag die nachstehenden Bilanzen der beiden letzten Geschäftsjahre beigefügt.

Der Kreditsachbearbeiter befasst sich intensiv mit den Posten
* des Anlagevermögens und
* der Schulden.

Bilanzen der Bürodesign GmbH im Berichts- und im Vorjahr

	Berichtsjahr	Vorjahr		Berichtsjahr	Vorjahr
II. Anlagevermögen			**II. Eigenkapital**		
1. Grundstücke mit Gebäude	450 000,00	300 000,00	1. Gezeichnetes Kapital	600 000,00	600 000,00
2. Maschinen	580 000,00	410 000,00	2. Jahresüberschuss	500 000,00	400 000,00
3. Fuhrpark	175 000,00	200 000,00	**II. Schulden**		
4. Betriebs- und Geschäftsausstattung	95 000,00	90 000,00	1. Langfristige Verbindl. geg. Kreditinstitut	900 000,00	600 000,00
II. Umlaufvermögen			2. Kurzfristige Verbindl. geg. Kreditinstitut	180 000,00	200 000,00
1. Rohstoffe	282 000,00	367 000,00	3. Verbindlichkeiten a. LL	250 000,00	300 000,00
2. Hilfsstoffe	88 000,00	116 000,00	4. Umsatzsteuer	70 000,00	100 000,00
3. Betriebsstoffe	48 700,00	66 000,00			
4. Unfertige Erzeugnisse	95 300,00	84 000,00			
5. Fertige Erzeugnisse	206 300,00	172 000,00			
6. Forderungen a. LL	250 000,00	225 000,00			
7. Bankguthaben	226 000,00	165 000,00			
8. Kasse	4 000,00	5 000,00			
	2 500 000,00	2 200 000,00		2 500 000,00	2 200 000,00

Arbeitsaufträge
▶ Stellen Sie Gründe zusammen, weshalb der Kreditsachbearbeiter die Vorlage der beiden letzten Bilanzen verlangt hat.
▶ Wie erklären Sie sich das besondere Interesse des Kreditsachbearbeiters für das Anlagevermögen und die Schulden?
▶ Überprüfen Sie, ob Sie nach Auswertung dieser Bilanzen den beantragten Kredit bewilligen würden.

■ Notwendigkeit der Auswertung

Mit der Erstellung der Bilanz und Gewinn- und Verlustrechnung ist die Aufgabe des kaufmännischen Rechnungswesens nicht erfüllt. Vielmehr will der Unternehmer über eine kritische Auswertung der Zahlen der Buchführung seine **Marktstellung** erkennen und **Daten zur Unternehmenssteuerung** gewinnen.

Die Ergebnisse sind jedoch nicht nur **für die Geschäftsleitung** von außerordentlicher Bedeutung, sondern auch **für Außenstehende**. So versuchen die Gläubiger, z. B. Lieferer und Geldgeber, aus den veröffentlichten bzw. vorgelegten Bilanzen Einblick in die Unternehmen zu gewinnen

* bei Kreditwürdigkeitsprüfungen,
* vor einer Beteiligung oder Kapitalanlage.

In diesem Zusammenhang wird beispielsweise erörtert, ob der Betrieb über genügend **Haftungskapital** verfügt, ob die **flüssigen Mittel** reichen, kurzfristige Schulden zu tilgen, ob die Ertragslage eine Beteiligung sinnvoll erscheinen lässt, ob der richtige **steuerliche Gewinn** dokumentiert wurde. Die Auswertungsunterlagen dürfen daher keine Zahlen enthalten, die über die wirkliche Vermögens- und Erfolgslage des Unternehmens hinwegtäuschen.

■ Bilanzauswertung und -kritik

● Strukturierung der Bilanz:

Für Zwecke der Auswertung muss die Bilanz **aufbereitet** und **strukturiert** werden. Dabei werden gleichartige Positionen zusammengefasst, um die Aussagekraft der Bilanz zu erhöhen.

Das folgende Strukturschema liegt den meisten Bilanzauswertungen zugrunde:

Kapital-bindung	Vermögensstruktur	Kapitalstruktur	Kapital-überlassung
langfristig	II. Anlagevermögen	II. Eigenkapital • Gezeichnetes Kapital • Jahresüberschuss	langfristig (über 5 Jahre)
mittel- bis kurzfristig	II. Umlaufvermögen 1. Vorräte • Werkstoffe • Erzeugnisse	• Jahresüberschuss II. Schulden/Fremdkapital 1. Langfristige Verbindlichkeiten	
	2. Forderungen (kurzfristig) • Forderungen a. LL • Sonstige kurzfristige Forderungen (Vorsteuerüberhang)	2. Mittel- und kurzfristige Verbindlichkeiten • Kurzfristige Bankverbindlichkeiten • Verbindlichkeiten a. LL • Sonstige Verbindlichkeiten (USt-Zahllast, Verbindlichkeiten aus Steuern und gegenüber Sozialversicherungsträgern)	mittel- (1 bis 5 Jahre) und kurzfristig (unter 1 Jahr)
keine Bindung	3. Liquide Mittel • Guthaben bei Kreditinstituten • Kasse		

● Statistische Aufbereitung des Jahresabschlusses:

Die **absoluten Zahlen** sind in **Verhältniszahlen** (Prozentsätze) zur Bilanzsumme (= 100 %) umzurechnen, um die **Vergleichbarkeit** der Werte im Jahresabschluss zu verbessern.

Beispiel *Aufbereitete Bilanzen der Bürodesign GmbH (siehe Bilanzen des Berichts- und Vorjahres, S. 421)*

	Berichtsjahr		Vorjahr		Veränderungen	
	EUR	%	EUR	%	EUR	%
Vermögensstruktur						
I. Anlagevermögen (AV)						
1. Grundstücke, Gebäude	450 000	18,0	300 000	13,6	+ 150 000	+ 50,0
2. Maschinen	580 000	23,2	410 000	18,6	+ 170 000	+ 41,5
3. Fuhrpark	175 000	7,0	200 000	9,1	− 25 000	− 12,5
4. Geschäftsausstattung	95 000	3,8	90 000	4,1	+ 5 000	+ 5,6
Summe Anlagevermögen	1 300 000	52,0	1 000 000	45,5	+ 300 000	+ 30,0
II. Umlaufvermögen						
1. Vorräte	720 000	28,8	805 000	36,6	− 85 000	− 10,6
2. Kurzfristige Forderungen	250 000	10,0	225 000	10,2	+ 25 000	+ 11,1
3. Liquide Mittel	230 000	9,2	170 000	7,7	+ 60 000	+ 35,3
Summe Umlaufvermögen	1 200 000	48,0	1 200 000	54,5	0	0,0
Summe Vermögen	2 500 000	100,0	2 200 000	100,0	+ 300 000	+ 13,6

■ Auswertung

● Vermögensaufbau:

Der Vermögensaufbau geht bereits weitgehend aus den aufbereiteten Bilanzen hervor. Die hier angegebenen **Prozentsätze** stellen **Intensitätskennziffern** oder Quoten dar, die den jeweiligen Anteil des Postens am Gesamtvermögen ausdrücken.

Beispiel	Berichtsjahr	Vorjahr
Anlagevermögensintensität $= \dfrac{AV \cdot 100}{Gesamtvermögen}$	$\dfrac{1\,300\,000 \cdot 100}{2\,500\,000} = \underline{\underline{52\,\%}}$	$\dfrac{1\,000\,000 \cdot 100}{2\,200\,000} = \underline{\underline{45,5\,\%}}$
Umlaufvermögensintensität $= \dfrac{UV \cdot 100}{Gesamtvermögen}$	$\dfrac{1\,200\,000 \cdot 100}{2\,500\,000} = \underline{\underline{48\,\%}}$	$\dfrac{1\,200\,000 \cdot 100}{2\,200\,000} = \underline{\underline{54,5\,\%}}$

- **Allgemeine Aussagen zur Vermögensstruktur:** Die **Vermögensstruktur** ist in erster Linie abhängig von der Art und Zielsetzung des Betriebes. So haben Großhandelsunternehmen häufig ein großes Umlaufvermögen (Waren, Forderungen), während Unternehmungen der Grundstoffindustrie sehr anlageintensiv sind.

  Das **Anlagevermögen** bildet die **Grundlage der Betriebsbereitschaft**. Es verursacht gleichbleibend hohe fixe Kosten, wie Abschreibungen, Instandhaltung, Zinsen, Versicherungsprämien. Dies kann sich in Krisenzeiten besonders negativ auswirken. Daher ist mit dem Anlagevermögen ein großes Risiko verbunden.

  Auf der anderen Seite kommen Teile des Anlagevermögens als Sicherheiten für aufgenommene Kredite in Frage. Kreditgeber untersuchen daher, wie weit diese Vermögensteile bereits belastet sind (z. B. mit Hypotheken oder Grundschulden).

  Das **Umlaufvermögen** ist der eigentliche **Gewinnträger**. Durch Verkauf der Erzeugnisse fließen Geldwerte in die Unternehmung (Aufwand und Gewinn) zurück, die zum Zwecke der Wiederbeschaffung, Rationalisierung und Erweiterung eingesetzt werden können.

- **Aussagen zu den einzelnen Kennziffern:**
  - **Anlagevermögensintensität:** Der Anteil des AV am Gesamtvermögen hat um 6,5 Prozentpunkte zugenommen, ist aber um 30,0 Prozentpunkte gestiegen (siehe Beispiel oben). Das bedeutet, dass in den Anlagebereich investiert wurde, erkennbar in der Zunahme von Grundstücken und Maschinen.

Aus dieser Entwicklung können folgende betriebswirtschaftliche Aussagen abgeleitet werden:
– verstärkte langfristige Kapitalbindung,
– Zunahme fixer Kosten (Abschreibungen, Reparaturen, Zinsen),
– Verbesserung des technischen Standes der Betriebsmittel,
– Kapazitätserweiterung (Nettoinvestition), die gleichzeitig wegen der verstärkten langfristigen Kapitalbindung erhöhtes Risiko bedeuten kann.

Ursachen dieser Entwicklung können z. B. in einer verbesserten Marktstellung (Umsatzsteigerung) oder in der Aufnahme neuer Produkte in das Produktionsprogramm begründet sein.

Eine umgekehrte Entwicklung kann zurückzuführen sein auf
– pessimistische Zukunftserwartungen wegen rückläufiger Aufträge,
– unterlassene Ersatzinvestitionen wegen fehlender liquider Mittel, verschlechterter Kreditwürdigkeit u. a.,
– Anpassung der Betriebsmittel und des Produktionsprogramms an die Nachfrage.

– **Umlaufvermögensintensität:** Die Umlaufvermögensintensität hat um 6,5 Prozentpunkte zugenommen, im Vergleich zum Vorjahr ist das Umlaufvermögen gleich geblieben. Wie die aufbereiteten Bilanzen zeigen, wurde diese Entwicklung insbesondere durch die Abnahme der Vorräte und die Zunahme der Forderungen und der liquiden Mittel verursacht.
  Die Abnahme der Vorräte kann in der Verkürzung von Beschaffungszeiten betriebswirtschaftlich begründet sein.

– Die Entwicklung der Vorräte kann auch in der saison- und preisbedingten Vorratspolitik begründet sein.

● **Kapitalaufbau:**

Die Passivseite gibt wichtige Informationen über die **Finanzierung** eines Unternehmens. Sie gibt Auskunft über die Herkunft des Kapitals durch den getrennten Ausweis von Eigen- und Fremdkapital (Schulden).

Entsprechend dieser Gliederung der Kapitalien können auch für die Passivseite der Bilanz Intensitätskennziffern berechnet werden.

Beispiel	Berichtsjahr	Vorjahr
Anlagevermögensintensität = $\dfrac{EK \cdot 100}{Gesamtkapital}$ (Eigenkapitalquote)	$\dfrac{1\,100\,000 \cdot 100}{2\,500\,000} = \underline{\underline{44\,\%}}$	$\dfrac{1\,000\,000 \cdot 100}{2\,200\,000} = \underline{\underline{45,5\,\%}}$
Umlaufvermögensintensität = $\dfrac{FK \cdot 100}{Gesamtkapital}$ (Anspannungskoeffizient)	$\dfrac{1\,400\,000 \cdot 100}{2\,500\,000} = \underline{\underline{56\,\%}}$	$\dfrac{1\,200\,000 \cdot 100}{2\,200\,000} = \underline{\underline{55\,\%}}$

● **Eigenkapitalintensität (Eigenkapitalquote)**
  Die Eigenkapitalintensität oder -quote besagt,
  – in welchem Umfang sich der Unternehmer selbst bzw. die Gesellschafter an der Finanzierung des Unternehmers und dem damit verbundenen Risiko beteiligen,
  – wie hoch der Anteil des Haftungs- oder Garantiekapitals ist.

Je höher der Eigenkapitalanteil ist, desto größer ist die finanzielle Stabilität wegen der unbegrenzten Überlassungsfristen. Entsprechend wird die Abhängigkeit der Unternehmung von Gläubigern mit zunehmendem Eigenkapital verringert. Andererseits ist jedoch zu beachten, dass mit der Aufnahme neuer Gesellschafter zum Zwecke der Eigenfinanzierung die Rechte und damit die Aktionsfähigkeit der bisherigen Geschäftsführer eingeschränkt werden können. Darüber hinaus sagt die Eigenkapitalquote etwas über die Kreditwürdigkeit des Unternehmens aus, weil sie den Anteil des Haftungskapitals angibt. Im Beispiel hat sich die Eigenkapitalquote um 1,5 Prozentpunkte verschlechtert.

- **Fremdkapitalintensität (Anspannungskoeffizient)**

  Die **Fremdkapitalintensität** oder der **Anspannungskoeffizient** gibt Auskunft über die Kapitalanspannung, die durch das Fremdkapital hervorgerufen wird. Besondere Nachteile des Fremdkapitals sind die regelmäßigen Liquiditätsbelastungen durch Zins- und Rückzahlungen ohne Bezug zur Ertragslage.

  Je höher diese Quote ist, desto stärker wird die Verfügbarkeit über Vermögensteile eingeschränkt, weil Vermögensteile an die Gläubiger als Sicherheiten verpfändet oder übereignet werden mussten. Mit der Abnahme der anzubietenden Sicherheiten verschlechtert sich folglich die Kreditwürdigkeit.

  Der **Anteil kurzfristiger Schulden am Gesamtkapital** sagt etwas über die Anspannung der Liquidität durch laufende Kapitalrückzahlungen und über das Finanzierungsrisiko wegen der kurzfristigen Überlassungsfristen aus. Wegen der verschlechterten Eigenfinanzierung bei gleichzeitiger Fremdkapitalzunahme wurde die Anspannung der Liquidität vergrößert (5,4 Prozentpunkte).

● **Kapitalanlage:**

Bei Investitionen hat der Unternehmer darauf zu achten, dass das zur Finanzierung benötigte Kapital für die Dauer der Bindung im Vermögen bereitstehen muss.

 Kapitalüberlassungsfristen sollen mit Kapitalbindungsfristen übereinstimmen (goldene Finanzierungsregel).

Die Einhaltung dieser Regel lässt sich annähernd durch folgende Deckungskennziffern überprüfen:

Beispiel	Berichtsjahr	Vorjahr
$\textit{Anlagendeckung I} = \dfrac{EK \cdot 100}{AV}$	$\dfrac{1\ 100\ 000 \cdot 100}{1\ 300\ 000} = \underline{84,6\ \%}$	$\dfrac{1\ 000\ 000 \cdot 100}{2\ 200\ 000} = \underline{100\ \%}$
$\textit{Anlagendeckung II} = \dfrac{(EK + \textit{langfr. FK}) \cdot 100}{AV}$	$\dfrac{(1\ 100\ 000 + 900\ 000) \cdot 100}{1\ 300\ 000}$ $= \underline{153,8\ \%}$	$\dfrac{(1\ 000\ 000 + 600\ 000) \cdot 100}{1\ 000\ 000}$ $= \underline{160\ \%}$

- **Anlagendeckung I:** Die Kennziffer Anlagendeckung I zeigt, ob das Anlagevermögen, das dem Unternehmen auf lange Sicht dienen soll, auch mit Mitteln finanziert wurde, die dem Unternehmen dauernd zur Verfügung stehen.

  Das Anlagevermögen bildet die Grundlage der Betriebsbereitschaft. Da der Verzehr des Anlagevermögens und damit der Rückfluss dieser Wertminderung über die Erlöse sich über mehrere Jahre erstrecken, ist eine langfristige Finanzierung existenznotwendig für das Unternehmen. Dies gilt noch verstärkt für Krisenzeiten, in denen die Belastungen durch Fremdkapital (Tilgung und Zinsen) wegen verringerter Gewinne erhebliche Schwierigkeiten bereiten.

  In der Bürodesign GmbH liegt im Berichtsjahr eine Deckung von 84,6 % vor, die sich gegenüber dem Vorjahr um 15,4 Prozentpunkte verschlechtert hat.

- **Anlagendeckung II:** Es ist natürlich nicht notwendig und nicht immer zweckmäßig, Anlagevermögen ausschließlich mit Eigenkapital zu finanzieren. Auch langfristiges **Fremdkapital** kann zu seiner Finanzierung wegen der langfristigen Tilgung (kleine Raten) herangezogen werden. Dies ist deshalb sinnvoll, weil zur Erhaltung der Betriebsbereitschaft neben dem Anlagevermögen Teile des Umlaufvermögens (eiserne Bestände) langfristig finanziert werden müssen. Im Beispiel liegt trotz Verschlechterung um 6,2 Prozentpunkte sogar eine Überdeckung vor.

● Liquidität:

Da das im Anlagevermögen investierte Kapital grundsätzlich langfristig gebunden bleibt, müssen **fällige Schulden** aus dem Umlaufvermögen getilgt werden. Unpünktliche Erfüllung der Zahlungsverpflichtungen kann zum Verlust der Kreditwürdigkeit führen. Anhaltende **Zahlungsunfähigkeit** führt sogar zur Insolvenz. Daher sollte ein Unternehmen immer in der Lage sein, seinen Verpflichtungen nachzukommen. Das ist langfristig nur möglich, wenn liquide Mittel einer bestimmten Fristigkeit mit entsprechenden Verbindlichkeitsfälligkeiten übereinstimmen.

Wie die mangelhafte Liquidität bringt auch eine **Überliquidität** wirtschaftliche Nachteile mit sich: z. B. Zinsverlust und damit Minderung der Rentabilität.

> **!** **Zur Beurteilung der Liquidität sind den Verbindlichkeiten (Zahlungsverpflichtungen) die liquiden Mittel gegenüberzustellen. Nach den Kriterien „Flüssigkeit und Fälligkeit" werden liquide Mittel und Verbindlichkeiten 1., 2. und 3. Grades unterschieden (siehe unten) und in einzelnen Liquiditätskennziffern berücksichtigt.**

Beispiel		Berichtsjahr		Vorjahr	
Liquidität 1. Grades = (= Barliquidität)	$\dfrac{\text{Liquide Mittel} \cdot 100}{\text{Kurzfr. Verbindl.}}$	$\dfrac{230\,000 \cdot 100}{500\,000}$	$= 46\,\%$	$\dfrac{170\,000 \cdot 100}{600\,000}$	$= 28{,}3\,\%$
Liquidität 1. Grades = (= einzugsbed. Liquidität)	$\dfrac{(\text{Liquide Mittel + kurzfr. Forderungen}) \cdot 100}{\text{Kurzfr. Verbindl.}}$	$\dfrac{480\,000 \cdot 100}{500\,000}$	$= 96\,\%$	$\dfrac{395\,000 \cdot 100}{600\,000}$	$= 65{,}8\,\%$
Liquidität 3. Grades = (= absatzbed. Liquidität)	$\dfrac{\text{Umlaufvermögen} \cdot 100}{\text{Kurzfr. Verbindl.}}$	$\dfrac{1\,200\,000 \cdot 100}{500\,000}$	$= 240\,\%$	$\dfrac{1\,200\,000 \cdot 100}{600\,000}$	$= 200\,\%$

> **!** **Liquidität ist die Fähigkeit der Unternehmung, ihren Verbindlichkeiten fristgemäß nachzukommen. Ist die Unternehmung dazu in der Lage, befindet sie sich im finanziellen Gleichgewicht. Sie wird als liquide bezeichnet.**
> **Ist die Zahlungsfähigkeit größer als der Zahlungsmittelbedarf, liegt Überliquidität vor.**

Die so gewonnenen Liquiditätskennziffern sollten, selbst wenn sie größer als 100 % sind, mit Vorsicht beurteilt werden. Sie gelten nur für den Bilanzstichtag und geben somit einen Stand an, der sich schnell verändern kann. Aussagen für die nächste Zukunft können nur bei Kenntnis der Fälligkeitsdaten der Verbindlichkeiten einerseits, der Einkaufsplanungen, der Liquidierbarkeit der Posten des Umlaufvermögens, der Umsatzentwicklung, der Marktlage und Zahlungsgepflogenheiten der Kunden andererseits gemacht werden.

Eine im Zeitvergleich rückläufige Tendenz der Liquidität kann auf Fehlentscheidungen oder die Verwendung liquider Reserven zur Finanzierung von Anlagen und Vorräten, beispielsweise zum Zwecke der Betriebserweiterung und Umsatzsteigerung, zurückzuführen sein. Parallel zur Liquidität ist also eine Entwicklung anderer Bilanzposten zu betrachten.

Im Beispiel haben sich alle Liquiditätskennzahlen verbessert. Eine Barliquidität von 46 % besagt, dass von 100,00 EUR kurzfristigen Schulden bei sofortiger Fälligkeit nur 46,00 EUR getilgt werden können.

Da jedoch einerseits nicht alle kurzfristigen Verbindlichkeiten gleichzeitig fällig werden, andererseits Teile der Forderungen bis zur Fälligkeit einzelner Verbindlichkeiten ausgeglichen werden, werden die Forderungen in die Berechnung der Liquidität zweiten Grades einbezogen. Mit 96 % deutet diese eine fast ausreichende Liquidität an. Positiv ist anzumerken, dass sie gegenüber dem Vorjahr stark gestiegen ist. Dies gilt auch für die Liquidität 3. Grades.

■ Auswertung der Bilanz und grafische Darstellung mithilfe eines Tabellenkalkulationsprogramms

INFO

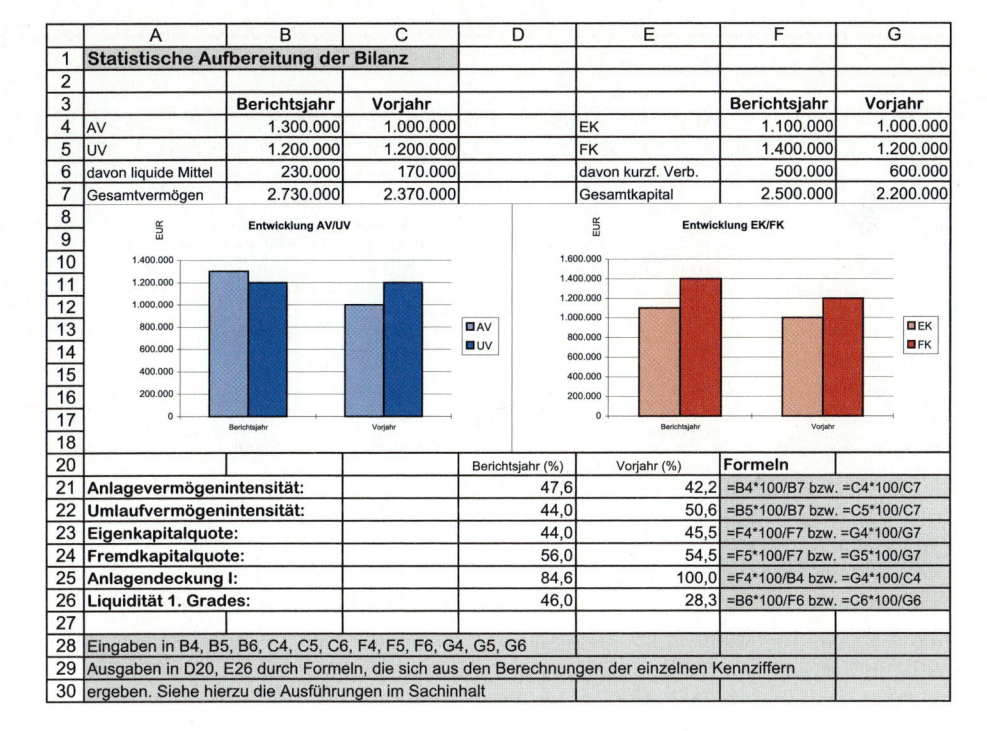

	A	B	C	D	E	F	G
1	**Statistische Aufbereitung der Bilanz**						
2							
3		**Berichtsjahr**	**Vorjahr**			**Berichtsjahr**	**Vorjahr**
4	AV	1.300.000	1.000.000		EK	1.100.000	1.000.000
5	UV	1.200.000	1.200.000		FK	1.400.000	1.200.000
6	davon liquide Mittel	230.000	170.000		davon kurzf. Verb.	500.000	600.000
7	Gesamtvermögen	2.730.000	2.370.000		Gesamtkapital	2.500.000	2.200.000
8							
9							
10							
11							
12							
13							
14							
15							
16							
17							
18							
20					Berichtsjahr (%)	Vorjahr (%)	**Formeln**
21	**Anlagevermögenintensität:**				47,6	42,2	=B4*100/B7 bzw. =C4*100/C7
22	**Umlaufvermögenintensität:**				44,0	50,6	=B5*100/B7 bzw. =C5*100/C7
23	**Eigenkapitalquote:**				44,0	45,5	=F4*100/F7 bzw. =G4*100/G7
24	**Fremdkapitalquote:**				56,0	54,5	=F5*100/F7 bzw. =G5*100/G7
25	**Anlagendeckung I:**				84,6	100,0	=F4*100/B4 bzw. =G4*100/C4
26	**Liquidität 1. Grades:**				46,0	28,3	=B6*100/F6 bzw. =C6*100/G6
27							
28	Eingaben in B4, B5, B6, C4, C5, C6, F4, F5, F6, G4, G5, G6						
29	Ausgaben in D20, E26 durch Formeln, die sich aus den Berechnungen der einzelnen Kennziffern						
30	ergeben. Siehe hierzu die Ausführungen im Sachinhalt						

Zusammenfassung: Bilanzauswertung und -kritik

- **Notwendigkeit**
  - Kontrolle und Beurteilung der Geschäftsentwicklung
  - Beurteilung der Kreditwürdigkeit
- **Bilanzkennziffern**
  - **Vermögensaufbau**
    - Anlagevermögens-intensität $= \dfrac{AV \cdot 100}{Vermögen}$
    - Umlaufvermögens-intensität $= \dfrac{UV \cdot 100}{Vermögen}$
  - **Kapitalaufbau**
    - Eigenkapitalintensität (Eigenkapitalquote) $= \dfrac{EK \cdot 100}{Kapital}$
  - **Kapitalanlage**
    - Anlagendeckung I $= \dfrac{EK \cdot 100}{AV}$
    - Anlagendeckung II $= \dfrac{(EK + langfr.\ FK) \cdot 100}{AV}$

$$\text{– Fremdkapitalintensität (Anspannungskoeffizient)} = \frac{FK \cdot 100}{Kapital}$$

- **Liquidität**

$$\text{– Liquidität 1. Grades (Barliquidität)} = \frac{\text{Liquidierte Mittel} \cdot 100}{\text{Kurzfr. Verbindl.}}$$

$$\text{– Liquidität 2. Grades (einzugsbedingte Liquidität)} = \frac{(\text{Liquidierte Mittel} + \text{kurzf. Forderunge}) \cdot 100}{\text{Kurzfr. Verbindl.}}$$

$$\text{– Liquidität 3. Grades (absatzbedingte Liquidität)} = \frac{UV \cdot 100}{\text{Kurzfr. Verbindl.}}$$

Aufgaben

1 Sie werden beauftragt, die untenstehenden Bilanzen eines Industriebetriebes auszuwerten.

Aktiva	Jahr 1	Jahr 2	Passiva	Jahr 1	Jahr 2
I. Anlagevermögen			**I. Eigenkapital**	270 000,00	350 000,00
1. Grundstücke	20 000,00	20 000,00			
2. Gebäude	25 000,00	24 000,00	**II. Fremdkapital**		
3. Maschinen	15 000,00	55 000,00	1. Hypothekenschulden		
4. Fuhrpark	60 000,00	120 000,00	über 5 Jahre	40 000,00	40 000,00
5. Geschäftsausstattung	30 000,00	26 000,00	2. Darlehensschulden		
II. Umlaufvermögen			über 1 Jahr	120 000,00	120 000,00
1. Vorräte	209 700,00	280 300,00	3. Verbindlichkeiten a. LL	136 200,00	142 800,00
2. Forderungen a. LL	140 600,00	96 100,00	4. Schuldwechsel	33 800,00	47 200,00
3. Bankguthaben	90 400,00	72 400,00			
4. Kasse	9 300,00	6 200,00			
	600 000,00	700 000,00		600 000,00	700 000,00

Ermitteln Sie dabei für beide Jahre die Kennzahlen:

a) zum Vermögensaufbau
   aa) Anlagevermögensintensität
   ab) Umlaufvermögensintensität

b) zur Finanzierung
   ba) Eigenkapitalintensität
   bb) Fremdkapitalintensität

c) zur Anlagendeckung
   ca) Anlagendeckung I
   cb) Anlagendeckung II

d) zur Liquidität
   da) Liquidität 1. Grades
   db) Liquidität 2. Grades

Beurteilen Sie die Entwicklung des Unternehmens anhand der Kennzahlen in einem Bericht zur Bilanz.

2 Gegeben ist die Bilanz eines Industriebetriebes in TEUR:

Aktiva	Bilanz zum 31. Dezember ..		Passiva
I. Anlagevermögen		**I. Eigenkapital**	2 200
Bebaute Grundstücke	400	**II. Schulden über 5 Jahre**	
Gebäude	600	Hypothekenschulden	500
Maschinen	450	Darlehensschulden	100
Fuhrpark	350	**III. Andere Verbindlichkeiten**	
Betriebs- und Geschäftsausstattung	200	Verbindlichkeiten a. LL	920
II. Umlaufvermögen		Sonstige Verbindlichkeiten	280
Roh-, Hilfs- und Betriebsstoffe	600		
Unfertige und fertige Erzeugnisse	330		
Forderungen a. LL	945		
Bank	118		
Kasse	7		
	4 000		4 000

a) Bereiten Sie die Bilanz durch Umrechnung der absoluten Zahlen in Verhältniszahlen auf.

b) Ermitteln Sie

   ba) die Anlagen- und Umlaufvermögensintensität,

   bb) die Eigen- und Fremdkapitalintensität,

   bc) die Anlagendeckung I und II,

   bd) die Liquidität 1. und 2. Grades.

3 a) In Industriebetrieben bilden Rohstoffe oft den größten Posten innerhalb des Umlaufvermögens. Wie erklären Sie sich diesen Sachverhalt?

b) Was sagt Ihnen die Bilanz über die Art des Betriebes?

4 a) Warum kann die Finanzierung in unserem Beispiel auf den S. 435 f. als gut bezeichnet werden?

b) Wie kann das Verhältnis Eigenkapital:Fremdkapital noch verbessert werden?

c) Wodurch kann eine Verschlechterung eintreten?

d) Wie beurteilen Sie das Verhältnis von Eigenkapital:Fremdkapital = 3:4?

e) Die Kennziffer über den Vermögensaufbau änderte sich gegenüber dem Vorjahr von 35 % auf 48 % bei etwa gleichbleibendem Umlaufvermögen. Begründen Sie diese Entwicklung.

5 a) Kauf einer Maschine im Wert von 1 600 000,00 EUR. Ihre Anschaffung wurde mit einem kurzfristigen Kredit finanziert. Beurteilen Sie diese Entscheidung.

b) Der Deckungsgrad des Anlagevermögens durch langfristiges Kapital entwickelte sich auf 110 % gegenüber 75 %. Die Unternehmung war aus einer Einzelunternehmung in eine KG umgewandelt worden.

Prüfen Sie, ob die Veränderung der Kennziffer durch diesen Vorgang beeinflusst worden sein kann.

6 a) Warum ist die aus der Bilanz errechnete Zahlungsbereitschaft mit Vorsicht zu behandeln?

b) Welche Angaben müssten Sie haben, um ein genaueres Bild über die Liquidität zu erhalten?

c) Durch welche Maßnahmen kann die Liquidität verbessert werden?

d) Nennen Sie je drei Geschäftsfälle, durch die die Liquidität kurzfristig

   da) verbessert   db) verschlechtert

werden kann.

7 Folgende vereinfachte Bilanzen in Mio. EUR eines Industriebetriebes sind auszuwerten:

	Vor-jahr	Berichts-jahr		Vor-jahr	Berichts-jahr
Sachanlagen	600	700	Eigenkapital	600	600
Finanzanlagen	120	70	Langfristiges		
Anlagevermögen	720	770	Fremdkapital	375	520
Vorräte	220	315	Langfristiges Kapital	975	1 120
Forderungen	140	210	Kurzfristiges		
Liquide Mittel	120	105	Fremdkapital	225	280
Umlaufvermögen	480	630			
Vermögen	1 200	1 400	Kapital	1 200	1 400

a) Nennen Sie Bilanzposten, die in den einzelnen Vermögens- und Kapitalgruppen enthalten sind.

b) Ermitteln Sie die Intensitätskennziffern der einzelnen Vermögens- und Kapitalgruppen.

c) Ermitteln Sie die prozentualen Veränderungen der Einzelgruppen und geben Sie Ursachen und Folgen an.

d) Ermitteln Sie die Anlagendeckung I und II und die Liquidität 1. und 2. Grades.

8

Aktiva	Bilanz zum 31. Dezember ..		Passiva
Grundstücke und Gebäude	70 000	Eigenkapital	120 000
Maschinen	40 000	Hypothekenschulden	85 000
Betriebs- und Geschäftsausstattung	30 000	Verbindlichkeiten a. LL	45 000
Roh-, Hilfs- und Betriebsstoffe	25 000		
Forderungen a. LL	50 000		
Bank	35 000		
	250 000		250 000

a) Wie viel Prozent beträgt der Anteil des Anlagevermögens am Gesamtvermögen?

b) Wie viel Prozent beträgt der Eigenkapitalanteil am Gesamtkapital?

c) Wie viel Prozent beträgt die Anlagendeckung durch das Eigenkapital (auf zwei Stellen nach dem Komma genau)?

9 Ermitteln Sie aus untenstehenden Daten (in TEUR) der Peter Voss OHG zum Ende des Geschäftsjahres

a) das Anlagevermögen,   d) die Schulden,   g) den Gewinn.

b) das Umlaufvermögen,   e) den Aufwand,

c) das Eigenkapital,   f) den Ertrag,

Daten der Peter Voss OHG

Gebäude, Grundstücke	800	Bankguthaben	200
Roh-, Hilfs- und Betriebsstoffe	300	Personalaufwand	8 000
Forderungen a. LL	570	Sonstige Erträge	1 000
Verbindlichkeiten gegenüber Banken . .	650	Rückstellungen	270
Umsatzerlöse für Erzeugnisse	25 000	Aufwendungen für Rohstoffe . . .	14 400
Geschäftsausstattung	180	Fuhrpark	450
Abschreibungen	600	Sonstige Aufwendungen	2 400
Verbindlichkeiten a. LL	430	Eigenkapital	1 150

6.4.2 Auswertung der Gewinn- und Verlustrechnung

Der Kreditsachbearbeiter der Hausbank (vgl. S. 421) hat Frau Schulte gebeten, zusätzlich zu den Bilanzen die Gewinn- und Verlustrechnungen der beiden letzten Jahre zur Einsicht nachzureichen:

GuV-Rechnungen der Bürodesign GmbH im Berichts- und im Vorjahr

	Berichtsjahr	Vorjahr		Berichtsjahr	Vorjahr
6000 Aufwendungen für Rohstoffe	2 978 000,00	2 608 000,00	5000 Umsatzerlöse für Erzeugnisse	6 853 700,00	6 111 800,00
6020 Aufwendungen für Hilfsstoffe	345 000,00	312 000,00	5200 Bestandsveränderungen	45 300,00	60 200,00
6050 Energie	81 000,00	75 000,00	5400 Mieterträge	48 000,00	36 000,00
6160 Fremdinstandsetzung	190 000,00	128 000,00	5710 Zinserträge	53 000,00	42 000,00
6200 Löhne	1 880 000,00	1 815 000,00			
6300 Gehälter	340 000,00	310 000,00			
6520 Abschreibungen auf Sachanlagen	219 000,00	210 000,00			
6700 Mieten/Pachten/Leasing	33 000,00	32 000,00			
6800 Büromaterial	68 000,00	70 000,00			
6820 Postentgelte/ Telekommunikation	45 000,00	40 000,00			
6900 Versicherungsbeiträge	32 000,00	28 000,00			
7000 Betriebliche Steuern	65 000,00	52 000,00			
7510 Zinsaufwendungen	54 000,00	40 000,00			
7700 Körperschaftsteuer	170 000,00	130 000,00			
3400 Jahresüberschuss	500 000,00	400 000,00			
	7 000 000,00	6 250 000,00		7 000 000,00	6 250 000,00

Arbeitsaufträge ▶ Stellen Sie fest, weshalb der Kreditsachbearbeiter außer den Bilanzen die beiden letzten Gewinn- und Verlustrechnungen verlangt.
▶ Welche weiteren Informationen kann er hieraus für die Kreditgewährung entnehmen?

■ Aufbereitung der Gewinn- und Verlustrechnung

Die Einbeziehung der Erfolgsrechnung in die Auswertung ermöglicht genauere Aussagen über die **Aufwands**- und **Ertragsstruktur** und damit über die **Ertragskraft** und ihre Einflussfaktoren. Im Vergleich mit früheren GuV-Rechnungen und in Verbindung mit den Bilanzdaten können zusätzliche Kennziffern zur Entwicklung des Unternehmens gewonnen werden. Wie bei der Bilanzanalyse muss der Ermittlung von Kennzahlen eine entsprechende Aufbereitung vorausgehen.

In untenstehenden aufbereiteten GuV-Rechnungen werden die Anteile **(Intensitätskennziffern)** der Erfolgsquellen am Gesamtertrag (= 100 %) dargestellt (siehe aufbereitete Gewinn- und Verlustrechnungen der Bürodesign GmbH S. 432).

Aus den aufbereiteten GuV-Rechnungen sind die Anteile der Erfolgsquellen, der Aufwendungen und des Jahresüberschusses am Gesamtertrag und deren Entwicklung gegenüber dem Vorjahr zu erkennen.

Diese Kennzahlen zeigen, dass sich die Struktur der Aufwendungen und Erträge nur unwesentlich verändert hat.

Lediglich die Aufwendungen für Roh- und Hilfsstoffe und Fremdinstandsetzung sind absolut beträchtlich angestiegen, relativ sogar etwas stärker als die Umsatzerlöse. Insgesamt haben die Aufwendungen allerdings weniger stark zugenommen (11,1 %) als die Erträge (12,0 %).

■ Beurteilung der Aufwendungen und Erträge

Unternehmer und Außenstehende beobachten besonders die betrieblichen Aufwendungen und Erträge und deren Entwicklung, weil von diesen langfristig die Existenz und Beurteilung einer Unternehmung abhängig sind. In diesem Zusammenhang werden die wichtigsten Erträge als Anteile der gesamten Erträge und die wichtigsten Aufwendungen als Anteile der gesamten Aufwendungen ausgedrückt.

Beispiel		Berichtsjahr	Vorjahr
Umsatzintensität =	$\dfrac{Umsatzerlöse \cdot 100}{Erträge}$	$\dfrac{6\ 853\ 700 \cdot 100}{7\ 000\ 000} = \underline{\underline{97,9\ \%}}$	$\dfrac{6\ 111\ 800 \cdot 100}{6\ 250\ 000} = \underline{\underline{97,8\ \%}}$

Beispiel		Berichtsjahr	Vorjahr
Materialaufwand-intensität =	$\dfrac{Materialeinsatz \cdot 100}{Aufwendungen}$	$\dfrac{3\ 323\ 000 \cdot 100}{6\ 500\ 000} = \underline{\underline{51,1\ \%}}$	$\dfrac{2\ 920\ 000 \cdot 100}{5\ 850\ 000} = \underline{\underline{49,9\%}}$
Personalaufwand-intensität =	$\dfrac{Personalaufwand \cdot 100}{Aufwendungen}$	$\dfrac{2\ 220\ 000 \cdot 100}{6\ 500\ 000} = \underline{\underline{34,2\ \%}}$	$\dfrac{2\ 125\ 000 \cdot 100}{5\ 850\ 000} = \underline{\underline{36,3\ \%}}$
Abschreibungs-intensität =	$\dfrac{Abschreibungen \cdot 100}{Aufwendungen}$	$\dfrac{219\ 000 \cdot 100}{6\ 500\ 000} = \underline{\underline{3,4\ \%}}$	$\dfrac{210\ 000 \cdot 100}{5\ 850\ 000} = \underline{\underline{3,6\ \%}}$

Aufbereitete GuV-Rechnung der Bürodesign GmbH im Berichts- und im Vorjahr

Aufwendungen	Berichtsjahr		Vorjahr		Veränderungen	
	EUR	%	EUR	%	EUR	%
6000 Aufwendungen für Rohstoffe	2 978 000	42,5	2 608 000	41,7	+ 370 000	+ 14,2
6020 Aufwendungen für Hilfsstoffe	345 000	4,9	312 000	5,0	+ 33 000	+ 10,6
6050 Energie	81 000	1,2	75 000	1,2	+ 6 000	+ 8,0
6160 Fremdinstandsetzung	190 000	2,7	128 000	2,0	+ 62 000	+ 48,4
6200 Löhne	1 880 000	26,9	1 815 000	29,0	+ 65 000	+ 3,6
6300 Gehälter	340 000	4,9	310 000	5,0	+ 30 000	+ 9,7
6520 Abschreibungen auf Sachanlagen	219 000	3,1	210 000	3,4	+ 9 000	+ 4,3
6700 Mieten/Pachten/Leasing	33 000	0,5	32 000	0,5	+ 1 000	+ 3,1
6800 Büromaterial	68 000	1,0	70 000	1,1	– 2 000	– 2,9
6820 Postentgelte/ Telekommunikation	45 000	0,6	40 000	0,6	+ 5 000	+ 12,5
6900 Versicherungsbeiträge	32 000	0,5	28 000	0,4	+ 4 000	+ 14,3
7000 Betriebliche Steuern	65 000	0,9	52 000	0,8	+ 13 000	+ 25,0
7510 Zinsaufwendungen	54 000	0,8	40 000	0,6	+ 14 000	+ 35,0
7700 Körperschaftsteuer	170 000	2,4	130 000	2,1	+ 40 000	+ 30,8
Gesamtaufwand	**6 500 000**	**92,9**	**5 850 000**	**93,6**	**+ 650 000**	**+ 11,1**
3400 Jahresüberschuss	500 000	7,1	400 000	6,4	+ 100 000	+ 25,0
	7 000 000	100	6 250 000	100		

Erträge	Berichtsjahr		Vorjahr		Veränderungen	
	EUR	%	EUR	%	EUR	%
5000 Umsatzerlöse für Erzeugnisse	6 853 700	97,9	6 111 800	97,8	+ 741 900	+ 12,1
5200 Bestandsveränderungen	45 300	0,6	60 200	1,0	– 14 900	– 24,8
5400 Mieterträge	48 000	0,7	36 000	0,6	+ 12 000	+ 33,3
5710 Zinserträge	53 000	0,8	42 000	0,7	+ 11 000	+ 26,2
Gesamterträge	**7 000 000**	**100**	**6 250 000**	**100**	**+ 750 000**	**+ 12,0**
	7 000 000	100	6 250 000	100		

Die **Aufwandsintensitäten** drücken den Anteil des Verzehrs der wesentlichen Produktionsfaktoren aus, die zur Erzielung der Umsatzerlöse notwendig waren. Je nach Bedeutung der Produktionsfaktoren werden Betriebe eingeteilt in

- materialintensive Betriebe bei überwiegender Materialeinsatzintensität,
- lohnintensive Betriebe bei überwiegender Personalaufwandsintensität und
- anlageintensive Betriebe bei überwiegender Abschreibungsintensität.

Auswertung und grafische Darstellungen zur GuV-Rechnung

Die Aufbereitung, Auswertung und Veranschaulichung der Gewinn- und Verlustrechnung kann ebenfalls mithilfe eines Tabellenkalkulationsprogramms durchgeführt werden:

INFO

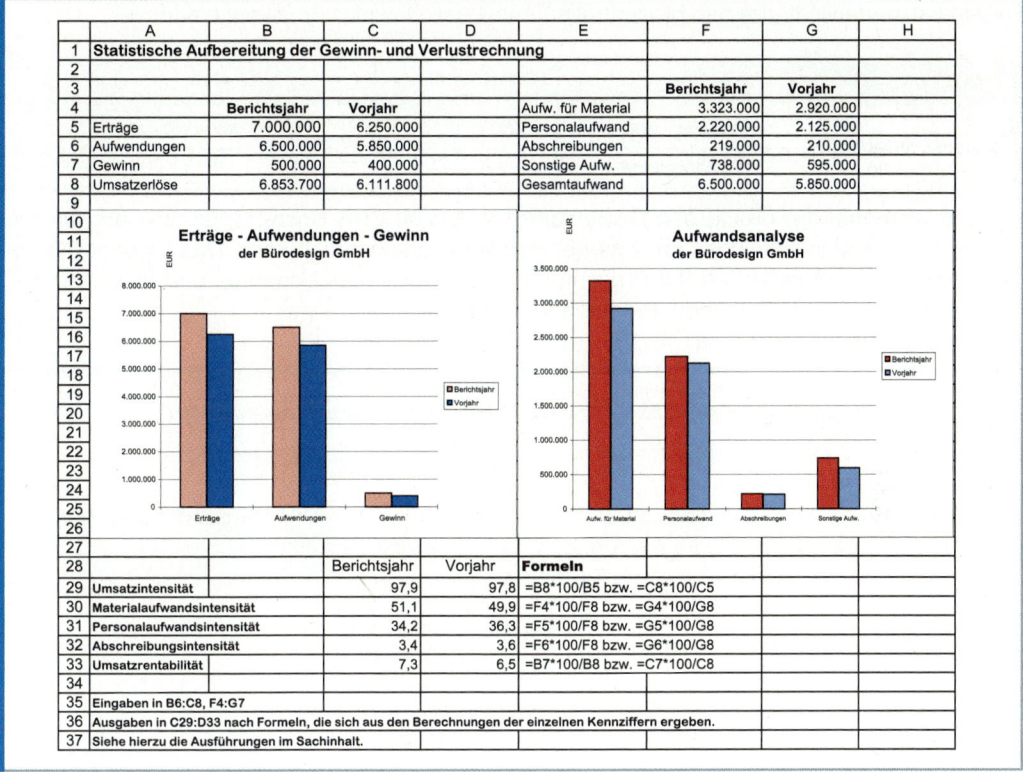

Das Beispiel zeigt eindeutig, dass die Umsatzerlöse die herausragenden Erträge und die Material- und Personalaufwendungen die bedeutendsten Aufwendungen sind.

Rentabilität

Unter Rentabilität wird das prozentuale Verhältnis des Gewinns (positiv) oder Verlustes (negativ) zum eingesetzten Kapital oder zum erzielten Umsatz verstanden. Entsprechend ist die **Kapitalrentabilität** von der **Umsatzrentabilität** zu unterscheiden.

● Rentabilität des Eigenkapitals:

Sie wird durch das prozentuale Verhältnis des Gewinns zum Eigenkapital am Jahresanfang ausgedrückt.

Beispiel		Berichtsjahr		Vorjahr	
Eigenkapitalrentabilität =	$\dfrac{Gewinn \cdot 100}{Eigenkapital\ (AB)}$	$\dfrac{500\ 000 \cdot 100}{600\ 000}$	$= 88,3\ \%$	$\dfrac{400\ 000 \cdot 100}{600\ 000}$	$= 66,7\ \%$

Bei der Beurteilung der Eigenkapitalrentabilität in Einzelunternehmen und Personengesellschaften ist zu berücksichtigen, dass der Gewinn folgende Bestandteile enthält:
- **Unternehmerlohn**
- **Risikoprämie** für das allgemeine Unternehmerwagnis
- **Verzinsung des Eigenkapitals**

● **Umsatzrentabilität:**
Die Umsatzrentabilität gibt den prozentualen Anteil des Gewinns am Umsatzerlös an.

Beispiel		Berichtsjahr		Vorjahr	
Umsatzrentabilität =	$\dfrac{Gewinn \cdot 100}{Umsatzerlöse}$	$\dfrac{500\ 000 \cdot 100}{6\ 853\ 700}$	$= 7,3\ \%$	$\dfrac{400\ 000 \cdot 100}{6\ 111\ 800}$	$= 6,5\ \%$

Die Umsatzrentabilität drückt den Gewinnanteil je 100,00 EUR Umsatzerlös aus, der für Ausschüttungen oder Investitionen im Unternehmen verwendet werden kann. Das Ergebnis im Beispiel liegt im Berichtsjahr um 0,8 Prozentpunkte über dem des Vorjahres und weit über dem Durchschnitt der deutschen Industriebetriebe (etwa 3 %).

Zusammenfassung: Auswertung der Gewinn- und Verlustrechnung

- Mithilfe der Gewinn- und Verlustrechnung werden die **Einflussfaktoren des Erfolgs** verdeutlicht.
- Die Aufwands- und Ertragsarten können als Anteil des Gesamtertrags oder der Gesamtaufwendungen ausgedrückt werden; es sind Intensitätskennziffern.
  Die wichtigsten **Intensitätskennziffern** sind

  – **Materialaufwandsintensität** $= \dfrac{Materialeinsatz \cdot 100}{Aufwendungen}$

  – **Personalaufwandsintensität** $= \dfrac{Personalaufwand \cdot 100}{Aufwendungen}$

  – **Abschreibungsintensität** $= \dfrac{Abschreibungen \cdot 100}{Aufwendungen}$

  – **Umsatzintensität** $= \dfrac{Umsatzerlöse \cdot 100}{Erträge}$

  Wichtige Kennzahlen zur Messung der **Ertragskraft** bilden

  – **Eigenkapitalrentabilität** $= \dfrac{Gewinn \cdot 100}{Eigenkapital\ (AB)}$

  – **Umsatzrentabilität** $= \dfrac{Gewinn \cdot 100}{Umsatzerlöse}$

Aufgaben

1 a) Erstellen Sie für die Betriebe I und II (Stahlerzeugung) aufgrund der Angaben der Finanzbuchhaltung die Gewinn- und Verlustrechnung in Kontenform.

b) Berechnen Sie für die Betriebe I und II folgende Vergleichszahlen:

  ba) den Anteil der Aufwendungen für Rohstoffe, der Personalaufwendungen und der Abschreibungen an den Gesamtaufwendungen,

  bb) den Anteil der Aufwendungen für Rohstoffe, Personalaufwendungen, Abschreibungen und des Gewinns am Umsatz.

Aufwendungen und Erträge	Betrieb I EUR	Betrieb II EUR
5000 Umsatzerlöse für Erzeugnisse	12 825 000,00	11 192 500,00
5700 Sonstige Zinsen und ähnliche Erträge	111 000,00	20 000,00
6000 Aufwand für Rohstoffe	4 439 600,00	3 464 500,00
6050 Aufwand für Energie	146 800,00	135 500,00
6100 Aufwendungen für bezogene Leistungen	352 800,00	300 000,00
6200 Löhne	2 822 400,00	1 845 000,00
6300 Gehälter	1 176 000,00	723 125,00
6400 Soziale Abgaben	1 411 200,00	844 375,00
6520 Abschreibungen auf Sachanlagen	588 000,00	975 000,00
6800 Büromaterial	470 400,00	927 000,00
6900 Aufwendungen für Beiträge und Sonstiges	235 200,00	279 500,00
7000 Betriebliche Steuern	90 600,00	80 000,00
7500 Zinsen und ähnliche Aufwendungen	12 000,00	115 000,00
7700 Steuern vom Einkommen und Ertrag	315 000,00	375 000,00

2 Ein Betrieb der eisenschaffenden Industrie hatte in den beiden letzten Jahren folgende Aufwendungen und Erträge in Mio. EUR:

Aufwands- bzw. Ertragsarten	Berichtsjahr	Vorjahr
Umsatzerlöse für Erzeugnisse	1 500	1 200
Aufwendungen für Roh-, Hilfs- und Betriebsstoffe	500	400
Personalaufwendungen	120	100
Abschreibungen	400	320
Steuern	25	20
Aufwendungen für Rechte und Dienste	15	10
Aufwendungen für Postentgelte/Telekommunikation	140	150

a) Ermitteln Sie die Intensitätskennziffern der einzelnen Aufwandsarten.

b) Erläutern Sie die Aufwandsstruktur der beiden Jahre und ihre Veränderung.

c) Nennen Sie Gründe für die Aufwandsstrukturveränderung, bezogen auf die einzelnen Aufwandsarten.

3 Eine Unternehmung der chemischen Industrie hatte im Vorjahr und im Berichtsjahr folgende Aufwendungen und Erträge in Mio. EUR:

	Berichtsjahr	Vorjahr
Materialaufwendungen	515	410
Personalaufwand	120	228
Abschreibungen	380	280
Sonstige betriebliche Aufwendungen	140	150
Steuern	45	60
Umsatzerlöse	1 500	1 200

a) *Ermitteln Sie die Intensitätskennziffern der einzelnen Aufwandsarten an den Umsatzerlösen.*

b) *Erläutern Sie die Aufwandsstruktur der beiden Jahre und ihre Veränderungen.*

c) *Nennen Sie Gründe für die Aufwandsstrukturveränderung, bezogen auf die einzelnen Aufwandsarten.*

4 *Zur Beurteilung der Rentabilitätsentwicklung legt ein Industriebetrieb folgende Werte der letzten vier Jahre vor:*

	Jahr 1	Jahr 2	Jahr 3	Jahr 4
Eigenkapital in TEUR	8 000	8 200	8 800	9 000
Jahresüberschuss in TEUR	800	1 000	1 100	720
Umsatz in TEUR	20 000	32 800	40 000	45 000

Errechnen Sie für die vier Jahre:

a) *die Eigenkapitalrentabilität,*

b) *die Umsatzrentabilität.*

5 a) *Errechnen Sie aus folgenden Angaben (in Mio. EUR) für die letzten beiden Geschäftsjahre eines Industriebetriebes*

aa) *die Eigenkapitalrentabilität,*

ab) *die Umsatzrentabilität.*

	Jahr 1	Jahr 2
Gewinn	18	12
Eigenkapital	180	180
Umsatz	500	600

b) *Geben Sie Gründe für die wesentlichen Veränderungen an.*

6 *Das GuV-Konto der Isoliersteine Karl Klein e. K. (Daten in TEUR) ist abzuschließen und auszuwerten. Geben Sie Gründe für die wesentlichen Veränderungen an.*

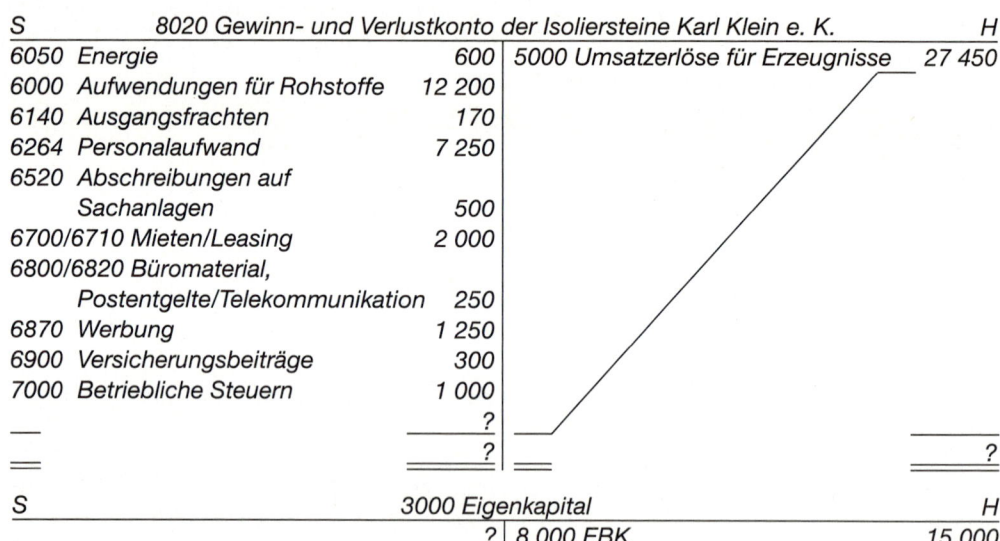

S   8020 Gewinn- und Verlustkonto der Isoliersteine Karl Klein e. K.   H

6050 Energie	600	5000 Umsatzerlöse für Erzeugnisse	27 450
6000 Aufwendungen für Rohstoffe	12 200		
6140 Ausgangsfrachten	170		
6264 Personalaufwand	7 250		
6520 Abschreibungen auf Sachanlagen	500		
6700/6710 Mieten/Leasing	2 000		
6800/6820 Büromaterial, Postentgelte/Telekommunikation	250		
6870 Werbung	1 250		
6900 Versicherungsbeiträge	300		
7000 Betriebliche Steuern	1 000		
	?		
	?		?

S   3000 Eigenkapital   H

?	8 000 EBK	
		15 000

Ermitteln Sie

a) *den Reingewinn in TEUR,*

b) *das Eigenkapital zum Jahresende in TEUR,*

c) *die Eigenkapitalrentabilität, bezogen auf das Eigenkapital am Jahresanfang,*

d) *die Umsatzrentabilität.*

7 Personalwirtschaft

7.1 Aufgaben der Personalwirtschaft

Renate Becker wird in der Personalabteilung ausgebildet. Nachdem sie erfahren hat, dass ihre Aufgabe nicht nur in der Berechnung und Buchung von Löhnen und Gehältern besteht, freut sie sich auf die Aufgabe. Sie war schon in der Schule Klassensprecherin und hat sich immer sehr für die Rechte ihrer Mitschülerinnen und Mitschüler eingesetzt. Genauso wird sie jetzt für die Belange der Mitarbeiterinnen und Mitarbeiter der Bürodesign GmbH kämpfen. Als sie diesen Standpunkt ihrer Ausbilderin erläutert, ist diese anderer Meinung. Aufgabe der Personalwirtschaft sei die Wahrnehmung der Unternehmensinteressen!

Arbeitsauftrag ▶ Erarbeiten Sie die unterschiedlichen Aufgaben der Personalwirtschaft.

- In der **Volkswirtschaftslehre** unterscheiden wir die Produktionsfaktoren **Arbeit, Boden und Kapital**. Der Produktionsfaktor Arbeit und damit der Mensch steht hier als ein Produktionsfaktor gleichgewichtig neben anderen.

- Die **Betriebswirtschaftslehre** gliedert die Produktionsfaktoren wie folgt:

VWL

In der betriebswirtschaftlichen Betrachtung ist der Mensch der bestimmende Faktor. Ihm kommt als dispositivem Faktor und im Rahmen der ausführenden Arbeit zentrale Bedeutung zu.

Die Versorgung eines Unternehmens mit qualifizierten und motivierten Mitarbeitern ist **Aufgabe der Personalwirtschaft**. Die konkrete Organisationseinheit der Personalwirtschaft ist das **Personalwesen**. Es hat folgende Hauptaufgaben:

- **Personalplanung**
  Beispiel *Im Rahmen der Personalbedarfsplanung der Bürodesign GmbH wird festgestellt, dass wegen eines Großauftrags in der Lackiererei zwei zusätzliche Mitarbeiter eingestellt werden müssen.*

- **Personalbeschaffung**

  Beispiel Die Mitarbeiter sollen durch eine Stellenanzeige gesucht werden. Eine Mitarbeiterin der Marketingabteilung sucht einen geeigneten Werbeträger aus und formuliert den Text für die Stellenanzeige.

- **Personalbetreuung**

  Beispiel Betriebsrat und Geschäftsleitung der Bürodesign GmbH verhandeln über die Einführung eines „Job-Tickets".

- **Berechnung von Löhnen und Gehältern (Personalentlohnung)**

  Beispiel Der Tischler Lehmann benötigt einen Vorschuss. Der entsprechende Betrag wird im Folgemonat mit seinem Lohn verrechnet.

Daneben gibt es weitere Aufgaben, z. B. die der **Personalpolitik** (vgl. S. 483), d. h. der grundsätzlichen Festlegung von Zielen im Personalbereich, die durch die Unternehmensleitung erfolgt.

Stehen die Einstellung, der Einsatz und die Entlohnung der Mitarbeiterinnen und Mitarbeiter im Mittelpunkt, spricht man von der **Personalverwaltung**. Gerade in Klein- oder mittelständischen Betrieben wird dies die Hauptaufgabe der Personalwirtschaft sein.

Steht die Entwicklung des betriebswirtschaftlichen Produktionsfaktors Arbeit im Mittelpunkt, spricht man von **Personalführung**. Auch Aufgaben der Personalverwaltung stehen hier in einem neuen Kontext. So müssen z. B. Mitarbeiterinnen und Mitarbeiter, die im Rahmen einer Weiterbildung qualifiziert wurden, durch Anreize im Rahmen der Personalentlohnung motiviert werden.

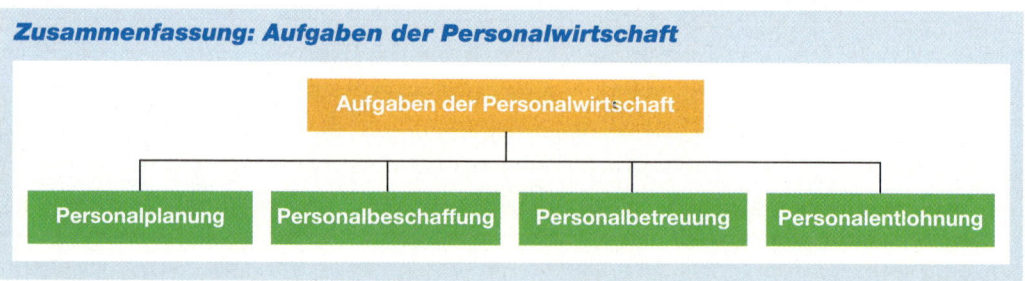

Zusammenfassung: Aufgaben der Personalwirtschaft

Aufgaben der Personalwirtschaft

| Personalplanung | Personalbeschaffung | Personalbetreuung | Personalentlohnung |

Aufgaben

1 Die Lackiererei der Bürodesign GmbH wird auf vollautomatische Fertigung umgestellt. Die Arbeit kann jetzt statt von einem Meister und fünf Gesellen von einer angelernten Kraft geleistet werden. Schadstoffausstoß und gesundheitliche Belastung werden auf ein Minimum reduziert. Diskutieren Sie die Vor- und Nachteile dieser Veränderung.

2 Stellen Sie fest, welche Bereiche der Personalwirtschaft durch die in Aufgabe 1 dargestellten Veränderungen berührt werden.

3 „Die Bedeutung des Menschen im Unternehmen nimmt immer mehr zu!"

„In der Fabrik des nächsten Jahrtausends ist für den Menschen kein Platz mehr!"

Versuchen Sie jede dieser Aussagen durch Argumente zu vertreten. Wählen Sie sich eine Stellungnahme aus und diskutieren Sie in der Klasse Pro und Kontra. Fertigen Sie über den Verlauf der Diskussion ein Protokoll an.

7.2 Personalplanung

7.2.1 Personalbestands-, Personalbedarfs- und Personaleinsatzplanung

Frau König, Gruppenleiterin der Abteilung Rechnungswesen, soll der Abteilungsleitung die Personalbedarfsplanung für das kommende Kalenderjahr vorlegen. Der Abteilung ist ein Soll-Personalbestand von sieben Vollzeitkräften zugewiesen worden. Frau König weiß, dass eine Sachbearbeiterin in Rente geht und ihre Stellvertreterin zum Jahresende Erziehungsurlaub nimmt. Zwei Sachbearbeiterinnen wollen nur noch halbtags arbeiten, da sie geheiratet haben. Als Personalzugänge sind ihr zwei neue Sachbearbeiterinnen angekündigt worden. Die Abteilung ist zurzeit mit sechs Vollzeitkräften besetzt. Als Hilfsmittel steht ihr der abgebildete Vordruck zur Verfügung.

Personalbedarfsplan	Abteilung Rechnungswesen
Ist-Personalbestand am Anfang des Jahres	
– voraussichtliche Personalabgänge	
+ erwartete Personalzugänge	
= Zwischensumme	
Soll-Personalbestand	
erforderlicher Personalbedarf/-abbau	

Arbeitsaufträge ▶ Ermitteln Sie den Personalbedarf der Abteilung.
▶ Frau König möchte für die zu besetzende Stelle eine Stellenbeschreibung erstellen. Ermitteln Sie, welche Punkte in einer Stellenbeschreibung aufgeführt werden müssen.

■ Personalbestandsplanung

● Arten der Arbeitnehmer:
Grundlage der Personalplanung ist der **aktuelle Personalbestand**. Bei seiner Erfassung müssen INFO folgende **Arten von Arbeitnehmern** unterschieden werden:

- **Vollzeitbeschäftigte,** d. h. Mitarbeiter, die mit der tariflich vorgesehenen Stundenzahl eingesetzt sind.

  Beispiel Ein Arbeitnehmer in der Holz und Kunststoff verarbeitenden Industrie arbeitet nach Tarif 37 Stunden in der Woche.

- **Teilzeitbeschäftigte,** d. h. Mitarbeiter, die nur eine begrenzte Stundenzahl im Unternehmen beschäftigt sind.

  Beispiel Marion Marx ist alleinerziehende Mutter. Vormittags ist ihr Kind im Kindergarten. In dieser Zeit arbeitet sie als Buchhalterin in einer Gärtnerei.

- **Jobsharing-Mitarbeiter,** d. h. Mitarbeiter, die sich einen Arbeitsplatz teilen.

  Beispiel *Die Stelle einer Sachbearbeiterin im Einkauf ist auf zwei Mitarbeiter aufgeteilt. Vormittags sitzt Herr Schneider, nachmittags Frau Wolter am Schreibtisch.*

- **Leiharbeitnehmer,** d. h. Arbeitnehmer, die von Personalleasing-Unternehmen bereitgestellt werden.

  Beispiel *Während einer Grippewelle im Frühjahr sind fünf von acht Auslieferungsfahrern erkrankt. Der Personalchef beschafft drei Fahrer bei einem Personalleasing-Unternehmen.*

● **Personalveränderungen:**

Der Personalbestand eines Unternehmens ist ständigen Veränderungen unterworfen. Man unterscheidet dabei zwischen autonomen und initiierten Personalveränderungen.

- **Autonome Personalveränderungen** sind Veränderungen, auf die das Unternehmen keinen oder nur bedingten Einfluss hat.

  Beispiele *Zugänge durch Rückkehr von Mitarbeitern aus Bundeswehr oder Zivildienst und Abgänge durch Kündigung vonseiten der Arbeitnehmer.*

- **Initiierte Personalveränderungen sind Veränderungen**, die vom Unternehmen ausgehen.
  Beispiele *Übernahme eines Auszubildenden oder Kündigung eines Arbeitnehmers durch den Arbeitgeber.*

■ Personalbedarfsplanung

Die **Personalbedarfsplanung** verfolgt den Zweck, den mittel- und langfristigen Personalbedarf eines Unternehmens quantitativ und qualitativ zu ermitteln, d. h., sie soll festlegen, wie viele Mitarbeiter mit welcher Qualifikation benötigt werden.

Dieser zukünftige Personalbedarf kann mithilfe der Stellenplanmethode oder der Kennzahlenmethode ermittelt werden.

Bei der **Stellenplanmethode** werden die benötigten Stellen (Stellenbestand) dem tatsächlichen Personalbestand gegenübergestellt.

Stellenplan				Personalabteilung
Stellenart	Tarifgruppe	Personalbestand	Stellenbestand	Differenz
Abteilungsleiter/-in	T 4	1	1	–
stellvertr. Abteilungsleiter/-in	T 3	1	1	–
Sachbearbeiter/-in	T 2	1	2	-1

Im **Stellenbesetzungsplan** werden die verfügbaren Stellen den Mitarbeitern zugeordnet.

Bei der **Kennzahlenmethode** wird ebenfalls vom aktuellen Personalbestand ausgegangen. Dieser wird in Beziehung zu bestimmten betrieblichen Kennzahlen, wie z. B. Umsatz oder Zeitbedarf, gesetzt.

Beispiele
- *Die Bürodesign Vertriebs-GmbH hat im vergangenen Jahr mit 25 Mitarbeitern einen Umsatz von 5,1 Mio. EUR erzielt. Für das kommende Geschäftsjahr ist eine Umsatzsteigerung von 15 % geplant. Bei unveränderten Bedingungen steigt der Personalbedarf ebenfalls um 15 %.*

- *In der Holzverarbeitung werden 1 500 Rohlinge hergestellt. Der Zeitbedarf pro Stück beträgt 1 Stunde. Geht man von einer monatlichen Arbeitsstundenzahl pro gewerblichem Mitarbeiter von 150 Stunden aus, werden 1 500 Fertigungsstunden: 150 Arbeitsstunden = 10 gewerbliche Mitarbeiter benötigt.*

Die Personalbedarfsplanung legt aber nicht nur die Zahl der Mitarbeiter fest, sondern auch deren erforderliche **Qualifikation**.

Hilfsmittel hierfür ist die **Stellenbeschreibung**, die alle wesentlichen Merkmale einer Stelle genau festlegt. Sie ermöglicht es der Personalabteilung, bei der Stellenbesetzung Qualifikationen des Mitarbeiters und Anforderungen der Stelle optimal aufeinander abzustimmen.

Inhalt einer Stellenbeschreibung sind u. a.

- Stellenbezeichnung
- Stelleneinordnung
- Stellenaufgabe

- Stellenbefugnisse
- Stellenverantwortung
- Stellenvertretung

- Stellenziele
- Stellenanforderungen

Stellenbeschreibung	
Stellenbezeichnung: Stelleneinordnung: – Unterstellung – Überstellung	Gruppenleiterin / -leiter der Abteilung Personalwesen Abteilungsleiter/-in Verwaltung Stellvertr. Leiterin / Leiter Personal Sachbearbeiterin / Sachbearbeiter Personal
Stellenaufgabe:	Fachliche und disziplinarische Leitung der Personalabteilung
Stellenziele:	Personalplanung Personalbeschaffung Personalkostenberechnung
Stellenbefugnisse:	Handlungsvollmacht gemäß den Richtlinien für Gruppenleiter
Stellenverantwortung:	gemäß den Richtlinien für Gruppenleiter
Stellenvertretung:	stellvertretende Gruppenleiterin / Gruppenleiter der Abteilung Personal
Stellenanforderungen: – Ausbildung	 Kaufmannsgehilfenprüfung Prüfung gemäß Ausbildereignungs-VO
– Erfahrung	fünf Jahre Betriebszugehörigkeit fünf Jahre Tätigkeit im Personalbereich
– Kenntnisse	EDV-Anwendung im Personalwesen

Die Stellenbeschreibung dient als Basis für eine Vielzahl personalwirtschaftlicher Aufgaben.

Beispiel Die Stellenbeschreibung der Gruppenleiterin Personalwesen der Bürodesign GmbH dient bei einer Neubesetzung der Stelle als Grundlage für das Einstellungsgespräch.

■ Personaleinsatzplanung

Die Personaleinsatzplanung verfolgt den Zweck, **den kurzfristigen Personaleinsatz zu regeln**. Ziel ist es, unter Berücksichtigung der geplanten Produktion, den wirtschaftlichen Einsatz der vorhandenen Mitarbeiter sicherzustellen.

Der **Personaleinsatzplan** enthält die Namen der Mitarbeiter, die Wochentage, den geplanten Einsatz und vorhersehbare Fehlzeiten, wie Urlaub, Freizeitausgleich oder Berufsschultage. Oft ist noch eine Mindestbesetzung vorgegeben.

Beispiel Frau Duman, Gruppenleiterin der Polsterei der Bürodesign GmbH, plant die zweite Dezemberwoche. Sie hat zwei Vollzeitkräfte, eine Teilzeitkraft und eine Auszubildende zur Verfügung: ihre Stellvertreterin, Frau Heine, Herr Horn, Frau Keller und die Auszubildende Frau Nohl. Es sind folgende vorhersehbaren Fehlzeiten bekannt:
- *Frau Duman ist am Donnerstag ganztägig auf der Möbelmesse.*
- *Frau Heine ist Montag und Dienstag in Urlaub.*

- Herr Horn muss am Dienstag um 08:00 Uhr zum Arzt und wird um 12:00 Uhr zurück sein.
- Frau Keller bekommt am Donnerstag ab 14:00 Uhr ihren Freizeitausgleich.
- Die 17-jährige Auszubildende Nohl hat Mittwoch von 08:00 bis 11:30 und Donnerstag von 08:00 Uhr bis 13:00 Uhr Berufsschule.

Die Werkstatt muss zu folgenden Zeiten besetzt sein:
- Montag bis Donnerstag 07:30 Uhr bis 16:30 Uhr
- Freitag bis 14:30 Uhr
- von 12:00 bis 13:00 Uhr ist Mittagspause

Die Wochenarbeitszeit beträgt laut Tarifvertrag 37 Stunden. Frau Keller steht als Teilzeitkraft 19 Stunden zur Verfügung. Produktionsbedingt ist eine Mindestbesetzung von drei Arbeitnehmern vorgeschrieben. Frau Duman oder ihre Stellvertreterin muss ständig anwesend sein. Der Personaleinsatzplan der Polsterei könnte folgendermaßen aussehen:

Personaleinsatzplan Polsterei						50. Woche
Name	Montag	Dienstag	Mittwoch	Donnerstag	Freitag	Summe
Duman	8	8	6	8 A	7	37
Heine	8 U	8 U	8	8	5	37
Horn	8	4 K + 4	8	6	7	37
Keller	8	4	–	4 + 2, 5 F	–	19
Nohl	8	8	3, 5 B + 4, 5	8 B	5	37

A = betrieblich außer Haus, U = Urlaub, K = Krankheit, F = Freizeitausgleich, B = Berufsschule

Zusammenfassung: Personalbestands-, Personalbedarfs- und Personaleinsatzplanung

- Grundlage der Personalplanung ist der **aktuelle Personalbestand**. Bei seiner Ermittlung sind die verschiedenen **Arten von Arbeitnehmern** und die **Personalveränderungen** zu berücksichtigen.

- Die **Personalbedarfsplanung** verfolgt den Zweck, den mittel- und langfristigen Personalbedarf eines Unternehmens quantitativ und qualitativ zu ermitteln. Hilfsmittel sind der Stellenplan, der Stellenbesetzungsplan und die Stellenbeschreibung.

- Im **Personaleinsatzplan** wird der kurzfristige Personaleinsatz geregelt.

Aufgaben

1 Suchen Sie in den Stellenanzeigen der Wochenendausgabe Ihrer Tageszeitung nach Beispielen für die unterschiedlichen Arten von Arbeitnehmern.
2 Erläutern Sie Möglichkeiten der Ermittlung des zukünftigen Personalbedarfs.
3 Erstellen Sie eine Stellenbeschreibung für die Gruppenleiterin Marketing der Bürodesign GmbH.
4 Erkundigen Sie sich bei der Gewerkschaft, in welchem Ausmaß in Ihrer Region Arbeitnehmer in Teilzeitarbeit, Jobsharing und als Leiharbeitnehmer beschäftigt werden. Stellen Sie die Ergebnisse z. B. als Kreis- oder Balkendiagramm grafisch dar und erläutern Sie diese in der Klasse.

7.2.2 Personalfreisetzungsplanung

Frau Geissler, Gruppenleiterin Personal, kommt von einer Besprechung der Abteilungsleiter. Ein starker Umsatzeinbruch im Marktsegment Schulmöbel zwingt zur Senkung der Personalkosten. So sollen in der Montage und im Rechnungswesen je ein Mitarbeiter gekündigt werden. Nach Rücksprache mit den Gruppenleitern wird entschieden, dass der Monteur Aretz und die Kontoristin Klein, die beide seit drei Jahren bei der Bürodesign GmbH beschäftigt sind, zum nächstmöglichen Termin entlassen werden sollen.

Arbeitsaufträge ▸ Stellen Sie fest, zu welchem Termin eine Entlassung möglich ist, wenn diese Überlegungen am 19. März angestellt wurden.

▸ Herr Aretz will Kündigungsschutzklage erheben. Erläutern Sie, welche formalen Voraussetzungen er beachten muss.

Ein Arbeitsverhältnis kann durch Vertragsablauf, Auflösungsvertrag oder Kündigung beendet werden. Im Falle der Kündigung sind die Vorschriften des Kündigungsschutzgesetzes zu beachten.

■ Die Beendigung des Arbeitsverhältnisses   INFO

● **Vertragsablauf:**

Ist ein Arbeitsverhältnis auf eine bestimmte Zeit eingegangen, so endet es mit **Vertragsablauf**, d. h. zu dem im Vertrag festgelegten Zeitpunkt.

Beispiel *Für die Dauer der Möbelmesse stellt die Bürodesign GmbH zwei Aushilfskräfte ein.*

Die Befristung eines Arbeitsvertrages ist nur gültig, wenn dieser schriftlich vereinbart wurde. Wird ein befristeter Arbeitsvertrag nicht schriftlich abgeschlossen, hat dies zur Folge, das die Befristung unwirksam ist und der Arbeitsvertrag als unbefristet gilt.

● **Auflösungsvertrag:**

Durch **Auflösungsvertrag** endet ein Arbeitsverhältnis, wenn beide Parteien in gegenseitigem Einvernehmen den Arbeitsvertrag lösen. Diese Form wird in der Praxis häufig angewandt, um eine Kündigung zu vermeiden.

Beispiel *Dem Auslieferungsfahrer Hempel wird wegen eines schuldhaft verursachten Verkehrsunfalls der Führerschein entzogen. Arbeitnehmer und Geschäftsleitung einigen sich auf eine Kündigung in gegenseitigem Einvernehmen.*

● **Kündigung:**

Bei der **Kündigung** von Arbeitsverhältnissen besteht grundsätzlich die Möglichkeit der ordent- POL
lichen und der außerordentlichen Kündigung. Bei der ordentlichen Kündigung unterscheidet man die Kündigung mit gesetzlicher und mit tariflicher Kündigungsfrist. Kündigungen sind nur in schriftlicher Form rechtsgültig.

Wenn Arbeitnehmer und Arbeitgeber keine besondere Kündigungsfrist vereinbart haben und es keine tarifvertraglichen Regelungen gibt, gilt die **gesetzliche Kündigungsfrist**. Sie beträgt für Angestellte und gewerbliche Arbeitnehmer gleichermaßen **vier Wochen**.

Bei einer Betriebszugehörigkeit von bis zu zwei Jahren kann der Mitarbeiter zum 15. eines Monats oder zum Monatsende gekündigt werden. Ab einer Betriebszugehörigkeit von zwei Jahren kann der Mitarbeiter nur noch zum Monatsende gekündigt werden.

Beispiel Der Arbeiter Busch ist seit 18 Monaten bei der Bürodesign GmbH beschäftigt. Ihm wird am 14. Juli mit Wirkung zum 15. August gekündigt.

■ Das Kündigungsschutzgesetz

Das Kündigungsschutzgesetz als Arbeitsschutzgesetz (vgl. S. 466) bietet dem Arbeitnehmer Schutz vor unberechtigter Kündigung. Es gilt für Betriebe, die regelmäßig mehr als fünf Arbeitnehmer beschäftigen, und für Arbeitnehmer, die länger als sechs Monate im Betrieb beschäftigt sind.[1]

> **§ 1 Abs. 1 KSchG:**
> Die Kündigung des Arbeitsverhältnisses gegenüber einem Arbeitnehmer, dessen Arbeitsverhältnis in demselben Betrieb oder Unternehmen ohne Unterbrechung länger als sechs Monate bestanden hat, ist rechtsunwirksam, wenn sie sozial ungerechtfertigt ist.

● Sozial ungerechtfertigte Kündigung

Sozial ungerechtfertigt ist eine Kündigung, wenn nicht bestimmte Gründe vorliegen. So muss der Kündigungsgrund

- in der Person des Arbeitnehmers (z. B. mangelnde Eignung),
- im Verhalten des Arbeitnehmers (z. B. unentschuldigtes Fehlen),
- oder in dringenden betrieblichen Erfordernissen (z. B. Schließung einer Abteilung) liegen.

● Gesetzliche Kündigungsfrist

Die gesetzliche Kündigungsfrist verlängert sich für **langjährig beschäftigte Arbeitnehmer** bei einer Betriebszugehörigkeit von

- fünf Jahren auf zwei Monate,
- acht Jahren auf drei Monate,
- zehn Jahren auf vier Monate,
- zwölf Jahren auf fünf Monate.

Berechnet wird die Betriebszugehörigkeit vom 25. Lebensjahr des Arbeitnehmers an.

Die verlängerten Schutzfristen gelten nur für eine Kündigung durch den Arbeitgeber. Für den Arbeitnehmer gilt in jedem Fall die gesetzliche Kündigung.

Die **tarifvertraglichen Kündigungsfristen** entsprechen i. d. R. den gesetzlichen Bestimmungen. Einen besonderen Kündigungsschutz genießen Auszubildende, Betriebsratsmitglieder, werdende Mütter und Schwerbehinderte.

● Außerordentliche Kündigung

Die **außerordentliche oder fristlose Kündigung** erfolgt, wenn ein wichtiger Grund vorliegt und die Fortsetzung des Arbeitsverhältnisses bis zum Ablauf der ordentlichen Kündigungsfrist nicht mehr zumutbar ist. Der Kündigungsgrund muss dem Vertragspartner schriftlich mitgeteilt werden. Die Kündigung muss innerhalb von zwei Wochen nach Bekanntwerden des Grundes erfolgen. Wichtige Gründe für außerordentliche Kündigungen sind:

Für den Arbeitgeber	Für den Arbeitnehmer
- Diebstahl, Unterschlagung, Betrug - Verweigerung der Dienstpflicht - grobe Beleidigungen oder Tätlichkeiten	- keine Gehaltszahlung - Verletzung der Fürsorgepflicht - grobe Beleidigungen oder Tätlichkeiten

Bei Beendigung des Arbeitsverhältnisses muss der Arbeitgeber dem Arbeitnehmer die **Arbeitspapiere** herausgeben. Es sind dies in jedem Fall die Lohnsteuerkarte und das Versicherungs-

---

[1] Seit dem 1. Januar 2004 findet das KSchG in Betrieben, die in der Unternehmung zehn oder weniger Arbeitnehmer beschäftigen, auf die Mitarbeiter keine Anwendung, die ab Januar 2004 eingestellt wurden.

nachweisheft. Auf Wunsch des Arbeitnehmers sind ein Arbeitszeugnis, eine Arbeitsbescheinigung für das Arbeitsamt oder eine Urlaubsbescheinigung auszustellen.

Der Arbeitnehmer muss überlassene Arbeitskleidung und den Betriebsausweis zurückgeben.

Beispiel *In der Lackiererei wird eine vollautomatische Spritzanlage installiert. Da es im Unternehmen zz. keine anderweitige Verwendung gibt, muss ein Mitarbeiter entlassen werden. Der Geselle Schneider ist ledig und seit zwei Jahren bei der Bürodesign GmbH beschäftigt. Sein Kollege Schmidt ist verheiratet, hat drei Kinder und ist seit zehn Jahren im Unternehmen. Bei sonst gleichen Voraussetzungen muss Schneider gekündigt werden, da eine Kündigung von Schmidt sozial ungerechtfertigt wäre.*

Hält der Arbeitnehmer seine Kündigung für sozial ungerechtfertigt, so muss er binnen **einer Woche** beim Betriebsrat **Einspruch** und binnen **drei Wochen** beim Arbeitsgericht **Klage** erheben.

Ist fristgerecht Widerspruch eingelegt worden und Kündigungsschutzklage erhoben, muss der Arbeitnehmer i. d. R. weiterbeschäftigt werden, bis über die Klage entschieden ist.

Zusammenfassung: Personalfreisetzungsplanung

* **Beendigung des Arbeitsverhältnisses** durch
  - **Vertragsablauf,** d. h., zu dem im Vertrag festgelegten Zeitpunkt
  - **Auflösungsvertrag,** d. h., in gegenseitigem Einvernehmen
  - **ordentliche Kündigung,** d. h., mit einer Frist von vier Wochen zum 15. oder zum Monatsende
  - **außerordentliche oder fristlose Kündigung,** d. h., aus wichtigem Grund, wenn eine Fortsetzung des Dienstverhältnisses bis zum Ablauf der ordentlichen Kündigungsfrist nicht mehr zumutbar ist.

* **Kündigungsschutzgesetz**
  - Bietet Schutz vor **unberechtigter Kündigung**.
  - Gilt für Betriebe mit mehr als **fünf Arbeitnehmern** und für Arbeitnehmer, die länger als sechs Monate im Betrieb beschäftigt sind.
  - Eine Kündigung ist rechtsunwirksam, wenn sie **sozial ungerechtfertigt** ist. Der Kündigungsgrund muss
    - in der Person oder
    - im Verhalten des Arbeitnehmers oder
    - in dringenden betrieblichen Erfordernissen
    zu suchen sein.
  - Gegen eine sozial ungerechtfertigte Kündigung kann der Arbeitnehmer binnen einer Woche **Einspruch beim Betriebsrat** und binnen drei Wochen **Klage beim Arbeitsgericht** erheben.

Aufgaben

1 *Stellen Sie fest, welche untenstehenden Papiere einem Arbeitnehmer im Falle einer Beendigung des Arbeitsverhältnisses*

   1. auf Wunsch   2. in jedem Fall   3. in keinem Fall

   ausgehändigt werden müssen:
   a) Lohnsteuerkarte   d) Versicherungsnachweisheft
   b) Arbeitszeugnis   e) Arbeitsbescheinigung für das Arbeitsamt
   c) Betriebsausweis

2 *Frau Kunstein, Bezirksleiterin eines Filialbetriebes, ist seit zwölf Jahren im Unternehmen beschäftigt. Mit welcher Frist*
   a) *kann Frau Kunstein kündigen?*
   b) *kann Frau Kunstein gekündigt werden?*

3 *Die fristlose Kündigung muss innerhalb von zwei Wochen nach Bekanntwerden des Grundes erfolgen. Welche Gründe könnten den Gesetzgeber zu dieser Regelung veranlasst haben?*

4 *Eine Kündigung ist unwirksam, wenn sie „sozial ungerechtfertigt" ist. Erläutern Sie, was sich hinter dieser Formulierung verbirgt.*

5 *Der Mitarbeiter Krause erscheint wiederholt zu spät zur Arbeit. Die Leiterin der Personalabteilung, Frau Geissler, bittet Herrn Krause deshalb zu einem Personalgespräch. Bilden Sie je eine Gruppe „Personalchef" und eine Gruppe „Arbeitnehmer" und bereiten Sie das Gespräch getrennt vor. Führen Sie das Gespräch im Rollenspiel durch und protokollieren Sie den Ablauf. Stellen Sie fest, wo es zu Abweichungen von Ihrer Strategie kommt, und diskutieren Sie die Ursachen.*

7.3 Personalbeschaffung

7.3.1 Beschaffungswege

> Am Ende des Geschäftsjahres stellt man bei der Bürodesign GmbH fest, dass der Umsatz im Bereich Schulmöbel um 30 % zurückgegangen ist. Diesem Umsatzeinbruch soll nicht nur mit einer Senkung der Kosten begegnet werden. Die Geschäftsleitung hat entschieden, dass die Verkaufsaktivitäten intensiviert werden sollen. Im Rahmen der Marketingabteilung wird aus diesem Grund die Stelle eines Sachbearbeiters für Messen geschaffen.
>
> *Arbeitsaufträge* ▶ Stellen Sie fest, welche Möglichkeiten es gibt, den hierfür erforderlichen Mitarbeiter zu beschaffen.
> ▶ Entscheiden Sie sich für eine Form der Personalbeschaffung und begründen Sie Ihre Entscheidung.

Die Personalbeschaffung befasst sich mit der **Bereitstellung der für das Unternehmen erforderlichen Mitarbeiter**. Um die erforderlichen Mitarbeiter in qualitativer und quantitativer Hinsicht bereitstellen zu können, kann sich ein Unternehmen interner und externer Beschaffungswege bedienen.

● Interne Personalbeschaffung
Interne Personalbeschaffung bedeutet, dass Stellen mit Mitarbeitern aus dem Unternehmen besetzt werden. Dies kann auf folgende Weise erfolgen:

- **Innerbetriebliche Stellenausschreibung:** gemäß § 93 BetrVerfG kann der Betriebsrat verlangen, dass Arbeitsplätze vor ihrer Besetzung innerhalb des Betriebes ausgeschrieben werden.
  Beispiel Aushang am Schwarzen Brett, Veröffentlichung in der Hauszeitschrift

- **Versetzung**
  Beispiel Eine Sachbearbeiterin aus dem Rechnungswesen wird in die Personalabteilung versetzt.

- **Mehrarbeit** bei kurzzeitigem Personalmehrbedarf
  Beispiel *Um einen Großauftrag fristgerecht abliefern zu können, werden nach Rücksprache mit dem Betriebsrat Überstunden geleistet.*

- **Fort- und Weiterbildung im Rahmen der Personalentwicklung**
  Beispiel *Ein Tischlergeselle besucht die Meisterschule. Nach erfolgreicher Prüfung wird er als stellvertretender Gruppenleiter eingesetzt.*

Die interne Personalbeschaffung, insbesondere im Wege der innerbetrieblichen Stellenausschreibung, hat für das Unternehmen folgende **Vorteile**:
- Motivation der Mitarbeiter, da die Möglichkeit des Aufstiegs besteht
- die Einarbeitung wird erleichtert
- geringe Beschaffungskosten

Dem stehen folgende **Nachteile** gegenüber:
- bei einer Ablehnung empfindet der Mitarbeiter dies als Misserfolg
- negative Reaktionen des bisherigen Vorgesetzten auf die Bewerbung
- Betriebsblindheit, da kein „frischer Wind" von außen kommt

● Externe Personalbeschaffung
Die externe Personalbeschaffung bezieht sich auf den Teil des Arbeitsmarktes, der außerhalb des Unternehmens liegt. Hierbei können folgende Vermittler eingeschaltet werden:

- **Arbeitsverwaltung:** Die Arbeitsvermittlung wird in der Bundesrepublik Deutschland von der **Bundesagentur für Arbeit** wahrgenommen. Um möglichst wirkungsvoll beraten und vermitteln zu können, ist es für die **Agenturen für Arbeit** wichtig, die Unternehmen möglichst genau zu kennen. Aus diesem Grund sollten die Unternehmen möglichst engen Kontakt zu den örtlichen Agenturen für Arbeit halten.
- **Stellenanzeigen:** Die meisten Unternehmen versuchen ihr Personal durch Stellenanzeigen zu beschaffen. Voraussetzung für den Erfolg dieser Maßnahme ist, dass der geeignete Werbeträger ausgewählt wird, die Anzeige zum richtigen Termin erscheint und Aufmachung und Inhalt ansprechend sind.
- **Personalleasing:** Personalleasing-Unternehmen verleihen bei ihnen beschäftigte Arbeitnehmer an ein Unternehmen. Diese Form der Personalbeschaffung eignet sich immer dann, wenn Arbeitnehmer kurzfristig eingesetzt werden sollen, also z. B. im Saisongeschäft, in der Urlaubszeit oder bei Krankheit.
- **Sonstige Beschaffungswege:** Neben den genannten Möglichkeiten der Personalbeschaffung gibt es eine Vielzahl weiterer Möglichkeiten, z. B.
  - Kontakte mit Schulen und sonstigen Bildungseinrichtungen,
  - Veröffentlichung auf der Homepage des Unternehmens,
  - Vermittlung durch eigene Mitarbeiter, die über den Personalbedarf informiert werden,
  - Plakate, Handzettel usw.

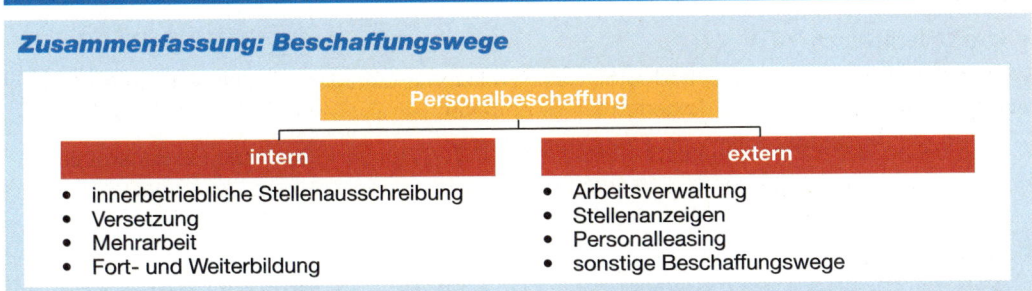

Zusammenfassung: Beschaffungswege

Personalbeschaffung	
intern	**extern**
• innerbetriebliche Stellenausschreibung • Versetzung • Mehrarbeit • Fort- und Weiterbildung	• Arbeitsverwaltung • Stellenanzeigen • Personalleasing • sonstige Beschaffungswege

Aufgaben

1 Unter welchen Voraussetzungen ist die Besetzung einer Stelle

a) nach innerbetrieblicher Stellenausschreibung

b) bei Versetzung

c) bei Mehrarbeit

d) nach durchgeführter Fort- und Weiterbildung

sinnvoll?

2 Die Bürodesign GmbH sucht einen Auszubildenden für den Beruf Kaufmann für Bürokommunikation. Entwerfen Sie die Stellenanzeige.

3 Begründen Sie, wann die Stellenanzeige veröffentlicht werden sollte und welchen Werbeträger Sie auswählen würden.

4 Erläutern Sie das Personalleasing. Für welche Fälle ist diese Form der Personalbeschaffung besonders geeignet?

5 Beschaffen Sie sich Informationsmaterial eines Personalleasing-Unternehmens. Stellen sie die Vor- und Nachteile dieser Form der Personalbeschaffung

a) für den Arbeitnehmer

b) für den Arbeitgeber

gegenüber. Tragen Sie die Ergebnisse in der Klasse vor.

7.3.2 Das Stellenangebot

Die Stelle eines Sachbearbeiters für Messen wird bei der Bürodesign GmbH zunächst innerbetrieblich ausgeschrieben. Leider bewerben sich hierauf keine geeigneten Kandidaten. Nachdem entschieden wurde, einen geeigneten Mitarbeiter über eine Stellenanzeige zu suchen, bittet Frau Geissler ihre Auszubildende Renate Becker um Vorschläge für den Text der Anzeige, die Auswahl eines geeigneten Werbeträgers und einen Gestaltungsvorschlag.

Arbeitsaufträge ▶ Helfen Sie Renate Becker bei der Formulierung der Texte.

▶ Erarbeiten Sie Vorschläge für die Auswahl eines Werbeträgers.

Der häufigste Weg der externen Personalbeschaffung durch Unternehmen ist die Suche von Mitarbeitern durch eine Stellenanzeige.

Der **Inhalt** der Anzeige sollte klar und informativ sein. Sie sollte Aussagen über folgende Punkte enthalten:

- das Unternehmen
  Beispiele Name des Unternehmens, Standort, Größe

- die freie Stelle
  Beispiele Aufgabenbeschreibung, Entwicklungschancen

- die Anforderungsmerkmale
  Beispiele Ausbildung, Fähigkeiten, Berufserfahrung

- die Leistungen
  Beispiel Hinweis auf Lohn- und Gehaltshöhe, Sozialleistungen

> Können Sie mehr, als Sie bisher zeigen durften?
> Fühlen Sie sich beruflich eingeengt?
> Haben Sie es satt, immer nur die zweite Geige zu spielen?

Dann machen Sie **jetzt** Karriere bei der Center Warenhaus GmbH als

Stellvertretender/de Abteilungsleiter/in

in unsere Filiale, Aachener Straße 1250, 50859 Köln

Wir erwarten gute Fachkenntnisse, Verkaufserfahrung und die Fähigkeit, Mitarbeiter zu führen.
Wir bieten überdurchschnittliches Gehalt und eine selbstständige Tätigkeit.

Bei der Wohnungsbeschaffung sind wir behilflich

Zuschriften erbeten an Center Warenhaus GmbH, Aachener Straße 1250, 50859 Köln

- die Bewerbungsunterlagen
  Beispiel *Lebenslauf, Zeugnisse, persönliches Vorstellungsgespräch*

In ihrer **Aufmachung** sollte die Stellenanzeige Aufmerksamkeit wecken und sich von anderen Anzeigen abheben. Zur Gestaltung von Stellenanzeigen wird i. d. R. eine Werbeagentur einge-schaltet.

Für Stellenanzeigen stehen folgende **Werbeträger** zur Verfügung:

> **Beste Chancen**
>
> für Ihre Zukunft – mit einer erstklassigen
> Ausbildung bei
> Abels Bau- und Hobbymarkt GmbH
>
> Wenn Sie zu unserem Baumarkt kommen, kommen Sie zu einem der Großen in der Bau- und Heimwerker-Branche, bei dem die Ausbildung Spaß macht, weil Sie täglich Kunden helfen können. Und weil Sie ein freundliches Betriebsklima erwartet. Deshalb: lernen Sie bei Abels Bau- und Hobbymarkt GmbH alles was ein(e)
>
> **Kaufmann/Kauffrau**
> **im Einzelhandel**
> – z. B. in unseren Kölner Filialen –
>
> können muss: Verkaufs- und Beratungsgespräche führen, detailliertes Wissen über Sortiment, Warenbestellungen und -präsentationen. Damit sichern Sie sich beste Chancen für Ihre Zukunft. Wenn Sie Interesse haben: Einfach unseren Ausbildungleiter Herrn Schneider anrufen oder gleich die Bewerbung schicken an:
>
> **Abels** ✂
> **Bau- und**
> **Hobbymarkt**
>
> Abels Bau- und Hobbymarkt GmbH · Aachener Straße 1250, 50859 Köln · 0221 642836

- regionale Tageszeitungen
  Beispiel *Kölner Stadt-Anzeiger, WAZ*

- überregionale Tageszeitungen
  Beispiel *Frankfurter Allgemeine Zeitung*

- überregionale Wochenzeitungen
  Beispiel *Die Zeit*

- Fachzeitschriften
  Beispiel *Absatzwirtschaft, Der Möbelmarkt*

Leitende Mitarbeiter oder Spezialisten sucht man vorzugsweise über überregionale Tages- oder Wochenzeitungen und in Fachzeitschriften. **Arbeitskräfte der unteren bis mittleren Hie-rarchie-Ebene** werden überwiegend in regionalen Tageszeitungen gesucht. **Arbeitskräfte mit Spezialkenntnissen** werden über Fachzeitschriften angesprochen.

Zusammenfassung: Das Stellenangebot

- Bei der Einschaltung einer Stellenanzeige müssen folgende Punkte beachtet werden:

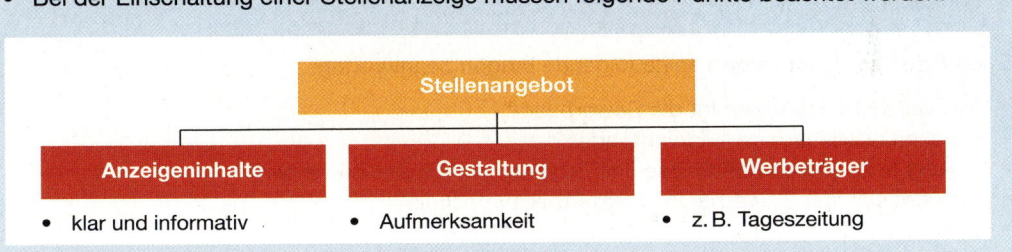

Stellenangebot		
Anzeigeninhalte	**Gestaltung**	**Werbeträger**
• klar und informativ	• Aufmerksamkeit	• z. B. Tageszeitung

Aufgaben

1 *Die Bürodesign GmbH sucht einen Gruppenleiter für die Datenverarbeitung. Formulieren Sie einen Text für eine Stellenanzeige.*

2 *Wählen Sie einen geeigneten Anzeigentermin und einen Werbeträger für die Anzeige aus. Begründen Sie Ihre Entscheidung.*

3 *Fertigen Sie einen Entwurf der Stellenanzeige an.*

4 *Sammeln Sie Stellenanzeigen aus Tageszeitungen und Fachzeitschriften. Stellen Sie fest, welche Qualifikationen gefragt sind, und versuchen Sie, diese zu systematisieren.*

5 *Sammeln Sie Stellenanzeigen, mit denen Auszubildende gesucht werden. Richten Sie eine „Lehrstellenbörse" ein, indem Sie die jeweils aktuellen Anzeigen in der Klasse aushängen. Versuchen Sie, auch Mitschülerinnen und Mitschüler anderer Klassen für diese Idee zu ge-winnen.*

INFO 7.3.3 Die Bewerbung

In der Wochenendausgabe der örtlichen Tageszeitung erscheint die Stellenanzeige der Bürodesign GmbH. Von den Bewerbern kommen zwei in die engere Auswahl. Frau Blümel und Herr Eberle. Frau Blümel ist 23 Jahre alt, ledig und gelernte Werbekauffrau. Ihre Ausbildung hat sie in einer Werbeagentur gemacht. Danach war sie bei einem Messebau-Unternehmen, einer Werbeagentur und der Messegesellschaft Köln beschäftigt. Sie weist darauf hin, dass sie flexibel sei, sich schnell anpassen könne und eine rasche Auffassungsgabe habe. Die Kündigung ihrer letzten Arbeitsstelle erfolgte „in gegenseitigem Einvernehmen". Frau Blümel steht sofort zur Verfügung.

Herr Eberle ist 35 Jahre alt, verheiratet und hat eine 12-jährige Tochter. Nach Abschluss der Ausbildung als Bürokaufmann in einem großen Möbelhaus war er noch fünf Jahre in seinem Ausbildungsbetrieb tätig. Seit neun Jahren ist Herr Eberle Einkäufer in einem Kunststoff verarbeitenden Betrieb, der Formteile für Bürostühle herstellt. Sein letzter Arbeitgeber bescheinigt ihm, das er „stets zu seiner vollsten Zufriedenheit" gearbeitet habe und besonders zuverlässig sei.

Arbeitsaufträge ▶ Stellen Sie die beiden Bewerbungen gegenüber und treffen Sie eine begründete Auswahl für einen Bewerber.
▶ Erstellen Sie einen Kriterienkatalog für die Auswahl der Bewerber.

Grundlage jeder Personalauswahl sind die Bewerbungsunterlagen. Hierzu gehören

- das Bewerbungsschreiben
- ein Lichtbild
- der Lebenslauf
- Arbeitszeugnisse
- Zeugnis der Abschlussprüfung
- Schulzeugnisse

Das **Bewerbungsschreiben** sollte folgende Fragen beantworten:

- Aus welchem Grund erfolgt die Bewerbung?
- Welche Qualifikationen sind vorhanden?
- Welche besonderen Kenntnisse und Erfahrungen hat der Bewerber?
- Befindet sich der Bewerber in einem Arbeitsverhältnis?
- Wann steht der Bewerber frühestens zur Verfügung?

Gehaltsforderungen sollten nur gestellt werden, wenn dies ausdrücklich verlangt wurde.
Beispiele Auszug aus dem Gehalts- und Lohntarifvertrag für Arbeitnehmerinnen und Arbeitnehmer im Groß- und Außenhandel:

Gehaltsgruppe IV   Tarifgehalt
- Bearbeiten von Vorgängen im Ersatzteilverkauf
- Reisendentätigkeit ohne Abschlussvollmacht
- Sachkundiges Erledigen von Sekretariatsarbeiten   im 5. Jahr der Tätigkeit
- Buchen mit Finanzbuchhaltungsprogrammen   1 898,00 EUR

Gehaltsgruppe VI
- Leiten eines Kundendienstes
- Übergeordnete Aufgaben im Rechnungswesen
- Referent für Aus- und Weiterbildung   nach dem 3. Jahr der Tätigkeit
- Leiterinnen und Leiter von Abteilungen   3 487,00 EUR

Beispiel

Michael Evers
Bachemer Straße 77
50931 Köln
Tel. 0221 417118

.. - 02 - 15

Bürodesign GmbH
Personalabteilung
Stolberger Straße 188
50933 Köln

Unser Gespräch auf der Ausbildungsmesse am 13. Februar ..
im Berufsinformationszentrum (BIZ) des Arbeitsamtes

Sehr geehrte Frau Geissler,

durch unser Gespräch auf der Ausbildungsmesse des Berufsinformationszentrums
habe ich interessante Informationen über die Bürodesign GmbH erhalten.

Das Produktionsprogramm und der von Ihnen erläuterte kooperative Führungsstil
haben mir so gut gefallen, dass ich mich hiermit um einen Ausbildungsplatz als
Industriekaufmann in Ihrem Unternehmen bewerbe.

Zurzeit besuche ich die Höhere Handelsschule an der Berufsbildenden Schule 3 in
Köln, die ich im Juni des Jahres erfolgreich abschließen werde. Meinen Interessen
und Fähigkeiten entsprechend interessiert mich der Beruf des Industriekaufmanns
besonders. Ich habe als Wahlfach den Kurs Wirtschaftsinformatik/Organisationslehre
belegt und wirke aktiv im Redaktionsteam sowie bei Herstellung und Vertrieb
unserer Schülerzeitung mit. Verstärkt wurde mein Interesse am Beruf des
Industriekaufmanns durch ein Praktikum bei der Eisenwarenfabrik Lamix AG
in Köln.

Es würde mich freuen, wenn meine Bewerbung Ihr Interesse findet. Zu einem
persönlichen Gespräch stehe ich jederzeit zur Verfügung.

Mit freundlichen Grüßen

Evers

Evers

Anlagen
Lebenslauf
Lichtbild
Zeugniskopien

Die **Form** des Bewerbungsschreibens sollte der DIN 5008 entsprechen. Es kann mit der Maschine/dem Computer oder sauber mit der Hand auf weißem unliniertem Papier geschrieben sein. Der Stil soll zeigen, wie der Bewerber sich einschätzt, was er will und wie er von anderen gesehen werden möchte.

Das **Lichtbild** sollte ein Passbild sein. Auf der Rückseite sind Namen und Anschrift anzugeben.

Der **Lebenslauf** gibt Auskunft über die persönliche und berufliche Entwicklung des Bewerbers. Er kann tabellarisch oder in Aufsatzform verfasst und mit der Hand oder der Maschine/dem Computer geschrieben werden. Er sollte folgende Angaben enthalten:

- Name und Vorname
- Wohnort und Straße
- Geburtsdatum und Geburtsort
- Familienstand
- Berufstätigkeit

- Berufliche Ausbildung
- Schulische Ausbildung
- Prüfungen
- Berufliche Fähigkeiten und Weiterbildungen
- Ort, Datum und Unterschrift

Der Lebenslauf soll zeitlich lückenlos sein. Er kann Ereignisse hervorheben, die für die angestrebte Stelle von Wichtigkeit sind.

Zeugnisse: Schulzeugnisse sind in beglaubigter Kopie beizufügen. Dabei sind das jeweils letzte Zeugnis und die Zeugnisse, mit denen Abschlüsse erworben wurden (z. B. die Fachoberschulreife), beizulegen.

Arbeitszeugnisse sind die Zeugnisse der vorherigen Arbeitgeber. Es kann sich hierbei um ein einfaches oder ein qualifiziertes Arbeitszeugnis handeln. Das einfache Arbeitszeugnis enthält Angaben über Art und Dauer der Tätigkeit, das qualifizierte Arbeitszeugnis zusätzlich Angaben über die Führung und Leistung des Arbeitnehmers.

Die **Zeugnisse der Abschlussprüfungen**, wie z. B. der Kaufmannsgehilfenbrief oder das Zeugnis des schulischen Teils der Fachhochschulreife, sind in beglaubigter Kopie beizufügen.

Alle arbeitsrechtlich zulässigen Fragen müssen **wahrheitsgemäß** beantwortet werden. Falsche Antworten können zu einer fristlosen Kündigung führen.

Aufgrund der eingereichten Bewerbungsunterlagen wird eine Vorauswahl getroffen. Viele Unternehmen führen bei Auszubildenden eine zusätzliche **Eignungsfeststellung** (Test) durch.

Zusammenfassung: Die Bewerbung

- Grundlage der Personalauswahl sind die **Bewerbungsunterlagen**. Sie enthalten:
  1. Bewerbungsschreiben
  2. Lichtbild
  3. Lebenslauf
  4. Schulzeugnisse
  5. Zeugnisse der Abschlussprüfungen
  6. Arbeitszeugnisse

Aufgaben

1 Verfassen Sie Ihren Lebenslauf
   a) in tabellarischer Form,
   b) in Aufsatzform.

2 Suchen Sie sich eine Stellenanzeige für einen Ausbildungsplatz Ihrer Wahl und verfassen Sie ein Bewerbungsschreiben.

3 Tauschen Sie die Bewerbungsschreiben in der Klasse aus. Versetzen Sie sich in die Rolle des Personalchefs und beurteilen Sie die Bewerbungsschreiben.

4 Wählen Sie eine Stellenanzeige für alle Schülerinnen und Schüler der Klasse aus. Bilden Sie zwei Gruppen.
   a) Die Gruppe „Bewerber" schreibt Bewerbungen auf die Stellenanzeige.
   b) Die Gruppe „Personalabteilung" stellt Kriterien für die Auswahl der Bewerber auf und wählt drei Kandidaten aus.
   Die Auswahlentscheidung ist zu begründen.

5 Einige Kreditinstitute bieten Material zum Thema „Die erfolgreiche Bewerbung" an. Beschaffen Sie dieses Material und stellen Sie es in der Klasse vor.

7.3.4 Eignungsfeststellung und Vorstellungsgespräch

Am Wochenende trifft Renate Becker ihre Freundin Silke. Silke hat sich um einen Ausbildungsplatz als Industriekauffrau beworben und ist bei drei Ausbildungsbetrieben zum Test eingeladen worden. Da Renate schon im zweiten Ausbildungsjahr ist und sogar in der Personalabteilung arbeitet, will Silke natürlich von ihr wissen, um was es bei diesen Tests eigentlich geht.

Arbeitsaufträge ▶ Erläutern Sie die unterschiedlichen Verfahren der Eignungsfeststellung.

▶ Planen Sie ein Vorstellungsgespräch und führen Sie es in der Klasse durch.

■ Eignungsfeststellung

VWL

Die sorgfältige Analyse der Bewerbungsunterlagen vermittelt den Mitarbeitern der Personalabteilung eine Vielzahl von Erkenntnissen über den Bewerber. Weitere Hinweise können durch Arbeitsproben, Eignungstests oder situative Verfahren gewonnen werden.

Arbeitsproben können mit den Bewerbungsunterlagen eingereicht oder unter Aufsicht durchgeführt werden.

Beispiele
* *Ein Tischlermeister legt seinen Bewerbungsunterlagen die Zeichnung für ein besonders aufwendiges Werkstück als Arbeitsprobe bei.*
* *Die Bewerberin für eine Stelle als Schreibkraft wird aufgefordert, ein Stenogramm nach Diktat aufzunehmen und eine Reinschrift am PC anzufertigen.*

Psychologische Eignungstests sollten nur von dafür ausgebildeten Diplom-Psychologen durchgeführt werden. Sie sind nur zulässig, wenn der Bewerber seine Zustimmung gegeben hat. Im Rahmen der Personalbeschaffung werden sie als Fähigkeits- und Persönlichkeitstests eingesetzt:

* Mithilfe von Fähigkeitstests können Intelligenz, Merkfähigkeit, Konzentration, Geschicklichkeit oder technisches Verständnis gemessen werden. Hier sind i. d. R. bestimmte Aufgaben in einer begrenzten Zeit zu lösen. Um die Aussagekraft zu erhöhen, werden meist mehrere Tests nebeneinander (Testbatterien) eingesetzt.

Beispiel *Eine Reihe von Zahlen ist in einer bestimmten Weise angeordnet. Diese Regel soll herausgefunden werden. Dann soll die Zahl gefunden werden, die als nächste kommen würde.*
Aufgabe: 1   3   6   10   15   21   28   *Lösung:*   A = 29   B = 34   C = 36

* Mithilfe von Persönlichkeitstests können soziale Verhaltensweisen oder charakterliche Eigenschaften festgestellt werden.
  Beispiel *Aussage: „Auf Partys stehe ich gern im Mittelpunkt"*
  Trifft zu O   Trifft nicht zu O   Weiß nicht O

Situative Verfahren simulieren Situationen, die der späteren Tätigkeit des Bewerbers nahekommen.

Beispiel *Fünf Bewerber für die Stelle der Projektleitung Messe werden gemeinsam eingeladen und zur Diskussion über ein bestimmtes Thema aufgefordert. Die Mitarbeiter der Personalabteilung beobachten das Verhalten der Kandidaten und ziehen Schlüsse zur Auffassungsgabe, Redefähigkeit, Durchsetzungsfähigkeit usw.*

■ Das Vorstellungsgespräch

Ziel des Vorstellungsgespräches ist es, die in den Bewerbungsunterlagen gegebenen Informationen zu bestätigen, zu ergänzen und abzurunden. Darüber hinaus soll ein persönlicher Eindruck des Bewerbers gewonnen werden.

Um das **Gespräch erfolgreich durchführen** zu können, ist eine sorgfältige Vorbereitung erforderlich. So ist z. B. festzulegen, wer an dem Gespräch teilnimmt, wo Lücken oder Unklarheiten in den Bewerbungsunterlagen vorliegen, welche Anforderungen an die zu besetzende Stelle zu stellen sind usw.

Das **Vorstellungsgespräch sollte als Dialog** geführt werden. Die Durchführung kann anhand eines Leitfadens erfolgen.

Beispiel *Um Vorstellungsgespräche rationeller führen zu können, hat die Bürodesign GmbH einen Gesprächsleitfaden entwickelt:*
Phase 1: Begrüßung des Bewerbers
z. B. Vorstellung der Bewerber, Dank für die Bewerbung
Phase 2: Persönliche Situation
z. B. Herkunft, Elternhaus, Familie, Wohnort
Phase 3: Bildungsgang
z. B. schulischer Werdegang, Weiterbildungsaktivitäten und -pläne
Phase 4: Berufliche Entwicklung
z. B. erlernter Beruf, berufliche Tätigkeiten, berufliche Pläne
Phase 5: Information über das Unternehmen
z. B. Unternehmensdaten, Unternehmensorganisation, Abteilung, Arbeitsplatz
Phase 6: Vertragsverhandlungen
z. B. bisheriges Einkommen, erwartetes Einkommen, sonstige Unternehmensleistungen
Phase 7: Abschluss des Gespräches
z. B. Hinweis auf Benachrichtigung, Dank, Verabschiedung

Im Interesse aller Beteiligten sollte nach dem Vorstellungsgespräch eine schnelle Entscheidung erfolgen.

Zusammenfassung: Eignungsfeststellung und Vorstellungsgespräch

- **Eignungsfeststellung**
  - **Verfahren:** – Arbeitsproben   – Eignungstests   – Situative Verfahren
- **Vorstellungsgespräch**
  - **Ziel:** Gewinnung eines persönlichen Eindrucks vom Bewerber
  - **Durchführung:** kann sich an einem Gesprächsleitfaden orientieren

---

Aufgaben

1 *Immer mehr Unternehmen gehen dazu über, bei der Einstellung von Auszubildenden Eignungstests durchzuführen. Diskutieren Sie die Ursache für diese Entwicklung.*

2 *Erläutern Sie Arbeitsproben, Eignungstests und situative Verfahren anhand je eines Beispiels.*

3 *Planen Sie ein Vorstellungsgespräch in Form eines Rollenspiels.*

   a) *Beschreiben Sie die zu besetzende Stelle möglichst genau und formulieren Sie den Text für eine Stellenanzeige.*

   b) *Teilen Sie die Klasse in zwei Gruppen, die Bewerber und die Personalchefs. Jede Gruppe legt Kriterien für ihre Arbeit fest. Bewerber und Personalchef werden ausgewählt.*

   c) *Führen Sie drei Bewerbungsgespräche anhand des Gesprächsleitfadens durch.*

d) Die Personalchefs wählen einen Bewerber aus und begründen ihre Entscheidung. Falls es an Ihrer Schule eine Videokamera gibt, nehmen Sie die Gespräche auf Video auf und werten Sie diese anschließend aus.

7.4 Personalbetreuung[1]

7.4.1 Sozialleistungen

Yasmin Bozkurt ist sauer! 1 800,00 EUR Tarifgehalt brutto als Auftragssachbearbeiterin mit ihrer Ausbildung und Erfahrung sind einfach zu wenig. Wenn sie bedenkt, welche Abschlüsse sie an guten Tagen für die Bürodesign GmbH macht, wird ihr ganz anders. Als sie ihre Gruppenleiterin, Frau Grell, bei einer günstigen Gelegenheit auf eine Gehaltserhöhung anspricht, lehnt diese mit der Begründung ab: „Was denken Sie eigentlich, was Sie das Unternehmen im Monat kosten?" Yasmin ist verblüfft. „Das Tarifgehalt natürlich!"

Arbeitsaufträge ▶ Stellen Sie dem Tarifgehalt von Frau Bozkurt die Personalzusatzkosten gegenüber.
▶ Erläutern Sie, mit welchen Abzügen vom Tarifgehalt Yasmin Bozkurt rechnen muss.

Jeder Arbeitnehmer bezieht neben dem Entgelt, das er für die geleistete Arbeit bezieht, einen „zweiten Lohn". Er besteht aus
* gesetzlichen
* tariflichen
* freiwilligen

Sozialleistungen des Betriebes. Die Personalkosten eines Betriebes setzen sich also aus dem **Direktlohn** für geleistete Arbeit und den **Personalzusatzkosten** zusammen.

Gesetzlich bedingte Sozialleistungen sind z. B.:
* die Arbeitgeberbeiträge zur Sozialversicherung (vgl. S. 456 ff.)
* die gesetzliche Unfallversicherung (vgl. S. 458 f.)
* die Lohnfortzahlung im Krankheitsfall

Tarifvertraglich bedingte Sozialleistungen im Bereich der Holz und Kunststoff verarbeitenden Industrie Nordrhein sind z. B.:
* der tarifvertraglich festgelegte Urlaubsanspruch von 30 Werktagen
* das zusätzliche Urlaubsgeld von 50 % des Bruttogehaltes
* vermögenswirksame Leistungen

Freiwillige Sozialleistungen sind z. B.:
* Kosten im Rahmen der Personalentwicklung (vgl. S. 492)
* Fahrtkostenzuschüsse (z. B. Job-Ticket)
* Einrichtung einer Kantine

[1] *Aktualisierungen für den **Materialienband (Best-Nr. 31954)**, die sich durch die Anpassung der Sozialversicherungsbeiträge in diesem Kapitel ergeben haben, finden Sie unter http://www.bildungsverlag1.de/buchplus/31954 zum Download.*

POL
VWL
Bezogen auf Lohn und Gehalt für geleistete Arbeit betragen die **Personalzusatzkosten** in Deutschland **über 80 %** der direkten Personalkosten, d. h., dass ein Betrieb für 100,00 EUR Direktlohn noch einmal gut 80,00 EUR an Personalzusatzkosten zahlt. Die Personalzusatzkosten in der Bundesrepublik Deutschland gehören zu den höchsten der Welt. Dies ist auch ein Grund dafür, dass der Wirtschaftsstandort Deutschland für viele Unternehmen nicht mehr so attraktiv ist.

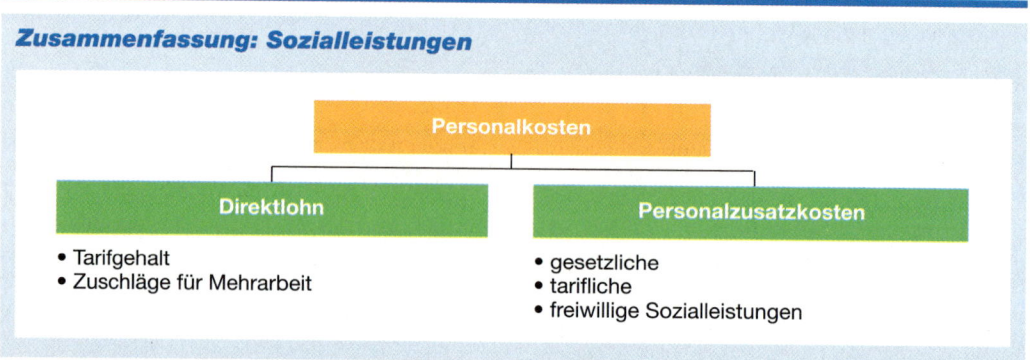

Zusammenfassung: Sozialleistungen

Personalkosten

Direktlohn
- Tarifgehalt
- Zuschläge für Mehrarbeit

Personalzusatzkosten
- gesetzliche
- tarifliche
- freiwillige Sozialleistungen

Aufgaben

1 Die Personalzusatzkosten sind in den letzten Jahren sprunghaft angestiegen. Dabei steigen die Personalzusatzkosten im Verhältnis zum Direktlohn überproportional.
   a) Erläutern Sie Ursachen für den Anstieg der Personalzusatzkosten.
   b) Welche Probleme sind für den Arbeitgeber mit dieser Entwicklung verbunden?

2 Die Personalzusatzkosten der deutschen Industrie betrugen im vergangenen Jahr 83 %. Bilden Sie in der Klasse zwei Gruppen.
   a) Gruppe 1 sammelt Argumente, die gegen die hohen Personalzusatzkosten sprechen.
   b) Gruppe 2 sucht nach Gründen, die die hohen Personalzusatzkosten rechtfertigen.
   c) Diskutieren Sie das Thema in der Klasse und fertigen Sie ein Protokoll des Diskussionsprofils an.

3 Die Bürodesign GmbH erhält einen Brief von einem Kunden, in dem es unter anderem heißt: „Ich bin über den von Ihnen berechneten Stundensatz für die Monteurstunde in Höhe von 60,00 EUR entsetzt. Dies vor allem, weil Ihr Monteur mir erzählte, dass er lediglich 20,00 EUR in der Stunde verdient. Bitte klären Sie diesen Sachverhalt auf."
   Schreiben Sie den Antwortbrief an den Kunden.

POL 7.4.2 Übersicht über die Zweige der Sozialversicherung

„Wenn die Beiträge zur Sozialversicherung weiter steigen, müssen wir unsere Kalkulation überprüfen", sagt Herr Stein in der Mittagspause zu Frau Friedrich. „Was hat denn die Sozialversicherung mit der Kalkulation der Bürodesign GmbH zu tun?", fragt Renate Becker nach der Pause ihre Abteilungsleiterin. „Es ist doch jedem selbst überlassen, wie er sich versichert!"

Arbeitsaufträge	▶ Stellen Sie fest, wer in den Zweigen der Sozialversicherung pflichtversichert ist und wie sich die Beiträge auf die Kosten eines Unternehmens auswirken.
	▶ Stellen Sie fest, welcher Zusammenhang zwischen der Höhe der Beiträge zur Sozialversicherung und dem „Wirtschaftsstandort Deutschland" besteht.

■ Rentenversicherung

Aufgabe	• Zahlung von Renten im Alter (Altersruhegeld ab 65 Jahre, flexibles Altersruhegeld ab 63 Jahre) • Erhalt, Verbesserung und Wiederherstellung der Erwerbsfähigkeit • Zahlung von Renten für Hinterbliebene
Träger	• Deutsche Rentenversicherung
Versicherungspflichtig	• alle gegen Entgelt beschäftigten Arbeiter, Angestellten, Auszubildenden • Wehr- und Ersatzdienstleistende • Selbstständige auf Antrag
Leistungen	• Regelaltersrente • Altersrente vor Vollendung des 65. Lebensjahres zwischen 2012 und 2029 steigt das gesetzliche Renteneintrittsalter von 65 auf 67 Jahre. • Erwerbsminderungsrente • Maßnahmen der Rehabilitation
Beitrag	• 19,9 % (2009) • Arbeitgeber und Arbeitnehmer zahlen je die Hälfte
Beitragsbemessungsgrenze[1]	• 5 400,00 (4 550,00)[2] EUR, monatlich (2009)

■ Krankenversicherung

Aufgabe	• Übernahme von Risiken, die aufgrund von Krankheiten entstehen
Träger	• AOK, Ersatzkassen, Betriebs- und Innungskrankenkassen
Versicherungspflichtig	• Arbeiter und Angestellte, wenn ihr regelmäßiges Arbeitsentgelt die Jahresarbeitsentgeltgrenze nicht übersteigt (2009: 48 600,00 EUR) • Auszubildende, Studenten, Arbeitslose, wenn sie Leistungen von der Bundesagentur für Arbeit beziehen, Rentner, Wehr- und Ersatzdienstleistende
Leistungen	• Vorsorgeuntersuchungen • ärztliche und zahnärztliche Beratung, Untersuchung und Behandlung • verordnungsfähige Arznei- und Verbandmittel • Heil- und Hilfsmittel, Krankenhausbehandlung • Krankengeld ab der 7. Woche 70 % des Bruttoentgelts
Beitrag	• 14,9 % (2009), wird von der Bundesregierung festgelegt • Arbeitgeber 7,0 %, Arbeitnehmer 7,9 % inkl. 0,9 % Sonderbeitrag (2009) • Krankenkassen können vom Arbeitnehmer einen Zusatzbeitrag von max. 1 % des Bruttohaushaltseinkommes erheben, wenn die Kosten der Kasse höher als die Einnahmen sind, oder bei Überschüssen Beiträge zurückerstatten

---

[1] *Bis zu dieser Höhe wird das Einkommen zur Bemessung des Beitrages herangezogen.*
[2] *Der Wert in Klammern gilt für die neuen Bundesländer.*

Beitrag	• Arbeitnehmer zahlen zusätzlich einen Sonderbeitrag von 0,9 % für Zahnersatz und Krankengeld allein
Beitragsbemessungsgrenze[1,2]	• 3 675,00 EUR monatlich (2009)

■ Arbeitslosenversicherung

Aufgabe	• Arbeitsvermittlung • Hilfe bei Arbeitslosigkeit
Träger	• Bundesagentur für Arbeit, Nürnberg
Versicherungspflichtig	• alle gegen Entgelt beschäftigte Arbeitnehmer, Auszubildende, Wehr- und Ersatzdienstleistende
Leistungen	• Förderung der beruflichen Bildung durch Ausbildung, Fortbildung, Umschulung • Förderung der Arbeitsaufnahme • berufliche Rehabilitation • Kurzarbeitergeld • Arbeitslosengeld I (60 % [ohne Kind], 67 % [mit Kind]) des durchschnittlichen Nettoentgelts und Arbeitslosengeld II (abhängig von den Regelsätzen der Sozialhilfe) • Berufsberatung und Arbeitsvermittlung
Beitrag	• 2,8 % (2009) • Arbeitgeber und Arbeitnehmer zahlen je die Hälfte
Beitragsbemessungsgrenze[1]	• 5 400,00 (4 550,00)[3] EUR monatlich (2009)

■ Pflegeversicherung

Aufgabe	• Soziale Absicherung des Risikos der Pflegebedürftigkeit
Träger	• Soziale Pflegeversicherung
Versicherungspflichtig	• alle pflichtversicherten und freiwillig versicherten Mitglieder der gesetzlichen Krankenkassen • privat Versicherte müssen eine private Pflegeversicherung abschließen
Leistungen	• je nach Pflegestufe gestaffelt
Beitrag	• 1,95 % (2009)[4] • Arbeitgeber und Arbeitnehmer zahlen je die Hälfte
Beitragsbemessungsgrenze[1]	• 3 675,00 EUR monatlich (2009)

■ Unfallversicherung

Aufgabe	• Übernahme von Risiken, die aufgrund von
	  – Arbeitsunfällen – Berufskrankheiten
	  – Wegeunfällen
	  entstehen
	• Sicherstellung der ersten Hilfe
	• Erlass und Überwachung von Unfallverhütungsvorschriften

---

[1] *Bis zu dieser Höhe wird das Einkommen zur Bemessung des Beitrages herangezogen.*

[2] *Arbeitnehmer, deren Einkommen die Beitragsbemessungsgrenze überschreitet, können sich privat versichern.*

[3] *Der Wert in Klammern gilt für die neuen Bundesländer.*

[4] *Kinderlose Arbeitnehmer zahlen zwischen dem 23. und 64. Lebensjahr einen um 0,25 % höheren Beitrag.*

Träger	• Berufsgenossenschaften
Versicherungspflichtig	• alle Beschäftigten
Leistungen	• Heilbehandlung nach einem Unfall • Maßnahmen der Rehabilitation • Übergangsgeld während der Rehabilitation • Verletztenrente und Hinterbliebenenrente
Beitrag	• Beitragshöhe ist abhängig von der Gefahrenklasse • Arbeitgeber zahlt allein

Aufgaben

1 Der Leiter der Produktionsabteilung der Bürodesign GmbH, Herr Müller, verdient 4600,00 EUR monatlich. Er möchte aus der gesetzlichen Rentenversicherung austreten und eine private Lebensversicherung abschließen.

   a) Begründen Sie, ob dies zulässig ist.

   b) Wie hoch ist der Beitrag, den Müller monatlich an die Rentenversicherung zahlen muss?

2 Im Jahr 2040 wird ein Arbeitnehmer mit seinen Beiträgen die Rente eines Rentners finanzieren müssen. Diskutieren Sie die mit dieser Entwicklung verbundenen Probleme und erarbeiten Sie Lösungsvorschläge.

3 Gruppenleiter Messerschmidt hat ein Jahresgehalt von 52000,00 EUR.

   a) Kann er die gesetzliche Krankenversicherung verlassen?

   b) Wie hoch ist Messerschmidts Monatsbeitrag, falls er sich entschließt, in der gesetzlichen Krankenversicherung zu verbleiben (Beitragssatz 14,9 %)?

4 Beschaffen Sie sich Informationen vom Arbeitsamt und erläutern Sie, welche Voraussetzungen ein Arbeitnehmer erfüllen muss, um Arbeitslosengeld zu erhalten.

5 Margret Müller ist arbeitslos geworden. Sie ist ledig und hat eine 15-jährige Tochter. In den letzten Monaten hatte sie ein Durchschnittsgehalt von 1200,00 EUR monatlich. Berechnen Sie aufgrund der Informationen des Arbeitsamtes das Margret Müller zustehende Arbeitslosengeld.

6 Ermitteln Sie die Adresse einer Berufsgenossenschaft. Beschaffen Sie sich Informationsmaterial und beantworten Sie folgende Fragen:

   a) Frau Weber, Ehefrau des Inhabers eines Möbelfachgeschäftes, arbeitet an den langen Donnerstagen und am Samstag im Betrieb mit. Ist Frau Weber im Rahmen der gesetzlichen Unfallversicherung gegen Unfälle versichert? Begründen Sie Ihre Antwort.

   b) Ein Kunde verletzt sich im Verkaufsstudio der Bürodesign GmbH. Muss die gesetzliche Unfallversicherung für den Schaden aufkommen?

   c) In welchen der folgenden Fälle ist die Berufsgenossenschaft leistungspflichtig?

      1. Der Arbeiter Albers schneidet sich bei der Arbeit an der Kreissäge.

      2. Die Auszubildende Braun fällt während des Unterrichts in der Berufsschule vom Stuhl und zieht sich eine Platzwunde am Kopf zu.

      3. Auf dem Weg von der Arbeit nach Hause verunglückt ein Arbeiter mit dem Auto.

      4. Der Angestellte Cäsar fährt mit der Straßenbahn nach Hause. Im Zentrum steigt er aus, um noch kurz einige Einkäufe zu erledigen. Bei der anschließenden Weiterfahrt erleidet er einen Unfall.

      5. Der Auszubildende Daume spielt im Betriebssportverein Fußball. Bei einem Freundschaftsspiel verletzt er sich.

      6. Sachbearbeiterin Flink fällt beim Aufhängen ihrer Wohnzimmergardinen von der Leiter.

7 Diskutieren Sie die Notwendigkeit der sozialen Pflegeversicherung.

8 Berechnen Sie die Beiträge in EUR zur Sozialversicherung für den Abteilungsleiter Müller bei einem Monatsgehalt von 6000,00 EUR (Beitragssatz zur Krankenversicherung 13 %, 2 Kinder).

7.5 Rechtliche Aspekte des Arbeitsverhältnisses

7.5.1 Der Einzelarbeitsvertrag

Kirsten Schorn, Mitarbeiterin der Beschaffungsabteilung der Bürodesign GmbH, hat nach Feierabend einen Versandhandel für Büromöbel aufgezogen. Als ihr Abteilungsleiter, Herr Kaya, durch Zufall davon erfährt, untersagt er ihr das. Frau Schorn ist empört. In der Abteilung ist sie die beste Einkäuferin und was sie nach Feierabend macht, sei ja wohl ihre Sache! Zu Hause kommen ihr Zweifel.

Arbeitsaufträge ▶ Stellen Sie in einer Liste die Rechte und Pflichten der Arbeitnehmer gegenüber.

▶ Begründen Sie, ob Frau Schorn gegen ihre Rechte als Arbeitnehmerin verstoßen hat.

INFO Der Arbeitsvertrag ist eine **Form des Dienstvertrages** (vgl. S. 210). In ihm verpflichtet sich der Arbeitnehmer zur Leistung der vereinbarten Dienste, der Arbeitgeber zur Zahlung der entsprechenden Vergütung.

Auch für den Arbeitsvertrag gilt der Grundsatz der **Vertragsfreiheit** (vgl. S. 220). Um Benachteiligungen zu vermeiden, ist die Vertragsfreiheit jedoch durch Gesetze (z. B. BGB, HGB, UWG), Verordnungen (z. B. Arbeitsstättenverordnung), Tarifverträge (vgl. S. 463 f.) und Betriebsvereinbarungen (vgl. S. 464) eingeschränkt. Diese Regelungen dürfen im Arbeitsvertrag nicht unterschritten werden. Günstigere Vereinbarungen für den Arbeitnehmer sind jedoch zulässig.

Die wesentlichen Vertragsbedingungen eines Arbeitsvertrages (Name und Anschrift der Vertragsparteien, Beginn des Arbeitsverhältnisses, Arbeitsort, Beschreibung der Tätigkeit, Höhe des Arbeitsentgeltes, Arbeitszeit, Urlaub, Kündigungsfristen) sind schriftlich niederzulegen und von beiden Vertragsparteien zu unterschreiben.

Bei den meisten Arbeitsverhältnissen gelten die ersten Monate nach Beginn des Anstellungsverhältnisses als Probezeit. Die **Probezeit** kann maximal 24 Monate dauern. Bis zum letzten Tag der Probezeit kann beiderseits mit Monatsfrist zum Monatsende schriftlich gekündigt werden.

Mit Abschluss des Arbeitsvertrages übernehmen Arbeitnehmer und Arbeitgeber Rechte und Pflichten.

■ Rechte des Arbeitnehmers

Der Arbeitnehmer hat das Recht auf **Vergütung** seiner Arbeit. Die Höhe der Vergütung regelt der Tarifvertrag. Die Zahlung der Vergütung muss spätestens am letzten Werktag eines Monats erfolgen.

Beispiel Ein Auszubildender im Groß- und Außenhandel verdient im 1. Ausbildungsjahr 645,00 EUR, im 2. Ausbildungsjahr 717,00 EUR und im 3. Ausbildungsjahr 783,00 EUR.

Im **Krankheitsfall** wird das Gehalt vom Arbeitgeber für die Dauer von sechs Wochen fortgezahlt. Danach bekommt er **Krankengeld** (vgl. S. 457) von der Krankenkasse.

Der Arbeitnehmer hat das Recht auf **Fürsorge**. So müssen z. B. die Geschäftsräume und die Arbeitsmittel so beschaffen sein, dass der Angestellte gegen Gefährdungen seiner Gesundheit geschützt ist.

Beispiel Nach Rücksprache mit der zuständigen Berufsgenossenschaft installiert die Bürodesign GmbH in der Lackiererei eine Absauganlage für Lösungsmitteldämpfe.

Der Arbeitnehmer hat Anspruch auf bezahlten **Erholungsurlaub**. Das Bundesurlaubsgesetz garantiert einen Mindesturlaub von 24 Werktagen. Im Tarifvertrag sind i. d. R. längere Urlaubszeiten vereinbart.

Beispiel Für die Holz und Kunststoff verarbeitende Industrie ist ein Jahresurlaub von 30 Tagen garantiert. Während des Urlaubs darf der Arbeitnehmer keiner Erwerbstätigkeit nachgehen. Erkrankt er im Urlaub, so werden die durch Attest nachgewiesenen Tage nicht auf den Jahresurlaub angerechnet.

Der Arbeitnehmer hat das Recht auf ein **Zeugnis**. Dabei kann er zwischen dem einfachen und dem qualifizierten Arbeitszeugnis wählen. Das **einfache** Arbeitszeugnis enthält lediglich Angaben über die Person des Arbeitnehmers sowie Art und Dauer der Beschäftigung. Das **qualifizierte** Arbeitszeugnis wird auf Wunsch des Arbeitnehmers ausgestellt und enthält zusätzlich Angaben über Führung und Leistung.

Der Arbeitnehmer hat das Recht auf Einhaltung einer **Kündigungsfrist**. Ist im Vertrag keine abweichende Regelung getroffen, gilt die gesetzliche Kündigung von vier Wochen zum Monatsende oder zum 15. eines Monats (vgl. S. 443).

■ Pflichten des Arbeitnehmers

Der Arbeitnehmer hat die Pflicht, die im Arbeitsvertrag vereinbarten **Dienste zu leisten**.

Die Arbeitnehmer sind verpflichtet, „den **Anordnungen der Arbeitgeber** in Beziehung auf die ihnen übertragenen Arbeiten und auf die häuslichen Einrichtungen **Folge zu leisten**" (§ 121 GewO).

Beispiele
- *Der Geschäftsführer der Bürodesign GmbH fordert Frau Schorn auf, alle Aufträge der Bodo Lukas KG aus den letzten fünf Jahren herauszusuchen. Auch wenn es sich um eine unangenehme Arbeit handelt, muss Frau Schorn den Anordnungen Folge leisten, da es sich um eine Anweisung im Rahmen ihres Arbeitsvertrages handelt.*
- *Der Abteilungsleiter der Produktion, Herr Müller, fordert den Gesellen Braun auf, in der Mittagspause sein Auto zu reparieren. Er ist der Meinung, Gesellenjahre seien keine Herrenjahre und er habe als Geselle seiner Chefin sogar im Haushalt helfen müssen. Der Geselle muss den Anordnungen nicht folgen, da sie in keinem Zusammenhang mit dem Arbeitsvertrag stehen.*

Der Arbeitnehmer muss über Geschäfts- und Betriebsgeheimnisse Stillschweigen bewahren **(Schweigepflicht)**.

Beispiel Jutta Meier ist als Auszubildende in der Beschaffungsabteilung eingesetzt. Die Namen der Lieferanten der Bürodesign GmbH, Einkaufspreise und Konditionen sind Betriebsgeheimnisse und unterliegen der Schweigepflicht. Teilt sie diese einem Konkurrenten mit, muss sie mit einer fristlosen Kündigung rechnen.

Der Arbeitnehmer darf ohne Einwilligung des Arbeitgebers „weder ein Handelsgewerbe betreiben noch in dem Handelszweige des Prinzipals für eigene oder fremde Rechnung Geschäfte machen" (§ 60 Abs. 1 HGB). Dieser Paragraf beinhaltet zwei Verbote: Der kaufmännische Angestellte darf sich nicht selbstständig machen **(Handelsverbot)** und er darf auf eigene oder fremde Rechnung keine Geschäfte in der Branche des Arbeitgebers abschließen **(Wettbewerbsverbot)**.

Zusammenfassung: Der Einzelarbeitsvertrag

- Der Arbeitsvertrag ist eine Form des Dienstvertrages. Aus ihm ergeben sich für den Arbeitnehmer Rechte und Pflichten:

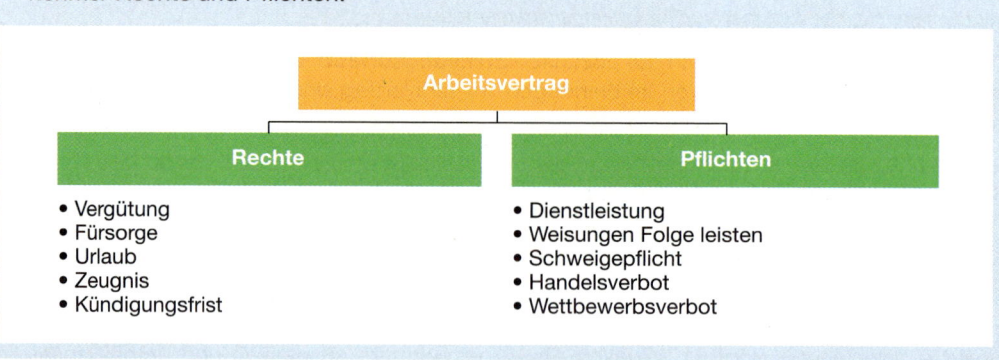

Arbeitsvertrag	
Rechte	**Pflichten**
• Vergütung	• Dienstleistung
• Fürsorge	• Weisungen Folge leisten
• Urlaub	• Schweigepflicht
• Zeugnis	• Handelsverbot
• Kündigungsfrist	• Wettbewerbsverbot

Aufgaben

1 Erläutern Sie, durch welche Regelungen die Vertragsfreiheit beim Abschluss eines Arbeitsvertrages eingeschränkt wird.

2 Ein Angestellter der Bürodesign GmbH jobbt während des Urlaubs als Animateur in einem Ferienclub. Als Frau Friedrich davon erfährt, verbietet sie ihm den Ferienjob. Der Angestellte ist der Meinung, was er in seinem Urlaub mache, gehe niemanden etwas an. Beurteilen Sie den Fall.

3 Ein Angestellter der Bürodesign GmbH wird im Urlaub krank. Durch Attest kann er sechs Tage Arbeitsunfähigkeit belegen. Welche Auswirkungen hat dies auf seinen Urlaubsanspruch?

4 Schreiben Sie ein qualifiziertes Arbeitszeugnis über Ihren Banknachbarn in seiner Eigenschaft als Schüler der Höheren Handelsschule. Tragen Sie das Ergebnis vor und begründen Sie die gewählten Formulierungen.

5 Diskutieren Sie das in Aufgabe 4 erstellte Zeugnis mit Ihrem Banknachbarn. Der Rest der Klasse beobachtet die Diskussion und fertigt darüber ein Protokoll an.

6 Erstellen Sie für einen neuen Mitarbeiter der Bürodesign GmbH

a) für die Verwaltung,

b) für die Produktion,

einen Musterarbeitsvertrag.

POL
VWL

7.5.2 Tarifvertrag und Betriebsvereinbarung

Als die Auszubildende Silvia Land am Morgen die Zeitung aufschlägt, findet sie folgende Meldung:

Tarifvertrag für die Holz und Kunststoff verarbeitende Industrie unter Dach und Fach! Die Arbeitszeit für Arbeiter und Angestellte wird um eine Stunde auf 37 Stunden verkürzt. Alle Beschäftigten erhalten 6 % mehr Gehalt und die Ausbildungsvergütungen werden um 40,00 EUR angehoben.

Silvia freut sich über den Erfolg „ihrer" Gewerkschaft. Die 40,00 EUR mehr kann sie gut gebrauchen. Und was sie mit der Stunde mehr Freizeit anfängt, weiß sie auch schon. Als sie ihrem Kollegen Jörg Lehmann von der guten Nachricht berichtet, reagiert der skeptisch. Die Bürodesign GmbH gehöre zwar zur Holz und Kunststoff verarbeitenden Industrie, „aber 40,00 EUR mehr zahlen die uns bestimmt nicht!" Silvia ist ratlos.

Arbeitsaufträge ▶ Stellen Sie fest, ob Silvia Land Anspruch auf die ausgehandelte Arbeitszeitverkürzung und die Erhöhung der Ausbildungsvergütung hat.

▶ Erläutern Sie, wer an einen Tarifvertrag gebunden ist.

■ Der Tarifvertrag

§ 1 Abs. 1 TVG:
Der Tarifvertrag regelt die Rechte und Pflichten der Tarifvertragsparteien und enthält Rechtsnormen, die den Inhalt, den Abschluss und die Beendigung von Arbeitsverhältnissen sowie betriebliche und betriebsverfassungsrechtliche Fragen ordnen können.

So wie der Einzelarbeitsvertrag Rechte und Pflichten des einzelnen Arbeitnehmers regelt, legt der Tarifvertrag Lohn- und Arbeitsnormen für die Tarifvertragsparteien **kollektiv**, d.h. gemeinschaftlich, fest.

Grundlage des Tarifvertragswesens ist die in Artikel 9 Abs. 3 GG garantierte **Tarifautonomie**. Danach haben die Tarifvertragsparteien das Recht, Vereinigungen zu bilden und in eigener Verantwortung Tarifverträge abzuschließen.

Tarifvertragsparteien sind auf Arbeitnehmerseite die Gewerkschaften und auf der Arbeitgeberseite die Arbeitgeberverbände oder einzelne Arbeitgeber.

Beispiel *Die Arbeitnehmer der Bürodesign GmbH können der Gewerkschaft Holz und Kunststoff beitreten, die Arbeitgeber der Branche sind im Verband Holzindustrie und Kunststoffverarbeitung zusammengeschlossen.*

Nur die Mitglieder der Tarifvertragsparteien sind an den Tarifvertrag **gebunden**, d.h. alle Arbeitgeber, die in einem Arbeitgeberverband zusammengeschlossen sind, und alle Arbeitnehmer, die in einer Gewerkschaft organisiert sind.

Der Bundesminister für Arbeit und Sozialordnung kann einen Tarifvertrag für **allgemein verbindlich** erklären. Ist dies erfolgt, gilt der Tarifvertrag für alle Arbeitgeber und Arbeitnehmer, unabhängig davon, ob sie organisiert sind oder nicht.

Die Mitglieder der Tarifvertragsparteien müssen die getroffenen Regelungen erfüllen **(Erfüllungspflicht)**. Während der Laufzeit des Vertrages sind keine Kampfmaßnahmen zulässig **(Friedenspflicht)**. Arbeitskampfmaßnahmen sind der Streik der Arbeitnehmer und die Aussperrung durch die Arbeitgeber.

Die wichtigsten Tarifverträge sind der **Manteltarifvertrag** und der **Lohn- und Gehaltstarifvertrag**. Darüber hinaus gibt es noch Tarifverträge über die Höhe vermögenswirksamer Leistungen, Vorruhestands-Tarifverträge, Tarifverträge über Sonderzahlungen usw.

Der **Manteltarifvertrag** regelt die grundsätzlichen Arbeitsbedingungen. Er wird meist für mehrere Jahre abgeschlossen.

Beispiel Im Manteltarifvertrag für die Holz und Kunststoff verarbeitende Industrie Nordrhein sind folgende Punkte geregelt: Einstellungen und Entlassungen, Arbeitszeit, Schichtarbeit, Teilzeitarbeit, Mehrarbeit, Kurzarbeit, Urlaub usw.

Der **Lohn- und Gehaltstarifvertrag** besteht aus zwei Teilen, zum einen aus dem Gehaltstarifvertrag für die kaufmännischen und technischen Angestellten, zum anderen aus dem Lohntarifvertrag für die gewerblichen Arbeitnehmer.

Die Arbeitnehmer werden zunächst entsprechend ihrer tatsächlich verrichteten Tätigkeit in Lohn- und Gehaltsgruppen eingeteilt, denen dann die entsprechenden Tarifgehälter zugeordnet werden.

Lohn- und Gehaltstarifverträge werden meist für ein Jahr abgeschlossen.

Beispiel Bei der Bürodesign GmbH ist die Gruppenleiterin Personal, Frau Geissler, in die Beschäftigungsgruppe H 6 eingestuft. Sie verdient nach Tarif 2 950,00 EUR brutto.

■ Die Betriebsvereinbarung

Betriebsvereinbarungen werden zwischen **Betriebsrat** und **Arbeitgeber** eines bestimmten Betriebes geschlossen. Sie müssen schriftlich niedergelegt werden und sind an geeigneter Stelle im Betrieb auszulegen. Betriebsvereinbarungen dürfen den Bestimmungen des Tarifvertrages nicht widersprechen, sondern sollen diesen an die besonderen Belange des Betriebes anpassen.

Beispiel Der Manteltarifvertrag für die Holz und Kunststoff verarbeitende Industrie legt den Urlaubsanspruch für Arbeitnehmer mit 30 Tagen fest. Im Rahmen einer Betriebsvereinbarung können jetzt Regeln über die Lage des Urlaubs (z. B. Auszubildende nur in den Schulferien), die Berücksichtigung der Urlaubswünsche (Eltern schulpflichtiger Kinder bevorzugt in den Ferien), Sperrzeiten usw. festgelegt werden.

Zusammenfassung: Tarifvertrag und Betriebsvereinbarung

- **Tarifvertrag**
  - Der Tarifvertrag legt Lohn- und Arbeitsnormen für die Tarifvertragsparteien **kollektiv**, d. h. gemeinschaftlich fest.
  - Grundlage ist die in Art. 9 Abs. 3 GG garantierte **Tarifautonomie**.
  - Alle Mitglieder der Tarifvertragsparteien sind an den Tarifvertrag gebunden. Sie müssen ihn erfüllen **(Erfüllungspflicht)** und dürfen während der Laufzeit keine Kampfmaßnahmen ergreifen **(Friedenspflicht)**.
  - Tarifverträge können für **allgemein verbindlich** erklärt werden. Sie gelten dann für alle betroffenen Arbeitnehmer.
  - Der **Manteltarifvertrag** regelt allgemeine Arbeitsbedingungen.
  - Der **Lohn- und Gehaltstarifvertrag** regelt die Lohn-/Gehaltshöhe in den Lohn-/Gehaltsgruppen.

- **Betriebsvereinbarung**
  Betriebsvereinbarungen werden zwischen Betriebsrat und Arbeitgeber eines Betriebes geschlossen. Sie dürfen den Bestimmungen des Tarifvertrages nicht widersprechen.

Aufgaben

1 Erläutern Sie die Gemeinsamkeiten zwischen Einzelarbeitsvertrag und Tarifvertrag.

2 Formulieren Sie eine „Betriebsvereinbarung" für Ihre Klasse. Sie sollte die Schul- und Hausordnung an die besonderen Belange Ihrer Klasse anpassen.

3 Die Jugend- und Auszubildendenvertreterin (vgl. S. 488 f.) der Bürodesign GmbH hat durchgesetzt, dass die Auszubildenden das Berichtsheft während der Arbeitszeit führen dürfen. Darüber hinaus wird vereinbart, dass Auszubildende mit einer Gesamtnote von gut und besser in der Abschlussprüfung in ein Arbeitsverhältnis übernommen werden.

Machen Sie einen Formulierungsvorschlag für eine Betriebsvereinbarung.

4 Zwischen dem Betriebsrat und der Geschäftsleitung der Bürodesign GmbH ist die folgende Betriebsvereinbarung ageschlossen worden:

Betriebsvereinbarung über die betriebliche Arbeitszeitregelung

Zwischen Geschäftsleitung und Betriebsrat der Bürodesign GmbH Köln wird entsprechend § 87 Abs. 1 Nr. 2 BetrVerfG und den geltenden Tarifverträgen folgende Vereinbarung über die Arbeitszeit getroffen:

1. Die regelmäßige wöchentliche Arbeitszeit beträgt ausschließlich Pausen für sämtliche vollbeschäftigten Tarifmitarbeiter und Auszubildende 38,5 Stunden in der Woche. Die tägliche Arbeitszeit ist wie folgt geregelt:

  1.1. Gewerbliche Mitarbeiter
      montags – donnerstags   07:00 – 15:45 Uhr
      freitags   07:00 – 14:15 Uhr
      Pausen 09:00 – 09:15 und 11:45 – 12:15 Uhr

  1.2. Angestellte
      montags – donnerstags   07:45 – 16:45 Uhr
      freitags   07:45 – 15:15 Uhr
      Pausen 12:00 – 13:00 Uhr

  1.3. Auszubildende
      siehe 1.2.
      Die Pausen lt. JArbSchG sind zu berücksichtigen.

Diese Betriebsvereinbarung verliert mit Inkrafttreten einer neuen Vereinbarung ihre Gültigkeit.

Der Betriebsrat   Die Geschäftsleitung
gez. Messerschmidt (Vorsitzender)   gez. Friedrich
gez. Geissler (Stellvertreterin)   gez. Stein

Im Manteltarifvertrag für die Holz und Kunststoff verarbeitende Industrie Nordrhein wird eine Wochenarbeitszeit von 37 Stunden vereinbart. Passen Sie die Betriebsvereinbarung der Bürodesign GmbH der veränderten Wochenarbeitszeit an.

Diskutieren Sie unterschiedliche Lösungen in Ihrer Klasse.

5 Die Gewerkschaften argumentieren: „Aussperrung ist ein Akt unternehmerischer Willkür. Arbeitgeber haben in Lohnverhandlungen schon von vornherein eine stärkere Machtstellung, weil sie über die Produktionsmittel verfügen. Das Recht zum Streik schafft erst das Gleichgewicht."

Die Arbeitgeber argumentieren: „Streik ohne Aussperrung zerstört das Kräftegleichgewicht und schafft ein Übergewicht der Gewerkschaften."

Diskutieren Sie die unterschiedlichen Argumente und fertigen Sie ein Protokoll an.

6 Kommt es bei Tarifverhandlungen zu keiner Einigung, ist der Arbeitskampf die Folge. Nach der Erklärung des Scheiterns der Tarifverhandlungen und dem Scheitern einer Schlichtung stimmen die Mitglieder einer Gewerkschaft in einer Urabstimmung über einen Streik ab. Stimmen z. B. bei der Gewerkschaft ver.di 75 % der Mitglieder dafür, wird gestreikt. Die Arbeitgeber können auf den Streik mit einer Aussperrung aller Arbeitnehmer reagieren. Bilden Sie zwei Gruppen, die Arbeitnehmer und die Arbeitgeber. Bereiten Sie Argumente für einen Streik und für eine Aussperrung vor. Diskutieren Sie in einer Podiumsdiskussion pro und contra Streik bzw. Aussperrung.

POL **7.5.3 Arbeitsschutzgesetze**

Herr Schauff, Gruppenleiter Holzverarbeitung, sitzt am Personaleinsatzplan für die kommende Woche. Eine Mitarbeiterin hat sich soeben für eine Woche krank gemeldet, eine Halbtagskraft ist in Urlaub und er selbst muss für drei Tage auf die Messe. Die erforderliche Mindestbesetzung kann er in dieser Situation nur einhalten, wenn
- alle Mitarbeiter täglich zehn Stunden eingesetzt werden,
- er in dieser Woche keine Pausen einplant und
- die Auszubildende Schneider am langen Berufsschultag nachmittags in den Betrieb kommt.

Arbeitsaufträge ▶ Erarbeiten Sie den nachfolgenden Sachinhalt und beurteilen Sie anschließend, ob eine solche Regelung möglich ist.

▶ Stellen Sie die Arbeitsschutzgesetze auf einem Lernplakat dar. Vervollständigen Sie das Plakat um die Aussagen zum Kündigungsschutz.

■ Das Jugendarbeitsschutzgesetz (JArbSchG)

Das Jugendarbeitsschutzgesetz soll jugendliche Arbeitnehmer und Auszubildende **vor Überforderung im Berufsleben schützen**. Es gilt für die Beschäftigung von Personen, die noch nicht 18 Jahre alt sind.

● Beschäftigung von Kindern und Jugendlichen:
Die Beschäftigung von Kindern ist grundsätzlich verboten. Jugendliche unter 15 Jahren dürfen nur in einem Ausbildungsverhältnis oder mit leichten Tätigkeiten (ab 13 Jahren maximal zwei Stunden täglich oder zehn Stunden wöchentlich) beschäftigt werden. Jugendliche dürfen nicht mehr als **acht Stunden** täglich und nicht mehr als **40 Stunden wöchentlich** beschäftigt werden. Wenn an einzelnen Werktagen die Arbeitszeit auf weniger als acht Stunden verkürzt ist, können Jugendliche an den übrigen Tagen der Woche 8,5 Stunden arbeiten.

Beispiel Die Bürodesign GmbH will freitags bereits um 14:00 Uhr die Tore schließen. Aus diesem Grund werden mittwochs und donnerstags 8,5 Stunden gearbeitet.

● Ruhepausen
Jugendlichen müssen im Voraus feststehende **Ruhepausen** von mindestens 15 Minuten Dauer gewährt werden.

Nach Beendigung der täglichen Arbeitszeit dürfen Jugendliche nicht vor Ablauf von mindestens 12 Stunden beschäftigt werden.

Beispiel Der Auszubildende Jörg Lehmann wird zur Möbelmesse in Leipzig mitgenommen. Wenn die Messe um 20:00 Uhr die Tore schließt, darf Jörg frühestens um 08:00 Uhr des folgenden Tages zur Arbeit eingesetzt werden.

Jugendliche dürfen nur in der Zeit von 06:00 bis 20:00 Uhr beschäftigt werden. Ferner dürfen sie nur an **fünf Tagen** in der Woche beschäftigt werden. Als Arbeitstage gelten auch die Berufsschultage.

● Berufsschulbesuch und Prüfungen:
Der Arbeitgeber hat Jugendliche für die Teilnahme am Berufsschulunterricht und für Prüfungen freizustellen. Berufsschulpflichtige minderjährige Auszubildende dürfen an einem Berufsschultag

in der Woche mit mehr als fünf Stunden Unterricht nicht mehr beschäftigt werden. Der Tag wird mit acht Stunden auf die Wochenarbeitszeit angerechnet.

Beispiel *Die 17-jährige Auszubildende Jutta Meier hat dienstags von 08:00 bis 13:10 Uhr und donnerstags von 08:00 bis 12:25 Uhr Berufsschule. Am Dienstagnachmittag hat sie arbeitsfrei und der Tag wird mit acht Stunden auf ihre Wochenarbeitszeit angerechnet.*

● **Überwachung Jugendarbeitsschutzgesetze**
Die Einhaltung des Jugendarbeitsschutzgesetzes wird von der zuständigen Behörde überwacht. In der Regel ist dies das **Gewerbeaufsichtsamt** (Amt für Gewerbeschutz).

■ Gewerbeordnung (GewO) und Vorschriften der Berufsgenossenschaften

Die **Gewerbeordnung** legt u. a. fest, dass der Arbeitgeber die Arbeitsräume, Maschinen und Gerätschaften so einzurichten und zu unterhalten hat, dass die Arbeitnehmer gegen Gefahren für Leben und Gesundheit geschützt sind.

Insbesondere hat er für genügend Licht, ausreichende Belüftung und Beseitigung der bei der Arbeit entstehenden Dünste, Gase und Abfälle zu sorgen. Maschinen und Geräte müssen mit entsprechenden Schutzvorrichtungen gegen gefährliche Berührung versehen sein und es sind Vorkehrungen gegen Brände zu treffen. Es sind einwandfreie Toilettenanlagen und, soweit es der Betrieb zulässt, nach Geschlechtern getrennte Wasch- und Ankleideräume einzurichten.

Darüber hinaus erlässt die **Berufsgenossenschaft** Unfallverhütungsvorschriften und weist in Merkblättern, Zeitschriften und Vorträgen auf mögliche Gefahren hin.

■ Das Arbeitszeitgesetz (ArbZG)

Das **Arbeitszeitgesetz** legt fest, dass die regelmäßige werktägliche Arbeitszeit die Dauer von **acht Stunden** nicht überschreiten darf. Eine tägliche Arbeitszeit von zehn Stunden ist zulässig, wenn innerhalb von sechs Monaten eine durchschnittliche Arbeitszeit von acht Stunden erreicht wird.

- Laut Gesetz gilt aber noch die 48-Stunden-Woche.
- Laut Manteltarifvertrag für die Holz und Kunststoff verarbeitende Industrie ist jedoch seit 1993 die 37-Stunden-Woche festgelegt.

Nach Beendigung der täglichen Arbeitszeit ist eine **Ruhezeit** von 11 Stunden zu gewähren. Männlichen Arbeitnehmern stehen nach einer Arbeitszeit von mehr als sechs Stunden eine halbstündige oder zwei viertelstündige **Ruhepausen** zu. Weiblichen Arbeitnehmern müssen bei einer Arbeitszeit von 4,5 bis 6 Stunden 20 Minuten und bei einer Arbeitszeit von 6 bis 8 Stunden 30 Minuten Pause gewährt werden.

■ Das Mutterschutzgesetz (MuSchG)

Das **Mutterschutzgesetz** gilt für alle Frauen, die in einem Arbeitsverhältnis stehen. Es findet auch auf Auszubildende Anwendung.

Bei der Gestaltung des Arbeitsplatzes muss der Arbeitgeber einer werdenden oder stillenden Mutter **besondere Sorgfalt** walten lassen.

Auch die Regelung des Arbeitsablaufes ist so zu gestalten, wie es im Interesse von Leben und Gesundheit der Arbeitnehmerin erforderlich ist.

Beispiel

- *Wird eine Schwangere mit Arbeiten beschäftigt, bei der sie ständig stehen oder gehen muss, muss für sie eine Sitzgelegenheit zum kurzen Ausruhen bereitgestellt werden.*
- *Wird eine Schwangere mit Arbeiten beschäftigt, bei der sie ständig sitzen muss (z. B. im Sekretariat), ist ihr Gelegenheit zu kurzen Unterbrechungen der Arbeit zu geben.*
- *Während der Pausen sollte es ihr in einem geeigneten Raum ermöglicht werden, sich auf einer Liege auszuruhen.*

Sechs Wochen vor der Entbindung darf eine werdende Mutter nicht beschäftigt werden, es sei denn, dass sie sich ausdrücklich mit einer Beschäftigung einverstanden erklärt. Diese Erklärung kann sie jederzeit widerrufen.

Acht Wochen nach der Entbindung dürfen Frauen nicht beschäftigt werden. Die Frist verlängert sich auf zwölf Wochen bei Früh- oder Mehrlingsgeburten.

Während der Schutzfristen, also sechs Wochen vor und acht Wochen nach der Geburt, erhalten Frauen **Mutterschaftsgeld** von der zuständigen gesetzlichen Krankenkasse.

Sind Eltern bereit, in den ersten Lebensjahren ihres Kindes ihre Erwerbstätigkeit zu reduzieren und sich der Kinderbetreuung zu widmen, können sie Elternzeit und Elterngeld beantragen. Das **Elterngeld** beträgt 67 % des durchschnittlichen Nettogehalts der letzten 12 Monate, maximal 1 800,00 EUR monatlich. Eltern, die vor der Geburt nicht erwerbstätig waren, erhalten 300,00 EUR. Das Elterngeld wird für 12 Monate gezahlt. Für weitere zwei Monate wird es gezahlt, wenn der Vater für mindestens zwei Monate die Betreuung übernimmt. Die Bezugsdauer kann auf 28 Monate ausgeweitet werden, wenn monatlich nur die Hälfte der Bezüge in Anspruch genommen wird.

■ Das Schwerbehindertengesetz (SchwbG)

Schwerbehinderte sind Menschen, die aus körperlichen, seelischen oder geistigen Gründen in ihrer Erwerbsfähigkeit um mindestens 50 % gemindert sind.

Arbeitgeber mit mindestens 20 Arbeitnehmern müssen mindestens **5 % der Stellen mit Schwerbehinderten besetzen**. Für jede nicht besetzte Stelle ist eine monatliche Ausgleichsabgabe zu zahlen. Diese beträgt

- bei einer Beschäftigungsquote zwischen 3 und 5 % 105,00 EUR,
- bei einer Beschäftigungsquote zwischen 2 und 3 % 180,00 EUR und
- bei einer Beschäftigungsquote zwischen 0 und 2 % 260,00 EUR.

Schwerbehinderte genießen einen **erweiterten Kündigungsschutz**. Sie können nur nach Anhörung der Hauptfürsorgestelle gekündigt werden. Darüber hinaus haben sie Anspruch auf einen zusätzlichen Urlaub von sechs Tagen.

■ Das Kündigungsschutzgesetz (vgl. S. 443)

Das **Kündigungsschutzgesetz** bietet dem Arbeitnehmer Schutz vor unberechtigter Kündigung. Es gilt für Betriebe, die regelmäßig mehr als fünf Arbeitnehmer (vgl. S. 444) beschäftigen, und für Arbeitnehmer, die länger als sechs Monate im Betrieb beschäftigt sind.

Zusammenfassung: Arbeitsschutzgesetze

- **Jugendarbeitsschutzgesetz**
  - Das JArbSchG gilt für die Beschäftigung von Personen, die noch nicht 18 Jahre alt sind.
  - Die Beschäftigung von Kindern ist grundsätzlich verboten.

– Die tägliche Arbeitszeit beträgt acht Stunden.
– Die wöchentliche Arbeitszeit 40 Stunden.
– Für Jugendliche gilt die Fünf-Tage-Woche.
– Für den Besuch der Berufsschule ist der Auszubildende freizustellen.

- **Gewerbeordnung und Vorschriften der Berufsgenossenschaften**
  – Sie regeln den Gesundheits- und Unfallschutz.
  – Arbeitgeber sind verpflichtet, Arbeitsräume, Maschinen und Gerätschaften so einzurichten und zu unterhalten, dass die Arbeitnehmer gegen Gefahren für Leben und Gesundheit geschützt sind.
  – Über die Einhaltung wachen die Gewerbeaufsichtsämter und die Berufsgenossenschaft.

- **Arbeitszeitgesetz**
  – Regelt die Dauer und Lage der Arbeitszeit.
  – Die regelmäßige werktägliche Arbeitszeit darf acht Stunden nicht überschreiten.

- **Mutterschutzgesetz**
  – Gilt für alle Frauen, die in einem Arbeits- oder Ausbildungsverhältnis stehen.
  – Beschäftigungsverbot für schwangere Frauen sechs Wochen vor und Beschäftigungsverbot für Mütter acht Wochen nach der Entbindung.
  – Während der Schutzfristen erhalten Frauen Mutterschaftsgeld.

- **Schwerbehindertengesetz**
  – Schwerbehinderte sind Menschen, die in ihrer Erwerbstätigkeit um mindestens 50 % gemindert sind.
  – Arbeitgeber müssen ab 20 Arbeitnehmern 5 % der Stellen mit Schwerbehinderten besetzen.

Aufgaben

1 Dreimal im Jahr wird bei der Bürodesign GmbH eine Inventur durchgeführt. Die Arbeit dauert meist bis in die Nacht hinein. Bis wann darf eine 17-jährige Auszubildende eingesetzt werden?

2 Beurteilen Sie die folgenden Fälle vor dem Hintergrund des Mutterschutzgesetzes.
  a) Die Lagerfachkraft Monika soll am 1. März entbinden. Wegen dringender Inventurarbeiten bittet ihre Chefin sie, am 1. Februar im Betrieb auszuhelfen. Monika ist einverstanden.
  b) Pünktlich am 1. März bekommt Monika eine Tochter. Am 15. April ruft ihre Chefin sie an und bittet sie, in der nächsten Woche im Betrieb auszuhelfen. Monika ist einverstanden.

3 Die Bürodesign GmbH beschäftigt 114 Mitarbeiter, von denen vier schwerbehindert sind.
  a) Stellen Sie fest, ob die Bürodesign GmbH die vorgeschriebene Mindestzahl Schwerbehinderter eingestellt hat.
  b) Falls dies nicht der Fall ist, errechnen Sie die pro Jahr zu zahlende Ausgleichsabgabe.
  c) Überlegen Sie, was die Geschäftsleitung der Bürodesign GmbH veranlasst haben könnte, nicht die vorgeschriebene Zahl Schwerbehinderter einzustellen. Nehmen Sie zu den Argumenten kritisch Stellung.

4 Fertigen Sie ein Ergebnisprotokoll über den Unterricht zum Thema „Arbeitsschutzgesetze" an.

5 Teilen Sie die Klasse in zwei Gruppen, die Prüfer und die Prüflinge. Die Gruppe der Prüfer legt Kriterien für eine Prüfung zum Thema „Arbeitsschutzgesetze" fest und formuliert Fragen. Die Prüflinge bereiten sich vor. Führen Sie die Prüfung durch und bewerten Sie Ihre Mitschüler/-innen anhand der formulierten Kriterien.

7.6 Arbeitsentgeltsabrechnungen

7.6.1 Arbeitsentgelte und Lohnnebenkosten

Frau Blümel, ledig, ist als Sachbearbeiterin für Messen eingestellt worden und arbeitet schon fast einen Monat bei der Bürodesign GmbH. In den nächsten Tagen erwartet sie die erste Gehaltszahlung auf ihrem Bankkonto. Im Arbeitsvertrag hatte sie nach etwas längerer Verhandlung für das erste Dienstjahr einem angebotenen Bruttogehalt von 2 230,00 EUR monatlich zugestimmt. Bei ihrer ersten Gehaltszahlung ist sie allerdings sehr geschockt, weil ihr nur 1 411,41 EUR ausgezahlt werden.

Arbeitsaufträge ▶ Stellen Sie Argumente für beide Verhandlungspartner zur Höhe des Entgelts gegenüber.

▶ Führen Sie die Gehaltsabrechnung durch. Der Beitragssatz zur Krankenversicherung beträgt 14,9 % einschl. 0,9 % AN-Zusatzbeitrag.

Die Arbeitnehmer stellen dem Unternehmen aufgrund von Arbeitsverträgen ihre Arbeitskraft zur Verfügung. Dafür erhalten sie als Vergütung ein **Arbeitsentgelt (Arbeitslohn)**. Arbeitslöhne sind für den Arbeitnehmer **Einkommen**, für das Unternehmen (Arbeitgeber) **Aufwand**. In weiten Bereichen der Wirtschaft bilden **Tarifverträge** die Grundlage für die Bestimmung des Arbeitsentgelts.

■ Steuerpflichtiger oder steuerfreier Arbeitslohn

● Steuerpflichtige Einkünfte

Mit dem Bezug von Lohn bzw. Gehalt wird der Arbeitnehmer steuerpflichtig und muss Lohnsteuer zahlen. Gegenstand des Lohnsteuerabzugs ist der **Arbeitslohn**. Dazu zählen grundsätzlich alle Einnahmen, die dem Arbeitnehmer aus seinem Dienstverhältnis zufließen. Es ist gleichgültig,

- ob es sich um einmalige oder regelmäßige Einnahmen oder
- ob es sich um Geld-, Sachbezüge oder geldwerte Vorteile handelt.

laufende und einmalige Geldzahlungen	Sachbezüge und andere geldwerte Vorteile
• Löhne und Gehälter zuzüglich etwaiger Zulagen und Zuschläge, VWL • Provisionen • 13. Monatsgehalt • einmalige Abfindungen und Entschädigungen • Urlaubsgeld • Weihnachtsgeld • Erfindervergütung	• verbilligte oder freie Wohnung • verbilligte oder freie Verpflegung • kostenlose oder verbilligte Überlassung von Erzeugnissen • kostenlose oder verbilligte Überlassung von Kraftfahrzeugen für Privatzwecke • Fahrtkostenzuschüsse

Zulagen und **Zuschläge** werden wegen der Besonderheit der Arbeit regelmäßig gewährt:

Zulagen/Zuschläge	Begründung
• Zuschläge für besondere Arbeitszeiten • Gefahren- und Erschwerniszuschläge	• Nachts-, Sonn- und Feiertagsarbeit, Wechselschicht • Schmutz, Hitze, Explosionsgefahr, Staub, Giftdämpfe, starke Geräusche, hohe Feuchtigkeit am Arbeitsplatz

● **Steuerfreie Einkünfte**

Für bestimmte Einkünfte, die der Arbeitnehmer aus besonderen Anlässen erhält, hat der Gesetzgeber bis zu einer Höchstgrenze Steuerfreiheit vorgesehen.

Beispiele Leistungen nach dem Mutterschutzgesetz, Arbeitslosengeld, Kurzarbeitergeld I, Insolvenzgeld sind steuerfrei, unterliegen aber dem Progressionsvorbehalt

▓ Vom Brutto- zum Nettolohn

● **Lohnsteuer**

Die Lohnsteuer ist eine besondere **Erhebungsform der Einkommensteuer**. Bei **Einkünften aus nichtselbstständiger Arbeit** wird die Einkommensteuer als sogenannte Lohnsteuer vom Arbeitslohn erhoben (vgl. § 38 Abs. 3 EStG).

Die einbehaltene Lohnsteuer richtet sich nach

- der **Höhe des Arbeitslohnes**,
- der **Steuerklasse** (Familienstand, Kinder des Arbeitnehmers, Zahl der Arbeitsverträge),
- **Tabellenfreibeträgen** und **möglichen Freibeträgen** lt. Lohnsteuerkarte (z. B. wegen erhöhter Werbungskosten).

Außerdem können im Rahmen des Lohnsteuerjahresausgleichs Sonderausgaben und außergewöhnliche Belastungen geltend gemacht werden.

Werbungskosten = berufsbedingte Ausgaben	Sonderausgaben	Außergewöhnliche Belastungen

– verkehrsmittelunabhängige Entfernungspauschale zwischen Wohnung und Arbeitsstätte
– Berufskleidung
– Kosten des Arbeitszimmers
– Fachbücher, Fachzeitschriften
– Beiträge zu Berufsverbänden und Gewerkschaften
– Fortbildungskosten im ausgeübten Beruf
	– **Vorsorgeaufwendungen**
	  – Beiträge zur Kranken-, Unfall-, Lebensversicherung
	  – Bausparbeiträge
	– **Übrige Sonderausgaben**
	  – Kirchensteuer
	  – Steuerberatungskosten
	  – Spenden
		– Beerdigungskosten
		– außergewöhnliche Krankheitskosten
		– Kinderbetreuungskosten
		– Pauschalbeträge für behinderte Menschen

- **Lohnsteuerklassen:** Die Steuerklassen, denen die Arbeitnehmer zugeordnet werden, spiegeln gesellschaftspolitische Zielsetzungen wider (Förderung von Ehe und Familie).

Klasse	Zuordnungskriterien
I	Arbeitnehmer, die ledig sind, oder Verheiratete, die verwitwet oder geschieden sind.
II	Die in der Steuerklasse I genannten Personen, wenn ihnen der Haushaltsfreibetrag zusteht.
III	Verheiratete Arbeitnehmer, wenn der Ehegatte keinen Arbeitslohn bezieht oder wenn der Ehegatte in die Steuerklasse V eingestuft ist.
IV	Verheiratete Arbeitnehmer, wenn beide Ehegatten Arbeitslohn beziehen.
V	Verheiratete Arbeitnehmer, wenn der Ehegatte ebenfalls Arbeitslohn bezieht und die Einstufung des einen Ehegatten in die Steuerklasse III auf Antrag beider Ehegatten erfolgt.
VI	Arbeitnehmer, die gleichzeitig Arbeitslohn von mehreren Arbeitgebern beziehen; Eintragung auf der zweiten oder jeder weiteren Lohnsteuerkarte.

● **Höhe der Lohnsteuer**

Das Drei-Stufen-Konzept des Einkommensteuertarifs veranschaulicht die Steuerbelastung der Einkommen (2009):

Steuerbelastung	Zu versteuerndes Einkommen in EUR			
	Grundtarif (Alleinstehende)		Splittingtarif (Verheiratete)	
Grundfreibetrag (Nullzone) keine Lohnsteuer	bis	7 834,00	bis	15 668,00
Erste Progressionszone von 14 % (**Eingangssteuersatz**) linear bis auf 24 %	von bis	7 835,00 12 739,00	von bis	15 669,00 25 480,00
Zweite Progressionszone Der Steuersatz steigt weniger steil linear von 24 % auf 42 %	von bis	12 740,00 52 151,00	von bis	25 480,00 104 304,00
Obere Proportionalzone konstanter **Spitzensteuersatz** von 42 %	ab	52 152,00	ab	104 304,00
Spitzensteuersatz von 42 % + **Reichensteuer** von 3 %	ab	250 000,00	ab	500 000,00

Schuldner der Lohnsteuer ist der **Arbeitnehmer**. Der **Arbeitgeber haftet** für die Einbehaltung und Abführung der Lohnsteuer zu den gesetzlich bestimmten Terminen an das Finanzamt.

- **Lohnsteuerfreibeträge:** Mögliche Freibeträge (z. B. erhöhte Sonderausgaben, Werbungskosten und außergewöhnliche Belastungen) werden auf Antrag des Arbeitnehmers **vom Finanzamt** auf der LSt-Karte als **persönlicher Freibetrag eingetragen**.

  Beispiel Frau Jäger, die ein Bruttogehalt von 2 147,43 EUR erhält, hat sich auf Antrag einen monatlichen Steuerfreibetrag wegen erhöhter Werbungskosten von 200,00 EUR in die Steuerkarte eintragen lassen. In diesem Fall wird die Lohnsteuer von 1 947,43 EUR ermittelt.

- **Lohnsteuerkarte:** Die Besteuerungsmerkmale entnimmt der Arbeitgeber der Lohnsteuerkarte, die die **Gemeinden** dem Arbeitnehmer für jedes Kalenderjahr **unentgeltlich ausstellen**. Auf dieser sind die **persönlichen Daten** (Name, Geburtstag), die **Steuerklasse** und die **Zahl der Kinderfreibeträge** für Kinder des Arbeitnehmers, die das 18. Lebensjahr noch nicht vollendet haben, einzutragen. Die Zahl der Kinderfreibeträge wird mit dem Zähler 0,5 angegeben, wenn sich die Ehegatten den Kinderfreibetrag von 3 864,00 EUR im Jahr (322,00 EUR im Monat) teilen. Kinderfreibeträge wirken sich nicht auf den Lohnsteuerabzug aus, wohl aber auf die Höhe des Solidaritätszuschlages und auf die Kirchensteuer.

  Wenn beide Ehegatten Arbeitslohn beziehen, stellt der Gesetzgeber **zwei Steuerklassenkombinationen** zur Wahl: **die Kombination IV/IV** bei etwa gleich hohem Arbeitslohn, die **Steuerklassenkombination III/V** bei erheblich höherem Lohn eines Ehegatten. Auf der Rückseite der Lohnsteuerkarte bescheinigt der Arbeitgeber dem Arbeitnehmer die Gesamtbeträge des Bruttoentgelts, der LSt, der KiSt und des Solidaritätszuschlages.

- **Lohnsteuertabellen:** Lohnsteuertabellen dienen der schnellen Durchführung des Lohnsteuerabzugs. In ihnen werden die **Abzüge** für die einzelnen Steuerklassen **unter Berücksichtigung allgemeiner Freibeträge** (Werbungskostenpauschale, Vorsorgepauschale, Sonderausgabenpauschbetrag) ausgewiesen. Aus der Lohnsteuertabelle können auch der Solidaritätszuschlag und die Kirchensteuer entnommen werden. Stimmt das Bruttoentgelt nicht mit einem Tabellenwert überein, ist die Lohnsteuer vom nächsthöheren Tabellenwert abzulesen.

● Solidaritätszuschlag

Er beträgt 5,5 % der Lohnsteuer (2009). Er wird in der Lohnsteuertabelle getrennt ausgewiesen. Am 10. des auf die Lohnzahlung folgenden Monats ist er zusammen mit der Lohn- und Kirchensteuer an das Finanzamt abzuführen.

● Kirchensteuer

Die **Kirchensteuer** ist **nicht** in allen Bundesländern **gleich hoch**. Sie beträgt in **Baden-Württemberg und Bayern 8 %**, in den **übrigen Bundesländern 9 %** der Lohnsteuer. Ein eventueller Kinderfreibetrag ist in die Lohnsteuertabelle eingearbeitet.

● **Einbehaltene Sozialversicherungsbeiträge**

Die Sozialversicherungsbeiträge werden bis **zu einer Höchstgrenze,** der jeweiligen **Beitragsbemessungsgrenze, vom Bruttoentgelt berechnet**. Beitragssätze und Beitragsbemessungs-
grenzen werden jährlich durch den Gesetzgeber festgelegt. Die Beitragssätze zur Krankenversicherung und Pflegeversicherung bestehen aus einem größeren paritätisch vom Arbeitgeber und
Arbeitnehmer zu finanzierenden Teil und einen kleineren Arbeitnehmerzusatzbeitrag. Die Beiträge
zur Renten- und Arbeitslosenversicherung werden je zur Hälfte vom Arbeitgeber und Arbeitnehmer finanziert. Den Beitrag für die **Unfallversicherung** trägt der Arbeitgeber allein.

Beitragssätze und Beitragsbemessungsgrenzen (Stand 2009)

Sozialversicherung	Beitragssatz	AN-Anteil	AG-Anteil	Bemessungsgrenze	
Krankenversicherung (KV)[1]	allgemeiner Satz: 14,9 %	7,0 % + 0,9 %	7,0 %	3 675,00	EUR/Monat
Rentenversicherung (RV)	19,9 %	9,95 %	9,95 %	5 400,00 (4 550,00)	EUR/Monat
Arbeitslosen-versicherung (ALV)	2,8 %	1,4 %	1,4 %	5 400,00 (4 550,00)	EUR/Monat
Pflegeversicherung (PV)[2]	1,95 %	0,975 % + 0,25 %	0,975 %	3 675,00	EUR/Monat

Nach Abzug der Lohnsteuer, des Solidaritätszuschlags, der Kirchensteuer und des Sozialversi-
cherungsbeitrages des Arbeitnehmers vom sozialversicherungspflichtigen Bruttogehalt erhält
man das Nettogehalt.

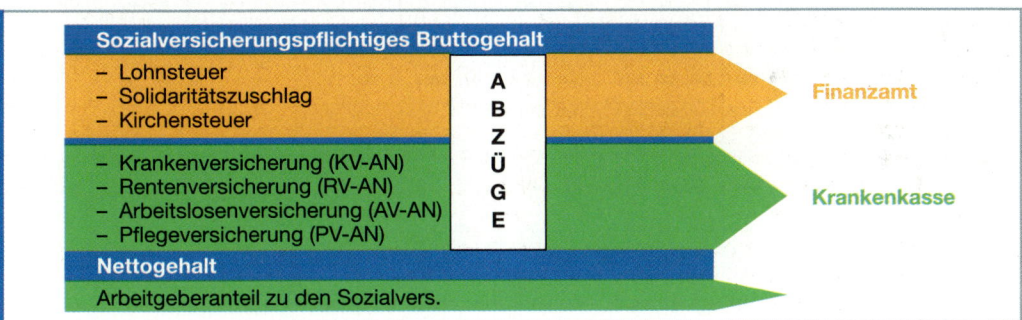

● **Verdienstabrechnung**

Für jeden einzelnen Mitarbeiter wird für jede Auszahlung eine **Verdienstabrechnung** oder **Ver-
dienstbescheinigung** erstellt. Aus ihr gehen alle Daten hervor, die der Lohn- und Gehaltsabrechnung zugrunde liegen.

● **Ermittlung der SV-Beiträge von Arbeitgeber und Arbeitnehmer ohne und mit Kind aus
der Lohnabzugstabelle**

Die Beiträge, die von Arbeitgeber und Arbeitnehmer getragen werden, sind in der Lohnabzugstabelle getrennt ausgewiesen. Sie können aber auch mithilfe der angegebenen Prozentsätze berechnet werden. Bei Berechnung mithilfe der angegebenen Prozentsätze kommt es bei Entgelten,
die nicht auf volle Zehner enden, zu geringfügigen erlaubten Differenzen.

---

[1] *Mit dem Zusatzbeitrag erwerben die Arbeitnehmer einen Anspruch auf mindestens 6 Wochen Fortzahlung
des Arbeitsentgelts im Krankheitsfall.*

[2] *Zuschlag zur PV nur für kinderlose Mitglieder nach Vollendung des 23. Lebensjahres.*

Lohnabzugstabellen (Stand 2009):

Abzüge an Lohnsteuer, Solidaritätszuschlag (SolZ) und Kirchensteuer (8%, 9%) in den Steuerklassen

Lohn/Gehalt bis €*	SKl	*I–VI ohne Kinderfreibeträge* LSt	SolZ	8%	9%	SKl	LSt	0,5 SolZ	0,5 8%	0,5 9%	1 SolZ	1 8%	1 9%	1,5 SolZ	1,5 8%	1,5 9%	2 SolZ	2 8%	2 9%	2,5 SolZ	2,5 8%	2,5 9%	3** SolZ	3** 8%	3** 9%
1 265,99	I,IV	63,—	—	5,04	5,67	I	63,—	—	1,12	1,26															
	II	40,08	—	3,20	3,60	II	40,08	—	—	—															
	III	—	—	—	—	III	—																		
	V	288,83	15,88	23,10	25,99	IV	63,—	—	2,94	3,31	—	1,12	1,26												
	VI	315,66	17,36	25,25	28,40																				
1 268,99	I,IV	63,66	—	5,09	5,72	I	63,66	—	1,15	1,29															
	II	40,66	—	3,25	3,65	II	40,66	—	—	—															
	III	—	—	—	—	III	—																		
	V	289,83	15,94	23,18	26,08	IV	63,66	—	2,98	3,35	—	1,15	1,29												
	VI	316,66	17,41	25,33	28,49																				
1 292,99	I,IV	68,91	—	5,51	6,20	I	68,91	—	1,48	1,66															
	II	45,41	—	3,63	4,08	II	45,41	—	0,06	0,06															
	III	—	—	—	—	III	—																		
	V	298,33	16,40	23,86	26,84	IV	68,91	—	3,36	3,78	—	1,48	1,66												
	VI	325,—	17,87	26,—	29,25																				
1 406,99	I,IV	98,91	3,58	7,91	8,90	I	98,91	—	3,37	3,79															
	II	72,83	—	5,82	6,55	II	72,83	—	1,72	1,93															
	III	—	—	—	—	III	—																		
	V	337,83	18,58	27,02	30,40	IV	98,91	—	5,52	6,21	—	3,37	3,79	—	1,48	1,67									
	VI	364,—	20,02	29,12	32,76																				
1 409,99	I,IV	99,75	3,75	7,98	8,97	I	99,75	—	3,42	3,85															
	II	73,58	—	5,88	6,62	II	73,58	—	1,76	1,98															
	III	—	—	—	—	III	—																		
	V	338,83	18,63	27,10	30,49	IV	99,75	—	5,58	6,28	—	3,42	3,85	—	1,53	1,72									
	VI	365,—	20,07	29,20	32,85																				
1 412,99	I,IV	100,58	3,91	8,04	9,05	I	100,58	—	3,48	3,91															
	II	74,41	—	5,95	6,69	II	74,41	—	1,82	2,04															
	III	—	—	—	—	III	—																		
	V	340,—	18,70	27,20	30,60	IV	100,58	—	5,64	6,35	—	3,48	3,91	—	1,58	1,78									
	VI	366,—	20,13	29,28	32,94																				
1 454,99	I,IV	112,50	6,18	9,—	10,12	I	112,50	—	4,29	4,82	0,55	0,62													
	II	86,—	1,—	6,88	7,74	II	86,—	—	2,54	2,85															
	III	—	—	—	—	III	—																		
	V	354,16	19,47	28,33	31,87	IV	112,50	0,20	6,56	7,38	—	4,29	4,82	—	2,28	2,57	—	0,55	0,62						
	VI	380,16	20,90	30,41	34,21																				
1 484,99	I,IV	121,16	6,66	9,69	10,90	I	121,16	—	4,89	5,50	1,—	1,13													
	II	94,41	2,68	7,55	8,49	II	94,41	—	3,07	3,45															
	III	—	—	—	—	III	—																		
	V	364,33	20,03	29,14	32,78	IV	121,16	1,88	7,23	8,13	—	4,89	5,50	—	2,82	3,17	—	1,—	1,13						
	VI	390,50	21,47	31,24	35,14																				
1 487,99	I,IV	122,—	6,71	9,76	10,98	I	122,—	—	4,95	5,57	1,05	1,18													
	II	95,25	2,85	7,62	8,57	II	95,25	—	3,13	3,52															
	III	—	—	—	—	III	—																		
	V	365,50	20,10	29,24	32,89	IV	122,—	2,05	7,30	8,21	—	4,95	5,57	—	2,87	3,23	—	1,05	1,18						
	VI	391,50	21,53	31,32	35,23																				
1 508,99	I,IV	128,08	7,04	10,24	11,52	I	128,08	—	5,39	6,06	1,38	1,55													
	II	101,16	4,03	8,09	9,10	II	101,16	—	3,52	3,96															
	III	—	—	—	—	III	—																		
	V	372,50	20,48	29,80	33,52	IV	128,08	3,23	7,77	8,74	—	5,39	6,06	—	3,25	3,65	—	1,38	1,55						
	VI	398,66	21,92	31,89	35,87																				
1 523,99	I,IV	132,16	7,26	10,57	11,89	I	132,16	—	5,68	6,39	1,61	1,81													
	II	105,16	4,83	8,41	9,46	II	105,16	—	3,78	4,25	0,18	0,20													
	III	—	—	—	—	III	—																		
	V	377,66	20,77	30,21	33,98	IV	132,16	4,01	8,08	9,09	—	5,68	6,39	—	3,52	3,96	—	1,61	1,81						
	VI	403,83	22,21	32,30	36,34																				
1 529,99	I,IV	133,66	7,35	10,69	12,02	I	133,66	—	5,79	6,51	1,69	1,90													
	II	106,58	5,11	8,52	9,59	II	106,58	—	3,88	4,37	0,24	0,27													
	III	—	—	—	—	III	—																		
	V	379,66	20,88	30,37	34,16	IV	133,66	4,30	8,20	9,22	—	5,79	6,51	—	3,61	4,06	—	1,69	1,90	—	0,04	0,05			
	VI	406,—	22,33	32,48	36,54																				
2 228,99	I,IV	315,33	17,34	25,22	28,37	I	315,33	13,46	19,58	22,02	9,76	14,20	15,98	6,26	9,11	10,25	—	4,38	4,93	—	0,62	0,70			
	II	284,25	15,63	22,74	25,58	II	284,25	11,83	17,21	19,36	8,22	11,96	13,45	1,26	6,98	7,85	—	2,62	2,95						
	III	79,66	—	6,37	7,16	III	79,66	—	2,65	2,98															
	V	644,66	35,45	51,57	58,01	IV	315,33	15,38	22,37	25,16	13,46	19,58	22,02	11,59	16,86	18,96	9,76	14,20	15,98	7,99	11,62	13,07	6,26	9,11	10,25
	VI	676,83	37,22	54,14	60,91																				
2 231,99	I,IV	316,16	17,38	25,29	28,45	I	316,16	13,50	19,64	22,10	9,81	14,27	16,05	6,30	9,17	10,31	—	4,44	4,99	—	0,66	0,74			
	II	285,08	15,67	22,80	25,65	II	285,08	11,88	17,28	19,44	8,26	12,02	13,52	1,41	7,04	7,92	—	2,66	2,99						
	III	80,16	—	6,41	7,21	III	80,16	—	2,69	3,02															
	V	645,91	35,52	51,67	58,13	IV	316,16	15,42	22,43	25,23	13,50	19,64	22,10	11,63	16,92	19,03	9,81	14,27	16,05	8,03	11,68	13,14	6,30	9,17	10,31
	VI	678,08	37,29	54,24	61,02																				
3 008,99	I,IV	547,58	30,11	43,80	49,28	I	547,58	25,66	37,33	41,99	21,40	31,13	35,02	17,32	25,20	28,35	13,44	19,56	22,—	9,75	14,19	15,96	6,25	9,10	10,23
	II	512,—	28,16	40,96	46,08	II	512,—	23,79	34,60	38,93	19,61	28,52	32,09	15,62	22,72	25,56	11,82	17,19	19,34	8,21	11,94	13,43	1,23	6,97	7,84
	III	272,83	15,—	21,82	24,55	III	272,83	9,70	15,84	18,94	—	12,—	13,50	—	7,58	8,53	—	3,70	4,16	—	0,36	0,40			
	V	972,25	53,47	77,78	87,50	IV	547,58	27,86	40,53	45,59	25,66	37,33	41,99	23,51	34,20	38,47	21,40	31,13	35,02	19,34	28,13	31,64	17,32	25,20	28,35
	VI	1 004,41	55,24	80,35	90,39																				
3 167,99	I,IV	598,75	32,93	47,90	53,88	I	598,75	28,36	41,25	46,40	23,98	34,88	39,24	19,79	28,79	32,39	15,79	22,98	25,85	11,99	17,44	19,62	8,36	12,17	13,69
	II	562,25	30,92	44,98	50,60	II	562,25	26,43	38,45	43,25	22,14	32,20	36,23	18,03	26,23	29,51	14,12	20,54	23,10	10,39	15,12	17,01	6,85	9,97	11,21
	III	313,16	17,22	25,05	28,18	III	313,16	13,73	19,97	22,46	5,20	15,04	16,92	—	10,32	11,61	—	6,09	6,85	—	2,41	2,71			
	V	1 039,—	57,14	83,12	93,51	IV	598,75	30,62	44,54	50,11	28,36	41,25	46,40	26,14	38,03	42,78	23,96	34,88	39,24	21,86	31,80	35,78	19,79	28,79	32,39
	VI	1 071,25	58,91	85,70	96,41																				
3 170,99	I,IV	599,75	32,98	47,98	53,97	I	599,75	28,41	41,32	46,49	24,03	34,95	39,32	19,84	28,86	32,46	15,84	23,04	25,92	12,03	17,50	19,68	8,41	12,23	13,76
	II	563,16	30,97	45,05	50,68	II	563,16	26,48	38,52	43,34	22,18	32,27	36,30	18,08	26,30	29,58	14,16	20,60	23,17	10,43	15,18	17,07	6,89	10,03	11,28
	III	313,83	17,26	25,10	28,24	III	313,83	13,76	20,02	22,52	5,33	15,09	16,97	—	10,37	11,66	—	6,14	6,91	—	2,45	2,75			
	V	1 040,25	57,21	83,22	93,62	IV	599,75	30,67	44,62	50,19	28,41	41,32	46,49	26,19	38,10	42,86	24,03	34,95	39,32	21,91	31,87	35,85	19,84	28,86	32,46
	VI	1 072,50	58,98	85,80	96,52																				
3 260,99	I,IV	629,25	34,60	50,34	56,63	I	629,25	29,97	43,60	49,05	25,52	37,12	41,76	21,27	30,94	34,80	17,20	25,02	28,15	13,32	19,38	21,80	9,64	14,02	15,77
	II	592,25	32,57	47,38	53,30	II	592,25	28,01	40,75	45,84	23,65	34,40	38,70	19,47	28,33	31,87	15,49	22,54	25,35	11,70	17,02	19,14	8,09	11,78	13,25
	III	336,16	18,48	26,89	30,25	III	336,16	14,96	21,77	24,49	9,56	16,78	18,88	—	11,94	13,43	—	7,54	8,48	—	3,66	4,12	—	0,33	0,37
	V	1 078,08	59,29	86,24	97,02	IV	629,25	32,26	46,93	52,79	29,97	43,60	49,05	27,72	40,32	45,36	25,52	37,12	41,76	23,37	34,—	38,25	21,27	30,94	34,80
	VI	1 110,25	61,06	88,82	99,92																				

Zusammengestellt aus einer Gesamtabzugstabelle, gültig ab 01. Januar 2009, Stollfuß Verlag

Abzüge an Krankenversicherung (KV) bei einem Beitragssatz von

monatliches Arbeits- entgelt* neue und alte Länder in €		Kranken- versicherung	Renten- versicherung	Arbeitslosen- versicherung	Pflege- versicherung außer Sachsen	Pflege- versicherung Sachsen
1 270,–	AG	88,90	126,37	17,78	12,38	6,03
	AN ohne Kind	100,33	126,37	17,78	15,56	21,91
	AN mit Kind	100,33	126,37	17,78	12,38	18,73
1 300,–	AG	91,00	129,35	18,20	12,68	6,18
	AN ohne Kind	102,70	129,35	18,20	15,93	22,43
	AN mit Kind	102,70	129,35	18,20	12,68	19,18
1 410,–	AG	98,70	140,30	19,74	13,75	6,70
	AN ohne Kind	111,39	140,30	19,74	17,28	24,33
	AN mit Kind	111,39	140,30	19,74	13,75	20,80
1 420,–	AG	99,40	141,29	19,88	13,85	6,75
	AN ohne Kind	112,18	141,29	19,88	17,40	24,50
	AN mit Kind	112,18	141,29	19,88	13,85	20,95
1 460,–	AG	102,20	145,27	20,44	14,24	6,94
	AN ohne Kind	115,34	145,27	20,44	17,89	25,19
	AN mit Kind	115,34	145,27	20,44	14,24	21,54
1 490,–	AG	104,30	148,26	20,86	14,53	7,08
	AN ohne Kind	117,71	148,26	20,86	18,26	25,71
	AN mit Kind	117,71	148,26	20,86	14,53	21,98
1 510,–	AG	105,70	150,25	21,14	14,72	7,17
	AN ohne Kind	119,29	150,25	21,14	18,50	26,05
	AN mit Kind	119,29	150,25	21,14	14,72	22,27
1 530,–	AG	107,10	152,24	21,42	14,92	7,27
	AN ohne Kind	120,87	152,24	21,42	18,75	26,40
	AN mit Kind	120,87	152,24	21,42	14,92	22,57
2 230,–	AG	156,10	221,89	31,22	21,74	10,59
	AN ohne Kind	176,17	221,89	31,22	27,32	38,47
	AN mit Kind	176,17	221,89	31,22	21,74	32,89
2 240,–	AG	156,80	222,88	31,36	21,84	10,64
	AN ohne Kind	176,96	222,88	31,36	27,44	38,64
	AN mit Kind	176,96	222,88	31,36	21,84	33,04
3 010,–	AG	210,70	299,50	42,14	29,35	14,30
	AN ohne Kind	237,79	299,50	42,14	36,88	51,93
	AN mit Kind	237,79	299,50	42,14	29,35	44,40
3 170,–	AG	221,90	315,42	44,38	30,91	15,06
	AN ohne Kind	250,43	315,42	44,38	38,84	54,69
	AN mit Kind	250,43	315,42	44,38	30,91	46,76
3 180,–	AG	222,60	316,41	44,52	31,01	15,11
	AN ohne Kind	251,22	316,41	44,52	38,96	54,86
	AN mit Kind	251,22	316,41	44,52	31,01	46,91
3 260,–	AG	228,20	324,37	45,64	31,79	15,49
	AN ohne Kind	257,54	324,37	45,64	39,94	56,24
	AN mit Kind	257,54	324,37	45,64	31,79	48,09

* Für Zwischenwerte ist eine centgenaue Berechnung durchzuführen.

Zusammenfassung: Arbeitsentgelte und Lohnnebenkosten

- Löhne, Gehälter und Lohnnebenkosten sind Aufwendungen der Unternehmung, Einkommen der Arbeitnehmer.
- Vom Bruttoentgelt hat der Arbeitgeber Lohnsteuer, Kirchensteuer und den Versicherungsanteil des Arbeitnehmers einzubehalten.
- Die **Sozialversicherungsbeiträge** werden, abgesehen von der Unfallversicherung, je zur Hälfte vom Arbeitnehmer und vom Arbeitgeber (Betriebsanteil oder Arbeitgeberanteil zur Sozialversicherung) getragen.

Aufgaben

1 a) *Erklären Sie*

   1. *gesetzliche*   2. *tarifliche*   3. *freiwillige*

   Lohnnebenkosten.

   b) *Geben Sie jeweils drei Beispiele dazu an.*

2 *Grenzen Sie Grundgehalt, Bruttogehalt, steuerpflichtiges Gehalt, Nettogehalt, Auszahlungsbetrag gegeneinander ab.*

3 *Für den Monat März liegt folgende Lohn- und Gehaltsliste vor:*

	Löhne	Gehälter	gesamt
Bruttoentgelt	400 000,00	50 000,00	450 000,00
Lohnsteuer	60 000,00	8 000,00	68 000,00
Solidaritätszuschlag	3 300,00	440,00	3 740,00
Kirchensteuer ev	3 400,00	300,00	3 700,00
Kirchensteuer rk	2 000,00	400,00	2 400,00
Krankenversicherung	24 000,00	3 000,00	27 000,00
Rentenversicherung	36 000,00	4 500,00	40 500,00
Pflegeversicherung	2 000,00	250,00	2 250,00
Arbeitslosenversicherung	6 000,00	750,00	6 750,00

Ermitteln Sie folgende Werte:

a) *die Nettolöhne,*

b) *die Nettogehälter,*

c) *Überweisung an das Finanzamt,*

d) *die von den Arbeitnehmern einbehaltenen Sozialversicherungsbeiträge.*

4 *Erläutern Sie den Aufbau des Einkommensteuertarifs in der Bundesrepublik Deutschland. Stellen Sie insbesondere sozialpolitische Argumente für die unterschiedliche Besteuerung in den drei Zonen heraus.*

5 *Stellen Sie mithilfe der Lohnabzugstabelle S. 474 f. die Lohn- bzw. Gehaltsabrechnung für folgende Arbeitnehmer im April auf:*

a) *Name:*   H. Stohlmann, Obermonteur
   Familienstand: vh., 2 Kinder, Alleinverdiener
   Lohn: 2 230,00 EUR
   Krankenversicherung (KV): 14,9 % einschl. 0,9 % AN-Zusatzbeitrag

b) *Name:*   O. Sieker, Lagerfacharbeiter
   Familienstand: vh., 1 Kind, Ehefrau verdient etwa gleich viel
   Lohn: 1 482,75 EUR
   Krankenversicherung (KV): 14,9 % einschl. 0,9 % AN-Zusatzbeitrag
   Sonstiges: spart nach 480,00-EUR-Gesetz, monatlich 40,00 EUR, Arbeitgeber gibt keinen Zuschuss

c) *Name:*   W. Balzar, Abteilungsleiter
   Familienstand: vh., keine Kinder, Alleinverdiener
   Gehalt: 3 260,00 EUR
   Krankenversicherung (KV): 14,9 % einschl. 0,9 % AN-Zusatzbeitrag
   Sonstiges: Steuerfreibetrag: 254,00 EUR

d) *Name:*   D. Walter, Revisor
   Familienstand: vh., 1 Kind, Alleinverdiener
   Gehalt: 3 170,00 EUR
   Krankenversicherung (KV): 14,9 % einschl. 0,9 % AN-Zusatzbeitrag

e) *Name:*   M. Hoppe, Büroangestellte
   Familienstand: led., 1 Kind
   Gehalt: 1 406,00 EUR
   Krankenversicherung (KV): KV 14,9 % einschl. 0,9 % AN-Zusatzbeitrag

f) Name: M. Beckmann, Fräser

Familienstand: led., Steuerkarte liegt nicht vor

Lohn: 1 385,00 EUR

Krankenversicherung (KV):   14,9 % einschl. 0,9 % AN-Zusatzbeitrag

Sonstiges: B. spart nach Vermögensbildungsgesetz 40,00 EUR,
AG zahlt 50 % (20,00 EUR) dazu

g) Name: M. Rose, Maschinenführer

Familienstand: vh., keine Kinder, Ehefrau verdient wesentlich mehr

Lohn: 1 252,00 EUR

Krankenversicherung (KV):   14,9 % einschl. 0,9 % AN-Zusatzbeitrag

Sonstiges: R. spart nach Vermögensbildungsgesetz,
AG zahlt den Sparbetrag (40,00 EUR) voll.

7.6.2 Buchung der Arbeitsentgelte

Frau König hat die Gehaltsabrechnung für Frau Blümel überprüft. Sie hat Frau Land ein großes Lob ausgesprochen. „Damit Sie den großen Zusammenhang erkennen, legen Sie jetzt ein Lohnkonto für Frau Blümel an und nehmen Sie die ersten Eintragungen aufgrund der Gehaltsabrechnung vor. Abschließend werden wir dann die Buchungen im Grundbuch und im Hauptbuch als Sammelbuchung für alle Arbeitnehmer durchführen. Ich habe dafür bereits diese Gehaltsliste für die Gehaltszahlung am 30. April erstellt:"

Gehaltsliste				Monat:	April 20..		BÜRODESIGN GMBH	
Name	Beier	Blümel	Jäger	...	Zimmer			Arbeitgeber-
Vorname	Elmar	Rita	Karl	...	Doris			anteil
Pers.-Nr.:	L 123	L 124	L 189	...	L 104			zur SV
Steuerklasse	I,0	I,0	III,2	...	IV,1	Summe		
Bruttoverdienst	1.508,00	2.230,00	2.229,00	...	1.452,00	89.580,00		
Lohnsteuer	128,08	316,16	80,16	...	112,50	12.447,00		
SolZ	0,00	17,38	0,00	...	6,18	940,00		
Kirchensteuer	1,55	28,45	0,00	...	10,12	1.099,00		
KV (AN-Anteil)	119,29	176,17	176,17	...	115,34	7.076,82		6.270,60
RV (AN-Anteil)	150,27	221,89	221,89	...	145,27	8.913,21		8.913,21
ALV (AN-Anteil)	21,14	31,22	31,22	...	20,44	1.254,12		1.254,12
PV (AN-Anteil)	14,72	27,32	21,74	...	17,89	985,38		873,41
Auszahlung	1.072,97	1.411,41	1.697,82	...	1.024,26	56.864,47		
KV-AG	105,70	156,10	156,10	...	102,20	6.270,60		
PV-AG	14,72	21,74	21,74	...	14,24	873,41		

Arbeitsauftrag   Machen Sie einen Vorschlag für die erforderlichen Buchungen.

Lohn, Gehalt sowie die vom Unternehmer zu übernehmenden **Arbeitgeberanteile zur Sozial-versicherung** des Arbeitnehmers sind als **Gesamtentgelt für die Nutzung der menschlichen Arbeitskraft** im betrieblichen Leistungsprozess **Aufwendungen**. Die vom Unternehmer einbehaltenen **Lohn- und Kirchensteuern sowie die Sozialversicherungsbeiträge** stellen eine **Schuld der Unternehmung** gegenüber dem Finanzamt bzw. der Krankenkasse dar. Die **Auszahlung des** nach Einbehaltung der Abzüge verbleibenden **Nettolohnes oder Nettogehalts** führt je nach Art der Auszahlung zu einer **Minderung des Bankguthabens bzw. des Kassenbestandes**.

■ Lohn- und Gehaltskonten der Arbeitnehmer

Der Arbeitgeber hat für jeden Arbeitnehmer ein **Lohn- oder Gehaltskonto** zu führen. **Bei jeder Lohnabrechnung** sind im Lohnkonto u. a. **aufzuzeichnen**: Tag der Lohnzahlung und der Lohnzahlungszeitraum, der Bruttoarbeitslohn sowie eventuelle steuerfreie Bezüge, die einzelnen Abzüge und der Auszahlungsbetrag.

● Lohn- und Gehaltslisten als Sammelbelege

Die Beträge der einzelnen **Lohn- und Gehaltskonten** werden in einer Lohn- und Gehaltsliste zusammengestellt. Sie ist **Sammelbeleg** für die zusammengefasste Buchung aller Löhne bzw. Gehälter.

Die Arbeitgeber müssen der Krankenkasse (Einzugsstelle) die Gesamtsozialversicherungsbeiträge von Arbeitnehmer und Arbeitgeber für jeden Entgeltabrechnungszeitraum **spätestens** am drittletzten Bankarbeitstag des Entgeltmonats (Fälligkeit) in Form eines **Beitragsnachweises** angezeigt und überwiesen haben. Die Sozialversicherungsbeiträge sind also schon vor der Entgeltzahlung an die Mitarbeiter vom Arbeitgeber an die zuständige Krankenkasse abzuführen.

Allerdings ist eine exakte Berechnung der Sozialversicherungsbeiträge zu diesem Zeitpunkt nur möglich, wenn es sich ausschließlich um **fixe Entgelte** (Monatsgehälter) handelt und keine Veränderung in der Belegschaft eingetreten ist.

Enthalten die Entgelte variable Bestandteile (leistungsabhängige Entgelte, Überstunden u. Ä.), kann nur die **voraussichtliche Höhe der Beitragsschuld** angezeigt werden, weil die **tatsächliche Beitragsschuld** erst mit der Entgeltabrechnung ermittelt wird.

Eine Abweichung zwischen der angezeigten und der tatsächlichen Beitragsschuld ist dann in das Beitragssoll des Folgemonats einzurechnen.

Beispiel 1 *Darstellung am Zeitstrahl*
(3. letzter Bankarbeitstag)

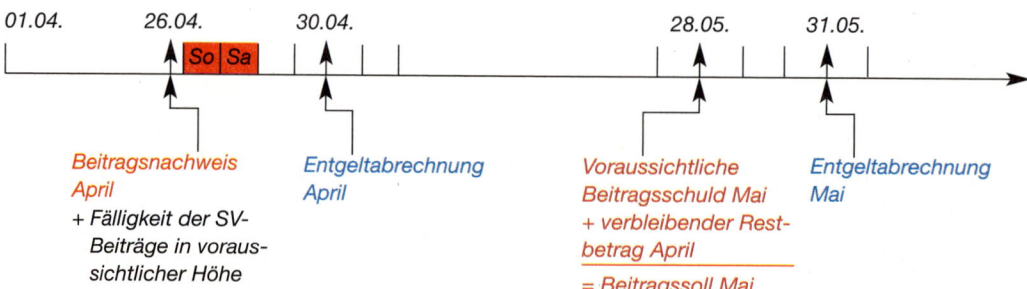

Beispiel 2 *(siehe Gehaltsliste S. 477)*
Buchungen:

1. 26.04.: Beitragsnachweis April und Banküberweisung der Sozialversicherungsbeiträge an die zuständige Krankenkasse: 35 000,00 EUR

2640	SV-Beitrags-vorauszahlung	35 000,00	an 2800 Bank	35 000,00

2. 30.04.: bei Auszahlung der Gehälter durch die Bank

6300	Gehälter	89 580,00	an 4830 Verbindlichkeiten gegenüber Finanzbehörden	14 486,00
			an 4840 Verbindlichkeiten gegenüber Sozialversicherungsträgern	18 229,53
			an 2800 Bank	56 864,47

3. 30.04.: des Betriebsanteils zur Sozialversicherung

6400	Arbeitgeberanteil zur Sozialversicherung	17 311,34	an 4840 Verbindlichkeiten gegenüber Sozialversicherungsträgern	17 311,34

4. 10.05.: Banküberweisung der LSt, des Solidaritätszuschlags und der KiSt an das Finanzamt

4830	Verbindlichkeiten gegenüber Finanzbehörden	14 486,00	an 2800 Bank	14 486,00

Durch Gegenüberstellung der Beitragsschuld lt. Gehaltsabrechnung und der Beitragsvorauszahlung auf dem Konto mit dem jeweils größeren Saldo (Bestand) ergibt sich eine verbleibende Restschuld für den folgenden Monat bzw. ein Überhang der Beitragsvorauszahlung:

	EUR
Beitragsschuld lt. Gehaltsabrechnung	35 540,87
SV-Beitragsvorauszahlung	35 000,00
Verbleibende Restschuld, die in das Beitragssoll des Folgemonats einbezogen wird	540,87

S	6300 Gehälter		H
(2) 4830, 4840			
2800	89 580,00		

	4830 Verbindlichkeiten		
S	gegenüber Finanzbehörden		H
(4) 2800	14 486,00	(2)6300	14 486,00

S	6400 Arbeitgeberanteil zur Sozialversicherung		H
(3) 4840	17 311,34		

	4840 Verbindlichkeiten		
S	gegenüber Sozialversicherungsträgern		H
→(1) 2640	35 000,00	(2) 6300	35 540,87
		(3) 6400	17 311,34

S	2640 SV-Beitragsvorauszahlung		H
(1) 2800	35 000,00	4840	35 000,00

S	2800 Bank		H
		(1) 2640	35 000,00
		(2) 6300	56 864,47
		(3) 4830	14 486,00

Die Beiträge zur **Unfallversicherung** werden an die Berufsgenossenschaft gezahlt und auf dem Konto **6420 Beiträge zur Berufsgenossenschaft** erfasst.

Zusammenfassung: Buchung der Arbeitsentgelte

Buchungen der Lohn- und Gehaltszahlung sowie der Abführung der Abzüge

Löhne und Gehälter	Passivierung der einbehaltenen Abzüge	Banküberweisung der einbehaltenen Abzüge
• Auszahlung durch Banküberweisung	• Einbehaltene Lohnsteuer, Solidaritätszuschlag und Kirchensteuer	• der Lohn- und Kirchensteuer und des Solidaritätszuschlages an das Finanzamt
Buchung: 6200 Löhne 6300 Gehälter an 4830 Verbindlichkeiten gegenüber Finanzbehörden an 4840 Verbindlichkeiten gegenüber Sozialversicherungsträgern an 2800 Bank	**Buchung:** 4830 Verbindlichkeiten gegenüber Finanzbehörden an 8010 SBK	**Buchung:** 4830 Verbindlichkeiten gegenüber Finanzbehörden an 2800 Bank
• Arbeitgeberanteil zur Sozialversicherung	• offene Sozialversicherungsbeiträge	• der SV-Vorauszahlung am drittletzten Bankarbeitstag an die Krankenkasse
Buchung: 6400 Arbeitgeberanteil zur Sozialversicherung an 4840 Verbindlichkeiten gegenüber Sozialversicherungsträgern	**Buchung:** 4840 Verbindlichkeiten gegenüber Sozialversicherungsträgern an 8010 SBK	**Buchung:** 2640 SV-Beitragsvorauszahlung an 2800 Bank

• War die SV-Beitragsvorauszahlung größer als die Beitragsschuld, wird der Saldo des Kontos 2640 zum Jahresende als Forderung aktiviert.
• Beiträge zur Unfallversicherung
  – Zahlung an die Berufsgenossenschaft
  – Buchung auf dem Konto 6420 Beiträge zur Berufsgenossenschaft

Aufgaben

1 Der Angestellte Karl Müller ist verheiratet, katholisch und hat ein Kind. Seine Ehefrau ist nicht berufstätig. Er erhält ein Monatsgehalt von 2 230,00 EUR. Der Krankenversicherungsatz beträgt 14,9 % einschl. 0,9 % AN-Zusatzbeitrag.

  a) Stellen Sie unter Verwendung der Lohnabzugstabellen S. 474 f. die Gehaltsabrechnung auf.

  b) Bilden Sie die Buchungssätze

   ba) bei Banküberweisung der voraussichtlichen Sozialversicherungsbeiträge an die Krankenkasse: 850,00 EUR,

   bb) bei Gehaltszahlung durch Banküberweisung,

   bc) bei Banküberweisung der einbehaltenen Lohn- und Kirchensteuer und des Solidaritätszuschlages an das Finanzamt.

2 Eine Industrieunternehmung beschäftigt in der Finanzbuchhaltung folgende Angestellten:

Name	Familienstand	Steuer-klasse	Konfession KiSt-S. 9 %	Bruttogehalt EUR	Kranken-versicherungs-S.
Müller, Mark	verh., 1 Kind	IV/1,0	evang.	1 482,75	14,9 %
Nolden, Karl	ledig	I	röm.-kath.	1 406,05	einschl. 0,9 %
Oder, Olga	verh.	V	röm.-kath.	1 292,00	AN-Zusatz-
Pade, Paul	verh., 2 Kinder	III/2,0	evang.	3 165,00	beitrag
Quast, Rudolf	ledig	I	röm.-kath.	2 229,00	

  a) Erstellen Sie mithilfe der Lohnabzugstabellen S. 474 f. nach dem Beispiel auf S. 477 eine Gehaltsliste für den Monat Mai ..

  b) Geben Sie den gesamten Personalaufwand an, der für die Abteilung Finanzbuchhaltung anfällt.

  c) Bilden Sie die Buchungssätze

   ca) bei Banküberweisung der voraussichtlichen Sozialversicherungsbeiträge an die Krankenkasse: 3 000,00 EUR.

   cb) bei Gehaltszahlung durch Banküberweisung,

   cc) bei Banküberweisung der einbehaltenen Lohn- und Kirchensteuer und des Solidaritätszuschlages an das Finanzamt,

  d) Wann sind die Zahlungen an das Finanzamt und die Krankenkasse spätestens durchzuführen?

3 Der Angestellte Karl Adam, Steuerklasse III/3, röm.-kath. (9 %), erhält ein Monatsgehalt von 2 227,00 EUR. Die Sozialversicherungssätze betragen: 14,9 % Krankenversicherung einschl. 0,9 % AN-Zusatzbeitrag, 19,9 % Rentenversicherung, 2,8 % Arbeitslosenversicherung, 1,95 % Pflegeversicherung.

  a) Stellen Sie unter Verwendung der Lohnabzugstabellen S. 474 f. die Gehaltsabrechnung auf.

  b) Geben Sie die Buchungssätze an für die Gehaltszahlung durch Banküberweisung und für den Arbeitgeberanteil.

4 Die Lohnliste der Maschinenbau Manz GmbH weist für den Monat September folgende Summen aus:

Fami-lien-name, Vorn.	Fami-lien-stand	St.-Kl.	Brutto-lohn	Lohn-steuer	Kirch.-steuer	Sozial-vers.	Gesamt-abzüge	Netto-gehalt	Sonst. Abz.	Aus-zahl.	Arbeit-geber-Anteil
			84 200,00	12 630,00	980,00	15 156,00	28 766,00	55 434,00	–	55 434,00	14 370,00

  a) Ermitteln Sie die gesamten Personalaufwendungen.

  b) Bilden Sie die Buchungssätze

   ba) bei Banküberweisung der voraussichtlichen Sozialversicherungsbeiträge: 29 200,00 EUR, bb) bei Lohnzahlung durch Banküberweisung,

bc) für den Betriebsanteil zur Sozialversicherung,

bd) bei Banküberweisung der einbehaltenen Lohn- und Kirchensteuer.

5 **BA vom 27.04.:** *Banküberweisung der voraussichtlichen Sozialversicherungsbeiträge* . . . . 570,00 EUR

BA vom 30.04.: *Banküberweisung des Lohns an den Lagerarbeiter Unkel* . . . . *? EUR*
Der Lagerarbeiter Unkel, rk. (9 %), LSt-Kl. III/1, arbeitete im Monat April 148 Stunden im Zeitlohn. Er erhält einen Stundenlohn von 10,02 EUR. Der Krankenversicherungssatz beträgt 14,9 % einschl. 0,9 % AN-Zusatzbeitrag.

BA vom 10.05.: *Banküberweisung der LSt, des SolZ und der KiSt.* . . . . *? EUR*
a) *Stellen Sie unter Verwendung der Lohnabzugstabellen (S. 474 f.) die Lohnabrechnung auf.*
b) *Bilden Sie die Buchungssätze für die Lohnzahlung und die Zahlungen an das Finanzamt und die Krankenkasse.*

6 Geben Sie unter Verwendung der Konten des Kontenplans die Buchungssätze für die folgenden Geschäftsfälle an:
Kontenplan: *2640, 2800, 4830, 4840, 6300, 6400, 8010, 8020*

Geschäftsvorgänge:
a) *Banküberweisung der voraussichtlichen SV-Beiträge*
b) *Lohnabrechnung: Banküberweisung unter Einbehaltung der Abzüge (Lohnsteuer, Solidaritätszuschlag, Kirchensteuer, Sozialversicherungsanteil)*
c) *Arbeitgeberanteil zur Sozialversicherung (noch nicht abgeführt)*
d) *Die einbehaltenen Abzüge für das Finanzamt werden per Banküberweisung bezahlt.*
e) *Das Konto „6400 Arbeitgeberanteil zur Sozialversicherung" ist zum Jahresabschluss abzuschließen.*

7 Zum Ende des Geschäftsjahres stehen den Umsatzerlösen von 10 Mio. EUR an Aufwendungen 8 Mio. EUR einschließlich 2 Mio. EUR Personalaufwendungen gegenüber. Untersuchen Sie die Auswirkungen einer Erhöhung der Personalaufwendungen von durchschnittlich 10 % zum Beginn des Geschäftsjahres bei unveränderten restlichen Aufwendungen:
a) *auf den Gewinn (in EUR und in %).*
b) *auf den Umsatz (in %), wenn der bisherige Gewinnzuschlag auch weiterhin erreicht werden sollte.*

8 **Kontenplan:** *2000, 2100, 2200, 2400, 2600, 2640, 2800, 2880, 3000, 4400, 4800, 4830, 4840, 5000, 5200, 6000, 6200, 6300, 6400, 6700, 8000, 8010, 8020.*

Anfangsbestände:	EUR		EUR
Rohstoffe	50 000,00	Verbindlichkeiten a. LL	105 950,00
Unfertige Erzeugnisse	15 000,00	Umsatzsteuer	39 580,00
Fertige Erzeugnisse	20 000,00	Sonstige Verbindlichkeiten	
Forderungen a. LL	48 300,00	gegenüber Finanzbehörde	19 500,00
Bank	265 000,00	Sonstige Verbindlichkeiten	
Kasse	2 300,00	gegenüber Sozial-	
Eigenkapital	233 070,00	versicherungen	2 500,00

Geschäftsfälle:		EUR	EUR

1. ER vom 21.12.: *Zieleinkauf von Rohstoffen*

Listenpreis, netto	170 000,00	
– 8% Mengenrabatt	13 600,00	156 400,00
+19% Umsatzsteuer		29 716,00
		186 116,00

2. **AR vom 23.12.:** *Zielverkäufe von fertigen Erzeugnissen*

Listenpreis, netto	450 000,00	
– 5% Mengenrabatt	22 500,00	427 500,00
+19% Umsatzsteuer		81 225,00
		508 725,00

3. **BA vom 27.12.:** *Voraussichtliche SV-Beträge* 44 000,00
4. **BA vom 28.12.:** *Banküberweisung der Gehälter* 29 760,00

Bruttogehälter	48 000,00	
LSt, SolZ, KiSt	9 600,00	
Sozialversicherung	8 640,00	
Arbeitgeberanteil zur Sozialversicherung		7 940,00

5. **BA vom 29.12.:** *Banküberweisung der Löhne* 49 500,00

Bruttolöhne	75 000,00	
LSt, SolZ, KiSt	12 000,00	
Sozialversicherung	13 500,00	
Arbeitgeberanteil zur Sozialversicherung		12 600,00

6. **BA vom 29.12.:** *Überweisungen an*

a) Finanzamt wegen Umsatzsteuer	39 580,00	
b) Finanzamt wegen einbehaltener Lohnsteuer, SolZ und KiSt	19 500,00	
c) Vermieter für gemietete Betriebsanlagen	60 000,00	119 080,00

7. **BA vom 30.12.:** *Banküberweisung von Kunden für*

fällige Rechnungen 48 300,00

Abschlussangaben zum 31.12.:

1. *Endbestände lt. Inventur:*

a) Rohstoffe	35 000,00
b) Unfertige Erzeugnisse	23 000,00
c) Fertige Erzeugnisse	17 000,00

2. *Die Salden der übrigen Bestandskonten stimmen mit den Inventurwerten überein. Führen Sie die Finanzbuchhaltung zur Ermittlung des Jahresabschlusses durch. (Die angegebenen Belegdaten dienen zur Eingabe der Buchungen bei Durchführung einer computergestützten Finanzbuchführung.)*

9 *Zur Erstellung der Gehaltsabrechnung für einen Angestellten erhalten Sie folgende Informationen:*

1. Bruttogehalt	3 165,00 EUR	3. Konfession	ev
2. Lohnsteuerklasse	III, 2	4. KV-Satz	14,9 % einschl. 0,9 % AN-Zusatzbeitrag

a) *Erstellen Sie unter Verwendung der Lohnsteuer- und Sozialversicherungstabelle (S. 474 f.) die Gehaltsabrechnung. Die Gehaltszahlung erfolgt per Banküberweisung.*

b) *Geben Sie die Buchungssätze an für*

    1. *die Banküberweisung der voraussichtlichen SV-Beitragszahlungen 1 200,00,*

    2. *die Gehaltszahlung,*

    3. *den Arbeitgeberanteil zur Sozialversicherung,*

    4. *die Banküberweisung der einbehaltenen Lohn- und Kirchensteuer und des SolZ.*

c) *Beantworten Sie folgende Fragen:*

    1. *Wie hoch sind die Personalaufwendungen für den Angestellten?*

    2. *Wann und an wen ist die Lohn- und Kirchensteuer zu zahlen?*

    3. *Wann und an wen sind die Sozialversicherungsbeiträge zu zahlen?*

7.7 Personalpolitik

7.7.1 Die Entscheidungsträger

Renate Becker liest in einem Wirtschaftsmagazin, dass durch die europäische Vereinigung Bewerber für das Middle-Management nur noch eine Chance haben, wenn sie zwei Fremdsprachen beherrschen. Renate denkt nach. Eigentlich müsste sie ihr Französich durch einen Sprachkurs auffrischen. Auf der anderen Seite: Kommt eine Postition im mittleren Management für eine Kauffrau für Bürokommunikation überhaupt infrage?

Arbeitsaufträge ▶ Ordnen Sie die Mitarbeiter der Bürodesign GmbH den unterschiedlichen Führungsebenen zu.
▶ Stellen Sie Handlungsvollmacht und Prokura in einer Tabelle gegenüber.

■ Führungsebenen

Träger unternehmerischer Entscheidungen sind die Eigentümer oder von diesen angestellte Manager. Sie stellen die **oberste Führungsebene (Top-Management)** dar. Das Top-Management trifft Grundsatzentscheidungen, ist selbst an keine Weisungen gebunden und kann allen Mitarbeitern Anweisungen erteilen.

Beispiel *Unternehmer, Geschäftsführer der Bürodesign GmbH, Vorstand einer AG*

Die **mittlere Führungsebene (Middle-Management)** ist der Unternehmensspitze direkt unterstellt. Sie nimmt Weisungen des obersten Management entgegen und ist in ihrem jeweiligen Tätigkeitsbereich weisungsbefugt. Das Middle-Management setzt getroffene Grundsatzentscheidungen in seinem jeweiligen Zuständigkeitsbereich durch.

Beispiel *Prokurist, Abteilungsleiter der Bürodesign GmbH*

Der **unteren Führungsebene (Lower-Management)** sind keine Stellen mit Anordnungsbefugnis unterstellt. Sie ist für die Durchführung der von Top- und Middle-Management getroffenen Entscheidungen verantwortlich.

Beispiel *Handlungsbevollmächtigter, Gruppenleiter, Meister der Bürodesign GmbH*

Die **Ausführungsebene** umfasst Stellen, die keine Anordnungsbefugnis besitzen. Sie führen Arbeiten nach Anweisung durch.

Beispiel *Sachbearbeiter für Messen der Bürodesign GmbH, Arbeiter*

■ Der Unternehmer

Der Unternehmer ist der **Leiter des Unternehmens**. Bei Einzelunternehmen und Personengesellschaften bringt er das gesamte Kapital auf und trägt das Risiko allein.

Beispiel *Klaus Oswald ist alleiniger Inhaber der Büromöbelgroßhandlung Klaus Oswald e. K.*

Bei Kapitalgesellschaften nehmen Angestellte als sogenannte Organe die Aufgaben des Unternehmers wahr. Kapital und Risiko werden hier von den Gesellschaftern getragen.

Beispiel *Die Vereinigte Spanplatten AG ist eine der großen Lieferanten der Bürodesign GmbH. Vorstand der AG ist Dr. Gruber, er wird vom Aufsichtsrat kontrolliert und von der Hauptversammlung entlastet.*

■ Der Handlungsbevollmächtigte

> **§ 54 Abs. 1 HGB:** „Ist jemand (...) zum Betrieb eines Handelsgewerbes oder zur Vornahme einer be-stimmten zu einem Handelsgewerbe gehörigen Art von Geschäften oder zur Vornahme einzelner zu einem Handelsgewerbe gehöriger Geschäfte ermächtigt, so erstreckt sich die Vollmacht (Handlungs-vollmacht) auf alle Geschäfte und Rechtshandlungen, die der Betrieb eines derartigen Handelsgewerbes oder die Vornahme derartiger Geschäfte gewöhnlich mit sich bringt.“

● Umfang der Handlungsvollmacht

Der **Umfang** der Handlungsvollmacht erstreckt sich demnach lediglich auf gewöhnliche Rechts-geschäfte des Betriebes.

Der Handlungsbevollmächtigte ist **nicht befugt**:

- Grundstücke zu veräußern oder zu belasten
- Grundstücke zu kaufen
- Wechselverbindlichkeiten einzugehen
- Darlehen aufzunehmen
- Prozesse im Namen des Unternehmens zu führen

Handlungsvollmacht kann auch von einem **Kleingewerbetreibenden** formlos, d. h. schriftlich, mündlich oder stillschweigend, erteilt werden. Sie wird nicht in das Handelsregister eingetragen.

● Arten der Handlungsvollmacht:

- **Allgemeine Handlungsvollmacht:** Sie berechtigt zur Ausführung aller gewöhnlichen Ge-schäfte, die im Geschäftszweig des Handelsgewerbes vorkommen.
  Beispiel Frau Jaeger, Abteilungsleiterin der Verwaltung, weist ihre Gruppenleiterinnen und Gruppenleiter an, ihr einen Tätigkeitsbericht für das vergangene Quartal vorzulegen.
- **Artvollmacht:** Sie berechtigt zur Ausführung einer bestimmten Art von Geschäften.
  Beispiel Frau Schorn, Gruppenleiterin für die Beschaffung von Zubehör, bestellt bei der Hauckel & Cie GmbH 30 kg Lack.
- **Einzelvollmacht:** Sie berechtigt zur Ausführung einzelner Rechtsgeschäfte.
  Beispiel Herr Evers, Auslieferungsfahrer der Bürodesign GmbH, legt beim Kunden eine Rechnung vor und kassiert den Betrag.

Jeder Bevollmächtigte kann innerhalb seiner Vollmacht **Untervollmachten** erteilen. So kann z. B. der Angestellte mit allgemeiner Handlungsvollmacht Artvollmacht und der Mitarbeiter mit Artvollmacht Einzelvollmacht erteilen.

Der Handlungsbevollmächtigte unterschreibt mit dem das Vollmachtsverhältnis ausdrückenden Zusatz i. A. (im Auftrag) oder i. V. (in Vertretung).

■ Der Prokurist

> **§ 49 Abs. 1 HGB:** Die Prokura ermächtigt zu allen Arten von gerichtlichen und außergerichtlichen Ge-schäften und Rechtshandlungen, die der Betrieb eines Handelsgewerbes mit sich bringt.

Die Prokura ist die weitreichendste handelsrechtliche Vollmacht. Sie ermächtigt den Prokuristen als „zweites Ich“ des Kaufmanns zu allen Rechtsgeschäften, die der Betrieb **irgendeines** Han-delsgewerbes mit sich bringt.

Beispiel Prokurist Pauli nutzt den Urlaub seines Chefs und wandelt die seit 150 Jahren bestehende Dru-ckerei in einen Copy-Shop um. Als der Chef aus dem Urlaub zurückkommt, traut er seinen Augen nicht. Trotzdem sind alle in diesem Zusammenhang geschlossenen Verträge für das Unternehmen bindend.

Besondere Vollmachten benötigt der Prokurist lediglich zum Verkauf und zur Belastung von Grundstücken.

Gesetzlich verboten ist ihm

- die Bilanz und die Steuererklärung zu unterschreiben
- Handelsregister-Eintragungen vornehmen zu lassen
- Gesellschafter aufzunehmen
- Prokura zu erteilen
- das Geschäft zu verkaufen
- das Insolvenzverfahren anzumelden

Eine darüber hinausgehende Beschränkung der Prokura ist Dritten gegenüber **unwirksam**.

Nur der **Kaufmann** kann Prokura erteilen. Diese Erklärung sollte schriftlich abgefasst werden, da die Prokura in das Handelsregister eingetragen und die Unterschrift dort hinterlegt wird.

Im **Innenverhältnis** beginnt die Prokura mit der Erteilung. Im **Außenverhältnis** beginnt die Prokura, wenn ein Dritter Kenntnis davon hat oder wenn sie in das Handelsregister eingetragen und bekannt gemacht ist.

Damit man im geschäftlichen Verkehr die Prokura erkennt, unterschreibt der Prokurist mit einem die Prokura andeutenden Zusatz. Als üblich hat sich hier die Abkürzung ppa., d.h. „per procura", durchgesetzt.

Arten der Prokura sind

- **Einzelprokura:** Hier darf der Prokurist alle genannten Rechtsgeschäfte allein abschließen.
- **Filialprokura:** Hier ist die Vollmacht auf eine Filiale beschränkt.
- **Gesamtprokura:** Hier dürfen nur zwei oder mehrere Prokuristen die Vollmacht gemeinsam ausüben.

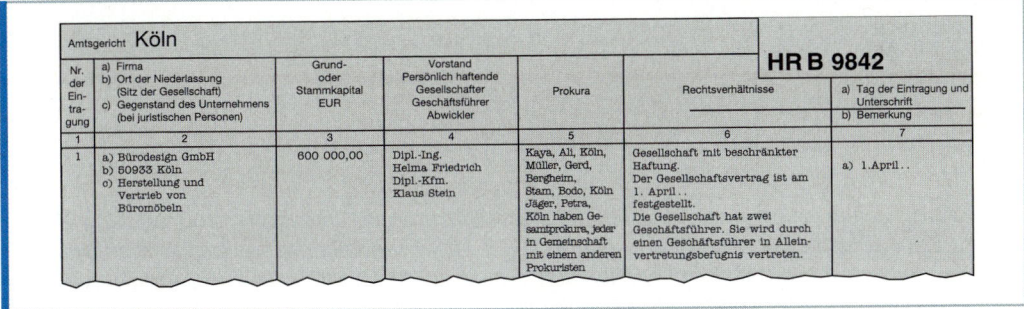

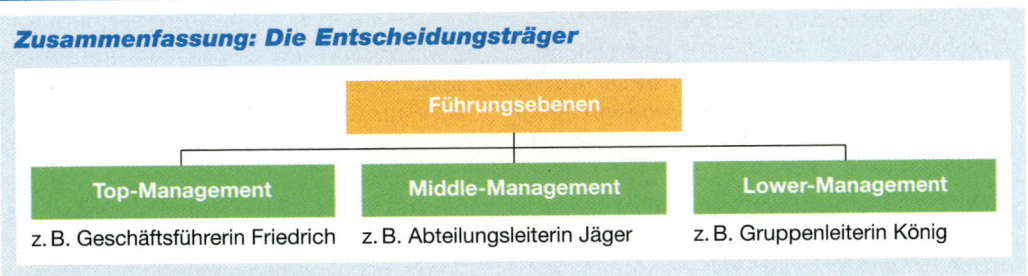

- **Handlungsvollmacht**

Umfang	• ermächtigt zu Rechtsgeschäften, die der Betrieb eines Handelsgewerbes **gewöhnlich** mit sich bringt
Erteilung	• schriftlich, mündlich, stillschweigend
Arten	• allgemeine Handlungsvollmacht alle möglichen Geschäfte des Betriebes • Artvollmacht eine bestimmte Art von Rechtsgeschäften • Einzelvollmacht Ausführung einzelner Rechtsgeschäfte
Unterschrift	• in Vertretung (i. V.) • oder im Auftrag (i. A.)

- **Prokura**

Umfang	• ermächtigt zu allen Rechtsgeschäften, die der Betrieb **irgendeines** Handelsgewerbes mit sich bringt
Erteilung	• ausdrücklich schriftlich oder mündlich nur durch den Kaufmann
Arten	• Eintragung in das Handelsregister • Einzelprokura – der Prokurist ist allein vertretungsbefugt • Gesamtprokura – mehrere Prokuristen können nur gemeinsam handeln • Filialprokura – Vertretung für eine Filiale
Unterschrift	• per procura (ppa.)

Aufgaben

1 Sammeln Sie Stellenanzeigen aus der Tageszeitung und ordnen Sie diese den Ebenen der Betriebshierarchie zu.

2 Fritz und Walter erben jeweils 750 000,00 EUR. Fritz gründet eine Papiergroßhandlung, Walter legt das Kapital in Bundesschatzbriefen zu einer effektiven Verzinsung von 7,5 % an. Nach einigen Jahren treffen sie sich wieder und stellen fest, dass Fritz einen durchschnittlichen Jahresgewinn von 100 000,00 EUR erwirtschaftet hat. Walter hingegen erhält jährlich 56 250 EUR Zinsen. Walter findet es ungerecht, dass sein Bruder fast die doppelte Rendite erzielt, und schimpft auf die Unternehmer. Führen Sie das Streitgespräch in einem Rollenspiel durch.

3 Als Renate Becker am Morgen in die Abteilung kommt, hat Frau Geissler einen Auftrag für sie. Das Fax-Papier ist ausgegangen, und auch Frau Schmitz von der Beschaffung hat keines mehr am Lager. Renate soll jetzt schnell von einem nahen Bürofachgeschäft drei Pakete holen. Sie ist sauer und meint, sie sei doch kein Laufbursche. „Aber dafür sind Sie jetzt Handlungsbevollmächtigte der Bürodesign GmbH", sagt Frau Geissler unter dem Gelächter der Kollegen. Renate ist unsicher. Will man sich über sie lustig machen oder hat sie wirklich eine Vollmacht?

4 Der Unternehmer Schröder ernennt seinen langjährigen Mitarbeiter Wolf zum Prokuristen und lässt die Prokura im Handelsregister eintragen. Während sich Schröder im wohlverdienten Urlaub befindet, wird Wolf ein Grundstück angeboten, das sich hervorragend zur dringend

notwendigen Erweiterung des Betriebsgeländes eignet. Wolf erwirbt das Grundstück für die Firma Schröder. Ist der Kaufvertrag über das Grundstück rechtswirksam zustande gekommen?

5 *Stellen Sie Handlungsvollmacht und Prokura gegenüber.*

7.7.2 Die betriebliche Mitbestimmung

INFO
POL

Renan, Auszubildende in der Lackiererei, ist müde. Als ihr Meister sie in das Lager schickt, kommt sie am Aufenthaltsraum vorbei. Sie setzt sich in eine stille Ecke, zündet sich eine Zigarette an und träumt vor sich hin. Da schreckt sie auf. Aus dem Lautsprecher ertönt die Stimme ihres Chefs: „Frau Öztürk, machen Sie sofort die Zigarette aus und gehen Sie zurück in die Abteilung!"

Im Hinausgehen entdeckt sie eine Videokamera an der Decke. Renan ist empört! Als sie überlegt, wie sie ihrem Ärger Luft machen kann, fällt ihr der neu gewählte Betriebsrat ein. Aber ob der auf den Einbau technischer Einrichtungen Einfluss hat?

Arbeitsaufträge ▶ Stellen Sie fest, welche Aufgaben der Betriebsrat hat und welche Mitwirkungs- und Mitbestimmungsrechte er wahrnehmen kann.

▶ Erläutern Sie die Aufgaben der Jugend- und Auszubildendenvertretung.

■ Der Betriebsrat

§ 1 Betriebsverfassungsgesetz (BetrVerfG): In Betrieben mit in der Regel mindestens fünf ständigen wahlberechtigten Arbeitnehmern, von denen drei wählbar sind, werden Betriebsräte gewählt.

Wahlberechtigt sind alle Arbeitnehmer, die das 18. Lebensjahr vollendet haben. **Wählbar** sind alle Wahlberechtigten, die mindestens sechs Monate dem Betrieb angehören.

Die **Zahl** der Betriebsratsmitglieder ist im Gesetz geregelt.

Beispiel Die Bürodesign GmbH beschäftigt 110 wahlberechtigte Mitarbeiter. Der Betriebsrat besteht laut BetrVG aus fünf Personen.

Auch die **Zusammensetzung** des Betriebsrates regelt das Gesetz. So **müssen** gewerbliche Mitarbeiter und Angestellte entsprechend ihrem zahlenmäßigen Verhältnis im Betrieb im Betriebsrat vertreten sein. Männer und Frauen sollen entsprechend ihrem zahlenmäßigen Verhältnis vertreten sein.

Beispiel Die Bürodesign GmbH beschäftigt 70 Arbeiter und 40 Angestellte. Von den fünf Betriebsratsmitgliedern sind drei Angestellte (Herr Messerschmidt, Frau Geissler und Frau Botsch) und zwei Arbeiter (Herr Horn und Frau Schmitz).

Die **Amtszeit** des Betriebsrates beträgt vier Jahre. Die regelmäßigen **Betriebsratswahlen** finden in der Zeit vom 1. März bis 31. Mai statt.

Die Betriebsratsmitglieder wählen aus ihren Reihen einen **Vorsitzenden**. Sie sind für die Wahrnehmung der Aufgaben von ihrer beruflichen Tätigkeit freizustellen.

Beispiel Betriebsratsvorsitzender der Bürodesign GmbH ist Herr Messerschmidt, seine Stellvertreterin ist Frau Schmitz.

Der Betriebsrat hat folgende **allgemeine Aufgaben**:

- Interessenvertretung der Arbeitnehmer im Betrieb
- Überwachung der Einhaltung von Gesetzen (z. B. Kündigungsschutzgesetz), Verordnungen (z. B. Arbeitszeitgesetz), Unfallverhütungsvorschriften und Tarifverträgen
- Beantragung von Maßnahmen, die der Belegschaft dienen

Darüber hinaus hat der Betriebsrat konkrete Mitwirkungs- und Mitbestimmungsrechte:

- **Mitwirkung** bedeutet, dass der Betriebsrat informiert und angehört werden muss. Die Rechtsgültigkeit einer Entscheidung hängt hier nicht von der Zustimmung, wohl aber von der vorherigen Unterrichtung des Betriebsrates ab. Das Mitwirkungsrecht des Betriebsrates erstreckt sich u. a. auf folgende Themen:
  - alle betrieblichen Angelegenheiten, die die Arbeitnehmer betreffen,
  - geplante Betriebsänderungen wie z. B. die Einschränkung oder Stilllegung von Betrieben oder Betriebsteilen,
  - Personalplanung.

  Beispiel *Der Betriebsratsvorsitzende der Bürodesign GmbH wird automatisch zu allen Konferenzen eingeladen, die die Geschäftsführer zu Themen einberufen, die die Arbeitnehmer betreffen.*
- **Mitbestimmung** bedeutet, dass betriebliche Maßnahmen erst nach Zustimmung des Betriebsrates wirksam werden. Der Betriebsrat hat u. a. in folgenden Angelegenheiten mitzubestimmen:
  - Mehrarbeit
  -
    > **§ 87 Abs. 1 Nr. 6 BetrVerfG:** Einführung und Anwendung von technischen Einrichtungen, die dazu bestimmt sind, das Verhalten und die Leistung der Arbeitnehmer zu überwachen.

  - personelle Einzelmaßnahmen wie Einstellungen, Ein- oder Umgruppierungen und Versetzungen.

  Beispiel *Für einen Großauftrag muss die Bürodesign GmbH Überstunden ansetzen. Frau Friedrich und Herr Stein erörtern den Sachverhalt mit dem Betriebsrat und bitten ihn anschließend um Zustimmung.*

Der Betriebsrat ist vor jeder Kündigung zu hören. Der Arbeitgeber muss ihm die Gründe für die Kündigung mitteilen. Wird er vor einer Kündigung nicht gehört, ist diese unwirksam.

Beispiel *Einem Mitarbeiter in der Lackiererei der Bürodesign GmbH wird aus betriebsbedingten Gründen fristgerecht gekündigt. Nachdem er die Kündigung erhalten hat, wendet er sich an den Betriebsrat. Herr Messerschmidt stellt fest, dass der Betriebsrat vor der Kündigung nicht gehört wurde. Aufgrund dieses Formmangels ist die Kündigung unwirksam.*

Einmal in jedem Kalendervierteljahr muss der Betriebsrat eine **Betriebsversammlung** einberufen. Sie besteht aus den Arbeitnehmern des Betriebes. Der Arbeitgeber muss zu den Versammlungen eingeladen werden. Er ist berechtigt, in der Versammlung zu sprechen. Er ist verpflichtet, einmal im Jahr über das Personal- und Sozialwesen, die wirtschaftliche Lage und die Entwicklung des Betriebes zu berichten.

Der Betriebsrat genießt einen **besonderen Kündigungsschutz**. Während der Amtszeit und ein Jahr danach ist eine Kündigung unzulässig. Hiervon ausgenommen ist lediglich die außerordentliche Kündigung.

■ Die Jugend- und Auszubildendenvertretung

In Betrieben mit mindestens fünf Arbeitnehmern bis zu 18 Jahren oder Auszubildenden bis zu 25 Jahren kann eine Jugend- und Auszubildendenvertretung (JAV) gewählt werden.

Aufgabe der **Jugend- und Auszubildendenvertretung** ist es,

- Maßnahmen, die den Jugendlichen und Auszubildenden dienen, beim Betriebsrat zu beantragen.
- darüber zu wachen, dass die zugunsten der Jugendlichen und Auszubildenden erlassenen Gesetze, Verordnungen und Vorschriften eingehalten werden und
- Anregungen der Jugendlichen und Auszubildenden an den Betriebsrat weiterzuleiten und auf deren Erledigung hinzuwirken.

Zusammenfassung: Die betriebliche Mitbestimmung

- **Der Betriebsrat**

Einrichtung	• in Betrieben mit in der Regel mindestens fünf ständigen wahlberechtigten Arbeitnehmern, von denen drei wählbar sind, kann ein Betriebsrat gewählt werden
Wahlberechtigt	• alle Arbeitnehmer, die das 18. Lebensjahr vollendet haben
Wählbar	• alle Wahlberechtigten, die mindestens sechs Monate im Betrieb sind
Zahl	• regelt das Gesetz
Zusammensetzung	• sollte der Zusammensetzung der Arbeitnehmer im Betrieb entsprechen
Amtszeit	• vier Jahre
Wahlen	• vom 1. März bis 31. Mai
allgemeine Aufgaben	• Interessenvertretung der Arbeitnehmer
Mitwirkungsrechte	• alle betrieblichen Angelegenheiten, die die Arbeitnehmer betreffen
Mitbestimmungsrechte	• Fragen der betrieblichen Ordnung • Mehrarbeit • Einführung technischer Kontrolleinrichtungen • personelle Einzelmaßnahmen
Betriebsversammlung	• einmal im Kalendervierteljahr
Kündigung	• während der Amtszeit und ein Jahr danach ist eine Kündigung des Betriebsrates unzulässig

- **Die Jugend- und Auszubildendenvertretung (JAV)**
  In Betrieben mit mindestens fünf Arbeitnehmern bis zu 18 Jahren oder Auszubildenden bis zu 25 Jahren kann eine Jugend- und Auszubildendenvertretung gewählt werden. Ihre Aufgabe ist die Interessenvertretung der Jugendlichen und Auszubildenden.

Aufgaben

1 Erläutern Sie den besonderen Kündigungsschutz, den der Betriebsrat genießt, und überlegen Sie, warum dieser Kündigungsschutz notwendig ist.

2 Silvia Land hat lange gezögert, ob sie sich als Jugend- und Auszubildendenvertreterin zur Wahl stellen soll. Stellen Sie die Gründe, die für und gegen eine Wahl sprechen, gegenüber.

3 Die Bürodesign GmbH plant für einen Großauftrag Überstunden. Frau Friedrich und Herr Stein bitten den Betriebsrat hierfür um Zustimmung. Stellen Sie Argumente gegenüber, die für und gegen eine Überstundenregelung sprechen.

4 Planen Sie die Wahl des nächsten Klassensprechers nach den Regeln der Wahl zur Jugend- und Auszubildendenvertretung. Nehmen Sie dafür zu einer Gewerkschaft Kontakt auf und bitten Sie um Unterlagen zum Wahlverfahren der Jugend- und Auszubildendenvertretung. Erstellen Sie die erforderlichen Materialien wie Wahlvorschläge, Stimmzettel und Wählerverzeichnisse. Planen Sie den Ablauf des Wahlverfahrens und führen Sie die Wahl Ihres Klassensprechers nach diesem Verfahren durch.

7.7.3 Personalbeurteilung

Die kaufmännischen Mitarbeiter der Bürodesign GmbH werden jährlich anhand des folgenden Bewertungsbogens beurteilt:

BÜRODESIGN GMBH

Beurteilung

Name: _____

Datum der Beurteilung:

Beurteilungszeitraum:

von: bis:

Beurteilungsmerkmale		1	2	3	4	5	6
1	Weiterbildungsbereitschaft	○	○	○	○	○	○
2	Zuverlässigkeit, Sorgfalt, Genauigkeit	○	○	○	○	○	○
3	Aufrichtigkeit, Offenheit	○	○	○	○	○	○
4	Fleiß, Ausdauer	○	○	○	○	○	○
5	Fachliche Kenntnisse	○	○	○	○	○	○
6		○	○	○	○	○	○

Arbeitsaufträge ▶ Entwickeln Sie weitere Beurteilungsmerkmale für die Mitarbeiter der Bürodesign GmbH und diskutieren Sie diese.
▶ Nennen Sie Gründe, die für eine regelmäßige Beurteilung anhand eines solchen Fragebogens sprechen.

Aufgabe des Personalwesens ist es, den richtigen Mitarbeiter zur richtigen Zeit am richtigen Ort einzusetzen. Diese Aufgabe kann nur erfüllt werden, wenn seine Leistungen und die Möglichkeiten einer weiteren beruflichen Entwicklung durch geeignete Verfahren erfasst und beurteilt werden.

Die Beurteilung der Mitarbeiter eines Unternehmens soll aus folgenden **Gründen** erfolgen:

• Eine gezielte **Personalentwicklung** durch Beförderung, Versetzung, Umschulung oder Fortbildung setzt die Kenntnis der wesentlichen Eigenschaften des Mitarbeiters voraus.

- Eine gerechte **Entlohnung** ist nur aufgrund einer objektiven Leistungsbeurteilung möglich.
- Ein optimaler **Personaleinsatz** erfordert die genaue Kenntnis der Leistungsfähigkeit und -bereitschaft des Mitarbeiters.
- Eine fehlerfreie **Zeugniserteilung** setzt eine möglichst regelmäßige Beurteilung voraus.
- Die Personalbeurteilung dient der **Motivation** und ist damit Ansporn für bewusstes Leistungsverhalten. **INFO**

Die **Arten** der Personalbeurteilung sind vielfältig. In Großbetrieben wird i. d. R. in regelmäßigen Abständen anhand fester Bewertungskriterien beurteilt. Kleine und mittlere Betriebe beurteilen Mitarbeiter oft nur im Rahmen eines geforderten Arbeitszeugnisses oder anhand konkreter Anlässe, z. B. eine Beförderung.

Für die Leistungsbeurteilung werden u. a. die nachfolgenden **Bewertungskriterien** benutzt:

- **Arbeitsverhalten**, z. B. Arbeitsqualität, Ausdauer, Belastbarkeit, Fachkenntnisse, Pünktlichkeit, Zuverlässigkeit
- **Sozialverhalten**, z. B. Hilfsbereitschaft, Kooperationsbereitschaft, Aufgeschlossenheit
- **Führungsverhalten**, z. B. Durchsetzungsvermögen, Delegation, Motivationsfähigkeit
- **Geistige Anlagen**, z. B. Auffassungsgabe, Gedächtnis, Kreativität
- **Persönliches Auftreten**, z. B. Erscheinungsbild, Umgangsformen, Ausdrucksfähigkeit

Neben der reinen **Leistungsbeurteilung** können auch Aussagen über die Eignung für bestimmte neue Aufgaben und die Möglichkeiten der weiteren beruflichen Entwicklung in die Beurteilung einbezogen werden **(Potenzialbeurteilung)**.

Beispiel „Für Führungsaufgaben geeignet"

Mit der regelmäßigen und systematischen Personalbeurteilung sind aber auch **Probleme** verbunden:

- Sie erfordert **Zeit** und führt so zu zusätzlicher Arbeitsbelastung der Vorgesetzten.
  Beispiel Die Dauer für die Beurteilung eines Mitarbeiters wird bei der Bürodesign GmbH mit 2,5 Stunden angesetzt. Wenn alle 60 Angestellten einmal jährlich beurteilt werden sollen, müssen die Vorgesetzten dafür 150 Stunden jährlich aufwenden.
- Sie kann **Konflikte** auslösen, die anhand einer Beurteilung zum Ausbruch kommen.
- Sie kann **fehlerhaft** sein.
  Beispiel Der Beurteiler schließt von einem wesentlichen Merkmal auf alle Kriterien oder übernimmt kritiklos früher vorgenommene Beurteilungen.

Gemäß § 82 Abs. 2 BetrVerfG kann ein Arbeitnehmer die Erörterung seiner Beurteilung sowie der Möglichkeiten seiner beruflichen Entwicklung im Betrieb verlangen.

Beispiel Nach erfolgter Beurteilung wird mit jedem Mitarbeiter der Bürodesign GmbH ein Personalgespräch geführt. Hier wird die Beurteilung erläutert und es werden Möglichkeiten der beruflichen Weiterentwicklung besprochen.

Zusammenfassung: Personalbeurteilung

- Die Personalbeurteilung gibt Auskunft darüber, inwieweit ein Mitarbeiter den Anforderungen und Erwartungen, die der Arbeitsplatz an ihn stellt, entspricht.

Aufgaben

1 *Erläutern Sie die Gründe, die für eine regelmäßige und systematische Personalbeurteilung sprechen.*

2 *Erläutern Sie den Begriff der Potenzialbeurteilung.*

3 *Diskutieren Sie, welche Vor- und Nachteile mit einer regelmäßigen Personalbeurteilung verbunden sind.*

4 *Jede Klasse hat einen Klassensprecher.*
   a) *Erstellen Sie eine Liste von Qualifikationen, die ein Klassensprecher erfüllen sollte.*
   b) *Entwickeln Sie einen Beurteilungsbogen, anhand dessen die Qualifikationen gemessen werden können.*
   c) *Führen Sie eine Beurteilung anhand der gefundenen Kriterien durch.*
   d) *Diskutieren Sie die mit dem Verfahren verbundenen Probleme. Fertigen Sie über diese Diskussion ein Protokoll des Diskussionsprofils an.*

5 *In der Bürodesign GmbH soll die Stelle des Abteilungsleiters für die Verwaltung besetzt werden.*
   a) *Erstellen Sie eine Liste von Qualifikationen, über die der Bewerber verfügen sollte.*
   b) *Entwickeln Sie einen Beurteilungsbogen, anhand dessen die Qualifikationen gemessen werden können.*

7.7.4 Personalentwicklung

Erinnern Sie sich noch an die ausgeschriebene Stelle eines/r Sachbearbeiters/in für Messen? Frau Blümel und Herr Eberle wurden zu Vorstellungsgesprächen eingeladen und Frau Blümel wurde eingestellt. Leider hat Frau Blümel die Bürodesign GmbH bereits in der Probezeit wieder verlassen, da ihr das Gehalt zu niedrig war. In der Konferenz der Abteilungsleiter werden die mit der externen Personalbeschaffung verbundenen hohen Kosten angesprochen. Frau Geissler macht daraufhin den Vorschlag, der Personalentwicklung größere Beachtung zu schenken. Der Geschäftsführer, Herr Stein, beauftragt sie, in der nächsten Sitzung kurz Aufgaben und Ziele der Personalentwicklung darzustellen.

Arbeitsaufträge ▶ Bereiten Sie eine Liste von Argumenten für Frau Geissler vor.
▶ Stellen Sie Ihre Argumente in Form einer kleinen Präsentation in der Klasse vor.

Qualifikation ist gefragt. Lebenslanges Lernen ist gefordert. Wer heute einen Beruf erlernt, kann sich nicht ein Leben lang auf seinen Kenntnissen ausruhen. Es wird davon ausgegangen, dass die „Halbwertzeit" beruflicher Bildung nur noch drei bis fünf Jahre beträgt, d. h. dass nach dieser Zeit nur noch die Hälfte des erlernten Wissens aktuell ist.

Die Veränderungen und neuen Entwicklungen in der Berufswelt führen zu veränderten Anforderungen und Qualifikationen der Mitarbeiter. Komplexe Informationstechnologien und Arbeitsmethoden, moderne Marketingkonzepte und Fertigungsverfahren verändern die geforderten beruflichen Qualifikationen. Diesen Veränderungen wird im Rahmen der Personalentwicklung durch eine stetige Qualifikationsanpassung und -erweiterung begegnet.

INFO Als Personalentwicklung bezeichnen wir die **Summe aller Maßnahmen, die eine Verbesserung der Qualifikation der Mitarbeiter zum Ziel haben**.

Diesem Ziel wird die Personalentwicklung durch die Wahrnehmung folgender **Aufgaben** gerecht:

• Im Wege der **Ausbildung** wird qualifizierter Berufsnachwuchs herangezogen.
• Durch die **Fortbildung** wird den Mitarbeitern neues Wissen vermittelt.

- Die **Aufstiegsschulung** bereitet auf Führungsaufgaben vor.
- Im Wege der **Umschulung** können Mitarbeiter, z. B. bei Einsatz neuer Techniken, im Unternehmen gehalten werden.

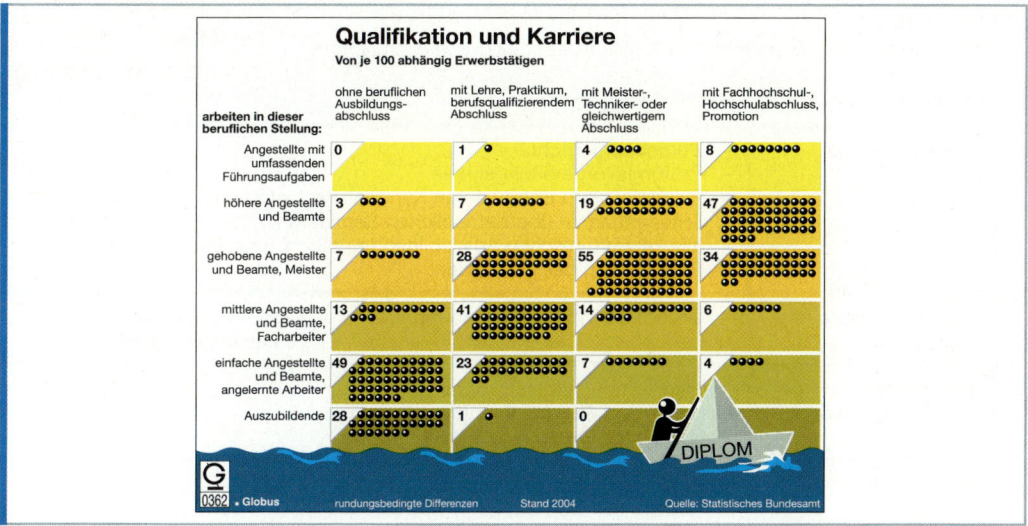

Qualifikation und Karriere — Von je 100 abhängig Erwerbstätigen — Globus 0362 — rundungsbedingte Differenzen — Stand 2004 — Quelle: Statistisches Bundesamt

arbeiten in dieser beruflichen Stellung:	ohne beruflichen Ausbildungsabschluss	mit Lehre, Praktikum, berufsqualifizierendem Abschluss	mit Meister-, Techniker- oder gleichwertigem Abschluss	mit Fachhochschul-, Hochschulabschluss, Promotion
Angestellte mit umfassenden Führungsaufgaben	0	1	4	8
höhere Angestellte und Beamte	3	7	19	47
gehobene Angestellte und Beamte, Meister	7	28	55	34
mittlere Angestellte und Beamte, Facharbeiter	13	41	14	6
einfache Angestellte und Beamte, angelernte Arbeiter	49	23	7	4
Auszubildende	28	1	0	

● Berufliche Ausbildung

Die **berufliche Ausbildung** findet in der Bundesrepublik Deutschland an zwei Lernorten statt, im Ausbildungsbetrieb und in der Berufsschule. Da zwei Einrichtungen bei der Berufsausbildung zusammenwirken, bezeichnet man diese Art der Ausbildung als **„Duales Berufsausbildungssystem"**. Im Ausbildungsbetrieb findet die fachpraktische Ausbildung statt, in der **Berufsschule** werden den Auszubildenden berufsübergreifende und berufsbezogene Inhalte vermittelt. Die **Fächer des berufsübergreifenden Bereichs** sind z. B. Deutsch/Kommunikation, Politik/Gesellschaftslehre, Religion und Sport/Gesundheitsförderung. Der Unterricht dient einer Erweiterung und Vertiefung der Allgemeinbildung. Die **Fächer des berufsbezogenen Bereichs** sind z. B. für den Kaufmann/die Kauffrau für Bürokommunikation Betriebswirtschaftslehre, Bürowirtschaft, Rechnungswesen, Wirtschaftsinformatik/Organisationslehre und Textverarbeitung. Im **Wahlbereich** kann zusätzlich z. B. Englisch angeboten werden.

Der Berufsschulunterricht kann in Teilzeitform oder als Blockunterricht erteilt werden. Beim **Teilzeitunterricht** besuchen die Auszubildenden an ein oder zwei Tagen in der Woche die Berufsschule. An den anderen Arbeitstagen werden sie im Betrieb ausgebildet. Beim **Blockunterricht** besuchen sie mehrere Wochen hintereinander die Berufsschule und arbeiten anschließend, z. B. neun Monate, im Betrieb, ohne in dieser Zeit die Berufsschule zu besuchen.

Schülerinnen und Schüler, die die Berufsschule erfolgreich besucht haben, erhalten den **Berufsschulabschluss**. Voraussetzung hierfür sind mindestens ausreichende Leistungen in allen Fächern bzw. mangelhafte Leistungen in nur einem Fach.

● Fortbildungen

Die **Fortbildung** dient der Verbesserung der fachlichen Qualifikation der Mitarbeiter am Arbeitsplatz. Sie kann im Rahmen einer betriebsinternen oder unabhängigen Fortbildung durchgeführt werden.

- **Unabhängige Fortbildungen** werden von den Mitarbeitern selbstständig durchgeführt. Um dies zu unterstützen, kann der Arbeitgeber z. B. Kosten übernehmen oder den Arbeitnehmer für die Teilnahme freistellen.

Beispiel *Ein Mitarbeiter der Marketing-Abteilung meldet sich zum Studium an einer Fachschule für Wirtschaft an. Der Unterricht findet zweimal wöchentlich abends und am Samstag statt. Nach Rücksprache mit der Personalabteilung kann der Arbeitnehmer an den Wochentagen jeweils eine Stunde früher gehen.*

- **Betriebsinterne Fortbildungen** können regelmäßig oder zu bestimmten Anlässen durchgeführt werden.

  Beispiel *Auszug aus dem Fortbildungskonzept der Bürodesign GmbH:*

Zielgruppe	Maßnahmen	
Auszubildende	– Betriebsunterricht – Prüfungsvorbereitungskurse – Exkursionen in Betriebe von Kunden und Lieferanten – Entsendung zu überbetrieblichen Seminaren – alle kaufmännischen Auszubildenden durchlaufen ein vierwöchiges Praktikum in der Produktion	
Kaufmännische Mitarbeiter	– Grundkurs Wirtschaftsinformatik – Einführung Datenbanken	– Tabellenkalkulation – Präsentationsgrafik
Mitarbeiter Rechnungswesen	– Finanzbuchhaltungsprogramm – Lohn- und Gehaltsabrechnung – Praxis des Electronic Banking	
Mitarbeiter Absatz	– Schulung Verkaufsförderung – Einsatz von Notebooks – Outdoor-Training zur Förderung der Teamfähigkeit	
Abteilungs- und Gruppenleiter	– Führungsverhalten – Techniken des Personalgesprächs – Motivation am Arbeitsplatz	

Während die Aus- und Fortbildung in erster Linie der Vermittlung von Wissen dient, wird im Rahmen der **Aufstiegsschulung** Führungsverhalten trainiert.

Beispiel *In der Verpackungsabteilung häufen sich die Fehlzeiten. Frau Geissler, die Gruppenleiterin Personal, trainiert im Rahmen der Fortbildung „Technik des Personalgesprächs" in Form eines Rollenspiels das Gespräch mit dem Mitarbeiter.*

Kann ein Mitarbeiter, z.B. durch Einsatz neuer Techniken, aus krankheitsbedingten Gründen oder durch Aufgabe eines Produktes oder einer Produktgruppe nicht mehr am alten Arbeitsplatz eingesetzt werden, ist die Möglichkeit einer **Umschulung** zu prüfen.

Beispiel *Die Bürodesign GmbH gibt die Produktgruppe Bürostühle auf. Die Mitarbeiter der Polsterei werden in die Abteilung Logistik umgesetzt. Hierfür ist eine zweiwöchige Schulung im Bereich Formularwesen erforderlich.*

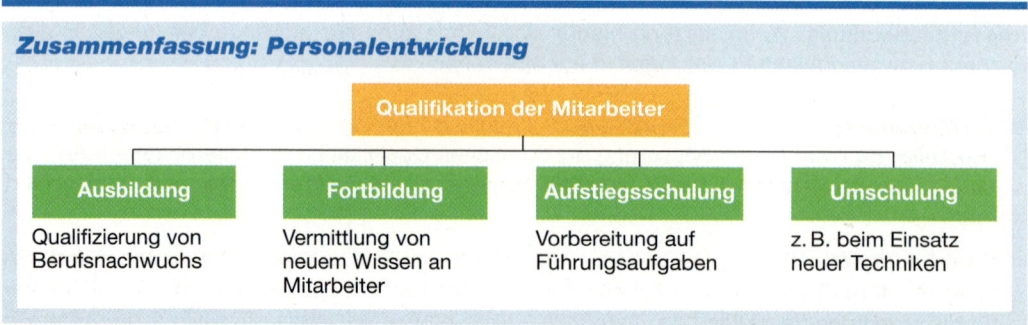

Zusammenfassung: Personalentwicklung

Qualifikation der Mitarbeiter

Ausbildung	Fortbildung	Aufstiegsschulung	Umschulung
Qualifizierung von Berufsnachwuchs	Vermittlung von neuem Wissen an Mitarbeiter	Vorbereitung auf Führungsaufgaben	z.B. beim Einsatz neuer Techniken

Aufgaben

1 *Erläutern Sie das System der dualen Berufsausbildung anhand der konkreten Situation von* *Auszubildenden in Ihrer Schule. Laden Sie dazu Auszubildende in Ihren Unterricht ein und lassen Sie diese über ihren Berufsalltag berichten. Bereiten Sie das Gespräch vor, indem Sie einen Katalog von für Sie interessanten Fragen formulieren. Fertigen Sie über den Verlauf des Gesprächs ein Protokoll an.*

2 *Werten Sie den Anzeigenteil der Tageszeitung nach Angeboten für Fortbildungen aus.*

3 *Ein Mitarbeiter kommt häufig zu spät. Führen Sie in Form eines Rollenspiels ein Mitarbeitergespräch zu diesem Thema durch.*

4 *Sammeln Sie Gründe, die eine Umschulung erforderlich machen können.*

5 *Stellen Sie Stärken und Schwächen jeweils eines Mitschülers Ihrer Klasse zusammen. Formulieren Sie im Rahmen eines Personalentwicklungskonzeptes Vorschläge, wie Ihr Mitschüler seine Stärken ausbauen und seine Schwächen ausgleichen kann. Stellen Sie die Ergebnisse Ihrer Arbeit in Form eines Kurzreferates vor.*

7.8 Personalinformationssysteme

Renate Becker wundert sich, weshalb in der Personalabteilung der Bürodesign GmbH auf fast jedem Schreibtisch ein Computer steht. „Mit meinem Computer habe ich Zugang zu allen wichtigen Daten, die ich für meine Arbeit benötige!", sagt ein Mitarbeiter zu Renate und fährt fort: „Ich brauche eigentlich keine Akten mehr zu wälzen, wenn ich die Lehrgangsplanung für das kommende Jahr zu erstellen habe." Renate antwortet: „Ich dachte, nur die Gehälter werden von der EDV berechnet. Wie soll denn der Computer bei der Lehrgangsplanung helfen?"

Arbeitsaufträge ▶ Erläutern Sie die Funktionen eines Personalinformationssystems.
▶ Stellen Sie dar, welche Regelungen des Datenschutzes bei Aufbau und Nutzung eines Personalinformationssystems zu beachten sind.

Im Rahmen des Personalmanagements werden **Informationen über Mitarbeiter** des Unternehmens benötigt, um Entscheidungen vorzubereiten und die Verwaltungsarbeiten zu optimieren. Über jeden Mitarbeiter werden die für den Betrieb wichtigen Daten erfasst und gespeichert.

Beispiele

*   *Persönliche Daten:* Name, Anschrift, Familienstand, Vorbildung, beruflicher Werdegang, Arbeitsvertragsdaten usw.
*   *Lohn- und Gehaltsdaten:* Tarifgruppe, Zuschläge, Arbeitszeit, Steuerklasse, Krankenkasse, Rentenversicherung usw.
*   *Personaleinsatz:* Abteilung, Kostenstelle, geplanter Einsatz für die Zukunft, Spezialkenntnisse, Schulungsbedarf usw.
*   *Personalbeurteilungsdaten:* Beurteilungen der Vorgesetzten, Führungsqualifikation, Belastbarkeit, Fehlzeiten usw.

Diese Informationen müssen systematisch erfasst und zentral in einer **Datenbank** gespeichert sein. Die Mitarbeiter der Personalabteilung und die Geschäftsleitung haben über ihre Computer Zugang zu dieser Datenbank. Eine derartige Datensammlung heißt **Personalinformationssys-**

tem. Es ist Grundlage für Entscheidungen in der Personalwirtschaft sowie Basis für verschiedene Statistiken und Auswertungen.

Beispiele
- *Urlaubsplanung, Vertretungspläne, Arbeitspläne für Teilzeitkräfte, Einsatzpläne für Auszubildende*
- *Lohn- und Gehaltsabrechnung, Ermittlung von Mehrarbeitszuschlägen*
- *Personalbeurteilung*
- *Grunddaten für Einstellungsgespräche*
- *Detaillierte Informationen für die Kostenrechnung*

Der Leistungsumfang eines Personalinformationssystems umfasst folgende **Hauptfunktionen**:

- Lohn- und Gehaltsabrechnung (Berechnung der Löhne, Gehälter und Ausbildungsvergütungen, Lohnsteuerabrechnung, Sozialversicherung, Pfändungen, Arbeitgeberdarlehen usw.)
- Zeitermittlung (Anwesenheitskontrolle, Fehlzeitenstatistik, Verrechnung der gleitenden Arbeitszeit usw.)
- Personalplanung (Bedarfsplanung, Stellenplanbewirtschaftung, Personaleinsatzplanung, Fort- und Weiterbildungsplanung usw.)
- Verwaltung der Personalstammdaten (Erfassen und Ändern von Namen, Anschriften usw. der Mitarbeiter)
- Personalverwaltung (Einstellungen, Versetzungen, Entlassungen usw.)

Durch die Nutzung eines Personalinformationssystems werden einerseits die Mitarbeiter der Personalabteilung von Routinetätigkeiten entlastet. Andererseits hat die Geschäftsleitung jederzeit Zugriff auf aktuelle Daten aller Mitarbeiter.

Aus Gründen des **Datenschutzes** muss der Zugang zu einem Personalinformationssystem durch organisatorische Maßnahmen so geregelt werden, dass Missbrauch verhindert wird. Mitarbeiter der Personalabteilung dürfen nur für diejenigen Daten eine Zugriffserlaubnis erhalten, die sie für ihre betriebliche Arbeit benötigen.

Beispiel Ein Mitarbeiter in der Lohnabrechnung darf keinen Zugriff auf Beurteilungsdaten haben.

Zusammenfassung: Personalinformationssysteme

- Ein Personalinformationssystem ist eine Datenbank, in der die Daten aller Mitarbeiter erfasst und verwaltet werden.
- Hauptfunktionen: Lohn- und Gehaltsabrechnung, Zeitermittlung, Personalplanung, Verwaltung der Personalstammdaten, Personalverwaltung
- Der Zugriff auf Personaldaten muss aus Datenschutzgründen so geregelt werden, dass Missbrauch verhindert wird.

Aufgaben

1 *Erstellen Sie in einer Tabelle alle Informationen, die ein Arbeitgeber über seine Mitarbeiter erfassen sollte.*

2 *Für die Mitarbeiter des Vertriebs bei der Bürodesign GmbH wird ein Fortbildungsplan für das kommende Jahr erstellt.*
   a) Geben Sie an, welche Daten hierzu erforderlich sind.
   b) Beschreiben Sie, welche Verwaltungsarbeiten für die Personalabteilung im Zusammenhang mit der Fortbildungsplanung anfallen.

3 *Entwerfen Sie für die Bürodesign GmbH einen Vordruck für die Erfassung der Personaldaten bei einer Neueinstellung.*

4 *Finden Sie heraus, ob der Betriebsrat vor der Einführung eines Personalinformationssystems gehört werden muss.*

5 *Ein Praktikant versucht, in der Mittagspause in das Personalinformationssystem unberechtigt „einzudringen", um sein Gehalt auf 5 000,00 EUR festzusetzen. Er wird dabei vom System zunächst aufgefordert, ein Passwort einzugeben. Nachdem er es dreimal vergeblich versucht hat, erscheint auf dem Bildschirm die Meldung „Arbeitsplatz wurde abgeschaltet. Bitte Systembetreuer rufen".*

    a) *Nennen Sie mehrere Gründe, weshalb ein Personalinformationssystem gegen unberechtigte Zugriffe geschützt werden muss.*

    b) *Erläutern Sie mögliche Konsequenzen, die sich ergeben können, wenn der Missbrauch nicht verhindert wird.*

Übungsaufgaben Personalwirtschaft

1 *Die Büromöbelfabrik Wolf & Sohn OHG sucht einen Außendienstmitarbeiter für den Verkauf.*

    a) *Erläutern Sie die grundsätzlichen Möglichkeiten der Personalbeschaffung.*

    b) *Der Personalchef macht sich Gedanken über die Anforderungen, die an einen guten Außendienstmitarbeiter zu stellen sind.*

        1. *Erläutern Sie die Anforderungen an einen Außendienstmitarbeiter aus der Sicht der Büromöbelfabrik.*

        2. *Erläutern Sie die Anforderungen aus der Sicht der Kunden.*

        3. *Formulieren Sie die Stellenbeschreibung für die Funktion des Außendienstmitarbeiters.*

    c) *Die Personalabteilung entschließt sich, eine Stellenanzeige zu veröffentlichen.*

        1. *Welche Inhalte sollten bei der Gestaltung berücksichtigt werden?*

        2. *Formulieren Sie den Text der Stellenanzeige.*

        3. *Wählen Sie einen geeigneten Anzeigenträger aus und erläutern Sie, welche Überlegungen bei der Wahl des Anzeigentermins zu beachten sind.*

    d) *Welche Grundsätze sollte ein Bewerber bei der Abfassung eines Bewerbungsschreibens beachten?*

    e) *Nennen Sie Anlagen, die einer Bewerbung beiliegen sollten.*

    f) *Schreiben Sie eine Bewerbung auf die Stellenanzeige.*

    g) *Aufgrund starker Umsatzrückgänge soll der Außendienst verkleinert werden. Die Personalabteilung plant, einen Außendienstmitarbeiter zu entlassen, der seit fünf Jahren im Unternehmen beschäftigt ist. Die entscheidende Konferenz findet am 15. Februar statt. Zu welchem Termin kann der Mitarbeiter im Rahmen der gesetzlichen Kündigung entlassen werden?*

    h) *Schreiben Sie die Kündigung der Büromöbelfabrik Wolf & Sohn OHG.*

    i) *Welche „Papiere" sollte die Personalabteilung am letzten Arbeitstag des Mitarbeiters bereitlegen?*

    j) *Der Außendienstmitarbeiter wird arbeitslos. Unter welchen Voraussetzungen kann er Arbeitslosengeld beantragen?*

    k) *Berechnen Sie die Höhe des Arbeitslosengeldes auf der Grundlage eines Nettogehalts von 1 560,00 EUR für einen Arbeitnehmer ohne Kinder.*

2 *Grete Graumann ist Sachbearbeiterin in einem Metall verarbeitenden Betrieb, der Beschläge für die Möbelindustrie herstellt. Frau Graumann ist politisch sehr engagiert und möchte einen Betriebsrat gründen. Unter welchen Voraussetzungen ist dies möglich?*

3 *Beantworten Sie mithilfe des BetrVerfG folgende Fragen:*

    a) *Der Betrieb hat 180 wahlberechtigte Arbeitnehmer, von denen 60 Männer sind.*

        1. *Aus wie vielen Personen besteht der Betriebsrat?*

    2. Wie sollte er zusammengesetzt sein?

    3. Frau Graumann wird von ihrer besten Freundin als Kandidatin für den Betriebsrat vorgeschlagen. Ist Frau Graumann damit als Kandidatin aufgestellt?

b) Frau Graumann wird als Betriebsrätin gewählt. Als erste Amtshandlung nimmt sie an einer Besprechung der Geschäftsleitung teil, in der über eine Veränderung der Lage der Arbeitszeiten beraten wird. Die Geschäftsleitung will den Arbeitsbeginn morgens von 07:30 Uhr auf 08:00 Uhr verschieben. Frau Graumann ist dagegen. Kann sie die Entscheidung verhindern?

c) Im Betrieb sind 25 Jugendliche und Auszubildende beschäftigt. Sie wollen eine JAV wählen. Erläutern Sie die Voraussetzungen und Rechte einer JAV.

4 Erläutern Sie die Zweige der Sozialversicherung anhand der Begriffe
- Aufgabe,
- Beiträge,
- Leistungen,
- Versicherungspflicht,
- Träger,
- Beitragsbemessungsgrenze.

5 Bearbeiten Sie folgenden Geschäftsfall aus der Personalabteilung:

Eine Mitarbeiterin der Bürodesign GmbH erhält ein Bruttogehalt von 1 509,00 EUR. Bei der Gehaltsabrechnung sind folgende Daten zu berücksichtigen:

• Familienstand	ledig, zwei Kinder
• Konfession	evangelisch
• Krankenversicherung	14,9 % einschl. 0,9 % AN-Zusatzbeitrag
• Renten-, Arbeitslosen- und Pflegeversicherung gemäß geltenden Beitragssätzen	
• Arbeitgeberzulage zur vermögenswirksamen Leistung (steuer- und sozialversicherungspflichtig)	14,00 EUR

Ermitteln Sie anhand der Auszüge aus den Monatslohnabzugstabellen auf Seite 474 f.

a) die Lohnsteuer und den Solidaritätszuschlag des Arbeitnehmers,

b) die Kirchensteuer (9 %),

c) den Arbeitnehmeranteil zur Sozialversicherung,

d) den auszuzahlenden Betrag.

e) Bilden Sie zu obigem Geschäftsfall den Buchungssatz.

6 In welchen der folgenden Gesetze sind die unten stehenden Vorschriften enthalten?

1. Schwerbehindertengesetz   4. Kündigungsschutzgesetz

2. Jugendarbeitsschutzgesetz   5. Arbeitszeitgesetz

3. Mutterschutzgesetz   6. Betriebsverfassungsgesetz

    a) Die ordentliche Kündigung einer schwangeren Frau ist unzulässig.

    b) Jugendliche dürfen im Durchschnitt nicht mehr als 40 Stunden wöchentlich beschäftigt werden.

    c) Arbeitnehmern müssen bei einer Arbeitszeit von mehr als sechs Stunden eine oder mehrere Ruhepausen von insgesamt mindestens 30 Minuten Dauer gewährt werden.

    d) Jugendliche dürfen nur in der Zeit von 7:00 bis 20:00 Uhr beschäftigt werden.

    e) Die Kündigung eines Mitglieds einer Jugend- und Auszubildendenvertretung ist unzulässig.

7 Stellen Sie fest, ob der Kündigungsgrund in den unten stehenden Sachverhalten

1. in der Person des Arbeitnehmers,

2. im Verhalten des Arbeitnehmers oder

3. in dringenden betrieblichen Erfordernissen zu suchen ist:

    a) Wiederholtes unentschuldigtes Fehlen des Arbeitnehmers   c) Längere Krankheit

                          d) Schließung einer Abteilung

    b) Arbeitsverweigerung   e) Insolvenz des Unternehmens

Sachwortverzeichnis

A

Abbuchungsauftrag 279
Abbuchungsverfahren 279
ABC-Analyse 303
Ablauforganisation 31
Ablaufplanung der Inventur 76
abnutzbares Anlagevermögen 132
Absatzmarketing 29
Absatzmarkt 20
Absatzwirtschaft 323, 393
Abschluss der Bestandskonten 107
Abschluss des GuV-Kontos 414
Abschlussbuchung 116, 143
Abschlussfreiheit 220
Abschreibung nach Maßgabe der Leistung 136
Abschreibungen 131, 132
Abschreibungsintensität 431
Abschreibungsmethoden 138
Abschreibungsplan 132
AfA-Tabellen 133
AG 63
Agenturen für Arbeit 447
Akteure im E-Commerce 353
Aktien 64
Aktiengesellschaft 63
Aktiv- oder Vermögenskonto 96
Aktiv-Passiv-Mehrung 91
Aktiv-Passiv-Minderung 91
Aktiva 86
Aktivierung des Vorsteuerüberhangs 173
Aktivkonto 94, 95, 97, 108
Aktivtausch 90
Allgemeine Geschäftsbedingungen 243
Allgemeine Handlungsvollmacht 484
Amt für Gewerbeschutz 298
Anfechtbarkeit von Rechtsgeschäften 223
Anfrage 228
Angebot 228
Angebotsinformationen 187
Anhang 413
Anlagendatei 133
Anlagendeckung I 425
Anlagendeckung II 425
Anlagevermögen 79, 131
Anlagevermögensintensität 423, 424
Annahme 209
Annahmeverzug 255

Anschaffungskosten 371, 373
Anschaffungskostenminderungen 378
Anschaffungsnebenkosten 370, 371, 373
Anschaffungspreisminderungen 373
Antrag 209
Arbeitsentgelt 470
Arbeitsentgeltsabrechnungen 470
Arbeitsmarkt 20
Arbeitspapiere 444
Arbeitsschutzgesetze 466
Arbeitssicherungsgesetz 297
Arbeitsstättenverordnung 297
Arbeitsvertrag 210
Arbeitszeitgesetz 467
Arbeitszeugnisse 452
Arten der Bilanzveränderungen 92
Arten der Inventur 74
Arten von Rechtsgeschäften 209
Artvollmacht 484
Aufbauorganisation 31
Aufbewahrung des Jahresabschlusses 417
Aufgabenbereiche des Rechnungswesens 70, 71
Auflösungsvertrag 443
Aufsichtsrat 62, 65
Aufstiegsschulung 494
Auftragsbestätigung 241
auftragsorientierte Bedarfsermittlung 187
Aufwandsintensität 433
Aufwandskonten 121
Aufwendungen 119
Ausbildung 493
Ausgaben 69
Außendienst 349
Außenhandelsbetriebe 34
außergerichtliches Mahnverfahren 260
außergewöhnliche Belastungen 471
Auswahl von Lieferern 197
Auswertung 421
Auswertung der Gewinn- und Verlustrechnung 430, 434
Auswirkung der Abschreibung 137

B

Bankscheck 272
Bar(geld)zahlung 268
Barcodeleser 296
bargeldlose Zahlung 277
Barliquidität 426
Barscheck 274
Bedarfsermittlung 186
Bedarfsinformationen 187
Bedarfsplanung 186
Beförderungsbedingungen 235
Beförderungskosten 344
Beitragsbemessungsgrenze 457, 458
Belege 90
belegloser Datenträgeraustausch 280
Belegnummer 104
Berufsausbildungsvertrag 210
Berufsgenossenschaften 467
Berufsschule 493
Beschaffungskosten 301
Beschaffungsmarketing 29
Beschaffungsmarkt 20, 69
Beschaffungsmarktforschung 181, 184
Beschaffungsobjekte 181
Beschaffungsplan 183
Beschaffungsplanung 181
Beschaffungsstrategien 191
beschaffungsstrategische Entscheidungen 201
Beschaffungswirtschaft 370
beschränkte Geschäftsfähigkeit 213
Besitz 217
Bestandskonten 89, 93, 94, 97, 125, 161
Bestandsminderung 150
Bestandsveränderungen 143
Bestandsveränderungen an unfertigen und fertigen Erzeugnissen 148
Bestandteile des Jahresabschlusses 413
Bestellrhythmusverfahren 193
Bestellung 241
Bestellungsannahme 241
Bestellzeitpunkt 191
betriebliche Mitbestimmung 487
Betriebsmittel 69, 182
Betriebsrat 487
Betriebsstoffe 79
Betriebsvereinbarung 464
Betriebsversammlung 488

Bewerbung 450
Bewerbungsschreiben 450
Bewertung 82
Bezugs- oder Einstandspreis 195
Bezugskalkulation 195
Bezugskosten 371
Bilanz 73, 85, 87, 137, 413, 416
Bilanzauswertung 421
Bilanzbuch 113, 115
Bilanzgliederung 161
Bilanzkennziffern 427
Bilanzkritik 421
Bilanzverkürzung 91
Bilanzverlängerung 91
Bindung an das Angebot 229
Blockunterricht 493
Boni 378, 400
Bonus 234, 378
Brandschutz im Lager 298
Brandschutzmaßnahmen 298
Break-even-Point-Analyse 338
Bruttobedarfsrechnung 188
Bruttolohn 471
Buchinventur 74
Buchung auf Bestandskonten 110
Buchung der Arbeitsentgelte 477
Buchung der Umsatzsteuer 172
Buchung des Ergebnisses 123
Buchungsregeln für Aufwands- und Ertragskonten 122
Buchungssatz 99
Buchungsstempel 99
Buchungsvermerk 100
Buchwert 136
Bündeln von Aufträgen 203
Bundesagentur für Arbeit 447
Bundesanzeiger 50
Bundesbank 270
Bürgerlicher Kauf 225
Bürgerliches Recht 206

C
Chancen-Management 28
chaotische Lagerplatzanordnung 297
Chip-Karte 284
Clearing- oder Abrechnungsverkehr 271
Controlling 30
Corporate Identity 364

D
Darlehensvertrag 210
Datenfernübertragung 271
Datenträger 104
Dauerauftrag 279
Debitoren 162
Debitorenkonten 162, 166
Deckungskauf 249
deklaratorische Eintragung 43

dezentrale Lagerung 293
Dienstleistungen 182
Dienstvertrag 210, 460
direkter Absatz 349
Direktlohn 455
Dispositionskredit 271
Distributionspolitik 32, 348
Doppelte Buchführung 107
duales Berufsausbildungssystem 493
Durchgangskonten 478
durchlaufende Posten 172
Durchlaufstrategie 307
durchschnittliche Lagerdauer 315
durchschnittlicher Lagerbestand 313

E
E-Business 352
E-Commerce 348, 352
E-Commerce-Geschäftsmodelle 353
EDI 279
eidesstattliche Versicherung 261
Eigenfertigung 202
Eigenkapital 81, 119, 122
Eigenkapitalrentabilität 434
Eigenkapitalvergleich 82
Eigenlager 294
Eigentum 217
Eigentumsübertragung 218
Eigentumsvorbehalt 235
Eignungsfeststellung 452, 453
Eignungstest 453
Eilüberweisung 280
einfacher Buchungssatz 99
Einführungsrabatt 233
Einkommensteuertarif 471
Einlösefristen des Schecks 275
Einnahmen 69
Einrede der Verjährung 265
Einzelarbeitsvertrag 460
Einzelhandel 350
Einzelhandelsbetrieb 34
Einzelprokura 485
Einzelunternehmen 413
Einzelunternehmung 51, 414
Einzelvertretungsmacht 54
Einzelvollmacht 484
Einzugsermächtigung 279
Einzugsermächtigungsverfahren 279
eiserne Reserve 192
eiserner Bestand 192
Electronic Cash 282
Electronic Commerce 241, 352
Electronic-Banking-Systeme 282
elektronische Form 221
elektronischer Datenaustausch 279

Elektronisches Lastschriftverfahren (ELV) 284
elektronisches Portmonee 284
Entsorgung 308
Erfolg 70, 82
Erfolgsermittlung 82
Erfolgskonten 119, 121, 125, 161
Erfüllungsgeschäft 225
Erfüllungsort 236
Erfüllungspflicht 463
Ergebniskonten 121
Erholungsurlaub 461
Erinnerungswert 136
Erlösberichtigungen 400, 407
Eröffnungsbilanz 94, 112
Eröffnungsbilanzkonto 112
Eröffnungsbuchungen 113, 116
Ersatz vergeblicher Aufwendungen 249
Erstellung der Gewinn- und Verlustrechnung 414
Erträge 119, 120
Ertragskonten 121
EURO 269
Express-Brief 268

F
Falschlieferung 252
Fantasiefirma 47
fertige Erzeugnisse 80
fertigungssynchrone Beschaffung 194
Festplatzsystem 296
Filialprokura 485
Finanzbuchhaltung 72
Finanzierung 86, 345
Finanzmarketing 29
Firma 46
Firmenausschließlichkeit 47
Firmenbeständigkeit 47
Firmenklarheit 47
Firmenöffentlichkeit 48
Firmenwahrheit 47
Firmenzusatz 46
Fixkauf 234, 249
Forderungen aus Lieferungen und Leistungen 80
Formfreiheit 220
Formkaufmann 45
Formvorschriften 220
Fort- und Weiterbildung 447
Fortbildungen 493
Fortschreibung 75
Frachtbasis 235
Frachten 393
Franchising 349
Freiplatzsystem 297
Freizeichnungsklauseln 229
Fremdbezug 202
Fremdkapitalbeschaffung 52
Fremdlager 294

Friedenspflicht 463
fristlose Kündigung 444
Funktionen 288

G

Garantie 346
Gattungskauf 226
Gegenkonto 96, 104, 105
Gehaltskonten 477
Geldersatzmittel 268
Geldstrom 70
Geldwertstabilität 35
Gemischte Firma 47
Genossenschaftsregister 49
geometrisch-degressive Abschreibung 134
geplante Obsoleszenz 335
gerichtliches Mahnverfahren 260
Gerichtsstand 237
Gesamtkosten 338
Gesamtprokura 485
Gesamtvertretungsmacht 54
Geschäftsfähigkeit 213
Geschäftsführer 62
Geschäftsführungsbefugnis 52
Geschäftsunfähigkeit 213
Gesellschaft mit beschränkter Haftung 60
Gesellschafterversammlung 62
Gesellschaftsvertrag 210
Gesetz gegen den unlauteren Wettbewerb (UWG) 360
gesetzliche Unfallversicherung 298
Gestaltungsfreiheit 220
Gewerbeaufsichtsamt 298, 467
Gewerbeordnung 297, 467
Gewinn 70, 82
Gewinn- und Verlustrechnung in Staffelform 161
Gewinn-und-Verlust-Rechnung 137, 413
Gewinnungsbetriebe 36
Gewohnheitsrecht 207
Gliederung des Inventars 78
Gliederungsvorschriften für den Jahresabschluss 414
GmbH 60
Größenabgrenzung der Kapitalgesellschaften 414
Großhandel 350
Großhandelsbetrieb 34
Grundbuch 103, 105
Grundbuch mit Eröffnungs- und Abschlussbuchungen 114
Grundkapital 64
Grundnutzen 335
Grundsätze ordnungsmäßiger Buchführung 156
Güterbeschaffung 183
Güterstrom 70

Gütezeichen 232
Gutschriften 379
Gutschriften an Kunden 399
Gutschriften durch Lieferer 378
Gutschriften für Minderungen 400
Gutschriften von Lieferern 376

H

Habensaldo 108
halbbare Zahlung 268
Handels- und Gesellschaftsrecht 207
Handelsbetriebe 33
Handelsgesellschaften 45
Handelsgewerbe 42
Handelskauf 226
Handelsklassen 232
Handelsregister 49
Handelsverbot 461
Handelsvertreter 351
Handelsware 80, 182
Händlerpromotion 362
Handlungsbevollmächtigte 484
Hauptbuch 103, 104, 105, 115
Hauptversammlung 65
Hemmung 266
Hilfsstoffe 79
Hochpreispolitik 341
Höchstbestand 313
Holschulden 235

I

indirekter Absatz 350
Informationen 182
Informationsquellen der Marktforschung 328
Informationssystem 71
Informationswirtschaft 31
Inhaberscheck 274
Inhalt des Werbeplans 358
Inhalte des Angebots 231
Insolvenzverfahren 56
Internetdienste 352
Inventar 73, 78, 81, 87
Inventarbuch 113, 115
Inventur 73, 74, 77
Inventuranweisung 76
Inventurliste 76
Investierung 86
Irreführende Werbung 361
Istkaufmann 42

J

Jahresabschluss 62, 87, 413
Jobsharing-Mitarbeiter 440
Jugend- und Auszubildendenvertretung 488
Jugendarbeitsschutzgesetz 466
juristische Person 60, 64, 214
Just-in-Time-Lieferung 194, 203

K

Kalkulation 71
Kannkaufmann 44, 45
Kapital 86
Kapitalanlage 425
Kapitalaufbau 424
Kapitalbindung 422
Kapitalgesellschaften 413, 414
Kapitalmarkt 20
Kapitalrentabilität 433
Kapitalstruktur 422
Kapitalüberlassung 422
Kartenzahlungssysteme 281
Kassenbon 269
Kassenzettel 269
Kauf auf Abruf 234
Kauf auf Probe 226
Kauf nach Probe 226
Kauf zur Probe 226
kaufmännisches Mahnverfahren 260
Kaufmotive 323
Kaufverhalten 324
Kaufvertrag 210, 225
Kaufvertragsstörungen 247
Kennzahlenmethode 440
KG 57
Kirchensteuer 472
Kleinbetragsrechnungen 174
kleine Kapitalgesellschaften 415
Kleingewerbetreibender 44
Kommanditgesellschaft 57
Kommunikationspolitik 32, 355
Komplementär 57
Konditionenpolitik 32, 343
konkurrenzorientierte Preisbildung 340
Kontenplan 159, 161
Kontenrahmen 159
Konto 94
Kontoauszug 271
Kontokorrentbuch 166
Kontokorrentbuchhaltung 162
Kontokorrentkredit 271
Kontovertrag 271
Kontrahierungszwang 220
Kontrollsystem 71
Konventionalstrafen 250
körperliche Inventur 74
Korrekturbuchung 377
Kosten- und Leistungsrechnung 30, 72
Kostenorientierte Preisbildung 337
Kostenrechnung 30
Krankengeld 460
Krankenversicherung 457
Kreditinstitute 35
Kreditkarte 281
Kreditoren 162
Kreditorenkonten 162, 166
Kreislaufstrategie 307

Kundenkarte 282
Kundenkonten 166
Kundenorientierung 21
Kundenskonti 406, 408
Kündigung 443
Kündigungsfrist 443, 461
Kündigungsschutzgesetz 444,
    468
Kurswert 64

L
Lagebericht 413
Lagerarten 289
Lageraufgaben 288
Lagerbestandskennzahlen 313
Lagerbewegungskennzahlen 314
Lagerkennziffern 313
Lagerkosten 301, 311
Lagerorganisation 292
Lagerrisiken 311
Lagerwirtschaft 288
Land- und Forstwirtschaft 44
Lastschriftverfahren 279
Lebenslauf 451
Leiharbeitnehmer 440
Leihverpackungen 377
Leihvertrag   210
Leistungen 69
Leistungsbeurteilung 491
Lieferbedingungen 199, 344
Liefererkonten 166
Liefererskonti 384
Lieferungsverzug 247
Lieferzeit 234, 344
lineare Abschreibung 133
Liquidität 80, 426
Lohn- und Gehaltsliste 478
Lohn- und Gehaltstarifvertrag
    463
Lohnabzugstabellen 474
Lohnkonten 477
Lohnnebenkosten 470
Lohnsteuer 471
Lohnsteuerfreibeträge 472
Lohnsteuerklassen 471
Lohnsteuertabellen 472
Loseblattsammlung 104
Lower-Management 28, 483

M
Maestro-Service 283
Mahnbescheid 260
Mahnung 260
Mahnverfahren 258
Mangelhafte Lieferung 251
Mängelrüge 251
Manteltarifvertrag 463
Marken 232
Marketing-Mix 32, 333
Marketinginstrumente 22, 31,
    333
Marketingplanung 329

Marketingstrategien 330
Markt 29
Marktabschöpfungspolitik 342
Marktanalyse 328
Marktbeobachtung 328
Marktdaten 28
Marktdurchdringungspolitik 342
Marktentwicklung 335
Marktforschung 328
Marktprognose 328
Marktsegmente 331
Maschinenschutzgesetz 297
Materialaufwandintensität 431
Materialbedarfsermittlung 187
Materialbestandsmehrungen 143
Materialbestandsminderung 144
Materialbestandsveränderungen
    143, 145
Materiallagerung 288
Materialwirtschaft 181
Mehrarbeit 447
Mehrwert 171
Mehrwertsteuer 171
Meldebestand 192, 313
Mengenplanung 191
Mengenrabatt 233
Middle-Management 28, 483
Mietvertrag 210
Minderungen 378, 399
Mindestbestand 192, 313
Mindestbestellmenge 198
Mischkalkulation 341
Mittelherkunft 86
Mittelverwendung 86
Mutterschaftsgeld 468
Mutterschutzgesetz 467

N
Nacherfüllung 253
Nachfrageorientierte Preisbil-
    dung 340
Nachfrist 248
Nachlässe 376, 378, 379
Nachschusszahlungen 61
Namensscheck 274
Naturalrabatt 233
natürliche Personen 212
Nebenbücher der Buchführung
    165
Nennwert 64
Nettobedarfsrechnung 188
Nettolohn 471
Neubeginn 266
Nicht-Rechtzeitig-Lieferung 247
Nicht-Rechtzeitig-Zahlung 258
Nichtigkeit von Rechtsgeschäf-
    ten 222
Nichtkaufmann 43
Niedrigpreispolitik 342
notarielle Beurkundung 220
Notwendigkeit der Abschreibung
    132

Nutzenmaximierung 323
Nutzungsdauer 133

O
offene Handelsgesellschaft 53
Offenlegung des Jahresab-
    schlusses 418
öffentliche Beglaubigung 220
Öffentliche Verwaltung 35
öffentliches Recht 205
Öffentlichkeitsarbeit 363
Öffentlichkeitswirkung 50
OHG 53
Ökologie 309
Ökologische Gesichtspunkte
    199
Ökologische Ziele 26
Ökonomie 309
Online-Banking 285
optimale Bestellhäufigkeit 301
optimale Bestellmenge 300
Orderscheck 274
Organisation der Buchführung
    156

P
Pachtvertrag 210
Passiv- oder Kapitalkonto 96
Passiva 86
Passivierung der Umsatzsteuer-
    Zahllast 173
Passivkonto 94, 95, 97, 108
Passivtausch 90
Personalaufwandintensität 431
Personalbedarfsplanung 440
Personalbeschaffung 438, 446
Personalbestandsplanung 439
Personalbetreuung 438, 455
Personalbeurteilung 490
Personaleinsatzplanung 441
Personalentlohnung 438
Personalentwicklung 490, 492
Personalfreisetzungsplanung
    443
Personalinformationssysteme
    495
Personalleasing 447
Personalmarketing 29
Personalplanung 437, 439
Personalpolitik 438
Personalveränderungen 440
Personalwesen 437
Personalwirtschaft 437
Personalzusatzkosten 455, 456
Personenfirma 47
Personengesellschaften 414
Personenkonten 162
Pfandsiegel 261
Pfändung 261
Pflegeversicherung 458
PIN 283
planmäßige Abschreibung 133

Planung 72
Point-of-Sale-Banking 282
Potenzialbeurteilung 491
Preisdifferenzierung 341
Preisnachlässe 198, 233, 378
Preisobergrenze 195
Preisplanung 195
Preispolitik 31, 337
Preisstrategien 341
Primärdaten 329
Prinzip der Nachhaltigkeit 307
Privatrecht 206
Probezeit 460
Produktentwicklung 334
Produktionsfaktoren 36, 69, 437
Produktlebenszyklus 333
Produktnutzen 335
Produktpolitik 31, 333
programmorientierte Bedarfser-
  mittlung 187
Prokurist 484
Prototypen 335
Prüfung des Jahresabschlusses
  418
psychologische Preisfestsetzung
  341
Publicrelations 363

Q
Qualitätsaudit ISO 9002 364

R
Rabatte 346
Ramschkauf 226
Rechnungswesen 69
Rechte 217
Rechte des Käufers aus der
  Mängelrüge 253
Rechte des Käufers beim Liefe-
  rungsverzug 248
Rechte des Verkäufers aus dem
  Annahmeverzug 255
Rechte des Verkäufers aus dem
  Zahlungsverzug 258
rechtliche Aspekte des E-Com-
  merce 354
Rechtsfähigkeit 212
Rechtsgeschäfte 208
Rechtsmangel 252
Rechtsobjekte 217
Rechtsordnung 205
Rechtssubjekte 212
Reinvermögen 81
Reisende 351
Reisevertrag   210
Rentabilität 55, 433
Rentabilität des Eigenkapitals
  433
Rentenversicherung 457
Risiko-Management 28
Rohergebnis 416
Rohstoffe 79

Rückrechnung 75
Rücksendung von Verpackung
  377
Rücksendungen 376, 379, 399
Rücksendungen von Erzeugnis-
  sen 399
Rücksendungen von Materialien
  377
Ruhepausen 466
ruinöser Wettbewerb 361

S
Sachbezüge 470
Sachen 217
Sachfirma 47
Sachkonten 162
Sachmängel 252
Sachmängelhaftung 253
Sachziele 26
Salespromotion 361
Sammelbelege 478
Sammelüberweisung 280
Satzung 61, 64
Scanner 296
Schadensberechnung 249
Scheckkarte 274
Scheckverlust 275
Scheinkaufmann 43
Schenkungsvertrag 210
Scherzgeschäft 222
Schickschulden 234
Schlechtleistung 251
Schlussbestand 108
Schlussbilanz 94
Schulden 80
Schweigepflicht 461
Schwerbehindertengesetz 468
Sekundärdaten 329
Selbsthilfeverkauf 256
Selbstinverzugsetzung 248
Service 346
Servicepolitik 32, 343
Sicherheit im Lager 297
Single-Sourcing 204
situative Verfahren 453
Skonto 345
Skontoabzug auf Eingangsrech-
  nungen 386
Sofortrabatte 370, 371, 393, 394
Solidaritätszuschlag 472
Soll-Bestände 76
Sollsaldo 108
Sonderausgaben 471
soziale Ziele 26
Sozialleistungen 455
Sozialversicherung 456
Sozialversicherungsbeiträge 473
Sperrminorität 65
Spezifikationskauf 226
Sponsoring 363
Stammeinlage 61
Stammkapital 61

Statistik 72
Stellenangebot 448
Stellenausschreibung 446
Stellenbeschreibung 441
Stellenbesetzungsplan 440
Stellenplanmethode 440
steuerfreie Umsätze 174
steuerfreier Arbeitslohn 470
Steuernummer 171
steuerpflichtige Einkünfte 470
Steuerungssystem 71
Stichtaginventur 75
Stornobuchung 377
Strategie der Anpassung 330
Strategie der Differenzierung
  330
Strategie der Marktdurchdrin-
  gung 331
Strategie der Markterschließung
  331
Strategie der Marktsegmentie-
  rung 331
Streuen von Aufträgen 203
Streugebiet 359
Streukreis 358
Streuzeit 358
Strukturierung der Bilanz 422
Stückkauf 226
Stückkosten 338
systematische Lagerplatzanord-
  nung 296

T
Tarifautonomie 463
Tarifvertrag 462
Tarifvertragsparteien 463
Teilzeitbeschäftigte 439
Teilzeitunterricht 493
Telefon-Banking 286
Telefon-Service 286
Terminkauf 234
Top-Management 28, 483
Total Quality Management 309
Transportkosten 394
Treuerabatt 233

U
Überweisung 278
Umbuchung 143
Umlaufvermögen 79
Umlaufvermögensintensität 423
Umsatz 169
Umsatzintensität 431
Umsatzrentabilität 433, 434
Umsatzrückvergütungen 378,
  399, 400
Umsatzsteuer 169
Umsatzsteuer-Identifikations-
  nummer 171
Umsatzsteuer-Voranmeldung
  174
Umsatzsteuer-Zahllast 172

Umsatzsteuerbuchungen 169, 175
Umsatzsteuersystem 169, 175
Umschlagshäufigkeit 314
Umschulung 494
unbeschränkte Geschäftsfähigkeit 214
Unfallschutz im Lager 297
Unfallversicherung 458, 473, 479
unfertige Erzeugnisse 79
Unterkonten des Eigenkapitals 121
Unterkonto 371, 373, 379
Unternehmensplanung 29
Unternehmensziele 26
Unternehmer 483
Unternehmerrentabilität 55
Unternehmerrückgriff 253
Unternehmungserfolg 123
Unternehmungsergebnis 123
Unterzeichnung des Jahresabschlusses 417
Urheber- und Patentrecht 207

V
Verarbeitungsbetrieb 36
Verbraucher 325
Verbraucherpromotion 362
Verbrauchsgüterkauf 252
verbrauchsorientierte Bedarfsermittlung 188
Veredelungsbetrieb 36
Verjährung 265
Verjährungsfristen 265
Verkäufermarkt 20
Verkaufsförderung 361
Verkaufspromotion 361
Verlust 70, 82

Vermögen 78, 86
Vermögensaufbau 423
Vermögensstruktur 422
Verpackung 335
Verpackungskosten 234, 372, 393, 394
Verpackungsmaterial 399
Verpflichtungsgeschäft 225
Verrechnungsscheck 275, 279
Versetzung 446
Versicherungsbetrieb 34
Verträge 209
Vertragsfreiheit 220, 460
Vertragshändler 349
Vertragsstrafen 250
Vertretungsbefugnis 52
Vertriebsprovisionen 393, 395
Vollstreckungsbescheid 261
Vollzeitbeschäftigte 439
vorbereitende Abschlussbuchung 387, 407
Vorratsbeschaffung 192
Vorstand 64
Vorstellungsgespräch 454
Vorsteuer 170, 371, 377, 386
Vorsteuerüberhang 173
Vorumsatz 170

W
Werbeagentur 360
Werbebotschaft 358
Werbebudget 359
Werbeerfolgskontrolle 360
Werbeintensität 359
Werbemittel 358
Werbeplan 357
Werbeträger 449
Werbung 357

Werbungskosten 471
Werklieferungsvertrag 211
Werkstoffe 69
Werkvertrag 211
Wertschöpfung 38
Wertschöpfungskette 38
Wettbewerbsorientierung 21
Wettbewerbsverbot 55, 461
Wiederverkäuferrabatt 234
Wiederverwendung 308
Willenserklärungen 208
wirtschaftliche Ziele 26

Z
Zahlschein 272
Zahlungsbedingungen 198, 234, 344
Zahlungserinnerung 260
Zahlungsvereinfachungen 279
Zahlungsverkehr 268
Zahlungsziel 345
zeitnahe Inventur 75
Zeitplanung 191
zentrale Lagerung 293
Zeugnis 461
Zielbündel 27
Ziele der Werbung 357
Zielharmonie 27
Zielkonflikte 27
Zinssatz 385
Zulagen/Zuschläge 470
zusammengesetzter Buchungssatz 100
Zusatznutzen 335
Zusendung unbestellter Ware 229
Zwangsvollstreckung 261
Zweckkauf 248